Vektoridentitäten

Dreifachprodukte

$$\mathbf{A} \cdot (\mathbf{B} \times \mathbf{C}) = \mathbf{B} \cdot (\mathbf{C} \times \mathbf{A}) = \mathbf{C} \cdot (\mathbf{A} \times \mathbf{B}) \tag{1}$$

$$\mathbf{A} \times (\mathbf{B} \times \mathbf{C}) = \mathbf{B}\,(\mathbf{A} \cdot \mathbf{C}) - \mathbf{C}\,(\mathbf{A} \cdot \mathbf{B}) \tag{2}$$

Produktregeln

$$\nabla\,(f\,g) = f\,(\nabla g) + g\,(\nabla f) \tag{3}$$

$$\nabla\,(\mathbf{A} \cdot \mathbf{B}) = \mathbf{A} \times (\nabla \times \mathbf{B}) + \mathbf{B} \times (\nabla \times \mathbf{A}) + (\mathbf{A} \cdot \nabla)\,\mathbf{B} + (\mathbf{B} \cdot \nabla)\,\mathbf{A} \tag{4}$$

$$\nabla \cdot (f\,\mathbf{A}) = f\,(\nabla \cdot \mathbf{A}) + \mathbf{A} \cdot (\nabla f) \tag{5}$$

$$\nabla \cdot (\mathbf{A} \times \mathbf{B}) = \mathbf{B} \cdot (\nabla \times \mathbf{A}) - \mathbf{A} \cdot (\nabla \times \mathbf{B}) \tag{6}$$

$$\nabla \times (f\,\mathbf{A}) = f\,(\nabla \times \mathbf{A}) - \mathbf{A} \times (\nabla f) \tag{7}$$

$$\nabla \times (\mathbf{A} \times \mathbf{B}) = (\mathbf{B} \cdot \nabla)\,\mathbf{A} - (\mathbf{A} \cdot \nabla)\,\mathbf{B} + \mathbf{A}\,(\nabla \cdot \mathbf{B}) - \mathbf{B}\,(\nabla \cdot \mathbf{A}) \tag{8}$$

Zweite Ableitungen

$$\nabla \cdot (\nabla \times \mathbf{A}) = 0 \tag{9}$$

$$\nabla \times (\nabla f) = 0 \tag{10}$$

$$\nabla \times (\nabla \times \mathbf{A}) = \nabla\,(\nabla \cdot \mathbf{A}) - \nabla^2 \mathbf{A} \tag{11}$$

Fundamentalsätze

Gradientensatz: $\displaystyle\int_{\mathbf{a}}^{\mathbf{b}} (\nabla f) \cdot d\mathbf{l} = f(\mathbf{b}) - f(\mathbf{a})$

Gauß'scher Satz: $\displaystyle\int (\nabla \cdot \mathbf{A})\, d\tau = \oint \mathbf{A} \cdot d\mathbf{a}$

Rotationssatz: $\displaystyle\int (\nabla \times \mathbf{A}) \cdot d\mathbf{a} = \oint \mathbf{A} \cdot d\mathbf{l}$

Elektrodynamik

Eine Einführung

4., aktualisierte Auflage

David J. Griffiths

Überarbeitung und Fachlektorat der vierten Auflage
Professor Dr. Ulrich Schollwöck, LMU München

Pearson

Bibliografische Information der Deutschen Nationalbibliothek

Die Deutsche Nationalbibliothek verzeichnet diese Publikation in der Deutschen Nationalbibliografie; detaillierte bibliografische Daten sind im Internet über <http://dnb.dnb.de> abrufbar.

This translation of INTRODUCTION TO ELECTRODYNAMICS, 4th Edition by DAVID GRIFFITHS is published by arrangement with Cambridge University Press.

GERMAN language edition published by

10 9 8 7 6 5 4

26

ISBN 978-3-86894-348-1 (Buch)
ISBN 978-3-86326-843-5 (E-Book)

www.pearson.de
Programmleitung: Birger Peil, bpeil@pearson.de
Fachlektor: Professor Dr. Ulrich Schollwöck, Universität München (LMU)
Herstellung: Philipp Burkart, pburkart@pearson.de
Übersetzer : Dr. Gunnar Radons, Mannheim
Sprachkorrektorat: Katharina Pieper, Berlin
Satz: le-tex publishing services GmbH, Leipzig

Inhaltsverzeichnis

Vorwort

Sie halten ein Lehrbuch über Elektrizität und Magnetismus in den Händen, das für Studenten vor dem ersten bzw. zweiten Abschluss (Bachelor oder Vordiplom bzw. Master oder Diplom) konzipiert ist. Es kann problemlos im Verlauf von zwei Semestern behandelt werden, eventuell bleibt dabei sogar noch Raum für besondere Themen (z. B. Gleichstromkreis, numerische Methoden, Plasmaphysik, Übertragungsleitungen, Antennentheorie usw.) Eine einsemestrige Vorlesung kann ohne Weiteres nach Kapitel 7 aufhören. Anders als beispielsweise die Bücher zur Quantenmechanik oder Statistischen Physik (um nur zwei Gebiete zu nennen) weisen die Lehrbücher über Elektrodynamik verhältnismäßig große Ähnlichkeit auf, denn die zu behandelnden Themen und sogar ihre Reihenfolge sind kaum umstritten. Die Lehrbücher weichen daher nur im Stil und Tonfall voneinander ab. Mein Ansatz ist vermutlich weniger formal als derjenige der meisten anderen. Meiner Meinung nach werden schwierige Gedanken dadurch interessanter dargestellt und sind leichter zu begreifen.

In dieser vierten Auflage habe ich zugunsten der Klarheit und Lesbarkeit zahlreiche geringfügige Änderungen vorgenommen. An einigen Stellen habe ich gröbere Fehler korrigiert. Eine Reihe von Aufgaben und Beispielen habe ich hinzugefügt (und einige weniger wirkungsvolle entfernt). Darüber hinaus habe ich mehr Verweise auf die verfügbare Literatur eingefügt (insbesondere auf das *American Journal of Physics*). Mir ist allerdings wohl bewusst, dass viele Leser weder die Zeit noch das Interesse daran haben werden, diese Quellen zu Rate zu ziehen. Dennoch bin ich der Ansicht, dass sich das lohnt – und sei es nur, um hervorzuheben, dass die Elektrodynamik, trotz ihres hohen Alters, sehr lebendig ist und immer noch faszinierende neue Entdeckungen gemacht werden. Ich hoffe, dass die eine oder andere Aufgabe Ihre Neugier wecken wird und Sie dazu veranlasst, die Originalliteratur nachzulesen – bei einigen von ihnen handelt es sich um wahre Juwelen.

Ich habe drei ungewöhnliche Notationen beibehalten:

- Die kartesischen Einheitsvektoren werden mit $\hat{\mathbf{x}}$, $\hat{\mathbf{y}}$ und $\hat{\mathbf{z}}$ bezeichnet. Generell erben alle Einheitsvektoren den Buchstaben der entsprechenden Koordinate.
- In zylindrischen Koordinaten wird der Abstand von der z-Achse mit s bezeichnet, um eine Verwechslung mit r zu vermeiden, dem Abstand vom *Ursprung* und der Radialkoordinate in Kugelkoordinaten.
- Der Schreibschriftbuchstabe $\boldsymbol{\mathscr{r}}$ bezeichnet den Vektor von einem Quellpunkt $\mathbf{r}'$ zu einem Feldpunkt $\mathbf{r}$ (siehe Abbildung). Manche Autoren ziehen den expliziteren Ausdruck $(\mathbf{r} - \mathbf{r}')$ vor. Das macht aber viele Gleichungen unhandlich und lenkt vom Wesentlichen ab, insbesondere wenn der Einheitsvektor $\hat{\boldsymbol{\mathscr{r}}}$ vorkommt. Mir ist klar, dass ahnungslose Leser geneigt sein werden, $\boldsymbol{\mathscr{r}}$ als $\mathbf{r}$ zu interpretieren – das vereinfacht sicherlich die Integrale. *Merken Sie sich daher:* $\boldsymbol{\mathscr{r}} \equiv (\mathbf{r} - \mathbf{r}')$, was nicht dasselbe ist wie $\mathbf{r}$. Ich denke, dass das eine gute Notation ist, die man allerdings sorgfältig anwenden muss.[1]

1 In MS Word ist $\boldsymbol{\mathscr{r}}$ im „Kaufmann-Font“, der allerdings sehr schwer in TeX zu installieren ist. TeX-Nutzer können von meiner Website ein ziemlich gutes Faksimile herunterladen.

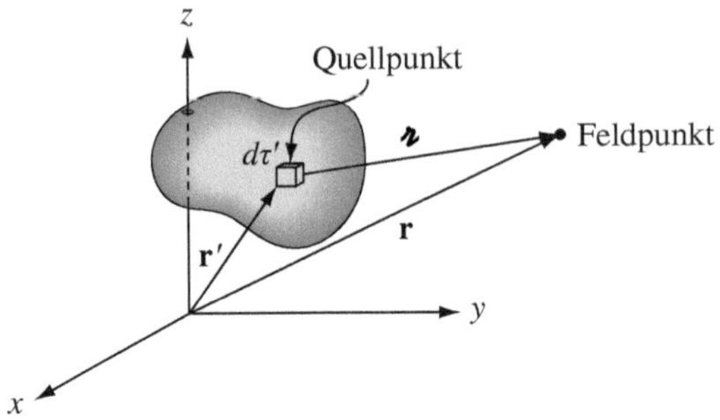

Wie in den früheren Auflagen unterscheide ich zwischen zwei Arten von Aufgaben. Einige spielen eine besondere pädagogische Rolle und sollten sofort bearbeitet werden, nachdem Sie den entsprechenden Abschnitt gelesen haben. Ich habe diese Aufgaben innerhalb eines Kapitels an geeigneten Stellen untergebracht. (In einigen wenigen Fällen, die in der Randspalte durch ein fettes Punktsymbol gekennzeichnet (•) sind, wird die Lösung der Aufgabe im folgenden Text benötigt.) Längere Aufgaben oder solche von allgemeiner Natur sind am Ende jedes Kapitels zu finden. In meinen Vorlesungen behandle ich einige dieser Aufgaben, andere stelle ich als Übungsaufgaben. Außergewöhnlich anspruchsvolle Aufgaben werden durch ein Ausrufezeichen (!) am Rand gekennzeichnet. Viele Leser haben darum gebeten, die Lösungen zu den Aufgaben am Ende des Buches anzugeben. Unglücklicherweise sind etwa genauso viele entschieden dagegen. Als Kompromiss habe ich bei besonders geeigneten Aufgaben auch die Antworten angegeben. Ein (englischsprachiges) Buch, das alle Lösungen enthält, ist (für Dozenten) beim Verlag erhältlich.

Es gibt so viele Kollegen, die hilfreiche Anmerkungen zu diesem Buch gemacht haben, dass ich sie nicht alle nennen kann. Ich möchte dennoch den folgenden Menschen für Vorschläge danken, die besonders diese vierte Auflage vorangebracht haben: Burton Brody (Bard), Catherine Crouch (Swarthmore), Joel Franklin (Reed), Ted Jacobson (Maryland), Don Koks (Adelaide), Charles Lane (Berry), Kirk McDonald[2] (Princeton), Jim McTavish (Liverpool), Rich Saenz (Cal Poly), Darrel Schroeter (Reed), Herschel Snodgrass (Lewis and Clark) und Larry Tankersley (Naval Academy). Praktisch alles, was ich über Elektrodynamik weiß – insbesondere über die Didaktik der Elektrodynamik – verdanke ich Edward Purcell.

David J. Griffiths

2 Kirks Website, http://www.hep.princeton.edu/~mcdonald/examples/, ist eine fantastische Quelle mit pfiffigen Erklärungen, raffinierten Aufgaben und nützlichen Literaturhinweisen.

Vorbemerkungen

Was ist Elektrodynamik, und wie passt sie in den allgemeinen Aufbau der Physik?

Die vier Bereiche der Mechanik

Im folgenden Diagramm habe ich die vier großen Bereiche der Mechanik skizziert:

Klassische Mechanik (Newton)	**Quantenmechanik** (Bohr, Heisenberg, Schrödinger et al.)
Spezielle Relativitätstheorie (Einstein)	**Quantenfeldtheorie** (Dirac, Pauli, Feynman, Schwinger et al.)

Die Newton'sche Mechanik ist zwar für den „Alltag" ganz brauchbar, wird aber für Objekte, die sich mit hoher Geschwindigkeit (nahezu Lichtgeschwindigkeit) bewegen, fehlerhaft und muss durch die (1905 von Einstein eingeführte) Spezielle Relativitätstheorie ersetzt werden. Bei sehr kleinen Objekten (etwa von atomaren Ausdehnungen) ist die Mechanik aus verschiedenen Gründen nicht anwendbar und wird durch die Quantenmechanik ersetzt (die in den 1920er Jahren überwiegend von Bohr, Schrödinger, Heisenberg und vielen anderen entwickelt wurde). Für Objekte, die sowohl sehr schnell als auch sehr klein sind (wie in der modernen Teilchenphysik), wird eine Mechanik benötigt, welche die Relativitätstheorie mit den Prinzipien der Quantenphysik vereint. Diese relativistische Quantenmechanik wird als Quantenfeldtheorie bezeichnet und entstand in den 1930er und 1940er Jahren. Dennoch bildet sie auch heute noch kein völlig zufriedenstellendes System. Mit Ausnahme des letzten Kapitels bewegen wir uns in diesem Buch ausschließlich in dem Gebiet der klassischen Mechanik, obwohl sich die Elektrodynamik äußerst einfach auf die drei anderen Bereiche erweitern lässt. (Tatsächlich ist die Theorie in den meisten Fällen automatisch mit der Speziellen Relativitätstheorie konsistent, die sie, historisch gesehen, auch inspiriert hat.)

Vier Kräfte

Die Mechanik sagt uns, wie sich ein System verhält, wenn es einer gegebenen *Kraft* ausgesetzt ist. Die (heutige) Physik kennt lediglich vier grundlegende Kräfte der Physik, die ich hier in der Reihenfolge abfallender Stärke wiedergebe:

1. Starke Kraft
2. Elektromagnetische Kraft
3. Schwache Kraft
4. Gravitationskraft

Vielleicht überrascht Sie die Kürze dieser Liste. Wo bleibt die Reibung? Wo ist die „Normalkraft", die Sie davon abhält, durch den Boden zu fallen? Was ist mit den chemischen Kräften, welche die Moleküle zusammenhalten? Wo wirkt die Stoßkraft zwischen zwei kollidierenden Billardbällen? Die Antwort: Alle diese Kräfte sind *elektromagnetischer* Natur. Wir übertreiben keineswegs, wenn wir behaupten, dass wir uns in einer elektromagnetischen Welt befinden, denn praktisch jede Kraft, der wir im Alltag begegnen (mit Ausnahme der Gravitation), beruht auf dem Elektromagnetismus.

Die **starke Kraft**, die Protonen und Neutronen im Innern eines Atomkerns zusammenhält, besitzt extrem kurze Reichweite, daher „spüren" wir sie nicht, obwohl sie hundert Mal stärker ist als die elektromagnetische Kraft. Die **schwache Kraft**, die für bestimmte Formen des radioaktiven Zerfalls verantwortlich ist, besitzt nicht nur geringe Reichweite, sie ist zudem viel schwächer als die elektromagnetische Kraft. Die **Gravitation** ist schließlich so unglaublich schwach (im Vergleich zu den anderen), dass wir sie überhaupt nur durch unglaublich große Massenansammlungen (wie die Erde oder die Sonne) wahrnehmen können. Die elektrische Abstoßung zwischen zwei Atomen ist 10^{42}-mal stärker als deren gravitative Anziehung. Würden Atome durch die Gravitation (anstelle der elektrischen Kraft) zusammengehalten, wäre ein einzelnes Wasserstoffatom größer als das gesamte bekannte Universum.

Elektromagnetische Kräfte sind nicht nur die mit Abstand stärksten Kräfte im Alltag, sie sind derzeit auch die *einzigen* Kräfte, die vollständig verstanden sind. Es gibt natürlich eine klassische Theorie der Gravitation (das Newton'sche Gravitationsgesetz) sowie eine relativistische Gravitationstheorie (die Einstein'sche Allgemeine Relativitätstheorie), allerdings wurde bis heute keine völlig zufriedenstellende quantenmechanische Gravitationstheorie aufgestellt (obwohl viele Menschen daran arbeiten). Derzeit gibt es eine sehr erfolgreiche (aber umständliche) Theorie der schwachen Wechselwirkungen und einen äußerst attraktiven Kandidaten für die starken Wechselwirkungen (die sogenannte **Chromodynamik**). Alle diese Theorien werden von der Elektrodynamik angeregt, dennoch wird derzeit keine von ihnen durch Experimente abschließend bestätigt. Die Elektrodynamik, eine wunderbar vollständige und erfolgreiche Theorie, bildet daher eine Art Paradigma für Physiker: ein ideales Modell, dem andere Theorien nachzueifern versuchen.

Die Gesetze der klassischen Elektrodynamik wurden stückchenweise von Franklin, Coulomb, Ampère, Faraday und anderen entwickelt. Eine Person jedoch schloss diese Arbeiten ab und goss sie in die kompakte und konsistente Form, die sie heute besitzt: James Clerk Maxwell. Seine Theorie ist mittlerweile über hundert Jahre alt.

Die Vereinheitlichung physikalischer Theorien

Zu Beginn waren Elektrizität und Magnetismus völlig unterschiedliche Dinge. Das eine befasste sich mit Glasstäben und Katzenfellen, Kugeln aus Holundermark, Batterien, Strömen, Elektrolyse und Blitzen. Das andere behandelte Stabmagnete, Eisenkerne, Kompassnadeln und den Nordpol. Doch 1820 stellte Ørsted fest, dass *elektrische* Ströme in der Lage sind, eine *magnetische* Kompassnadel abzulenken. Bald danach postulierte Ampère zu Recht, dass *alle* magnetischen Phänomene auf bewegte elektrische Ladungen zurückgeführt werden können. 1831 schließlich entdeckte Faraday, dass durch einen bewegten *Magneten* ein *elektrischer* Strom hervorgerufen wird. Als Maxwell und Lorentz die letzten Elemente der Theorie formulierten, waren Elektrizität und Magnetismus unentwirrbar miteinander verflochten. Sie wurden nicht länger als unabhängige Gebiete gewertet, sondern als zwei *Aspekte* eines *einzigen* Themas: als **Elektromagnetismus.**

Faraday hatte vermutet, dass auch Licht elektrischer Natur ist. Die Maxwell'sche Theorie lieferte die spektakuläre Rechtfertigung für diese Hypothese, sodass bald darauf die **Optik** – die Untersuchung von Linsen, Spiegeln, Prismen, Interferenzen und Beugung – in den Elektromagnetismus eingegliedert wurde. Hertz, der 1888 die entscheidende experimentelle Bestätigung der Maxwell'schen Theorie lieferte, formulierte dies folgendermaßen: „Die Verbindung zwischen Licht und Elektrizität ... ist hergestellt ... In jeder Flamme, in jedem leuchtenden Atome sehen wir einen elektrischen Prozeß ... So verbreitet sich das Gebiet der Elektrizität über die gesamte Natur. Es rückt auch uns selbst näher, wir erfahren, dass wir in Wahrheit ein elektrisches Organ haben, das Auge."[1] Bis 1900 waren drei große Bereiche der Physik – die Elektrizität, der Magnetismus und die Optik – zu einer einzigen vereinheitlichten Theorie verschmolzen. (Bald wurde auch deutlich, dass das sichtbare Licht nur ein winziges „Fenster" im breiten Spektrum der elektromagnetischen Strahlung darstellt, das sich vom Radiobereich über Mikrowellen, Infrarot und Ultraviolett bis zum Röntgen- und Gammabereich erstreckt.)

Einstein hatte die Vorstellung einer weiteren Vereinigung, die Gravitation und Elektrodynamik auf dieselbe Weise miteinander verschmelzen sollte, wie ein Jahrhundert zuvor Elektrizität und Magnetismus miteinander kombiniert worden waren. Seine **vereinheitlichte Feldtheorie** war allerdings nicht besonders erfolgreich. In den letzten Jahrzehnten war derselbe Anstoß aber der Keim für eine Hierarchie immer anspruchsvollerer (und spekulativerer) Vereinheitlichungsschemata. Den Anfang machte 1960 die elektroschwache Theorie von Glashow, Weinberg und Salam (welche die schwache und die elektromagnetische Kraft miteinander vereinigte) und gipfelte in den 1980er Jahren in der **Superstring-Theorie** (die nach Aussage ihrer Befürworter alle vier Kräfte zu einer einzigen „Theory of Everything" vereinigt). Auf jeder Ebene dieser Hierarchie erhöhen sich die mathematischen Schwierigkeiten, und die Kluft zwischen inspirierter Vermutung und experimenteller Überprüfung wird immer größer. Dennoch bildet die Vereinigung von Kräften, die durch die Elektrodynamik in Gang gesetzt wurde, heute eine der bedeutendsten Quellen des physikalischen Fortschritts.

Die Feldformulierung der Elektrodynamik

Das grundlegende Problem, das eine Theorie des Elektromagnetismus zu lösen hofft, lautet: Ich halte *hier* einige elektrische Ladungen (und schüttle sie vielleicht durcheinander) – was geschieht dann *dort drüben* mit einer anderen Ladung? Die klas-

1 Heinrich Hertz, *Über sehr schnelle elektrische Schwingungen: Vier Arbeiten (1887–1889) von Heinrich Hertz.* Hrsg. von Hans Wußling. Einl. und Anm. von Gust. Hertz. – 2. Aufl. Reprint der Ausg. Leipzig. Akad. Verl. Ges. Geest und Portig. 1971. Thun; Frankfurt am Main: Deutsch. 1996 (Ostwalds Klassiker der exakten Wissenschaften Bd. 251)

sische Lösung hat die Form einer **Feldtheorie**: Wir sagen, dass der Raum um eine elektrische Ladung von elektrischen und magnetischen **Feldern** durchsetzt ist (sozusagen der elektromagnetische „Geruch", welcher der Ladung entströmt). Eine zweite Ladung erfährt in Anwesenheit dieser Felder eine Kraft. Die Felder übertragen demnach den Einfluss einer Ladung auf die andere – sie vermitteln also die Wechselwirkung.

Wird eine Ladung beschleunigt, „löst" sich sozusagen ein Teil des Felds davon ab und entfernt sich mit Lichtgeschwindigkeit, wobei es Energie, Impuls und Drehmoment mit sich trägt. Wir bezeichnen dies als elektromagnetische Strahlung. Ihre Existenz lädt uns dazu ein (ja sie *zwingt* uns geradezu), das Feld als unabhängige eigenständige dynamische Entität zu betrachten, die ebenso real ist wie Atome oder Tennisbälle. Unser Interesse verschiebt sich daher von der Untersuchung der zwischen Ladungen herrschenden Kräfte zur Theorie der Felder selbst. Dennoch ist eine Ladung notwendig, um ein elektromagnetisches Feld zu *erzeugen*, und eine andere Ladung wird benötigt, um ein Feld *nachzuweisen*. Daher beginnen wir am besten mit einem Überblick über die wesentlichen Eigenschaften elektrischer Ladungen.

Elektrische Ladung

1. *Ladung tritt in zwei Formen auf*, die wir als „positiv" („Plus") und „negativ" („Minus") bezeichnen, weil sich ihre Effekte gegenseitig aufheben. (Wenn am selben Punkt $+q$ und $-q$ vorliegen, ist dies elektrisch genauso, als wäre gar keine Ladung vorhanden.) Dies scheint zu offensichtlich, als dass es einen Kommentar verdiente, aber Sie sollten einmal über andere Möglichkeiten nachdenken: Was, wenn es acht oder zehn verschiedene Ladungssorten gäbe? (In der Chromodynamik gibt es tatsächlich *drei* unterschiedliche Größen, die jeweils positiv oder negativ sind und der elektrischen Ladung entsprechen.) Oder was wäre, wenn sich die beiden Ladungsarten nicht gegenseitig aufheben würden? Es ist doch außergewöhnlich, dass positive und negative Ladungen in gewöhnlicher Materie mit unglaublicher Genauigkeit in *exakt* denselben Mengen vorliegen, sodass ihre Effekte sich fast vollständig aufheben. Wäre dies nicht der Fall, wären wir enormen Kräften ausgesetzt: Gäbe es beispielsweise in einer Kartoffel nur ein winziges Ungleichgewicht von einem 10^{10}-tel, würde sie eine gewaltige Explosion auslösen.
2. *Ladung bleibt erhalten*: Sie kann nicht erzeugt oder zerstört werden – die Ladung, die jetzt existiert, hat es schon immer gegeben. (Eine positive Ladung kann eine negative „auslöschen", sie kann aber nicht von selbst verschwinden – irgendetwas muss diese elektrische Ladung ausgleichen.) Die Gesamtladung des Universums ist daher ein für alle Mal festgelegt. Dies wird als **globale** Ladungserhaltung bezeichnet. Ich kann dies sogar noch viel enger formulieren: Aufgrund der globalen Ladungserhaltung könnte eine Ladung in Hamburg verschwinden und in München sofort wieder auftauchen (was das „*Gesamt*" nicht verändern würde), obwohl wir wissen, dass dies nicht vorkommt. Wenn die Ladung zuerst in Hamburg war und sich nach München *bewegt* hat, muss sie auf einem ununterbrochenen Weg von einem Ort zum anderen gelangt sein. Dies wird als **lokale** Ladungserhaltung bezeichnet. Später werden wir noch sehen, wie wir ein genaues mathematisches Gesetz formulieren können, das die lokale Ladungserhaltung beschreibt – es wird als **Kontinuitätsgleichung** bezeichnet.

3. *Ladung ist quantisiert.* Obwohl es in der klassischen Elektrodynamik keine Gründe dafür gibt, treten elektrische Ladungen *immer* nur in diskreten Portionen auf – ganzzahlige Vielfache der Elementarladung. Bezeichnen wir die Ladung des Protons mit $+e$, dann trägt das Elektron die Ladung $-e$, das Neutron hat die Ladung Null, die Pi-Mesonen $+e$, 0 und $-e$, der Kohlenstoffkern $+6\,e$ usw. Es gibt jedoch niemals Ladungen wie $7{,}392\,e$ oder $1/2\,e$.[2] Die Basiseinheit der Ladung ist extrem klein. In der Praxis kann die Quantisierung daher fast immer ignoriert werden. Auch Wasser besteht „in Wirklichkeit" aus kleinen Teilchen (Molekülen). Wenn wir uns jedoch mit hinreichend großen Mengen davon befassen, können wir es als kontinuierliche Flüssigkeit auffassen. Dies entspricht sogar Maxwells eigener Sichtweise, der noch keine Ahnung von Elektronen und Protonen hatte. Er betrachtete Ladung vermutlich als eine Art von „Sirup", die in beliebige Portionen aufgeteilt und nach Belieben verschmiert werden konnte.

Einheiten

Die Elektrodynamik leidet unter einer Reihe unterschiedlicher Einheitensysteme, die es Physikern bisweilen schwer machen, sich miteinander auszutauschen. Das Problem ist noch weit schlimmer als in der Mechanik, in der gewisse Neandertaler immer noch Einheiten wie Pfund und Zoll verwenden. In der Mechanik haben die Formeln wenigstens das gleiche *Aussehen*, egal welche Einheiten zur Messung der Größen verwendet werden. Das zweite Newton'sche Gesetz lautet immer $\mathbf{F} = m\mathbf{a}$, egal ob Zoll-Pfund-Sekunde, Kilogramm-Meter-Sekunde oder etwas anderes verwendet wird. Im Elektromagnetismus ist das nicht mehr der Fall. Hier kann das Coulomb'sche Gesetz unterschiedliche Formen annehmen, etwa

$$\frac{q_1 q_2}{\mathscr{r}^2}\hat{\mathscr{r}} \quad \text{(Gauß) oder} \quad \frac{1}{4\pi\varepsilon_0}\frac{q_1 q_2}{\mathscr{r}^2}\hat{\mathscr{r}} \quad \text{(SI) oder} \quad \frac{1}{4\pi}\frac{q_1 q_2}{\mathscr{r}^2}\hat{\mathscr{r}} \quad \text{(HL)}$$

Unter den am meisten verbreiteten Systemen sind die beiden beliebtesten das **Gauß'sche** System (mit den Basiseinheiten Zentimeter, Gramm, Sekunde, daher auch als cgs-System bezeichnet) und das **SI**-System (mit den Basiseinheiten Meter, Kilogramm, Sekunden, mks-System). Teilchenphysiker bevorzugen ein drittes System: das **Heaviside-Lorentz**-System (wie das Gauß'sche System ein cgs-System, allerdings mit einigen anderen Umrechnungsfaktoren). Obwohl Gauß'sche Einheiten einige besondere theoretische Vorteile mit sich bringen, scheinen viele Dozenten für Anfängervorlesungen das SI-System zu bevorzugen[3], meiner Vermutung nach, weil darin die aus dem Alltag gewohnten Einheiten (Volt, Ampere und Watt) enthalten sind. In diesem Buch habe ich daher SI-Einheiten verwendet. Anhang C enthält ein „Wörterbuch", mit dessen Hilfe die wichtigsten Ergebnisse in das Gauß'sche System übertragen werden können.

2 Genau genommen werden Protonen und Neutronen aus drei **Quarks** gebildet, die gebrochene Ladungen ($\pm 2/3\,e$ und $\pm 1/3\,e$) tragen. In der Natur scheinen jedoch keine *freien* Quarks aufzutreten. Ihre Existenz beeinflusst keineswegs die Tatsache, dass Ladungen quantisiert sind. Es verkleinert nur den Wert der Basiseinheit.

3 In Deutschland sind die SI-Einheiten als gesetzliche Einheiten für den amtlichen und geschäftlichen Verkehr eingeführt.

Vorwort zur deutschen Ausgabe

Von den vier fundamentalen Wechselwirkungen spielen in unserer Alltagswelt lediglich zwei eine Rolle: die Gravitation und die elektromagnetische Wechselwirkung. Beide machen sich Menschen in zahllosen Situationen zunutze; eine besondere Rolle in unserer technisierten Welt spielen die Phänomene von Elektrizität und Magnetismus, deren Verständnis daher nicht nur in der Physik, sondern auch in weiten Bereichen der anderen Naturwissenschaften und auch Ingenieurswissenschaften unerlässlich ist. Der überwältigenden Vielfalt von Phänomenen und Anwendungen des Elektromagnetismus steht ein extrem kompakter theoretischer Kern in Form der vier Maxwell'schen Gleichungen gegenüber, und ein wesentliches Ziel einer Vorlesung über Elektromagnetismus sollte es sein, den Studierenden nicht nur die Grundlagen zu vermitteln, sondern auch die ersten Schritte in der Vielfalt der Anwendungen zu ermöglichen.

Diese Aufgabe löst das Standardwerk von David Griffiths, das sich vor allem an den studentischen Hörerkreis wendet, wie er sich in einer ersten theorieorientierten Vorlesung zur Elektrodynamik findet. In diesem Zusammenhang kann dieses Buch auch als Grundlage einer einsemestrigen Vorlesung dienen; wegen der gründlichen mathematischen Grundlegung und der sehr detaillierten Erklärungen eignet sich das Werk auch zum Selbststudium und für Studenten angrenzender Fächer sehr gut. In der mittlerweile nun vierten vollständig überarbeitetenden Auflage wurden viele Details noch klarer und pädagogischer gestaltet; zahlreiche neue spannende Übungsaufgaben sind hinzugekommen oder ersetzen frühere „Routineaufgaben“.

Zum Abschluss eine kleine typographische Anmerkung: Im englischsprachigen Original verwendet Griffiths zur Bezeichnung von Vektoren durchgehend Buchstaben im Fettdruck. In der deutschsprachigen Literatur werden gerne auch kursive Buchstaben im Fettdruck zur Bezeichnung von Vektoren verwendet. Es wurde jedoch die ursprüngliche Darstellung beibehalten, da sie lesbarer erschien sowie mit den Gebräuchen der meisten physikalischen Fachzeitschriften übereinstimmt.

Zum Buch

Inhalt

Im **Kapitel 1** werden die Grundlagen der Vektoranalysis vorgestellt: Gradient, Divergenz, Rotation sowie die damit verbundenen Sätze der Analysis; ferner befasst es sich mit krummlinigen Koordinatensystemen und der Dirac'schen Deltafunktion. Jeder Leser sollte mit diesen Werkzeugen sicher umgehen können, bevor er sich an den Rest des Buches macht.

In **Kapitel 2** werden mittels des Feld- und des Potentialbegriffs die von statischen Ladungen ausgeübten Kräfte untersucht sowie der Arbeitsbegriff in der Elektrostatik eingeführt. Die auftretenden mathematischen Probleme können in der Praxis sehr oft mit den in **Kapitel 3** eingeführten Methoden (Spiegelladungen, Separation der Variablen, Multipolentwicklung) gelöst werden.

Kapitel 4: In der Regel kennen wir die mikroskopische Ladungsverteilung in Materie nicht. Man kann jedoch phänomenologisch auch ohne Kenntnis der Details unter Verwendung des Konzepts der Polarisation eine Theorie der elektrischen Felder in Materie entwickeln.

Der Elektrostatik entspricht eine Magnetostatik, bei der die Magnetfelder, wie in **Kapitel 5** beschrieben, in oft verblüffender Analogie zur Elektrostatik auf stationäre, d. h. zeitlich nicht veränderliche Ströme zurückgeführt werden können. Analog zur Elektrostatik wird diese mikroskopische Theorie dann in **Kapitel 6** phänomenologisch auf Magnetfelder in Materie ausgedehnt.

Bis zu diesem Punkt werden im Buch ausschließlich statische Phänomene behandelt. Elektrodynamik ist aber, wie schon der Name andeutet, nicht ohne eine Betrachtung zeitabhängiger Phänomene vollständig. Dies ist das Thema von **Kapitel 7**. Ausgehend von einer Theorie der Batterie und der Faraday'schen Induktion werden die vier Maxwell'schen Gleichungen vollständig dargelegt. Die Maxwellschen Gleichungen werden dann in **Kapitel 8** mit den zentralen Erhaltungsgrößen Energie und Impuls durch gegenüber der Mechanik verallgemeinerten Erhaltungssätzen und der Einführung des Maxwellschen Spannungstensors verknüpft.

Im Prinzip ist die Elektrodynamik an dieser Stelle komplett. Im weiteren Verlauf des Buchs werden verschiedenste Konsequenzen der Grundgleichungen diskutiert, mathematisch elegantere und transparentere, wenn auch abstraktere Formulierungen der Elektrodynamik präsentiert sowie zu guter Letzt der implizit relativistische Charakter der Maxwell'schen Gleichungen herausgearbeitet.

So befasst sich **Kapitel 9** mit der Theorie elektromagnetischer Wellen, wobei der Schwerpunkt auf der Theorie der ebenen Wellen (in Vakuum und Materie sowie an Grenzflächen) und dem technisch wichtigen Spezialfall von Wellenleitern liegt.

In **Kapitel 10** werden die im Buch bereits mehrfach angesprochenen, auf Potentialen beruhenden Zugänge zur Elektrodynamik systematisiert. Dabei spielt der Begriff der Eichfreiheit eine zentrale Rolle, da er es erlaubt, für viele Probleme eine möglichst einfache Formulierung zu finden. Angewandt wird der Potentialformalismus dann auf die Potentiale und daraus resultierenden Felder von kontinuierlichen Ladungsverteilungen und Punktladungen.

Kapitel 11 wendet sich dem Phänomen der Strahlung zu, also den von beschleunigten Ladungen erzeugten zeitabhängigen elektromagnetischen Feldern. Dieses weite Feld wird in zwei seiner wesentlichen Aspekte behandelt, nämlich der Strahlung eines elektromagnetischen Dipols sowie der Strahlung einer Punktladung.

Ohne darauf angelegt zu sein, war die Elektrodynamik von Anfang an in relativistisch invarianter Form formuliert worden, weist also im Gegensatz zur Mechanik keine Veränderung aufgrund der speziellen Relativitätstheorie auf. Es ist daher in manchen Curricula üblich, die Relativitätstheorie in Verbindung mit der Elektrodynamik zu lehren. In **Kapitel 12** werden die Grundlagen der speziellen Relativitätstheorie und der relativistischen Mechanik wiederholt und in diesem Zusammenhang eine explizit relativistische Darstellung der Elektrodynamik gegeben, die in einer äußerst kompakten tensoriellen Formulierung der Elektrodynamik gipfelt.

Handhabung des Buches und Materialien zum Buch

Dozierende Vom Umfang her ist der Stoff des Buches im Wesentlichen in einer einsemestrigen (Theorie-)Vorlesung zur Elektrodynamik zu behandeln, wobei sich je nach Vorkenntnissen der Studenten und dem Curriculum gewisse Auslassungsmöglichkeiten ergeben (etwa bei der Behandlung der speziellen Relativitätstheorie oder der Vektoranalysis in einer anderen Vorlesung).

Studierende Jedes Kapitel besteht aus einem Wechsel von mathematisch-physikalischer Entwicklung, illustrierenden, vollständig ausgearbeiteten Beispielen sowie dazu passend ausgewählten Aufgaben. Es lohnt sich, die Detailerklärungen des Autors im Text auch dann gründlich nachzuvollziehen, wenn sie im Moment überflüssig erscheinen: in der Regel beseitigen sie ein potentielles Missverständnis einige Seiten später! Wie immer, stellt sich das eigentliche Verständnis erst in den Beispielen und bei selbständiger Behandlung der Aufgaben ein. Jedes Kapitel umfasst am Ende noch eine reiche Auswahl weiterer Aufgaben, die zum Beispiel eine sehr effiziente Klausurvorbereitung darstellen könnten. Aufgaben mit einem Punkt stellen Ergebnisse bereit, die später in der Vorlesung verwendet werden; ein Ausrufezeichen markiert besonders anspruchsvolle Aufgaben. Einige dieser Aufgaben führen direkt in die aktuelle Forschung und zeigen, dass selbst ein „altes" Gebiet wie die klassische Elektrodynamik noch spannende neue Entwicklungen erlebt. Die Lösungen zu den Aufgaben stehen nach einer kurzen Registrierung auf der Webseite des Buches zum Herunterladen bereit.

EXTRAS ONLINE

Lösungshinweise

Ulrich Schollwöck, LMU München

Vektoranalysis

1

ÜBERBLICK

1.1 Vektoralgebra

1.1.1 Vektoroperationen

Wenn Sie sich vier Kilometer nach Norden und danach drei Kilometer nach Osten bewegen (Abbildung 1.1), dann haben Sie zwar sieben Kilometer zurückgelegt, aber Sie befinden sich trotzdem nicht sieben Kilometer von Ihrem Ausgangspunkt entfernt, sondern nur fünf Kilometer. Wir brauchen eine besondere Rechenweise, um Größen wie diese zu beschreiben, die ganz offensichtlich nicht auf gewöhnliche Weise addiert werden können. Der Grund liegt natürlich darin, dass **Verschiebungen** (gerade Streckenabschnitte, die von einem Punkt zu einem anderen reichen) sowohl eine *Richtung* als auch einen *Betrag* (ihre *Länge*) besitzen. Beide muss man berücksichtigen, wenn sie kombiniert werden sollen. Solche Objekte werden als **Vektoren** bezeichnet. Beispiele dafür sind Geschwindigkeit, Beschleunigung, Kraft und Impuls. Im Gegensatz dazu heißen Größen, die nur einen Betrag aufweisen, **Skalare**. Beispiel dafür sind Masse, Ladung, Dichte und Temperatur. Vektoren werde ich **fett** darstellen ($\mathbf{A}$, $\mathbf{B}$ usw.), während Skalare nur *kursiv* dargestellt werden. Der Betrag eines Vektors $\mathbf{A}$ wird in der Form $|\mathbf{A}|$ oder einfach als A geschrieben. In Diagrammen werden Vektoren durch Pfeile wiedergegeben, wobei die Länge eines Pfeils proportional zum Wert des Vektors ist und die Pfeilspitze die Richtung angibt. *Minus* $\mathbf{A}$ (oder $-\mathbf{A}$) ist ein Vektor mit demselben Betrag wie $\mathbf{A}$, der aber in die entgegengesetzte Richtung weist (Abbildung 1.2). Beachten Sie, dass Vektoren zwar Betrag und Richtung besitzen, aber keinen Ursprung. Eine Verschiebung von vier Kilometern in den Norden von München wird durch denselben Vektor beschrieben wie eine Verschiebung von vier Kilometern in den Norden von Leipzig (wobei wir natürlich die Erdkrümmung vernachlässigen). In einem Diagramm können Sie daher Vektoren nach Belieben verschieben, sofern Sie deren Länge oder Richtung nicht verändern.

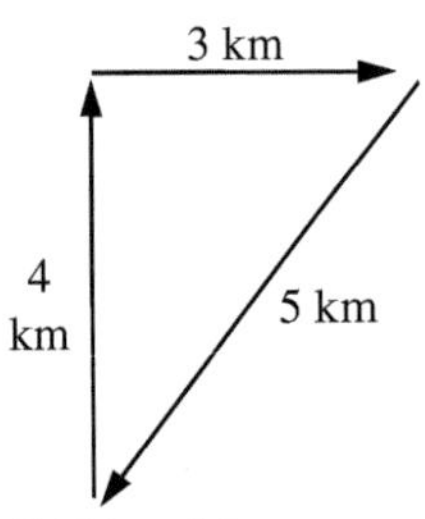

Abbildung 1.1

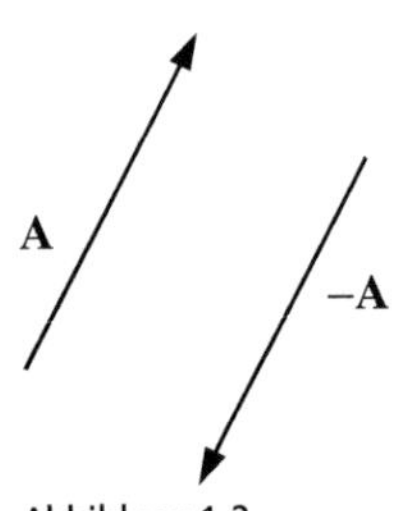

Abbildung 1.2

Wir definieren vier Vektoroperationen: die Addition und drei Arten der Multiplikation.

(i) Addition zweier Vektoren. Setzen Sie das Pfeilende von $\mathbf{B}$ an die Pfeilspitze von $\mathbf{A}$. Die Summe $\mathbf{A} + \mathbf{B}$ ist der Vektor, der vom Pfeilende des Vektors $\mathbf{A}$ bis zur Spitze von $\mathbf{B}$ verläuft (Abbildung 1.3). (Durch diese Regel wird der offensichtliche Weg verallgemeinert, mit dem zwei Verschiebungen kombiniert werden.) Die Addition ist *kommutativ*:

$$\mathbf{A} + \mathbf{B} = \mathbf{B} + \mathbf{A} \, .$$

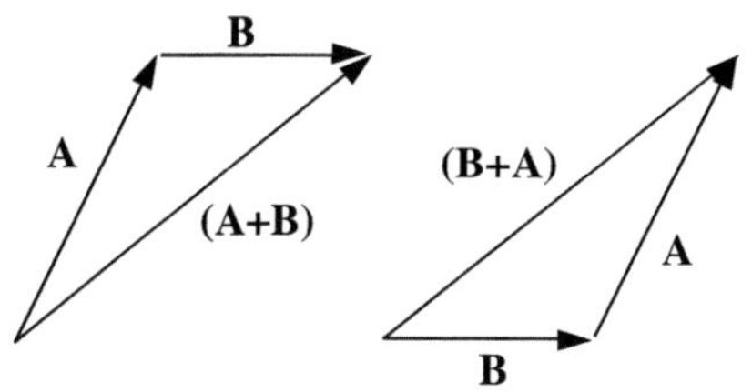

Abbildung 1.3

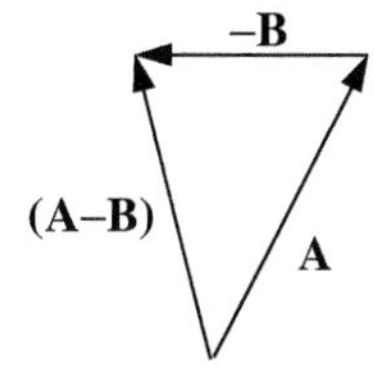

Abbildung 1.4

Wenn Sie zuerst 3 Kilometer nach Osten und dann vier Kilometer nach Norden gehen, gelangen Sie also an denselben Punkt, wie wenn Sie zuerst vier Kilometer nach Norden und dann drei Kilometer nach Osten gehen. Die Addition ist zudem *assoziativ*:

$$(\mathbf{A}+\mathbf{B})+\mathbf{C}=\mathbf{A}+(\mathbf{B}+\mathbf{C})\,.$$

Um einen Vektor zu subtrahieren (Abbildung 1.4), müssen Sie den umgekehrten Vektor addieren:

$$\mathbf{A}-\mathbf{B}=\mathbf{A}+(-\mathbf{B})\,.$$

(ii) Multiplikation mit einem Skalar. Die Multiplikation eines Vektors mit einem positiven Skalar a multipliziert den *Betrag*, verändert aber nicht die Richtung (Abbildung 1.5). (Ist a negativ, wird die Richtung des Vektors umgekehrt.) Die Multiplikation mit einem Skalar ist *distributiv*:

$$a(\mathbf{A}+\mathbf{B})=a\mathbf{A}+a\mathbf{B}\,.$$

(iii) Punktprodukt zweier Vektoren. Das Punktprodukt zweier Vektoren wird folgendermaßen definiert:

$$\mathbf{A}\cdot\mathbf{B}\equiv AB\cos\theta\,. \tag{1.1}$$

Dabei ist θ der Winkel zwischen den beiden Vektoren, sofern sie an ihren Pfeilenden aneinandergefügt werden (Abbildung 1.6). Beachten Sie, dass $\mathbf{A}\cdot\mathbf{B}$ selbst ein **Skalar** ist (daher die häufigere Bezeichnung **Skalarprodukt**). Das Skalarprodukt ist sowohl *kommutativ*,

$$\mathbf{A}\cdot\mathbf{B}=\mathbf{B}\cdot\mathbf{A}\,,$$

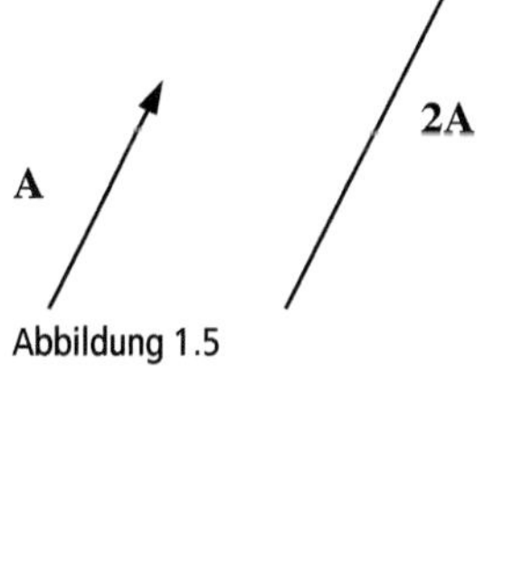

Abbildung 1.5

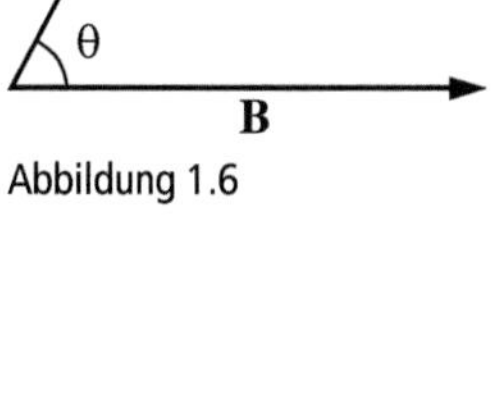

Abbildung 1.6

als auch *distributiv*:

$$\mathbf{A}\cdot(\mathbf{B}+\mathbf{C}) = \mathbf{A}\cdot\mathbf{B}+\mathbf{A}\cdot\mathbf{C}\,. \tag{1.2}$$

Geometrisch gesehen ist $\mathbf{A}\cdot\mathbf{B}$ das A-fache Produkt der Projektion von $\mathbf{B}$ auf $\mathbf{A}$ (bzw. das B-fache Produkt der Projektion von $\mathbf{A}$ auf $\mathbf{B}$). Verlaufen beide Vektoren parallel, dann ist $\mathbf{A}\cdot\mathbf{B} = AB$. Insbesondere ist für jeden Vektor $\mathbf{A}$

$$\mathbf{A}\cdot\mathbf{A} = A^2\,. \tag{1.3}$$

Stehen $\mathbf{A}$ und $\mathbf{B}$ senkrecht aufeinander, dann ist $\mathbf{A}\cdot\mathbf{B} = 0$.

Beispiel 1.1: Berechnung des Skalarprodukts

Sei $\mathbf{C} = \mathbf{A}-\mathbf{B}$ (Abbildung 1.7). Berechnen Sie das Skalarprodukt von $\mathbf{C}$ mit sich selbst.

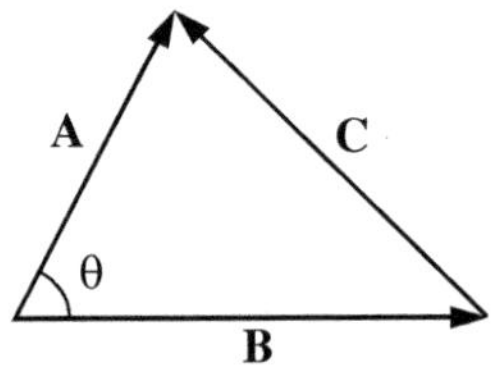

Abbildung 1.7

Lösung:

$$\mathbf{C}\cdot\mathbf{C} = (\mathbf{A}-\mathbf{B})\cdot(\mathbf{A}-\mathbf{B}) = \mathbf{A}\cdot\mathbf{A}-\mathbf{A}\cdot\mathbf{B}-\mathbf{B}\cdot\mathbf{A}+\mathbf{B}\cdot\mathbf{B}\,,$$

oder

$$C^2 = A^2 + B^2 - 2AB\cos\theta$$

Dies wird als **Kosinussatz** bezeichnet.

(iv) Kreuzprodukt zweier Vektoren. Das Kreuzprodukt zweier Vektoren wird durch

$$\mathbf{A}\times\mathbf{B} \equiv AB\sin\theta\,\hat{\mathbf{n}} \tag{1.4}$$

definiert, wobei $\hat{\mathbf{n}}$ der **Einheitsvektor** (ein Vektor der Länge 1) ist, der senkrecht auf der von $\mathbf{A}$ und $\mathbf{B}$ gebildeten Ebene steht. (Ich benutze das „Dach"-Zeichen „ˆ" zur Kennzeichnung von Einheitsvektoren.) Selbstverständlich gibt es *zwei* Richtungen, die senkrecht auf einer beliebigen Ebene stehen: „aufwärts" und „abwärts". Diese Doppeldeutigkeit wird durch die sogenannte **Rechte-Hand-Regel** gelöst: Zeigen Sie mit Daumen in Richtung des ersten Vektors und mit dem Zeigefinger (in Richtung des kleineren Winkels) zum zweiten Vektor; steht Ihr Mittelfinger senkrecht auf der Handebene, dann weist er in die Richtung von $\hat{\mathbf{n}}$. (In Abbildung 1.8 zeigt $\mathbf{A}\times\mathbf{B}$ in die Seite *hinein*, $\mathbf{B}\times\mathbf{A}$ zeigt dagegen aus der Seite *heraus*.) Beachten Sie, dass $\mathbf{A}\times\mathbf{B}$ wieder ein **Vektor** ist (man bezeichnet das Kreuzprodukt daher alternativ als **Vektorprodukt**). Das Kreuzprodukt ist *distributiv*

$$\mathbf{A}\times(\mathbf{B}+\mathbf{C}) = (\mathbf{A}\times\mathbf{B})+(\mathbf{A}\times\mathbf{C})\;, \tag{1.5}$$

aber *nicht kommutativ*. Tatsächlich gilt

$$(\mathbf{B} \times \mathbf{A}) = -(\mathbf{A} \times \mathbf{B}) . \tag{1.6}$$

Geometrisch gesehen bildet der Betrag des Kreuzprodukts, $|\mathbf{A} \times \mathbf{B}|$, die Fläche eines Parallelogramms, das durch **A** und **B** gebildet wird (Abbildung 1.8). Sind beide Vektoren parallel, dann ist ihr Kreuzprodukt null. Insbesondere gilt für jeden Vektor **A**

$$\mathbf{A} \times \mathbf{A} = 0 .$$

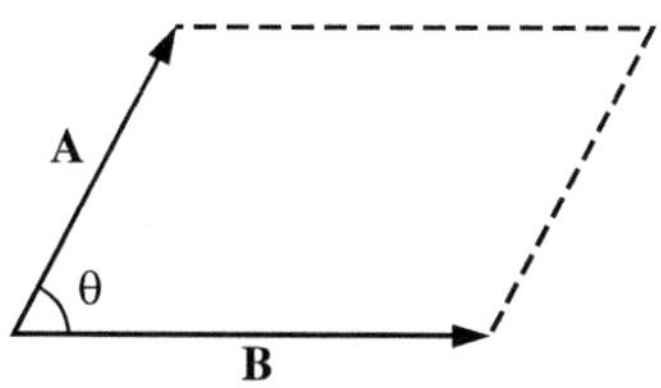

Abbildung 1.8

■ **Aufgabe 1.1**

Zeigen Sie anhand der Definitionen in den Gleichungen 1.1 und 1.4 sowie den zugehörigen Diagrammen, dass das Punktprodukt sowie das Kreuzprodukt distributiv sind, und zwar

a. für drei Vektoren in einer Ebene,

! b. für den allgemeinen Fall.

■ **Aufgabe 1.2**

Ist das Vektorprodukt assoziativ?

$$(\mathbf{A} \times \mathbf{B}) \times \mathbf{C} \stackrel{?}{=} \mathbf{A} \times (\mathbf{B} \times \mathbf{C})$$

Falls ja, führen Sie den Beweis durch. Falls nein, nennen Sie ein Gegenbeispiel.

1.1.2 Vektoralgebra in der Komponentenform

Im vorangegangenen Abschnitt habe ich die vier Vektoroperationen (Addition, skalare Multiplikation, Punktprodukt und Kreuzprodukt) in „abstrakter" Form definiert, d. h. ohne Bezug auf irgendein besonderes Koordinatensystem. In der Praxis ist es oft einfacher, die kartesischen Koordinaten x, y, z zu benutzen und mit „Vektorkomponenten" zu arbeiten. Wir bezeichnen mit $\hat{\mathbf{x}}$, $\hat{\mathbf{y}}$ und $\hat{\mathbf{z}}$ die Einheitsvektoren parallel zur x-, y- bzw. z-Achse (Abbildung 1.9a). Ein beliebiger Vektor kann anhand dieser **Basisvektoren** dargestellt werden (Abbildung 1.9b):

$$\mathbf{A} = A_x\hat{\mathbf{x}} + A_y\hat{\mathbf{y}} + A_z\hat{\mathbf{z}} .$$

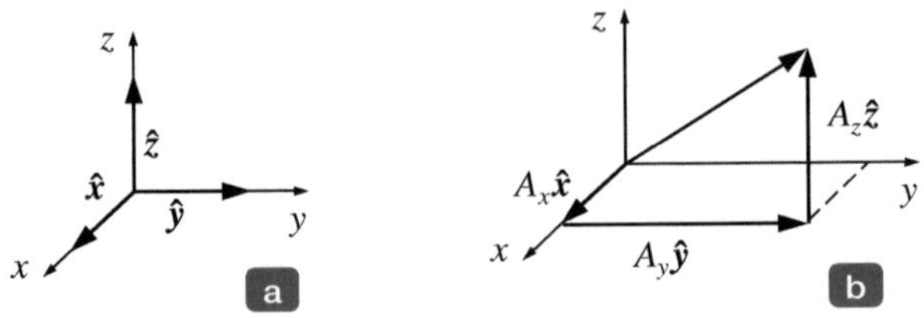

Abbildung 1.9

Die Zahlen A_x, A_y und A_z werden als **Komponenten** von **A** bezeichnet. Geometrisch gesehen sind sie die Projektionen von **A** auf die drei Koordinatenachsen. Wir können nun jede der vier Vektoroperationen umformulieren und erhalten so die Regeln für das Rechnen mit den Komponenten:

$$\begin{aligned}\mathbf{A}+\mathbf{B} &= (A_x\hat{\mathbf{x}}+A_y\hat{\mathbf{y}}+A_z\hat{\mathbf{z}})+(B_x\hat{\mathbf{x}}+B_y\hat{\mathbf{y}}+B_z\hat{\mathbf{z}})\\ &= (A_x+B_x)\,\hat{\mathbf{x}}+(A_y+B_y)\,\hat{\mathbf{y}}+(A_z+B_z)\,\hat{\mathbf{z}}\,.\end{aligned} \tag{1.7}$$

Regel 1: *Vektoren werden addiert, indem die zusammengehörigen Komponenten addiert werden.*

$$a\mathbf{A} = (aA_x)\,\hat{\mathbf{x}}+(aA_y)\,\hat{\mathbf{y}}+(aA_z)\,\hat{\mathbf{z}}\,. \tag{1.8}$$

Regel 2: *Zur Multiplikation eines Vektors mit einem Skalar wird jede Komponente mit dem Skalar multipliziert.*

Weil $\hat{\mathbf{x}}$, $\hat{\mathbf{y}}$ und $\hat{\mathbf{z}}$ aufeinander senkrecht stehende Einheitsvektoren sind, gilt

$$\hat{\mathbf{x}}\cdot\hat{\mathbf{x}}=\hat{\mathbf{y}}\cdot\hat{\mathbf{y}}=\hat{\mathbf{z}}\cdot\hat{\mathbf{z}}=1\,,\quad \hat{\mathbf{x}}\cdot\hat{\mathbf{y}}=\hat{\mathbf{x}}\cdot\hat{\mathbf{z}}=\hat{\mathbf{y}}\cdot\hat{\mathbf{z}}=0\,. \tag{1.9}$$

Entsprechend ist

$$\begin{aligned}\mathbf{A}\cdot\mathbf{B} &= (A_x\hat{\mathbf{x}}+A_y\hat{\mathbf{y}}+A_z\hat{\mathbf{z}})\cdot(B_x\hat{\mathbf{x}}+B_y\hat{\mathbf{y}}+B_z\hat{\mathbf{z}})\\ &= A_xB_x+A_yB_y+A_zB_z\,.\end{aligned} \tag{1.10}$$

Regel 3: *Zur Berechnung des Skalarprodukts werden die zusammengehörigen Komponenten multipliziert und die Produkte addiert.*

Insbesondere ist

$$\mathbf{A}\cdot\mathbf{A} = A_x^2+A_y^2+A_z^2$$

und daher

$$A = \sqrt{A_x^2+A_y^2+A_z^2}\,. \tag{1.11}$$

(Wenn Sie so wollen, ist das die dreidimensionale Erweiterung des Lehrsatzes des Pythagoras.) Beachten Sie, dass das Skalarprodukt von **A** mit irgendeinem Einheitsvektor die Komponente von **A** in die Richtung des Einheitsvektors bedeutet (also ist $\mathbf{A}\cdot\hat{\mathbf{x}} = A_x$, $\mathbf{A}\cdot\hat{\mathbf{y}} = A_y$ und $\mathbf{A}\cdot\hat{\mathbf{z}} = A_z$).

Auf ähnliche Weise erhalten wir[1]

$$\begin{aligned}\hat{\mathbf{x}}\times\hat{\mathbf{x}} &= \hat{\mathbf{y}}\times\hat{\mathbf{y}} = \hat{\mathbf{z}}\times\hat{\mathbf{z}} = 0\,,\\ \hat{\mathbf{x}}\times\hat{\mathbf{y}} &= -\hat{\mathbf{y}}\times\hat{\mathbf{x}} = \hat{\mathbf{z}}\,,\\ \hat{\mathbf{y}}\times\hat{\mathbf{z}} &= -\hat{\mathbf{z}}\times\hat{\mathbf{y}} = \hat{\mathbf{x}}\,,\\ \hat{\mathbf{z}}\times\hat{\mathbf{x}} &= -\hat{\mathbf{x}}\times\hat{\mathbf{z}} = \hat{\mathbf{y}}\,.\end{aligned} \tag{1.12}$$

Daher gilt weiterhin

$$\begin{aligned}\mathbf{A}\times\mathbf{B} &= \left(A_x\hat{\mathbf{x}} + A_y\hat{\mathbf{y}} + A_z\hat{\mathbf{z}}\right)\times\left(B_x\hat{\mathbf{x}} + B_y\hat{\mathbf{y}} + B_z\hat{\mathbf{z}}\right)\\ &= \left(A_yB_z - A_zB_y\right)\hat{\mathbf{x}} + \left(A_zB_x - A_xB_z\right)\hat{\mathbf{y}} + \left(A_xB_y - A_yB_x\right)\hat{\mathbf{z}}\,.\end{aligned} \tag{1.13}$$

Dieser komplizierte Ausdruck kann viel einfacher durch eine Determinante ausgedrückt werden:

$$\mathbf{A}\times\mathbf{B} = \begin{vmatrix}\hat{\mathbf{x}} & \hat{\mathbf{y}} & \hat{\mathbf{z}}\\ A_x & A_y & A_z\\ B_x & B_y & B_z\end{vmatrix}\,. \tag{1.14}$$

Regel 4: *Zur Berechnung des Vektorprodukts bilden wir die Determinante einer Matrix, deren erste Zeile durch* $\hat{\mathbf{x}}$, $\hat{\mathbf{y}}$ *und* $\hat{\mathbf{z}}$, *deren zweite Zeile durch* **A** *(in Komponentenform) und deren dritte Zeile durch* **B** *gegeben ist.*

Beispiel 1.2: Winkelbestimmung mit dem Skalarprodukt

Bestimmen Sie den Winkel zwischen den Flächendiagonalen eines Würfels.

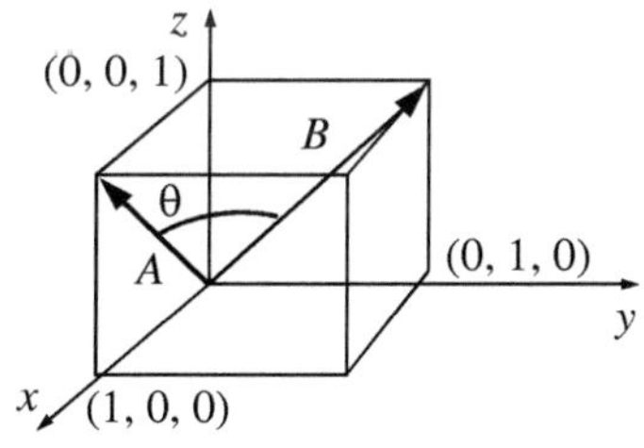

Abbildung 1.10

1 Die Vorzeichen gelten hier für ein *rechtshändiges* Koordinatensystem (dessen x-Achse aus der Seitenebene heraus reicht, die y-Achse zeigt nach rechts und die z-Achse zeigt zur oberen Seitenkante). In einem *linkshändigen* Koordinatensystem (dessen z-Achse nach unten zeigt), sind die Vorzeichen umgekehrt: $\hat{\mathbf{x}}\times\hat{\mathbf{y}} = -\hat{\mathbf{z}}$ usw. Wir werden ausschließlich rechtshändige Koordinatensysteme verwenden.

Beispiel 1.2 (Fortsetzung)

Lösung:

Wir können ohne Weiteres einen Würfel der Kantenlänge 1 benutzen, den wir, wie in Abbildung 1.10 gezeigt, so ausrichten, dass sich eine seiner Ecken im Ursprung befindet. Die Flächendiagonalen **A** und **B** sind dann

$$\mathbf{A} = 1\hat{\mathbf{x}} + 0\hat{\mathbf{y}} + 1\hat{\mathbf{z}}\,; \quad \mathbf{B} = 0\hat{\mathbf{x}} + 1\hat{\mathbf{y}} + 1\hat{\mathbf{z}}$$

In Komponentenform lautet das Skalarprodukt

$$\mathbf{A}\cdot\mathbf{B} = 1\cdot 0 + 0\cdot 1 + 1\cdot 1 = 1\,.$$

Die „abstraktere" (also koordinatenfreie) Darstellung lautete dagegen

$$\mathbf{A}\cdot\mathbf{B} = AB\cos\theta = \sqrt{2}\sqrt{2}\cos\theta = 2\cos\theta\,.$$

Daraus folgt

$$\cos\theta = 1/2 \quad \text{oder} \quad \theta = 60^\circ\,.$$

Natürlich können Sie die Antwort auch leichter erhalten, indem Sie auf der Oberseite des Würfels eine Diagonale einzeichnen, welche das gleichseitige Dreieck vervollständigt. In Fällen, in denen die Geometrie nicht so einfach ist, haben Sie mit dieser Methode des Vergleichs von „abstrakter" und Komponentenform des Skalarprodukts jedoch eine äußerst effektive Methode zur Bestimmung der Winkel.

Aufgabe 1.3

Bestimmen Sie den Winkel zwischen den Raumdiagonalen eines Würfels.

Aufgabe 1.4

Benutzen Sie das Vektorprodukt zur Bestimmung der Komponenten des Einheitsvektors $\hat{\mathbf{n}}$, der senkrecht auf der in Abbildung 1.11 gezeigten Ebene steht.

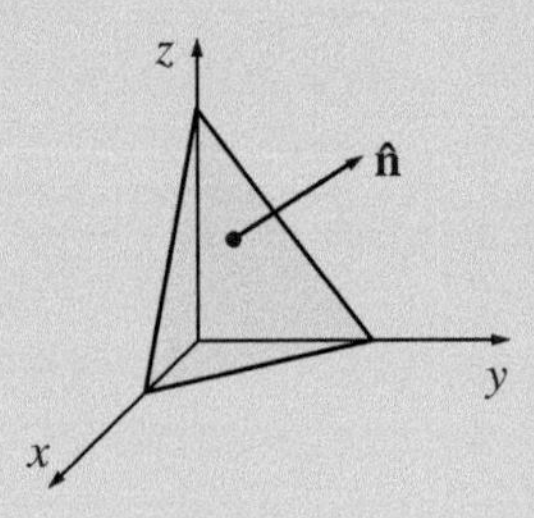

Abbildung 1.11

1.1.3 Dreierprodukte

Da das Kreuzprodukt zweier Vektoren selbst wieder ein Vektor ist, kann dieser mit einem dritten Vektor sowohl durch Skalar- als auch Vektorprodukt ein sogenanntes *Dreierprodukt* bilden.

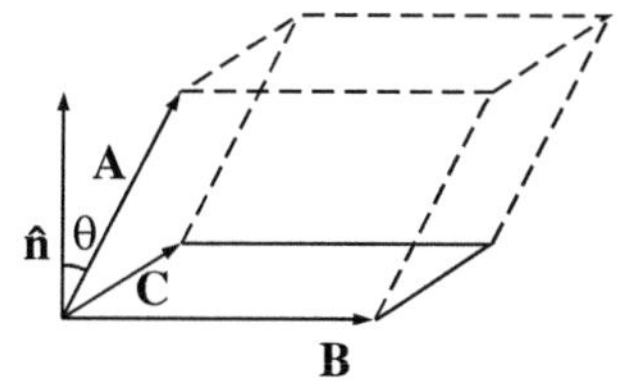

Abbildung 1.12

(i) Skalares Dreierprodukt: $\mathbf{A} \cdot (\mathbf{B} \times \mathbf{C})$. Geometrisch gesehen ist $|\mathbf{A} \cdot (\mathbf{B} \times \mathbf{C})|$ das Volumen eines Parallelepipeds, das durch **A**, **B** und **C** aufgespannt wird (ein Parallelepiped ist ein Körper mit sechs Begrenzungsflächen, bei dem gegenüberliegende Flächen jeweils parallel sind). Darin ist $|(\mathbf{B} \times \mathbf{C})|$ die Fläche der Basis und $|\mathbf{A}\cos\theta|$ ist dessen Höhe (Abbildung 1.12). Offenbar gilt

$$\mathbf{A} \cdot (\mathbf{B} \times \mathbf{C}) = \mathbf{B} \cdot (\mathbf{C} \times \mathbf{A}) = \mathbf{C} \cdot (\mathbf{A} \times \mathbf{B}) \ , \tag{1.15}$$

denn sie entsprechen alle dem gleichen geometrischen Körper. Beachten Sie, dass die „alphabetische“ Reihenfolge erhalten bleibt, wenn man sich das „Alphabet“ zyklisch fortgesetzt denkt: **ABCABC**... – in der Schreibweise von Gleichung 1.6 haben die „nichtalphabetischen“ Dreierprodukte

$$\mathbf{A} \cdot (\mathbf{C} \times \mathbf{B}) = \mathbf{B} \cdot (\mathbf{A} \times \mathbf{C}) = \mathbf{C} \cdot (\mathbf{B} \times \mathbf{A})$$

jeweils das umgekehrte Vorzeichen. In Komponentenform lautet das Dreierprodukt

$$\mathbf{A} \cdot (\mathbf{B} \times \mathbf{C}) = \begin{vmatrix} A_x & A_y & A_z \\ B_x & B_y & B_z \\ C_x & C_y & C_z \end{vmatrix} \ . \tag{1.16}$$

Beachten Sie, dass Punkt und Kreuz miteinander vertauscht werden können (dies folgt unmittelbar aus Gleichung 1.15):

$$\mathbf{A} \cdot (\mathbf{B} \times \mathbf{C}) = (\mathbf{A} \times \mathbf{B}) \cdot \mathbf{C} \, .$$

Allerdings ist die Anordnung der Klammern von Bedeutung, denn ein Ausdruck wie $(\mathbf{A} \cdot \mathbf{B}) \times \mathbf{C}$ hat keinen Sinn: Sie können aus einem *Skalar* und einem Vektor kein Vektorprodukt bilden.

(ii) Vektorielles Dreierprodukt: $\mathbf{A} \times (\mathbf{B} \times \mathbf{C})$. Das vektorielle Dreierprodukt wird durch die sogenannte **BAC-CAB**-Regel vereinfacht:

$$\mathbf{A} \times (\mathbf{B} \times \mathbf{C}) = \mathbf{B}\,(\mathbf{A} \cdot \mathbf{C}) - \mathbf{C}\,(\mathbf{A} \cdot \mathbf{B}) \ . \tag{1.17}$$

Beachten Sie, dass

$$(\mathbf{A}\times\mathbf{B})\times\mathbf{C} = -\mathbf{C}\times(\mathbf{A}\times\mathbf{B}) = -\mathbf{A}\,(\mathbf{B}\cdot\mathbf{C}) + \mathbf{B}\,(\mathbf{A}\cdot\mathbf{C})$$

ein völlig anderer Vektor ist. Übrigens lassen sich alle *höheren* Vektorprodukte auf ähnliche Weise vereinfachen, meist, indem Gleichung 1.17 mehrfach wiederholt wird. Daher braucht in einem beliebigen Ausdruck in jedem beliebigen Term nicht mehr als ein Vektorprodukt vorzukommen. Beispielsweise ist

$$\begin{aligned}(\mathbf{A}\times\mathbf{B})\cdot(\mathbf{C}\times\mathbf{D}) &= (\mathbf{A}\cdot\mathbf{C})(\mathbf{B}\cdot\mathbf{D}) - (\mathbf{A}\cdot\mathbf{D})(\mathbf{B}\cdot\mathbf{C})\;;\\ A\times(\mathbf{B}\times(\mathbf{C}\times\mathbf{D})) &= \mathbf{B}\,(\mathbf{A}\cdot(\mathbf{C}\times\mathbf{D})) - (\mathbf{A}\cdot\mathbf{B})(\mathbf{C}\times\mathbf{D})\;.\end{aligned} \quad (1.18)$$

Aufgabe 1.5

Beweisen Sie die **BAC-CAB**-Regel, indem Sie beide Seiten in Komponentenform ausschreiben.

Aufgabe 1.6

Beweisen Sie die Gleichung

$$[\mathbf{A}\times(\mathbf{B}\times\mathbf{C})] + [\mathbf{B}\times(\mathbf{C}\times\mathbf{A})] + [\mathbf{C}\times(\mathbf{A}\times\mathbf{B})] = 0\,.$$

Unter welchen Bedingungen ist

$$\mathbf{A}\times(\mathbf{B}\times\mathbf{C}) = (\mathbf{A}\times\mathbf{B})\times\mathbf{C}\,?$$

1.1.4 Orts-, Verschiebungs- und Verbindungsvektoren

Der Ort eines Punkts in drei Dimensionen kann mithilfe seiner kartesischen Koordinaten (x, y, z) beschrieben werden. Der Vektor vom Koordinatenursprung zu diesem Punkt (Abbildung 1.13) ist der sogenannte **Ortsvektor**:

$$\mathbf{r} \equiv x\hat{\mathbf{x}} + y\hat{\mathbf{y}} + z\hat{\mathbf{z}}\,. \quad (1.19)$$

Für einen Ortsvektor benutze ich im gesamten Buch den Buchstaben **r**. Sein Betrag

$$r = \sqrt{x^2 + y^2 + z^2} \quad (1.20)$$

ist der Abstand vom Koordinatenursprung, und

$$\hat{\mathbf{r}} = \frac{\mathbf{r}}{r} = \frac{x\hat{\mathbf{x}} + y\hat{\mathbf{y}} + z\hat{\mathbf{z}}}{\sqrt{x^2 + y^2 + z^2}} \quad (1.21)$$

ist der Einheitsvektor, der radial nach außen weist. Der infinitesimale **Verschiebungsvektor** von (x, y, z) nach $(x + \mathrm{d}x, y + \mathrm{d}y, z + \mathrm{d}z)$ lautet

$$\mathrm{d}\mathbf{l} = \mathrm{d}x\hat{\mathbf{x}} + \mathrm{d}y\hat{\mathbf{y}} + \mathrm{d}z\hat{\mathbf{z}}\,. \quad (1.22)$$

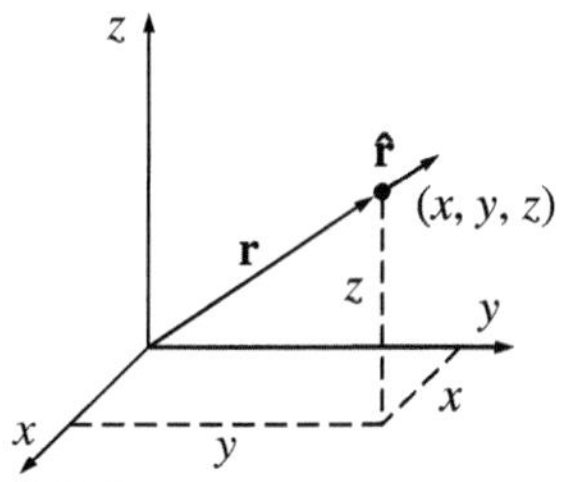

Abbildung 1.13

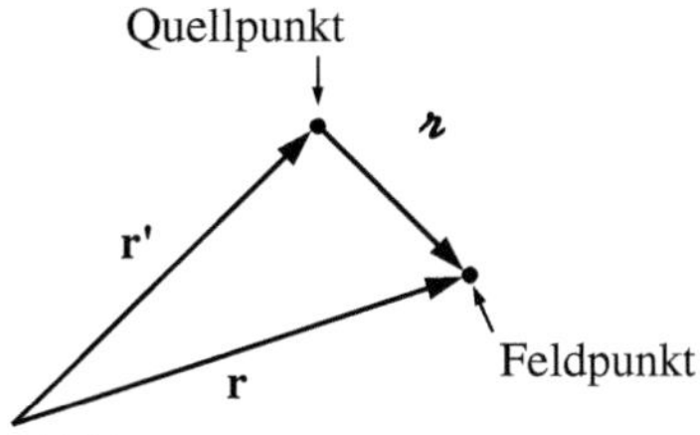

Abbildung 1.14

(Wir könnten ihn auch mit $d\mathbf{r}$ bezeichnen, denn darum handelt es sich eigentlich, allerdings ist es sinnvoll, für infinitesimale Verschiebungen einen besonderen Buchstaben vorzusehen.)

In der Elektrodynamik begegnen wir häufig Aufgabenstellungen, in denen zwei Positionen auftreten – üblicherweise ein Quellpunkt $\mathbf{r}'$, in dem sich eine elektrische Ladung befindet, und ein Feldpunkt $\mathbf{r}$, in dem Sie das elektrische oder magnetische Feld bestimmen müssen (Abbildung 1.14). Es ist sinnvoll, von Anfang an eine Kurzschreibweise für den **Verbindungsvektor** zwischen Quellpunkt und Feldpunkt festzulegen. Ich verwende dafür den Schreibschrift-Buchstaben $\boldsymbol{\mathscr{r}}$:

$$\boldsymbol{\mathscr{r}} \equiv \mathbf{r} - \mathbf{r}' . \tag{1.23}$$

Sein Betrag ist

$$\mathscr{r} = |\mathbf{r} - \mathbf{r}'| . \tag{1.24}$$

Der Einheitsvektor in der Richtung von $\mathbf{r}'$ nach $\mathbf{r}$ ist

$$\hat{\boldsymbol{\mathscr{r}}} = \frac{\boldsymbol{\mathscr{r}}}{\mathscr{r}} = \frac{\mathbf{r} - \mathbf{r}'}{|\mathbf{r} \quad \mathbf{r}'|} . \tag{1.25}$$

In kartesischen Koordinaten sehen diese drei Größen folgendermaßen aus:

$$\boldsymbol{\mathscr{r}} = (x - x')\,\hat{\mathbf{x}} + (y - y')\,\hat{\mathbf{y}} + (z - z')\,\hat{\mathbf{z}} , \tag{1.26}$$

$$\mathscr{r} = \sqrt{(x - x')^2 + (y - y')^2 + (z - z')^2} , \tag{1.27}$$

$$\hat{\boldsymbol{\mathscr{r}}} = \frac{(x - x')\,\hat{\mathbf{x}} + (y - y')\,\hat{\mathbf{y}} + (z - z')\,\hat{\mathbf{z}}}{\sqrt{(x - x')^2 + (y - y')^2 + (z - z')^2}} . \tag{1.28}$$

(Gerade anhand dieser Darstellungen erkennen Sie sicher die Vorteile der $\mathscr{r}$-Schreibweise.)

■ Aufgabe 1.7

Suchen Sie den Verbindungsvektor $\boldsymbol{\mathscr{r}}$ zwischen dem Quellpunkt (2, 8, 7) und dem Feldpunkt (4, 6, 8). Bestimmen Sie seinen Betrag ($\mathscr{r}$) und konstruieren Sie den Einheitsvektor $\hat{\boldsymbol{\mathscr{r}}}$.

1.1.5 Wie sich Vektoren transformieren[2]

Die Definition eines Vektors als einer „Größe mit Betrag und Richtung“ ist nicht völlig befriedigend. Was genau *bedeutet* „Richtung“? Vielleicht erscheint diese Frage pedantisch, aber wir werden in Kürze einer Reihe von Ableitungen begegnen, die große *Ähnlichkeit* mit einem Vektor haben, und bei denen wir sicher gehen wollen, dass sie auch Vektoren *sind.* Vielleicht neigen Sie zu der Ansicht, dass ein Vektor etwas ist, das drei Komponenten besitzt, die sich bei der Addition richtig verhalten. Betrachten wir Folgendes: Wir haben eine Kiste mit Früchten, in der sich N_x Birnen, N_y Äpfel und N_z Bananen befinden. Ist $\mathbf{N} = N_x\hat{\mathbf{x}} + N_y\hat{\mathbf{y}} + N_z\hat{\mathbf{z}}$ ein Vektor? Die Größe besitzt drei Komponenten, und wenn Sie eine weitere Kiste mit M_x Birnen, M_y Äpfeln und M_z Bananen hinzufügen, erhalten Sie $(N_x + M_x)$ Birnen, $(N_y + M_y)$ Äpfel und $(N_z + M_z)$ Bananen. Also *addiert* sich die Größe auch wie ein Vektor. Allerdings ist sie offensichtlich im physikalischen Sinn *kein* Vektor, denn sie besitzt keine Richtung. Was also ist an ihr falsch?

Die Antwort besteht darin, dass sich $\mathbf{N}$ nicht korrekt transformiert, wenn Sie das Koordinatensystem ändern. Das Koordinatensystem, mit dem wir Positionen im Raum beschreiben, ist natürlich völlig willkürlich. Es gibt allerdings eine bestimmte geometrische Transformationsregel, mit dem Vektorkomponenten von einem Koordinatensystem in ein anderes übertragen werden. Nehmen Sie beispielsweise an, das System $\overline{x}, \overline{y}, \overline{z}$ sei um den Winkel φ um die gemeinsame Achse $x = \overline{x}$ gegenüber dem x, y, z-System gedreht. Der Abbildung 1.15 entnehmen wir

$$A_y = A\cos\theta\,, \quad A_z = A\sin\theta$$

und außerdem

$$\begin{aligned}\overline{A}_y &= A\cos\overline{\theta} = A\cos(\theta-\varphi) = A(\cos\theta\cos\varphi + \sin\theta\sin\varphi)\\ &= \cos\varphi A_y + \sin\varphi A_z\,,\\ \overline{A}_z &= A\sin\overline{\theta} = A\sin(\theta-\varphi) = A(\sin\theta\cos\varphi + \cos\theta\sin\varphi)\\ &= -\sin\varphi A_y + \cos\varphi A_z\,.\end{aligned}$$

In Matrixschreibweise lautet dieser Ausdruck:

$$\begin{pmatrix}\overline{A}_y\\ \overline{A}_z\end{pmatrix} = \begin{pmatrix}\cos\varphi & \sin\varphi\\ -\sin\varphi & \cos\varphi\end{pmatrix}\begin{pmatrix}A_y\\ A_z\end{pmatrix}\,. \tag{1.29}$$

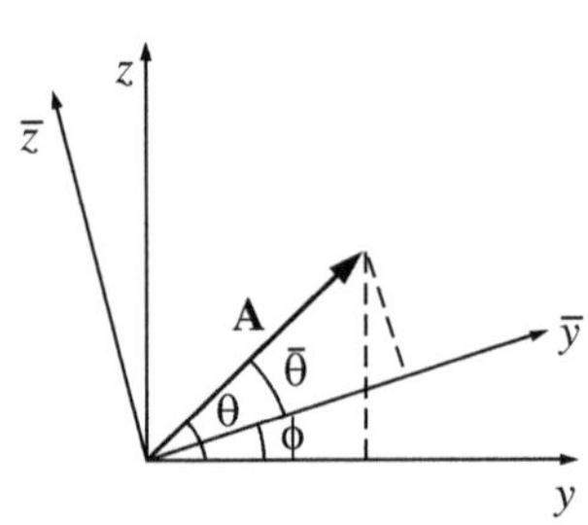

Abbildung 1.15

2 Dieser Abschnitt kann ohne Weiteres übersprungen werden.

Das Transformationsgesetz für eine Rotation um eine *beliebige* Achse in drei Dimensionen lautet ganz allgemein

$$\begin{pmatrix} \overline{A}_x \\ \overline{A}_y \\ \overline{A}_z \end{pmatrix} = \begin{pmatrix} R_{xx} & R_{xy} & R_{xz} \\ R_{yx} & R_{yy} & R_{yz} \\ R_{zx} & R_{zy} & R_{zz} \end{pmatrix} \begin{pmatrix} A_x \\ A_y \\ A_z \end{pmatrix} . \tag{1.30}$$

Dies können wir folgendermaßen noch kompakter formulieren:

$$\overline{A}_i = \sum_{j=1}^{3} R_{ij} A_j . \tag{1.31}$$

Der Index 1 steht darin für x, die 2 steht für y und die 3 für z. Die Elemente der Matrix $\mathbf{R}$ können für eine gegebene Rotation durch dieselben geometrischen Argumente bestimmt werden, die wir für die Rotation um die x-Achse eingesetzt haben.

Kehren wir zu unserer ursprünglichen Frage zurück: Transformieren sich die Komponenten von **N** *tatsächlich* auf diese Weise? Natürlich nicht – welche Koordinaten Sie auch immer zur Darstellung von Positionen im Raum verwenden, die Zahl der Äpfel in der Kiste ändert sich nicht. Sie können durch eine andere Wahl der Achsen keine Birne in eine Banane umwandeln, allerdings *können* Sie bei einem Vektor A_x in $\overline{A}_y$ umwandeln. Formal ist daher ein Vektor *jedes Gebilde aus drei Komponenten, das sich bei Koordinatenänderung auf dieselbe Weise transformiert wie eine Verschiebung.*[3] Wie immer, bildet auch hier die *Verschiebung* das Modell für das Verhalten aller Vektoren.[4]

Übrigens: Ein Tensor (zweiter Stufe) ist eine Größe mit *neun* Komponenten T_{xx}, T_{xy}, T_{xz}, T_{yx}, ..., T_{zz}, die anhand *zweier* Faktoren R transformiert wird:

$$\begin{aligned} \overline{T}_{xx} = {} & R_{xx} \left(R_{xx} T_{xx} + R_{xy} T_{xy} + R_{xz} T_{xz} \right) \\ & + R_{xy} \left(R_{xx} T_{yx} + R_{xy} T_{yy} + R_{xz} T_{yz} \right) \\ & + R_{xz} \left(R_{xx} T_{zx} + R_{xy} T_{zy} + R_{xz} T_{zz} \right) \ldots \end{aligned}$$

oder in der kompakten Schreibweise:

$$\overline{T}_{ij} = \sum_{k=1}^{3} \sum_{l=1}^{3} R_{ik} R_{jl} T_{kl} . \tag{1.32}$$

3 Ein Skalar ändert sich nicht, wenn Sie die Koordinaten verändern. Insbesondere sind die Komponenten eines Vektors keine Skalare; seine Länge dagegen schon. Die Aussage gilt natürlich auch für höherdimensionale Koordinatensysteme, die mehr als drei Basisvektoren besitzen.

4 Falls Sie Mathematiker sind, möchten Sie sich vielleicht auch verallgemeinerte Vektorräume anschauen. Dort haben die „Achsen" nichts mit Richtungen zu tun und die Basisvektoren lauten nicht mehr $\hat{\mathbf{x}}$, $\hat{\mathbf{y}}$ und $\hat{\mathbf{z}}$ (es kann auch mehr als drei Dimensionen geben). Das ist das Thema der **linearen Algebra**. Für unsere Zwecke leben alle Vektoren im üblichen dreidimensionalen Raum (bzw. in Kapitel 12 in der vierdimensionalen Raumzeit).

Im Allgemeinen hat ein Tensor n-ter Stufe n Indizes und 3^n Komponenten und transformiert sich mit n Faktoren von R. In dieser Ordnung ist ein Vektor ein Tensor erster Stufe, und ein Skalar ist ein Tensor nullter Stufe.[5]

Aufgabe 1.8

a. Beweisen Sie, dass die zweidimensionale Rotationsmatrix (1.29) Skalarprodukte erhält. (Mit anderen Worten, zeigen Sie, dass $\overline{A}_y\overline{B}_y + \overline{A}_z\overline{B}_z = A_yB_y + A_zB_z$.)

b. Welche Bedingungen müssen die Komponenten (R_{ij}) der dreidimensionalen Rotationsmatrix (1.30) erfüllen, damit sich die Länge von $\mathbf{A}$ (für alle beliebigen Vektoren $\mathbf{A}$) nicht ändert?

Aufgabe 1.9

Bestimmen Sie die Transformationsmatrix R, welche eine Rotation um 120° um eine Achse vom Ursprung durch den Punkt (1, 1, 1) beschreibt. Wenn Sie entlang der Achse zum Ursprung blicken, verläuft die Rotation im Uhrzeigersinn.

Aufgabe 1.10

a. Wie transformieren sich die Komponenten eines Vektors[6] bei **Verschiebung** der Koordinaten ($\overline{x} = x, \overline{y} = y - a, \overline{z} = z$, Abbildung 1.16a)?

b. Wie transformieren sich die Komponenten eines Vektors bei **Inversion** der Koordinaten ($\overline{x} = -x, \overline{y} = -y, \overline{z} = -z$, Abbildung 1.16b)?

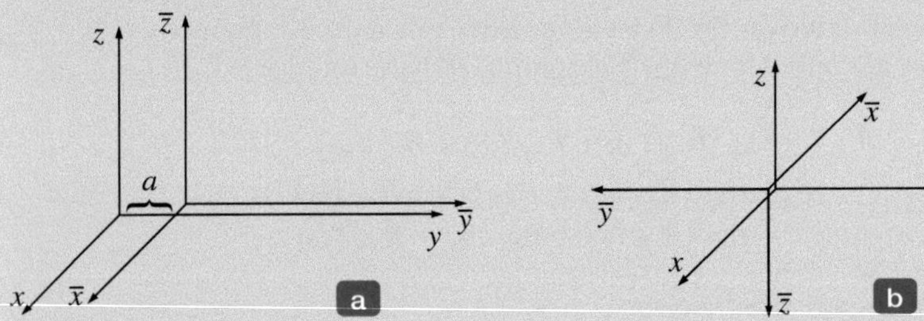

Abbildung 1.16

5 Anschaulich betrachtet ist ein Tensor eine mehrdimensionale Matrix, was zur genannten Hierarchie führt. Physikalisch betrachtet ist ein Tensor eine lineare Abbildung, die unter Transformationen ein spezielles Verhalten zeigt: Sie verändert sich nicht bei Verschiebungen des Koordinatensystems und transformiert sich bei Koordinatendrehungen wie ein Vektor. A. d. Ü.

6 *Vorsicht:* Der Vektor $\mathbf{r}$ (Gleichung 1.19) weist von einem bestimmten Punkt im Raum (dem Ursprung $\mathcal{O}$) zum Punkt $P = (x, y, z)$. Bei einer Transformation befindet sich der neue Ursprung ($\tilde{\mathcal{O}}$) an einer anderen Stelle, und der Pfeil von $\tilde{\mathcal{O}}$ zu P ist ein ganz anderer Vektor. Der ursprüngliche Vektor $\mathbf{r}$ weist immer noch von $\tilde{\mathcal{O}}$ nach P, egal mit welchen Koordinaten Sie diese Punkte bezeichnen.

c. Wie transformiert sich das Kreuzprodukt (1.13) zweier Vektoren bei Inversion? (Wegen dieses „anomalen" Verhaltens wird das Kreuzprodukt zweier Vektoren korrekterweise auch als **Pseudovektor** bezeichnet.) Ist das Kreuzprodukt zweier Pseudovektoren ein Vektor oder ein Pseudovektor? Nennen Sie zwei Größen der klassischen Mechanik, die Pseudovektoren sind.

d. Wie transformiert sich das skalare Dreierprodukt dreier Vektoren bei Inversion? (Ein solches Objekt wird als **Pseudoskalar** bezeichnet.)

1.2 Differentialrechnung

1.2.1 „Gewöhnliche" Ableitungen

Frage: Angenommen, wir haben eine Funktion einer Variablen: $f(x)$. Was kann uns die Ableitung $\mathrm{d}f/\mathrm{d}x$ sagen?

Antwort: Wir können daraus entnehmen, wie schnell sich die Funktion $f(x)$ verändert, wenn wir das Argument x um einen winzigen Betrag $\mathrm{d}x$ verändern:

$$\mathrm{d}f = \left(\frac{\mathrm{d}f}{\mathrm{d}x}\right)\mathrm{d}x\,. \tag{1.33}$$

Mit anderen Worten: Wenn wir x um den Betrag $\mathrm{d}x$ verändern, dann ändert sich f entsprechend um den Betrag $\mathrm{d}f$. Die Ableitung stellt dabei den Proportionalitätsfaktor dar. In Abbildung 1.17a verändert sich z. B. die Funktion bei kleinen Änderungen von x ebenfalls nur wenig, die Ableitung ist daher nur klein. In Abbildung 1.17b ändert sich f schnell mit x, und die Ableitung wird, sobald Sie sich von $x = 0$ entfernen, immer größer.

Geometrische Interpretation: Die Ableitung $\mathrm{d}f/\mathrm{d}x$ ist die *Steigung* des Graphen von $f(x)$.

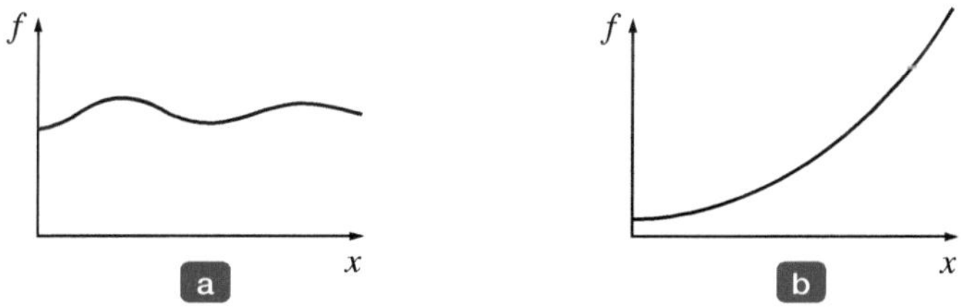

Abbildung 1.17

1.2.2 Gradient

Nehmen wir nun an, wir hätten eine Funktion von *drei* Variablen, beispielsweise die Temperatur $T(x, y, z)$ in einem Zimmer. (Wir beginnen dazu in einer Ecke und erstellen ein Achsenkreuz. Dann ist für jeden Punkt (x, y, z) des Raums die Temperatur an diesem Punkt durch T gegeben.) Wir wollen nun die Schreibweise der „Ableitungen" auf Funktionen wie T verallgemeinern, die nicht von *einer*, sondern von *drei* Koordinaten abhängen.

Durch die Ableitung erfahren wir, wie schnell sich die Funktion verändert, wenn wir den Ort geringfügig verändern. Bei dreidimensionalen Funktionen ist die Situation komplizierter, denn das Resultat hängt davon ab, in welche Richtung wir uns bewegen: Wenn wir uns direkt nach oben bewegen, steigt die Temperatur vermutlich recht schnell an, wenn wir uns aber horizontal bewegen, verändert sie sich kaum. Tatsächlich hat die Frage „Wie schnell ändert sich T?" unendliche viele Antworten, eine für jede Richtung, die wir untersuchen.

Glücklicherweise ist das Problem nicht so schlimm, wie es scheinen mag. Nach dem Satz über **partielle Ableitungen** gilt

$$\mathrm{d}T = \left(\frac{\partial T}{\partial x}\right)\mathrm{d}x + \left(\frac{\partial T}{\partial y}\right)\mathrm{d}y + \left(\frac{\partial T}{\partial z}\right)\mathrm{d}z\,. \tag{1.34}$$

Wir erfahren damit, wie sich T verändert, wenn wir alle drei Variablen um einen infinitesimal geringen Betrag $\mathrm{d}x$, $\mathrm{d}y$, $\mathrm{d}z$ verschieben. Beachten Sie, dass wir keine unendlich große Zahl von Ableitungen benötigen – *drei* Stück genügen: die *partiellen* Ableitungen entlang jeder der drei Richtungen der Koordinaten.

Gleichung 1.34 erinnert an ein Skalarprodukt:

$$\begin{aligned}\mathrm{d}T &= \left(\frac{\partial T}{\partial x}\hat{\mathbf{x}} + \frac{\partial T}{\partial y}\hat{\mathbf{y}} + \frac{\partial T}{\partial z}\hat{\mathbf{z}}\right)\cdot(\mathrm{d}x\hat{\mathbf{x}} + \mathrm{d}y\hat{\mathbf{y}} + \mathrm{d}z\hat{\mathbf{z}})\\ &= (\boldsymbol{\nabla}T)\cdot(\mathrm{d}\mathbf{l})\,,\end{aligned} \tag{1.35}$$

wobei

$$\boldsymbol{\nabla}T \equiv \frac{\partial T}{\partial x}\hat{\mathbf{x}} + \frac{\partial T}{\partial y}\hat{\mathbf{y}} + \frac{\partial T}{\partial z}\hat{\mathbf{z}} \tag{1.36}$$

der **Gradient** von T ist. $\boldsymbol{\nabla}T$ ist eine Vektorgröße mit drei Komponenten. Sie ist die verallgemeinerte Ableitung, nach der wir gesucht haben. Gleichung 1.35 ist daher die dreidimensionale Version von Gleichung 1.33.

Geometrische Interpretation des Gradienten: Wie jeder Vektor hat der Gradient einen *Betrag* und eine *Richtung*. Um seine geometrische Bedeutung zu erkennen, schreiben wir das Skalarprodukt 1.35 in abstrakter Form mittels Gleichung 1.1:

$$\mathrm{d}T = \boldsymbol{\nabla}T\cdot\mathrm{d}\mathbf{l} = |\boldsymbol{\nabla}T|\,|\mathrm{d}\mathbf{l}|\cos\theta\,. \tag{1.37}$$

Darin ist θ der Winkel zwischen $\boldsymbol{\nabla}T$ und $\mathrm{d}\mathbf{l}$. Wenn wir nun den *Betrag* $|\mathrm{d}\mathbf{l}|$ *festhalten* und in verschiedenen *Richtungen* suchen (also θ verändern), dann tritt die größte Änderung von T offensichtlich bei $\theta = 0$ auf (dort gilt $\cos\theta = 1$). Bei festgehaltener Strecke $|\mathrm{d}\mathbf{l}|$ ist $\mathrm{d}T$ also am größten, wenn man sich in *derselben Richtung* bewegt wie $\boldsymbol{\nabla}T$. Daher gilt:

Der Gradient $\boldsymbol{\nabla}T$ zeigt in die Richtung des größten Anstiegs der Funktion T.

Darüber hinaus gilt:

> Der Betrag $|\nabla T|$ gibt die Steigung entlang dieser Richtung größten Anstiegs an.

Stellen Sie sich vor, Sie stehen auf der Kuppe eines Hügels. Sehen Sie sich um und suchen Sie die Richtung des steilsten Anstiegs. Dies ist die *Richtung* des Gradienten. Messen Sie nun die Steigung in dieser Richtung (also die Höhendifferenz pro (in die x-y-Ebene projizierte) Längeneinheit). Dies ist der *Betrag* des Gradienten. (In unserem Beispiel ist die Funktion, von der wir reden, die Höhe des Hügels, und die Koordinaten sind Orte, z. B. Länge und Breite. Diese Funktion hängt zwar nur von *zwei* Variablen ab, nicht von *drei*, allerdings ist die geometrische Bedeutung des Gradienten in zwei Dimensionen leichter zu erfassen.) Wie Gleichung 1.37 zeigt, verläuft die Richtung des größten *Absinkens* entgegengesetzt zur Richtung des größten *Anstiegs*, während rechtwinklig davon ($\theta = 90°$) die Steigung null ist (denn der Gradient verläuft rechtwinklig zu den Höhenlinien). Sie können sich Flächen ausdenken, die nicht diese Eigenschaften aufweisen, allerdings enthalten sie immer „Sprünge" und werden von nicht differenzierbaren Funktionen beschrieben.

Was bedeutet es, wenn der Gradient verschwindet? Wenn $\nabla T = 0$ am Ort (x, y, z) gilt, dann ist für kleine Auslenkungen um den Punkt (x, y, z) auch $\mathrm{d}T = 0$. Es handelt sich daher um einen **stationären Punkt** der Funktion $T(x, y, z)$. Dabei könnte es sich sowohl um ein Maximum (einen Gipfel), ein Minimum (ein Tal), einen Sattelpunkt (Pass) oder eine Schulter handeln. Dies entspricht der Situation bei Funktionen einer Variablen, bei der eine verschwindende Ableitung ein Maximum, ein Minimum oder einen Wendepunkt anzeigt. Wenn Sie also die Extremwerte einer Funktion von drei Variablen bestimmen wollen, müssen Sie deren Gradienten gleich null setzen.

Beispiel 1.3: Gradientenbestimmung

Bestimmen Sie den Gradienten von $r = \sqrt{(x^2 + y^2 + z^2)}$ (der Betrag des Ortsvektors).

Lösung:

$$\begin{aligned}\nabla \mathbf{r} &= \frac{\partial r}{\partial x}\hat{\mathbf{x}} + \frac{\partial r}{\partial y}\hat{\mathbf{y}} + \frac{\partial r}{\partial z}\hat{\mathbf{z}} \\ &= \frac{1}{2}\frac{2x}{\sqrt{x^2+y^2+z^2}}\hat{\mathbf{x}} + \frac{1}{2}\frac{2y}{\sqrt{x^2+y^2+z^2}}\hat{\mathbf{y}} + \frac{1}{2}\frac{2z}{\sqrt{x^2+y^2+z^2}}\hat{\mathbf{z}} \\ &= \frac{x\hat{\mathbf{x}} + y\hat{\mathbf{y}} + z\hat{\mathbf{z}}}{\sqrt{x^2+y^2+z^2}} = \frac{\mathbf{r}}{r} = \hat{\mathbf{r}}\,.\end{aligned}$$

Ist das sinnvoll? Offenbar ja, denn die Gleichung besagt, dass die Entfernung vom Ursprung in radialer Richtung am schnellsten ansteigt, und dass die Rate des Anstiegs in dieser Richtung 1 beträgt – also genau das, was wir erwartet haben.

Aufgabe 1.11

Bestimmen Sie die Gradienten der folgenden Funktionen:

a. $f(x, y, z) = x^2 + y^3 + z^4$.

b. $f(x, y, z) = x^2 y^3 z^4$.

c. $f(x, y, z) = e^x \sin(y) \ln(z)$.

Aufgabe 1.12

Die Höhe eines bestimmten Hügels (in Metern) wird durch folgende Funktion beschrieben:

$$h(x, y) = 10(2xy - 3x^2 - 4y^2 - 18x + 28y + 12)\,,$$

wobei y die Entfernung (in Kilometern) nördlich von Rosenheim und x die Entfernung östlich von Rosenheim ist.

a. Wo befindet sich der Gipfel des Hügels?

b. Wie hoch ist der Hügel?

c. Wie steil ist der Anstieg (in Metern pro Kilometer) an einem Punkt, der sich einen Kilometer nördlich und einen Kilometer östlich von Rosenheim befindet? In welcher Richtung ist an diesem Punkt die Steigung am größten?

• **Aufgabe 1.13**

Sei $\boldsymbol{\mathscr{r}}$ der Verbindungsvektor zwischen einem festen Punkt (x', y', z') und dem Punkt (x, y, z), und $\mathscr{r}$ dessen Länge. Zeigen Sie, dass

a. $\nabla(\mathscr{r}^2) = 2\boldsymbol{\mathscr{r}}$.

b. $\nabla(1/\mathscr{r}) = -\hat{\boldsymbol{\mathscr{r}}}/\mathscr{r}^2$.

c. Wie lautet die *allgemeine* Formel für $\nabla(\mathscr{r}^n)$?

! **Aufgabe 1.14**

Nehmen Sie an, f sei eine Funktion von nur zwei Variablen (y und z). Zeigen Sie, dass der Gradient $\nabla f = (\partial f/\partial y)\hat{\mathbf{y}} + (\partial f/\partial z)\hat{\mathbf{z}}$ sich entsprechend Gleichung 1.29 bei Rotation wie ein Vektor transformiert. (*Hinweis*: $(\partial f/\partial \overline{y}) = (\partial f/\partial y)(\partial y/\partial \overline{y}) + (\partial f/\partial z)(\partial z/\partial \overline{y})$, und ein entsprechender Ausdruck gilt für $(\partial f/\partial \overline{z})$. Wir wissen, dass $\overline{y} = y\cos\varphi + z\sin\varphi$ und $\overline{z} = -y\sin\varphi + z\cos\varphi$ sind. „Lösen“ Sie diese Gleichungen nach y und z (als Funktionen von $\overline{y}$ und $\overline{z}$) auf und berechnen Sie danach die notwendigen Ableitungen $\partial y/\partial \overline{y}$, $\partial z/\partial \overline{y}$ usw.)

1.2.3 Der Operator ∇

Der Gradient hat das formale Erscheinungsbild eines Vektors (nämlich ∇), der mit einem Skalar T „multipliziert" wird:

$$\nabla T = \left(\hat{\mathbf{x}}\frac{\partial}{\partial x} + \hat{\mathbf{y}}\frac{\partial}{\partial y} + \hat{\mathbf{z}}\frac{\partial}{\partial z}\right) T \tag{1.38}$$

(dieses eine Mal schreibe ich die Einheitsvektoren auf die linke Seite, damit niemand auf den Gedanken kommt, ich wollte $\partial\hat{\mathbf{x}}/\partial x$ usw. berechnen – das wäre nämlich null, da $\hat{\mathbf{x}}$ konstant ist.) Der Term in Klammern wird als „**Nabla**" bezeichnet[7]:

$$\nabla = \hat{\mathbf{x}}\frac{\partial}{\partial x} + \hat{\mathbf{y}}\frac{\partial}{\partial y} + \hat{\mathbf{z}}\frac{\partial}{\partial z}\,. \tag{1.39}$$

Natürlich ist Nabla *kein* Vektor im üblichen Sinn. Tatsächlich ist die Größe ohne besondere Bedeutung, solange wir zu ihr keine Funktion hinzufügen, auf die sie angewendet werden kann. Darüber hinaus „multipliziert" sie T nicht, sie ist vielmehr eine Anweisung, dass der folgende Ausdruck zu *differenzieren* ist. Um genau zu sein, müssten wir also sagen, dass ∇ ein **Vektoroperator** ist, der *auf T wirkt*, keineswegs aber ein Vektor, der mit T multipliziert wird.

Trotz dieser Klarstellung ahmt ∇ in fast jeder Hinsicht das Verhalten eines normalen Vektors nach. Fast alles, was mit anderen Vektoren durchgeführt werden kann, lässt sich auch mit ∇ durchführen, sofern wir nur „multiplizieren" durch die Formulierung „darauf wirken" ersetzen. Nehmen Sie also das Erscheinungsbild von ∇ als Vektor durchaus ernst. Es ist ein herausragendes Beispiel einer vereinfachten Schreibweise. Sie werden das unter anderem dann zu schätzen lernen, wenn Sie jemals Maxwells Originalarbeiten über Elektromagnetismus lesen sollten, die völlig ohne den Vorteil von ∇ verfasst wurden.

Ein gewöhnlicher Vektor $\mathbf{A}$ kann auf dreierlei Weise multipliziert werden:

1. **Multiplikation mit einem Skalar** a: $\mathbf{A}a$,
2. **Skalarmultiplikation mit einem anderen Vektor** $\mathbf{B}$: $\mathbf{A}\cdot\mathbf{B}$,
3. **Vektormultiplikation mit einem anderen Vektor:** $\mathbf{A}\times\mathbf{B}$.

Entsprechend gibt es drei Möglichkeiten, wie der Nabla-Operator angewendet werden kann:

1. **auf eine Skalarfunktion** T: ∇T **(der Gradient),**
2. **mittels Skalarprodukt auf eine Vektorfunktion** $\mathbf{v}$: $\nabla\cdot\mathbf{v}$ **(die Divergenz),**
3. **mittels Vektorprodukt auf eine Vektorfunktion** $\mathbf{v}$: $\nabla\times\mathbf{v}$ **(die Rotation).**

7 Die Bezeichnung „Nabla" stammt von dem Physiker und Theologen William Robertson Smith (1846–1894), den die Form des Zeichens an eine antike Harfe (griechisch $\nu\alpha\beta\lambda\alpha$ nábla) erinnerte. In der englischsprachigen Literatur heißt diese Funktion „**del**" (hergeleitet von dem (auf dem Kopf stehenden) griechischen Buchstaben Delta). A. d. Ü.

Den Gradienten haben wir bereits diskutiert. In den folgenden Abschnitten befassen wir uns näher mit den beiden anderen vektoriellen Ableitungen, der Divergenz und der Rotation.

1.2.4 Die Divergenz

Aus der Definition von ∇ bilden wir die Divergenz durch

$$\begin{aligned}\nabla \cdot \mathbf{v} &= \left(\hat{\mathbf{x}}\frac{\partial}{\partial x} + \hat{\mathbf{y}}\frac{\partial}{\partial y} + \hat{\mathbf{z}}\frac{\partial}{\partial z}\right) \cdot \left(v_x\hat{\mathbf{x}} + v_y\hat{\mathbf{y}} + v_z\hat{\mathbf{z}}\right) \\ &= \frac{\partial v_x}{\partial x} + \frac{\partial v_y}{\partial y} + \frac{\partial v_z}{\partial z} \,. \end{aligned} \tag{1.40}$$

Wie Sie sehen können, ist die Divergenz einer Vektorfunktion[8] $\mathbf{v}$ selbst ein Skalar $\nabla \cdot \mathbf{v}$.

Geometrische Deutung: Der Name *Divergenz* (von lateinisch divergere, auseinanderstreben) ist gut gewählt, denn $\nabla \cdot \mathbf{v}$ ist ein Maß für die „Spreizung“ des Vektors $\mathbf{v}$ am gewählten Punkt. Die Vektorfunktion in Abbildung 1.18a hat beispielsweise eine große (positive) Divergenz. (Würden die Pfeile nach innen deuten, hätte sie ein große *negative* Divergenz.) Die Divergenz der Funktion aus Abbildung 1.18b ist null, und die Funktion aus Abbildung 1.18c weist wieder eine positive Divergenz auf. (Beachten Sie bitte, dass $\mathbf{v}$ hier eine Funktion darstellt – jeder Punkt des Raums ist mit einem anderen Vektor verknüpft. In den Diagrammen kann ich natürlich nur an einigen wenigen ausgewählten Punkten Pfeile einzeichnen.) Stellen Sie sich vor, Sie ständen am Rand eines Teichs. Werfen Sie etwas Sägemehl oder eine Handvoll Tannennadeln auf die Wasseroberfläche. Wenn sich das Material ausbreitet, haben Sie es an einem Punkt mit positiver Divergenz ausgestreut. Sammelt es sich jedoch an, haben Sie es jedoch an einem Punkt mit negativer Divergenz verteilt. (Die Vektorfunktion $\mathbf{v}$ entspricht in diesem Modell der Geschwindigkeit des Wassers – es handelt sich um ein *zwei*dimensionales Beispiel, das aber dazu beiträgt, ein Gefühl für

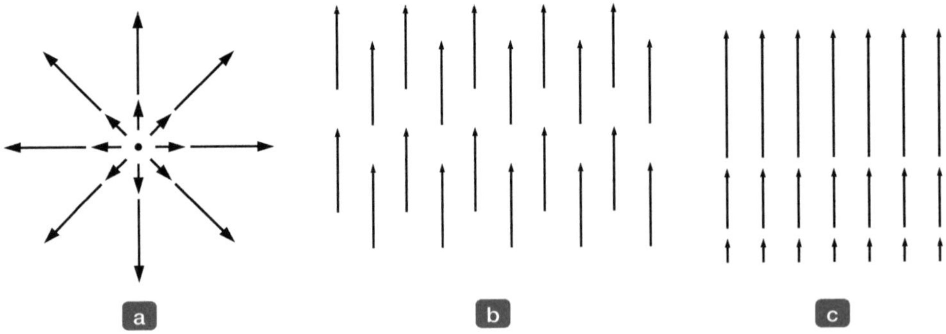

Abbildung 1.18

8 Eine Vektorfunktion $\mathbf{v}(x, y, z) = v_x(x, y, z)\hat{\mathbf{x}} + v_y(x, y, z)\hat{\mathbf{y}} + v_z(x, y, z)\hat{\mathbf{z}}$ setzt sich in Wirklichkeit aus *drei* Funktionen zusammen – eine für jede Komponente. So etwas wie die Divergenz eines Skalars gibt es nicht.

die Bedeutung der Divergenz zu entwickeln. Ein Punkt mit positiver Divergenz ist eine *Quelle*, ein Punkt mit negativer Divergenz ist eine *Senke*.)

Beispiel 1.4: Berechnung der Divergenz

Nehmen Sie an, die in Abbildung 1.18 dargestellten Funktionen wären $\mathbf{v}_a = \mathbf{r} = x\hat{\mathbf{x}} + y\hat{\mathbf{y}} + z\hat{\mathbf{z}}$, $\mathbf{v}_b = \hat{\mathbf{z}}$ und $\mathbf{v}_c = z\hat{\mathbf{z}}$. Berechnen Sie deren Divergenzen.

Lösung:

$$\nabla \cdot \mathbf{v}_a = \frac{\partial}{\partial x}(x) + \frac{\partial}{\partial y}(y) + \frac{\partial}{\partial z}(z) = 1 + 1 + 1 = 3\,.$$

Wie angedeutet, hat diese Funktion die erwartete positive Divergenz.

$$\nabla \cdot \mathbf{v}_b = \frac{\partial}{\partial x}(0) + \frac{\partial}{\partial y}(0) + \frac{\partial}{\partial z}(1) = 0 + 0 + 0 = 0\,,$$

wie erwartet. Für die Divergenz von $\mathbf{v}_c$ finden wir:

$$\nabla \cdot \mathbf{v}_c = \frac{\partial}{\partial x}(0) + \frac{\partial}{\partial y}(0) + \frac{\partial}{\partial z}(z) = 0 + 0 + 1 = 1\,.$$

Aufgabe 1.15

Berechnen Sie die Divergenz der folgenden Vektorfunktionen:

a. $\mathbf{v}_a = x^2\hat{\mathbf{x}} + 3xz^2\hat{\mathbf{y}} - 2xz\hat{\mathbf{z}}\,,$

b. $\mathbf{v}_b = xy\hat{\mathbf{x}} + 2yz\hat{\mathbf{y}} + 3zx\hat{\mathbf{z}}\,,$

c. $\mathbf{v}_c = y^2\hat{\mathbf{x}} + (2xy + z^2)\,\hat{\mathbf{y}} + 2yz\hat{\mathbf{z}}\,.$

• Aufgabe 1.16

Skizzieren Sie die Vektorfunktion

$$\mathbf{v} = \frac{\hat{\mathbf{r}}}{r^2}$$

und berechnen Sie ihre Divergenz. Die Antwort wird Sie überraschen – können Sie sie erläutern?

! Aufgabe 1.17

Zeigen Sie im Zweidimensionalen, dass sich die Divergenz unter Rotation wie ein Skalar transformiert. (*Hinweis*: Bestimmen Sie anhand von Gleichung 1.29 $\overline{v}_y$ und $\overline{v}_z$ und wenden Sie die Methode aus Aufgabe 1.14 an, um die Ableitungen zu berechnen. Sie müssen zeigen, dass $\partial\overline{v}_y/\partial\overline{y} + \partial\overline{v}_z/\partial\overline{z} = \partial v_y/\partial y + \partial v_z/\partial z$.)

1.2.5 Die Rotation

Gemäß der Definition von ∇ bilden wir die Rotation durch

$$\nabla \times \mathbf{v} = \begin{vmatrix} \hat{\mathbf{x}} & \hat{\mathbf{y}} & \hat{\mathbf{z}} \\ \dfrac{\partial}{\partial x} & \dfrac{\partial}{\partial y} & \dfrac{\partial}{\partial z} \\ v_x & v_y & v_z \end{vmatrix}$$

$$= \hat{\mathbf{x}}\left(\frac{\partial v_z}{\partial y} - \frac{\partial v_y}{\partial z}\right) + \hat{\mathbf{y}}\left(\frac{\partial v_x}{\partial z} - \frac{\partial v_z}{\partial x}\right) + \hat{\mathbf{z}}\left(\frac{\partial v_y}{\partial x} - \frac{\partial v_x}{\partial y}\right). \quad (1.41)$$

Beachten Sie, dass die Rotation einer Vektorfunktion $\mathbf{v}$, wie jedes Kreuzprodukt, einen *Vektor* darstellt.[9]

Geometrische Interpretation: Auch die Bezeichnung *Rotation* ist eine gute Wahl, denn $\nabla \times \mathbf{v}$ ist ein Maß dafür, wie sehr sich der Vektor $\mathbf{v}$ um einen bestimmten Punkt herum windet oder „rotiert". Daher weisen alle drei Funktionen aus Abbildung 1.18 die Rotation null auf (wie Sie selbst leicht nachprüfen können). Die Funktionen aus Abbildung 1.19 haben hingegen eine erkennbare Rotation, die – entsprechend der Rechte-Hand-Regel – in z-Richtung weist. Stellen Sie sich wieder vor, am Rand eines Teichs zu stehen. Lassen Sie ein kleines Turbinenrad treiben (es genügt bereits ein Korken mit Zahnstochern, die radial nach außen weisen). Wenn es zu rotieren beginnt, haben Sie es an einem Punkt ausgesetzt, an dem die *Rotation* nicht null ist. Ein Wirbel wäre ein Gebiet hoher Rotation.

Beispiel 1.5: Berechnung der Rotation

Nehmen Sie an, die in Abbildung 1.19a skizzierte Funktion wäre $\mathbf{v}_a = -y\hat{\mathbf{x}} + x\hat{\mathbf{y}}$, und die in Abbildung 1.19b dargestellte Funktion wäre $\mathbf{v}_b = x\hat{\mathbf{y}}$. Berechnen Sie die Rotationen.

Lösung:

$$\nabla \times \mathbf{v}_a = \begin{vmatrix} \hat{\mathbf{x}} & \hat{\mathbf{y}} & \hat{\mathbf{z}} \\ \dfrac{\partial}{\partial x} & \dfrac{\partial}{\partial y} & \dfrac{\partial}{\partial z} \\ -y & x & 0 \end{vmatrix} = 2\hat{\mathbf{z}}$$

und

$$\nabla \times \mathbf{v}_b = \begin{vmatrix} \hat{\mathbf{x}} & \hat{\mathbf{y}} & \hat{\mathbf{z}} \\ \dfrac{\partial}{\partial x} & \dfrac{\partial}{\partial y} & \dfrac{\partial}{\partial z} \\ 0 & x & 0 \end{vmatrix} = \hat{\mathbf{z}}\,.$$

Wie erwartet, weisen diese Rotationen in die positive z-Richtung. (Übrigens ist ihre Divergenz null, was Sie anhand der Abbildung vermuten konnten, denn dort „breitet sich nichts aus", sondern „dreht sich nur im Kreis".)

9 Es ist hingegen sinnlos, die Rotation eines Skalars zu berechnen.

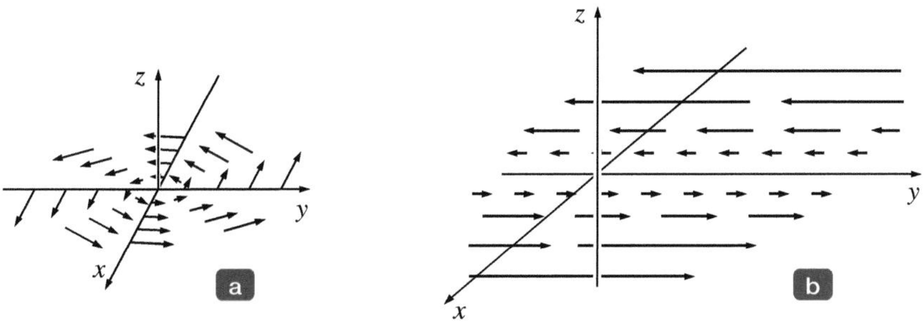

Abbildung 1.19

■ **Aufgabe 1.18**

Berechnen Sie die Rotation der Vektorfunktionen aus Aufgabe 1.15.

■ **Aufgabe 1.19**

Zeichnen Sie einen Kreis in der x-y-Ebene. Tragen Sie ferner an ein paar repräsentativen Punkten den zum Kreis tangentialen Vektor $\mathbf{v}$ ein, und zwar so, dass er im Uhrzeigersinn weist. Bestimmen Sie das *Vorzeichen* von $\partial v_x/\partial y$ und $\partial v_y/\partial x$, indem Sie benachbarte Vektoren vergleichen. In welche Richtung zeigt dann nach Gleichung 1.41 der Vektor $\nabla \times \mathbf{v}$? Erklären Sie, wie dieses Beispiel die geometrische Deutung der Rotation illustriert.

■ **Aufgabe 1.20**

Konstruieren Sie eine Vektorfunktion, deren Divergenz und deren Rotation überall null sind. (Natürlich würde eine Konstante ausreichen. Finden Sie bitte eine etwas interessantere Lösung!)

1.2.6 Produktregeln

Die Berechnung gewöhnlicher Ableitungen wird durch eine Reihe allgemeiner Rechenregeln erleichtert, beispielsweise durch die **Summenregel**

$$\frac{\mathrm{d}}{\mathrm{d}x}(f+g) = \frac{\mathrm{d}f}{\mathrm{d}x} + \frac{\mathrm{d}g}{\mathrm{d}x},$$

die **Faktorregel** für die Multiplikation mit einer Konstanten

$$\frac{\mathrm{d}}{\mathrm{d}x}(kf) = k\frac{\mathrm{d}f}{\mathrm{d}x},$$

die **Produktregel**

$$\frac{\mathrm{d}}{\mathrm{d}x}(fg) = f\frac{\mathrm{d}g}{\mathrm{d}x} + g\frac{\mathrm{d}f}{\mathrm{d}x},$$

und die **Quotientenregel**

$$\frac{\mathrm{d}}{\mathrm{d}x}\left(\frac{f}{g}\right) = \frac{g\frac{\mathrm{d}f}{\mathrm{d}x} - f\frac{\mathrm{d}g}{\mathrm{d}x}}{g^2}.$$

Für die Ableitungen von Vektoren gelten ähnliche Beziehungen. Daher ist, wie Sie leicht nachprüfen können:

$$\begin{aligned}\nabla(f+g) &= \nabla f + \nabla g\,,\\ \nabla\cdot(\mathbf{A}+\mathbf{B}) &= (\nabla\cdot\mathbf{A}) + (\nabla\cdot\mathbf{B})\,,\\ \nabla\times(\mathbf{A}+\mathbf{B}) &= (\nabla\times\mathbf{A}) + (\nabla\times\mathbf{B})\end{aligned}$$

und

$$\nabla(kf) = k\nabla f\,,\quad \nabla\cdot(k\mathbf{A}) = k(\nabla\cdot\mathbf{A})\,,\quad \nabla\times(k\mathbf{A}) = k(\nabla\times\mathbf{A})\,.$$

Die Produktregeln sind nicht ganz so einfach. Es gibt zwei Möglichkeiten, einen Skalar als Produkt zweier Funktionen darzustellen:

fg (das Produkt zweier Skalarfunktionen)

$\mathbf{A}\cdot\mathbf{B}$ (das Skalarprodukt zweier Vektorfunktionen).

Außerdem gibt es zwei Möglichkeiten, einen Vektor zu erzeugen:

$f\mathbf{A}$ (das Produkt eines Skalars mit einem Vektor)

$\mathbf{A}\times\mathbf{B}$ (das Kreuzprodukt zweier Vektoren).

Dementsprechend gibt es **sechs** Produktregeln, jeweils zwei für den Gradienten, für die Divergenz und für die Rotation.

Produktregeln für den Gradienten:

(i) $\nabla(fg) = f\nabla g + g\nabla f;$

(ii) $\nabla(\mathbf{A}\cdot\mathbf{B}) = \mathbf{A}\times(\nabla\times\mathbf{B}) + \mathbf{B}\times(\nabla\times\mathbf{A}) + (\mathbf{A}\cdot\nabla)\mathbf{B} + (\mathbf{B}\cdot\nabla)\mathbf{A}.$

Produktregeln für die Divergenz:

(iii) $\nabla(f\mathbf{A}) = f(\nabla\cdot\mathbf{A}) + \mathbf{A}\cdot(\nabla f);$

(iv) $\nabla\cdot(\mathbf{A}\times\mathbf{B}) = \mathbf{B}\cdot(\nabla\times\mathbf{A}) - \mathbf{A}\cdot(\nabla\times\mathbf{B}).$

Produktregeln für die Rotation:

(v) $\nabla\times(f\mathbf{A}) = f(\nabla\times\mathbf{A}) - \mathbf{A}\times(\nabla f);$

(vi) $\nabla\times(\mathbf{A}\times\mathbf{B}) = (\mathbf{B}\cdot\nabla)\mathbf{A} - (\mathbf{A}\cdot\nabla)\mathbf{B} + \mathbf{A}(\nabla\cdot\mathbf{B}) - \mathbf{B}(\nabla\cdot\mathbf{A}).$

Sie werden diese Produktregeln noch so häufig einsetzen müssen, dass ich sie auf der inneren Umschlagseite wiederhole, auf der sie schnell gefunden werden können. Die Beweise beruhen direkt auf der Produktregel für gewöhnliche Ableitungen. Beispielsweise ist:

$$\begin{aligned}\nabla\cdot(f\mathbf{A}) &= \frac{\partial}{\partial x}(fA_x) + \frac{\partial}{\partial y}(fA_y) + \frac{\partial}{\partial z}(fA_z)\\ &= \left(\frac{\partial f}{\partial x}A_x + f\frac{\partial A_x}{\partial x}\right) + \left(\frac{\partial f}{\partial y}A_y + f\frac{\partial A_y}{\partial y}\right) + \left(\frac{\partial f}{\partial z}A_z + f\frac{\partial Az}{\partial z}\right)\\ &= (\nabla f)\cdot\mathbf{A} + f(\nabla\cdot\mathbf{A})\,.\end{aligned}$$

Darüber hinaus können drei Quotientenregeln formuliert werden:

$$\nabla \cdot \left(\frac{f}{g}\right) = \frac{g\nabla f - f\nabla g}{g^2},$$
$$\nabla \cdot \left(\frac{\mathbf{A}}{g}\right) = \frac{g(\nabla \cdot \mathbf{A}) - \mathbf{A} \cdot (\nabla g)}{g^2},$$
$$\nabla \times \left(\frac{\mathbf{A}}{g}\right) = \frac{g(\nabla \times \mathbf{A}) - \mathbf{A} \times (\nabla g)}{g^2}.$$

Da diese allerdings schnell aus den entsprechenden Produktregeln abgeleitet werden können, habe ich darauf verzichtet, sie ebenfalls auf der Umschlaginnenseite zu wiederholen.

Aufgabe 1.21

Beweisen Sie die Produktregeln (i), (iv) und (v).

Aufgabe 1.22

a. Wenn **A** und **B** zwei Vektorfunktionen sind, was bedeutet dann der Ausdruck $(\mathbf{A} \cdot \nabla)\mathbf{B}$? (Was sind also die x-, y- und z-Komponenten der kartesischen Komponenten von **A**, **B** und ∇?)

b. Berechnen Sie $(\hat{\mathbf{r}} \cdot \nabla)\hat{\mathbf{r}}$, wobei $\hat{\mathbf{r}}$ der in Gleichung 1.21 definierte Einheitsvektor ist.

c. Berechnen Sie $(\mathbf{v}_a \cdot \nabla)\mathbf{v}_b$ für die Funktionen aus Aufgabe 1.15.

Aufgabe 1.23

(Nur für Masochisten!) Beweisen Sie die Produktregeln (ii) und (vi). Verwenden Sie die Definition von $(\mathbf{A} \cdot \nabla)\mathbf{B}$ aus Aufgabe 1.22.

Aufgabe 1.24

Leiten Sie die drei Quotientenregeln her.

Aufgabe 1.25

a. Überprüfen Sie die Produktregel (iv) (indem Sie jeden Term einzeln berechnen) für die Funktionen
$\mathbf{A} = x\hat{\mathbf{x}} + 2y\hat{\mathbf{y}} + 3z\hat{\mathbf{z}}; \quad \mathbf{B} = 3y\hat{\mathbf{x}} - 2x\hat{\mathbf{y}}.$

b. Wiederholen Sie das für die Produktregel (ii).

c. Wiederholen Sie das für die Produktregel (vi).

1.2.7 Zweite Ableitungen

Gradient, Divergenz und Rotation sind die einzigen ersten Ableitungen, die wir mit ∇ berechnen können. Wenden wir ∇ aber *zwei Mal* an, können wir fünf verschiedene *zweite* Ableitungen bestimmen. Der Gradient ∇T ist ein Vektor, weshalb wir von ihm die *Divergenz* und *Rotation* bestimmen können.

(1) Divergenz des Gradienten: $\nabla \cdot (\nabla T)$.

(2) Rotation des Gradienten: $\nabla \times (\nabla T)$.

Die Divergenz $\nabla \cdot \mathbf{v}$ ist ein *Skalar*, daher können wir lediglich seinen *Gradienten* bestimmen:

(3) Gradient der Divergenz: $\nabla(\nabla \cdot \mathbf{v})$.

Da die Rotation $\nabla \times \mathbf{v}$ ein *Vektor* ist, können wir dessen *Divergenz* und *Rotation* bestimmen:

(4) Divergenz der Rotation: $\nabla \cdot (\nabla \times \mathbf{v})$.

(5) Rotation der Rotation: $\nabla \times (\nabla \times \mathbf{v})$.

Damit sind unsere Möglichkeiten ausgeschöpft, und genau betrachtet liefern nicht alle dieser Operationen etwas Neues. Betrachten wir eine nach der anderen:

(1)

$$\begin{aligned}\nabla \cdot (\nabla T) &= \left(\hat{\mathbf{x}}\frac{\partial}{\partial x} + \hat{\mathbf{y}}\frac{\partial}{\partial y} + \hat{\mathbf{z}}\frac{\partial}{\partial z}\right) \cdot \left(\frac{\partial T}{\partial x}\hat{\mathbf{x}} + \frac{\partial T}{\partial y}\hat{\mathbf{y}} + \frac{\partial T}{\partial z}\hat{\mathbf{z}}\right) \\ &= \frac{\partial^2 T}{\partial x^2} + \frac{\partial^2 T}{\partial y^2} + \frac{\partial^2 T}{\partial z^2} \,. \end{aligned} \tag{1.42}$$

Diese Größe, die wir kurz als $\nabla^2 T$ schreiben, wird als **Laplace-Operator** von T bezeichnet[10]. Wir werden ihn später noch ausführlich behandeln. Beachten Sie, dass der Laplace-Operator eines *Skalars* T wieder ein *Skalar* ist. Bisweilen werden wir auch den Laplace-Operator eines *Vektors* $\nabla^2 \mathbf{v}$ bestimmen. Darunter verstehen wir eine *Vektorgröße*, deren x-Komponente der Laplace-Operator von v_x ist, usw.[11]:

$$\nabla^2 \mathbf{v} \equiv \left(\nabla^2 v_x\right)\hat{\mathbf{x}} + \left(\nabla^2 v_y\right)\hat{\mathbf{y}} + \left(\nabla^2 v_z\right)\hat{\mathbf{z}} \,. \tag{1.43}$$

Dies ist nichts anderes als eine bequeme Erweiterung der Bedeutung von ∇^2.

(2) Die **Rotation eines Gradienten** ist immer *null*:

$$\nabla \times (\nabla \mathbf{T}) = 0 \,. \tag{1.44}$$

Diese wichtige Aussage werden wir noch oft verwenden. Sie können sie anhand der Definition von ∇ in Gleichung 1.39 einfach beweisen. Aber *Vorsicht*: Sie sind vielleicht der Ansicht, dass Gleichung 1.44 „offensichtlich" richtig ist – schließlich scheint es sich einfach um $(\nabla \times \nabla)T$ zu handeln, und das Kreuzprodukt *jedes* Vektors (in diesem Fall ∇) mit sich selbst ist ja immer null.

10 Oft bezeichnet man ihn auch kurz als „der Laplace von ...". A. d. Ü.

11 In krummlinigen Koordinaten, in denen die Basisvektoren selbst von der Position abhängen, müssen diese ebenfalls differenziert werden (siehe Abschnitt 1.4.1).

Diese Deutung drängt sich zwar auf, ist aber keineswegs *schlüssig*, denn ∇ ist ein *Operator* und kann nicht auf „normale“ Weise multipliziert werden. Der Beweis von Gleichung 1.44 hängt tatsächlich von der Gleichheit der gemischt-partiellen Ableitungen ab:

$$\frac{\partial}{\partial x}\left(\frac{\partial T}{\partial y}\right) = \frac{\partial}{\partial y}\left(\frac{\partial T}{\partial x}\right) . \tag{1.45}$$

Wenn Sie jetzt glauben, ich wäre ein Umstandskrämer, gehen sie zunächst intuitiv an folgenden Ausdruck heran:

$$(\nabla \mathbf{T}) \times (\nabla \mathbf{S}) .$$

Ist *dieser Ausdruck* immer null? (Das wäre natürlich der Fall, sobald Sie die Nablas durch einen gewöhnlichen Vektor ersetzen.)

(3) Der Ausdruck $\nabla(\nabla \cdot \mathbf{v})$ taucht in physikalischen Anwendungen aus irgendwelchen Gründen nur selten auf und besitzt daher keinen besonderen Namen. Es handelt sich schlicht um den **Gradienten der Divergenz**. Beachten Sie, dass $\nabla(\nabla \cdot \mathbf{v})$ nicht dasselbe ist wie der Laplace-Operator, angewendet auf einen Vektor: $\nabla^2\mathbf{v} = (\nabla \cdot \nabla)\mathbf{v} \neq \nabla(\nabla \cdot \mathbf{v})$.

(4) Die **Divergenz einer Rotation** ist, ebenso wie die Rotation eines Gradienten, immer *null*:

$$\nabla \cdot (\nabla \times \mathbf{v}) = 0 . \tag{1.46}$$

Sie können dies selbst nachprüfen. (Ähnlich wie weiter oben wäre aber die Abkürzung des Beweises, welche die Vektoridentität $\mathbf{A} \cdot (\mathbf{B} \times \mathbf{C}) = (\mathbf{A} \times \mathbf{B}) \cdot \mathbf{C}$ ausnutzt, fehlerhaft.)

(5) Wie Sie anhand der Definition von ∇ überprüfen können, ist

$$\nabla \times (\nabla \times \mathbf{v}) = \nabla(\nabla \cdot \mathbf{v}) - \nabla^2\mathbf{v} . \tag{1.47}$$

Die Rotation der Rotation bietet daher nichts wirklich Neues. Den ersten Term hatten wir schon in Nummer (3) behandelt, und der zweite Term ist der Laplace (eines Vektors). (Tatsächlich wird Gleichung 1.47 oft zur Definition des Laplace-Operators eines Vektors verwendet und Gleichung 1.43 vorgezogen, die sich besonders auf kartesische Koordinaten bezieht.)

Genau genommen gibt es also nur zwei unterschiedliche zweite Ableitungen: den Laplace-Operator (der von grundlegender Bedeutung ist) und den Gradient der Divergenz (der uns selten begegnet). Wir könnten auf ähnliche Weise die dritten Ableitungen konstruieren, doch glücklicherweise reichen für fast alle physikalische Anwendungen die zweiten Ableitungen aus.

Erlauben Sie mir zum Schluss ein letztes Wort über die vektorielle Differentialrechnung: Sie beruht vollständig auf dem Operator ∇ und auf der Berücksichtigung von dessen Vektorcharakter. Selbst wenn Sie sich *ausschließlich* an die Definition von ∇ erinnern können, sollten Sie – zumindest im Prinzip – in der Lage sein, den Rest selbst herzuleiten.

■ **Aufgabe 1.26**

Berechnen Sie den Laplace-Operator der folgenden Funktionen:

a. $T_a = x^2 + 2xy + 3z + 4$;

b. $T_b = \sin x \; \sin y \; \sin z$;

c. $T_c = e^{-5x} \; \sin 4y \; \cos 3z$;

d. $\mathbf{v} = x^2\hat{\mathbf{x}} + 3xz^2\hat{\mathbf{y}} - 2xz\hat{\mathbf{z}}$.

■ **Aufgabe 1.27**

Beweisen Sie, dass die Divergenz der Rotation immer null ist. Überprüfen Sie dies für die Funktion $\mathbf{v}_a$ aus Aufgabe 1.15.

■ **Aufgabe 1.28**

Beweisen Sie, dass die Rotation eines Gradienten immer null ist. Überprüfen Sie dies für die Funktion (b) aus Aufgabe 1.11.

1.3 Integralrechnung

1.3.1 Linien-, Flächen- und Volumenintegrale

In der Elektrodynamik haben wir mit unterschiedlichen Arten der Integration zu tun. Die bedeutendsten sind die **Wegintegrale** (oder besser **Linienintegrale**), die **Flächenintegrale** (auch als **Flussintegrale** bezeichnet) und die **Volumenintegrale**.

(a) Linienintegrale. Ein Linienintegral ist ein Ausdruck der Form

$$\int_{\mathbf{a}}^{\mathbf{b}} \mathbf{v} \cdot d\mathbf{l}\,. \tag{1.48}$$

Hierin ist $\mathbf{v}$ eine Vektorfunktion, $d\mathbf{l}$ ist ein infinitesimal kleiner Verschiebungsvektor (siehe Gleichung 1.22), und das Integral muss entlang eines vorgegebenen Pfads $\mathcal{P}$ von einem Anfangspunkt $\mathbf{a}$ zu einem Endpunkt $\mathbf{b}$ durchgeführt werden (Abbildung 1.20). Bildet dieser Pfad eine geschlossene Schleife (ist also $\mathbf{b} = \mathbf{a}$), schreibe

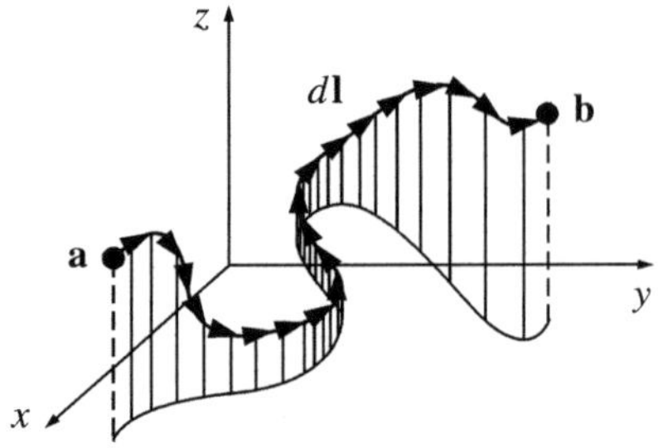

Abbildung 1.20

ich das Integralzeichen mit einem Kreis:

$$\oint \mathbf{v} \cdot d\mathbf{l} \,. \tag{1.49}$$

Auf jedem Punkt des Pfads berechnen wir das Skalarprodukt von $\mathbf{v}$ (das am entsprechenden Punkt genommen wird) und der Verschiebung $d\mathbf{l}$ zum nächsten Punkt auf dem Pfad. Das bekannteste physikalische Beispiel für ein Linienintegral ist die Arbeit, die entlang eines Weges durch eine Kraft $\mathbf{F}$ verrichtet wird: $W = \int \mathbf{F} \cdot d\mathbf{l}$.

Normalerweise hängt der Wert eines Linienintegrals entscheidend von dem jeweiligen Pfad ab, der zwischen $\mathbf{a}$ und $\mathbf{b}$ verwendet wird. Allerdings gibt es eine wichtige spezielle Gruppe von Vektorfunktionen, für die das Linienintegral vom verwendeten Pfad *unabhängig* ist und alleine durch die Endpunkte bestimmt wird. Wir werden diese spezielle Klasse von Vektoren in diesem Buch noch genauer festlegen. (Eine *Kraft* mit dieser Eigenschaft wird als **konservativ** bezeichnet.)

Beispiel 1.6: Linienintegral

Berechnen Sie das Linienintegral der Funktion $\mathbf{v} = y^2\hat{\mathbf{x}} + 2x(y+1)\hat{\mathbf{y}}$ zwischen dem Punkt $\mathbf{a} = (1, 1, 0)$ und dem Punkt $\mathbf{b} = (2, 2, 0)$ entlang der Pfade (1) und (2) aus Abbildung 1.21. Welches Ergebnis erhalten Sie für $\oint \mathbf{v} \cdot d\mathbf{l}$, wenn der Integrationsweg entlang Weg (1) von $\mathbf{a}$ nach $\mathbf{b}$ verläuft und entlang Weg (2) wieder zu $\mathbf{a}$ zurückkehrt?

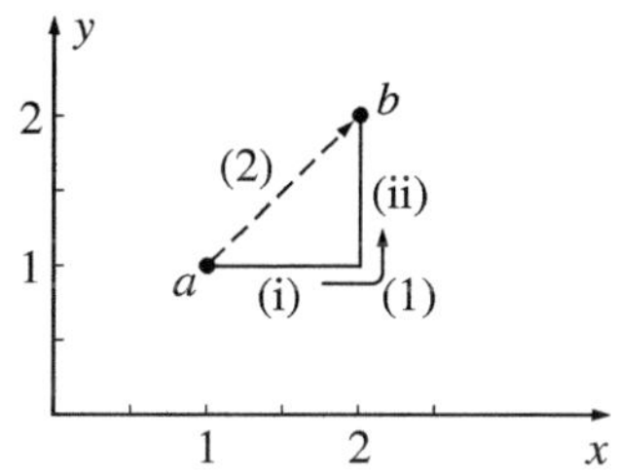

Abbildung 1.21

Lösung:

Wie immer lautet die Verschiebung $d\mathbf{l} = dx\hat{\mathbf{x}} + dy\hat{\mathbf{y}} + dz\hat{\mathbf{z}}$. Weg (1) besteht aus zwei Teilen: Entlang des „horizontalen“ Wegstücks ist $dy = dz = 0$. Somit ist

(i) $$d\mathbf{l} = dx\,\hat{\mathbf{x}}\,, \quad y = 1\,, \quad \mathbf{v} \cdot d\mathbf{l} = y^2\,dx = dx \quad \text{und daher}$$

$$\int \mathbf{v} \cdot d\mathbf{l} = \int_1^2 dx = 1\,.$$

Für das „vertikale“ Wegstück gilt $dx = dz = 0$. Es ist

(ii) $$d\mathbf{l} = dy\,\hat{\mathbf{y}}\,, \quad x = 2\,, \quad \mathbf{v} \cdot d\mathbf{l} = 2x(y+1)\,dy = 4(y+1)\,dy \quad \text{und daher}$$

$$\int \mathbf{v} \cdot d\mathbf{l} = 4\int_1^2 (y+1)\,dy = 10\,.$$

Beispiel 1.6 (Fortsetzung)

Für Weg (1) erhalten wir also

$$\int_{\mathbf{a}}^{\mathbf{b}} \mathbf{v} \cdot \mathrm{d}\mathbf{l} = 1 + 10 = 11\,.$$

Für Weg (2) gilt $x = y$, $\mathrm{d}x = \mathrm{d}y$ und $\mathrm{d}z = 0$; daher ist

$$\mathrm{d}\mathbf{l} = \mathrm{d}x\hat{\mathbf{x}} + \mathrm{d}y\hat{\mathbf{y}}\,, \quad \mathbf{v} \cdot \mathrm{d}\mathbf{l} = x^2\,\mathrm{d}x + 2x(x+1)\,\mathrm{d}x = \left(3x^2 + 2x\right)\mathrm{d}x\,.$$

Damit wird unser Integral zu

$$\int_{\mathbf{a}}^{\mathbf{b}} \mathbf{v} \cdot \mathrm{d}\mathbf{l} = \int_1^2 \left(3x^2 + 2x\right)\mathrm{d}x = \left(x^3 + x^2\right)\Big|_1^2 = 10\,.$$

(Unser Ziel war hier, alle Größen in Abhängigkeit von derselben Variablen auszudrücken. Ich hätte ohne Weiteres x zugunsten von y eliminieren können.)

Für die Schleife, die zuerst entlang von Weg (1) und danach entlang von Weg (2) verläuft, erhalten wir somit

$$\oint \mathbf{v} \cdot \mathrm{d}\mathbf{l} = 11 - 10 = 1\,.$$

(b) Flächenintegrale. Ein Flächenintegral ist ein Ausdruck der Form

$$\int_{\mathcal{S}} \mathbf{v} \cdot \mathrm{d}\mathbf{a}\,. \tag{1.50}$$

Hierin ist $\mathbf{v}$ wieder eine beliebige Vektorfunktion und $\mathrm{d}\mathbf{a}$ eine infinitesimal kleine Fläche, deren Richtungsvektor senkrecht auf der Fläche steht (die sogenannte *Flächennormale*, Abbildung 1.22). Es gibt für eine beliebige Fläche natürlich immer *zwei* dazu senkrechte Richtungsvektoren, daher ist das Vorzeichen eines Flächenin-

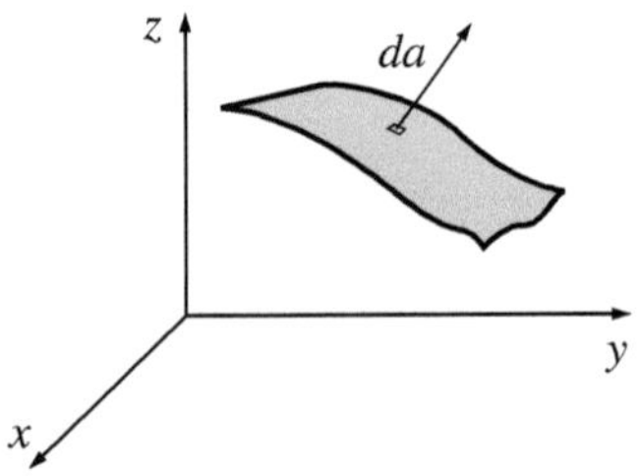

Abbildung 1.22

tegrals zunächst unbestimmt. Ist die Fläche *geschlossen* (bildet sie also einen „Ballon“), verwende ich ebenfalls einen kleinen Kreis auf dem Integralzeichen

$$\oint \mathbf{v} \cdot d\mathbf{a}\,.$$

Traditionellerweise wird für geschlossene Flächen die „nach außen“ führende Richtung positiv genommen. Bei offenen Flächen ist diese Richtung aber zunächst noch unbestimmt. Beschreibt $\mathbf{v}$ eine strömende Flüssigkeit (und damit eine Masse, die pro Zeiteinheit durch eine Einheitsfläche strömt), dann entspricht $\int \mathbf{v} \cdot d\mathbf{a}$ der Gesamtmasse, die pro Zeiteinheit durch die Fläche strömt – darauf beruht ja der alternative Name des Integrals, das *Flussintegral.*

Üblicherweise hängt der Wert eines Flächenintegrals nur von der gewählten besonderen Fläche ab. Es existiert aber eine spezielle Klasse von Vektorfunktionen, für die das Flächenintegral von der Art der Fläche *unabhängig* ist und nur von der Art der Randlinie abhängt. Wir werden bald in der Lage sein, diese besondere Klasse von Funktion genauer festzulegen.

Beispiel 1.7: Flächenintegral

Berechnen Sie das Flächenintegral von $\mathbf{v} = 2xz\hat{\mathbf{x}} + (x+2)\hat{\mathbf{y}} + y(z^2-3)\hat{\mathbf{z}}$ über fünf Seiten des kubischen Kastens aus Abbildung 1.23 (ignorieren Sie nur die Bodenfläche). Verwenden Sie, entsprechend der eingezeichneten Pfeile, „nach oben“ und „nach außen“ als positive Richtung.

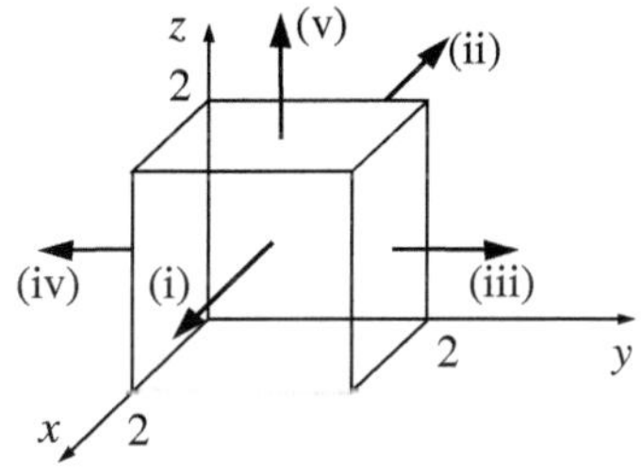

Abbildung 1.23

Lösung:

Betrachten Sie die Seiten nacheinander:

(i) $x = 2\,,\quad d\mathbf{a} = dy\,dz\,\hat{\mathbf{x}}\,,\quad \mathbf{v} \cdot d\mathbf{a} = 2xz\,dy\,dz = 4z\,dy\,dz\,,$ daher ist

$$\int \mathbf{v} \cdot d\mathbf{a} = 4\int_0^2 dy \int_0^2 z\,dz = 16\,.$$

(ii) $x = 0\,,\quad d\mathbf{a} = -dy\,dz\,\hat{\mathbf{x}}\,,\quad \mathbf{v} \cdot d\mathbf{a} = -2xz\,dy\,dz = 0\,,$ daher ist

$$\int \mathbf{v} \cdot d\mathbf{a} = 0\,.$$

Beispiel 1.7 (Fortsetzung)

(iii) $x = 2\,, \quad \mathbf{da} = \mathrm{d}x\,\mathrm{d}z\,\hat{\mathbf{y}}\,, \quad \mathbf{v}\cdot\mathbf{da} = (x+2)\,\mathrm{d}x\,\mathrm{d}z\,,$ daher ist

$$\int \mathbf{v}\cdot\mathbf{da} = \int_0^2 (x+2)\,\mathrm{d}x \int_0^2 \mathrm{d}z = 12\,.$$

(iv) $y = 0\,, \quad \mathbf{da} = -\mathrm{d}x\,\mathrm{d}z\,\hat{\mathbf{y}}\,, \quad \mathbf{v}\cdot\mathbf{da} = -(x+2)\,\mathrm{d}x\,\mathrm{d}z\,,$ daher ist

$$\int \mathbf{v}\cdot\mathbf{da} = -\int_0^2 (x+2)\,\mathrm{d}x \int_0^2 \mathrm{d}z = -12\,.$$

(v) $z = 2\,, \quad \mathbf{da} = \mathrm{d}x\,\mathrm{d}y\,\hat{\mathbf{z}}\,, \quad \mathbf{v}\cdot\mathbf{da} = y\left(z^2-3\right)\mathrm{d}x\,\mathrm{d}y = y\,\mathrm{d}x\,\mathrm{d}y\,,$ daher ist

$$\int \mathbf{v}\cdot\mathbf{da} = \int_0^2 \mathrm{d}x \int_0^2 y\,\mathrm{d}y = 4\,.$$

Der *Gesamt*fluss ist daher

$$\int\limits_{\text{Fläche}} \mathbf{v}\cdot\mathbf{da} = 16 + 0 + 12 - 12 + 4 = 20\,.$$

(c) Volumenintegrale. Ein Volumenintegral ist ein Ausdruck der Form

$$\int\limits_{\mathcal{V}} T\,\mathrm{d}\tau\,. \tag{1.51}$$

Hierin ist T eine Skalarfunktion und $\mathrm{d}\tau$ ein infinitesimal kleines Volumenelement. In kartesischen Koordinaten lautet es

$$\mathrm{d}\tau = \mathrm{d}x\,\mathrm{d}y\,\mathrm{d}z\,. \tag{1.52}$$

Ist beispielsweise T die Dichte einer Substanz (die von Ort zu Ort verschieden sein kann), dann würde das Volumenintegral auf die Gesamtmasse führen. Gelegentlich begegnen uns auch Volumenintegrale von *Vektorfunktionen*:

$$\int \mathbf{v}\,\mathrm{d}\tau = \int \left(v_x\hat{\mathbf{x}} + v_y\hat{\mathbf{y}} + v_z\hat{\mathbf{z}}\right)\mathrm{d}\tau = \hat{\mathbf{x}}\int v_x\,\mathrm{d}\tau + \hat{\mathbf{y}}\int v_y\,\mathrm{d}\tau + \hat{\mathbf{z}}\int v_z\,\mathrm{d}\tau\,. \tag{1.53}$$

Weil hierin die Einheitsvektoren Konstanten sind, dürfen sie vor das Integral gezogen werden.

Beispiel 1.8: Volumenintegral

Berechnen Sie das Volumenintegral von $T = xyz^2$ über das in Abbildung 1.24 dargestellte Prisma.

Beispiel 1.8 (Fortsetzung)

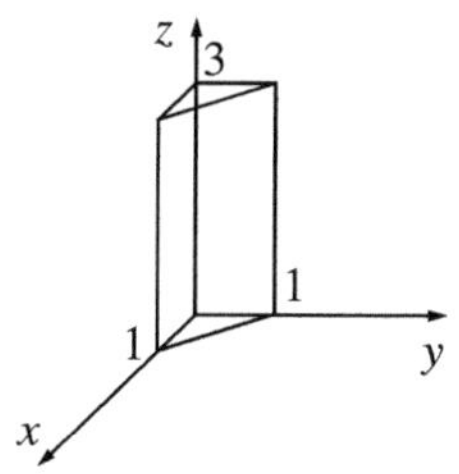

Abbildung 1.24

Lösung:

Sie können die drei Integrale in beliebiger Reihenfolge lösen. Wir beginnen mit der x-Richtung: das Prisma verläuft hier von 0 bis $(1-y)$, berechnen danach die y-Richtung (in der es von 0 bis 1 reicht) und anschließend die z-Richtung (0 bis 3):

$$\int T\,\mathrm{d}\tau = \int_0^3 z^2 \left\{ \int_0^1 y \left[\int_0^{1-y} x\,\mathrm{d}x \right] \mathrm{d}y \right\} \mathrm{d}z$$

$$= \frac{1}{2} \int_0^3 z^2\,\mathrm{d}z \int_0^1 (1-y)^2 y\,\mathrm{d}y = \frac{1}{2}(9)\left(\frac{1}{12}\right) = \frac{3}{8}\,.$$

■ **Aufgabe 1.29**

Berechnen Sie das Linienintegral der Funktion $\mathbf{v} = x^2\hat{\mathbf{x}} + 2yz\hat{\mathbf{y}} + y^2\hat{\mathbf{z}}$ zwischen dem Ursprung und dem Punkt (1, 1, 1) auf drei unterschiedlichen Pfaden:

a. $(0,0,0) \to (1,0,0) \to (1,1,0) \to (1,1,1)$;

b. $(0,0,0) \to (0,0,1) \to (0,1,1) \to (1,1,1)$;

c. Entlang der direkten Verbindungslinie.

d. Wie lautet das Linienintegral der geschlossenen Schleife, die entlang von Weg (a) wegführt und entlang (b) zurückkommt?

■ **Aufgabe 1.30**

Berechnen Sie das Flächenintegral der Funktion aus Beispiel 1.7 über der Bodenfläche des Würfels. Setzen Sie aus Konsistenzgründen „aufwärts“ als positive Richtung. Hängt das Flächenintegral nur von der Randlinie dieser Funktion ab? Wie lautet der gesamte Fluss durch die *geschlossene* Oberfläche des Würfels (einschließlich der Bodenfläche)?

[*Hinweis*: Bei der geschlossenen Oberfläche weist die positive Richtung nach außen und daher für die Bodenfläche nach „unten“.]

■ **Aufgabe 1.31**

Berechnen Sie das Volumenintegral der Funktion $T = z^2$ über dem Tetraeder, dessen Ecken bei $(0,0,0)$, $(1,0,0)$, $(0,1,0)$ und $(0,0,1)$ liegen.

1.3.2 Der Fundamentalsatz der Differentialrechnung

Sei $f(x)$ eine Funktion, die allein von einer Variablen abhängt. Der **Fundamentalsatz der Differentialrechnung** besagt:

$$\int_a^b \frac{\mathrm{d}f}{\mathrm{d}x}\,\mathrm{d}x = f(b) - f(a)\,. \tag{1.54}$$

Falls Ihnen das jetzt unvertraut erscheint, betrachten Sie die folgende Darstellung:

$$\int_a^b F(x)\,\mathrm{d}x = f(b) - f(a)\,.$$

Dabei haben wir $\mathrm{d}f/\mathrm{d}x = F(x)$ verwendet. Der Fundamentalsatz besagt, wie $F(x)$ integriert werden muss: Sie suchen nach einer Funktion $f(x)$, deren *Ableitung* gleich F ist.

Geometrische Interpretation: Gemäß Gleichung 1.33 ist $\mathrm{d}f = (\mathrm{d}f/\mathrm{d}x)\mathrm{d}x$ die infinitesimal kleine Änderung von f, wenn Sie sich von (x) nach $(x + \mathrm{d}x)$ bewegen. Nach dem Fundamentalsatz (1.54) erhalten Sie, wenn Sie das Intervall von a nach b in Abbildung 1.25 in viele kleine Teile $\mathrm{d}x$ zerlegen und die Unterschiede jedes der kleinen Intervalle $\mathrm{d}f$ aufaddieren, als Resultat (kaum überraschend) den Gesamtunterschied von f, nämlich $f(b) - f(a)$. Es gibt mit anderen Worten zwei Methoden, um die Gesamtänderung der Funktion zu berechnen: Sie subtrahieren *entweder* die Werte an den Integralgrenzen *oder* Sie addieren Schritt für Schritt jeden der kleinen Funktionsunterschiede auf. Mit beiden Methoden erhalten Sie dasselbe Ergebnis.

Beachten Sie die grundlegende Form des Fundamentalsatzes: *Das Integral einer Ableitung in einem Intervall wird von den Werten der Funktion an den Endpunkten (den Integrationsgrenzen) gegeben.* In der Vektorrechnung kennen wir drei unterschiedliche Arten von Ableitungen (Gradient, Divergenz und Rotation). Jede hat ihren eigenen „Fundamentalsatz“, der im Wesentlichen dieselbe Form aufweist. Ich werde diese Sätze hier nicht beweisen. Vielmehr werde ich erläutern, was sie *bedeuten*, und werde versuchen, sie verständlich darzustellen. Die Beweise finden Sie im Anhang A.

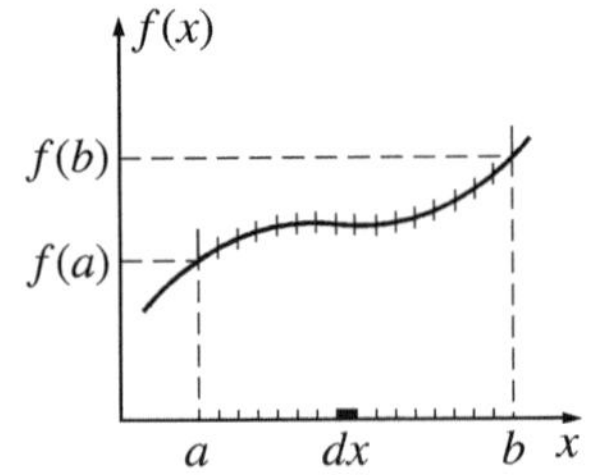

Abbildung 1.25

1.3.3 Der Fundamentalsatz für den Gradienten

Wir betrachten eine Skalarfunktion $T(x, y, z)$, die von drei Variablen abhängt. Beginnend an einem Punkt **a** bewegen wir uns um eine geringe Strecke $d\mathbf{l}_1$ (Abbildung 1.26). Gemäß Gleichung 1.37 verändert sich die Funktion dadurch um den Betrag

$$dT = (\nabla T) \cdot d\mathbf{l}_1 \,.$$

Wir bewegen uns nun um einen weiteren kleinen Betrag $d\mathbf{l}_2$ voran. Die entsprechende Veränderung in T ist dann $(\nabla T) \cdot d\mathbf{l}_2$. Auf diese Weise legen wir in immer weiteren kleinen Schritten den Weg bis zum Punkt **b** zurück. Für jeden Punkt berechnen wir den Gradienten von T (in dem jeweiligen Punkt) und multiplizieren ihn skalar mit der Verschiebung $d\mathbf{l}$, wodurch wir die Veränderung in T erhalten. Die Gesamtänderung von T auf dem Weg von **a** *entlang des gewählten Pfads* nach **b** ist offenbar

$$\int_{\mathbf{a}\atop \mathcal{P}}^{\mathbf{b}} (\nabla T) \cdot d\mathbf{l} = T(\mathbf{b}) - T(\mathbf{a}) \,. \tag{1.55}$$

Dies wird als **Fundamentalsatz für Gradienten** bezeichnet. Wie der „normale“ Fundamentalsatz besagt er, dass das Integral (hier das *Linienintegral*) einer Ableitung (hier der *Gradient*) durch den Wert der Funktion an den Integrationsgrenzen (**a** und **b**) gegeben wird.

Geometrische Interpretation: Nehmen Sie an, Sie wollten die Höhe des Eiffelturms bestimmen. Dazu könnten Sie die Stufen hinaufsteigen, mit einem Lineal jede Stufe nachmessen und alle Ergebnisse aufaddieren (was der linken Seite von Gleichung 1.55 entspricht). Sie könnten aber auch Höhenmesser am Boden und an der Spitze ablesen und die Werte voneinander subtrahieren (das entspricht der rechten Seite). In beiden Fällen sollten Sie dasselbe Ergebnis erhalten (dies ist die Aussage des Fundamentalsatzes).

Wie wir in Beispiel 1.6 festgestellt hatten, hängen Linienintegrale üblicherweise von dem Weg ab, der von **a** nach **b** zurückgelegt wird. Auf der rechten Seite von Gleichung 1.55 taucht der Pfad jedoch nicht auf – lediglich die Endpunkte. Offensichtlich haben Gradienten die spezielle Eigenschaft, dass ihre Linienintegrale vom benutzten Pfad unabhängig sind.

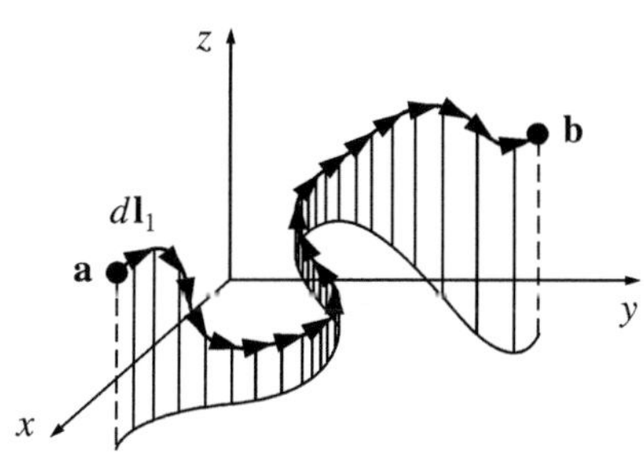

Abbildung 1.26

Korollar 1

Das Linienintegral

$$\int_{\mathbf{a}}^{\mathbf{b}} (\nabla T) \cdot d\mathbf{l}$$

ist vom Pfad zwischen **a** und **b** unabhängig.

Korollar 2

Für das Linienintegral über einen geschlossenen Weg gilt

$$\oint (\nabla T) \cdot d\mathbf{l} = 0\,,$$

da Anfangs- und Endpunkt identisch sind und folglich $T(\mathbf{b}) - T(\mathbf{a}) = 0$.

Beispiel 1.9: Fundamentalsatz für den Gradienten

Sei $T = xy^2$ und Punkt **a** der Ursprung $(0, 0, 0)$ und **b** der Punkt $(2, 1, 0)$. Überprüfen Sie den Fundamentalsatz für den Gradienten.

Lösung:

Obwohl das Integral wegunabhängig ist, müssen wir einen bestimmten Weg *auswählen*, um es zu berechnen. Bewegen wir uns in Abbildung 1.27 zunächst entlang der x-Achse (Schritt (i)) und dann nach oben (Schritt (ii)). Wie immer ist $d\mathbf{l} = dx\hat{\mathbf{x}} + dy\hat{\mathbf{y}} + dz\hat{\mathbf{z}}$ und $\nabla T = y^2\hat{\mathbf{x}} + 2xy\hat{\mathbf{y}}$.

(i) $y = 0\,;\quad d\mathbf{l} = dx\hat{\mathbf{x}}\,;\quad \nabla\mathbf{T} \cdot d\mathbf{l} = y^2\,dx = 0\,,$ daher

$$\int_{\mathrm{i}} \nabla\mathbf{T} \cdot d\mathbf{l} = 0\,.$$

(ii) $x = 2\,;\quad d\mathbf{l} = dy\hat{\mathbf{y}}\,;\quad \nabla\mathbf{T} \cdot d\mathbf{l} = 2xy\,dy = 4y\,dy\,,$ daher

$$\int_{\mathrm{ii}} \nabla\mathbf{T} \cdot d\mathbf{l} = \int_0^1 4y\,dy = 2y^2\Big|_0^1 = 2\,.$$

Wie eben gezeigt, beträgt das Gesamtergebnis des Linienintegrals 2. Ist dieses Ergebnis mit dem Fundamentalsatz vereinbar? Ja, denn: $T(\mathbf{b}) - T(\mathbf{a}) = 2 - 0 = 2$.

Beispiel 1.9 (Fortsetzung)

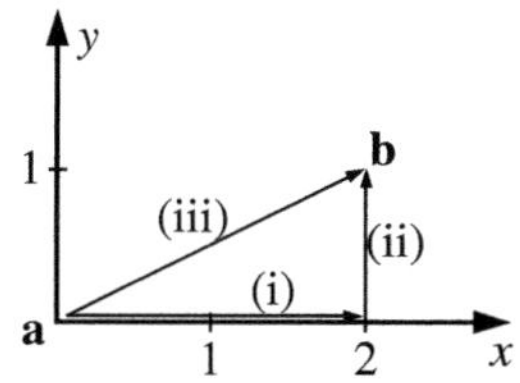

Abbildung 1.27

Um Sie nun davon zu überzeugen, dass das Ergebnis tatsächlich wegunabhängig ist, berechnen wir dasselbe Integral entlang Weg (iii) (d. h., der direkten Verbindung zwischen **a** und **b**):

(iii) $y = \frac{1}{2}x, \quad dy = \frac{1}{2}dx, \quad \mathbf{\nabla T} \cdot d\mathbf{l} = y^2\,dx + 2xy\,dy = \frac{3}{4}x^2\,dx,$ daher

$$\int_{iii} \mathbf{\nabla T} \cdot d\mathbf{l} = \int_0^2 \frac{3}{4}x^2\,dx = \frac{1}{4}x^3\Big|_0^2 = 2$$

■ **Aufgabe 1.32**

Überprüfen Sie den Fundamentalsatz für den Gradienten anhand der Funktion $T = x^2 + 4xy + 2yz^3$ für die Punkte $\mathbf{a} = (0,0,0)$ und $\mathbf{b} = (1,1,1)$ sowie die drei in Abbildung 1.28 skizzierten Wege:

a. $(0,0,0) \to (1,0,0) \to (1,1,0) \to (1,1,1)$,

b. $(0,0,0) \to (0,0,1) \to (0,1,1) \to (1,1,1)$,

c. entlang der Parabel $z = x^2$, $y = x$.

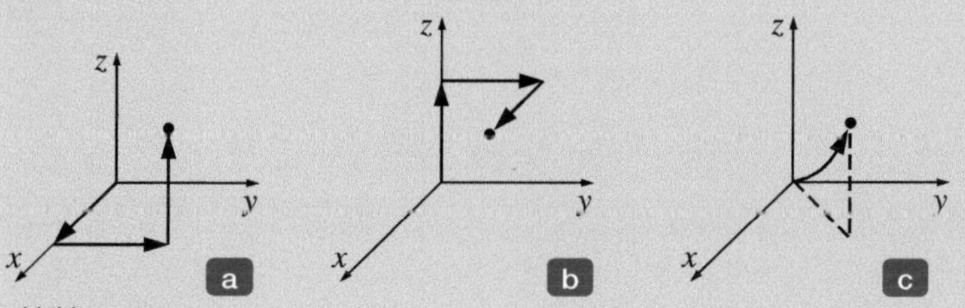

Abbildung 1.28

1.3.4 Der Fundamentalsatz für die Divergenz

Der Fundamentalsatz für die Divergenz besagt:

$$\int_{\mathcal{V}} (\nabla \cdot \mathbf{v})\,d\tau = \oint_{\mathcal{S}} \mathbf{v} \cdot d\mathbf{a}\,. \tag{1.56}$$

Ich nehme an, es liegt an seiner Bedeutung, dass dieser Satz gleich drei verschiedene Namen trägt: **Gauß'scher Satz**, **Green'scher Satz** oder einfach **Divergenzsatz.**[12] Wie die anderen „Fundamentalsätze" besagt er, dass das *Integral* einer *Ableitung* (in diesem Fall der *Divergenz*) über ein *Gebiet* (in diesem Fall ein *Volumen*) gleich dem Wert der Funktion an den *Grenzen* ist (in diesem Fall die *Fläche*, welche das Volumen umschließt). Beachten Sie, dass der Ausdruck für die Grenzen selbst wieder ein Integral ist (genau genommen ein Flächenintegral). Dies können Sie folgendermaßen nachvollziehen: So wie die Endpunkte die „Begrenzung" eines *Pfads* sind, stellt eine (geschlossene) Fläche die Begrenzung eines *Volumens* dar.

Geometrische Interpretation: Wenn $\mathbf{v}$ den Strom einer inkompressiblen Flüssigkeit darstellt, dann ist der *Fluss* von $\mathbf{v}$ (die rechte Seite der Gleichung 1.56) die Gesamtmenge der Flüssigkeit, die pro Zeiteinheit durch die Fläche strömt. Da die Divergenz die „Ausbreitung" eines Vektors von einem Punkt aus beschreibt, entspricht ein Ort hoher Divergenz einer „Quelle", aus der Flüssigkeit herausströmt. Wenn wir in einem Gebiet mit einer inkompressiblen Flüssigkeit viele Quellen haben, muss eine entsprechende Flüssigkeitsmenge durch die Grenzen der Region hindurchgepresst werden. Wir können sogar auf zwei verschiedene Arten nachprüfen, wie viel Flüssigkeit freigesetzt wird: Wir könnten (a) alle Quellen aufaddieren und aufzeichnen, wie viel jede freisetzt, oder (b) um die Grenze herumgehen, den Fluss in jedem Punkt bestimmen und alles aufaddieren. In beiden Fällen erhalten Sie dasselbe Ergebnis:

$$\int (\text{Quellen innerhalb des Volumens}) = \oint (\text{Fluss durch die Fläche})$$

Dies ist die wesentliche Aussage des Gauß'schen Satzes.

Beispiel 1.10: Gauß'scher Satz

Überprüfen Sie den Gauß'schen Satz für die Funktion

$$\mathbf{v} = y^2\hat{\mathbf{x}} + \left(2xy + z^2\right)\hat{\mathbf{y}} + (2yz)\hat{\mathbf{z}}$$

und den in Abbildung 1.29 skizzierten Einheitswürfel, dessen Eckpunkt im Ursprung liegt.

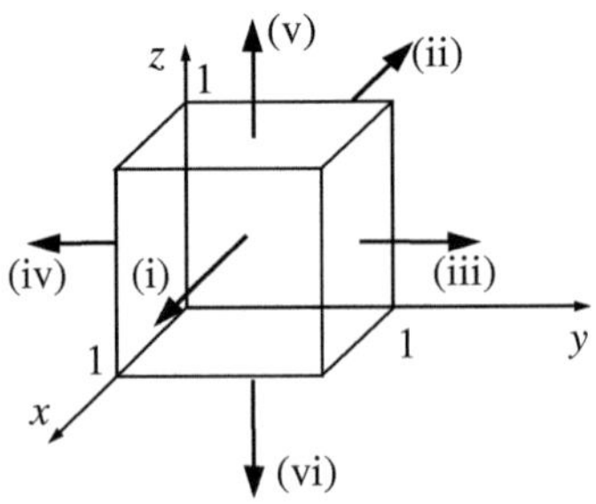

Abbildung 1.29

12 Im Deutschen ist die Bezeichnung Gauß'scher Satz gebräuchlich, die wir hier verwenden. A. d. Ü.

Beispiel 1.10 (Fortsetzung)

Lösung:

In diesem Fall ist

$$\nabla \cdot \mathbf{v} = 2(x+y)$$

und

$$\int_{\mathcal{V}} 2(x+y)\,\mathrm{d}\tau = 2\int_0^1\int_0^1\int_0^1 (x+y)\,\mathrm{d}x\,\mathrm{d}y\,\mathrm{d}z\,,$$

$$\int_0^1 (x+y)\,\mathrm{d}x = \frac{1}{2}+y\,, \quad \int_0^1 \left(\frac{1}{2}+y\right)\mathrm{d}y = 1\,, \quad \int_0^1 1\,\mathrm{d}z = 1\,.$$

Das Endergebnis ist damit offenbar

$$\int_{\mathcal{V}} \nabla \cdot \mathbf{v}\,\mathrm{d}\tau = 2\,.$$

Soweit zur linken Seite des Gauß'schen Satzes. Zur Berechnung des Flächenintegrals müssen wir die sechs Seiten des Würfels einzeln berechnen:

(i) $$\int \mathbf{v}\cdot\mathrm{d}\mathbf{a} = \int_0^1\int_0^1 y^2\,\mathrm{d}y\,\mathrm{d}z = \frac{1}{3}\,,$$

(ii) $$\int \mathbf{v}\cdot\mathrm{d}\mathbf{a} = -\int_0^1\int_0^1 y^2\,\mathrm{d}y\,\mathrm{d}z = -\frac{1}{3}\,,$$

(iii) $$\int \mathbf{v}\cdot\mathrm{d}\mathbf{a} = \int_0^1\int_0^1 \left(2x+z^2\right)\mathrm{d}x\,\mathrm{d}z = \frac{4}{3}\,,$$

(iv) $$\int \mathbf{v}\cdot\mathrm{d}\mathbf{a} = -\int_0^1\int_0^1 z^2\,\mathrm{d}x\,\mathrm{d}z = -\frac{1}{3}\,,$$

(v) $$\int \mathbf{v}\cdot\mathrm{d}\mathbf{a} = \int_0^1\int_0^1 2y\,\mathrm{d}x\,\mathrm{d}y = 1\,,$$

(vi) $$\int \mathbf{v}\cdot\mathrm{d}\mathbf{a} = -\int_0^1\int_0^1 0\,\mathrm{d}x\,\mathrm{d}y = 0\,.$$

Der Gesamtfluss ist damit wie erwartet:

$$\oint_{\mathcal{S}} \mathbf{v}\cdot\mathrm{d}\mathbf{a} = \frac{1}{3}-\frac{1}{3}+\frac{4}{3}-\frac{1}{3}+1+0 = 2\,.$$

■ **Aufgabe 1.33**

Überprüfen Sie den Gauß'schen Satz für die Funktion $\mathbf{v} = (xy)\hat{\mathbf{x}} + (2yz)\hat{\mathbf{y}} + (3zx)\hat{\mathbf{z}}$. Benutzen Sie den in Abbildung 1.30 dargestellten Würfel mit der Seitenlänge 2 als Integrationsvolumen.

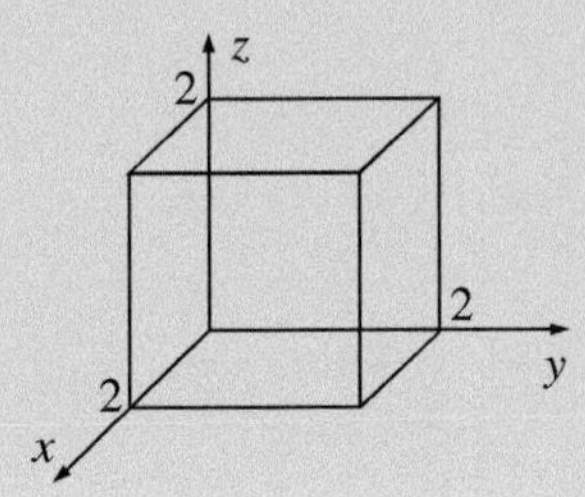

Abbildung 1.30

1.3.5 Der Fundamentalsatz für die Rotation

Der Fundamentalsatz für die Rotation wird auch als **Stokes'scher Satz** bezeichnet. Er besagt, dass

$$\int_{\mathcal{S}} (\nabla \times \mathbf{v}) \cdot d\mathbf{a} = \oint_{\mathcal{P}} \mathbf{v} \cdot d\mathbf{l} . \tag{1.57}$$

Wie in den früheren Sätzen ist das *Integral* einer *Ableitung* (hier der *Rotation*) über ein *Gebiet* (hier einen Teil einer *Fläche*) gleich dem Funktionswert an den *Grenzen* (hier die Randlinie der Fläche). Wie im Fall des Gauß'schen Satzes ist der Term für die Integrationsgrenzen ebenfalls ein Integral – genau genommen ein geschlossenes Linienintegral.

Geometrische Interpretation: Wie bereits erwähnt, misst die Rotation die „Verdrillung" eines Vektors **v**. Ein Gebiet mit hoher Rotation ist ein Wirbel – wenn Sie dort eine kleine Turbine hineinwerfen, beginnt sie sich zu drehen. Das Integral der Rotation über irgendeine Fläche (genauer gesagt der *Fluss* der Rotation durch die Oberfläche) entspricht dem „Gesamtbetrag des Wirbels". Wir können diesen Wirbel genauso gut bestimmen, wenn wir uns um seine *Kante* herum begeben und feststellen, wie weit der Fluss der Randlinie folgt (Abbildung 1.31).

Vielleicht ist Ihnen eine scheinbare Doppeldeutigkeit des Stokes'schen Satzes aufgefallen: In welcher Richtung sollen wir die Berechnung des Linienintegrals um die Randlinie durchführen – im Uhrzeigersinn oder im Gegenuhrzeigersinn? Wenn wir die falsche Richtung wählen, produzieren wir einen Vorzeichenfehler für die gesamte Formel. Die Antwort darauf lautet: Ihre Bewegungsrichtung ist ganz *egal*, solange Sie sich nur *einheitlich* bewegen. Das Oberflächenintegral enthält nämlich eine grundlegende Doppeldeutigkeit hinsichtlich des Vorzeichens, die sich aber von selbst aufhebt. Sie beruht auf der Richtung, in die d**a** weist. Bei einer geschlossenen Oberfläche (wie im Gauß'schen Satz) zeigt d**a** in Richtung der *nach außen* gerichteten Flächennormale. Welche Richtung ist aber in einer offenen Fläche „außen"? Die Konsistenz im Stokes'schen Satz (wie in allen anderen Fällen) wird durch die

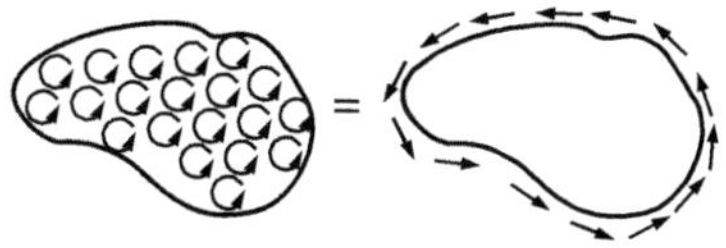

Abbildung 1.31

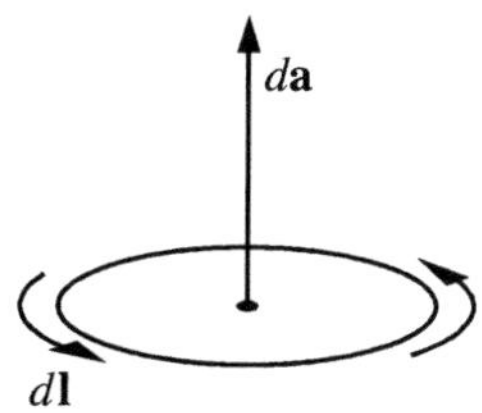

Abbildung 1.32

Rechte-Hand-Regel sichergestellt: Wenn Ihre Finger in Richtung des Linienintegrals deuten, dann ist die Richtung von $d\mathbf{a}$ durch Ihren (rechtwinklig dazu abstehenden) Daumen festgelegt (Abbildung 1.32).

Allerdings gibt es viele Oberflächen (sogar unendlich viele), die zu einer gegebenen Randlinie gehören. Biegen Sie eine Büroklammer zu einer Schleife und tauchen Sie diese in Seifenwasser. Der Seifenfilm erzeugt eine Fläche, deren Randlinie die Drahtschleife ist. Wenn Sie diese anblasen, dehnt sich der Seifenfilm aus, wodurch eine neue Oberfläche mit derselben Randlinie entsteht. Üblicherweise hängt zwar ein Flächenintegral entscheidend von der Fläche ab, über die Sie integrieren, bei der Rotation ist das aber offensichtlich *nicht* der Fall. Nach dem Stokes'schen Satz ist $\int(\nabla \times \mathbf{v}) \cdot d\mathbf{a}$ gleich dem Linienintegral von $\mathbf{v}$ um die Randlinie. Diese aber hängt in keiner Weise von der von Ihnen gewählten Fläche ab.

Korollar 1

$\int(\nabla \times \mathbf{v}) \cdot d\mathbf{a}$ hängt nur von der Randlinie, aber nicht von der verwendeten Fläche ab.

Korollar 2

Für jede geschlossene Oberfläche gilt $\oint(\nabla \times \mathbf{v}) \cdot d\mathbf{a} = 0$, denn die Begrenzungslinie schrumpft, wie das Mundstück eines Luftballons, zu einem Punkt zusammen, wodurch die rechte Seite von Gleichung 1.57 verschwindet.

Diese Korollare entsprechen den entsprechenden Aussagen für den Fundamentalsatz des Gradienten. Wir werden die Parallelen im Weiteren noch vertiefen.

Beispiel 1.11: Stokes'scher Satz

Betrachten Sie die Funktion $\mathbf{v} = (2xz + 3y^2)\,\hat{\mathbf{y}} + (4yz^2)\,\hat{\mathbf{z}}$. Überprüfen Sie den Stokes'schen Satz für die in Abbildung 1.33 gezeigte quadratische Fläche.

Beispiel 1.11 (Fortsetzung)

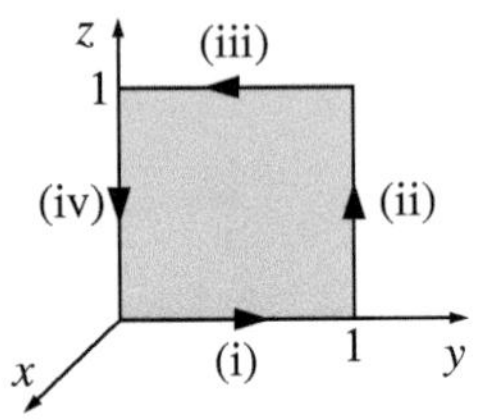

Abbildung 1.33

Lösung:

In diesem Fall ist $\nabla \times \mathbf{v} = (4z^2 - 2x)\hat{\mathbf{x}} + 2z\hat{\mathbf{z}}$ und $d\mathbf{a} = dy\,dz\hat{\mathbf{x}}$. (Mit der Aussage, dass $d\mathbf{a}$ in x-Richtung deutet, legen wir uns auf ein Linienintegral im Gegenuhrzeigersinn fest. Wir könnten genauso gut $d\mathbf{a} = -dy\,dz\hat{\mathbf{x}}$ wählen, müssten dann aber das Linienintegral im Uhrzeigersinn bestimmen.) Da für diese Oberfläche $x = 0$ gilt, ist

$$\int (\nabla \times \mathbf{v}) \cdot d\mathbf{a} = \int_0^1 \int_0^1 4z^2\,dy\,dz = \frac{4}{3}\,.$$

Was ist nun mit dem Linienintegral? Wir müssen es in vier Teile zerlegen.

(i) $x = 0, \quad z = 0, \quad \mathbf{v} \cdot d\mathbf{l} = 3y^2\,dy\,, \quad \int \mathbf{v} \cdot d\mathbf{l} = \int_0^1 3y^2\,dy = 1\,;$

(ii) $x = 0, \quad y = 1, \quad \mathbf{v} \cdot d\mathbf{l} = 4z^2\,dz\,, \quad \int \mathbf{v} \cdot d\mathbf{l} = \int_0^1 4z^2\,dz = \frac{4}{3}\,;$

(iii) $x = 0, \quad z = 1, \quad \mathbf{v} \cdot d\mathbf{l} = 3y^2\,dy\,, \quad \int \mathbf{v} \cdot d\mathbf{l} = \int_1^0 3y^2\,dy = -1\,;$

(iii) $x = 0, \quad y = 0, \quad \mathbf{v} \cdot d\mathbf{l} = 0\,, \quad \int \mathbf{v} \cdot d\mathbf{l} = \int_1^0 0\,dz = 0\,.$

Daher ist

$$\oint \mathbf{v} \cdot d\mathbf{l} = 1 + \frac{4}{3} - 1 + 0 = \frac{4}{3}\,,$$

was zu zeigen war.

Ein Wort noch zum Vorgehen: Beachten Sie, wie ich Schritt (iii) durchgeführt habe. Natürlich ist es verlockend, hier $d\mathbf{l} = -dy\hat{\mathbf{y}}$ zu verwenden, da der Pfad nach links verläuft. Wenn Sie darauf bestehen, ist das solange in Ordnung, solange Sie das Integral von $0 \to 1$ nehmen. Ich persönlich bevorzuge *immer* die Schreibweise $d\mathbf{l} = dx\hat{\mathbf{x}} + dy\hat{\mathbf{y}} + dz\hat{\mathbf{z}}$ (die nirgendwo Minuszeichen enthält) und lasse die Integrationsgrenzen die Richtung bestimmen.

■ **Aufgabe 1.34**

Überprüfen Sie den Stokes'schen Satz für die Funktion $\mathbf{v} = (xy)\hat{\mathbf{x}} + (2yz)\hat{\mathbf{y}} + (3zx)\hat{\mathbf{z}}$ für das dreieckige schattierte Gebiet aus Abbildung 1.34.

■ **Aufgabe 1.35**

Überprüfen Sie Korollar 1 für dieselbe Funktion und Begrenzungslinie wie in Beispiel 1.11. Integrieren Sie nun aber über die fünf Seiten des in Abbildung 1.35 dargestellten Kubus. Die Rückseite des Kubus ist offen.

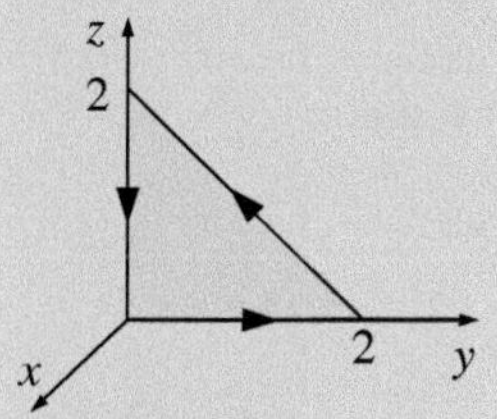

Abbildung 1.34

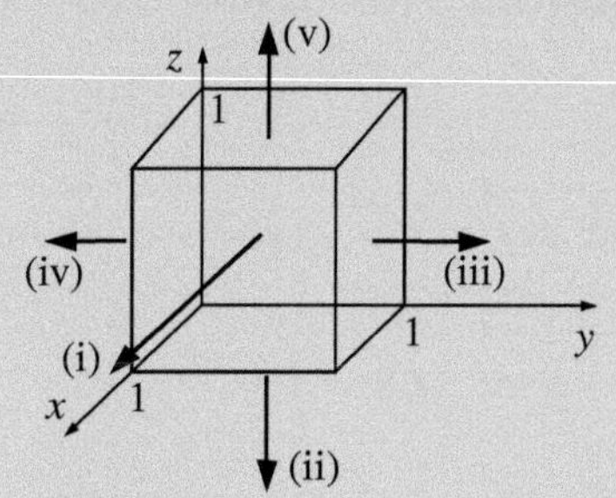

Abbildung 1.35

1.3.6 Partielle Integration

Eine Technik, die (ungeschickterweise) als **partielle Integration** bezeichnet wird, beruht auf der Produktregel für Ableitungen:

$$\frac{\mathrm{d}}{\mathrm{d}x}(fg) = f\left(\frac{\mathrm{d}g}{\mathrm{d}x}\right) + g\left(\frac{\mathrm{d}f}{\mathrm{d}x}\right) .$$

Integrieren wir beide Seiten und wenden den Fundamentalsatz an, dann erhalten wir

$$\int_a^b \frac{\mathrm{d}}{\mathrm{d}x}(fg)\,\mathrm{d}x = fg\Big|_a^b = \int_a^b f\left(\frac{\mathrm{d}g}{\mathrm{d}x}\right)\mathrm{d}x + \int_a^b g\left(\frac{\mathrm{d}f}{\mathrm{d}x}\right)\mathrm{d}x$$

bzw.

$$\int_a^b f\left(\frac{\mathrm{d}g}{\mathrm{d}x}\right)\mathrm{d}x = -\int_a^b g\left(\frac{\mathrm{d}f}{\mathrm{d}x}\right)\mathrm{d}x + fg\Big|_a^b . \tag{1.58}$$

Dies ist die partielle Integration. Sie gilt für die Fälle, in denen Sie die Aufgabe haben, das Produkt einer Funktion (f) und der *Ableitung* einer anderen Funktion (g) zu integrieren. Mithilfe der partiellen Integration können Sie für den Preis eines Minuszeichens und eines Zusatzterms die *Ableitung von g auf f übertragen.*

Beispiel 1.12: Partielle Integration

Bestimmen Sie das Integral

$$\int_0^\infty x\mathrm{e}^{-x}\,\mathrm{d}x\,.$$

Lösung:

Der Exponentialterm kann als Ableitung ausgedrückt werden:

$$\mathrm{e}^{-x} = \frac{\mathrm{d}}{\mathrm{d}x}\left(-\mathrm{e}^{-x}\right)\,.$$

In diesem Fall ist $f(x) = x$, $g(x) = -\mathrm{e}^{-x}$ und $\mathrm{d}f/\mathrm{d}x = 1$ und daher

$$\int_0^\infty x\mathrm{e}^{-x}\,\mathrm{d}x = \int_0^\infty \mathrm{e}^{-x}\,\mathrm{d}x - x\mathrm{e}^{-x}\Big|_0^\infty = -\mathrm{e}^{-x}\Big|_0^\infty = 1\,.$$

Auf genau die gleiche Art und Weise können wir auch die Produktregeln der Vektorrechnung zusammen mit den entsprechenden Fundamentalsätzen anwenden. Integrieren wir beispielsweise

$$\boldsymbol{\nabla}\cdot(f\mathbf{A}) = f(\boldsymbol{\nabla}\cdot\mathbf{A}) + \mathbf{A}\cdot(\boldsymbol{\nabla}f)$$

über ein Volumen und wenden den Gauß'schen Satz darauf an, erhalten wir

$$\int \boldsymbol{\nabla}\cdot(f\mathbf{A})\,\mathrm{d}\tau = \int f(\boldsymbol{\nabla}\cdot\mathbf{A})\,\mathrm{d}\tau + \int \mathbf{A}\cdot(\boldsymbol{\nabla}f)\,\mathrm{d}\tau = \oint f\mathbf{A}\cdot\mathrm{d}\mathbf{a}$$

bzw.

$$\int_{\mathcal{V}} f(\boldsymbol{\nabla}\cdot\mathbf{A})\,\mathrm{d}\tau = -\int_{\mathcal{V}} \mathbf{A}\cdot(\boldsymbol{\nabla}f)\,\mathrm{d}\tau + \oint_{\mathcal{S}} f\mathbf{A}\cdot\mathrm{d}\mathbf{a}\,. \tag{1.59}$$

Hierbei ist wieder der Integrand das Produkt einer Funktion (f) mit der Ableitung (in diesem Fall der *Divergenz*) einer anderen Funktion ($\mathbf{A}$). Aufgrund der partiellen Integration dürfen wir die Ableitung von $\mathbf{A}$ auf f übertragen (sie wird dadurch zu einem *Gradienten*), wobei wir nur ein Minuszeichen und einen Zusatzterm (in diesem Fall ein Flächenintegral) aufwenden müssen.

Vielleicht fragen Sie sich gerade, wie oft Ihnen wohl ein Integral begegnet, in dem eine Funktion mit der Ableitung einer anderen multipliziert wird. Dies ist *erstaunlich* oft der Fall, und daher ist die partielle Integration eines der leistungsfähigsten Hilfsmittel der Vektorrechnung.

Aufgabe 1.36

a. Zeigen Sie, dass

$$\int_{\mathcal{S}} f(\nabla \times \mathbf{A}) \cdot \mathrm{d}\mathbf{a} = \int_{\mathcal{S}} [\mathbf{A} \times (\nabla f)] \cdot \mathrm{d}\mathbf{a} + \oint_{\mathcal{P}} f\mathbf{A} \cdot \mathrm{d}\mathbf{l}\,. \tag{1.60}$$

b. Zeigen Sie, dass

$$\int_{\mathcal{V}} \mathbf{B} \cdot (\nabla \times \mathbf{A})\,\mathrm{d}\tau = \int_{\mathcal{V}} \mathbf{A} \cdot (\nabla \times \mathbf{B})\,\mathrm{d}\tau + \oint_{\mathcal{S}} (\mathbf{A} \times \mathbf{B}) \cdot \mathrm{d}\mathbf{a}\,. \tag{1.61}$$

1.4 Krummlinige Koordinaten

1.4.1 Sphärische Polarkoordinaten

Die sphärischen Polarkoordinaten (r, θ, φ)(auch als Kugelkoordinaten bezeichnet) eines Punktes P sind entsprechend Abbildung 1.36 definiert. Dabei ist r die Entfernung vom Ursprung (also der Betrag des Ortsvektors), θ (der Winkel zwischen Ortsvektor und z-Achse) ist der **Polwinkel**, und φ (der Winkel zwischen dem in die x-y-Ebene projizierten Ortsvektor und der x-Achse in der x-y-Ebene) ist der **Azimutwinkel**. Ihr Zusammenhang mit den kartesischen Koordinaten (x, y, z) lässt sich aus der Abbildung ablesen:

$$x = r\sin\theta\cos\varphi\,, \quad y = r\sin\theta\sin\varphi\,, \quad z = r\cos\theta\,. \tag{1.62}$$

In Abbildung 1.36 sind auch drei Basisvektoren zu erkennen, $\hat{\mathbf{r}}$, $\hat{\boldsymbol{\theta}}$, $\hat{\boldsymbol{\varphi}}$, die in Richtung ansteigender Werte der zugehörigen Koordinaten deuten. Sie bilden eine orthogonale (aufeinander senkrecht stehende) Gruppe von Basisvektoren (genau wie $\hat{\mathbf{x}}$, $\hat{\mathbf{y}}$, $\hat{\mathbf{z}}$), und jeder Vektor $\mathbf{A}$ kann auf übliche Weise in Form dieser Vektoren ausgedrückt werden:

$$\mathbf{A} = A_r\hat{\mathbf{r}} + A_\theta\hat{\boldsymbol{\theta}} + A_\varphi\hat{\boldsymbol{\varphi}}\,. \tag{1.63}$$

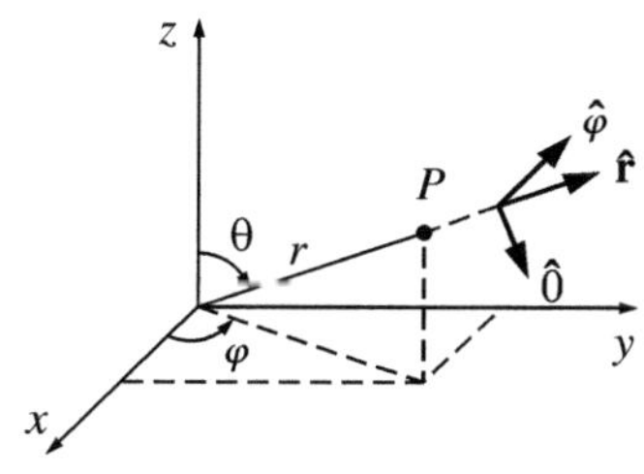

Abbildung 1.36

Dabei sind A_r, A_θ und A_φ die radialen, polaren und azimutalen Komponenten von **A**. In Einheiten der kartesischen Basisvektoren lautet dies

$$\left.\begin{aligned}\hat{\mathbf{r}} &= \sin\theta\cos\varphi\hat{\mathbf{x}} + \sin\theta\sin\varphi\hat{\mathbf{y}} + \cos\theta\hat{\mathbf{z}}\\ \hat{\boldsymbol{\theta}} &= \cos\theta\cos\varphi\hat{\mathbf{x}} + \cos\theta\sin\varphi\hat{\mathbf{y}} - \sin\theta\hat{\mathbf{z}}\\ \hat{\boldsymbol{\varphi}} &= -\sin\varphi\hat{\mathbf{x}} + \cos\varphi\hat{\mathbf{y}}\end{aligned}\right\},\tag{1.64}$$

wie Sie leicht selbst überprüfen können (und in Aufgabe 1.38 auch sollen). Damit sie schneller zu finden sind, habe ich auch diese Formeln auf die Innenseite des Umschlags gestellt.

Es gibt hier aber eine Fußangel, vor der ich Sie warnen muss: $\hat{\mathbf{r}}$, $\hat{\boldsymbol{\theta}}$ und $\hat{\boldsymbol{\varphi}}$ gehören zu einem *bestimmten Punkt P* und *verändern ihre Richtung*, sobald sich P bewegt. So deutet beispielsweise $\hat{\mathbf{r}}$ immer radial nach außen, allerdings kann es sich bei „radial nach außen" auch um die x-Achse, die y-Achse oder, je nachdem, wo Sie sich befinden, um irgendeine andere Richtung handeln. In Abbildung 1.37 ist $\mathbf{A} = \hat{\mathbf{y}}$ und $\mathbf{B} = -\hat{\mathbf{y}}$, dennoch werden *beide* in sphärischen Koordinaten als $\hat{\mathbf{r}}$ geschrieben. Wir könnten das berücksichtigen, indem wir uns explizit auf den Ausgangpunkt beziehen: $\hat{\mathbf{r}}(\theta,\varphi), \hat{\boldsymbol{\theta}}(\theta,\varphi), \hat{\boldsymbol{\varphi}}(\theta,\varphi)$, was allerdings ziemlich mühsam wäre. Solange Sie sich des Problems bewusst sind, gehe ich davon aus, dass es keine Schwierigkeiten bereiten wird.[13] Insbesondere dürfen Sie keineswegs die sphärischen Komponenten von Vektoren, die sich auf unterschiedliche Punkte beziehen, einfach miteinander verbinden. (In Abbildung 1.37 ist beispielsweise $\mathbf{A} + \mathbf{B} = 0$ und keineswegs $2\hat{\mathbf{r}}$, außerdem ist $\mathbf{A}\cdot\mathbf{B} = -1$ und nicht $+1$.) Passen Sie auf, wenn Sie einen Vektor differenzieren, der in sphärischen Koordinaten ausgedrückt ist, denn dessen Einheitsvektoren sind selbst wieder Funktionen des Orts (z. B. $\partial\hat{\mathbf{r}}/\partial\theta = \hat{\boldsymbol{\theta}}$). Weiterhin dürfen Sie $\hat{\mathbf{r}}$, $\hat{\boldsymbol{\theta}}$ und $\hat{\boldsymbol{\varphi}}$ nicht aus einem Integral herausziehen, wie wir das in Gleichung 1.53 anhand von $\hat{\mathbf{x}}$, $\hat{\mathbf{y}}$ und $\hat{\mathbf{z}}$ gezeigt haben. Wenn Ihnen nicht klar ist, ob eine Operation erlaubt ist, drücken Sie die Aufgabe am besten in kartesischen Koordinaten aus; dort treten diese Probleme nicht auf.

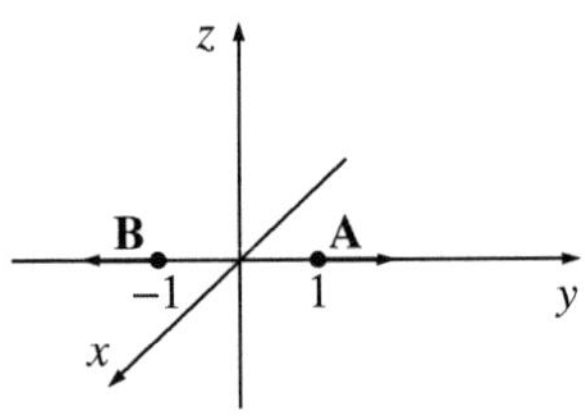

Abbildung 1.37

Eine unendlich kleine Verschiebung in $\hat{\mathbf{r}}$-Richtung wird einfach durch $\mathrm{d}r$ beschrieben (Abbildung 1.38a), ähnlich wie ein infinitesimales Längenelement in x-Richtung durch $\mathrm{d}x$ wiedergegeben wird:

$$\mathrm{d}l_r = \mathrm{d}r\,.\tag{1.65}$$

Andrerseits ist ein infinitesimales Längenelement in $\hat{\boldsymbol{\theta}}$-Richtung (Abbildung 1.38b) nicht einfach $\mathrm{d}\theta$ dabei handelt es sich ja um einen *Winkel*, der nicht einmal die

13 Ich bleibe bei dem, was ich in Abschnitt 1.1.2 erwähnt habe: Vektoren besitzen keinen Ursprung. Vektoren existieren „dort draußen" völlig unabhängig von unserer Wahl des Koordinatensystems. Allerdings hängt die *Schreibweise*, mit denen wir sie beschreiben, in gekrümmten Koordinaten sehr wohl vom gewählten Ursprung ab.

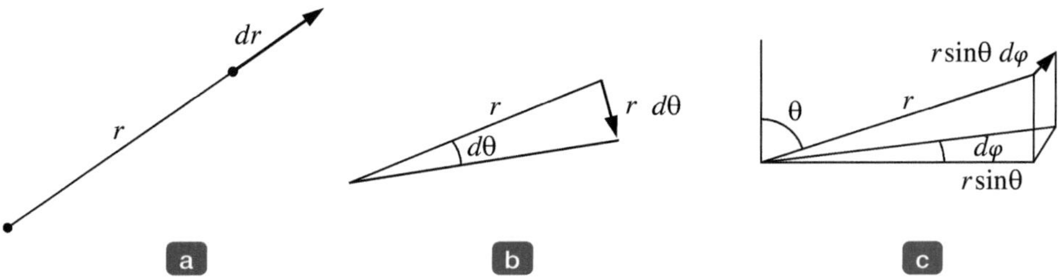

Abbildung 1.38

richtigen *Einheiten* für eine Länge aufweist), sondern $r\,\mathrm{d}\theta$:

$$\mathrm{d}l_\theta = r\,\mathrm{d}\theta\,. \tag{1.66}$$

Auf ähnliche Weise wird ein infinitesimales Längenelement in $\hat{\boldsymbol{\varphi}}$-Richtung (Abbildung 1.38c) durch $r\sin\theta\,\mathrm{d}\varphi$ wiedergegeben:

$$\mathrm{d}l_\varphi = r\sin\theta\,\mathrm{d}\varphi\,. \tag{1.67}$$

Für sphärische Koordinaten lautet das allgemeine infinitesimale Längenelement $\mathrm{d}\mathbf{l}$ daher:

$$\mathrm{d}\mathbf{l} = \mathrm{d}r\hat{\mathbf{r}} + r d\theta\hat{\boldsymbol{\theta}} + r\sin\theta\,\mathrm{d}\varphi\hat{\boldsymbol{\varphi}}\,. \tag{1.68}$$

Es spielt (beispielsweise in Integralen) dieselbe Rolle wie das Längenelement $\mathrm{d}\mathbf{l} = \mathrm{d}x\hat{\mathbf{x}} + \mathrm{d}y\hat{\mathbf{y}} + \mathrm{d}z\hat{\mathbf{z}}$ in kartesischen Koordinaten.

Das infinitesimale Volumenelement $\mathrm{d}\tau$ ist in sphärischen Koordinaten das Produkt der drei infinitesimalen Verschiebungen:

$$\mathrm{d}\tau = \mathrm{d}l_r\,\mathrm{d}l_\theta\,\mathrm{d}l_\varphi = r^2\sin\theta\,\mathrm{d}r\,\mathrm{d}\theta\,\mathrm{d}\varphi\,. \tag{1.69}$$

Ich kann Ihnen keinen allgemeinen Ausdruck für das *Flächen*element $\mathrm{d}\mathbf{a}$ nennen, da er von der Orientierung der Fläche abhängig wäre. Sie müssen für einen beliebigen Fall einfach die Geometrie analysieren (aber das gilt sowohl in kartesischen als auch in krummlinigen Koordinaten). Integrieren Sie beispielsweise über die Oberfläche einer Kugel, dann ist r konstant, wohingegen θ und φ variabel sind (Abbildung 1.39). Daher lautet das Flächenelement in diesem Fall

$$\mathrm{d}\mathbf{a}_1 = \mathrm{d}l_\theta\,\mathrm{d}l_\varphi\hat{\mathbf{r}} = r^2\sin\theta\,\mathrm{d}\theta\,\mathrm{d}\varphi\hat{\mathbf{r}}\,.$$

Liegt die Oberfläche aber beispielsweise in der x-y-Ebene, sodass z. B. θ konstant ist (d. h., $\pi/2$), während r und φ sich verändern, dann ergibt sich das Flächenelement

$$\mathrm{d}\mathbf{a}_2 = \mathrm{d}l_r\,\mathrm{d}l_\varphi\hat{\boldsymbol{\theta}} = r\,\mathrm{d}r\,\mathrm{d}\varphi\hat{\boldsymbol{\theta}}\,.$$

Beachten Sie zu guter Letzt, dass r zwischen 0 und ∞ liegen kann, φ hingegen zwischen 0 und 2π und θ zwischen 0 und π (nicht 2π, denn dann würde jeder Punkt zwei Mal gezählt).[14]

14 Alternativ könnten Sie φ auch von 0 bis π laufen lassen (die „östliche" Halbkugel) und die „westliche" Halbkugel abdecken, indem Sie θ von π bis 2π laufen lassen. Das wäre allerdings eine äußerst ungeschickte Wahl, weil dann unter anderem $\sin\theta$ negativ wird. Daher müssten Sie diesen Term dann in Volumen- und Flächenintegralen mit Betragszeichen umgeben (da Fläche und Volumen grundsätzlich positive Größen sind).

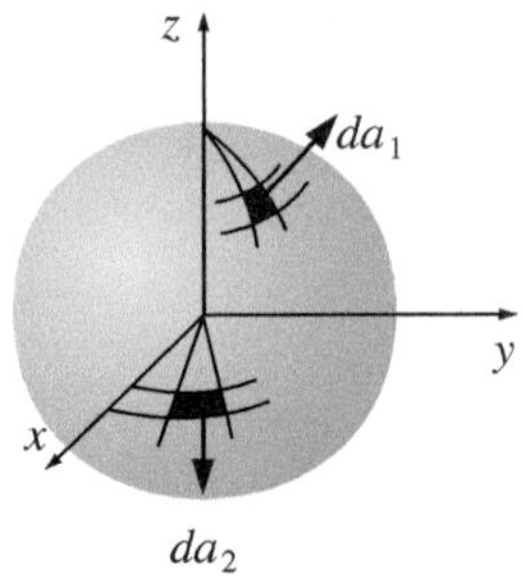

Abbildung 1.39

Beispiel 1.13: Volumen in krummlinigen Koordinaten

Bestimmen Sie das Volumen einer Kugel mit Radius R.

Lösung:

$$V = \int d\tau = \int_{r=0}^{R} \int_{\theta=0}^{\pi} \int_{\varphi=0}^{2\pi} r^2 \sin\theta \, dr \, d\theta \, d\varphi$$

$$= \left(\int_0^R r^2 \, dr \right) \left(\int_0^{\pi} \sin\theta \, d\theta \right) \left(\int_0^{2\pi} d\varphi \right)$$

$$= \left(\frac{R^3}{3} \right) (2)(2\pi) = \frac{4}{3}\pi R^3$$

(Was nicht überraschend ist.)

Bislang haben wir uns über die *Geometrie* der sphärischen Koordinaten unterhalten. Jetzt möchte ich die Vektorableitungen (Gradient, Divergenz, Rotation und Laplace-Operator) in die Schreibweise mit r, θ und φ übertragen. Im Prinzip geht das ganz einfach: Im Fall des Gradienten, also

$$\nabla T = \frac{\partial T}{\partial x}\hat{\mathbf{x}} + \frac{\partial T}{\partial y}\hat{\mathbf{y}} + \frac{\partial T}{\partial z}\hat{\mathbf{z}},$$

können wir beispielsweise zuerst die Kettenregel anwenden und damit die partiellen Ableitungen neu formulieren:

$$\frac{\partial T}{\partial x} = \frac{\partial T}{\partial r}\left(\frac{\partial r}{\partial x}\right) + \frac{\partial T}{\partial \theta}\left(\frac{\partial \theta}{\partial x}\right) + \frac{\partial T}{\partial \varphi}\left(\frac{\partial \varphi}{\partial x}\right).$$

Die eingeklammerten Terme können aus den drei Gleichungen 1.62 hergeleitet werden, genauer: aus der *Umkehrung* dieser Gleichungen (Aufgabe 1.37). Dann wiederholen wir das Ganze für $\partial T/\partial y$ und $\partial T/\partial z$. Schließlich setzen wir die Formeln für $\hat{\mathbf{x}}$, $\hat{\mathbf{y}}$ und $\hat{\mathbf{z}}$ auf Basis der $\hat{\mathbf{r}}$, $\hat{\boldsymbol{\theta}}$ und $\hat{\boldsymbol{\varphi}}$ ein (Aufgabe 1.38). Es dauert vielleicht eine Stunde, um die Gradienten in sphärischen Koordinaten so „mit der Brechstange" zu berechnen. Ich vermute, dass man anfangs auch so vorgegangen ist; es gibt allerdings eine viel effizientere indirekte Methode, die in Anhang A vorgestellt wird. Sie hat den Vorteil, dass sie alle Koordinatensysteme gleichzeitig behandelt. Ich habe die direkte Methode nur beschrieben, damit Sie sehen können, dass hinter der Transformation in sphärische Koordinaten nichts Geheimnisvolles steckt: Man stellt lediglich *dieselbe Größe* (Gradient, Divergenz oder was auch immer) in unterschiedlicher Schreibweise dar, das ist schon alles.

Hier nun die Vektorableitungen in sphärischen Koordinaten:

Gradient:

$$\nabla T = \frac{\partial T}{\partial r}\hat{\mathbf{r}} + \frac{1}{r}\frac{\partial T}{\partial \theta}\hat{\boldsymbol{\theta}} + \frac{1}{r\sin\theta}\frac{\partial T}{\partial \varphi}\hat{\varphi}\,. \tag{1.70}$$

Divergenz:

$$\nabla\cdot\mathbf{v} = \frac{1}{r^2}\frac{\partial}{\partial r}\left(r^2 v_r\right) + \frac{1}{r\sin\theta}\frac{\partial}{\partial\theta}(\sin\theta\, v_\theta) + \frac{1}{r\sin\theta}\frac{\partial v_\varphi}{\partial\varphi}\,. \tag{1.71}$$

Rotation:

$$\begin{aligned}\nabla\times\mathbf{v} = {}& \frac{1}{r\sin\theta}\left[\frac{\partial}{\partial\theta}(\sin\theta\, v_\theta) - \frac{\partial v_\varphi}{\partial\varphi}\right]\hat{\mathbf{r}} + \frac{1}{r}\left[\frac{1}{\sin\theta}\frac{\partial v_r}{\partial\varphi} - \frac{\partial}{\partial r}(r v_\varphi)\right]\hat{\boldsymbol{\theta}}\\ &+ \frac{1}{r}\left[\frac{\partial}{\partial r}(r v_\theta) - \frac{\partial v_r}{\partial\theta}\right]\hat{\varphi}\,.\end{aligned} \tag{1.72}$$

Laplace-Operator:

$$\nabla^2 T = \frac{1}{r^2}\frac{\partial}{\partial r}\left(r^2\frac{\partial T}{\partial r}\right) + \frac{1}{r^2\sin\theta}\frac{\partial}{\partial\theta}\left(\sin\theta\frac{\partial T}{\partial\theta}\right) + \frac{1}{r^2\sin^2\theta}\frac{\partial^2 T}{\partial\varphi^2}\,. \tag{1.73}$$

Auch diese Formeln sind zum Nachschlagen auf der vorderen Umschlagseite zu finden.

Aufgabe 1.37

Drücken Sie r, θ, φ in Abhängigkeit von x, y, z aus (mit anderen Worten: Bestimmen Sie die Umkehrung von Gleichung 1.62).

Aufgabe 1.38

Drücken Sie die Basisvektoren $\hat{\mathbf{r}}$, $\hat{\boldsymbol{\theta}}$ und $\hat{\boldsymbol{\varphi}}$ durch $\hat{\mathbf{x}}$, $\hat{\mathbf{y}}$ und $\hat{\mathbf{z}}$ aus (leiten Sie also Gleichung 1.64 her). Überprüfen Sie Ihre Ergebnisse auf unterschiedliche Weise ($\hat{\mathbf{r}}\cdot\hat{\mathbf{r}} \overset{?}{=} 1$, $\hat{\boldsymbol{\theta}}\cdot\hat{\boldsymbol{\varphi}} \overset{?}{=} 0$, $\hat{\mathbf{r}}\times\hat{\boldsymbol{\theta}} \overset{?}{=} \hat{\boldsymbol{\varphi}}, \ldots$). Leiten Sie auch die Umkehrungen her, in denen $\hat{\mathbf{x}}$, $\hat{\mathbf{y}}$ und $\hat{\mathbf{z}}$ durch $\hat{\mathbf{r}}$, $\hat{\boldsymbol{\theta}}$ und $\hat{\boldsymbol{\varphi}}$ (sowie θ und φ) ausgedrückt werden.

Aufgabe 1.39

a. Überprüfen Sie den Gauß'schen Satz für die Funktion $\mathbf{v}_1 = r^2\hat{\mathbf{r}}$. Verwenden Sie als Volumen eine Kugel mit Radius R, deren Mittelpunkt im Ursprung liegt.

b. Machen Sie dasselbe für die Funktion $\mathbf{v}_2 = (1/r^2)\hat{\mathbf{r}}$. (Wenn das Ergebnis Sie überrascht, dann sehen Sie sich Aufgabe 1.16 an.)

Aufgabe 1.40

Berechnen Sie die Divergenz der Funktion

$$\mathbf{v} = (r\cos\theta)\hat{\mathbf{r}} + (r\sin\theta)\hat{\boldsymbol{\theta}} + (r\sin\theta\cos\varphi)\hat{\boldsymbol{\varphi}} \,.$$

Überprüfen Sie den Gauß'schen Satz für diese Funktion. Verwenden Sie als Volumen die umgedrehte Halbkugel mit Radius R, die auf der x-y-Ebene liegt und deren Zentrum sich, wie in Abbildung 1.40 gezeigt, im Ursprung befindet.

Aufgabe 1.41

Berechnen Sie den Gradienten und den Laplace-Operator der Funktion $T = r(\cos\theta + \sin\theta\cos\varphi)$. Überprüfen Sie den Laplace-Operator, indem Sie T in kartesische Koordinaten umwandeln und Gleichung 1.42 anwenden. Überprüfen Sie den Gradientensatz für diese Funktion, indem Sie den in Abbildung 1.41 dargestellten Pfad von $(0, 0, 0)$ nach $(0, 0, 2)$ verwenden.

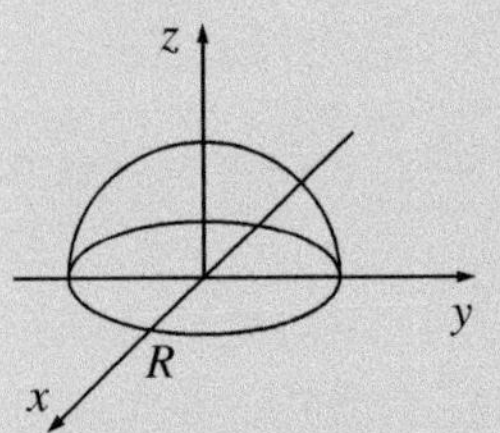

Abbildung 1.40

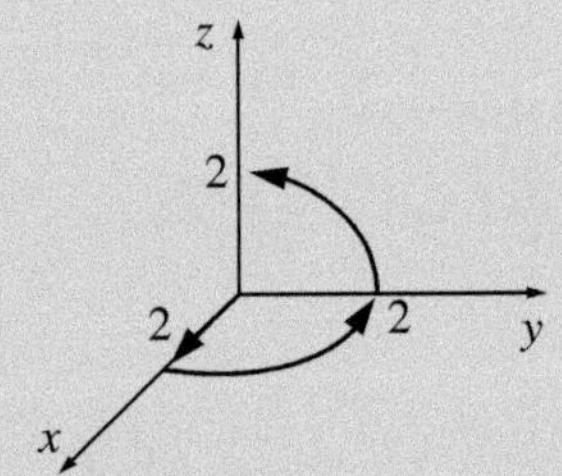

Abbildung 1.41

1.4.2 Zylinderkoordinaten

Die Zylinderkoordinaten (s, φ, z) eines Punkts P werden in Abbildung 1.42 definiert. Beachten Sie, dass φ dieselbe Bedeutung hat wie im Fall der sphärischen Koordinaten und z dasselbe bedeutet wie bei den kartesischen Koordinaten. Die Größe s beschreibt die Entfernung *zwischen der z-Achse und P*, die sphärische Koordinate r gibt hingegen die Entfernung zum *Koordinatenursprung* an. Die Verbindung zu den kartesischen Koordinaten ist durch

$$x = s\cos\varphi\,, \quad y = s\sin\varphi\,, \quad z = z \tag{1.74}$$

gegeben. Die Basisvektoren (Aufgabe 1.42) sind

$$\left.\begin{aligned} \hat{\mathbf{s}} &= \cos\varphi\hat{\mathbf{x}} + \sin\varphi\hat{\mathbf{y}} \\ \hat{\boldsymbol{\varphi}} &= -\sin\varphi\hat{\mathbf{x}} + \cos\varphi\hat{\mathbf{y}} \\ \hat{\mathbf{z}} &= \hat{\mathbf{z}} \end{aligned}\right\} \,. \tag{1.75}$$

Die infinitesimalen Verschiebungen sind

$$\mathrm{d}l_s = \mathrm{d}s\,, \quad \mathrm{d}l_\varphi = s\,\mathrm{d}\varphi\,, \quad \mathrm{d}l_z = \mathrm{d}z\,, \tag{1.76}$$

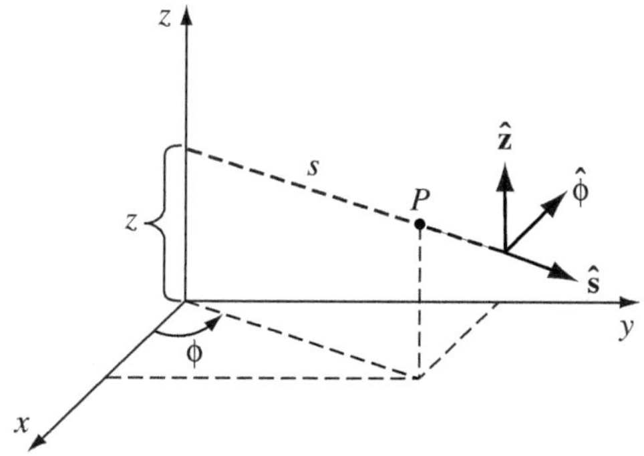

Abbildung 1.42

und daher ist

$$d\mathbf{l} = ds\,\hat{\mathbf{s}} + s\,d\varphi\,\hat{\boldsymbol{\varphi}} + dz\,\hat{\mathbf{z}}\,. \tag{1.77}$$

Das Volumenelement beträgt

$$d\tau = s\,ds\,d\varphi\,dz\,. \tag{1.78}$$

Der Gültigkeitsbereich von s reicht von 0 bis ∞, φ schwankt zwischen 0 und 2π, und z schwankt zwischen $-\infty$ und ∞.

Die Vektorableitungen in Zylinderkoordinaten lauten:

Gradient:

$$\nabla T = \frac{\partial T}{\partial s}\hat{\mathbf{s}} + \frac{1}{s}\frac{\partial T}{\partial \varphi}\hat{\boldsymbol{\varphi}} + \frac{\partial T}{\partial z}\hat{\mathbf{z}}\,; \tag{1.79}$$

Divergenz:

$$\nabla \cdot \mathbf{v} = \frac{1}{s}\frac{\partial}{\partial s}(s v_s) + \frac{1}{s}\frac{\partial v_\varphi}{\partial \varphi} + \frac{\partial v_z}{\partial z}\,; \tag{1.80}$$

Rotation:

$$\nabla \times \mathbf{v} = \left(\frac{1}{s}\frac{\partial v_z}{\partial \varphi} - \frac{\partial v_\varphi}{\partial z}\right)\hat{\mathbf{s}} + \left(\frac{\partial v_s}{\partial z} - \frac{\partial v_z}{\partial s}\right)\hat{\boldsymbol{\varphi}} + \frac{1}{s}\left[\frac{\partial}{\partial s}(s v_\varphi) - \frac{\partial v_s}{\partial \varphi}\right]\hat{\mathbf{z}}\,; \tag{1.81}$$

Laplace-Operator:

$$\nabla^2 T = \frac{1}{s}\frac{\partial}{\partial s}\left(s\frac{\partial T}{\partial s}\right) + \frac{1}{s^2}\frac{\partial^2 T}{\partial \varphi^2} + \frac{\partial^2 T}{\partial z^2}\,. \tag{1.82}$$

Auch diese Gleichungen befinden sich auf der vorderen Umschlaginnenseite.

■ Aufgabe 1.42

Drücken Sie die zylindrischen Basisvektoren $\hat{\mathbf{s}}$, $\hat{\boldsymbol{\varphi}}$, $\hat{\mathbf{z}}$ in Abhängigkeit von $\hat{\mathbf{x}}$, $\hat{\mathbf{y}}$, $\hat{\mathbf{z}}$ aus (d. h. leiten Sie Gleichung 1.75 her). Kehren Sie dann Ihre Formeln um und drücken Sie $\hat{\mathbf{x}}$, $\hat{\mathbf{y}}$, $\hat{\mathbf{z}}$ in Abhängigkeit von $\hat{\mathbf{s}}$, $\hat{\boldsymbol{\varphi}}$, $\hat{\mathbf{z}}$ (und φ) aus.

Aufgabe 1.43

a. Bestimmen Sie die Divergenz der Funktion

$$\mathbf{v} = s\left(2 + \sin^2\varphi\right)\hat{\mathbf{s}} + s\sin\varphi\cos\varphi\hat{\boldsymbol{\varphi}} + 3z\hat{\mathbf{z}}\,.$$

b. Überprüfen Sie den Gauß'schen Satz für diese Funktion unter Verwendung des in Abbildung 1.43 dargestellten Viertelzylinders (mit Radius 2 und Höhe 5).

c. Bestimmen Sie die Rotation von $\mathbf{v}$.

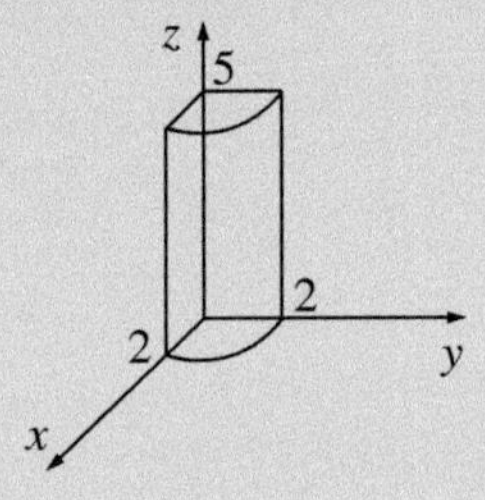

Abbildung 1.43

1.5 Die Dirac'sche Deltafunktion

1.5.1 Die Divergenz von $\hat{\mathbf{r}}/r^2$

Betrachten Sie die Vektorfunktion

$$\mathbf{v} = \frac{1}{r^2}\hat{\mathbf{r}}\,. \tag{1.83}$$

Wie Abbildung 1.44 zeigt, weist $\mathbf{v}$ an jedem Punkt radial nach außen. Wenn es überhaupt eine Funktion mit einer großen positiven Divergenz gibt, dann muss es diese sein. Dennoch erhalten Sie, wenn Sie (mithilfe von Gleichung 1.71) die Divergenz tatsächlich *berechnen*, genau *null*:

$$\nabla\cdot\mathbf{v} = \frac{1}{r^2}\frac{\partial}{\partial r}\left(r^2\frac{1}{r^2}\right) = \frac{1}{r^2}\frac{\partial}{\partial r}(1) = 0\,. \tag{1.84}$$

(Wenn Sie Aufgabe 1.16 gelöst haben, wird Ihnen dieses Paradoxon bereits begegnet sein.) Wenn Sie den Gauß'schen Satz auf diese Funktion anwenden, wird es noch schlimmer. Nehmen Sie an, wir würden über eine Kugel vom Radius R integrieren, deren Mittelpunkt im Ursprung liegt (Aufgabe 1.39b). Das *Flächenintegral* lautet

$$\oint \mathbf{v}\cdot d\mathbf{a} = \int\left(\frac{1}{R^2}\hat{\mathbf{r}}\right)\cdot\left(R^2\sin\theta\,d\theta\,d\varphi\hat{\mathbf{r}}\right) = \left(\int_0^{\pi}\sin\theta\,d\theta\right)\left(\int_0^{2\pi}d\varphi\right) = 4\pi\,. \tag{1.85}$$

Das *Volumenintegral* $\int\nabla\cdot\mathbf{v}\,d\tau$ ist jedoch *null*, zumindest, wenn wir Gleichung 1.84 Glauben schenken. Bedeutet dies, das der Gauß'sche Satz falsch ist? Was geht hier vor?

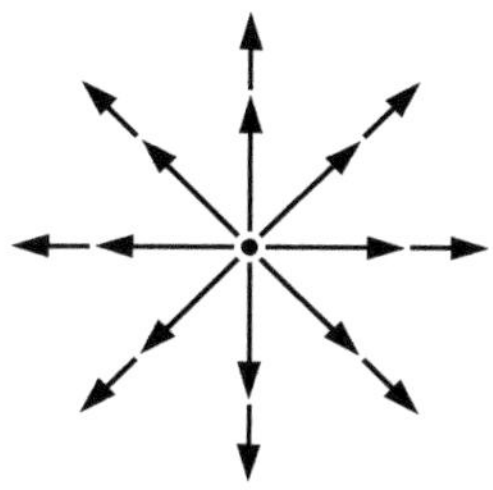

Abbildung 1.44

Ursache unsers Problems ist der Punkt $r = 0$, an dem $\mathbf{v}$ entspringt (und an dem wir in Gleichung 1.84 unwissentlich durch null dividiert haben). Es stimmt zwar, dass überall $\nabla \cdot \mathbf{v} = 0$ ist (*außer* im Ursprung), aber genau *im* Ursprung ist die Situation viel komplizierter. Beachten Sie, dass das Flächenintegral (Gleichung 1.85) von R unabhängig ist. Sofern der Gauß'sche Satz richtig ist (und das ist er), erwarten wir für jede Kugel, deren Zentrum im Ursprung liegt, das Ergebnis $\int(\nabla \cdot \mathbf{v})\,\mathrm{d}\tau = 4\pi$, egal wie klein die Kugel auch sein mag. Offenbar muss der gesamte Beitrag vom Punkt $r = 0$ stammen! Daher hat die Funktion $\nabla \cdot \mathbf{v}$ die bizarre Eigenschaft, dass sie überall verschwindet (mit Ausnahme eines einzigen Punkts), und dennoch beträgt ihr Integral (über jedes Volumen, das diesen Punkt enthält) 4π. Es gibt keine gewöhnliche Funktion, die sich so verhält. (Andererseits *kennen* wir ein *physikalisches* Beispiel: Die Dichte (die Masse pro Einheitsvolumen) eines punktförmigen Teilchens. Sie ist überall null, mit Ausnahme des genauen Aufenthaltsorts des Teilchens, und dennoch ist ihr *Integral* endlich, nämlich die Masse des Teilchens.) Wir sind gerade über ein mathematisches Objekt gestolpert, das Physiker als **Dirac'sche Deltafunktion** kennen. Sie taucht in vielen Bereichen der theoretischen Physik auf. Darüber hinaus ist das besondere Problem, mit dem wir uns gerade beschäftigen (die Divergenz der Funktion $\hat{\mathbf{r}}/r^2$), keinesfalls eine abseitige Kuriosität, sondern vielmehr ein zentrales Element der gesamten Theorie der Elektrodynamik. Wir werden daher eine kurze Pause einlegen und die Dirac'sche Deltafunktion genauer untersuchen.

1.5.2 Die eindimensionale Dirac'sche Deltafunktion

Die eindimensionale Dirac'sche Deltafunktion $\delta(x)$ kann als unendlich hohe und infinitesimal dünne „Spitze" betrachtet werden, deren Fläche eins beträgt (Abbildung 1.45). Genau genommen gilt:

$$\delta(x) = \left\{ \begin{array}{ll} 0\,, & \text{sofern} \quad x \neq 0 \\ \infty\,, & \text{sofern} \quad x = 0 \end{array} \right\} \tag{1.86}$$

und[15]

$$\int_{-\infty}^{\infty} \delta(x)\,\mathrm{d}x = 1\,. \tag{1.87}$$

15 Beachten Sie, dass die Einheit von $\delta(x)$ eins *durch* die Einheit des Arguments ist; handelt es sich um eine Länge, so hat $\delta(x)$ die Einheit m^{-1}.

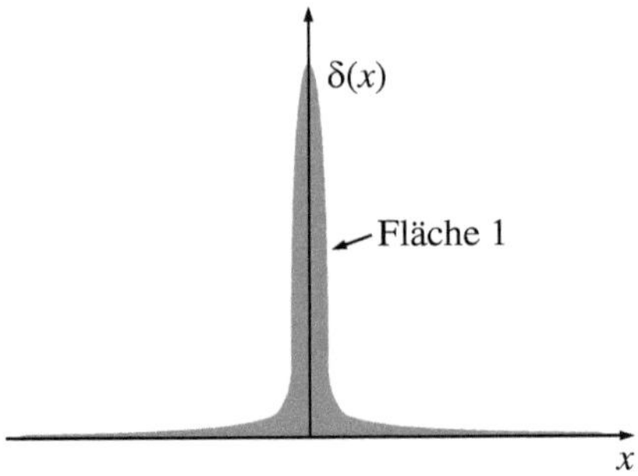

Abbildung 1.45

Rein technisch ist $\delta(x)$ gar keine Funktion, da ihr Wert bei $x = 0$ nicht endlich ist. In der mathematischen Literatur wird dies als **verallgemeinerte Funktion** bzw. als **Distribution** bezeichnet. Wenn Sie so wollen, ist sie der Grenzwert einer Reihe von Funktionen, beispielsweise von Rechtecken $R_n(x)$, deren Höhe n und Breite $1/n$ beträgt, oder von gleichschenkligen Dreiecken $T_n(x)$, deren Höhe n und deren Basislänge $2/n$ beträgt (Abbildung 1.46).

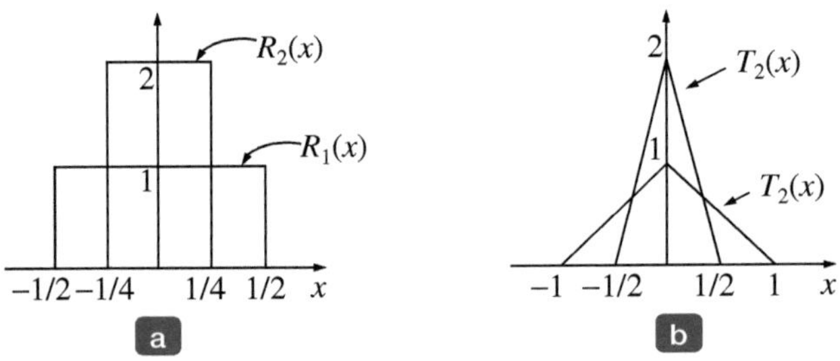

Abbildung 1.46

Ist $f(x)$ irgendeine „gewöhnliche" Funktion (also *keine* weitere Deltafunktion – wir wollen, nur um sicher zu gehen, annehmen, dass $f(x)$ *stetig* ist), dann ist das Produkt $f(x)\delta(x)$ überall null, mit Ausnahme von $x = 0$. Folglich gilt

$$f(x)\delta(x) = f(0)\delta(x)\,. \tag{1.88}$$

(Dies ist die wichtigste Eigenschaft der Deltafunktion, die Sie wirklich verstanden haben müssen: Weil das Produkt überall, außer bei $x = 0$, null ist, können wir $f(x)$ genauso gut durch den Wert ersetzen, den diese Funktion im Ursprung annimmt.) Insbesondere ist

$$\int_{-\infty}^{\infty} f(x)\delta(x)\,\mathrm{d}x = f(0)\int_{-\infty}^{\infty} \delta(x)\,\mathrm{d}x = f(0)\,. \tag{1.89}$$

Unter einem Integral „pickt" die Deltafunktion den Wert von $f(x)$ bei $x = 0$ heraus. (Sowohl hier als auch weiter unten muss das Integral keineswegs von $-\infty$ bis $+\infty$ laufen. Es genügt, wenn sich der Integrationsbereich über die Deltafunktion hinweg erstreckt; die Grenzen $-\varepsilon$ bis $+\varepsilon$ sind völlig ausreichend.)

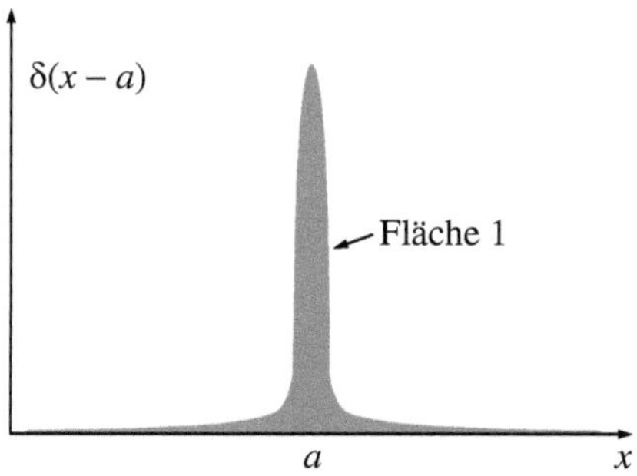

Abbildung 1.47

Natürlich können wir die Spitze von $x = 0$ an irgendeinen anderen Punkt $x = a$ verschieben (Abbildung 1.47):

$$\delta(x-a) = \left\{ \begin{array}{ll} 0\,, & \text{sofern} \quad x \neq a \\ \infty\,, & \text{sofern} \quad x = a \end{array} \right\} \quad \text{mit} \quad \int_{-\infty}^{\infty} \delta(x-a)\,\mathrm{d}x = 1\,. \tag{1.90}$$

Damit wird Gleichung 1.88 zu

$$f(x)\delta(x-a) = f(a)\delta(x-a)\,, \tag{1.91}$$

und Gleichung 1.89 verallgemeinert sich zu

$$\int_{-\infty}^{\infty} f(x)\delta(x-a)\,\mathrm{d}x = f(a)\,. \tag{1.92}$$

Beispiel 1.14: Deltafunktion

Bestimmen Sie das Integral

$$\int_{0}^{3} x^3\delta(x-2)\,\mathrm{d}x\,.$$

Lösung:

Die Deltafunktion pickt sich den Wert von x^3 am Punkt $x = 2$ heraus, das Integral beträgt daher $2^3 = 8$. Beachten Sie jedoch, dass bei einer Änderung der oberen Grenze auf 1 (anstelle von 3), das Resultat null betragen würde, weil dann die Spitze außerhalb der Integrationsgrenzen liegen würde.

Obwohl δ selbst keine echte Funktion darstellt, sind *Integrale* über δ absolut annehmbar. Tatsächlich können Sie sich die Deltafunktion am Besten als etwas vorstellen, das *immer dazu gedacht ist, unter dem Integralzeichen eingesetzt zu werden.*

Insbesondere gelten zwei Ausdrücke, die Deltafunktionen enthalten (z. B. $D_1(x)$ und $D_2(x)$), dann als gleich,[16] wenn für alle („gewöhnlichen") Funktionen $f(x)$ gilt:

$$\int_{-\infty}^{\infty} f(x) D_1(x)\,\mathrm{d}x = \int_{-\infty}^{\infty} f(x) D_2(x)\,\mathrm{d}x\,. \tag{1.93}$$

Beispiel 1.15: Eindeutigkeit der Deltafunktion

Zeigen Sie, dass

$$\delta(kx) = \frac{1}{|k|}\delta(x)\,, \tag{1.94}$$

wobei k irgendeine (von null verschiedene) Konstante darstellt. (Insbesondere ist $\delta(-x) = \delta(x)$.)

Lösung:

Betrachten Sie für eine beliebige Testfunktion $f(x)$ das Integral

$$\int_{-\infty}^{\infty} f(x)\delta(kx)\,\mathrm{d}x\,.$$

Wir verändern die Variablen zu $y \equiv kx$, sodass $x = y/k$ und $\mathrm{d}x = 1/k\,\mathrm{d}y$. Ist k positiv, dann verläuft die Integration immer noch zwischen $-\infty$ und $+\infty$. Ist k aber negativ, dann bedeutet $x = \infty$ auch $y = -\infty$ und umgekehrt, die Reihenfolge der Grenzen ist also vertauscht. Die Wiederherstellung der „richtigen" Reihenfolge kostet ein Minuszeichen. Daher gilt

$$\int_{-\infty}^{\infty} f(x)\delta(kx)\,\mathrm{d}x = \pm\int_{-\infty}^{\infty} f(y/k)\delta(y)\frac{\mathrm{d}y}{k} = \pm\frac{1}{k}f(0) = \frac{1}{|k|}f(0)\,.$$

(Die jeweils unteren Zeichen gelten, wenn k negativ ist; wir berücksichtigen dies, indem wir, wie hier gezeigt, den letzen Term mit k in Betragszeichen einschließen.) Unter dem Integralzeichen hat dann $\delta(kx)$ denselben Zweck wie $(1/|k|)\delta(x)$:

$$\int_{-\infty}^{\infty} f(x)\delta(kx)\,\mathrm{d}x = \int_{-\infty}^{\infty} f(x)\left[\frac{1}{|k|}\delta(x)\right]\mathrm{d}x\,.$$

Gemäß Gleichung 1.93 sind also $\delta(kx)$ und $(1/|k|)\delta(x)$ gleich.

16 Wesentlich ist, dass das Integral für *jede* Funktion $f(x)$ gleich sein muss. Nehmen Sie an, $D_1(x)$ und $D_2(x)$ seien, beispielsweise in der Umgebung des Punkts $x = 17$, unterschiedlich. Dann könnten wir eine Funktion $f(x)$ heraussuchen, die bei $x = 17$ eine scharfe Spitze besitzt und die Integrale wären nicht gleich.

Aufgabe 1.44

Berechnen Sie die folgenden Integrale:

a. $$\int_2^6 \left(3x^2 - 2x - 1\right) \delta(x-3)\,\mathrm{d}x\,.$$

b. $$\int_0^5 \cos x\, \delta(x-\pi)\,\mathrm{d}x\,.$$

c. $$\int_0^3 x^3 \delta(x+1)\,\mathrm{d}x\,.$$

d. $$\int_{-\infty}^{\infty} \ln(x+3)\delta(x+2)\,\mathrm{d}x\,.$$

Aufgabe 1.45

Berechnen Sie die folgenden Integrale:

a. $$\int_{-2}^{2} (2x+3)\delta(3x)\,\mathrm{d}x\,;$$

b. $$\int_0^2 \left(x^3 + 3x + 2\right) \delta(1-x)\,\mathrm{d}x\,;$$

c. $$\int_{-1}^{1} 9x^2\, \delta(3x+1)\,\mathrm{d}x\,;$$

d. $$\int_{-\infty}^{a} \delta(x-b)\,\mathrm{d}x\,.$$

Aufgabe 1.46

a. Zeigen Sie, dass

$$x\frac{\mathrm{d}}{\mathrm{d}x}(\delta(x)) = -\delta(x)\,.$$

[*Hinweis*: Nutzen Sie die partielle Integration.]

b. Sei $\theta(x)$ die **Stufenfunktion**:

$$\theta(x) \equiv \left\{ \begin{array}{lll} 1\,, & \text{sofern} & x > 0 \\ 0\,, & \text{sofern} & x \leq 0 \end{array} \right\}\,. \tag{1.95}$$

Zeigen Sie, dass $\mathrm{d}\theta/\mathrm{d}x = \delta(x)$.

1.5.3 Die dreidimensionale Deltafunktion

Die Deltafunktion kann einfach auf drei Dimensionen verallgemeinert werden:

$$\delta^3(\mathbf{r}) = \delta(x)\delta(y)\delta(z) \,. \tag{1.96}$$

(Wie immer ist $\mathbf{r} \equiv x\hat{\mathbf{x}} + y\hat{\mathbf{y}} + z\hat{\mathbf{z}}$ der Ortsvektor, der sich vom Ursprung zum Punkt (x, y, z) erstreckt.) Die dreidimensionale Deltafunktion ist überall null, mit Ausnahme des Punkts $(0, 0, 0)$, an dem sie entspringt. Ihr Volumenintegral beträgt 1:

$$\int\limits_{\text{gesamter Raum}} \delta^3(\mathbf{r})\,\mathrm{d}\tau = \int\limits_{-\infty}^{\infty}\int\limits_{-\infty}^{\infty}\int\limits_{-\infty}^{\infty} \delta(x)\delta(y)\delta(z)\,\mathrm{d}x\,\mathrm{d}y\,\mathrm{d}z = 1 \,. \tag{1.97}$$

Durch Verallgemeinerung von Gleichung 1.92 entsteht daraus

$$\int\limits_{\text{gesamter Raum}} f(\mathbf{r})\delta^3(\mathbf{r}-\mathbf{a})\,\mathrm{d}\tau = f(\mathbf{a}) \,. \tag{1.98}$$

Wie im eindimensionalen Raum pickt δ den Wert der Funktion f am Ort der Spitze heraus.

Wir haben nun die Möglichkeit, das in Abschnitt 1.5.1 aufgetretene Paradoxon aufzulösen. Wie bereits gesagt, ist die Divergenz von $\hat{\mathbf{r}}/r^2$ überall mit Ausnahme des Ursprungs null, und dennoch ist das Integral über ein beliebiges Volumen, das den Ursprung enthält, konstant (genau gesagt beträgt es 4π). Genau dies sind die Voraussetzungen für die Dirac'sche Deltafunktion. Offenbar ist

$$\nabla \cdot \left(\frac{\hat{\mathbf{r}}}{r^2}\right) = 4\pi\delta^3(\mathbf{r}) \,. \tag{1.99}$$

Allgemeiner gilt

$$\nabla \cdot \left(\frac{\hat{\boldsymbol{\mathscr{r}}}}{\mathscr{r}^2}\right) = 4\pi\delta^3(\boldsymbol{\mathscr{r}}) \,. \tag{1.100}$$

Dabei ist, wie immer, $\boldsymbol{\mathscr{r}}$ der Verbindungsvektor: $\boldsymbol{\mathscr{r}} \equiv \mathbf{r} - \mathbf{r}'$. Beachten Sie, dass die Ableitung sich auf $\mathbf{r}$ bezieht, während $\mathbf{r}'$ konstant gehalten wird. Übrigens folgt wegen

$$\nabla \cdot \left(\frac{1}{\mathscr{r}}\right) = -\left(\frac{\hat{\boldsymbol{\mathscr{r}}}}{\mathscr{r}^2}\right) \tag{1.101}$$

(siehe Aufgabe 1.13) auch:

$$\nabla^2 \frac{1}{\mathscr{r}} = -4\pi\delta^3(\boldsymbol{\mathscr{r}}) \,. \tag{1.102}$$

Beispiel 1.16: Dreidimensionale Deltafunktion

Berechnen Sie das Integral

$$J = \int_{\mathcal{V}} \left(r^2 + 2\right) \nabla \cdot \left(\frac{\hat{\mathbf{r}}}{r^2}\right) \mathrm{d}\tau \,,$$

wobei $\mathcal{V}$ eine Kugel mit Radius R ist, deren Zentrum im Ursprung liegt.

Lösung 1:

Formulieren Sie die Divergenz mithilfe von Gleichung 1.99 neu und berechnen Sie das Integral mit Gleichung 1.98:

$$J = \int_{\mathcal{V}} \left(r^2 + 2\right) 4\pi\, \delta^3(\mathbf{r})\, \mathrm{d}\tau = 4\pi(0 + 2) = 8\pi \,.$$

Diese Lösung auf einer einzigen Zeile zeigt etwas von der Leistungsfähigkeit und Schönheit der Deltafunktion. Ich möchte Ihnen aber noch eine zweite Methode vorführen, die zwar erheblich mühsamer ist, allerdings auch deutlich macht, wie die partielle Integration aus Abschnitt 1.3.6 funktioniert.

Lösung 2:

Mithilfe von Gleichung 1.59 übertragen wir die Ableitung von $\hat{\mathbf{r}}/r^2$ nach (r^2+2):

$$J = -\int \frac{\hat{\mathbf{r}}}{r^2} \cdot \left[\nabla \left(r^2 + 2\right)\right] \mathrm{d}\tau + \oint \left(r^2 + 2\right) \frac{\hat{\mathbf{r}}}{r^2} \cdot \mathrm{d}\mathbf{a} \,.$$

Der Gradient beträgt

$$\nabla \left(r^2 + 2\right) = 2r\hat{\mathbf{r}} \,,$$

und damit wird das Volumenintegral zu

$$\int \frac{2}{r}\, \mathrm{d}\tau = \int \frac{2}{r} r^2 \sin\theta\, \mathrm{d}r\, \mathrm{d}\theta\, \mathrm{d}\varphi = 8\pi \int_0^R r\, \mathrm{d}r = 4\pi R^2 \,.$$

Unterdessen ist auf der Oberfläche der Kugel (dort gilt $r = R$)

$$\mathrm{d}\mathbf{a} = R^2 \sin\theta\, \mathrm{d}\theta\, \mathrm{d}\varphi \hat{\mathbf{r}} \,.$$

Das Flächenintegral wird dadurch zu

$$\int \left(R^2 + 2\right) \sin\theta\, \mathrm{d}\theta\, \mathrm{d}\varphi = 4\pi \left(R^2 + 2\right) \,.$$

Fassen wir all das zusammen, erhalten wir wie zuvor

$$J = -4\pi R^2 + 4\pi \left(R^2 + 2\right) = 8\pi \,.$$

Aufgabe 1.47

a. Entwickeln Sie einen Ausdruck für die Volumenladungsdichte $\rho(\mathbf{r})$ einer Punktladung q am Ort $\mathbf{r}'$. Weisen Sie nach, dass das Volumenintegral von ρ gleich q ist.

b. Welche Volumenladungsdichte hat ein elektrischer Dipol, der aus einer Punktladung $-q$ im Ursprung und einer Punktladung $+q$ am Ort $\mathbf{a}$ besteht?

c. Welche Volumenladungsdichte hat eine gleichförmige, infinitesimal dünne Kugelschale mit Radius R und Gesamtladung Q, deren Mittelpunkt im Ursprung liegt?

[*Beachten Sie:* Das Integral über den gesamten Raum muss gleich Q sein.]

Aufgabe 1.48

Bestimmen Sie die folgenden Integrale:

a.
$$\int\limits_{\text{gesamter Raum}} \left(r^2 + \mathbf{r}\cdot\mathbf{a} + a^2\right)\delta^3(\mathbf{r}-\mathbf{a})\,\mathrm{d}\tau\,,$$

wobei $\mathbf{a}$ ein fester Vektor vom Betrag a ist.

b.
$$\int\limits_{\mathcal{V}} |\mathbf{r}-\mathbf{b}|^2\,\delta^3(5\mathbf{r})\,\mathrm{d}\tau\,,$$

wobei $\mathcal{V}$ ein Würfel der Kantenlänge 2 ist, dessen Mittelpunkt im Ursprung liegt, und $\mathbf{b} = 4\hat{\mathbf{y}} + 3\hat{\mathbf{z}}$ ist.

c.
$$\int\limits_{\mathcal{V}} \left(r^4 + r^2(\mathbf{r}\cdot\mathbf{c}) + c^4\right)\delta^3\,(\mathbf{r}-\mathbf{c})\,\mathrm{d}\tau\,,$$

wobei $\mathcal{V}$ eine Kugel mit Radius 6 um den Ursprung darstellt und $\mathbf{c} = 5\hat{\mathbf{x}} + 3\hat{\mathbf{y}} + 2\hat{\mathbf{z}}$ ein Vektor mit Betrag c ist.

d.
$$\int\limits_{\mathcal{V}} \mathbf{r}(\mathbf{d}-\mathbf{r})\delta^3(\mathbf{e}-\mathbf{r})\,\mathrm{d}\tau$$

mit $\mathbf{d} = (1,2,3)$ und $\mathbf{e} = (3,2,1)$; $\mathcal{V}$ ist eine Kugel mit Radius 1,5, deren Mittelpunkt bei $(2,2,2)$ liegt.

Aufgabe 1.49

Berechnen Sie das Integral

$$J = \int\limits_{\mathcal{V}} \mathrm{e}^{-r}\left(\nabla\cdot\frac{\hat{\mathbf{r}}}{r^2}\right)\mathrm{d}\tau\,,$$

wobei $\mathcal{V}$ eine Kugel mit Radius R ist, deren Mittelpunkt im Ursprung liegt. Wenden Sie die beiden unterschiedlichen Methoden aus Beispiel 1.16 an.

1.6 Die Theorie der Vektorfelder

1.6.1 Das Helmholtz-Theorem

Seit den Tagen Faradays werden die Gesetze der Elektrizität und des Magnetismus durch elektrische und magnetische Felder **E** und **B** dargestellt. Wie viele physikalische Gesetze lassen sich auch sie am elegantesten durch Differentialgleichungen formulieren. Da es sich bei **E** und **B** um *Vektoren* handelt, enthalten diese Differentialgleichungen natürlich auch vektorielle Ableitungen, nämlich die Divergenz und die Rotation. Durch Maxwell wurde die gesamte Theorie schließlich in vier Gleichungen zusammengefasst, welche jeweils die Divergenz bzw. Rotation von **E** und **B** festlegen.

Die Maxwell'sche Formulierung führt auf eine wichtige mathematische Frage: Inwieweit ist eine Vektorfunktion durch ihre Divergenz und ihre Rotation bestimmt? Mit anderen Worten: Wenn ich Ihnen erzähle, dass die *Divergenz* von **F** (das je nach Bedarf für **E** oder **B** stehen kann) eine bestimmte (Skalar-)Funktion D mit

$$\nabla \cdot \mathbf{F} = D$$

ist, und dass die Rotation von **F** durch eine (Vektor-)Funktion **C** mit

$$\nabla \times \mathbf{F} = \mathbf{C}$$

festgelegt ist (wobei **C** aus Gründen der Konsistenz divergenzfrei sein muss,

$$\nabla \cdot \mathbf{C} = 0\,,$$

da die Divergenz einer Rotation immer null ist), können Sie dann die Funktion **F** festlegen?

Nun ... nicht ganz. Sie sollten in Aufgabe 1.20 erkannt haben, dass es viele Funktionen gibt, bei denen sowohl Divergenz als auch Rotation überall null sind. Der triviale Fall ist natürlich $\mathbf{F} = 0$, weitere Beispiele sind $\mathbf{F} = yz\hat{\mathbf{x}} + zx\hat{\mathbf{y}} + xy\hat{\mathbf{z}}$, $\mathbf{F} = \sin x \cosh y\hat{\mathbf{x}} - \cos x \sinh y\hat{\mathbf{y}}$ usw. Um eine Differentialgleichung lösen zu können, benötigen Sie zudem geeignete **Randbedingungen**. In der Elektrodynamik fordern wir üblicherweise, dass die Felder „im Unendlichen" (also weit entfernt von allen Ladungen) gegen null gehen.[17] Mit dieser Zusatzinformation stellt das **Helmholtz-Theorem** sicher, dass das Feld durch Divergenz und Rotation eindeutig bestimmt ist. (Der Beweis des Helmholtz-Theorems befindet sich in Anhang B.)

1.6.2 Potentiale

Wenn die Rotation eines Vektorfelds **F** überall verschwindet, kann **F** als Gradient eines Skalarpotentials V geschrieben werden:

$$\nabla \times \mathbf{F} = 0 \iff \mathbf{F} = -\nabla V \tag{1.103}$$

17 In den Aufgaben einiger Lehrbücher erstrecken sich die Ladungen selbst bis ins Unendliche (beispielsweise, wenn wir das elektrische Feld einer unendlich ausgedehnten Ebene oder das magnetische Feld eines unendlich langen Drahts betrachten). In solchen Fällen sind die normalen Randbedingungen nicht anwendbar, und wir müssen Symmetrieargumente anführen, um die Felder eindeutig zu bestimmen.

(Das Minuszeichen steht hier nur aus Gründen der Konvention.) Dies ist die wesentliche Aussage des folgenden Satzes:

Satz 1: Rotationsfreie („wirbelfreie") Felder

Die folgenden Bedingungen sind äquivalent (d. h., **F** erfüllt eine der Bedingungen dann und nur dann, wenn es auch die anderen erfüllt):

a. $\nabla \times \mathbf{F} = 0$ gilt überall.

b. $\int_a^b \mathbf{F} \cdot d\mathbf{l}$ ist für beliebige Endpunkte vom Integrationsweg unabhängig.

c. Für jede geschlossene Schleife ist $\oint \mathbf{F} \cdot d\mathbf{l} = 0$.

d. **F** ist der Gradient eines Skalars, $\mathbf{F} = -\nabla V$.

Das skalare Potential ist keineswegs eindeutig. Jede Konstante darf ungestraft auf V aufaddiert werden, da dies den Gradienten nicht verändert.

Sofern die Divergenz eines Vektorfelds **F** (überall) verschwindet, dann kann **F** als Rotation eines Vektorpotentials (**A**) dargestellt werden:

$$\nabla \cdot \mathbf{F} = 0 \Leftrightarrow \mathbf{F} = \nabla \times \mathbf{A} . \tag{1.104}$$

Das ist der zentrale Inhalt des folgenden Satzes:

Satz 2: Divergenzfreie („quellenfreie") Felder

Die folgenden Bedingungen sind äquivalent:

a. $\nabla \cdot \mathbf{F} = 0$ gilt überall.

b. $\int \mathbf{F} \cdot d\mathbf{a}$ ist für jede gegebene Begrenzungslinie von der Fläche unabhängig.

c. Für jede geschlossene Oberfläche gilt $\oint \mathbf{F} \cdot d\mathbf{a} = 0$.

d. **F** ist die Rotation eines Vektors, $\mathbf{F} = \nabla \times \mathbf{A}$.

Das Vektorpotential ist keineswegs eindeutig. Der Gradient einer beliebigen Skalarfunktion kann auf **A** aufaddiert werden, ohne die Rotation zu beeinflussen, da die Rotation eines Gradienten Null ist.

Sie sollten mittlerweile in der Lage sein, alle Verknüpfungen dieser Sätze zu beweisen, ausgenommen vielleicht diejenigen, die besagen, dass (a), (b) oder (c) auf (d) führen. Diese sind schwieriger und werden später behandelt. Übrigens kann in *allen* Fällen (*egal* ob es sich um die Rotation oder die Divergenz handelt) ein Vektorfeld **F** als Summe aus dem Gradienten eines Skalars und der Rotation eines Vektors dargestellt werden:[18]

$$\mathbf{F} = -\nabla V + \nabla \times \mathbf{A} \quad \text{(immer)}\,. \tag{1.105}$$

Aufgabe 1.50

a. Sei $\mathbf{F}_1 = x^2\hat{\mathbf{z}}$ und $\mathbf{F}_2 = x\hat{\mathbf{x}} + y\hat{\mathbf{y}} + z\hat{\mathbf{z}}$. Berechnen Sie die Divergenz und die Rotation von $\mathbf{F}_1$ und $\mathbf{F}_2$. Welches Vektorfeld kann als Gradient eines Skalars formuliert werden? Bestimmen Sie ein skalares Potential, das diese Aufgabe erfüllt. Welches kann als Rotation eines Vektors formuliert werden? Finden Sie ein geeignetes Vektorpotential.

b. Zeigen Sie, dass $\mathbf{F}_3 = yz\hat{\mathbf{x}} + zx\hat{\mathbf{y}} + xy\hat{\mathbf{z}}$ sowohl als Gradient eines Skalars als auch als Rotation eines Vektors geschrieben werden kann. Bestimmen Sie skalare und Vektorpotentiale für diese Funktion.

Aufgabe 1.51

Zeigen Sie, dass für Satz 1 gilt: (d) $\Rightarrow$ (a), (a) $\Rightarrow$ (c), (c) $\Rightarrow$ (b), (b) $\Rightarrow$ (c) und (c) $\Rightarrow$ (a).

Aufgabe 1.52

Zeigen Sie, dass für Satz 2 gilt: (d) $\Rightarrow$ (a), (a) $\Rightarrow$ (c), (c) $\Rightarrow$ (b), (b) $\Rightarrow$ (c) und (c) $\Rightarrow$ (a).

Aufgabe 1.53

a. Welcher der Vektoren in Aufgabe 1.15 kann als Gradient eines Skalars ausgedrückt werden? Geben Sie eine skalare Funktion an, die diese Bedingung erfüllt.

b. Welcher Vektor kann als Rotation eines Vektors ausgedrückt werden? Geben Sie einen solchen Vektor an.

18 In der Physik bezeichnet das Wort **Feld** generisch jede Funktion, die von Ort (x, y, z) und Zeit t abhängt. In der Elektrodynamik sind jedoch zwei spezielle Felder (**E** und **B** von solch überragender Bedeutung, dass sie den Begriff besetzen. Technisch gesehen sind die Potentiale daher auch „Felder", werden aber nie so genannt.

EXTRAS ONLINE Lösungshinweise

Weitere Aufgaben für Kapitel 1

Aufgabe 1.54
Überprüfen Sie den Gauß'schen Satz anhand der Funktion

$$\mathbf{v} = r^2 \cos\theta\,\hat{\mathbf{r}} + r^2 \cos\varphi\,\hat{\boldsymbol{\theta}} - r^2 \cos\theta \sin\varphi\,\hat{\boldsymbol{\varphi}}$$

Benutzen Sie als Volumen ein Achtel einer Kugel mit Radius R (Abbildung 1.48). Achten Sie darauf, die gesamte Oberfläche zu berücksichtigen.

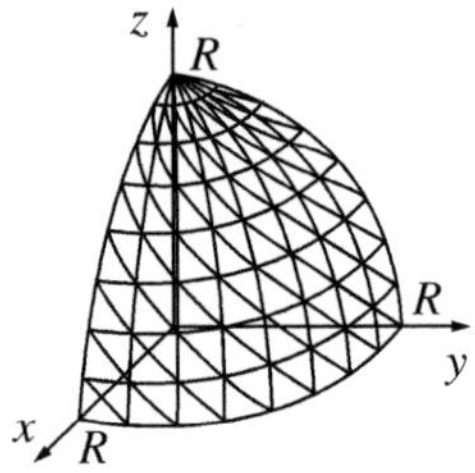

Abbildung 1.48

[*Antwort:* $\pi R^4/4$].

Aufgabe 1.55
Überprüfen Sie den Stokes'schen Satz anhand der Funktion $\mathbf{v} = ay\hat{\mathbf{x}} + bx\hat{\mathbf{y}}$ (a und b sind Konstanten) auf dem kreisförmigen Pfad mit Radius R in der x-y-Ebene, dessen Mittelpunkt auf dem Ursprung liegt.

[*Antwort:* $\pi R^2(b-a)$].

Aufgabe 1.56
Berechnen Sie das Linienintegral der Funktion $\mathbf{v} = 6\hat{\mathbf{x}} + yz^2\hat{\mathbf{y}} + (3y + z)\hat{\mathbf{z}}$ entlang des dreieckigen Wegs in Abbildung 1.49. Überprüfen Sie Ihre Antwort mit dem Stokes'schen Satz.

[*Antwort:* 8/3].

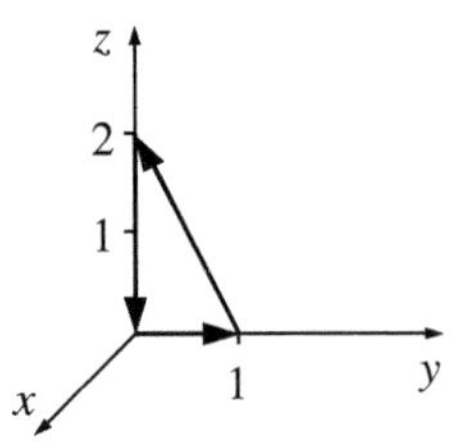

Abbildung 1.49

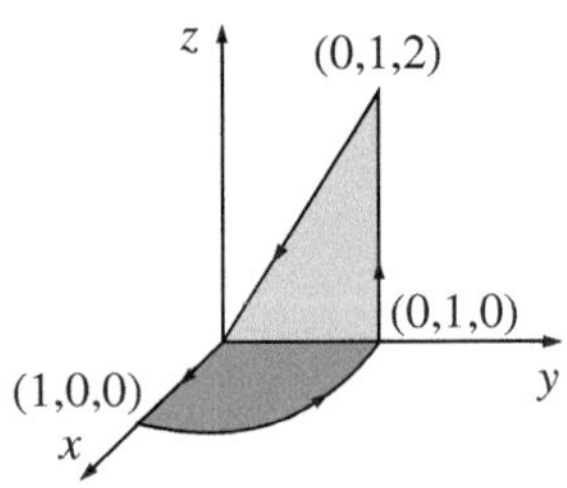

Abbildung 1.50

Aufgabe 1.57
Berechnen Sie das Linienintegral der Funktion

$$\mathbf{v} = \left(r\cos^2\theta\right)\hat{\mathbf{r}} - (r\cos\theta\sin\theta)\hat{\boldsymbol{\theta}} + 3r\hat{\boldsymbol{\varphi}}$$

entlang des in Abbildung 1.50 gezeigten Wegs (die kartesischen Koordinaten der Punkte sind in der Abbildung angegeben). Führen Sie Ihre Rechnung entweder in zylindrischen oder sphärischen Koordinaten durch. Überprüfen Sie Ihre Antwort mit dem Stokes'schen Satz.

[*Antwort:* $3\pi/2$].

Aufgabe 1.58
Überprüfen Sie den Stokes'schen Satz für die Funktion $\mathbf{v} = y\hat{\mathbf{z}}$ anhand der in Abbildung 1.51 gezeigten dreieckigen Fläche.

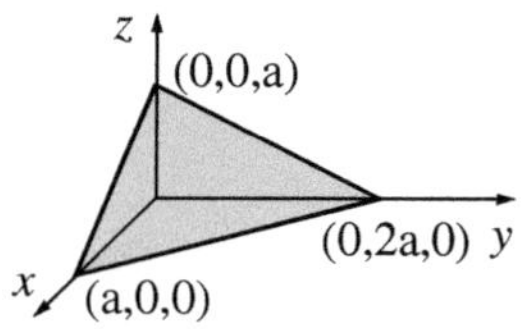

Abbildung 1.51

[*Antwort*: a^2]

Aufgabe 1.59
Überprüfen Sie den Gauß'schen Satz für die Funktion

$$\mathbf{v} = r^2 \sin\theta\,\hat{\mathbf{r}} + 4r^2 \cos\theta\,\hat{\boldsymbol{\theta}} + r^2 \tan\theta\,\hat{\boldsymbol{\varphi}}\,.$$

Verwenden Sie als Volumen die in Abbildung 1.52 sichtbare „Eistüte", deren obere Fläche kugelförmig ist. Ihre Seitenlänge ist der Radius R, und die Spitze befindet sich im Ursprung.

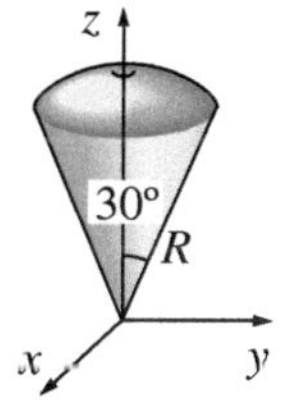

Abbildung 1.52

[*Antwort:* $(\pi R^4/12)(2\pi + 3\sqrt{3})$].

Aufgabe 1.60
Hier finden Sie nun zwei interessante Überprüfungen der Fundamentalsätze:

a. Kombinieren Sie Korollar 2 des Gradientensatzes mit dem Stokes'schen Satz (in diesem Fall ist $\mathbf{v} = \boldsymbol{\nabla} T$). Zeigen Sie, dass Ihr Ergebnis mit Ihren Kenntnissen über zweite Ableitungen übereinstimmt.

b. Kombinieren Sie Korollar 2 des Stokes'schen Satzes mit dem Gauß'schen Satz. Zeigen Sie, dass Ihr Ergebnis mit Ihren bisherigen Kenntnissen übereinstimmt.

- **Aufgabe 1.61**
Obwohl Gradientensatz, Gauß'scher Satz und Stokes'scher Satz die grundlegenden Integralsätze der Vektorrechnung sind, können wir eine Reihe von Korollaren aus Ihnen ableiten. Zeigen Sie:

a.
$$\int_{\mathcal{V}} (\nabla T)\,\mathrm{d}\tau = \oint_{\mathcal{S}} T\,\mathrm{d}\mathbf{a}\,.$$

[*Hinweis:* Setzen Sie im Gauß'schen Satz $\mathbf{v} = \mathbf{c}T$, wobei $\mathbf{c}$ eine Konstante ist, und verwenden Sie die Produktregeln.]

b.
$$\int_{\mathcal{V}} (\nabla \times \mathbf{v})\,\mathrm{d}\tau = -\oint_{\mathcal{S}} \mathbf{v} \times \mathrm{d}\mathbf{a}\,.$$

[*Hinweis:* Ersetzen Sie $\mathbf{v}$ im Gauß'schen Satz durch $(\mathbf{v} \times \mathbf{c})$.]

c.
$$\int_{\mathcal{V}} \left(T\nabla^2 U + (\nabla T)\cdot(\nabla U)\right)\mathrm{d}\tau = \oint_{\mathcal{S}} (T\nabla U)\cdot \mathrm{d}\mathbf{a}\,.$$

[*Hinweis:* Setzen Sie im Gauß'schen Satz $\mathbf{v} = T\nabla U$.]

d.
$$\int_{\mathcal{V}} \left(T\nabla^2 U - U\nabla^2 T\right)\mathrm{d}\tau = \oint_{\mathcal{S}} (T\nabla U - U\nabla T)\cdot \mathrm{d}\mathbf{a}\,.$$

[*Anmerkung:* Dies wird auch als **Green'scher Satz** oder **2. Green'sche Identität** bezeichnet. Er folgt aus Formel (c), die bisweilen auch als **Green'sche Formel** oder **1. Green'sche Identität** bezeichnet wird.]

e.
$$\int_{\mathcal{S}} \nabla T \times \mathrm{d}\mathbf{a} = \oint_{\mathcal{P}} T \cdot \mathrm{d}\mathbf{l}\,.$$

[*Hinweis:* Setzen Sie im Stokes'schen Satz $\mathbf{v} = \mathbf{c}T$.]

- **Aufgabe 1.62**
Das folgende Integral wird bisweilen als **Vektorfläche** der Fläche $\mathcal{S}$ bezeichnet.

$$\mathbf{a} \equiv \int_{\mathcal{S}} \mathrm{d}\mathbf{a}\,. \tag{1.106}$$

Ist $\mathcal{S}$ zufälligerweise *eben*, dann ist $|\mathbf{a}|$ offensichtlich der *normale* (skalare) Flächeninhalt.

a. Bestimmen Sie die Vektorfläche einer halbkugelförmigen Schale mit Radius R.

b. Zeigen Sie, dass für eine beliebige *geschlossene* Oberfläche $\mathbf{a} = 0$ gilt.
[*Hinweis*: Benutzen Sie das Ergebnis aus Aufgabe 1.61a.]

c. Zeigen Sie, dass $\mathbf{a}$ für alle Flächen mit derselben Begrenzungslinie gleich ist.

d. Zeigen Sie, dass

$$\mathbf{a} = \frac{1}{2}\oint \mathbf{r} \times \mathrm{d}\mathbf{l}\,, \tag{1.107}$$

wobei das Integral entlang der Begrenzungslinie genommen wird.

[*Hinweis:* Zeichnen Sie dazu einen Kegel vom Ursprung bis zum Rand. Zerlegen Sie diese konische Oberfläche in infinitesimale Dreiecke, deren eine Ecke jeweils im Ursprung liegt und deren gegenüberliegende Seite die Länge $\mathrm{d}\mathbf{l}$ aufweist. Wenden Sie dann die geometrische Interpretation des Kreuzprodukts aus Abbildung 1.8 an.]

e. Zeigen Sie, dass für jeden konstanten Vektor **c** gilt

$$\oint (\mathbf{c} \cdot \mathbf{r})\,\mathrm{d}\mathbf{l} = \mathbf{a} \times \mathbf{c}\,. \tag{1.108}$$

[*Hinweis:* Setzen Sie in Aufgabe 1.61(e) $T = \mathbf{c} \cdot \mathbf{r}$.]

• Aufgabe 1.63

a. Bestimmen Sie die Divergenz der Funktion

$$\mathbf{v} = \frac{\hat{\mathbf{r}}}{r}\,.$$

Berechnen Sie das Integral zuerst direkt, wie in Gleichung 1.84. Überprüfen Sie dann Ihr Ergebnis, wie in Gleichung 1.85 mithilfe des Gauß'schen Satzes. Existiert im Ursprung eine Deltafunktion wie bei $\hat{\mathbf{r}}/r^2$? Wie lautet die allgemeine Formel der Divergenz von $r^n\hat{\mathbf{r}}$?

[*Antwort:* $\nabla \cdot (r^n\hat{\mathbf{r}}) = (n+2)r^{n-1}$, außer bei $n = -2$. In diesem Fall ist das Ergebnis $4\pi\delta^3(\mathbf{r})$. Für $n < -2$ ist die Divergenz im Ursprung nicht wohldefiniert.]

b. Bestimmen Sie die Rotation von $r^n\hat{\mathbf{r}}$. Überprüfen Sie Ihr Ergebnis mithilfe des Ergebnisses von Aufgabe 1.61(b).

[*Antwort:* $\nabla \times (r^n\hat{\mathbf{r}}) = 0$.]

Aufgabe 1.64

Falls Sie nicht davon überzeugt sind, dass $\nabla^2(1/r) = -4\pi\delta^3(\mathbf{r})$ (Gleichung 1.102 mit $\mathbf{r}' = 0$ zur Vereinfachung) gilt, so ersetzen Sie probehalber r durch $\sqrt{r^2+\epsilon^2}$ und schauen Sie dann, was für $\epsilon \to 0$ passiert.[19] Genauer, setzen Sie

$$D(r,\epsilon) \equiv -\frac{1}{4\pi}\nabla^2\frac{1}{\sqrt{r^2+\epsilon^2}}\,.$$

Zeigen Sie in folgenden Schritten, dass dieser Ausdruck für $\epsilon \to 0$ nach $\delta^3(\mathbf{r})$ strebt:

a. Zeigen Sie, dass $D(r,\epsilon) = (3\epsilon^2/4\pi)(r^2+\epsilon^2)^{-5/2}$

b. Überprüfen Sie, dass $D(0,\epsilon) \to \infty$ für $\epsilon \to 0$

c. Überprüfen Sie, dass $D(r,\epsilon) \to \infty$ für $\epsilon \to 0$ und alle $r \neq 0$

d. Überprüfen Sie, dass das Integral von $D(r,\epsilon)$ über den gesamten Raum 1 ist.

19 Diese Aufgabe wurde von Frederick Strauch vorgeschlagen.

Elektrostatik

2

ÜBERBLICK

2.1 Das elektrische Feld

2.1.1 Einleitung

Das grundlegende Problem, das die Theorie des Elektromagnetismus zu lösen hofft, lautet folgendermaßen (Abbildung 2.1): Wenn uns eine Reihe von elektrischen Ladungen $q_1, q_2, q_3, \ldots$ vorliegt (die wir als **Quellladungen** bezeichnen), welche Kraft wird dann von ihnen auf eine andere Ladung Q ausgeübt (die wir **Testladung** nennen)? Die Orte der Quellladungen sind (als zeitabhängige Funktionen) *vorgegeben*, während die Bahn des Testteilchens *berechnet werden muss*. Im Allgemeinen befinden sich sowohl die Quellladungen als auch die Testladung in Bewegung.

Die Lösung dieses Problems fällt uns leichter, wenn wir das **Superpositionsprinzip (Überlagerungsprinzip)** anwenden. Nach diesem Prinzip ist die Wechselwirkung zwischen zwei beliebigen Teilchen völlig unabhängig von der Anwesenheit anderer Teilchen. Das bedeutet, dass wir zur Bestimmung der auf Q herrschenden Kräfte zuerst die Kraft $\mathbf{F}_1$ bestimmen können, die ausschließlich von q_1 verursacht wird, wobei wir die Beiträge der anderen Ladung ignorieren können. Danach berechnen wir die Kraft $\mathbf{F}_2$, die ausschließlich von q_2 verursacht wird usw. Schließlich bestimmen wir die Vektorsumme aller dieser Einzelkräfte: $\mathbf{F} = \mathbf{F}_1 + \mathbf{F}_2 + \mathbf{F}_3 + \ldots$ Wenn wir also die Kraft auf Q bestimmen können, die von einer *einzelnen* Quellladung q verursacht wird, sind wir im Prinzip bereits fertig. (Der Rest der Aufgabe besteht einzig und allein darin, dieselbe Operation immer wieder auszuführen und alle Ergebnisse aufzuaddieren.[1])

Auf den ersten Blick scheint das sehr einfach zu sein: Warum schreibe ich nicht einfach die Formel für die von q auf Q ausgeübte Kraft und wir sind fertig? Das könnte ich und werde es in Kapitel 10 auch tun. Zum jetzigen Zeitpunkt würde Sie der Anblick der Formel vermutlich erschrecken. Die Kraft auf Q hängt nämlich nicht nur von der Entfernung $\mathscr{r}$ zwischen den Ladungen ab (Abbildung 2.2), sondern auch von den beiden *Geschwindigkeiten* sowie der *Beschleunigung* von q. Darüber hin-

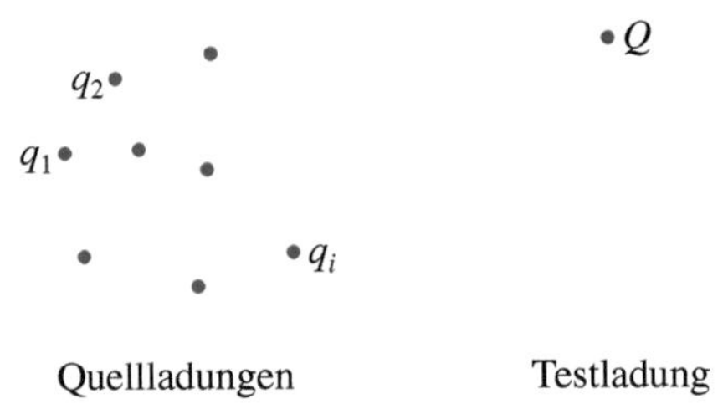

Abbildung 2.1

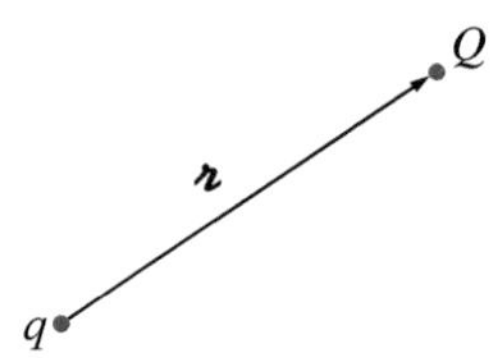

Abbildung 2.2

1 Vielleicht kommt es Ihnen völlig *normal* vor, dass dieses Superpositionsprinzip gilt. Es müsste aber nicht notwendigerweise so einfach sein. Würde die elektromagnetische Kraft beispielsweise vom *Quadrat* aller Quellladungen abhängen, wäre das Superpositionsprinzip nicht gültig, denn $(q_1 + q_2)^2 \neq q_1^2 + q_2^2$ (dann müssten wir auch Mischterme berücksichtigen). Die Superposition ist keine *logische Notwendigkeit*, sondern ein *experimenteller Befund*.

aus sind nicht allein Ort, Geschwindigkeit und Beschleunigung von q *zum jetzigen Zeitpunkt* ausschlaggebend. Elektromagnetische Informationen breiten sich nämlich mit Lichtgeschwindigkeit aus, daher wird die Kraft auf Q von Ort, Geschwindigkeit und Beschleunigung beeinflusst, die q zu einem früheren Zeitpunkt aufgewiesen *hat*, nämlich als diese Informationen q verlassen haben.

Obwohl sich also die grundlegende Frage („Welche Kraft übt q auf Q aus?") leicht formulieren lässt, nützt es nichts, wenn wir uns frontal an sie heranmachen. Wir werden vielmehr schrittweise vorgehen. In der Zwischenzeit wird die Theorie, die wir entwickeln, uns in die Lage versetzen, auch viel schwierigere elektromagnetische Aufgaben zu lösen, die sich nicht so einfach formulieren lassen. Zuerst werden wir uns mit dem Spezialfall der **Elektrostatik** befassen, in dem *alle Quellladungen unbeweglich sind* (allerdings darf sich die Testladung bewegen).

2.1.2 Das Coulomb'sche Gesetz

Welche Kraft übt eine einzelne *ruhende* Punktladung q, die sich in der Entfernung $\mathscr{r}$ befindet, auf eine Testladung Q aus? Die (experimentell begründete) Antwort liefert das **Coulomb'sche Gesetz**:

$$\mathbf{F} = \frac{1}{4\pi\varepsilon_0} \frac{qQ}{\mathscr{r}^2} \hat{\boldsymbol{\mathscr{r}}} \,. \tag{2.1}$$

Die Konstante ε_0 wird als **Dielektrizitätskonstante des Vakuums** bezeichnet.[2] In SI-Einheiten, in denen die Kraft in Newton (N), die Entfernung in Metern (m) und die Ladung in Coulomb (C) angegeben wird, hat diese Konstante den Betrag:

$$\varepsilon_0 = 8{,}85 \cdot 10^{-12} \frac{\mathrm{C}^2}{\mathrm{N} \cdot \mathrm{m}^2} \,.$$

In Worten ausgedrückt, ist die Kraft proportional zum Produkt der Ladungen und umgekehrt proportional zum Quadrat des Abstands der Ladungen. Wie immer (siehe Abschnitt 1.1.4), ist $\boldsymbol{\mathscr{r}}$ der Abstandsvektor zwischen $\mathbf{r}'$ (dem Ort von q) und $\mathbf{r}$ (dem Ort von Q):

$$\boldsymbol{\mathscr{r}} = \mathbf{r} - \mathbf{r}' \,. \tag{2.2}$$

Der Betrag dieses Vektors ist $\mathscr{r}$, und seine Richtung ist $\hat{\boldsymbol{\mathscr{r}}}$. Die Kraft wirkt in Richtung der Verbindung von q nach Q. Sofern q und Q dasselbe Vorzeichen aufweisen, handelt es sich um eine abstoßende Kraft. Bei entgegengesetzten Vorzeichen wirkt die Kraft anziehend.

Das Coulomb'sche Gesetz und das Superpositionsprinzip stellen die physikalische Ausgangslage der Elektrostatik dar. Der Rest, mit Ausnahme einiger spezieller Eigenschaften der Materie, betrifft die mathematische Ausarbeitung dieser grundlegenden Regeln.

2 Die dem englischen Sprachgebrauch entsprechende Bezeichnung „Permittivität des leeren Raums" wird im Deutschen seltener verwendet. A. d. Ü.

■ **Aufgabe 2.1**

a. Zwölf gleiche Ladungen q befinden sich an den Ecken eines regelmäßigen zwölfseitigen Polygons (beispielsweise auf den Ziffern des Zifferblatts einer Uhr). Welche Nettokraft wirkt auf eine Testladung Q im Zentrum?

b. Nehmen Sie an, *eine* dieser zwölf Ladungen würde entfernt (z. B. diejenige bei 6 Uhr). Welche Kraft wirkt dann auf Q? Legen Sie Ihren Gedankengang ausführlich dar.

c. Nun werden 13 gleichartige Ladungen an den Ecken eines regelmäßigen 13-seitigen Polygons platziert. Welche Kraft herrscht auf die Testladung im Zentrum?

d. Wenn eine dieser 13 Ladungen entfernt wird, welche Kraft herrscht auf Q? Erläutern Sie ausführlich.

2.1.3 Das elektrische Feld

Wenn *mehrere* Punktladungen $q_1, q_2, \ldots, q_n$ sich in den Entfernungen $\mathscr{r}_1, \mathscr{r}_2, \ldots, \mathscr{r}_n$ von Q befinden, dann ist die Gesamtkraft offensichtlich

$$\begin{aligned}\mathbf{F} = \mathbf{F}_1 + \mathbf{F}_2 + \ldots &= \frac{1}{4\pi\varepsilon_0}\left(\frac{q_1 Q}{\mathscr{r}_1^2}\hat{\boldsymbol{\mathscr{r}}}_1 + \frac{q_2 Q}{\mathscr{r}_2^2}\hat{\boldsymbol{\mathscr{r}}}_2 + \ldots\right) \\ &= \frac{Q}{4\pi\varepsilon_0}\left(\frac{q_1\hat{\boldsymbol{\mathscr{r}}}_1}{\mathscr{r}_1^2} + \frac{q_2\hat{\boldsymbol{\mathscr{r}}}_2}{\mathscr{r}_2^2} + \frac{q_3\hat{\boldsymbol{\mathscr{r}}}_3}{\mathscr{r}_3^2} + \ldots\right)\end{aligned}$$

bzw.

$$\mathbf{F} = Q\mathbf{E}\,. \tag{2.3}$$

Hierbei bedeutet

$$\mathbf{E}(\mathbf{r}) \equiv \frac{1}{4\pi\varepsilon_0}\sum_{i=1}^{n}\frac{q_i}{\mathscr{r}_i^2}\hat{\boldsymbol{\mathscr{r}}}_i\,. \tag{2.4}$$

$\mathbf{E}$ wird als **elektrisches Feld** der Quellladungen bezeichnet. Beachten Sie, dass es vom Ort $\mathbf{r}$ abhängt, denn die Abstandsvektoren $\boldsymbol{\mathscr{r}}_i$ werden vom Ort des Feldpunkts P bestimmt (Abbildung 2.3). Von der Testladung Q ist es allerdings unabhängig. Das elektrische Feld ist eine Vektorgröße, die sich von Ort zu Ort ändert und von der Anordnung der Quellladungen festgelegt wird. Physikalisch ist $\mathbf{E}(\mathbf{r})$ die Kraft pro Einheitsladung, die auf eine Testladung ausgeübt wird, die sich am Ort P befindet.

Was genau *ist* ein elektrisches Feld? Ich habe absichtlich mit etwas begonnen, das Sie als „Minimalinterpretation“ von $\mathbf{E}$ bezeichnen könnten, und für uns einen Zwischenschritt in der Berechnung elektrischer Felder bedeutet. Aber ich empfehle Ihnen sehr, sich das Feld als „reale“ physikalische Größe vorzustellen, die den Raum in der Umgebung einer elektrischen Ladung ausfüllt. Maxwell kam zu der Ansicht, dass elektrische und magnetische Felder durch tatsächliche Spannungen und Verzerrungen in einem unsichtbaren und ursprünglichen geleeähnlichen „Äther“ verursacht

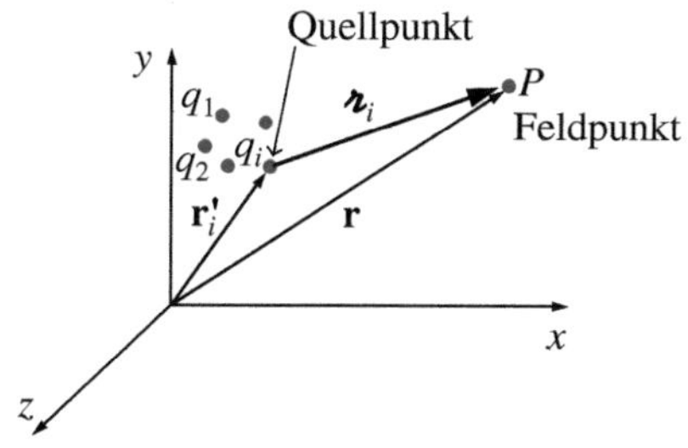

Abbildung 2.3

werden. Aufgrund der speziellen Relativitätstheorie sind wir dazu gezwungen, die Vorstellung eines Äthers – und damit auch die Maxwell'sche mechanische Interpretation der elektromagnetischen Felder – aufzugeben. (Es ist sogar möglich, wenn auch umständlich, die klassische Elektrodynamik als eine „Fernwirkungstheorie" aufzufassen und vollständig vom Feldkonzept zu lösen.) Ich kann Ihnen also nicht erklären, was ein Feld *ist* – nur, wie Sie es berechnen können und was Sie damit anfangen können, sobald es Ihnen vorliegt.

Beispiel 2.1:

Bestimmen Sie das elektrische Feld (seinen Betrag und seine Richtung) zweier gleichartiger Ladungen q, deren Entfernung d beträgt, in einem Punkt z, der sich etwas oberhalb der Verbindungsachse befindet, (Abbildung 2.4(a)).

Lösung:

Sei $\mathbf{E}_1$ das Feld der linken Ladung allein und $\mathbf{E}_2$ das der rechten Ladung allein (Abbildung 2.4(b)). Wenn wir die Felder (vektoriell) addieren, so heben sich die horizontalen Komponenten weg und die vertikalen Komponenten kommen zusammen:

$$E_z = 2\frac{1}{4\pi\epsilon_0}\frac{q}{\mathscr{r}^2}\cos\theta\,.$$

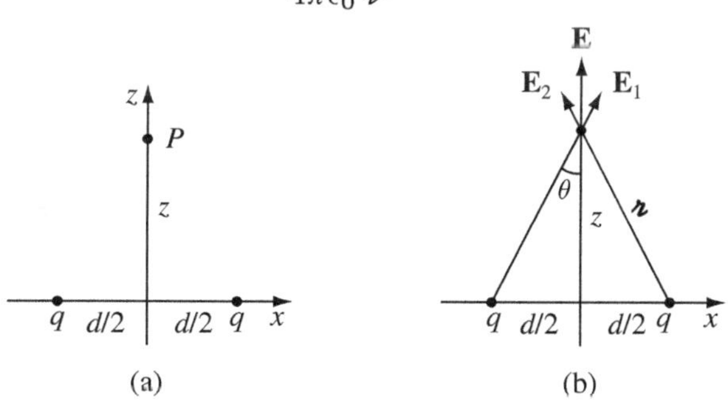

Abbildung 2.4

Hierbei ist $\mathscr{r} = \sqrt{z^2 + (d/2)^2}$ und $\cos\theta = z/\mathscr{r}$, sodass

$$\mathbf{E} = \frac{1}{4\pi\epsilon_0}\frac{2qz}{[z^2 + (d/2)^2]^{3/2}}\hat{\mathbf{z}}\,.$$

Beispiel 2.1 (Fortsetzung)

Check: Wenn $z \gg d$, so sind Sie so weit weg, dass es so ausschaut, als hätten wir eine einzelne Ladung $2q$. Das Feld sollte sich dann auf $\mathbf{E} = \frac{1}{4\pi\epsilon_0}\frac{2q}{z^2}\hat{\mathbf{z}}$ reduzieren. Das macht es in der Tat – setzen Sie einfach in der Formel $d \to 0$.

Aufgabe 2.2

Berechnen Sie das elektrische Feld (Betrag und Richtung) im Abstand z vom Mittelpunkt der Verbindungslinie zweier entgegengesetzt gleicher Ladungen ($\pm q$), die im Abstand d voneinander sind (also wie in Beispiel 2.1, nur dass die Ladung bei $x = +d/2$ gleich $-q$ ist).

2.1.4 Kontinuierliche Ladungsverteilungen

Unsere Definition des elektrischen Felds (Gleichung 2.4) geht davon aus, dass die Quelle des Felds eine Ansammlung diskreter Punktladungen q_i ist. Ist jedoch die Ladung kontinuierlich in einem bestimmten Gebiet verteilt, wird aus der Summe ein Integral (Abbildung 2.5a):

$$\mathbf{E}(\mathbf{r}) \equiv \frac{1}{4\pi\varepsilon_0}\int \frac{1}{\mathscr{r}^2}\hat{\mathscr{r}}\,\mathrm{d}q\,. \tag{2.5}$$

Ist die Ladung zu einer *Linie* auseinandergezogen (Abbildung 2.5b), deren Ladung pro Einheitslänge λ beträgt, dann ist $\mathrm{d}q = \lambda\,\mathrm{d}l'$ (wobei $\mathrm{d}l'$ ein Streckenabschnitt auf der Linie ist). Ist die Ladung über eine Fläche verschmiert (Abbildung 2.5c), deren Ladung pro Flächeneinheit σ beträgt, dann gilt $\mathrm{d}q = \sigma\,\mathrm{d}a'$ ($\mathrm{d}a'$ ist ein Flächenelement). Füllt die Ladung ein Volumen aus (Abbildung 2.5d), mit der Ladung pro Einheitsvolumen ρ, dann ist $\mathrm{d}q = \rho\,\mathrm{d}\tau'$ (wobei $\mathrm{d}\tau'$ ein Volumenelement ist):

$$\mathrm{d}q \to \lambda\,\mathrm{d}l' \sim \sigma\,\mathrm{d}a' \sim \rho\,\mathrm{d}\tau'\,.$$

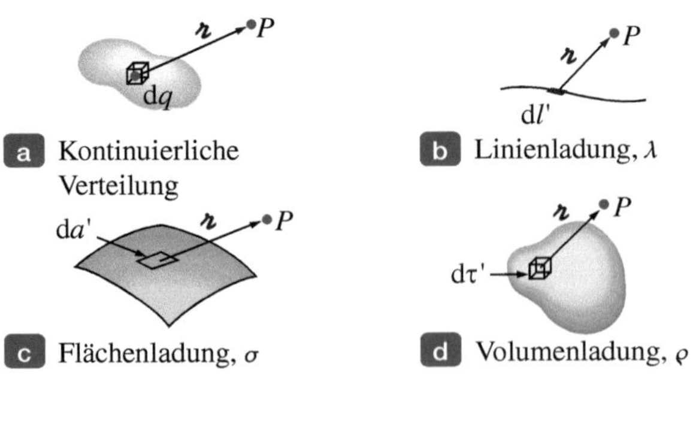

Abbildung 2.5

Daher lautet das elektrische Feld einer *Linienladung*

$$\mathbf{E}(\mathbf{r}) = \frac{1}{4\pi\varepsilon_0} \int_{\mathcal{P}} \frac{\lambda(\mathbf{r}')}{\mathscr{r}^2} \hat{\boldsymbol{\mathscr{r}}} \, \mathrm{d}l' \,. \tag{2.6}$$

Das elektrische Feld einer *Flächenladung* ist

$$\mathbf{E}(\mathbf{r}) = \frac{1}{4\pi\varepsilon_0} \int_{\mathcal{S}} \frac{\sigma(\mathbf{r}')}{\mathscr{r}^2} \hat{\boldsymbol{\mathscr{r}}} \, \mathrm{d}\mathbf{a}' \,. \tag{2.7}$$

Das elektrische Feld einer *Volumenladung* lautet

$$\mathbf{E}(\mathbf{r}) = \frac{1}{4\pi\varepsilon_0} \int_{\mathcal{V}} \frac{\rho(\mathbf{r}')}{\mathscr{r}^2} \hat{\boldsymbol{\mathscr{r}}} \, \mathrm{d}\tau' \,. \tag{2.8}$$

Gleichung 2.8 wird ebenfalls als Coulomb'sches Gesetz bezeichnet, weil sie sich nur wenig vom Original in Gleichung 2.1 unterscheidet und weil eine Volumenladung in einem gewissen Sinn der allgemeinste und realistische Fall ist. Bitte beachten Sie in diesen Formeln die Rolle von $\boldsymbol{\mathscr{r}}$. In Gleichung 2.4 stand $\boldsymbol{\mathscr{r}}_i$ ursprünglich für den Vektor zwischen den Quellladungen q_i zum Feldpunkt $\mathbf{r}$. In den Gleichungen 2.5 bis 2.8 ist $\boldsymbol{\mathscr{r}}$ entsprechend der Vektor zwischen $\mathrm{d}q$ (und geht daher von $\mathrm{d}l'$, $\mathrm{d}a'$, oder $\mathrm{d}\tau'$ aus) zum Feldpunkt $\mathbf{r}$.[3]

Beispiel 2.2: Elektrische Felder

Bestimmen Sie das elektrische Feld in einem Punkt im Abstand z vom Mittelpunkt eines geraden Streckenabschnitts der Länge $2L$, welcher eine gleichmäßige Linienladung λ trägt (Abbildung 2.6).

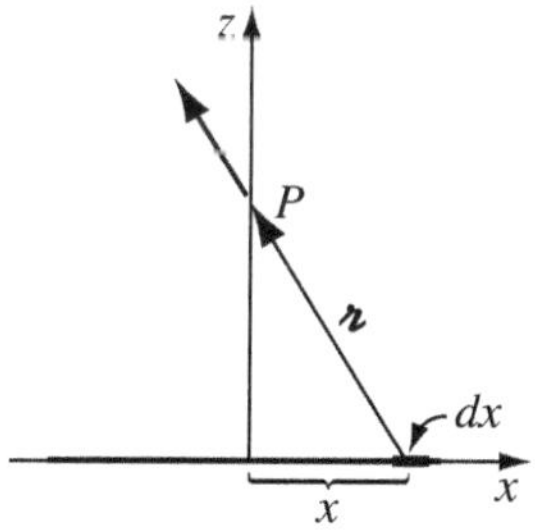

Abbildung 2.6

3 Eine *Warnung*: Der Einheitsvektor $\hat{\boldsymbol{\mathscr{r}}}$ ist *nicht* konstant. Seine Richtung hängt vom Quellpunkt $\mathbf{r}'$ ab, daher *darf* er *nicht* aus dem Integral der Gleichungen 2.5 bis 2.8 herausgezogen werden. In der Praxis müssen Sie mit *kartesischen* Vektorkomponenten arbeiten (die $\hat{\mathbf{x}}$, $\hat{\mathbf{y}}$, $\hat{\mathbf{z}}$ *sind* konstant und fallen dadurch heraus), selbst wenn Sie die Integration in krummlinigen Koordinaten durchführen.

Beispiel 2.2 (Fortsetzung)

Lösung:

Die einfachste Methode besteht darin, die Linie in symmetrisch angeordnete Paare (bei $\pm x$) zu zerlegen, das Resultat von Beispiel 2.1 (mit $d/2 \to x$, $q \to \lambda dx$) zu verwenden und zu integrieren ($x\colon 0 \to L$). Es gibt aber auch einen allgemeineren Weg:[4]

$$\mathbf{r} = z\hat{\mathbf{z}}\,, \quad \mathbf{r}' = x\hat{\mathbf{x}}\,, \quad dl' = dx\,;$$

$$\boldsymbol{\mathscr{r}} = \mathbf{r} - \mathbf{r}' = z\hat{\mathbf{z}} - x\hat{\mathbf{x}}\,, \quad \mathscr{r} = \sqrt{z^2 + x^2}\,, \quad \hat{\boldsymbol{\mathscr{r}}} = \frac{\boldsymbol{\mathscr{r}}}{\mathscr{r}} = \frac{z\hat{\mathbf{z}} - x\hat{\mathbf{x}}}{\sqrt{z^2 + x^2}}\,.$$

$$\begin{aligned}
\mathbf{E} &= \frac{1}{4\pi\epsilon_0} \int_{-L}^{L} \frac{\lambda}{z^2 + x^2} \frac{z\hat{\mathbf{z}} - x\hat{\mathbf{x}}}{\sqrt{z^2 + x^2}} dx \\
&= \frac{\lambda}{4\pi\epsilon_0} \left[z\hat{\mathbf{z}} \int_{-L}^{L} \frac{1}{(z^2 + x^2)^{3/2}} dx - \hat{\mathbf{x}} \int_{-L}^{L} \frac{x}{(z^2 + x^2)^{3/2}} dx \right] \\
&= \frac{\lambda}{4\pi\epsilon_0} \left[z\hat{\mathbf{z}} \left(\frac{x}{z^2\sqrt{z^2 + x^2}} \right)\Bigg|_{-L}^{L} - \hat{\mathbf{x}} \left(-\frac{1}{\sqrt{z^2 + x^2}} \right)\Bigg|_{-L}^{L} \right] \\
&= \frac{\lambda}{4\pi\epsilon_0} \frac{2\lambda L}{z\sqrt{z^2 + L^2}} \hat{\mathbf{z}}\,.
\end{aligned}$$

Für Punkte fern von der Linie ($z \gg L$) gilt:

$$E \simeq \frac{1}{4\pi\epsilon_0} \frac{2\lambda L}{z^2}$$

Das lässt sich folgendermaßen verstehen: In großer Entfernung „erscheint" die Strecke als Punktladung $q = 2\lambda L$. Dadurch reduziert sich das Feld auf das einer Punktladung, $q/(4\pi\varepsilon_0 z^2)$. Beim Grenzübergang $L \to \infty$ erhalten wir dagegen das Feld eines unendlich langen geraden Drahts:

$$E = \frac{1}{4\pi\varepsilon_0} \frac{2\lambda}{z} \tag{2.9}$$

■ Aufgabe 2.3

Bestimmen Sie das elektrische Feld in einem Abstand z oberhalb des Endes eines geraden Linienelements der Länge L (Abbildung 2.7), das eine gleichförmige Linienladung λ trägt. Überprüfen Sie, dass Ihre Formel mit dem übereinstimmt, was Sie für den Fall $z \gg L$ erwarten.

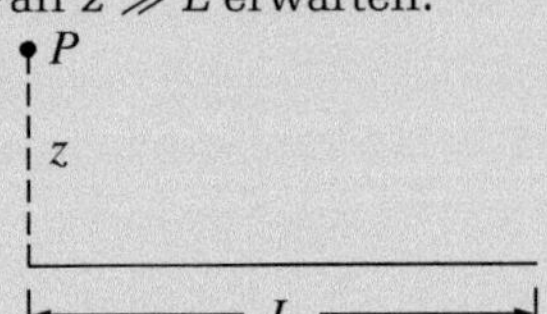

Abbildung 2.7

4 Normalerweise werde ich den Quellkoordinaten einen Strich mitgeben, aber ich verzichte auf den Strich, wenn es keine Verwirrung geben kann. Das macht die Notation einfacher.

Aufgabe 2.4

Bestimmen Sie das elektrische Feld in einem Abstand z oberhalb vom Zentrum einer rechteckigen Schleife (mit Kantenlänge a), die eine gleichförmige Linienladung λ trägt (Abbildung 2.8).

[*Hinweis*: Benutzen Sie das Ergebnis aus Beispiel 2.2.]

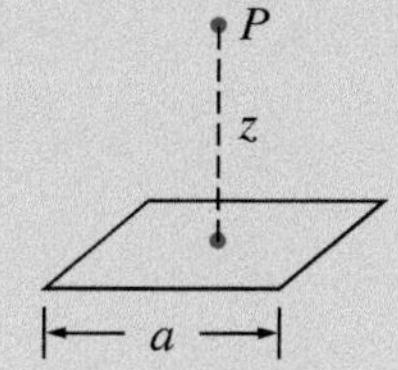

Abbildung 2.8

Aufgabe 2.5

Bestimmen Sie das elektrische Feld in einem Abstand z oberhalb vom Zentrum einer kreisförmigen Schleife (mit Radius r, Abbildung 2.9), die eine gleichförmige Linienladung λ trägt.

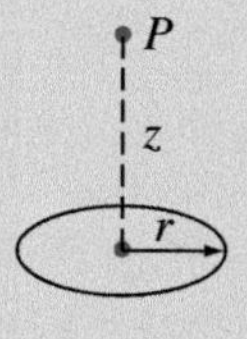

Abbildung 2.9

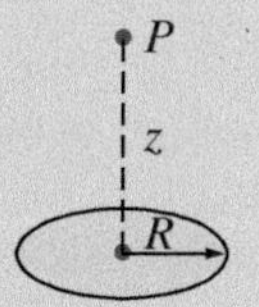

Abbildung 2.10

Aufgabe 2.6

Bestimmen Sie das elektrische Feld in einem Abstand z oberhalb vom Zentrum einer flachen kreisförmigen Scheibe mit Radius R (Abbildung 2.10), die eine gleichförmige Flächenladung σ trägt. Welches Ergebnis liefert Ihre Formel für den Grenzübergang $R \to \infty$? Überprüfen Sie auch den Fall $z \gg R$.

!

Aufgabe 2.7

Bestimmen Sie das elektrische Feld in einem Abstand z oberhalb vom Zentrum einer Kugeloberfläche mit Radius R (Abbildung 2.11), die eine gleichförmige Flächenladung σ trägt. Behandeln Sie den Fall $z < R$ (der Innenraum) sowie den Fall $z > R$ (der Außenraum). Drücken Sie Ihre Ergebnisse durch die Gesamtladung q der Kugel aus.

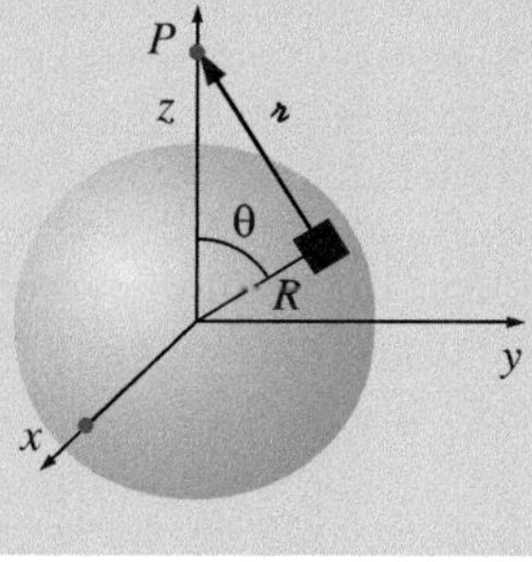

Abbildung 2.11

[*Hinweis:* Benutzen Sie den Kosinussatz, um $\mathscr{r}$ durch R und θ auszudrücken. Benutzen Sie die positive Wurzel: $\sqrt{(R^2 + z^2 - 2Rz)} = (R - z)$, wenn $R > z$ ist, allerdings gilt $(z - R)$ für $R < z$.]

Aufgabe 2.8

Benutzen Sie das Ergebnis aus Aufgabe 2.7, um das Feld im Inneren und Äußeren einer Kugel mit Radius R zu bestimmen, die eine gleichförmige Volumenladung ρ trägt. Drücken Sie Ihre Ergebnisse in Abhängigkeit von der Gesamtladung der Kugel q aus. Fertigen Sie eine Skizze an, in der $|\mathbf{E}|$ als Funktion der Entfernung vom Mittelpunkt dargestellt wird.

2.2 Divergenz und Rotation elektrostatischer Felder

2.2.1 Feldlinien, Fluss und Gauß'sches Gesetz

Im Prinzip haben wir das Thema Elektrostatik bereits abgehandelt. Anhand von Gleichung 2.8 können wir das Feld einer Ladungsverteilung berechnen, und Gleichung 2.3 sagt uns, welche Kraft auf eine Ladung Q wirkt, die sich in diesem Feld befindet. Doch wie Sie vielleicht bei der Bearbeitung von Aufgabe 2.7 bemerkt haben, können die zur Berechnung von $\mathbf{E}$ benötigten Integrale selbst bei verhältnismäßig einfachen Ladungsverteilungen sehr anspruchsvoll sein. Der größte Teil der restlichen Elektrostatik befasst sich deshalb mit der Zusammenstellung einer Reihe von Hilfsmitteln und Tricks, um diese Integrale zu *vermeiden*. Den Anfang machen Divergenz und Rotation von $\mathbf{E}$. Ich werde die Divergenz von $\mathbf{E}$ direkt aus Gleichung 2.8 in Abschnitt 2.2.2 berechnen, allerdings werde ich Ihnen zunächst einen eher qualitativen und vielleicht einleuchtenderen Weg zeigen.

Beginnen wir mit dem einfachsten möglichen Fall: Eine einzelne Punktladung q, die sich im Koordinatenursprung befindet:

$$\mathbf{E}(\mathbf{r}) = \frac{1}{4\pi\varepsilon_0}\frac{q}{r^2}\hat{\mathbf{r}}\,. \tag{2.10}$$

Um ein „Gespür" für dieses Feld zu entwickeln, werde ich, wie in Abbildung 2.12a, einige repräsentative Vektoren zeichnen. Weil das Feld gemäß $1/r^2$ abfällt, werden die Vektoren kürzer, je weiter Sie sich vom Ursprung entfernen. Sie weisen zudem immer radial nach außen. Es gibt einen angenehmeren Weg, um dieses Feld darzustellen, nämlich indem wir die Pfeile verbinden, sodass sie **Feldlinien** bilden (Abbildung 2.12b). Vielleicht sind Sie nun der Ansicht, dass ich auf diese Weise Informationen über die *Feldstärke* weggeworfen habe, die durch die Länge der Pfeile dargestellt war. Das ist aber nicht der Fall. Die Stärke des Felds wird durch die *Dichte* der Feldlinien angegeben: Im Zentrum, in dem die Feldlinien dicht beieinanderliegen, ist die Feldstärke hoch, weiter draußen, wo die Feldlinien relativ weit auseinanderliegen, ist das Feld schwach.

Tatsächlich führt das Feldliniendiagramm aber in die Irre, wenn ich es auf einer zweidimensionalen Oberfläche darstelle. Die Dichte der Feldlinien, die durch einen

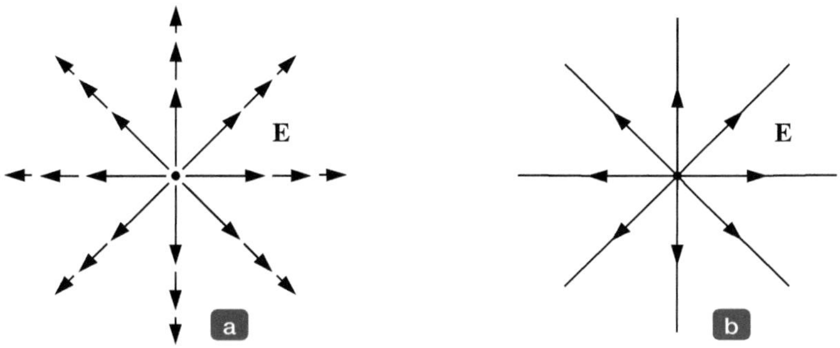

Abbildung 2.12

Kreis mit Radius r geht, ist nämlich deren Gesamtzahl, dividiert durch den Kreisumfang $(n/2\pi r)$, und fällt daher mit $(1/r)$, aber nicht mit $(1/r^2)$ ab. Wenn Sie sich dieses Modell jedoch in drei Dimensionen vorstellen (sodass es wie ein Nadelkissen aussieht, dessen Nadeln in alle Richtungen zeigen), dann ist die Liniendichte deren Gesamtzahl, dividiert durch die Fläche der Kugel $(n/4\pi r^2)$ – und die fällt dann *wirklich* wie $(1/r^2)$ ab.

Solche Diagramme sind auch hilfreich, um kompliziertere Feldkonfigurationen darzustellen. Natürlich hängt die Anzahl der Feldlinien davon ab, wie viel Energie Sie dafür aufbringen wollen (und wie scharf Ihr Bleistift gespitzt ist). Sie sollten allerdings ausreichend viele Linien einzeichnen, um ein genaues Bild des Felds zu erhalten, und Sie müssen konsequent bleiben. Wenn Sie eine Ladung q mit 8 Linien darstellen, dann müssen Sie $2q$ mit 16 Linien zeichnen. Und Sie müssen die Linien richtig zeichnen – sie verlaufen von einer Punktladung aus symmetrisch in alle Richtungen. Feldlinien beginnen auf positiven Ladungen und enden auf negativen. Sie können nicht einfach mittendrin abbrechen, allerdings können sie sich bis ins Unendliche erstrecken. Außerdem können sich Feldlinien niemals kreuzen – an den Kreuzungspunkten müsste das Feld sonst gleichzeitig in zwei Richtungen verlaufen! Wenn Sie dies alles beachten, ist es leicht, das Feld einer einfachen Anordnung von Punktladungen zu skizzieren: Zeichnen Sie die Feldlinien zunächst in der Umgebung jeder Ladung und verbinden Sie dann die Linien oder führen Sie sie ins Unendliche (Abbildung 2.13 und Abbildung 2.14).

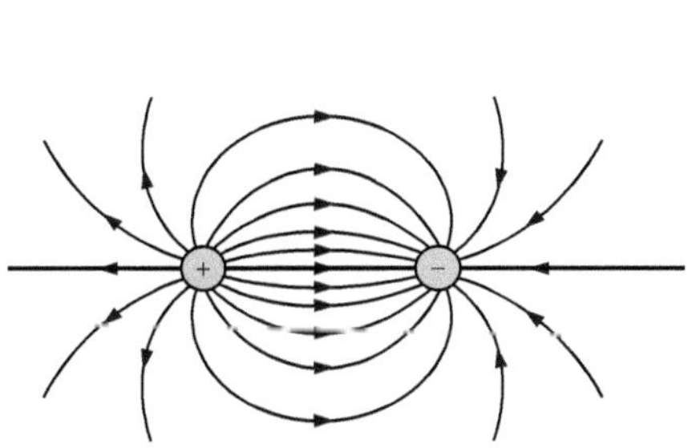

gleich starke, aber entgegengesetzte Ladungen

Abbildung 2.13

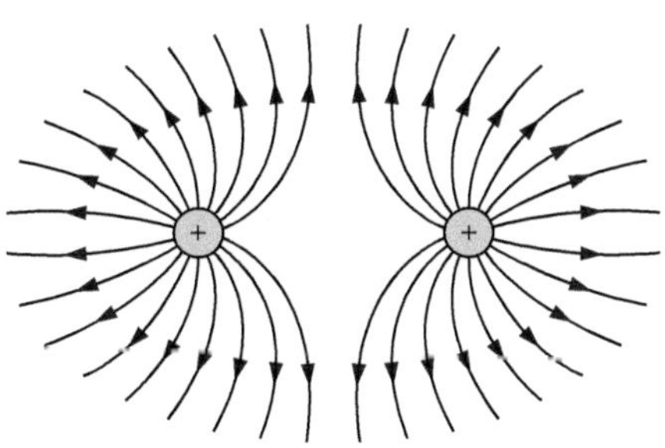

gleichartige Ladungen

Abbildung 2.14

In diesem Modell ist der Fluss von **E** durch eine Oberfläche $\mathcal{S}$

$$\Phi_E \equiv \int_{\mathcal{S}} \mathbf{E} \cdot d\mathbf{a} \tag{2.11}$$

ein Maß für die „Anzahl der Feldlinien", die durch $\mathcal{S}$ verlaufen. Ich habe diese Aussage in Anführungszeichen gesetzt, weil wir natürlich nur einen *repräsentativen Anteil* der Feldlinien skizzieren können – die *Gesamtzahl* aller Feldlinien wäre unendlich. Für einen gegebenen Anteil ist der Fluss proportional zur gezeichneten Anzahl der Feldlinien. Wie bereits erwähnt, ist nämlich die Feldstärke proportional zur Dichte der Feldlinien (also ihrer Zahl pro Einheitsfläche), und daher ist $\mathbf{E} \cdot d\mathbf{a}$ proportional zur Zahl der Linien, die durch die infinitesimal kleine Fläche $d\mathbf{a}$ treten. (Wie Abbildung 2.15 zeigt, wird durch das Skalarprodukt die Komponente von $d\mathbf{a}$ ausgewählt, die in Richtung von **E** verläuft. Wenn wir von der Dichte der Feldlinien pro Einheitsfläche sprechen, betrachten wir also nur die Fläche in *einer zu* **E** *senkrechten Ebene.*)

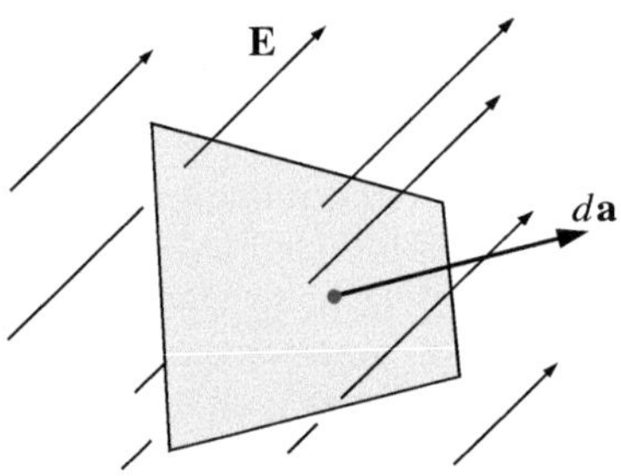

Abbildung 2.15

Dies legt nahe, dass der Fluss durch eine beliebige *geschlossene* Oberfläche ein Maß für die gesamte Ladungsmenge im Inneren ist. Denn das Feld und damit die Feldlinien, die auf einer positiven Ladung entspringen, müssen entweder durch die Oberfläche hindurchtreten, oder sie enden im Inneren auf einer negativen Ladung (Abbildung 2.16a). Eine *außerhalb* befindliche Ladung trägt dagegen nicht zum Gesamtfluss bei, weil ihre Feldlinien auf einer Seite durch die Oberfläche eintreten und auf der anderen Seite auch wieder austreten (Abbildung 2.16b). Dies ist die wesentliche Aussage des **Gauß'schen Gesetzes**, das wir nun auch quantitativ betrachten wollen.

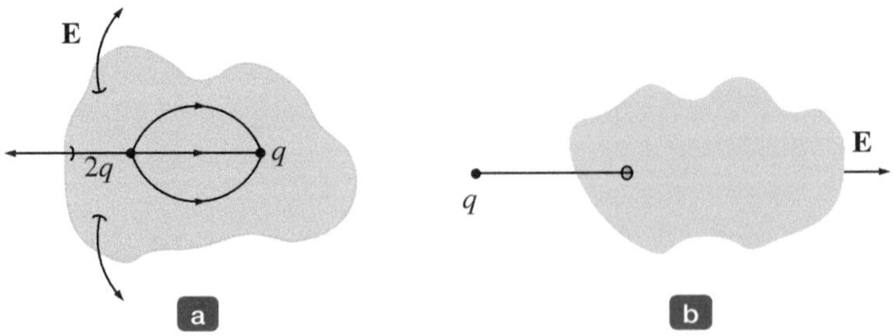

Abbildung 2.16

Im Fall einer Punktladung q im Ursprung muss der Fluss von $\mathbf{E}$ durch eine Kugel mit Radius r

$$\oint \mathbf{E} \cdot \mathrm{d}\mathbf{a} = \int \frac{1}{4\pi\varepsilon_0}\left(\frac{q}{r^2}\hat{\mathbf{r}}\right) \cdot \left(r^2 \sin\theta \, \mathrm{d}\theta \, \mathrm{d}\varphi \hat{\mathbf{r}}\right) = \frac{1}{\varepsilon_0} q \tag{2.12}$$

betragen.

Beachten Sie, dass sich der Kugelradius herauskürzt, denn die Kugelfläche *wächst* mit r^2 an, und das Feld *fällt* mit $1/r^2$ ab, sodass ihr Produkt konstant bleibt. Im Feldlinienbild bedeutet dies, dass dieselbe Zahl von Feldlinien durch jede beliebige Kugel hindurchfließt, deren Zentrum sich im Ursprung befindet, egal welchen Radius diese Kugel hat. Genau genommen muss es nicht mal eine Kugel sein – jede geschlossene Oberfläche, egal welche Form sie aufweist, würde dieselbe Menge an Feldlinien einschließen. Aus diesem Grund *muss der Fluss durch jede Oberfläche, welche die Ladung einschließt,* q/ε_0 *betragen.*

Nehmen wir nun an, wir hätten statt einer einzelnen Punktladung im Ursprung eine Reihe von Ladungen, die irgendwie im Inneren verstreut liegen. Aufgrund des Superpositionsprinzips ist das gesamte Feld die (Vektor-)Summe aller individuellen Felder:

$$\mathbf{E} = \sum_{i=1}^{n} \mathbf{E}_i \, .$$

Der Fluss durch eine Oberfläche, die alle Ladungen umschließt, ist damit

$$\oint \mathbf{E} \cdot \mathrm{d}\mathbf{a} = \sum_{i=1}^{n} \left(\oint \mathbf{E}_i \cdot \mathrm{d}\mathbf{a}\right) = \sum_{i=1}^{n} \left(\frac{1}{\varepsilon_0} q_i\right) .$$

Für jede geschlossene Oberfläche gilt daher

$$\oint_{\mathcal{S}} \mathbf{E} \cdot \mathrm{d}\mathbf{a} = \frac{1}{\varepsilon_0} Q_{\text{eing}} \, . \tag{2.13}$$

Q_{eing} ist dabei die gesamte von der Oberfläche eingeschlossene Ladungsmenge. Dies ist die quantitative Aussage des Gauß'schen Gesetzes. Obwohl es keinerlei Informationen enthält, die nicht schon im Coulomb'schen Gesetz und im Superpositionsprinzip enthalten war, hat es, wie wir auch noch in Abschnitt 2.2.3 sehen werden, nahezu magische Kräfte. Beachten Sie, dass alles vom $1/r^2$-Verlauf des Coulomb'schen Gesetzes abhängt. Ohne diese Eigenschaft gäbe es das entscheidende Herauskürzen der r in Gleichung 2.12 nicht; der gesamte Fluss von $\mathbf{E}$ würde dann von der Form der gewählten Oberfläche abhängen und nicht nur von der gesamten eingeschlossenen Ladungsmenge. Andere $1/r^2$-Kräfte (ich denke da besonders an das Newton'sche Gravitationsgesetz) erfüllen ebenfalls ein jeweils eigenes „Gauß'sches Gesetz", und wir können daher die Anwendungen, die wir hier entwickeln, direkt auf sie übertragen.

In der obigen Form ist das Gauß'sche Gesetz eine *Integralgleichung*. Wir können sie jedoch leicht in eine *Differentialgleichung* umformen, indem wir den Gauß'schen Satz anwenden:

$$\oint_{\mathcal{S}} \mathbf{E} \cdot \mathrm{d}\mathbf{a} = \int_{\mathcal{V}} (\boldsymbol{\nabla} \cdot \mathbf{E}) \, \mathrm{d}\tau \, .$$

Formulieren wir Q_{eing} in Abhängigkeit von der Ladungsdichte ρ um, dann erhalten wir

$$Q_{\text{eing}} = \int_{\mathcal{V}} \rho \, d\tau \, .$$

Das Gauß'sche Gesetz wird dann zu

$$\int_{\mathcal{V}} (\nabla \cdot \mathbf{E}) \, d\tau = \int_{\mathcal{V}} \left(\frac{\rho}{\varepsilon_0}\right) d\tau \, .$$

Da dies für jedes Volumen gilt, müssen die Integranden gleich sein:

$$\nabla \cdot \mathbf{E} = \frac{1}{\varepsilon_0}\rho \, . \tag{2.14}$$

In Gleichung 2.14 steckt dieselbe Aussage wie in Gleichung 2.13, nämlich das **Gauß'sche Gesetz in differentieller Form**. Diese differentielle Version ist kompakter, der Vorteil bei der integralen Form ist jedoch, dass sie viel natürlicher für Punkt-, Linien- und Flächenladungen geeignet ist.

Aufgabe 2.9

Das elektrische Feld in einem beliebigen Gebiet ist in sphärischen Koordinaten durch $\mathbf{E} = kr^3\hat{\mathbf{r}}$ gegeben (k ist irgendeine Konstante).

a. Bestimmen Sie die Ladungsdichte ρ.

b. Bestimmen Sie die Gesamtladung im Inneren einer Kugel mit Radius R, deren Mittelpunkt im Ursprung liegt. (Gehen Sie auf zwei unterschiedliche Arten vor.)

Aufgabe 2.10

Eine Ladung q befindet sich, wie in Abbildung 2.17 dargestellt, an einer Ecke eines Würfels. Welcher Fluss von $\mathbf{E}$ geht durch die schattierte Seite?

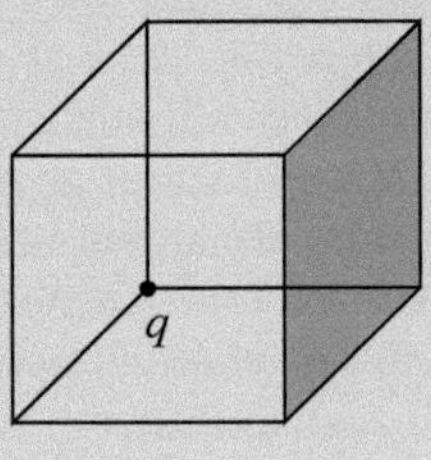

Abbildung 2.17

2.2.2 Die Divergenz von E

Kehren wir zum Thema zurück und berechnen die Divergenz von **E** direkt anhand von Gleichung 2.8:

$$\mathbf{E}(\mathbf{r}) = \frac{1}{4\pi\varepsilon_0} \int\limits_{\text{gesamter Raum}} \frac{\hat{\boldsymbol{\mathscr{r}}}}{\mathscr{r}^2} \rho\left(\mathbf{r}'\right) \mathrm{d}\tau' \,. \tag{2.15}$$

(Ursprünglich haben wir die Integration über das gesamte Volumen durchgeführt, das von der Ladung eingenommen wurde. Ich darf es jedoch ohne Weiteres auf den gesamten Raum ausdehnen, da in den außerhalb liegenden Gebieten sowieso $\rho = 0$ gilt.) Wenn wir berücksichtigen, dass die Abhängigkeit von $\mathbf{r}$ in $\boldsymbol{\mathscr{r}} = \mathbf{r} - \mathbf{r}'$ enthalten ist, erhalten wir

$$\nabla \cdot \mathbf{E} = \frac{1}{4\pi\varepsilon_0} \int \nabla \cdot \left(\frac{\hat{\boldsymbol{\mathscr{r}}}}{\mathscr{r}^2}\right) \rho\left(\mathbf{r}'\right) \mathrm{d}\tau' \,.$$

Dies entspricht aber genau der Divergenz, wie wir sie bereits in Gleichung 1.100 berechnet haben:

$$\nabla \cdot \left(\frac{\hat{\boldsymbol{\mathscr{r}}}}{\mathscr{r}^2}\right) = 4\pi\delta^3(\boldsymbol{\mathscr{r}}) \,.$$

Daher gilt

$$\nabla \cdot \mathbf{E} = \frac{1}{4\pi\varepsilon_0} \int 4\pi\delta^3\left(\mathbf{r} - \mathbf{r}'\right) \rho\left(\mathbf{r}'\right) \mathrm{d}\tau' = \frac{1}{\varepsilon_0}\rho(\mathbf{r}) \,. \tag{2.16}$$

Dies ist das Gauß'sche Gesetz in differentieller Form (Gleichung 2.14). Um die Integralform wiederherzustellen, müssen wir die Rechnung nur in umgekehrter Richtung durchführen – wir integrieren über ein Volumen und wenden den Gauß'schen Satz darauf an:

$$\int\limits_{\mathcal{V}} \nabla \cdot \mathbf{E}\,\mathrm{d}\tau = \oint\limits_{\mathcal{S}} \mathbf{E} \cdot \mathrm{d}\mathbf{a} = \frac{1}{\varepsilon_0} \int\limits_{\mathcal{V}} \rho\,\mathrm{d}\tau = \frac{1}{\varepsilon_0} Q_{\text{eing}} \,.$$

2.2.3 Anwendungen des Gauß'schen Gesetzes

An diesem Punkt muss ich die theoretische Entwicklung unterbrechen, um Ihnen die außergewöhnliche Leistungsfähigkeit des Gauß'schen Gesetzes in integraler Form vorzuführen. Wenn es die Symmetrie zulässt, bietet es den bei Weitem schnellsten und leichtesten Weg zur Berechnung elektrischer Felder. Ich werde dies anhand einiger Beispiele vorführen.

Beispiel 2.3: Elektrische Felder bei kugelförmigen Oberflächen

Bestimmen Sie das elektrische Feld außerhalb einer gleichförmig geladenen massiven Kugel mit Radius R und Gesamtladung q.

Lösung:

Zeichnen Sie eine kugelförmige Oberfläche mit Radius $r > R$ (Abbildung 2.18). Dies wird üblicherweise als eine „Gauß'sche Oberfläche" bezeichnet. Das

Beispiel 2.3 (Fortsetzung)

Gauß'sche Gesetz besagt, dass für diese Fläche (wie für jede andere)

$$\oint_{\mathcal{S}} \mathbf{E} \cdot d\mathbf{a} = \frac{1}{\varepsilon_0} Q_{\text{eing}} ,$$

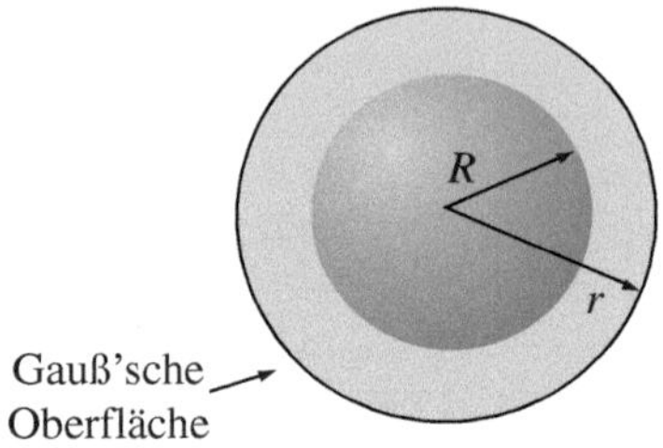

Abbildung 2.18

und zudem ist $Q_{\text{eing}} = q$. Auf den ersten Blick scheint uns das nicht besonders weit zu bringen, weil die Größe, die wir suchen ($\mathbf{E}$), im Inneren des Flächenintegrals verborgen ist. Glücklicherweise können wir $\mathbf{E}$ wegen der Symmetrie aus dem Integral herausziehen: E weist ja ebenso radial nach außen[5] wie $d\mathbf{a}$, weshalb wir das Skalarprodukt fallen lassen können:

$$\oint_{\mathcal{S}} \mathbf{E} \cdot d\mathbf{a} = \oint_{\mathcal{S}} |\mathbf{E}| \, da .$$

Der Betrag von $\mathbf{E}$ ist auf der Gauß'schen Oberfläche konstant, daher kommt er vor das Integral:

$$\oint_{\mathcal{S}} |\mathbf{E}| \, da = |\mathbf{E}| \oint_{\mathcal{S}} da = |\mathbf{E}| 4\pi r^2 .$$

Daher ist

$$|\mathbf{E}| 4\pi r^2 = \frac{1}{\varepsilon_0} q$$

bzw.

$$\mathbf{E} = \frac{1}{4\pi\varepsilon_0} \frac{q}{r^2} \hat{\mathbf{r}} .$$

Hier wird eine bemerkenswerte Eigenschaft dieses Ergebnisses deutlich: Außerhalb der Kugel herrscht *dasselbe Feld als wäre die Ladung im Zentrum konzentriert.*

5 Falls Sie am radialen Verlauf von **E** zweifeln, betrachten Sie eine Alternative. Nehmen wir an, das Feld weist „am Äquator" nach Osten. Die Orientierung des Äquators ist jedoch völlig willkürlich – da hier keinerlei Rotation stattfindet, gibt es keine natürlich hervorgehobene „Nord-Süd"-Achse. Mit jedem Beweis, der behauptet zu beweisen, **E** würde nach Osten zeigen, kann man genauso gut zeigen, dass es nach Westen, nach Norden oder in irgendeine andere Richtung weist. Lediglich die *radiale Richtung* ist in einer Kugel *eindeutig*.

Das Gauß'sche Gesetz ist immer richtig, aber es ist nicht immer anwendbar. Wenn ρ nicht gleichförmig ist (oder wenigstens nicht sphärisch symmetrisch) oder wenn ich für meine Gauß'sche Fläche irgendeine andere Form gewählt hätte, dann wäre zwar der Fluss von **E** immer noch q/ε_0. Allerdings könnte ich mir nicht sicher sein, dass **E** in dieselbe Richtung weist wie d**a** und sein Betrag auf der Oberfläche konstant ist. Daher dürfte ich $|\mathbf{E}|$ nicht aus dem Integral herausziehen. Die Symmetrie ist für diese Anwendung des Gauß'schen Gesetzes von ausschlaggebender Bedeutung. Soweit ich weiß, gibt es nur drei Arten der Symmetrie, bei denen dies funktioniert:

1. **Sphärische Symmetrie.** Wählen Sie eine konzentrische Kugel als Gauß'sche Oberfläche.
2. **Zylindersymmetrie.** Wählen Sie einen koaxialen Zylinder als Gauß'sche Oberfläche (Abbildung 2.19).
3. **Ebene Symmetrie.** Wählen Sie eine „Gauß'sche Schachtel", welche die Oberfläche umgibt (Abbildung 2.20).

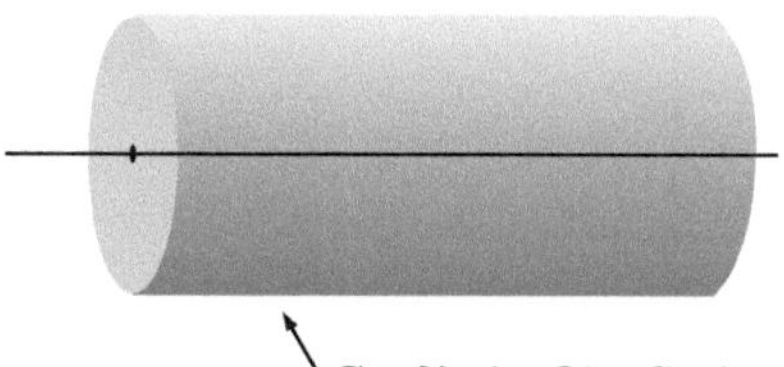

Abbildung 2.19

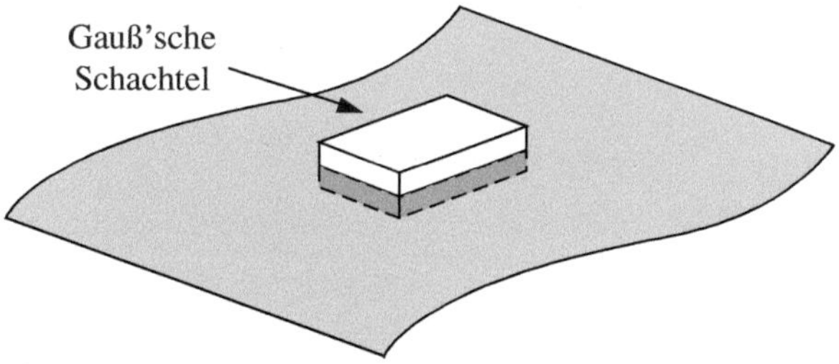

Abbildung 2.20

Obwohl die Symmetrien (2) und (3) technisch gesehen unendlich lange Zylinder sowie Ebenen erfordern, die sich in jeder Richtung bis ins Unendliche erstrecken, werden wir sie oft einsetzen, um weit von den Kanten entfernt näherungsweise Ergebnisse für „lange Zylinder" oder „weite" ebene Flächen zu erhalten.

Beispiel 2.4: Elektrische Felder bei Zylinderflächen

Ein langer Zylinder (Abbildung 2.21) trägt eine Ladungsdichte, die proportional zur Entfernung s von der Achse ist: $\rho = ks$ (mit einer beliebigen Konstante k). Bestimmen Sie das elektrische Feld im Inneren des Zylinders.

Lösung:

Zeichnen Sie einen Gauß'schen Zylinder der Länge l und mit Radius s. Für diese Oberfläche besagt das Gauß'sche Gesetz:

$$\oint_{\mathcal{S}} \mathbf{E} \cdot d\mathbf{a} = \frac{1}{\varepsilon_0} Q_{\text{eing}} .$$

Beispiel 2.4 (Fortsetzung)

Die eingeschlossene Ladung beträgt

$$Q_{\text{eing}} = \int \rho\,\mathrm{d}\tau = \int (ks')\,(s'\,\mathrm{d}s'\,\mathrm{d}\varphi\,\mathrm{d}z) = 2\pi kl \int_0^s s'^2\,\mathrm{d}s' = \frac{2}{3}\pi kls^3\,.$$

(Ich habe das für Zylinderkoordinaten geeignete Volumenelement aus Gleichung 1.78 benutzt und φ von 0 bis 2π sowie dz von 0 bis l integriert. Die Integrationsvariable habe ich mit einem Strich versehen, um s' vom Radius der Gauß'schen Oberfläche zu unterscheiden.)

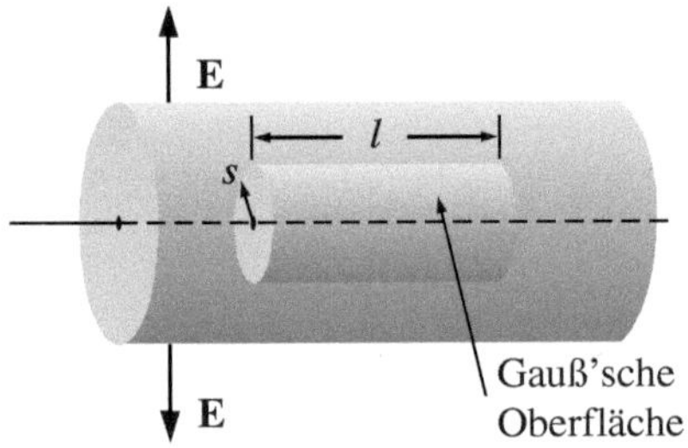

Abbildung 2.21

Wegen der Symmetrie muss **E** radial nach außen verlaufen. Wir erhalten daher für den gekrümmten Teil des Gauß'schen Zylinders:

$$\int \mathbf{E}\cdot\mathrm{d}\mathbf{a} = \int |\mathbf{E}|\,\mathrm{d}a = |\mathbf{E}|\int \mathrm{d}\mathbf{a} = |\mathbf{E}|2\pi sl\,,$$

wobei die beiden Enden keinen Beitrag liefern (denn hier steht **E** senkrecht auf d**a**). Daher ist

$$|\mathbf{E}|2\pi sl = \frac{1}{\varepsilon_0}\frac{2}{3}\pi kls^3$$

oder letztendlich

$$\mathbf{E} = \frac{1}{3\varepsilon_0}ks^2\hat{\mathbf{s}}\,.$$

Beispiel 2.5: Elektrisches Feld einer unendlichen Ebene

Eine unendlich ausgedehnte Ebene trägt eine gleichförmige Flächenladung σ. Bestimmen Sie ihr elektrisches Feld.

Lösung:

Zeichnen Sie eine „Gauß'sche Schachtel", die sich gleich weit oberhalb und unterhalb der Ebene erstreckt (Abbildung 2.22). Wenden Sie das Gauß'sche Gesetz auf diese Oberfläche an:

$$\oint \mathbf{E}\cdot\mathrm{d}\mathbf{a} = \frac{1}{\varepsilon_0}Q_{\text{eing}}\,.$$

Beispiel 2.5 (Fortsetzung)

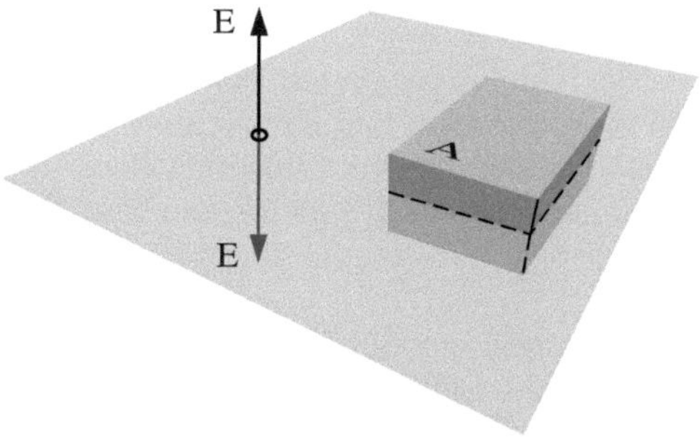

Abbildung 2.22

In diesem Fall ist $Q_{\text{eing}} = \sigma A$, wobei A die Fläche des Schachteldeckels darstellt. Aufgrund der Symmetrie zeigt **E** von der Ebene weg (für Punkte oberhalb der Ebene nach oben, für Punkte unterhalb der Ebene nach unten). Obere und untere Fläche liefern daher

$$\int \mathbf{E} \cdot d\mathbf{a} = 2A|\mathbf{E}| \,.$$

Die Seiten liefern keinerlei Beitrag. Daher ist

$$2A|\mathbf{E}| = \frac{1}{\varepsilon_0}\sigma A$$

bzw.

$$\mathbf{E} = \frac{\sigma}{2\varepsilon_0}\hat{\mathbf{n}} \,. \tag{2.17}$$

Hierbei ist $\hat{\mathbf{n}}$ der Einheitsvektor, der von der Oberfläche weg weist. In Aufgabe 2.6 haben Sie dieses Ergebnis mit einer viel aufwendigeren Methode berechnet.

Es scheint zunächst zu überraschen, dass das Feld einer unendlich ausgedehnten Ebene *unabhängig von der Entfernung zu dieser Ebene* ist. Was ist mit dem $1/r^2$ im Coulomb'schen Gesetz? Nun, während Sie sich immer weiter von der Ebene entfernen, kommen immer mehr Ladungen in Ihr „Sichtfeld" (der Kegel, dessen Spitze in Ihrem Auge liegt). Dies hebt den geringer werdenden Einfluss irgendeines Flächenstücks auf. Das elektrische Feld einer Kugel fällt mit $1/r^2$ ab, das elektrische Feld eines unendlich ausgedehnten Leiters fällt mit $1/r$ ab, und das elektrische Feld einer unendlich ausgedehnten Ebene fällt gar nicht ab.

Obwohl die direkte Anwendung des Gauß'schen Gesetzes zur Berechnung elektrischer Felder auf sphärische, zylinderförmige und ebene Symmetrie beschränkt ist, können wir auch Kombinationen von Objekten mit derartigen Symmetrien erstellen und berechnen, auch wenn das Gebilde als solches keine Symmetrie aufweist. Indem wir das Superpositionsprinzip anwenden, können wir beispielsweise das Feld in der Umgebung zweier paralleler geladener Zylinder oder das einer Kugel in der Nähe einer unendlich ausgedehnten Ebene berechnen.

Beispiel 2.6: Elektrisch geladene Platten

Auf zwei unendlich ausgedehnten parallelen Platten sitzen gleiche, aber entgegengesetzt geladene gleichförmige Ladungsdichten $\pm\sigma$ (Abbildung 2.23). Bestimmen Sie das Feld in jedem der drei folgenden Gebiete: (i) links von beiden Platten, (ii) zwischen den Platten, (iii) rechts von beiden Platten.

Lösung:

Die linke Platte erzeugt ein Feld der Stärke $(1/2\varepsilon_0)\sigma$, das *von der Platte weg* gerichtet ist (Abbildung 2.24). Im Gebiet (i) ist es nach links, in den Gebieten (ii) und (iii) nach rechts gerichtet. Die rechte (negativ geladene) Platte erzeugt ein Feld der Stärke $(1/2\varepsilon_0)\sigma$, das *auf die Platte zu* gerichtet ist. In den Gebieten (i) und (ii) ist es nach rechts, im Gebiet (iii) nach links gerichtet. In den Gebieten (i) und (iii) heben sich die Felder daher gegenseitig auf. Im Gebiet (ii) verstärken sie sich.

Schlussfolgerung: Das Feld hat die Stärke $(1/\varepsilon_0)\sigma$ und weist zwischen den Platten nach rechts. Überall sonst ist es null.

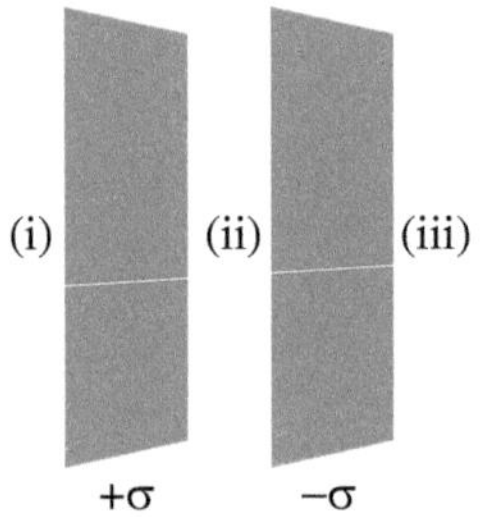

Abbildung 2.23

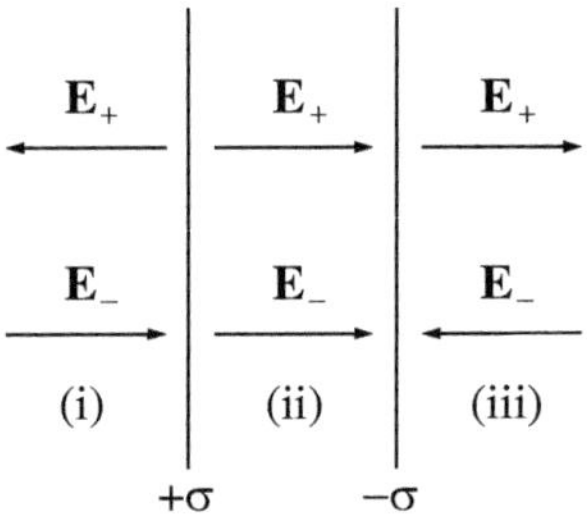

Abbildung 2.24

Aufgabe 2.11

Bestimmen Sie mit dem Gauß'schen Gesetz das elektrische Feld im Inneren und Äußeren einer Kugelschale mit Radius R, die eine gleichförmige Flächenladungsdichte σ trägt. Vergleichen Sie Ihre Antwort mit Aufgabe 2.7.

Aufgabe 2.12

Bestimmen Sie mit dem Gauß'schen Gesetz das elektrische Feld im Inneren einer gleichförmig geladenen Kugel (mit Ladungsdichte ρ). Vergleichen Sie Ihre Antwort mit Aufgabe 2.8.

Aufgabe 2.13

Bestimmen Sie das elektrische Feld in einer Entfernung s von einem unendlich langen geraden Draht, der eine gleichförmige Linienladung λ trägt. Vergleichen Sie Ihre Antwort mit Gleichung 2.9.

■ Aufgabe 2.14

Bestimmen Sie das elektrische Feld im Inneren einer Kugel, deren Ladungsdichte $\rho = kr$ proportional zum Abstand vom Ursprung ist; k ist eine beliebige Konstante.

[*Hinweis:* Diese Ladungsverteilung ist keineswegs gleichförmig, und Sie müssen integrieren, um die eingeschlossene Ladung bestimmen zu können.]

■ Aufgabe 2.15

Die Hülle einer Hohlkugel trägt im Bereich $a \le r \le b$ (Abbildung 2.25) die Ladungsdichte

$$\rho = \frac{k}{r^2}\,.$$

Bestimmen Sie das elektrische Feld in den drei Gebieten: (i) $r < a$, (ii) $a < r < b$, (iii) $r > b$. Zeichnen Sie $|\mathbf{E}|$ als Funktion von r, für den Fall $b = 2a$.

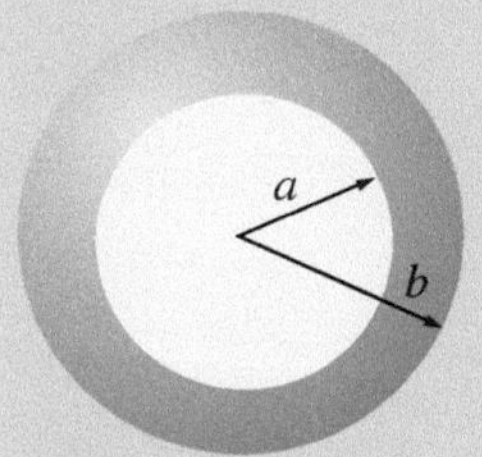

Abbildung 2.25

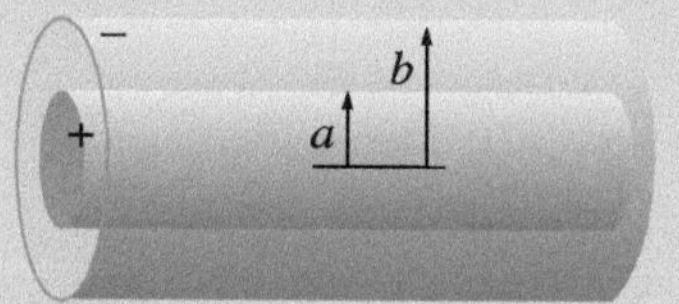

Abbildung 2.26

■ Aufgabe 2.16

Ein langes koaxiales Kabel (Abbildung 2.26) trägt auf dem inneren Zylinder (mit Radius a) eine gleichförmige *Volumenladungsdichte* ρ und auf der äußeren zylindrischen Hülle (mit Radius b) eine gleichförmige *Flächenladungsdichte*. Diese Flächenladungsdichte ist negativ und hat gerade den richtigen Betrag, um das Kabel als Ganzes elektrisch neutral zu halten. Bestimmen Sie das elektrische Feld in jedem der drei Gebiete: (i) im Inneren des inneren Zylinders ($s < a$), (ii) zwischen den Zylindern ($a < s < b$) und außerhalb des Kabels ($s > b$). Zeichnen Sie $|\mathbf{E}|$ als Funktion von s.

■ Aufgabe 2.17

Eine unendliche flache Scheibe, deren Dicke $2d$ beträgt, trägt eine gleichförmige Volumenladungsdichte ρ (Abbildung 2.27). Bestimmen Sie das elektrische Feld E als Funktion von y, wobei im Zentrum $y = 0$ ist. Tragen Sie E gegen y auf, wobei E positiv sein soll, wenn das Feld in die $+y$-Richtung weist, und negativ, wenn es in die $-y$-Richtung weist.

■ Aufgabe 2.18

Zwei Kugeln haben jeweils den Radius R und tragen eine gleichförmige Ladungsdichte $+\rho$ beziehungsweise $-\rho$; sie werden so angeordnet, dass sie teilweise überlappen (Abbildung 2.28). Bezeichnen wir den Vektor vom positiven Zentrum zum negativen Zentrum mit $\mathbf{d}$. Zeigen Sie, dass das Feld im Überlappungsbereich konstant ist, und bestimmen Sie seinen Wert.

[*Hinweis:* Benutzen Sie die Antwort der Aufgabe 2.12.]

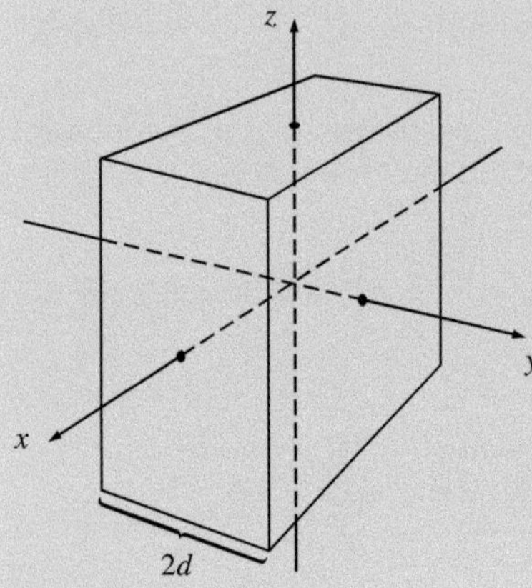

Abbildung 2.27

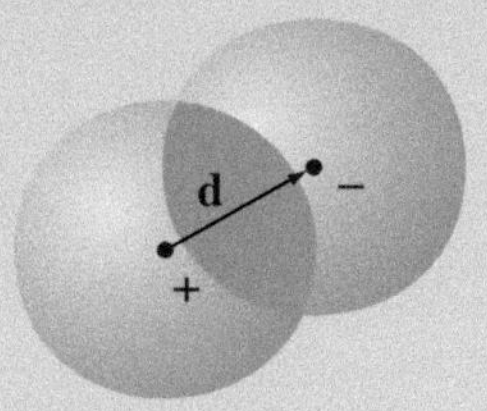

Abbildung 2.28

2.2.4 Die Rotation von E

Ähnlich wie bei der Divergenz in Abschnitt 2.2.2 werde ich die Rotation von **E** berechnen, indem ich erst die einfachste mögliche Anordnung betrachte: eine Punktladung im Ursprung. In diesem Fall ist

$$\mathbf{E} = \frac{1}{4\pi\varepsilon_0}\frac{q}{r^2}\hat{\mathbf{r}}\,.$$

Ein rascher Blick auf Abbildung 2.12 sollte Sie nun davon überzeugen, dass die Rotation dieses Felds null sein sollte. Allerdings bin ich davon überzeugt, dass wir noch etwas Aussagekräftigeres finden werden. Berechnen wir doch einfach mal das Linienintegral dieses Felds zwischen einem beliebigen Punkt **a** und einem anderen Punkt **b** (Abbildung 2.29):

$$\int_{\mathbf{a}}^{\mathbf{b}} \mathbf{E}\cdot d\mathbf{l}\,.$$

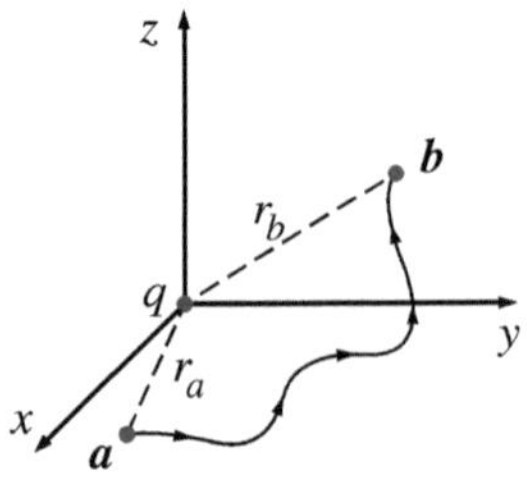

Abbildung 2.29

In sphärischen Koordinaten ist $\mathrm{d}\mathbf{l} = \mathrm{d}r\hat{\mathbf{r}} + r\,\mathrm{d}\theta\hat{\boldsymbol{\theta}} + r\sin\theta\,\mathrm{d}\varphi\hat{\boldsymbol{\varphi}}$ und somit

$$\mathbf{E}\cdot\mathrm{d}\mathbf{l} = \frac{1}{4\pi\varepsilon_0}\frac{q}{r^2}\,\mathrm{d}r\,.$$

Daher ist

$$\int_{\mathbf{a}}^{\mathbf{b}} \mathbf{E}\cdot\mathrm{d}\mathbf{l} = \frac{1}{4\pi\varepsilon_0}\int_{\mathbf{a}}^{\mathbf{b}} \frac{q}{r^2}\,\mathrm{d}r = \frac{-1}{4\pi\varepsilon_0}\frac{q}{r}\bigg|_{r_a}^{r_b} = \frac{1}{4\pi\varepsilon_0}\left(\frac{q}{r_a} - \frac{q}{r_b}\right)\,. \qquad (2.18)$$

In dieser Gleichung ist r_a die Entfernung zwischen dem Ursprung und dem Punkt **a**, r_b ist der Abstand zu **b**. Das Integral auf einem geschlossenen Pfad ist natürlich null (weil dann $r_a = r_b$):

$$\oint \mathbf{E}\cdot\mathrm{d}\mathbf{l} = 0\,. \qquad (2.19)$$

Wenden wir noch den Stokes'schen Satz an, erhalten wir

$$\nabla\times\mathbf{E} = 0\,. \qquad (2.20)$$

Bislang hatte ich Gleichung 2.19 und Gleichung 2.20 nur für das Feld einer einzelnen Punktladung im *Ursprung* bewiesen. Diese Ergebnisse aber beziehen sich in keinster Weise auf das völlig willkürlich gewählte Koordinatensystem. Sie gelten, ganz egal *wo* die Ladung sich befindet. Haben wir zudem viele Ladungen, muss nach dem Superpositionsprinzip das gesamte Feld die Vektorsumme der einzelnen Felder sein:

$$\mathbf{E} = \mathbf{E}_1 + \mathbf{E}_2 + \ldots\,,$$

also ist

$$\nabla\times\mathbf{E} = \nabla\times(\mathbf{E}_1 + \mathbf{E}_2 + \ldots) = (\nabla\times\mathbf{E}_1) + (\nabla\times\mathbf{E}_2) + \ldots = 0\,.$$

Die beiden Gleichungen 2.19 und 2.20 gelten daher *für jede beliebige statische Ladungsverteilung.*

Aufgabe 2.19

Berechnen Sie $\nabla\times\mathbf{E}$ durch Gleichung 2.8 direkt anhand der in Abschnitt 2.2.2 entwickelten Methode. Wenn Sie nicht weiterkommen, sehen Sie sich Aufgabe 1.63 an.

2.3 Das elektrische Potential

2.3.1 Einführung in Potentiale

Das elektrische Feld **E** ist nicht irgendeine *beliebige* Vektorfunktion. Es handelt sich vielmehr um eine ganz spezielle Art von Vektorfunktion, eine, deren Rotation immer null ist. Bei $\mathbf{E} = y\hat{\mathbf{x}}$ kann es sich beispielsweise nicht um ein elektrostatisches Feld handeln. Keine Gruppe von Ladungen, ganz egal wie groß sie sind oder wie sie angeordnet sind, könnte ein solches Feld hervorbringen. In diesem Abschnitt werden wir diese spezielle Eigenschaft elektrischer Felder ausnutzen, um ein vektorielles Problem (die Bestimmung von **E**) auf ein viel einfacheres skalares Problem zurückzuführen. Der erste Satz in Abschnitt 1.6.2 (über rotationsfreie Felder) stellt sicher, dass jeder Vektor, dessen Rotation null ist, der Gradient irgendeines Skalars ist. Vor dem Hintergrund der Elektrostatik stellen meine folgenden Ausführungen einen Beweis dieser Behauptung dar.

Wegen $\nabla \times \mathbf{E} = 0$ ist das Linienintegral von **E** entlang einer geschlossenen Schleife null (das folgt aus dem Stokes'schen Satz). Wegen $\oint \mathbf{E} \cdot d\mathbf{l} = 0$ ist das Linienintegral zwischen einem Punkt **a** und einem Punkt **b** für alle möglichen Wege gleich (ansonsten könnten Sie auf Weg (i) in Abbildung 2.30 zu Punkt **b** *hin-* und auf Weg (ii) *zurückgehen* und als Resultat $\oint \mathbf{E} \cdot d\mathbf{l} \neq 0$ erhalten). Weil das Linienintegral wegunabhängig ist, können wir die folgende Funktion definieren:[6]

$$V(\mathbf{r}) \equiv -\int_{\mathcal{O}}^{\mathbf{r}} \mathbf{E} \cdot d\mathbf{l}\,. \tag{2.21}$$

Hier ist $\mathcal{O}$ irgendein Standard-Bezugspunkt, auf den wir uns im Voraus verständigt haben. V hängt dann nur vom Punkt **r** ab und wird als **elektrisches Potential** bezeichnet.

Die *Potentialdifferenz* zwischen zwei Punkten **a** und **b** ist demzufolge

$$\begin{aligned} V(\mathbf{b}) - V(\mathbf{a}) &= -\int_{\mathcal{O}}^{\mathbf{b}} \mathbf{E} \cdot d\mathbf{l} + \int_{\mathcal{O}}^{\mathbf{a}} \mathbf{E} \cdot d\mathbf{l} \\ &= -\int_{\mathcal{O}}^{\mathbf{b}} \mathbf{E} \cdot d\mathbf{l} - \int_{\mathbf{a}}^{\mathcal{O}} \mathbf{E} \cdot d\mathbf{l} = -\int_{\mathbf{a}}^{\mathbf{b}} \mathbf{E} \cdot d\mathbf{l}\,. \end{aligned} \tag{2.22}$$

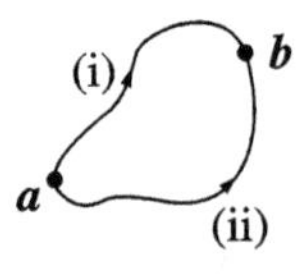

Abbildung 2.30

6 Um mögliche Doppeldeutigkeiten zu vermeiden, sollte ich vielleicht die Integrationsvariable mit einem Strich markieren:

$$V(\mathbf{r}) \equiv -\int_{\mathcal{O}}^{\mathbf{r}} \mathbf{E}(\mathbf{r}') \cdot d\mathbf{l}'\,.$$

Das führt aber auf eine umständliche Schreibweise. Wann immer es möglich ist, versuche ich, Striche für Quellpunkte zu reservieren. Wenn wir aber, wie in Beispiel 2.7, solche Integrale ausdrücklich berechnen, werde ich die Striche verwenden.

Der Fundamentalsatz für Gradienten besagt, dass

$$V(\mathbf{b}) - V(\mathbf{a}) = \int_{\mathbf{a}}^{\mathbf{b}} (\nabla V) \cdot \mathrm{d}\mathbf{l}\,.$$

Daher ist

$$\int_{\mathbf{a}}^{\mathbf{b}} (\nabla V) \cdot \mathrm{d}\mathbf{l} = -\int_{\mathbf{a}}^{\mathbf{b}} \mathbf{E} \cdot \mathrm{d}\mathbf{l}\,.$$

Da dies für *beliebige* Punkte **a** und **b** gilt, müssen die Integranden gleich sein:

$$\mathbf{E} = -\nabla V\,. \tag{2.23}$$

Gleichung 2.23 ist die differentielle Version von Gleichung 2.21. Sie besagt, dass das elektrische Feld der Gradient eines skalares Potentials ist, was wir zu beweisen versucht hatten.

Beachten Sie die kleine aber entscheidende Rolle der Wegunabhängigkeit bei diesem Gedankengang (oder, was das gleiche bedeutet, $\nabla \times \mathbf{E} = 0$). Würde das Linienintegral von **E** vom gewählten Pfad abhängen, dann wäre die „Definition" von V in Gleichung 2.21 Unsinn. Sie würde schlicht keine Funktion definieren, denn eine Veränderung des Pfads würde den Wert von $V(\mathbf{r})$ verändern. Lassen Sie sich auch von dem Minuszeichen in Gleichung 2.23 nicht verwirren. Es stammt aus Gleichung 2.21 und ist im Wesentlichen eine Sache der Konvention.

Aufgabe 2.20

Eines der folgenden Felder kann kein elektrostatisches Feld sein. Welches?

a. $$\mathbf{E} = k\left[xy\hat{\mathbf{x}} + 2yz\hat{\mathbf{y}} + 3xz\hat{\mathbf{z}}\right]$$

b. $$\mathbf{E} = k\left[y^2\hat{\mathbf{x}} + \left(2xy + z^2\right)\hat{\mathbf{y}} + 2yz\hat{\mathbf{z}}\right]$$

Hierin ist k eine Konstante mit den passenden Einheiten. Bestimmen Sie beim *richtigen Feld* das Potential unter Verwendung des *Ursprungs* als Bezugspunkt. Überprüfen Sie Ihre Antwort, indem Sie ∇V berechnen.

[*Hinweis:* Sie müssen für die Integration einen bestimmten Weg wählen. Es ist egal, *welchen* Weg Sie wählen, denn das Resultat ist wegunabhängig. Aber ohne die Entscheidung für einen bestimmten Weg können Sie die Integration nicht durchführen.]

2.3.2 Anmerkungen zu Potentialen

Der Name

Das Wort „Potential" ist leider eine völlig falsche Bezeichnung, denn es erinnert Sie unweigerlich an die potentielle *Energie*. Dies ist insbesondere deshalb verwirrend, weil es, wie Sie in Abschnitt 2.4 noch sehen werden, *tatsächlich* eine Verbindung zwischen „Potential“ und „potentieller Energie“ gibt. Ich bedaure, dass es nicht möglich ist, diesen Begriff zu vermeiden. Ich kann lediglich ein für alle Mal darauf hinweisen, dass „Potential“ und „potentielle Energie“ völlig unterschiedliche Begriffe sind und eigentlich völlig unterschiedliche Bezeichnungen haben sollten. Übrigens wird eine Fläche, auf der ein Potential konstant ist, als **Äquipotentialfläche** bezeichnet.

Vorteil des Potentialformalismus

Sobald Sie V kennen, können Sie mit Leichtigkeit $\mathbf{E}$ bestimmen – Sie müssen allein den Gradienten bestimmen: $\mathbf{E} = -\nabla V$. Wenn Sie einen Moment darüber nachdenken, ist das eigentlich ziemlich außergewöhnlich, denn $\mathbf{E}$ ist eine *vektorielle* Größe (mit drei Komponenten), V ist aber ein Skalar (mit nur einer Komponente). Wie kann *eine* Funktion die gesamte Information enthalten, die in *drei* unabhängigen Funktionen steckt? Die Antwort liegt darin, dass die drei Komponenten von $\mathbf{E}$ gar nicht so unabhängig sind, wie sie scheinen. Tatsächlich sind sie sogar durch die von uns gewählte Anfangsbedingung $\nabla \times \mathbf{E} = 0$ explizit miteinander verknüpft. In Komponentenschreibweise sieht dies so aus:

$$\frac{\partial E_x}{\partial y} = \frac{\partial E_y}{\partial x}, \quad \frac{\partial E_z}{\partial y} = \frac{\partial E_y}{\partial z}, \quad \frac{\partial E_x}{\partial z} = \frac{\partial E_z}{\partial x}.$$

Dies bringt uns zu der Bemerkung zurück, die ich am Anfang von Abschnitt 2.3.1 gemacht habe: $\mathbf{E}$ *ist eine ganz spezielle Art von Vektor*. Durch den Potentialformalismus ziehen wir den größtmöglichen Nutzen daraus und können ein vektorielles auf ein skalares Problem reduzieren, bei dem wir uns nicht mit Komponenten abplagen müssen.

Der Bezugspunkt $\mathcal{O}$

Da der Bezugspunkt $\mathcal{O}$ völlig willkürlich ist, gibt es eine wichtige Mehrdeutigkeit bei der Definition des Potentials. Eine Veränderung des Bezugspunkts bedeutet, eine Konstante K auf das Potential aufzuaddieren:

$$V'(\mathbf{r}) = -\int_{\mathcal{O}'}^{\mathbf{r}} \mathbf{E} \cdot d\mathbf{l} = -\int_{\mathcal{O}'}^{\mathcal{O}} \mathbf{E} \cdot d\mathbf{l} - \int_{\mathcal{O}}^{\mathbf{r}} \mathbf{E} \cdot d\mathbf{l} = K + V(\mathbf{r}).$$

Darin ist K das Linienintegral über $\mathbf{E}$ vom alten Bezugspunkt $\mathcal{O}$ zum neuen Punkt $\mathcal{O}'$. Natürlich bedeutet die Addition einer Konstanten auf V, dass sich die Potential*differenz* zwischen zwei Punkten nicht ändert, denn K fällt dabei heraus:

$$V'(\mathbf{b}) - V'(\mathbf{a}) = V(\mathbf{b}) - V(\mathbf{a}).$$

(Tatsächlich ist bereits anhand von Gleichung 2.22 deutlich, dass die Potentialdifferenz von $\mathcal{O}$ unabhängig ist, denn es kann als Linienintegral über $\mathbf{E}$ von $\mathbf{a}$ nach $\mathbf{b}$ geschrieben werden, ohne dass auf den Bezugspunkt $\mathcal{O}$ Bezug genommen wird.) Auch die Doppeldeutigkeit hat keinen Einfluss auf den Gradienten von V:

$$\nabla V' = \nabla V,$$

denn die Ableitung einer Konstanten ist null. Deshalb beziehen sich alle diese V, die sich nur in der Wahl des Bezugspunkts unterscheiden, auf dasselbe Feld $\mathbf{E}$.

Das Potential als solches hat ganz offensichtlich keine echte physikalische Bedeutung, denn für jeden gegebenen Punkt können wir seinen Wert durch die Wahl eines geeigneten neuen Ort $\mathcal{O}$ verändern. In diesem Sinn verhält es sich sehr ähnlich wie die Höhe: Wenn ich Sie nach der Höhe von München frage, werden Sie mir vermutlich die Höhe über dem Meeresspiegel nennen, denn das ist ein traditioneller und bequemer Bezugspunkt. Wir könnten uns aber auch darauf einigen, die Höhe oberhalb des Niveaus von Berlin, von Braunschweig oder einem anderen Ort anzugeben. Dadurch würde auf alle unsere Angaben bezüglich des Meeresniveaus ein fester Betrag aufaddiert (oder abgezogen), aber das würde die reale Welt in keiner Weise verändern. Die einzige Größe, die uns interessiert, ist die Höhen*differenz* zwischen zwei Punkten. *Sie* bleibt immer gleich, *egal welchen* Bezugspunkt Sie wählen.

Trotzdem gibt es in der Elektrostatik einen „natürlichen“ Bezugspunkt $\mathcal{O}$ – vergleichbar dem Meeresniveau im Fall der Höhe –, nämlich einen Punkt, der unendlich weit von der Ladung entfernt ist. Üblicherweise setzen wir deshalb „den Nullpunkt des Potentials ins Unendliche“. (Wegen $V(\mathcal{O}) = 0$ bedeutet die Wahl eines Bezugspunkts dasselbe wie die Wahl eines Orts, an dem V null sein muss.) Ich muss Sie allerdings darauf hinweisen, dass es einen besonderen Umstand gibt, bei dem diese Konvention fehlschlägt: wenn nämlich die Ladungsverteilung selbst sich ins Unendliche erstreckt. Das Symptom, dass wir in Schwierigkeiten geraten, ist ein immer größer werdendes Potential. Das Feld einer gleichförmig geladenen Ebene beträgt, wie wir in Beispiel 2.5 festgestellt haben, $(\sigma/2\varepsilon_0)\hat{\mathbf{n}}$. Wenn wir einfach $\mathcal{O} = \infty$ setzen, dann wird das Potential in der Höhe z oberhalb der Ebene zu

$$V(z) = -\int_{\infty}^{z} \frac{1}{2\varepsilon_0}\sigma\,\mathrm{d}z = -\frac{1}{2\varepsilon_0}\sigma(z-\infty)\,.$$

Die Lösung besteht schlicht darin, irgendeinen anderen Bezugspunkt zu wählen (in dieser Aufgabe könnten Sie den Ursprung benutzen). Beachten Sie, dass diese Schwierigkeiten nur bei Aufgaben in Lehrbüchern auftreten. Im „wirklichen Leben“ gibt es keine Ladungsverteilungen, die sich immer weiter und weiter erstrecken, daher können wir *immer* das Unendliche als Bezugspunkt wählen.

Das Potential gehorcht dem Superpositionsprinzip

Das ursprüngliche Superpositionsprinzip der Elektrodynamik hängt mit der Kraft auf eine Testladung Q zusammen. Demnach ist die Gesamtkraft auf Q durch die Vektorsumme der Kräfte gegeben, welche von den einzelnen Ladungen ausgeübt werden:

$$\mathbf{F} = \mathbf{F}_1 + \mathbf{F}_2 + \ldots$$

Dividieren wir durch Q, dann stellen wir fest, dass auch das elektrische Feld dem Superpositionsprinzip unterliegt:

$$\mathbf{E} = \mathbf{E}_1 + \mathbf{E}_2 + \ldots$$

Durch Integrieren vom gemeinsamen Bezugspunkt bis zu **r** sehen wir, dass auch das Potential einem solchen Prinzip unterworfen ist:

$$V = V_1 + V_2 + \ldots$$

Das bedeutet, das Potential in einem beliebigen Punkt ist die Summe der Potentiale aller einzelnen Quellladungen. Allerdings handelt es jetzt nicht um eine Vektorsumme, sondern um eine gewöhnliche Summe, mit der wir viel leichter umgehen können.

Einheit des Potentials

In unseren Einheiten wird die Kraft in Newton und die Ladung in Coulomb gemessen, daher ist die Einheit der elektrischen Felder Newton pro Coulomb. Entsprechend wird das Potential in Newtonmeter pro Coulomb bzw. Joule pro Coulomb gemessen. Ein Joule pro Coulomb wird als **Volt** bezeichnet.

Beispiel 2.7: Potentiale einer Kugelschale

Bestimmen Sie das Potential im Inneren und außerhalb einer Kugelschale mit Radius R (Abbildung 2.31), die eine gleichförmige Flächenladung trägt. Setzen Sie den Bezugspunkt ins Unendliche.

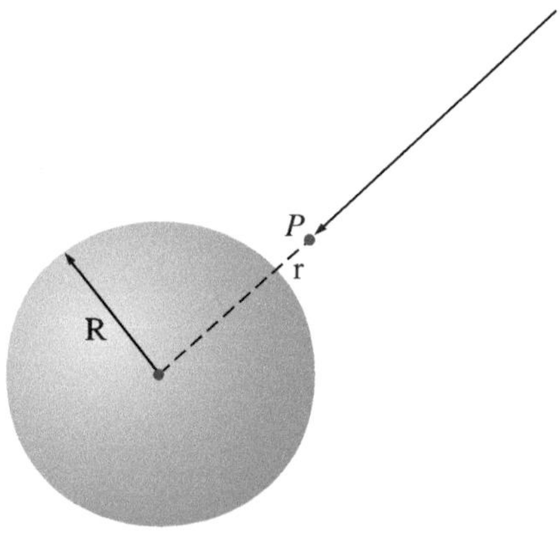

Abbildung 2.31

Lösung:

Aufgrund des Gauß'schen Gesetzes lautet das Feld im Außenraum

$$\mathbf{E} = \frac{1}{4\pi\varepsilon_0}\frac{q}{r^2}\hat{\mathbf{r}},$$

worin q die gesamte Ladung der Kugel ist. Das Feld im Inneren ist null. Für Punkte außerhalb der Kugel ($r > R$) gilt

$$V(r) = -\int_{\mathcal{O}}^{r} \mathbf{E}\cdot d\mathbf{l} = \frac{-1}{4\pi\varepsilon_0}\int_{\infty}^{r}\frac{q}{r'^2}\,dr' = \frac{1}{4\pi\varepsilon_0}\frac{q}{r'}\bigg|_{\infty}^{r} = \frac{1}{4\pi\varepsilon_0}\frac{q}{r}.$$

Beispiel 2.7 (Fortsetzung)

Zur Bestimmung des Potentials im Inneren der Kugel ($r < R$) müssen wir das Integral in zwei Bereiche zerlegen und in jedem Bereich das dort herrschende Feld einsetzen:

$$V(r) = \frac{-1}{4\pi\varepsilon_0} \int_{\infty}^{R} \frac{q}{r'^2}\, \mathrm{d}r' - \int_{R}^{r} (0)\, \mathrm{d}r' = \frac{1}{4\pi\varepsilon_0} \left.\frac{q}{r'}\right|_{\infty}^{R} + 0 = \frac{1}{4\pi\varepsilon_0} \frac{q}{R}\,.$$

Beachten Sie, dass das Potential im Inneren der Kugel *nicht* null ist, obwohl das Feld dort verschwindet. V ist in diesem Gebiet genau genommen eine Konstante, daher ist $\nabla V = 0$ – und nur darauf kommt es an. In Aufgaben dieser Art müssen Sie immer vom Bezugspunkt aus nach innen rechnen. Am Bezugspunkt ist das Potential „festgenagelt“. Es ist eine naheliegende Vermutung, dass Sie das Potential im Inneren der Kugel allein aufgrund des Felds bestimmen könnten, aber das stimmt nicht. Das Potential im Inneren hängt auch empfindlich von den Vorgängen außerhalb der Kugel ab. Würde ich eine zweite gleichförmig geladene Kugel mit einem Radius $R' > R$ hinzufügen, würde sich das Potential im Inneren von R ändern, obwohl dort das Feld immer noch null betragen würde. Das Gauß'sche Gesetz stellt sicher, dass die Ladung außerhalb eines gegebenen Punkts (also bei größerem r) in diesem Punkt kein *Nettofeld* erzeugt, vorausgesetzt, es ist kugel- oder zylindersymmetrisch. Für *Potentiale*, bei denen das Unendliche als Bezugspunkt gewählt wird, gibt es aber kein solches Gesetz.

Aufgabe 2.21

Bestimmen Sie das Potential innerhalb und außerhalb einer gleichförmig geladenen Kugel mit Radius R und Gesamtladung q. Benutzen Sie das Unendliche als Bezugspunkt. Bestimmen Sie den Gradienten von V in jedem Gebiet und prüfen Sie, dass es das richtige Feld enthält. Skizzieren Sie $V(r)$.

Aufgabe 2.22

Bestimmen Sie das Potential in einer Entfernung s von einem unendlich langen geraden Draht, der eine gleichförmige Linienladung λ trägt. Bestimmen Sie den Gradienten Ihres Potentials und überprüfen Sie, dass es auf das richtige Feld führt.

Aufgabe 2.23

Bestimmen Sie das Potential im Zentrum der Ladungsverteilung von Aufgabe 2.15 und benutzen Sie das Unendliche als Bezugspunkt.

Aufgabe 2.24

Bestimmen Sie für die Konfiguration aus Aufgabe 2.16 die Potentialdifferenz zwischen einem Punkt auf der Achse und einem Punkt auf dem äußeren Zylinder. Beachten Sie, dass Sie sich nicht auf einen bestimmen Bezugspunkt festlegen müssen, wenn Sie Gleichung 2.22 verwenden.

2.3.3 Poisson-Gleichung und Laplace-Gleichung

Wir haben in Abschnitt 2.3.1 festgestellt, dass das elektrische Feld als Gradient eines skalaren Potentials geschrieben werden kann:

$$\mathbf{E} = -\boldsymbol{\nabla} V\,.$$

Das führt auf die Frage, wie die grundlegenden Gleichungen von **E**

$$\boldsymbol{\nabla} \cdot \mathbf{E} = \frac{\rho}{\varepsilon_0} \quad \text{und} \quad \boldsymbol{\nabla} \times \mathbf{E} = 0$$

aussehen, wenn sie durch das Potential V ausgedrückt werden. Nun, wegen $\boldsymbol{\nabla} \cdot \mathbf{E} = \boldsymbol{\nabla} \cdot (-\boldsymbol{\nabla} V) = -\nabla^2 V$ stellt die Divergenz von **E**, abgesehen von diesem hartnäckigen Minuszeichen, den Laplace-Operator von V dar. Das Gauß'sche Gesetz besagt dann, dass

$$\nabla^2 V = -\frac{\rho}{\varepsilon_0}\,. \tag{2.24}$$

Dies wird als **Poisson-Gleichung** bezeichnet. In Gebieten, in denen es keine Ladungen gibt, in denen also $\rho = 0$ ist, vereinfacht sich die Poisson-Gleichung zur **Laplace-Gleichung**:

$$\nabla^2 V = 0\,. \tag{2.25}$$

Wir werden diese Gleichungen in Kapitel 3 noch eingehender untersuchen.

Das Gauß'sche Gesetz haben wir abgehandelt. Wie sieht es aber mit dem Rotationsgesetz aus? Es besagt, dass

$$\boldsymbol{\nabla} \times \mathbf{E} = \boldsymbol{\nabla} \times (-\boldsymbol{\nabla} V)$$

gleich null sein muss. Allerdings ist das keine Bedingung für V, denn die Rotation des Gradienten ist *immer* null. Da wir das Rotationsgesetz eingesetzt haben, um zu zeigen, dass **E** als Gradient eines Skalars ausgedrückt werden kann, wird das Ergebnis kaum überraschen: $\boldsymbol{\nabla} \times \mathbf{E} = 0$ *erlaubt*, das $\mathbf{E} = -\boldsymbol{\nabla} V$ ist. Umgekehrt *garantiert* $\mathbf{E} = -\boldsymbol{\nabla} V$, dass $\boldsymbol{\nabla} \times \mathbf{E} = 0$ ist. Weil V ein Skalar ist, benötigen wir nur *eine* Differentialgleichung (die Poisson-Gleichung), um V zu bestimmen. Für **E** würden wir dagegen *zwei* benötigen, die Divergenz und die Rotation.

2.3.4 Das Potential einer örtlich begrenzten Ladungsverteilung

Ich habe V in Abhängigkeit von **E** definiert (Gleichung 2.21). Üblicherweise suchen wir jedoch nach **E** (wenn wir **E** bereits kennen würden, wäre es nicht allzu sinnvoll, V zu berechnen). Die Grundidee besteht darin, dass es leichter ist, zuerst V zu bestimmen und dann **E** anhand des Gradienten zu berechnen. Üblicherweise wissen wir also, wo sich die Ladung befindet (d. h., wir kennen ρ) und möchten V finden. Nun, die Poisson-Gleichung verbindet zwar V und ρ, unglücklicherweise aber „falsch herum", denn sie würde uns ρ liefern, sofern wir V kennen. Wir wollen aber V berechnen und kennen ρ. Also müssen wir die Poisson-Gleichung „umkehren". Damit wollen wir uns in diesem Abschnitt befassen. Ich werde es allerdings anders herum anpacken und, wie immer, mit einer Punktladung im Ursprung beginnen. Das elektrische Feld lautet $\mathbf{E} = (1/4\pi\epsilon_0)(1/r^2)\hat{\mathbf{r}}$, und $d\mathbf{l} = dr\hat{\mathbf{r}} + rd\theta\hat{\boldsymbol{\theta}} + r\sin\theta d\phi\hat{\boldsymbol{\phi}}$ (Gl. 1.68), somit

$$\mathbf{E}\cdot d\mathbf{l} = \frac{1}{4\pi\epsilon_0}\frac{q}{r^2}dr\,.$$

Setzen wir den Bezugspunkt ins Unendliche, dann hat eine Punktladung q, die sich im Ursprung befindet, das Potential

$$V(r) = \frac{-1}{4\pi\varepsilon_0}\int_{\infty}^{r}\frac{q}{r'^2}\,\mathrm{d}r' = \frac{1}{4\pi\varepsilon_0}\frac{q}{r'}\bigg|_{\infty}^{r} = \frac{1}{4\pi\varepsilon_0}\frac{q}{r}\,.$$

(Sie sehen hier den besonderen Vorteil, wenn wir das Unendliche als Bezugspunkt benutzen: Es beseitigt die untere Integrationsgrenze.) Beachten Sie auch das Vorzeichen von V. Der Grund, warum die Konvention mit dem Minuszeichen in der Definition von V (Gleichung 2.21) so gewählt wurde, liegt vermutlich darin, dass so ein positives Potential einer positiven Ladung resultiert. Wir sollten am besten nicht vergessen, dass Gebiete mit positiver Ladung „Potentialberge" und Gebiete mit negativer Ladung „Potentialtröge" darstellen. Das elektrische Feld ist aber „bergab" gerichtet und läuft von Plus nach Minus.

Im Allgemeinen lautet das Potential einer Punktladung q

$$V(\mathbf{r}) = \frac{1}{4\pi\varepsilon_0}\frac{q}{\mathscr{r}}\,, \tag{2.26}$$

wobei $\mathscr{r}$, wie immer, der Abstand zwischen der Ladung und $\mathbf{r}$ ist (Abbildung 2.32). Wenn wir das Superpositionsprinzip einsetzen, erhalten wir für eine Ansammlung von Ladungen

$$V(\mathbf{r}) = \frac{1}{4\pi\varepsilon_0}\sum_{i=1}^{n}\frac{q_i}{\mathscr{r}_i}\,. \tag{2.27}$$

Für eine kontinuierliche Ladungsverteilung sieht die Formel so aus:

$$V(\mathbf{r}) = \frac{1}{4\pi\varepsilon_0}\int\frac{1}{\mathscr{r}}\,\mathrm{d}q\,. \tag{2.28}$$

Für die Ladung in einem Raumvolumen verändert sich dies zu

$$V(\mathbf{r}) = \frac{1}{4\pi\varepsilon_0}\int\frac{\rho(\mathbf{r}')}{\mathscr{r}}\,\mathrm{d}\tau'\,. \tag{2.29}$$

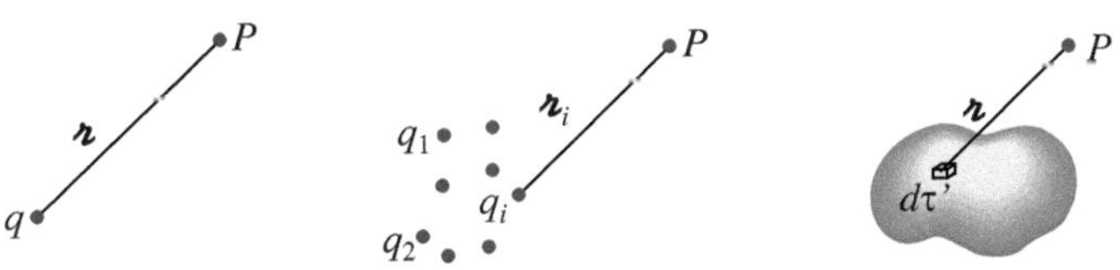

Abbildung 2.32

Dies ist die Gleichung, nach der wir gesucht haben. Sie sagt uns, wie wir V berechnen müssen, wenn wir ρ kennen. Wenn Sie so wollen, ist das die „Lösung“ der Poisson-Gleichung für eine örtlich begrenzte Ladungsverteilung.[7] Vergleichen Sie auch Gleichung 2.29 mit der entsprechenden Formel des elektrischen *Felds* in Abhängigkeit von ρ (Gleichung 2.8):

$$\mathbf{E}(\mathbf{r}) = \frac{1}{4\pi\varepsilon_0}\int \frac{\rho(\mathbf{r}')}{\mathscr{r}^2}\hat{\boldsymbol{\mathscr{r}}}\,\mathrm{d}\tau' .$$

Am auffälligsten ist hier, dass dieser nervtötende Einheitsvektor $\hat{\boldsymbol{\mathscr{r}}}$ nun weggefallen ist, daher brauchen wir uns nicht um Komponenten zu kümmern. Übrigens lauten die Potentiale der Linien- und Flächenladung

$$\frac{1}{4\pi\varepsilon_0}\int \frac{\lambda(\mathbf{r}')}{\mathscr{r}}\,\mathrm{d}l' \quad \text{und} \quad \frac{1}{4\pi\varepsilon_0}\int \frac{\sigma(\mathbf{r}')}{\mathscr{r}}\,\mathrm{d}a' . \tag{2.30}$$

Ich sollte Sie darauf hinweisen, dass alle Aussagen in diesem Abschnitt auf der Voraussetzung eines Bezugspunkts im Unendlichen beruhen. Dies ist Gleichung 2.29 kaum anzumerken, aber wie erwähnt, haben wir diese Gleichung aufgrund des Potentials $(1/4\pi\varepsilon_0)(q/r)$ einer Punktladung im Ursprung *bestimmt*, was nur möglich ist, wenn $\mathcal{O} = \infty$ gilt. Wenn Sie versuchen, diese Gleichung auf eines dieser künstlichen Probleme anzuwenden, in denen sich die Ladung selbst bis ins Unendliche erstreckt, dann divergiert das Integral.

Beispiel 2.8: Nochmal: Potential einer Kugelschale

Bestimmen Sie das Potential einer gleichförmig geladenen Kugelschale mit Radius R (Abbildung 2.33).

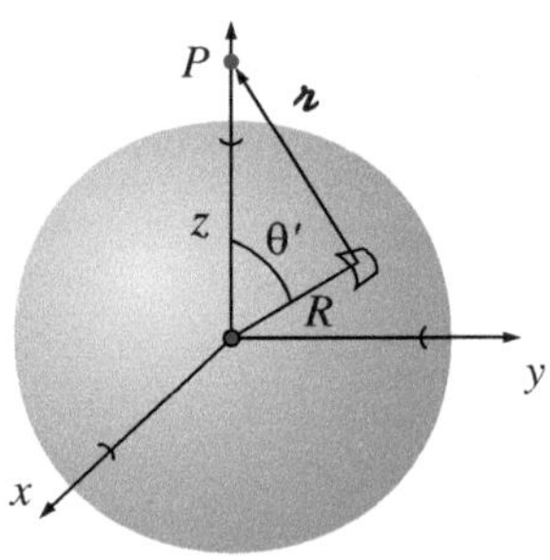

Abbildung 2.33

Lösung:

Es handelt sich hier um dieselbe Aufgabenstellung wie in Beispiel 2.7, allerdings lösen wir sie nun, indem wir Gleichung 2.30 anwenden.

$$V(\mathbf{r}) = \frac{1}{4\pi\varepsilon_0}\int \frac{\sigma}{\mathscr{r}}\,\mathrm{d}a' .$$

7 Gleichung 2.29 ist ein Beispiel für das Helmholtz-Theorem (Anhang B) im Zusammenhang mit der Elektrostatik. Darin ist die Rotation von $\mathbf{E}$ null, und seine Divergenz ist ρ/ε_0.

Beispiel 2.8 (Fortsetzung)

Wir setzen den Punkt **r** auf die z-Achse und wenden den Kosinussatz an, um $\mathscr{r}$ in Abhängigkeit vom Polwinkel θ auszudrücken:

$$\mathscr{r}^2 = R^2 + z^2 - 2Rz\cos\theta' \, .$$

Ein Flächenelement auf dieser Kugelschale hat den Betrag $R^2 \sin\theta' \, \mathrm{d}\theta' \, \mathrm{d}\varphi'$, daher ist

$$\begin{aligned}
4\pi\varepsilon_0 V(z) &= \sigma \int \frac{R^2 \sin\theta' \, \mathrm{d}\theta' \, \mathrm{d}\varphi'}{\sqrt{R^2 + z^2 - 2Rz\cos\theta'}} \\
&= 2\pi R^2 \sigma \int_0^\pi \frac{\sin\theta'}{\sqrt{R^2 + z^2 - 2Rz\cos\theta'}} \, \mathrm{d}\theta' \\
&= 2\pi R^2 \sigma \left(\frac{1}{Rz} \sqrt{R^2 + z^2 - 2Rz\cos\theta'} \right) \Bigg|_0^\pi \\
&= \frac{2\pi R\sigma}{z} \left(\sqrt{R^2 + z^2 + 2Rz} - \sqrt{R^2 + z^2 - 2Rz} \right) \\
&= \frac{2\pi R\sigma}{z} \left[\sqrt{(R+z)^2} - \sqrt{(R-z)^2} \right] .
\end{aligned}$$

An diesem Punkt müssen wir sorgfältig darauf achten, die *positive* Wurzel zu verwenden. Für Punkte außerhalb der Kugelschale ist z größer als R und daher $\sqrt{(R-z)^2} = z - R$. Für Punkte innerhalb der Kugel ist $\sqrt{(R-z)^2} = R - z$. Daher ist

$$\begin{aligned}
V(z) &= \frac{R\sigma}{2\varepsilon_0 z} \left[(R+z) - (z-R) \right] = \frac{R^2\sigma}{\varepsilon_0 z} \quad \text{außerhalb} \, , \\
V(z) &= \frac{R\sigma}{2\varepsilon_0 z} \left[(R+z) - (R-z) \right] = \frac{R\sigma}{\varepsilon_0} \quad \text{innerhalb} \, .
\end{aligned}$$

Bezogen auf die Gesamtladung $q = 4\pi R^2\sigma$ der Kugelschale und ausgedrückt durch r gilt

$$V(r) = \begin{cases} \frac{1}{4\pi\epsilon_0} \frac{q}{r} & (r \geq R) \, , \\ \frac{1}{4\pi\epsilon_0} \frac{q}{R} & (r \leq R) \, . \end{cases}$$

In diesem speziellen Fall wäre es natürlich einfacher gewesen, V mit Gleichung 2.21 anstelle von Gleichung 2.30 zu ermitteln, denn das Gauß'sche Gesetz liefert mühelos **E**. Wenn Sie allerdings Beispiel 2.8 mit Aufgabe 2.7 vergleichen, werden Sie die Leistungsfähigkeit des Potentialformalismus schätzen lernen.

■ Aufgabe 2.25

Bestimmen Sie anhand der Gleichungen 2.27 und 2.30 das Potential der Ladungsverteilungen aus Abbildung 2.34 in einer Entfernung z oberhalb des Zentrums. Berechnen Sie für jeden Fall $\mathbf{E} = -\nabla V$ und vergleichen Sie Ihre Resultate mit Beispiel 2.1, mit Beispiel 2.2 und Aufgabe 2.6. Nehmen Sie an, wir würden die Ladung auf der rechten Seite von Abbildung 2.34a zu $-q$ verändern. Wie ändert sich dann das Potential im Punkt P? Auf welches Feld deutet dies hin? Vergleichen Sie Ihr Resultat mit Aufgabe 2.2 und erläutern Sie ausführlich eventuelle Unterschiede.

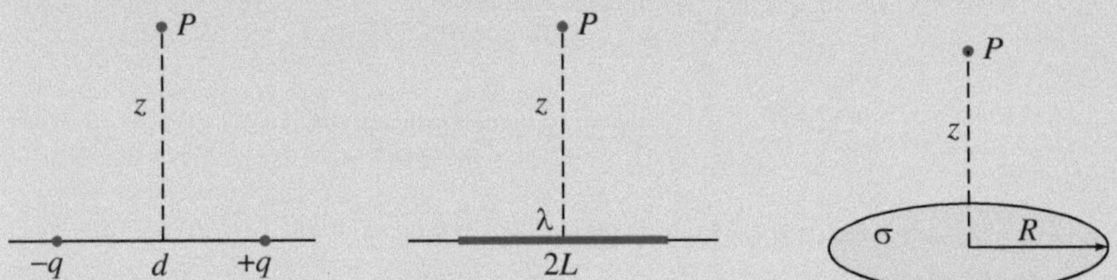

a zwei Punktladungen b gleichförmig angeordnete Linienladung c gleichförmig angeordnete Flächenladung

Abbildung 2.34

■ Aufgabe 2.26

Eine konische Oberfläche (wie bei einer leeren Eistüte, vgl. Abbildung 1.52) trägt eine gleichförmige Ladungsverteilung σ. Die Höhe des Konus ist h, was auch seinem Radius am oberen Rand entspricht. Bestimmen Sie die Potentialdifferenz zwischen den Punkten **a** (dem Schnittpunkt) und **b** (dem Mittelpunkt der höchsten Stelle.)

■ Aufgabe 2.27

Bestimmen Sie das Potential auf der Achse eines gleichförmig geladenen Zylinders in einer Entfernung z vom Mittelpunkt. Die Länge des Zylinders ist L, der Radius beträgt R und die Ladungsdichte ist ρ. Verwenden Sie Ihr Resultat zur Berechnung des elektrischen Felds in diesem Punkt. (Nehmen Sie an, dass $z > L/2$ ist.)

■ Aufgabe 2.28

Berechnen Sie anhand von Gleichung 2.29 das Potential im Inneren einer gleichförmig geladenen Kugel mit Radius R sowie Gesamtladung q. Vergleichen Sie Ihre Antwort mit Aufgabe 2.21.

■ Aufgabe 2.29

Überprüfen Sie, ob Gleichung 2.29 der Poisson-Gleichung gehorcht. Wenden Sie den Laplace-Operator an und gehen Sie von Gleichung 1.102 aus.

2.3.5 Randbedingungen der Elektrostatik

In einer typischen Aufgabe der Elektrostatik kennen Sie die Ladungsverteilung ρ und wollen das davon herrührende elektrische Feld **E** bestimmen. Sofern die Symmetrie der Aufgabe die Lösung mit dem Gauß'schen Gesetz nicht zulässt, ist es allgemein zu Ihrem Vorteil, in einem Zwischenschritt zuerst das Potential zu berechnen. Die drei grundlegenden Größen der Elektrostatik sind: ρ, **E** und V. Wir haben während unserer Diskussion alle sechs Formeln abgeleitet, welche diese Größen miteinander verknüpfen. Die Gleichungen werden in Abbildung 2.35 skizziert. Lediglich zwei experimentelle Beobachtungen waren unser Ausgangspunkt. Erstens das Superpositionsprinzip – eine ganz allgemeine Regel, die für *alle* elektromagnetischen Kräfte gilt. Zweitens das Coulomb'sche Gesetz – das Grundgesetz der Elektrostatik. Aus diesen beiden folgte der ganze Rest.

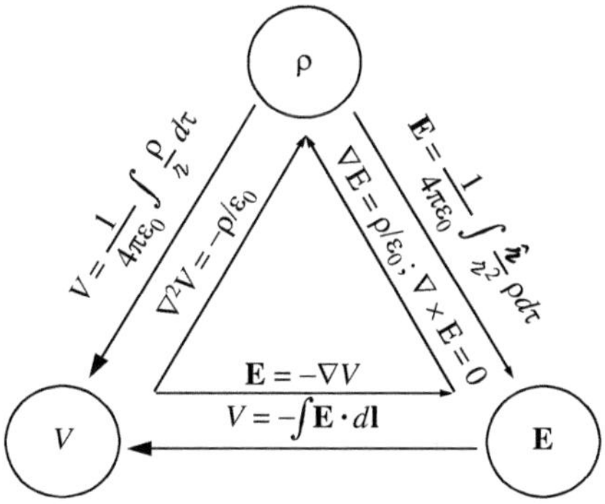

Abbildung 2.35

Ihnen ist beim Studium der Beispiele 2.5 und 2.6 oder bei der Bearbeitung von Aufgaben wie 2.7, 2.11 und 2.16 sicher aufgefallen, dass das elektrische Feld immer eine Unstetigkeitsstelle aufweist, wenn Sie eine Flächenladung σ durchqueren. Tatsächlich ist es ziemlich einfach festzustellen, um welchen Betrag sich **E** an einer solchen Grenze ändert. Nehmen Sie an, wir würden eine hauchdünne Gauß'sche Schachtel einzeichnen, die sich in jeder Richtung nur geringfügig über die Kanten erhebt (Abbildung 2.36). Dann besagt das Gauß'sche Gesetz, dass

$$\oint_{\mathcal{S}} \mathbf{E}\cdot d\mathbf{a} = \frac{1}{\varepsilon_0}Q_{\text{eing}} = \frac{1}{\varepsilon_0}\sigma A\,,$$

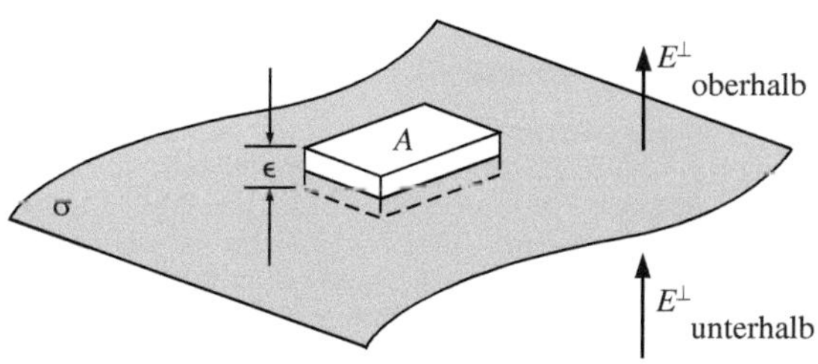

Abbildung 2.36

wobei A die Grundfläche der Schachtel ist. (Wenn sich σ von Ort zu Ort verändert oder die Oberfläche gekrümmt ist, müssen wir A extrem klein wählen.) Die *Seitenflächen* der Schachtel tragen letztlich nichts zum Fluss bei, wenn die Dicke ε gegen null geht. Wir haben daher

$$E^{\perp}_{\text{oberhalb}} - E^{\perp}_{\text{unterhalb}} = \frac{1}{\varepsilon_0}\sigma \,. \tag{2.31}$$

$E^{\perp}_{\text{oberhalb}}$ steht hierbei für die Komponente von $\mathbf{E}$, die senkrecht auf der direkt darüber liegenden Oberfläche steht. $E^{\perp}_{\text{unterhalb}}$ ist genau dasselbe, nur unterhalb der Oberfläche. Aus Konsistenzgründen wählen wir „oben" als positive Richtung für beide. *Schlussfolgerung: Die Normalkomponente von* $\mathbf{E}$ *macht an jeder Grenze einen Sprung um den Betrag* σ/ε_0 (sie ist *unstetig*). Wenn aber *keine* Flächenladung vorliegt, ist $E^{\perp}$ stetig, beispielsweise an der Oberfläche einer gleichförmig geladenen Kugel.

Die *Tangential*komponente von $\mathbf{E}$ ist im Gegensatz dazu *immer* stetig. Wenn wir also Gleichung 2.19

$$\oint \mathbf{E} \cdot d\mathbf{l} = 0$$

auf die dünne rechtwinklige Schleife in Abbildung 2.37 anwenden, dann tragen die Enden nichts zum Integral bei (da $\varepsilon \to 0$ geht), während der Beitrag der Seiten $(\mathbf{E}^{\parallel}_{\text{oberhalb}} l - \mathbf{E}^{\parallel}_{\text{unterhalb}} l)$ ist. Folglich haben wir

$$\mathbf{E}^{\parallel}_{\text{oberhalb}} = \mathbf{E}^{\parallel}_{\text{unterhalb}} \,. \tag{2.32}$$

$\mathbf{E}^{\parallel}$ steht darin für die Komponenten von $\mathbf{E}$, die parallel zur Oberfläche verlaufen. Die Randbedingungen von $\mathbf{E}$ (Gleichung 2.31 und 2.32) können zu einer einzelnen Formel zusammengefasst werden:

$$\mathbf{E}_{\text{oberhalb}} - \mathbf{E}_{\text{unterhalb}} = \frac{\sigma}{\varepsilon_0}\hat{\mathbf{n}} \,. \tag{2.33}$$

Darin ist $\hat{\mathbf{n}}$ ein Einheitsvektor, der senkrecht auf der Oberfläche steht und von „unten" nach „oben" verläuft.[8]

Das Potential selbst ist an jeder Grenzfläche hinweg stetig (Abbildung 2.38), denn

$$V_{\text{oberhalb}} - V_{\text{unterhalb}} = -\int_{\mathbf{a}}^{\mathbf{b}} \mathbf{E} \cdot d\mathbf{l} \,.$$

In dem Maße, in dem die Weglänge gegen null geht, schrumpft auch das Integral:

$$V_{\text{oberhalb}} = V_{\text{unterhalb}} \,. \tag{2.34}$$

8 Beachten Sie, dass es völlig unerheblich ist, welche Seite Sie als „oben" und „unten" bezeichnen, denn eine Umkehrung der Bezeichnungen würde auch die Richtung von $\hat{\mathbf{n}}$ umkehren. Wenn Sie *nur an dem Feld interessiert sind, das von dem lokalen Oberflächenelement selbst verursacht wird*, lautet das Resultat unmittelbar oberhalb der Fläche $(\sigma/2\varepsilon_0)\hat{\mathbf{n}}$ und unmittelbar unterhalb der Fläche $-(\sigma/2\varepsilon_0)\hat{\mathbf{n}}$. Dies folgt aus Beispiel 2.5, denn wenn Sie sich nahe genug am Flächenelement befinden, „wirkt" es wie eine unendlich ausgedehnte Ebene. Offenbar kann die gesamte *Unstetigkeit* von $\mathbf{E}$ auf dieses lokale Ladungselement zurückgeführt werden.

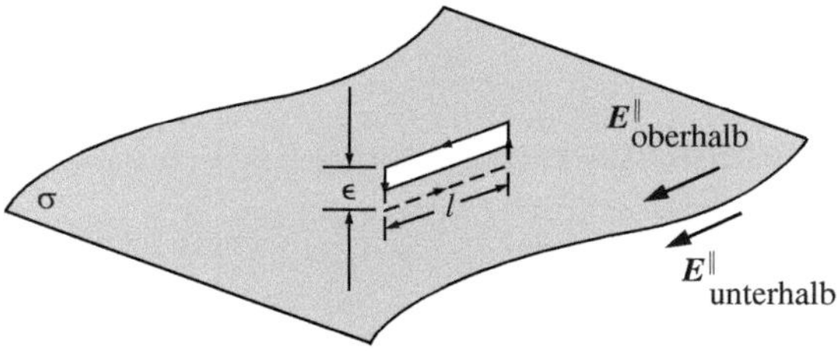

Abbildung 2.37

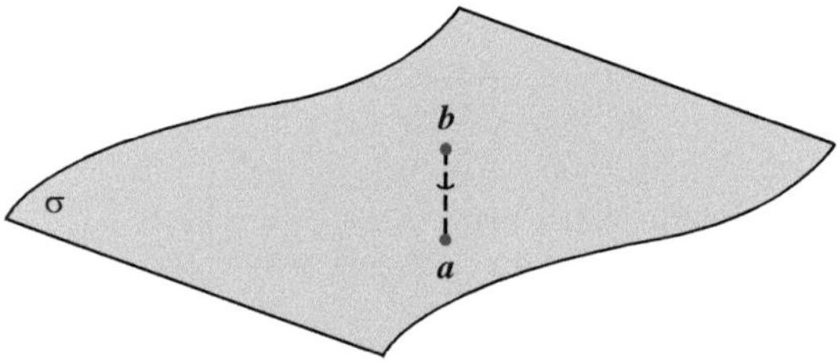

Abbildung 2.38

Der *Gradient* von V erbt allerdings die Unstetigkeit von **E**. Wegen $\mathbf{E} = -\nabla V$ führt Gleichung 2.33 auf

$$\nabla V_{\text{oberhalb}} - \nabla V_{\text{unterhalb}} = -\frac{1}{\varepsilon_0}\sigma\hat{\mathbf{n}} \,. \tag{2.35}$$

Allgemeiner ausgedrückt ist

$$\frac{\partial V_{\text{oberhalb}}}{\partial n} - \frac{\partial V_{\text{unterhalb}}}{\partial n} = -\frac{1}{\varepsilon_0}\sigma \,, \tag{2.36}$$

wobei

$$\frac{\partial V}{\partial n} = \nabla V \cdot \hat{\mathbf{n}} \tag{2.37}$$

die **Ableitung in Normalenrichtung** (oder kurz **Normalableitung**) von V (und damit die Änderungsrate in der Richtung senkrecht zur Oberfläche) darstellt.

Beachten Sie bitte, dass sich diese Randbedingungen auf die Felder und Potentiale *unmittelbar oberhalb* und *unmittelbar unterhalb* der Oberfläche beziehen. Nähern wir uns von beiden Seiten der Oberfläche an, sind beispielsweise die Ableitungen aus Gleichung 2.36 die *Randwerte*.

Aufgabe 2.30

a. Überprüfen Sie, ob die Resultate der Beispiele 2.5 und 2.6 sowie von Aufgabe 2.11 mit Gleichung 2.33 vereinbar sind.

b. Bestimmen Sie anhand des Gauß'schen Gesetzes das Feld innerhalb und außerhalb eines langen Hohlzylinders, der eine gleichförmige Flächenladung σ trägt. Prüfen Sie, ob Ihr Resultat mit Gleichung 2.33 vereinbar ist.

c. Prüfen Sie, ob das Ergebnis aus Beispiel 2.8 mit den Randbedingungen 2.34 und 2.36 vereinbar ist.

2.4 Arbeit und Energie in der Elektrostatik

2.4.1 Die zur Bewegung einer Ladung notwendige Arbeit

Nehmen Sie an, Sie hätten eine stationäre Anordnung von Quellladungen und wollen eine Testladung von Punkt **a** zu Punkt **b** bewegen (Abbildung 2.39). *Frage:* Welche Arbeit müssen Sie verrichten? An einem beliebigen Punkt des Wegs wirkt auf Q die elektrische Kraft $\mathbf{F} = Q\mathbf{E}$. Die Kraft, die *Sie* dieser elektrischen Kraft entgegensetzen müssen, ist $-Q\mathbf{E}$. (Wenn Sie das Vorzeichen stört, dann stellen Sie sich vor, einen Stein anzuheben: Die Gravitation übt eine *nach unten* gerichtete Kraft mg aus. Sie üben jedoch eine *nach oben* gerichtete Kraft mg aus. Natürlich könnten Sie auch eine größere Kraft aufbringen – dann würde der Stein beschleunigt, und ein Teil Ihrer Anstrengungen würde zur Erzeugung kinetischer Energie „verschwendet". Wir interessieren uns hier für die *Mindest*kraft, die Sie für Ihre Aufgabe aufbringen müssen). Die Arbeit ist daher

$$W = \int_{\mathbf{a}}^{\mathbf{b}} \mathbf{F} \cdot d\mathbf{l} = -Q \int_{\mathbf{a}}^{\mathbf{b}} \mathbf{E} \cdot d\mathbf{l} = Q\left[V(\mathbf{b}) - V(\mathbf{a})\right] .$$

Beachten Sie, dass die Antwort nicht vom Weg abhängt, den Sie von **a** nach **b** zurücklegen. In der Mechanik würden wir die elektrostatische Kraft deshalb als „konservativ" bezeichnen. Nach Division durch Q erhalten wir

$$V(\mathbf{b}) - V(\mathbf{a}) = \frac{W}{Q} . \tag{2.38}$$

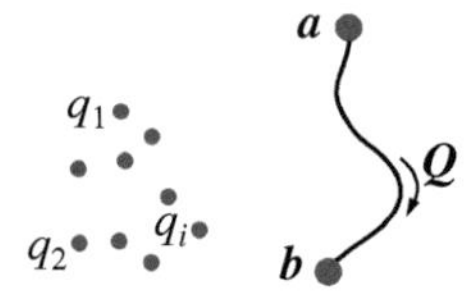

Abbildung 2.39

In Worten: *Die Potentialdifferenz zwischen Punkt* **a** *und Punkt* **b** *ist gleich der Arbeit pro Ladungseinheit, die zum Bewegen eines Teilchens von* **a** *nach* **b** *benötigt wird.* Wenn Sie insbesondere die Ladung Q aus großer Entfernung heranbringen und sie am Punkt **r** festhalten wollen, müssen Sie die folgende Arbeit aufbringen:

$$W = Q[V(\mathbf{r}) - V(\infty)] .$$

Mit einem Bezugspunkt im Unendlichen erhalten Sie

$$W = QV(\mathbf{r}) . \tag{2.39}$$

In diesem Sinn bedeutet das *Potential* auch *potentielle Energie* (die Arbeit, die zur Erzeugung des Systems benötigt wird) *pro Einheitsladung* (in derselben Weise ist das *Feld* die *Kraft* pro Einheitsladung).

2.4.2 Die Energie einer Gruppe von Punktladungen

Wie viel Arbeit wäre nötig, um eine ganze Sammlung von Punktladungen zusammenzuführen? Stellen Sie sich vor, Sie würden eine Ladung nach der anderen aus großer Entfernung heranführen (Abbildung 2.40). Bei der ersten Ladung q_1 ist noch keine Arbeit nötig, denn es existiert noch kein Feld, gegen das wir ankämpfen müssten. Führen wir nun q_2 heran. Gemäß Gleichung 2.39 müssen wir dazu $q_2 V_1(\mathbf{r}_2)$ aufbringen, wobei V_1 das zu q_1 gehörende Potential und $\mathbf{r}_2$ der Ort ist, an dem wir q_2 platzieren ($\mathscr{r}_{12}$ ist hierbei die Entfernung zwischen q_1 und q_2, sobald beide in Position sind):

$$W_2 = \frac{1}{4\pi\varepsilon_0} q_2 \left(\frac{q_1}{\mathscr{r}_{12}}\right).$$

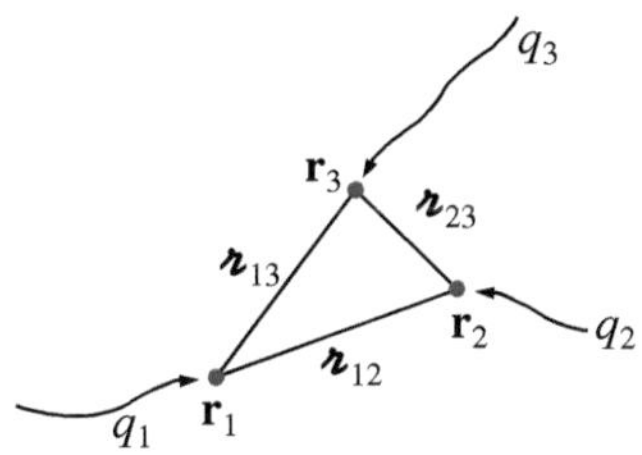

Abbildung 2.40

Danach führen wir q_3 heran. Dies erfordert die Arbeit $q_3 V_{1,2}(\mathbf{r}_3)$, worin $V_{1,2}$ das von q_1 und q_2 erzeugte Potential ist, nämlich $(1/4\pi\varepsilon_0)(q_1/\mathscr{r}_{13} + q_2/\mathscr{r}_{23})$. Daher ist also

$$W_3 = \frac{1}{4\pi\varepsilon_0} q_3 \left(\frac{q_1}{\mathscr{r}_{13}} + \frac{q_2}{\mathscr{r}_{23}}\right).$$

In gleicher Weise erhalten wir für die Arbeit zum Heranbringen einer Ladung q_4

$$W_4 = \frac{1}{4\pi\varepsilon_0} q_4 \left(\frac{q_1}{\mathscr{r}_{14}} + \frac{q_2}{\mathscr{r}_{24}} + \frac{q_3}{\mathscr{r}_{34}}\right).$$

Die Gesamtarbeit, die für diese ersten vier Ladungen aufzubringen ist, beträgt daher

$$W = \frac{1}{4\pi\varepsilon_0}\left(\frac{q_1 q_2}{\mathscr{r}_{12}} + \frac{q_1 q_3}{\mathscr{r}_{13}} + \frac{q_1 q_4}{\mathscr{r}_{14}} + \frac{q_2 q_3}{\mathscr{r}_{23}} + \frac{q_2 q_4}{\mathscr{r}_{24}} + \frac{q_3 q_4}{\mathscr{r}_{34}}\right).$$

Sie erkennen vermutlich das Prinzip: Nehmen Sie das Produkt eines jeden Ladungspaars, dividieren Sie durch den jeweiligen Abstand und addieren Sie die jeweiligen Ergebnisse.

$$W = \frac{1}{4\pi\varepsilon_0}\sum_{i=1}^{n}\sum_{j>i}^{n}\frac{q_i q_j}{\mathscr{r}_{ij}}. \tag{2.40}$$

Die Bedingung $j > i$ soll Sie daran erinnern, dasselbe Paar nicht zweimal zu zählen. Dasselbe Ergebnis erreichen wir viel angenehmer, wenn wir *absichtlich* jedes Paar doppelt zählen und das Ergebnis dann halbieren (natürlich müssen wir immer noch

$i = j$ vermeiden):

$$W = \frac{1}{8\pi\varepsilon_0} \sum_{i=1}^{n} \sum_{\substack{j=1 \\ j \neq i}}^{n} \frac{q_i q_j}{\mathscr{r}_{ij}} . \tag{2.41}$$

Beachten Sie, dass die Antwort in dieser Form nicht von der *Reihenfolge* abhängt, in der Sie die Ladungen zusammenbringen, denn jedes Paar taucht in der Summe auf. Als nächstes ziehen wir den Faktor q_i heraus:

$$W = \frac{1}{2} \sum_{i=1}^{n} q_i \left(\sum_{\substack{j=1 \\ j \neq i}}^{n} \frac{1}{4\pi\varepsilon_0} \frac{q_j}{\mathscr{r}_{ij}} \right) .$$

Der Term in Klammern ist das Potential am Punkt $\mathbf{r}_i$ (am Ort, an dem sich q_i befindet), das von allen anderen Ladungen verursacht wird. *Alle* Ladungen werden berücksichtigt, nicht nur diejenigen, die zu irgendeinem Zeitpunkt des Gruppierungsprozesses vorhanden waren. Daher ist

$$W = \frac{1}{2} \sum_{i=1}^{n} q_i V(\mathbf{r}_i) . \tag{2.42}$$

Diese Arbeit müssen wir aufwenden, um eine Gruppe von Ladungen zusammenzuführen. Den gleichen Betrag können Sie wieder freisetzen, wenn Sie das System auseinandernehmen. Bis dahin stellt diese Arbeit Energie dar, die im System gespeichert ist. (Wenn Sie so wollen, ist das eine Art „potentielle“ Energie, obwohl ich den Begriff aus naheliegenden Gründen in diesem Zusammenhang vermeiden möchte.)

Aufgabe 2.31

a. Drei Ladungen befinden sich, wie in Abbildung 2.41 dargestellt, an den Ecken eines Quadrats (mit Kantenlänge a). Wie viel Arbeit muss aufgewendet werden, um eine weitere Ladung $+q$ aus großer Entfernung heranzubringen und an der vierten Ecke zu platzieren?

b. Wie viel Arbeit ist nötig, um die gesamte Konfiguration aus vier Ladungen zu erzeugen?

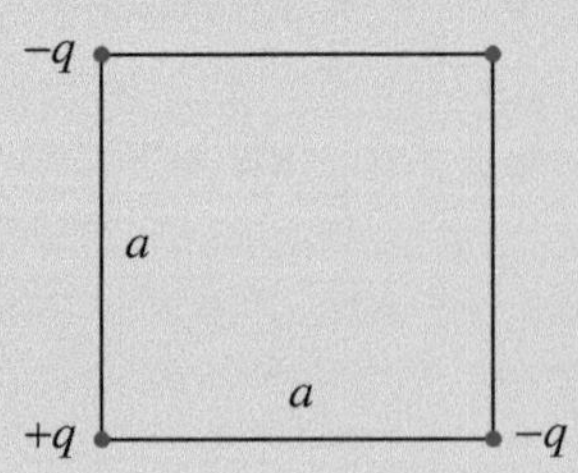

Abbildung 2.41

Aufgabe 2.32

Zwei positive Punktladungen q_A und q_B (Massen m_A und m_B) befinden sich in Ruhe und werden durch einen masselosen Faden der Länge a zusammengehalten. Wir schneiden den Faden durch; die Teilchen fliegen in entgegengesetzter Richtung davon. Wie schnell bewegen sie sich, wenn sie weit voneinander entfernt sind?

Aufgabe 2.33

Betrachten Sie eine unendliche Kette von Punktladungen $\pm q$ mit alternierenden Vorzeichen, die sich entlang der x-Achse erstreckt. Die Ladungen sind jeweils im Abstand a voneinander. Berechnen Sie die Arbeit, die pro Teilchen benötigt wird, um dieses System aufzubauen.

[*Teilantwort:* $-\alpha q^2/(4\pi\epsilon_0 a)$, mit einer dimensionslosen Zahl α; diese müssen Sie bestimmen. Sie wird als **Madelung-Konstante** bezeichnet. Die Berechnung der Madelung-Konstante in zwei- und dreidimensionalen Gittern ist viel subtiler und schwieriger.]

2.4.3 Die Energie einer kontinuierlichen Ladungsverteilung

Im Fall einer Volumenladungsdichte ρ wird aus Gleichung 2.42

$$W = \frac{1}{2}\int \rho V \, \mathrm{d}\tau \,. \tag{2.43}$$

(Die entsprechenden Integrale für Linien- und Flächenladungen wären $\int \lambda V \, \mathrm{d}l$ bzw. $\int \sigma V \, \mathrm{d}a$.) Es gibt eine hübsche Methode, die Resultate so umzuformulieren, dass ρ und V zugunsten von $\mathbf{E}$ eliminiert sind. Dazu wenden wir zunächst das Gauß'sche Gesetz an und drücken ρ durch $\mathbf{E}$ aus:

$$\rho = \varepsilon_0 \nabla \cdot \mathbf{E} \,, \quad \text{also ist} \quad W = \frac{\varepsilon_0}{2}\int (\nabla \cdot \mathbf{E})\, V \, \mathrm{d}\tau \,.$$

Mithilfe der partiellen Integration (Gleichung 1.59) überführen wir die Ableitung von $\mathbf{E}$ in V:

$$W = \frac{\varepsilon_0}{2}\left[-\int \mathbf{E} \cdot (\nabla V)\, \mathrm{d}\tau + \oint V\mathbf{E} \cdot \mathrm{d}\mathbf{a}\right] .$$

Da aber $\nabla V = -\mathbf{E}$, ist

$$W = \frac{\varepsilon_0}{2}\left(\int_{\mathcal{V}} E^2 \, \mathrm{d}\tau + \oint_{\mathcal{S}} V\mathbf{E} \cdot \mathrm{d}\mathbf{a}\right) . \tag{2.44}$$

Über *welches* Volumen integrieren wir eigentlich? Kehren wir zu der Formel am Anfang zurück, nämlich 2.43. Aus deren Herleitung ist klar, dass wir über das Gebiet integrieren müssen, in dem sich die Ladung befindet. Tatsächlich genügt jedes beliebige *größere* Volumen: Das „zusätzliche“ Gebiet, das wir dann verwenden, trägt sowieso nicht zum Integral bei, denn dort gilt $\rho = 0$. Mit diesem Hintergrund kehren wir zu Gleichung 2.44 zurück. Was geschieht in diesem Gebiet, wenn wir das Volumen über das zum Umschließen der Ladungen unbedingt notwendige Gebiet hinaus erweitern? Nun, das Integral von E^2 kann nur anwachsen (da der Integrand positiv ist). Dementsprechend muss das Flächenintegral kleiner werden, damit die Summe sich nicht verändert. Tatsächlich verändert sich E in großen Entfernungen von den Ladungen wie $1/r^2$ und V wie $1/r$, während die Fläche gemäß r^2 anwächst. Ganz grob sinkt das Flächenintegral mit $1/r$. Vergessen Sie nicht, dass Gleichung 2.44 Ihnen die korrekte Energie W liefert, *egal* welches Volumen Sie verwenden (solange es nur alle Ladungen enthält). Je größer Sie das Volumen wählen, desto mehr wächst der Beitrag des Volumenintegrals an, während derjenige des Flächenintegrals sinkt. Warum sollten wir also nicht über den *gesamten* Raum integrieren? Das Flächenintegral wird dann null, und wir haben

$$W = \frac{\varepsilon_0}{2} \int_{\text{ganzer Raum}} \mathbf{E}^2 \, d\tau \,. \tag{2.45}$$

Beispiel 2.9: Energie einer elektrisch geladenen Kugelschale

Bestimmen Sie die Energie einer gleichförmig geladenen Kugelschale mit Gesamtladung q und Radius R.

Lösung 1:

Verwenden Sie Gleichung 2.43 in der für Flächenladungen geeigneten Version:

$$W = \frac{1}{2} \int \sigma V \, da \,.$$

Das Potential an der Oberfläche dieser Kugel beträgt $(1/4\pi\varepsilon_0)(q/R)$ (und ist konstant), daher ist

$$W = \frac{1}{8\pi\varepsilon_0} \frac{q}{R} \int \sigma \, da = \frac{1}{8\pi\varepsilon_0} \frac{q^2}{R} \,.$$

Lösung 2:

Wir verwenden Gleichung 2.45. Im Inneren der Kugel ist $\mathbf{E} = 0$. Außerhalb gilt:

$$\mathbf{E} = \frac{1}{4\pi\varepsilon_0} \frac{q}{r^2} \hat{\mathbf{r}} \,, \quad \text{daher ist} \quad E^2 = \frac{q^2}{(4\pi\varepsilon_0)^2 \, r^4} \,.$$

Daher gilt für die gesamte Arbeit:

$$\begin{aligned} W_{\text{ges}} &= \frac{\varepsilon_0}{2\,(4\pi\varepsilon_0)^2} \int_{\text{außerhalb}} \left(\frac{q^2}{r^4}\right) \left(r^2 \sin\theta \, dr \, d\theta \, d\varphi\right) \\ &= \frac{1}{32\pi^2\varepsilon_0} q^2 4\pi \int_R^\infty \frac{1}{r^2} \, dr = \frac{1}{8\pi\varepsilon_0} \frac{q^2}{R} \,. \end{aligned}$$

Aufgabe 2.34

Bestimmen Sie die Energie, die in einer gleichförmig geladenen Kugel mit Radius R und Ladung q enthalten ist. Wenden Sie drei unterschiedliche Methoden an:

a. Verwenden Sie Gleichung 2.43. Sie finden das Potential in Aufgabe 2.21.

b. Verwenden Sie Gleichung 2.45. Vergessen Sie nicht, über den *gesamten Raum* zu integrieren.

c. Verwenden Sie Gleichung 2.44 und ein kugelförmiges Volumen mit Radius a. Was geschieht bei $a \to \infty$?

Aufgabe 2.35

Hier ist ein vierter Weg, um die Energie einer gleichförmig geladenen Kugel zu berechnen: Setzen Sie die Kugel Schicht für Schicht zusammen. Bringen Sie dabei jedes Mal eine infinitesimal kleine Ladungsmenge $\mathrm{d}q$ aus großer Entfernung heran und verschmieren Sie diese gleichförmig auf der Oberfläche, wodurch Sie den Radius erhöhen. Wie viel Arbeit $\mathrm{d}W$ ist nötig, um den Radius um einen Betrag $\mathrm{d}r$ zu vergrößern? Integrieren Sie dies zur Berechnung der Arbeit, die zum Aufbau der vollständigen Kugel mit Radius R und Gesamtladung q nötig ist.

2.4.4 Anmerkungen zur elektrostatischen Energie

Eine verblüffende „Inkonsistenz"

Gleichung 2.45 besagt eindeutig, dass die Energie einer stationären Ladungsverteilung immer *positiv* ist. Andrerseits kann Gleichung 2.42 (aus der Gleichung 2.45 ja abgeleitet wurde) positiv oder negativ sein. Gemäß Gleichung 2.42 würde beispielsweise die Energie zweier gleichgroßer, aber entgegengesetzter Ladungen, die sich in einem Abstand $\mathscr{r}$ befinden, $-(1/4\pi\varepsilon_0)(q^2/\mathscr{r})$ sein. Was ist da schiefgelaufen? Welche Formel stimmt denn nun?

Die Antwort lautet, dass beide Gleichungen richtig sind, sich aber auf geringfügig unterschiedliche Situationen beziehen. In Gleichung 2.42 wird die Arbeit, die zum *Herstellen* der Punktladung erst einmal nötig war, nicht berücksichtigt. Wir hatten bereits mit Punktladungen *begonnen* und nur die Arbeit berechnet, die dazu notwendig war, um die Ladungen zusammenzubringen. Wie Gleichung 2.45 zeigt, war dies keine schlechte Idee, denn diese Gleichung deutet darauf hin, dass die Energie einer Punktladung tatsächlich *unendlich* ist:

$$W = \frac{\varepsilon_0}{2\,(4\pi\varepsilon_0)^2}\int\left(\frac{q^2}{r^4}\right)\left(r^2\sin\theta\,\mathrm{d}r\,\mathrm{d}\theta\,\mathrm{d}\varphi\right) = \frac{q^2}{8\pi\varepsilon_0}\int\limits_0^\infty \frac{1}{r^2}\,\mathrm{d}r = \infty\,.$$

Gleichung 2.45 ist vollständiger, denn sie gibt die *Gesamt*energie an, die in der Ladungsverteilung enthalten ist. Gleichung 2.42 ist jedoch für die Behandlung von

Punktladungen besser geeignet, denn wir berücksichtigen (aus gutem Grund!) nicht den Anteil der Gesamtenergie, der zur *Erzeugung* der Punktladungen benötigt wird. Schließlich werden uns die Punktladungen (z. B. Elektronen) in der Praxis „gebrauchsfertig" *gegeben*. Uns bleibt nur noch, die Ladungen herumzuschieben. Da wir die Ladungen nicht zusammengesetzt haben und sie nicht auseinandernehmen können, ist es völlig unerheblich, wie viel Arbeit dieser Prozess benötigt. (Die unendlich hohe Energie einer Punktladung ist trotzdem ein ständiger Stachel im Fleisch der Theorie des Elektromagnetismus, sowohl in der klassischen wie der quantenmechanischen Version. Wir werden in Kapitel 11 auf dieses Problem zurückkommen.)

Sie fragen sich vielleicht, wie sich dieses Inkonsistenz in eine scheinbar wasserdichte Ableitung hineinschmuggeln konnte. Die „Schwachstelle" befindet sich zwischen den Gleichungen 2.42 und 2.43. In der ersteren steht $V(\mathbf{r}_i)$ für das Potential aller *anderen* Ladungen, aber *ohne* q_i zu berücksichtigen. In der letzteren steht $V(\mathbf{r})$ für das *vollständige* Potential. Bei einer kontinuierlichen Verteilung gibt es keinen Unterschied, denn der Betrag der direkt an einem Punkt $\mathbf{r}$ befindlichen Ladung ist vernachlässigbar gering. Ihr Beitrag zum Potential ist null.

Wo wird die Energie gespeichert?

Die Gleichungen 2.43 und 2.45 bieten zwei unterschiedliche Methoden zur Berechnung derselben Sache. Die erste ist ein Integral über die Ladungsverteilung, die zweite ein Integral über das Feld. Diese beiden können völlig unterschiedliche Gebiete umfassen. So ist beispielsweise im Fall einer Kugelschale (Beispiel 2.9) die Ladung auf die Oberfläche beschränkt, wohingegen das elektrische Feld überall *außerhalb* der Oberfläche existiert. Wo *befindet* sich dann die Energie? Ist sie im Feld gespeichert, wie Gleichung 2.45 nahezulegen scheint, oder befindet sie sich entsprechend Gleichung 2.43 in der Ladung? Zum jetzigen Zeitpunkt lässt sich diese Frage einfach noch nicht beantworten. Ich kann Ihnen zwar sagen, was die Gesamtenergie ist, und ich kann Ihnen verschiedene Methoden zeigen, um sie zu berechnen, aber es ist nicht notwendig, sich über den *Ort* der Energie Gedanken zu machen. Im Zusammenhang mit der Theorie der Strahlung (Kapitel 11) ist es sinnvoll (und in der allgemeinen Relativitätstheorie ist es sogar *unbedingt notwendig*), die Energie als Teil des Felds zu betrachten mit einer Dichte von

$$\frac{\varepsilon_0}{2}E^2 = \text{Energie pro Einheitsvolumen}\,. \tag{2.46}$$

In der Elektrostatik könnte man jedoch ohne weiteres behaupten, die Energie sei in der Ladung gespeichert, wobei die Dichte $\frac{1}{2}\rho V$ beträgt. Der Unterschied ist allein eine Frage der Buchhaltung.

Das Superpositionsprinzip

Weil die elektrostatische Energie *quadratisch* von den Feldern abhängt, unterliegt sie nicht dem Superpositionsprinzip. Die Energie eines zusammengehörenden Systems ist nicht die Summe der Energien der einzeln betrachteten Bestandteile, denn es gibt auch „Mischterme“:

$$\begin{aligned} W_{\text{tot}} &= \frac{\varepsilon_0}{2}\int \mathbf{E}^2\,\mathrm{d}\tau = \frac{\varepsilon_0}{2}\int (\mathbf{E}_1+\mathbf{E}_2)^2\,\mathrm{d}\tau \\ &= \frac{\varepsilon_0}{2}\int \left(E_1^2+E_2^2+2\mathbf{E}_1\cdot\mathbf{E}_2\right)\mathrm{d}\tau \\ &= W_1+W_2+\varepsilon_0\int \mathbf{E}_1\cdot\mathbf{E}_2\,\mathrm{d}\tau\,. \end{aligned} \tag{2.47}$$

Wenn Sie z. B. die Ladung überall verdoppeln, vervierfachen Sie die Gesamtenergie.

Aufgabe 2.36

Betrachten Sie zwei konzentrische Kugelschalen mit den Radien a und b. Nehmen Sie an, die innere würde eine Ladung q tragen und die äußere eine Ladung $-q$ (die Ladungen sind gleichförmig auf der Oberfläche verteilt). Berechnen Sie die Energie dieser Konfiguration

a. unter Verwendung von Gleichung 2.45 und

b. unter Verwendung von Gleichung 2.47 sowie der Resultate von Beispiel 2.9.

Aufgabe 2.37

Berechnen Sie die Wechselwirkungsenergie ($\epsilon_0 \int \mathbf{E}_1 \cdot \mathbf{E}_2 d\tau$ in Gleichung 2.47) für zwei Punktladungen q_1 und q_2, die Abstand a voneinander haben.

[*Hinweis:* Setzen Sie q_1 an den Ursprung und q_2 auf die z-Achse; verwenden Sie Kugelkoordinaten und berechnen Sie zuerst das Integral über r.]

2.5 Leiter

2.5.1 Grundlegende Eigenschaften

In einem Isolator, beispielsweise Keramik, Glas oder Gummi, ist jedes Elektron an ein bestimmtes Atom gebunden. In einem metallischen Leiter hat dagegen jedes Atom ein oder zwei Elektronen abgegeben, die sich völlig frei im Material bewegen können. (In flüssigen Leitern wie Salzwasser bewegen sich *Ionen*.) Ein *perfekter* Leiter wäre ein Material, das einen *unbegrenzten* Vorrat völlig freier Ladungen aufweisen würde. Im Alltag gibt es keine perfekten Leiter, aber viele Substanzen kommen diesem Ideal erstaunlich nahe. Aus dieser Definition der grundlegenden Eigenschaften eines idealen Leiters folgt sofort:

(i) Im Inneren des Leiters ist $\mathbf{E} = 0$. Warum? *Gäbe* es im Inneren irgendein Feld, dann würden sich die freien Ladungen bewegen, und dann hätten wir keine *Elektrostatik* mehr. Gut, das ist keine zufriedenstellende Erklärung; sie beweist wohl nur, dass in Anwesenheit von *Leitern* keine Elektrostatik möglich ist. Wir sollten besser untersuchen, was geschieht, wenn Sie einen Leiter in ein äußeres elektrisches Feld

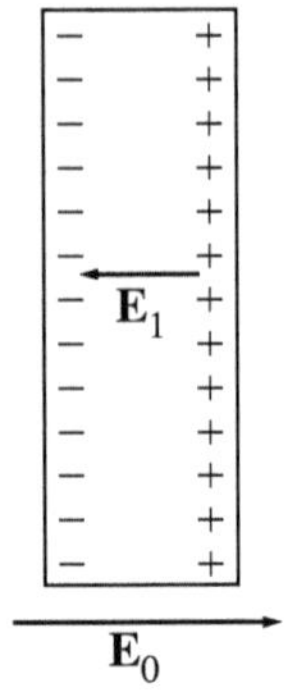

Abbildung 2.42

$\mathbf{E}_0$ hineinbringen (Abbildung 2.42). Zunächst werden alle freien positiven Ladungen nach rechts und alle freien negativen Ladungen nach links verschoben. (Im Alltag bewegen sich nur die negativen Ladungen – die Elektronen. Wenn Sie sich entfernen, entsteht jedoch auf der rechten Seite eine positive Nettoladung, die von den unbeweglichen Atomkernen herrührt. Es ist also egal, welche Ladungen sich tatsächlich bewegen, denn der Effekt ist derselbe.) Wenn sie den Rand des Materials erreichen, sammeln sich die Ladungen an – die positiven auf der rechten, die negativen auf der linken Seite. Diese **induzierten Ladungen** erzeugen nun ihr eigenes Feld $\mathbf{E}_1$, das, wie Sie Abbildung 2.42 entnehmen können, die *entgegengesetzte Richtung* von $\mathbf{E}_0$ aufweist. Dies ist der entscheidende Punkt, denn es bedeutet, dass das Feld der induzierten Ladungen *das ursprüngliche Feld teilweise aufhebt.* Die Ladungen fließen, bis sich die Felder aufgehoben haben und das resultierende Feld im Inneren des Leiters genau null beträgt.[9] Der gesamte Prozess findet praktisch augenblicklich statt.

(ii) Im Inneren des Leiters ist $\rho = 0$. Diese Aussage folgt aus dem Gauß'schen Gesetz: $\nabla \cdot \mathbf{E} = \rho/\varepsilon_0$. Wenn $\mathbf{E} = 0$ ist, dann muss das auch für ρ gelten. Es gibt immer noch Ladungen, aber genauso viel positive wie negative, daher ist die *Netto*ladungsdichte im Inneren null.

(iii) Jede Nettoladung befindet sich auf der Oberfläche. Dies ist der einzige Ort, wo sie sich befinden *kann.*

(iv) Ein Leiter ist eine Äquipotentialfläche. Sind nämlich $\mathbf{a}$ und $\mathbf{b}$ zwei Punkte im Inneren (oder auf der Oberfläche) eines gegebenen Leiters, dann ist

$$V(\mathbf{b}) - V(\mathbf{a}) = -\int_{\mathbf{a}}^{\mathbf{b}} \mathbf{E} \cdot d\mathbf{l} = 0$$

und daher $V(\mathbf{a}) = V(\mathbf{b})$.

9 *Außerhalb* des Leiters ist das Feld *keineswegs* null, denn dort heben sich $\mathbf{E}_0$ und $\mathbf{E}_1$ nicht auf.

(v) Direkt oberhalb des Leiters steht E senkrecht auf der Oberfläche. Wäre es anders, etwa wie in (i), würde sofort Ladung auf der Oberfläche fließen, bis sie die tangentiale Komponente des Felds aufgehoben hat (Abbildung 2.43). (*Senkrecht* zur Oberfläche können natürlich keine Ladungen fließen, da diese an das leitende Objekt gebunden sind.)

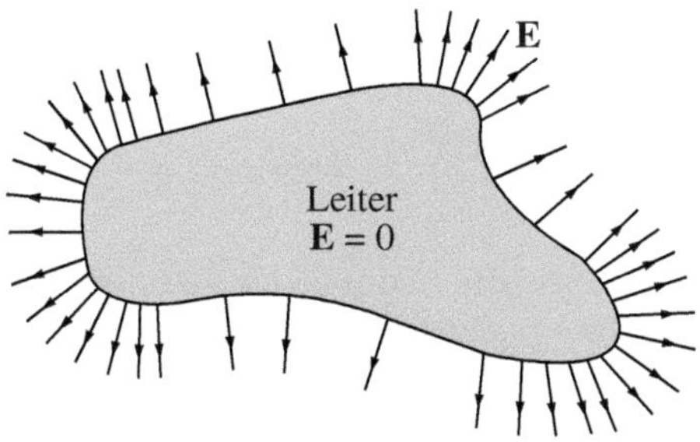

Abbildung 2.43

Ich halte es für erstaunlich, dass die Ladung eines Leiters an die Oberfläche fließt. Wegen ihrer gegenseitigen Abstoßung breiten sich die Ladungen natürlicherweise so weit wie möglich aus. Dass jedoch alle von ihnen zur Oberfläche strömen, erscheint wie eine Vergeudung des Raums im Inneren. Sicher wäre es doch besser, unter dem Aspekt die Ladungen so weit wie möglich voneinander zu entfernen, wenn wir *einige* von ihnen im Inneren verteilen könnten ... Das ist allerdings nicht der Fall. Es ist am besten, alle Ladungen an die Oberfläche zu bringen, ganz egal welche Größe oder Form der Leiter besitzt.[10]

Das Problem kann auch mithilfe der Energie formuliert werden. Wie bei jedem anderen freien dynamischen System sucht die Ladung eines Leiters die Konfiguration, die ihre potentielle Energie minimiert. Eigenschaft (iii) stellt sicher, dass die elektrostatische Energie eines Festkörpers (mit festgelegter Form und Gesamtladung) minimal wird, wenn die Ladung auf der Oberfläche verteilt ist. Beispielsweise beträgt die Energie einer Kugel $(1/8\pi\varepsilon_0)(q^2/R)$, wenn die Ladung, wie wir in Beispiel 2.9 herausgefunden haben, gleichförmig über der Oberfläche verteilt ist. Sie ist jedoch größer und beträgt $(3/20\pi\varepsilon_0)(q^2/R)$, wenn die Ladung gleichmäßig im gesamten Volumen verteilt ist (Aufgabe 2.34).

2.5.2 Induzierte Ladungen

Wenn Sie eine Ladung $+q$ in die Nähe eines ungeladenen Leiters bringen (Abbildung 2.44), ziehen sich beide an. Der Grund liegt darin, dass q negative Ladungen an die linke Seite zieht und positive Ladungen zur rechten Seite schiebt. (Wir können

10 Übrigens verhalten sich die ein- und zweidimensionalen Analogien völlig anders: Die Ladung auf einer leitenden Scheibe sammelt sich nicht vollständig am Rand an (R. Friedberg, *Am. J. of Phys.* **61**, 1084 (1993)). Auch die Ladung einer leitenden Nadel sammelt sich nicht an den Enden an (D. J. Griffiths und Y. Li, *Am. J. of Phys.* **64**, 706 (1996)). Siehe Aufgabe 2.56. Weiterhin würde die Ladung in einem Leiter auch dann nicht in Gänze an die Oberfläche wandern, wenn der Exponent von r im Coulomb'schen Gesetz nicht exakt 2 wäre – siehe D. J. Griffiths und D. Z. Uvanovic, *Am. J. Phys.* **69**, 435 (2001) und Aufgabe 2.53g.

Abbildung 2.44

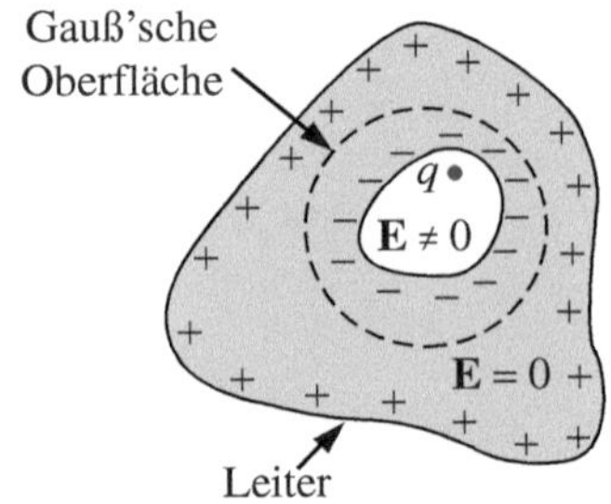

Abbildung 2.45

uns das auch so vorstellen, dass die Ladung sich so bewegt, dass sie das Feld von q für Punkte im Inneren des Leiters aufhebt, in denen das gesamte Feld null sein muss.) Da sich die negative induzierte Ladung näher bei q befindet, gibt es eine anziehende Nettokraft. (In Kapitel 3 werden wir diese Kraft für den Fall eines kugelförmigen Leiters ausführlich berechnen.)

Nebenbei gesagt, wenn ich von Feld, Ladung oder Potential „im Inneren" eines Leiters rede, dann meine ich damit, dass diese sich im „Material" des Leiters befinden. Enthält dieses Material *Hohlräume*, in denen sich wiederum Ladungen befinden, dann ist das *Feld in diesen Hohlräumen nicht* null. Der Hohlraum und sein Inhalt sind aber in bemerkenswerter Weise durch den umgebenden Leiter von der Außenwelt isoliert (Abbildung 2.45). Äußere Felder können den Leiter nicht durchdringen, denn sie werden durch die induzierten Ladungen an der Außenfläche aufgehoben. Auf ähnliche Weise ist das Feld der Ladungen innerhalb der Hohlräume für alle Punkte im Außenraum aufgehoben. (Wie wir in Beispiel 2.10 noch sehen werden, gibt die kompensierende Ladung, die auf der *Außenfläche* des Leiters zurückbleibt, der Außenwelt jedoch die Anwesenheit von q bekannt.) Übrigens ist die gesamte auf der Wand des Hohlraums induzierte Ladung genauso groß wie die Ladung im Inneren, trägt aber das entgegengesetzte Vorzeichen. Wenn wir den Hohlraum mit einer Gauß'schen Oberfläche umgeben, gilt für alle Punkte im Leiter (Abbildung 2.45) $\oint \mathbf{E} \cdot d\mathbf{a} = 0$, und daher muss (wegen des Gauß'schen Gesetzes) die eingeschlossene Nettoladung null sein. Da aber $Q_{\text{eing}} = q + q_{\text{induziert}}$ ist, muss $q_{\text{induziert}} = -q$ sein. Wenn also der Leiter insgesamt elektrisch neutral ist, muss es eine Ladung $+q$ auf seiner äußeren Oberfläche geben.

Beispiel 2.10: Elektrische Felder in Hohlräumen

Ein ungeladener kugelförmiger Leiter mit dem Zentrum im Ursprung besitzt einen Hohlraum mit unregelmäßiger Form (Abbildung 2.46). Irgendwo im Inneren des Hohlraums befindet sich eine Ladung q. *Frage*: Welches Feld ist außerhalb der Kugel feststellbar?

Lösung:

Auf den ersten Blick scheint die Antwort auf die Frage von der Form des Hohlraums und dem Ort der Ladung abzuhängen. Das ist allerdings falsch. Die Ant-

Beispiel 2.10 (Fortsetzung)

wort lautet davon völlig unabhängig:

$$\mathbf{E} = \frac{1}{4\pi\varepsilon_0}\frac{q}{r^2}\hat{\mathbf{r}}\,.$$

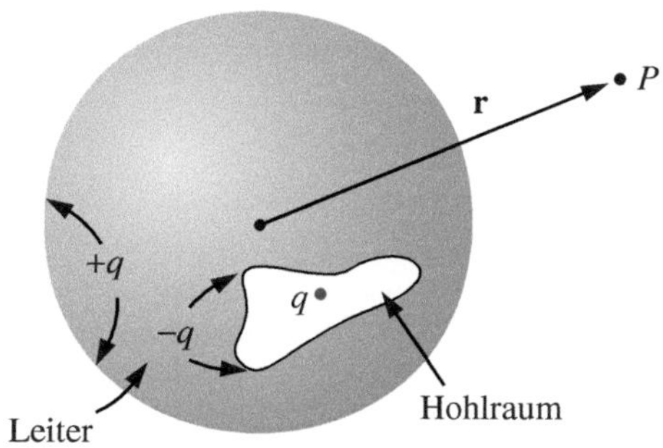

Abbildung 2.46

Der Leiter schirmt uns von allen Informationen über die Eigenschaften des Hohlraums ab und teilt uns nur mit, welche Ladung darin enthalten ist. Wie ist das möglich? Die Ladung $+q$ bedeutet, dass sich auf den Wänden des Hohlraums eine entgegengesetzte Ladung $-q$ befinden muss. Sie ist auf irgendeine Weise so verteilt, dass ihr Feld für jeden Punkt außerhalb des Hohlraums das Feld von q aufhebt. Da der Leiter keine Nettoladung trägt, muss $+q$ gleichmäßig auf der Oberfläche der Kugel verteilt sein. (Die Verteilung ist gleichförmig, weil der asymmetrische Einfluss der Punktladung $+q$ durch die induzierte Ladung $-q$ auf der inneren Oberfläche aufgehoben wird.) Punkte im Außenraum erfahren daher einzig und allein das Feld der verbliebenen Ladung $+q$, die gleichförmig auf der Oberfläche verteilt ist.

Vielleicht sind Sie der Ansicht, dass dieses Argument angezweifelt werden kann: Es gibt hier nämlich *drei* Felder: $\mathbf{E}_q$, $\mathbf{E}_{\text{induziert}}$ und $\mathbf{E}_{\text{Rest}}$. Wir wissen aber mit Sicherheit nur, dass die Summe der drei im Inneren des Leiters null sein muss. Trotzdem habe ich behauptet, dass sich *allein* die beiden ersten gegenseitig aufheben, während das dritte unabhängig davon null ist. Wenn sich darüber hinaus die beiden ersten im Leiterinneren aufheben, gilt das dann auch noch für den Außenraum? Für Punkte im *Inneren* des Hohlraums heben sie sich nicht auf. Im Moment kann ich Ihnen keine völlig befriedigende Antwort geben, doch das Folgende ist immerhin richtig: Es gibt eine Möglichkeit, $-q$ so auf der inneren Oberfläche zu verteilen, dass für alle äußeren Punkte das Feld von q aufgehoben ist. Derselbe Hohlraum könnte sich in einer riesigen Kugel mit einem Radius von 27 Meilen, einigen Lichtjahren oder irgendeinem anderen Wert befinden. In diesen Fällen ist die verbliebene Ladung $+q$ auf der äußeren Oberfläche einfach zu weit entfernt, um ein nennenswertes Feld zu liefern, und die beiden andern Felder müssten das Aufheben alleine bewerkstelligen. Wir wissen also, dass sie dazu *in der Lage* sind ... aber dürfen wir uns sicher sein, dass sie das auch *auf diese Weise* durchführen? Vielleicht zieht die Natur bei kleinen Kugeldurchmessern eine komplizierte Form einer dreiseitigen Auf-

Beispiel 2.10 (Fortsetzung)

hebung der Felder vor. Keineswegs. Wie wir in den Eindeutigkeitssätzen von Kapitel 3 noch sehen werden, geizt die Elektrostatik mit ihren Möglichkeiten. Es gibt immer nur genau eine Methode – niemals mehr –, um eine Ladung so auf einem Leiter zu verteilen, dass das Feld im Inneren null wird. Sobald wir irgendeinen gangbaren Weg gefunden haben, wissen wir mit Sicherheit, dass zumindest prinzipiell keine Alternativen möglich sind.

Wenn der Hohlraum, den der Leiter umgibt, selbst keine Ladung enthält, dann ist das Feld innerhalb des Hohlraums null. Jede Feldlinie müsste nämlich an der Wand des Hohlraums beginnen und enden und von einer positiven zu einer negativen Ladung verlaufen (Abbildung 2.47). Wenn wir die Feldlinie zu einer geschlossenen Schleife verlängern, deren Rest völlig im Inneren des Leiters verläuft (in dem $\mathbf{E} = 0$ gilt), dann ist das Integral $\oint \mathbf{E} \cdot d\mathbf{l}$, entgegen Gleichung 2.19, eindeutig *positiv*. Daraus folgt, dass in einem *leeren* Hohlraum $\mathbf{E} = 0$ sein muss und es tatsächlich *keine* Ladung auf der Oberfläche des Hohlraums gibt. (Deshalb sind Sie während eines Gewitters im Inneren eines metallischen Wagens relativ sicher. Falls Sie der Blitz trifft, werden Sie vielleicht *geröstet*, aber keinesfalls durch den *Stromstoß getötet*. Aus demselben Grund, nämlich um elektrische Streufelder zu vermeiden, werden empfindliche Apparate innerhalb eines geerdeten **Faraday'schen Käfigs** untergebracht. Im Alltag muss es nicht einmal ein geschlossener Leiter sein – schon Maschendraht reicht oft aus.)

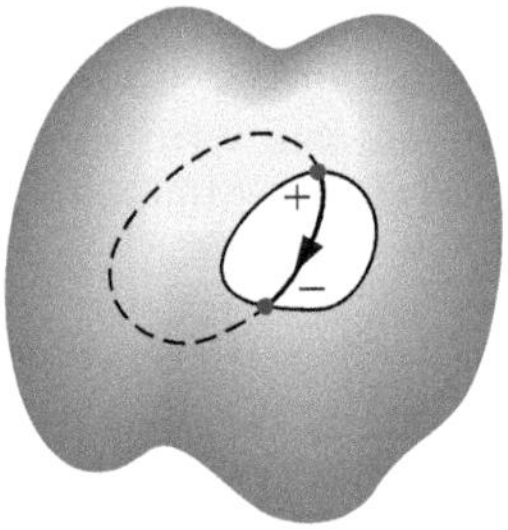

Abbildung 2.47

■ Aufgabe 2.38

Eine Metallkugel mit Radius R trägt die Ladung q; sie ist von einer dicken konzentrischen metallischen Schale umgeben (mit Innenradius a und Außenradius b, siehe Abbildung 2.48). Auf der Kugelschale befindet sich keine Nettoladung.

a. Bestimmen Sie die Flächenladungsdichte σ bei R, bei a und bei b.

b. Bestimmen Sie das Potential im Zentrum unter Verwendung eines Bezugspunkts im Unendlichen.

c. Die äußere Fläche wird nun mit einem Erdungsdraht verbunden, der ihr

Potential auf null bringt (denselben Wert wie im Unendlichen). Wie verändern sich Ihre Antworten auf (a) und (b)?

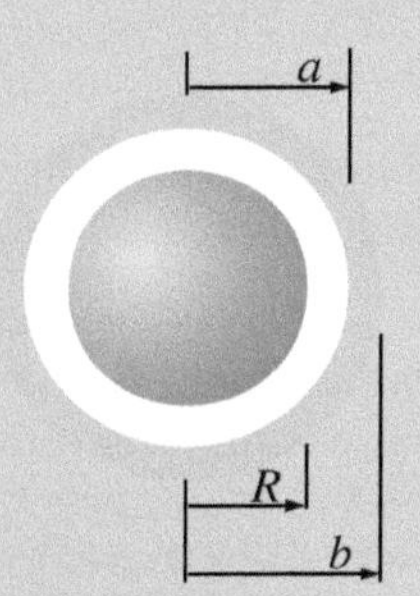

Abbildung 2.48

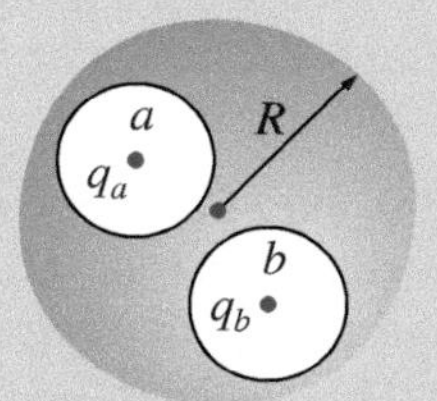

Abbildung 2.49

Aufgabe 2.39

Aus dem Inneren einer (neutralen) leitenden Kugel mit Radius R höhlt man zwei kugelförmige Hohlräume mit den Radien a und b aus (Abbildung 2.49). In das Zentrum jedes Hohlraums wird eine Punktladung gesetzt, die wir mit q_a und q_b bezeichnen.

a. Bestimmen Sie die Flächenladungen σ_a, σ_b und σ_R.

b. Welches Feld herrscht im Inneren des Leiters?

c. Welches Feld herrscht im Inneren jedes Hohlraums?

d. Welche Kraft wird auf q_a und q_b ausgeübt?

e. Welches dieser Resultate würde sich ändern, wenn eine dritte Ladung q_c in die Nähe des Leiters gebracht würde?

Aufgabe 2.40

a. Eine Punktladung q befindet sich in einem Hohlraum in einem ungeladenen Leiter (Abbildung 2.45). Ist die Kraft auf q notwendigerweise null?[11]

b. Ist die Kraft zwischen einer Punktladung und einem ungeladenen Leiter in der Nähe immer anziehend?[12]

2.5.3 Flächenladungen und die Kraft auf einen Leiter

Weil das Feld im Inneren eines Leiters null ist, erfordert die Randbedingung 2.33 für das Feld im *Außen*raum

$$\mathbf{E} = \frac{\sigma}{\varepsilon_0}\hat{\mathbf{n}}\,, \tag{2.48}$$

11 Diese Aufgabe wurde von Nelson Christensen vorgeschlagen.
12 Siehe M. Levin und S. G. Johnson, *Am. J. Phys.* **79**, 843 (2011).

was mit unseren früheren Schlussfolgerungen, dass das Feld senkrecht auf der Oberfläche steht, übereinstimmt. Drücken wir dies durch das Potential aus, führt Gleichung 2.36 auf

$$\sigma = -\varepsilon_0 \frac{\partial V}{\partial n} \,. \tag{2.49}$$

Mit diesen Gleichungen können Sie die Flächenladung auf einem Leiter berechnen, sofern Sie **E** oder V bestimmen können. Wir werden sie im nächsten Kapitel noch häufig einsetzen.

In Anwesenheit eines elektrischen Felds erfährt eine Flächenladung natürlich eine Kraft. Die Kraft **f** pro Einheitsfläche beträgt $\sigma\mathbf{E}$. Allerdings stehen wir hier vor einem Problem. Da das Feld an einer Flächenladung unstetig ist, wissen wir nicht, welchen Wert wir verwenden müssen: $\mathbf{E}_{\text{oberhalb}}$, $\mathbf{E}_{\text{unterhalb}}$ oder irgendetwas dazwischen? Die Antwort ist: Wir müssen den Mittelwert benutzen:

$$\mathbf{f} = \sigma\mathbf{E}_{\text{Mittel}} = \frac{1}{2}\sigma\left(\mathbf{E}_{\text{oberhalb}} + \mathbf{E}_{\text{unterhalb}}\right) \,. \tag{2.50}$$

Warum den Mittelwert? Der Grund ist recht einfach, obwohl er durch die Beschreibung sehr kompliziert klingt. Richten wir unsere Aufmerksamkeit auf einen kleinen Bereich der Oberfläche um einen bestimmten Punkt (Abbildung 2.50). Machen Sie das Gebiet so klein, dass es im Wesentlichen eben und die darauf befindliche Flächenladung im Wesentlichen konstant ist. Das gesamte Feld besteht aus zwei Teilen – einem Teil, der vom Gebiet selbst herrührt, und einem Teil, der von allem anderen herrührt (z. B. anderen Gebieten der Oberfläche sowie anderen eventuell vorhandenen äußeren Quellen):

$$\mathbf{E} = \mathbf{E}_{\text{Gebiet}} + \mathbf{E}_{\text{andere}} \,.$$

Das Gebiet kann keine Kraft auf sich selbst ausüben, genauso wenig, wie Sie sich selbst hochheben können, wenn Sie in einem Korb stehen und an den Griffen ziehen. Die auf unser Gebiet wirkende Kraft rührt daher ausschließlich von $\mathbf{E}_{\text{andere}}$ her, das *keine* Unstetigkeit aufweist (würden wir das Gebiet entfernen, wäre das Feld in dem so entstehenden „Loch" völlig glatt). Die Unstetigkeit beruht ausschließlich auf der Ladung in dem Gebiet, die auf jeder Seite ein Feld $(\sigma/2\varepsilon_0)$ hervorruft, welches von der Oberfläche weg weist (Abbildung 2.50).

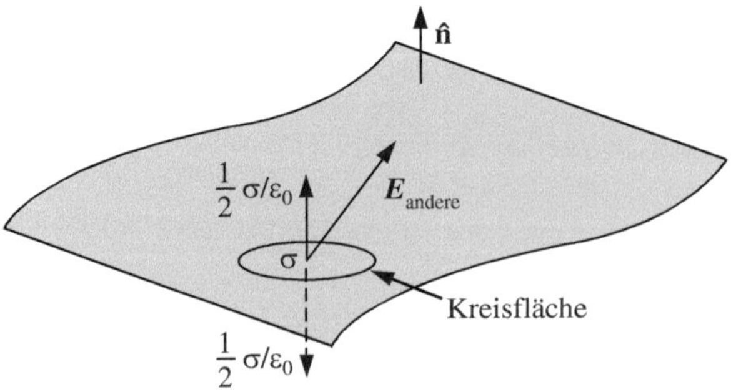

Abbildung 2.50

Daher ist

$$\mathbf{E}_{\text{oberhalb}} = \mathbf{E}_{\text{andere}} + \frac{\sigma}{2\varepsilon_0}\hat{\mathbf{n}}$$

$$\mathbf{E}_{\text{unterhalb}} = \mathbf{E}_{\text{andere}} - \frac{\sigma}{2\varepsilon_0}\hat{\mathbf{n}}$$

und daher

$$\mathbf{E}_{\text{andere}} = \frac{1}{2}\left(\mathbf{E}_{\text{oberhalb}} + \mathbf{E}_{\text{unterhalb}}\right) = \mathbf{E}_{\text{Mittel}} \,.$$

Die Bildung des Mittelwerts dient also nur dazu, den Beitrag des Gebietes zu beseitigen.

Dieses Argument gilt für *jede* Flächenladung. Im Spezialfall eines Leiters ist das Feld im Inneren null und außerhalb $(\sigma/\varepsilon_0)\hat{\mathbf{n}}$ (Gleichung 2.48). Der Mittelwert beträgt daher $(\sigma/2\varepsilon_0)\hat{\mathbf{n}}$, und die Kraft pro Einheitsfläche ist

$$\mathbf{f} = \frac{1}{2\varepsilon_0}\sigma^2\hat{\mathbf{n}} \,. \tag{2.51}$$

Dies entspricht einem nach außen gerichtetem **elektrostatischen Druck** auf die Oberfläche, durch den der Leiter in das Feld gezogen wird, egal welches Vorzeichen σ aufweist. Beschreiben wir den Druck durch das Feld außerhalb der Oberfläche, erhalten wir

$$P = \frac{\varepsilon_0}{2}E^2 \,. \tag{2.52}$$

Aufgabe 2.41

Zwei große Metallplatten (jeweils mit der Fläche A) befinden sich in einem Abstand d voneinander. Nehmen Sie an, wir bringen eine Ladung Q auf jede Platte auf. Welcher elektrostatische Druck lastet auf den Platten?

Aufgabe 2.42

Eine Metallkugel mit Radius R trägt eine Gesamtladung Q. Welche abstoßende Kraft herrscht zwischen der „nördlichen" und der „südlichen" Hemisphäre?

2.5.4 Kondensatoren

Nehmen Sie an, wir hätten *zwei* Leiter, und wir bringen die Ladung $+Q$ auf den einen und eine Ladung $-Q$ auf den anderen auf (Abbildung 2.51). Weil V innerhalb eines Leiter konstant ist, können wir ganz eindeutig die Potentialdifferenz zwischen

Abbildung 2.51

ihnen bestimmen:

$$V = V_+ - V_- = -\int_{(-)}^{(+)} \mathbf{E} \cdot \mathrm{d}\mathbf{l}\,.$$

Wir wissen nicht, wie sich die Ladung selbst auf den beiden Leitern verteilt, und wenn sie unregelmäßige Formen haben, wäre die Berechnung des Felds eine Heidenarbeit. Aber wir *wissen*: **E** ist proportional zu Q. **E** ist durch das Coulomb'sche Gesetz gegeben:

$$\mathbf{E} = \frac{1}{4\pi\varepsilon_0} \int \frac{\rho}{\mathscr{r}^2} \hat{\boldsymbol{\mathscr{r}}}\, \mathrm{d}\tau\,.$$

Wenn Sie also ρ verdoppeln, dann verdoppeln Sie auch **E**. (Einen Moment! Woher wissen wir denn, dass die Verdopplung von Q sowie von $-Q$ auch ρ verdoppelt? Vielleicht *bewegt* sich die Ladung so, dass eine völlig unterschiedliche Konfiguration entsteht, in der ρ z. B. an manchen Stellen vervierfacht und an anderen Stellen halbiert ist, sodass nur die *Gesamtladung* auf jedem Leiter verdoppelt wäre. Tatsächlich ist dieser Einwand unberechtigt – die Verdopplung von Q führt *überall* zu einer Verdopplung von ρ. Die Ladungen werden *nicht* durcheinandergewirbelt. Den Beweis dazu kann ich erst in Kapitel 3 führen. Bis dahin müssen Sie mir einfach glauben.)

Da **E** proportional zu Q ist, muss das auch für V gelten. Die Proportionalitätskonstante wird auch als die **Kapazität** dieser Anordnung bezeichnet:

$$C \equiv \frac{Q}{V}\,. \tag{2.53}$$

Die Kapazität ist eine rein geometrische Größe, die durch die Abmessungen, Formen und Abstände der beiden Leiter festgelegt wird. In SI-Einheiten wird C in **Farad** (F) gemessen. Ein Farad ist ein Coulomb pro Volt. Unglücklicherweise führt dies auf unangenehm hohe Werte. Praxisbezogene Größen sind das Mikrofarad (10^{-6} F) und das Picofarad (10^{-12} F).

Beispiel 2.11: Kapazität ebener Platten

Bestimmen Sie die Kapazität eines Plattenkondensators, der aus zwei metallischen Flächen der Fläche A besteht, die sich in einer Entfernung d voneinander befinden (Abbildung 2.52).

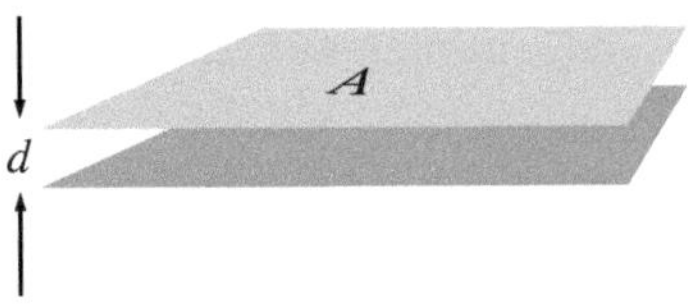

Abbildung 2.52

Lösung:

Wenn wir die Ladungen $+Q$ auf die obere Platte und $-Q$ auf die untere legen, werden sie sich gleichförmig auf den Flächen verteilen, vorausgesetzt, die Flä-

Beispiel 2.11 (Fortsetzung)

che ist hinreichend groß und der Abstand ist klein.[13] Die Flächenladungsdichte auf der oberen Platte beträgt dann $\sigma = Q/A$, daher ist das Feld gemäß Beispiel 2.6 $(1/\varepsilon_0)Q/A$. Die Potentialdifferenz zwischen den Platten ist daher

$$V = \frac{Q}{A\varepsilon_0} d ,$$

und somit ist

$$C = \frac{A\varepsilon_0}{d} . \tag{2.54}$$

Wenn die Platten beispielsweise Quadrate mit einer Kantenlänge von 1 cm sind und sich in einem Abstand von 1 mm befinden, dann beträgt ihre Kapazität $9 \cdot 10^{-13}$ F.

Beachten Sie, dass V per Definition das Potential des *positiven* Leiters abzüglich des *negativen* ist. In gleicher Weise ist Q die Ladung des *positiven* Leiters. Dementsprechend ist die Kapazität intrinsisch eine positive Größe. (Übrigens werden Sie ab und zu jemanden treffen, der von der Kapazität eines *einzelnen* Leiters spricht. In diesem Fall ist der „zweite Leiter" mit der negativen Ladung eine imaginäre Hülle mit unendlichem Radius, die den einzelnen Leiter umgibt. Sie trägt nichts zum Feld bei, daher wird die Kapazität durch Gleichung 2.53 gegeben, wobei der Bezugspunkt für das Potential V im Unendlichen liegt.)

Beispiel 2.12: Kapazität von Kugelschalen

Bestimmen Sie die Kapazität zweier konzentrischer metallischer Kugelschalen mit den Radien a und b.

Lösung:

Bringen Sie die Ladungen $+Q$ auf die innere Kugel und $-Q$ auf die äußere Kugel. Das Feld zwischen den Kugeln ist dann

$$\mathbf{E} = \frac{1}{4\pi\varepsilon_0} \frac{Q}{r^2} \hat{\mathbf{r}} .$$

Die Potentialdifferenz zwischen ihnen beträgt

$$V = -\int_{\mathbf{b}}^{\mathbf{a}} \mathbf{E} \cdot d\mathbf{l} = -\frac{Q}{4\pi\varepsilon_0} \int_{\mathbf{b}}^{\mathbf{a}} \frac{1}{r^2} dr = \frac{Q}{4\pi\varepsilon_0} \left(\frac{1}{a} - \frac{1}{b} \right) .$$

Wie versprochen, ist V proportional zu Q, und die Kapazität ist

$$C = \frac{Q}{V} = 4\pi\varepsilon_0 \frac{ab}{(b-a)} .$$

13 Die exakte Lösung ist gar nicht so einfach – nicht einmal für den einfacheren Fall kreisförmiger Platten. Siehe G. T. Carlson und B. L. Illman, *Am. J. Phys.* **62**, 1099 (1994).

Um einen Kondensator aufzuladen, müssen Sie Elektronen von der positiven Platte entfernen und auf die negative Platte übertragen. Dazu müssen Sie gegen das elektrische Feld ankämpfen, das die Ladungen auf den positiven Kondensator zurückziehen will und von der negativen Platte abstößt. Wie viel Arbeit ist daher nötig, um den Kondensator vollständig auf den Endbetrag Q aufzuladen? Nehmen Sie an, dass zu irgendeinem Zeitpunkt dieses Prozesses die Ladung auf der positiven Platte q beträgt, sodass die Potentialdifferenz q/C ist. Gemäß Gleichung 2.38 müssen Sie für den Transport der nächsten Ladungspakete $\mathrm{d}q$ die Arbeit

$$\mathrm{d}W = \left(\frac{q}{C}\right)\mathrm{d}q$$

aufbringen. Die gesamte notwendige Arbeit, um von $q = 0$ auf $q = Q$ zu kommen, ist daher

$$W = \int_0^Q \left(\frac{q}{C}\right)\mathrm{d}q = \frac{1}{2}\frac{Q^2}{C}$$

oder, da $Q = CV$ gilt,

$$W = \frac{1}{2}CV^2 . \tag{2.55}$$

Hierin ist V das Endpotential des Kondensators.

■ **Aufgabe 2.43**

Bestimmen Sie die Kapazität pro Einheitslänge zweier koaxialer zylinderförmiger Metallröhren, deren Radien a und b betragen (Abbildung 2.53).

Abbildung 2.53

■ **Aufgabe 2.44**

Nehmen Sie an, die Platten eines planparallelen Plattenkondensators nähern sich einander als Ergebnis ihrer gegenseitigen Anziehung um eine infinitesimale Strecke ε an.

a. Bestimmen Sie mit Gleichung 2.52 die von den elektrostatischen Kräften ausgeübte Arbeit in Abhängigkeit vom Feld E und der Plattenfläche A.

b. Bestimmen Sie mit Gleichung 2.46 die Energie, die das Feld bei diesem Prozess verliert.

(Diese Aufgabe sollte einfach sein. Sie enthält allerdings den Keim einer alternativen Herleitung von Gleichung 2.52, die auf der Energieerhaltung beruht.)

Weitere Aufgaben für Kapitel 2

EXTRAS ONLINE Lösungshinweise

Aufgabe 2.45
Bestimmen Sie das elektrische Feld in der Höhe z über dem Zentrum einer quadratischen Fläche (mit Seitenlänge a), die eine gleichförmig verteilte Flächenladung σ trägt. Prüfen Sie Ihr Ergebnis für die Grenzfälle $a \to \infty$ und $z \gg a$.

[*Antwort:* $(\sigma/2\varepsilon_0)\{(4/\pi)\tan^{-1}\sqrt{1+(a^2/2z^2)}-1\}$]

Aufgabe 2.46
Wie lautet die Ladungsdichte, die ein elektrisches Felds erzeugt, das in einem bestimmten Gebiet durch den Ausdruck

$$\mathbf{E(r)} = \frac{k}{r}\left[3\hat{\mathbf{r}} + 2\sin\theta\cos\theta\sin\phi\hat{\boldsymbol{\theta}} + \sin\theta\cos\phi\hat{\boldsymbol{\phi}}\right]$$

(in Kugelkoordinaten) gegeben ist? k ist eine Konstante.

[*Antwort:* $3k\epsilon_0(1+\cos 2\theta\sin\phi)/r^2$]

Aufgabe 2.47
Bestimmen Sie die Nettokraft, die von der südlichen Halbkugel einer gleichförmig geladenen Kugel auf die nördliche Halbkugel ausgeübt wird. Drücken Sie Ihr Ergebnis durch den Radius R und die Ladung Q aus.

[*Antwort:* $(1/4\varepsilon_0)(3Q^2/16R^2)$]

Aufgabe 2.48
Eine umgedrehte halbkugelförmige Schale mit Radius R trägt eine gleichförmige Ladungsdichte σ. Bestimmen Sie die Potentialdifferenz zwischen dem Nordpol und dem Mittelpunkt.

[*Antwort:* $(R\sigma/2\varepsilon_0)(\sqrt{2}-1)$]

Aufgabe 2.49
Eine Kugel mit Radius R trägt die Ladungsdichte $\rho(r) = kr$ (wobei k eine Konstante ist). Bestimmen Sie die Energie dieser Konfiguration. Überprüfen Sie Ihre Antwort durch mindestens zwei unterschiedliche Methoden.

[*Antwort:* $\pi k^2 R^7/7\varepsilon_0$]

Aufgabe 2.50
Das elektrische Potential einer bestimmten Probenanordnung ist durch den Ausdruck

$$V(\mathbf{r}) = A\frac{\mathrm{e}^{-\lambda r}}{r}$$

gegeben, in dem A und λ Konstanten sind. Bestimmen Sie das elektrische Feld $\mathbf{E(r)}$, die Ladungsdichte $\rho(r)$ und die Gesamtladung Q.

[*Antwort:* $\rho = \varepsilon_0 A(4\pi\delta^3(\mathbf{r}) - \lambda^2\mathrm{e}^{-\lambda r}/r)$]

Aufgabe 2.51
Bestimmen Sie das Potential auf dem Rand einer gleichmäßig geladenen Scheibe (Radius R, Ladungsdichte σ).

[*Hinweis:* Zeigen Sie zunächst, dass $V = k(\sigma R/\pi\epsilon_0)$ ist, mit einer dimensionslosen Konstante k, die Sie durch ein Integral ausdrücken können. Werten Sie dann k analytisch aus, wenn Ihnen das möglich ist, oder auf einem Computer.]

! **Aufgabe 2.52**
Zwei unendlich lange Drähte, die parallel zur x-Achse verlaufen, tragen gleichförmige Ladungsdichten $+\lambda$ und $-\lambda$ (Abbildung 2.54).

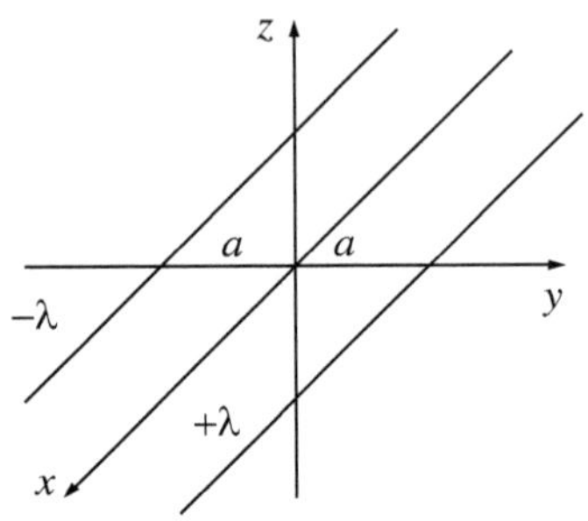

Abbildung 2.54

a. Bestimmen Sie das Potential in irgendeinem Punkt (x, y, z) mit dem Ursprung als Bezugspunkt.

b. Zeigen Sie, dass die Äquipotentialflächen Zylinder mit kreisförmigem Querschnitt sind, und bestimmen Sie die Achse und den Radius der Zylinder in Bezug auf ein beliebiges gegebenes Potential V_0.

! **Aufgabe 2.53**
In einer Vakuumdiode werden die Elektronen aus einer heißen **Kathode** mit dem Potential null herausgelöst und durch einen Spalt zu einer **Anode** beschleunigt, die auf einem positiven Potential V_0 gehalten wird. Die Elektronenwolke innerhalb der Lücke (die als **Raumladung** bezeichnet wird) baut sich schnell bis zu dem Punkt auf, an dem sie das Feld an der Oberfläche der Kathode auf null reduziert. Von nun an fließt ein stetiger Strom I zwischen den Platten.

Nehmen Sie an, die Platten sind im Vergleich zu ihrem Abstand groß ($A \gg d^2$ in Abbildung 2.55), sodass Randeffekte vernachlässigt werden dürfen. Dann sind V, ρ und v (die Geschwindigkeit der Elektronen) allein Funktionen von x.

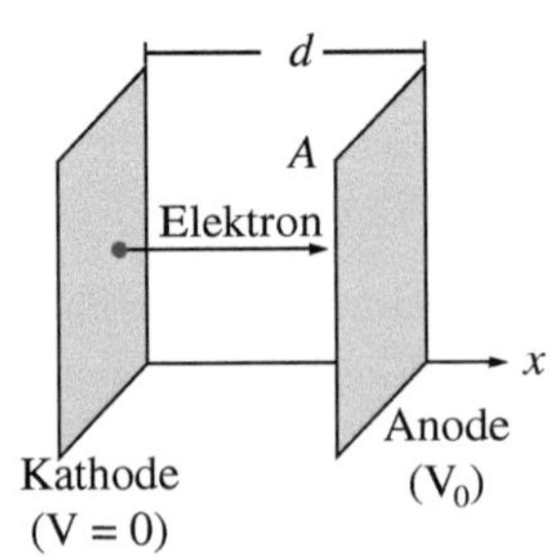

Abbildung 2.55

a. Formulieren Sie für das Gebiet zwischen den Platten die Poisson-Gleichung.

b. Welche Geschwindigkeit haben die Elektronen im Punkt x, an dem das Potential $V(x)$ beträgt, unter der Annahme, dass sie an der Kathode in Ruhe sind?

c. Während des stationären Zustands ist I unabhängig von x. Welche Beziehung besteht dann zwischen ρ und $\mathbf{v}$?

d. Verwenden Sie diese drei Ergebnisse und stellen Sie eine Differentialgleichung für V auf, indem Sie ρ und v eliminieren.

e. Lösen Sie diese Gleichung für V als Funktion von x, V_0 und d. Zeichnen Sie $V(x)$ und vergleichen Sie das Ergebnis mit dem Potential *ohne* Raumladung. Bestimmen Sie zudem ρ und $\mathbf{v}$ als Funktionen von x.

f. Zeigen Sie, dass

$$I = K{V_0}^{3/2} \tag{2.56}$$

gilt und bestimmen Sie die Konstante K. (Gleichung 2.56 wird als **Child-Langmuir-Gesetz** bezeichnet. Die Gleichung gilt auch für andere Geometrien, in denen eine Raumladung den Strom begrenzt. Beachten Sie, dass die durch Raumladungen limitierte Diode *nichtlinear* ist, denn sie gehorcht nicht dem Ohm'schen Gesetz.)

! **Aufgabe 2.54**

Stellen Sie sich vor, dass neue und außergewöhnlich genaue Messungen einen Fehler im Coulomb'schen Gesetz enthüllt hätten. Die tatsächliche Kraft der Wechselwirkung zwischen zwei Punktladungen wäre

$$\mathbf{F} = \frac{1}{4\pi\varepsilon_0}\frac{q_1 q_2}{\mathscr{r}^2}\left(1 + \frac{\mathscr{r}}{\lambda}\right)e^{-\mathscr{r}/\lambda}\,\hat{\mathscr{r}}\,,$$

wobei λ eine neue Naturkonstante wäre (sie hat natürlich die Dimension einer Länge und hätte einen ungeheuer hohen Wert, z. B. den halben Radius des bekannten Universums, sodass die Korrekturen nur sehr gering wären – weshalb bislang niemand die Diskrepanz bemerkt hätte). Ihre Aufgabe besteht darin, die Elektrostatik neu zu formulieren, sodass sie den neuen Entdeckungen entspricht. Gehen Sie davon aus, dass das Superpositionsprinzip immer noch gültig ist.

a. Welches elektrische Feld (anstatt Gleichung 2.8) hat eine Ladungsverteilung ρ?

b. Ist für dieses elektrische Feld eine Darstellung durch ein skalares Potential möglich? Erläutern Sie kurz, wie Sie zu Ihrem Schluss gelangt sind – ein formaler Beweis ist nicht notwendig, ein überzeugender Gedankengang genügt.

c. Bestimmen Sie das Potential einer Punktladung q – das Analogon zu Gleichung 2.26. (Falls Ihre Antwort auf (b) „Nein“ lautete, dann kehren Sie jetzt dorthin zurück und ändern Sie sie!) Benutzen Sie ∞ als Bezugspunkt.

d. Zeigen Sie für eine Punktladung q, die sich im Ursprung befindet, dass

$$\oint_{\mathcal{S}} \mathbf{E}\cdot d\mathbf{a} + \frac{1}{\lambda^2}\int_{\mathcal{V}} V\,d\tau = \frac{1}{\varepsilon_0}q\,.$$

Hierbei ist $\mathcal{S}$ die Oberfläche und $\mathcal{V}$ das Volumen einer beliebigen Kugel, in deren Mittelpunkt sich q befindet.

e. Zeigen Sie, dass die allgemeine Form dieses Ergebnisses für eine beliebige Ladungsverteilung folgendermaßen aussieht:

$$\oint_{\mathcal{S}} \mathbf{E} \cdot \mathrm{d}\mathbf{a} + \frac{1}{\lambda^2} \int_{\mathcal{V}} V \,\mathrm{d}\tau = \frac{1}{\varepsilon_0} Q_{\text{eing}} \,.$$

(In der „neuen Elektrostatik" ist dies die beste Entsprechung des Gauß'schen Gesetzes.)

f. Zeichnen Sie ein Dreiecksdiagramm (entsprechend Abbildung 2.35), das in dieser neuen Welt Gültigkeit hat, und setzen Sie dort alle entsprechenden Formeln ein. (Stellen Sie sich die Poisson-Gleichung als Formel für ρ in Abhängigkeit von V vor und die differentielle Form des Gauß'schen Gesetzes als Gleichung für ρ in Abhängigkeit von $\mathbf{E}$.)

g. Zeigen Sie, dass sich ein *Teil* der Ladung auf einem Leiter (gleichförmig) im Volumen verteilt, mit dem Rest auf der Oberfläche.

[*Hinweis:* **E** ist im Leiter immer noch null.]

Aufgabe 2.55
Nehmen Sie an, ein elektrisches Feld $\mathbf{E}(x, y, z)$ habe die Form

$$E_x = ax \,, \quad E_y = 0 \,, \quad E_z = 0$$

mit einer Konstanten a. Wie lautet die Ladungsdichte? Wie berücksichtigen Sie die Tatsache, dass das Feld in eine bestimmte Richtung weist, während die Ladungsdichte gleichförmig ist?

[Diese Aufgabe ist um einiges schwieriger, als sie aussieht, und Sie sollten sorgfältig darüber nachdenken.]

Aufgabe 2.56
Die gesamte Elektrostatik beruht auf dem $1/r^2$-Verhalten des Coulomb'schen Gesetzes sowie dem Superpositionsprinzip. Eine gleichartige Theorie kann daher für das Newton'sche Gravitationsgesetz konstruiert werden. Welche Gravitationsenergie hat eine Kugel mit Masse M und Radius R, unter der Voraussetzung, dass sie eine gleichmäßige Dichte aufweist? Schätzen Sie mithilfe Ihres Ergebnisses die Gravitationsenergie der Sonne ab (suchen Sie sich die dazu notwendigen Zahlenwerte heraus). Beachten Sie, dass diese Energie *negativ* ist – *Massen ziehen sich an*, während sich (gleichnamige) Ladungen *abstoßen*. Beim Materieeinfall während der Entstehungsphase der Sonne wurde die potentielle Energie in andere Formen (zumeist in thermische Energie) umgewandelt und danach in Form von Strahlung abgegeben. Die Strahlungsleistung der Sonne beträgt $3{,}86 \cdot 10^{26}$ W. Wenn diese allein durch Gravitationsenergie entstehen würde, wie lang hätte die Sonne dann leuchten können?

[Die Sonne ist tatsächlich viel älter, daher kann dieser Mechanismus offenbar *nicht* die Energiequelle der Sonne sein.[14]]

14 Lord Kelvin benutzte dieses Argument als Einwand gegen Darwins Evolutionstheorie, für die man eine viel ältere Erde braucht. Wir wissen heute natürlich, dass die Quelle der Energie der Sonne die Kernfusion, nicht die Gravitation ist.

Aufgabe 2.57

Wir wissen, dass die Ladung eines Leiters an die Oberfläche bewegt. Wie sie sich dort genau verteilt, ist aber nicht einfach zu bestimmen. Ein bekanntes Beispiel, in dem die Flächenladungsdichte explizit berechnet werden kann, ist das Ellipsoid:

$$\frac{x^2}{a^2} + \frac{y^2}{b^2} + \frac{z^2}{c^2} = 1\,.$$

In diesem Fall ist[15] (mit Q als Gesamtladung)

$$\sigma = \frac{Q}{4\pi abc}\left(\frac{x^2}{a^4} + \frac{y^2}{b^4} + \frac{z^2}{c^4}\right)^{-1/2}\,. \tag{2.57}$$

Wählen Sie geeignete Werte für a, b und c (aus Gleichung 2.57) und bestimmen Sie

a. die Nettoflächenladungsdichte (beider Seiten) $\sigma(r)$ einer kreisförmigen Scheibe mit Radius R;

b. die Nettoflächenladungsdichte $\sigma(x)$ eines unendlichen leitenden Bandes in der x-y-Ebene, welches die y-Achse zwischen $x = -a$ bis $x = a$ überdeckt (dabei sei Λ die Gesamtladung pro Einheitslänge des Bands);

c. die Nettoladung pro Einheitslänge $\lambda(x)$ einer leitenden „Nadel", die sich von $x = -a$ bis $x = a$ erstreckt.

Erstellen Sie für jeden Fall eine Skizze Ihrer Resultate.

Aufgabe 2.58

a. Betrachten Sie ein gleichseitiges Dreieck, das in einen Kreis mit Radius a eingeschrieben ist. Auf jeder Ecke sitzt eine Ladung q. Das elektrische Feld ist (offensichtlich) im Zentrum null, aber es gibt (überraschenderweise) drei *andere* Punkte innerhalb des Dreiecks, an denen das Feld null ist. Wo sind sie?

[*Antwort:* $r = 0.285a$; Sie werden vermutlich einen Computer brauchen, um das herauszubekommen.]

b. Für ein reguläres Polygon mit n Seiten gibt es n Punkte, an denen (zusätzlich zum Zentrum) das Feld null ist.[16]

Aufgabe 2.59

Beweisen (oder widerlegen Sie durch Gegenbeispiel) das folgende **Theorem:** Wir betrachten einen Leiter mit Nettoladung Q, der in einem externen elektrischen Feld $\mathbf{E}_e$ eine Kraft $\mathbf{F}$ erfährt; kehrt man nun das externe Feld um ($\mathbf{E}_e \to -\mathbf{E}_e$), so kehrt sich die Kraft auch um ($\mathbf{F} \to -\mathbf{F}$).

Was passiert, wenn wir festlegen, dass das externe Feld *uniform* ist?

15 Die Herleitung (ein echtes *Meisterstück*!) finden Sie in W. R. Smythe, Static and Dynamic Electricity, 3. Auflage (New York: Hemisphere, 1989), Sect. 5.02.

16 S. D. Baker, *Am. J. Phys.* **52**, 165 (1984); D. Kiang und D. A. Tindall, *Am. J. Phys.* **53**, 593 (1985).

Aufgabe 2.60
Eine Punktladung befindet sich im Mittelpunkt einer ungeladenen leitenden Kugelschale mit innerem Radius a und äußerem Radius b. *Frage:* Wie viel Arbeit würde man benötigen, um die Ladung (durch ein kleines Loch in der Kugelschale) ins Unendliche zu bringen?

[*Antwort:* $(q^2/4\pi\epsilon_0)(1/a)$.]

Aufgabe 2.61
Was ist die Anordnung mit minimaler Energie für ein System N gleicher Punktladungen, die auf oder innerhalb eines Kreises von Radius R sind?[17] Weil sich die Ladung in einem Leiter an die Oberfläche bewegt, könnte man sich vorstellen, dass sich die N Ladungen gleichmäßig auf dem Kreisrand verteilen. Zeigen Sie, dass es im Gegenteil für $N = 12$ besser ist, 11 Ladungen auf den Kreisrand zu setzen und eine in den Mittelpunkt. Wie schaut es mit $N = 11$ aus: Ist die Energie niedriger, wenn Sie alle 11 auf den Rand setzen oder wenn Sie 10 auf den Rand setzen und eine in den Mittelpunkt?

[*Hinweis:* Machen Sie das numerisch. Sie werden mindestens 4 gültige Stellen benötigen. Drücken Sie alle Energien als Vielfache von $q^2/4\pi\epsilon_0 R$ aus.]

17 M. G. Calkin, D. Kiang und D. A. Tindall, *Am. J. Phys.* **55**, 157 (1987).

Potentiale

3

ÜBERBLICK

3.1 Laplace-Gleichung

3.1.1 Einleitung

Die wichtigste Aufgabe der Elektrostatik besteht in der Bestimmung des elektrischen Felds einer gegebenen stationären Ladungsverteilung. Im Grunde genommen wird dies bereits durch das Coulomb'sche Gesetz in der Formulierung von Gleichung 2.8 erreicht:

$$\mathbf{E}(\mathbf{r}) = \frac{1}{4\pi\varepsilon_0}\int \frac{\hat{\boldsymbol{\mathscr{r}}}}{\mathscr{r}^2}\rho(\mathbf{r}')\,\mathrm{d}\tau' . \tag{3.1}$$

Unglücklicherweise lassen sich Integrale dieser Art, ausgenommen für einige der einfachsten Ladungsverteilungen, nur schwer berechnen. Gelegentlich können wir dies umgehen, indem wir Symmetrieargumente und das Gauß'sche Gesetz anwenden, doch die beste Vorgehensweise besteht darin, zuerst das Potential V zu bestimmen, das durch die leichter anwendbare Gleichung 2.29 definiert wird:

$$V(\mathbf{r}) = \frac{1}{4\pi\varepsilon_0}\int \frac{1}{\mathscr{r}}\rho(\mathbf{r}')\,\mathrm{d}\tau' . \tag{3.2}$$

Dennoch ist auch *dieses* Integral bisweilen zu schwierig, als dass man es analytisch lösen könnte. Darüber hinaus kann auch ρ selbst (bei Aufgaben, die Leiter enthalten) zunächst unbekannt sein. Da sich Ladungen frei bewegen dürfen, können wir einzig und allein die *Gesamtladung* (oder vielleicht das Potential) jedes Leiters direkt beeinflussen.

In solchen Fällen ist es hilfreich, das Problem mithilfe der Poisson-Gleichung (Gleichung 2.24) in differentieller Form neu zu formulieren:

$$\nabla^2 V = -\frac{1}{\varepsilon_0}\rho . \tag{3.3}$$

In Verbindung mit geeigneten Randbedingungen ist diese Gleichung äquivalent zu Gleichung 3.2. Tatsächlich sind wir sehr häufig daran interessiert, das Potential in einem Gebiet zu bestimmen, in dem $\rho = 0$ gilt. (Wenn *überall* $\rho = 0$ gilt, dann ist natürlich auch $V = 0$, und alles ist erledigt – aber das meine ich nicht. *Irgendwo* können sehr viele Ladungen existieren, aber wir konzentrieren uns auf Gebiete, in denen keine Ladungen vorliegen.) In diesem Fall reduziert sich die Poisson-Gleichung auf die Laplace-Gleichung:

$$\nabla^2 V = 0 . \tag{3.4}$$

In kartesischen Koordinaten lautet sie:

$$\frac{\partial^2 V}{\partial x^2} + \frac{\partial^2 V}{\partial y^2} + \frac{\partial^2 V}{\partial z^2} = 0 . \tag{3.5}$$

Diese Gleichung ist für dieses Thema von so großer Bedeutung, dass wir fast behaupten könnten, die gesamte Elektrostatik wäre die Untersuchung der Laplace-Gleichung. Doch sie ist zugleich eine universelle Gleichung, die in so unterschiedlichen physikalischen Bereichen wie der Gravitation und dem Magnetismus, der Wärmetheorie und der Untersuchung von Seifenblasen zum Einsatz kommt. In der Mathematik spielt sie eine wichtige Rolle in der analytischen Funktionstheorie. Um ein

Gefühl für die Laplace-Gleichung und ihre Lösungen (die sogenannten **harmonischen Funktionen**) zu bekommen, werden wir mit ihren ein- und zweidimensionalen Versionen beginnen. Mit ihrer Hilfe lassen sich die wesentlichen Eigenschaften des dreidimensionalen Falls viel leichter darstellen und illustrieren. (Allerdings fehlt dem eindimensionalen Beispiel die Vielfalt der beiden anderen.)

3.1.2 Die Laplace-Gleichung in einer Dimension

Nehmen Sie an, V hänge nur von einer Variablen ab, nämlich x. Dann lautet die Laplace-Gleichung:

$$\frac{\mathrm{d}^2 V}{\mathrm{d}x^2} = 0 \,.$$

Deren allgemeine Lösung ist die Gleichung einer geraden Linie:

$$V(x) = mx + b \,. \tag{3.6}$$

Sie enthält zwei unbestimmte Konstanten (m und b), wie bei einer (gewöhnlichen) Differentialgleichung zweiter Ordnung üblich. Sie sind in jedem Einzelfall durch die Randbedingungen dieses Problems bestimmt. So könnte beispielsweise festgelegt sein, dass an der Stelle $x = 1$ das Potential $V = 4$ beträgt und $V = 0$ bei $x = 5$ ist. In diesem Fall ist $m = -1$ und $b = 5$, daher ist $V = -x + 5$ (siehe Abbildung 3.1).

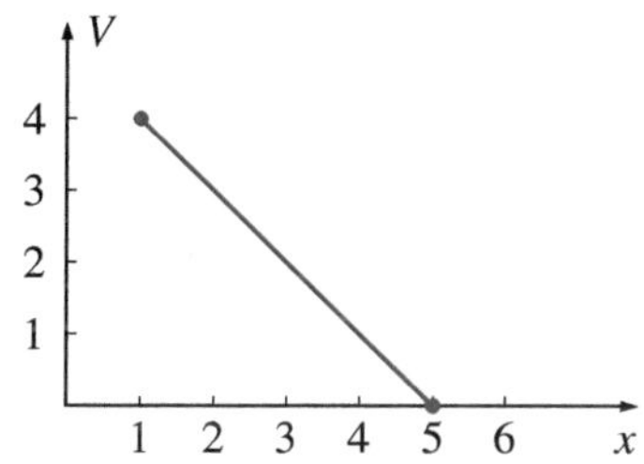

Abbildung 3.1

Ich möchte Sie auf zwei Eigenschaften dieses Resultats hinweisen. In einer Dimension, in der ich die explizite Lösung hinschreiben kann, wirken sie vielleicht schlicht und einleuchtend, doch ihre zwei- und dreidimensionalen Entsprechungen sind äußerst leistungsfähig und liegen keineswegs auf der Hand.

1. Für jedes beliebige a ist $V(x)$ der *Mittelwert* von $V(x + a)$ und $V(x - a)$

$$V(x) = \frac{1}{2}\left[V(x + a) + V(x - a)\right] \,.$$

Die Laplace-Gleichung dient in gewisser Weise zur Bildung eines Mittelwerts. Sie besagt, dass Sie dem Punkt x den Mittelwert der Werte zur Rechten und zur Linken von x zuweisen müssen. In diesem Sinn sind Lösungen der Laplace-Gleichung so *einfach wie nur möglich* und liegen dennoch genau auf den Endpunkten.

2. Die Laplace-Gleichung erlaubt weder lokale Maxima noch Minima. Extremwerte für V müssen daher an den Endpunkten auftreten. Eigentlich ist das eine Folgerung aus der ersten Eigenschaft. Wenn es nämlich ein lokales Maximum gäbe, dann wäre V an diesem Punkt größer als in seiner Umgebung und könnte daher nicht der Mittelwert sein. (Üblicherweise erwarten wir, dass die zweite Ableitung bei einem Maximum negativ und bei einem Minimum positiv ist. Da die Laplace-Gleichung jedoch fordert, dass die zweite Ableitung null ist, liegt es auf der Hand, dass ihre Lösungen keine Extrema aufweisen sollten. Dies ist allerdings kein *Beweis*, denn es gibt Funktionen, welche Maxima und Minima in Punkten besitzen, in denen die zweite Ableitung verschwindet. So enthält beispielsweise die Funktion x^4 ein solches Minimum im Punkt $x = 0$).

3.1.3 Die Laplace-Gleichung in zwei Dimensionen

Wenn V von zwei Variablen abhängt, verändert sich die Laplace-Gleichung zu

$$\frac{\partial^2 V}{\partial x^2} + \frac{\partial^2 V}{\partial y^2} = 0\,.$$

Dies ist keine *gewöhnliche* Differentialgleichung mehr (die nur gewöhnliche Ableitungen enthält), sondern eine *partielle* Differentialgleichung. Aus diesem Grund gelten einige einfache Regeln, mit denen Sie vermutlich vertraut sind, nicht mehr. So enthält beispielsweise die allgemeine Lösung dieser Gleichung nicht nur zwei willkürliche Konstanten – oder soweit es das betrifft, *eine beliebige* endliche Anzahl – obwohl es sich um eine Gleichung zweiten Grads handelt. Eine allgemeine Lösung kann für sie nicht angegeben werden (zumindest nicht in geschlossener Form wie in Gleichung 3.6). Dennoch lassen sich einige Eigenschaften ableiten, die für alle Lösungen gültig sind.

Es hilft, wenn wir uns dazu ein physikalisches Beispiel vor Augen halten. Stellen Sie sich ein dünnes Gummituch (oder einen Seifenfilm) vor, das über einen Träger gespannt ist. Um das Bild deutlicher zu machen, nehmen wir an, Sie nehmen eine Pappschachtel, schneiden in die Seiten eine gewellte Kante und entfernen den oberen Teil (siehe Abbildung 3.2). Kleben Sie nun eine straff gespannte Gummimembran über die Schachtel, die wie ein Trommelfell aufliegen soll. (Natürlich ist dies kein *ebenes* Trommelfell, es sei denn, Sie würden die Ränder genau passend zuschneiden). Wenn Sie auf dem Schachtelboden die Koordinaten (x,y) definieren, dann

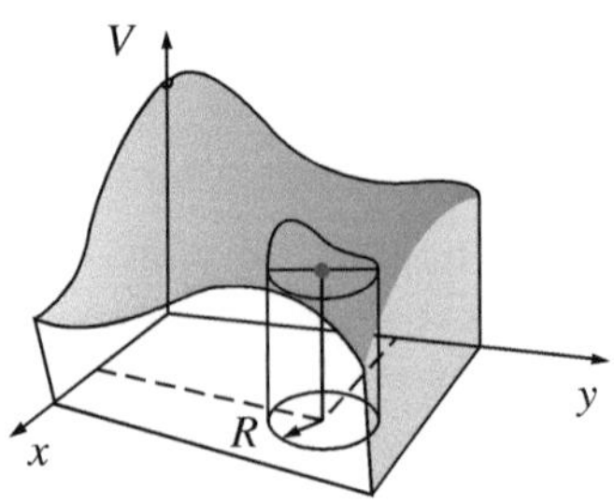

Abbildung 3.2

wird die Höhe $V(x,y)$ der Membran über dem Boden durch die Laplace-Gleichung beschrieben.[1] (Die eindimensionale Entsprechung wäre ein Gummiband, das zwischen zwei Punkten gespannt wäre. Es würde selbstverständlich eine gerade Linie bilden.)

Harmonische Funktionen in zwei Dimensionen haben dieselben Eigenschaften, die wir bereits im eindimensionalen Fall kennengelernt haben:

1. Der Wert V eines Punkts (x,y) ist der Mittelwert der *Umgebung* dieses Punkts. Genauer gesagt, wenn Sie einen Kreis mit einem beliebigen Radius R um den Punkt (x,y) ziehen, dann ist der Mittelwert von V auf dem Kreis gleich dem Wert im Zentrum:
$$V(x,y) = \frac{1}{2\pi R} \oint_{\text{Kreis}} V \, \mathrm{d}l \,.$$
(Übrigens hat dies die **Relaxationsmethode** angeregt, auf der computergestützte Lösungen der Laplace-Gleichung beruhen. Mit anfänglich festgelegten Werten für V an den Grenzen und vernünftigen Schätzungen von V auf einem Gitter, das innerhalb der Umgebung liegt, berechnet der erste Programmdurchlauf für jeden Punkt den Mittelwert seiner nächsten Nachbarn. Der zweite Durchlauf wiederholt den Prozess mit den nun berechneten Werten usw. Nach einigen wenigen Durchläufen werden die Ergebnisse immer stabiler, und nachfolgende Durchläufe führen zu immer geringeren Veränderungen. Schließlich wird eine numerische Lösung der Laplace-Gleichung für vorgegebene Randwerte erreicht.)[2]

2. V besitzt keine lokalen Maxima oder Minima. Alle Extremwerte befinden sich an den Rändern. (Wie eben folgt dies aus dem ersten Punkt.) Wie schon zuvor selektiert die Laplace-Gleichung die glatteste Funktion, die mit den Randbedingungen verträglich ist: Es gibt keine Berge oder Täler, lediglich die glatteste mögliche Oberfläche. Wenn Sie beispielsweise einen Tischtennisball auf das gespannte Gummituch der Abbildung 3.2 legen, rollt er zur Seite und fällt herunter. Er wird keine Senke finden, in der er zur Ruhe kommen kann, denn die Laplace-Gleichung erlaubt keine Ausboulungen in der Oberfläche. Aus geometrischer Sicht minimiert eine harmonische Funktion in zwei Dimensionen, die über die Randlinie gespannt ist, die Oberfläche auf dieselbe Weise wie eine gerade Linie, die sich zwischen zwei Punkten erstreckt.

1 Eigentlich lautet die Gleichung, die das Gummituch beschreibt:
$$\frac{\partial}{\partial x}\left(g\frac{\partial V}{\partial x}\right) + \frac{\partial}{\partial y}\left(g\frac{\partial V}{\partial y}\right) = 0 \quad \text{mit} \quad g = \left[1 + \left(\frac{\partial V}{\partial x}\right)^2 + \left(\frac{\partial V}{\partial y}\right)^2\right]^{-1/2} .$$
Sie vereinfacht sich zur Laplace-Gleichung, sofern die Oberfläche nicht allzu sehr von einer Ebene abweicht.

2 Ein Beispiel dafür befindet sich in E. M. Purcell, *Elektrizität und Magnetismus* (Berkeley Physik Kurs, Band 2), (Berlin: Springer, 4., neubearb. Auflage 2001). Siehe dort Aufgabe 3.30.

3.1.4 Die Laplace-Gleichung in drei Dimensionen

Im dreidimensionalen Fall kann ich Ihnen weder eine explizite Lösung bieten (wie im eindimensionalen Fall) noch Ihnen ein einprägsames physikalisches Beispiel geben (wie im zweidimensionalen Fall). Dennoch sind beide oben genannte Eigenschaften weiterhin gültig, und ich werde nun versuchen, einen Beweis zu skizzieren.[3]

1. Der Wert von V im Punkt $\mathbf{r}$ ist der Mittelwert von V über eine kugelförmige Oberfläche mit Radius R, deren Mittelpunkt sich in $\mathbf{r}$ befindet:

$$V(\mathbf{r}) = \frac{1}{4\pi R^2} \oint_{\text{Kugel}} V \, da \, .$$

2. Als Folge kann V keine lokalen Maxima oder Minima besitzen. Die Extremwerte von V müssen an den Rändern auftreten. (Wenn nämlich V ein lokales Maximum am Ort $\mathbf{r}$ hätte, könnte ich allein schon aufgrund der Maximal-Eigenschaft eine Kugel um $\mathbf{r}$ zeichnen, auf der alle Werte von V, und ganz besonders der Mittelwert, kleiner sind als am Ort $\mathbf{r}$).

Beweis ■ Beginnen wir mit der Berechnung des über eine Kugelschale mit Radius R gemittelten Potentials, das durch eine einzelne Punktladung q außerhalb der Kugelschale hervorgerufen wird. Wir dürfen die Kugel ohne Weiteres im Ursprung zentrieren und die Koordinaten so wählen, dass sich q auf der z-Achse befindet (Abbildung 3.3). Das Potential in einem Punkt auf der Oberfläche beträgt

$$V = \frac{1}{4\pi\varepsilon_0} \frac{q}{\mathscr{r}}$$

mit

$$\mathscr{r}^2 = z^2 + R^2 - 2zR\cos\theta \, .$$

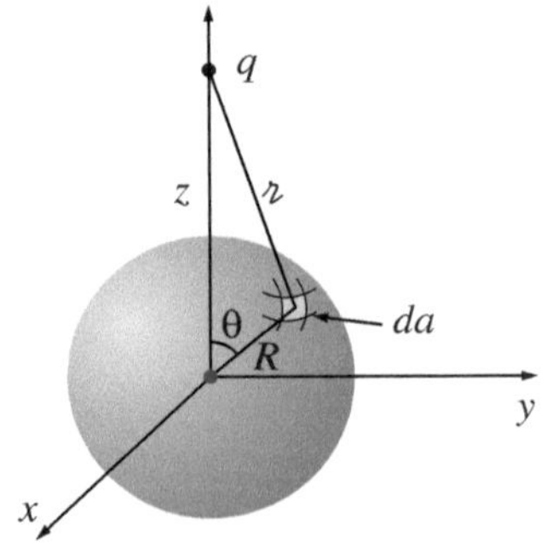

Abbildung 3.3

3 Ein Beweis, der nicht auf dem Coulomb-Gesetz aufbaut, sondern nur auf der Laplace-Gleichung, wird in Aufgabe 3.37 behandelt.

Daher gilt:

$$\begin{aligned} V_{\text{mittel}} &= \frac{1}{4\pi R^2}\frac{q}{4\pi\varepsilon_0}\int\left[z^2+R^2-2zR\cos\theta\right]^{-1/2} R^2\sin\theta\,\mathrm{d}\theta\,\mathrm{d}\varphi \\ &= \frac{q}{4\pi\varepsilon_0}\frac{1}{2zR}\sqrt{z^2+R^2-2zR\cos\theta}\,\Big|_0^\pi \\ &= \frac{q}{4\pi\varepsilon_0}\frac{1}{2zR}\left[(z+R)-(z-R)\right] = \frac{1}{4\pi\varepsilon_0}\frac{q}{z}\,. \end{aligned}$$

Das ist aber präzise das Potential einer Ladung q im *Zentrum* der Kugel! Aufgrund des Superpositionsprinzips gilt dasselbe für jede beliebige *Ansammlung* von Ladungen außerhalb der Kugel: Ihr mittleres Potential über die Kugel ist gleich dem Nettopotential, das sie im Mittelpunkt erzeugen. ■

■ Aufgabe 3.1

Bestimmen Sie das mittlere Potential auf einer Kugeloberfläche mit Radius R, das von einer Punktladung *q im Inneren* hervorgerufen wird. (Es handelt sich um dasselbe Problem wie eben, nun allerdings mit $z < R$. In diesem Fall gilt natürlich die Laplace-Gleichung nicht im Inneren der Kugel.) Zeigen Sie, dass im Allgemeinen

$$V_{\text{mittel}} = V_{\text{Zentrum}} + \frac{Q_{\text{eing}}}{4\pi\varepsilon_0 R}$$

gilt. Dabei gibt V_{Zentrum} das Potential im Zentrum aufgrund aller *äußeren* Ladungen und Q_{eing} die gesamte eingeschlossene Ladung an.

■ Aufgabe 3.2

Begründen Sie in einem Satz das **Earnshaw-Theorem**: *Ein geladenes Teilchen kann nicht allein durch elektrostatische Kräfte in einem stabilen Gleichgewicht gehalten werden.* Betrachten Sie als Beispiel die kubische Anordnung festgehaltener Ladungen aus Abbildung 3.4. Auf den ersten Blick *sieht es so aus*, als könnte eine positive Ladung im Mittelpunkt der Anordnung im freien Raum gehalten werden, da sie von jeder Ecke abgestoßen wird. Wo befindet sich also das Leck in der elektrostatischen Flasche? [Um die Kernfusion als praktische Energiequelle einzusetzen, muss man ein Plasma (eine Mischung geladener Teilchen) auf unglaublich hohe Temperaturen aufheizen; sie sind so hoch, dass jeder normale Behälter sofort verdampfen würde. Das Earnshaw-Theorem besagt, dass auch ein elektrostatischer Einschluss ausgeschlossen ist. Glücklicherweise ist es möglich, ein heißes Plasma *magnetisch* einzuschließen.]

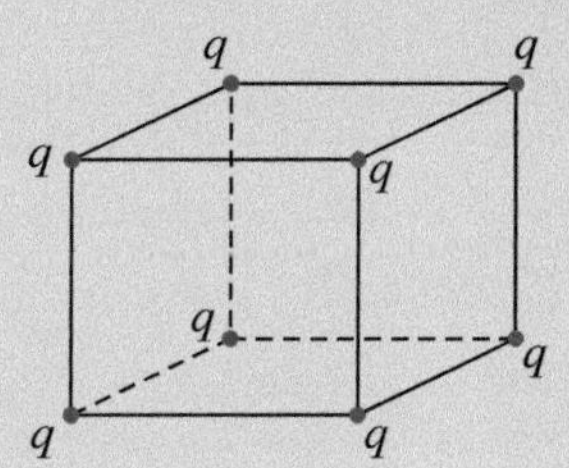

Abbildung 3.4

Aufgabe 3.3

Bestimmen Sie die allgemeine Lösung der Laplace-Gleichung in sphärischen Koordinaten für den Fall, dass V nur von r abhängt. Wiederholen Sie dies für Zylinderkoordinaten. Nehmen Sie dabei an, dass V nur von s abhängt.

Aufgabe 3.4

a. Zeigen Sie, dass das mittlere elektrische *Feld* auf einer Kugeloberfläche aufgrund von Ladungen außerhalb der Kugel dem Feld im Mittelpunkt entspricht.

b. Welcher Mittelwert gilt für das Feld aufgrund von Ladungen in der Kugel?

3.1.5 Randbedingungen und Eindeutigkeitssätze

Durch die Laplace-Gleichung alleine kann V noch nicht bestimmt werden. Darüber hinaus müssen geeignete Randbedingungen angegeben werden. Dies wirft eine schwierige Frage auf: Welche Randbedingungen reichen aus, um die Antwort zu bestimmen und sind doch nicht so stark, dass sie Inkonsistenzen verursachen? Für den eindimensionalen Fall ist das ganz einfach, denn hier enthält die allgemeine Lösung $V = mx + b$ zwei freie Konstanten, und wir benötigen daher zwei Randbedingungen. Wir könnten beispielsweise den Wert der Funktion an beiden Enden festlegen, wir könnten den Wert der Funktion sowie ihre Ableitung an einem Ende oder wir könnten den Funktionswert an einem und die Ableitung am anderen Ende angeben usw. Allerdings genügt es nicht, wenn uns *nur* der Wert oder *nur* die Ableitung an *einem* Ende zur Verfügung steht – diese Information reicht nicht aus. Auch die Ableitungen an beiden Enden würden uns nicht weiterhelfen, denn diese Information wäre entweder redundant (wenn beide gleich sind) oder inkonsistent (wenn sie es nicht sind).

In zwei oder drei Dimensionen müssen wir uns mit einer partiellen Differentialgleichung befassen und dort ist nicht so leicht zu erkennen, welche Randbedingungen geeignet sind. Ist beispielsweise die Form einer gespannten Gummimembran eindeutig durch den Rahmen festgelegt, über den sie gespannt ist, oder kann sie wie der Verschluss eines Einmachglases von einer stabilen Konfiguration in eine andere umklappen? Die Antwort, die Ihnen vermutlich Ihre Intuition nahelegt, lautet, dass V durch seinen Wert an den Rändern eindeutig festgelegt wird. (Einmachgläser gehorchen offensichtlich nicht der Laplace-Gleichung.) Allerdings können auch andere Randbedingungen verwendet werden (siehe Aufgabe 3.5). Der *Beweis*, dass eine bestimmte Gruppe von Randbedingungen ausreicht, wird üblicherweise in Form eines **Eindeutigkeitssatzes** geliefert. Für die Elektrostatik gibt es viele derartige Theoreme, die alle dasselbe grundlegende Format aufweisen. Ich stelle Ihnen hier die beiden Nützlichsten vor.[4]

4 Ich beabsichtige hier nicht, die Existenz der Lösungen zu beweisen, was eine viel zu schwierige Aufgabe wäre. In unserem Kontext ist die Existenz durch physikalische Argumente üblicherweise sichergestellt.

Erster Eindeutigkeitssatz

Die Lösung der Laplace-Gleichung in einem beliebigen Volumen $\mathcal{V}$ ist eindeutig festgelegt, wenn V auf der Randfläche $\mathcal{S}$ definiert ist.

Beweis ■ In Abbildung 3.5 habe ich ein derartiges Gebiet und seine Begrenzung skizziert. (Es dürften im Inneren auch „Inseln" existieren, sofern nur V auf allen Oberflächen definiert ist. Außerdem könnte sich die andere Randbedingung auch im Unendlichen befinden, wo V üblicherweise als null definiert ist.) Nehmen Sie an, es gäbe zwei Lösungen der Laplace-Gleichung:

$$\nabla^2 V_1 = 0 \quad \text{und} \quad \nabla^2 V_2 = 0 \, ,$$

die beide bestimmte Werte auf der Oberfläche festlegen. Ich möchte beweisen, dass beide gleich sein müssen. Der Trick besteht darin, den *Unterschied* zu betrachten:

$$V_3 \equiv V_1 - V_2 \, .$$

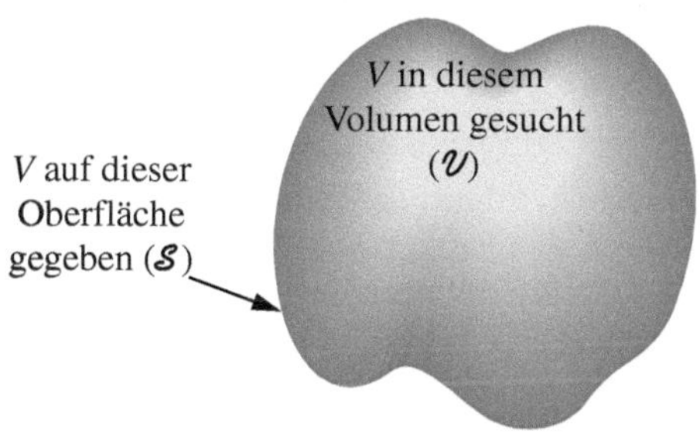

Abbildung 3.5

Dies erfüllt die Laplace-Gleichung

$$\nabla^2 V_3 = \nabla^2 V_1 - \nabla^2 V_2 = 0$$

und sie nimmt auf allen Randflächen den Wert null an (weil dort V_1 und V_2 gleich sind.) Die Laplace-Gleichung erlaubt aber keine lokalen Maxima oder Minima – alle Extrema treten an den Rändern auf. Daher sind sowohl Maximum als auch Minimum von V_3 null. Aus diesem Grund muss V_3 überall null sein, und das bedeutet:

$$V_1 = V_2 \, .$$

■

Beispiel 3.1: Potential in einem Hohlraum

Zeigen Sie, dass das Potential im Inneren eines Gebiets, das vollständig von leitendem Material umgeben ist, *konstant* ist, vorausgesetzt, es befinden sich keine Ladungen innerhalb des Gebiets.

Lösung:

Das Potential auf den Wänden der Höhlung ist eine beliebige Konstante V_0 (dies besagt Eigenschaft (iv) in Abschnitt 2.5.1). Das Potential im Inneren ist daher eine Funktion, welche die Laplace-Gleichung erfüllt und die auf dem Rand den konstanten Wert V_0 besitzt. Man muss kein Genie sein, um *eine* Lösung dieses Problems zu erkennen: V ist überall gleich V_0. Der Eindeutigkeitssatz stellt sicher, dass es sich dabei um die *einzige* Lösung handelt. (Daraus folgt, dass das Feld im Inneren des Hohlraums null sein muss – dasselbe Resultat haben wir mit anderen Methoden in Abschnitt 2.5.2 bestimmt.)

Der Eindeutigkeitssatz ist eine Herausforderung für Ihre Vorstellungskraft. Es ist egal, *wie* Sie zu Ihrer Lösung gelangen. Wenn sie (a) die Laplace-Gleichung erfüllt und (b) an den Rändern die richtigen Werte liefert, dann ist es eine *korrekte* Lösung. Sie werden die Leistungsfähigkeit dieses Arguments noch kennenlernen, wenn wir die Methode der Spiegelladungen behandeln.

Übrigens ist es leicht, das erste Eindeutigkeitstheorem noch zu verbessern. Ich hatte angenommen, dass im Inneren des betreffenden Gebiets keine Ladungen existierten und das Potential so die Laplace-Gleichung erfüllt. Wir können aber ohne Weiteres einige Ladungen einbringen (wodurch V die Poisson-Gleichung erfüllt). Der Gedankengang ist derselbe, allerdings ist nun

$$\nabla^2 V_1 = -\frac{1}{\varepsilon_0}\rho\,, \quad \nabla^2 V_2 = -\frac{1}{\varepsilon_0}\rho$$

und daher

$$\nabla^2 V_3 = \nabla^2 V_1 - \nabla^2 V_2 = -\frac{1}{\varepsilon_0}\rho + \frac{1}{\varepsilon_0}\rho = 0\,.$$

Die Differenz ($V_3 \equiv V_1 - V_2$) erfüllt ebenfalls die Laplace-Gleichung und hat an allen Rändern den Wert null, daher ist $V_3 = 0$, und somit muss $V_1 = V_2$ sein.

Korollar

Das Potential in einem Volumen $\mathcal{V}$ ist eindeutig festgelegt, wenn (a) die Ladungsdichte im ganzen Gebiet und (b) der Wert von V an allen Rändern vorgegeben sind.

3.1.6 Leiter und der zweite Eindeutigkeitssatz

Der einfachste Weg, die Randbedingungen für ein elektrostatisches Problem festzulegen, besteht darin, den Wert von V auf allen Oberflächen um das zu untersuchende Gebiet anzugeben. Und diese Situation tritt im Alltag öfter auf. Im Labor arbeiten wir mit Leitern, die an Batterien angeschlossen sind, die sich auf einem bestimmten Potential befinden, oder die **geerdet** sind, womit Experimentatoren $V = 0$ bezeichnen. Allerdings kennen wir auch andere Situationen, in denen wir nicht das *Potential* an den Rändern, sondern vielmehr die *Ladungen* auf verschiedenen leitenden Flächen kennen. Nehmen Sie an, ich würde die Ladung Q_1 auf den ersten Leiter aufbringen, Q_2 auf den zweiten usw. Ich kann Ihnen nicht sagen, wie sich die Ladungen auf den verschiedenen leitenden Oberflächen verteilen, denn sobald ich sie aufbringe, bewegen sich die Ladungen in einer von mir nicht mehr beeinflussbaren Weise. Außerdem nehmen wir noch an, dass im Raum zwischen den Leitern eine gegebene Ladungsdichte ρ existiert. Ist das Feld nun eindeutig bestimmt? Oder könnten sich die Ladungen vielleicht auf unterschiedliche Arten auf den jeweiligen Leitern verteilen, die jeweils zu unterschiedlichen Feldern führen?

Zweiter Eindeutigkeitssatz

In einem Volumen $\mathcal{V}$, das von Leitern umgeben ist und eine vorgegebene Ladungsdichte ρ enthält, ist das elektrische Feld eindeutig festgelegt, wenn die *Gesamt*ladung auf jedem Leiter bekannt ist (Abbildung 3.6). (Das ganze Gebiet kann durch einen anderen Leiter umschlossen oder aber unbegrenzt sein.)

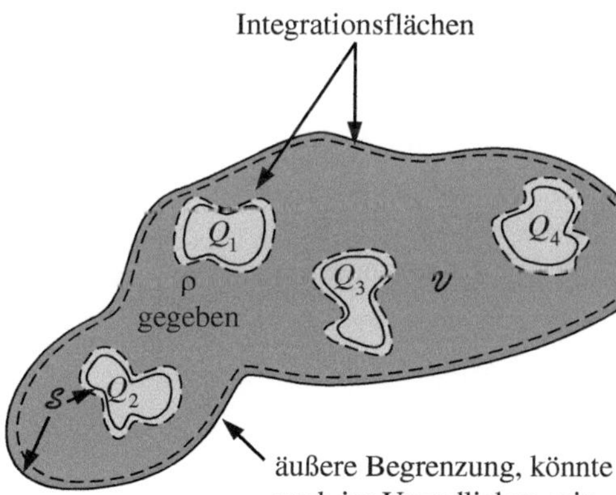

Abbildung 3.6

Beweis ■ Nehmen Sie an, es gäbe *zwei* Felder, welche die Bedingungen dieses Problems erfüllen. Beide unterliegen im Raum zwischen den Leitern dem Gauß'schen Gesetz in differentieller Form:

$$\nabla \cdot \mathbf{E}_1 = \frac{1}{\varepsilon_0}\rho\,, \quad \nabla \cdot \mathbf{E}_2 = \frac{1}{\varepsilon_0}\rho\,.$$

Beide unterliegen zudem der Integralform des Gauß'schen Gesetzes für eine Gauß'sche Oberfläche, die jeden Leiter umgibt:

$$\oint\limits_{i\text{-te leitende Oberfläche}} \mathbf{E}_1 \cdot d\mathbf{a} = \frac{1}{\varepsilon_0} Q_i \,, \qquad \oint\limits_{i\text{-te leitende Oberfläche}} \mathbf{E}_2 \cdot d\mathbf{a} = \frac{1}{\varepsilon_0} Q_i \,.$$

Für die äußere Randfläche gilt (egal ob sie sich kurz unter der Oberfläche eines umgebenden Leiters oder im Unendlichen befindet),

$$\oint\limits_{\text{Außenrand}} \mathbf{E}_1 \cdot d\mathbf{a} = \frac{1}{\varepsilon_0} Q_{\text{ges}} \,, \qquad \oint\limits_{\text{Außenrand}} \mathbf{E}_2 \cdot d\mathbf{a} = \frac{1}{\varepsilon_0} Q_{\text{ges}} \,.$$

Wie zuvor untersuchen wir die Differenz

$$\mathbf{E}_3 \equiv \mathbf{E}_1 - \mathbf{E}_2 \,,$$

welche im Gebiet zwischen den Leitern die Forderung

$$\nabla \cdot \mathbf{E}_3 = 0 \tag{3.7}$$

und an jeder Randfläche

$$\oint \mathbf{E}_3 \cdot d\mathbf{a} = 0 \tag{3.8}$$

erfüllt.

Nun müssen wir noch eine letzte Information auswerten: Obwohl wir nicht wissen, wie sich die Ladung Q_i auf der i-ten leitenden Oberfläche verteilt, ist uns *bekannt*, dass sich jeder Leiter auf demselben Potential befindet (sie sind äquipotential). Daher ist V_3 für jede der leitenden Oberflächen eine *Konstante* (aber nicht notwendigerweise dieselbe). (Die Konstante muss nicht null sein, denn die Potentiale V_1 und V_2 sind vielleicht unterschiedlich – wir wissen lediglich, dass *beide* für einen gegebenen Leiter *konstant* sind.) Als Nächstes wenden wir einen Trick an. Mit der Produktregel (5) (vordere Umschlaginnenseite) erhalten wir

$$\nabla \cdot (V_3 \mathbf{E}_3) = V_3 (\nabla \cdot \mathbf{E}_3) + \mathbf{E}_3 \cdot (\nabla V_3) = -(E_3)^2 \,.$$

Hierbei habe ich Gleichung 3.7 verwendet sowie $\mathbf{E}_3 = -\nabla V_3$. Integrieren wir dies über den gesamten Bereich zwischen den Leitern und wenden wir den Gauß'schen Satz auf die linke Seite an, dann erhalten wir

$$\int\limits_{\mathcal{V}} \nabla \cdot (V_3 \mathbf{E}_3) \, d\tau = \oint\limits_{\mathcal{S}} V_3 \mathbf{E}_3 \cdot d\mathbf{a} = -\int\limits_{\mathcal{V}} (E_3)^2 \, d\tau \,.$$

Das Flächenintegral deckt alle Randgebiete unseres betrachteten Gebiets ab – die der Leiter und die äußere Randfläche. V_3 ist nun auf jeder Fläche eine Konstante (wenn sich die Außenfläche im Unendlichen befindet, dann ist dort $V_3 = 0$). Sie darf daher aus dem Integral herausgezogen werden, und der verbleibende Rest ist wegen Gleichung 3.8 null. Aus diesem Grund ist

$$\int\limits_{\mathcal{V}} (E_3)^2 \, d\tau = 0 \,.$$

Dieser Integrand ist aber niemals negativ. Das Integral kann daher nur verschwinden, wenn überall $E_3 = 0$ ist. Also ist $\mathbf{E}_1 = \mathbf{E}_2$, und der Satz ist bewiesen. ■

Der Beweis war nicht ganz einfach, und es besteht die große Gefahr, dass Ihnen der Satz viel plausibler erscheint als der Beweis. Falls Sie der Ansicht sind, der zweite Eindeutigkeitssatz wäre „offensichtlich", betrachten Sie das folgende Beispiel von Purcell: Abbildung 3.7 zeigt eine schlichte elektrostatische Konfiguration, die aus vier Leitern mit den Ladungen $\pm Q$ besteht, die so angeordnet sind, dass die positiven Pole sich in der Nähe der negativen befinden. Dies wirkt doch sehr stabil. Was geschieht, wenn wir sie, wie in Abbildung 3.8 angedeutet, durch feine Drähte paarweise verbinden? Da die positiven Ladungen sich sehr nahe an den negativen befinden (wo sie sich auch am liebsten aufhalten möchten), könnten Sie ohne Weiteres vermuten, dass nichts passieren wird – die Anordnung wirkt immer noch stabil.

Abbildung 3.7

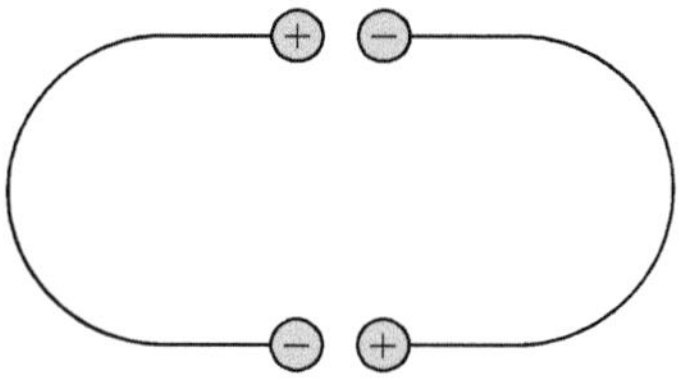
Abbildung 3.8

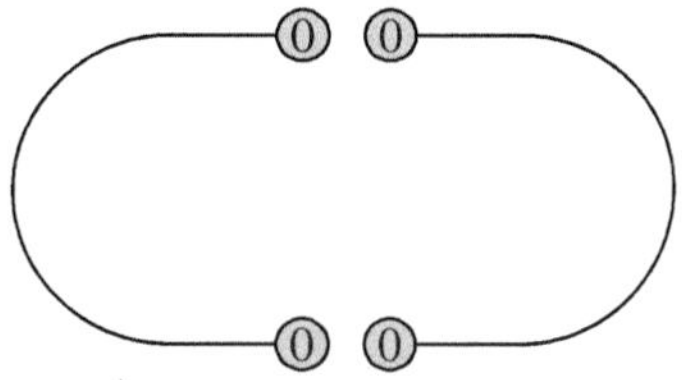
Abbildung 3.9

Das klingt zwar ganz vernünftig, ist aber falsch. Die in Abbildung 3.8 gezeigte Anordnung ist nicht möglich. Denn nun gibt es eigentlich *zwei* Leiter, und die Gesamtladung ist *null*. *Eine* Möglichkeit, die Gesamtladung null auf dieser Leiteranordnung zu verteilen, besteht darin, dass sich nirgendwo Ladungen anhäufen und sich so auch nirgends ein Feld aufbaut (Abbildung 3.9). Aufgrund des zweiten Eindeutigkeitssatzes muss dies die Lösung sein. Die Ladungen fließen durch die feinen Drähte und heben sich gegenseitig auf.

■ Aufgabe 3.5

Beweisen Sie, dass das Feld eindeutig festgelegt ist, wenn die Ladungsdichte ρ bekannt ist und entweder V oder die Normalableitung $\partial V/\partial n$ an der Randfläche gegeben sind. Gehen Sie nicht davon aus, dass die Ränder leitend sind oder dass V auf irgendeiner gegebenen Fläche konstant ist.

■ Aufgabe 3.6

Ein eleganterer Beweis des zweiten Eindeutigkeitssatzes basiert auf der 1. Green'schen Identität (Aufgabe 1.61c) mit $T = U = V_3$. Liefern Sie die Details.

3.2 Die Methode der Spiegelladungen

3.2.1 Das klassische Problem der Spiegelladung

Nehmen Sie an, eine Punktladung q befindet sich in einer bestimmten Entfernung d oberhalb einer unendlichen geerdeten und leitenden Ebene (Abbildung 3.10). *Frage:* Welches Potential herrscht in dem Gebiet oberhalb der Ebene? Es kann nicht einfach $(1/4\pi\varepsilon_0)q/\mathscr{r}$ sein, denn durch q wird ein bestimmter Betrag negativer Ladungen auf dem am nächsten gelegenen Teil der Oberfläche induziert. Das gesamte Potential beruht teilweise direkt auf q und teilweise auf dieser induzierten Ladung. Wie können wir überhaupt das Potential berechnen, wenn wir nicht einmal wissen, wie viel Ladung induziert wird oder wie sie verteilt ist?

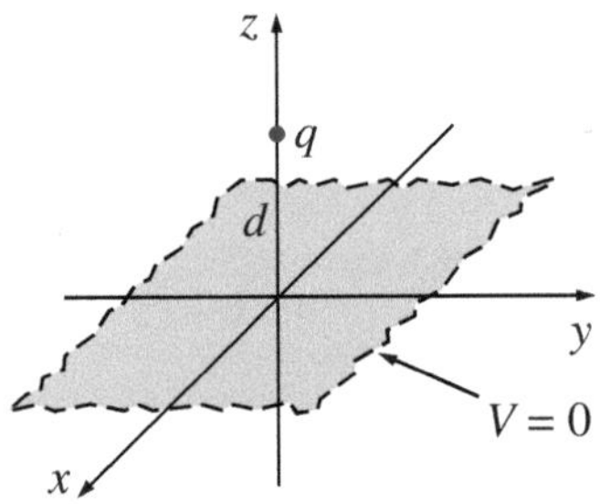

Abbildung 3.10

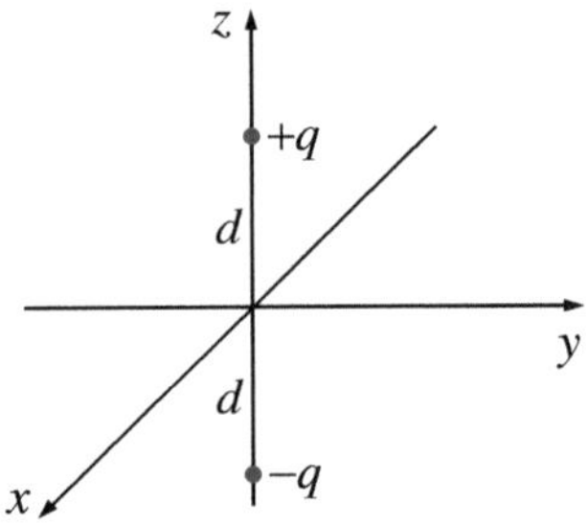

Abbildung 3.11

Mathematisch gesehen haben wir die Aufgabe, die Poisson-Gleichung im Bereich $z > 0$ für eine einzelne Punktladung q bei $(0, 0, d)$ zu lösen. Die Randbedingungen sind

1. $V = 0$ für $z = 0$ (da die leitende Ebene geerdet ist).
2. Weit entfernt von der Ladung (d. h., für $x^2 + y^2 + z^2 \gg d^2$) gilt $V \to 0$.

Der erste Eindeutigkeitssatz (genau genommen sein Korollar) garantiert, dass es nur eine einzige Funktion gibt, die alle diese Anforderungen erfüllt. Wenn es uns durch geschicktes Raten oder irgendwelche Tricks gelingt, eine solche Funktion zu finden, dann muss es sich um die richtige Antwort handeln.

Ein *Trick*: Wir ignorieren das eigentliche Problem und untersuchen eine *völlig andere* Situation. Unser neues Problem besteht aus zwei Punktladungen, $+q$ (bei $(0, 0, d)$) und $-q$ (bei $(0, 0, -d)$), zwischen denen sich *keine* leitende Ebene befindet (Abbildung 3.11). Für diese Konfiguration können wir das Potential sofort hinschreiben:

$$V(x, y, z) = \frac{1}{4\pi\varepsilon_0}\left[\frac{q}{\sqrt{x^2 + y^2 + (z - d)^2}} - \frac{q}{\sqrt{x^2 + y^2 + (z + d)^2}}\right] \tag{3.9}$$

(die Nenner entsprechen den Entfernungen zwischen (x, y, z) und den Ladungen $+q$ bzw. $-q$). Daraus folgt, dass

1. $V = 0$ für $z = 0$ und
2. für $x^2 + y^2 + z^2 \gg d^2$ ist $V \to 0$.

Die einzige Ladung im Gebiet $z > 0$ ist die Punktladung $+q$ bei $(0, 0, d)$. Dabei handelt es sich aber genau um unser ursprüngliches Problem! Wie es scheint, erzeugt die zweite Konfiguration im „oberen Bereich", bei $z \geq 0$, genau dasselbe Potential wie die erste Konfiguration. (Im „unteren Bereich", bei $z < 0$, ist es völlig anders, aber wen kümmert das? Wir brauchen nur den oberen Bereich.)

Schlussfolgerung: Das Potential einer Punktladung oberhalb eines unendlichen geerdeten Leiters wird für $z \geq 0$ durch Gleichung 3.9 gegeben.

Beachten Sie die entscheidende Rolle, die der Eindeutigkeitssatz in diesem Argument spielt: Gäbe es das Theorem nicht, würde niemand diese Lösung akzeptieren, da sie für eine völlig andere Ladungsverteilung entwickelt wurde. Aber durch den Eindeutigkeitssatz wird sie beglaubigt. Wenn die Lösung die Poisson-Gleichung im betrachteten Gebiet erfüllt und sie die richtigen Werte an den Rändern liefert, dann muss die Lösung richtig sein.

3.2.2 Induzierte Flächenladung

Nachdem wir nun das Potential kennen, ist es nur noch ein kleiner Schritt zur Berechnung der auf dem Leiter induzierten Flächenladung σ. Gemäß Gleichung 2.49 ist

$$\sigma = -\varepsilon_0 \frac{\partial V}{\partial n} .$$

Darin ist $\partial V/\partial n$ die Normalableitung von V an der Oberfläche. In diesem Fall ist die Normalrichtung mit der z-Richtung identisch, also ist

$$\sigma = -\varepsilon_0 \left.\frac{\partial V}{\partial z}\right|_{z=0} .$$

Gemäß Gleichung 3.9 ist

$$\frac{\partial V}{\partial z} = \frac{1}{4\pi\varepsilon_0} \left[\frac{-q(z-d)}{\left[x^2 + y^2 + (z-d)^2\right]^{3/2}} + \frac{q(z+d)}{\left[x^2 + y^2 + (z+d)^2\right]^{3/2}} \right] ,$$

und wir erhalten[5]

$$\sigma(x, y) = \frac{-qd}{2\pi \left(x^2 + y^2 + d^2\right)^{3/2}} . \tag{3.10}$$

Wie erwartet ist die induzierte Ladung negativ (vorausgesetzt, q ist positiv) und bei $x = y = 0$ am größten.

Wenn wir schon dabei sind, wollen wir auch die *gesamte* induzierte Ladung berechnen

$$Q = \int \sigma \, da .$$

5 Für eine ganz andere Herleitung dieses Ergebnisses nehmen Sie sich Aufgabe 3.38 vor.

Dieses Integral, das über die x-y-Ebene genommen wird, kann in kartesischen Koordinaten durchgeführt werden, wobei $\mathrm{d}a = \mathrm{d}x\,\mathrm{d}y$ ist. Allerdings ist der Einsatz von Polarkoordinaten (r, φ) mit $r^2 = x^2 + y^2$ und $\mathrm{d}a = r\,\mathrm{d}r\,\mathrm{d}\varphi$ etwas einfacher. Dann haben wir

$$\sigma(r) = \frac{-qd}{2\pi\left(r^2 + d^2\right)^{3/2}}$$

und

$$Q = \int_0^{2\pi}\int_0^{\infty} \frac{-qd}{2\pi\left(r^2 + d^2\right)^{3/2}} r\,\mathrm{d}r\,\mathrm{d}\varphi = \left.\frac{qd}{\sqrt{r^2 + d^2}}\right|_0^{\infty} = -q\,. \tag{3.11}$$

Offenbar ist die gesamte in der Ebene induzierte Ladung $-q$, wie Sie sich (im Nachhinein) sicher schon gedacht haben.

3.2.3 Kraft und Energie

Wegen der negativen induzierten Ladung wird die Ladung q von der Ebene angezogen. Berechnen wir die Anziehungskraft. Da das Potential in der Umgebung von q genau dasselbe ist wie im analogen Fall (dasjenige mit $+q$ und $-q$, aber ohne Leiter), muss auch das Feld gleich sein; die Kraft lautet somit:

$$\mathbf{F} = -\frac{1}{4\pi\varepsilon_0}\frac{q^2}{(2d)^2}\hat{\mathbf{z}}\,. \tag{3.12}$$

Vorsicht: Wir könnten jetzt leichtsinnig werden und annehmen, dass beide Probleme in *allen* Aspekten gleich sind. Allerdings ist die Energie *nicht* dieselbe. Mit beiden Punktladungen und dem Fehlen eines Leiters führt Gleichung 2.42 auf

$$W = -\frac{1}{4\pi\varepsilon_0}\frac{q^2}{2d}\,. \tag{3.13}$$

Bei einer einzelnen Ladung mit leitender Ebene beträgt die Energie jedoch nur die Hälfte dieses Werts:

$$W = -\frac{1}{4\pi\varepsilon_0}\frac{q^2}{4d}\,. \tag{3.14}$$

Warum die Hälfte? Wie wir in Gleichung 2.45 bereits gezeigt haben, gilt für die in einem Feld gespeicherte Energie

$$W = \frac{\varepsilon_0}{2}\int E^2\,\mathrm{d}\tau\,.$$

Beim ersten Fall tragen sowohl der obere Bereich ($z > 0$) als auch der untere ($z < 0$) zum Integral bei. Wegen der Symmetrie müssen die Anteile der beiden gleich sein. Im zweiten Fall hat nur der obere Bereich ein von null verschiedenes Feld, und daher ist dann die Energie nur halb so hoch.[6]

Natürlich lässt sich die Energie auch berechnen, indem man die Arbeit bestimmt, die zum Heranführen von q aus dem Unendlichen aufgebracht werden muss. Die dazu

6 Eine Verallgemeinerung dieses Resultats findet sich in M.M. Taddei, T.N.C. Mendes und C. Farina, *Eur. J. Phys.* **30**, 965 (2009) und in Aufgabe 3.41b.

notwendige Kraft (die gegen die elektrische Kraft in Gleichung 3.12 wirkt) beträgt $(1/4\pi\varepsilon_0)(q^2/4z^2)\hat{\mathbf{z}}$, und daher ist

$$W = \int_{\infty}^{d} \mathbf{F} \cdot \mathrm{d}\mathbf{l} = \frac{1}{4\pi\varepsilon_0} \int_{\infty}^{d} \frac{q^2}{4z^2} \mathrm{d}z$$
$$= \frac{1}{4\pi\varepsilon_0} \left(-\frac{q^2}{4z} \right) \bigg|_{\infty}^{d} = -\frac{1}{4\pi\varepsilon_0} \frac{q^2}{4d} .$$

Sobald ich q zum Leiter bringe, verrichte ich Arbeit *nur an* q. Es stimmt zwar, dass die induzierte Ladung auf dem Leiter herumwandert, allerdings hat das für mich keine weiteren Auswirkungen, denn der gesamte Leiter ist auf dem Potential null. Wenn ich stattdessen gleichzeitig *zwei* Ladungen (bei fehlendem Leiter) heranführe, verrichte ich an diesen *beiden* Arbeit, und daher ist die gesamte Arbeit doppelt so groß.

3.2.4 Andere Spiegelladungsprobleme

Die eben beschriebene Methode ist nicht auf eine einzelne Punktladung beschränkt. *Jede* stationäre Ladungsverteilung in der Nähe einer geerdeten leitenden Ebene kann auf dieselbe Weise behandelt werden, nämlich durch Einführung einer spiegelbildlichen Ladung (der *Spiegelladung*) – daher auch die Bezeichnung **Methode der Spiegelladung**. (Beachten Sie bitte, dass die Spiegelladungen das entgegengesetzte Vorzeichen aufweisen. Dadurch wird sichergestellt, dass sich die x-y-Ebene auf dem Nullpotential befindet.) Zudem gibt es eine Reihe exotischer Probleme, die auf ähnliche Weise behandelt werden können; das folgende ist auch das interessanteste.

Beispiel 3.2: Potential einer Ladung außerhalb einer Kugel

Eine Punktladung q hat den Abstand a vom Mittelpunkt einer geerdeten leitenden Kugel mit Radius R (s. Abbildung 3.12). Bestimmen Sie das Potential außerhalb der Kugel.

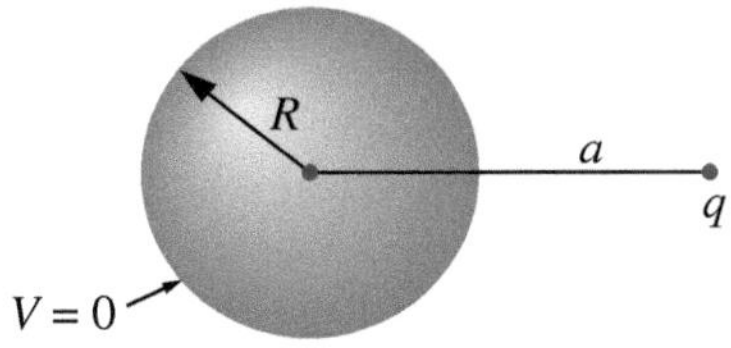

Abbildung 3.12

Lösung:

Untersuchen Sie die *völlig anders geartete* Konfiguration, bestehend aus der Punktladung q sowie einer weiteren Punktladung

$$q' = -\frac{R}{a} q , \tag{3.15}$$

Beispiel 3.2 (Fortsetzung)

die sich zur Rechten des Kugelmittelpunkts in der Entfernung

$$b = \frac{R^2}{a} \tag{3.16}$$

befindet (Abbildung 3.13). Bis jetzt gibt es keinen Leiter, nur die beiden Punktladungen. Das Potential dieser Konfiguration lautet

$$V(\mathbf{r}) = \frac{1}{4\pi\varepsilon_0}\left(\frac{q}{\mathscr{r}} + \frac{q'}{\mathscr{r}'}\right). \tag{3.17}$$

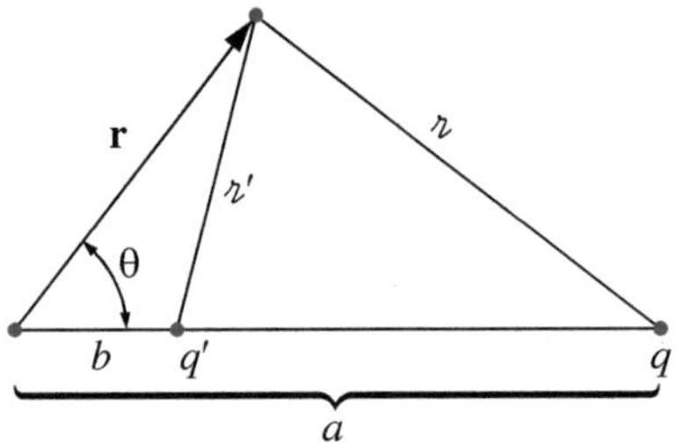

Abbildung 3.13

Hierin sind $\mathscr{r}$ und $\mathscr{r}'$ die Abstände von q bzw. q'. Dieses Potential verschwindet interessanterweise auf allen Punkten der Kugeloberfläche (siehe Aufgabe 3.8) und gehorcht daher den Randbedingungen unseres ursprünglichen Problems im Außenraum.[7]

Schlussfolgerung: Gleichung 3.17 beschreibt das Potential einer Punktladung in der Nähe einer geerdeten leitenden Kugel. (Beachten Sie, dass b kleiner als R ist und sich die Bildladung q' daher im Inneren der Kugel befindet. *Sie können Bildladungen nicht in das Gebiet setzen, in dem Sie V berechnen*; das würde ρ verändern, und Sie würden die Poisson-Gleichung mit der falschen Quelle lösen.) Insbesondere beschreibt man die Anziehungskraft zwischen Ladung und Kugel durch

$$F = \frac{1}{4\pi\varepsilon_0}\frac{qq'}{(a-b)^2} = -\frac{1}{4\pi\varepsilon_0}\frac{q^2Ra}{\left(a^2-R^2\right)^2}. \tag{3.18}$$

Die Methode der Spiegelladungen ist wunderbar einfach – wenn sie funktioniert. In der Methode der Spiegelladung steckt mindestens ebenso viel Kunst wie Wissenschaft, denn Sie müssen sich irgendwie das richtige „Hilfsproblem“ ausdenken, mit dem sie arbeiten können. Für die meisten Probleme ist das aber sehr kompliziert, wenn nicht unmöglich.

7 Diese Lösung geht auf William Thomson (später Lord Kelvin) zurück, der sie 1848 veröffentlichte, als er gerade 24 Jahre alt war. Die Lösung wurde anscheinend durch ein Theorem von Apollonius (200 v.Chr.) inspiriert, das eine Aussage über den Ort von Punkten mit einem festen Verhältnis von Abständen zu zwei gegebenen Punkten auf einer Kugel macht. Siehe J. C. Maxwell, „Treatise on Electricity and Magnetism, Vol. I“, Dover, New York, S. 245. Ich danke Gabriel Karl für diese interessante historische Bemerkung.

Aufgabe 3.7

Bestimmen Sie die Kraft auf die Ladung $+q$ in Abbildung 3.14. (In der x-y-Ebene befindet sich ein geerdeter Leiter.)

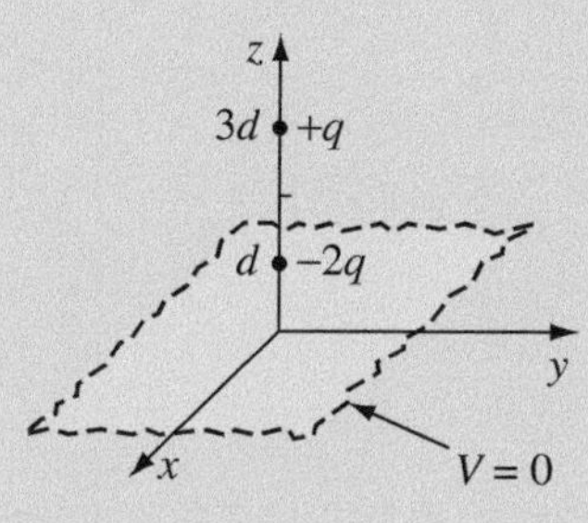

Abbildung 3.14

Aufgabe 3.8

a. Zeigen Sie mithilfe des Kosinussatzes, dass Gleichung 3.17 folgendermaßen formuliert werden kann:

$$V(r,\theta) = \frac{1}{4\pi\varepsilon_0}\left[\frac{q}{\sqrt{r^2 + a^2 - 2ra\cos\theta}} - \frac{q}{\sqrt{R^2 + (ra/R)^2 - 2ra\cos\theta}}\right]. \tag{3.19}$$

Dabei sind r und θ die üblichen sphärischen Polarkoordinaten und die z-Achse die durch q laufende Linie. In dieser Form ist offensichtlich, dass auf der Kugel (bei $r = R$) für das Potential $V = 0$ gelten muss.

b. Bestimmen Sie die auf der Kugel induzierte Flächenladung als Funktion von θ. Integrieren Sie das Resultat und bestimmen Sie die gesamte induzierte Ladung. (Wie *sollte* das Ergebnis lauten?)

c. Berechnen Sie die Energie dieser Konfiguration.

Aufgabe 3.9

In Beispiel 3.2 haben wir angenommen, dass die leitende Kugel geerdet war ($V = 0$). Durch das Hinzufügen einer zweiten Bildladung kann mit demselben grundlegenden Modell der Fall einer Kugel bei irgendeinem Potential V_0 (natürlich relativ zum Unendlichen) behandelt werden. Welche Ladung sollten Sie benutzen, und wo sollte sie untergebracht werden? Bestimmen Sie die Anziehungskraft zwischen einer Punktladung q und einer *neutralen* leitenden Kugel.

! Aufgabe 3.10

Eine gleichförmige Linienladung λ wird auf einen unendlich langen geraden Draht gesetzt, der sich im Abstand d oberhalb einer geerdeten leitenden Ebene befindet. (Der Draht soll parallel zu und kurz oberhalb der x-Achse verlaufen. Die leitende Ebene ist die x-y-Ebene.)

a. Bestimmen Sie das Potential in dem Gebiet oberhalb der Ebene [*Hinweis*: Betrachten Sie Aufgabe 2.52].

b. Bestimmen Sie die Ladungsdichte σ, die in der leitenden Ebene induziert wird.

■ Aufgabe 3.11

Zwei halb-unendliche geerdete leitende Ebenen treffen rechtwinklig aufeinander. Im Gebiet zwischen ihnen befindet sich, wie in Abbildung 3.15 gezeigt, eine Punktladung q. Stellen Sie die Bildkonfiguration auf und berechnen Sie das Potential in diesem Gebiet. Welche Ladungen benötigen Sie, und wo sollte diese sich befinden? Welche Kraft wird auf q ausgeübt? Welche Arbeit muss ausgeübt werden, um q aus dem Unendlichen heranzuführen? Nehmen Sie an, die Ebenen würden nicht im 90°-Winkel zusammentreffen. Könnte die Aufgabe dann immer noch durch die Methode der Spiegelladung gelöst werden? Falls nicht, bei welchen besonderen Winkeln *funktioniert* die Methode?

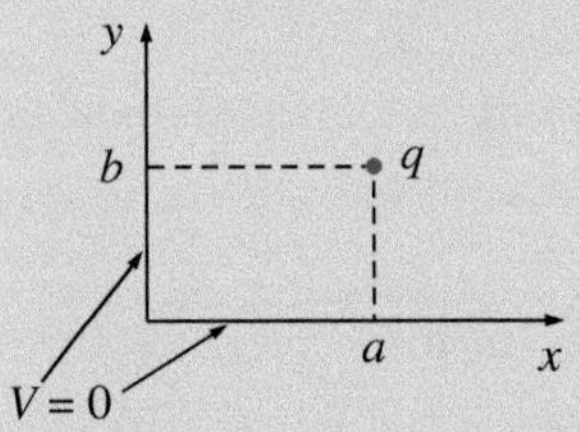

Abbildung 3.15

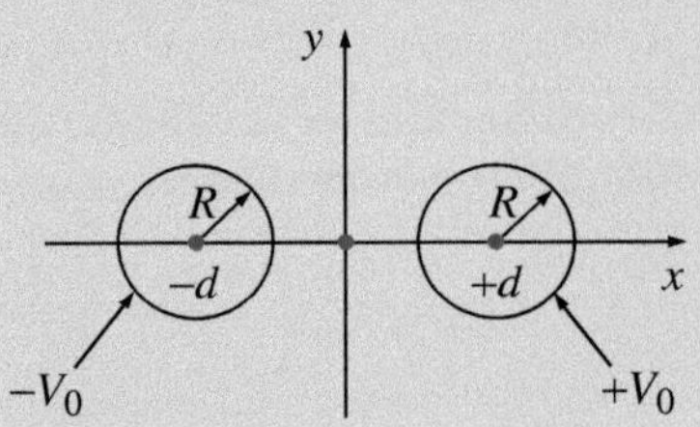

Abbildung 3.16

! **■ Aufgabe 3.12**

Zwei gerade lange Kupferrohre, die jeweils den Radius R aufweisen, werden im Abstand $2d$ gehalten. Ein Rohr befindet sich auf dem Potential V_0, das andere auf dem Potential $-V_0$ (Abbildung 3.16). Bestimmen Sie überall das Potential.

[*Vorschlag:* Nutzen Sie das Ergebnis aus Aufgabe 2.52 aus.]

3.3 Separation der Variablen

In diesem Abschnitt werden wir die Laplace-Gleichung direkt angehen und dabei die Methode der **Variablentrennung** anwenden. Sie ist unter Physikern das beliebteste Hilfsmittel zur Lösung partieller Differentialgleichungen. Diese Methode ist dann sinnvoll, wenn das Potential (V) oder die Ladungsdichte (σ) auf dem Rand eines Gebiets gegeben ist und wir das Potential im Inneren bestimmen müssen. Die grundlegende Vorgehensweise ist recht einfach: *Wir suchen nach Lösungen, die Produkte von Funktionen sind und jeweils nur von* einer *der Koordinaten abhängen.* Die Details der Rechnungen können jedoch ziemlich mühsam sein, weshalb ich diese Methode anhand mehrerer Beispiele entwickle. Wir beginnen mit kartesischen Koordinaten und gehen danach zu sphärischen Koordinaten über. (Die Zylinderkoordinaten überlasse ich in Aufgabe 3.24 Ihren eigenen Bemühungen.)

3.3.1 Kartesische Koordinaten

Beispiel 3.3: Potential zweier Metallplatten

Zwei unendlich große geerdete Metallplatten liegen parallel zur x-z-Ebene, die eine bei $y = 0$, die andere bei $y = a$ (Abbildung 3.17). Das linke Ende bei $x = 0$ wird durch einen unendlichen Streifen von den beiden Platten isoliert und auf einem bestimmten Potential $V_0(y)$ gehalten. Bestimmen Sie das Potential innerhalb dieses „Schlitzes".

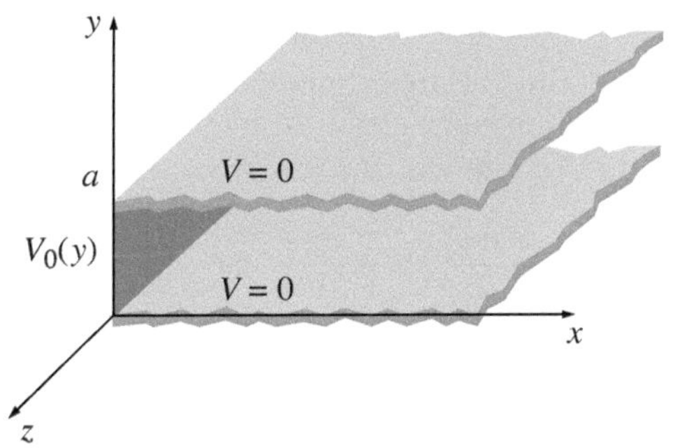

Abbildung 3.17

Lösung:

Die Anordnung ist von z unabhängig, daher handelt es sich tatsächlich um ein zweidimensionales Problem. Mathematisch gesehen müssen wir die Laplace-Gleichung

$$\frac{\partial^2 V}{\partial x^2} + \frac{\partial^2 V}{\partial y^2} = 0 \tag{3.20}$$

für die folgenden Randbedingungen lösen:

$$\left.\begin{array}{llll} \text{(i)} & V = 0 & \text{für} & y = 0\,, \\ \text{(ii)} & V = 0 & \text{für} & y = a\,, \\ \text{(iii)} & V = V_0(y) & \text{für} & x = 0\,, \\ \text{(iv)} & V \to 0 & \text{für} & x \to \infty\,. \end{array}\right\} \tag{3.21}$$

(Die letzte Bedingung wird zwar in der Aufgabe nicht ausdrücklich erwähnt, sie wird aber aus physikalischen Gründen benötigt. Je weiter Sie sich vom „interessanten" Streifen bei $x = 0$ entfernen, desto mehr sollte sich das Potential an null annähern.) Da das Potential auf allen Rändern gegeben ist, ist die Antwort eindeutig bestimmt.

Zuerst suchen wir nach Lösungen, die sich als Produkte formulieren lassen:

$$V(x, y) = X(x)Y(y)\,. \tag{3.22}$$

Genau betrachtet ist dies eine absurde Einschränkung, denn die weitaus meisten Lösungen der Laplace-Gleichung haben *nicht* diese Form. So erfüllt beispielsweise $V(x, y) = (5x + 6y)$ Gleichung 3.20. Allerdings lässt sie sich nicht als

Beispiel 3.3 (Fortsetzung)

Funktion von x mal Funktion von y ausdrücken. Ganz offensichtlich bekommen wir auf diese Weise nur eine winzige Teilmenge aller möglichen Lösungen, und es wäre schon ein *Wunder*, wenn eine davon den Randbedingungen unseres Problems gehorchen sollte ... aber keine Sorge, denn die Lösungen, *die* wir erhalten, sind sehr speziell: es wird sich zeigen, dass wir die allgemeine Lösung konstruieren können, indem wir sie zusammenfügen.

Wenn wir also Gleichung 3.22 in Gleichung 3.20 einsetzen, erhalten wir

$$Y\frac{\mathrm{d}^2X}{\mathrm{d}x^2}+X\frac{\mathrm{d}^2Y}{\mathrm{d}y^2}=0\,.$$

Als nächstes müssen wir „die Variablen separieren“ (d. h., wir sammeln alle x-Abhängigkeiten in einem Term und alle y-Abhängigkeiten in einem anderen). Üblicherweise gelingt das, indem wir durch V dividieren:

$$\frac{1}{X}\frac{\mathrm{d}^2X}{\mathrm{d}x^2}+\frac{1}{Y}\frac{\mathrm{d}^2Y}{\mathrm{d}y^2}=0\,. \tag{3.23}$$

Hierin hängt der erste Term allein von x und der zweite nur von y ab. Wir haben mit anderen Worten eine Gleichung der Form

$$f(x)+g(y)=0 \tag{3.24}$$

Nun, es gibt nur eine Möglichkeit, die dies erfüllt: *Sowohl f als auch g müssen konstant sein.* Was würde geschehen, wenn sich beispielsweise $f(x)$ *ändert*, indem Sie x variieren? Wenn wir y festhalten und an x drehen, würde sich die Summe $f(x)+g(y)$ verändern; das würde aber Gleichung 3.24 widersprechen, nach der die Summe immer null ist. (Das ist ein zwar einfaches, aber doch recht schwer fassbares Argument. Akzeptieren Sie es nicht ohne genaues Nachdenken, denn hierauf beruht die gesamte Methode.) Aus Gleichung 3.23 folgt dann

$$\frac{1}{X}\frac{\mathrm{d}^2X}{\mathrm{d}x^2}=C_1\quad\text{und}\quad\frac{1}{Y}\frac{\mathrm{d}^2Y}{\mathrm{d}y^2}=C_2\quad\text{mit}\quad C_1+C_2=0\,. \tag{3.25}$$

Eine dieser Konstanten ist positiv, die andere negativ (oder vielleicht sind auch beide null). Im Allgemeinen muss man alle Möglichkeiten untersuchen. Allerdings muss, aus Gründen, die gleich ersichtlich werden, für unsere spezielles Problem C_1 positiv und C_2 negativ sein. Also ist:

$$\frac{\mathrm{d}^2X}{\mathrm{d}x^2}=k^2X\,,\quad\frac{\mathrm{d}^2Y}{\mathrm{d}y^2}=-k^2Y\,. \tag{3.26}$$

Was ist geschehen? Die *partielle* Differentialgleichung 3.20 ist in zwei *gewöhnliche* Differentialgleichungen (Gleichung 3.26) umgewandelt worden. Der Vorteil liegt auf der Hand – gewöhnliche Differentialgleichungen sind viel leichter zu lösen. Tatsächlich ist:

$$X(x)=A\mathrm{e}^{kx}+B\mathrm{e}^{-kx}\,,\quad Y(y)=C\sin ky+D\cos ky$$

Beispiel 3.3 (Fortsetzung)

und somit

$$V(x,y) = \left(A\,\mathrm{e}^{kx} + B\,\mathrm{e}^{-kx}\right)(C\sin ky + D\cos ky)\,. \tag{3.27}$$

Dies ist die passende separierbare Lösung der Laplace-Gleichung. Wir müssen noch die Randbedingungen anwenden und nachsehen, was sie uns über die Konstanten verraten. Wir beginnen am Ende mit Bedingung (iv), die verlangt, dass A gleich null sein muss.[8] Fügen wir B in C und D ein, dann erhalten wir

$$V(x,y) = \mathrm{e}^{-kx}(C\sin ky + D\cos ky)\,.$$

Bedingung (i) aus Gleichung (3.21) verlangt nun, dass D gleich null ist, daher gilt

$$V(x,y) = C\,\mathrm{e}^{-kx}\sin ky\,. \tag{3.28}$$

Zugleich führt (ii) auf $\sin ka = 0$, woraus folgt

$$k = \frac{n\pi}{a} \quad (n = 1,\ 2,\ 3,\ \ldots)\,. \tag{3.29}$$

(An diesem Punkt können Sie erkennen, warum ich C_1 positiv und C_2 negativ gewählt habe: Würde X sinusförmig verlaufen, könnten wir nie erreichen, dass es im Unendlichen gegen null geht. Würde Y exponentiell verlaufen, könnte es nicht gleichzeitig bei 0 und bei a verschwinden. Übrigens ist $n = 0$ keine gute Wahl, denn in diesem Fall verschwindet das Potential *überall*. Dabei haben wir die negativen n bereits ausgeschlossen.)

Mit der Separation der Variablen kommen wir bis hierher. Sofern $V_0(y)$ nicht zufällig die Form $\sin(n\pi y/a)$ hat (mit irgendwelchen ganzzahligen n), können wir die letzte Randbedingung bei $x = 0$ einfach nicht anpassen. Nun kommt aber der entscheidende Schritt, wegen dem sich die Methode lohnt: Durch die Separation der Variablen liegt uns eine *unendliche* Menge an Lösungen vor (eine für jedes n), und obwohl keine von ihnen *für sich allein* die letzte Randbedingung erfüllt, kann man doch die Lösungen in einer Weise miteinander kombinieren, die dies *trotzdem* möglich macht. Die Laplace-Gleichung ist linear, d. h. alle ihre Lösungen V_1, V_2, V_3, … erfüllen die Laplace-Gleichung auch als Linearkombinationen $V = \alpha_1 V_1 + \alpha_2 V_2 + \alpha_3 V_3 + \ldots$ (dabei sind die α_1, α_2, … beliebige willkürliche Konstanten). Denn

$$\nabla^2 V = \alpha_1\nabla^2 V_1 + \alpha_2\nabla^2 V_2 + \ldots = 0\alpha_1 + 0\alpha_2 + \ldots = 0\,.$$

Nutzen wir diese Tatsache aus, können wir die separierbaren Lösungen (3.28) zusammenfügen und daraus eine viel allgemeinere Lösung konstruieren:

$$V(x,y) = \sum_{n=1}^{\infty} C_n\,\mathrm{e}^{-n\pi x/a}\sin(n\pi y/a)\,. \tag{3.30}$$

8 Ich gehe hier davon aus, dass k positiv ist, wodurch aber die Allgemeingültigkeit nicht eingeschränkt wird, denn negatives k führt auf dieselbe Lösung (Gleichung 3.27), wobei allerdings die Konstanten vertauscht sind ($A \leftrightarrow B$, $C \to -C$). Gelegentlich (aber nicht in diesem Beispiel) muss auch $k = 0$ berücksichtigt werden. Siehe Aufgabe 3.54.

Beispiel 3.3 (Fortsetzung)

Sie erfüllt immer noch drei von vier Randbedingungen. Die Frage ist jedoch: Können wir (durch geschickte Wahl der Koeffizienten C_n) auch die Randbedingung (iii) erfüllen?

$$V(0,y) = \sum_{n=1}^{\infty} C_n \sin(n\pi y/a) = V_0(y)\,. \tag{3.31}$$

Vielleicht erkennen Sie diese Summe – es handelt sich um die Fourier-Reihe einer Sinusfunktion. Dirichlets Theorem[9] garantiert, dass praktisch *jede* Funktion $V_0(y)$ – die zudem eine endliche Zahl von Sprüngen aufweisen darf – in eine solche Reihe entwickelt werden kann.

Wie können wir nun die Koeffizienten C_n tatsächlich *bestimmen*, die in dieser unendlichen Summe vergraben sind? Die Methode, die dies ermöglicht, ist so toll, dass sie einen eigenen Namen verdient – ich bezeichne Sie als **Fourier-Trick**, obwohl es scheint, als hätte Euler schon etwas früher im Wesentlichen dieselbe Idee gehabt. Sie funktioniert folgendermaßen: Multiplizieren Sie Gleichung 3.31 mit $\sin(n'\pi y/a)$ (wobei n' eine positive ganze Zahl ist) und integrieren Sie von 0 bis a:

$$\sum_{n=1}^{\infty} C_n \int_0^a \sin(n\pi y/a)\sin\left(n'\pi y/a\right)\,\mathrm{d}y = \int_0^a V_0(y)\sin\left(n'\pi y/a\right)\,\mathrm{d}y\,. \tag{3.32}$$

Das Integral auf der linken Seite können Sie selbst berechnen. Seine Lösung lautet:

$$\int_0^a \sin(n\pi y/a)\sin\left(n'\pi y/a\right)\,\mathrm{d}y = \begin{cases} 0\,, & \text{sofern} \quad n' \neq n\,, \\ \dfrac{a}{2}\,, & \text{sofern} \quad n' = n\,. \end{cases} \tag{3.33}$$

Auf diese Weise fallen alle Terme der Reihe heraus, mit Ausnahme derjenigen, bei denen $n' = n$. Die linke Seite von Gleichung 3.32 reduziert sich dadurch auf $(a/2)C_{n'}$.
Schlussfolgerung:[10]

$$C_n = \frac{2}{a}\int_0^a V_0(y)\sin(n\,\pi\,y/a)\,\mathrm{d}y\,. \tag{3.34}$$

Das ist schon alles: Gleichung 3.30 ist die Lösung, und die Koeffizienten werden durch Gleichung 3.34 gegeben. Nehmen Sie in einem konkreten Beispiel an, dass es sich bei dem Streifen bei $x = 0$ um eine Metallplatte handelt, die sich auf

9 M. Boas, Mathematical Methods in the Physical Sciences, 2nd ed. (New York: John Wiley, 1983).

10 Aus ästhetischen Gründen habe ich das Hochkomma fallen gelassen. Gleichung 3.34 gilt für $n = 1, 2, 3, \ldots$. Es ist (ganz offensichtlich) egal, welchen Buchstaben Sie für die Indizes verwenden, die als Platzhalter dienen.

Beispiel 3.3 (Fortsetzung)

einem konstanten Potential V_0 befindet. (Vergessen Sie nicht, dass sie von den geerdeten Platten bei $y = 0$ und $y = a$ isoliert ist.) Dann ist

$$C_n = \frac{2V_0}{a}\int_0^a \sin(n\pi y/a)\,\mathrm{d}y = \frac{2V_0}{n\pi}(1-\cos n\pi) = \begin{cases} 0\,, & \text{sofern} \quad n \text{ gerade}\,, \\ \dfrac{4V_0}{n\pi}\,, & \text{sofern} \quad n \text{ ungerade}\,. \end{cases} \tag{3.35}$$

Offenbar gilt:

$$V(x,y) = \frac{4V_0}{\pi}\sum_{n=1,3,5,\ldots}\frac{1}{n}\mathrm{e}^{-n\pi x/a}\sin(n\pi y/a)\,. \tag{3.36}$$

Abbildung 3.18 ist eine Darstellung dieses Potentials. Abbildung 3.19 zeigt, wie sich die ersten Terme der Fourier-Reihe überlagern und eine immer bessere Annäherung an die Konstante V_0 liefern: (a) ist nur $n = 1$, (b) enthält n bis 5, (c) ist die Summe der ersten 10 Terme, und (d) ist die Summe der ersten 100 Terme.

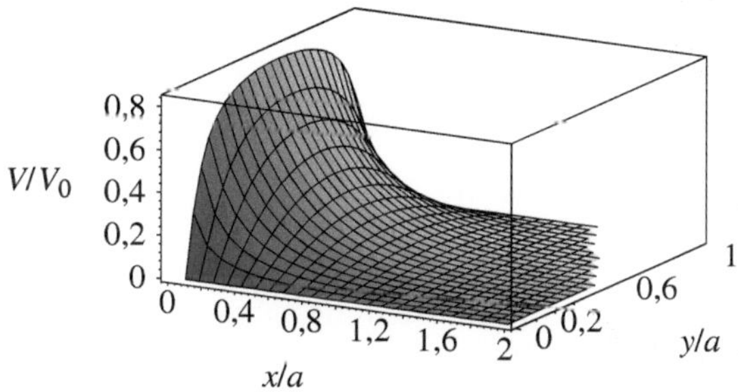

Abbildung 3.18

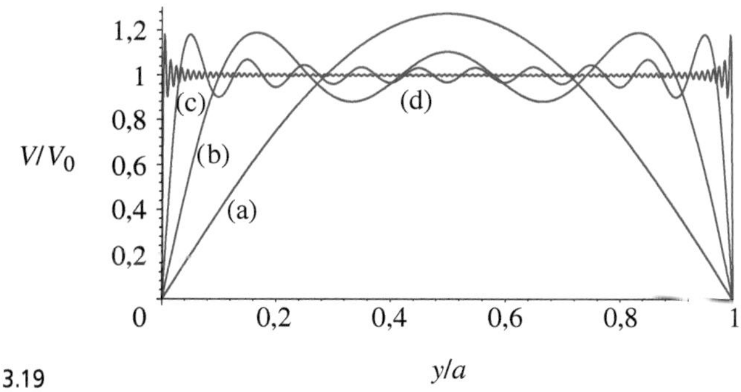

Abbildung 3.19

Übrigens kann die unendliche Reihe in Gleichung 3.36 explizit aufsummiert werden (wenn Sie möchten, versuchen Sie sich selbst daran). Das Ergebnis lautet

$$V(x,y) = \frac{2V_0}{\pi}\tan^{-1}\left(\frac{\sin(\pi y/a)}{\sin(\pi x/a)}\right)\,. \tag{3.37}$$

Beispiel 3.3 (Fortsetzung)

Bei dieser Formulierung kann leicht nachgeprüft werden, dass sie der Laplace-Gleichung gehorcht und dass die vier Randbedingungen (3.21) erfüllt sind.

Der Erfolg dieser Methode hängt von zwei außergewöhnlichen Eigenschaften der separierbaren Lösungen (3.28) und (3.29) ab: **Vollständigkeit** und **Orthogonalität**. Eine Menge von Funktionen $f_n(y)$ wird als **vollständig** bezeichnet, wenn eine beliebige andere Funktion $f(y)$ durch eine Linearkombination aus ihnen ausgedrückt werden kann:

$$f(y) = \sum_{n=1}^{\infty} C_n f_n(y)\,. \tag{3.38}$$

Die Sinusfunktionen $\sin(n\pi y/a)$ sind auf dem Intervall $0 \leq y \leq a$ vollständig. Durch diese vom Dirichlet-Theorem garantierte Tatsache konnten wir sicher sein, dass Gleichung 3.31 erfüllt ist, sofern geeignete Koeffizienten C_n vorliegen. (Der *Beweis* der Vollständigkeit für eine bestimmte Menge von Funktionen ist aber eine ziemlich schwierige Aufgabe. Ich befürchte, dass Physiker dazu neigen, die Gültigkeit *anzunehmen* und den Beweis anderen zu überlassen.) Eine Menge von Funktionen ist **orthogonal**, wenn das Integral des Produkts zweier beliebiger unterschiedlicher Funktionen aus dieser Menge null ergibt:

$$\int_0^a f_n(y) f_{n'}(y)\,\mathrm{d}y = 0\,, \quad \text{für} \quad n' \neq n\,. \tag{3.39}$$

Die Sinusfunktionen sind orthogonal (Gleichung 3.33). Auf dieser Eigenschaft beruht der Fourier-Trick, durch den wir in der unendlichen Reihe alle Terme bis auf einen beseitigen und so die Koeffizienten C_n bestimmen können. (Der Beweis der Orthogonalität ist im Allgemeinen ziemlich einfach; man führt ihn entweder durch direkte Integration oder durch die Analyse der Differentialgleichungen, aus denen die Funktionen stammen.)

Beispiel 3.4: Potential innerhalb einer rechteckigen Röhre

Zwei unendlich lange geerdete Metallplatten, die sich wieder bei $y = 0$ und $y = a$ befinden, werden, wie in Abbildung 3.20 dargestellt, bei $x = \pm b$ durch Metallstreifen verbunden, die auf einem konstanten Potential V_0 gehalten werden. (Eine dünne Isolationsschicht an jeder Ecke verhindert Kurzschlüsse.) Bestimmen Sie das Potential im Inneren der resultierenden rechteckigen Röhre.

Beispiel 3.4 (Fortsetzung)

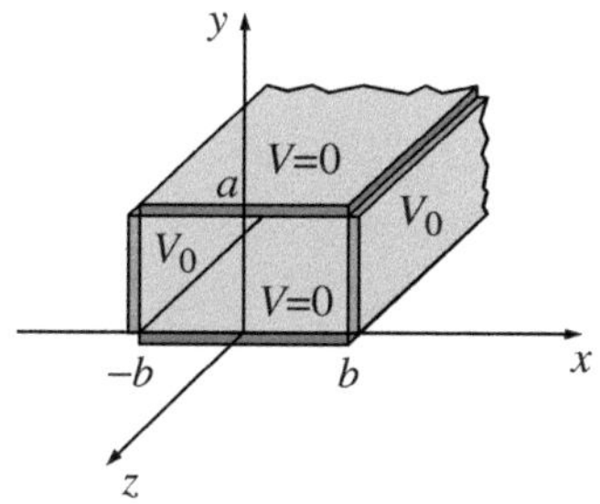

Abbildung 3.20

Lösung:

Wieder ist die Konfiguration von z unabhängig. Unsere Aufgabe besteht darin, die Laplace-Gleichung

$$\frac{\partial^2 V}{\partial x^2} + \frac{\partial^2 V}{\partial y^2} = 0$$

in Abhängigkeit von den Randbedingungen

$$\left.\begin{array}{llll} \text{(i)} & V = 0 & \text{wenn} & y = 0\,, \\ \text{(ii)} & V = 0 & \text{wenn} & y = a\,, \\ \text{(iii)} & V = V_0 & \text{wenn} & x = b\,, \\ \text{(iv)} & V = V_0 & \text{wenn} & x = -b \end{array}\right\} \tag{3.40}$$

zu lösen.

Die Argumentation ist die gleiche wie bei Gleichung 3.27:

$$V(x,y) = \left(A\,\mathrm{e}^{kx} + B\,\mathrm{e}^{-kx}\right)(C \sin ky + D \cos ky)\,.$$

Dieses Mal können wir jedoch nicht $A = 0$ setzen. Das Gebiet, das wir betrachten, erstreckt sich nicht bis $x = \infty$, und daher ist e^{kx} völlig akzeptabel. Andrerseits ist die Situation hinsichtlich x symmetrisch, daher ist $V(-x,y) = V(x,y)$, und es folgt $A = B$. Verwenden wir

$$\mathrm{e}^{kx} + \mathrm{e}^{-kx} = 2\cosh kx$$

und fügen wir $2A$ in C und D ein, erhalten wir

$$V(x,y) = \cosh kx(C \sin ky + D \cos ky)\,.$$

Die Randbedingungen (i) und (ii) erfordern wie zuvor, dass $D = 0$ und $k = n\pi/a$. Damit wird

$$V(x,y) = C \cosh(n\pi x/a) \sin(n\pi y/a)\,. \tag{3.41}$$

Weil $V(x,y)$ in x-Richtung gerade ist, erfüllt es automatisch die Bedingung (iv), sofern es (iii) erfüllt. Daher müssen wir nur noch die allgemeine Linearkombination bilden,

$$V(x,y) = \sum_{n=1}^{\infty} C_n \cosh(n\pi x/a) \sin(n\pi y/a)\,,$$

Beispiel 3.4 (Fortsetzung)

und die Koeffizienten C_n so wählen, dass sie Bedingung (iii) erfüllen:

$$V(b,y) = \sum_{n=1}^{\infty} C_n \cosh(n\pi b/a)\sin(n\pi y/a) = V_0 .$$

Dies ist dasselbe Problem der Fourier-Analyse, dem wir bereits früher begegnet sind. Ich zitiere hier das Ergebnis von Gleichung 3.35:

$$C_n \cosh(n\pi b/a) = \begin{cases} 0 & \text{wenn } n \text{ gerade}, \\ \dfrac{4V_0}{n\pi} & \text{wenn } n \text{ ungerade}. \end{cases}$$

Schlussfolgerung:

Das Potential wird in diesem Fall durch

$$V(x,y) = \frac{4V_0}{\pi} \sum_{n=1,3,5,\ldots} \frac{1}{n} \frac{\cosh(n\pi x/a)}{\cosh(n\pi b/a)} \sin(n\pi y/a) \tag{3.42}$$

gegeben. Diese Funktion ist in Abbildung 3.21 dargestellt.

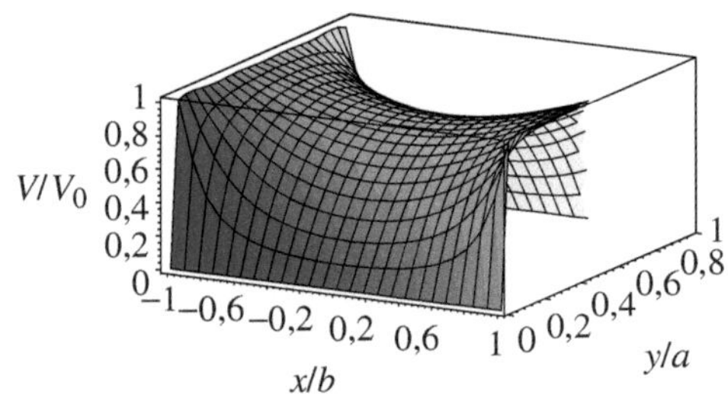

Abbildung 3.21

Beispiel 3.5: Nochmal: Potential innerhalb einer rechteckigen Röhre

Eine unendlich lange rechteckige Metallröhre (mit den Seitenlängen a und b) ist geerdet. Ein Ende bei $x = 0$ wird entsprechend Abbildung 3.22 auf einem vorgegebenen Potential $V_0(y,z)$ gehalten. Bestimmen Sie das Potential im Innern der Röhre.

Lösung:

In diesem Fall haben wir ein echtes dreidimensionales Problem

$$\frac{\partial^2 V}{\partial x^2} + \frac{\partial^2 V}{\partial y^2} + \frac{\partial^2 V}{\partial z^2} = 0 , \tag{3.43}$$

Beispiel 3.5 (Fortsetzung)

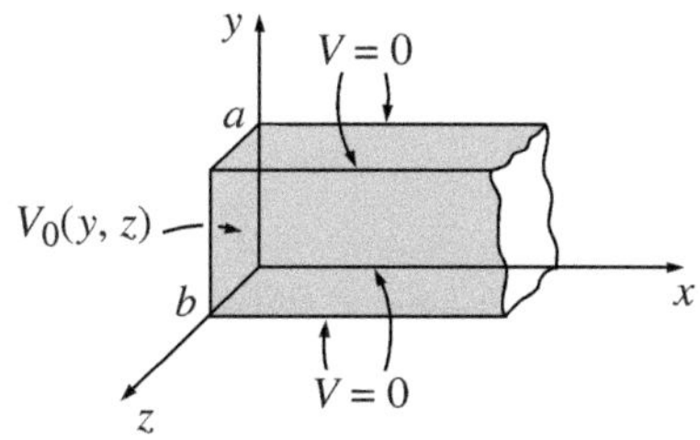

Abbildung 3.22

das den folgenden Randbedingungen unterliegt:

$$\left.\begin{array}{llll} \text{(i)} & V = 0 & \text{wenn} & y = 0\,, \\ \text{(ii)} & V = 0 & \text{wenn} & y = a\,, \\ \text{(iii)} & V = 0 & \text{wenn} & z = 0\,, \\ \text{(iv)} & V = 0 & \text{wenn} & z = b\,, \\ \text{(v)} & V \to 0 & \text{wenn} & x \to \infty\,, \\ \text{(vi)} & V = V_0(y,z) & \text{wenn} & x = 0\,. \end{array}\right\} \tag{3.44}$$

Wie immer suchen wir nach Lösungen, die sich als Produkte darstellen lassen:

$$V(x,y,z) = X(x)Y(y)Z(z)\,. \tag{3.45}$$

Setzen wir dies in Gleichung 3.43 ein und dividieren wir durch V, erhalten wir

$$\frac{1}{X}\frac{\mathrm{d}^2X}{\mathrm{d}x^2} + \frac{1}{Y}\frac{\mathrm{d}^2Y}{\mathrm{d}y^2} + \frac{1}{Z}\frac{\mathrm{d}^2Z}{\mathrm{d}z^2} = 0\,.$$

Daraus folgt, dass

$$\frac{1}{X}\frac{\mathrm{d}^2X}{\mathrm{d}x^2} = C_1\,, \quad \frac{1}{Y}\frac{\mathrm{d}^2Y}{\mathrm{d}y^2} = C_2\,, \quad \frac{1}{Z}\frac{\mathrm{d}^2Z}{\mathrm{d}z^2} = C_3 \quad \text{mit} \quad C_1 + C_2 + C_3 = 0\,.$$

Unsere frühere Erfahrung (aus Beispiel 3.3) legt nahe, dass C_1 positiv sein muss und dass C_2 sowie C_3 negativ sind. Setzen wir $C_2 = -k^2$ und $C_3 = -l^2$, dann wird $C_1 = k^2 + l^2$ und damit

$$\frac{\mathrm{d}^2X}{\mathrm{d}x^2} = \left(k^2 + l^2\right)X\,, \quad \frac{\mathrm{d}^2Y}{\mathrm{d}y^2} = -k^2Y\,, \quad \frac{\mathrm{d}^2Z}{\mathrm{d}z^2} = -l^2Z\,. \tag{3.46}$$

Wie zuvor hat die Separation der Variablen eine *partielle* Differentialgleichung in eine *gewöhnliche* Differentialgleichung umgewandelt. Deren Lösungen sind

$$\begin{aligned} X(x) &= A\mathrm{e}^{\sqrt{k^2+l^2}x} + B\mathrm{e}^{-\sqrt{k^2+l^2}x} \\ Y(y) &= C\sin ky + D\cos ky \\ Z(z) &= E\sin lz + F\cos lz\,. \end{aligned}$$

Nach Randbedingung (v) gilt $A = 0$, aus (i) folgt $D = 0$, und (iii) führt auf $F = 0$. (ii) und (iv) erfordern jedoch $k = n\pi/a$ und $l = m\pi/b$, wobei n und m positive

Beispiel 3.5 (Fortsetzung)

ganze Zahlen sind. Führen wir die verbleibenden Konstanten zusammen, dann haben wir noch

$$V(x,y,z) = C\mathrm{e}^{-\pi\sqrt{(n/a)^2+(m/b)^2}x}\sin(n\pi y/a)\sin(m\pi z/b)\,. \tag{3.47}$$

Diese Lösung erfüllt alle Randbedingungen, mit Ausnahme von (vi). Sie enthält *zwei* nicht festgelegte ganze Zahlen (n und m), deren allgemeinste Linearkombination eine *Doppelsumme* darstellt:

$$V(x,y,z) = \sum_{n=1}^{\infty}\sum_{m=1}^{\infty} C_{n,m}\mathrm{e}^{-\pi\sqrt{(n/a)^2+(m/b)^2}x}\sin(n\pi y/a)\sin(m\pi z/b)\,. \tag{3.48}$$

Wir hoffen, die verbleibenden Randbedingung

$$V(0,y,z) = \sum_{n=1}^{\infty}\sum_{m=1}^{\infty} C_{n,m}\sin(n\pi y/a)\sin(m\pi z/b) = V_0(y,z) \tag{3.49}$$

durch geeignete Wahl der Koeffizienten $C_{n,m}$ berücksichtigen zu können. Zur Bestimmung dieser Konstanten multiplizieren wir mit $\sin(n'\pi y/a)\sin(m'\pi z/b)$, wobei n' und m' willkürliche positive ganze Zahlen sind. Integration führt auf

$$\begin{aligned}&\sum_{n=1}^{\infty}\sum_{m=1}^{\infty} C_{n,m}\int_0^a \sin(n\pi y/a)\sin(n'\pi y/a)\,\mathrm{d}y\int_0^b \sin(m\pi z/b)\sin(m'\pi z/b)\,\mathrm{d}z\\ &= \int_0^a\int_0^b V_0(y,z)\sin(n'\pi y/a)\sin(m'\pi z/b)\,\mathrm{d}y\,\mathrm{d}z\,.\end{aligned}$$

Bei Betrachtung von Gleichung 3.33 sehen wir, dass die linke Seite $(ab/4)C_{n',m'}$ ist; wir erhalten daher

$$C_{n,m} = \frac{4}{ab}\int_0^a\int_0^b V_0(y,z)\sin(n\pi y/a)\sin(m\pi z/b)\,\mathrm{d}y\,\mathrm{d}z\,. \tag{3.50}$$

Gleichung 3.48 ist, zusammen mit den Koeffizienten aus Gleichung 3.50, die Lösung unseres Problems.

Ist das Ende der Röhre beispielsweise ein Leiter auf einem *konstanten* Potential V_0, dann ist

$$\begin{aligned}C_{n,m} &= \frac{4V_0}{ab}\int_0^a \sin(n\pi y/a)\,\mathrm{d}y\int_0^b \sin(m\pi z/b)\,\mathrm{d}z\\ &= \begin{cases}0\,, & \text{wenn}\quad n \text{ oder } m \text{ gerade.}\\ \dfrac{16V_0}{\pi^2 nm}\,, & \text{wenn}\quad n \text{ und } m \text{ ungerade.}\end{cases}\end{aligned} \tag{3.51}$$

Beispiel 3.5 (Fortsetzung)

In diesem Fall ist

$$V(x,y,z) = \frac{16V_0}{\pi^2} \sum_{n,m=1,3,5,\ldots}^{\infty} \frac{1}{nm} \mathrm{e}^{-\pi\sqrt{(n/a)^2+(m/b)^2}x} \sin(n\pi y/a)\sin(m\pi z/b)\,. \tag{3.52}$$

Beachten Sie, dass die aufeinanderfolgenden Terme schnell kleiner werden. Eine vernünftige Näherung erhalten wir bereits, wenn wir nur die ersten paar Terme berücksichtigen.

Aufgabe 3.13

Bestimmen Sie das Potential in dem unendlichen Schlitz aus Beispiel 3.3 für den Fall, dass der Rand bei $x = 0$ aus zwei Metallstreifen besteht: Einer reicht von $y = 0$ bis $y = a/2$ und wird auf einem konstanten Potential V_0 gehalten. Der andere reicht von $y = a/2$ bis $y = a$ und befindet sich auf dem Potential $-V_0$.

Aufgabe 3.14

Bestimmen Sie für den unendlich langen Schlitz aus Beispiel 3.3 die Ladungsdichte $\sigma(y)$ auf dem Streifen bei $x = 0$ unter der Voraussetzung, dass es sich um einen Leiter handelt, der auf dem konstanten Potential V_0 gehalten wird.

Aufgabe 3.15

Eine rechteckige Röhre, die parallel zur x-Achse verläuft (von $-\infty$ bis $+\infty$), besitzt drei geerdete metallische Seiten bei $y = 0$, $y = a$ und $x = 0$. Die vierte Seite bei $x = b$ wird auf einem vorgegebenen Potential $V_0(y)$ gehalten.

a. Entwickeln Sie eine allgemeingültige Formel für das Potential innerhalb der Röhre.

b. Bestimmen Sie das Potential explizit für den Fall $V_0(y) = V_0$ (eine Konstante).

Aufgabe 3.16

Eine würfelförmiger Kasten (mit den Seitenlängen a) besteht aus fünf Metallplatten, die miteinander verschweißt und geerdet sind (Abbildung 3.23). Die Oberseite besteht aus einer separaten Metallschicht, die von den anderen isoliert ist und auf einem konstanten Potential V_0 gehalten wird. Bestimmen Sie das Potential im Inneren des Kastens. [Wie sollte das Potential im Mittelpunkt $a/2, a/2, a/2$) lauten? Überprüfen Sie numerisch, dass Ihre Formel mit diesem Wert übereinstimmt.][11]

11 Dieser nette Test wurde von J. Castro vorgeschlagen.

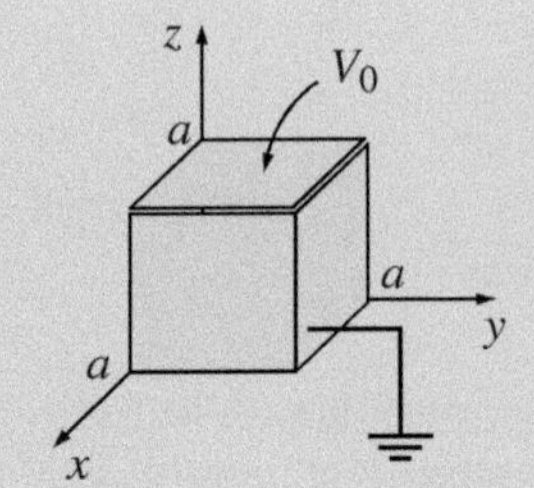

Abbildung 3.23

3.3.2 Sphärische Koordinaten

Die Beispiele, die wir bislang betrachtet haben, waren eindeutig für kartesische Koordinaten geeignet, denn bei den Rändern handelte es sich um *Ebenen*. Bei runden Objekten sind sphärische Koordinaten besser geeignet. In sphärischen Koordinaten sieht die Laplace-Gleichung folgendermaßen aus:

$$\frac{1}{r^2}\frac{\partial}{\partial r}\left(r^2\frac{\partial V}{\partial r}\right)+\frac{1}{r^2\sin\theta}\frac{\partial}{\partial\theta}\left(\sin\theta\frac{\partial V}{\partial\theta}\right)+\frac{1}{r^2\sin^2\theta}\frac{\partial^2 V}{\partial\varphi^2}=0\,. \tag{3.53}$$

Ich werde annehmen, dass dieses Problem eine **azimutale Symmetrie** aufweist, wodurch V von φ unabhängig ist.[12] In diesem Fall vereinfacht sich Gleichung 3.53 auf

$$\frac{\partial}{\partial r}\left(r^2\frac{\partial V}{\partial r}\right)+\frac{1}{\sin\theta}\frac{\partial}{\partial\theta}\left(\sin\theta\frac{\partial V}{\partial\theta}\right)=0\,. \tag{3.54}$$

Wie zuvor suchen wir nach Lösungen, die als Produkte darstellbar sind:

$$V(r,\theta)=R(r)\Theta(\theta)\,. \tag{3.55}$$

Setzen wir dies in Gleichung 3.54 ein und dividieren durch V, dann erhalten wir

$$\frac{1}{R}\frac{\mathrm{d}}{\mathrm{d}r}\left(r^2\frac{\mathrm{d}R}{\mathrm{d}r}\right)+\frac{1}{\Theta\sin\theta}\frac{\mathrm{d}}{\mathrm{d}\theta}\left(\sin\theta\frac{\mathrm{d}\Theta}{\partial\theta}\right)=0\,. \tag{3.56}$$

Da der erste Term nur von r und der zweite nur von θ abhängt, müssen beide konstant sein:

$$\frac{1}{R}\frac{\mathrm{d}}{\mathrm{d}r}\left(r^2\frac{\mathrm{d}R}{\mathrm{d}r}\right)=l(l+1)\,,\quad \frac{1}{\Theta\sin\theta}\frac{\mathrm{d}}{\mathrm{d}\theta}\left(\sin\theta\frac{\mathrm{d}\Theta}{\partial\theta}\right)=-l(l+1)\,. \tag{3.57}$$

Hierbei ist $l(l+1)$ nur ein extravaganter Weg, um die Separationskonstante aufzuschreiben. In Kürze werden wir aber sehen, warum diese Schreibweise vorteilhaft ist.

12 Der allgemeine Fall, in denen das Potential von φ abhängig ist, wird in allen weiterführenden Lehrbüchern behandelt. Ein Beispiel ist J. D. Jackson, Klassische Elektrodynamik, 4., überarb. Aufl., Kapitel 3 (Berlin: de Gruyter, 2006).

Tabelle 3.1: Legendre-Polynome

$P_0(x)$	=	1
$P_1(x)$	=	x
$P_2(x)$	=	$\left(3x^2 - 1\right)/2$
$P_3(x)$	=	$\left(5x^3 - 3x\right)/2$
$P_4(x)$	=	$\left(35x^4 - 30x^2 + 3\right)/8$
$P_5(x)$	=	$\left(63x^5 - 70x^3 + 15x\right)/8$

Wie immer ist eine *partielle* Differentialgleichung durch die Separation der Variablen in einen Satz von *gewöhnlichen* Differentialgleichungen (Gleichung 3.57) umgewandelt worden. Die radiale Gleichung

$$\frac{\mathrm{d}}{\mathrm{d}r}\left(r^2\frac{\mathrm{d}R}{\mathrm{d}r}\right) = l(l+1)R \tag{3.58}$$

hat, wie Sie leicht nachprüfen können, die allgemeine Lösung

$$R(r) = Ar^l + \frac{B}{r^{l+1}} . \tag{3.59}$$

A und B sind die beiden beliebigen Konstanten, die für die Lösung einer Differentialgleichung zweiter Ordnung benötigt werden. Die Winkelgleichung

$$\frac{\mathrm{d}}{\mathrm{d}\theta}\left(\sin\theta\frac{\mathrm{d}\Theta}{\partial\theta}\right) = -l(l+1)\sin\theta\,\Theta \tag{3.60}$$

ist jedoch nicht so einfach zu lösen. Die Lösungen sind **Legendre-Polynome** der Variablen $\cos\theta$:

$$\Theta(\theta) = P_l(\cos\theta) . \tag{3.61}$$

$P_l(x)$ wird am einfachsten durch die **Rodrigues-Formel** definiert:

$$P_l(x) = \frac{1}{2^l l!}\left(\frac{\mathrm{d}}{\mathrm{d}x}\right)^l\left(x^2-1\right)^l . \tag{3.62}$$

Die ersten Legendre-Polynome sind in Tabelle 3.1 aufgelistet.

Das l in der Bezeichnung $P_l(x)$ steht nicht für „Legendre“, sondern deutet an, dass es sich um ein Polynom l-ter Ordnung in x handelt. Sofern l *gerade* ist, enthält es nur *gerade* Potenzen. Ist jedoch l *ungerade*, enthält es nur *ungerade* Potenzen. Der Vorfaktor ist so gewählt, dass

$$P_l(1) = 1 . \tag{3.63}$$

Die Rodrigues-Formel gilt offensichtlich nur für nichtnegative ganzzahlige Werte von l. Darüber hinaus bietet sie uns nur *eine* Lösung. Gleichung 3.60 ist aber *zweiter* Ordnung und sollte daher für *jeden* Wert von l zwei unabhängige Lösungen besitzen. Wie sich zeigt, divergieren diese „anderen Lösungen“ jedoch bei $\theta = 0$ und

$\theta = \pi$ und sind daher aus physikalischen Gründen nicht akzeptabel.[13] So ist beispielsweise die zweite Lösung für $l = 0$

$$\Theta(\theta) = \ln\left(\tan\frac{\theta}{2}\right) . \tag{3.64}$$

Vielleicht überprüfen Sie selbst, dass dies mit Gleichung 3.60 in Einklang ist.

Im Fall der azimutalen Symmetrie aber ist die allgemeinste *separierbare* Lösung der Laplace-Gleichung, die mit minimalen physikalischen Anforderungen in Einklang steht, die Gleichung

$$V(r,\theta) = \left(Ar^l + \frac{B}{r^{l+1}}\right) P_l(\cos\theta) .$$

(Es war nicht notwendig, eine allgemeine Konstante in Gleichung 3.61 einzuführen, denn sie kann in diesem Stadium in A und B eingefügt werden.) Wie zuvor, führt die Separation der Variablen auf eine unendliche Menge von Lösungen, eine für jeden Wert l. Die allgemeine Lösung ist die Linearkombination separierbarer Lösungen:

$$V(r,\theta) = \sum_{l=0}^{\infty} \left(A_l r^l + \frac{B_l}{r^{l+1}}\right) P_l(\cos\theta) . \tag{3.65}$$

Das folgende Beispiel verdeutlicht die Leistungsfähigkeit dieses wichtigen Ergebnisses.

Beispiel 3.6: Potential im Inneren einer Kugel

Das Potential $V_0(\theta)$ ist auf der Oberfläche einer hohlen Kugelschale mit Radius R gegeben. Bestimmen Sie das Potential im Inneren der Kugel.

Lösung:

In diesem Fall gilt $B_l = 0$ für alle l – andernfalls würde das Potential im Ursprung divergieren. Daher ist

$$V(r,\theta) = \sum_{l=0}^{\infty} A_l r^l P_l(\cos\theta) . \tag{3.66}$$

Bei $r = R$ muss dies mit der vorgegebenen Funktion $V_0(\theta)$ übereinstimmen:

$$V(R,\theta) = \sum_{l=0}^{\infty} A_l R^l P_l(\cos\theta) = V_0(\theta) . \tag{3.67}$$

Kann diese Gleichung für eine geeignete Wahl von Koeffizienten A_l gelöst werden? *Ja:* Die Legendre-Polynome bilden (wie die Sinusfunktionen) eine vollständige Funktionsmenge auf dem Intervall $-1 \leq x \leq 1$ (bzw. $0 \leq \theta \leq \pi$).

13 In seltenen Fällen, in denen die z-Achse aus irgendwelchen Gründen nicht verwendet werden kann, müssen diese „anderen Lösungen" evtl. berücksichtigt werden.

Beispiel 3.6 (Fortsetzung)

Wie bestimmen wir diese Konstanten? Wie zuvor wenden wir den Fourier-Trick an, denn die Legendre-Polynome sind (wie die Sinusfunktionen) *orthogonale* Funktionen:[14]

$$\int_{-1}^{1} P_l(x)P_{l'}(x)\,\mathrm{d}x = \int_{0}^{\pi} P_l(\cos\theta)P_{l'}(\cos\theta)\sin\theta\,\mathrm{d}\theta = \begin{cases} 0\,, & \text{wenn} \quad l' \neq l\,, \\ \dfrac{2}{2l+1}\,, & \text{wenn} \quad l' = l\,. \end{cases} \tag{3.68}$$

Wenn wir daher Gleichung 3.67 mit $P_{l'}(\cos\theta)\sin\theta$ multiplizieren und integrieren, erhalten wir

$$A_{l'}R^{l'}\frac{2}{2l'+1} = \int_{0}^{\pi} V_0(\theta)P_{l'}(\cos\theta)\sin\theta\,\mathrm{d}\theta$$

bzw.

$$A_l = \frac{2l+1}{2R^l}\int_{0}^{\pi} V_0(\theta)P_l(\cos\theta)\sin\theta\,\mathrm{d}\theta\,. \tag{3.69}$$

Die Lösung unseres Problems ist daher Gleichung 3.66 mit den in Gleichung 3.69 gegebenen Koeffizienten.

Integrale der Form in Gleichung 3.69 können nur schwer analytisch gelöst werden; in der Praxis ist es oft leichter, Gleichung 3.67 nach „Augenmaß" zu lösen.[15] Nehmen Sie beispielsweise an, dass wir das Potential auf der Kugeloberfläche kennen und es

$$V_0(\theta) = k\sin^2\left(\frac{\theta}{2}\right) \tag{3.70}$$

beträgt, wobei k eine Konstante ist. Unter Verwendung der Halbwinkel-Formel können wir dies folgendermaßen umformulieren:

$$V_0(\theta) = \frac{k}{2}(1-\cos\theta) = \frac{k}{2}\left[P_0(\cos\theta) - P_1(\cos\theta)\right]\,.$$

14 M. Boas, Mathematical Methods in the Physical Sciences, 2nd ed., Sec. 12.7 (New York: John Wiley, 1983)

15 Das gilt mit Sicherheit immer dann, wenn $V_0(\theta)$ durch Polynome in $\cos\theta$ ausgedrückt werden kann. Am Grad der Polynome können wir erkennen, welches der höchste benötigte Wert von l ist, und der Koeffizient am Anfang bestimmt das zugehörige A_l. Subtrahieren wir $A_l R^l P_l(\cos\theta)$ und wiederholen wir den Prozess, arbeiten wir uns systematisch zu A_0 vor. Beachten Sie, dass V_0 eine gerade Funktion von $\cos\theta$ ist und daher nur gerade Terme in der Summe auftreten (gleiches gilt für ungerade Funktionen).

Beispiel 3.6 (Fortsetzung)

Setzen wir dies in Gleichung 3.67 ein, können wir sofort ablesen, dass $A_0 = k/2$, $A_1 = -k/(2R)$, während alle anderen A_l verschwinden. Offenbar ist dann

$$V(r,\theta) = \frac{k}{2}\left[r^0 P_0(\cos\theta) - \frac{r^1}{R}P_1(\cos\theta)\right] = \frac{k}{2}\left(1 - \frac{r}{R}\cos\theta\right) . \tag{3.71}$$

Beispiel 3.7: Potential außerhalb einer Kugel

Wieder ist das Potential $V_0(\theta)$ auf der Oberfläche einer Kugel mit Radius R gegeben. Dieses Mal sollen wir aber das Potential *außerhalb* der Kugel bestimmen, unter der Voraussetzung, dass dort keine Ladungen vorliegen.

Lösung:

In diesem Fall müssen die A_l null sein (andernfalls würde V im Unendlichen nicht gegen null gehen), daher ist

$$V(r,\theta) = \sum_{l=0}^{\infty} \frac{B_l}{r^{l+1}} P_l(\cos\theta) . \tag{3.72}$$

An der Kugeloberfläche verlangen wir, dass

$$V(R,\theta) = \sum_{l=0}^{\infty} \frac{B_l}{R^{l+1}} P_l(\cos\theta) = V_0(\theta) .$$

Multiplizieren wir dies mit $P_{l'}(\cos\theta)\sin\theta$ und integrieren wir (wobei wir wieder die Orthogonalitätsbeziehung 3.68 ausnutzen), so erhalten wir

$$\frac{B_{l'}}{R^{l'+1}} \frac{2}{2l'+1} = \int_0^\pi V_0(\theta) P_{l'}(\cos\theta)\sin\theta\, d\theta ,$$

bzw.

$$B_l = \frac{2l+1}{2} R^{l+1} \int_0^\pi V_0(\theta) P_l(\cos\theta)\sin\theta\, d\theta . \tag{3.73}$$

Gleichung 3.72 zusammen mit den durch 3.73 gegebenen Koeffizienten ist die Lösung unseres Problems.

Beispiel 3.8: Potential bei Anwesenheit induzierter Ladungen

Eine ungeladene Metallkugel mit Radius wird in ein gleichförmiges elektrisches Feld $\mathbf{E} = E_0\hat{\mathbf{z}}$ gebracht. [Das Feld verschiebt positive Ladungen in den „Norden" der Kugel und hinterlässt so negative Ladungen im „Süden" der Kugel (Abbildung 3.24). Diese induzierte Ladung verzerrt wiederum das Feld in der Umgebung der Kugel.] Bestimmen Sie das Potential im Gebiet außerhalb der Kugel.

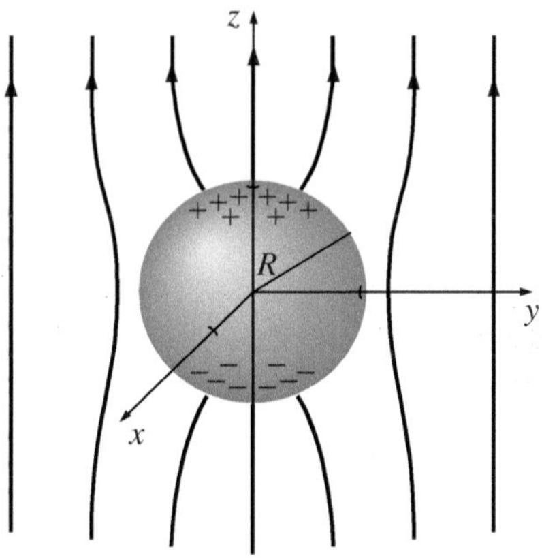

Abbildung 3.24

Lösung:

Die Kugel ist eine Äquipotentialfläche – deshalb dürfen wir sie getrost auf null setzen. Dann ist aus Symmetriegründen die gesamte x-y-Ebene auf dem Potential null. Dieses Mal geht V für große z jedoch *nicht* gegen null.

Tatsächlich ist das Feld in großer Entfernung von der Kugel $E_0\hat{\mathbf{z}}$ und daher ist

$$V \to -E_0 z + C \,.$$

Weil in der Äquatorebene $V = 0$ gilt, muss die Konstante C null sein. Dementsprechend sind die Randbedingungen für dieses Problem

$$\left.\begin{array}{lll} \text{(i)} & V = 0\,, & \text{sofern} \quad r = R\,, \\ \text{(ii)} & V \to -E_0 r\cos\theta\,, & \text{sofern} \quad r \gg R\,. \end{array}\right\} \tag{3.74}$$

Wir müssen diese Randbedingungen mit einer Funktion der Form von Gleichung 3.65 erfüllen.

Die erste Bedingung führt auf

$$A_l R^l + \frac{B_l}{R^{l+1}} = 0$$

oder

$$B_l = -A_l R^{2l+1}\,. \tag{3.75}$$

Beispiel 3.8 (Fortsetzung)

Daher ist

$$V(r,\theta) = \sum_{l=0}^{\infty} A_l \left(r^l - \frac{R^{2l+1}}{r^{l+1}} \right) P_l(\cos\theta) .$$

Für $r \gg R$ ist der zweite Term in Klammern vernachlässigbar, und daher erfordert Bedingung (ii)

$$\sum_{l=0}^{\infty} A_l r^l P_l(\cos\theta) = -E_0 r \cos\theta .$$

Offenbar ist nur ein Term vorhanden: $l = 1$. Da zudem $P_1(\cos\theta) = \cos\theta$ ist, können wir sofort ablesen, dass

$$A_1 = -E_0 ,$$

während alle anderen A_l null sind.

Schlussfolgerung:

$$V(r,\theta) = -E_0 \left(r - \frac{R^3}{r^2} \right) \cos\theta . \tag{3.76}$$

Der erste Term $(-E_0 r \cos\theta)$ stammt vom äußeren Feld. Der Beitrag, der auf die induzierte Ladung zurückgeht, ist offenbar

$$E_0 \frac{R^3}{r^2} \cos\theta .$$

Wenn Sie noch die induzierte Ladungsdichte bestimmen wollen, gehen Sie bei der Berechnung wie üblich vor:

$$\sigma(\theta) = -\varepsilon_0 \left.\frac{\partial V}{\partial r}\right|_{r=R} = \varepsilon_0 E_0 \left.\left(1 + 2\frac{R^3}{r^3} \right) \cos\theta \right|_{r=R} = 3\varepsilon_0 E_0 \cos\theta . \tag{3.77}$$

Wie zu erwarten, ist sie auf der „Nordhalbkugel" $(0 \leq \theta \leq \pi/2)$ positiv und auf der „Südhalbkugel" $(\pi/2 \leq \theta \leq \pi)$ negativ.

Beispiel 3.9: Potential einer Kugelschale

Eine gegebene Ladungsdichte $\sigma_0(\theta)$ wird auf der Oberfläche einer Kugelschale mit Radius R aufgeklebt. Bestimmen Sie das resultierende Potential innerhalb und außerhalb der Kugel.

Lösung:

Sie könnten dies natürlich durch direkte Integration berechnen:

$$V = \frac{1}{4\pi\varepsilon_0} \int \frac{\sigma_0}{\mathscr{r}} \, da ,$$

Beispiel 3.9 (Fortsetzung)

doch die Separation der Variablen ist oft der leichtere Weg. Für den Innenraum haben wir

$$V(r,\theta) = \sum_{l=0}^{\infty} A_l r^l P_l \cos\theta \quad (r \leq R) \tag{3.78}$$

(es gibt keine Terme mit B_l – sie divergieren am Ursprung). Im Außenraum haben wir

$$V(r,\theta) = \sum_{l=0}^{\infty} \frac{B_l}{r^{l+1}} P_l \cos\theta \quad (r \geq R) \tag{3.79}$$

(es gibt keine Terme mit A_l – sie gehen im Unendlichen nicht gegen null). Diese beiden Funktionen müssen durch geeignete Randbedingungen an der Oberfläche miteinander verbunden werden. Erstens ist das Potential bei $r = R$ *stetig* (Gleichung 2.34):

$$\sum_{l=0}^{\infty} A_l R^l P_l(\cos\theta) = \sum_{l=0}^{\infty} \frac{B_l}{R^{l+1}} P_l(\cos\theta)\,. \tag{3.80}$$

Demnach müssen die Koeffizienten der entsprechenden Legendre-Polynome gleich sein:

$$B_l = A_l R^{2l+1}\,. \tag{3.81}$$

(Den formalen Beweis erhalten Sie, indem Sie beide Seiten von Gleichung 3.80 mit $P_{l'}(\cos\theta)\sin\theta$ multiplizieren und unter Ausnutzung der Orthogonalitätsrelation 3.68 von 0 bis π integrieren.) Zweitens erfährt die radiale Ableitung von V an der Oberfläche eine Unstetigkeit (Gleichung 2.36):

$$\left.\left(\frac{\partial V_{\text{außen}}}{\partial r} - \frac{\partial V_{\text{innen}}}{\partial r}\right)\right|_{r=R} = -\frac{1}{\varepsilon_0}\sigma_0(\theta)\,. \tag{3.82}$$

Daher ist

$$-\sum_{l=0}^{\infty}(l+1)\frac{B_l}{R^{l+2}}P_l(\cos\theta) - \sum_{l=0}^{\infty} l A_l R^{l-1} P_l(\cos\theta) = -\frac{1}{\varepsilon_0}\sigma_0(\theta)$$

oder, unter Verwendung von Gleichung 3.81:

$$\sum_{l=0}^{\infty}(2l+1)A_l R^{l-1} P_l(\cos\theta) = \frac{1}{\varepsilon_0}\sigma_0(\theta)\,. \tag{3.83}$$

Von hier aus können die Koeffizienten mithilfe des Fourier-Tricks bestimmt werden:

$$A_l = \frac{1}{2\varepsilon_0 R^{l-1}} \int_0^{\pi} \sigma_0(\theta) P_l(\cos\theta)\sin\theta\,\mathrm{d}\theta\,. \tag{3.84}$$

Die Gleichungen 3.78 und 3.79 bilden die Lösungen unseres Problems; ihre Koeffizienten sind durch die Gleichungen 3.81 und 3.84 gegeben.

Beispiel 3.9 (Fortsetzung)

Wenn beispielsweise für eine beliebige Konstante k

$$\sigma_0(\theta) = k\cos\theta = kP_1(\cos\theta) \tag{3.85}$$

ist, dann sind alle A_l null, mit Ausnahme von $l = 1$, und wir haben

$$A_1 = \frac{k}{2\varepsilon_0}\int_0^\pi [P_1(\cos\theta)]^2 \sin\theta\,\mathrm{d}\theta = \frac{k}{3\varepsilon_0}\,.$$

Das Potential im Inneren der Kugel ist daher

$$V(r,\theta) = \frac{k}{3\varepsilon_0} r\cos\theta \quad (r \leq R)\,. \tag{3.86}$$

Außerhalb der Kugel ist jedoch

$$V(r,\theta) = \frac{kR^3}{3\varepsilon_0}\frac{1}{r^2}\cos\theta \quad (r \geq R)\,. \tag{3.87}$$

Ist insbesondere $\sigma_0(\theta)$ die von einem äußeren Feld $E_0\hat{\mathbf{z}}$ auf einer Metallkugel induzierte Ladung, sodass $k = 3\varepsilon_0 E_0$ ist (Gleichung 3.77), dann ist das Potential im Innern $E_0 r\cos\theta = E_0 z$ und das *Feld* ist $-E_0\hat{\mathbf{z}}$ – wodurch das äußere Feld gerade ausgeglichen wird, so wie es natürlich auch sein *sollte*. Außerhalb der Kugel lautet das Integral dieser Flächenladung

$$E_0\frac{R^3}{r^2}\cos\theta\,.$$

Dies stimmt mit unserer Schlussfolgerung in Beispiel 3.8 überein.

Aufgabe 3.17

Leiten Sie $P_3(x)$ aus der Rodrigues-Formel ab und überprüfen Sie, dass $P_3(\cos\theta)$ der Winkelgleichung (3.60) für $l = 3$ gehorcht. Prüfen Sie durch direkte Integration nach, dass P_1 und P_3 orthogonal sind.

Aufgabe 3.18

a. Nehmen Sie an, das Potential sei auf der Oberfläche der Kugel bei V_0 *konstant*. Bestimmen Sie das Potential mithilfe der Ergebnisse aus Beispiel 3.6 und 3.7. (Natürlich kennen Sie die Antworten bereits im Voraus – hier prüfen Sie nur die Konsistenz der Methode.)

b. Bestimmen Sie mithilfe der Resultate aus Beispiel 3.9 das Potential innerhalb und außerhalb einer Kugelschale, die eine gleichförmige Ladung σ_0 auf der Oberfläche trägt.

Aufgabe 3.19

Das Potential an der Oberfläche einer Kugel (mit Radius R) ist durch

$$V_0 = k \cos 3\theta$$

gegeben, wobei k eine Konstante ist. Bestimmen Sie das Potential innerhalb und außerhalb der Kugel sowie die Flächenladungsdichte $\sigma(\theta)$ auf der Kugel.

Aufgabe 3.20

Das Potential $V_0(\theta)$ ist auf der Oberfläche einer Kugel gegeben, und es gibt weder innerhalb noch außerhalb der Kugel Ladungen. Zeigen Sie, dass die Ladungsdichte auf der Kugel durch

$$\sigma(\theta) = \frac{\varepsilon_0}{2R} \sum_{l=0}^{\infty} (2l+1)^2 C_l P_l(\cos\theta) \tag{3.88}$$

mit folgenden C_l beschrieben wird:

$$C_l = \int_0^{\pi} V_0(\theta) P_l(\cos\theta) \sin\theta \, \mathrm{d}\theta \,. \tag{3.89}$$

Aufgabe 3.21

Bestimmen Sie das Potential außerhalb einer geladenen Metallkugel (mit Ladung Q und Radius R), die sich in einem ansonsten gleichförmigen elektrischen Feld $\mathbf{E}_0$ befindet. Erläutern Sie ausführlich, wo Sie den Nullpunkt des Potentials setzen.

Aufgabe 3.22

In Aufgabe 2.25 haben Sie das Potential auf der Achse einer gleichmäßig geladenen Scheibe bestimmt:

$$V(r, 0) = \frac{\sigma}{2\varepsilon_0} \left(\sqrt{r^2 + R^2} - r \right) .$$

a. Benutzen Sie dieses Ergebnis, sowie die Tatsache, dass $P_l(1) = 1$, um die ersten drei Terme der Reihe (3.72) für das Potential der Scheibe *abseits* der Achse zu bestimmen. Gehen Sie von $r > R$ aus.

b. Bestimmen Sie mit derselben Methode und mit Gleichung 3.66 das Potential für $r < R$.

[*Hinweis:* Sie müssen den Innenraum in zwei Halbkugeln unterteilen, die sich oberhalb und unterhalb der Scheibe befinden. Gehen Sie nicht davon aus, dass die Koeffizienten A_l in beiden Halbkugeln identisch sind.]

Aufgabe 3.23

Eine Kugelschale mit Radius R trägt eine gleichmäßige Flächenladung σ_0 auf der „Nordhalbkugel“ sowie eine gleichmäßige Flächenladung $-\sigma_0$ auf der „Südhalbkugel“. Bestimmen Sie das Potential innerhalb und außerhalb der Kugel und berechnen Sie die Koeffizienten bis A_6 bzw. B_6.

Aufgabe 3.24

Lösen Sie die Laplace-Gleichung durch Separation der Variablen in Zylinderkoordinaten. Gehen Sie davon aus, dass keine Abhängigkeit von z vorliegt (wegen der Zylindersymmetrie).

[Sorgen Sie dafür, dass Sie *alle* Lösungen der Radialgleichung bestimmen. Insbesondere muss Ihr Ergebnis den Fall einer unendlichen Linienladung behandeln, für die wir (natürlich) schon die Lösung kennen.]

Aufgabe 3.25

Bestimmen Sie das Potential außerhalb einer unendlich langen Metallröhre mit Radius R, die rechtwinklig zu einem gleichförmigen elektrischen Feld $\mathbf{E}_0$ angeordnet ist. Bestimmen Sie die Flächenladung, die in der Röhre induziert wird.

[Benutzen Sie das Ergebnis aus Aufgabe 3.24.]

Aufgabe 3.26

Die Ladungsdichte

$$\sigma(\varphi) = a \sin 5\varphi$$

(mit einer Konstanten a) befindet sich auf der Oberfläche eines unendlich langen Zylinders mit Radius R (Abbildung 3.25). Bestimmen Sie das Potential innerhalb und außerhalb des Zylinders.

[Verwenden Sie das Ergebnis aus Aufgabe 3.24.]

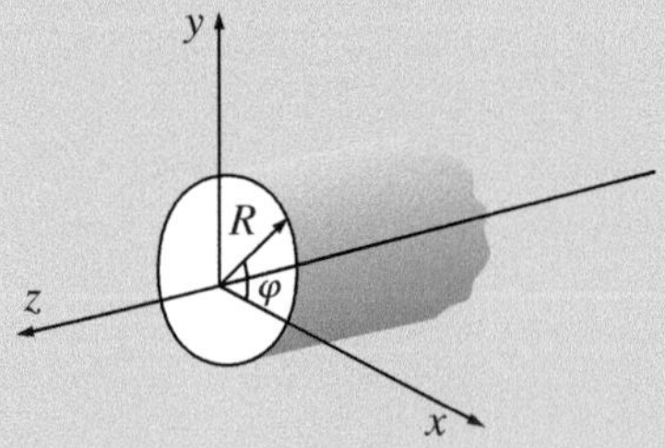

Abbildung 3.25

3.4 Multipolentwicklung

3.4.1 Näherungsweise Potentiale in großen Entfernungen

Wenn Sie sich in großer Entfernung von einer räumlich festgelegten Ladungsverteilung befinden, sieht diese wie eine Punktladung aus. Ihr Potential beträgt – in guter Näherung $-(1/4\pi\varepsilon_0)Q/r$, wobei Q die gesamte Ladung darstellt. Wir haben dies oft als Test benutzt, um Formeln für V zu prüfen. Was aber, wenn Q *null* ist? Sie könnten darauf erwidern, dass dann das Potential näherungsweise null beträgt, und natürlich haben Sie in gewisser Weise recht (denn eigentlich ist das Potential für großes r selbst dann *ziemlich klein*, wenn Q *nicht null* ist). Aber geht das nicht ein bisschen genauer? Suchen wir also nach etwas, das uns mehr Informationen liefert.

Beispiel 3.10: Potential eines elektrischen Dipols

Ein (physikalischer) **elektrischer Dipol** besteht aus zwei gleichen, aber entgegengesetzt geladenen Ladungen ($\pm q$) in der Entfernung d voneinander. Bestimmen Sie das ungefähre Potential an Orten in großer Entfernung vom Dipol.

Lösung:

Sei $\mathscr{r}_-$ die Entfernung von $-q$ und $\mathscr{r}_+$ die Entfernung von $+q$ (Abbildung 3.26). Dann ist

$$V(\mathbf{r}) = \frac{1}{4\pi\varepsilon_0}\left(\frac{q}{\mathscr{r}_+} - \frac{q}{\mathscr{r}_-}\right)$$

und (aufgrund des Kosinussatzes)

$$\mathscr{r}_\pm^2 = r^2 + \left(\frac{d}{2}\right)^2 \mp rd\cos\theta = r^2\left(1 \mp \frac{d}{r}\cos\theta + \frac{d^2}{4r^2}\right).$$

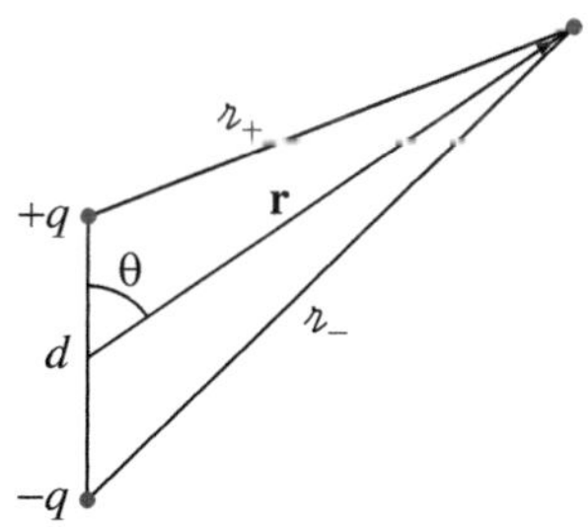

Abbildung 3.26

Wir interessieren uns für das Gebiet $r \gg d$, daher ist der dritte Term in der Klammer vernachlässigbar. Die Binomialentwicklung führt dann auf

$$\frac{1}{\mathscr{r}_\pm} \cong \frac{1}{r}\left(1 \mp \frac{d}{r}\cos\theta\right)^{-1/2} \cong \frac{1}{r}\left(1 \pm \frac{d}{2r}\cos\theta\right).$$

Beispiel 3.10 (Fortsetzung)

Also ist

$$\frac{1}{\imath_+} - \frac{1}{\imath_-} \cong \frac{d}{r^2}\cos\theta$$

und damit

$$V(\mathbf{r}) \cong \frac{1}{4\pi\varepsilon_0}\frac{qd\cos\theta}{r^2}\,. \tag{3.90}$$

Das Potential verläuft bei großen Abständen r ganz eindeutig entsprechend $1/r^2$. Wie erwartet fällt es schneller ab als das Potential einer Punktladung. Wenn wir übrigens ein Paar gleicher und entgegengesetzter *Dipole* zu einem **Quadrupol** zusammenfügen, verläuft das Potential wie $1/r^3$. Bei nebeneinander angeordneten *Quadrupolen*, die einen **Oktopol** bilden, verläuft es gemäß $1/r^4$ und so weiter. Diese Hierarchie ist in Abbildung 3.27 skizziert. Der Vollständigkeit halber habe ich auch den elektrischen **Monopol** (eine Punktladung) hinzugefügt, dessen Potential wie $1/r$ verläuft.

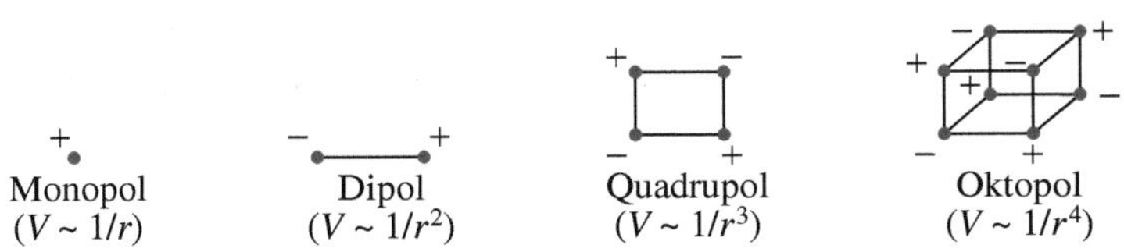

Abbildung 3.27

Beispiel 3.10 bezieht sich auf eine sehr spezielle Ladungskonfiguration. Ich werde nun eine *systematische Reihenentwicklung für das Potential einer beliebig lokalisierten Ladungsverteilung in Potenzen von* $1/r$ entwerfen. Abbildung 3.28 definiert die geeigneten Variablen. Das Potential **r** wird durch

$$V(\mathbf{r}) = \frac{1}{4\pi\varepsilon_0}\int \frac{1}{\imath}\rho(\mathbf{r}')\,\mathrm{d}\tau' \tag{3.91}$$

gegeben. Mit dem Kosinussatz wird daraus

$$\imath^2 = r^2 + (r')^2 - 2rr'\cos\alpha = r^2\left[1 + \left(\frac{r'}{r}\right)^2 - 2\left(\frac{r'}{r}\right)\cos\alpha\right]$$

wobei α der Winkel zwischen **r** und **r**′ ist. Somit

$$\imath = r\sqrt{1+\varepsilon} \tag{3.92}$$

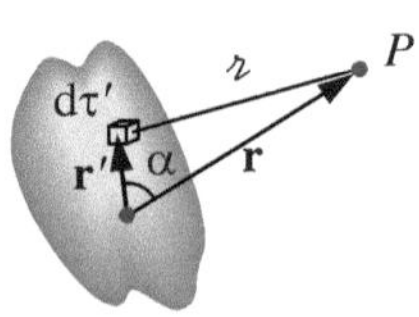

Abbildung 3.28

mit

$$\varepsilon \equiv \left(\frac{r'}{r}\right)\left(\frac{r'}{r} - 2\cos\alpha\right) .$$

Für Punkte, die sich weit außerhalb dieser Ladungsverteilung befinden, ist ε viel kleiner als 1, was eine Binomialentwicklung nahelegt:

$$\frac{1}{\mathscr{r}} = \frac{1}{r}(1+\varepsilon)^{-1/2} = \frac{1}{r}\left(1 - \frac{1}{2}\varepsilon + \frac{3}{8}\varepsilon^2 - \frac{5}{16}\varepsilon^3 + \ldots\right) . \tag{3.93}$$

Ausgedrückt durch r, r' und α lautet dies:

$$\begin{aligned}\frac{1}{\mathscr{r}} = \frac{1}{r}\Bigg[1 &- \frac{1}{2}\left(\frac{r'}{r}\right)\left(\frac{r'}{r} - 2\cos\alpha\right) + \frac{3}{8}\left(\frac{r'}{r}\right)^2\left(\frac{r'}{r} - 2\cos\alpha\right)^2 \\ &- \frac{5}{16}\left(\frac{r'}{r}\right)^3\left(\frac{r'}{r} - 2\cos\alpha\right)^3 + \ldots\Bigg] \\ = \frac{1}{r}\Bigg[1 &+ \left(\frac{r'}{r}\right)\cos\alpha + \left(\frac{r'}{r}\right)^2 \frac{3\cos^2\alpha - 1}{2} + \left(\frac{r'}{r}\right)^3 \frac{5\cos^3\alpha - 3\cos\alpha}{2} + \ldots\Bigg] .\end{aligned}$$

Im letzten Schritt habe ich gleiche Potenzen von (r'/r) gesammelt. Überaschenderweise handelt es sich bei deren Koeffizienten (die dahinter stehenden Brüche) um Legendre-Polynome! Daher lautet das bemerkenswerte Ergebnis[16]

$$\frac{1}{\mathscr{r}} = \frac{1}{r}\sum_{n=0}^{\infty}\left(\frac{r'}{r}\right)^n P_n(\cos\alpha) . \tag{3.94}$$

Setzen wir dies wieder in Gleichung 3.91 ein und beachten, dass r – zumindest für die Integration – eine Konstante ist, dann können wir folgern, dass

$$V(\mathbf{r}) = \frac{1}{4\pi\varepsilon_0}\sum_{n=0}^{\infty}\frac{1}{r^{(n+1)}}\int (r')^n P_n(\cos\alpha)\rho(\mathbf{r}')\,\mathrm{d}\tau' . \tag{3.95}$$

Schreibt man die Summe ausführlich, wird dies zu

$$\begin{aligned}V(\mathbf{r}) = \frac{1}{4\pi\varepsilon_0}\Bigg[&\frac{1}{r}\int \rho(\mathbf{r}')\,\mathrm{d}\tau' + \frac{1}{r^2}\int r'\cos\alpha\,\rho(\mathbf{r}')\,\mathrm{d}\tau' \\ &+ \frac{1}{r^3}\int (r')^2\left(\frac{3}{2}\cos^2\alpha - \frac{1}{2}\right)\rho(\mathbf{r}')\,\mathrm{d}\tau' + \ldots\Bigg] .\end{aligned} \tag{3.96}$$

Wir haben nun unser erwünschtes Resultat – die **Multipolentwicklung** von V nach Potenzen von $1/r$. Der erste Term $(n = 0)$ ist der Beitrag des Monopols (der wie $1/r$

16 Übrigens ermöglicht dies eine zweite Methode zur Bestimmung der Legendre-Polynome (die erste war die Rodrigues-Formel). $1/\mathscr{r}$ wird als **erzeugende Funktion** der Legendre-Polynome bezeichnet.

verläuft). Der zweite Term ($n = 1$) ist der Dipol (der wie $1/r^2$ verläuft). Der dritte Term ist der Quadrupol, der vierte der Oktopol usw. Denken Sie daran, dass α der Winkel zwischen $\mathbf{r}$ und $\mathbf{r}'$ ist; somit hängen die Integrale von der Richtung des Feldpunkts ab. Wenn Sie sich für das Potential entlang der z'-Achse interessieren (oder, um es anders herum auszudrücken, wenn Sie Ihre $\mathbf{r}'$-Koordinaten so orientieren, dass die z'-Achse entlang von $\mathbf{r}$ liegt), dann ist α der übliche Polarwinkel θ'.

So wie Gleichung 3.95 hier steht, ist sie zwar *exakt*, ist jedoch in erster Linie als *Näherungsschema* nützlich. Der niedrigste von null verschiedene Term in der Entwicklung liefert näherungsweise das Potential bei großen r. Die nachfolgenden Terme zeigen uns, wie wir die Näherung verfeinern können, wenn höhere Genauigkeit benötigt wird.

Aufgabe 3.27

Eine Kugel mit Radius R, deren Mittelpunkt im Koordinatenursprung liegt, trägt die Ladungsdichte

$$\rho(r, \theta) = k\frac{R}{r^2}(R - 2r)\sin\theta\ .$$

Darin ist k eine Konstante, r sowie θ sind die üblichen sphärischen Koordinaten. Bestimmen Sie das näherungsweise Potential für Punkte auf der z-Achse, die sich in großer Entfernung von der Kugel befinden.

Aufgabe 3.28

Ein kreisförmiger Ring in der x-y-Ebene (Radius R, im Ursprung zentriert) trägt eine gleichförmige Linienladung λ. Bestimmen Sie die ersten drei Terme ($n = 0, 1, 2$) in der Multipolentwicklung von $V(r, \theta)$.

3.4.2 Monopol- und Dipol-Terme

Üblicherweise wird die Multipolentwicklung bei großem r durch den Monopol-Term dominiert:

$$V_{\text{Monopol}}(\mathbf{r}) = \frac{1}{4\pi\varepsilon_0}\frac{Q}{r}\ . \tag{3.97}$$

Hierbei ist $Q = \int \rho\,\mathrm{d}\tau$ die Gesamtladung der Konfiguration. Genau das erwarten wir für das angenäherte Potential in großer Entfernung von der Ladung. Übrigens ist bei einer *Punktladung im Ursprung* V_{Monopol} überall das *genaue* Potential und nicht nur eine erste Näherung für große r. In diesem Fall verschwinden alle höheren Multipolanteile.

Ist die Gesamtladung null, dann liefert der Dipol den dominanten Term im Potential (natürlich nur, wenn er nicht ebenfalls verschwindet):

$$V_{\text{Dipol}}(\mathbf{r}) = \frac{1}{4\pi\varepsilon_0}\frac{1}{r^2}\int r'\cos\alpha\,\rho(r')\,\mathrm{d}\tau'\ .$$

Da α der Winkel zwischen $\mathbf{r}'$ und $\mathbf{r}$ ist (wie in Abbildung 3.28), gilt

$$r' \cos\alpha = \hat{\mathbf{r}} \cdot \mathbf{r}' \,.$$

Damit lässt sich das Dipolpotential kurz und knapp formulieren:

$$V_{\text{Dipol}}(\mathbf{r}) = \frac{1}{4\pi\varepsilon_0} \frac{1}{r^2} \hat{\mathbf{r}} \cdot \int \mathbf{r}' \rho(\mathbf{r}') \,\mathrm{d}\tau' \,.$$

Dieses Integral, das überhaupt nicht von $\mathbf{r}$ abhängt, wird auch als **Dipolmoment** der Verteilung bezeichnet:

$$\mathbf{p} \equiv \int \mathbf{r}' \rho(\mathbf{r}') \,\mathrm{d}\tau' \,. \tag{3.98}$$

Dadurch vereinfacht sich der Dipolanteil am Potential zu:

$$V_{\text{Dipol}}(\mathbf{r}) = \frac{1}{4\pi\varepsilon_0} \frac{\mathbf{p} \cdot \hat{\mathbf{r}}}{r^2} \,. \tag{3.99}$$

Das Dipolmoment wird durch die Geometrie der Ladungsverteilung (Größe, Form und Dichte) bestimmt. Gleichung 3.98 verändert sich wie gewohnt (siehe Abschnitt 2.1.4) für Punkt-, Linien- und Flächenladungen. Das Dipolmoment mehrerer Punktladungen ist daher

$$\mathbf{p} = \sum_{i=1}^{n} q_i \mathbf{r}_i' \,. \tag{3.100}$$

Für den „physikalischen“ Dipol (mit gleich großen, aber entgegensetzten Ladungen $\pm q$)

$$\mathbf{p} = q\mathbf{r}_+' - q\mathbf{r}_-' = q\left(\mathbf{r}_+' - \mathbf{r}_-'\right) = q\mathbf{d} \tag{3.101}$$

ist $\mathbf{d}$ der Verbindungsvektor zwischen der negativen und der positiven Ladung (Abbildung 3.29).

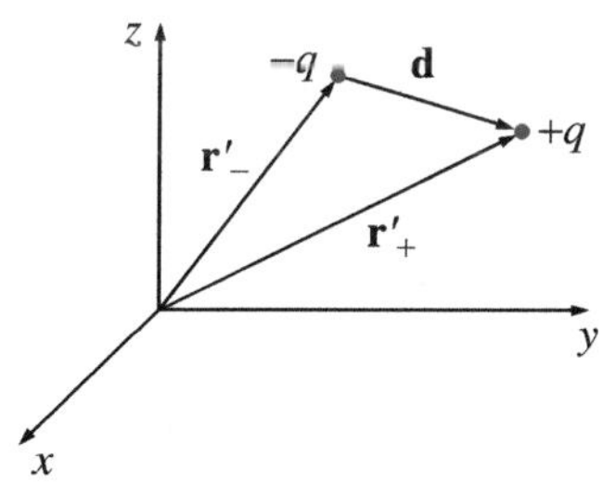

Abbildung 3.29

Ist dies mit dem Ergebnis vereinbar, das wir in Beispiel 3.10 für einen *physikalischen* Dipol erhalten haben? Ja. Wenn Sie nämlich Gleichung 3.100 in Gleichung 3.99 einsetzen, erhalten Sie wieder Gleichung 3.90. Beachten Sie allerdings, dass es sich nur um das *genäherte* Potential des physikalischen Dipols handelt, denn es gibt natürlich auch höhere Multipolanteile. Natürlich wird V_{Dipol} zu einer immer besseren

Näherung, da die höheren Terme mit wachsendem Abstand r immer schneller abfallen. Auf die gleiche Weise wird die Dipolnäherung bei festem r immer besser, je mehr Sie den Abstand d verringern. Um einen „reinen" Dipol zu erhalten, dessen Potential *exakt* durch Gleichung 3.99 gegeben wird, müssten Sie d gegen null gehen lassen. Unglücklicherweise verlieren Sie dadurch auch den Dipol-Term, es sei denn, Sie würden gleichzeitig q gegen unendlich gehen lassen! Ein *physikalischer* Dipol wird also erst im zugegebenermaßen etwas künstlichen Grenzfall $d \to 0$, $q \to \infty$ zu einem *reinen* Dipol, da nur dieser Grenzübergang das Produkt $qd = p$ konstant hält. Sobald jemand den Begriff Dipol verwendet, können Sie nur selten feststellen, ob jemand einen *physikalischen* Dipol meint (mit endlichem Abstand zwischen den Ladungen) oder einen *reinen* (punktförmigen) Dipol. Wenn Sie sich nicht sicher sind, dann nehmen Sie an, dass d (im Vergleich zu r) so klein ist, dass Sie Gleichung 3.99 problemlos anwenden können.

Dipolmomente sind Vektoren und addieren sich auch so. Wenn Sie zwei Dipole $\mathbf{p}_1$ und $\mathbf{p}_2$ haben, dann ist das gesamte Dipolmoment $\mathbf{p}_1 + \mathbf{p}_2$. Befinden sich beispielsweise vier Ladungen an den Ecken eines Quadrats, wie in Abbildung 3.30 skizziert, dann ist das Nettodipolmoment null. Dies wird deutlich, wenn Sie die Ladungen paarweise anordnen (egal ob vertikal, $\uparrow + \downarrow = 0$ oder horizontal, $\rightarrow + \leftarrow = 0$), aber auch, wenn Sie die einzelnen Beiträge mit Gleichung 3.100 aufaddieren. Wie ich bereits früher betont habe, handelt es sich um einen *Quadrupol*, dessen Potential durch den Quadrupol-Term in der Multipolentwicklung dominiert wird.

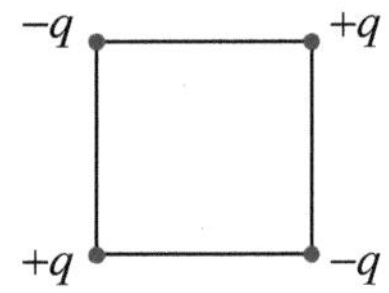

Abbildung 3.30

■ Aufgabe 3.29

Vier Teilchen (eines mit der Ladung q, eines mit Ladung $3q$ und zwei mit Ladung $-2q$) werden wie in Abbildung 3.31 platziert. Sie sitzen jeweils in der Entfernung a zum Ursprung. Finden Sie eine einfache Näherungsformel für das Potential, die für Punkte in großer Entfernung zum Ursprung gilt. (Geben Sie Ihre Antwort in sphärischen Koordinaten an.)

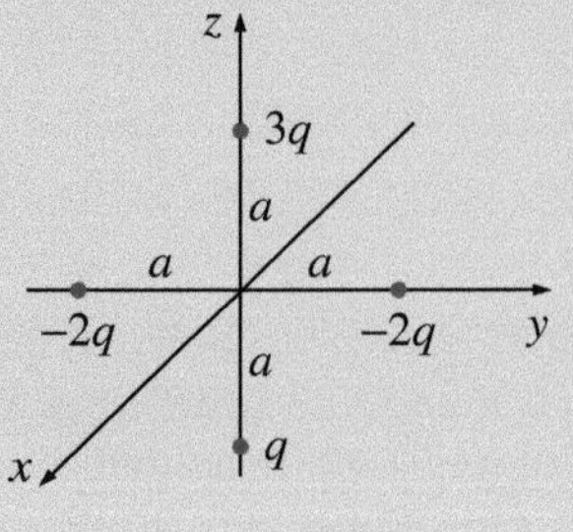

Abbildung 3.31

Aufgabe 3.30

In Beispiel 3.9 haben wir das exakte Potential einer Kugelschale mit Radius R abgeleitet, die eine Flächenladung $\sigma = k\cos\theta$ trägt.

a. Bestimmen Sie das Dipolmoment dieser Ladungsverteilung.

b. Bestimmen Sie für Punkte in großer Entfernung von der Kugel näherungsweise das Potential und vergleichen Sie das Ergebnis mit dem genauen Ergebnis aus Gleichung 3.87. Was können Sie hinsichtlich der höheren Multipole folgern?

Aufgabe 3.31

Entwickeln Sie für den Dipol aus Beispiel 3.10 $1/\mathscr{r}_\pm$ bis zur dritten Ordnung in (d/r) und wenden Sie diesen Ausdruck an, um die Quadrupol- und Oktopol-Terme dieses Potentials zu bestimmen.

3.4.3 Koordinatenursprung in Multipolentwicklungen

Wie ich früher bereits erwähnt habe, bildet eine Punktladung im Ursprung einen „reinen“ Monopol. Befindet sich die Ladung jedoch *nicht* mehr im Ursprung, handelt es sich nicht mehr um einen reinen Monopol. Die Ladung aus Abbildung 3.32 beispielsweise hat ein Dipolmoment $\mathbf{p} = qd\hat{\mathbf{y}}$ sowie einen dazugehörigen Dipolterm im Potential. Das Monopolpotential $(1/4\pi\varepsilon_0)q/r$ ist für diese Konfiguration nicht ganz richtig. Das exakte Potential beträgt vielmehr $(1/4\pi\varepsilon_0)q/\mathscr{r}$. Die Multipolentwicklung ist, wie bereits erwähnt, eine Reihe von inversen Potenzen von r (der Entfernung zum Koordinatenursprung). Durch die Entwicklung nach $1/\mathscr{r}$ erhalten wir nicht nur die ersten paar Potenzen, sondern *alle*.

Die Verschiebung des Ursprungs (oder was auf dasselbe hinausläuft: die Verschiebung der Ladung) kann also eine Multipolentwicklung grundlegend verändern. Das **Monopolmoment** Q verändert sich allerdings nicht, da die Gesamtladung ganz offensichtlich unabhängig vom Koordinatensystem ist. (In Abbildung 3.32 war der Monopolterm durch die Verschiebung von q aus dem Ursprung nicht betroffen. Allerdings war er nicht mehr der einzige Term. Nun traten auch noch Dipol- und alle ande-

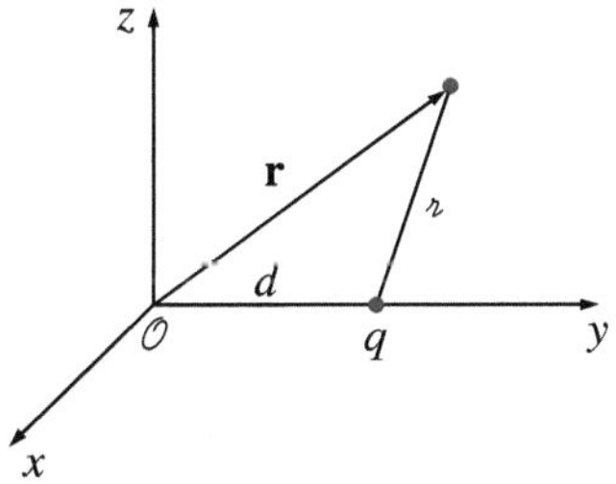

Abbildung 3.32

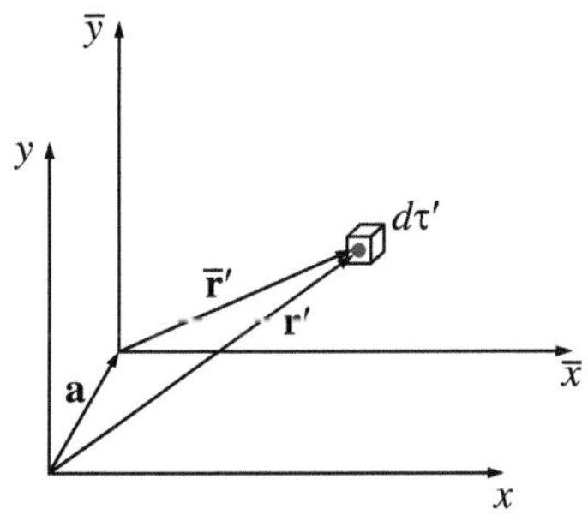

Abbildung 3.33

ren Terme der höheren Pole auf.) Üblicherweise verändert sich das Dipolmoment, sobald Sie den Koordinatenursprung verändern, allerdings gibt es eine wichtige Ausnahme: *Ist die Gesamtladung null, dann ist das Dipolmoment von der Wahl des Ursprungs unabhängig*. Um das zu verdeutlichen, verschieben wir den Ursprung um den Betrag $\mathbf{a}$ (Abbildung 3.33). Das neue Dipolmoment lautet dann:

$$\begin{aligned}\overline{\mathbf{p}} &= \int \overline{\mathbf{r}}' \rho(\mathbf{r}')\,\mathrm{d}\tau' = \int (\mathbf{r}' - \mathbf{a})\,\rho(\mathbf{r}')\,\mathrm{d}\tau' \\ &= \int \mathbf{r}' \rho(\mathbf{r}')\,\mathrm{d}\tau' - \mathbf{a} \int \rho(\mathbf{r}')\,\mathrm{d}\tau' = \mathbf{p} - Q\mathbf{a}\,.\end{aligned}$$

Insbesondere ist $\overline{\mathbf{p}} = \mathbf{p}$, wenn $Q = 0$. Wenn also jemand das Dipolmoment der Konfiguration aus Abbildung 3.34a sucht, dann können Sie aus tiefster Überzeugung mit „$q\mathbf{d}$" antworten. Werden Sie allerdings nach dem Dipolmoment der Konfiguration aus Abbildung 3.34b gefragt, dann wäre die richtige Antwort: „Für welches Koordinatensystem?"

Abbildung 3.34

■ **Aufgabe 3.32**

Zwei Punktladungen, $3q$ und $-q$, befinden sich im Abstand $\mathbf{a}$ voneinander. Bestimmen Sie für jede der Anordnungen aus Abbildung 3.35

a. das Monopolmoment,

b. das Dipolmoment und

c. das angenäherte Potential für große r (in sphärischen Koordinaten).

Schließen Sie dabei sowohl den Beitrag des Monopols als auch des Dipols mit ein.

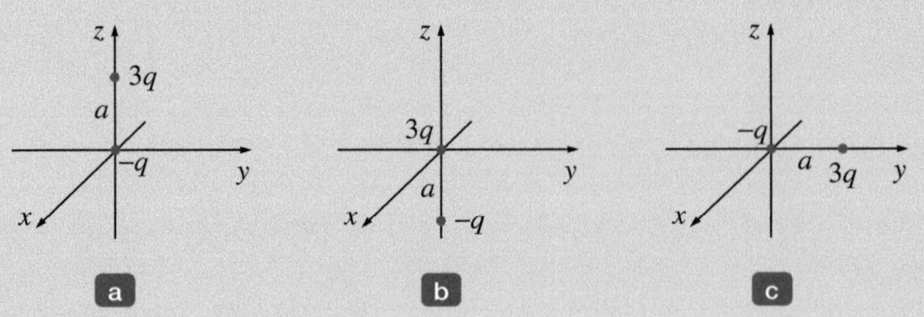

Abbildung 3.35

3.4.4 Das elektrische Feld eines Dipols

Bislang haben wir uns nur mit Potentialen befasst. Nun möchte ich das elektrische *Feld* eines (reinen) Dipols berechnen. Wählen wir die Koordinaten so, dass $\mathbf{p}$ im Ursprung beginnt und in z-Richtung weist (Abbildung 3.36); dann ist das Potential bei r, θ (Gleichung 3.99):

$$V_{\text{Dipol}}(r,\theta) = \frac{\hat{\mathbf{r}}\cdot\mathbf{p}}{4\pi\varepsilon_0 r^2} = \frac{p\cos\theta}{4\pi\varepsilon_0 r^2}\,. \tag{3.102}$$

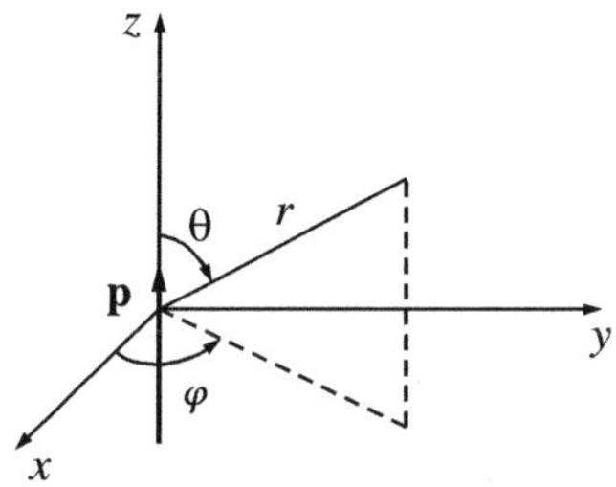

Abbildung 3.36

Zur Bestimmung des Felds nehmen wir den negativen Gradienten von V:

$$E_r = -\frac{\partial V}{\partial r} = \frac{2p\cos\theta}{4\pi\varepsilon_0 r^3}\,,$$
$$E_\theta = -\frac{1}{r}\frac{\partial V}{\partial\theta} = \frac{p\sin\theta}{4\pi\varepsilon_0 r^3}\,,$$
$$E_\varphi = -\frac{1}{r\sin\theta}\frac{\partial V}{\partial\varphi} = 0\,.$$

Dies führt auf:

$$\mathbf{E}_{\text{Dipol}}(r,\theta) = \frac{p}{4\pi\varepsilon_0 r^3}\left(2\cos\theta\,\hat{\mathbf{r}} + \sin\theta\,\hat{\boldsymbol{\theta}}\right)\,. \tag{3.103}$$

Diese Formel nimmt ausdrücklich Bezug auf ein bestimmtes Koordinatensystem (das der sphärischen Koordinaten) und geht von einer bestimmten Orientierung von $\mathbf{p}$ aus (in z-Richtung). Es kann analog zum Potential in Gleichung 3.99 in eine koordinatenfreie Form umgeformt werden (vgl. Aufgabe 3.36).

Beachten Sie, dass das Dipolfeld mit dem Inversen der *dritten Potenz* von r abfällt. Das Monopolfeld $(Q/4\pi\varepsilon_0 r^2)\hat{\mathbf{r}}$ nimmt natürlich invers *quadratisch* ab. Das Quadrupol-Feld sinkt mit $1/r^4$, das Oktopolfeld mit $1/r^5$ usw. (Das spiegelt lediglich die Tatsache wieder, dass Monopol-Potentiale gemäß $1/r$, Dipole gemäß $1/r^2$, Quadrupole gemäß $1/r^3$ absinken usw. Der Gradient fügt also einen weiteren Faktor $1/r$ ein.)

Abbildung 3.37(a) zeigt die Feldlinien eines „reinen" Dipols (Gleichung 3.103). Zum Vergleich habe ich in Abbildung 3.37(b) auch die Feldlinien eines „physikalischen" Dipols eingezeichnet. Beachten Sie, wie ähnlich sich beide Zeichnungen sind, sobald Sie den zentralen Bereich ausblenden. Aus der Nähe betrachtet sind sie jedoch völlig unterschiedlich. Nur für Punkte $r \gg d$ stellt Gleichung 3.103 eine gültige Näherung

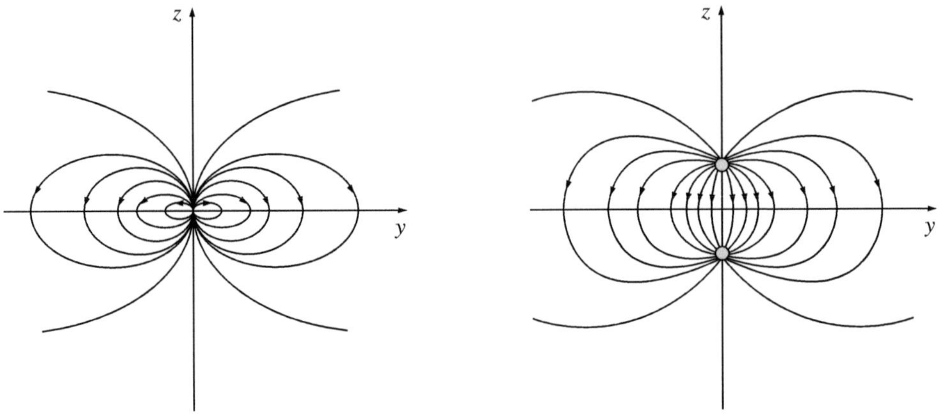

a Feld eines „reinen“ Dipols

b Feld eines „physikalischen“ Dipols

Abbildung 3.37

für das Feld eines physikalischen Dipols dar. Wie ich bereits erwähnt habe, kann dies erreicht werden, indem wir zu großen r gehen oder indem die Ladungen dicht aneinander gebracht werden.[17]

Aufgabe 3.33

Ein „reiner“ Dipol p befindet sich im Ursprung und weist in z-Richtung.

a. Welche Kraft wird auf eine Punktladung q ausgeübt, die sich bei $(a, 0, 0)$ (in kartesischen Koordinaten) befindet?

b. Welche Kraft wirkt im Punkt $(0, 0, a)$ auf q?

c. Wie viel Arbeit muss verrichtet werden, um q von $(a, 0, 0)$ nach $(0, 0, a)$ zu bewegen?

Aufgabe 3.34

Drei Punktladungen werden wie in Abbildung 3.38 gezeigt angeordnet. Jede befindet sich in der Entfernung a vom Ursprung. Bestimmen Sie näherungsweise das elektrische Feld für Orte in großer Entfernung vom Ursprung. Geben Sie Ihr Resultat in sphärischen Koordinaten an und nennen Sie die beiden niedrigsten Ordnungen der Multipolentwicklung.

17 Selbst bei „Erreichen“ des Grenzwerts besteht noch ein infinitesimal kleines Gebiet um den Ursprung, in dem das Feld eines physikalischen Dipols in die „falsche“ Richtung weist. Sie können dies nachvollziehen, indem Sie an der z-Achse in Abbildung 3.35(b) „entlangwandern“. Wenn Sie sich mit diesem ebenso raffinierten wie wichtigen Aspekt befassen möchten, sollten Sie Aufgabe 3.48 lösen.

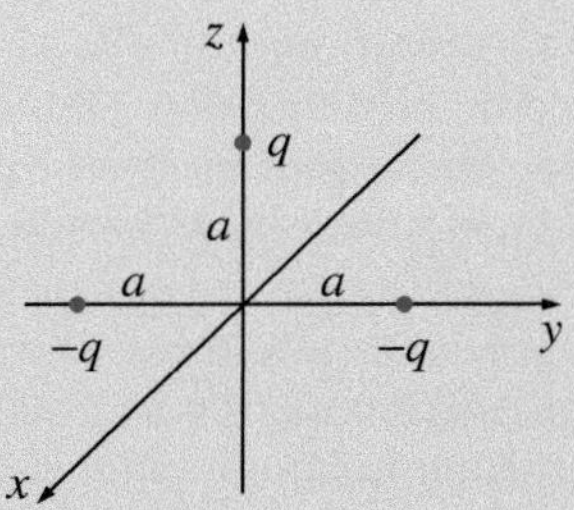

Abbildung 3.38

■ Aufgabe 3.35

Eine Kugel mit Radius R sitzt am Ursprung. Die „nördliche“ Halbkugel trägt eine uniforme Ladungsdichte ρ_0, die „südliche“ Halbkugel eine uniforme Ladungsdichte $-\rho_0$. Bestimmen Sie das genäherte Feld $\mathbf{E}(r, \theta)$ für Punkte fern von der Kugel ($r \gg R$).

■ Aufgabe 3.36

Zeigen Sie, dass das elektrische Feld eines („reinen“) Dipols (Gleichung 3.103) in koordinatenfreier Form dargestellt werden kann:

$$\mathbf{E}_{\text{Dipol}}(\mathbf{r}) = \frac{1}{4\pi\varepsilon_0 r^3}\left[3\,(\mathbf{p}\cdot\hat{\mathbf{r}})\,\hat{\mathbf{r}} - \mathbf{p}\right] \tag{3.104}$$

Weitere Aufgaben für Kapitel 3

Lösungs-hinweise

Aufgabe 3.37

In Abschnitt 3.1.4 habe ich bewiesen, dass das elektrostatische Potential an einem beliebigen Punkt P in einem ladungsfreien Bereich gleich dem Mittelwert des Potentials genommen über jede bei P zentrierte Kugeloberfläche mit Radius R ist. Hier nun eine alternative Herleitung, die sich nicht auf das Coulomb'sche Gesetz bezieht, sondern nur die Laplace-Gleichung verwendet. Setzen wir den Ursprung auf P. $V_{\text{mittel}}(R)$ sei der angesprochene Mittelwert. Zeigen Sie zunächst, dass

$$\frac{\mathrm{d}V_{\text{mittel}}}{\mathrm{d}R} = \frac{1}{4\pi R^2}\oint \nabla V \cdot d\mathbf{a}\,.$$

(Beachten Sie, dass der Beitrag R^2 in $d\mathbf{a}$ das $1/R^2$ vorne weghebt, sodass die einzige Abhängigkeit von R in V selbst steckt.) Verwenden Sie nun den Gauß'schen Satz, um zu zeigen, dass $V_{\text{mittel}}(R) = V_{\text{mittel}}(0) = V(P)$ für beliebiges R gilt, sofern V die Laplace-Gleichung erfüllt.[18]

18 Ich danke Ted Jacobson für den Vorschlag, das so zu beweisen.

Aufgabe 3.38
Hier geht es um eine alternative Herleitung von Gleichung 3.10 (die Oberflächenladungsdichte, die auf einer geerdeten leitenden Ebene von einer Punktladung q in einem Abstand d oberhalb der Ebene induziert wird). Dieser Zugang,[19] der sich auf viele andere Probleme verallgemeinern lässt, beruht nicht auf der Methode der Spiegelladungen. Das Gesamtfeld geht teilweise auf q zurück und teilweise auf die induzierte Oberflächenladung. Schreiben Sie die z-Komponenten dieser Felder als Funktion von q und dem noch unbekannten $\sigma(x, y)$ unmittelbar unterhalb der Oberfläche auf. Die Summe muss natürlich null sein, weil sie innerhalb eines Leiters ist. Verwenden Sie dieses Ergebnis, um σ zu bestimmen.

Aufgabe 3.39
Zwei unendlich ausgedehnte, parallele und geerdete leitende Ebenen befinden sich in einem Abstand a. Eine Punktladung q wird in das dazwischenliegende Gebiet gebracht und hat die Entfernung x zu einer der Platten. Bestimmen Sie die Kraft auf q. Prüfen Sie nach, dass Ihre Antwort auch für die Spezialfälle $a \to \infty$ und $x = a/2$ gilt.

(Die Bestimmung der induzierten Flächenladung ist nicht ganz einfach, vgl. B. G. Dick, *Am. J. Phys.* **41**, 1289 (1973); M. Zahn, *Am. J. Phys.* **44**, 1132 (1962); J. Pleines und S. Mahajan, *Am. J. Phys.* **45**, 868 (1977) sowie Aufgabe 3.52 weiter unten.)

Aufgabe 3.40
Zwei lange gerade Drähte, die entgegengesetzt geladene gleichförmige Linienladungen $\pm\lambda$ tragen, befinden sich auf entgegengesetzten Seiten eines langen, leitenden Zylinders (Abbildung 3.39). Der Zylinder, der keine Nettoladung trägt, hat den Radius R, und die Drähte befinden sich in der Entfernung a von der Achse. Bestimmen Sie das Potential im Punkt $\mathbf{r}$.

$$\left[\textit{Antwort: } V(s,\varphi) = \frac{\lambda}{4\pi\varepsilon_0} \ln \left\{ \frac{(s^2 + a^2 + 2sa\cos\varphi)\left[\left(\frac{sa}{R}\right)^2 + R^2 - 2sa\cos\varphi\right]}{(s^2 + a^2 - 2sa\cos\varphi)\left[\left(\frac{sa}{R}\right)^2 + R^2 + 2sa\cos\varphi\right]} \right\} \right]$$

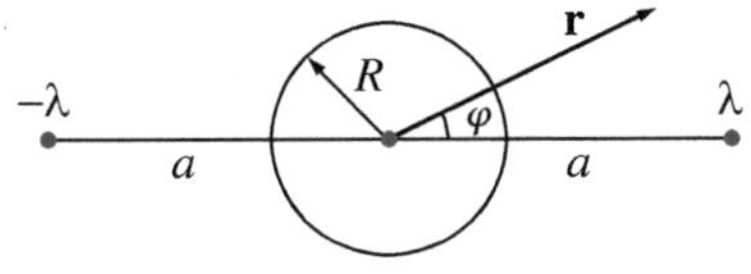

Abbildung 3.39

Aufgabe 3.41
Buckminsterfulleren ist ein Molekül aus 60 Kohlenstoffatomen, die wie die Nähte eines Fußballs angeordnet sind. Man kann es durch eine leitende Kugelschale mit Radius $R = 3.5\,\text{Å}$ modellieren. Ein Elektron in der Nähe würde nach Aufgabe 3.9 *angezogen* werden, sodass es nicht überraschend ist, dass es das Ion C_{60}^- gibt. (Stellen Sie sich dazu vor, dass sich das Elektron im Mittel gleichmäßig über die Oberfläche verteilt.) Aber wie schaut es mit einem *zweiten* Elektron aus? In großen Abständen würde es offensichtlich von dem Ion abgestoßen, aber bei einem gewissen Abstand r vom Mittelpunkt ist die Nettokraft 0, und näher dran würde es dann angezogen wer-

19 Siehe J. L. R. Marrero, *Am. J. Phys.* **78**, 639 (2010).

den. Ein Elektron, das genug Energie hat, um so nahe heranzukommen, sollte also gebunden werden.

a. Bestimmen sie r in Å. [Das müssen Sie numerisch machen.]

b. Wie viel Energie (in Elektronvolt) bräuchten Sie, um ein Elektron aus dem Unendlichen zum Punkt r zu bringen? [Das Ion C_{60} ist übrigens beobachtet worden.][20]

Aufgabe 3.42
Sie können das Superpositionsprinzip verwenden, um Lösungen zu kombinieren, die durch Separation der Variablen erhalten wurden. Zum Beispiel haben Sie in Aufgabe 3.17 das Potential innerhalb einer kubischen Schachtel berechnet, bei der 5 Seiten geerdet waren und sich die sechste Seite auf einem konstanten Potential V_0 befand; durch eine sechsfache Superposition des Resultats könnten Sie das Potential innerhalb eines Würfels finden, bei dem die Seite auf vorgegebenen konstanten Spannungen $V_1, V_2, \ldots, V_6$ gehalten werden. Bestimmen Sie auf diese Wiese mittels Beispiel 3.4 und Aufgabe 3.15 das Potential innerhalb eines rechteckigen Rohrs, bei dem sich zwei gegenüberliegende Seiten ($x = \pm b$) auf Potential V_0 befinden, die dritte ($y = a$) bei V_1; die vierte Seite (bei $y = 0$) sei geerdet.

Aufgabe 3.43
Eine leitende Kugel mit Radius a befindet sich auf dem Potential V_0 und ist von einer dünnen, leitenden Kugelschale mit Radius b umgeben. Auf letzterer befindet sich eine Flächenladung

$$\sigma(\theta) = k \cos\theta \, .$$

k ist eine Konstante und θ die übliche sphärische Koordinate.

a. Bestimmen Sie das Potential in jedem der folgenden Gebiete: (i) $r > b$ und (ii) $a < r < b$.

b. Bestimmen Sie die induzierte Flächenladung $\sigma_{\text{induziert}}(\theta)$ auf dem Leiter.

c. Welche Gesamtladung hat das System? Überprüfen Sie, ob Ihre Antwort mit dem Verhalten von V bei großen Entfernungen r vereinbar ist.

$$\left[\textit{Antwort: } V(r,\theta) = \begin{cases} \frac{aV_0}{r} + \frac{(b^3-a^3)k\cos\theta}{3r^2\varepsilon_0}, & r \geq b \\ \frac{aV_0}{r} + \frac{(r^3-a^3)k\cos\theta}{3r^2\varepsilon_0}, & r \leq b \end{cases} \right]$$

Aufgabe 3.44
Eine Ladung $+Q$ ist entlang der z-Achse von $z = -a$ bis $z = +a$ gleichförmig verteilt. Zeigen Sie, dass für $r > a$ das elektrische Potential im Punkt $\mathbf{r}$ durch

$$V(r,\theta) = \frac{Q}{4\pi\varepsilon_0}\frac{1}{r}\left[1 + \frac{1}{3}\left(\frac{a}{r}\right)^2 P_2(\cos\theta) + \frac{1}{5}\left(\frac{a}{r}\right)^4 P_4(\cos\theta) + \cdots\right]$$

gegeben ist.

20 Diese Aufgabe wurde von Richard Mawhorter vorgeschlagen.

Aufgabe 3.45
Eine lange zylindrische Hülle mit Radius R trägt auf ihrer oberen Hälfte eine gleichförmige Flächenladung σ_0 und eine entgegengesetzte Ladung $-\sigma_0$ auf ihrer unteren Hälfte (Abbildung 3.40). Bestimmen Sie das elektrische Potential innerhalb und außerhalb des Zylinders.

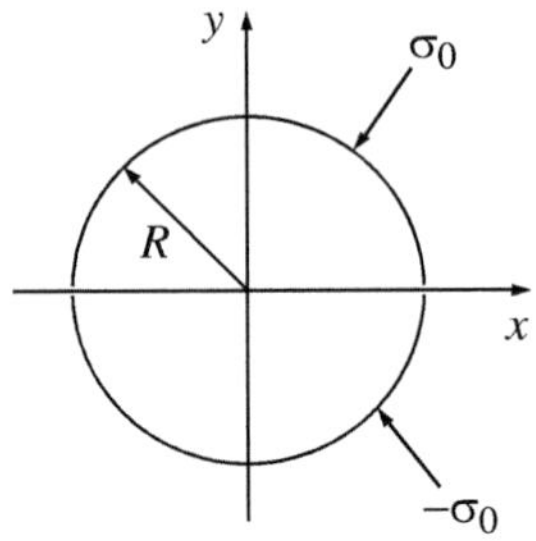

Abbildung 3.40

Aufgabe 3.46
Auf einem dünnen isolierten Stab, der sich von $z = -a$ bis $z = +a$ erstreckt, befinden sich die unten genannten Linienladungen. Bestimmen Sie für jeden Fall den führenden Term der Multipolentwicklung des Potentials:

- a. $\lambda = k\cos(\pi z/2a)$,
- b. $\lambda = k\sin(\pi z/a)$,
- c. $\lambda = k\cos(\pi z/a)$,

wobei k jeweils eine Konstante ist.

• **Aufgabe 3.47**
Zeigen Sie, dass das von allen Ladungen im Inneren einer Kugel mit Radius R hervorgerufene *mittlere* Feld innerhalb der Kugel durch

$$\mathbf{E}_{\text{mittel}} = -\frac{1}{4\pi\varepsilon_0}\frac{\mathbf{p}}{R^3} \tag{3.105}$$

gegeben ist; darin ist $\mathbf{p}$ das gesamte Dipolmoment. Es gibt verschiedene Wege, um dieses erfreulich einfache Resultat zu beweisen. Nachfolgend eine dieser Methoden:[21]

- a. Zeigen Sie, dass das mittlere Feld aufgrund einer einzelnen Ladung q am Punkt $\mathbf{r}$ im Inneren der Kugel dasselbe ist wie dasjenige Feld bei $\mathbf{r}$, das von einer gleichmäßig geladenen Kugel mit $\rho = -q/((4/3)\pi R^3)$ hervorgerufen wird, nämlich

$$\frac{1}{4\pi\varepsilon_0}\frac{1}{\left(\frac{4}{3}\pi R^3\right)}\int \frac{q}{\boldsymbol{\mathscr{r}}^2}\hat{\boldsymbol{\mathscr{r}}}\,\mathrm{d}\tau',$$

wobei $\boldsymbol{\mathscr{r}}$ der Abstandsvektor von $\mathbf{r}$ zu $\mathrm{d}\tau'$ ist.

21 Eine andere Methode nutzt das Ergebnis von Aufgabe 3.4. Siehe B. Y.-K. Hu, *Eur. J. Phys.* **30**, L29 (2009).

b. Letzteres kann auch anhand des Gauß'schen Gesetzes bestimmt werden (siehe Aufgabe 2.12). Drücken Sie das Ergebnis durch das Dipolmoment von q aus.

c. Verallgemeinern Sie das Resultat mithilfe des Superpositionsprinzips auf eine beliebige Ladungsverteilung.

d. Und wenn Sie sich gerade mit diesem Thema beschäftigen: Zeigen Sie, dass das mittlere Feld auf der Kugel, das von allen *außerhalb* befindlichen Quellen hervorgerufen wird, dasselbe ist wie das Feld, das diese Quellen im Kugelmittelpunkt erzeugen.

Aufgabe 3.48

a. Berechnen Sie mit Gleichung 3.103 das mittlere elektrische Feld eines Dipols über einem kugelförmigen Volumen mit Radius R, dessen Mittelpunkt im Ursprung liegt. Bestimmen Sie zuerst die Winkelintegrale.

[*Anmerkung*: Sie müssen vor der Integration $\hat{\mathbf{r}}$ und $\hat{\boldsymbol{\theta}}$ durch $\hat{\mathbf{x}}$, $\hat{\mathbf{y}}$ und $\hat{\mathbf{z}}$ ausdrücken (siehe hintere innere Umschlagseiten). Falls Sie nicht nachvollziehen können, warum, lesen Sie noch einmal die Diskussion in Abschnitt 1.4.1.]

Vergleichen Sie Ihr Ergebnis mit dem allgemeinen Ausdruck (Gleichung 3.105). Der Unterschied beruht hier auf dem schnellen Anwachsen des Dipolfelds bei $r = 0$. Das Winkelintegral ist null, das radiale Integral ist dagegen unendlich, daher haben wir eigentlich keine Ahnung, was wir mit dem Ergebnis anfangen sollen. Um dieses Dilemma zu beseitigen, nehmen wir an, dass Gleichung 3.103 *außerhalb einer winzigen Kugel mit Radius* ε gilt – der dort entstehende Beitrag zu E_{mittel} ist dann ganz *eindeutig* null, daher muss das gesamte Feld aus dem *Inneren* der ε-Kugel stammen.

b. Welches Feld muss *im Inneren* der ε-Kugel herrschen, damit der allgemeine Ausdruck (Gleichung 3.105) gilt?

[*Hinweis:* Da ε beliebig klein ist, reden wir von etwas, das bei $r = 0$ unendlich und dessen Integral über einem infinitesimalen Volumen endlich ist.]

[*Antwort:* $-(\mathbf{p}/3\varepsilon_0)\delta^3(\mathbf{r})$]

Das *wahre* Feld eines Dipols ist offenbar

$$\mathbf{E}_{\text{Dipol}}(\mathbf{r}) = \frac{1}{4\pi\varepsilon_0}\frac{1}{r^3}\left[3(\mathbf{p}\cdot\hat{\mathbf{r}})\hat{\mathbf{r}} - \mathbf{p}\right] - \frac{1}{3\varepsilon_0}\mathbf{p}\delta^3(\mathbf{r}) . \quad (3.106)$$

Sie fragen sich vielleicht, wie wir den Term mit der Deltafunktion[22] vergessen konnten, als wir das Feld in Abschnitt 3.4.4 berechnet haben. Die Antwort liegt in der Ableitung, die zu Gleichung 3.103 führte. Sie gilt überall, außer bei $r = 0$, allerdings hätte uns nach unseren Erfahrungen aus Abschnitt 1.5.1 bewusst sein sollen, dass die Stelle $r = 0$ problematisch ist.[23]

22 Es gibt andere Wege, den Term mit der Deltafunktion im Dipolfeld zu erhalten; ich schätze den Weg von Aufgabe 3.50 am meisten. Beachten Sie, dass Gleichung 3.104 vollkommen ausreicht, wenn Sie sich nicht direkt auf dem Dipol befinden.

23 Siehe dazu C. P. Frahm, *Am. J. Phys.* **51**, 826 (1983). Für Anwendungen siehe D. J. Griffiths, *Am. J. Phys.* **50**, 698 (1982). Es gibt andere, vielleicht vorzuziehende Wege, den **Kontaktterm** (Deltafunktionsterm) in Gl. 3.106 auszudrücken; siehe A. Gsponer, *Eur. J. Phys.* **28**, 267 (2007), J. Franklin, *Am. J. Phys.* **78**, 1225 (2010), und V. Hnizdo, *Eur. J. Phys.* **32**, 287 (2011).

Aufgabe 3.49

In Beispiel 3.9 haben wir das Potential einer Kugelschale mit Oberflächenladung $\sigma(\theta) = k\cos\theta$ erhalten. In Aufgabe 3.30 haben Sie herausgefunden, dass das Feld außerhalb ein reines Dipolfeld ist (Gleichung 3.86). Zeigen Sie, dass der Limes $R \to 0$ den Deltafunktionsterm in Gleichung 3.106 reproduziert.

Aufgabe 3.50

a. Eine Ladungsverteilung $\rho_1(\mathbf{r})$ ruft ein Potential $V_1(\mathbf{r})$, eine andere Ladungsverteilung $\rho_2(\mathbf{r})$ ruft ein Potential $V_2(\mathbf{r})$ hervor.

[Beide Situationen müssen nicht unbedingt miteinander zu tun haben – vielleicht ist Nummer 1 eine gleichförmig geladene Kugel, und Nummer 2 ist ein planparalleler Plattenkondensator. Beachten Sie bitte, dass ρ_1 und ρ_2 nicht gleichzeitig anwesend sind. Wir behandeln also zwei verschiedene Probleme, von denen eines nur ρ_1 enthält, und eines, in dem nur ρ_2 zu finden ist.]

Beweisen Sie den **Green'schen Reziprozitätssatz:**[24]

$$\int_{\text{ganzer Raum}} \rho_1 V_2 \, d\tau = \int_{\text{ganzer Raum}} \rho_2 V_1 \, d\tau \, .$$

[*Hinweis:* Berechnen Sie $\int \mathbf{E}_1 \cdot \mathbf{E}_2 \, d\tau$ mit zwei Methoden. Schreiben Sie erst $\mathbf{E}_1 = -\nabla V_1$ und wenden Sie die partielle Integration an, um die Ableitung nach $\mathbf{E}_2$ zu überführen. Danach nehmen Sie $\mathbf{E}_2 = -\nabla V_2$ und überführen die Ableitung nach $\mathbf{E}_1$.]

b. Nehmen Sie nun an, Sie hätten zwei voneinander getrennte Leiter (Abbildung 3.41). Wenn Sie Leiter a mit einer Ladung Q aufladen (und b ungeladen bleibt), dann nennen wir das resultierende Potential von b beispielsweise V_{ab}. Wenn Sie andererseits dieselbe Ladung Q auf Leiter b aufbringen (und a ungeladen bleibt), dann ergibt sich das Potential von a zu V_{ba}. Zeigen Sie mithilfe des Green'schen Reziprozitätssatzes, dass $V_{ab} = V_{ba}$ (eigentlich ein erstaunliches Resultat, da wir keinerlei Annahmen über die Formen oder die Anordnung der Leiter getroffen haben.)

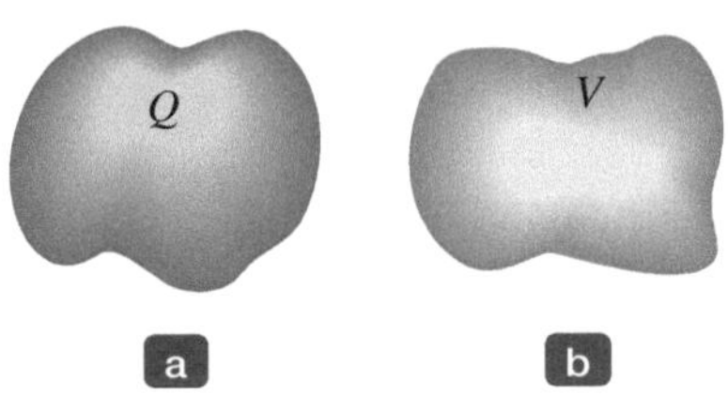

Abbildung 3.41

Aufgabe 3.51

Lösen Sie mithilfe des Green'schen Reziprozitätssatzes (Aufgabe 3.50) die beiden folgenden Aufgaben für je zwei verschiedene Anordnungen.

[*Hinweis:* Benutzen Sie für die Verteilung 1 die beschriebene Anordnung. Entfernen Sie aber bei Verteilung 2 die Ladung q und setzen Sie einen der Leiter auf das Potential V_0.]

24 Ein interessanter Kommentar findet sich in B. Y.-K. Hu, *Am. J. Phys.* **69**, 1280 (2001).

a. Beide Platten eines planparallelen Kondensators sind geerdet, und eine Punktladung q wird in der Entfernung x von Platte 1 zwischen sie gebracht. Der Abstand der Platten ist d. Bestimmen Sie die induzierte Ladung auf jeder Platte.

[*Antwort:* $Q_1 = q(x/d - 1)$; $Q_2 = -qx/d$]

b. Zwei konzentrische leitende Kugelschalen (mit Radien a und b) sind geerdet, und eine Punktladung q wird beim Radius r zwischen sie gebracht. Bestimmen Sie die auf jeder Kugelschale induzierte Ladung.

Aufgabe 3.52

a. Zeigen Sie, dass der Quadrupol-Term der Multipolentwicklung folgendermaßen formuliert werden kann:

$$V_{\text{Quadrupol}}(\mathbf{r}) = \frac{1}{4\pi\varepsilon_0}\frac{1}{r^3}\sum_{i,j=1}^{3}\hat{r}_i\hat{r}_j Q_{ij}$$

(in der Schreibweise von Gleichung (1.31)) mit

$$Q_{ij} \equiv \frac{1}{2}\int\left[3r'_i r'_j - (r')^2\,\delta_{ij}\right]\rho(\mathbf{r}')\,\mathrm{d}\tau' .$$

Hierbei ist

$$\delta_{ij} = \begin{cases} 1 & \text{für} \quad i = j \\ 0 & \text{für} \quad i \neq j \end{cases}$$

das **Kronecker-Delta**, und Q_{ij} ist das Quadrupolmoment der Ladungsverteilung. Beachten Sie die Hierarchie:

$$V_{\text{Monopol}} = \frac{1}{4\pi\varepsilon_0}\frac{Q}{r}\,; \quad V_{\text{Dipol}} = \frac{1}{4\pi\varepsilon_0}\frac{\sum\hat{r}_i p_i}{r^2}\,;$$
$$V_{\text{Quadrupol}} = \frac{1}{4\pi\varepsilon_0}\frac{\sum\hat{r}_i\hat{r}_j Q_{ij}}{r^3}\,; \quad \ldots$$

Das Monopolmoment (Q) ist ein Skalar, das Dipolmoment ($\mathbf{p}$) ist ein Vektor, das Quadrupolmoment (Q_{ij}) ist ein Tensor zweiter Stufe usw.

b. Bestimmen Sie alle neun Komponenten von Q_{ij} für die in Abbildung 3.30 dargestellte Konfiguration (dabei soll das Quadrat die Seitenlänge a haben und sich so in der x-y-Ebene befinden, dass sein Mittelpunkt im Ursprung liegt.)

c. Zeigen Sie, dass das Quadrupolmoment von der Position des Ursprungs unabhängig ist, wenn sowohl das Monopol- als auch das Dipolmoment verschwinden. (Dies gilt für alle Stufen der Hierarchie – das niedrigste von null verschiedene Moment ist immer vom Ursprung unabhängig.)

d. Wie würden Sie das **Oktopolmoment** definieren? Drücken Sie den Oktopol-Term der Multipolentwicklung durch das Oktopolmoment aus.

Aufgabe 3.53
In Beispiel 3.8 haben wir das elektrische Feld außerhalb eines kugelförmigen Leiters (mit Radius R) bestimmt, der sich in einem gleichförmigen äußeren Feld $\mathbf{E}_0$ befindet. Lösen Sie das Problem mithilfe der Methode der Spiegelladungen und überprüfen Sie, dass Ihr Ergebnis mit Gleichung 3.76 übereinstimmt.

[*Hinweis:* Gehen Sie wie in Beispiel 3.2 vor, setzen Sie aber die Ladung $-q$ diametral gegenüber q. Lassen Sie $a \to \infty$ gehen und halten Sie $(1/4\pi\varepsilon_0)(2q/a^2) = -E_0$ konstant.]

! **Aufgabe 3.54**
Nehmen Sie an, dass für die unendliche rechtwinklige Röhre in Beispiel 3.4 das Potential am Boden ($y = 0$) und den beiden Seiten ($x = \pm b$) null ist. Das Potential auf der Oberseite ($y = a$) ist eine von null verschiedene Konstante V_0. Bestimmen Sie das Potential innerhalb der Röhre.

[*Anmerkung:* Dies ist eine Umkehrung von Aufgabe 3.15b. Gehen Sie von einem Ansatz wie in Beispiel 3.4 aus und verwenden Sie sinusförmige Funktionen für y und hyperbolische für x. Es handelt sich um einen unüblichen Fall, in dem $k = 0$ enthalten sein muss. Bestimmen Sie zuerst die allgemeine Lösung für Gleichung 3.26 mit $k = 0$.[25]]

[*Antwort:*

$$V_0\left(\frac{y}{a} + \frac{2}{\pi}\sum_{n=1}^{\infty}\frac{(-1)^n}{n}\frac{\cosh(n\pi x/a)}{\cosh(n\pi b/a)}\sin(n\pi y/a)\right).$$

Alternativ erhalten Sie mit sinusförmigen Funktionen in x und hyperbolischen Funktionen in y

$$-\frac{2V_0}{b}\sum_{n=1}^{\infty}\frac{(-1)^n\sinh(\alpha_n y)}{\alpha_n\sinh(\alpha_n a)}\cos(\alpha_n x) \quad \text{mit} \quad \alpha_n \equiv (2n-1)\pi/2b\,.]$$

! **Aufgabe 3.55**

a. Eine lange Metallröhre mit quadratischem Querschnitt (und Seitenlänge a) wird auf drei Seiten geerdet, während die vierte (die vom Rest isoliert ist) auf einem konstanten Potential V_0 gehalten wird. Bestimmen Sie die Nettoladung pro Einheitslänge auf der Seite, die V_0 *gegenüber*liegt.

   [*Hinweis*: Benutzen Sie Ihr Resultat aus Aufgabe 3.15 oder 3.54.]

b. Eine lange Metallröhre mit kreisförmigem Querschnitt (und Radius R) ist (der Länge nach) in vier gleiche Abschnitte untergliedert. Drei von ihnen sind geerdet, der vierte wird auf dem konstanten Potential V_0 gehalten. Bestimmen Sie die Nettoladung pro Einheitslänge auf dem Abschnitt, der V_0 gegenüberliegt.

   [*Antwort* für (a) und (b): $\lambda = -(\varepsilon_0 V_0/\pi)\ln 2$][26]

25 Eine weitergehende Diskussion finden Sie in S. Hassani, *Am. J. Phys.* **59**, 470 (1991).
26 Hierbei handelt es sich um Spezialfälle des **Thomson-Lampard-Satzes**; siehe J. D. Jackson, *Am. J. Phys.* **67**, 107 (1999).

Aufgabe 3.56
Ein idealer elektrischer Dipol befindet sich im Ursprung und zeigt, wie in Abbildung 3.36, in z-Richtung. Eine elektrische Ladung befindet sich anfänglich in einem Punkt der x-y-Ebene in Ruhe. Zeigen Sie, dass der Dipol auf einem halbkreisförmigen Bogen vor und zurück schwingt, als ob er sich auf einem Pendel befinden würde, das im Ursprung aufgehängt ist.

[Dieses nette Resultat finden Sie bei R. S. Jones, *Am. J. Phys.* **63**, 1042 (1995).]

Aufgabe 3.57
Ein stationärer elektrischer Dipol $\mathbf{p} = p\hat{z}$ befinde sich am Ursprung. Eine positive Punktladung q (Masse m) führt im Feld des Dipols eine Kreisbewegung mit Radius s bei konstanter Geschwindigkeit aus. Beschreiben Sie die Bahnebene. Bestimmen Sie die Geschwindigkeit, den Drehimpuls und die Gesamtenergie der Ladung.[27]

[*Antwort:* $L = \sqrt{qpm/3\sqrt{3}\pi\epsilon_0}$.]

Aufgabe 3.58
Bestimmen Sie die Ladungsdichte $\sigma(\theta)$ auf der Oberfläche einer Kugel mit Radius R, die für Punkte außerhalb der Kugel das gleiche elektrische Feld hervorruft wie eine Ladung q beim Punkt $a < R$ auf der z-Achse.

[*Antwort:* $\frac{q}{4\pi R}(R^2 - a^2)(R^2 + a^2 - 2Ra\cos\theta)^{-3/2}$]

27 G. P. Sastry, V. Srinivas und A. V. Madhav, *Eur. J. Phys.* **17**, 275 (1996).

Elektrische Felder in Materie

4

ÜBERBLICK

4.1 Polarisation

4.1.1 Dielektrika

In diesem Kapitel werden wir uns mit elektrischen Feldern in Materie befassen. Materie gibt es selbstverständlich in vielen verschiedenen Variationen – Festkörper, Flüssigkeiten, Gase, Metalle, Holz, Gläser usw. –, und alle diese Substanzen reagieren in unterschiedlicher Weise auf elektrostatische Felder. Dennoch gehören die meisten Objekte des Alltags (zumindest in guter Näherung) einer von zwei Klassen an: **Leiter** und **Isolatoren** (bzw. **Dielektrika**). Leiter haben wir bereits behandelt. Es sind Substanzen mit einem „unbegrenzten" Vorrat an Ladungsträgern, die frei in der Substanz herumwandern können. In der Praxis bedeutet das üblicherweise, dass viele der Elektronen (in einem typischen Metall ein oder zwei pro Atom) nicht an irgendeinen Atomkern gebunden sind, sondern sich frei bewegen können. In Dielektrika sind dagegen *alle Ladungen an bestimmte Atome oder Moleküle gebunden*. Sie werden sozusagen an der kurzen Leine gehalten und können sich nur *innerhalb* des Atoms oder Molekül geringfügig bewegen. Solche mikroskopischen Verschiebungen haben nicht so drastische Auswirkungen wie die vollständige Neuanordnung von Ladungen in einem Leiter. Der Gesamteffekt aller Bewegungen bestimmt aber das charakteristische Verhalten dielektrischer Materialien. Im Grunde genommen gibt es zwei wichtige Wege, durch die elektrische Felder die Ladungsverteilung eines dielektrischen Atoms oder Moleküls verzerren können: *Dehnung* und *Rotation*. In den beiden folgenden Abschnitten werde ich diese Prozesse diskutieren.

4.1.2 Induzierte Dipole

Was geschieht mit einem neutralen Atom, das in ein elektrisches Feld $\mathbf{E}$ gebracht wird? Vermutlich denken Sie zunächst: „Gar nichts – da das Atom nicht geladen ist, hat das Feld keine Auswirkungen auf das Atom." Das stimmt aber nicht. Obwohl das Atom als Ganzes elektrisch neutral ist, besteht es *doch* aus einem positiv geladenen Zentrum (dem Kern), der von einer negativ geladenen Elektronenwolke umgeben ist. Diese beiden geladenen Gebiete innerhalb des Kerns werden durchaus vom Feld beeinflusst: Der Kern wird in Richtung des Felds verschoben, die Elektronen in entgegengesetzter Richtung. Wenn das Feld stark genug ist, kann es das Atom im Prinzip auseinanderreißen und so **„ionisieren"** (die Substanz wird dann zu einem Leiter.) Bei schwächeren Feldern wird jedoch bald ein Gleichgewicht erreicht, denn sobald das Zentrum der Elektronenwolke nicht mehr im Kern liegt, entsteht eine Anziehungskraft zwischen diesen positiven und negativen Ladungen, die das Atom zusammenhalten. Die beiden entgegengesetzten Kräfte – das Feld $\mathbf{E}$, welches Elektronen und Kern auseinanderzieht, und ihre gegenseitige Anziehungskraft, die sie zusammenhält – gleichen sich aus und hinterlassen ein **polarisiertes** Atom, bei dem die positive Ladung geringfügig gegenüber der negativen verschoben ist. Das Atom weist nun ein winziges Dipolmoment $\mathbf{p}$ auf, das in *dieselbe Richtung* weist wie $\mathbf{E}$. Üblicherweise ist dieses induzierte Dipolmoment ungefähr dem Feld proportional (sofern letzteres nicht zu stark ist):

$$\mathbf{p} = \alpha \mathbf{E} . \tag{4.1}$$

Tabelle 4.1: Atomare Polarisierbarkeit ($\alpha/4\pi\varepsilon_0$ in Einheiten von 10^{-30}m^3). Quelle: Handbook of Chemistry and Physics, 91st ed. (Boca Raton: CRC-Press, Inc. 2010)

H	He	Li	Be	C	Ne	Na	Ar	K	Cs
0,667	0,205	24,3	5,60	1,76	0,396	24,1	1,64	43,4	59,4

Die Proportionalitätskonstante wird als **atomare Polarisierbarkeit** bezeichnet. Ihr Wert hängt von der genauen Struktur des betrachteten Atoms ab. In Tabelle 4.1 sind einige experimentell bestimmte atomare Polarisierbarkeiten aufgelistet.

Beispiel 4.1: Atomare Polarisierbarkeit

Nach einem einfachen Modell besteht ein Atom aus einem punktförmigen Kern ($+q$), umgeben von einer gleichmäßig geladenen kugelförmigen Wolke ($-q$) mit Radius a (Abbildung 4.1). Berechnen Sie die atomare Polarisierbarkeit eines solchen Atoms.

Lösung:

In Anwesenheit eines äußeren Felds $\mathbf{E}$ wird der Kern, wie in Abbildung 4.2 dargestellt, geringfügig nach rechts verschoben, die Elektronenwolke hingegen nach links. (Weil die tatsächlichen Verschiebungen, wie Sie in Aufgabe 4.1 noch feststellen werden, extrem klein sind, dürfen wir annehmen, dass die Elektronenwolke ihre Kugelform beibehält.) Nehmen wir an, das Gleichgewicht wird erreicht, sobald der Kern gegenüber dem Kugelmittelpunkt um den Abstand d verschoben ist. An diesem Punkt gleicht das äußere Feld, das den Kern nach rechts verschiebt, genau das innere Feld aus, das ihn nach links verschiebt: $E = E_e$. Dabei ist E_e das von der Elektronenwolke hervorgerufene Feld. Nun beträgt das Feld in der Entfernung d vom Mittelpunkt einer gleichmäßig geladenen Kugel (gemäß Aufgabe 2.12)

$$E_e = \frac{1}{4\pi\varepsilon_0}\frac{qd}{a^3}\,.$$

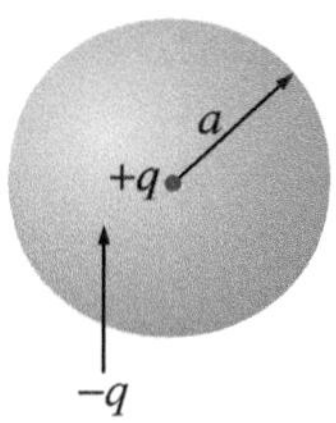

Abbildung 4.1

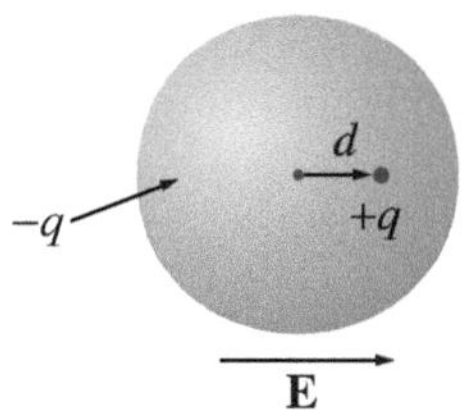

Abbildung 4.2

Im Gleichgewicht ist daher:

$$E = \frac{1}{4\pi\varepsilon_0}\frac{qd}{a^3}\,, \quad \text{oder} \quad p = qd = \left(4\pi\varepsilon_0 a^3\right)E\,.$$

Beispiel 4.1 (Fortsetzung)

Die atomare Polarisierbarkeit ist somit

$$\alpha = 4\pi\varepsilon_0 a^3 = 3\varepsilon_0 \upsilon\,, \tag{4.2}$$

wobei υ das Volumen des Atoms darstellt. Obwohl dieses Atommodell ziemlich grob ist, ist das Ergebnis (Gleichung 4.2) gar nicht so schlecht – für viele einfache Atome ist es bis auf einen Faktor von etwa vier genau.

Bei Molekülen ist die Situation nicht ganz so einfach, weil sie sich oft in manche Richtungen einfacher polarisieren lassen als in andere. Kohlendioxid (Abbildung 4.3) hat beispielsweise eine Polarisierbarkeit von $4,5 \cdot 10^{-40}\,\mathrm{C^2\,m/N}$, sofern das Feld in Richtung der Molekülachse liegt, aber nur $2 \cdot 10^{-40}\,\mathrm{C^2\,m/N}$ bei Feldern senkrecht dazu. Steht das Feld in irgendeinem *Winkel* zur Achse, müssen Sie es in eine parallele und eine senkrechte Komponente aufteilen und jede mit der entsprechenden Polarisierbarkeit multiplizieren:

$$\mathbf{p} = \alpha_\perp \mathbf{E}_\perp + \alpha_\parallel \mathbf{E}_\parallel\,.$$

In diesem Fall muss das induzierte Dipolmoment nicht einmal in derselben *Richtung* wie $\mathbf{E}$ verlaufen. Darüber hinaus ist CO_2 für ein Molekül relativ einfach gebaut, da sich die Atome in einer geraden Linie anordnen. Bei einem völlig asymmetrischen Molekül wird Gleichung 4.1 durch die allgemeingültigste Beziehung zwischen $\mathbf{E}$ und $\mathbf{p}$ ersetzt:

$$\begin{aligned} p_x &= \alpha_{xx}E_x + \alpha_{xy}E_y + \alpha_{xz}E_z \\ p_y &= \alpha_{yx}E_x + \alpha_{yy}E_y + \alpha_{yz}E_z \\ p_z &= \alpha_{zx}E_x + \alpha_{zy}E_y + \alpha_{zz}E_z \end{aligned} \tag{4.3}$$

Diese Gruppe der neun Konstanten α_{ij} bildet den **Polarisationstensor** des Moleküls. Ihre tatsächlichen Werte hängen nur von der Orientierung der von Ihnen gewählten Achsen ab. Allerdings ist es immer möglich, „Haupt“achsen so zu wählen, dass alle Terme abseits der Diagonalen (α_{xy}, α_{zx}, usw.) verschwinden, sodass nur noch drei von null verschiedene Polarisierbarkeiten übrig bleiben, nämlich α_{xx}, α_{yy}, und α_{zz}.

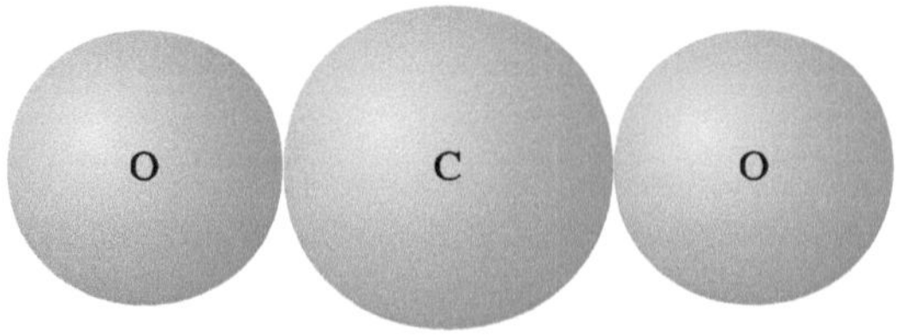

Abbildung 4.3

■ **Aufgabe 4.1**

Ein Wasserstoffatom (dessen Bohr'scher Radius etwa ein halbes Angström beträgt), befindet sich zwischen zwei Metallplatten, deren Abstand 1 mm beträgt und die mit den Klemmen einer 500-V-Batterie verbunden sind. Welchem Anteil des Atomradius entspricht in etwa der Betrag der Verschiebung d? Bestimmen Sie die Spannung, die bei dieser Anordnung notwendig wäre, um das Atom zu ionisieren.

[Benutzen Sie die α-Werte aus Tabelle 4.1. *Moral:* Selbst auf atomarer Ebene betrachten wir hier nur *winzigste* Verschiebungen.]

■ **Aufgabe 4.2**

Gemäß der Quantenmechanik besitzt die Elektronenwolke eines Wasserstoffatoms im Grundzustand die Ladungsdichte

$$\rho(r) = \frac{q}{\pi a^3} \mathrm{e}^{-2r/a} .$$

Hierbei ist q die Elektronenladung, und a ist der Bohr'sche Radius. Bestimmen Sie die atomare Polarisierbarkeit dieses Atoms.

[*Hinweis:* Bestimmen Sie zuerst das elektrische Feld $E_e(r)$ der Elektronenwolke und entwickeln Sie danach den Exponentialterm unter der Annahme $r \ll a$. Einen anspruchsvolleren Ansatz enthält W. A. Bowers, *Am. J. Phys.* **54**, 347 (1986).]

■ **Aufgabe 4.3**

Nach Gleichung 4.1 ist das induzierte Dipolmoment eines Atoms proportional zum äußeren Feld. Dies ist allerdings nur „Pi mal Daumen" und keineswegs ein grundlegendes Gesetz. Zumindest theoretisch lassen sich einfach Ausnahmen konstruieren. Nehmen Sie beispielsweise an, die Ladungsdichte der Elektronenwolke wäre bis zu einem Radius R proportional zur Entfernung vom Zentrum. Zu welcher Potenz von E wäre p in diesem Fall proportional? Bestimmen Sie die Bedingung für $\rho(r)$, damit Gleichung 4.1 auch im Grenzfall schwacher Felder gilt.

■ **Aufgabe 4.4**

Eine Punktladung q befindet sich in großer Entfernung r von einem neutralen Atom mit Polarisierbarkeit α. Bestimmen Sie die zwischen ihnen herrschende Anziehungskraft.

4.1.3 Ausrichtung polarer Moleküle

Das in Abschnitt 4.1.2 diskutierte neutrale Atom hat zu Beginn kein Dipolmoment – $\mathbf{p}$ wurde durch das angelegte Feld *induziert.* Einige Moleküle besitzen jedoch von vornherein ein permanentes Dipolmoment. Im Wassermolekül tendieren die Elektronen beispielsweise dazu, sich um das Sauerstoffatom anzusammeln (Abbildung 4.4).

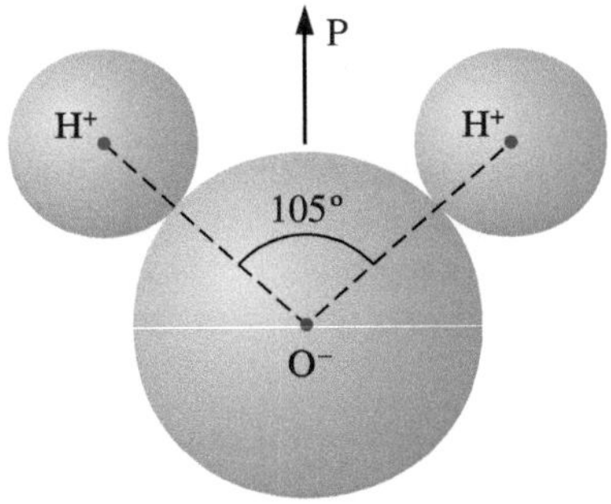

Abbildung 4.4

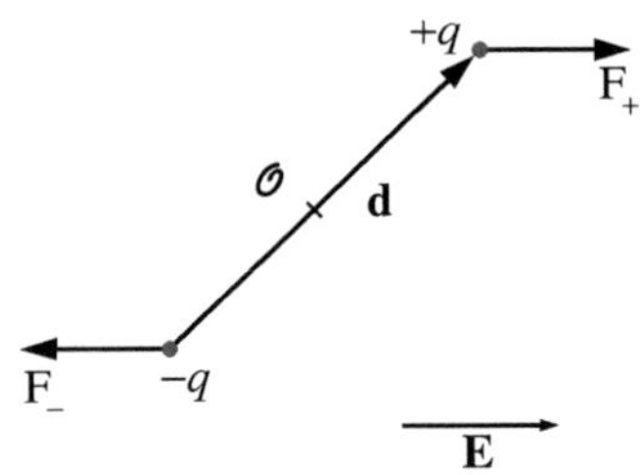

Abbildung 4.5

Da das Molekül einen Winkel von 105° aufweist, verursacht dies eine negative Ladung am Knickpunkt und eine positive Nettoladung am entgegengesetzten Ende. (Das Dipolmoment von Wasser ist ungewöhnlich groß und beträgt $6{,}1 \cdot 10^{-30}\,\mathrm{C\cdot m}$. Darauf beruht übrigens seine hohe Effizienz als Lösungsmittel.) Was geschieht, wenn derartige Moleküle (man bezeichnet sie als **polare Moleküle**) in ein elektrisches Feld gebracht werden?

Ist das Feld gleichmäßig, dann gleicht die Kraft $\mathbf{F}_+ = q\mathbf{E}$ auf das positive Ende genau die Kraft $\mathbf{F}_- = -q\mathbf{E}$ auf das negative Ende aus (Abbildung 4.5). Allerdings entsteht ein *Drehmoment*:

$$\begin{aligned}\mathbf{N} &= (\mathbf{r}_+ \times \mathbf{F}_+) + (\mathbf{r}_- \times \mathbf{F}_-)\\ &= \left[(\mathbf{d}/2) \times (q\mathbf{E})\right] + \left[(-\mathbf{d}/2) \times (-q\mathbf{E})\right]\\ &= q\mathbf{d} \times \mathbf{E}\,.\end{aligned}$$

Daher erfährt ein Dipol $\mathbf{p} = q\mathbf{d}$ in einem gleichförmigen Feld $\mathbf{E}$ das Drehmoment

$$\mathbf{N} = \mathbf{p} \times \mathbf{E}\,. \tag{4.4}$$

Beachten Sie, dass $\mathbf{N}$ so ausgerichtet ist, dass $\mathbf{p}$ *parallel* zu $\mathbf{E}$ ausgerichtet wird. Ein polares Molekül, das frei rotieren kann, dreht sich solange, bis es in Richtung des angelegten Felds weist.

Ist das Feld *nicht* gleichförmig, sodass $\mathbf{F}_+$ die Kraft $\mathbf{F}_-$ nicht genau ausgleicht, wirkt neben dem Drehmoment auch noch eine *Nettokraft* auf den Dipol. Natürlich muss sich $\mathbf{E}$ ganz plötzlich ändern, damit eine signifikante Veränderung über den Raum eines Moleküls auftritt, daher ist das üblicherweise kein Thema bei der Diskussion von Dielektrika. Dennoch ist die Formel der Kraft auf einen Dipol in einem ungleichförmigen Feld interessant:

$$\mathbf{F} = \mathbf{F}_+ + \mathbf{F}_- = q\left(\mathbf{E}_+ - \mathbf{E}_-\right) = q\,(\Delta\mathbf{E})\,.$$

Hierin steht $\Delta\mathbf{E}$ für den Unterschied des Felds am positiven und am negativen Ende. Unter der Annahme, dass der Dipol besonders kurz ist, können wir die kleine Änderung in E_x mithilfe von Gleichung 1.35 abschätzen, wobei gleichartige Formeln für E_y und E_z gelten:

$$\Delta E_x \equiv (\nabla E_x) \cdot \mathbf{d}\,.$$

Kompakt ausgedrückt lautet dies

$$\Delta\mathbf{E} = (\mathbf{d} \cdot \nabla)\,\mathbf{E}$$

und daher[1]

$$\mathbf{F} = (\mathbf{p} \cdot \nabla)\,\mathbf{E}\,. \tag{4.5}$$

Für einen „perfekten“ Dipol infinitesimaler Länge liefert Gleichung 4.4 auch bei einem *un*gleichmäßigen Feld das Drehmoment *um das Zentrum des Dipols*. Bezüglich irgendeines *anderen* Punkts lautet das Drehmoment

$$\mathbf{N} = (\mathbf{p} \times \mathbf{E}) + (\mathbf{r} \times \mathbf{F})\,.$$

Aufgabe 4.5

In Abbildung 4.6 sind $\mathbf{p}_1$ und $\mathbf{p}_2$ (perfekte) Dipole im Abstand r. Welches Drehmoment übt $\mathbf{p}_2$ auf $\mathbf{p}_1$ aus? Welches Drehmoment übt $\mathbf{p}_1$ auf $\mathbf{p}_2$ aus?

[In beiden Fällen suche ich das Drehmoment auf den Dipol *um sein eigenes Zentrum*. Falls Sie sich daran stören, dass die Antworten nicht gleich und entgegengesetzt sind, dann betrachten Sie Aufgabe 4.29.]

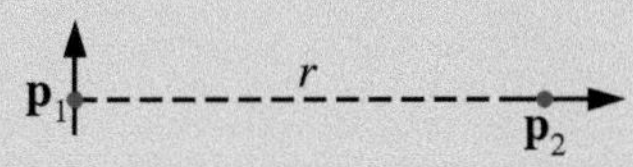

Abbildung 4.6

Aufgabe 4.6

Ein (perfekter) Dipol $\mathbf{p}$ befindet sich in der Entfernung z oberhalb einer unendlichen geerdeten leitenden Ebene (Abbildung 4.7). Der Dipol bildet einen Winkel θ mit der Ebenennormalen. Bestimmen Sie das Drehmoment auf $\mathbf{p}$. In welcher Orientierung wird der Dipol zur Ruhe kommen, wenn er frei rotieren kann?

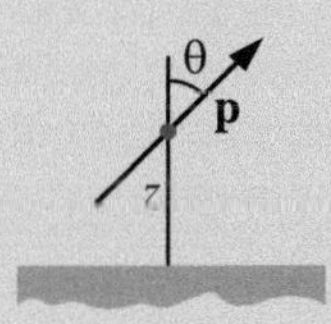

Abbildung 4.7

Aufgabe 4.7

Zeigen Sie, dass die Energie eines idealen Dipols $\mathbf{p}$ in einem elektrischen Feld $\mathbf{E}$ durch

$$U = -\mathbf{p} \cdot \mathbf{E} \tag{4.6}$$

gegeben ist.

1 In diesem Kontext kann Gleichung 4.5 einfacher als $\mathbf{F} = \nabla(\mathbf{p} \cdot \mathbf{E})$ geschrieben werden. Allerdings ist es einfacher bei $(\mathbf{p} \cdot \nabla)\mathbf{E}$ zu bleiben, weil wir die Formel auch auf Materialien anwenden, in denen das Dipolmoment (pro Einheitsvolumen) selbst eine Funktion der Position ist; dieser zweite Ausdruck würde dann (fälschlicherweise) nahelegen, dass $\mathbf{p}$ *ebenfalls* differenziert werden muss.

Aufgabe 4.8

Zeigen Sie, dass die Wechselwirkungsenergie zweier Dipole, die sich in der Entfernung **r** voneinander befinden,

$$U = \frac{1}{4\pi\varepsilon_0}\frac{1}{r^3}\left[\mathbf{p}_1 \cdot \mathbf{p}_2 - 3\,(\mathbf{p}_1 \cdot \hat{\mathbf{r}})\,(\mathbf{p}_2 \cdot \hat{\mathbf{r}})\right] \tag{4.7}$$

beträgt.

[*Hinweis:* Benutzen Sie Aufgabe 4.7 und Gleichung 3.104.]

Aufgabe 4.9

Ein Dipol **p** befindet sich in der Entfernung r von einer Punktladung q und ist so orientiert, dass **p** einen Winkel θ mit dem Vektor **r** einschließt, der von q nach **p** verläuft.

a. Welche Kraft wirkt auf **p**?

b. Welche Kraft wirkt auf q?

4.1.4 Polarisation

In den beiden vorangegangenen Abschnitten haben wir den Effekt eines äußeren elektrischen Felds auf ein einzelnes Atom oder Molekül untersucht. Wir sind nun also in der Lage, unsere ursprüngliche Frage (qualitativ) zu beantworten: Was geschieht mit einem dielektrischen Material, wenn es in ein elektrisches Feld eingebracht wird? Besteht das Material aus neutralen Atomen (oder unpolaren Molekülen), induziert das Feld in jedem ein winziges Dipolmoment, das in dieselbe Richtung wie das Feld zeigt.[2] Besteht das Material aus polaren Molekülen, erfährt jeder permanente Dipol ein Drehmoment, der es in Richtung des Felds ausrichten will. (Zufällige thermische Bewegungen stören diesen Prozess, daher ist die Ausrichtung, insbesondere bei hohen Temperaturen, niemals vollständig und verschwindet praktisch sofort, nachdem das Feld entfernt wird.)

Beachten Sie, dass diese beiden Mechanismen zum gleichen grundlegenden Ergebnis führen: *Eine Unzahl kleiner Dipole, die alle in dieselbe Richtung zeigen wie das Feld* – das Material wird **polarisiert**. Ein praktisches Maß dieses Effekts ist

$$\mathbf{P} \equiv \text{Dipolmoment pro Einheitsvolumen}\,,$$

das als **Polarisation** bezeichnet wird. Von nun an werden wir uns nicht sonderlich darum kümmern, wie die Polarisation *entstanden* ist. Übrigens sind die beiden beschriebenen Mechanismen nicht ganz so eindeutig voneinander getrennt, wie ich es dargestellt habe. Selbst in polaren Molekülen gibt es eine gewisse Polarisation

2 In asymmetrischen Molekülen muss das induzierte Dipolmoment nicht parallel zum Feld sein. Sind die Moleküle aber statistisch zufällig verteilt, *mitteln* sich die senkrechten Anteile heraus. Innerhalb eines einzelnen Kristalls sind die Orientierungen jedoch definitiv *nicht* zufällig verteilt, und wir müssten diesen Fall neu betrachten.

durch Verschiebung. (Allerdings ist es viel einfacher, ein Molekül zu drehen, als es zu strecken, daher dominiert der zweite Mechanismus.) In einigen Materialien ist es sogar möglich, die Polarisation „einzufrieren“, sodass sie fortbesteht, nachdem das Feld entfernt wurde. Vergessen wir aber für einen Moment die *Ursache* der Polarisation und betrachten wir das Feld, das irgendein Teil des polarisierten Materials *selbst* hervorruft. In Abschnitt 4.3 fügen wir dann alles zusammen: Das ursprüngliche Feld, das **P** *verursacht* hat, sowie das neue, von **P** *hervorgerufene* Feld.

4.2 Das Feld eines polarisierten Objekts

4.2.1 Gebundene Ladungen

Nehmen Sie an, wir hätten ein Stück eines polarisierten Materials, also ein Objekt, das eine große Zahl mikroskopisch kleiner ausgerichteter Dipole enthält. Das Dipolmoment pro Einheitsvolumen **P** ist gegeben. *Frage:* Welches Feld wird von diesem Objekt erzeugt (wir meinen hier nicht das Feld, welches die Polarisation *verursachte*, sondern das Feld, das *aufgrund* der Polarisation entsteht)? Da wir ja bereits wissen, wie das Feld eines einzelnen Dipols aussieht, könnten wir es uns dann nicht einfach machen und das Material in infinitesimal kleine Dipole aufteilen, um durch Integration daraus den Gesamtwert zu bestimmen? Wie so oft ist es einfacher, mit dem Potential zu arbeiten. Für einen einzelnen Dipol **p** haben wir (Gleichung 3.99)

$$V(\mathbf{r}) = \frac{1}{4\pi\varepsilon_0} \frac{\hat{\boldsymbol{\imath}} \cdot \mathbf{p}}{\imath^2}, \tag{4.8}$$

wobei $\imath$ der Vektor ist, der vom Dipol zu dem Punkt führt, an dem wir das Potential bestimmen (Abbildung 4.8). In diesem Zusammenhang haben wir in jedem Volumenelement $d\tau'$ ein Dipolmoment $\mathbf{p} = \mathbf{P}\,d\tau'$, daher beträgt das Potential

$$V(\mathbf{r}) = \frac{1}{4\pi\varepsilon_0} \int_{\mathcal{V}} \frac{\hat{\boldsymbol{\imath}} \cdot \mathbf{P}(\mathbf{r}')}{\imath^2}\, d\tau'. \tag{4.9}$$

Das ist, im Prinzip, bereits alles. Aber durch einen kleinen Taschenspielertrick erhält dieses Integral eine viel einleuchtendere Form. Da

$$\nabla'\left(\frac{1}{\imath}\right) = \frac{\hat{\boldsymbol{\imath}}}{\imath^2},$$

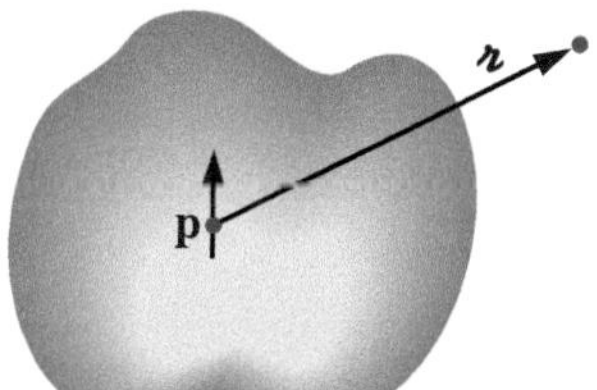

Abbildung 4.8

wobei (anders als in Aufgabe 1.13) die Differentiation nach den *Quell*koordinaten (r') erfolgt, erhalten wir

$$V = \frac{1}{4\pi\varepsilon_0} \int_{\mathcal{V}} \mathbf{P} \cdot \nabla' \left(\frac{1}{\imath}\right) d\tau' .$$

Durch partielle Integration mithilfe der Produktregel 5 folgt

$$V = \frac{1}{4\pi\varepsilon_0} \left[\int_{\mathcal{V}} \nabla' \cdot \left(\frac{\mathbf{P}}{\imath}\right) d\tau' - \int_{\mathcal{V}} \frac{1}{\imath} (\nabla' \cdot \mathbf{P})\, d\tau' \right] ,$$

oder, unter Verwendung des Gauß'schen Satzes,

$$V = \frac{1}{4\pi\varepsilon_0} \oint_{\mathcal{S}} \frac{1}{\imath} \mathbf{P} \cdot d\mathbf{a}' - \frac{1}{4\pi\varepsilon_0} \int_{\mathcal{V}} \frac{1}{\imath} (\nabla' \cdot \mathbf{P})\, d\tau' . \tag{4.10}$$

Der erste Term sieht wie das Potential einer Flächenladung aus (wobei $\hat{\mathbf{n}}$ der Normalenvektor ist)

$$\sigma_b = \mathbf{P} \cdot \hat{\mathbf{n}} , \tag{4.11}$$

während der zweite Term wie das Potential einer Volumenladung aussieht:

$$\rho_b \equiv -\nabla \cdot \mathbf{P} . \tag{4.12}$$

Mit diesen Definitionen wird Gleichung 4.10 zu

$$V(\mathbf{r}) = \frac{1}{4\pi\varepsilon_0} \oint_{\mathcal{S}} \frac{\sigma_b}{\imath} da' + \frac{1}{4\pi\varepsilon_0} \int_{\mathcal{V}} \frac{\rho_b}{\imath} d\tau' . \tag{4.13}$$

Demnach ist das Potential (und damit auch das Feld) eines polarisierten Objekts dasselbe wie das einer Volumenladungsdichte $\rho_b = -\nabla \cdot \mathbf{P}$, zu der noch eine Flächenladungsdichte $\sigma_b = \mathbf{P} \cdot \hat{\mathbf{n}}$ addiert wird. Statt die Beiträge aller infinitesimalen Dipole aufzuaddieren, wie in Gleichung 4.9, bestimmen wir diese **Polarisationsladungen** und berechnen dann das von *diesen* erzeugte Feld auf dieselbe Weise wie das Feld jeder anderen Volumen- oder Flächenladung (beispielsweise mithilfe des Gauß'schen Gesetzes).

Beispiel 4.2: Elektrisches Feld einer polarisierten Kugel

Bestimmen Sie das elektrische Feld, das von einer gleichförmigen polarisierten Kugel mit Radius R erzeugt wird.

Lösung:

Wir können ohne Weiteres die z-Achse so legen, dass sie mit der Richtung der Polarisation übereinstimmt (Abbildung 4.9). Die Volumendichte der Polarisati-

Beispiel 4.2 (Fortsetzung)

onsladungen ρ_b ist null, da **P** gleichförmig ist, allerdings ist

$$\sigma_b = \mathbf{P}\cdot\hat{\mathbf{n}} = P\cos\theta\,,$$

wobei θ die übliche Kugelkoordinate ist. Wir suchen also das Feld, das von einer Ladungsdichte $P\cos\theta$ verursacht wird, die auf einer Kugeloberfläche verteilt ist. Das Potential einer solchen Konfiguration haben wir aber bereits in Beispiel 3.9 berechnet:

$$V(r,\theta) = \begin{cases} \dfrac{P}{3\varepsilon_0} r\cos\theta\,, & \text{für} \quad r \le R\,, \\ \dfrac{P}{3\varepsilon_0}\dfrac{R^3}{r^2}\cos\theta\,, & \text{für} \quad r \ge R\,. \end{cases}$$

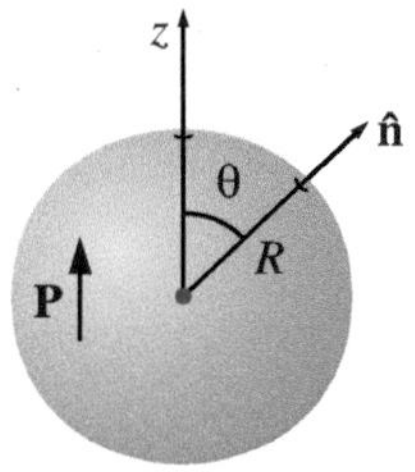

Abbildung 4.9

Wegen $r\cos\theta = z$ ist das Feld im Inneren der Kugel gleichförmig:

$$\mathbf{E} = -\nabla V = -\frac{P}{3\varepsilon_0}\hat{\mathbf{z}} = -\frac{1}{3\varepsilon_0}\mathbf{P}\,, \quad \text{für} \quad r < R\,. \tag{4.14}$$

Dieses bemerkenswerte Resultat wird im Folgenden noch sehr nützlich werden. Außerhalb der Kugel ist das Potential mit dem eines perfekten Dipols im Ursprung identisch:

$$V = \frac{1}{4\pi\varepsilon_0}\frac{\mathbf{p}\cdot\hat{\mathbf{r}}}{r^2}\,, \quad \text{für} \quad r \ge R\,, \tag{4.15}$$

dessen Dipolmoment, kaum überraschend, gleich dem gesamten Dipolmoment der Kugel ist:

$$\mathbf{p} = \frac{4}{3}\pi R^3\mathbf{P}\,. \tag{4.16}$$

Das Feld der gleichförmig polarisierten Kugel ist in Abbildung 4.10 dargestellt.

Beispiel 4.2 (Fortsetzung)

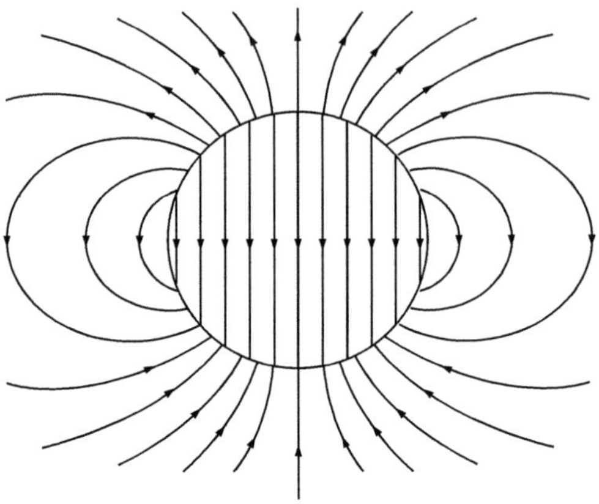

Abbildung 4.10

Aufgabe 4.10

Eine Kugel mit Radius R ist gemäß

$$\mathbf{P}(\mathbf{r}) = k\mathbf{r}$$

polarisiert, wobei k eine Konstante und $\mathbf{r}$ der vom Zentrum ausgehende Vektor ist.

a. Berechnen Sie die Polarisationsladungen σ_b und ρ_b.

b. Bestimmen Sie das Feld innerhalb und außerhalb der Kugel.

Aufgabe 4.11

Ein kurzer Zylinder mit Radius a und Länge L trägt eine „eingefrorene" gleichförmige Polarisation $\mathbf{P}$, die parallel zu seiner Achse ausgerichtet ist. Bestimmen Sie die Polarisationsladung und skizzieren Sie das elektrische Feld (i) für $L \gg a$, (ii) für $L \ll a$ und (iii) für $L \approx a$.

[Diese Anordnung ist als **Stabelektret** bekannt. Es ist die elektrische Analogie eines Stabmagneten. In der Praxis können nur außergewöhnliche Materialien – das bekannteste ist Bariumtitanat – eine permanente elektrische Polarisation tragen. Daher können Sie Elektrete nicht an jeder Straßenecke kaufen.]

Aufgabe 4.12

Berechnen Sie das Potential einer gleichmäßig polarisierten Kugel (Beispiel 4.2) direkt unter Verwendung von Gleichung 4.9.

4.2.2 Physikalische Interpretation der Polarisationsladungen

Im letzten Abschnitt hatten wir herausgefunden, dass das Feld eines polarisierten Objekts mit dem eines Feldes übereinstimmt, das durch eine bestimmte Verteilung von „Polarisationsladungen“ σ_{b} und ρ_{b} hervorgerufen wird. Zu dieser Schlussfolgerung sind wir durch abstrakte Veränderungen des Integrals in Gleichung 4.9 gekommen. Daher haben wir noch keine Ahnung, wie wir diese Polarisationsladungen physikalisch interpretieren müssen. Tatsächlich vermitteln manche Lehrbücher den Eindruck, dass Polarisationsladungen irgendwie fiktiv und eher buchhalterische Hilfen zur Berechnung von Feldern seien. Nichts ist falscher als das; σ_{b} und ρ_{b} stellen *absolut echte Ladungsansammlungen* dar. In diesem Abschnitt werde ich erläutern, wie durch die Polarisation solche Ladungsansammlungen entstehen.

Der Grundgedanke ist sehr einfach. Nehmen Sie an, wir hätten, wie in Abbildung 4.11 dargestellt, eine lange Kette von Dipolen. Entlang dieser Kette hebt der Anfang eines Dipols praktisch das Ende seines Nachbarn auf. An den Enden sind jedoch zwei Ladungen übrig: Plus zur Rechten und Minus zur Linken. Dies wirkt, als hätten wir ein Elektron an einem Ende abgelöst und bis zum anderen Ende transportiert. Natürlich hat kein einziges Elektron diesen Weg zurückgelegt, vielmehr addieren sich viele kleine Verschiebungen zu einer großen auf. Wir bezeichnen die Nettoladung an den Enden als *Polarisations*ladung, um uns vor Augen zu halten, dass sie nicht entfernt werden kann.[3] In einem Dielektrikum ist schließlich jedes Elektron an ein bestimmtes Atom oder Molekül gebunden. Abgesehen davon unterscheiden sich Polarisationsladungen in keinster Weise von anderen Ladungen.

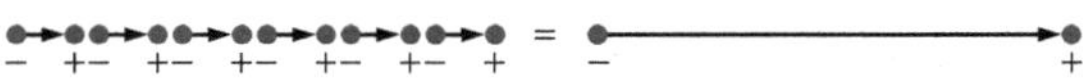

Abbildung 4.11

Um zu berechnen, welchen *Betrag* die Polarisationsladung aufgrund einer gegebenen Polarisation hat, untersuchen wir eine dielektrische „Röhre“, die parallel zu $\mathbf{P}$ verläuft. Das Dipolmoment des in Abbildung 4.12 sichtbaren winzigen Ausschnitts beträgt $P(Ad)$, wobei A die Querschnittsfläche der Röhre und d die Länge des Ausschnitts ist. Durch die Ladung (q) am Ende ausgedrückt, kann dieses Dipolmoment auch als qd geschrieben werden. Die Polarisationsladung sammelt sich am rechten Ende der Röhre an und lautet daher:

$$q = PA\,.$$

Wenn die Enden senkrecht abgeschnitten werden, ist die Flächenladungsdichte

$$\sigma_{\text{b}} = \frac{q}{A} = P\,.$$

Bei einem schrägen Schnitt (Abbildung 4.13) ist die *Ladung* immer noch dieselbe, allerdings ist nun $A = A_{\text{Ende}} \cos\theta$ und daher

$$\sigma_{\text{b}} = \frac{q}{A_{\text{Ende}}} = P\cos\theta = \mathbf{P}\cdot\hat{\mathbf{n}}\,.$$

3 In der englischen Literatur werden Polarisationsladungen daher als „bound charges“ (also „gebundene“ Ladungen) bezeichnet. A. d. Ü.

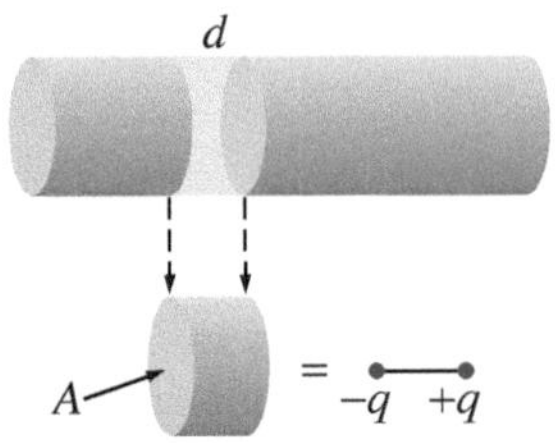

Abbildung 4.12

Abbildung 4.13

Die Polarisation „verteilt“ sozusagen eine Polarisationsladung $\sigma_b = \mathbf{P} \cdot \hat{\mathbf{n}}$ auf der Oberfläche des Materials. Genau das haben wir auch mit den strengeren Methoden in Abschnitt 4.2.1 festgestellt. Nun wissen wir aber auch, woher die Polarisationsladungen *stammen*.

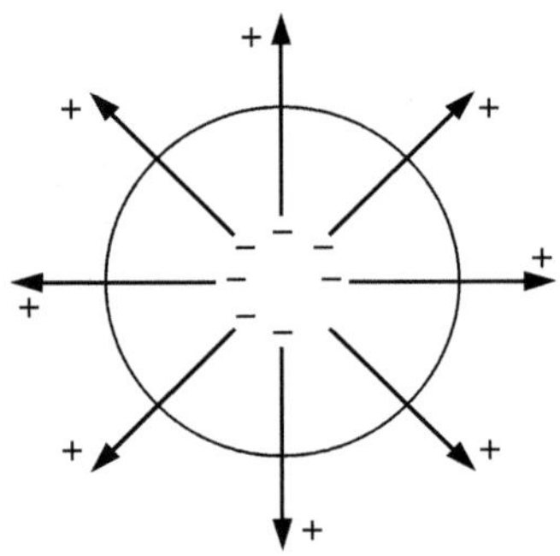
Abbildung 4.14

Ist die Polarisation nicht gleichmäßig, dann sammeln sich sowohl *im Inneren* des Materials als auch an der Oberfläche Polarisationsladungen an. Ein Blick auf Abbildung 4.14 deutet an, dass ein **P** mit nicht verschwindender positiver Divergenz zu einer Ansammlung negativer Ladungen führt. Tatsächlich ist die Nettopolarisationsladung $\int \rho_b \, d\tau$ in einem gegebenen Volumen gleich groß und entgegengesetzt zu der Menge, die durch die Oberfläche hindurch verdrängt worden ist. Letzteres ist (mit unseren früheren Argumenten) $\mathbf{P} \cdot \hat{\mathbf{n}}$ pro Einheitsfläche, und daher ist

$$\int_{\mathcal{V}} \rho_b \, d\tau = -\oint_{\mathcal{S}} \mathbf{P} \cdot d\mathbf{a} = -\int_{\mathcal{V}} (\nabla \cdot \mathbf{P}) \, d\tau \, .$$

Da dies für *jedes beliebige* Volumen richtig ist, haben wir

$$\rho_b = -\nabla \cdot \mathbf{P} \, ,$$

was wieder die strengere Schlussfolgerung aus Abschnitt 4.2.1 bestätigt.

Beispiel 4.3: Polarisationsladungen

Es gibt eine weitere Methode zur Untersuchung der gleichförmig polarisierten Kugel (Beispiel 4.2), die das Konzept der Polarisationsladungen deutlich macht. Wir haben dabei eigentlich zwei geladene Kugeln: eine positive Kugel und eine negative Kugel. Ohne Polarisation liegen beide genau übereinander und heben sich gegenseitig auf. Ist das Material aber gleichmäßig polarisiert, dann bewegen sich die positiven Ladungen geringfügig nach *oben* (in z-Richtung), während sich alle negativen Ladungen geringfügig nach *unten* bewegen (Abbildung 4.15). Die beiden Kugeln überlappen dadurch nicht mehr vollständig. Oben befindet sich ein Bereich mit positiven Ladungen, unten dagegen einer mit negativen Ladungen. Diese überzähligen Ladungen sind genau die Flächenpolarisationsladungen σ_b.

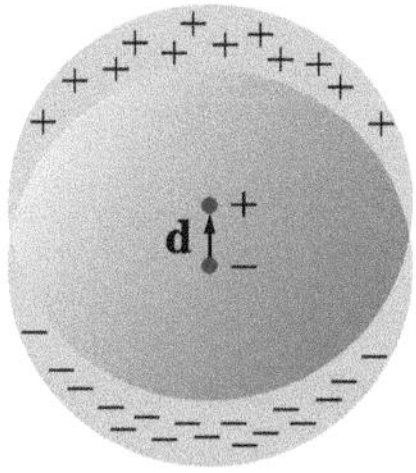

Abbildung 4.15

In Aufgabe 2.18 haben Sie das Feld im Überlappungsbereich zweier gleichförmig geladener Kugeln bestimmt. Das Feld betrug

$$\mathbf{E} = -\frac{1}{4\pi\varepsilon_0}\frac{q\mathbf{d}}{R^3},$$

dabei ist q die Gesamtladung der positiven Kugel, $\mathbf{d}$ der Vektor zwischen dem Zentrum der negativen und der positiven Kugel und R der Kugelradius. Wir können dies durch die Polarisation $\mathbf{p} = q\mathbf{d} = ((4/3)\pi R^3)\mathbf{P}$ der Kugel ausdrücken und erhalten

$$\mathbf{E} = -\frac{1}{3\varepsilon_0}\mathbf{P}.$$

Für alle außen liegenden Punkte wirkt dies, als befände sich die gesamte Ladung jeder Kugel in deren Mittelpunkt. Wir haben daher einen Dipol mit dem Potential

$$V = \frac{1}{4\pi\varepsilon_0}\frac{\mathbf{p}\cdot\hat{\mathbf{r}}}{r^2}.$$

(Wie bereits erwähnt, beträgt $\mathbf{d}$ nur einen Bruchteil des Atomradius. Abbildung 4.15 ist extrem übertrieben.) Diese Antworten stimmen natürlich mit dem Resultat aus Beispiel 4.2 überein.

Aufgabe 4.13

Ein sehr langer Zylinder mit Radius a ist senkrecht zu seiner Achse gleichförmig mit $\mathbf{P}$ polarisiert. Bestimmen Sie das elektrische Feld im Inneren des Zylinders. Zeigen Sie, dass das Feld außerhalb des Zylinders durch

$$\mathbf{E}(\mathbf{r}) = \frac{a^2}{2\varepsilon_0 s^2}\left[2\,(\mathbf{P}\cdot\hat{\mathbf{s}})\,\hat{\mathbf{s}} - \mathbf{P}\right]$$

ausgedrückt werden kann.

[*Achtung:* Ich sagte „gleichförmig", nicht „radial"!]

Aufgabe 4.14

Wenn Sie ein neutrales Dielektrikum polarisieren, bewegt sich die Ladung ein wenig, der *Gesamt*betrag bleibt jedoch null. Diese Tatsache sollte sich in den Polarisationsladungen σ_b und ρ_b niederschlagen. Beweisen Sie mit Gleichung 4.11 und Gleichung 4.12, dass die gesamte Polarisationsladung verschwindet.

4.2.3 Das Feld im Inneren eines Dielektrikums[4]

Bei der Unterscheidung zwischen „reinen" und „physikalischen" Dipolen habe ich mich ein wenig salopp ausgedrückt. Bei der Entwicklung der Theorie der Polarisationsladungen habe ich angenommen, dass wir es mit reinen Dipolen zu tun haben – und ich habe ja auch mit Gleichung 4.8 für das Potential der reinen Dipole begonnen. Dennoch besteht ein echtes polarisiertes Dielektrikum aus *physikalischen* Dipolen, auch wenn diese extrem winzig sind. Darüber hinaus habe ich unterstellt, dass diskrete molekulare Dipole durch eine kontinuierliche Dichtefunktion $\mathbf{P}$ dargestellt werden können. Wie kann ich diese Vorgehensweise rechtfertigen? *Außerhalb* des Dielektrikums gibt es eigentlich kein Problem. Hier sind wir weit genug von den Molekülen entfernt ($\mathscr{r}$ ist weit größer als der Abstand zwischen den positiven und negativen Ladungen). Das Dipolpotential dominiert, und die genaue „Körnigkeit" der Quelle verschwimmt aufgrund der Entfernung. Im Inneren des Dipols können wir jedoch kaum behaupten, uns in großer Entfernung von allen Dipolen zu befinden, und die Prozedur, die ich in Abschnitt 4.2.1 verwendet habe, wird ernsthaft in Frage gestellt.

Wenn man einmal darüber nachdenkt, ist das elektrische Feld im Inneren der Materie, auf Mikroebene, eigentlich unglaublich kompliziert. Das Feld ist gigantisch groß, sofern Sie sich gerade in der Nähe eines Elektrons befinden, doch bereits in geringer Entfernung kann es gering sein oder in eine völlig andere Richtung weisen. Darüber hinaus hat sich das Feld nur wenig später aufgrund der Bewegung der Atome bereits völlig verändert. Dieses echte **mikroskopische** Feld wäre unmöglich zu berechnen. Doch selbst wenn Sie es könnten, wäre es nicht besonders interessant. Genau wie wir Wasser im makroskopischen Bereich, ohne Berücksichtigung seiner molekula-

4 Dieser Abschnitt kann übersprungen werden.

ren Struktur, als kontinuierliche Flüssigkeit betrachten, können wir auch die mikroskopisch kleinen Beulen und Falten des elektrischen Felds innerhalb von Materie ignorieren und uns auf das **makroskopische** Feld konzentrieren. Es ist definiert als das *mittlere* Feld über Gebieten, die so groß sind, dass sie Tausende von Atomen enthalten (die uninteressanten mikroskopischen Fluktuationen werden dadurch weggemittelt). Dennoch sind sie klein genug, dass keine wichtigen großräumigen Veränderungen im Feld verwischen werden. (Das bedeutet in der Praxis, dass wir über Bereiche mitteln müssen, die viel kleiner sind als das eigentliche Objekt.) Üblicherweise *meinen* die Physiker dieses makroskopische Feld, wenn sie von „dem Feld" im Inneren der Materie sprechen.[5]

Wir müssen allerdings noch zeigen, dass wir mit der in Abschnitt 4.2.1 beschriebenen Methode tatsächlich das makroskopische Feld erhalten. Die Argumentation ist etwas spitzfindig, also einen Moment Geduld. Nehmen Sie an, ich wollte das makroskopische Feld an irgendeinem Punkt $\mathbf{r}$ innerhalb eines Dielektrikums berechnen (Abbildung 4.16). Ich weiß, dass ich das wahre (mikroskopische) Feld über ein geeignetes Volumen mitteln muss, und zeichne daher eine kleine Kugel um $\mathbf{r}$, deren Radius beispielsweise tausendmal so groß wie ein Molekül ist. Das makroskopische Feld enthält in $\mathbf{r}$ deshalb zwei Anteile: Das mittlere Feld über die Kugel, das von allen *außerhalb* liegenden Quellen verursacht wird, sowie das Mittel über alle *innerhalb* liegenden Quellen:

$$\mathbf{E} = \mathbf{E}_{\text{außen}} + \mathbf{E}_{\text{innen}} \,.$$

Sie haben nun in Aufgabe 3.47(d) gezeigt, dass das mittlere Feld (über eine Kugel) aufgrund *außerhalb* liegender Ladungen genauso groß ist wie das Feld, das diese Ladungen im Kugelmittelpunkt erzeugen. Daher ist $\mathbf{E}_{\text{außen}}$ das Feld in $\mathbf{r}$, das von den außerhalb der Kugel liegenden Dipolen herrührt. Diese sind weit genug entfernt, sodass wir problemlos Gleichung 4.9 verwenden dürfen:

$$V_{\text{außen}} = \frac{1}{4\pi\varepsilon_0} \int\limits_{\text{außen}} \frac{\hat{\boldsymbol{\mathscr{r}}} \cdot \mathbf{P}(\mathbf{r}')}{\mathscr{r}^2} \, d\tau' \,. \tag{4.17}$$

Die im Inneren befindlichen Dipole sind zu nahe, als das wir sie auf dieselbe Weise behandeln könnten. Glücklicherweise benötigen wir aber nur ihr *mittleres* Feld, und das beträgt gemäß Gleichung 3.105:

$$\mathbf{E}_{\text{innen}} = -\frac{1}{4\pi\varepsilon_0} \frac{\mathbf{p}}{R^3} \,,$$

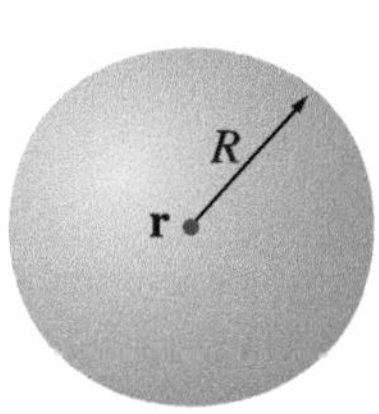

Abbildung 4.16

5 Sollte Ihnen diese Darstellung des makroskopischen Felds etwas merkwürdig vorkommen, dann denken Sie daran, dass Sie dieselbe Verallgemeinerung vornehmen, wenn Sie von der *Dichte* eines Materials sprechen.

egal wie die genaue Ladungsverteilung innerhalb der Kugel aussieht. Die einzige bedeutsame Größe ist das gesamte Dipolmoment $\mathbf{p} = ((4/3)\pi R^3)\mathbf{P}$:

$$\mathbf{E}_{\text{innen}} = -\frac{1}{3\varepsilon_0}\mathbf{P}\,. \tag{4.18}$$

Aufgrund unserer Annahmen ist die Kugel so klein, dass sich $\mathbf{P}$ innerhalb ihres Volumens nicht nennenswert ändert. Daher entspricht der Term, der *nicht* unter dem Integral aus Gleichung 4.17 stehen muss, dem Feld im Mittelpunkt einer *gleichförmig* polarisierten Kugel, also $-(1/3\varepsilon_0)\mathbf{P}$ (Gleichung 4.14). Genau das wird durch $\mathbf{E}_{\text{innen}}$ (Gleichung 4.18) wieder zurückgebracht! Das makroskopische Feld ist dann gegeben durch das Potential

$$V(\mathbf{r}) = \frac{1}{4\pi\varepsilon_0}\int \frac{\hat{\boldsymbol{\mathscr{r}}}\cdot\mathbf{P}(\mathbf{r}')}{\mathscr{r}^2}\,\mathrm{d}\tau'\,. \tag{4.19}$$

Das Integral erstreckt sich über das *gesamte* Volumen des Dielektrikums. Genau das haben wir natürlich in Abschnitt 4.2.1 ausgenutzt. Ohne es zu bemerken, haben wir auf die richtige Weise das mittlere makroskopische Feld für Punkte im Inneren des Dielektrikums berechnet.

Sie werden die letzten paar Abschnitte vermutlich noch mal lesen müssen, damit Ihnen die Argumentation richtig bewusst wird. Beachten Sie, dass es im Kern um die Merkwürdigkeit geht, dass das (von den Ladungen im Inneren erzeugte) mittlere Feld auf *irgendeiner* Kugel dasselbe ist wie das Feld im Mittelpunkt einer *gleichförmig polarisierten* Kugel mit dem gleichen gesamten Dipolmoment. Egal wie seltsam die tatsächliche mikroskopische Ladungsverteilung auch immer beschaffen sein mag: Sofern uns nur das makroskopische (mittlere) Feld interessiert, können wir sie immer durch eine hübsche glatte Verteilung perfekter Dipole ersetzen. Nebenbei bemerkt: Während die Argumentation vordergründig auf der Kugelform zu beruhen scheint, die ich zur Mittelung benutzt habe, ist das makroskopische Feld natürlich unabhängig von der Geometrie des Gebiets, über das gemittelt wird. Dies wird durch die endgültige Antwort in Gleichung 4.19 ausgedrückt. Wahrscheinlich könnte man denselben Gedankengang für einen Würfel, ein Ellipsoid oder irgendetwas anderes verwenden. Dann wäre die Rechnung zwar schwieriger, doch das Ergebnis wäre dasselbe.

4.3 Die dielektrische Verschiebung

4.3.1 Das Gauß'sche Gesetz in der Anwesenheit von Dielektrika

In Abschnitt 4.2 haben wir festgestellt, dass sich durch die Polarisation im Inneren des Dielektrikums Polarisationsladungen $\rho_b = -\boldsymbol{\nabla}\cdot\mathbf{P}$ und an der Oberfläche solche von $\sigma_b = \mathbf{P}\cdot\hat{\mathbf{n}}$ ansammeln. Das durch die Polarisation des Mediums hervorgerufene Feld ist gerade das Feld dieser Polarisationsladungen. Damit können wir alles zusammenfügen: Das Feld, das auf den Polarisationsladungen beruht, plus das Feld, das auf allem anderem beruht (die entsprechenden Ladungen nennen wir, in Ermangelung einer besseren Bezeichnung, **freie Ladungen**). Die freien Ladungen könnten aus den Elektronen eines Leiters bestehen, aus Ionen, die sich in einem dielektrischen Material befinden, oder aus irgendetwas anderem, kurz gesagt: irgendeine Ladung, die *keine* Folge der Polarisation ist. Innerhalb des Dielektrikums lässt sich dann die gesamte Ladungsdichte als

$$\rho = \rho_b + \rho_f \tag{4.20}$$

schreiben, und das Gauß'sche Gesetz nimmt die folgende Form an:

$$\varepsilon_0 \nabla \cdot \mathbf{E} = \rho = \rho_b + \rho_f = -\nabla \cdot \mathbf{P} + \rho_f \,.$$

Darin ist **E** das *gesamte* Feld und nicht nur ein durch die Polarisation erzeugter Anteil.

Es ist vorteilhaft, die beiden Divergenz-Terme miteinander zu kombinieren:

$$\nabla \cdot (\varepsilon_0 \mathbf{E} + \mathbf{P}) = \rho_f \,.$$

Der Ausdruck in Klammern wird mit **D** abgekürzt und als **dielektrische Verschiebung** bezeichnet:

$$\mathbf{D} \equiv \varepsilon_0 \mathbf{E} + \mathbf{P} \,. \tag{4.21}$$

Unter Verwendung von **D** lautet das Gauß'sche Gesetz

$$\nabla \cdot \mathbf{D} = \rho_f \,. \tag{4.22}$$

In integraler Form lautet es

$$\oint \mathbf{D} \cdot d\mathbf{a} = Q_{f_{eing}} \,. \tag{4.23}$$

Darin steht $Q_{f_{eing}}$ für die gesamte freie Ladung, die in dem Volumen enthalten ist. Dies ist eine ausgesprochen nützliche Darstellung des Gauß'schen Gesetzes in der Anwesenheit von Dielektrika, denn es *beruht nur auf freien Ladungen*, und nur diese können wir auch prüfen. Polarisationsladungen sind einfach mit dabei: Sobald wir die freien Ladungen an Ort und Stelle haben, tritt aufgrund der in Abschnitt 4.1 genannten Mechanismen automatisch eine gewisse Polarisation auf, welche die Polarisationsladungen erzeugt. In einer typischen Aufgabe kennen wir daher ρ_f und ρ_b aber (zunächst) nicht. Durch Gleichung 4.23 können wir jedoch mit unseren Informationen sofort loslegen. Darüber hinaus können wir immer dann, wenn die verwendete Symmetrie vorliegt, **D** sofort anhand des Gauß'schen Gesetzes berechnen.

Beispiel 4.4: Dielektrische Verschiebung

Ein langer gerader Draht trägt die gleichförmige Linienladung λ. Er ist bis zu einem Radius a von einer Gummiisolierung umgeben (Abbildung 4.17). Bestimmen Sie die dielektrische Verschiebung.

Lösung:

Zeichnen wir eine zylinderförmige Gauß'sche Oberfläche mit Radius s und Länge L und wenden darauf Gleichung 4.23 an, so erhalten wir:

$$D(2\pi s L) = \lambda L \,.$$

Beispiel 4.4 (Fortsetzung)

Daher ist

$$\mathbf{D} = \frac{\lambda}{2\pi s}\hat{\mathbf{s}}\,. \tag{4.24}$$

Beachten Sie, dass diese Formel sowohl innerhalb des Isoliermaterials als auch außerhalb davon gilt. Außerhalb ist $\mathbf{P} = 0$ und daher

$$\mathbf{E} = \frac{1}{\varepsilon_0}\mathbf{D} = \frac{\lambda}{2\pi\varepsilon_0 s}\hat{\mathbf{s}}\,, \quad \text{für} \quad s > a\,.$$

Innerhalb des Gummimaterials kann das elektrische Feld nicht bestimmt werden, denn dort kennen wir **P** nicht.

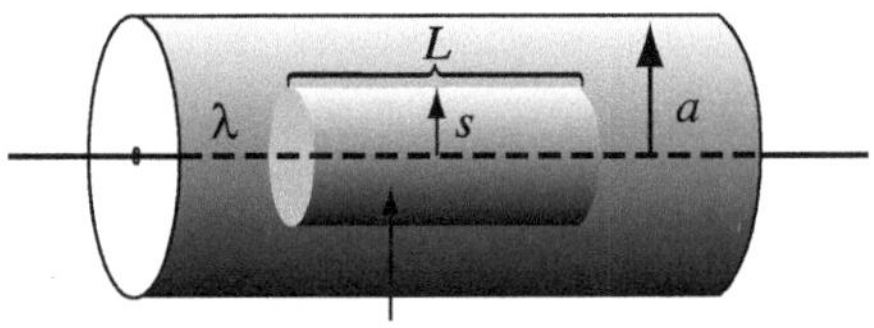

Abbildung 4.17

Vielleicht haben Sie nun den Eindruck, dass ich bei der Herleitung von Gleichung 4.22 die Oberflächen-Polarisationsladungen σ_b außer Acht gelassen habe; in einem gewissen Sinn ist das auch richtig. Wir können das Gauß'sche Gesetz nicht exakt *an* der Oberfläche eines Dielektrikums anwenden, denn ρ_b steigt hier extrem an[6], was auch für die Divergenz von **E** gilt. Überall sonst stimmt unsere Logik jedoch. Tatsächlich stellen wir uns die Oberfläche des Dielektrikums mit einer gewissen endlichen Dicke vor, innerhalb der die Polarisation auf null abfällt (was zudem ein realistischeres Modell ist als ein abrupter Abbruch.) In diesem Fall gibt es *keine* Oberflächen-Polarisationsladung. Innerhalb dieser „Haut" verändert sich ρ_b schnell, aber gleichmäßig, und das Gauß'sche Gesetz kann problemlos *überall* angewendet werden. Auf jeden Fall ist die Integralform (Gleichung 4.23) frei von diesem „Makel".

■ Aufgabe 4.15

Eine dicke Kugelschale (mit Innenradius a und Außenradius b) besteht aus einem dielektrischen Material mit einer „eingefrorenen" Polarisation

$$\mathbf{P}(\mathbf{r}) = \frac{k}{r}\hat{\mathbf{r}}\,.$$

Darin ist k eine Konstante, und r ist die Entfernung vom Mittelpunkt (Abbil-

6 Die Polarisation fällt außerhalb des Materials abrupt auf null ab. Ihre Ableitung ist daher eine Deltafunktion (siehe Aufgabe 1.46). Die Oberflächen-Polarisationsladung ist genau dieser Term. In diesem Sinne ist sie tatsächlich in ρ_b enthalten, aber wir ziehen es normalerweise vor, sie separat als σ_b zu behandeln.

dung 4.18). (Es gibt in dieser Aufgabe keine *freien* Ladungen.) Bestimmen Sie in allen drei Gebieten das elektrische Feld mithilfe zweier unterschiedlicher Methoden:

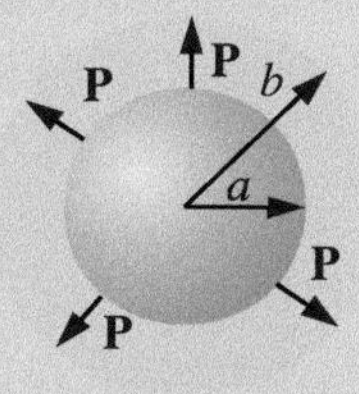

Abbildung 4.18

a. Bestimmen Sie alle Polarisationsladungen und berechnen Sie das davon hervorgerufene Feld mithilfe des Gauß'schen Gesetzes (Gleichung 2.13).

b. Bestimmen Sie mithilfe von Gleichung 4.23 **D** und danach **E** mithilfe von Gleichung 4.21.

[Beachten Sie, dass diese zweite Methode viel schneller ist und keinerlei direkten Bezug auf Polarisationsladungen nimmt.]

Aufgabe 4.16

Nehmen Sie an, das Feld im Inneren eines großen Dielektrikums sei $\mathbf{E}_0$, sodass die elektrische Verschiebung $\mathbf{D}_0 = \varepsilon_0 \mathbf{E}_0 + \mathbf{P}$ beträgt.

a. Nun wird ein kleiner kugelförmiger Hohlraum aus dem Material herausgearbeitet (Abbildung 4.19a). Drücken Sie das Feld im Mittelpunkt des Hohlraums durch $\mathbf{E}_0$ und **P** aus. Drücken Sie zudem die Verschiebung im Mittelpunkt des Hohlraums durch $\mathbf{D}_0$ und **P** aus. Nehmen Sie an, dass die Polarisation „eingefroren" ist, sodass sie sich nicht ändert, wenn der Hohlraum herausgearbeitet wird.

b. Wiederholen Sie diese Rechnungen für einen langen, nadelförmigen Hohlraum, der parallel zu **P** verläuft (Abbildung 4.19b).

c. Wiederholen Sie diese Rechnungen für einen dünnen scheibenförmigen Hohlraum, auf dem **P** senkrecht steht (Abbildung 4.19c).

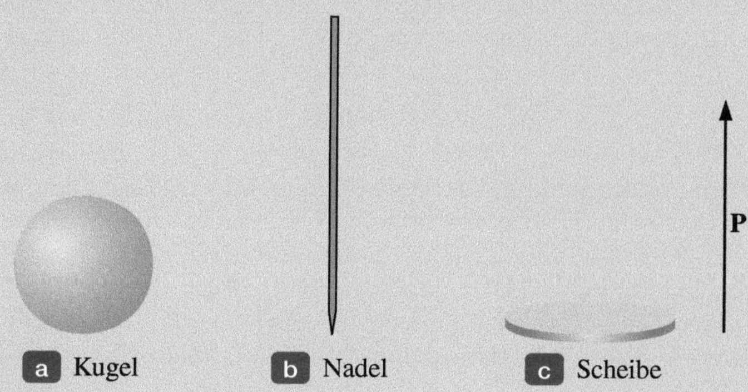

Abbildung 4.19

[Nehmen Sie an, dass die Hohlräume so klein sind, dass $\mathbf{P}$, $\mathbf{E}_0$ und $\mathbf{D}_0$ im Wesentlichen gleichförmig sind.

Hinweis: Das Erzeugen eines Hohlraums entspricht der Überlagerung mit einem Objekt derselben Form, aber umgekehrter Polarisation.]

4.3.2 Eine irreführende Parallele

Gleichung 4.22 sieht genauso aus wie das Gauß'sche Gesetz, nur dass die *gesamte* Ladungsdichte ρ durch die freie Ladungsdichte ρ_f ersetzt ist und $\mathbf{D}$ anstelle von $\varepsilon_0\mathbf{E}$ verwendet wird. Aus diesem Grund könnten Sie vielleicht schlussfolgern, dass $\mathbf{D}$ „genauso" wie $\mathbf{E}$ ist (abgesehen vom Faktor ε_0), nur dass seine Quelle ρ_f und nicht ρ ist: „Um Aufgaben zu lösen, die Dielektrika enthalten, vergessen Sie alles über Polarisationsladungen – berechnen Sie das Feld, wie Sie es immer tun würden, bezeichnen Sie aber das Ergebnis als $\mathbf{D}$ anstelle von $\mathbf{E}$." Diese Argumentation ist verführerisch, allerdings ist die Folgerung falsch. Insbesondere gibt es kein „Coulomb'sches Gesetz" für $\mathbf{D}$:

$$\mathbf{D}(\mathbf{r}) \neq \frac{1}{4\pi}\int \frac{\hat{\boldsymbol{\mathscr{r}}}}{\mathscr{r}^2}\rho_f(\mathbf{r}')\,d\tau'\,.$$

Die Parallelen zwischen $\mathbf{E}$ und $\mathbf{D}$ sind subtiler, denn die Divergenz allein reicht nicht aus, um ein Vektorfeld zu bestimmen. Sie müssen zudem die Rotation kennen. Im Fall elektrostatischer Felder vergessen wir dies leicht, denn die Rotation von $\mathbf{E}$ ist immer null. Die Rotation von $\mathbf{D}$ ist jedoch *nicht* immer null.

$$\nabla\times\mathbf{D} = \varepsilon_0\,(\nabla\times\mathbf{E}) + (\nabla\times\mathbf{P}) = \nabla\times\mathbf{P}\,. \tag{4.25}$$

Es gibt im Allgemeinen keinen Grund zur Annahme, dass die Rotation von $\mathbf{P}$ verschwindet. Manchmal – wie in Beispiel 4.4 und Aufgabe 4.15 – ist dies der Fall, viel häufiger ist es das nicht. Der Stabelektret aus Aufgabe 4.11 ist ein typisches Beispiel: Hier gibt es nirgends freie Ladungen. Wenn Sie also wirklich glauben, dass ρ_f die einzige Quelle von $\mathbf{D}$ ist, dann müssten Sie auch annehmen, dass überall sonst $\mathbf{D} = 0$ gilt und daher im Inneren des Elektrets $\mathbf{E} = (-1/\varepsilon_0)\mathbf{P}$, außerhalb aber $\mathbf{E} = 0$ gilt – und das ist eindeutig falsch. (Ich überlasse Ihnen herauszufinden, wo in dieser Aufgabe die Stelle ist, an der $\nabla\times\mathbf{P} \neq 0$ wird.) Wegen $\nabla\times\mathbf{D} \neq 0$ kann $\mathbf{D}$ zudem nicht als Gradient eines Skalars ausgedrückt werden – es gibt kein „Potential" für $\mathbf{D}$.

Hinweis: Wenn Sie die dielektrische Verschiebung bestimmen sollen, suchen Sie zuerst nach der Symmetrie. Wenn die Aufgabe sphärische, zylindrische oder ebene Symmetrie aufweist, dann können Sie $\mathbf{D}$ direkt anhand von Gleichung 4.23 unter Verwendung des Gauß'schen Satzes bestimmen. (Offenbar ist in solchen Fällen $\nabla\times\mathbf{P}$ automatisch null. Weil die Symmetrie alleine bereits die Antwort vorgibt, müssen Sie sich über die Rotation keine Gedanken machen.) Wenn die erforderliche Symmetrie fehlt, müssen Sie nach einem anderen Zugang suchen; insbesondere dürfen Sie *nicht* annehmen, dass $\mathbf{D}$ ausschließlich durch die freien Ladungen festgelegt wird.

4.3.3 Randbedingungen

Die Randbedingungen der Elektrostatik aus Abschnitt 2.3.5 können mit **D** neu formuliert werden. Gleichung 4.23 zeigt uns die Unstetigkeit der Komponenten, die senkrecht auf einer Umrandung stehen:

$$D^{\perp}_{\text{oberhalb}} - D^{\perp}_{\text{unterhalb}} = \sigma_{\text{f}}\,. \tag{4.26}$$

Gleichung 4.25 gibt uns dagegen die Unstetigkeit für die parallelen Komponenten:

$$\mathbf{D}^{\parallel}_{\text{oberhalb}} - \mathbf{D}^{\parallel}_{\text{unterhalb}} = \mathbf{P}^{\parallel}_{\text{oberhalb}} - \mathbf{P}^{\parallel}_{\text{unterhalb}}\,. \tag{4.27}$$

In der Anwesenheit von Dielektrika sind diese Ausdrücke bisweilen nützlicher als die entsprechenden Randbedingungen für **E** (Gleichungen 2.31 und 2.23):

$$E^{\perp}_{\text{oberhalb}} - E^{\perp}_{\text{unterhalb}} = \frac{1}{\varepsilon_0}\sigma \tag{4.28}$$

und

$$\mathbf{E}^{\parallel}_{\text{oberhalb}} - \mathbf{E}^{\parallel}_{\text{unterhalb}} = 0\,. \tag{4.29}$$

Sie können versuchen, sie beispielsweise auf die Aufgaben 4.16 und 4.17 anzuwenden.

Aufgabe 4.17

Fertigen Sie für den Stabelektret aus Aufgabe 4.11 drei sorgfältige Zeichnungen an: eine von **P**, eine von **E** und eine von **D**. Nehmen Sie an, dass L etwa $2a$ beträgt.

[*Hinweis*: Die Feldlinien von **E** enden auf Ladungen, die Feldlinien von **D** enden auf *freien* Ladungen.]

4.4 Lineare Dielektrika

4.4.1 Suszeptibilität, Dielektrizitätskonstante, Dielektrizitätszahl

In den Abschnitten 4.2 und 4.3 haben wir uns hinsichtlich einer *Ursache* von **P** nicht festgelegt, sondern uns nur mit den *Auswirkungen* der Polarisation befasst. Anhand der qualitativen Diskussion in Abschnitt 4.1 wissen wir allerdings, dass die Polarisation eines Dielektrikums durch ein elektrisches Feld verursacht wird, das die atomaren oder molekularen Dipole ausrichtet. Für viele Substanzen ist tatsächlich die Polarisation proportional zum Feld, vorausgesetzt, dass **E** nicht zu stark ist:

$$\mathbf{P} = \varepsilon_0 \chi_{\text{e}} \mathbf{E}\,. \tag{4.30}$$

Die Proportionalitätskonstante χ_{e} wird als **elektrische Suszeptibilität** eines Mediums bezeichnet (der Faktor ε_0 wurde herausgezogen, damit χ_{e} dimensionslos wird). Der Wert von χ_{e} hängt von der mikroskopischen Struktur der jeweiligen Substanz ab (außerdem auch von äußeren Bedingungen wie der Temperatur). Ich werde Materialien, die Gleichung 4.30 gehorchen, als **lineare Dielektrika** bezeichnen.[7]

Beachten Sie, dass **E** in Gleichung 4.30 das *gesamte* Feld ist. Es kann teilweise von freien Ladungen und teilweise von der Polarisation selbst herrühren. Wenn wir beispielsweise einen Teil des Dielektrikums in ein äußeres Feld $\mathbf{E}_0$ bringen, können wir **P** nicht direkt anhand von Gleichung 4.30 berechnen. Das äußere Feld wird das Material polarisieren, und diese Polarisation erzeugt ihr eigenes Feld, die wieder zum Gesamtfeld beiträgt, was wiederum die Polarisation beeinflusst, die ... Diese unendliche Rückkopplung abzubrechen ist nicht immer leicht. Sie werden in Kürze einige Beispiele sehen. Der einfachste Ansatz beginnt mit der Verschiebung, zumindest in jenen Fällen, in denen **D** direkt aus der Verteilung der freien Ladungen abgeleitet werden kann.

In einem linearen Medium haben wir

$$\mathbf{D} = \varepsilon_0\mathbf{E} + \mathbf{P} = \varepsilon_0\mathbf{E} + \varepsilon_0\chi_e\mathbf{E} = \varepsilon_0(1+\chi_e)\mathbf{E}\,, \tag{4.31}$$

daher ist **D** ebenfalls proportional zu **E**:

$$\mathbf{D} = \varepsilon\mathbf{E}\,, \tag{4.32}$$

wobei

$$\varepsilon \equiv \varepsilon_0(1+\chi_e)\,. \tag{4.33}$$

Diese neue Konstante ε wird als **Dielektrizitätskonstante (Permittivität[8])** des Materials bezeichnet. (Im Vakuum, in dem es keine polarisierbare Materie gibt, ist die Suszeptibilität null und die Dielektrizitätskonstante ist ε_0. Deshalb wird ε_0 als **Dielektrizitätskonstante des Vakuums** bezeichnet. Mir gefällt diese Bezeichnung nicht, denn sie suggeriert, dass das Vakuum lediglich ein Spezialfall eines linearen Dielektrikums ist, in dem die Dielektrizitätskonstante zufällig den Wert $8{,}85 \cdot 10^{-12}\,\mathrm{C}^2/(\mathrm{N}\cdot\mathrm{m}^2)$ aufweist.) Wenn Sie den Faktor ε_0 entfernen, wird die verbleibende dimensionslose Größe

$$\varepsilon_r \equiv 1 + \chi_e = \frac{\varepsilon}{\varepsilon_0} \tag{4.34}$$

als **relative Dielektrizitätskonstante** oder **Dielektrizitätszahl** des Materials bezeichnet. Dielektrizitätszahlen für einige häufige Substanzen werden in Tabelle 4.2 aufgelistet. Natürlich enthalten weder Dielektrizitätskonstante noch Dielektrizitätszahl irgendwelche Informationen, die nicht bereits in der Suszeptibilität enthalten waren. Auch gibt es in Gleichung 4.32 nichts wirklich Neues. Die *Physik* der linearen Dielektrika ist bereits vollständig in Gleichung 4.30 enthalten.[9]

---

7 In modernen optischen Anwendungen erlangen *nicht*lineare Materialen immer stärkere Bedeutung. Für diese gibt es einen zweiten Term in der Formel für **P**, der eine Funktion von **E** ist – üblicherweise ein *kubischer* Term. Im Allgemeinen kann man Gleichung 4.30 als den ersten (von null verschiedenen) Term in einer Taylor-Reihenentwicklung von **P** in Potenzen von **E** betrachten.

8 Der Begriff *Permittivität* wird im Deutschen im Allgemeinen nicht verwendet. Hier spricht man vielmehr von der *Dielektrizitätskonstanten*. Im Gegensatz dazu wird die dimensionslose *Dielektrizitätszahl* in der englischen Literatur als *dielectric constant* (wörtlich: Dielektrizitätskonstante) bezeichnet. A. d. Ü.

9 Während wir in diesem Sumpf unnötiger Terminologie und Bezeichnungen herumwaten, kann ich auch noch erwähnen, dass Formeln für **D** in Abhängigkeit von **E** (wie Gleichung 4.32 im Fall der linearen Dielektrika) als **Zustandsgleichungen** bezeichnet werden.

Tabelle 4.2: Dielektrizitätszahlen (sofern nicht anders gekennzeichnet, gelten die Werte für einen Druck von 1 atm und 20° C). Quelle: Handbook of Chemistry and Physics, 91st ed. (Boca Raton: CRC Press, Inc. 2010)

Material	Dielektrizitätszahl	Material	Dielektrizitätszahl
Vakuum	1	Benzol	2,28
Helium	1,000065	Diamant	5,7–5,9
Neon	1,00013	Salz	5,9
Wasserstoff	1,000254	Silicium	11,7
Argon	1,000517	Methanol	33,0
Luft (trocken)	1,000536	Wasser	80,1
Stickstoff	1,000548	Eis (−30 °C)	104
Wasserdampf (100 °C)	1,00589	$KTaNbO_3$ (0 °C)	34 000

Beispiel 4.5: Elektrisches Feld in Anwesenheit eines Dielektrikums

Eine Metallkugel mit Radius a trägt eine Ladung Q (Abbildung 4.20). Sie ist bis zu einem Radius b von einem linearen dielektrischen Material mit der Dielektrizitätskonstanten ε umgeben. Bestimmen Sie das Potential im Mittelpunkt (relativ zum Unendlichen).

Lösung:

Um V zu berechnen, müssen wir **E** kennen. Um **E** zu bestimmen, müssen wir zuerst die Polarisationsladung finden. Wir könnten die Polarisationsladung aus **P** erhalten, allerdings können wir **P** nicht berechnen, es sei denn, wir würden bereits **E** kennen (Gleichung 4.30). Wir scheinen in einer Zwickmühle zu stecken. *Was* wir aber kennen, ist die *freie Ladung* Q, und glücklicherweise ist die Anordnung kugelsymmetrisch. Daher beginnen wir mit der Berechnung von **D** mithilfe von Gleichung 4.23:

$$\mathbf{D} = \frac{Q}{4\pi r^2}\hat{\mathbf{r}}, \quad \text{für alle Punkte} \quad r > a .$$

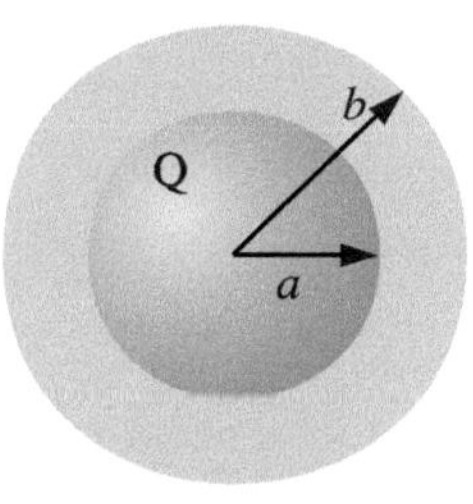

Abbildung 4.20

(Im Inneren der Metallkugel ist natürlich $\mathbf{E} = \mathbf{P} = \mathbf{D} = 0$.) Sobald wir **D** kennen,

Beispiel 4.5 (Fortsetzung)

kann man einfach mit Gleichung 4.32 **E** bestimmen:

$$\mathbf{E} = \begin{cases} \dfrac{Q}{4\pi\varepsilon r^2}\hat{\mathbf{r}} & \text{für} \quad a < r < b\,, \\ \dfrac{Q}{4\pi\varepsilon_0 r^2}\hat{\mathbf{r}} & \text{für} \quad r > b\,. \end{cases}$$

Das Potential im Zentrum ist daher

$$\begin{aligned} V &= -\int_{\infty}^{0} \mathbf{E}\cdot d\mathbf{l} = -\int_{\infty}^{b} \left(\frac{Q}{4\pi\varepsilon_0 r^2}\right) dr - \int_{b}^{a} \left(\frac{Q}{4\pi\varepsilon r^2}\right) dr - \int_{a}^{0} (0)\, dr \\ &= \frac{Q}{4\pi}\left(\frac{1}{\varepsilon_0 b} + \frac{1}{\varepsilon a} - \frac{1}{\varepsilon b}\right). \end{aligned}$$

Wie sich zeigt, mussten wir keineswegs die Polarisation oder die Polarisationsladungen explizit berechnen, obwohl das einfach möglich ist. Im Dielektrikum ist

$$\mathbf{P} = \varepsilon_0 \chi_e \mathbf{E} = \frac{\varepsilon_0 \chi_e Q}{4\pi\varepsilon r^2}\hat{\mathbf{r}}\,,$$

und daher ist

$$\rho_b = -\nabla\cdot\mathbf{P} = 0\,,$$

während gilt:

$$\sigma_b = \mathbf{P}\cdot\hat{\mathbf{n}} = \begin{cases} \dfrac{\varepsilon_0 \chi_e Q}{4\pi\varepsilon b^2} & \text{an der äußeren Oberfläche}\,, \\ \dfrac{-\varepsilon_0 \chi_e Q}{4\pi\varepsilon a^2} & \text{an der inneren Oberfläche}\,. \end{cases}$$

Beachten Sie, dass die Oberflächen-Polarisationsladung bei a negativ ist. ($\hat{\mathbf{n}}$ zeigt *relativ zum Dielektrikum* nach außen, dies entspricht $+\hat{\mathbf{r}}$ bei b, aber $-\hat{\mathbf{r}}$ bei a.) Das ist nur natürlich, denn die Ladung auf der Metallkugel zieht ihre Gegenstücke in allen dielektrischen Molekülen an. Es ist diese Schicht negativer Ladungen, welche im Inneren des Dielektrikums das Feld von $(1/4\pi\varepsilon_0)(Q/r^2)\hat{\mathbf{r}}$ auf $(1/4\pi\varepsilon)(Q/r^2)\hat{\mathbf{r}}$ reduziert. In diesem Zusammenhang verhält sich ein Dielektrikum wie ein unvollkommener Leiter: Auf einer *leitenden* Hülle wäre die induzierte Flächenladung so groß, dass sie das Feld von Q im Gebiet $a < r < b$ vollständig aufhebt. Das Dielektrikum tut zwar sein Bestes, doch das Feld wird nur teilweise kompensiert.

Sie könnten zu dem Schluss kommen, dass die linearen Dielektrika den Riss in der Parallele zwischen **E** und **D** vermeiden. Wenn **P** und **D** proportional zu **E** sind, folgt daraus nicht, dass ihre Rotation, wie die von **E**, verschwinden muss? Unglücklicherweise ist das *nicht* der Fall, denn das Linienintegral von **P** entlang eines geschlossenen Wegs, der *die Grenzfläche zwischen zwei verschiedenen Materialien berührt*, muss nicht null sein – obwohl das für das Integral über **E** entlang desselben Wegs der Fall sein *muss*. Der Grund liegt in dem Proportionalitätsfaktor $\varepsilon_0\chi_e$, der auf bei-

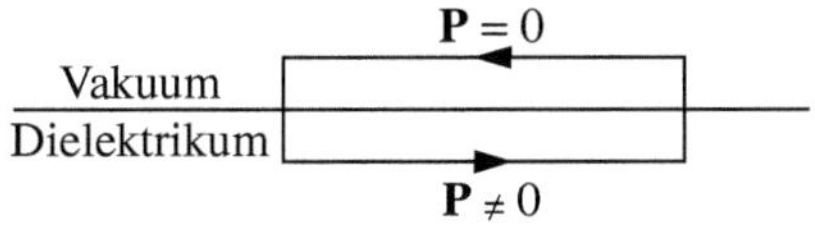

Abbildung 4.21

den Seiten unterschiedlich ist. So ist beispielsweise **P** an der Grenzfläche zwischen einem Dielektrikum und dem Vakuum (Abbildung 4.21) auf einer Seite null, nicht aber auf der anderen. Entlang dieser Schleife ist $\oint \mathbf{P} \cdot d\mathbf{l} \neq 0$, und daher kann die Rotation von **P** aufgrund des Stokes'schen Satzes innerhalb der Schleife nicht überall verschwinden. (Tatsächlich ist sie an der Grenze *unendlich*.)[10]

Ist allerdings der Raum *vollständig* mit einem homogenen[11] linearen Dielektrikum angefüllt, dann ist dieser Einwand natürlich hinfällig. In diesem eher seltenen Fall ist

$$\nabla \cdot \mathbf{D} = \rho_f \quad \text{und} \quad \nabla \times \mathbf{D} = 0 \, .$$

Daher kann **D** anhand der freien Ladung genauso bestimmt werden, als ob das Dielektrikum nicht vorhanden wäre:

$$\mathbf{D} = \varepsilon_0 \mathbf{E}_{\text{Vak}} \, .$$

Hier ist $\mathbf{E}_{\text{Vak}}$ das Feld, das dieselbe freie Ladungsverteilung in Abwesenheit des Dielektrikums erzeugen würde. Gemäß Gleichung 4.32 und 4.34 ist daher

$$\mathbf{E} = \frac{1}{\varepsilon}\mathbf{D} = \frac{1}{\varepsilon_r}\mathbf{E}_{\text{Vak}} \, . \tag{4.35}$$

Schlussfolgerung: Ist der gesamte Raum mit einem homogenen linearen Dielektrikum angefüllt, wird das Feld überall um einen Faktor reduziert, der lediglich eins durch die Dielektrizitätszahl ist. (Tatsächlich ist es nicht einmal notwendig, dass das Dielektrikum den gesamten Raum ausfüllt: In Gebieten, in denen das Feld sowieso null ist, macht es keinen Unterschied, ob das Dielektrum anwesend ist oder nicht, denn dort gibt es keinerlei Polarisation.)

Ist beispielsweise eine freie Ladung q in einem großen Dielektrikum eingebettet, dann erzeugt sie das Feld

$$\mathbf{E} = \frac{1}{4\pi\varepsilon}\frac{q}{r^2}\hat{\mathbf{r}} \, , \tag{4.36}$$

(hier steht ε, nicht ε_0), und die Kraft, die sie auf benachbarte Ladungen ausübt, wird entsprechend reduziert. Allerdings ist das Coulomb'sche Gesetz keineswegs falsch. Vielmehr „schirmt" die Polarisation des Mediums die Ladung teilweise ab und umgibt sie mit Polarisationsladungen des entgegengesetzten Vorzeichens (Abbildung 4.22).[12]

10 Man kann dieses Argument auch in differentieller Form ausdrücken: Gleichung 4.30 und Produktregel 7 geben $\nabla \times \mathbf{P} = -\epsilon_0 \mathbf{E} \times (\nabla \chi_e)$, damit ergibt sich das Problem, wenn $\nabla \chi_e$ nicht zu **E** parallel ist.

11 Bei einem **homogenen** Medium hängen die Eigenschaften (in diesem Fall die Suszeptibilität) nicht vom Ort ab.

12 In der *Quantenelektrodynamik* kann sogar das Vakuum selbst polarisiert werden. Dies bedeutet, dass es sich bei der effektiven (bzw. „renormalisierten") Ladung eines Elektrons, die Sie im Labor messen können, nicht um den tatsächlichen („nackten") Wert handelt. Die effektive Ladung hängt sogar in geringem Maße davon ab, in welcher Entfernung Sie sich befinden!

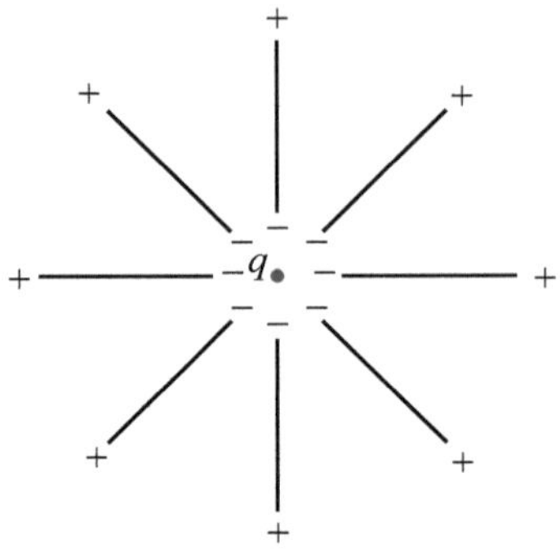

Abbildung 4.22

Beispiel 4.6: Dielektrikum im Plattenkondensator

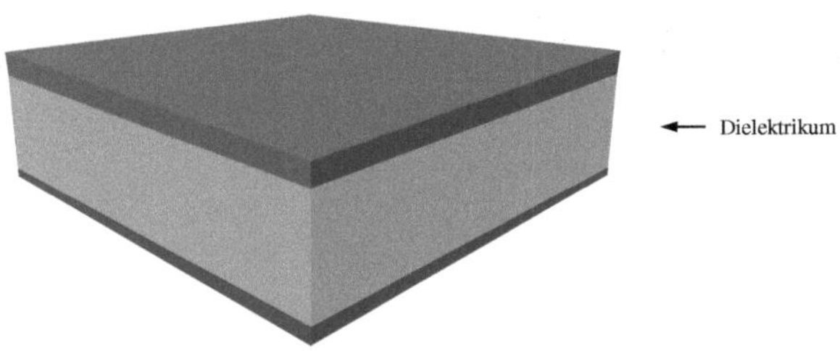

Abbildung 4.23

Zwischen den parallelen Platten eines Plattenkondensators (Abbildung 4.23) befindet sich ein isolierendes Material der Dielektrizitätszahl ε_r. Welche Auswirkungen hat dies auf die Kapazität des Kondensators?

Lösung:

Da dieses Feld auf den Raum zwischen den beiden Platten beschränkt ist, reduziert das Dielektrikum **E** und damit auch die Potentialdifferenz V um den Faktor $1/\varepsilon_r$. Entsprechend wird die Kapazität $C = Q/V$ um *den Faktor der Dielektrizitätszahl erhöht.*

$$C = \varepsilon_r C_{\text{Vak}} . \tag{4.37}$$

Dies ist in der Praxis eine übliche Methode, um die Kapazität von Kondensatoren zu steigern.

Übrigens ist es normalerweise leichter, einen *Kristall* entlang mancher Richtungen zu polarisieren als entlang von anderen.[13] In diesem Fall wird Gleichung 4.30 durch

13 Ein Medium wird als **isotrop** bezeichnet, wenn seine Eigenschaften (wie die Suszeptibilität) in jeder Richtung gleich ist. Daher ist Gleichung 4.30 ein Spezialfall der Gleichung 4.38, die für isotrope Medien gilt. Physiker drücken sich manchmal unklar aus; daher bedeutet der Begriff „lineares Dielektrikum“ üblicherweise „isotropes lineares Dielektrikum“ und manchmal auch „homogenes isotropes lineares Dielektrikum“. Technisch bedeutet „linear“

die folgende allgemeine lineare Beziehung ersetzt:

$$\left.\begin{aligned} P_x &= \varepsilon_0\left(\chi_{e_{xx}}E_x + \chi_{e_{xy}}E_y + \chi_{e_{xz}}E_z\right) \\ P_y &= \varepsilon_0\left(\chi_{e_{yx}}E_x + \chi_{e_{yy}}E_y + \chi_{e_{yz}}E_z\right) \\ P_z &= \varepsilon_0\left(\chi_{e_{zx}}E_x + \chi_{e_{zy}}E_y + \chi_{e_{zz}}E_z\right) \end{aligned}\right\}. \tag{4.38}$$

(Das ist ganz ähnlich wie bei Gleichung 4.1, die durch Gleichung 4.3 ersetzt wird.) Die neun Koeffizienten $\chi_{e_{xx}}, \chi_{e_{xy}}, \ldots$, bilden den **Suszeptibilitätstensor**.

Aufgabe 4.18

Der Raum zwischen den Platten eines planparallelen Plattenkondensators ist mit zwei Schichten eines linearen dielektrischen Materials angefüllt (Abbildung 4.24). Jede Schicht hat die Dicke a, daher beträgt der Gesamtabstand der Platten $2a$. Die Dielektrizitätszahl der Schicht 1 beträgt 2, die der Schicht 2 beträgt 1,5. Die Dichte der freien Ladungen auf der oberen Platte ist σ, auf der unteren Platte ist sie $-\sigma$.

a. Bestimmen Sie die elektrische Verschiebung **D** in jeder Schicht.

b. Bestimmen Sie das elektrische Feld **E** in jeder Schicht.

c. Bestimmen Sie die Polarisation **P** in jeder Schicht.

d. Bestimmen Sie die Potentialdifferenz zwischen den Platten.

e. Bestimmen Sie Ort und Betrag aller Polarisationsladungen.

f. Nachdem Sie nun alle Ladungen (sowohl die freien als auch die Polarisationsladungen) kennen, berechnen Sie das Feld in jeder Schicht und bestätigen Sie Ihr Ergebnis von (b).

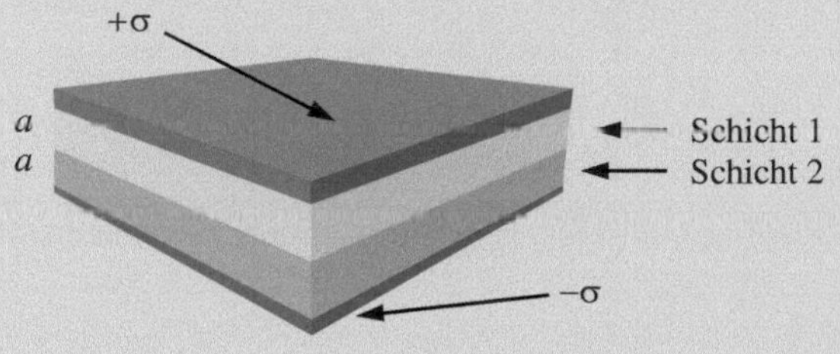

Abbildung 4.24

Aufgabe 4.19

Nehmen Sie an, Sie hätten so viel lineares dielektrisches Material mit der Dielektrizitätszahl ε_r, dass sie einen planparallelen Plattenkondensator zur *Hälfte* füllen können (Abbildung 4.25). Um welchen Bruchteil erhöht sich die Kapazität, wenn Sie das Material wie in Abbildung 4.25a dargestellt anordnen? Wie sehr

lediglich, dass an *jedem Punkt* und mit **E** in einer *vorgegebenen Richtung* die Komponenten von **P** proportional zu E sind. Der Proportionalitätsfaktor kann dabei von Ort und/oder Richtung abhängen.

verändert sie sich im Fall von Abbildung 4.25b? Geben Sie **E**, **D** und **P** in jedem Gebiet zwischen den Platten für eine vorgegebene Potentialdifferenz V an und bestimmen Sie die freien und Polarisationsladungen auf allen Oberflächen für beide Fälle.

Abbildung 4.25

Aufgabe 4.20

In eine Kugel eines linearen dielektrischen Materials ist eine gleichförmige freie Ladungsdichte ρ eingebettet. Bestimmen Sie das Potential im Mittelpunkt der Kugel (relativ zum Unendlichen) unter der Annahme, dass der Radius R und die Dielektrizitätszahl ε_r beträgt.

Aufgabe 4.21

Ein gegebenes koaxiales Kabel besteht aus einem Kupferdraht mit Radius a, der von einer konzentrischen Kupferröhre mit Innenradius c umgeben ist (Abbildung 4.26). Der dazwischen befindliche Raum ist, wie im Bild erkennbar, teilweise (zwischen b und c) mit einem Material der Dielektrizitätszahl ε_r gefüllt. Bestimmen Sie die Kapazität pro Einheitslänge des Kabels.

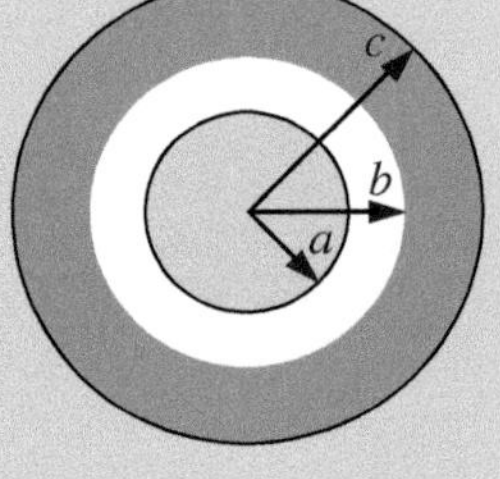

Abbildung 4.26

4.4.2 Randwertprobleme bei linearen Dielektrika

In einem homogenen linearen Dielektrikum ist die Polarisationsladungsdichte (ρ_b) proportional zur freien Ladungsdichte (ρ_f):[14]

$$\rho_b = -\nabla \cdot \mathbf{P} = -\nabla \cdot \left(\varepsilon_0 \frac{\chi_e}{\varepsilon} \mathbf{D}\right) = -\left(\frac{\chi_e}{1+\chi_e}\right) \rho_f \,. \tag{4.39}$$

14 Dies gilt nicht für die Oberflächenladung (σ_b), denn χ_e ist (offensichtlich) nicht von der Position an der Randfläche unabhängig.

Insbesondere ist $\rho = 0$ (es sei denn, freie Ladung ist tatsächlich in das Material eingebettet), und daher muss jede Nettoladung an der Oberfläche verbleiben. Innerhalb eines solchen Dielektrikums gehorcht dann das Potential der Laplace-Gleichung, und alle Methoden aus Kapitel 3 sind anwendbar. Es ist jedoch bequemer, die Randbedingungen so zu formulieren, dass sie nur von den freien Ladungen abhängen. Nach Gleichung 4.26 gilt:

$$\varepsilon_{\text{oberhalb}} E^{\perp}_{\text{oberhalb}} - \varepsilon_{\text{unterhalb}} E^{\perp}_{\text{unterhalb}} = \sigma_{\text{f}} \tag{4.40}$$

oder (durch das Potential ausgedrückt)

$$\varepsilon_{\text{oberhalb}} \frac{\partial V_{\text{oberhalb}}}{\partial n} - \varepsilon_{\text{unterhalb}} \frac{\partial V_{\text{unterhalb}}}{\partial n} = -\sigma_{\text{f}} \,. \tag{4.41}$$

Darin ist das Potential selbst natürlich stetig (Gleichung 2.34):

$$V_{\text{oberhalb}} = V_{\text{unterhalb}} \,. \tag{4.42}$$

Beispiel 4.7: Elektrisches Feld einer dielektrischen Kugel

Eine Kugel aus homogenem linearen dielektrischen Material wird in ein ansonsten gleichförmiges elektrisches Feld $\mathbf{E}_0$ eingesetzt (Abbildung 4.27). Bestimmen Sie das elektrische Feld im Inneren der Kugel.

Lösung:

Dies erinnert an Beispiel 3.8, in dem eine ungeladene *leitende* Kugel in ein gleichförmiges Feld eingebettet worden ist. Dort hatte das Feld der induzierten Ladung innerhalb der Kugel das Feld $\mathbf{E}_0$ fast vollständig aufgehoben. In einem Dielektrikum tritt aber nur eine teilweise Kompensation aufgrund der Polarisationsladung auf.

Unsere Aufgabe besteht darin, die Laplace-Gleichung für $V_{\text{innen}}(r, \theta)$ bei $r \leq R$ und für $V_{\text{außen}}(r, \theta)$ bei $r \geq R$ für die Randbedingungen

$$\begin{aligned}
&\text{(i)} && V_{\text{innen}} = V_{\text{außen}} \,, && \text{bei} \quad r = R \,, \\
&\text{(ii)} && \varepsilon \frac{\partial V_{\text{innen}}}{\partial r} = \varepsilon_0 \frac{\partial V_{\text{außen}}}{\partial r} && \text{bei} \quad r = R \,, \\
&\text{(iii)} && V_{\text{außen}} \to -E_0 r \cos\theta && \text{für} \quad r \gg R
\end{aligned} \tag{4.43}$$

zu lösen.

(Die zweite dieser Bedingungen folgt aus Gleichung 4.41, denn es gibt an der Oberfläche keine freien Ladungen.) Innerhalb der Kugel gilt nach Gleichung 3.65

$$V_{\text{innen}}(r, \theta) = \sum_{l=0}^{\infty} A_l r^l P_l(\cos\theta) \,. \tag{4.44}$$

Außerhalb der Kugel haben wir wegen (iii)

$$V_{\text{außen}}(r, \theta) = -E_0 r \cos\theta + \sum_{l=0}^{\infty} \frac{B_l}{r^{l+1}} P_l(\cos\theta) \,. \tag{4.45}$$

Beispiel 4.7 (Fortsetzung)

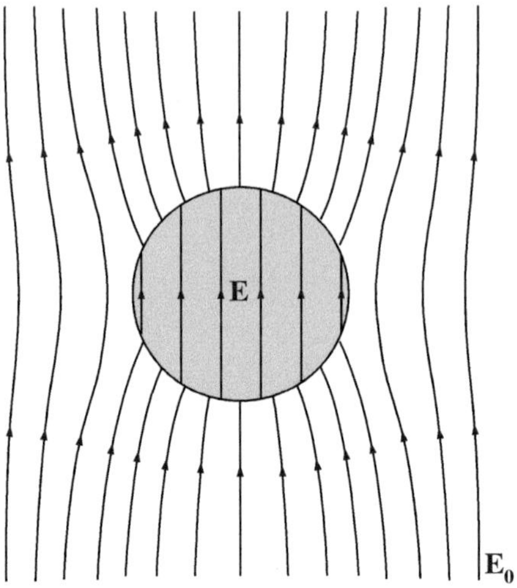

Abbildung 4.27

Randbedingung (i) erfordert

$$\sum_{l=0}^{\infty} A_l R^l P_l(\cos\theta) = -E_0 R\cos\theta + \sum_{l=0}^{\infty} \frac{B_l}{R^{l+1}} P_l(\cos\theta)\,,$$

und daher ist[15]

$$\left.\begin{aligned} A_l R^l &= \frac{B_l}{R^{l+1}}\,, \quad \text{für} \quad l \neq 1\,, \\ A_1 R &= -E_0 R + \frac{B_1}{R^2}\,. \end{aligned}\right\} \tag{4.46}$$

Zugleich führt Randbedingung (ii) auf

$$\varepsilon_{\mathrm{r}} \sum_{l=0}^{\infty} l A_l R^{l-1} P_l(\cos\theta) = -E_0 \cos\theta - \sum_{l=0}^{\infty} \frac{(l+1)B_l}{R^{l+2}} P_l(\cos\theta)\,,$$

und daher ist

$$\left.\begin{aligned} \varepsilon_{\mathrm{r}} l A_l R^{l-1} &= -\frac{(l+1)B_l}{R^{l+2}} \quad \text{für} \quad l \neq 1\,, \\ \varepsilon_{\mathrm{r}} A_1 &= -E_0 - \frac{2B_1}{R^3}\,. \end{aligned}\right\} \tag{4.47}$$

Daraus folgt, dass

$$\left.\begin{aligned} &A_l = B_l = 0\,, \quad \text{für} \quad l \neq 1\,, \\ &A_1 = -\frac{3}{\varepsilon_r + 2} E_0\,, \quad B_1 = \frac{\varepsilon_r - 1}{\varepsilon_r + 2} R^3 E_0\,. \end{aligned}\right\} \tag{4.48}$$

15 Wie bereits erwähnt, ist $P_1(\cos\theta) = \cos\theta$, und der Koeffizient muss für jedes l gleich sein. Sie können das beweisen, indem Sie mit $P_{l'}(\cos\theta)\sin\theta$ multiplizieren, von 0 nach π integrieren und die Orthogonalität der Legendre-Polynome (Gleichung 3.68) anwenden.

Beispiel 4.7 (Fortsetzung)

Dann ist offensichtlich

$$V_{\text{innen}}(r,\theta) = -\frac{3E_0}{\varepsilon_r + 2} r\cos\theta = -\frac{3E_0}{\varepsilon_r + 2} z$$

und daher das Feld im Inneren der Kugel (überraschenderweise) *gleichförmig*:

$$\mathbf{E} = \frac{3}{\varepsilon_r + 2}\mathbf{E}_0 . \quad (4.49)$$

Beispiel 4.8: Methode der Spiegelladung

Nehmen Sie an, das gesamte Gebiet unterhalb der Ebene $z = 0$ in Abbildung 4.28 ist mit einem gleichförmigen linearen dielektrischen Material der Suszeptibilität χ_e gefüllt. Berechnen Sie die Kraft auf eine Punktladung q, die sich in der Entfernung d oberhalb des Ursprungs befindet.

Lösung:

Die Oberflächen-Polarisationsladung auf der x-y-Ebene hat das entgegengesetzte Vorzeichen von q, daher handelt es sich um eine anziehende Kraft. (Angesichts von Gleichung 4.39 gibt es keine Polarisationsladungen im Volumen.) Wir berechnen zuerst σ_b unter Verwendung der Gleichungen 4.11 und 4.30.[16]

$$\sigma_b = \mathbf{P}\cdot\hat{\mathbf{n}} = P_z = \varepsilon_0\chi_e E_z .$$

Darin ist E_z die z-Komponente des gesamten Felds knapp innerhalb des Dielektrikums bei $z = 0$. Dieses Feld beruht teilweise auf q und teilweise auf der Polarisationsladung. Aufgrund des Coulomb'schen Gesetzes beträgt der erste Beitrag

$$-\frac{1}{4\pi\varepsilon_0}\frac{q}{\left(r^2 + d^2\right)}\cos\theta = -\frac{1}{4\pi\varepsilon_0}\frac{qd}{\left(r^2 + d^2\right)^{3/2}} ,$$

wobei $r = \sqrt{(x^2 + y^2)}$ die Entfernung vom Ursprung ist. Die z-Komponente des Felds der Polarisationsladungen ist unterdessen $-\sigma_b/2\varepsilon_0$ (siehe Fußnote 8 auf Seite 130). Daher ist

$$\sigma_b = \varepsilon_0\chi_e\left[-\frac{1}{4\pi\varepsilon_0}\frac{qd}{\left(r^2 + d^2\right)^{3/2}} - \frac{\sigma_b}{2\varepsilon_0}\right] ,$$

was wir nach σ_b auflösen können:

$$\sigma_b = -\frac{1}{2\pi}\left(\frac{\chi_e}{\chi_e + 2}\right)\frac{qd}{\left(r^2 + d^2\right)^{3/2}} . \quad (4.50)$$

16 Diese Methode ahmt Aufgabe 3.38 nach

Beispiel 4.8 (Fortsetzung)

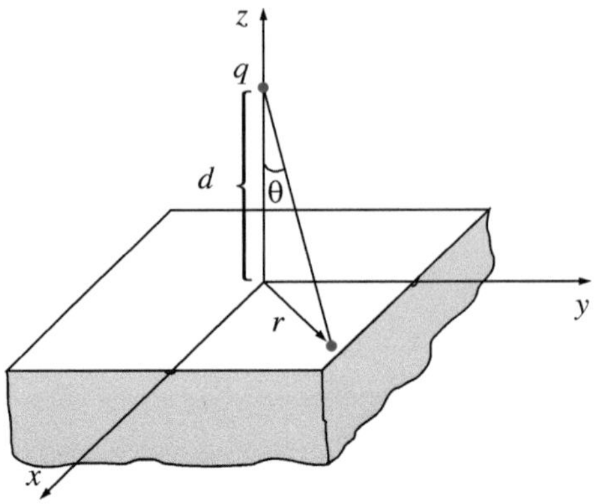

Abbildung 4.28

Abgesehen vom Faktor $\chi_e/(\chi_e + 2)$ ist dies genau dasselbe wie die induzierte Ladung auf einer unendlich ausgedehnten leitenden Ebene unter vergleichbaren Umständen (Gleichung 3.10).[17] Offensichtlich beträgt die *gesamte* Polarisationsladung

$$q_b = -\left(\frac{\chi_e}{\chi_e + 2}\right) q \,.$$

Wir könnten natürlich das Feld von σ_b durch direkte Integration bestimmen

$$\mathbf{E} = \frac{1}{4\pi\varepsilon_0} \int \left(\frac{\hat{\boldsymbol{\mathscr{r}}}}{\mathscr{r}^2}\right) \sigma_b \, da \,. \tag{4.51}$$

Aber im Fall der leitenden Ebene bietet die Methode der Bildladungen eine angenehmere Lösung. Wenn wir das Dielektrikum durch eine einzelne Punktladung q_b an der Bildposition $(0, 0, -d)$ ersetzen, erhalten wir im Gebiet $z > 0$:

$$V = \frac{1}{4\pi\varepsilon_0} \left[\frac{q}{\sqrt{x^2 + y^2 + (z-d)^2}} + \frac{q_b}{\sqrt{x^2 + y^2 + (z+d)^2}} \right] . \tag{4.52}$$

Darüber hinaus führt eine Ladung $(q + q_b)$ bei $(0, 0, d)$ im Gebiet $z < 0$ auf das Potential

$$V = \frac{1}{4\pi\varepsilon_0} \left[\frac{q + q_b}{\sqrt{x^2 + y^2 + (z-d)^2}} \right] . \tag{4.53}$$

Zusammen genommen bilden die Gleichungen 4.52 und 4.53 eine Funktion, welche die Poisson-Gleichung für eine Punktladung q bei $(0, 0, d)$ erfüllt. Sie geht im Unendlichen gegen null, ist im Randgebiet bei $z = 0$ stetig, und ihre Normalableitung weist die von der Oberflächenladung σ_b herrührende Unste-

17 Für manche Zwecke ist es sinnvoll, einen Leiter als Grenzfall eines linearen Dielektrikums zu betrachten, wobei $\chi_e \to \infty$. Dies ist oft eine nützliche Prüfmethode – versuchen Sie, dies auf die Aufgaben 4.5, 4.6 und 4.7 anzuwenden.

Beispiel 4.8 (Fortsetzung)

tigkeit bei $z = 0$ auf:

$$-\varepsilon_0 \left(\frac{\partial V}{\partial z}\bigg|_{z=0+} - \frac{\partial V}{\partial z}\bigg|_{z=0-} \right) = -\frac{1}{2\pi} \left(\frac{\chi_e}{\chi_e + 2} \right) \frac{qd}{\sqrt{(x^2+y^2+d^2)^{3/2}}} .$$

Demzufolge ist dies das korrekte Potential für unser Problem. Insbesondere ist die Kraft auf q:

$$\mathbf{F} = \frac{1}{4\pi\varepsilon_0} \frac{qq_b}{(2d)^2} \hat{\mathbf{z}} = -\frac{1}{4\pi\varepsilon_0} \left(\frac{\chi_e}{\chi_e + 2} \right) \frac{q^2}{4d^2} \hat{\mathbf{z}} . \qquad (4.54)$$

Ich behaupte nicht, eine überzeugende *Motivation* für die Gleichungen 4.52 und 4.53 gegeben zu haben. Wie alle Lösungen aufgrund der Methode der Bildladungen bezieht sie ihre Rechtfertigung aus der Tatsache, dass sie *funktioniert.* Sie löst die Poisson-Gleichung und gehorcht den Randbedingungen. Wie zuvor ist das Auffinden einer Bildlösung nicht nur eine Frage von Vermutungen. Es gibt mindestens zwei „Spielregeln": (1) Sie dürfen nie eine Bildladung in die Region setzen, in der Sie das Potential bestimmen wollen. (Daher liefert Gleichung 4.52 das Potential für $z > 0$. Die Bildladung q_b befindet sich jedoch bei $z = -d$. Wenn wir uns dem Gebiet $z < 0$ zuwenden (Gleichung 4.53), dann befindet sich die Bildladung $(q + q_b)$ bei $z = +d$.) (2) Die Bildladungen müssen in der Summe die richtige Gesamtladung in jeder Region ergeben. (Daher wusste ich, dass ich q_b für die Ladung in der Region $z \leq 0$ verantwortlich machen konnte, während $(q + q_b)$ das Gebiet $z \geq 0$ abdeckt.)

■ Aufgabe 4.22

Ein sehr langer Zylinder eines linearen dielektrischen Materials wird in ein ansonsten gleichförmiges elektrisches Feld $\mathbf{E}_0$ gebracht. Bestimmen Sie das resultierende Feld im Inneren des Zylinders. (Der Radius ist a, die Suszeptibilität ist χ_e, und die Achse steht senkrecht auf $\mathbf{E}_0$.)

■ Aufgabe 4.23

Bestimmen Sie das Feld im Inneren einer Kugel aus linearem dielektrischen Material in einem ansonsten gleichförmigen elektrischen Feld $\mathbf{E}_0$ (Beispiel 4.7) durch die folgende Methode schrittweiser Näherungen: Nehmen Sie zunächst an, dass das Feld nur $\mathbf{E}_0$ beträgt, und bestimmen Sie anhand von Gleichung 4.30 die resultierende Polarisation $\mathbf{P}_0$. Diese Polarisation erzeugt ein eigenes Feld $\mathbf{E}_1$ (Beispiel 4.2), das wiederum die Polarisation um den Betrag $\mathbf{P}_1$ verändert, was dazu führt, dass sich das Feld um den Betrag $\mathbf{E}_2$ verändert usw. Das resultierende Feld ist $\mathbf{E}_0 + \mathbf{E}_1 + \mathbf{E}_2 + \ldots$ Summieren Sie die Reihe auf und vergleichen Sie Ihre Antwort mit Gleichung 4.49.

Aufgabe 4.24

Eine ungeladene leitende Kugel mit Radius a ist bis zu einem Radius b von einer dicken isolierenden Hülle umgeben (deren Dielektrizitätszahl ε_r beträgt). Dieses Objekt wird nun in ein ansonsten gleichförmiges elektrisches Feld $\mathbf{E}_0$ gebracht. Bestimmen Sie das elektrische Feld im Isolator.

! **Aufgabe 4.25**

Nehmen Sie an, dass die Region *oberhalb* der x-y-Ebene in Beispiel 4.8 ebenfalls mit einem linearen Dielektrikum gefüllt ist, das aber eine unterschiedliche Suszeptibilität χ_e' hat. Bestimmen Sie das Potential im gesamten Raum.

4.4.3 Energie in dielektrischen Systemen

Um einen Kondensator aufzuladen, muss Arbeit aufgewendet werden (Gleichung 2.55):

$$W = \frac{1}{2} C V^2 .$$

Ist der Kondensator mit einem linearen Dielektrikum gefüllt, übersteigt seine Kapazität, wie wir in Beispiel 4.6 festgestellt haben, den Wert im Vakuum um den Faktor der Dielektrizitätszahl

$$C = \varepsilon_r C_{\text{Vak}} .$$

Offensichtlich steigt die Arbeit, die zum Laden eines mit Dielektrikum gefüllten Kondensators benötigt wird, um denselben Faktor. Der Grund liegt auf der Hand: Um ein gegebenes Potential zu erreichen, müssen Sie mehr (freie) Ladungen hineinpumpen, weil ein Teil des Felds durch die Polarisationsladungen aufgehoben wird.

In Kapitel 2 habe ich eine Formel für die Energie abgeleitet, die in einem beliebigen elektrostatischen System gespeichert ist (Gleichung 2.45):

$$W = \frac{\varepsilon_0}{2} \int E^2 \, d\tau . \tag{4.55}$$

Der Fall des mit Dielektrikum gefüllten Kondensators deutet an, dass dies in Anwesenheit eines linearen Dielektrikums folgendermaßen geändert werden sollte:

$$W = \frac{\varepsilon_0}{2} \int \varepsilon_r E^2 \, d\tau = \frac{1}{2} \int \mathbf{D} \cdot \mathbf{E} \, d\tau .$$

Um dies zu *beweisen*, nehmen Sie an, die Position des dielektrischen Materials sei fixiert und wir führen die freien Ladungen Stück für Stück heran. Da ρ_f um einen Betrag $\Delta\rho_f$ erhöht wird, ändert sich die Polarisation und damit auch die Verteilung der freien Ladungen. Allerdings interessieren wir uns nur für die Arbeit, die an der zusätzlichen *freien* Ladung verrichtet wird:

$$\Delta W = \int (\Delta\rho_f) V \, d\tau . \tag{4.56}$$

Wegen $\nabla \cdot \mathbf{D} = \rho_f$ gilt $\Delta\rho_f = \nabla \cdot (\Delta\mathbf{D})$ (dabei ist $\Delta\mathbf{D}$ die entsprechende Änderung von $\mathbf{D}$), und somit haben wir

$$\Delta W = \int [\nabla \cdot (\Delta\mathbf{D})]\, V \mathrm{d}\tau \, .$$

Nun ist

$$\nabla \cdot [(\Delta\mathbf{D})\, V] = [\nabla \cdot (\Delta\mathbf{D})]\, V + \Delta\mathbf{D}\,(\nabla V)$$

und daher (nach partieller Integration):

$$\Delta W = \int \nabla \cdot [(\Delta\mathbf{D})\, V]\, \mathrm{d}\tau + \int (\Delta\mathbf{D}) \cdot \mathbf{E}\, \mathrm{d}\tau \, .$$

Durch den Gauß'schen Satz wird der erste Term in ein Flächenintegral umgewandelt, das verschwindet, sobald wir über den gesamten Raum integrieren. Daher ist die verrichtete Arbeit

$$\Delta W = \int (\Delta\mathbf{D}) \cdot \mathbf{E}\, \mathrm{d}\tau \, . \tag{4.57}$$

Dies gilt soweit für *jedes* Material. Handelt es sich bei dem Medium nun um ein lineares Dielektrikum, dann ist $\mathbf{D} = \varepsilon\mathbf{E}$, und damit ist (für infinitesimale Verschiebungen)

$$\frac{1}{2}\Delta\,(\mathbf{D} \cdot \mathbf{E}) = \frac{1}{2}\Delta\left(\varepsilon E^2\right) = \varepsilon\,(\Delta\mathbf{E}) \cdot \mathbf{E} = (\Delta\mathbf{D}) \cdot \mathbf{E} \, .$$

Daher gilt

$$\Delta W = \Delta\left(\frac{1}{2}\int \mathbf{D} \cdot \mathbf{E}\, \mathrm{d}\tau\right) \, .$$

Die gesamte Arbeit, die wir beim Aufbauen der freien Ladungen von null bis zur endgültigen Konfiguration verrichten, ist dann, wie erwartet,[18]

$$W = \frac{1}{2}\int \mathbf{D} \cdot \mathbf{E}\, \mathrm{d}\tau \, . \tag{4.58}$$

Es stört Sie vielleicht, dass Gleichung 4.55, die wir in Kapitel 2 allgemein abgeleitet hatten, bei Anwesenheit von Dielektrika nicht gültig zu sein scheint. Dort wird sie durch Gleichung 4.58 ersetzt. Allerdings ist nicht die eine oder andere der beiden Formeln *falsch*, vielmehr sind sie die Antworten auf etwas unterschiedliche Fragen. Der Unterschied ist subtil, daher gehen wir an den Anfang zurück: Was *bedeutet* „die Energie eines Systems“? *Antwort:* Es handelt sich um die Arbeit, die zum Zusammenfügen des Systems aufgewendet werden muss. So weit, so gut. In Anwesenheit von Dielektrika gibt es zwei unterschiedliche Methoden, um diesen Prozess durchzuführen: (1) Wir bringen eine Ladung nach der anderen (die freien *und* die polarisierten) mit einer Pinzette heran und kleben jede an der richtigen Endposition fest. Falls Sie *das* unter „Zusammenfügen des Systems“ verstehen, dann ist Gleichung 4.55 Ihre

18 Vielleicht fragen Sie sich nun, warum ich das nicht viel einfacher mit der in Abschnitt 2.4.3 beschriebenen Methode durchführe und dabei mit $W = \frac{1}{2}\int \rho_f V\, \mathrm{d}\tau$ beginne. Der Grund liegt darin, dass diese Formel im Allgemeinen falsch ist. Betrachten Sie die Ableitung von Gleichung 2.42, und Sie werden feststellen, dass sie nur für die *gesamte* Ladung gilt. Bei *linearen* Dielektrika gilt sie allein für die freien Ladungen. Das ist allerdings a priori kaum zu erkennen und kann tatsächlich am leichtesten festgestellt werden, wenn Sie von Gleichung 4.58 aus rückwärts arbeiten.

Gleichung für die gespeicherte Energie. Beachten Sie jedoch, dass sie allerdings *nicht* die Arbeit enthält, die für das Strecken und Verbiegen der dielektrischen Moleküle benötigt wird. (Wenn wir uns die positiven und negativen Ladungen durch winzige Federn zusammengehalten denken, ist darin nicht die Federenergie $\frac{1}{2}kx^2$ enthalten, die bei Polarisierung zu jedem Molekül gehört.)[19] (2) Ist das unpolarisierte Dielektrikum an Ort und Stelle, bringen wir die *freien* Ladungen eine nach der anderen heran und ermöglichen dem Dielektrikum entsprechend zu reagieren. Falls Sie *das* unter „Zusammenfügen des Systems“ verstehen (und das *tut* man üblicherweise, denn üblicherweise schieben wir die freien Ladungen herum), dann benötigen Sie Gleichung 4.58. In diesem Fall *ist* die Energie der „Feder“ enthalten, allerdings nur indirekt, weil die Kraft, mit der Sie an den *freien* Ladungen angreifen müssen, von der Verteilung der Polarisationsladungen abhängt. Wenn Sie die freien Ladungen bewegen, dehnen Sie automatisch diese „Federn“. Anders ausgedrückt besteht bei Methode (2) die Gesamtenergie des Systems aus drei Teilen: der elektrostatischen Energie der freien Ladungen, der elektrostatischen Energie der Polarisationsladungen und der „Federenergie“:

$$W_{\text{ges}} = W_{\text{frei}} + W_{\text{Polarisation}} + W_{\text{Feder}} \, .$$

Die beiden letzten Terme sind gleich und entgegengesetzt gerichtet (in Methode (2) befinden sich die Polarisationsladungen immer im Gleichgewicht, und daher ist die *Netto*arbeit, die an ihnen verrichtet wird, null). Daher liefert Methode (2) bei der Berechnung von W_{frei} tatsächlich W_{ges}, während Methode (1) bei der Berechnung von $W_{\text{frei}} + W_{\text{Polarisation}}$ den Term W_{Feder} nicht berücksichtigt.

Beispiel 4.9: Energie einer geladenen dielektrischen Kugel

Eine Kugel mit Radius R besteht aus Material mit einer Dielektrizitätszahl ϵ_r. Eine gleichförmige Ladung der Dichte ρ_f ist eingebettet. Wie groß ist die Energie dieser Anordnung?

Lösung:

Nach dem Gauß'schen Satz (in der Form von Gleichung 4.23) lautet die Verschiebung

$$\mathbf{D}(\mathbf{r}) = \begin{cases} \dfrac{\rho_f}{3}\mathbf{r} & (r < R) \, , \\[2ex] \dfrac{\rho_f}{3}\dfrac{R^3}{r^2}\hat{\mathbf{r}} & (r > R) \, . \end{cases}$$

19 Die „Feder“ selbst kann durchaus elektrischer Natur sein, ist aber dennoch nicht in Gleichung 4.55 enthalten, sofern **E** als *makroskopisches* Feld betrachtet wird.

Beispiel 4.9 (Fortsetzung)

Somit lautet das elektrische Feld

$$\mathbf{E}(\mathbf{r}) = \begin{cases} \dfrac{\rho_f}{3\epsilon_0\epsilon_r}\mathbf{r} & (r < R)\,, \\ \dfrac{\rho_f}{3\epsilon_0}\dfrac{R^3}{r^2}\hat{\mathbf{r}} & (r > R)\,. \end{cases}$$

Die rein *elektrostatische* Energie (Gleichung 4.55) beträgt

$$\begin{aligned} W_1 &= \frac{\epsilon_0}{2}\left[\left(\frac{\rho_f}{3\epsilon_0\epsilon_r}\right)^2 \int_0^R r^2 4\pi r^2\,\mathrm{d}r + \left(\frac{\rho_f}{3\epsilon_0}\right)^2 R^6 \int_R^\infty \frac{1}{r^4} 4\pi r^2\,\mathrm{d}r\right] \\ &= \frac{2\pi}{9\epsilon_0}\rho_f^2 R^5\left(\frac{1}{5\epsilon_r^2} + 1\right). \end{aligned}$$

Aber die Gesamtenergie (Gleichung 4.58) beträgt

$$\begin{aligned} W_2 &= \frac{1}{2}\left[\left(\frac{\rho_f}{3}\right)\left(\frac{\rho_f}{3\epsilon_0\epsilon_r}\right)\int_0^R r^2 4\pi r^2\,\mathrm{d}r + \left(\frac{\rho_f R^3}{3}\right)\left(\frac{\rho_f R^3}{3\epsilon_0}\right)\int_R^\infty \frac{1}{r^4}4\pi r^2\,\mathrm{d}r\right] \\ &= \frac{2\pi}{9\epsilon_0}\rho_f^2 R^5\left(\frac{1}{5\epsilon_r} + 1\right). \end{aligned}$$

Beachten Sie, dass $W_1 < W_2$; das kommt daher, dass W_1 die Energie nicht berücksichtigt, die zum Strecken der Moleküle aufgewandt wird.

Überprüfen wir, dass W_2 die Arbeit ist, die an der *freien* Ladung verrichtet wird, wenn das System aufgebaut wird. Wir fangen mit der (ungeladenen und unpolarisierten) dielektrischen Kugel an, bringen die freie Ladung in infinitesimalen Mengen ($\mathrm{d}q$) auf und füllen die Kugel Schale für Schale auf. Wenn wir den Radius r' erreicht haben, beträgt das elektrische Feld

$$\mathbf{E}(r) = \begin{cases} \dfrac{\rho_f}{3\epsilon_0\epsilon_r}\mathbf{r} & (r < r') \\ \dfrac{\rho_f}{3\epsilon_0\epsilon_r}\dfrac{r'^3}{r^2}\hat{\mathbf{r}} & (r' < r < R) \\ \dfrac{\rho_f}{3\epsilon_0}\dfrac{r'^3}{r^2}\hat{\mathbf{r}} & (r > R) \end{cases}$$

Die Arbeit, die man braucht, um das nächste dq aus dem Unendlichen nach r' zu bringen, beträgt

$$\begin{aligned} \mathrm{d}W &= -\mathrm{d}q\left[\int_\infty^R \mathbf{E}\cdot\mathrm{d}\mathbf{l} + \int_R^{r'} \mathbf{E}\cdot\mathrm{d}\mathbf{l}\right] \\ &= -\mathrm{d}q\left[\frac{\rho_f r'^3}{3\epsilon_0}\int_\infty^R \frac{1}{r^2}\,\mathrm{d}r + \frac{\rho_f r'^3}{3\epsilon_0\epsilon_r}\int_R^{r'}\frac{1}{r^2}\,\mathrm{d}r\right] \\ &= \frac{\rho_f r'^3}{3\epsilon_0}\left[\frac{1}{R} + \frac{1}{\epsilon_r}\left(\frac{1}{r'} - \frac{1}{R}\right)\right]\mathrm{d}q\,. \end{aligned}$$

Beispiel 4.9 (Fortsetzung)

Damit wächst der Radius r' an:

$$dq = \rho_f 4\pi r'^2 \, dr' \,.$$

Die *gesamte* verrichtete Arbeit ist daher, wenn wir von $r' = 0$ zu $r' = R$ gehen,

$$\begin{aligned} W &= \frac{4\pi\rho_f^2}{3\epsilon_0}\left[\frac{1}{R}\left(1-\frac{1}{\epsilon_r}\right)\int_0^R r'^5 \, dr' + \frac{1}{\epsilon_r}\int_0^R r'^4 \, dr'\right] \\ &= \frac{2\pi}{9\epsilon_0}\rho_f^2 R^5\left(\frac{1}{5\epsilon_r}+1\right) = W_2 \,. \end{aligned}$$

Offensichtlich beträgt die „in den Federn gespeicherte" Energie

$$W_{\text{Feder}} = W_2 - W_1 = \frac{2\pi}{45\epsilon_0\epsilon_r^2}\rho_f^2 R^5(\epsilon_r - 1) \,.$$

Ich würde das gerne an einem Modell explizit überprüfen. Stellen Sie sich das Dielektrikum als eine Sammlung kleiner Protodipole vor, von denen jeder aus Ladungen $+q$ und $-q$ besteht, die an einer Feder mit Federkonstante k und Gleichgewichtslänge 0 angebracht sind: In Abwesenheit eines Feldes fallen das positive und das negative Ende also zusammen. Eines der Enden jedes Dipols ist festgenagelt (wie die Atomkerne in einem Festkörper), aber das andere Ende kann sich bewegen, um auf ein angelegtes Feld zu reagieren. $d\tau$ sei das Volumen, das wir jedem einzelnen Protodipol zuschreiben; der Dipol selbst belegt womöglich nur einen kleinen Anteil dieses Raums.

Wenn das Feld angeschaltet wird, wird die elektrische Kraft auf das freie Ende durch die Federkraft kompensiert;[20] die Ladungen entfernen sich auf einen Abstand d: $qE = kd$. In unserem Fall gilt

$$\mathbf{E} = \frac{\rho_f}{3\epsilon_0\epsilon_r}\mathbf{r} \,.$$

Das resultierende Dipolmoment beträgt $p = qd$, die Polarisation ist durch $P = p/d\tau$ gegeben, somit

$$k = \frac{\rho_f}{3\epsilon_0\epsilon_r d^2} Pr \, d\tau \,.$$

Die Energie einer speziellen Feder ist dann

$$dW_{\text{Feder}} = \frac{1}{2}kd^2 = \frac{\rho_f}{6\epsilon_0\epsilon_r} Pr \, d\tau \,,$$

und insgesamt bekommen wir

$$W_{\text{Feder}} = \frac{\rho_f}{6\epsilon_0\epsilon_r}\int Pr \, d\tau \,.$$

20 Beachten Sie, dass die „Feder" hier eine Metapher für das ist, was das Molekül wirklich zusammenhält. Die elektrische Anziehung des anderen Endes ist *eingeschlossen*. Wenn es Sie stört, dass die Kraft proportional zum Abstand angenommen wird, schauen Sie sich Beispiel 4.1 nochmal an.

Beispiel 4.9 (Fortsetzung)

Nun ist

$$\mathbf{P} = \epsilon_0 \chi_e \mathbf{E} = \epsilon_0 \chi_e \frac{\rho_f}{3\epsilon_0 \epsilon_r}\mathbf{r} = \frac{(\epsilon_r - 1)\rho_f}{3\epsilon_r}\mathbf{r}\,,$$

und somit erhalten wir

$$W_{\text{Feder}} = \frac{\rho_f}{6\epsilon_0\epsilon_r}\frac{(\epsilon_r - 1)\rho_f}{3\epsilon_r}4\pi\int_0^R r^4\,\mathrm{d}r = \frac{2\pi}{45\epsilon_0\epsilon_r^2}\rho_f^2 R^5(\epsilon_r - 1)\,.$$

Alles passt!

Übrigens wird bisweilen behauptet, dass Gleichung 4.58 auch für *nicht*lineare Dielektrika die Energie angibt, allerdings ist das falsch. Um nach Gleichung 4.57 weiterzuarbeiten, müssen Sie Linearität voraussetzen. Bei dissipativen Systemen verliert dann die gesamte Begrifflichkeit der „gespeicherten Energie“ ihre Bedeutung. Die verrichtete Arbeit hängt nämlich nicht nur von der endgültigen Konfiguration ab, sondern davon, *wie sie dorthin gekommen ist.* Wenn die molekularen „Federn“ beispielsweise eine gewisse *Reibung* haben dürfen, dann können Sie W_{Feder} so groß werden lassen, wie Sie wollen, indem Sie beim Heranführen der Ladungen die Federn immer wieder dazu bringen, zu expandieren und zu kontrahieren, bevor die Ladung die endgültige Position erreicht hat. Insbesondere erhalten Sie mit Gleichung 4.58 völlig unsinnige Ergebnisse, wenn Sie sie auf Elektrete mit eingefrorener Polarisation anwenden (siehe Aufgabe 4.27).

■ Aufgabe 4.26

Ein kugelförmiger Leiter mit Radius a trägt die Ladung Q (Abbildung 4.29). Er ist bis zu einem Radius b von einem linearen dielektrischen Material der Suszeptibilität χ_e umgeben. Bestimmen Sie die Energie dieser Konfiguration (Gleichung 4.58).

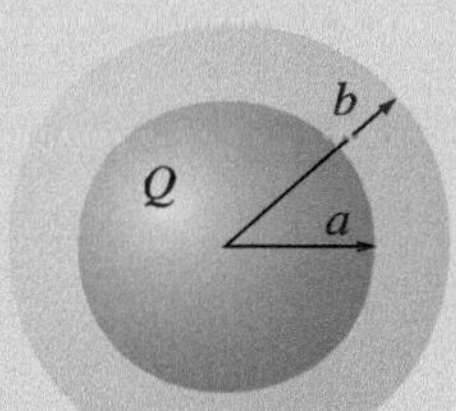

Abbildung 4.29

■ Aufgabe 4.27

Berechnen Sie für eine Kugel mit Radius R und einer eingefrorenen Polarisation $\mathbf{P}$ (Beispiel 4.2) die Arbeit W gemäß Gleichung 4.55 sowie gemäß Gleichung 4.58. Erklären Sie den Unterschied. Welche (falls überhaupt) beschreibt die „wahre“ Energie des Systems?

4.4.4 Kräfte auf Dielektrika

Genau wie ein Leiter wird auch ein Dielektrikum in ein elektrisches Feld hineingezogen (Gleichung 2.51), im Wesentlichen sogar aus demselben Grund: Die Polarisationsladungen sammeln sich bevorzugt bei den freien Ladungen des entgegengesetzten Vorzeichens an. Die Berechnung der Kräfte auf Dielektrika kann jedoch überraschend trickreich werden.

Betrachten Sie beispielsweise den Fall einer Schicht aus dielektrischem Material, das teilweise zwischen zwei Platten eines planparallelen Plattenkondensators eingeschoben ist (Abbildung 4.30). Wir haben immer behauptet, das Feld im Inneren des planparallelen Plattenkondensators sei gleichförmig, außerhalb jedoch null. Wäre das wörtlich zu nehmen, gäbe es keinerlei Nettokraft auf das Dielektrikum, denn das Feld würde überall senkrecht auf den Platten stehen. Allerdings gibt es in der Realität ein ungleichförmiges **Randfeld** um die Kanten, das in den meisten Fällen ignoriert werden kann, in diesem Fall aber für die gesamten Auswirkungen verantwortlich ist. (Tatsächlich *kann* das Feld am Rand des Kondensators gar nicht abrupt enden, denn ansonsten wäre das Linienintegral über $\mathbf{E}$ entlang einer geschlossenen Schleife in Abbildung 4.31 nicht null.) Genau dieses nicht-gleichförmige ausgefaserte Feld zieht das Dielektrikum in den Kondensator hinein.

Randfelder sind notorisch schwierig zu berechnen. Glücklicherweise können wir ihre Berechnung völlig vermeiden, indem wir die folgende geniale Methode anwenden:[21] Sei W die Energie des Systems – sie hängt natürlich davon ab, wie groß der Überlapp ist. Wenn ich das Dielektrikum eine infinitesimale Strecke $\mathrm{d}x$ herausziehe, ändert sich die Energie um einen Betrag, welcher der verrichteten Arbeit entspricht:

$$\mathrm{d}W = F_{\text{selbst}}\,\mathrm{d}x\,. \tag{4.59}$$

F_{selbst} ist dabei die Kraft, die ich selbst aufbringen muss, um der elektrischen Kraft F auf das Dielektrikum entgegenzuwirken: $F_{\text{selbst}} = -F$. Die elektrische Kraft auf die

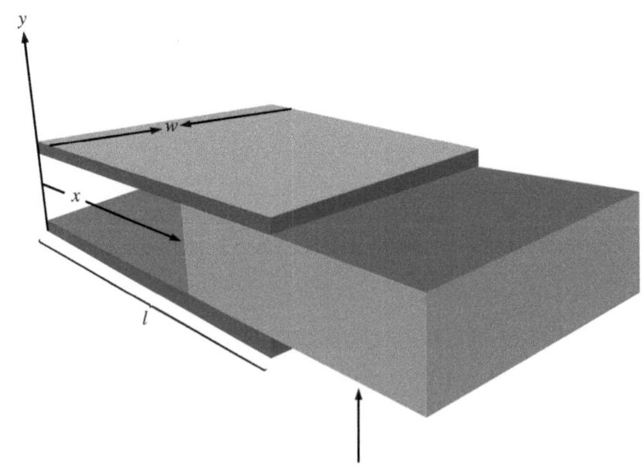

Abbildung 4.30

21 Für eine direkte Berechung schauen Sie sich E. R. Dietz, *Am. J. Phys.* **72**, 1499 (2004) an.

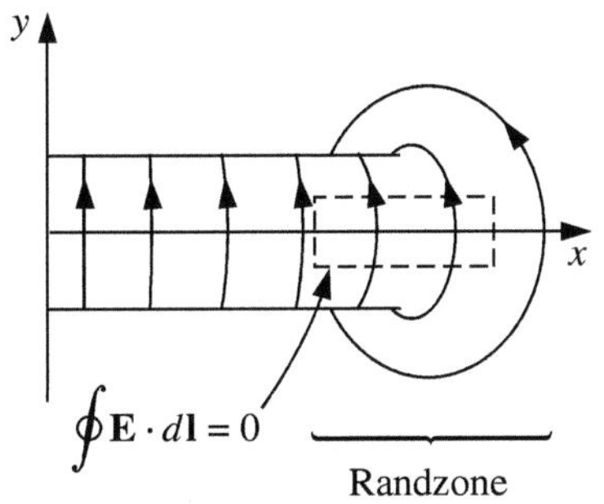

Abbildung 4.31

Schicht ist daher

$$F = -\frac{\mathrm{d}W}{\mathrm{d}x} . \tag{4.60}$$

Die Energie, die im Kondensator gespeichert ist, beträgt nun

$$W = \frac{1}{2}CV^2 , \tag{4.61}$$

und die Kapazität ist in diesem Fall

$$C = \frac{\varepsilon_0 w}{d}(\varepsilon_r l - \chi_e x) , \tag{4.62}$$

wobei l die Länge und w die Breite der Platten darstellt (Abbildung 4.30). Nehmen wir an, die Gesamtladung auf den Platten ($Q = CV$) wird während der Bewegung des Dielektrikums konstant gehalten. Mit Q ausgedrückt führt dies auf

$$W = \frac{1}{2}\frac{Q^2}{C} , \tag{4.63}$$

und daher ist

$$F = -\frac{\mathrm{d}W}{\mathrm{d}x} = \frac{1}{2}\frac{Q^2}{C^2}\frac{\mathrm{d}C}{\mathrm{d}x} = \frac{1}{2}V^2\frac{\mathrm{d}C}{\mathrm{d}x} . \tag{4.64}$$

Aber zugleich ist

$$\frac{\mathrm{d}C}{\mathrm{d}x} = -\frac{\varepsilon_0 \chi_e w}{d}$$

und daher

$$F = -\frac{\varepsilon_0 \chi_e w}{2d}V^2 . \tag{4.65}$$

(Das Minuszeichen bedeutet, das die Kraft in negativer x-Richtung wirkt und damit das Dielektrikum *in* den Kondensator hineingezogen wird.)

Häufig wird der Fehler gemacht, dass man zur Berechnung der Kraft Gleichung 4.61 (mit konstantem V) anstelle von Gleichung 4.63 (mit konstantem Q) verwendet. Dann erhält man

$$F = -\frac{1}{2}V^2\frac{\mathrm{d}C}{\mathrm{d}x} ,$$

das sich nur durch das Vorzeichen unterscheidet. Es ist natürlich *möglich*, den Kondensator auf einem festen Potential zu halten, indem er an eine Batterie angeschlossen wird. Aber in diesem Fall leistet die *Batterie* bei der Bewegung des Dielektrikums *ebenfalls Arbeit.* Anstelle von Gleichung 4.59 haben wir nun

$$dW = F_{\text{selbst}}\,dx + V\,dQ\,, \tag{4.66}$$

wobei $V\,dQ$ die von der Batterie geleistete Arbeit ist. Daraus folgt, dass

$$F = -\frac{dW}{dx} + V\frac{dQ}{dx} = -\frac{1}{2}V^2\frac{dC}{dx} + V^2\frac{dC}{dx} = \frac{1}{2}V^2\frac{dC}{dx} \tag{4.67}$$

dasselbe Ergebnis wie zuvor liefert (Gleichung 4.64), nun aber mit dem *richtigen* Vorzeichen. (Bitte beachten Sie, dass die Kraft auf das Dielektrikum nicht davon abhängen kann, ob Sie Q oder V konstant halten wollen. Sie wird vollständig von der Verteilung der freien Ladungen und der Polarisationsladungen bestimmt. Es ist einfacher, die Kraft unter der Annahme von konstantem Q zu berechnen, denn dann müssen Sie sich nicht um die Arbeit kümmern, die von der Batterie geleistet wird. Wenn Sie darauf bestehen, können Sie aber auf beiderlei Weise richtig rechnen.)

Beachten Sie, dass wir die Kraft bestimmen konnten, *ohne irgendetwas über das Randfeld zu wissen, das letztendlich dafür verantwortlich ist*! Natürlich ist in der gesamten Struktur der Elektrostatik enthalten, dass $\nabla \times \mathbf{E} = 0$ gilt; daher müssen solche Randfelder vorhanden sein. Wir bekommen auch hier nichts umsonst – wir nutzen nur auf gewitzte Weise die interne Widerspruchsfreiheit der Theorie aus. Die Energie, die in den Randfeldern steckt (die bei der Ableitung nicht explizit berücksichtigt wurden), bleibt während der Bewegung der Schicht konstant. *Was* sich ändert, ist die im *Inneren* des Kondensators enthaltene Energie, in der das Feld gleichförmig und regelmäßig ist.

Aufgabe 4.28

Zwei lange koaxiale zylindrische Metallröhren (mit Innenradius a und Außenradius b) befinden sich vertikal in einem Tank aus dielektrischem Öl (dessen Suszeptibilität χ_e und dessen Massendichte ρ beträgt). Die innere Röhre wird auf dem Potential V gehalten, die äußere ist geerdet (Abbildung 4.32). Bis zu welcher Höhe (h) steigt das Öl zwischen den Röhren an?

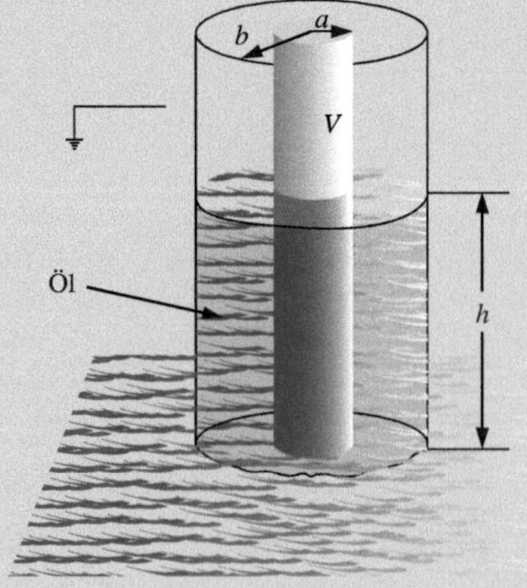

Abbildung 4.32

Weitere Aufgaben für Kapitel 4

EXTRAS ONLINE Lösungshinweise

Aufgabe 4.29

a. Berechnen Sie für die Konfiguration aus Aufgabe 4.5 die *Kraft* auf $\mathbf{p}_2$ aufgrund von $\mathbf{p}_1$ sowie die Kraft auf $\mathbf{p}_1$ aufgrund von $\mathbf{p}_2$. Stimmen die Ergebnisse mit dem dritten Newton'schen Gesetz überein?

b. Bestimmen Sie das Drehmoment auf $\mathbf{p}_2$ *um den Mittelpunkt von* $\mathbf{p}_2$ und vergleichen Sie das Ergebnis mit dem Drehmoment von $\mathbf{p}_1$ *um denselben Punkt.*

[*Hinweis:* Verknüpfen Sie Ihr Ergebnis von (a) mit dem Ergebnis von Aufgabe 4.5.]

Aufgabe 4.30

Ein elektrischer Dipol $\mathbf{p}$ zeigt in y-Richtung und befindet sich, wie in Abbildung 4.33 dargestellt, in der Mitte zwischen zwei leitfähigen Platten. Jede Platte ist um den kleinen Winkel θ gegen die x-Achse geneigt und wird auf dem Potential $\pm V$ gehalten. Welche *Richtung* hat die Nettokraft auf $\mathbf{p}$? (Hier gibt es nicht zu berechnen, aber Sie müssen Ihre Antwort qualitativ begründen.)

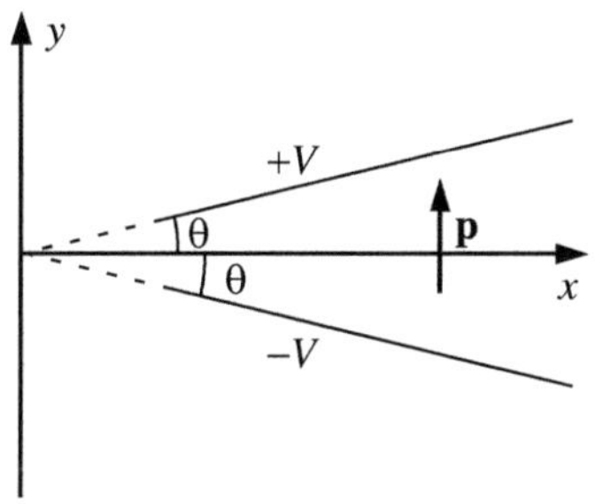

Abbildung 4.33

Aufgabe 4.31

Eine Punktladung Q ist auf einem Tisch „festgenagelt". Um sie herum befindet sich eine Kreisbahn mit Radius R, auf der sich ein Dipol $\mathbf{p}$ reibungsfrei bewegt, und zwar so, dass er immer tangential zur Kreisbahn ausgerichtet ist. Verwenden Sie Gleichung 4.5, um zu zeigen, dass die elektrische Kraft auf den Dipol

$$\mathbf{F} = \frac{Q}{4\pi\epsilon_0}\frac{\mathbf{p}}{R^3}$$

beträgt. Offensichtlich zeigt diese Kraft immer in die „vorwärts"-Richtung (das können Sie leicht überprüfen, indem Sie ein Diagramm der Kräfte, die auf die beiden Dipolenden wirken, zeichnen). Warum ist diese Anordnung kein Perpetuum mobile?[22]

! Aufgabe 4.32

Das Earnshaw'sche Theorem (Aufgabe 3.2) besagt, dass Sie ein geladenes Teilchen nicht in einem elektrostatischen Feld festhalten können. *Frage:* Könnten Sie ein neutrales (aber polarisierbares) Teilchen in einem elektrostatischen Feld festhalten?

22 Diese charmante Aufgabe wurde von K. Brownstein vorgeschlagen.

a. Zeigen Sie, dass die Kraft auf das Atom $\mathbf{F} = \frac{1}{2}\alpha\nabla(E^2)$ beträgt.

b. Damit lautet die Frage: Kann E^2 ein lokales Maximum in einem ladungsfreien Bereich haben? In diesem Fall würde die Kraft das Atom in die Ruhelage zurücktreiben. Zeigen Sie, dass die Antwort *nein* lautet. [*Hinweis:* Verwenden Sie Aufgabe 3.4a.][23]

Aufgabe 4.33
Ein dielektrischer Würfel der Kantenlänge a, dessen Mittelpunkt im Ursprung liegt, trägt eine „eingefrorene" Polarisation $\mathbf{P} = k\mathbf{r}$, wobei k irgendeine Konstante ist. Bestimmen Sie alle Polarisationsladungen und prüfen Sie, ob sie sich zu null addieren.

Aufgabe 4.34
Der Raum zwischen den Platten eines planparallelen Kondensators ist mit einem dielektrischen Material gefüllt, dessen Dielektrizitätszahl sich linear vor 1 bei der unteren Platte ($x = 0$) zu 2 bei der oberen Platte ($x = d$) ändert. Der Kondensator ist an eine Batterie der Spannung V angeschlossen. Bestimmen Sie die Polarisationsladungen und überprüfen Sie, dass die Summe null ist.

Aufgabe 4.35
Eine Punktladung q befindet sich im Mittelpunkt einer Kugel eines linearen dielektrischen Materials (mit Suszeptibilität χ_e und Radius R). Bestimmen Sie das elektrische Feld, die Polarisation und die Polarisationsladungsdichten, ρ_b und σ_b. Wie groß ist die gesamte Polarisationsladung auf der Oberfläche? Wo befindet sich die kompensierende negative Polarisationsladung?

Aufgabe 4.36
An der Grenzfläche zwischen einem linearen Dielektrikum und einem anderen krümmen sich die elektrischen Feldlinien (siehe Abbildung 4.34). Zeigen Sie, dass

$$\tan\theta_2/\tan\theta_1 = \varepsilon_2/\varepsilon_1\,, \tag{4.68}$$

vorausgesetzt, es gibt an der Grenzfläche keine *freien* Ladungen.

[*Anmerkung:* Gleichung 4.68 erinnert an das Snellius'sche Brechungsgesetz der Op-

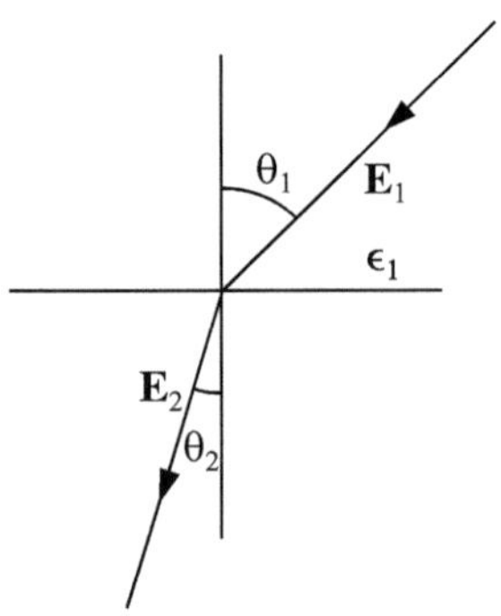

Abbildung 4.34

23 Interessanterweise klappt es mit *oszillierenden* Feldern; siehe K. T. McDonald, *Am. J. Phys.* **68**, 486 (2000).

tik. Würde eine konvexe „Linse“ aus dielektrischem Material das elektrische Feld eher „fokussieren“ oder „defokussieren“?]

! **Aufgabe 4.37**

Ein punktförmiger Dipol **p** befindet sich im Mittelpunkt einer Kugel eines linearen dielektrischen Materials (mit Radius R und Dielektrizitätszahl ε_r). Bestimmen Sie das elektrische Potential innerhalb und außerhalb der Kugel.

[*Antwort:*

$$\frac{p\cos\theta}{4\pi\varepsilon r^2}\left(1+2\frac{r^3}{R^3}\frac{(\varepsilon_\mathrm{r}-1)}{(\varepsilon_\mathrm{r}+2)}\right), \quad (r \leq R)\;; \quad \frac{p\cos\theta}{4\pi\varepsilon_0 r^2}\left(\frac{3}{(\varepsilon_\mathrm{r}+2)}\right), \quad (r \geq R)]$$

Aufgabe 4.38

Beweisen Sie den folgenden Eindeutigkeitssatz: Ein Volumen $\mathcal{V}$ enthält eine gegebene freie Ladungsverteilung und verschiedene Stücke linearer dielektrischer Materialien, deren Suszeptibilitäten jeweils gegeben sind. Ist das Potential an den Grenzflächen $\mathcal{S}$ von $\mathcal{V}$ festgelegt ($V = 0$ im Unendlichen wäre hinreichend) dann ist das Potential überall in $\mathcal{V}$ eindeutig bestimmt.

[*Hinweis*: Integrieren Sie $\nabla \cdot (V_3\mathbf{D}_3)$ über $\mathcal{V}$.]

Aufgabe 4.39

Eine leitende Kugel wird auf dem Potential V_0 gehalten. Sie befindet sich zur Hälfte in einem linearen dielektrischen Material der Suszeptibilität χ_e, welches das Gebiet $z < 0$ ausfüllt. (Abbildung 4.35).

Behauptung: Das Potential ist überall genau dasselbe wie in Abwesenheit des Dielektrikums! Überprüfen Sie diese Behauptung anhand der folgenden Schritte:

a. Schreiben Sie die Formel für das gesuchte Potential $V(r)$ in Abhängigkeit von V_0, R und r. Bestimmen Sie damit das Feld, die Polarisation, die Polarisationsladung und die Verteilung der freien Ladungen auf der Kugel.

b. Zeigen Sie, dass die gesamte Ladungsverteilung tatsächlich das Potential $V(r)$ hervorruft.

c. Wenden Sie den Eindeutigkeitssatz aus Aufgabe 4.38 an, um die Argumentation zu vervollständigen.

d. Könnten Sie die Konfiguration in Abbildung 4.36 mit demselben Potential berechnen? Falls nicht, erläutern Sie warum.

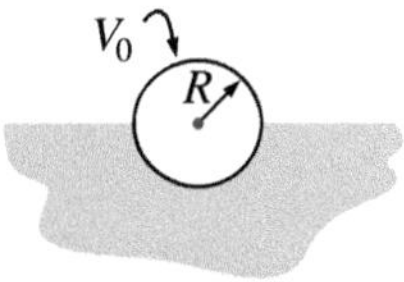

Abbildung 4.35

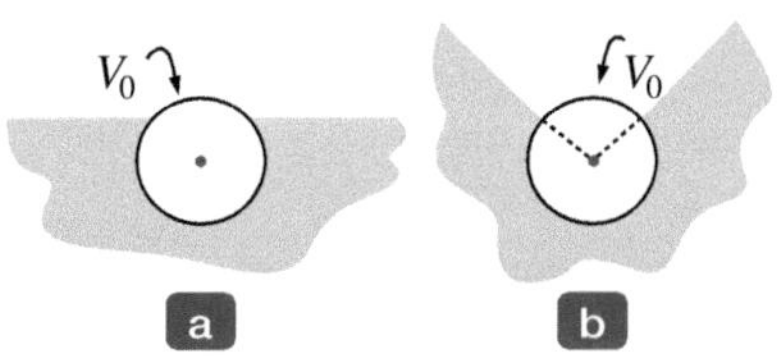

Abbildung 4.36

Aufgabe 4.40

Gemäß Gleichung 4.5 ist die Kraft, die auf einen einzelnen Dipol wirkt, $(\mathbf{p} \cdot \nabla)\mathbf{E}$. Die *Nettokraft* auf ein dielektrisches Objekt ist daher

$$\mathbf{F} = \int (\mathbf{P} \cdot \nabla)\, \mathbf{E}_{\text{extern}}\, \mathrm{d}\tau \,. \tag{4.69}$$

[Hier ist $\mathbf{E}_{\text{extern}}$ das Feld von allem *mit Ausnahme* des Dielektrikums. Sie vermuten vielleicht, dass sie genauso gut das *gesamte* Feld verwenden könnten, denn schließlich kann das Dielektrikum keine Kraft *auf sich selbst* ausüben. Weil allerdings das Feld eines Dielektrikums am Ort jeder Polarisations-Oberflächenladung unstetig ist, führt die Ableitung auf eine falsche Deltafunktion; es ist am besten, sich mit $\mathbf{E}_{\text{extern}}$ abzufinden.] Bestimmen Sie mithilfe von Gleichung 4.69 die Kraft auf eine winzige Kugel mit Radius R, die aus einem linearen dielektrischen Material der Suszeptibilität χ_e besteht und sich in einer Entfernung s von einem dünnen Draht befindet, der eine gleichförmige Ladungsdichte λ trägt.

! **Aufgabe 4.41**

In einem linearen Dielektrikum ist die Polarisation proportional zum Feld $\mathbf{P} = \varepsilon_0 \chi_e \mathbf{E}$. Falls das Material aus Atomen (oder unpolaren Molekülen) besteht, ist das induzierte Dipolmoment eines jeden von ihnen ebenfalls proportional zum Feld $\mathbf{p} = \alpha\mathbf{E}$.

Frage: Welche Beziehung besteht zwischen der atomaren Polarisierbarkeit α und der Suszeptibilität χ_e?

Da $\mathbf{P}$ (das Dipolmoment pro Einheitsvolumen) gleich $\mathbf{p}$ (den Dipolmoment pro Atom) mal N (der Anzahl der Atome pro Einheitsvolumen) ist, also $\mathbf{P} = N\mathbf{p} = N\alpha\mathbf{E}$, liegt es nahe zu behaupten, dass

$$\chi_e = \frac{N\alpha}{\varepsilon_0} \,. \tag{4.70}$$

Tatsächlich ist das gar nicht so weit hergeholt, sofern die Dichte gering ist. Bei näherem Hinsehen zeigt sich jedoch ein gewisses Problem, denn das Feld $\mathbf{E}$ in Gleichung 4.30 ist das *gesamte makroskopische Feld* im Medium. Das Feld in Gleichung 4.1 wird dagegen von allem anderen verursacht, *mit Ausnahme* des Atoms, das gerade betrachtet wird (die Polarisierbarkeit war für ein isoliertes Atom definiert, das einem bestimmten äußeren Feld ausgesetzt ist). Bezeichnen Sie dieses Feld mit $\mathbf{E}_{\text{sonstig}}$. Nehmen Sie an, dass der Raum, der zu jedem Atom gehört, eine Kugel mit Radius R ist, und zeigen Sie, dass

$$\mathbf{E} = \left(1 - \frac{N\alpha}{3\varepsilon_0}\right) \mathbf{E}_{\text{sonstig}} \,. \tag{4.71}$$

Folgern Sie damit, dass

$$\chi_e = \frac{N\alpha/\varepsilon_0}{1 - N\alpha/3\varepsilon_0}$$

oder

$$\alpha = \frac{3\varepsilon_0}{N} \left(\frac{\varepsilon_r - 1}{\varepsilon_r + 2}\right) \,. \tag{4.72}$$

Gleichung 4.72 wird als **Clausius-Mossotti-Formel** bezeichnet. Wird sie in der Optik angewendet, heißt sie auch **Lorentz-Lorenz-Gleichung**.

Aufgabe 4.42

Überprüfen Sie die Clausius-Mossotti-Gleichung (Gleichung 4.72) für die in Tabelle 4.1 aufgelisteten Gase. (Die Dielektrizitätszahlen sind in Tabelle 4.2 aufgeführt. Die Dichten sind hier so gering, dass die Gleichungen 4.70 und 4.72 nicht zu unterscheiden sind. Experimentelle Daten, welche die Clausius-Mossotti-Korrektur bestätigen, finden Sie beispielsweise in Aufgabe 9.29 von Purcells *Elektrizität und Magnetismus*.)[24]

! **Aufgabe 4.43**

Die Clausius-Mossotti-Gleichung (Aufgabe 4.38) besagt, wie Sie die Suszeptibilität einer *nichtpolaren* Substanz in Abhängigkeit von der atomaren Polarisierbarkeit α berechnen müssen. Die Langevin-Gleichung besagt, wie Sie die Suszeptibilität einer *polaren* Substanz in Abhängigkeit vom permanenten molekularen Dipolmoment p berechnen müssen. Hier folgen die notwendigen Schritte:

a. Die Energie eines Dipols in einem äußeren Feld $\mathbf{E}$ beträgt $u = -\mathbf{p}\cdot\mathbf{E} = -pE\cos\theta$ (Gleichung 4.6). Dabei ist θ der übliche Polwinkel, wenn wir die z-Achse entlang von $\mathbf{E}$ ausrichten. Aufgrund der statistischen Mechanik ist die Wahrscheinlichkeit, dass ein gegebenes Molekül eines Materials im Gleichgewicht bei der absoluten Temperatur T die Energie u besitzt, proportional zum Boltzmann-Faktor:

$$\exp(-u/kT)\,.$$

Die mittlere Energie des Dipols ist daher

$$\langle u\rangle = \frac{\int u\,\mathrm{e}^{-(u/kT)}\,\mathrm{d}\Omega}{\int \mathrm{e}^{-(u/kT)}\,\mathrm{d}\Omega}\,,$$

wobei $\mathrm{d}\Omega = \sin\theta\,\mathrm{d}\theta\,\mathrm{d}\phi$ ist und die Integration über alle Orientierungen läuft ($\theta\colon 0 \to \pi$; $\phi\colon 0 \to 2\pi$). Zeigen Sie anhand dieser Formel, dass die Polarisation einer Substanz, die N Moleküle pro Einheitsvolumen enthält,

$$P = Np\left[\coth(pE/kT) - (kT/pE)\right] \tag{4.73}$$

ist. Dies ist die **Langevin-Formel**. Skizzieren Sie P/Np als Funktion von pE/kT.

b. Beachten Sie, dass bei großen Feldern bzw. geringen Temperaturen praktisch alle Moleküle in die gleiche Richtung weisen und das Material *nicht*linear ist. Allerdings ist kT meistens viel größer als pE. Zeigen Sie, dass in diesem Fall das Material linear *ist*, und berechnen Sie seine Suszeptibilität in Abhängigkeit von N, p, T und k. Berechnen Sie die Suszeptibilität von Wasser bei 20 °C und vergleichen Sie das Ergebnis mit dem experimentellen Wert in Tabelle 4.2. (Das Dipolmoment von Wasser beträgt $6{,}1\cdot 10^{-30}\,\mathrm{C}\cdot\mathrm{m}$.) Es gibt eine ziemliche Diskrepanz, denn wir haben erneut den Unterschied zwischen $\mathbf{E}$ und $\mathbf{E}_{\text{sonstig}}$ nicht beachtet. Bei Gasen geringer Dichte stimmen die Ergebnisse besser überein, denn dort ist die Differenz zwischen $\mathbf{E}$ und $\mathbf{E}_{\text{sonstig}}$ vernachlässigbar. Überprüfen Sie dies an Wasserdampf bei 100 °C und 1 atm.

24 E. M. Purcell, *Elektrizität und Magnetismus* (Berkeley Physik Kurs, Band 2), (Berlin: Springer, 4., neubearb. Auflage, 2001).

Magnetostatik

5

ÜBERBLICK

5.1 Die Lorentz-Kraft

5.1.1 Magnetfelder

Bislang haben wir das grundlegende Problem der klassischen Elektrodynamik formuliert: Wir haben eine Ansammlung von Ladungen $q_1, q_2, q_3, \ldots$ (die wir als „Quellladungen“ bezeichnen). Für diese Ladungen wollen wir die Kraft berechnen, die sie auf irgendwelche andere Ladungen Q ausüben (die „Testladungen“, siehe Abbildung 5.1). Nach dem Superpositionsprinzip genügt es, die Kraft einer *einzigen* Quellladung zu bestimmen – die Vektorsumme aller individuellen Kräfte bildet dann das Gesamtergebnis. Bislang haben wir uns mit dem einfachsten Fall, der *Elektrostatik*, befasst, in der sich die Quellladung *in Ruhe* befindet (was nicht für die Testladung gelten muss). Es ist nun an der Zeit, uns mit Kräften zu befassen, die von *bewegten* Ladungen ausgeübt werden.

Abbildung 5.1

Um Ihnen einen Eindruck von dem zu vermitteln, womit wir es zu tun haben, stellen Sie sich das folgende Beispiel vor: Zwei Drähte hängen mit wenigen Zentimetern Abstand von der Decke. Wenn ich einen Strom einschalte, der durch einen Draht nach unten und einen anderen nach oben läuft, entfernen sich die Drähte voneinander – sie stoßen sich ganz eindeutig ab (Abbildung 5.2a). Wie ist das zu verstehen? Sie könnten natürlich annehmen, dass die Batterie (oder was sonst den Strom liefert) die Drähte auflädt und die Kraft schlicht auf der elektrischen Abstoßung der Drähte beruht. Diese Erklärung wäre jedoch nicht richtig. Ich könnte eine Testladung in die Nähe dieser Drähte bringen, und auf die keine Kraft ausgeübt würde[1], denn die Drähte sind elektrisch neutral. (Es stimmt zwar, dass in ihnen Elektronen entlangfließen – denn dass *ist* ja ein Strom – aber in jedem beliebigen Abschnitt des Drahts sind ebenso viele ortsfeste positive Ladungen wie bewegte negative Ladungen vorhanden.) Darüber hinaus könnte ich meine Beispieldrähte so aufhängen, dass der Strom in *beiden* Drähten nach oben fließt (Abbildung 5.2b). In diesem Fall würden Sie feststellen, dass sich die Drähte *anziehen*.

Welche Kraft auch immer für die Anziehung paralleler Ströme und die Abstoßung antiparalleler Ströme verantwortlich ist, sie ist *keineswegs* elektrostatischer Natur. Wir sind zum ersten Mal *magnetischen* Kräften begegnet. Während eine *ortsfeste Ladung* in ihrer Umgebung nur ein elektrisches Feld **E** erzeugt, ruft eine *bewegte Ladung* ein zusätzliches magnetisches Feld **B** hervor. Übrigens sind magnetische Felder sogar viel leichter zu erkennen – alles was Sie brauchen, ist ein einfacher Kompass. Wie diese Geräte funktionieren, ist im Moment unwichtig. Es genügt zu

1 Ganz exakt stimmt das nicht; wir werden das in Aufgabe 7.43 sehen.

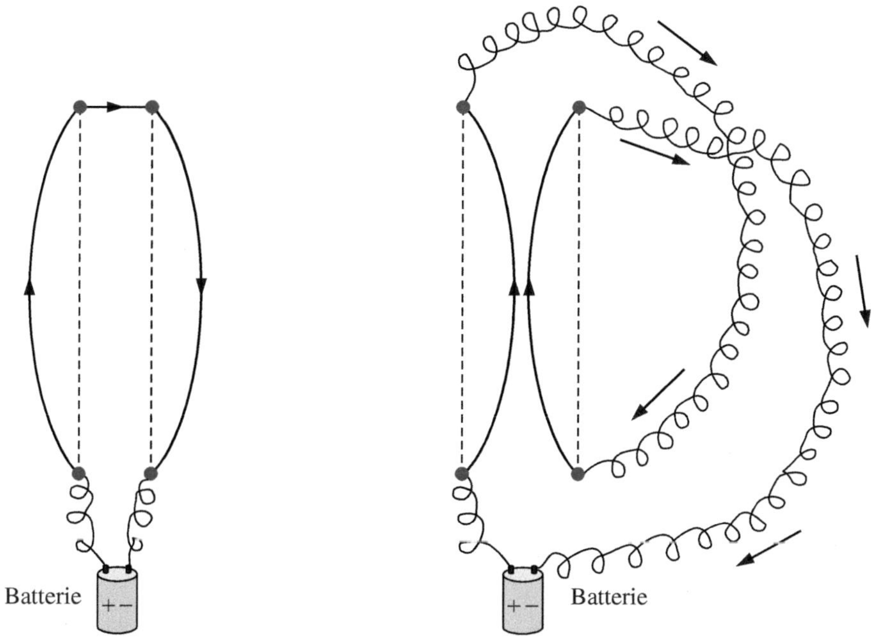

a Ströme in entgegengesetzte Richtungen – abstoßend

b Ströme in gleiche Richtungen – anziehend

Abbildung 5.2

wissen, dass die Nadel in Richtung eines lokalen magnetischen Felds weist. Üblicherweise ist dies, entsprechend dem *irdischen* Magnetfeld, die *Nordrichtung*. Im Labor, in dem die Felder meistens einige hundert Mal stärker sind als das natürliche Erdmagnetfeld, zeigt die Kompassnadel in die Richtung irgendeines vorhandenen Magnetfelds.

Wenn Sie nun einen winzigen Kompass in die Nähe eines stromführenden Drahts halten, werden Sie schnell etwas Merkwürdiges feststellen: Das Feld zeigt weder *auf den Draht zu* noch *vom Draht weg*, vielmehr *umkreist es den Draht*. Wenn Sie den Draht mit der rechten Hand umfassen, sodass der Daumen in Richtung des Stromflusses zeigt, krümmen sich Ihre Finger in Richtung des magnetischen Felds (Abbildung 5.3). Wie kann ein derartiges Feld eine anziehende Kraft auf einen nahegelegenen parallelen Strom ausüben? Beim zweiten Draht weist das Feld *in die Seite hinein* (Abbildung 5.4), der Geschwindigkeitsvektor deutet nach oben, und dennoch weist die anziehende Kraft *nach links*. Es ist schon ein seltsames Feld notwendig, um diese Richtungen zu erklären.

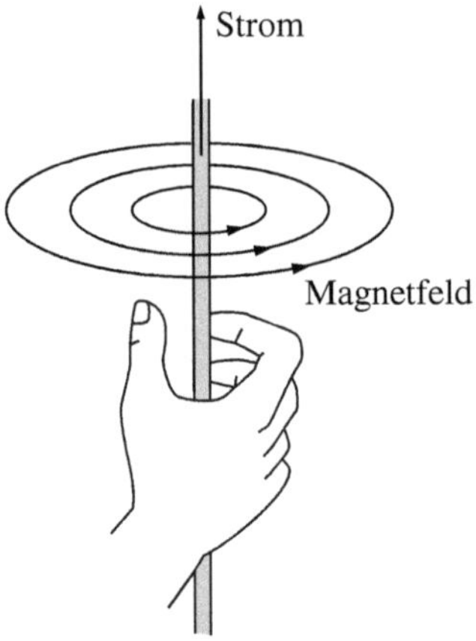

Abbildung 5.3

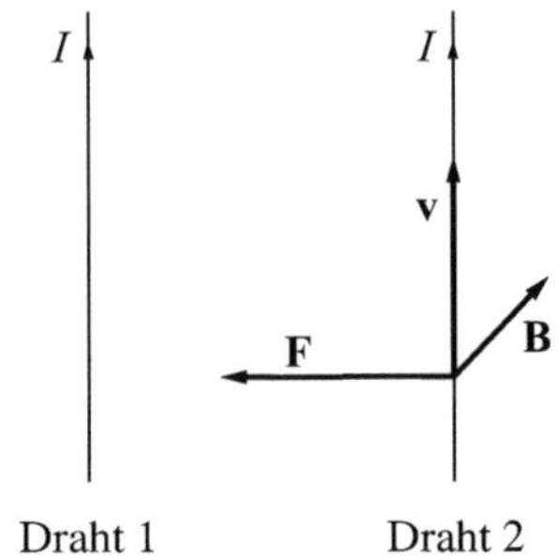

Abbildung 5.4

5.1.2 Magnetische Kräfte

Vielleicht ist Ihnen aufgefallen, dass die Richtungsvektoren in Abbildung 5.4 genau so kombiniert sind, dass sie einem Vektorprodukt entsprechen. Tatsächlich beträgt die magnetische Kraft auf eine Ladung Q, die sich mit der Geschwindigkeit $\mathbf{v}$ in einem magnetischen Feld $\mathbf{B}$ bewegt[2]

$$\mathbf{F}_{\text{mag}} = Q(\mathbf{v} \times \mathbf{B}) \ . \tag{5.1}$$

Sie wird als **Lorentz-Kraft** bezeichnet.[3] Liegen *sowohl* elektrische *als auch* magnetische Felder vor, beträgt die auf Q wirkende Nettokraft

$$\mathbf{F} = Q[\mathbf{E} + (\mathbf{v} \times \mathbf{B})] \ . \tag{5.2}$$

Ich behaupte natürlich nicht, dass ich Gleichung 5.1 *hergeleitet* hätte. Es handelt sich um ein grundlegendes Axiom der Theorie, dessen Rechtfertigung durch die Art von Experimenten erfolgen muss, die ich in Abschnitt 5.1.1 beschrieben habe. Unsere Hauptaufgabe besteht von nun an darin, das magnetische Feld $\mathbf{B}$ zu berechnen (und außerdem das elektrische Feld $\mathbf{E}$, dessen Bestimmung komplizierter wird, wenn sich die Quellladungen bewegen). Aber bevor wir weitermachen, wollen wir die Lorentz-Kraft selbst näher betrachten. Die Kraft gehorcht einem eigenartigen Gesetz und verursacht einige wirklich merkwürdige Teilchenbahnen.

2 Da $\mathbf{F}$ und $\mathbf{v}$ Vektoren sind, ist $\mathbf{B}$ eigentlich ein *Pseudovektor*, d. h., er kehrt sich nicht um, wenn $\mathbf{F}$ und $\mathbf{v}$ am Ursprung gespiegelt werden (also $\mathbf{F} \rightarrow -\mathbf{F}$, $\mathbf{v} \rightarrow -\mathbf{v}$).

3 Eigentlich geht sie auf Oliver Heaviside zurück.

Beispiel 5.1: Zyklotronbewegung

Ein geladenes Teilchen in einem magnetischen Feld bewegt sich normalerweise auf einer Kreisbahn, wobei das Magnetfeld die Zentripetalbeschleunigung liefert. In Abbildung 5.5 deutet ein gleichförmiges Magnetfeld in die Seite *hinein*. Bewegt sich die Ladung Q mit der Geschwindigkeit v auf einem Kreis mit Radius R gegen den Uhrzeigersinn, deutet die magnetische Kraft (5.1) nach *innen* und besitzt eine feste Größe QvB, die gerade ausreicht, die gleichförmige Kreisbewegung aufrechtzuerhalten:

$$QvB = m\frac{v^2}{R}\,, \quad \text{bzw.} \quad p = QBR\,. \tag{5.3}$$

Darin ist m die Teilchenmasse und $p = mv$ der Impuls des Teilchens. Gleichung 5.3 wird als **Zyklotrongleichung** bezeichnet, da sie die Bewegung eines Teilchens in einem Zyklotron – dem ersten modernen Teilchenbeschleuniger – beschreibt. Sie beschreibt zudem eine einfache experimentelle Technik zur Bestimmung des Teilchenimpulses: Senden Sie es durch ein Gebiet mit bekanntem Magnetfeld und messen Sie den Radius seiner Kreisbahn. Tatsächlich ist dies sogar die Standardmethode, um die Impulse von Elementarteilchen zu bestimmen.

Übrigens habe ich angenommen, dass sich die Ladungen in einer Ebene bewegen, die senkrecht auf $\mathbf{B}$ steht. Wenn die Ladung mit einer zusätzlichen Geschwindigkeitskomponente $v_\parallel$ in das Feld eintritt, die zu $\mathbf{B}$ parallel ist, wird diese Bewegungskomponente durch das Magnetfeld nicht beeinflusst, und das Teilchen bewegt sich auf einer Schraubenbahn (Abbildung 5.6). Der Radius ist immer noch durch Gleichung 5.3 gegeben, aber die fragliche Geschwindigkeit ist nun die auf $\mathbf{B}$ senkrechte Komponente $v_\perp$.

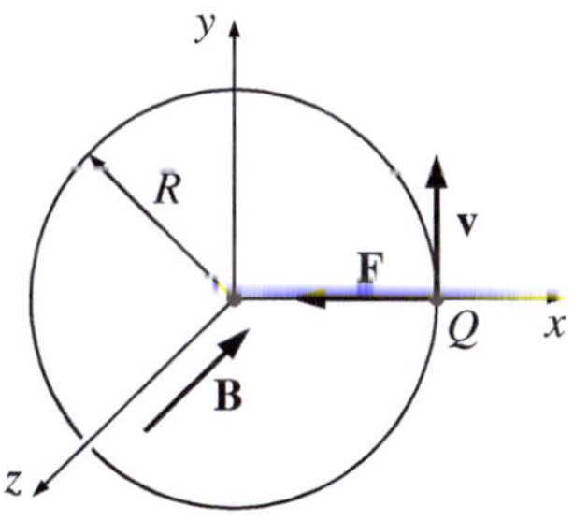

Abbildung 5.5

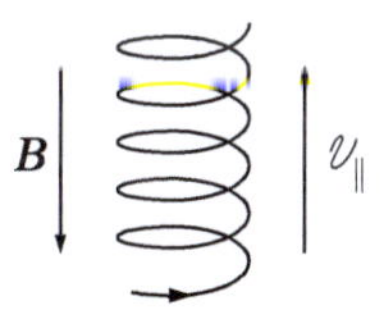

Abbildung 5.6

Beispiel 5.2: Bewegung auf einer Zykloide

Eine wesentlich exotischere Umlaufbahn erhalten wir, wenn wir ein gleichförmiges elektrisches Feld hinzufügen, das einen rechten Winkel mit dem Magnetfeld einschließt. Nehmen Sie beispielsweise an, dass **B**, wie in Abbildung 5.7 dargestellt, in x-Richtung und **E** in z-Richtung weist. Ein in Ruhe befindliches Teilchen wird am Ursprung freigesetzt. Welcher Bahn wird es folgen?

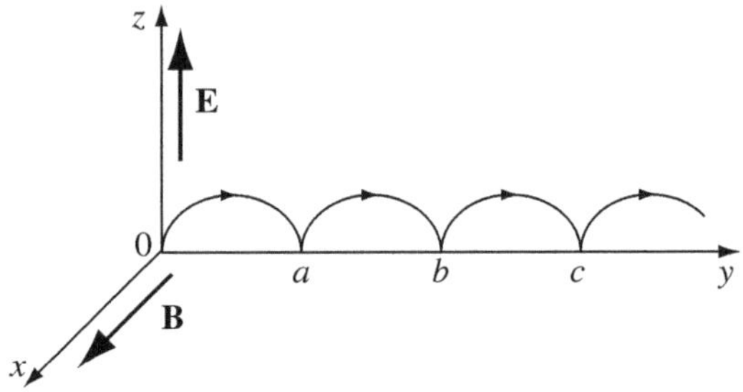

Abbildung 5.7

Lösung:

Lassen Sie uns das zunächst qualitativ durchdenken. Ursprünglich befindet sich das Teilchen in Ruhe. Die magnetische Kraft ist daher null, und die Beschleunigung des elektrischen Felds wirkt in z-Richtung. Sobald das Teilchen Geschwindigkeit aufnimmt, baut sich entsprechend Gleichung 5.1 eine magnetische Kraft auf, welche die Ladung nach rechts zieht. Je schneller dies erfolgt, desto stärker wird F_{mag}. Irgendwann bewegt sie das Teilchen zur y-Achse zurück. An diesem Punkt bewegt sich die Ladung *entgegengesetzt* zum elektrischen Feld und wird daher wieder langsamer. Die magnetische Kraft nimmt daher ab und die elektrische Kraft überwiegt, wodurch die Ladung in Abbildung 5.7 am Punkt a zur Ruhe kommt. Hier beginnt der gesamte Prozess von Neuem, wodurch das Teilchen zum Punkt b bewegt wird, usw.

Gehen wir das Ganze nun quantitativ an. Da es keine Kraft in x-Richtung gibt, kann der Ort des Teilchens zu jedem beliebigen Zeitpunkt t durch den Vektor $(0, y(t), z(t))$ beschrieben werden. Die Geschwindigkeit ist daher

$$\mathbf{v} = (0, \dot{y}, \dot{z})$$

(die Punkte sind die zeitlichen Ableitungen). Daher ist

$$\mathbf{v} \times \mathbf{B} = \begin{vmatrix} \hat{\mathbf{x}} & \hat{\mathbf{y}} & \hat{\mathbf{z}} \\ 0 & \dot{y} & \dot{z} \\ B & 0 & 0 \end{vmatrix} = B\dot{z}\hat{\mathbf{y}} - B\dot{y}\hat{\mathbf{z}}\,.$$

Nach Anwendung des zweiten Newton'schen Gesetzes wird daraus

$$\mathbf{F} = Q(\mathbf{E} + \mathbf{v} \times \mathbf{B}) = Q(E\hat{\mathbf{z}} + B\dot{z}\hat{\mathbf{y}} - B\dot{y}\hat{\mathbf{z}}) = m\mathbf{a} = m(\ddot{y}\hat{\mathbf{y}} + \ddot{z}\hat{\mathbf{z}})\ .$$

Beispiel 5.2 (Fortsetzung)

Wenn wir die $\hat{\mathbf{y}}$- und $\hat{\mathbf{z}}$-Komponenten unabhängig voneinander behandeln, erhalten wir

$$QB\dot{z} = m\ddot{y}\,, \quad QE - QB\dot{y} = m\ddot{z}\,.$$

Aus Bequemlichkeit definieren wir

$$\omega \equiv \frac{QB}{m}\,. \tag{5.4}$$

(Dies ist die **Zyklotronfrequenz**, mit der das Teilchen in Abwesenheit irgendeines elektrischen Felds kreisen würde.) Dann haben die Bewegungsgleichungen die Form

$$\ddot{y} = \omega\dot{z}\,, \quad \ddot{z} = \omega\left(\frac{E}{B} - \dot{y}\right)\,. \tag{5.5}$$

Ihre allgemeine Lösung[4] lautet

$$\begin{aligned} y(t) &= C_1 \cos\omega t + C_2 \sin\omega t + (E/B)\,t + C_3\,, \\ z(t) &= C_2 \cos\omega t - C_1 \sin\omega t + C_4\,. \end{aligned} \tag{5.6}$$

Das Teilchen hat aber seine Bewegung im Ursprung ($y(0) = z(0) = 0$) aus dem Ruhezustand ($\dot{y}(0) = \dot{z}(0) = 0$) heraus begonnen. Diese vier Bedingungen legen die Konstanten C_1, C_2, C_3, und C_4 fest:

$$y(t) = \frac{E}{\omega B}(\omega t - \sin\omega t)\,, \quad z(t) = \frac{E}{\omega B}(1 - \cos\omega t)\,. \tag{5.7}$$

In dieser Form ist das Ergebnis nicht besonders aufschlussreich. Wenn wir jedoch

$$R \equiv \frac{E}{\omega B} \tag{5.8}$$

setzen und Sinus sowie Kosinus durch Anwendung der trigonometrischen Beziehung $\sin^2\omega t + \cos^2\omega t = 1$ eliminieren, erhalten wir

$$(y - R\omega t)^2 + (z - R)^2 = R^2\,. \tag{5.9}$$

Dies ist die Gleichung eines *Kreises* mit Radius R, dessen Zentrum bei $(0, R\omega t, R)$ sich mit konstanter Geschwindigkeit

$$v = \omega R = \frac{E}{B} \tag{5.10}$$

in y-Richtung bewegt. Das Teilchen bewegt sich, als würde es sich auf der Außenseite eines Rads befinden, das sich mit Geschwindigkeit v entlang der y-Achse bewegt. Die auf diese Weise erzeugte Kurve wird als **Zykloide** (oder auch als *Radlaufkurve*) bezeichnet. Beachten Sie, dass die allgemeine Bewegung *nicht*, wie Sie vielleicht vermuten, in derselben Richtung wie $\mathbf{E}$ verläuft, sondern senkrecht dazu.

4 Diese gekoppelten Differentialgleichungen können einfach gelöst werden, indem man die erste differenziert und die zweite zum Eliminieren von $\ddot{z}$ verwendet.

Eine Eigenschaft des magnetischen Kraftgesetzes (Gleichung 5.1) hat besondere Aufmerksamkeit verdient:

Magnetfelder verrichten keine Arbeit.

Bewegt sich nämlich Q um die Strecke $d\mathbf{l} = \mathbf{v}\,dt$, dann ist die verrichtete Arbeit

$$dW_{\text{mag}} = \mathbf{F}_{\text{mag}} \cdot d\mathbf{l} = Q(\mathbf{v} \times \mathbf{B}) \cdot \mathbf{v}\,dt = 0\,. \tag{5.11}$$

Dies folgt aus der Tatsache, das $(\mathbf{v} \times \mathbf{B})$ senkrecht auf $\mathbf{v}$ steht; daher ist $(\mathbf{v} \times \mathbf{B}) \cdot \mathbf{v} = 0$. Magnetische Kräfte verändern die *Richtung*, in der sich ein Teilchen bewegt, allerdings können sie es weder beschleunigen noch abbremsen. Die Tatsache, dass magnetische Kräfte keine Arbeit verrichten, ist eine elementare und direkte Konsequenz der Lorentz-Kraft. Dennoch gibt es viele Situationen, in denen diese Aussage so unglaublich falsch *erscheint*, dass die eigenen Überzeugungen ins Wanken geraten. Hebt beispielsweise ein magnetischer Kran die Hülle eines verschrotteten Wagens empor, verrichtet ganz offensichtlich *irgendetwas* Arbeit. Es erscheint pervers abzustreiten, dass die magnetische Kraft dafür verantwortlich ist. Aber ob nun pervers oder nicht: Wir müssen das zurückweisen; es kann allerdings sehr schwierig werden genau herauszufinden, welche Kraft in solchen Fällen denn nun *wirklich* die Arbeit verrichtet. Im Verlauf dieses Buchs werde ich Ihnen verschiedene Beispiele zeigen.

Aufgabe 5.1

Ein Teilchen der Ladung q tritt in ein Gebiet ein, in dem sich ein gleichförmiges magnetisches Feld $\mathbf{B}$ befindet (das in die Seite *hinein* zeigt.) Das Feld lenkt das Teilchen, wie in Abbildung 5.8 dargestellt, in eine Entfernung d oberhalb der ursprünglichen Flugrichtung ab. Ist die Ladung positiv oder negativ? Bestimmen Sie den Impuls des Teilchens und drücken Sie ihn durch a, d, B und q aus.

Aufgabe 5.2

Bestimmen und skizzieren Sie die Flugbahn des Teilchens in Beispiel 5.2, sofern es sich im Ursprung mit der Geschwindigkeit

a. $\mathbf{v}(0) = (E/B)\hat{\mathbf{y}}$

b. $\mathbf{v}(0) = (E/2B)\hat{\mathbf{y}}$

c. $\mathbf{v}(0) = (E/B)(\hat{\mathbf{y}} + \hat{\mathbf{z}})$

bewegt.

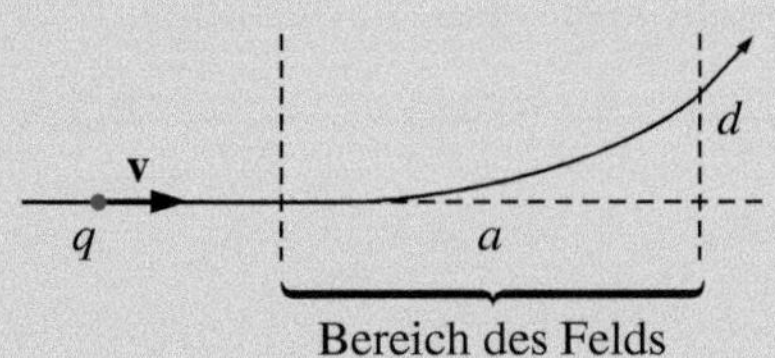

Abbildung 5.8

■ **Aufgabe 5.3**

1897 „entdeckte" J. J. Thomson das Elektron, indem er das Ladungs-Masse-Verhältnis von „Kathodenstrahlen" (bei denen es sich um Elektronenströme der Ladung q und Masse m handelt) folgendermaßen untersuchte:

Zuerst ließ er den Strahl durch gleichförmige, gekreuzte elektrische und magnetische Felder $\mathbf{E}$ und $\mathbf{B}$ gehen (die jeweils aufeinander sowie beide jeweils auf dem Strahl senkrecht standen). Danach veränderte er das elektrische Feld so lange, bis die Ablenkung auf null sank. Wie groß war die Geschwindigkeit der Teilchen (ausgedrückt durch E und B)?

Danach schaltete er das elektrische Feld ab und maß den Krümmungsradius R der Bahn, die allein durch die Ablenkung des Magnetfelds verursacht wurde. Welches Verhältnis von Ladung zu Masse (q/m), ausgedrückt durch E, B, und R, besitzen die Teilchen?

5.1.3 Ströme

Der **Strom** in einem Draht ist die *Ladung pro Zeiteinheit*, die einen gegebenen Punkt passiert. Per Definition zählen negative Ladungen, die sich nach links bewegen, genauso wie positive Ladungen, die sich nach rechts bewegen. Dies spiegelt bequemer die *physikalische* Tatsache wieder, dass fast alle Phänomene, an denen sich bewegende Ladungen beteiligt sind, von dem *Produkt* aus Ladung und Geschwindigkeit abhängen. Wenn Sie das Vorzeichen von q *und* $\mathbf{v}$ ändern, erhalten Sie dasselbe Resultat, daher ist das Vorzeichen nicht besonders wichtig. (Die Lorentz-Kraft ist ein typisches Beispiel. Der Hall-Effekt (Aufgabe 5.41) ist eine berüchtigte Ausnahme.) In der Praxis bewegen sich üblicherweise nur die negativ geladenen Elektronen – und zwar *entgegengesetzt* zur Richtung des elektrischen Stroms. Um die geringfügigen, damit verbundenen Abweichungen zu vermeiden, werde ich oft so tun, als würden sich die positiven Ladungen bewegen. Tatsächlich hat jeder fast einhundert Jahre lang genau das gedacht, nachdem Benjamin Franklin seine unglückliche Konvention eingeführt hatte.[5] Ströme werden in Coulomb pro Sekunde oder **Ampere** (A) gemessen:

$$1\,\mathrm{A} = 1\,\mathrm{C/s}\,. \tag{5.12}$$

Eine Linienladung λ, die sich entlang eines Drahts mit der Geschwindigkeit v bewegt (Abbildung 5.9), erzeugt den Strom

$$I = \lambda v\,, \tag{5.13}$$

denn ein Segment der Länge $v\Delta t$, das die Ladung $\lambda v \Delta t$ trägt, passiert während des Zeitintervalls Δt den Punkt P. Der Strom ist eigentlich ein *Vektor*:

$$\mathbf{I} = \lambda \mathbf{v}\,. \tag{5.14}$$

5 Würden wir das Elektron mit Plus und das Proton mit Minus bezeichnen, würde dieses Problem niemals auftreten. Im Zusammenhang von Franklins Experimenten mit Katzenfellen und Glasstäben war die Wahl völlig willkürlich.

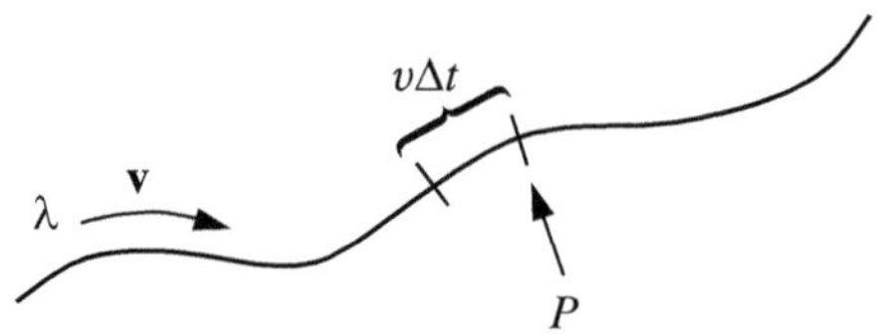

Abbildung 5.9

Da der Weg des Stroms von der Form des Drahts vorgegeben wird, kümmern sich die meisten nicht darum, den Vektorcharakter von **I** explizit darzustellen.[6] Wenn wir es aber mit Oberflächen- und Volumenströmen zu tun haben, können wir es uns nicht leisten, so schlampig zu sein. Damit die Notationen konsistent bleiben, werden wir den Vektorcharakter von Anfang an berücksichtigen. Ein neutraler Draht trägt natürlich genauso viele stationäre positive Ladungen wie bewegliche negative. Die ersteren tragen nicht zum Strom bei – die Ladungsdichte λ in Gleichung 5.13 bezieht sich nur auf die *bewegten* Ladungen. In den seltenen Fällen, in denen sich *beide* Ladungsarten bewegen, ist $\mathbf{I} = \lambda_+ \mathbf{v}_+ + \lambda_- \mathbf{v}_-$.

Die magnetische Kraft auf einen Abschnitt eines Strom führenden Drahts beträgt ganz offensichtlich

$$\mathbf{F}_{\text{mag}} = \int (\mathbf{v} \times \mathbf{B})\, \mathrm{d}q = \int (\mathbf{v} \times \mathbf{B})\, \lambda\, \mathrm{d}l = \int (\mathbf{I} \times \mathbf{B})\, \mathrm{d}l\,. \tag{5.15}$$

Da sowohl **I** als auch $\mathrm{d}l$ in dieselbe Richtung weisen, können wir dies ohne Weiteres folgendermaßen schreiben:

$$\mathbf{F}_{\text{mag}} = \int I\, (\mathrm{d}\mathbf{l} \times \mathbf{B})\ . \tag{5.16}$$

Typischerweise ist der Strom (genauer: sein Betrag, d. h. die Stromstärke) entlang des Drahts konstant. In diesem Fall kann I aus dem Integral herausgezogen werden.

$$\mathbf{F}_{\text{mag}} = I \int (\mathrm{d}\mathbf{l} \times \mathbf{B})\ . \tag{5.17}$$

Beispiel 5.3: Kraft auf eine stromführende Schleife

Eine rechteckige Drahtschleife, an der eine Masse m befestigt ist, hängt mit einem Ende vertikal in einem gleichförmigen Magnetfeld **B**, das im schraffierten Gebiet von Abbildung 5.10 in die Seite hineinreicht. Bei welchen Strom I in dieser Schleife würde die nach oben weisende magnetische Kraft die nach unten gerichtete Gravitationskraft genau ausgleichen?

6 Aus demselben Grund sprechen wir in der Regel vom Geschwindigkeitsbetrag, nicht dem Geschwindigkeitsvektor, wenn wir eine Lokomotive beschreiben, die sich auf festen Gleis bewegt.

Beispiel 5.3 (Fortsetzung)

Lösung:

Zunächst einmal muss der Strom im Uhrzeigersinn kreisen, damit $(\mathbf{I} \times \mathbf{B})$ im waagrechten Teil nach oben deutet. Die Kraft beträgt

$$F_{\mathrm{mag}} = IBa\,.$$

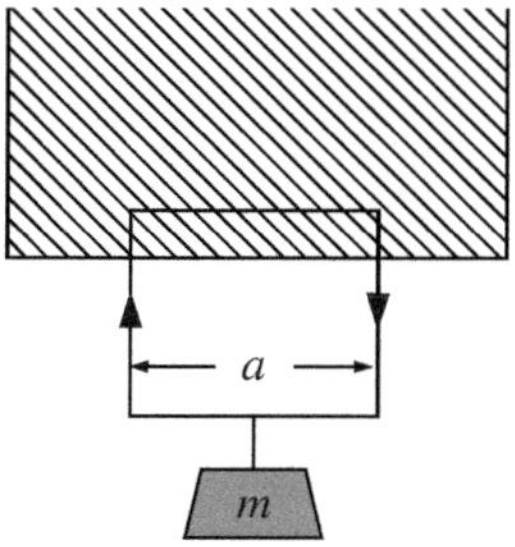

Abbildung 5.10

Hierbei ist a die Länge der Schleife. (Die magnetischen Kräfte auf den beiden vertikalen Abschnitten heben sich gegenseitig auf.) Da F_{mag} das Gewicht (mg) ausgleichen muss, gilt:

$$I = \frac{mg}{Ba}\,. \tag{5.18}$$

Das Gewicht *schwebt* dann einfach in der Luft.

Was geschieht, wenn wir nun den Strom *erhöhen*? Dann übersteigt die nach oben gerichtete magnetische Kraft die nach unten gerichtete Gravitation, die Schleife steigt empor und hebt das Gewicht an. *Irgendetwas* verrichtet also Arbeit, und es sieht sehr danach aus, als wäre die magnetische Kraft dafür verantwortlich. Tatsächlich neigen wir zu der Schreibweise

$$W_{\mathrm{mag}} = F_{\mathrm{mag}}h = IBah\,. \tag{5.19}$$

Hierbei ist h die Strecke, um welche die Schleife ansteigt. Wir wissen aber, dass magnetische Kräfte *niemals* Arbeit verrichten. Was geht hier also vor?

Wenn nun die Schleife nach oben steigt, bewegen sich die Ladungen nicht länger horizontal – die Geschwindigkeit weist nun, zusätzlich zur horizontalen Komponente w, eine nach oben gerichtete Komponente u auf – die Geschwindigkeit der Schleife (Abbildung 5.11), die vom Strom ($I = \lambda w$) herrührt. Die magnetische Kraft, die immer senkrecht auf der Geschwindigkeit steht, zeigt daher nicht mehr ausschließlich nach oben, sondern etwas zurück. Sie steht senkrecht auf der *Netto*verschiebung der Ladung (die in Richtung von $\mathbf{v}$ weist) und *verrichtet daher keine Arbeit an q*. Sie besitzt eine vertikale *Komponente* (qwB). Tatsächlich beträgt die vertikale Nettokraft auf alle Ladungen (λa) im oberen Abschnitt der Schleife (wie zuvor)

$$F_{\mathrm{vert}} = \lambda awB = IBa\,. \tag{5.20}$$

Beispiel 5.3 (Fortsetzung)

Nun existiert aber auch eine *horizontale* Komponente (quB), welche dem Stromfluss entgegengerichtet ist. Was auch immer dafür verantwortlich ist, dass dieser Strom aufrechterhalten bleibt, muss daher diese Ladungen gegen die rückwärts gerichtete Komponente der magnetischen Kraft *schieben.*

Die gesamte horizontale Kraft auf das obere Segment ist offenbar

$$F_{\text{hor}} = \lambda a u B\,. \tag{5.21}$$

In einer Zeit dt bewegen sich die Ladungen über die (horizontale) Entfernung $w\,dt$, daher beträgt die (vermutlich von einer Batterie oder einem Generator) geleistete Arbeit

$$W_{\text{Batterie}} = \lambda a B \int u w \, dt = IBah\,.$$

Dies entspricht genau dem, was wir in Gleichung 5.19 naiverweise der *magnetischen* Kraft zugesprochen haben. Wurde während dieses Prozesses Arbeit verrichtet? Aber ja! Wer *hat* sie verrichtet? Die Batterie! Welche Rolle hatte dann die magnetische Kraft dabei? Sie hat die horizontale Kraft der Batterie in eine *vertikale* Bewegung der Schleife und des Gewichts *umgelenkt.*[7]

Vielleicht hilft die Betrachtung einer mechanischen Analogie. Stellen Sie sich vor, Sie würden eine Kiste über eine reibungsfreie Rampe schieben, indem Sie horizontal mit einem Mopp dagegen drücken (Abbildung 5.12). Die Normalkraft (**N**) verrichtet keine Arbeit, weil Sie senkrecht auf der Verschiebung steht. Allerdings *besitzt* sie eine vertikale Komponente (die dafür verantwortlich ist, dass die Kiste nach oben geht) und eine (nach hinten gerichtete) horizontale Komponente (die Sie mit dem Mopp überwinden müssen). Wer verrichtet hier die Arbeit? Das sind natürlich *Sie* – und daher ist nicht (zumindest nicht direkt) die von Ihnen ausgeübte *Kraft* (die ausschließlich horizontal gerichtet ist) Ursache des Emporsteigens der Kiste. Die Normalkraft spielt dieselbe passive (aber entscheidende) Rolle wie die magnetische Kraft in Beispiel 5.3: Obwohl sie selbst keine Arbeit verrichtet, *lenkt* sie den Aufwand des aktiv Handelnden (Sie oder die Batterie, was immer passt) aus der Horizontalen in die Vertikale *um.*

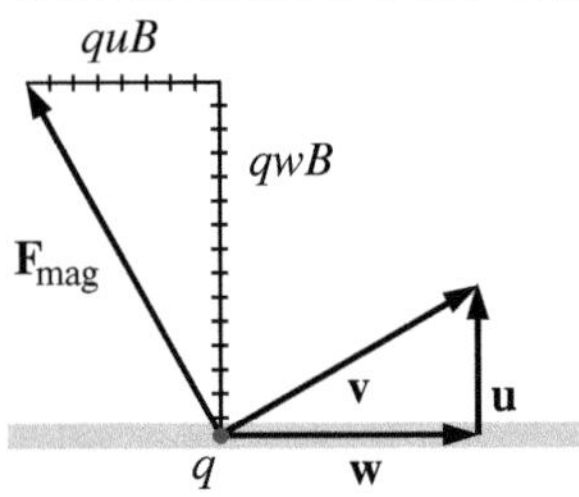

Abbildung 5.11

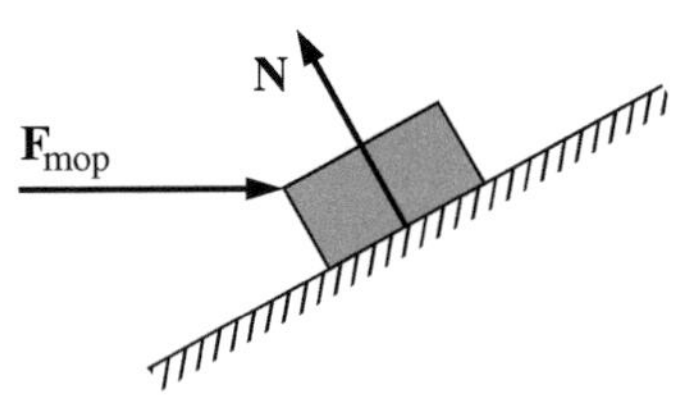

Abbildung 5.12

7 Wenn Sie wollen, hebt die *vertikale* Komponente von $\mathbf{F}_{\text{mag}}$ die Schleife an, aber die *horizontale* Komponente verrichtet gleiche *negative* Arbeit, die dem Strom entgegenwirkt. Wie auch immer Sie sich die Sache anschauen: die *Nettoarbeit* der magnetischen Kraft ist null.

Fließt Ladung über eine Oberfläche, beschreiben wir sie mit der **Oberflächenstromdichte K**, die wir folgendermaßen definieren wollen: Stellen Sie sich ein „Band" der infinitesimalen Dicke $\mathrm{d}l_\perp$ vor, das sich parallel zum Fluss erstreckt (Abbildung 5.13). Beträgt der Strom in diesem Band $\mathrm{d}\mathbf{I}$, dann ist die Oberflächenstromdichte

$$\mathbf{K} \equiv \frac{\mathrm{d}\mathbf{I}}{\mathrm{d}l_\perp} . \tag{5.22}$$

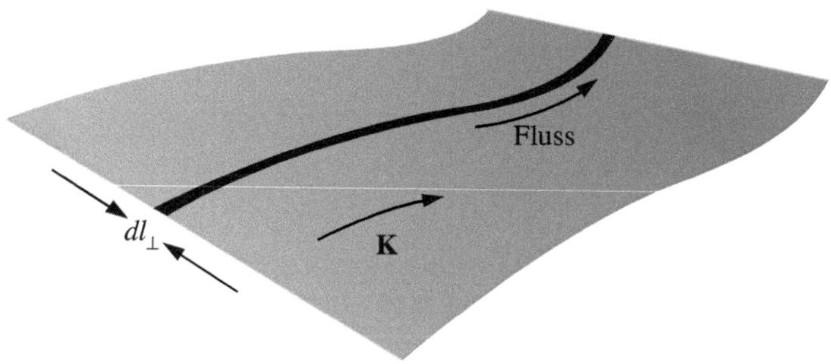

Abbildung 5.13

In Worten ist **K** der *Strom pro Längeneinheit senkrecht zur Flussrichtung*. Ist insbesondere die (bewegte) Oberflächenladungsdichte σ und die Geschwindigkeit **v**, dann ist

$$\mathbf{K} = \sigma\mathbf{v} . \tag{5.23}$$

Im Allgemeinen wird sich **K** auf der Oberfläche von Punkt zu Punkt verändern und dadurch Veränderungen in σ oder **v** widerspiegeln. Die magnetische Kraft auf den Oberflächenstrom ist

$$\mathbf{F}_{\text{mag}} = \int (\mathbf{v} \times \mathbf{B})\,\sigma\,\mathrm{d}a = \int (\mathbf{K} \times \mathbf{B})\,\mathrm{d}a . \tag{5.24}$$

Warnung: Genau wie **E** an einer Oberflächen*ladung* eine Unstetigkeit aufweist, besitzt auch **B** eine Unstetigkeit in einem Oberflächen*strom*. In Gleichung 5.24 müssen Sie darauf achten, das mittlere Feld zu benutzen, genau wie wir das in Abschnitt 2.5.3 gemacht haben.

Wenn der Ladungsfluss über ein dreidimensionales Gebiet verschmiert ist, bezeichnen wir den Fluss als **Volumenstromdichte J**, die folgendermaßen definiert ist: Stellen Sie sich eine Röhre mit infinitesimalem Querschnitt $\mathrm{d}a_\perp$ vor, die in Abbildung 5.14 parallel zum Fluss verläuft. Ist der Strom in dieser Röhre $\mathrm{d}\mathbf{I}$, beträgt die

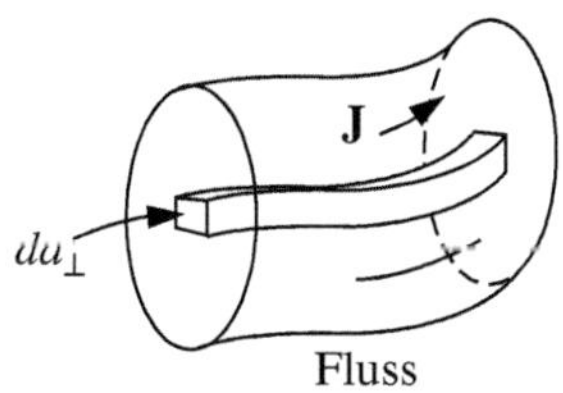

Abbildung 5.14

Volumenstromdichte

$$\mathbf{J} \equiv \frac{\mathrm{d}\mathbf{I}}{\mathrm{d}a_\perp} . \tag{5.25}$$

In Worten ist **J** der *Strom pro Flächeneinheit senkrecht zum Fluss.* Beträgt die (bewegte) Volumenladungsdichte ρ und die Geschwindigkeit $\mathbf{v}$, dann ist

$$\mathbf{J} = \rho\mathbf{v} . \tag{5.26}$$

Die magnetische Kraft auf einen Volumenstrom ist daher

$$\mathbf{F}_{\mathrm{mag}} = \int (\mathbf{v} \times \mathbf{B})\, \rho\, \mathrm{d}\tau = \int (\mathbf{J} \times \mathbf{B})\, \mathrm{d}\tau . \tag{5.27}$$

Beispiel 5.4: Volumenstromdichte

1. Ein Strom I ist gleichförmig auf einem Draht mit kreisförmigem Querschnitt und Radius a verteilt (Abbildung 5.15). Bestimmen Sie die Volumenstromdichte J.

Lösung:

Die auf dem Fluss senkrecht stehende Fläche beträgt πa^2, daher gilt

$$J = \frac{I}{\pi a^2} .$$

Da die Stromdichte gleichförmig ist, war dies einfach.

2. Nehmen Sie an, die Stromdichte im Draht sei proportional zur Entfernung von der Mittelachse

$$J = ks$$

(mit irgendeiner Konstanten k). Bestimmen Sie den gesamten Strom innerhalb des Drahts.

Lösung:

Weil sich J mit s verändert, müssen wir Gleichung 5.25 *integrieren*. Der Strom im schraffierten Gebiet (Abbildung 5.16) ist $J\,\mathrm{d}a_\perp$ und $\mathrm{d}a_\perp = s\,\mathrm{d}s\,\mathrm{d}\varphi$. Daher ist

$$I = \int (ks)(s\,\mathrm{d}s\,\mathrm{d}\varphi) = 2\pi k \int_0^a s^2\,\mathrm{d}s = \frac{2\pi k a^3}{3} .$$

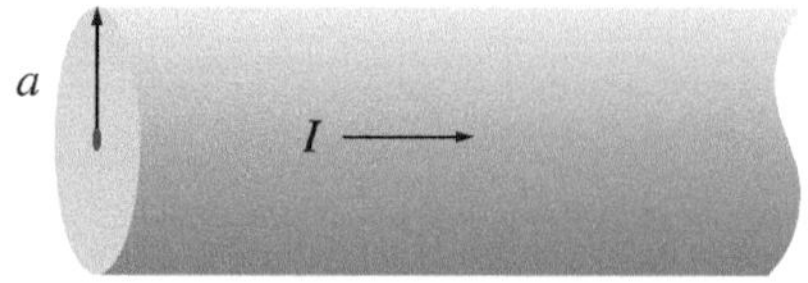

Abbildung 5.15

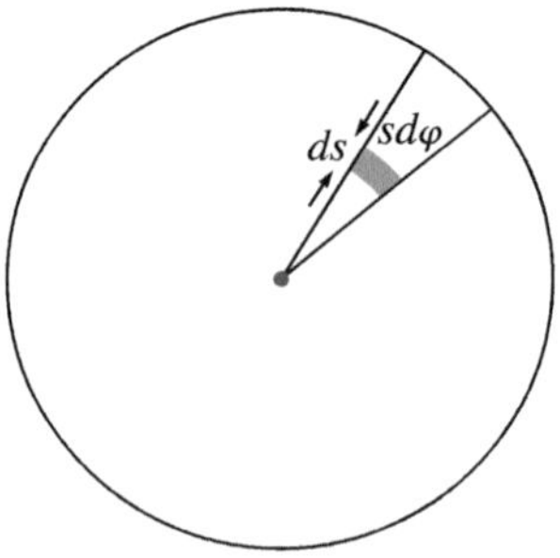

Abbildung 5.16

Gemäß Gleichung 5.25 kann der Strom, der durch eine Fläche $\mathcal{S}$ geht, in folgender Form geschrieben werden:

$$I = \int_{\mathcal{S}} J \, \mathrm{d}a_{\perp} = \int_{\mathcal{S}} \mathbf{J} \cdot \mathrm{d}\mathbf{a} \,. \tag{5.28}$$

(Das Punktprodukt dient dazu, auf einfache Weise die geeignete Komponente von d**a** auszuwählen.) Insbesondere ist die gesamte Ladung, die pro Zeiteinheit ein Volumen $\mathcal{V}$ verlässt,

$$\oint_{\mathcal{S}} \mathbf{J} \, \mathrm{d}\mathbf{a} = \int_{\mathcal{V}} (\boldsymbol{\nabla} \cdot \mathbf{J}) \, \mathrm{d}\tau \,.$$

Weil die Ladung erhalten bleibt, muss alles, was durch die Oberfläche hinaus fließt, auf Kosten dessen gehen, das im Inneren verbleibt:

$$\int_{\mathcal{V}} (\boldsymbol{\nabla} \cdot \mathbf{J}) \, \mathrm{d}\tau = -\frac{\mathrm{d}}{\mathrm{d}t} \int_{\mathcal{V}} \rho \, \mathrm{d}\tau = -\int_{\mathcal{V}} \left(\frac{\partial \rho}{\partial t} \right) \mathrm{d}\tau \,.$$

(Das Minuszeichen spiegelt die Tatsache wieder, dass ein *nach außen* gerichteter Fluss die im Volumen $\mathcal{V}$ verbliebene Ladung *verringert*.) Da dies für *jedes* Volumen gilt, dürfen wir schließen, dass

$$\boldsymbol{\nabla} \cdot \mathbf{J} = -\frac{\partial \rho}{\partial t} \,. \tag{5.29}$$

Dies ist die exakte mathematische Aussage der lokalen Ladungserhaltung. Sie wird als **Kontinuitätsgleichung** bezeichnet.

Lassen Sie mich, für künftige Anwendungen, das „Wörterbuch" zusammenfassen, das wir implizit entwickelt haben, um Gleichungen in der geeigneten Form für Punkt-, Flächen- und Volumenströme darzustellen:

$$\sum_{i=1}^{n} (\,) q_i \mathbf{v}_i \sim \int_{\text{Linie}} (\,) \mathbf{I} \, \mathrm{d}l \sim \int_{\text{Fläche}} (\,) \mathbf{K} \, \mathrm{d}a \sim \int_{\text{Volumen}} (\,) \mathbf{J} \, \mathrm{d}\tau \,. \tag{5.30}$$

Diese Zusammenhänge, die analog zu den verschiedenen Ladungsverteilungen $q \sim \lambda \, \mathrm{d}l \sim \sigma \, \mathrm{d}a \sim \rho \, \mathrm{d}\tau$ sind, erzeugen aus dem ursprünglichen Gesetz der Lorentz-Kraft (5.1) die Gleichungen 5.15, 5.24 und 5.27.

■ Aufgabe 5.4

Nehmen Sie an, das Magnetfeld in irgendeinem Gebiet hätte die Form

$$\mathbf{B} = kz\hat{\mathbf{x}}$$

(wobei k eine Konstante ist). Bestimmen Sie die Kraft auf eine quadratische Schleife (mit Kantenlänge a), die sich in der y-z-Ebene befindet, deren Mittelpunkt im Ursprung liegt; durch die Schleife fließt ein Strom I, der im Gegenuhrzeigersinn fließt, wenn Sie entlang der x-Achse nach unten blicken.

Aufgabe 5.5

Ein Strom I fließt in einem Draht mit Radius a nach unten.

a. Wie lautet die Flächenstromdichte $\mathbf{K}$, wenn der Strom auf der Oberfläche gleichförmig verteilt ist?

b. Wie lautet $\mathbf{J}$, wenn der Strom so verteilt ist, dass die Volumenstromdichte umgekehrt proportional zur Entfernung von der Achse ist?

Aufgabe 5.6

a. Ein Phonograph zeichnet eine gleichförmige Dichte „statischer Elektrizität" σ auf. Er rotiert mit der Winkelgeschwindigkeit ω. Wie groß ist dann die Flächenstromdichte $\mathbf{K}$ in einer Entfernung r vom Mittelpunkt?

b. Eine gleichförmig geladene feste Kugel mit Radius R und Gesamtladung Q befindet sich mit ihrem Mittelpunkt im Ursprung und rotiert mit konstanter Winkelgeschwindigkeit ω um die z-Achse. Bestimmen Sie die Stromdichte $\mathbf{J}$ in irgendeinem Punkt (r, θ, φ) innerhalb der Kugel.

Aufgabe 5.7

Zeigen Sie für eine Anordnung von Ladungen und Strömen, die sich innerhalb eines Volumens $\mathcal{V}$ befinden, dass

$$\int_{\mathcal{V}} \mathbf{J}\,\mathrm{d}\tau = \mathrm{d}\mathbf{p}/\mathrm{d}t\,, \tag{5.31}$$

wobei $\mathbf{p}$ das gesamte Dipolmoment ist.

[*Hinweis*: Bestimmen Sie $\int_{\mathcal{V}} \nabla \cdot (x\mathbf{J})\,\mathrm{d}\tau$.]

5.2 Das Biot-Savart'sche Gesetz

5.2.1 Stationäre Ströme

Stationäre Ladungen erzeugen elektrische Felder, die zeitlich konstant bleiben – daher auch der Begriff **Elektrostatik**.[8] Stationäre Ströme erzeugen magnetische Felder, die zeitlich konstant sind. Die Theorie der stationären Ströme wird als **Magnetostatik** bezeichnet.

8 Tatsächlich müssen die Ladungen nicht notwendigerweise stationär sein. Vielmehr muss die Ladungsdichte in jedem Punkt konstant sein. Die Kugel aus Aufgabe 5.6b erzeugt beispielsweise das elektrostatische Feld $(1/4\pi\varepsilon_0)(Q/r^2)\hat{\mathbf{r}}$, obwohl sie rotiert, denn ρ hängt nicht von t ab.

Stationäre Ladungen ⇒ konstantes elektrisches Feld: Elektrostatik.
Stationäre Ströme ⇒ konstantes magnetisches Feld: Magnetostatik.

Unter **stationären Strömen** (seltener wird der Begriff *Dauerstrom* oder *stetiger Strom* verwendet) verstehe ich einen kontinuierlichen, zeitlich unveränderlichen Fluss von Ladungen, bei dem nirgendwo Ladungen angehäuft werden. Ein stationärer Strom hängt also nicht von der Zeit ab. Formal gelten Elektro- bzw. Magnetostatik für

$$\frac{\partial \rho}{\partial t} = 0\,, \quad \frac{\partial \mathbf{J}}{\partial t} = \mathbf{0} \tag{5.32}$$

an allen Orten zu allen Zeiten. Natürlich gibt es in der Praxis keine *echten* stationären Ströme, genauso wenig wie es *echte* stationäre Ladungen gibt. In diesem Sinne beschreiben sowohl Elektrostatik als auch Magnetostatik künstliche Welten, die nur in Lehrbüchern existieren. Allerdings stellen sie hilfreiche Näherungen dar, solange die tatsächlichen Schwankungen nicht allzu groß werden. Tatsächlich lässt sich die Magnetostatik sehr gut auf Ströme im Haushalt anwenden, die 50 Mal pro Sekunde schwingen!

Beachten Sie, dass eine *bewegte Punktladung keinesfalls einen stationären Strom erzeugen kann*. Sie ist in einem Moment hier, im nächsten ist sie schon wieder verschwunden. Das bedeutet *Ihnen* vielleicht nicht viel, bereitet *mir* aber großes Kopfzerbrechen. Ich habe jedes Thema der Elektrostatik mit dem einfachsten Fall einer ruhenden Punktladung begonnen. Diesen habe ich mittels des Superpositionsprinzips auf beliebige Ladungsverteilungen verallgemeinert. Diese Vorgehensweise steht uns in der Magnetostatik nicht mehr zur Verfügung, weil eine bewegte Punktladung überhaupt kein statisches Feld erzeugt. Wir sind daher *gezwungen*, uns von Anfang an mit ausgedehnten Stromverteilungen zu befassen und werden daher mühsamere Wege beschreiten müssen.

Fließt ein stationärer Strom durch einen Draht, dann muss seine Stärke I überall in der Leitung gleich sein, ansonsten würden sich irgendwo Ladungen ansammeln, und es wäre kein stationärer Strom mehr. Aus dem gleichen Grund ist in der Magnetostatik $\partial\rho/\partial t = 0$. Daher wird aus der Kontinuitätsgleichung (5.29)

$$\nabla \cdot \mathbf{J} = 0\,. \tag{5.33}$$

5.2.2 Das Magnetfeld eines stationären Stroms

Das magnetische Feld eines stationären linienförmigen Stroms wird durch das **Biot-Savart'sche Gesetz** gegeben:

$$\mathbf{B}(\mathbf{r}) = \frac{\mu_0}{4\pi}\int \frac{\mathbf{I}\times\hat{\boldsymbol{\mathscr{r}}}}{\mathscr{r}^2}\,\mathrm{d}l' = \frac{\mu_0}{4\pi}I\int \frac{\mathrm{d}\mathbf{l}'\times\hat{\boldsymbol{\mathscr{r}}}}{\mathscr{r}^2}\,. \tag{5.34}$$

Die Integration läuft in Richtung des Flusses entlang des Wegs, den der Strom nimmt. $\mathrm{d}\mathbf{l}'$ ist ein längenartiges Element entlang des Drahts (und wird bisweilen als Stromelement bezeichnet), und $\boldsymbol{\mathscr{r}}$ ist wie immer der Vektor zwischen dem Anfangspunkt

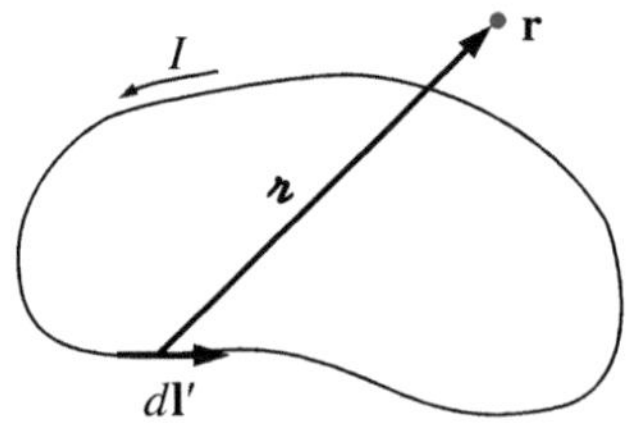

Abbildung 5.17

zum Punkt **r** (Abbildung 5.17). Die Konstante μ_0 wird als **Permeabilität des leeren Raums** bezeichnet:[9]

$$\mu_0 = 4\pi \cdot 10^{-7}\,\mathrm{N/A^2}\,. \tag{5.35}$$

Diese Einheiten sind so gewählt, dass **B** selbst (wie vom Lorentz'schen Kraftgesetz gefordert) die Einheit Newton pro Amperemeter besitzt, die als **Tesla** (T) bezeichnet wird:[10]

$$1\,\mathrm{T} = 1\,\mathrm{N/(A \cdot m)}\,. \tag{5.36}$$

Als Ausgangspunkt der Magnetostatik spielt das Biot-Savart'sche Gesetz dieselbe Rolle wie das Coulomb'sche Gesetz in der Elektrostatik. Tatsächlich ist die $1/\mathscr{r}^2$-Abhängigkeit bei beiden dieselbe.

Beispiel 5.5: Magnetisches Feld eines langen Drahts

Bestimmen Sie das magnetische Feld in einer Entfernung s von einem langen geraden Draht, der den stationären Strom I trägt (Abbildung 5.18).

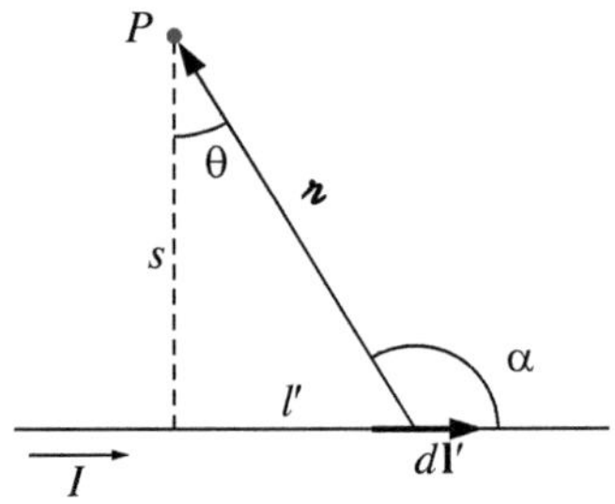

Abbildung 5.18

Lösung:

Im Diagramm zeigt $(\mathrm{d}\mathbf{l}' \times \hat{\boldsymbol{\mathscr{r}}})$ aus der Papierebene *heraus* und hat die Stärke

$$\mathrm{d}l' \sin\alpha = \mathrm{d}l' \cos\theta\,.$$

9 Dies ist ein exakter Wert und keine empirisch bestimmte Zahl. Die Permeabilität dient (über Gleichung 5.40) dazu, das Ampere zu definieren, das wiederum das Coulomb definiert.

10 Aus irgendwelchen Gründen wird die cgs-Einheit, das Gauß, öfter verwendet als die SI-Einheit. Die Umrechnung erfolgt durch 1 Tesla $= 10^4$ Gauß. Das Erdmagnetfeld beträgt etwa ein halbes Gauß. Ein einigermaßen starkes Magnetfeld im Labor hat ungefähr 10 000 Gauß.

Beispiel 5.5 (Fortsetzung)

Außerdem gilt $l' = s \tan\theta$, also ist

$$dl' = \frac{s}{\cos^2\theta} d\theta ,$$

und wegen $s = \mathscr{r} \cos\theta$ ist

$$\frac{1}{\mathscr{r}^2} = \frac{\cos^2\theta}{s^2} .$$

Daher gilt

$$\begin{aligned} B &= \frac{\mu_0 I}{4\pi} \int_{\theta_1}^{\theta_2} \left(\frac{\cos^2\theta}{s^2}\right)\left(\frac{s}{\cos^2\theta}\right) \cos\theta \, d\theta \\ &= \frac{\mu_0 I}{4\pi s} \int_{\theta_1}^{\theta_2} \cos\theta \, d\theta = \frac{\mu_0 I}{4\pi s}(\sin\theta_2 - \sin\theta_1) . \end{aligned} \tag{5.37}$$

Gleichung 5.37 liefert das Feld eines beliebigen geraden Drahtelements, ausgedrückt durch den Winkel bei Anfang und Ende θ_1 und θ_2 (Abbildung 5.19). Natürlich kann ein endliches Segment allein niemals einen stationären Strom tragen (denn wohin sollte die Ladung fließen, wenn sie das Ende erreicht?). Allerdings könnte es ein Teil irgendeines geschlossenen Stromkreises sein, und Gleichung 5.37 gibt dann seinen Beitrag zum gesamten Feld an. Im Fall eines unendlich langen Drahts ist $\theta_1 = -\pi/2$ und $\theta_2 = \pi/2$, dadurch erhalten wir

$$B = \frac{\mu_0 I}{2\pi s} . \tag{5.38}$$

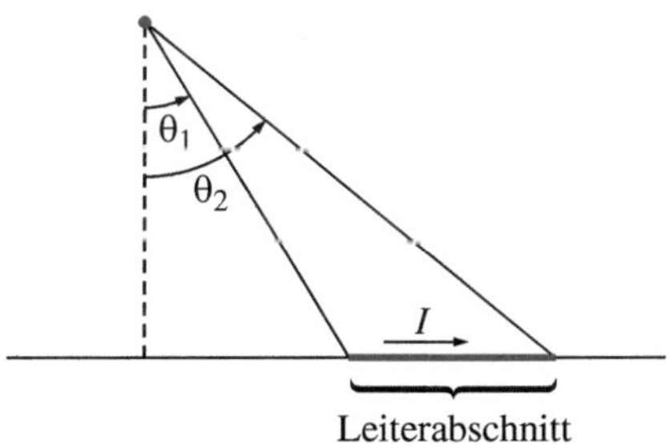

Abbildung 5.19

Beachten Sie, dass das Feld umgekehrt proportional zur Entfernung vom Draht ist – genau wie beim elektrischen Feld einer unendlich langen Linienladung. In der Region *unterhalb* des Drahts zeigt **B** in die Seite *hinein* und „kreist" im Allgemeinen, gemäß der früher genannten Rechte-Hand-Regel, um den Draht herum (Abbildung 5.3):

$$\mathbf{B} = \frac{\mu_0 I}{2\pi s} \hat{\boldsymbol{\phi}} \tag{5.39}$$

Beispiel 5.5 (Fortsetzung)

Als Anwendung wollen wir die Anziehungskraft zwischen zwei langen parallelen Drähten bestimmen, die sich in der Entfernung d befinden und die Ströme I_1 und I_2 tragen (Abbildung 5.20). Das Feld in (2) aufgrund von (1) beträgt

$$B = \frac{\mu_0 I_1}{2\pi d}$$

und zeigt in die Seite hinein. Die Lorentz-Kraft (Gleichung 5.17, in der Form, die für linienförmige Ströme gilt) sagt eine Kraft voraus, die auf (1) gerichtet ist und die Stärke

$$F = I_2 \left(\frac{\mu_0 I_1}{2\pi d} \right) \int \mathrm{d}l \,.$$

aufweist.

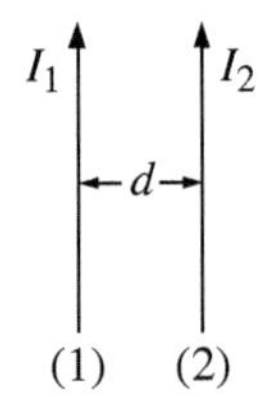

Abbildung 5.20

Die *gesamte* Kraft ist, was kaum überrascht, unendlich groß, allerdings beträgt die Kraft pro Längeneinheit

$$f = \frac{\mu_0}{2\pi} \frac{I_1 I_2}{d} \,. \tag{5.40}$$

Wenn die Ströme antiparallel sind (sie laufen dann in dem einen Draht nach oben, in dem anderen nach unten), dann wirkt die Kraft abstoßend – was wieder mit den qualitativen Beobachtungen in Abschnitt 5.1.1 übereinstimmt.

Beispiel 5.6: Magnetfeld einer Leiterschleife

Bestimmen Sie das Feld in der Entfernung z oberhalb des Mittelpunkts einer kreisförmigen Leiterschleife mit Radius R, die einen stationären Strom I trägt (Abbildung 5.21).

Lösung:

Das Feld $\mathrm{d}\mathbf{B}$, das mit dem Element $\mathrm{d}\mathbf{l}'$ zusammenhängt, hat die dargestellte Richtung. Während wir $\mathrm{d}\mathbf{l}'$ über die Leiterschleife integrieren, erzeugt $\mathrm{d}\mathbf{B}$ einen Kegel. Die horizontale Komponente hebt sich auf, und die vertikale Komponente überlagert sich zu

$$B(z) = \frac{\mu_0}{4\pi} I \int \frac{\mathrm{d}l'}{\mathscr{r}^2} \cos\theta \,.$$

(Beachten Sie, dass $\mathrm{d}\mathbf{l}'$ und $\hat{\boldsymbol{\mathscr{r}}}$ in diesem Fall senkrecht aufeinander stehen. Der Faktor $\cos\theta$ projiziert auf die vertikale Komponente.) Da $\cos\theta$ und $\mathscr{r}^2$ Konstan-

Beispiel 5.6 (Fortsetzung)

ten sind und $\int \mathrm{d}l'$ schlicht der Kreisumfang $2\pi R$ ist, gilt

$$B(z) = \frac{\mu_0}{4\pi} I \left(\frac{\cos\theta}{\mathscr{r}^2}\right) 2\pi R = \frac{\mu_0 I}{2} \frac{R^2}{\left(R^2+z^2\right)^{3/2}} . \tag{5.41}$$

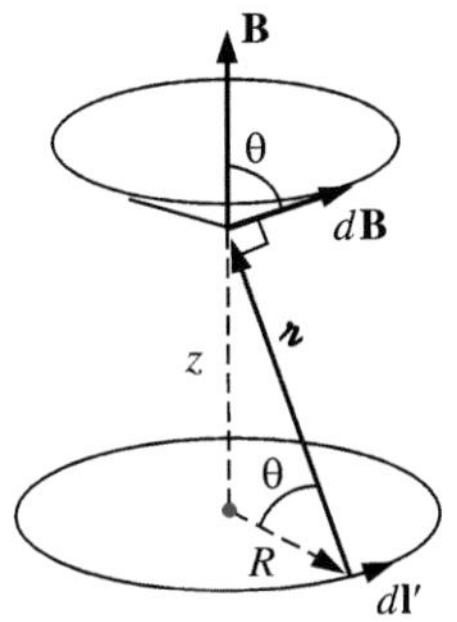

Abbildung 5.21

Für Oberflächen- und Volumenströme wird das Biot-Savart'sche Gesetz zu

$$\mathbf{B}(\mathbf{r}) = \frac{\mu_0}{4\pi} \int \frac{\mathbf{K}(\mathbf{r}') \times \hat{\boldsymbol{\mathscr{r}}}}{\mathscr{r}^2} \mathrm{d}a' \quad \text{bzw. zu} \quad \mathbf{B}(\mathbf{r}) = \frac{\mu_0}{4\pi} \int \frac{\mathbf{J}(\mathbf{r}') \times \hat{\boldsymbol{\mathscr{r}}}}{\mathscr{r}^2} \mathrm{d}\tau' . \tag{5.42}$$

Vielleicht wollen Sie nun die entsprechende Formel für eine bewegte Punktladung entsprechend unseres „Wörterbuchs" (Gleichung 5.30) hinschreiben,

$$\mathbf{B}(\mathbf{r}) = \frac{\mu_0}{4\pi} \frac{q\mathbf{v} \times \hat{\boldsymbol{\mathscr{r}}}}{\mathscr{r}^2} , \tag{5.43}$$

was aber schlicht *falsch* ist.[11] Wie ich bereits erwähnt habe, stellt eine Punktladung keinen stationären Strom dar und das Biot-Savart'sche Gesetz, das ja nur für stationäre Ströme gilt, gibt sein Feld nicht richtig wieder.

Übrigens gilt das Superpositionsprinzip bei magnetischen Feldern genauso wie bei elektrischen Feldern: Falls Sie eine *Ansammlung* von Strömen haben, ist das Nettofeld die (Vektor-)Summe aller einzeln betrachteten Felder.

■ **Aufgabe 5.8**

a. Bestimmen Sie das magnetische Feld im Mittelpunkt einer rechteckigen Schleife, die einen stationären Strom I trägt. Dabei ist R die Entfernung zwischen Mittelpunkt und Draht (Abbildung 5.22).

11 Ich sage das so klar und deutlich, um das Prinzip hervorzuheben. Eigentlich ist Gleichung 5.43 für nichtrelativistische Ladungen (mit $v \ll c$) *ungefähr* richtig, wenn Retardierung vernachlässigt werden kann (siehe Aufgabe 10.4).

b. Bestimmen Sie das Feld im Mittelpunkt eines regelmäßigen n-seitigen Polygons, das einen stationären Strom I trägt. Dabei ist R die Entfernung vom Mittelpunkt zu irgendeiner Seite.

c. Zeigen Sie, dass sich Ihre Formel im Grenzfall $n \to \infty$ auf das Feld reduziert, das im Mittelpunkt einer kreisförmigen Schleife herrscht.

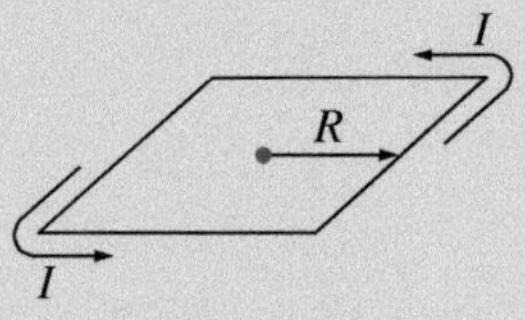

Abbildung 5.22

■ Aufgabe 5.9

Bestimmen Sie für jede der in Abbildung 5.23 dargestellten stationären Stromkonfigurationen das Feld im Punkt P.

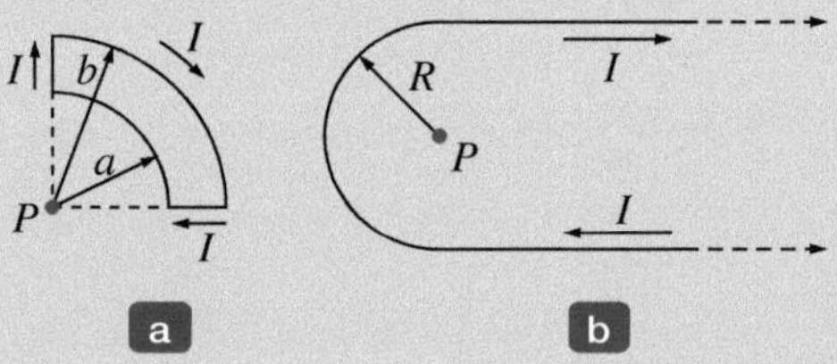

Abbildung 5.23

■ Aufgabe 5.10

a. Bestimmen Sie die Kraft auf die in Abbildung 5.24a dargestellte rechteckige Schleife, die sich in der Nähe eines unendlich langen geraden Drahts befindet. Sowohl Schleife als auch Draht tragen einen stationären Strom I.

b. Bestimmen Sie die Kraft auf die dreieckige Schleife aus Abbildung 5.24b.

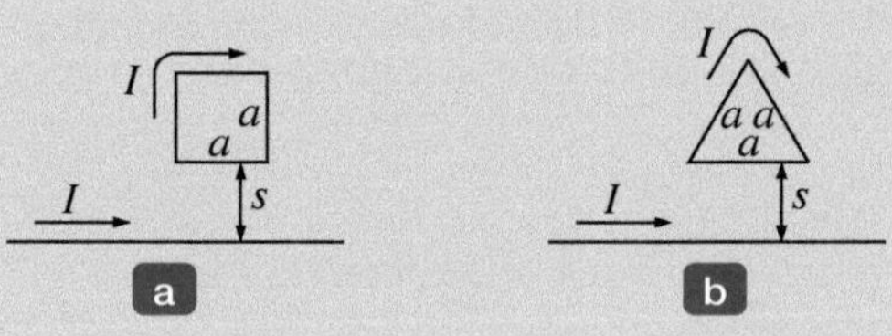

Abbildung 5.24

■ Aufgabe 5.11

Bestimmen Sie das magnetische Feld im Punkt P auf der Achse einer eng gewundenen Spule (mit schraubenförmiger Wicklung), die pro Längeneinheit n Wicklungen aufweist, um eine zylinderförmige Röhre mit Radius a gewickelt ist und einen Strom I trägt (Abbildung 5.25). Drücken Sie Ihr Ergebnis durch θ_1 und θ_2 aus (auf diese Weise ist es am einfachsten). Gehen Sie davon aus, dass die Wicklungen im Wesentlichen kreisrund sind, und benutzen Sie das Ergebnis aus Aufgabe 5.6. Welches Feld herrscht auf der Achse einer unendlich langen Spule (die sich in beide Richtungen unendlich weit fortsetzt)?

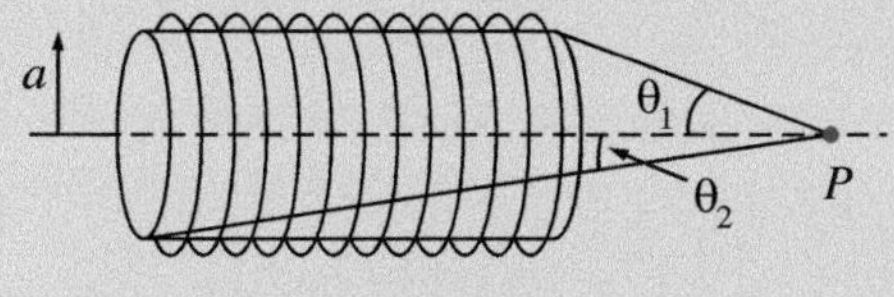

Abbildung 5.25

Aufgabe 5.12

Benutzen Sie das Ergebnis aus Beispiel 5.6, um das magnetische Feld am Mittelpunkt einer gleichförmig geladenen Kugelschale mit Radius R und Gesamtladung Q zu bestimmen, die sich mit konstanter Winkelgeschwindigkeit ω dreht.

Aufgabe 5.13

Nehmen Sie an, Sie hätten zwei unendlich lange Linienladungen λ, die sich in der Entfernung d befinden und sich mit konstanter Geschwindigkeit v bewegen (Abbildung 5.26). Wie groß müsste v sein, damit die magnetische Anziehungskraft die elektrische Abstoßung genau ausgleichen kann? Berechnen Sie den genauen Wert ... ist diese Geschwindigkeit sinnvoll?[12]

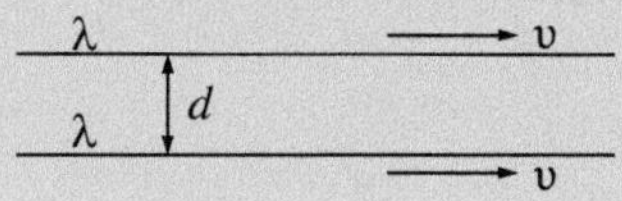

Abbildung 5.26

5.3 Divergenz und Rotation von B

5.3.1 Geradlinige Ströme

Das Magnetfeld eines unendlich langen geraden Drahts ist in Abbildung 5.27 dargestellt (der Strom fließt aus der Seite *heraus*). Auf den ersten Blick ist klar, dass die Rotation dieses Felds nicht null sein kann (so etwas werden Sie in einem *elektro*statischen Feld *nie* sehen). Gut, berechnen wir sie.

Gemäß Gleichung 5.38 ist das Integral von **B** über einem kreisförmigen Weg mit Radius s, dessen Mittelpunkt im Draht liegt:

$$\oint \mathbf{B} \cdot \mathrm{d}\mathbf{l} = \oint \frac{\mu_0 I}{2\pi s} \mathrm{d}l = \frac{\mu_0 I}{2\pi s} \oint \mathrm{d}l = \mu_0 I \,.$$

12 Wenn Sie sich bereits mit der speziellen Relativitätstheorie befasst haben, suchen Sie in dieser Aufgabe vielleicht nach Schwierigkeiten, die nicht wirklich vorhanden sind; λ und v werden beide im Laborbezugssystem gemessen, und daher handelt es sich um einfache Elektrostatik.

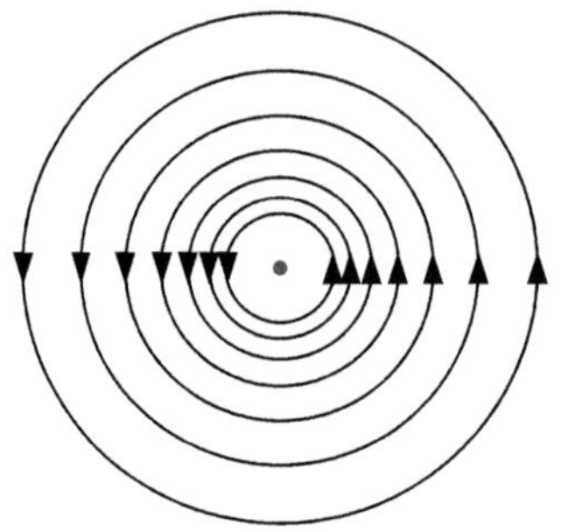

Abbildung 5.27

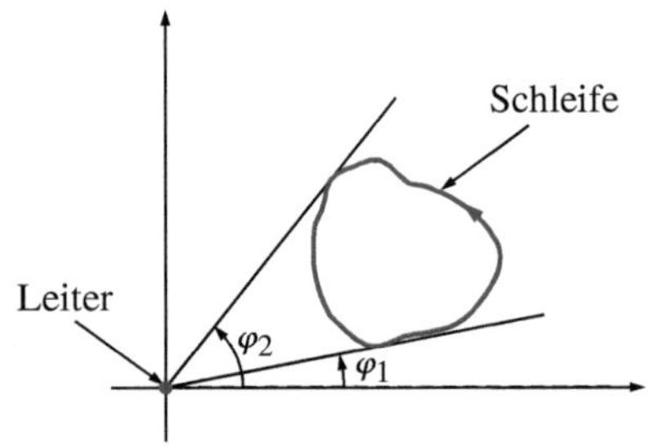

Abbildung 5.28

Beachten Sie, dass die Antwort nicht von s abhängt, denn B sinkt in demselben Maß, in dem der Kreisumfang zunimmt. Tatsächlich muss es nicht einmal ein Kreis sein. Jede *beliebige* Schleife, die den Draht umschließt, würde dasselbe Ergebnis liefern. Wenn wir nämlich Zylinderkoordinaten (s, φ, z) benutzen und der Strom sich in der z-Achse bewegt, ist

$$\mathbf{B} = \frac{\mu_0 I}{2\pi s}\hat{\boldsymbol{\varphi}} .$$

Mit $\mathrm{d}\mathbf{l} = \mathrm{d}s\hat{\mathbf{s}} + s\mathrm{d}\varphi\hat{\boldsymbol{\varphi}} + \mathrm{d}z\hat{\mathbf{z}}$ ist daher

$$\oint \mathbf{B}\cdot \mathrm{d}\mathbf{l} = \frac{\mu_0 I}{2\pi}\oint \frac{1}{s} s\,\mathrm{d}\varphi = \frac{\mu_0 I}{2\pi}\int_0^{2\pi} \mathrm{d}\varphi = \mu_0 I .$$

Hier wird vorausgesetzt, dass die Schleife den Draht genau einmal umrundet. Würde sie ihn zweimal umkreisen, würde φ von 0 bis 4π gehen. Wenn Sie den Draht überhaupt nicht umschließen würde, dann würde φ von φ_1 nach φ_2 und wieder zurückgehen, wobei $\int \mathrm{d}\varphi = 0$ ist (Abbildung 5.28).

Nehmen Sie nun an, wir hätten ein ganzes *Bündel* gerader Drähte. Jeder Draht, der durch unsere Schleife geht, trägt $\mu_0 I$ bei, während die außerhalb liegenden keinen Beitrag liefern (Abbildung 5.29). Das Linienintegral lautet daher

$$\oint \mathbf{B}\cdot \mathrm{d}\mathbf{l} = \mu_0 I_{\mathrm{eing}} , \tag{5.44}$$

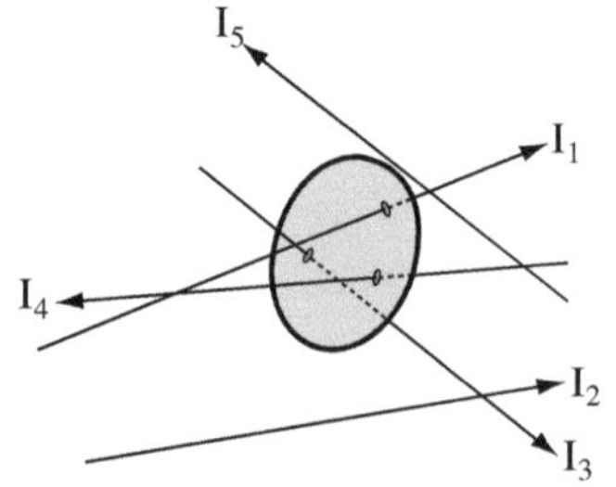

Abbildung 5.29

wobei I_{eing} der gesamte Strom ist, der vom Integrationsweg umschlossen wird. Sofern der Ladungsfluss durch eine Volumenstromdichte **J** wiedergegeben wird, beträgt der umschlossene Strom:

$$I_{\text{eing}} = \int \mathbf{J} \cdot d\mathbf{a}\,, \tag{5.45}$$

und das Integral wird über eine Fläche genommen, die von der Schleife umgeben wird. Wenden wir den Stokes'schen Satz auf Gleichung 5.44 an, dann erhalten wir

$$\int (\nabla \times \mathbf{B}) \cdot d\mathbf{a} = \mu_0 \int \mathbf{J} \cdot d\mathbf{a}$$

und damit

$$\nabla \times \mathbf{B} = \mu_0 \mathbf{J}\,. \tag{5.46}$$

Ohne großen Aufwand haben wir so die allgemeine Formel für die Rotation von **B** bestimmt. Unsere Herleitung wird aber durch die Beschränkung auf unendlich lange linienförmige Ströme (und deren Kombinationen) ernsthaft eingeschränkt. Die meisten Stromkonfigurationen können *nicht* aus unendlich langen geraden Drähten konstruiert werden, und daher haben wir kein Recht anzunehmen, dass Gleichung 5.46 auf sie anwendbar ist. Im nächsten Abschnitt widmen wir uns daher der formalen Herleitung der Divergenz und Rotation von **B**, wobei wir direkt beim Biot-Savart'schen Gesetz beginnen.

5.3.2 Divergenz und Rotation von B

Das Biot-Savart'sche Gesetz lautet im allgemeinen Fall eines Volumenstroms

$$\mathbf{B}(\mathbf{r}) = \frac{\mu_0}{4\pi} \int \frac{\mathbf{J}(\mathbf{r}') \times \hat{\boldsymbol{\mathscr{r}}}}{\mathscr{r}^2}\, d\tau'\,. \tag{5.47}$$

Diese Formel liefert das magnetische Feld in einem Punkt $\mathbf{r} = (x, y, z)$ als Integral über der Stromverteilung $\mathbf{J}(x', y', z')$ (Abbildung 5.30). Am besten ist es, wenn wir dies ganz ausführlich behandeln:

$$\begin{aligned} &\mathbf{B} \text{ ist eine Funktion von } (x, y, z)\,, \\ &\mathbf{J} \text{ ist eine Funktion von } (x', y', z')\,, \\ \boldsymbol{\mathscr{r}} &= (x - x')\hat{\mathbf{x}} + (y - y')\hat{\mathbf{y}} + (z - z')\hat{\mathbf{z}}\,, \\ d\tau' &= dx'\,dy'\,dz'\,. \end{aligned}$$

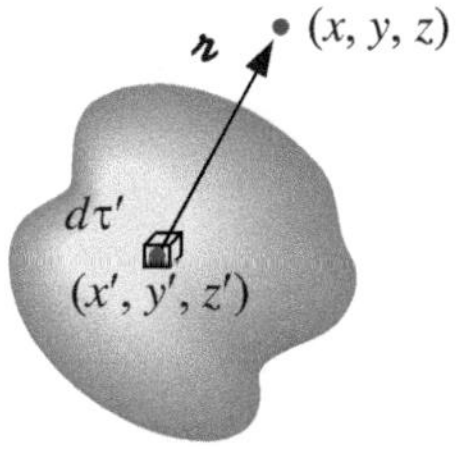

Abbildung 5.30

Die Integration läuft über die Koordinaten *mit Hochstrich*. Divergenz und Rotation müssen dagegen auf die *ungestrichenen* Koordinaten bezogen werden.

Wenden wir die Divergenz auf Gleichung 5.47 an, erhalten wir:

$$\nabla \cdot \mathbf{B} = \frac{\mu_0}{4\pi} \int \nabla \cdot \left(\mathbf{J} \times \frac{\hat{\boldsymbol{\imath}}}{\imath^2} \right) \mathrm{d}\tau' . \tag{5.48}$$

Unter Anwendung der Produktregel (6) (auf der vorderen Umschlaginnenseite) wird daraus

$$\nabla \cdot \left(\mathbf{J} \times \frac{\hat{\boldsymbol{\imath}}}{\imath^2} \right) = \frac{\hat{\boldsymbol{\imath}}}{\imath^2} \cdot (\nabla \times \mathbf{J}) - \mathbf{J} \cdot \left(\nabla \times \frac{\hat{\boldsymbol{\imath}}}{\imath^2} \right) . \tag{5.49}$$

Aber $\nabla \times \mathbf{J} = 0$, weil $\mathbf{J}$ nicht von den ungestrichenen Variablen (x, y, z) abhängt, während $\nabla \times (\hat{\boldsymbol{\imath}}/\imath^2) = 0$ ist (Aufgabe 1.63). Daher ist

$$\boxed{\nabla \cdot \mathbf{B} = 0 .} \tag{5.50}$$

Offensichtlich ist die *Divergenz* des Magnetfelds *null*.

Wenden wir die Rotation auf Gleichung 5.47 an, erhalten wir

$$\nabla \times \mathbf{B} = \frac{\mu_0}{4\pi} \int \nabla \times \left(\mathbf{J} \times \frac{\hat{\boldsymbol{\imath}}}{\imath^2} \right) \mathrm{d}\tau' . \tag{5.51}$$

Unsere Strategie besteht wiederum darin, den Integranden mit der geeigneten Produktregel umzuschreiben – in diesem Fall handelt es sich um Regel Nummer 8 auf der vorderen Umschlaginnenseite:

$$\nabla \times \left(\mathbf{J} \times \frac{\hat{\boldsymbol{\imath}}}{\imath^2} \right) = \mathbf{J} \left(\nabla \cdot \frac{\hat{\boldsymbol{\imath}}}{\imath^2} \right) - (\mathbf{J} \cdot \nabla) \frac{\hat{\boldsymbol{\imath}}}{\imath^2} . \tag{5.52}$$

(Hier habe ich die Terme, die Ableitungen von $\mathbf{J}$ enthalten, unter den Tisch fallen lassen, da $\mathbf{J}$ nicht von (x, y, z) abhängt.) Der zweite Term ist nach Integration null, wie wir im nächsten Absatz noch sehen werden. Der erste Term enthält die Divergenz, die wir in Kapitel 1 (Gleichung 1.100) so mühevoll berechnet haben:

$$\nabla \cdot \left(\frac{\hat{\boldsymbol{\imath}}}{\imath^2} \right) = 4\pi \, \delta^3(\boldsymbol{\imath}) . \tag{5.53}$$

Daher bestätigt

$$\nabla \times \mathbf{B} = \frac{\mu_0}{4\pi} \int \mathbf{J}(\mathbf{r}') 4\pi \, \delta^3(\mathbf{r} - \mathbf{r}') \, \mathrm{d}\tau' = \mu_0 \mathbf{J}(\mathbf{r}) ,$$

dass Gleichung 5.46 nicht auf geradlinige Ströme beschränkt ist, sondern in der Magnetostatik ganz allgemein gilt.

Damit die Argumentation vollständig wird, müssen wir jedoch noch sicherstellen, dass der zweite Term in Gleichung 5.52 nach der Integration null ist. Weil die Ableitung nur auf $\hat{\boldsymbol{\imath}}/\imath^2$ wirkt, dürfen wir, auf Kosten des Vorzeichens, von ∇ zu ∇' wechseln:[13]

$$-(\mathbf{J} \cdot \nabla) \frac{\hat{\boldsymbol{\imath}}}{\imath^2} = (\mathbf{J} \cdot \nabla') \frac{\hat{\boldsymbol{\imath}}}{\imath^2} . \tag{5.54}$$

13 Wesentlich ist hier, dass $\boldsymbol{\imath}$ nur von der *Differenz* der Koordinaten abhängt und $(\partial/\partial x) f(x - x') = -(\partial/\partial x') f(x - x')$.

Insbesondere ist die x-Komponente

$$(\mathbf{J}\cdot\nabla')\left(\frac{x-x'}{\mathscr{r}^3}\right) = \nabla'\cdot\left[\frac{(x-x')}{\mathscr{r}^3}\mathbf{J}\right] - \left(\frac{x-x'}{\mathscr{r}^3}\right)(\nabla'\cdot\mathbf{J})$$

(das ergibt sich unter Anwendung der Produktregel 5 im Umschlag). Bei *stationären* Strömen ist nun (gemäß Gleichung 5.33) die Divergenz von **J** null und somit

$$\left[-(\mathbf{J}\cdot\nabla)\frac{\hat{\mathscr{r}}}{\mathscr{r}^2}\right]_x = \nabla'\cdot\left[\frac{(x-x')}{\mathscr{r}^3}\mathbf{J}\right].$$

Deshalb kann dieser Beitrag zum Integral (5.51) auch als

$$\int_{\mathcal{V}} \nabla'\cdot\left[\frac{(x-x')}{\mathscr{r}^3}\mathbf{J}\right] d\tau' = \oint_{\mathcal{S}} \frac{(x-x')}{\mathscr{r}^3}\mathbf{J}\cdot d\mathbf{a}' \tag{5.55}$$

geschrieben werden.

(Der Grund, von ∇ zu ∇' zu wechseln, bestand ja genau darin, diese partielle Integration zu erlauben.) Aber über welches Gebiet integrieren wir eigentlich? Es handelt sich um das Volumen, das im Biot-Savart'schen Gesetz (5.47) auftaucht – das also groß genug ist, dass alle Ströme enthalten sind. Wenn Sie wollen, können Sie es natürlich größer machen. Außerhalb davon gilt ja sowieso $\mathbf{J} = 0$, daher wird so dem Integral nichts hinzugefügt. Der wesentliche Punkt ist, dass der Strom *auf dem Rand des Integrationsgebiets null* ist (alle Ströme liegen mit Sicherheit im *Inneren*). Daher muss das Flächenintegral (5.55) verschwinden.[14]

5.3.3 Das Ampère'sche Gesetz

Die Gleichung für die Rotation von **B**

$$\nabla\times\mathbf{B} = \mu_0\mathbf{J}, \tag{5.56}$$

wird als **Ampère'sches Gesetz** (in differentieller Form) bezeichnet. Es kann in integrale Form überführt werden, indem wir einen üblichen Weg gehen und einen der grundlegenden Sätze anwenden – in diesem Fall den Stokes'schen Satz:

$$\int(\nabla\times\mathbf{B})\cdot d\mathbf{a} = \oint\mathbf{B}\cdot d\mathbf{l} = \mu_0\int\mathbf{J}\cdot d\mathbf{a}.$$

Nun ist $\int\mathbf{J}\cdot d\mathbf{a}$ der gesamte Strom, der die Fläche durchquert (Abbildung 5.31) und den wir mit I_{eing} bezeichnen (den von der **Ampère'schen Schleife eingeschlossenen Strom**). Daher ist

$$\oint\mathbf{B}\cdot d\mathbf{l} = \mu_0 I_{\text{eing}}. \tag{5.57}$$

14 Wenn **J** selbst bis ins Unendliche ausgedehnt ist (wie im Fall eines unendlich langen geraden Drahts), ist das Flächenintegral üblicherweise immer noch null, obwohl die Untersuchung dann eine größere Sorgfalt verlangt.

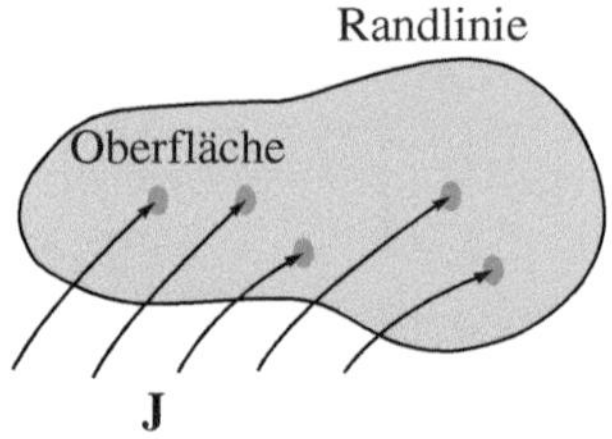

Abbildung 5.31

Dies ist die integrale Version des Ampère'schen Gesetzes. Es verallgemeinert Gleichung 5.44 für *beliebige* stationäre Ströme. Beachten Sie, dass auch Gleichung 5.57 die dem Stokes'schen Satz innewohnende Doppeldeutigkeit hinsichtlich des Vorzeichens zeigt (Abschnitt 1.3.5): Auf welchem *Weg* soll ich mich um die Schleife bewegen? Und welche *Richtung* durch die Fläche entspricht einem „positiven" Strom? Die Lösung liefert, wie so oft, die Rechte-Hand-Regel: Wenn die Finger Ihrer rechten Hand die Integrationsrichtung um die Randlinie festlegen, dann zeigt Ihr abgespreizter Daumen in die Richtung des positiven Stroms.

Genauso wie das Biot-Savart'sche Gesetz in der Magnetostatik die Rolle spielt, die das Coulomb'sche Gesetz in der Elektrostatik hat, entspricht das Ampère'sche Gesetz dem Gauß'schen Gesetz:

$$\begin{cases} \text{Elektrostatik:} & \text{Coulomb} \rightarrow \text{Gauß}\,, \\ \text{Magnetostatik:} & \text{Biot-Savart} \rightarrow \text{Ampère}\,. \end{cases}$$

Insbesondere bietet das Ampère'sche Gesetz in integraler Form bei Strömen mit geeigneter Symmetrie eine angenehme und außergewöhnlich effiziente Methode zur Berechnung des Magnetfelds.

Beispiel 5.7: Magnetfeld eines stationären Stroms

Bestimmen Sie das magnetische Feld in einer Entfernung s von einem langen geraden Draht (Abbildung 5.32), der einen stationären Strom I trägt (dasselbe Problem haben wir in Beispiel 5.5 unter Verwendung des Biot-Savart'schen Gesetzes gelöst).

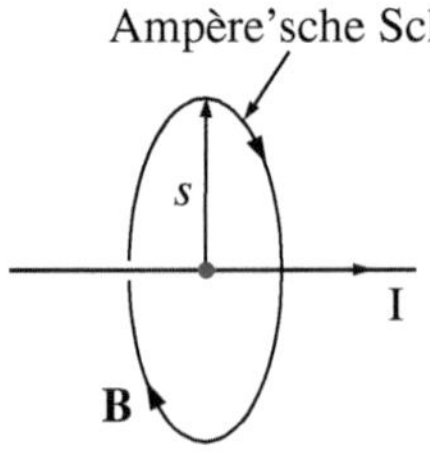

Abbildung 5.32

Beispiel 5.7 (Fortsetzung)

Lösung:

Wir wissen, dass die Umlaufrichtung von **B** „auf dem Umkreis" um den Draht herum und entsprechend der Rechten-Hand-Regel festgelegt ist. Aus Symmetriegründen ist die Stärke von **B** um eine Ampère'sche Schleife mit Radius s, deren Mittelpunkt im Draht liegt, konstant. Daher liefert uns das Ampère'sche Gesetz:

$$\oint \mathbf{B} \cdot d\mathbf{l} = B \oint dl = B 2\pi s = \mu_0 I_{\text{eing}} = \mu_0 I$$

oder

$$B = \frac{\mu_0 I}{2\pi s} .$$

Dies ist dieselbe Antwort, die wir zuvor (mit Gleichung 5.38) erhalten haben, dieses Mal jedoch mit viel geringerem Aufwand.

Beispiel 5.8: Magnetfeld eines Oberflächenstroms

Bestimmen Sie das magnetische Feld eines unendlich ausgedehnten gleichförmigen Oberflächenstroms $\mathbf{K} = K\hat{\mathbf{x}}$, der in der x-y-Ebene fließt (Abbildung 5.33).

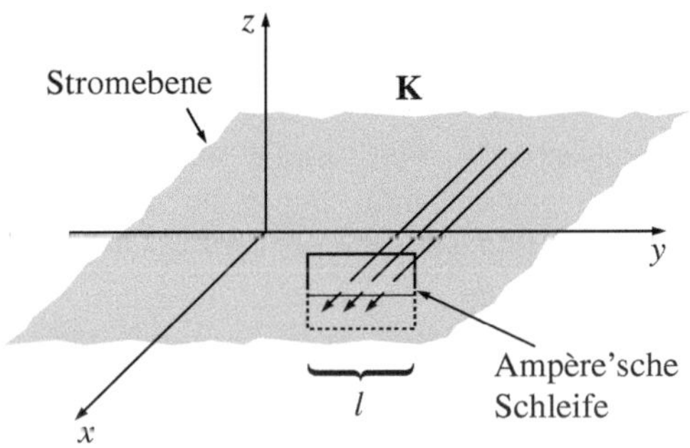

Abbildung 5.33

Lösung:

Zunächst müssen wir uns fragen, welche *Richtung* **B** hat. Könnte es eine x-Komponente aufweisen? *Nein*: Ein schneller Blick auf das Biot-Savart'sche Gesetz (5.42) offenbart, dass **B** senkrecht auf **K** steht. Könnte es eine z-Komponente aufweisen? *Wieder nein.* Sie können das nachprüfen und stellen fest, dass jeder Beitrag eines Elements bei $+y$ durch ein entsprechendes Element bei $-y$ aufgehoben wird. Es gibt aber ein noch viel schöneres Argument: Nehmen Sie an, das Feld würde von der Ebene *wegzeigen*. Durch Umkehren der Stromrichtung könnte ich dafür sorgen, dass es in die Ebene *hineinzeigt*. (Im Biot-Savart'schen Gesetz kehrt eine Vorzeichenänderung des Stroms auch das Vorzeichen des Felds um.) Die z-Komponente von **B** kann aber keinesfalls von der Strom*richtung* in der x-y-Ebene abhängen. (Denken Sie mal darüber nach!)

Beispiel 5.8 (Fortsetzung)

Daher kann **B** nur eine y-Komponente aufweisen, und schon eine schnelle Überprüfung mit Ihrer rechten Hand sollte Sie davon überzeugen, dass es oberhalb der Ebene nach *links* und unterhalb nach *rechts* zeigt.

Vor diesem Hintergrund zeichnen wir eine rechteckige Ampère'sche Schleife wie die in Abbildung 5.33, die parallel zur y-z-Ebene verläuft und sich gleich weit oberhalb und unterhalb der Ebene erstreckt. Durch Anwendung des Ampère'schen Gesetzes erhalten wir

$$\oint \mathbf{B} \cdot d\mathbf{l} = 2Bl = \mu_0 I_{\text{eing}} = \mu_0 K l ,$$

(darin stammt ein Bl vom oberen Schleifenabschnitt, das andere vom unteren Abschnitt). Daher gilt $B = (\mu_0/2)K$ oder genauer gesagt:

$$\mathbf{B} = \begin{cases} +(\mu_0/2)K\hat{\mathbf{y}} & \text{für} \quad z < 0 , \\ -(\mu_0/2)K\hat{\mathbf{y}} & \text{für} \quad z > 0 . \end{cases} \tag{5.58}$$

Beachten Sie, dass das Feld unabhängig vom Abstand zur Ebene ist, ähnlich wie beim *elektrischen* Feld einer gleichförmigen Flächen*ladung* (Beispiel 2.5).

Beispiel 5.9: Magnetfeld einer langen Spule

Bestimmen Sie das magnetische Feld einer sehr langen Spule, die pro Längeneinheit aus n eng gewundenen Schleifen auf einem Zylinder mit Radius R besteht und die einen stationären Strom I trägt (Abbildung 5.34).

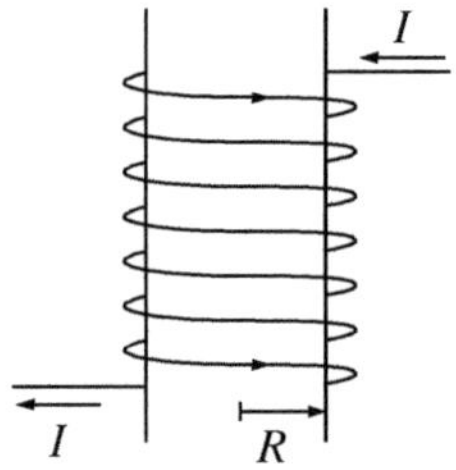

Abbildung 5.34

[Der Grund, warum die Windungen so eng gewählt werden, liegt darin, dass Sie nun behaupten können, dass jede Windung kreisförmig sei. Sollte Ihnen diese Vorstellung Schwierigkeiten bereiten (schließlich fließt ja, egal *wie* eng die Windungen liegen, immer noch ein Nettostrom I in Richtung der Spulenachse), dann stellen Sie sich stattdessen vor, dass der Zylinder von einer Aluminiumfolie umgeben ist, welche den entsprechenden gleichförmigen Oberflächenstrom $K = nI$ trägt (Abbildung 5.35). Oder Sie basteln sich eine Doppelwindung, die zuerst bis zu einem Ende reicht und dann, immer im selben Drehsinn, wieder

Beispiel 5.9 (Fortsetzung)

zurückführt, wodurch der längsgerichtete Nettostrom eliminiert wird. Aber ehrlich gesagt sind dies alles unnötige Mäkeleien, denn das Feld im Inneren einer Spule ist (vergleichsweise gesprochen) riesig, und das Feld des longitudinalen Stroms führt bestenfalls auf eine winzige Korrektur.]

Abbildung 5.35

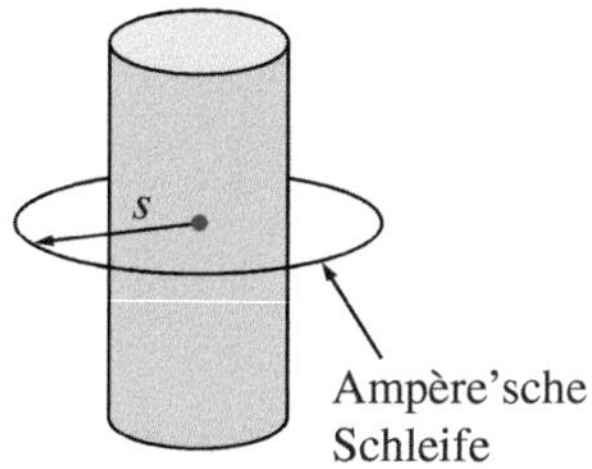

Abbildung 5.36

Lösung:

Zuerst müssen wir uns fragen, welche *Richtung* **B** hat. Könnte es eine radiale Komponente aufweisen? *Nein.* Denn angenommen, B_S wäre *positiv*: Wenn wir die Richtung des Stroms umkehren, wäre B_S danach *negativ.* Kehren wir aber I um, ist das physikalisch gleichbedeutend mit dem Umdrehen der Spule. Das sollte aber das radiale Feld nicht verändern. Spricht etwas für eine „umlaufende" Komponente? Nein. Denn $B\varphi$ wäre auf einer Ampère'schen Schleife, die mit der Spule konzentrisch ist, konstant (Abbildung 5.36). Daher ist, da die Schleife keinen Strom umschließt,

$$\oint \mathbf{B} \cdot d\mathbf{l} = B_\varphi \, (2\pi s) = \mu_0 I_{\text{eing}} = 0 \, .$$

Das magnetische Feld innerhalb einer unendlich langen, eng gewickelten Spule verläuft daher *achsenparallel.* Aufgrund der Rechte-Hand-Regel erwarten wir, dass es innerhalb der Spule nach oben, außerhalb aber nach unten gerichtet ist. Darüber hinaus geht es, wenn Sie sich nur weit genug entfernen, mit Sicherheit gegen null. Vor diesem Hintergrund wenden wir das Ampère'sche Gesetz auf die beiden rechteckigen Schleifen an, die in Abbildung 5.37 dargestellt sind. Schleife 1 befindet sich völlig außerhalb der Spule, wobei ihre Seiten die Entfernungen a und b von der Zylinderachse aufweisen:

$$\oint \mathbf{B} \cdot d\mathbf{l} = \left[B(a) - B(b) \right] L = \mu_0 I_{\text{eing}} = 0 \, ,$$

und daher ist

$$B(a) = B(b) \, .$$

Beispiel 5.9 (Fortsetzung)

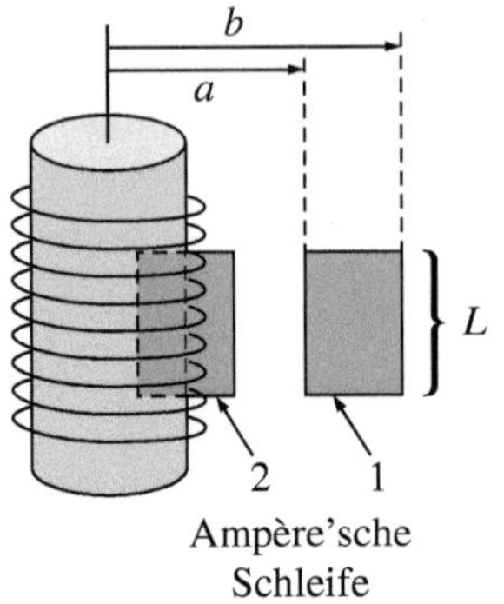

Abbildung 5.37

Es wird deutlich, dass das *außerhalb liegende Feld nicht von der Entfernung von der Zylinderachse abhängt*. Wir wissen aber, dass es für große Entfernungen s gegen *null* geht. Es muss daher *überall* null sein! (Dieses überraschende Ergebnis kann natürlich auch aus dem Biot-Savart'schen Gesetz abgeleitet werden, allerdings ist dies wesentlich komplizierter, wie wir in Aufgabe 5.46 zeigen werden.)

Für Schleife 2, die sich zur Hälfte innerhalb und außerhalb der Spule befindet, liefert das Ampère'sche Gesetz

$$\oint \mathbf{B} \cdot d\mathbf{l} = BL = \mu_0 I_{\text{eing}} = \mu_0 n I L .$$

Hierin ist B das Feld innerhalb der Spule. (Die rechte Seite der Schleife trägt, weil dort $B = 0$ ist, nichts zum Ergebnis bei.)

Schlussfolgerung:

$$\mathbf{B} = \begin{cases} \mu_0 n I \hat{\mathbf{z}} & \text{innerhalb der Spule ,} \\ 0 & \text{außerhalb der Spule .} \end{cases} \tag{5.59}$$

Beachten Sie, dass das Feld im Inneren *gleichförmig* ist: Es hängt nicht vom Abstand von der Achse ab. Daher entspricht die Spule in der Magnetostatik dem ebenen planparallelen Kondensator der Elektrostatik: ein einfaches Bauteil, das ein starkes, gleichförmiges Feld erzeugt.

Wie das Gauß'sche Gesetz ist auch das Ampère'sche Gesetz (für stationäre Ströme) *immer gültig*, aber es ist nicht immer *nützlich*. Nur wenn Sie aufgrund der Symmetrie des Problems B aus dem Integral $\oint \mathbf{B} \cdot d\mathbf{l}$ herausziehen können, dann dürfen Sie auch das magnetische Feld mit dem Ampère'schen Gesetz berechnen. Falls dies möglich ist, steht Ihnen damit die bei Weitem schnellste Methode zur Verfügung. Falls nicht, müssen Sie auf das Biot-Savart'sche Gesetz zurückgreifen. Folgende Stromkonfigurationen können mithilfe des Ampère'schen Gesetzes berechnet werden

1. Unendlich lange gerade Leitungen (entsprechend Beispiel 5.7).
2. Unendlich ausgedehnte Ebenen (entsprechend Beispiel 5.8).
3. Unendlich lange Spulen (entsprechend Beispiel 5.9).
4. Ringspulen (*Toroide*, entsprechend Beispiel 5.10).

Das letzte dieser Beispiele ist eine überraschende und elegante Anwendung des Ampère'schen Gesetzes, die im folgenden Beispiel behandelt wird. Wie in den Beispielen 5.8 und 5.9 besteht die schwerste Aufgabe darin, die *Richtung* des Felds zu bestimmen (was wir dann ein für alle Mal für jede dieser vier Geometrien erledigt haben werden). Für die Anwendung des Ampère'schen Gesetzes genügt uns dann eine Zeile.

Beispiel 5.10: Magnetfeld einer Ringspule

Eine Ringspule besteht aus einem kreisförmigen Ring, entsprechend der Form eines Donuts, um den ein langer Draht gewickelt ist (Abbildung 5.38). Die Wicklung ist gleichmäßig und dicht genug, sodass jede Wicklung als geschlossene Schleife betrachtet werden kann. Die genaue Form des Spulenquerschnitts ist bedeutungslos. Der Einfachheit halber habe ich ihn in Abbildung 5.38 rechteckig gewählt. Er dürfte ohne Weiteres auch kreisförmig sein oder irgendeine bizarre asymmetrische Form annehmen, wie beispielsweise in Abbildung 5.39, solange sich die Form entlang des Ringumfangs nicht verändert. In diesem Fall folgt, *dass das magnetische Feld einer Ringspule für alle innerhalb wie außerhalb liegenden Punkte kreisförmig ist.*

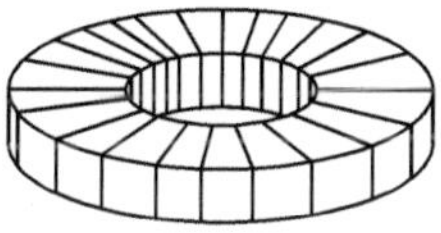

Abbildung 5.38

Beweis ■ Gemäß dem Biot-Savart'schen Gesetz beträgt das Feld im Punkt $\mathbf{r}$ aufgrund des Stromelements bei $\mathbf{r}'$

$$d\mathbf{B} = \frac{\mu_0}{4\pi} \frac{\mathbf{I} \times \boldsymbol{\mathscr{r}}}{\mathscr{r}^3} \, dl' \, .$$

Wir können $\mathbf{r}$ ohne Weiteres in die x-z-Ebene legen (Abbildung 5.39), sodass seine kartesischen Komponenten $(x, 0, z)$ betragen. Die Koordinaten der Quelle lauten:

$$\mathbf{r}' = (s' \cos\varphi' \, , \; s' \sin\varphi' \, , \; z') \, .$$

Dann ist

$$\boldsymbol{\mathscr{r}} = (x - s' \cos\varphi' \, , \; -s' \sin\varphi' \, , \; z - z') \, .$$

Da der Strom keine φ-Komponente aufweist, beträgt $\mathbf{I} = I_s \hat{\mathbf{s}} + I_z \hat{\mathbf{z}}$, bzw. (in kartesischen Koordinaten)

$$\mathbf{I} = (I_s \cos\varphi' \, , \; I_s \sin\varphi' \, , \; I_z) \, .$$

Beispiel 5.10 (Fortsetzung)

Entsprechend gilt

$$\begin{aligned}\mathbf{I} \times \boldsymbol{\mathscr{r}} &= \begin{bmatrix} \hat{\mathbf{x}} & \hat{\mathbf{y}} & \hat{\mathbf{z}} \\ I_s \cos\varphi' & I_s \sin\varphi' & I_z \\ (x - s'\cos\varphi') & (-s'\sin\varphi') & (z - z') \end{bmatrix} \\ &= \left[\sin\varphi' \left(I_s (z - z') + s' I_z\right)\right] \hat{\mathbf{x}} + \left[I_z (x - s'\cos\varphi') - I_s \cos\varphi' (z - z')\right] \hat{\mathbf{y}} \\ &\quad + \left[-I_s x \sin\varphi'\right] \hat{\mathbf{z}}\,.\end{aligned}$$

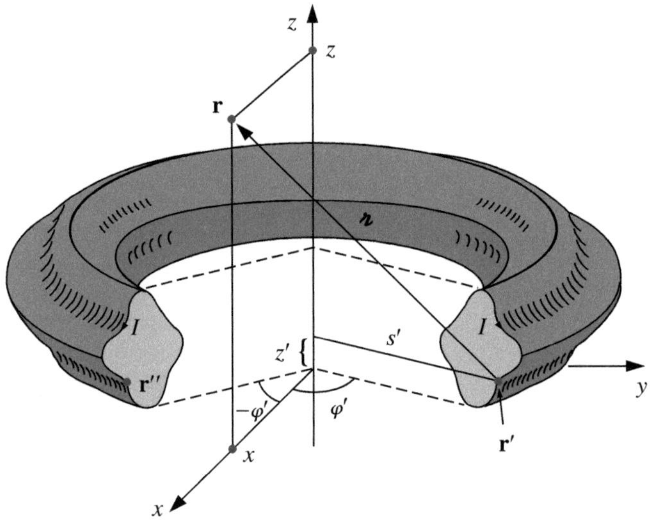

Abbildung 5.39

Es gibt allerdings ein symmetrisch angeordnetes Stromelement bei $\mathbf{r}''$, das dieselben Werte für s', $\mathscr{r}$, $\mathrm{d}l'$, dieselben Werte I_s und I_z, *aber negatives* φ' aufweist (Abbildung 5.39). Weil $\sin\varphi'$ sein Vorzeichen ändert, heben sich die $\hat{\mathbf{x}}$- und $\hat{\mathbf{z}}$-Beiträge von $\mathbf{r}'$ und $\mathbf{r}''$ gegenseitig auf; daher bleibt nur der $\hat{\mathbf{y}}$-Term übrig. Das Feld in $\mathbf{r}$ verläuft daher in $\hat{\mathbf{y}}$-Richtung. Ganz allgemein zeigt das Feld in $\hat{\boldsymbol{\varphi}}$-Richtung. ■

Nachdem wir nun wissen, dass das Feld kreisförmig verläuft, ist die Bestimmung der Feldstärke geradezu lächerlich einfach. Wenden Sie einfach das Ampère'sche Gesetz auf einen Kreis mit Radius s um die Achse der Ringspule an:

$$B 2\pi s = \mu_0 I_{\text{eing}}\,,$$

daher ist

$$\mathbf{B}(\mathbf{r}) = \begin{cases} \dfrac{\mu_0 N I}{2\pi s}\hat{\boldsymbol{\varphi}} & \text{für Punkte innerhalb der Ringspule}\,, \\ 0 & \text{für Punkte außerhalb der Ringspule}\,, \end{cases} \tag{5.60}$$

mit N als Gesamtzahl der Wicklungen.

■ Aufgabe 5.14

Ein stationärer Strom I fließt entlang eines langen zylindrischen Drahts mit Radius a (Abbildung 5.40). Bestimmen Sie das magnetische Feld innerhalb und außerhalb des Drahts, wenn

a. der Strom gleichförmig über die äußere Oberfläche des Drahts verteilt ist,

b. der Strom so verteilt ist, das J proportional zur Entfernung s von der Zylinderachse ist.

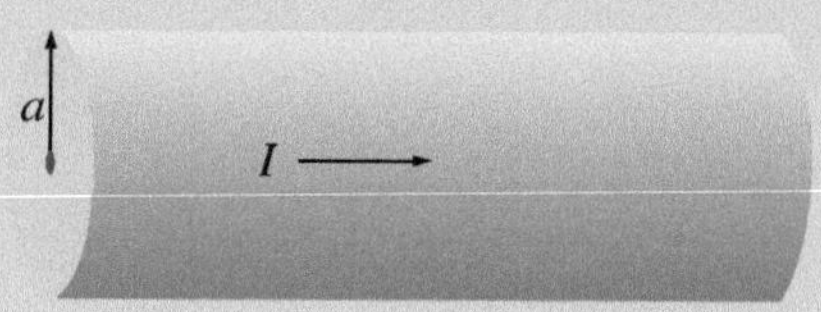

Abbildung 5.40

■ Aufgabe 5.15

Eine dicke Scheibe, die sich von $z = -a$ bis $z = +a$ erstreckt, trägt einen gleichförmigen Volumenstrom $\mathbf{J} = J\hat{\mathbf{x}}$ (Abbildung 5.41). Bestimmen Sie das magnetische Feld als Funktion von z, sowohl innerhalb als auch außerhalb der Platte.

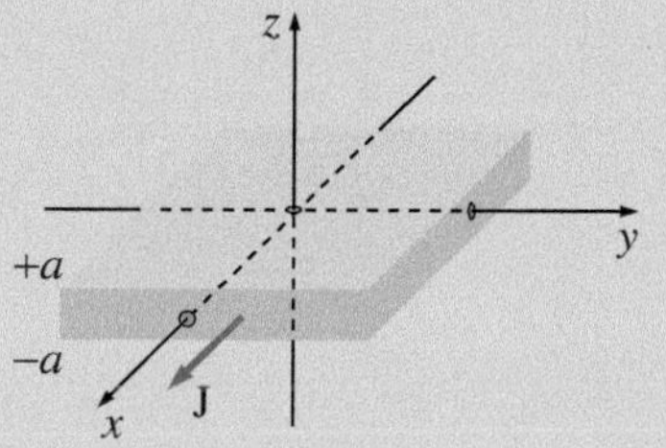

Abbildung 5.41

■ Aufgabe 5.16

Zwei lange koaxiale Zylinderspulen tragen jeweils einen Strom I, wobei die beiden allerdings, wie in Abbildung 5.42 dargestellt, einander entgegengesetzt fließen. Die innere Spule (mit Radius a) hat n_1 Wicklungen pro Längeneinheit, die äußere (mit Radius b) hat n_2 Wicklungen. Bestimmen Sie $\mathbf{B}$ in jedem der drei Bereiche: (i) im Inneren der inneren Zylinderspule, (ii) zwischen den Spulen und (iii) außerhalb von beiden Spulen.

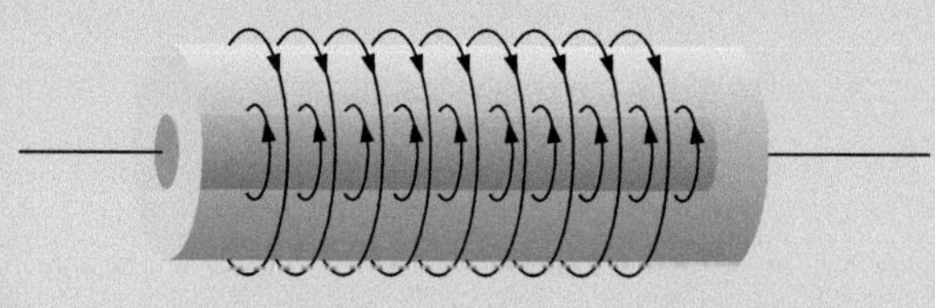

Abbildung 5.42

Aufgabe 5.17

Ein großer planparalleler Kondensator mit gleichförmiger Flächenladung σ auf der oberen Platte und $-\sigma$ auf der unteren bewegt sich, wie in Abbildung 5.43 gezeigt, mit konstanter Geschwindigkeit v.

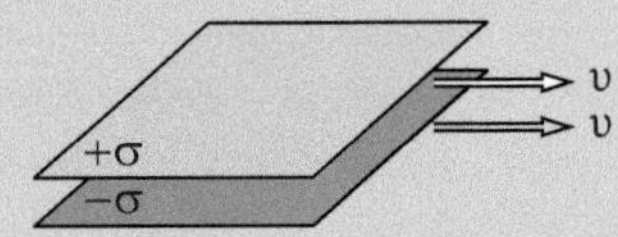

Abbildung 5.43

a. Bestimmen Sie das magnetische Feld zwischen den Platten sowie oberhalb und unterhalb der Platten.

b. Bestimmen Sie die magnetische Kraft pro Flächeneinheit auf der oberen Platte, einschließlich ihrer Richtung.

c. Bei welcher Geschwindigkeit v würde die magnetische Kraft die elektrische Kraft ausgleichen?[15]

! **Aufgabe 5.18**

Zeigen Sie, dass das Magnetfeld einer unendlich langen Zylinderspule parallel zur Achse verläuft und *unabhängig vom Querschnitt der Spule* ist, sofern diese Form sich im Verlauf der Spule nicht verändert. Wie hoch ist die Feldstärke innerhalb und außerhalb einer solchen Spule? Zeigen Sie, dass sich das Feld einer Ringspule (5.60) auf das einer Zylinderspule zurückführen lässt, sofern der Radius der Ringe so groß ist, dass ein Element im betrachteten Abschnitt als gerade angenommen werden kann.

Aufgabe 5.19

Bei der Berechnung eines Stroms innerhalb einer Ampère'schen Schleife muss im Allgemeinen ein Integral der Form

$$I_{\text{eing}} = \int_{\mathcal{S}} \mathbf{J} \cdot d\mathbf{a}$$

bestimmt werden. Leider gibt es jedoch unendlich viele Oberflächen mit derselben Begrenzungslinie. Welche von ihnen sollten wir benutzen?

5.3.4 Vergleich zwischen Magnetostatik und Elektrostatik

Divergenz und Rotation des *elektrostatischen* Felds sind

$$\begin{cases} \nabla \cdot \mathbf{E} = \dfrac{1}{\varepsilon_0}\rho & \text{(Gauß'sches Gesetz)}\,, \\ \nabla \times \mathbf{E} = 0 & \text{(unbenannt)}\,. \end{cases}$$

15 Siehe Fußnote 12.

Dies sind die **Maxwell'schen Gleichungen** der Elektrostatik. Zusammen mit der Randbedingung $\mathbf{E} \to 0$ in großer Entfernung von allen Ladungen, legen die Maxwell'schen Gleichungen das Feld fest, sofern die Ladungsdichte ρ gegeben ist.[16] Sie enthalten im Wesentlichen dieselben Informationen wie das Coulomb'sche Gesetz in Verbindung mit dem Superpositionsprinzip. Divergenz und Rotation des *magnetostatischen* Felds lauten

$$\begin{cases} \nabla \cdot \mathbf{B} = 0 & \text{(unbenannt)} \\ \nabla \times \mathbf{B} = \mu_0 \mathbf{J} & \text{(Ampère'sches Gesetz)}\,. \end{cases}$$

Hierbei handelt es sich um die Maxwell'schen Gleichungen der Magnetostatik. Zusammen mit der Randbedingung $\mathbf{B} \to 0$ in großer Entfernung von allen Strömen legen die Maxwell'schen Gleichungen das Magnetfeld fest. Sie entsprechen dem Biot-Savart'schen Gesetz (plus dem Superpositionsprinzip). Die Maxwell'schen Gleichungen sowie das Kraftgesetz

$$\mathbf{F} = Q(\mathbf{E} + \mathbf{v} \times \mathbf{B})$$

bilden zusammen die eleganteste Formulierung der Elektrostatik und Magnetostatik.

Das elektrische Feld zeigt immer von einer (positiven) Ladung weg, es *divergiert*. Das Magnetfeld *rotiert* hingegen um einen Strom herum (Abbildung 5.44). Elektrische Feldlinien entspringen auf positiven Ladungen und enden auf negativen Ladungen. Magnetische Feldlinien haben weder Anfang noch Ende – denn das würde eine von Null verschiedene Divergenz bedeuten. Sie bilden entweder geschlossene Bögen oder erstrecken sich ins Unendliche.[17] Anders ausgedrückt: *Es gibt keinerlei Punktquellen für* **B**, wie es sie für **E** gibt. Es gibt keine magnetische Ladung, die eine Analogie der elektrischen Ladung wäre. Dies ist der physikalische Inhalt der Aussage $\nabla \cdot \mathbf{B} = 0$.

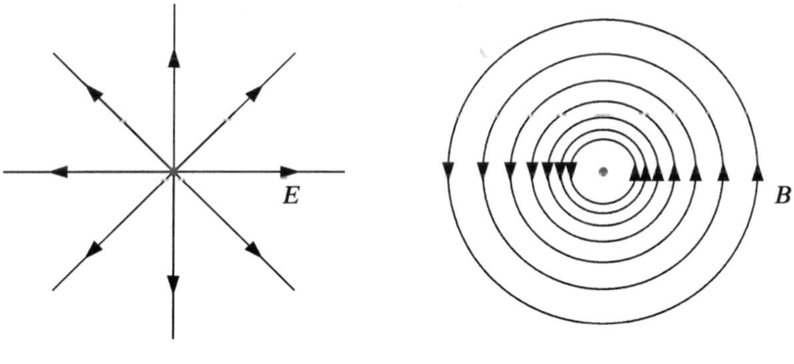

a Elektrostatisches Feld einer Punktladung

b Magnetostatisches Feld eines langen Leiters

Abbildung 5.44

16 In diesen künstlichen Problemstellungen, bei denen sich die Ladung (oder der Strom) ins Unendliche erstrecken (zum Beispiel unendliche Ebenen), können manchmal Symmetrieüberlegungen an die Stelle von Randbedingungen treten.

17 Eine dritte Möglichkeit stellt sich als überraschend häufig heraus: manchmal bilden sie chaotische Knäuel. Siehe M. Lieberherr, *Am. J. Phys.* **78**, 1117 (2010).

Coulomb und andere waren der Ansicht, dass der Magnetismus durch **magnetische Ladungen** entstehen müsste (die wir heute als **magnetische Monopole** bezeichnen). In älteren Büchern finden Sie immer noch Hinweise auf eine magnetische Version des Coulomb'schen Gesetzes, mit der die Anziehungskraft bzw. die Abstoßung zwischen den magnetischen Monopolen berechnet werden kann. Als erster spekulierte Ampère, dass alle magnetischen Effekte auf *bewegte elektrische Ladungen* (also Ströme) zurückgeführt werden könnten. Soweit wir wissen, hatte Ampère Recht. Dennoch ist die Frage, ob magnetische Monopole in der Natur existieren, experimentell noch nicht geklärt (sie müssen offensichtlich sehr *selten* sein, denn sonst hätte sie schon irgendjemand aufgespürt[18]). Tatsächlich werden sie von einigen der neueren Elementarteilchentheorien sogar *gefordert*. Für unsere Zwecke werden wir jedoch **B** als divergenzfrei ansehen und annehmen, dass keine magnetischen Monopole existieren. Wir *erzeugen* ein Magnetfeld durch *bewegte* elektrische Ladungen und benötigen eine weitere elektrische Ladung, um dieses Magnetfeld aufzuspüren.

Typischerweise sind elektrische Kräfte viel stärker als magnetische. Das können Sie allerdings nicht aus der Theorie als solcher ablesen, denn die Aussage beruht auf den Fundamentalkonstanten ε_0 und μ_0. Im Allgemeinen ist die Stärke einer magnetischen Kraft nur dann mit der Stärke der elektrischen Kraft vergleichbar, wenn sich sowohl die Quellladung als auch die Testladung nahezu mit Lichtgeschwindigkeit bewegen. (Die Aufgaben 5.13 und 5.17 verdeutlichen diese Regel.) Wieso können wir dann überhaupt die Auswirkungen magnetischer Effekte erkennen? Die Antwort lautet, dass sowohl in die Erzeugung magnetischer Felder (Biot-Savart) als auch in ihre Detektion (Lorentz) der *Strom* (Ladung mal Geschwindigkeit) eingeht. Geringe Geschwindigkeiten können wir kompensieren, indem wir ungeheuer große Ladungsmengen durch den Draht leiten. Üblicherweise würden diese Ladungen eine so große *elektrische* Kraft erzeugen, dass die Magnetkraft völlig überdeckt würde. Wenn es uns jedoch gelingt, den Draht *neutral* zu halten, etwa indem wir ihn mit gleich vielen ruhenden elektrischen Ladungen umgeben, heben sich die elektrischen Felder auf, und es bleibt allein das Magnetfeld zurück. Das klingt zwar ziemlich kompliziert, tatsächlich geschieht aber genau dies in einem gewöhnlichen Strom führenden Draht.

Aufgabe 5.20

a. Bestimmen Sie die Dichte ρ bewegter Ladungen in einem Stückchen Kupfer. Gehen Sie davon aus, dass jedes Atom ein freies Elektron beiträgt.

[Schlagen Sie die notwendigen physikalischen Konstanten nach.]

b. Berechnen Sie die mittlere Elektronengeschwindigkeit in einem Kupferdraht mit einem Durchmesser von 1 mm, der einen Strom von 1 A trägt.

[*Anmerkung*: Es handelt sich buchstäblich um ein Schneckentempo. Wie können Sie trotzdem ein Telefongespräch über große Entfernungen übertragen?]

c. Welche Anziehungskraft herrscht zwischen zwei derartigen Drähten, die 1 cm voneinander entfernt sind?

18 Eine mögliche Entdeckung (B. Cabrera, *Phys. Rev. Lett.* **48**, 1378 (1982)) ließ sich nie reproduzieren – obwohl dies intensiv versucht wurde. Eine vergnügliche und knappe Historie der Vorstellungen zum Magnetismus enthält Kapitel 1 des Buchs von D. C. Mattis, *The Theory of Magnetism* (New York: Harper and Row, 1965).

d. Wenn Sie die stationären positiven Ionen irgendwie entfernen könnten, welche abstoßende elektrische Kraft wäre dann die Folge? Wie viel Mal wäre sie stärker als die magnetische Kraft?

■ Aufgabe 5.21

Stimmt das Ampère'sche Gesetz mit der allgemeinen Regel (Gleichung 1.46) überein, nach der die Divergenz der Rotation immer null betragen muss? Zeigen Sie, dass das Ampère'sche Gesetz im Allgemeinen außerhalb der Magnetostatik *nicht gültig sein kann*. Gibt es einen vergleichbaren „Makel" in den anderen drei Maxwell'schen Gleichungen?

■ Aufgabe 5.22

Angenommen, magnetische Monopole würden *doch* existieren. Wie würden Sie die Maxwell'schen Gleichungen und das Kraftgesetz verändern, um sie zu berücksichtigen? Wenn Sie der Ansicht sind, dass es mehrere plausible Möglichkeiten gibt, listen Sie diese auf und schlagen Sie ein Experiment vor, mit dem Sie entscheiden könnten, welche richtig ist.

5.4 Magnetisches Vektorpotential

5.4.1 Das Vektorpotential

Genau wie wir durch $\nabla \times \mathbf{E} = 0$ in der Elektrostatik ein skalares Potential (V) einführen konnten,

$$\mathbf{E} = -\nabla V ,$$

ermöglicht uns $\nabla \cdot \mathbf{B} = 0$ das Einführen eines *Vektor*potentials $\mathbf{A}$ in der Magnetostatik:

$$\mathbf{B} = \nabla \times \mathbf{A} . \tag{5.61}$$

Ersteres wird durch Satz 1 (in Abschnitt 1.6.2) gerechtfertigt, letzteres durch Satz 2 (der Beweis von Satz 2 wird in Aufgabe 5.31 entwickelt). Der Potentialformalismus sorgt automatisch für $\nabla \cdot \mathbf{B} = 0$ (da die Divergenz der Rotation *immer* null ist). Übrig bleibt das Ampère'sche Gesetz:

$$\nabla \times \mathbf{B} = \nabla \times (\nabla \times \mathbf{A}) = \nabla (\nabla \cdot \mathbf{A}) - \nabla^2 \mathbf{A} = \mu_0 \mathbf{J} . \tag{5.62}$$

Allerdings enthält das elektrische Potential eine eingebaute Doppeldeutigkeit: Sie können zu V jede Funktion addieren, deren Gradient null ist (sozusagen irgendeine *Konstante*), ohne die physikalische Größe $\mathbf{E}$ zu verändern. In derselben Weise können Sie irgendeine Funktion auf das magnetische Potential addieren, deren *Rotation* verschwindet (also der *Gradient irgendeines Skalars*), ohne dass dies Auswirkungen auf $\mathbf{B}$ hätte. Wir können diese Freiheit ausnutzen, um die Divergenz von $\mathbf{A}$ zu eliminieren:

$$\nabla \cdot \mathbf{A} = 0 . \tag{5.63}$$

Zum Beweis, dass dies immer möglich ist, nehmen wir an, dass unser ursprüngliches Potential $\mathbf{A}_{\text{orig}}$ nicht divergenzfrei ist. Wenn wir den Gradienten von λ dazu addieren ($\mathbf{A} = \mathbf{A}_{\text{orig}} + \nabla\lambda$), dann lautet die neue Divergenz

$$\nabla \cdot \mathbf{A} = \nabla \cdot \mathbf{A}_{\text{orig}} + \nabla^2 \lambda\,.$$

Sofern wir also eine Funktion λ finden, für die

$$\nabla^2 \lambda = -\nabla \cdot \mathbf{A}_{\text{orig}}$$

gilt, haben wir die Übereinstimmung mit Gleichung 5.63. *Mathematisch* gesehen ist dieses Problem identisch mit der Poisson-Gleichung (2.24)

$$\nabla^2 V = -\frac{\rho}{\varepsilon_0}\,,$$

wobei anstelle von ρ/ε_0 nun $\nabla \cdot \mathbf{A}_{\text{orig}}$ als „Quelle" dient. Wir *wissen* aber, wie wir die Poisson-Gleichung lösen können – darum geht es ja in der gesamten Elektrostatik („Bestimmen Sie das Potential für eine gegebene Ladungsverteilung"). Geht insbesondere ρ im Unendlichen gegen null, erhalten wir als Lösung Gleichung 2.29:

$$V = \frac{1}{4\pi\varepsilon_0} \int \frac{\rho}{\mathscr{r}}\, \mathrm{d}\tau'\,.$$

Geht nun auf vergleichbare Weise $\nabla \cdot \mathbf{A}_{\text{orig}}$ im Unendlichen gegen null, dann ist

$$\lambda = \frac{1}{4\pi} \int \frac{\nabla \cdot \mathbf{A}_{\text{orig}}}{\mathscr{r}}\, \mathrm{d}\tau'\,.$$

Geht hingegen $\nabla \cdot \mathbf{A}_{\text{orig}}$ im Unendlichen *nicht* gegen null, dann müssen wir uns anderer Methoden bedienen, um ein geeignetes λ zu finden. Auf ähnliche Weise müssen wir das elektrische Potential durch andere Methoden bestimmen, wenn sich die Ladungsverteilung ins Unendliche erstreckt. *Wesentlich* ist aber: *Es ist immer möglich, das Vektorpotential divergenzfrei zu machen.* Anders herum gesagt: Die Definition $\mathbf{B} = \nabla \times \mathbf{A}$ legt die *Rotation* von $\mathbf{A}$ fest, sagt aber überhaupt nichts über die *Divergenz* aus – wir haben völlige Freiheit, den Wert festzulegen, der uns gefällt, und null ist da üblicherweise die einfachste Wahl.

Mit dieser Anforderung an $\mathbf{A}$ wird das Ampère'sche Gesetz (5.62) zu

$$\nabla^2 \mathbf{A} = -\mu_0 \mathbf{J}\,. \tag{5.64}$$

Dies ist schon wieder nicht anderes als die Poisson-Gleichung – genauer gesagt handelt es sich um *drei* Poisson-Gleichungen, eine für jede kartesische Komponente[19].

19 In kartesischen Koordinaten ist $\nabla^2\mathbf{A} = (\nabla^2 A_x)\hat{\mathbf{x}} + (\nabla^2 A_y)\hat{\mathbf{y}} + (\nabla^2 A_z)\hat{\mathbf{z}}$, daher reduziert sich Gleichung 5.64 auf $\nabla^2 A_x = -\mu_0 J_x$, $\nabla^2 A_y = -\mu_0 J_y$ und $\nabla^2 A_z = -\mu_0 J_z$. In krummlinigen Koordinaten sind die Vektoren selbst Funktionen des Orts und müssen differenziert werden. Daher gilt dann beispielsweise nicht $\nabla^2 A_r = -\mu_0 J_r$. Denken Sie also immer daran, dass Sie bei der *Berechnung* von Integralen in krummlinigen Koordinaten wie in Gleichung 5.65 zuerst $\mathbf{J}$ durch seine *kartesischen* Komponenten ausdrücken müssen (siehe Abschnitt 1.4.1).

Unter der Annahme, dass **J** im Unendlichen gegen null geht, können wir die Lösung direkt ablesen:

$$\mathbf{A}(\mathbf{r}) = \frac{\mu_0}{4\pi}\int \frac{\mathbf{J}(\mathbf{r}')}{\mathscr{r}}\,\mathrm{d}\tau' . \tag{5.65}$$

Für Linien- und Flächenströme gilt

$$\mathbf{A} = \frac{\mu_0}{4\pi}\int \frac{\mathbf{I}}{\mathscr{r}}\,\mathrm{d}l' = \frac{\mu_0 I}{4\pi}\int \frac{1}{\mathscr{r}}\,\mathrm{d}\mathbf{l}' ; \quad \mathbf{A} = \frac{\mu_0}{4\pi}\int \frac{\mathbf{K}}{\mathscr{r}}\,\mathrm{d}a' . \tag{5.66}$$

(Wenn der Strom im Unendlichen *nicht* gegen null geht, müssen wir uns andere Wege ausdenken, um **A** zu bestimmen. Einige davon werden in Beispiel 5.12 sowie in den Aufgaben am Kapitelende vorgestellt.)

Ich muss betonen, dass **A** nicht so brauchbar ist wie V. **A** ist immer noch ein Vektor, und obwohl sich mit den Gleichungen 5.65 und 5.66 etwas einfacher arbeiten lässt als mit dem Biot-Savart'schen Gesetz, müssen Sie immer noch mit Komponenten hantieren. Es wäre doch schön, wenn wir lediglich mit einem *skalaren* Potential arbeiten müssten, also einem Potential der Form

$$\mathbf{B} = -\nabla U . \tag{5.67}$$

Doch das ist mit dem Ampère'schen Gesetz unvereinbar, denn die Rotation eines Gradienten ist immer null. (Sie *können* ein **magnetostatisches skalares Potential** verwenden, sofern Sie sich konsequent auf einfach verbundene und stromfreie Gebiete beschränken. Als Werkzeug für die Theorie ist es jedoch nur von geringem Nutzen, wie Aufgabe 5.29 zeigt.) Da zudem magnetische Kräfte keine Arbeit verrichten, lässt **A** keine einfache physikalische Interpretation in Bezug auf das Potential pro Ladungseinheit zu. (In bestimmten Zusammenhängen kann es als Impuls pro Ladungseinheit interpretiert werden.[20]) Dennoch ist das Vektorpotential von hoher theoretischer Bedeutung, wie wir in Kapitel 10 noch sehen werden.

Beispiel 5.11: Vektorpotential einer Kugelschale

Eine Kugelschale mit Radius R, die eine gleichförmige Flächenladung σ trägt, wird mit der Winkelgeschwindigkeit ω in Rotation versetzt. Bestimmen Sie das Vektorpotential, das sie im Punkt **r** erzeugt (Abbildung 5.45).

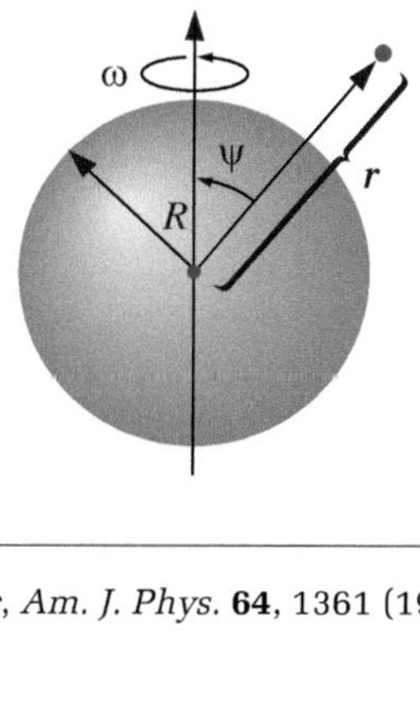

Abbildung 5.45

20 M. D. Semon und J. R. Taylor, *Am. J. Phys.* **64**, 1361 (1996).

Beispiel 5.11 (Fortsetzung)

Lösung:

Es wäre zwar natürlich, die Polarachse in $\boldsymbol{\omega}$-Richtung zu legen, doch tatsächlich wird die Integration erleichtert, wenn wir $\mathbf{r}$ auf die z-Achse legen, sodass $\boldsymbol{\omega}$ dagegen um den Winkel ψ geneigt ist. Wir können ohne Weiteres die x-Achse so legen, dass $\boldsymbol{\omega}$, wie in Abbildung 5.46 dargestellt, in der x-z-Ebene liegt. Gemäß Gleichung 5.66 ist

$$\mathbf{A}(\mathbf{r}) = \frac{\mu_0}{4\pi}\int \frac{\mathbf{K}(\mathbf{r}')}{\mathscr{r}}\,da',$$

worin $\mathbf{K} = \sigma\mathbf{v}$, $\mathscr{r} = \sqrt{R^2 + r^2 - 2Rr\cos\theta'}$ und $d\mathbf{a}' = R^2\sin\theta'\,d\theta'\,d\varphi'$ sind. Nun ist die Geschwindigkeit eines Punkts $\mathbf{r}'$ in einem rotierenden festen Körper durch $\boldsymbol{\omega}\times\mathbf{r}'$ gegeben. In diesem Fall ist

$$\begin{aligned} v = \boldsymbol{\omega}\times\mathbf{r}' &= \begin{bmatrix} \hat{\mathbf{x}} & \hat{\mathbf{y}} & \hat{\mathbf{z}} \\ \omega\sin\psi & 0 & \omega\cos\psi \\ R\sin\theta'\cos\varphi' & R\sin\theta'\sin\varphi' & R\cos\theta' \end{bmatrix} \\ &= R\omega\left[-(\cos\psi\sin\theta'\sin\varphi')\,\hat{\mathbf{x}} + (\cos\psi\sin\theta'\cos\varphi' - \sin\psi\cos\theta')\,\hat{\mathbf{y}} \right. \\ &\quad \left. + (\sin\psi\sin\theta'\sin\varphi')\,\hat{\mathbf{z}}\right]. \end{aligned}$$

Beachten Sie, dass jeder dieser Terme, mit einer Ausnahme, entweder $\sin\varphi'$ oder $\cos\varphi'$ enthält. Wegen

$$\int_0^{2\pi}\sin\varphi'\,d\varphi' = \int_0^{2\pi}\cos\varphi'\,d\varphi' = 0,$$

tragen diese Terme nichts bei. Übrig bleibt daher

$$\mathbf{A}(\mathbf{r}) = -\frac{\mu_0 R^3\sigma\omega\sin\psi}{2}\left(\int_0^{\pi}\frac{\cos\theta'\sin\theta'}{\sqrt{R^2 + r^2 - 2Rr\cos\theta'}}\,d\theta'\right)\hat{\mathbf{y}}.$$

Setzen wir $u \equiv \cos\theta'$, wird das Integral zu

$$\begin{aligned} \int_{-1}^{+1}\frac{u}{\sqrt{R^2 + r^2 - 2Rru}}\,du &= -\frac{(R^2 + r^2 + Rru)}{3R^2r^2}\sqrt{R^2 + r^2 - 2Rru}\,\Bigg|_{-1}^{+1} \\ &= -\frac{1}{3R^2r^2}\left[\left(R^2 + r^2 + Rr\right)|R - r| - \left(R^2 + r^2 - Rr\right)(R + r)\right]. \end{aligned}$$

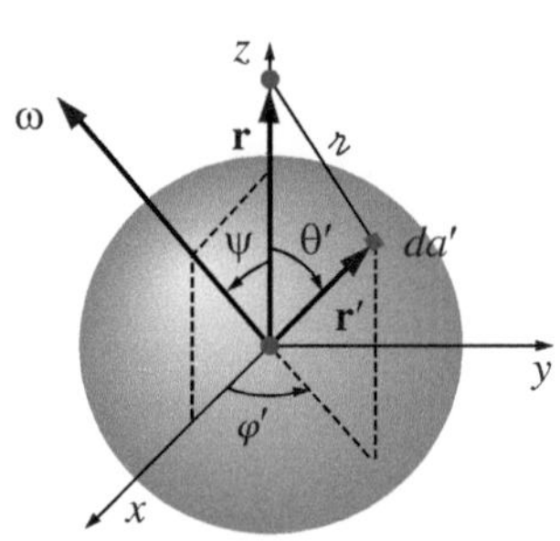

Abbildung 5.46

Beispiel 5.11 (Fortsetzung)

Liegt der Punkt **r** *innerhalb* der Kugel, dann ist $R > r$, und dieser Ausdruck reduziert sich auf $(2r/3R^2)$. Liegt **r** *außerhalb* der Kugel (d. h. es gilt $R < r$), reduziert sich der Ausdruck auf $(2R/3r^2)$. Berücksichtigen wir noch, dass $(\boldsymbol{\omega} \times \mathbf{r}) = -\omega r \sin\psi \hat{\mathbf{y}}$ ist, dann erhalten wir schließlich

$$\mathbf{A}(\mathbf{r}) = \begin{cases} \dfrac{\mu_0 R\sigma}{3}(\boldsymbol{\omega} \times \mathbf{r}) & \text{für Punkte } \textit{innerhalb} \text{ der Kugel}\,, \\ \dfrac{\mu_0 R^4\sigma}{3r^3}(\boldsymbol{\omega} \times \mathbf{r}) & \text{für Punkte } \textit{außerhalb} \text{ der Kugel}\,. \end{cases} \tag{5.68}$$

Nachdem wir das Integral bestimmt haben, greife ich auf die in Abbildung 5.45 gezeigten „natürlichen“ Koordinaten zurück, in denen $\boldsymbol{\omega}$ mit der z-Achse zusammenfällt und der Punkt **r** sich bei (r, θ, φ) befindet:

$$\mathbf{A}(r,\theta,\varphi) = \begin{cases} \dfrac{\mu_0 R\omega\sigma}{3} r \sin\theta \hat{\boldsymbol{\varphi}}\,, & (r \le R)\,, \\ \dfrac{\mu_0 R^4\omega\sigma}{3} \dfrac{\sin\theta}{r^2} \hat{\boldsymbol{\varphi}}\,, & (r \ge R)\,. \end{cases} \tag{5.69}$$

Merkwürdigerweise ist das Feld im Inneren der Kugel *gleichförmig*:

$$\mathbf{B} = \nabla \times \mathbf{A} = \frac{2\mu_0 R\omega\sigma}{3}\left(\cos\theta \hat{\mathbf{r}} - \sin\theta \hat{\boldsymbol{\theta}}\right) = \frac{2}{3}\mu_0\sigma R\omega\hat{\mathbf{z}} = \frac{2}{3}\mu_0\sigma R\boldsymbol{\omega}\,. \tag{5.70}$$

Beispiel 5.12: Vektorpotential einer Spule

Bestimmen Sie das Vektorpotential einer unendlich ausgedehnten Spule mit n Windungen pro Längeneinheit, Radius R und Strom I.

Lösung:

Dieses Mal können wir Gleichung 5.66 nicht einsetzen, da sich der Strom selbst bis ins Unendliche erstreckt. Hier folgt nun eine nette Methode, mit der die Berechnung dennoch möglich wird. Beachten Sie, dass

$$\oint \mathbf{A} \cdot d\mathbf{l} = \int (\nabla \times \mathbf{A}) \cdot d\mathbf{a} = \int \mathbf{B} \cdot d\mathbf{a} = \Phi\,, \tag{5.71}$$

wobei Φ der Fluss von **B** durch die vorliegende Spule ist. Dies erinnert an das Ampère'sche Gesetz in integraler Form (Gleichung 5.57),

$$\oint \mathbf{B} \cdot d\mathbf{l} = \mu_0 I_{\text{eing}}\,.$$

Tatsächlich handelt es sich um dieselbe Gleichung mit $\mathbf{B} \to \mathbf{A}$ und $\mu_0 I_{\text{eing}} \to \Phi$. Sofern es die Symmetrie zulässt, können wir **A** aus Φ auf dieselbe Weise bestimmen, in der wir in Abschnitt 5.3.3 **B** aus I_{eing} bestimmt haben. Das vorliegende Problem (bei dem innerhalb der Spule ein gleichförmiges longitudinales

Beispiel 5.12 (Fortsetzung)

Magnetfeld $\mu_0 nI$ herrscht, außerhalb aber kein Feld vorliegt) entspricht der Problemstellung beim Ampère'schen Gesetz, in der ein dicker Draht einen gleichförmig verteilten Strom trägt. Das Vektorpotential ist „umlaufend" (denn es imitiert in dieser Analogie das Magnetfeld). Mithilfe einer kreisförmigen „Ampère'schen Schleife" mit Radius s *innerhalb* der Spule erhalten wir:

$$\oint \mathbf{A} \cdot d\mathbf{l} = A(2\pi s) = \int \mathbf{B} \cdot d\mathbf{a} = \mu_0 nI \left(\pi s^2\right)$$

und damit

$$\mathbf{A} = \frac{\mu_0 nI}{2} s \hat{\boldsymbol{\varphi}}\,, \quad \text{für} \quad s \leq R\,. \tag{5.72}$$

Für eine Ampère'sche Schleife *außerhalb* der Spule beträgt der Fluss

$$\int \mathbf{B} \cdot d\mathbf{a} = \mu_0 nI \left(\pi R^2\right)\,,$$

denn das Feld erstreckt sich nur bis R. Daher ist

$$\mathbf{A} = \frac{\mu_0 nI}{2} \frac{R^2}{s} \hat{\boldsymbol{\varphi}}\,, \quad \text{für} \quad s \geq R\,. \tag{5.73}$$

Wenn Sie irgendwelche Zweifel an diesem Resultat haben, *prüfen* Sie es nach: Ist $\nabla \times \mathbf{A} = \mathbf{B}$? Ist $\nabla \cdot \mathbf{A} = 0$? Falls ja, sind wir fertig.

Üblicherweise zeigt die Richtung von **A** auch die Stromrichtung an. So verliefen beide in den Beispielen 5.11 und 5.12 azimutal. Wenn alle Ströme in *dieselbe* Richtung fließen, dann zeigt Gleichung 5.65 übrigens, dass auch **A** in diese Richtung zeigen *muss*. Daher zeigt das Potential eines endlichen graden Drahtabschnitts (Aufgabe 5.23) in die Richtung des Stroms. Erstreckt sich der Strom bis ins Unendliche, können Sie Gleichung 5.65 zunächst nicht benutzen (siehe Aufgaben 5.26 und 5.27). Darüber hinaus können Sie immer einen willkürlichen konstanten Vektor auf **A** addieren – dies entspricht einer Veränderung des Bezugspunkts für V und beeinflusst weder Divergenz noch Rotation von **A**, und darauf kommt es uns ja an (in Gleichung 5.65 haben wir die Konstante so gewählt, dass **A** im Unendlichen gegen null geht). Im Prinzip könnten Sie sogar ein Vektorpotential benutzen, das nicht divergenzfrei ist, dann ist alles möglich. Trotz all dieser Hinweise ändert sich der wesentliche Punkt nicht: Üblicherweise entspricht die Richtung von **A** der Stromrichtung.

Aufgabe 5.23

Bestimmen Sie das magnetische Vektorpotential für ein endliches Segment eines geraden Drahts, der den Strom I trägt.

[Legen Sie den Draht zwischen z_1 und z_2 in die z-Achse und benutzen Sie Gleichung 5.66.]

Zeigen Sie, dass Ihre Antwort mit Gleichung 5.37 vereinbar ist.

Aufgabe 5.24

Welche Stromdichte würde das Vektorpotential $\mathbf{A} = k\hat{\boldsymbol{\varphi}}$ in Zylinderkoordinaten erzeugen (wobei k eine Konstante ist)?

Aufgabe 5.25

Zeigen Sie – unter der Voraussetzung, dass $\mathbf{B}$ gleichförmig ist –, dass Sie $\mathbf{A}(\mathbf{r}) = -(\mathbf{r}\times\mathbf{B})/2$ anwenden können. Prüfen Sie also, dass $\nabla\cdot\mathbf{A} = 0$ und $\nabla\times\mathbf{A} = \mathbf{B}$ gilt. Ist dieses Ergebnis eindeutig, oder gibt es auch andere Funktionen mit derselben Divergenz und Rotation?

Aufgabe 5.26

a. Bestimmen Sie auf beliebige Weise (aber ohne das Ergebnis nachzuschlagen) das Vektorpotential in der Entfernung s von einem unendlich langen Draht, der den Strom I trägt. Zeigen Sie, dass $\nabla\cdot\mathbf{A} = 0$ und $\nabla\times\mathbf{A} = \mathbf{B}$ gilt.

b. Bestimmen Sie das magnetische Potential *im Inneren* des Drahts unter der Annahme, dass er den Radius R hat und dass der Strom gleichförmig verteilt ist.

Aufgabe 5.27

Bestimmen Sie das Vektorpotential oberhalb und unterhalb des ebenen Flächenstroms in Beispiel 5.8.

Aufgabe 5.28

a. Zeigen Sie unter Verwendung der *Divergenz*, dass Gleichung 5.65 mit Gleichung 5.63 übereinstimmt.

b. Zeigen Sie unter Verwendung der *Rotation*, dass Gleichung 5.65 mit Gleichung 5.47 übereinstimmt.

c. Zeigen Sie unter Verwendung des *Laplace-Operators*, dass Gleichung 5.65 mit Gleichung 5.64 übereinstimmt.

Aufgabe 5.29

Stellen Sie sich vor, Sie wollten das magnetische skalare Potential U (Gleichung 5.67) in der Nähe eines Strom führenden Drahts bestimmen. Zuerst müssen Sie dem Draht selbst fernbleiben (dort ist $\nabla\times\mathbf{B} \neq 0$), doch das reicht noch nicht. Wenden Sie das Ampère'sche Gesetz auf einen Weg an, der in **a** beginnt, den Draht umrundet und zu **b** zurückkehrt (Abbildung 5.47). Zeigen Sie so, dass das skalare Potential selbst dann nicht eindeutig sein kann (d. h., $U(\mathbf{a}) \neq U(\mathbf{b})$), wenn es denselben physikalischen Punkt abbildet. Bestimmen Sie als Beispiel das skalare Potential eines unendlich langen Drahts. (Um ein mehrdeutiges Potential zu vermeiden, müssen Sie sich auf einfach miteinander verbundene Gebiete beschränken, die entweder auf der einen oder anderen Seite des Drahts liegen und es Ihnen niemals ermöglichen, ganz um den Draht herum zu gehen.)

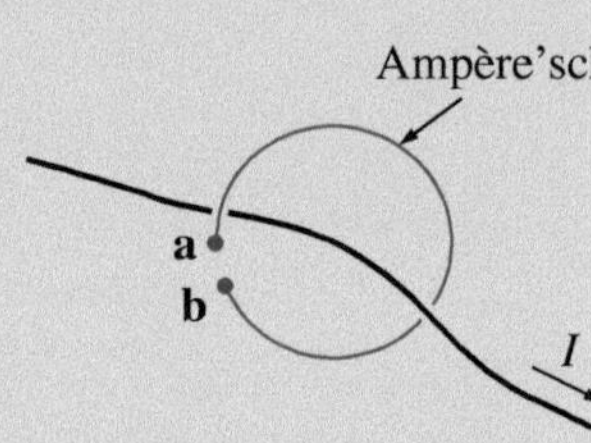

Abbildung 5.47

■ Aufgabe 5.30

Bestimmen Sie anhand der Ergebnisse aus Beispiel 5.11 das Feld innerhalb einer gleichförmig geladenen Kugel mit Radius R, welche die gleichförmige Ladungsdichte ρ hat und mit konstanter Winkelgeschwindigkeit $\boldsymbol{\omega}$ rotiert.

■ Aufgabe 5.31

a. Vervollständigen Sie den Beweis von Satz 2 aus Abschnitt 1.6.2. Zeigen Sie also, dass irgendein divergenzfreies Vektorfeld **F** als Rotation des Vektorpotentials **A** geschrieben werden kann. Sie müssen dazu A_x, A_y und A_z so bestimmen, dass gilt (i) $\partial A_z/\partial y - \partial A_y/\partial z = F_x$; (ii) $\partial A_x/\partial z - \partial A_z/\partial x = F_y$ und (iii) $\partial A_y/\partial x - \partial A_x/\partial y = F_z$. Hier nun eine Methode, mit der Sie dies erreichen können: Wählen Sie $A_x = 0$ und lösen Sie (ii) und (iii) nach A_y und A_z auf. Beachten Sie, dass hier die „Integrationskonstanten" immer noch Funktionen von y und z sind – konstant sind sie nur in Bezug auf x. Setzen Sie danach diese Ausdrücke in (i) ein und nutzen Sie aus, dass $\nabla \cdot \mathbf{F} = 0$ ist; damit bestimmen Sie dann

$$A_y = \int_0^x F_z(x', y, z)\,\mathrm{d}x'\,; \quad A_z = \int_0^y F_x(0, y', z)\,\mathrm{d}y' - \int_0^x F_y(x', y, z)\,\mathrm{d}x'\,.$$

b. Prüfen Sie durch direktes Differenzieren, dass das Vektorpotential **A**, das Sie in Teil (a) bestimmt haben, $\nabla \times \mathbf{A} = \mathbf{F}$ erfüllt. Ist **A** divergenzfrei?

[Die Konstruktion von **A** war äußerst asymmetrisch, und es wäre überraschend, wenn das der Fall *wäre* – obwohl wir wissen, dass ein Vektor *existiert*, dessen Rotation **F** beträgt *und* dessen Divergenz null ist.]

c. Nehmen Sie als Beispiel $\mathbf{F} = y\hat{\mathbf{x}} + z\hat{\mathbf{y}} + x\hat{\mathbf{z}}$. Berechnen Sie **A** und bestätigen Sie, dass $\nabla \times \mathbf{A} = \mathbf{F}$ ist. (Weitere Diskussionen finden Sie in Aufgabe 5.53.)

5.4.2 Magnetostatische Randbedingungen

In Kapitel 2 habe ich ein Dreiecksdiagramm gezeichnet, in dem ich die Beziehungen der drei grundlegenden Größen der Elektrostatik skizziert habe: Ladung ρ, elektrisches Feld **E** und Potential V. Ein ähnliches Diagramm, das die Stromdichte **J**, das Feld **B** und das Potential **A** verknüpft, kann auch für die Magnetostatik gezeichnet werden (Abbildung 5.48). Allerdings gibt es in diesem Diagramm ein „missing link", nämlich die Gleichung für **A**, ausgedrückt durch **B**. Es ist unwahrscheinlich, dass Sie jemals eine solche Formel benötigen werden, aber falls Sie doch daran interessiert sind, lege ich Ihnen die Aufgaben 5.52 und 5.53 ans Herz.

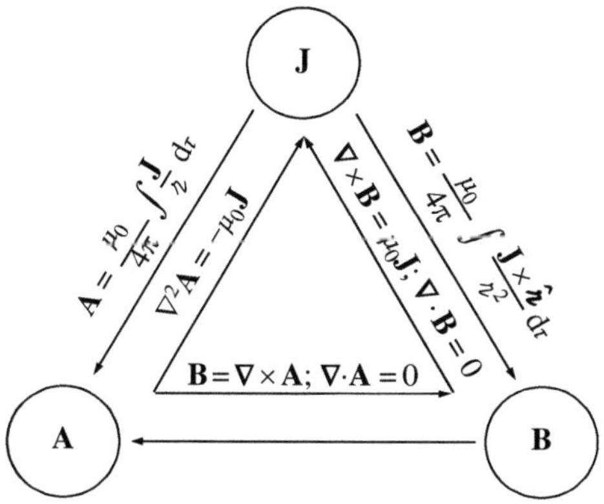

Abbildung 5.48

In derselben Weise, in der das elektrische Feld eine Unstetigkeit an einer Flächen*ladung* erfährt, ist auch das magnetische Feld an einem Flächen*strom* unstetig. Allerdings verändert sich nun die *Tangential*komponente. Wenn wir nämlich Gleichung 5.50 in integraler Form

$$\oint \mathbf{B} \cdot d\mathbf{a} = 0\,,$$

auf eine flache Schachtel anwenden, welche die Oberfläche umgibt (Abbildung 5.49), erhalten wir

$$B^{\perp}_{\text{oberhalb}} - B^{\perp}_{\text{unterhalb}}\,. \tag{5.74}$$

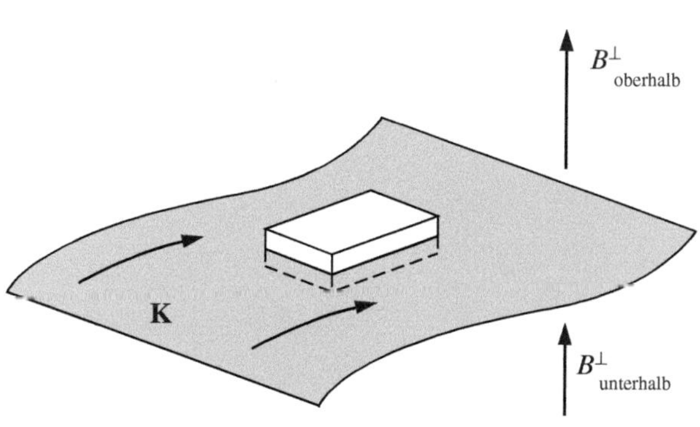

Abbildung 5.49

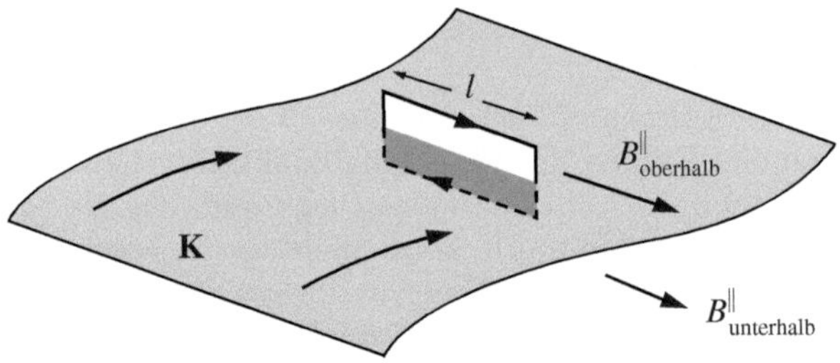

Abbildung 5.50

Was die tangentialen Komponenten betrifft, so führt eine Ampère'sche Schleife, die senkrecht zum Strom verläuft (Abbildung 5.50), auf

$$\oint \mathbf{B} \cdot d\mathbf{l} = \left(B^{||}_{\text{oberhalb}} - B^{||}_{\text{unterhalb}}\right) l = \mu_0 I_{\text{eing}} = \mu_0 K l$$

bzw.

$$B^{||}_{\text{oberhalb}} - B^{||}_{\text{unterhalb}} = \mu_0 K\,. \tag{5.75}$$

Daher springt die Komponente von **B**, die parallel zur Fläche, aber senkrecht zum Strom verläuft, um den Betrag $\mu_0 K$. Eine ähnliche Ampère'sche Schleife, die *parallel* zum Strom verläuft, zeigt, dass die *parallele* Komponente *stetig* ist. Diese Resultate können in einer einzigen Formel zusammengefasst werden:

$$\mathbf{B}_{\text{oberhalb}} - \mathbf{B}_{\text{unterhalb}} = \mu_0 \left(\mathbf{K} \times \hat{\mathbf{n}}\right)\,. \tag{5.76}$$

Dabei ist $\hat{\mathbf{n}}$ ein auf der Fläche senkrecht stehender Einheitsvektor, der nach „oben" zeigt.

Wie das skalare Potential der Elektrostatik ist auch das Vektorpotential über irgendeine Randfläche hinweg stetig:

$$\mathbf{A}_{\text{oberhalb}} = \mathbf{A}_{\text{unterhalb}}\,, \tag{5.77}$$

denn $\nabla \cdot \mathbf{A} = 0$ garantiert,[21] dass die *Normal*komponente stetig ist. Weiterhin bedeutet $\nabla \times \mathbf{A} = \mathbf{B}$ in der Form

$$\oint \mathbf{A} \cdot d\mathbf{l} = \int \mathbf{B} \cdot d\mathbf{a} = \Phi\,,$$

dass die tangentialen Komponenten stetig sind (der Fluss durch eine Ampère'sche Schleife mit verschwindender Dicke ist null). Erst die *Ableitung* von **A** erbt die Unstetigkeit von **B**:

$$\frac{\partial \mathbf{A}_{\text{oberhalb}}}{\partial n} - \frac{\partial \mathbf{A}_{\text{unterhalb}}}{\partial n} = -\mu_0 \mathbf{K}\,. \tag{5.78}$$

21 Beachten Sie, dass die Gleichungen 5.77 und 5.78 voraussetzen, dass **A** divergenzfrei ist.

■ Aufgabe 5.32

a. Überprüfen Sie Gleichung 5.76 für die Konfiguration aus Beispiel 5.9.

b. Überprüfen Sie die Gleichungen 5.77 und 5.78 für die Konfiguration in Beispiel 5.11.

■ Aufgabe 5.33

Beweisen Sie Gleichung 5.78 unter Verwendung der Gleichungen 5.63, 5.76 und 5.77.

[*Hinweis*: Ich würde an der Oberfläche kartesische Koordinaten verwenden, bei denen z senkrecht auf der Oberfläche steht und x parallel zum Strom gerichtet ist.]

5.4.3 Multipolentwicklung des Vektorpotentials

Falls Sie eine Näherungsformel für das Vektorpotential einer örtlich begrenzten Stromverteilung suchen, die für weit entfernte Punkte gültig ist, dann ist eine Multipolentwicklung das Richtige für Sie. Wie bereits erwähnt, beruht die Grundidee der Multipolentwicklung darin, das Potential als Potenzreihe von $1/r$ darzustellen, wobei r die Entfernung zu einem bestimmten Punkt ist (Abbildung 5.51). Ist r hinreichend groß, wird die Reihe durch den kleinsten nicht verschwindenden Beitrag dominiert, und höhere Terme dürfen ignoriert werden. Wie wir bereits im Abschnitt 3.4.1 (in Gleichung 3.94) festgestellt haben, ist

$$\frac{1}{\mathscr{r}} = \frac{1}{\sqrt{r^2 + (r')^2 - 2rr'\cos\alpha}} = \frac{1}{r}\sum_{n=0}^{\infty}\left(\frac{r'}{r}\right)^n P_n(\cos\alpha)\,, \tag{5.79}$$

wobei α der Winkel zwischen $\mathbf{r}$ und $\mathbf{r}'$ ist. Das Vektorpotential einer Stromschleife kann entsprechend als

$$\mathbf{A}(\mathbf{r}) = \frac{\mu_0 I}{4\pi}\oint \frac{1}{\mathscr{r}}\,d\mathbf{l}' = \frac{\mu_0 I}{4\pi}\sum_{n=0}^{\infty}\frac{1}{r^{n+1}}\oint (r')^n P_n(\cos\alpha)\,d\mathbf{l}' \tag{5.80}$$

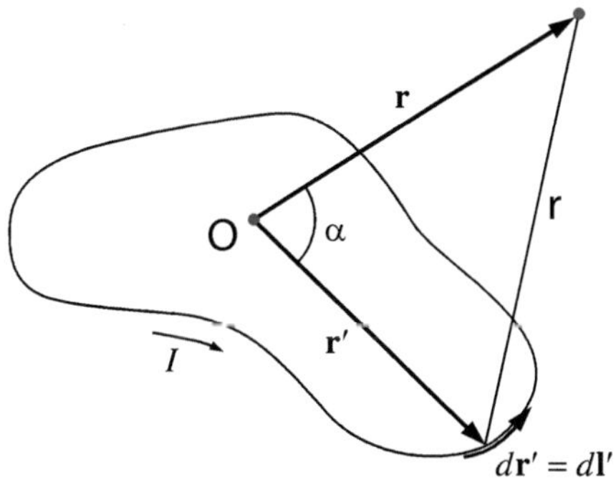

Abbildung 5.51

geschrieben werden oder, in ausführlicherer Form, als

$$\mathbf{A}(\mathbf{r}) = \frac{\mu_0 I}{4\pi}\left[\frac{1}{r}\oint \mathrm{d}\mathbf{l}' + \frac{1}{r^2}\oint r' \cos\alpha \, \mathrm{d}\mathbf{l}' + \frac{1}{r^3}\oint (r')^2 \left(\frac{3}{2}\cos^2\alpha - \frac{1}{2}\right)\mathrm{d}\mathbf{l}' + \ldots\right]. \tag{5.81}$$

Wie in der Multipolentwicklung von V bezeichnen wir den ersten Term (der immer mit $1/r$ abfällt) als **Monopol**-Term, den zweiten (der mit $1/r^2$ abfällt) als **Dipol**, den dritten als **Quadrupol** usw.

Nun ist der *magnetische Monopol-Term immer null*, denn das Integral ist lediglich die gesamte Verschiebung des Vektors um eine geschlossene Schleife:

$$\oint \mathrm{d}\mathbf{l}' = 0\,. \tag{5.82}$$

Darin drückt sich aus, dass in der Natur (allem Anschein nach) keinerlei magnetische Monopole zu finden sind (eine Annahme, die in der Maxwell'schen Gleichung $\nabla \cdot \mathbf{B} = 0$ enthalten ist und auf der die gesamte Theorie des Vektorpotentials beruht).

Fehlt der Beitrag irgendwelcher Monopole, dann ist der Dipol der dominante Term (außer in jenen seltenen Fällen, in denen er ebenfalls verschwindet):

$$\mathbf{A}_{\mathrm{Dipol}}(\mathbf{r}) = \frac{\mu_0 I}{4\pi r^2}\oint r' \cos\alpha \, \mathrm{d}\mathbf{l}' = \frac{\mu_0 I}{4\pi r^2}\oint (\hat{\mathbf{r}} \cdot \mathbf{r}')\, \mathrm{d}\mathbf{l}'\,. \tag{5.83}$$

Dieses Integral kann in einer aufschlussreicheren Form geschrieben werden, indem wir Gleichung 1.108 mit $\mathbf{c} = \hat{\mathbf{r}}$ verwenden:

$$\oint (\hat{\mathbf{r}} \cdot \mathbf{r}')\, \mathrm{d}\mathbf{l}' = -\hat{\mathbf{r}} \times \int \mathrm{d}\mathbf{a}'\,. \tag{5.84}$$

Dann ist

$$\mathbf{A}_{\mathrm{Dipol}}(\mathbf{r}) = \frac{\mu_0}{4\pi}\frac{\mathbf{m} \times \hat{\mathbf{r}}}{r^2}\,, \tag{5.85}$$

wobei $\mathbf{m}$ das **magnetische Dipolmoment** darstellt:

$$\mathbf{m} \equiv I \int \mathrm{d}\mathbf{a} = I\mathbf{a}\,. \tag{5.86}$$

Hierbei ist $\mathbf{a}$ der „Flächenvektor" der Schleife (Aufgabe 1.62). Ist die Schleife *eben*, dann ist $\mathbf{a}$ einfach die von der Schleife umschlossene Fläche; die Richtung wird wie üblich durch die Rechte-Hand-Regel festgelegt (die Finger weisen in Stromrichtung).

Beispiel 5.13: Magnetisches Dipolmoment einer Leiterschleife

Bestimmen Sie das magnetische Dipolmoment der in Abbildung 5.52 dargestellten Schleife in Form einer „Bücherstütze“. Alle Seiten haben die Länge w, und sie trägt den Strom I.

Lösung:

Dieser Draht kann als Überlagerung zweier ebener rechteckigen Schleifen betrachtet werden (Abbildung 5.53). Die doppelt auftretenden Seiten (AB) heben sich auf, sobald die beiden Schleifen zusammengesetzt werden, denn die Ströme fließen in unterschiedliche Richtungen. Das magnetische Nettodipolmoment beträgt

$$\mathbf{m} = Iw^2\hat{\mathbf{y}} + Iw^2\hat{\mathbf{z}}\,.$$

Seine Stärke beträgt $\sqrt{2}Iw^2$ und zeigt in Richtung der 45°-Linie $z = y$.

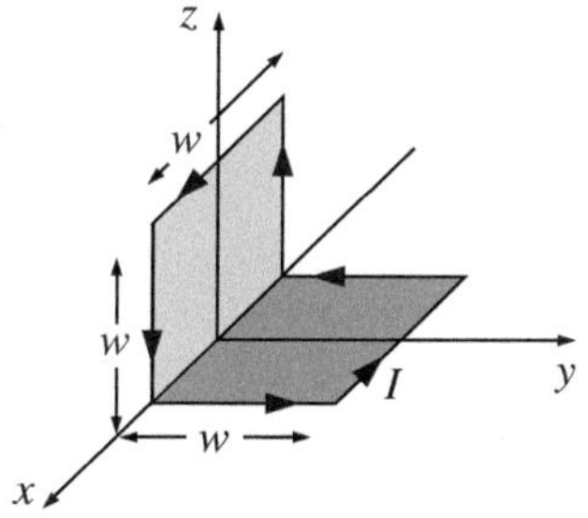

Abbildung 5.52

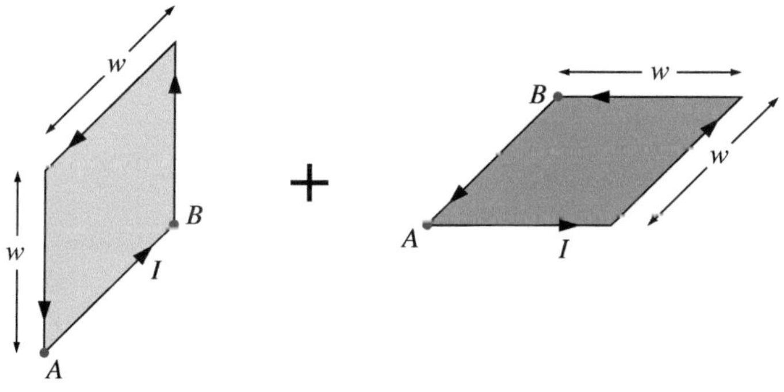

Abbildung 5.53

Anhand von Gleichung 5.86 wird deutlich, dass das magnetische Dipolmoment von der Wahl des Ursprungs unabhängig ist. Wie weiter vorne bereits erwähnt, ist das *elektrische* Dipolmoment nur dann vom Ursprung unabhängig, wenn die Gesamtladung verschwindet (Abschnitt 3.4.3). Da das *magnetische* Monopolmoment *immer* null ist, kann es kaum überraschen, dass das magnetische Dipolmoment immer vom Ursprung unabhängig ist.

Obwohl das Dipolmoment die Multipolentwicklung dominiert (außer im Fall von $\mathbf{m} = 0$) und daher eine gute Näherung für das wahre Potential darstellt, ist es üblicherweise nicht das *genaue* Potential, denn es treten Quadrupol-, Oktopol- und noch höhere Beiträge auf. Sie fragen sich vielleicht, ob es möglich ist, eine Stromverteilung zu formulieren, deren Potential einen „reinen" Dipol darstellt, für die also Gleichung 5.85 *exakt* gilt? Die Antwort lautet Ja und Nein. Wie im Fall der elektrischen Analogie ist dies möglich, allerdings wirkt das Modell irgendwie künstlich. Sie müssen zunächst eine infinitesimal kleine Schleife um den Ursprung legen. Damit danach aber das Dipolmoment endlich bleibt, müssen Sie den Strom unendlich groß machen, dabei aber das Produkt $m = Ia$ festhalten. In der Praxis ist das Dipolpotential immer dann eine hinreichende Näherung, wenn die Entfernung r die Ausmaße der Schleife deutlich übersteigt.

Das magnetische *Feld* eines (reinen) Dipols lässt sich am leichtesten berechnen, wenn wir $\mathbf{m}$ in den Ursprung legen und in z-Richtung zeigen lassen (Abbildung 5.54). Gemäß Gleichung 5.85 beträgt das Potential im Punkt (r, θ, φ)

$$\mathbf{A}_{\text{Dipol}}(\mathbf{r}) = \frac{\mu_0}{4\pi}\frac{m \sin\theta}{r^2}\hat{\boldsymbol{\varphi}}\,, \tag{5.87}$$

und daher ist

$$\mathbf{B}_{\text{Dipol}}(\mathbf{r}) = \boldsymbol{\nabla} \times \mathbf{A} = \frac{\mu_0 m}{4\pi r^3}\left(2\cos\theta\,\hat{\mathbf{r}} + \sin\theta\,\hat{\boldsymbol{\theta}}\right)\,. \tag{5.88}$$

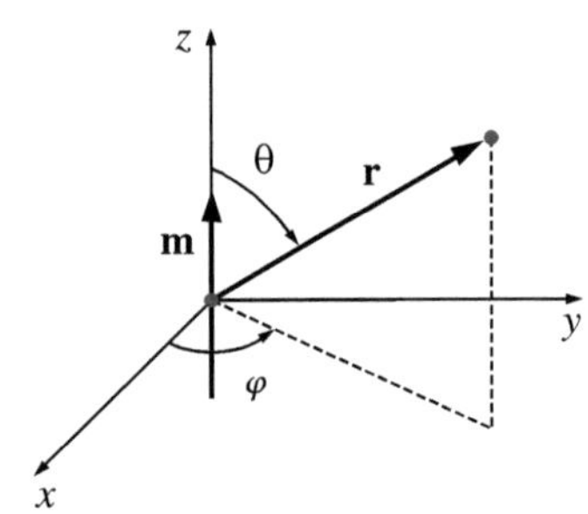

Abbildung 5.54

Überraschenderweise ist dieser Ausdruck genauso aufgebaut wie der für das Feld eines elektrischen Dipols (Gleichung 3.103)! (Aus der Nähe betrachtet unterscheidet

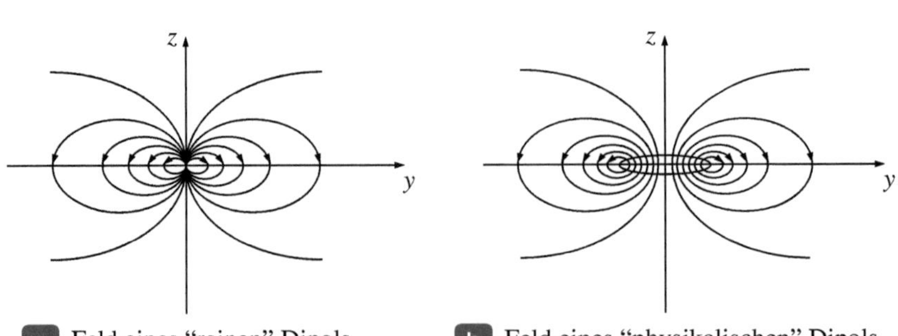

a Feld eines "reinen" Dipols   b Feld eines "physikalischen" Dipols

Abbildung 5.55

sich jedoch das Feld eines physikalischen magnetischen Dipols (eine kleine Stromschleife) sehr vom Feld eines physikalischen elektrischen Dipols (einer positiven und negativen Ladung in geringem Abstand), wie ein Vergleich von Abbildung 5.55 mit Abbildung 3.37 beweist.)

■ **Aufgabe 5.34**

Zeigen Sie, dass das magnetische Feld eines Dipols in folgender koordinatenfreier Form geschrieben werden kann:

$$B_{\text{Dipol}}(\mathbf{r}) = \frac{\mu_0}{4\pi}\frac{1}{r^3}\left[3\,(\mathbf{m}\cdot\hat{\mathbf{r}})\,\hat{\mathbf{r}} - \mathbf{m}\right] . \tag{5.89}$$

■ **Aufgabe 5.35**

Eine kreisförmige Drahtschleife mit Radius R liegt so in der x-y-Ebene, dass sich ihr Mittelpunkt im Ursprung befindet. Sie trägt einen Strom I, der von der positiven z-Achse aus gesehen im Gegenuhrzeigersinn verläuft.

a. Wie lautet das magnetische Dipolmoment?

b. Wie sieht das (genäherte) magnetische Feld an weit vom Ursprung entfernten Orten aus?

c. Zeigen Sie, dass Ihre Antwort für Punkte auf der z-Achse mit dem *exakten* Feld (aus Beispiel 5.6) übereinstimmt, sofern $z \gg R$.

■ **Aufgabe 5.36**

Bestimmen Sie das exakte Magnetfeld in einer Entfernung z oberhalb des Mittelpunkts einer quadratischen Schleife mit Seitenlänge w, in der ein Strom I fließt. Bestätigen Sie, dass es sich für $z \gg w$ auf das Feld eines Dipols mit zugehörigem Dipolmoment reduziert.

■ **Aufgabe 5.37**

a. Eine Schallplatte mit Radius R trägt eine gleichförmige Oberflächenladung σ und rotiert mit konstanter Winkelgeschwindigkeit ω. Bestimmen Sie ihr magnetisches Dipolmoment.

b. Bestimmen Sie das magnetische Dipolmoment der rotierenden Kugelschale aus Beispiel 5.11. Zeigen Sie, dass für Punkte $r > R$ das Potential das eines perfekten Dipols ist.

■ **Aufgabe 5.38**

Ich habe die Multipolentwicklung für das Vektorpotential eines *linienartigen* Stroms ausgerechnet, weil das am häufigsten vorkommt und in mancherlei Hinsicht auch am einfachsten ist. Jetzt nehmen wir einen *Volumen*strom $\mathbf{J}$ an:

a. Leiten Sie die Multipolentwicklung analog zu Gleichung 5.80 her.

b. Leiten Sie das Monopolpotential her und beweisen Sie, dass es verschwindet.

c. Verwenden Sie Gleichungen 1.107 und 5.86, um zu zeigen, dass man das Dipolmoment wie folgt schreiben kann:

$$\mathbf{m} = \frac{1}{2}\int (\mathbf{r} \times \mathbf{J})\, d\tau \,. \tag{5.90}$$

EXTRAS ONLINE

Lösungshinweise

Weitere Aufgaben für Kapitel 5

Aufgabe 5.39

Untersuchen Sie die Bewegung eines Teilchens mit Ladung q und Masse m im Magnetfeld eines langen geraden Drahts, der einen stationären Strom I führt.

a. Ist die kinetische Energie des Teilchens erhalten?

b. Bestimmen Sie die auf das Teilchen wirkende Kraft in Zylinderkoordinaten; der Strom I fließt entlang der z-Achse.

c. Bestimmen Sie die Bewegungsgleichung.

d. Angenommen, $\dot{z}$ wäre konstant: Beschreiben Sie die Bewegung.

Aufgabe 5.40

Da sich parallele Ströme anziehen, haben Sie vielleicht den Eindruck, dass sich Ströme innerhalb eines einzelnen Drahts auf einen dünnen Stromfaden entlang der Achse konzentrieren sollten. In der Praxis verteilt sich der Strom allerdings ziemlich gleichförmig über den Drahtquerschnitt. Wie erklären Sie das? Gehen Sie von dem Fall aus, dass sich die positiven Ladungen (mit der Dichte ρ_+) in Ruhe befinden, während sich die negativen Ladungen (mit der Dichte ρ_-) mit der Geschwindigkeit v bewegen (und keine von ihnen von der Entfernung von der Achse abhängt). Zeigen Sie für diesen Fall, dass $\rho_- = -\rho_+\gamma^2$, wobei $\gamma \equiv 1/\sqrt{1-(v/c)^2}$ und $c^2 = 1/\mu_0\varepsilon_0$. Da der Draht als Ganzes neutral ist, wo befindet sich dann die kompensierenden Ladungen?[22]

[Beachten Sie, dass die beiden Ladungen bei typischen Geschwindigkeiten (siehe Aufgabe 5.20) im Wesentlichen nicht durch den Strom verändert werden (da $\gamma \approx 1$). In einem **Plasma**, in dem die positiven Ladungen sich *ebenfalls* frei bewegen dürfen, kann dieser sogenannte **Pinch-Effekt** (*Einschnüreffekt*) große Bedeutung erlangen.]

Aufgabe 5.41

Ein Strom I fließt durch einen rechteckigen Barren eines leitenden Materials in Anwesenheit eines gleichförmigen magnetischen Felds $\mathbf{B}$, das aus der Seite heraus weist, nach rechts (Abbildung 5.56).

a. Die bewegten Ladungen sollen positiv sein. In welche Richtung werden sie dann vom Magnetfeld abgelenkt? Diese Ablenkung führt zu einer Ansammlung von Ladungen an den oberen und unteren Oberflächen des Barrens, die daraufhin eine elektrische Kraft erzeugen, die der magnetischen entgegensetzt ist. Heben sich beide Kräfte gerade auf, dann befinden sie sich im Gleichgewicht. (Dieses

22 Eine weitergehende Diskussion finden Sie in D. C. Gabuzda, *Am. J. Phys.* **61**, 360 (1993).

Phänomen wird als **Hall-Effekt** bezeichnet.)

b. Bestimmen Sie die resultierende Potentialdifferenz (die sogenannte **Hall-Spannung**) zwischen der oberen und unteren Seite des Barrens und drücken Sie die Spannung durch B, v (die Geschwindigkeit der Ladungen) und die relevanten Abmessungen des Barrens aus.[23]

c. Wie müssten Sie Ihre Analyse verändern, wenn die bewegten Ladungen negativ wären?

[Der Hall-Effekt ist der klassische Weg zur Bestimmung des Vorzeichens bewegter Ladungsträger in einem Material.]

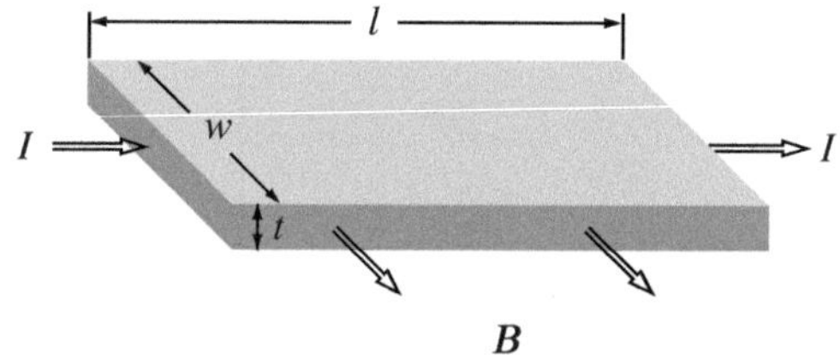

Abbildung 5.56

Aufgabe 5.42

Eine ebene unregelmäßige Drahtschleife ist so angeordnet, dass sich ein Teil von ihr in einem gleichförmigen magnetischen Feld **B** befindet (in Abbildung 5.57 nimmt das Feld den schraffierten Teil ein und steht senkrecht auf der Schleifenebene). Die Schleife trägt den Strom I. Zeigen Sie, dass die magnetische Nettokraft auf die Schleife $F = IBw$ beträgt, wobei w der Abstand zwischen den gegenüberliegenden Drähten ist. Verallgemeinern Sie Ihr Ergebnis auf den Fall, in dem das Gebiet, in dem sich das magnetische Feld befindet, selbst unregelmäßig geformt ist. In welche Richtung zeigt die Kraft?

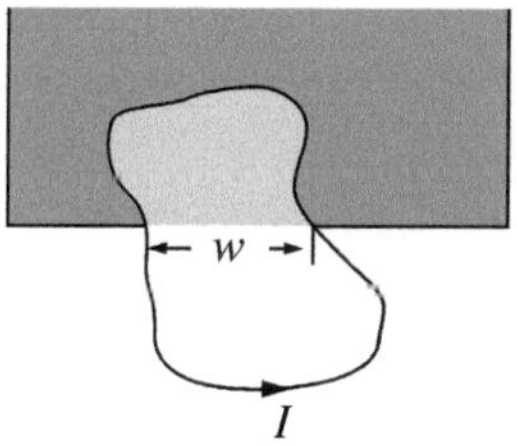

Abbildung 5.57

Aufgabe 5.43

Ein kreissymmetrisches Magnetfeld (**B** hängt darin nur von der Entfernung von der Achse ab) steht senkrecht auf der Seite und befindet sich in Abbildung 5.58 innerhalb des schattierten Gebiets. Zeigen Sie, dass ein geladenes Teilchen, das im Zentrum startet, das Gebiet des Felds auf einem *radial* verlaufenden Weg verlässt, sofern der gesamte Fluss ($\int \mathbf{B} \cdot d\mathbf{a}$) null ist (vorausgesetzt, das Teilchen kann überhaupt ent-

23 Das Potential *im Inneren* des Barrens führt auf ein interessantes Randwertproblem, siehe M. J. Moelter, J. Evans und G. Elliot, *Am. J. Phys.* **66**, 668 (1998).

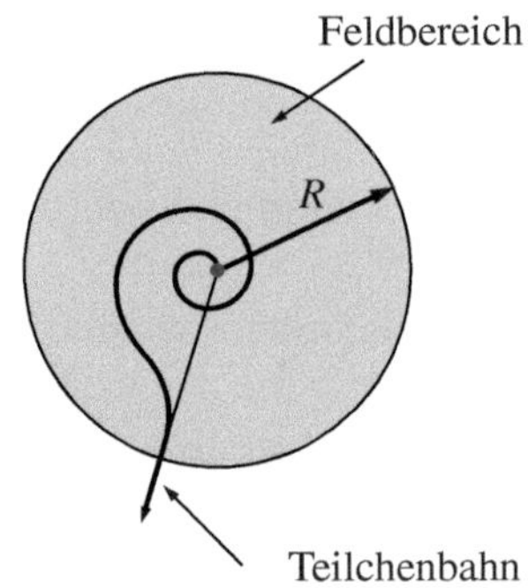

Abbildung 5.58

kommen – bei zu hoher Anfangsgeschwindigkeit kreist es einfach immer weiter). Umgekehrt trifft ein Teilchen, das von außen auf den Mittelpunkt geschossen wird, sein Ziel, folgt dabei allerdings einer merkwürdigen Bahn.

[*Hinweis*: Berechnen Sie den gesamten Drehimpuls, den das Teilchen aufnimmt, unter Verwendung der Lorentz-Kraft.]

Aufgabe 5.44
Berechnen Sie die magnetische Anziehungskraft zwischen der nördlichen und südlichen Halbkugel einer rotierenden geladenen Kugelschale (Beispiel 5.11).

[Antwort: $(\pi/4)\mu_0\sigma^2\omega^2R^4$.]

! **Aufgabe 5.45**
Betrachten Sie die Bewegung eines Teilchens der Masse m und der elektrischen Ladung q_e im Feld eines (hypothetischen) stationären magnetischen Monopols q_m im Ursprung:

$$\mathbf{B} = \frac{\mu_0}{4\pi}\frac{q_m}{r^2}\hat{\mathbf{r}} .$$

a. Bestimmen Sie die Beschleunigung von q_e und drücken Sie Ihr Ergebnis durch q_e, q_m, m und $\mathbf{r}$ (dem Ort des Teilchens) sowie durch $\mathbf{v}$ (seine Geschwindigkeit) aus.

b. Zeigen Sie, dass die Geschwindigkeit $v = |\mathbf{v}|$ eine Konstante der Bewegung ist.

c. Zeigen Sie, dass die Vektorgröße

$$\mathbf{Q} \equiv m(\mathbf{r} \times \mathbf{v}) - \frac{\mu_0 q_e q_m}{4\pi}\hat{\mathbf{r}}$$

eine Konstante der Bewegung ist.

[*Hinweis*: Differenzieren Sie den Ausdruck nach der Zeit und beweisen Sie – unter Verwendung der Bewegungsgleichungen aus (a) – dass die Ableitung null ist.]

d. Wählen wir sphärische Koordinaten (r, θ, φ), deren polare Achse in derselben Richtung wie $\mathbf{Q}$ verläuft, dann sind folgende Schritte zu erledigen:

1. Berechnen Sie $\mathbf{Q}\cdot\hat{\boldsymbol{\varphi}}$ und zeigen Sie, dass θ eine Konstante der Bewegung ist (dadurch bewegt sich q_e auf der Oberfläche eines Kegels – was 1896 zuerst

durch Poincaré festgestellt wurde.)[24]

2. Berechnen Sie $\mathbf{Q} \cdot \hat{\mathbf{r}}$ und zeigen Sie, dass die Stärke von $\mathbf{Q}$

$$\mathbf{Q} = \frac{\mu_0}{4\pi}\left|\frac{q_e q_m}{\cos\theta}\right|$$

beträgt.

3. Berechnen Sie $\mathbf{Q} \cdot \hat{\boldsymbol{\theta}}$ und zeigen Sie, dass gilt:

$$\frac{d\varphi}{dt} = \frac{k}{r^2}$$

Bestimmen Sie auf diese Weise die Konstante k.

e. Drücken Sie v^2 in sphärischen Koordinaten aus und bestimmen Sie so die Gleichungen der Teilchenbahn in der Form

$$\frac{dr}{d\varphi} = f(r)$$

(bestimmen Sie also die Funktion $f(r)$).

f. Lösen Sie diese Gleichung für $r(\varphi)$.

! **Aufgabe 5.46**

Benutzen Sie das Biot-Savart'sche Gesetz (am besten in der Form von Gleichung 5.42 für Oberflächenströme) und bestimmen Sie das Feld innerhalb und außerhalb einer unendlich langen Spule mit Radius R sowie n Windungen pro Längeneinheit, die einen stationären Strom I trägt.

Aufgabe 5.47

Das magnetische Feld auf der Achse einer kreisförmigen Stromschleife (Gleichung 5.41) ist alles andere als gleichförmig (es fällt mit wachsendem z steil ab). Mit zwei derartigen Schleifen im Abstand d können Sie ein wesentlich gleichförmigeres Feld erzeugen (Abbildung 5.59).

a. Bestimmen Sie das Feld (B) als Funktion von z und zeigen Sie, das $\partial B/\partial z$ im Punkt in der Mitte zwischen den beiden null ist ($z = 0$).

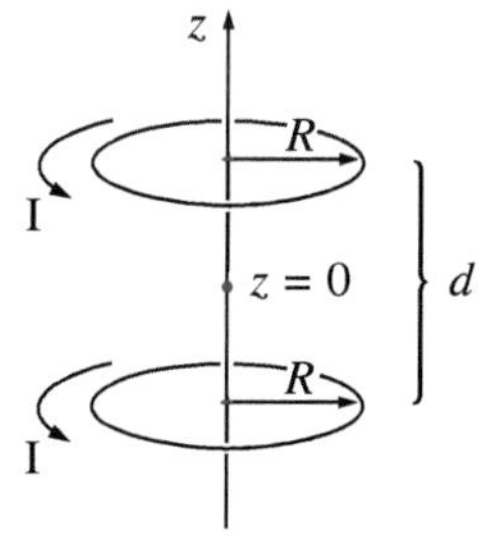

Abbildung 5.59

24 Genau genommen bewegt sich die Ladung entlang einer *geodätischen Linie* auf dem Kegel. Die Originalarbeit Poincarés finden Sie in *Comptes rendus de l'Académie des Sciences* **123**, 530 (1896). Eine modernere Behandlung finden Sie in B. Rossi und S. Olbert, *Introduction to the Physics of Space* (New York: McGraw-Hill, 1970)

b. Wenn Sie nun d gerade richtig wählen, wird die *zweite* Ableitung von B am Mittelpunkt ebenfalls verschwinden. Eine solche Anordnung wird als **Helmholtz'sche Spule** bezeichnet. Sie bietet einen praktische Weg, relativ gleichförmige Felder im Labor zu erzeugen. Bestimmen Sie d so, dass im Mittelpunkt $\partial^2 B/\partial z^2 = 0$ gilt, und finden Sie das resultierende magnetische Feld im Mittelpunkt.

[*Antwort*: $8\mu_0 I/5\sqrt{5}R$].

Aufgabe 5.48
Bestimmen Sie das magnetische Feld auf der Achse der rotierenden Scheibe aus Aufgabe 5.37a mittels Gleichung 5.41. Zeigen Sie, dass das Dipolfeld (Gleichung 5.91) mit dem Dipolmoment aus Aufgabe 5.37 eine gute Näherung für $z \gg R$ ist.

Aufgabe 5.49
Sie wollen das Feld einer kreisförmigen Schleife in einem Punkt $\mathbf{r}$ bestimmen, der sich nicht direkt über dem Mittelpunkt befindet (Beispiel 5.6 und Abbildung 5.60). Sie könnten Ihre Achsen ohne Weiteres so legen, dass $\mathbf{r}$ bei $(0, y, z)$ in der y-z-Ebene liegt. Der Quellpunkt ist $(R\cos\varphi', R\sin\varphi', 0)$, und φ' läuft von 0 nach 2π. Geben Sie die Integrale[25] an, mit dem Sie B_x, B_y und B_z berechnen könnten, und bestimmen Sie B_x ausführlich.

Aufgabe 5.50
In der Magnetostatik werden der „Quellstrom" (der das Feld erzeugt) und der „Empfängerstrom" (derjenige, auf den die Kraft wirkt) so asymmetrisch behandelt, dass sich kaum erkennen lässt, dass die magnetische Kraft zwischen zwei Stromschleifen mit dem dritten Newton'schen Gesetz übereinstimmt. Beginnen Sie mit dem Biot-Savart'schen Gesetz (5.34) und der Lorentz-Kraft (5.16) und zeigen Sie, dass die aufgrund der ersten Schleife auf die zweite Schleife wirkende Kraft (Abbildung 5.61) folgendermaßen formuliert werden kann:

$$\mathbf{F}_2 = -\frac{\mu_0}{4\pi} I_1 I_2 \oint\oint \frac{\hat{\boldsymbol{\imath}}}{\imath^2}\, d\mathbf{l}_1 \cdot d\mathbf{l}_2 \,. \tag{5.91}$$

In dieser Form wird der Zusammenhang $\mathbf{F}_2 = -\mathbf{F}_1$ deutlich, denn $\hat{\imath}$ ändert seine

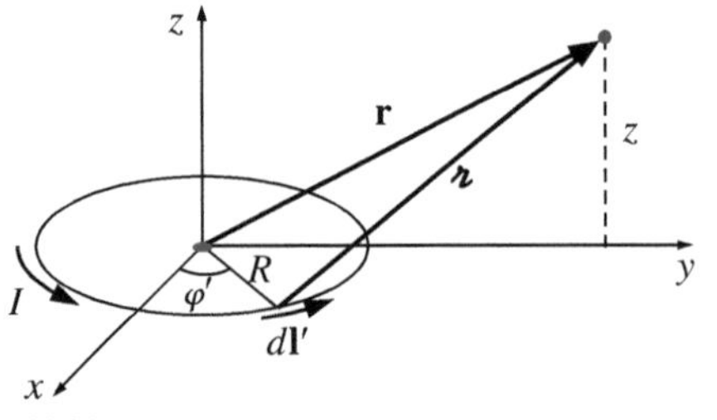

Abbildung 5.60

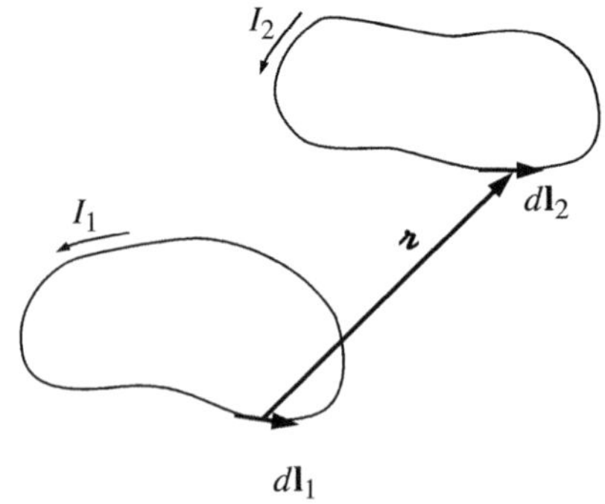

Abbildung 5.61

25 Es handelt sich um **elliptische Integrale**; siehe R. H. Good, *Eur. J. Phys.* **22**, 119 (2001).

Richtung, sobald die Rollen von 1 und 2 vertauscht werden. (Wenn Sie auf einen „zusätzlichen" Term stoßen, könnte Ihnen die Notation $\mathbf{dl}_2 \cdot \hat{\boldsymbol{\mathscr{r}}} = d\mathscr{r}$ weiterhelfen.)

Aufgabe 5.51

Betrachten Sie eine *ebene* Leiterschleife, die einen stetigen Strom I führt; wir wollen das Magnetfeld an einem Punkt in der Ebene ausrechnen. Diesen Punkt können wir als Ursprung wählen; er kann sich innerhalb oder außerhalb der Schleife befinden. Die Form des Drahts ist in Polarkoordinaten durch eine vorgegebene Funktion $r(\theta)$ bestimmt (Abbildung 5.62).

a. Zeigen Sie, dass die Amplitude des Feldes

$$B = \frac{\mu_0 I}{4\pi} \oint \frac{d\theta}{r}$$

lautet.[26]

[*Hinweis:* Beginnen Sie mit dem Biot-Savart'schen Gesetz; beachten Sie, dass $\boldsymbol{\mathscr{r}} = -\mathbf{r}$ ist und dass $\mathbf{dl} \times \hat{\mathbf{r}}$ senkrecht zur Ebene weist; zeigen Sie, dass $|\mathbf{dl} \times \hat{\mathbf{r}}| = dl \sin\phi = r\,d\theta$ ist.]

b. Überprüfen Sie diese Formel, indem Sie das Feld am Mittelpunkt einer kreisförmigen Leiterschleife berechnen.

c. Die sogenannte Lituus-Spirale ist durch

$$r(\theta) = \frac{a}{\sqrt{\theta}}, \quad (0 < \theta \leq 2\pi)$$

für eine gegebene Konstante a definiert. Skizzieren Sie sie und vervollständigen Sie die Schleife durch ein gerades Segment entlang der x-Achse. Was für ein Magnetfeld herrscht am

d. Betrachte einen Kegelschnitt mit Brennpunkt am Ursprung,

$$r(\theta) = \frac{p}{1 + e\cos\theta},$$

wobei p der y-Achsenabschnitt ist und e die Exzentrizität ($e = 0$ für einen Kreis; $0 < e < 1$ für eine Ellipse und $e = 1$ für eine Parabel). Zeigen Sie, dass das Feld

$$B = \frac{\mu_0 I}{2p}$$

lautet, unabhängig von der Exzentrizität.[27]

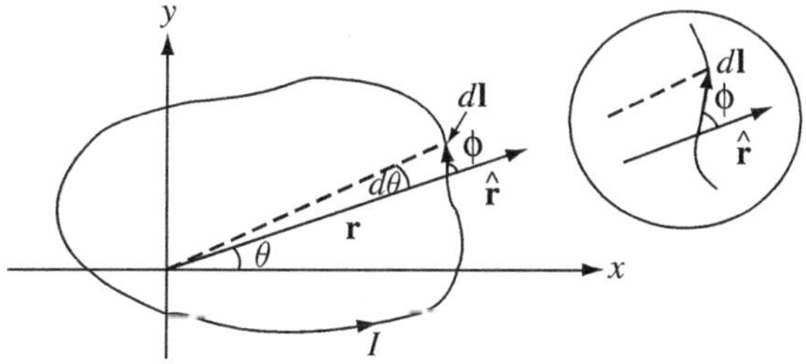

Abbildung 5.62

26 J. A. Miranda, *Am. J. Phys.* **68**, 254 (2000)

27 C. Christodoulides, *Am. J. Phys.* **77**, 1195 (2009).

Aufgabe 5.52

a. Eine Methode zum Finden des „missing link“ in Abbildung 5.48 besteht darin, die Analogie zwischen den Definitionsgleichungen für $\mathbf{A}(\nabla \cdot \mathbf{A} = 0,\ \nabla \times \mathbf{A} = \mathbf{B})$ sowie den Maxwell'schen Gleichungen für $\mathbf{B}(\nabla \cdot \mathbf{B} = 0,\ \nabla \times \mathbf{B} = \mu_0 \mathbf{J})$ auszunutzen. Offenbar hängt $\mathbf{A}$ in derselben Weise von $\mathbf{B}$ ab, in der $\mathbf{B}$ von $\mu_0\mathbf{J}$ abhängt (nämlich über das Biot-Savart'sche Gesetz). Verwenden Sie diese Beobachtung und drücken Sie die Formel für $\mathbf{A}$ durch $\mathbf{B}$ aus.

b. Die elektrische Analogie Ihres Ergebnisses aus (a) ist

$$V(\mathbf{r}) = -\frac{1}{4\pi}\int \frac{\mathbf{E}(\mathbf{r}') \cdot \hat{\boldsymbol{\imath}}}{\imath^2}\,\mathrm{d}\tau' .$$

Leiten Sie dies unter Ausnutzung der geeigneten Analogie ab.

! Aufgabe 5.53

Ein weiterer Weg zur Bestimmung des „missing link“ in Abbildung 5.48 besteht darin, nach einer magnetischen Analogie zu Gleichung 2.21 zu suchen. Der offensichtlichste Kandidat ist wohl:

$$\mathbf{A}(\mathbf{r}) = \int_{\mathcal{O}}^{\mathbf{r}} (\mathbf{B} \times \mathrm{d}\mathbf{l}) .$$

a. Überprüfen Sie diese Formel für den einfachsten Fall – gleichförmiges $\mathbf{B}$ (verwenden Sie als Bezugspunkt den Ursprung). Stimmt das Ergebnis mit dem Resultat für Aufgabe 5.25 überein? Sie könnten das Problem lösen, indem Sie einen Faktor $\frac{1}{2}$ einfügen, doch der Fehler in dieser Formel reicht viel tiefer.

b. Zeigen Sie, dass $\int(\mathbf{B} \times \mathrm{d}\mathbf{l})$ *nicht* vom Pfad unabhängig ist, indem Sie $\oint(\mathbf{B} \times \mathrm{d}\mathbf{l})$ entlang der rechteckigen Schleife aus Abbildung 5.63 berechnen.

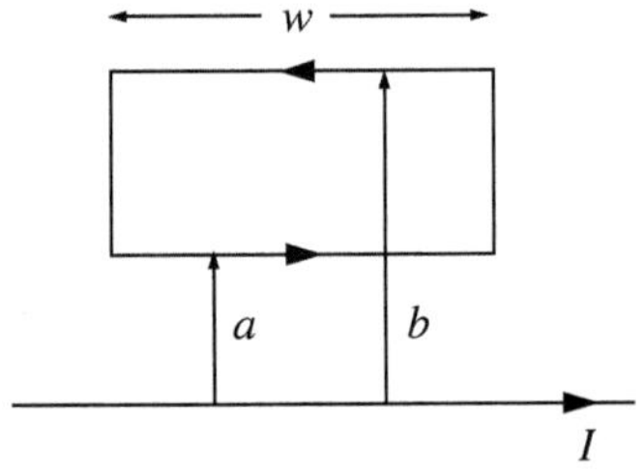

Abbildung 5.63

Soweit ich weiß[28], ist das folgende Gleichungspaar grob das beste, das Sie verwenden können

$$\text{(i)} \qquad V(\mathbf{r}) = -\mathbf{r} \cdot \int_0^1 \mathbf{E}(\lambda\mathbf{r})\,\mathrm{d}\lambda ,$$

$$\text{(ii)} \qquad \mathbf{A}(\mathbf{r}) = -\mathbf{r} \times \int_0^1 \lambda\mathbf{B}(\lambda\mathbf{r})\,\mathrm{d}\lambda .$$

28 R. L. Bishop und S. I. Goldberg, *Tensor Analysis on Manifolds*, Abschnitt 4.5 (New York: Macmillan, 1968)

[Gleichung (i) entspricht der Auswahl eines radialen Wegs für das Integral aus Gleichung 2.21. Gleichung (ii) bezeichnet eine „symmetrischere" Lösung für Aufgabe 5.31.]

c. Bestimmen Sie anhand von (ii) das Vektorpotential für *gleichförmiges* **B**.

d. Bestimmen Sie anhand von (ii) das Vektorpotential eines unendlichen geraden Drahts, der einen stationären Strom I trägt. Erfüllt (ii) automatisch $\nabla \cdot \mathbf{A} = 0$?

[*Antwort*: $(\mu_0 I/2\pi s)(z\hat{\mathbf{s}} - s\hat{\mathbf{z}})$.]

Aufgabe 5.54

a. Konstruieren Sie das skalare Potential $U(\mathbf{r})$ eines „reinen" magnetischen Dipols **m**.

b. Konstruieren Sie ein skalares Potential für die rotierende Kugelschale (Beispiel 5.11).

[*Hinweis*: Wie Sie durch Vergleich von Gleichung 5.69 mit 5.87 erkennen können, ist dies für $r > R$ ein reines Dipolfeld.]

c. Versuchen Sie dasselbe für das Innere einer *massiven* rotierenden Kugel.

[*Hinweis*: Wenn Sie Aufgabe 5.30 gelöst haben, kennen Sie das Feld bereits. Setzen Sie es gleich $-\nabla U$ und lösen nach U auf. Wo liegt das Problem?]

Aufgabe 5.55

So wie wir **B** durch $\nabla \cdot \mathbf{B} = 0$ als Rotation eines Vektorpotentials ausdrücken können ($\mathbf{B} = \nabla \times \mathbf{A}$), so ermöglicht uns $\nabla \cdot \mathbf{A} = 0$, auch **A** selbst als Rotation eines „höheren" Potentials darzustellen: $\mathbf{A} = \nabla \times \mathbf{W}$. (Und diese Hierarchie kann beliebig weiter geführt werden.)

a. Bestimmen Sie die allgemeine Formel für **W** (als Integral über **B**), die für $\mathbf{B} \to 0$ an der Stelle ∞ gilt.

b. Bestimmen Sie **W** für den Fall eines gleichförmigen magnetischen Felds **B**.

[*Hinweis*: siehe Aufgabe 5.25.]

c. Bestimmen Sie **W** innerhalb und außerhalb einer unendlich ausgedehnten Spule.

[*Hinweis*: siehe Beispiel 5.12.]

Aufgabe 5.56

Beweisen Sie das folgende Eindeutigkeitstheorem: Ist innerhalb eines Volumens $\mathcal{V}$ die Stromdichte **J** definiert und sind *entweder* das Potential **A** oder das Magnetfeld **B** auf der Oberfläche $\mathcal{S}$, die $\mathcal{V}$ umgibt, definiert, dann ist das Feld selbst überall in $\mathcal{V}$ eindeutig definiert.

[*Hinweis*: Zeigen Sie zunächst mithilfe des Gauß'schen Satzes, dass für beliebige Vektorfunktionen **U** und **V** gilt:

$$\int \{(\nabla \times \mathbf{U}) \cdot (\nabla \times \mathbf{V}) - \mathbf{U} \cdot [\nabla \times (\nabla \times \mathbf{V})]\}\, d\tau = \oint [\mathbf{U} \times (\nabla \times \mathbf{V})] \cdot d\mathbf{a}]$$

Aufgabe 5.57

Ein magnetischer Dipol $\mathbf{m} = -m_0\hat{\mathbf{z}}$ befindet sich in einem ansonsten gleichförmigen Magnetfeld $\mathbf{B} = B_0\hat{\mathbf{z}}$ im Ursprung. Zeigen Sie, dass es eine kugelförmige Oberfläche gibt, deren Mittelpunkt sich im Ursprung befindet, durch die keine magnetischen Feldlinien laufen. Bestimmen Sie den Radius der Kugel und skizzieren Sie das innerhalb und außerhalb liegende Feld.

Aufgabe 5.58

Ein dünner gleichmäßiger Donut mit Ladung Q und Masse M rotiert, wie in Abbildung 5.64 dargestellt, um seine Achse.

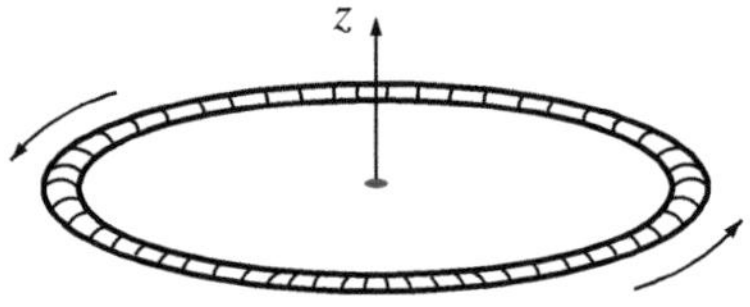

Abbildung 5.64

a. Bestimmen Sie das Verhältnis seines magnetischen Dipolmoments und seines Drehimpulses. Dies wird als das **gyromagnetisches Verhältnis** (oder als **magnetomechanisches Verhältnis**) bezeichnet.

b. Welches gyromagnetische Verhältnis besitzt eine gleichmäßige rotierende Kugel? [Hierbei ist keine neue Berechnung notwendig. Zerlegen Sie die Kugel einfach in infinitesimale Ringe und wenden Sie das Ergebnis aus Teil (a) an.]

c. Gemäß der Quantenmechanik beträgt der Drehimpuls eines rotierenden Elektrons $1/2\hbar$ (dabei ist $\hbar = h/2\pi$ das (reduzierte) Planck'sche Wirkungsquantum). Welches magnetische Dipolmoment, ausgedrückt durch $A \cdot m^2$, hat dann das Elektron?

[Der halbklassische Wert liegt übrigens um einen Faktor von fast genau 2 daneben. Diracs relativistische Elektronentheorie bestimmt den Faktor 2 richtig, und Feynman, Schwinger und Tomonaga haben später weitere winzige Korrekturen berechnet. Die Bestimmung des magnetischen Dipolmoments des Elektrons war der erste herausragende Erfolg der Quantenelektrodynamik und ist die vermutlich in ihrer Genauigkeit verblüffendste Übereinstimmung zwischen Theorie und Experiment in der gesamten Physik. Übrigens wird die Größe $(e\hbar/2m)$, in der e die Elektronenladung und m seine Masse darstellt, als **Bohr'sches Magneton** bezeichnet.]

• Aufgabe 5.59

a. Beweisen Sie, dass das mittlere Magnetfeld über einer Kugel mit Radius R aufgrund von stationären Strömen innerhalb der Kugel

$$\mathbf{B}_{\text{Mittel}} = \frac{\mu_0}{4\pi}\frac{2\mathbf{m}}{R^3} \tag{5.92}$$

beträgt, wobei $\mathbf{m}$ das gesamte Dipolmoment der Kugel darstellt. Vergleichen Sie Ihr Ergebnis mit dem elektrostatischen Ergebnis (Gleichung 3.105).

[Diese Aufgabe ist nicht einfach, daher gebe ich Ihnen eine Starthilfe:

$$\mathbf{B}_{\text{Mittel}} = \frac{1}{\frac{4}{3}\pi R^3} \int \mathbf{B}\, d\tau \, .$$

Schreiben Sie **B** als $(\nabla \times \mathbf{A})$ und wenden Sie Aufgabe 1.61b darauf an. Setzen Sie nun Gleichung 5.90 ein. Berechnen Sie zuerst das Flächenintegral und zeigen Sie (siehe Abbildung 5.65), dass

$$\int \frac{1}{\mathscr{r}}\, d\mathbf{a} = \frac{4}{3}\pi \mathbf{r}' \, .$$

Wenn Sie wollen, können Sie Gleichung 5.90 benutzen.]

b. Zeigen Sie, dass das mittlere magnetische Feld aufgrund von stationären Strömen *außerhalb* der Kugel genauso groß ist wie das Feld, das sie im Mittelpunkt erzeugen.

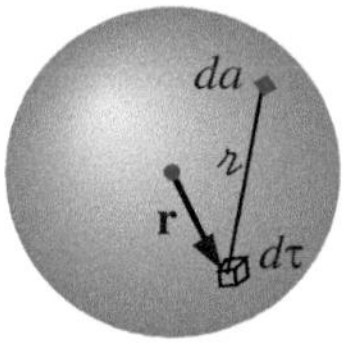

Abbildung 5.65

Aufgabe 5.60

Eine gleichförmig geladene feste Kugel mit Radius R trägt die Gesamtladung Q und wird mit der Winkelgeschwindigkeit ω um die z-Achse in Drehung versetzt.

a. Welches magnetische Dipolmoment hat die Kugel?

b. Bestimmen Sie das mittlere Magnetfeld innerhalb der Kugel (siehe Aufgabe 5.59).

c. Bestimmen Sie das ungefähre Vektorpotential im Punkt (r, θ) für $r \gg R$.

d. Bestimmen Sie das genaue Potential im Punkt (r, θ) außerhalb der Kugel und weisen Sie nach, dass es mit (c) übereinstimmt.
[*Hinweis*: Ziehen Sie Beispiel 5.11 zu Rate.]

e. Bestimmen Sie das Magnetfeld im Punkt (r, θ) *innerhalb* der Kugel und weisen Sie nach, dass es mit (b) übereinstimmt.

Aufgabe 5.61

Berechnen Sie mit Gleichung 5.88 das mittlere Magnetfeld eines Dipols über einer Kugel mit Radius R, deren Mittelpunkt sich im Ursprung befindet. Führen Sie zuerst die Winkelintegrale aus. Vergleichen Sie Ihre Antwort mit dem allgemeinen Satz in Aufgabe 5.59. Erläutern Sie den Unterschied und geben Sie einen Hinweis darauf, wie Gleichung 5.89 so korrigiert werden kann, dass die Doppeldeutigkeit bei $r = 0$ aufgelöst wird. (Wenn Sie stecken bleiben, betrachten Sie Aufgabe 3.48.)

Das *wahre* Magnetfeld eines magnetischen Dipols lautet offenbar

$$\mathbf{B}_{\text{Dipol}}(\mathbf{r}) = \frac{\mu_0}{4\pi} \frac{1}{r^3} \left[3\,(\mathbf{m} \cdot \hat{\mathbf{r}})\,\hat{\mathbf{r}} - \mathbf{m}\right] + \frac{2\mu_0}{3} \mathbf{m}\, \delta^3(\mathbf{r}) \, . \tag{5.93}$$

Vergleichen Sie dies mit der elektrostatischen Analogie in Gleichung 3.106.

[*Übrigens*: Die Deltafunktion ist für die **Hyperfeinstrukturaufspaltung** in Atomspektren verantwortlich – siehe z. B. D. J. Griffiths, *Am. J. Phys.* **50**, 698 (1982).]

Aufgabe 5.62
Ein dünner Glasstab mit Radius R und Länge L trägt eine gleichförmige Flächenladung σ. Der Stab dreht sich nun mit der Winkelgeschwindigkeit ω um seine Achse. Bestimmen Sie das magnetische Feld in der Entfernung $s \gg R$ vom Zentrum des Stabs (Abbildung 5.66).

[*Hinweis*: Behandeln Sie den Stab als einen Stapel magnetischer Dipole.]
[*Antwort*: $\mu_0 \omega \sigma L R^3 / 4[s^2 + (L/2)^2]^{3/2}$.]

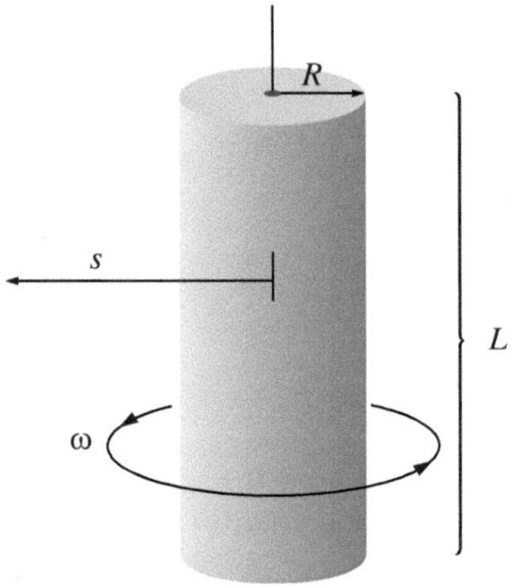

Abbildung 5.66

Magnetische Felder in Materie

6

ÜBERBLICK

6.1 Magnetisierung

6.1.1 Diamagnete, Paramagnete und Ferromagnete

Wenn Sie einen normalen Menschen fragen, was denn „Magnetismus“ sei, dann erfahren Sie möglicherweise etwas über Hufeisenmagneten, Kompassnadeln und den Nordpol. Nichts davon hat eine erkennbare Verbindung mit bewegten Ladungen oder Strom führenden Drähten. Dennoch beruhen alle magnetischen Phänomene auf bewegten elektrischen Ladungen. Wenn Sie in der Lage wären, einen Teil eines magnetischen Materials auf atomarer Ebene zu untersuchen, *würden* Sie sogar winzige Ströme beobachten: Elektronen kreisen um Atomkerne und rotieren um ihre Achsen. Aus makroskopischer Sicht sind diese Stromschleifen so klein, dass wir sie als magnetische Dipole behandeln können. Üblicherweise heben sie sich aufgrund der zufälligen Orientierung der Atome gegenseitig auf. Setzen wir jedoch dieses Material einem Magnetfeld aus, sind diese magnetischen Dipole teilweise gleich ausgerichtet. Dadurch wird das Medium magnetisch polarisiert oder **magnetisiert**.

Anders als bei der elektrischen Polarisation, die fast immer in dieselbe Richtung wie **E** weist, werden einige Materialien *parallel* zu **B** magnetisiert (*Paramagnete*), während andere entgegengesetzt zu **B** magnetisiert sind (*Diamagnete*). Einige (nach dem bekanntesten Beispiel Eisen – lateinisch ferrum – als *Ferromagnete* bezeichnete) Substanzen behalten ihre Magnetisierung sogar bei, nachdem das Feld entfernt worden ist. Bei ihnen wird die Magnetisierung nicht durch das derzeitige Feld bestimmt, sondern durch die gesamte magnetische „Geschichte“ des Objekts. Aus Eisen hergestellte Permanentmagnete sind die bekanntesten Beispiele für Magnetismus. Aus theoretischer Sicht sind sie aber auch die kompliziertesten. Ich werde mir den Ferromagnetismus für das Ende des Kapitels aufheben und mit qualitativen Modellen von Paramagnetismus und Diamagnetismus beginnen.

6.1.2 Drehmomente und Kräfte auf magnetische Dipole

Ähnlich wie ein elektrischer Dipol in einem elektrischen Feld erfährt ein magnetischer Dipol in einem Magnetfeld ein Drehmoment. Berechnen wir das Drehmoment auf eine rechtwinklige Stromschleife in einem gleichförmigen Feld **B**. (Da jede Stromschleife aus infinitesimalen Rechtecken besteht, wobei sich die „Innenseiten“, wie in Abbildung 6.1 dargestellt, gegenseitig aufheben, können wir diese Form ohne Beschränkung der Allgemeinheit verwenden. Wenn Sie jedoch von Anfang an lie-

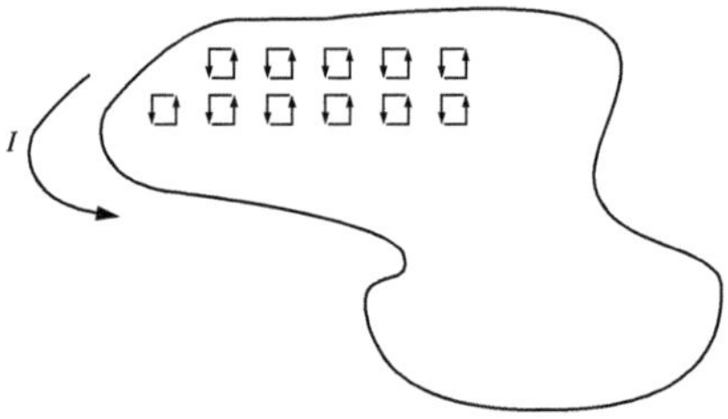

Abbildung 6.1

ber eine beliebige Form verwenden möchten, dann schauen Sie sich Aufgabe 6.2 an.) Legen Sie die Schleife so, dass ihr Mittelpunkt im Ursprung liegt, und drehen Sie die Schleife um den Winkel θ aus der z-Achse in Richtung der y-Achse (Abbildung 6.2). Lassen Sie $\mathbf{B}$ in z-Richtung zeigen. Die Kräfte auf die beiden geneigten Seiten heben sich gegenseitig auf (sie werden die Schleife allenfalls etwas dehnen, werden sie aber nicht in Rotation versetzen). Die Kräfte auf die „horizontalen" Seiten sind ebenfalls gleich stark und entgegengesetzt gerichtet (dadurch ist die Nettokraft auf die Schleife null). Diese Kräfte üben allerdings ein Drehmoment aus:

$$\mathbf{N} = aF \sin\theta\,\hat{\mathbf{x}}\,.$$

Die Stärke der Kraft auf jedes dieser Segmente beträgt

$$F = IbB\,,$$

und daher ist

$$N = IabB \sin\theta\,\hat{\mathbf{x}} = mB \sin\theta\,\hat{\mathbf{x}}$$

bzw.

$$\mathbf{N} = \mathbf{m} \times \mathbf{B}\,. \tag{6.1}$$

Hierin ist $m = Iab$ das magnetische Dipolmoment der Schleife. Gleichung 6.1 liefert das genaue Drehmoment auf jede örtlich begrenzte Stromverteilung in Anwesenheit eines *gleichförmigen* Felds. In einem *nicht gleichförmigen* Feld liefert sie das genaue Drehmoment (um den Mittelpunkt) eines *perfekten* Dipols von infinitesimal geringen Ausmaßen.

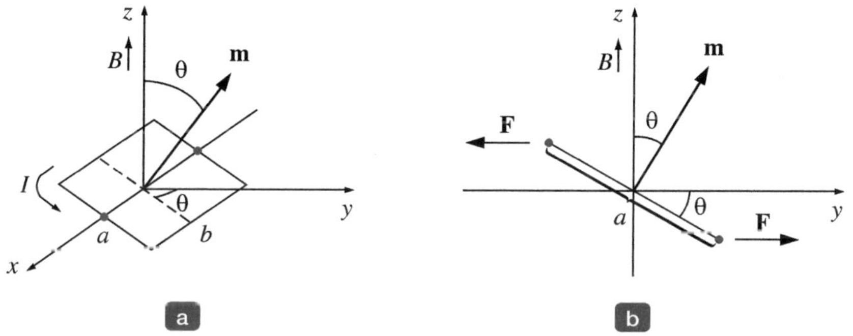

Abbildung 6.2

Beachten Sie, dass Gleichung 6.1 dieselbe Form hat wie die elektrische Analogie in Gleichung 4.4: $\mathbf{N} = \mathbf{p} \times \mathbf{E}$. Insbesondere wirkt das Drehmoment so, dass die Dipole *parallel* zum Feld ausgerichtet werden. Dieses Drehmoment ist die Ursache des **Paramagnetismus.** Da jedes Elektron einen magnetischen Dipol bildet (stellen Sie sich das Teilchen, wenn Sie mögen, als winzige rotierende geladene Kugel vor), vermuten Sie vielleicht, dass der Paramagnetismus ein universelles Phänomen darstellt. Tatsächlich erzwingen jedoch die Gesetze der Quantenmechanik (insbesondere das Pauli'sche Ausschlussprinzip), dass sich Elektronen innerhalb eines Atoms zu Paaren zusammenschließen, deren Spin jeweils entgegengesetzt ist.[1] Dadurch

1 Für die äußersten Elektronen in ungefüllten Schalen stimmt das nicht immer.

wird das Drehmoment auf das Elektronenpaar im Wesentlichen neutralisiert. Daher tritt Paramagnetismus üblicherweise in Atomen oder Molekülen auf, die eine ungerade Anzahl von Elektronen aufweisen. In ihnen erfährt der „überzählige" ungepaarte Bestandteil das Drehmoment. Sogar hier liegt keineswegs eine vollständige Ausrichtung vor, da zufällige thermische Kollisionen die Ordnung ständig zerstören.

In einem *gleichförmigen* Feld ist die *Nettokraft* auf eine Stromschleife null:

$$\mathbf{F} = I \oint (\mathrm{d}\mathbf{l} \times \mathbf{B}) = I \left(\oint \mathrm{d}\mathbf{l} \right) \times \mathbf{B} = 0 \,.$$

Die Konstante $\mathbf{B}$ lässt sich aus dem Integral herausziehen, und die Nettoverschiebung $\oint \mathrm{d}\mathbf{l}$ um eine geschlossene Schleife verschwindet. In einem *nicht gleichförmigen* Feld gilt das aber nicht. Stellen Sie sich beispielsweise einen kreisförmigen Draht mit Radius R vor, der einen Strom I trägt und in geringem Abstand in jenem Bereich über die Spule gehalten wird, in dem sich das Feld „aufweitet" (Abbildung 6.3). Hier hat $\mathbf{B}$ eine radiale Komponente, und auf die Schleife wirkt die nach unten gerichtete Nettokraft (Abbildung 6.4):

$$F = 2\pi IRB \cos\theta \,. \tag{6.2}$$

Bei einer infinitesimalen Schleife mit Dipolmoment $\mathbf{m}$, die sich in einem Feld $\mathbf{B}$ befindet, beträgt die Kraft

$$\mathbf{F} = \nabla(\mathbf{m} \cdot \mathbf{B}) \tag{6.3}$$

(siehe Abbildung 6.4). Schon wieder sieht die Formel für den Magnetismus genauso aus wie ihr elektrischer „Zwilling", vorausgesetzt, wir schreiben letztere in der Form $\mathbf{F} = \nabla(\mathbf{p} \cdot \mathbf{E})$.

Wenn Sie jetzt immer wieder *Déjà-vu*-Erlebnisse haben, dann sehen Sie vielleicht jene frühen Physiker mit anderen Augen, die davon ausgingen, dass magnetische Dipole aus positiven und negativen magnetischen Ladungen bestehen (die sie als Nordpol und Südpol bezeichneten). Wie elektrische Dipole sollten Sie nur einen geringen Abstand voneinander aufweisen (Abbildung 6.5a). Diese Physiker formulierten ein „Coulomb'sches Gesetz" für Anziehung und Abstoßung dieser Pole und entwickelten die Magnetostatik völlig analog zur Elektrostatik. Für viele Zwecke ist das gar kein schlechtes Modell – die Magnetostatik liefert das richtige Feld eines Dipols (zumindest in großer Entfernung vom Ursprung), das richtige Drehmoment auf den Dipol (zumindest für einen stationären Dipol) sowie die richtige Kraft auf

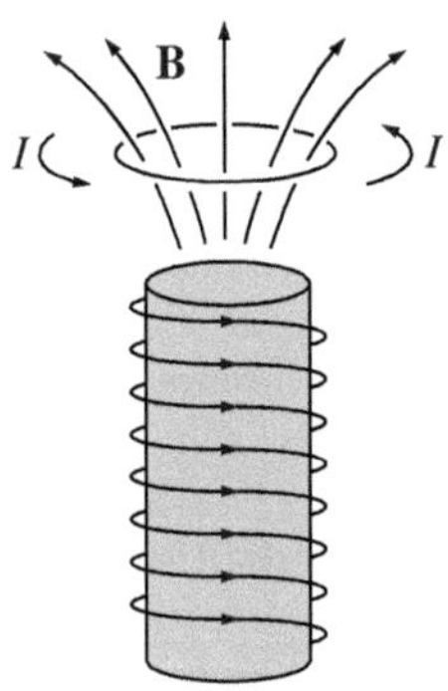

Abbildung 6.3

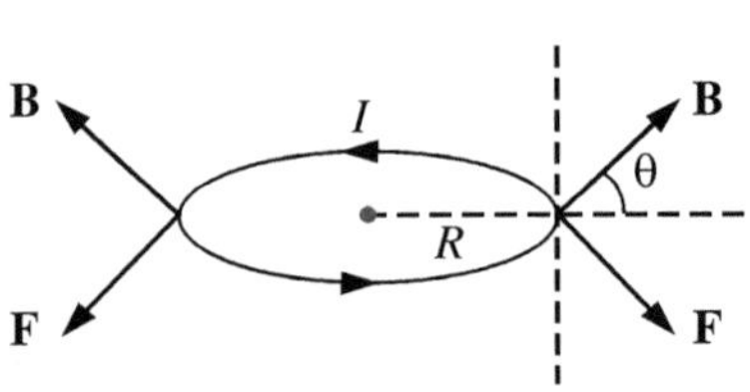

Abbildung 6.4

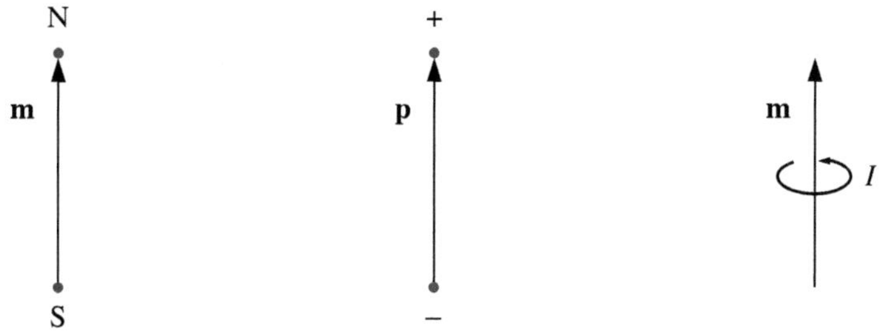

a Magnetischer Dipol (Gilbert'sches Modell) b Elektrischer Dipol c Magnetischer Dipol (Ampère'sches Modell)

Abbildung 6.5

einen Dipol (zumindest in Abwesenheit äußerer Ströme). Allerdings handelt es sich um schlechte Physik, denn es gibt weder einen einzelnen magnetischen Nordpol noch einen Südpol. Wenn Sie einen Stabmagneten auseinanderbrechen, halten Sie keineswegs einen magnetischen Nordpol in der einen und einen Südpol in der anderen Hand. Vielmehr besitzen Sie zwei vollständige Magnete. Magnetismus beruht eben *nicht* auf magnetischen Monopolen, sondern vielmehr auf *bewegten elektrischen Ladungen.* Magnetische Dipole sind winzige Stromschleifen (Abbildung 6.5c). Es ist eher ein außergewöhnliche Zufall, dass die Formeln, die **m** enthalten, überhaupt irgendwelche Ähnlichkeiten mit den entsprechenden Formeln aufweisen, die **p** enthalten. Manchmal ist es allerdings einfacher, sich die Dinge im „Gilbert-Modell" eines magnetischen Dipols vorzustellen (das auf getrennten Monopolen beruht) statt im korrekten „Ampère'schen Modell" (das auf Stromschleifen beruht). Tatsächlich ermöglicht diese Vorstellungsweise gelegentlich einen schnellen und geschickten Zugang für ein ansonsten umständlich zu handhabendes Problem (kopieren Sie einfach die entsprechenden Ergebnisse aus der Elektrostatik und ändern Sie **p** zu **m**, $1/\varepsilon_0$ zu μ_0 und **E** zu **B**). Immer wenn jedoch die aus der *Nähe* sichtbaren Eigenschaften des Dipols von Bedeutung sind, führen die Modelle auf erkennbar andere Ergebnisse. Benutzen Sie meinetwegen das Gilbert-Modell, wenn Sie ein intuitives „Gespür" für eine Aufgabe entwickeln wollen, verlassen Sie sich aber nie auf seine quantitativen Ergebnisse.

Aufgabe 6.1

Berechnen Sie das Drehmoment, das aufgrund der kreisförmigen Schleife auf die in Abbildung 6.6 dargestellte rechteckige Schleife wirkt (nehmen Sie an, dass r viel größer als a oder b ist). Die quadratische Schleife soll frei rotieren können; welche Orientierung weist sie dann im Gleichgewicht auf?

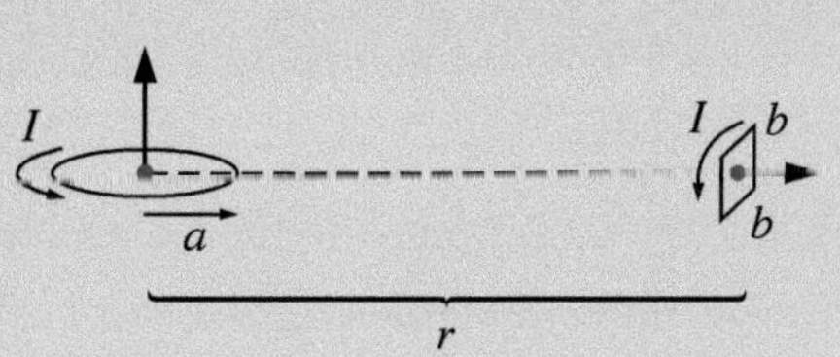

Abbildung 6.6

Aufgabe 6.2

Beginnen Sie mit dem Lorentz'schen Kraftgesetz in der Form von Gleichung 5.16 und zeigen Sie, dass in einem gleichförmigen Feld $\mathbf{B}$ das Drehmoment auf eine *beliebige* stetige Stromverteilung (und nicht nur eine rechteckige Schleife) $\mathbf{m} \times \mathbf{B}$ beträgt.

Aufgabe 6.3

Bestimmen Sie die Anziehungskraft zwischen zwei magnetischen Dipolen $\mathbf{m}_1$ und $\mathbf{m}_2$, die wie in Abbildung 6.7 dargestellt angeordnet sind und sich in der Entfernung r befinden. Rechnen Sie (a) mit Gleichung 6.2 und (b) mit Gleichung 6.3.

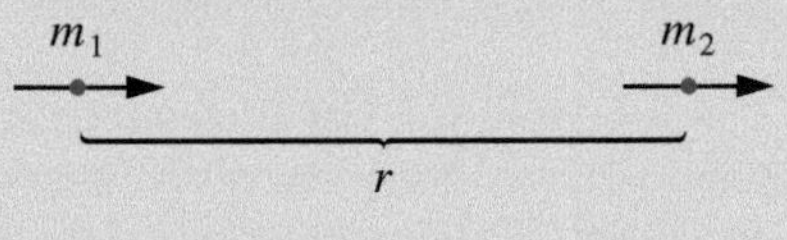

Abbildung 6.7

Aufgabe 6.4

Leiten Sie Gleichung 6.3 ab.

[Hier ein Hinweis dazu: Nehmen Sie an, der Dipol sei ein infinitesimales Quadrat der Seitenlänge ε (sollte das nicht der Fall sein, unterteilen Sie ihn in Quadrate und wenden Sie den Gedankengang auf jedes Quadrat an). Wählen Sie die Achsen wie in Abbildung 6.8 dargestellt und berechnen Sie $\mathbf{F} = I \int (d\mathbf{l} \times \mathbf{B})$] entlang jeder der vier Seiten. Entwickeln Sie $\mathbf{B}$ in einer Taylor-Reihe – z. B. auf der rechten Seite

$$\mathbf{B} = \mathbf{B}(0, \varepsilon, z) \cong \mathbf{B}(0, 0, z) + \varepsilon \left. \frac{\partial \mathbf{B}}{\partial y} \right|_{(0,0,z)} .$$

Eine etwas elegantere Methode bietet Aufgabe 6.22.]

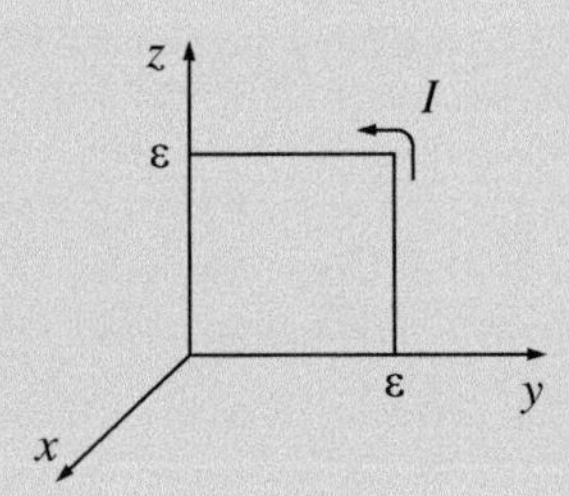

Abbildung 6.8

Aufgabe 6.5

Eine gleichförmige Stromdichte $\mathbf{J} = J_0 \hat{\mathbf{z}}$ befindet sich in einer Scheibe, die zwischen $x = -a$ und $x = +a$ die y-z-Ebene überspannt. Im Ursprung befindet sich ein magnetischer Dipol $\mathbf{m} = m_0 \hat{\mathbf{x}}$.

a. Bestimmen Sie anhand von Gleichung 6.3 die Kraft auf den Dipol.

b. Wiederholen Sie die Rechnung für den Dipol $\mathbf{m} = m_0 \hat{\mathbf{y}}$, der sich in y-Richtung erstreckt.

c. In der Elektrostatik sind die Ausdrücke $\mathbf{F} = \nabla(\mathbf{p} \cdot \mathbf{E})$ und $\mathbf{F} = (\mathbf{p} \cdot \nabla)\mathbf{E}$ äquivalent (beweisen Sie das). Bei der magnetischen Analogie gilt das nicht mehr (erläutern Sie warum). Berechnen Sie als Beispiel $(\mathbf{m} \cdot \nabla)\mathbf{B}$ für die Konfigurationen aus (a) und (b).

6.1.3 Effekt eines Magnetfelds auf die Umlaufbahnen in Atomen

Elektronen haben nicht nur *Spin*, sie *rotieren* auch um den Kern – der Einfachheit halber können wir annehmen, dass die Umlaufbahnen Kreise mit Radius R sind (Abbildung 6.9). Obwohl diese Bahnbewegung technisch gesehen keinen stationären Strom darstellt, ist ihre Periode von $T = 2\pi R/v$ so kurz, dass sie wie ein stationärer Strom *aussieht* – es sei denn, Sie können unglaublich schnell blinzeln:

$$I = \frac{-e}{T} = -\frac{ev}{2\pi R}\,.$$

(Das Minuszeichen kommt von der negativen Elektronenladung.) Entsprechend beträgt das Dipolmoment ($I\pi R^2$):

$$\mathbf{m} = -\frac{1}{2} evR\hat{\mathbf{z}}\,. \tag{6.4}$$

Wie bei jedem anderen magnetischen Dipol wirkt darauf ein Drehmoment ($\mathbf{m} \times \mathbf{B}$), sobald das Atom in ein Magnetfeld eingebracht wird. Es ist aber viel schwerer, die gesamte Bahn zu neigen als den Spin, daher ist der Beitrag der Umlaufbewegung zum Paramagnetismus gering. Es gibt einen viel wichtigeren Beitrag auf die Bahnbewegung: Je nach Orientierung von $\mathbf{B}$ *beschleunigt* das Elektron oder *bremst ab*. Obwohl die Zentripetalbeschleunigung v^2/R üblicherweise allein durch elektrische Kräfte aufrechterhalten wird,[2]

$$\frac{1}{4\pi\varepsilon_0}\frac{e^2}{R^2} = m_e\frac{v^2}{R}\,, \tag{6.5}$$

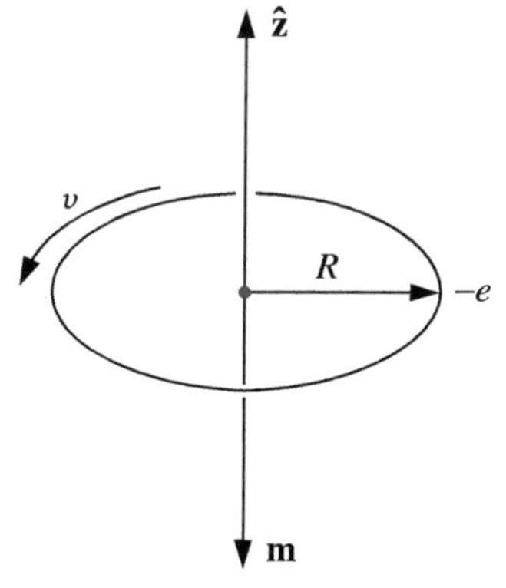

Abbildung 6.9

2 Um eine Verwechslung mit dem magnetischen Dipolmoment m zu vermeiden, schreibe ich die Elektronenmasse mit einem tief gestellten e: m_e.

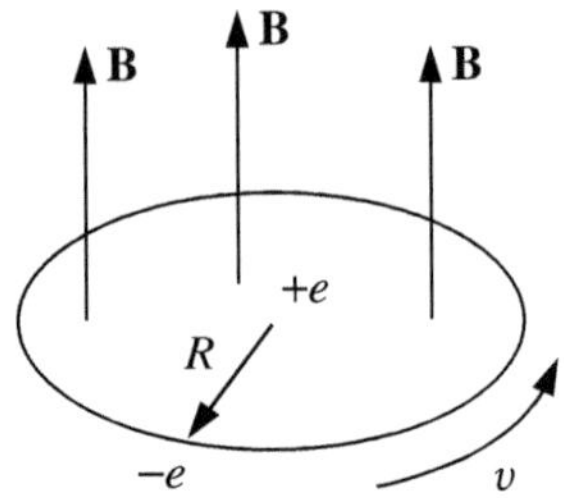

Abbildung 6.10

tritt in Anwesenheit eines Magnetfelds eine zusätzliche Kraft $-e(\mathbf{v}\times\mathbf{B})$ auf. Nehmen wir einmal theoretisch an, dass **B**, wie in Abbildung 6.10 dargestellt, senkrecht auf der Bahnebene steht. Dann ist

$$\frac{1}{4\pi\varepsilon_0}\frac{e^2}{R^2} + e\overline{v}B = m_e\frac{\overline{v}^2}{R}\,. \tag{6.6}$$

Unter diesen Umständen ist die neue Geschwindigkeit $\overline{v}$ *größer* als v:

$$e\overline{v}B = \frac{m_e}{R}\left(\overline{v}^2 - v^2\right) = \frac{m_e}{R}\left(\overline{v}+v\right)\left(\overline{v}-v\right)$$

oder, unter der Voraussetzung, dass die Veränderung $\Delta v = \overline{v} - v$ nur gering ist:

$$\Delta v = \frac{eRB}{2m_e}\,. \tag{6.7}$$

Wird **B** eingeschaltet, dann beschleunigt das Elektron.[3]

Eine Veränderung der Bahngeschwindigkeit bedeutet eine Veränderung des Dipolmoments (vgl. Gleichung 6.4):

$$\Delta\mathbf{m} = -\frac{1}{2}e\,(\Delta v)\,R\hat{\mathbf{z}} = -\frac{e^2R^2}{4m_e}\mathbf{B}\,. \tag{6.8}$$

Beachten Sie, dass die *Veränderung von* **m** *in die entgegengesetzte Richtung von* **B** zeigt. (Ein Elektron, das in die entgegengesetzte Richtung kreist, besäße ein Dipolmoment, das *nach oben* gerichtet ist, allerdings würde eine solche Umlaufbahn durch das Feld *verlangsamt*, sodass die Veränderung *immer noch* in die entgegengesetzte Richtung von **B** weist.) Üblicherweise sind die Elektronenbahnen zufällig verteilt, und die Dipolmomente der Bahnen heben sich gegenseitig auf. In Anwesenheit eines magnetischen Felds nehmen aber alle Atome kleine „zusätzliche" Dipolmomente an, die alle dem Feld *entgegengerichtet* sind. Dieser Mechanismus ist für den **Diamagnetismus** verantwortlich. Es handelt sich um ein universelles Phänomen, das alle Atome beeinflusst. Üblicherweise ist er jedoch viel schwächer als der Paramagnetismus und wird daher hauptsächlich in Atomen mit einer *geraden* Anzahl von Elektronen beobachtet, in denen der Paramagnetismus üblicherweise nicht auftritt.

3 Ich habe früher behauptet (Gleichung 5.11), dass magnetische Felder keine Arbeit verrichten und daher ein Teilchen nicht beschleunigen können. Ich stehe dazu. Wie wir jedoch in Kapitel 7 noch sehen werden, induziert ein *veränderliches* magnetisches Feld ein *elektrisches* Feld. Letzteres beschleunigt dann das Elektron.

Bei der Herleitung von Gleichung 6.8 haben wir angenommen, dass die Bahn kreisförmig bleibt und ihren ursprünglichen Radius R beibehält. Zum derzeitigen Zeitpunkt kann ich das nicht begründen. Ist das Atom stationär, sobald das Feld zugeschaltet wird, dann kann meine Annahme überprüft werden – es handelt sich jedoch nicht um *Magnetostatik*, und daher müssen die Details bis Kapitel 7 warten (siehe Aufgabe 7.52). Wird das Atom in das Feld hineinbewegt, ist die Situation deutlich komplizierter. Aber keine Sorge – ich werde nur versuchen, einen qualitativen Abriss des Diamagnetismus zu liefern. Wenn Sie wollen, können Sie annehmen, dass die Geschwindigkeit gleich bleibt, während sich der *Radius* ändert. Gleichung (6.8) wird zwar (um den Faktor 2) verändert, die Schlussfolgerung ändert sich jedoch nicht. Die Wahrheit lautet, dass dieses klassische Modell grundsätzliche Fehler enthält (der Diamagnetismus ist eigentlich ein *Quantenphänomen*), daher ist es sinnlos, die Details auszuarbeiten.[4] Wichtig ist der *empirische* Befund, dass in diamagnetischen Materialien das induzierte Dipolmoment dem magnetischen Feld *entgegen* gerichtet ist.

6.1.4 Magnetisierung

In Anwesenheit eines magnetischen Felds wird die Materie *magnetisiert*. Das bedeutet, dass sie in mikroskopischer Betrachtung aus lauter winzigen Dipolen besteht, die überwiegend in einer Richtung ausgerichtet sind. Wir haben zwei Mechanismen besprochen, die für diese magnetische Polarisation verantwortlich sind: (1) Paramagnetismus (die mit dem Spin ungepaarter Elektronen verknüpften Dipole erfahren ein Drehmoment, das sie parallel zum Feld ausrichten will) sowie (2) Diamagnetismus (die Bahngeschwindigkeit der Elektronen wird so geändert, dass das Bahndipolmoment in die entgegengesetzte Richtung des Felds weist). Unabhängig von der *Ursache* beschreiben wir den Zustand der magnetischen Polarisation durch die Vektorgröße

$$\mathbf{M} \equiv \text{magnetisches Dipolmoment pro Volumeneinheit}\,. \tag{6.9}$$

$\mathbf{M}$ wird als **Magnetisierung** bezeichnet. Sie spielt eine vergleichbare Rolle wie die Polarisation $\mathbf{P}$ in der Elektrostatik. Im folgenden Abschnitt werden wir uns nicht darum kümmern, *wie* die Magnetisierung entstanden ist – ob durch Paramagnetismus, Diamagnetismus oder sogar Ferromagnetismus. Wir werden $\mathbf{M}$ als gegeben voraussetzen und berechnen das Feld, das diese Magnetisierung erzeugt.

Vielleicht sind Sie davon überrascht, dass andere Materialien als das berühmte ferromagnetische Dreigestirn (Eisen, Nickel und Kobalt) *überhaupt* durch ein magnetisches Feld beeinflusst werden. Sie können natürlich kein Stück Holz oder Aluminium mit einem Magneten anheben, denn Diamagnetismus und Paramagnetismus sind extrem schwach. Sie benötigen ein ausgeklügeltes Experiment und leistungsfähige Magnete, um sie überhaupt feststellen zu können. Wenn Sie, wie in Abbildung 6.3, ein Stück eines paramagnetischen Materials über einer Spule aufhängen, weist die induzierte Magnetisierung nach oben, die Kraft ist dementsprechend nach

4 S. L. O'Dell und R. K. P. Zia, *Am. J. Phys.* **54**, 32 (1986); R. Peierls, *Surprise in Theoretical Physics*, Abschnitt 4.3 (Princeton, N.J.: Princeton University Press, 1979); R. P. Feynman, R. B. Leighton und M. Sands, *Feynman-Vorlesungen über Physik*, Band 2, Abschnitt 34–36 (München: Oldenbourg, 2009)

unten gerichtet. Im Gegensatz dazu ist die Magnetisierung eines diamagnetischen Objekts nach unten gerichtet, und die Kraft weist nach oben. Wird im Allgemeinen eine Probe in ein nicht gleichförmiges Feld gebracht, dann wird ein *Paramagnet in das Feld hineingezogen*, ein Diamagnet jedoch *abgestoßen*. Aber die Kräfte sind jämmerlich gering – in dem typischen Aufbau eines Experiments wäre die Kraft auf eine vergleichbare Eisenprobe 10^4 bis 10^5 Mal stärker. Daher durften wir die Felder in einem Kupferdraht, z. B. in Kapitel 5, auch berechnen, ohne uns über die Auswirkungen der Magnetisierung Sorgen machen zu müssen.[5]

■ Aufgabe 6.6

Bei welchen der folgenden Materialien würden Sie Paramagnetismus erwarten, bei welchen Diagmagnetismus? Aluminium, Kupfer, Kupferchlorid ($CuCl_2$), Kohlenstoff, Blei, Stickstoff (N_2), Kochsalz (NaCl), Natrium, Schwefel, Wasser. (Tatsächlich ist Kupfer etwas *diamagnetisch*. Ansonsten sind alle das, was Sie erwarten.)

6.2 Das Feld eines magnetisierten Objekts

6.2.1 Polarisationsströme

Für ein magnetisiertes Material ist das Dipolmoment pro Volumeneinheit **M** gegeben. Welches Feld erzeugt dieses Objekt? Nun, das Vektorpotential eines einzelnen Dipols **m** wird durch Gleichung 5.85 gegeben:

$$\mathbf{A}(\mathbf{r}) = \frac{\mu_0}{4\pi} \frac{\mathbf{m} \times \hat{\boldsymbol{\mathscr{r}}}}{\mathscr{r}^2} \,. \tag{6.10}$$

Im magnetisierten Objekt trägt jedes Volumenelement $\mathrm{d}\tau'$ das Dipolmoment $\mathbf{M}\mathrm{d}\tau'$, daher ist das gesamte Vektorpotential (Abbildung 6.11)

$$\mathbf{A}(\mathbf{r}) = \frac{\mu_0}{4\pi} \int \frac{\mathbf{M}(\mathbf{r}') \times \hat{\boldsymbol{\mathscr{r}}}}{\mathscr{r}^2} \, \mathrm{d}\tau' \,. \tag{6.11}$$

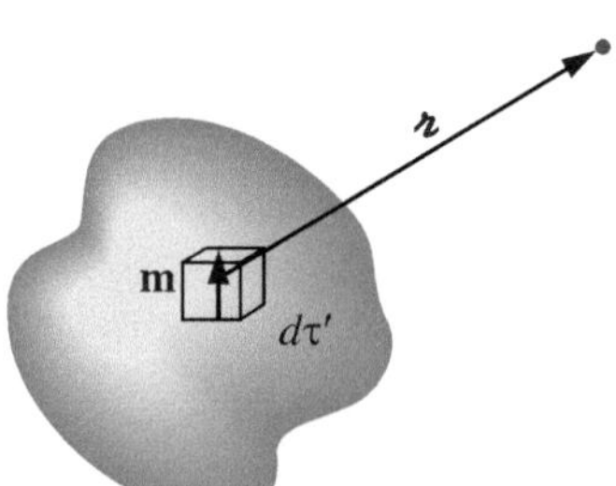

Abbildung 6.11

5 Im Jahr 1997 schaffte es Andre Geim, einen lebenden Frosch (diamagnetisch) 30 Minuten lang schweben zu lassen. Für diese Leistung bekam er im Jahr 2000 den Ig-Nobelpreis und später (2010) den Nobelpreis für seine Graphen-Forschung. Siehe M. V. Berry und A. K. Geim, *Eur. J. Phys.* **18**, 307 (1997) sowie A. K. Geim, **Physics Today**, September 1998, S. 36.

Im Prinzip ist das schon alles. Aber ähnlich wie im Fall der Elektrizität (Abschnitt 4.2.1) kann das Integral durch die Beziehung

$$\nabla' \frac{1}{\mathscr{r}} = \frac{\hat{\mathscr{r}}}{\mathscr{r}^2}$$

in eine viel aufschlussreichere Form gebracht werden. Damit wird

$$\mathbf{A}(\mathbf{r}) = \frac{\mu_0}{4\pi} \int \left[\mathbf{M}(\mathbf{r}') \times \left(\nabla' \frac{1}{\mathscr{r}} \right) \right] \mathrm{d}\tau' \,.$$

Durch partielle Integration unter Ausnutzung von Produktregel 7 (vgl. vorderer Buchdeckel) erhalten wir

$$\mathbf{A}(\mathbf{r}) = \frac{\mu_0}{4\pi} \left\{ \int \frac{1}{\mathscr{r}} [\nabla' \times \mathbf{M}(\mathbf{r}')] \, \mathrm{d}\tau' - \int \nabla' \times \left[\frac{\mathbf{M}(\mathbf{r}')}{\mathscr{r}} \right] \mathrm{d}\tau' \right\} .$$

Aufgabe 1.61(b) lädt uns dazu ein, den letzten Term als Flächenintegral zu interpretieren:

$$\mathbf{A}(\mathbf{r}) = \frac{\mu_0}{4\pi} \int \frac{1}{\mathscr{r}} [\nabla' \times \mathbf{M}(\mathbf{r}')] \, \mathrm{d}\tau' + \frac{\mu_0}{4\pi} \oint \frac{1}{\mathscr{r}} [\mathbf{M}(\mathbf{r}') \times \mathrm{d}\mathbf{a}'] \,. \tag{6.12}$$

Der erste Term sieht genauso aus wie das Potential eines *Volumenstroms*:

$$\mathbf{J}_\mathrm{b} = \nabla \times \mathbf{M} \,. \tag{6.13}$$

Der zweite Term sieht wie das Potential eines *Flächenstroms* aus:

$$\mathbf{K}_\mathrm{b} = \mathbf{M} \times \hat{\mathbf{n}} \,, \tag{6.14}$$

wobei $\hat{\mathbf{n}}$ der Normalenvektor ist. Mit diesen Definitionen erhalten wir

$$\mathbf{A}(\mathbf{r}) = \frac{\mu_0}{4\pi} \int_{\mathcal{V}} \frac{\mathbf{J}_\mathrm{b}(\mathbf{r}')}{\mathscr{r}} \mathrm{d}\tau' + \frac{\mu_0}{4\pi} \oint_{\mathcal{S}} \frac{\mathbf{K}_\mathrm{b}(\mathbf{r}')}{\mathscr{r}} \mathrm{d}\mathbf{a}' \,. \tag{6.15}$$

Demnach ist das Potential (und ebenso das Feld) eines magnetisierten Objekts dasselbe wie dasjenige, das durch einen das gesamte Material durchdringenden Volumenstrom $\mathbf{J}_\mathrm{b} = \nabla \times \mathbf{M}$ sowie einen auf der Oberfläche befindlichen Flächenstrom $\mathbf{K}_\mathrm{b} = \mathbf{M} \times \hat{\mathbf{n}}$ verursacht wird. Statt die Beiträge aller infinitesimalen Dipole zu integrieren, wie in Gleichung 6.11, bestimmen wir zunächst diese **Polarisationsströme** und berechnen danach das von *ihnen* erzeugte Feld auf dieselbe Weise, in der wir das Feld irgendwelcher anderer Volumen- und Flächenströme berechnen würden. Beachten Sie die deutliche Parallele zur Elektrizität: Dort war das Feld eines polarisierten Objekts genauso groß wie das einer Volumen-Polarisationsladung $\rho_\mathrm{b} = -\nabla \cdot \mathbf{P}$ plus dem einer Oberflächen-Polarisationsladung $\sigma_\mathrm{b} = \mathbf{P} \cdot \hat{\mathbf{n}}$.

Beispiel 6.1: Magnetisches Feld einer gleichförmig magnetisierten Kugel

Bestimmen Sie das magnetische Feld einer gleichförmig magnetisierten Kugel.

Lösung:

Wählen wir die z-Achse so, dass sie mit der Richtung von $\mathbf{M}$ zusammenfällt (Abbildung 6.12), dann erhalten wir

$$\mathbf{J}_\text{b} = \nabla \times \mathbf{M} = 0\,, \quad \mathbf{K}_\text{b} = \mathbf{M} \times \hat{\mathbf{n}} = M \sin\theta \hat{\boldsymbol{\varphi}}\,.$$

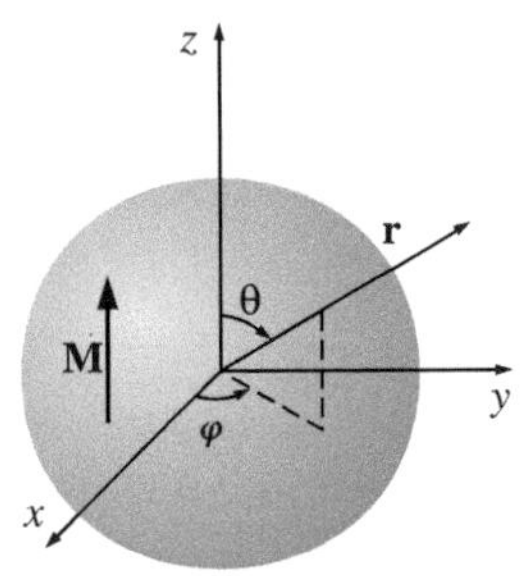

Abbildung 6.12

Eine rotierende Kugelschale mit gleichförmiger Flächenladung σ entspricht nun einer Flächenstromdichte

$$\mathbf{K} = \sigma \mathbf{v} = \sigma\omega R \sin\theta \hat{\boldsymbol{\varphi}}\,.$$

Daraus folgt somit, dass das Feld einer gleichförmig magnetisierten Kugel mit dem Feld einer rotierenden Kugelschale übereinstimmt, wobei $\sigma R \boldsymbol{\omega}$ mit $\mathbf{M}$ gleichzusetzen ist. Schauen wir uns Beispiel 5.11 an, komme ich zu dem Schluss, dass das Feld im Inneren der Kugel

$$\mathbf{B} = \frac{2}{3}\mu_0 \mathbf{M} \tag{6.16}$$

ist, während wir außerhalb das Feld eines reinen Dipols haben:

$$\mathbf{m} = \frac{4}{3}\pi R^3 \mathbf{M}\,.$$

Beachten Sie, dass das Feld im Inneren ebenso *gleichförmig* ist wie das *elektrische* Feld innerhalb einer gleichförmig polarisierten Kugel (Gleichung 4.14), obwohl sich die Formeln der beiden Fälle interessanterweise unterscheiden (durch 2/3 anstelle von −1/3).[6] Auch die äußeren Felder ähneln sich: In beiden Fällen handelt es sich um reine Dipole.

6 Es ist kein Zufall, dass in den „Kontakttermen" für die Felder der elektrischen und magnetischen Dipole (Gleichungen 3.106 und 5.93) die gleichen Faktoren auftauchen. Tatsächlich ist es eine gute Möglichkeit, wie man einen perfekten Dipol modellieren kann, den Limes $R \to 0$ für eine polarisierte/magnetisierte Kugel zu nehmen.

Aufgabe 6.7

Ein unendlich langer kreisförmiger Zylinder trägt eine gleichförmige Magnetisierung **M**, die parallel zu seiner Achse gerichtet ist. Bestimmen Sie das (durch **M** erzeugte) magnetische Feld innerhalb und außerhalb des Zylinders.

Aufgabe 6.8

Ein langer kreisförmiger Zylinder mit Radius R trägt die Magnetisierung $\mathbf{M} = ks^2\hat{\boldsymbol{\varphi}}$; dabei ist k eine Konstante, s ist die Entfernung von der Zylinderachse und $\hat{\boldsymbol{\varphi}}$ der übliche Einheitsvektor in azimutaler Richtung (Abbildung 6.13). Bestimmen Sie das von **M** erzeugte magnetische Feld für innerhalb und außerhalb des Zylinders liegende Punkte.

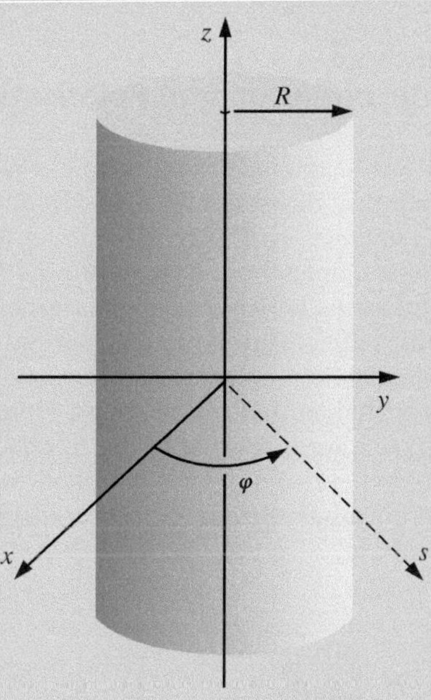

Abbildung 6.13

Aufgabe 6.9

Ein kurzer kreisförmiger Zylinder mit Radius a und Länge L trägt eine „eingefrorene" gleichförmige Magnetisierung **M**, die parallel zu seiner Achse ausgerichtet ist. Bestimmen Sie die Polarisationsströme und skizzieren Sie das magnetische Feld des Zylinders. (Erstellen Sie drei Skizzen: eine für $L \gg a$, eine für $L \ll a$ und eine für $L \approx a$.) Vergleichen Sie diesen **Stabmagneten** mit dem Stabelektret aus Aufgabe 4.11.

Aufgabe 6.10

Auf einen Eisenstab der Länge L mit quadratischem Querschnitt (der Seitenlänge a) wird eine gleichförmige längs gerichtete Magnetisierung **M** aufgebracht. Danach wird der Stab zu einem Kreis gebogen, der durch einen kleinen Spalt (der Breite w) getrennt bleibt (Abbildung 6.14). Bestimmen Sie das magnetische Feld im Mittelpunkt des Spalts unter der Annahme $w \ll a \ll L$.

[*Hinweis*: Behandeln Sie dies als Überlagerung eines *vollständigen* Rings mit einer rechteckigen Schleife, deren Stromrichtung umgekehrt ist.]

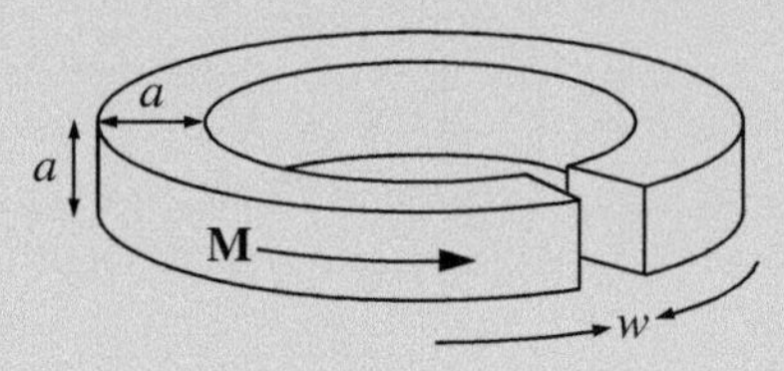

Abbildung 6.14

6.2.2 Physikalische Interpretation von Polarisationsströmen

Im letzten Abschnitt haben wir festgestellt, dass das Feld eines magnetisierten Objekts mit dem Feld übereinstimmt, das durch eine bestimmte Verteilung von „Polarisationsströmen" $\mathbf{J}_b$ und $\mathbf{K}_b$ erzeugt wird. Nun möchte ich Ihnen zeigen, wie diese Polarisationsströme physikalisch entstehen. Dies wird eine *heuristische* Diskussion werden, denn die *strenge* Herleitung haben wir bereits durchgeführt. Abbildung 6.15 zeigt eine dünne Scheibe eines gleichförmig magnetisierten Materials, bei dem die Dipole durch winzige Stromschleifen wiedergegeben werden. Beachten Sie, dass sich alle „internen" Ströme aufheben: Jedes Mal, wenn einer nach rechts geht, geht ein entsprechender nach links. Allerdings *gibt es am Rand kein zugehöriges Schleifensegment mehr, das entsprechend den Strom aufhebt.* Insgesamt entspricht das Ganze einem einzelnen bandförmigen Strom I, der um die Außenseite der Scheibe fließt (Abbildung 6.16).

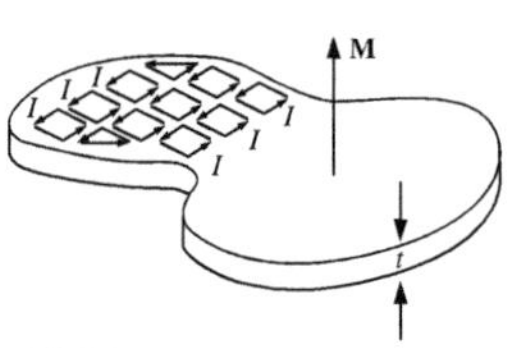

Abbildung 6.15

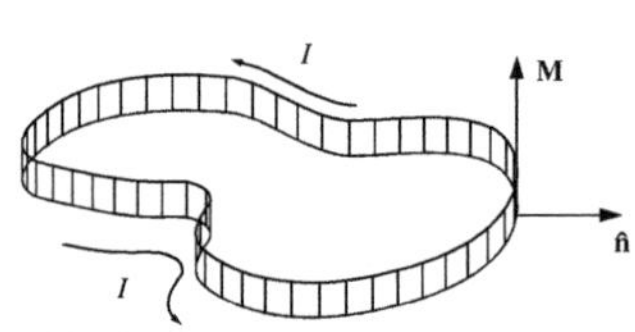

Abbildung 6.16

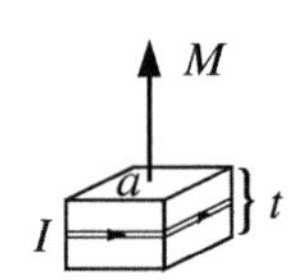

Abbildung 6.17

Wie *stark* ist dieser Strom, ausgedrückt durch $\mathbf{M}$? Nehmen wir an, dass jede dieser winzigen Schleifen die Fläche a und die Dicke t aufweist (Abbildung 6.17). Ausgedrückt durch die Magnetisierung M beträgt das Dipolmoment $m = Mat$. Ausgedrückt durch den kreisenden Strom I lautet es jedoch $m = Ia$. Daher gilt $I = Mt$, und damit ist der Flächenstrom $K_b = I/t = M$. Verwenden wir den nach außen gerichteten Einheitsvektor $\hat{\mathbf{n}}$ (Abbildung 6.16), dann wird die Richtung von $\mathbf{K}_b$ bequem durch das Kreuzprodukt

$$\mathbf{K}_b = \mathbf{M} \times \hat{\mathbf{n}}$$

beschrieben. (Dieser Ausdruck berücksichtigt auch die Tatsache, dass *weder* auf der Oberseite *noch* auf der Unterseite der Scheibe ein Strom auftritt. Hier verläuft $\mathbf{M}$ parallel zu $\hat{\mathbf{n}}$, daher verschwindet das Kreuzprodukt.)

Dieser Oberflächenpolarisationsstrom ist genau derselbe, den wir in Abschnitt 6.2.1 hergeleitet haben. Es handelt sich in einem gewissen Sinne um eine besondere *Art* von Strom, denn keine einzige Ladung legt die gesamte Strecke zurück. Ganz im Gegenteil: Jede Ladung bewegt sich nur innerhalb eines einzelnen Atoms in einer winzigen Schleife. Dennoch besteht der Nettoeffekt in einem makroskopischen Strom, der über die Oberfläche des magnetisierten Objekts verläuft. Wir bezeichnen dies als „Polarisationsstrom", um uns daran zu erinnern, dass jede Ladung an ein bestimmtes Atom gebunden bleibt. Trotzdem handelt es sich um einen echten Strom, der genau wie andere Ströme ein magnetisches Feld erzeugt.

Ist die Magnetisierung *nicht* gleichförmig, heben sich die internen Ströme nicht mehr gegenseitig auf. Abbildung 6.18a zeigt zwei benachbarte Blöcke eines magnetisierten Materials, wobei der größere Pfeil auf dem rechten darauf hinweist, dass dort die Magnetisierung größer ist. An der Oberfläche, dort wo sich die internen Ströme treffen, gibt es einen Nettostrom in x-Richtung, beschrieben durch

$$I_x = \left[M_z\,(y + \mathrm{d}y) - M_z(y)\right] \mathrm{d}z = \frac{\partial M_z}{\partial y}\,\mathrm{d}y\,\mathrm{d}z\,.$$

Die dazu gehörende Volumenstromdichte ist daher

$$(J_\mathrm{b})_x = \frac{\partial M_z}{\partial y}\,.$$

In entsprechender Weise würde eine nicht gleichförmige Magnetisierung in y-Richtung einen Beitrag von $-\partial M_y/\partial z$ liefern (Abbildung 1.18b), daher ist

$$(J_\mathrm{b})_x = \frac{\partial M_z}{\partial y} - \frac{\partial M_y}{\partial z}\,.$$

Im Allgemeinen ist daher

$$\mathbf{J}_\mathrm{b} = \nabla \times \mathbf{M}\,,$$

was ebenfalls mit dem Ergebnis aus Abschnitt 6.2.1 übereinstimmt. Übrigens sollte $\mathbf{J}_\mathrm{b}$ wie jeder andere stationäre Strom den Erhaltungssatz 5.33 erfüllen:

$$\nabla \cdot \mathbf{J}_\mathrm{b} = 0\,.$$

Tut er das? *Ja*, denn die Divergenz einer Rotation ist *immer* null.

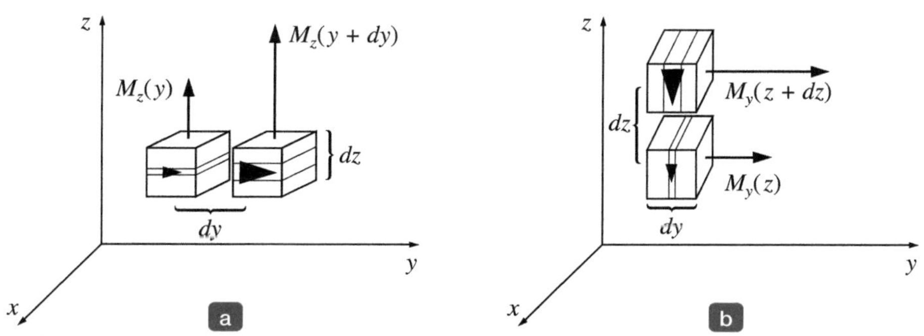

Abbildung 6.18

6.2.3 Das magnetische Feld im Inneren von Materie

Wie das elektrische Feld schwankt das echte mikroskopische Magnetfeld innerhalb von Materie stark von Punkt zu Punkt und von Zeitpunkt zu Zeitpunkt. Wenn wir von „dem“ magnetischen Feld in Materie sprechen, dann meinen wir das *makroskopische* Feld: den Mittelwert über ein Gebiet, das so groß ist, dass viele Atome enthalten sind (die Magnetisierung **M** wird in gleicher Weise herausgemittelt.) Dieses makroskopische Feld erhalten wir, wenn wir die Methoden aus Abschnitt 6.2.1 auf Punkte innerhalb eines magnetisierten Materials anwenden, wie Sie in folgender Aufgabe selbst sehen können.

■ Aufgabe 6.11

Im Abschnitt 6.2.1 sind wir vom Potential eines *perfekten* Dipols ausgegangen (Gleichung 6.10), obwohl wir tatsächlich mit *physikalischen* Dipolen zu tun haben. Zeigen Sie anhand der Methode in Abschnitt 4.2.3, dass wir dennoch das korrekte makroskopische Feld erhalten.

6.3 Das magnetische Hilfsfeld H

6.3.1 Das Ampère'sche Gesetz in magnetisierten Materialien

Nach Abschnitt 6.2 besteht der Effekt der Magnetisierung darin, die Polarisationsströme $\mathbf{J}_b = \nabla \times \mathbf{M}$ innerhalb des Materials und $\mathbf{K}_b = \mathbf{M} \times \hat{\mathbf{n}}$ auf ihrer Oberfläche zu erzeugen. Das durch die Magnetisierung des Mediums hervorgerufene Feld ist gerade dasjenige, das von diesen beiden Strömen erzeugt wird. Nun sind wir dazu in der Lage, alles zusammenzusetzen: das Feld, das auf die Polarisationsströme zurückgeht, sowie das Feld aller anderen Quellen – die ich als **freie Ströme** bezeichne. Der freie Strom könnte beispielsweise durch Drähte fließen, die in die magnetisierte Substanz eingebettet sind, oder, falls es sich dabei um einen Leiter handelt, könnten sie auch durch das Material selbst fließen. In jeder Hinsicht kann der gesamte Strom geschrieben werden als:

$$\mathbf{J} = \mathbf{J}_b + \mathbf{J}_f \, . \tag{6.17}$$

In Gleichung 6.17 gibt es keinerlei neue Physik. Es handelt sich lediglich um einen *bequemen* Weg, die Ströme in diese beiden Teile zu zerlegen, da sie auf unterschiedlichen Wegen dorthin gelangt sind. Der freie Strom befindet sich dort, weil irgendjemand einen Draht an eine Batterie angeschlossen hat – hier werden tatsächlich Ladungen transportiert. Der Polarisationsstrom entsteht durch die Magnetisierung – er entsteht durch die Zusammenarbeit vieler gleichartig ausgerichteter atomarer Dipole.

Mit Blick auf die Gleichungen 6.13 und 6.17 kann das Ampère'sche Gesetz neu formuliert werden:

$$\frac{1}{\mu_0}(\nabla \times \mathbf{B}) = \mathbf{J} = \mathbf{J}_f + \mathbf{J}_b = \mathbf{J}_f + (\nabla \times \mathbf{M})$$

oder, indem wir die beiden Rotationen zusammenfassen:

$$\nabla \times \left(\frac{1}{\mu_0} \mathbf{B} - \mathbf{M} \right) = \mathbf{J}_f .$$

Die Größe in Klammern wird mit dem Buchstaben **H** bezeichnet:

$$\mathbf{H} \equiv \frac{1}{\mu_0} \mathbf{B} - \mathbf{M} . \tag{6.18}$$

Ausgedrückt durch **H** sieht das Ampère'sche Gesetz dann folgendermaßen aus:

$$\nabla \times \mathbf{H} = \mathbf{J}_f \tag{6.19}$$

bzw. in integraler Form:

$$\oint \mathbf{H} \cdot d\mathbf{l} = I_{f_{eing}} , \tag{6.20}$$

wobei $I_{f_{eing}}$ der gesamte *freie* Strom ist, der durch die Ampère'sche Schleife fließt.

H spielt in der Magnetostatik dieselbe Rolle wie **D** in der Elektrostatik: Auf dieselbe Weise, in der wir mit **D** das Gauß'sche Gesetz allein durch freie *Ladungen* ausdrücken konnten, ermöglicht uns **H**, das Ampère'sche Gesetz allein durch freie *Ströme* auszudrücken – sie sind die Ströme, die wir direkt beeinflussen können. Die Polarisationsströme sind, wie die Polarisationsladungen, einfach mit dabei – das Material wird magnetisiert, und dies führt zu einem Polarisationsstrom. Wir können sie nicht unabhängig zu- oder abschalten wie freie Ströme. Wenden wir Gleichung 6.20 an, müssen wir uns lediglich um die *freien* Ströme kümmern. Die aber kennen wir, weil wir sie dort *hineingesteckt* haben. Wenn es die Symmetrie zulässt, können wir **H** sofort mit Gleichung 6.20 berechnen, indem wir die Methode des Ampère'schen Gesetzes anwenden. (So lassen sich beispielsweise die Aufgaben 6.7 und 6.8 in einer Zeile lösen, sofern wir beachten, dass $\mathbf{H} = 0$ ist.)

Beispiel 6.2: Magnetfeld eines gleichförmigen Stroms

Ein langer Kupferstab mit Radius R trägt einen gleichförmig verteilten (freien) Strom I (Abbildung 6.19). Bestimmen Sie **H** innerhalb und außerhalb des Stabs.

Lösung:

Kupfer ist ein schwacher Diamagnet. Die Dipole darin werden sich also *entgegengesetzt* zur Feldrichtung ausrichten. Dies führt zu einem Polarisationsstrom, der innerhalb des Drahts *antiparallel* zu I fließt, an der Oberfläche jedoch parallel zu I (siehe Abbildung 6.20). Wie *groß* diese Ströme genau werden, können wir zum jetzigen Zeitpunkt noch nicht angeben. Um **H** zu berechnen, müssen wir jedoch lediglich beachten, dass alle Ströme in Längsrichtung verlaufen, daher verlaufen **B**, **M** und damit auch **H** entlang des Umfangs. Wenden wir Gleichung 6.20 auf die Ampère'sche Schleife mit Radius $s < R$ an,

$$H(2\pi s) = I_{f_{eing}} = I \frac{\pi s^2}{\pi R^2} ,$$

Beispiel 6.2 (Fortsetzung)

dann wird innerhalb des Drahts

$$\mathbf{H} = \frac{I}{2\pi R^2} s\hat{\boldsymbol{\varphi}} \quad (s \leq R) \ . \tag{6.21}$$

Gleichzeitig gilt außerhalb des Drahts

$$\mathbf{H} = \frac{I}{2\pi s}\hat{\boldsymbol{\varphi}} \quad (s \geq R) \ . \tag{6.22}$$

In diesem Gebiet ist (wie immer im leeren Raum) $\mathbf{M} = 0$ und damit

$$\mathbf{B} = \mu_0 \mathbf{H} = \frac{\mu_0 I}{2\pi s}\hat{\boldsymbol{\varphi}} \quad (s \geq R) \ .$$

Das ist dasselbe Resultat wie bei einem *nicht* magnetisierten Draht (Beispiel 5.7). Innerhalb des Drahts kann **B** zum derzeitigen Zeitpunkt nicht angegeben werden, da wir keine Möglichkeit haben, **M** zu bestimmen (allerdings ist in der Praxis die Magnetisierung in Kupfer so gering, dass wir sie in den meisten Fällen einfach ignorieren können).

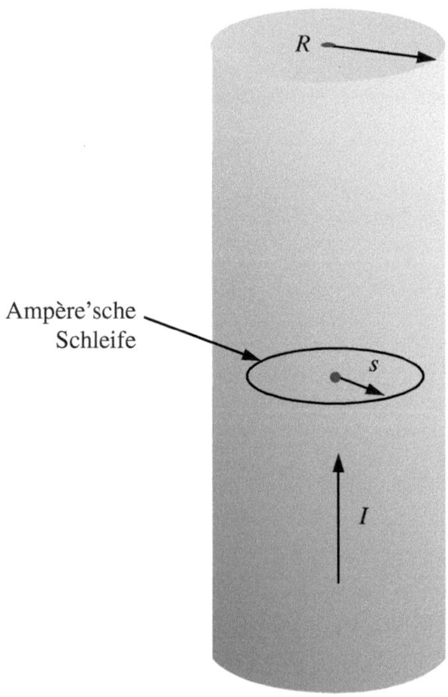

Abbildung 6.19

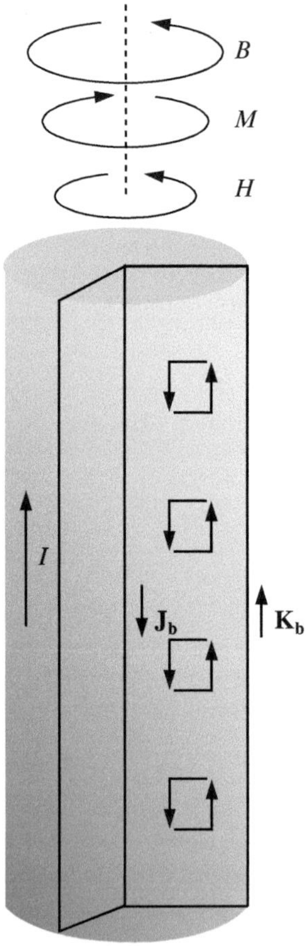

Abbildung 6.20

Es zeigt sich, dass **H** eine viel nützlichere Größe als **D** ist. Im Labor werden Sie oft hören, dass Physiker von **H** sprechen (viel häufiger als von **B**), allerdings wird nie jemand von **D** reden (nur von **E**). Der Grund ist: Um einen Elektromagneten zu bauen, lassen Sie einen bestimmten (freien) Strom durch eine Spule laufen. Den Strom können Sie auf einer Skala ablesen, und er bestimmt **H** (oder zumindest das Linienintegral von **H**). **B** hängt dagegen vom speziellen Material ab, das Sie benutzen, und im Fall von Eisen sogar von der Geschichte, die ihr Magnet hinter sich hat. Wenn Sie andererseits ein *elektrisches* Feld erzeugen wollen, bringen Sie keinesfalls eine bekannte freie Ladung auf den Plattenkondensator auf. Viel eher werden Sie die Platten an einer Batterie mit bekannter *Spannung* anschließen. Diese *Potentialdifferenz* können Sie auf Ihrer Skala ablesen, und sie bestimmt **E** (oder zumindest das Linienintegral von **E**). **D** hängt dagegen von dem Dielektrikum ab, das Sie verwenden. Wenn das Messen von Ladungen einfach, das Messen von Potentialen hingegen schwierig wäre, dann würden Sie auch Experimentatoren treffen, die sich über **D** anstelle von **E** unterhalten. Daher beruht die relative Vertrautheit von **H**, im Vergleich zu **D**, allein auf praktischen Überlegungen. In der Theorie sind beide gleichberechtigt.

Vielen Autoren bezeichnen **H** und nicht **B** als „Magnetfeld“. Dann müssen sie für **B** einen neuen Begriff erfinden, z. B. „magnetische Flussdichte“ oder „magnetische Induktion“ (eine absurde Wahl, da für diesen Begriff in der Elektrodynamik schon mindestens zwei weitere Bedeutungen in Umlauf sind). Dennoch ist **B** unzweifelhaft die grundlegende Größe, daher werde ich sie weiterhin als „magnetisches Feld“ bezeichnen, wie auch jeder andere das umgangssprachlich tut. In der Literatur finden sich für **H** auch die Bezeichnungen „magnetische Feldstärke“ oder „magnetische Anregung“, was die Verwirrung nicht vermindert. Aber **H** hat keinen sinnvollen Namen. Nennen Sie es einfach „**H**“.[7]

Aufgabe 6.12

Ein unendlich langer Zylinder mit Radius R trägt eine „eingefrorene“ Magnetisierung,

$$\mathbf{M} = ks\hat{\mathbf{z}}\,,$$

die parallel zu seiner Mittelachse verläuft. Darin ist k eine Konstante, und s ist die Entfernung von der Achse. Es gibt keine freien Ströme. Bestimmen Sie durch zwei unterschiedliche Methoden das magnetische Feld innerhalb und außerhalb des Zylinders:

a. Bestimmen Sie wie in Abschnitt 6.2 alle Polarisationsströme und berechnen Sie das von ihnen erzeugte Feld.

b. Wenden Sie das Ampère'sche Gesetz (in Form von Gleichung 6.20) zur Bestimmung von **H** an und berechnen Sie dann **B** anhand von Glei-

7 Für diejenigen, die nicht mit mir übereinstimmen, zitiere ich aus A. Sommerfelds „Vorlesungen über theoretische Physik, Bd. 3: Elektrodynamik“ (Frankfurt: Verlag Harri Deutsch, 4. Auflage, 2001): „Der unglücklich gewählte Begriff ‚magnetisches Feld‘ für **H** sollte soweit als möglich vermieden werden. Wie uns scheint, wurde niemand Geringerer als Maxwell selbst durch diesen Begriff in die Irre geführt ... “.

chung 6.18. (Beachten Sie, dass die zweite Methode viel schneller ist und keinerlei Polarisationsströme voraussetzt.)

■ **Aufgabe 6.13**

Das Feld innerhalb eines großen Teils eines magnetischen Materials ist $\mathbf{B}_0$, sodass $\mathbf{H}_0 = (1/\mu_0)\mathbf{B}_0 - \mathbf{M}$ gilt. Dabei ist $\mathbf{M}$ eine „eingefrorene“ Magnetisierung.

a. Nun wird im Material ein kleiner kugelförmiger Hohlraum geschaffen (Abbildung 6.21). Bestimmen Sie das Feld im Mittelpunkt des Hohlraums und drücken Sie es durch $\mathbf{B}_0$ und $\mathbf{M}$ aus. Bestimmen Sie zudem $\mathbf{H}$ im Mittelpunkt des Hohlraums in Abhängigkeit von $\mathbf{H}_0$ und $\mathbf{M}$.

b. Wiederholen Sie die Rechnung für einen langen nadelförmigen Hohlraum, der parallel zu $\mathbf{M}$ verläuft.

c. Wiederholen Sie die Rechnung für einen dünnen scheibenförmigen Hohlraum, der senkrecht zu $\mathbf{M}$ verläuft.

Gehen Sie davon aus, dass die Hohlräume so klein sind, dass $\mathbf{M}$, $\mathbf{B}_0$ und $\mathbf{H}_0$ im Wesentlichen konstant sind. Vergleichen Sie dies mit Aufgabe 4.16.

[*Hinweis*: Das Erstellen eines Hohlraums entspricht der Überlagerung eines Objekts mit der entsprechenden Form, aber umgekehrter Magnetisierung.]

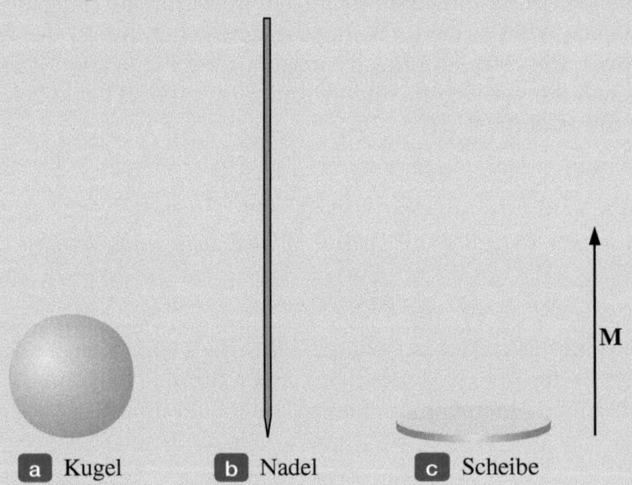

Abbildung 6.21

6.3.2 Eine irreführende Parallele

Gleichung 6.19 sieht genauso aus wie die ursprüngliche Fassung des Ampère'schen Gesetzes (5.56), allerdings wird der *gesamte* Strom durch den freien Strom und $\mathbf{B}$ durch $\mu_0\mathbf{H}$ ersetzt. Wie im Fall von $\mathbf{D}$ muss ich Sie jedoch davor warnen, zu viel in diese Ähnlichkeit hinein zu interpretieren. Sie besagt *nicht*, dass $\mu_0\mathbf{H}$ „fast wie $\mathbf{B}$ ist, allerdings mit der Quelle $\mathbf{J}_f$ anstelle von $\mathbf{J}$“. Die Rotation allein definiert eben noch kein Vektorfeld – Sie müssen zudem die Divergenz kennen. Und obwohl $\nabla \cdot \mathbf{B} = 0$ ist, ist die Divergenz von **H** *nicht* null. Tatsächlich liefert Gleichung 6.18

$$\nabla \cdot \mathbf{H} = -\nabla \cdot \mathbf{M} . \tag{6.23}$$

Nur wenn die Divergenz von **M** verschwindet, ist die Parallele zwischen **B** und $\mu_0\mathbf{H}$ verlässlich.

Falls Sie mich für pedantisch halten: Betrachten Sie das Beispiel eines Stabmagneten – ein kurzer Eisenzylinder mit permanenter gleichförmiger Magnetisierung **M**, die parallel zu seiner Achse ausgerichtet ist (siehe Aufgaben 6.9 und 6.14). In diesem Fall gibt es keine freien Ströme; eine naive Anwendung von Gleichung 6.20 könnte Sie zu der Annahme verleiten, dass im Inneren des Magneten $\mathbf{H} = 0$ und daher auch $\mathbf{B} = \mu_0\mathbf{M}$ ist, während außerhalb des Magneten $\mathbf{B} = 0$ gilt, was allerdings unsinnig ist. Es stimmt zwar, dass die *Rotation* von **H** überall verschwindet, die Divergenz jedoch nicht. (Können Sie erkennen, wo $\nabla \cdot \mathbf{M} \neq 0$ ist?) *Tipp*: Wenn Sie in einer Aufgabe, in der magnetische Materialien beteiligt sind, **B** oder **H** bestimmen sollen, dann suchen Sie zuerst nach Symmetrien. Enthält die Aufgabe eine zylindrische, ebene, spulenförmige oder ringförmige Symmetrie, dann können Sie **H** direkt anhand von Gleichung 6.20 mit der üblichen Ampère'schen Methode berechnen. (In solchen Fällen ist $\nabla \cdot \mathbf{M}$ automatisch null, da allein schon der freie Strom die Antwort festlegt.) Fehlt die benötigte Symmetrie, müssen Sie sich einen anderen Zugang suchen. Insbesondere dürfen Sie nicht davon ausgehen, dass **H** null ist, nur weil Sie keinen freien Strom sehen können.

6.3.3 Randbedingungen

Die magnetostatischen Randbedingungen aus Abschnitt 5.4.2 können mit Hinblick auf **H** und den *freien* Strom neu formuliert werden. Aus Gleichung 6.23 folgt, dass

$$H^{\perp}_{\text{oberhalb}} - H^{\perp}_{\text{unterhalb}} = -\left(M^{\perp}_{\text{oberhalb}} - M^{\perp}_{\text{unterhalb}}\right) , \tag{6.24}$$

und Gleichung 6.19 besagt, dass

$$\mathbf{H}^{\parallel}_{\text{oberhalb}} - \mathbf{H}^{\parallel}_{\text{unterhalb}} = \mathbf{K}_{\text{f}} \times \hat{\mathbf{n}} . \tag{6.25}$$

In Anwesenheit eines Materials sind diese Randbedingungen bisweilen nützlicher als die entsprechenden Randbedingungen für **B** (Gleichung 5.74 und 5.75):

$$B^{\perp}_{\text{oberhalb}} - B^{\perp}_{\text{unterhalb}} = 0 \tag{6.26}$$

sowie

$$\mathbf{B}^{\parallel}_{\text{oberhalb}} - \mathbf{B}^{\parallel}_{\text{unterhalb}} = \mu_0 \left(\mathbf{K} \times \hat{\mathbf{n}}\right) . \tag{6.27}$$

Sie können dies anhand von Beispiel 6.2 oder Aufgabe 6.14 überprüfen.

Aufgabe 6.14

Machen Sie für den Stabmagneten aus Aufgabe 6.9 sorgfältige Skizzen für **M**, **B** und **H** unter der Annahme, dass L etwa $2a$ beträgt. Vergleichen Sie dies mit Aufgabe 4.17.

Aufgabe 6.15

Gilt überall $\mathbf{J}_\mathrm{f} = 0$, dann verschwindet die Rotation von **H** (Gleichung 6.19), und wir können **H** als Gradient eines skalaren Potentials W ausdrücken:

$$\mathbf{H} = -\nabla W .$$

Gemäß Gleichung 6.23 ist dann

$$\nabla^2 W = (\nabla \cdot \mathbf{M}) ,$$

sodass W die Poisson-Gleichung mit $\nabla \cdot \mathbf{M}$ als „Quelle" erfüllt. Dies eröffnet uns all die Rechenmethoden, die wir in Kapitel 3 kennengelernt haben. Bestimmen Sie beispielsweise das Feld im Inneren einer gleichförmig magnetisierten Kugel (Beispiel 6.1) durch Separation der Variablen.

[*Hinweis*: Außer an der Oberfläche ($r = R$) gilt überall $\nabla \cdot \mathbf{M} = 0$, sodass W die Laplace-Gleichung in den Bereichen $r < R$ und $r > R$ erfüllt. Wenden Sie Gleichung 3.65 an und bestimmen Sie anhand von Gleichung 6.24 die geeigneten Randbedingungen für W.]

6.4 Lineare und nichtlineare Medien

6.4.1 Magnetische Suszeptibilität und Permeabilität

In paramagnetischen und diamagnetischen Materialien wird die Magnetisierung durch das Feld aufrechterhalten. Wird **B** entfernt, verschwindet **M**. Tatsächlich ist die Magnetisierung für die meisten Substanzen proportional zum Feld, vorausgesetzt, das Feld ist nicht zu stark. Damit die Notation mit dem elektrischen Fall (Gleichung 4.30) übereinstimmend bleibt, *sollte* ich die Proportionalität daher folgendermaßen formulieren:

$$\mathbf{M} = \frac{1}{\mu_0} \chi_\mathrm{m} \mathbf{B} \quad \text{(falsch!)} . \tag{6.28}$$

Die Tradition gebietet jedoch, dass man sie durch **H** anstelle von **B** ausdrückt:

$$\mathbf{M} = \chi_\mathrm{m} \mathbf{H} . \tag{6.29}$$

Die Proportionalitätskonstante χ_m wird als **magnetische Suszeptibilität** bezeichnet. Sie ist eine dimensionslose Größe, die für verschiedene Substanzen unterschiedliche Werte annimmt. Bei Paramagneten sind diese Werte positiv, bei Diamagneten dagegen negativ. Typische Werte liegen um 10^{-5} (siehe Tabelle 6.1).

Tabelle 6.1: Magnetische Suszeptibilitäten (sofern nicht anders gekennzeichnet, gelten die Werte für 1 atm und 20 °C). Quelle: Handbook of Chemistry and Physics, 91st ed. (Boca Raton: CRC Press, Inc., 2010).

Material	Suszeptibilität	Material	Suszeptibilität
Diamagnetisch:		*Paramagnetisch:*	
Wismut	$-1{,}7 \cdot 10^{-4}$	Sauerstoff	$1{,}7 \cdot 10^{-6}$
Gold	$-3{,}4 \cdot 10^{-5}$	Natrium	$8{,}5 \cdot 10^{-6}$
Silber	$-2{,}4 \cdot 10^{-5}$	Aluminium	$2{,}2 \cdot 10^{-5}$
Kupfer	$-9{,}7 \cdot 10^{-6}$	Wolfram	$7{,}0 \cdot 10^{-5}$
Wasser	$-9{,}0 \cdot 10^{-6}$	Platin	$2{,}7 \cdot 10^{-4}$
Kohlendioxid	$-1{,}1 \cdot 10^{-8}$	flüssiger Sauerstoff (−200 °C)	$3{,}9 \cdot 10^{-3}$
Wasserstoff	$-2{,}2 \cdot 10^{-9}$	Gadolinium	$4{,}8 \cdot 10^{-1}$

Materialien, die Gleichung 6.29 gehorchen, werden als **lineare Medien** bezeichnet. Mit Blick auf Gleichung 6.18 gilt für lineare Medien:

$$\mathbf{B} = \mu_0 (\mathbf{H} + \mathbf{M}) = \mu_0 (1 + \chi_m) \mathbf{H} . \tag{6.30}$$

Daher ist **B** *ebenfalls* proportional zu **H**:[8]

$$\mathbf{B} = \mu \mathbf{H} \tag{6.31}$$

wobei

$$\mu \equiv \mu_0 (1 + \chi_m) . \tag{6.32}$$

Die Größe μ wird als **Permeabilität** des Materials bezeichnet[9]. In einem Vakuum, in dem es keine Materie gibt, die magnetisiert werden könnte, verschwindet die Suszeptibilität χ_m, und die Permeabilität beträgt μ_0. Deshalb nennt man μ_0 die **Permeabilität des leeren Raums.**

Beispiel 6.3: Magnetfeld im Inneren einer Spule

Eine unendlich lange Spule (mit n Windungen pro Längeneinheit und dem Strom I) wird mit einem linearen Material der Suszeptibilität χ_m gefüllt. Bestimmen Sie das magnetische Feld im Inneren der Spule.

Lösung:

Da **B** zumindest teilweise auf Polarisationsströmen beruht (die wir bislang nicht kennen), können wir es nicht direkt berechnen. Allerdings handelt es sich hier um einen jener symmetrischen Fälle, in denen wir **H** direkt aus dem freien

8 Physikalisch gesehen drückt Gleichung 6.28 genau dasselbe aus wie Gleichung 6.29, nur die Konstante χ_m hat einen anderen Wert. Gleichung 6.29 ist jedoch etwas einfacher, denn Experimentatoren arbeiten lieber mit **H** als mit **B**.

9 Wenn Sie μ_0 ausklammern, bleibt die sogenannte **relative Permeabilität** übrig: $\mu_r \equiv 1 + \chi_m = \mu/\mu_0$. Übrigens werden Formeln, die **H** durch **B** ausdrücken (im Fall der linearen Medien z. B. Gleichung 6.31), ähnlich wie diejenigen für **D** und **E** als **Materialgleichungen** bezeichnet.

Beispiel 6.3 (Fortsetzung)

Strom bestimmen können; dazu setzen wir das Ampère'sche Gesetz in Form von Gleichung 6.20 ein (Abbildung 6.22):

$$\mathbf{H} = nI\hat{\mathbf{z}}\,.$$

Gemäß Gleichung 6.31 ist dann

$$\mathbf{B} = \mu_0\,(1 + \chi_m)\,nI\hat{\mathbf{z}}\,.$$

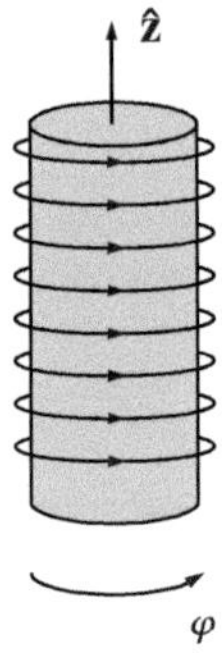

Abbildung 6.22

Ist das Medium paramagnetisch, wird das Feld geringfügig verstärkt. Ist es dagegen diamagnetisch, wird das Feld geringfügig verringert. Dies spiegelt die Tatsache wider, dass der Polarisationsstrom

$$\mathbf{K}_b = \mathbf{M} \times \hat{\mathbf{n}} = \chi_m\,(\mathbf{H} \times \hat{\mathbf{n}}) = \chi_m nI\hat{\boldsymbol{\varphi}}$$

im paramagnetischen Fall ($\chi_m > 0$) in derselben Richtung verläuft wie I, im diamagnetischen Fall ($\chi_m < 0$) dagegen in entgegengesetzter Richtung.

Vielleicht sind Sie der Ansicht, dass lineare Medien den Defekt bei der Parallele zwischen **B** und **H** vermeiden: Da doch **M** und **H** proportional zu **B** sind, muss dann nicht auch ihre Divergenz, wie die von **B**, immer verschwinden? Unglücklicherweise nicht.[10] An der *Grenze* zwischen zwei Materialien unterschiedlicher Permeabilität kann die Divergenz sogar unendlich werden. Beispielsweise ist am Ende eines Zylinders, der aus einem linearen paramagnetischen Material besteht, **M** auf der einen Seite null, nicht jedoch auf der anderen. Für die in Abbildung 6.23 dargestellte „Gauß'sche Schachtel" gilt $\oint \mathbf{M} \cdot d\mathbf{a} \neq 0$, und aufgrund des Gauß'schen Satzes kann daher $\nabla \cdot \mathbf{M}$ nicht überall im Inneren verschwinden.

Übrigens ist die Polarisations-Volumenstromdichte in einem homogenen linearen Material proportional zur *freien* Stromdichte:

$$\mathbf{J}_b = \nabla \times \mathbf{M} = \nabla \times (\chi_m \mathbf{H}) = \chi_m \mathbf{J}_f\,. \tag{6.33}$$

10 Formal gilt $\nabla \cdot \mathbf{H} = \nabla \cdot (1/\mu \cdot \mathbf{B}) = (1/\mu)\nabla \cdot \mathbf{B} + \mathbf{B} \cdot \nabla(1/\mu) = \mathbf{B} \cdot \nabla(1/\mu)$, somit ist im Allgemeinen **H** an Punkten, wo sich μ ändert, nicht divergenzfrei.

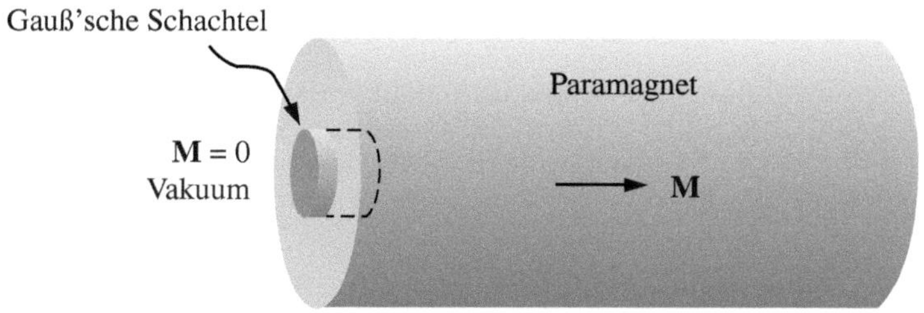

Abbildung 6.23

Insbesondere fließen alle Polarisationsströme an der Oberfläche, es sei denn, freie Ströme fließen tatsächlich *durch* das Material.

■ Aufgabe 6.16

Ein Koaxialkabel besteht aus zwei sehr langen zylindrischen Röhren, die durch ein lineares Isolationsmaterial der magnetischen Suszeptibilität χ_m voneinander getrennt sind. Ein Strom I fließt entlang des inneren Leiters in die eine Richtung und kehrt über den äußeren Leiter zurück. In beiden Fällen verteilt sich der Strom gleichförmig auf der Oberfläche (Abbildung 6.24). Bestimmen Sie das Magnetfeld im Gebiet zwischen den Röhren. Berechnen Sie zur Überprüfung die Magnetisierung und die Polarisationsströme und bestätigen Sie, dass diese (natürlich zusammen mit den freien Strömen) das richtige Feld erzeugen.

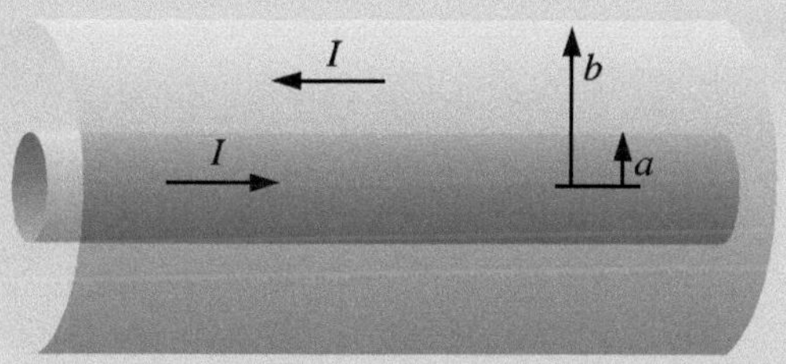

Abbildung 6.24

■ Aufgabe 6.17

Ein Strom I fließt entlang eines langen geraden Drahts mit Radius a. Der Draht soll aus einem linearen Material (beispielsweise Kupfer oder Aluminium) der Suszeptibilität χ_m bestehen, der Strom ist gleichförmig verteilt. Welches Feld herrscht dann in der Entfernung s von der Mittelachse? Bestimmen Sie alle Polarisationsströme. Welcher *Netto*polarisationsstrom fließt durch den Draht?

! **■ Aufgabe 6.18**

Eine Kugel aus linearem magnetischen Material wird in ein ansonsten gleichförmiges Magnetfeld $\mathbf{B}_0$ eingebracht. Bestimmen Sie das neue Feld innerhalb der Kugel.

[*Hinweis*: siehe Aufgabe 6.15 oder Aufgabe 4.23.]

Aufgabe 6.19

Bestimmen Sie auf Basis des in Abschnitt 6.1.3 vorgestellten naiven Modells die magnetische Suszeptibilität eines diamagnetischen Metalls wie Kupfer. Vergleichen Sie Ihr Resultat mit dem empirischen Wert in Tabelle 6.1 und erläutern Sie eventuelle Unterschiede.

6.4.2 Ferromagnetismus

In einem linearen Medium wird die Anordnung der atomaren Dipole durch ein äußeres Magnetfeld aufrechterhalten. Ferromagnete – die ausdrücklich *nicht* linear[11] sind – benötigen kein äußeres Feld, um die Magnetisierung zu erhalten. Die Ausrichtung ist in ihnen „eingefroren". Wie beim Paramagnetismus beruht der Ferromagnetismus darauf, dass die magnetischen Dipole mit dem Spin der ungepaarten Elektronen assoziiert sind. Die neue Eigenschaft, durch die sich der Ferromagnetismus so sehr vom Paramagnetismus unterscheidet, besteht in der Wechselwirkung zwischen benachbarten Dipolen. In einem Ferromagnet *„will" jeder Dipol in dieselbe Richtung zeigen wie seine Nachbarn.* Die Ursache dieses Verhaltens ist im Wesentlichen quantenmechanisch, und ich habe nicht die Absicht, das hier zu erläutern. Es genügt, wenn wir hier wissen, dass die Korrelation so stark ist, dass nahezu 100% der ungepaarten Elektronenspins ausgerichtet werden. Wenn Sie irgendwie dazu in der Lage wären, ein Stück Eisen zu vergrößern und die individuellen Dipole als Pfeile zu betrachten, würde das Eisen so ähnlich aussehen wie in Abbildung 6.25, wo alle Spins in dieselbe Richtung zeigen.

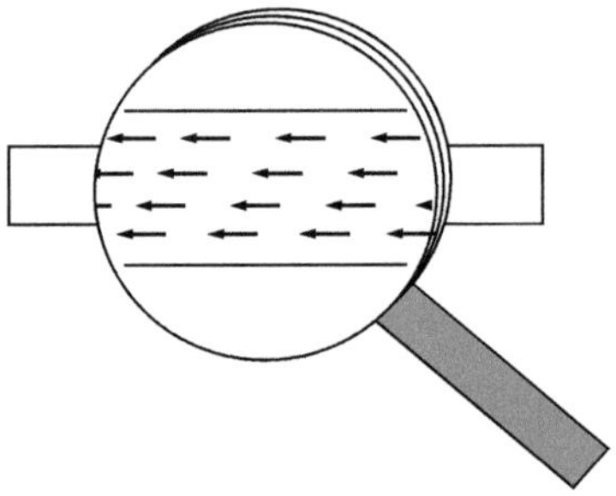

Abbildung 6.25

Wenn dies aber der Fall ist, warum ist dann nicht jeder Schraubenzieher oder jeder Nagel ein leistungsfähiger Magnet? Die Antwort besteht darin, dass die Ausrichtung nur in relativ kleinen Gebieten auftritt, die als **Domänen** (oft auch als *Domains* oder Weiss'sche Bezirke) bezeichnet werden. Jede Domäne enthält Milliarden Dipole, die alle gleichermaßen ausgerichtet sind. (Solche Domänen sind, unter Zuhilfenahme geeigneter Ätztechniken, sogar unter dem Mikroskop *sichtbar*, siehe Abbildung 6.26).

11 In diesem Sinne ist es irreführend, von der Suszeptibilität oder Permeabilität eines Ferromagneten zu sprechen. Diese Begriffe werden zwar für solche Materialien verwendet, beziehen sich dann aber auf den Proportionalitätsfaktor zwischen einem *differentiellen* Anstieg von $\mathbf{H}$ und der daraus folgenden *differentiellen* Veränderung von $\mathbf{M}$ (bzw. $\mathbf{B}$). Darüber hinaus handelt es sich nicht um *Konstanten*, sondern um Funktionen von $\mathbf{H}$.

Die Orientierung der Domänen *selbst* ist jedoch zufällig. Ein haushaltsüblicher Schraubenzieher enthält eine enorm große Zahl von Domänen, deren Magnetfelder sich gegenseitig aufheben, daher ist der Schraubenzieher als Ganzes unmagnetisch. (Eigentlich sind die Domänen *nicht völlig* zufällig verteilt. Innerhalb eines gegebenen Kristalls tritt eine Ausrichtung vorzugsweise parallel zu den Kristallachsen auf. Es werden aber ebenso viele Domänen in einer Richtung wie in der entgegengesetzten Richtung weisen, daher liegt trotzdem keine großräumige Magnetisierung vor. Darüber hinaus sind auch die Kristallorientierungen selbst innerhalb eines hinreichend großen Bereichs des Metalls zufällig verteilt.)

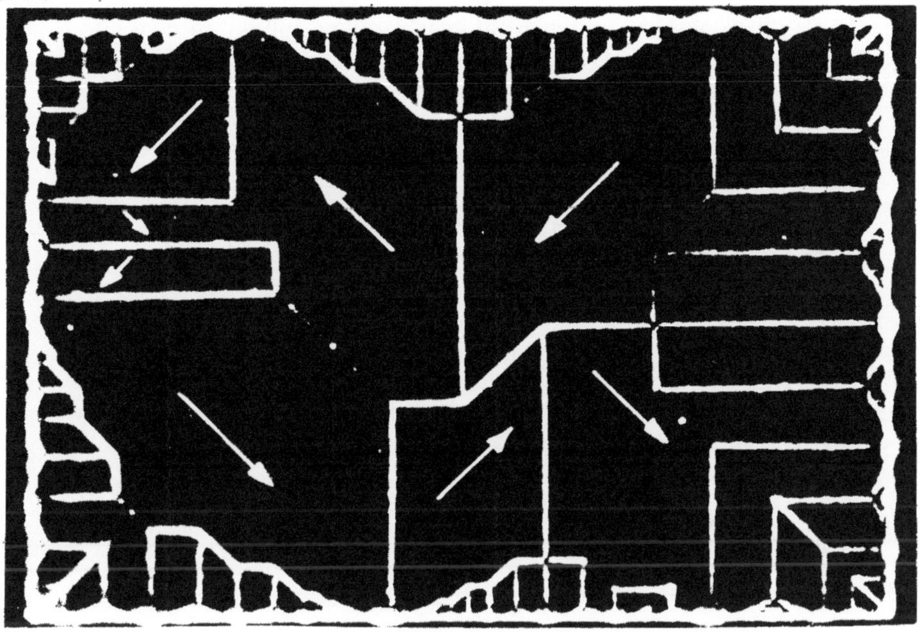

Ferromagnetische Domänen. (Mit freundlicher Genehmigung R. W. DeBlois)
Abbildung 6.26

Wie können Sie nun einen **Permanentmagneten** herstellen, wie diejenigen, die in Spielzeugläden verkauft werden? Wenn Sie ein Stück Eisen in ein starkes Magnetfeld bringen, sorgt das Drehmoment $\mathbf{N} = \mathbf{m} \times \mathbf{B}$ für eine Ausrichtung der Dipole parallel zum Feld. Da sie dieselbe Ausrichtung wie ihre Nachbarn beibehalten wollen, leisten die meisten Dipole Widerstand gegen dieses Drehmoment. An der *Grenze* zwischen zwei Domänen gibt es jedoch Nachbarn mit *unterschiedlicher Ausrichtung*, und das Drehmoment wirkt sich auf die Domäne am stärksten aus, deren Orientierung der Feldrichtung am meisten ähnelt. Diese Domäne kann benachbarte Dipole, auf Kosten von Domänen mit einer stärker abweichenden Ausrichtung, auf ihre Seite ziehen. Der Nettoeffekt des Magnetfelds besteht nun darin, dass die *Grenzen zwischen den Domänen sich verschieben*. Domänen, die parallel zum Feld ausgerichtet sind, wachsen, andere schrumpfen zusammen. Ist das Feld stark genug, kann eine Domäne die Vorherrschaft gewinnen. Dann bezeichnet man das Eisen als „gesättigt“.

Wie sich zeigt, ist dieser Prozess (die Verschiebung der Domänengrenzen als Reaktion auf ein äußeres Feld) nicht völlig reversibel. Wird das Feld abgeschaltet, kehren die Domänen *bis zu einem gewissen Grad* zur zufälligen Ausrichtung zurück, doch bei weitem nicht alle. Ein Übergewicht von Domänen verharrt in der ursprünglichen Orientierung. Ab jetzt ist dieses Objekt ein Permanentmagnet.

Ein einfacher Weg, um dies in der Praxis durchzuführen, besteht darin, das zu magnetisierende Objekt mit einer Drahtspule zu umgeben (Abbildung 6.27). Lassen Sie einen Strom I durch die Spule laufen. Es sorgt für das äußere Magnetfeld (das im Diagramm nach links zeigt). Während Sie den Strom erhöhen, wird auch das Feld stärker, die Grenzen zwischen den Domänen verschieben sich, und die Magnetisierung steigt an. Irgendwann erreichen Sie den Sättigungspunkt, in dem alle Dipole ausgerichtet sind. Ein weiterer Anstieg des Stroms hat keine weiteren Auswirkungen auf $\mathbf{M}$ (Abbildung 6.28, Punkt b).

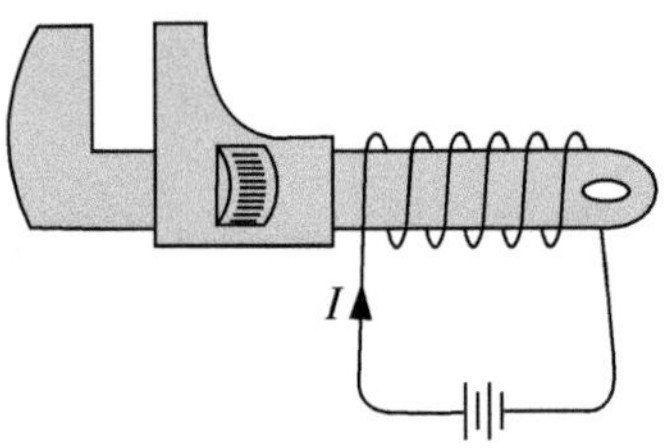

Abbildung 6.27

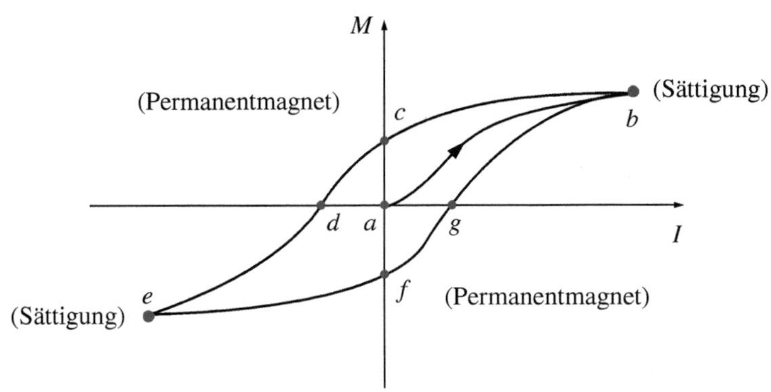

Abbildung 6.28

Nehmen Sie nun an, Sie würden den Strom *verringern*. Statt den Pfad zu $M = 0$ zurückzulaufen, kehren die Domänen nur teilweise zu zufälliger Orientierung zurück. M nimmt ab, doch selbst ohne äußeren Strom bleibt eine gewisse Restmagnetisierung zurück (Punkt c). Der Rollgabelschlüssel ist nun ein Permanentmagnet. Wenn Sie auch diese verbleibende Magnetisierung beseitigen wollen, müssen Sie einen Strom in entgegengesetzter Richtung durch die Spule schicken (I ist negativ). Das äußere Feld zeigt nun nach rechts. In dem Maße, in dem Sie I (mit negativem Wert) ansteigen lassen, nähert sich M dem Nullpunkt (Punkt d). Lassen Sie I weiter steigen, erreichen Sie bald Sättigung in der anderen Richtung – alle Dipole zeigen nun nach *rechts* (Punkt e). Schalten Sie den Strom in diesem Stadium ab, dann weist ihr Rollgabelschlüssel eine permanente Magnetisierung auf, die nach rechts zeigt (Punkt f).

Um das Bild abzurunden, lassen Sie die Magnetisierung wieder zu positiven Werten hin anwachsen. Erneut geht M durch den Nullpunkt (Punkt g) und erreicht irgendwann wieder den früheren Sättigungspunkt (b).

Der Pfad, den wir auf diese Weise zurückgelegt haben, wird als **Hystereseschleife** bezeichnet[12]. Beachten Sie, dass die Magnetisierung des Rollgabelschlüssels nicht nur vom angelegten Feld (also von I) abhängt, sondern auch von seiner magnetischen „Vorgeschichte". So betrug beispielsweise der Strom in unserem Experiment drei Mal null (in den Punkten a, c und f), dennoch war die Magnetisierung in jedem dieser Punkte verschieden. Eigentlich werden Hysteresekurven meist als Kurven von B über H aufgetragen und nicht als M über I. (Ist unsere Spule näherungsweise eine lange Zylinderspule, mit n Windungen pro Längeneinheit, dann ist $H = nI$, also sind H und I proportional. Außerdem ist $\mathbf{B} = \mu_0(\mathbf{H} + \mathbf{M})$. In der Praxis ist beim Ferromagnetismus M jedoch im Vergleich zu H riesengroß, daher ist für alle praktischen Zwecke $\mathbf{B}$ proportional zu $\mathbf{M}$.)

Damit die Einheiten übereinstimmen (Tesla), habe ich ($\mu_0 H$) horizontal aufgetragen (Abbildung 6.29). Beachten Sie jedoch, dass die vertikale Achse 10^4 Mal größer ist als die horizontale. Grob ausgedrückt ist $\mu_0\mathbf{H}$ das Feld, das unsere Spule in der Abwesenheit von Eisen erzeugen *würde*; $\mathbf{B}$ ist das Feld, das *tatsächlich* vorliegt und das im Vergleich zu $\mu_0\mathbf{H}$ gigantisch ist. Ein kleiner Strom kann also in der Anwesenheit ferromagnetischer Materialien sehr viel bewirken. Deshalb wickeln alle, die einen leistungsfähigen Elektromagneten bauen wollen, den Draht um einen Eisenkern. Man braucht kein besonders starkes Feld, um die Domänengrenzen zu verschieben. Sobald Ihnen das aber gelungen ist, arbeiten alle Dipole innerhalb des Eisens auf Ihrer Seite mit.

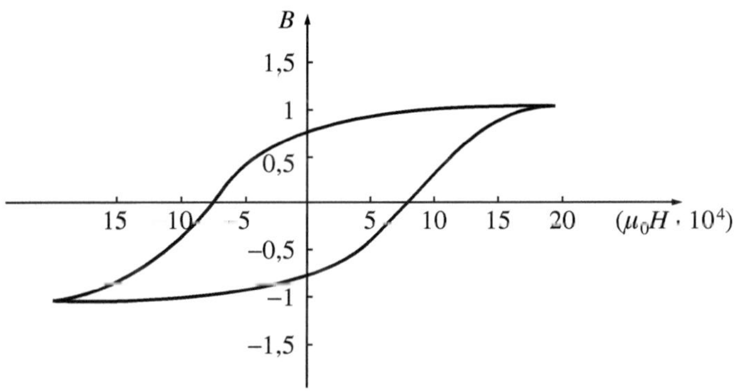

Abbildung 6.29

Ein letztes Wort zum Ferromagnetismus: Wie bereits erwähnt, beruht der gesamte Effekt darauf, dass die Dipole innerhalb einer gegebenen Domäne sich parallel zueinander ausrichten. Zufällige thermische Bewegungen wirken dieser Ausrichtung entgegen. Solange jedoch die Temperatur nicht zu hoch wird, können Sie die Dipole nicht aus ihrer Ruhelage bewegen. Es dürfte aber kaum überraschen, dass *sehr* hohe Temperaturen die Ausrichtung zerstören. Erstaunlich *ist* dagegen, dass dies bei einer

12 Etymologisch hat der Begriff *Hysterese* nichts mit *Historie* zu tun und auch nicht mit *Hysterie*. Er stammt vielmehr vom dem altgriechischen Wort für „zurückbleiben" ab.

ganz bestimmten Temperatur geschieht (im Fall von Eisen sind das 770 °C). Unterhalb dieser (als **Curie-Temperatur** bezeichneten) Temperatur verhält sich das Material ferromagnetisch, darüber reagiert es paramagnetisch. Die Curie-Temperatur hat Ähnlichkeiten mit dem Siede- bzw. Erstarrungspunkt, da es keinen *allmählichen* Übergang vom ferro- zum paramagnetischen Verhalten gibt, vergleichbar dem Übergang zwischen Wasser und Eis. Die abrupte Änderung der Eigenschaft einer Substanz bei einer genau definierten Temperatur wird in der statistischen Mechanik als **Phasenübergang** bezeichnet.

■ Aufgabe 6.20

Wie würden Sie einen Permanentmagneten (beispielsweise den bereits diskutierten Rollgabelschlüssel am Punkt c seiner Hysteresekurve) entmagnetisieren? Anders gefragt: Wie würden Sie ihn in den ursprünglichen Zustand (also $M = 0$ bei $I = 0$) bringen?

■ Aufgabe 6.21

a. Zeigen Sie, dass die Energie eines magnetischen Dipols in einem Magnetfeld $\mathbf{B}$ durch

$$U = -\mathbf{m} \cdot \mathbf{B} \tag{6.34}$$

gegeben ist.

[Nehmen Sie an, dass die Größe des Dipolmoments festgehalten wird und Sie es lediglich an Ort und Stelle bringen und in seinen Endzustand drehen müssten. Die Energie, die benötigt wird, um den Strom am Fließen zu halten, ist ein anderes Problem, dem wir uns in Kapitel 7 widmen werden.]

Vergleichen Sie Ihr Ergebnis mit Gleichung 4.6.

b. Zeigen Sie, dass die Wechselwirkungsenergie zweier magnetischer Dipole im Abstand r durch

$$U = \frac{\mu_0}{4\pi} \frac{1}{r^3} \left[\mathbf{m}_1 \cdot \mathbf{m}_2 - 3 (\mathbf{m}_1 \cdot \hat{\mathbf{r}}) (\mathbf{m}_2 \cdot \hat{\mathbf{r}}) \right] \tag{6.35}$$

gegeben ist. Vergleichen Sie dies mit Gleichung 4.7.

c. Drücken Sie Ihr Resultat aus (b) durch die Winkel θ_1 und θ_2 in Abbildung 6.30 aus und beschreiben Sie mithilfe dieses Ergebnisses die stabile Konfiguration zweier Dipole, die sich in festem Abstand zueinander befinden, aber frei rotieren dürfen.

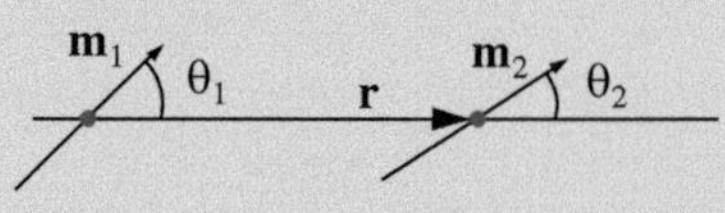

Abbildung 6.30

d. Sie haben eine große Sammlung von Kompassnadeln, die entlang einer geraden Linie in regelmäßigen Abständen mit Nadeln befestigt sind. Wohin zeigen sie (vorausgesetzt, das Erdmagnetfeld kann ignoriert werden)?

[Eine rechtwinklige Anordnung von Kompassnadeln richtet sich ebenfalls spontan aus, was bisweilen zur Demonstration großräumigen „ferromagnetischen“ Verhaltens benutzt wird. Allerdings ist das ein gewisser Schwindel, denn der hier wirkende Mechanismus ist rein klassisch und viel schwächer als die quantenmechanischen **Austauschkräfte**, die eigentlich für den Ferromagnetismus verantwortlich sind.][13]

Weitere Aufgaben für Kapitel 6

EXTRAS ONLINE Lösungshinweise

! Aufgabe 6.22
In Aufgabe 6.4 haben Sie die Kraft auf einen Dipol direkt „mit der Brechstange“ berechnet. Hier ist ein eleganterer Zugang. Entwickeln Sie $\mathbf{B}(\mathbf{r})$ in eine Taylor-Reihe um das Zentrum der Schleife:

$$\mathbf{B}(\mathbf{r}) \cong \mathbf{B}(\mathbf{r}_0) + [(\mathbf{r}-\mathbf{r}_0)\cdot\nabla_0]\,\mathbf{B}(\mathbf{r}_0)\,,$$

wobei $\mathbf{r}_0$ die Position des Dipols ist und ∇_0 die Differentiation nach $\mathbf{r}_0$ darstellt. Setzen Sie dies in das Lorentz'sche Kraftgesetz (Gleichung 5.16) ein, führt dies auf

$$\mathbf{F} = I\oint \mathrm{d}\mathbf{l} \times [(\mathbf{r}\cdot\nabla_0)\,\mathbf{B}(\mathbf{r}_0)]\ .$$

Ein anderer Weg: Nummerieren Sie die kartesischen Koordinaten von 1 bis 3 durch:

$$F_i = I\sum_{j,k,l=1}^{3} \varepsilon_{ijk}\left\{\oint r_l\,\mathrm{d}l_j\right\}[\nabla_{0_l} B_k(\mathbf{r}_0)]\ .$$

Hierin ist ε_{ijk} das **Levi-Civita-Symbol** ($+1$ für $ijk = 1\ 2\ 3,\ \ 2\ 3\ 1$ oder $3\ 1\ 2$; -1 für $ijk = 1\ 3\ 2,\ \ 2\ 1\ 3$ oder $3\ 2\ 1$; ansonsten 0), mit dem das Kreuzprodukt formuliert werden kann $(\mathbf{A}\times\mathbf{B})_i = \sum_{j,k=1}^{3}\varepsilon_{ijk}A_jB_k$. Bestimmen Sie das Integral mit Gleichung 1.108. Beachten Sie, dass

$$\sum_{j=1}^{3}\varepsilon_{ijk}\varepsilon_{ljm} = \delta_{il}\delta_{km} - \delta_{im}\delta_{kl}\,.$$

Hierin ist δ_{ij} das Kronecker-Delta (Aufgabe 3.53).

Aufgabe 6.23
Ein bekanntes Spielzeug besteht aus ringförmig geformten Permanentmagneten (deren Magnetisierung parallel zur Achse verläuft), die reibungslos auf einem vertikalen Stab gleiten (Abbildung 6.31). Behandeln Sie die Magnete als Dipole mit den Massen m_d und dem Dipolmoment $\mathbf{m}$.

a. Setzen Sie zwei Magnete Rücken-an-Rücken auf den Stab, wird der obere „schweben“, denn die nach oben gerichtete magnetische Kraft gleicht die nach unten gerichtete Gravitationskraft aus. In welcher Höhe z schwebt er?

13 Eine spannende Ausnahme findet sich in B. Parks, *Am. J. Phys.* **74**, 351 (2006), Abschnitt II.

b. Fügen Sie nun einen *dritten* Magneten hinzu (parallel zum unteren). Welches Höhenverhältnis weisen dann die beiden Höhen auf? (Bestimmen Sie die genaue Zahl bis auf drei Nachkommastellen.)

[*Antwort*: (a) $[3\mu_0 m^2/2\pi m_d g]^{1/4}$; (b) 0,8501]

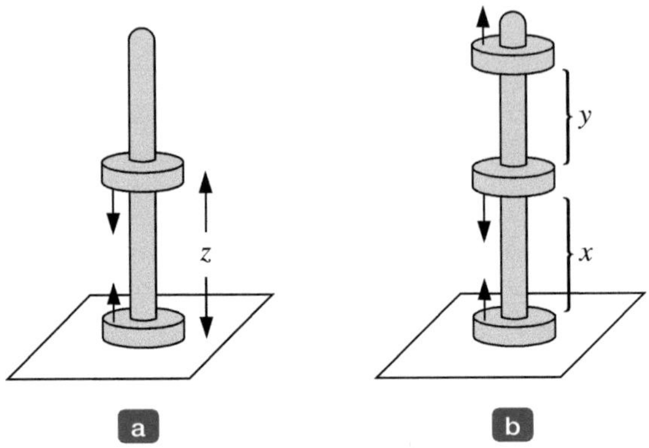

Abbildung 6.31

Aufgabe 6.24

Stellen Sie sich zwei *geladene* magnetische Dipole vor (Ladung q, Dipolmoment $\mathbf{m}$), die sich nur auf der z-Achse bewegen können (wie in Aufgabe 6.23a, aber ohne Schwerkraft). Elektrisch stoßen sie sich ab, aber magnetisch ziehen sie sich an, wenn beide $\mathbf{m}$ in die z-Richtung zeigen.

a. Bestimmen Sie den Gleichgewichtsabstand.

b. Was ist der Gleichgewichtsabstand für zwei *Elektronen* in einer solchen Ausrichtung? [*Antwort:* $4{,}72 \cdot 10^{-13}$ m.]

c. Gibt es somit einen stabilen gebundenen Zustand von zwei Elektronen?

Aufgabe 6.25

Betrachten Sie die folgenden Parallelen:

$$\begin{cases} \nabla \cdot \mathbf{D} = 0\,, \quad \nabla \times \mathbf{E} = 0\,, \quad \varepsilon_0 \mathbf{E} = \mathbf{D} - \mathbf{P} & \text{(keine freien Ladungen)} \\ \nabla \cdot \mathbf{B} = 0\,, \quad \nabla \times \mathbf{H} = 0\,, \quad \mu_0 \mathbf{H} = \mathbf{B} - \mu_0 \mathbf{M} & \text{(keine freien Ströme)} \end{cases}$$

Durch die Übertragung $\mathbf{D} \to \mathbf{B}$, $\mathbf{E} \to \mathbf{H}$, $\mathbf{P} \to \mu_0 \mathbf{M}$, $\varepsilon_0 \to \mu_0$ wird ein elektrostatisches Problem in ein analoges magnetostatisches überführt. Wenden Sie diese Erkenntnis zusammen mit Ihrem Wissen über die elektrostatischen Ergebnisse an und leiten Sie Folgendes noch einmal her:

a. Das Magnetfeld im Inneren einer gleichförmig magnetisierten Kugel (Gleichung 6.16).

b. Das magnetische Feld innerhalb eines linearen magnetischen Materials in einem ansonsten gleichförmigen Magnetfeld (Aufgabe 6.18).

c. Das mittlere Magnetfeld auf einer Kugel, das von stationären Strömen innerhalb der Kugel hervorgerufen wird (Gleichung 5.93).

Aufgabe 6.26

Vergleichen Sie die Gleichungen 2.15, 4.9 und 6.11. Sind ρ, $\mathbf{P}$ und $\mathbf{M}$ *gleichförmig*, dann tritt in allen drei Formeln *dasselbe Integral* auf:

$$\int \frac{\hat{\boldsymbol{\mathscr{r}}}}{\mathscr{r}^2}\,\mathrm{d}\tau' .$$

Wenn Sie also das elektrische Feld eines gleichförmig *geladenen* Objekts kennen, können Sie sofort das skalare Potential eines gleichförmig *polarisierten* Objekts sowie das Vektorpotential eines gleichförmig magnetisierten Objekts derselben geometrischen Form hinschreiben. Wenden Sie diese Erkenntnis an und bestimmen Sie V innerhalb und außerhalb einer gleichförmig polarisierten Kugel (Beispiel 4.2). Bestimmen Sie auch $\mathbf{A}$ innerhalb und außerhalb einer gleichförmig magnetisierten Kugel (Beispiel 6.1).

Aufgabe 6.27

An der Grenzfläche zwischen zwei linearen magnetischen Materialien verbiegen sich die Feldlinien (siehe Abbildung 6.32). Zeigen Sie, dass $\tan\theta_2/\theta_1 = \mu_2/\mu_1$ unter der Voraussetzung gilt, dass es an der Grenzfläche keine freien Ströme auftreten. Vergleichen Sie dies mit Gleichung 4.68.

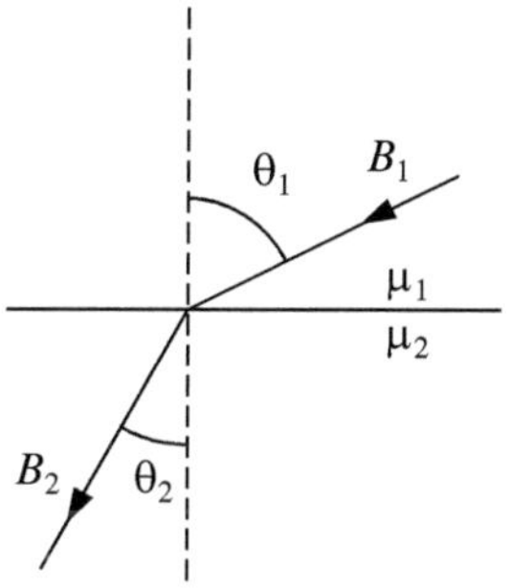

Abbildung 6.32

! Aufgabe 6.28

Ein magnetischer Dipol $\mathbf{m}$ ist in den Mittelpunkt einer Kugel (mit Radius R) eines linearen magnetischen Materials (der Permeabilität μ) eingebettet. Zeigen Sie, dass das magnetische Feld innerhalb der Kugel ($0 < r \leq R$)

$$\frac{\mu}{4\pi}\left\{\frac{1}{r^3}\left[3\left(\mathbf{m}\cdot\hat{\mathbf{r}}\right)\hat{\mathbf{r}}-\mathbf{m}\right]+\frac{2\left(\mu_0-\mu\right)\mathbf{m}}{\left(2\mu_0+\mu\right)R^3}\right\}$$

ist. Wie lautet das Feld *außerhalb* der Kugel?

Aufgabe 6.29

Sie sollen einen Förderantrag für ein Projekt beurteilen, das untersuchen soll, ob die Magnetisierung von Eisen durch „Ampère'sche" Dipole (Stromschleifen) oder durch „Gilbert'sche" Dipole (isolierte magnetische Monopole) verursacht wird. Das Experiment sieht einen Eisenzylinder (mit Radius R und Länge $L = 10R$) vor, der in Achsenrichtung gleichförmig magnetisiert ist. Handelt es sich um Ampère'sche Dipole, ist die Magnetisierung äquivalent zur Oberflächenpolarisationsstrom $\mathbf{K}_\mathrm{b} = M\hat{\boldsymbol{\varphi}}$. Handelt es sich um Gilbert'sche Dipole, ist die Magnetisierung äquivalent zur Oberflächendichte der Monopole an den beiden Enden $\sigma_\mathrm{b} = \pm M$. Unglücklicherweise erzeugen diese beiden Konfigurationen in außerhalb liegenden Punkten identische Magnetfelder. Allerdings sind die *internen* Felder völlig unterschiedlich. Im ersteren Fall zeigt **B** ungefähr in dieselbe Richtung wie **M**, während sie im zweiten Fall in etwa **M** entgegengesetzt ist. Der Antragsteller schlägt vor, dieses interne Feld zu vermessen, indem ein kleiner Hohlraum geschaffen und dort das Drehmoment auf eine winzige Kompassnadel gemessen wird.

Angenommen, dass die offensichtlichen technischen Schwierigkeiten überwunden werden können und dass die Frage selbst untersuchungswürdig ist: Würden Sie die Finanzierung des Experiments befürworten? Falls ja, welche Form würden Sie für den Hohlraum vorschlagen? Falls nicht, was stimmt an dem vorgeschlagenen Experiment nicht?

[*Hinweis*: Sehen Sie sich die Aufgaben 4.11, 4.16, 6.9 und 6.13 an.]

Elektrodynamik

7

ÜBERBLICK

7.1 Elektromotorische Kraft

7.1.1 Ohm'sches Gesetz

Damit ein Strom fließt, müssen Sie die Ladungen *in Gang bringen.* Wie *schnell* sie sich als Reaktion auf einen gegebenen „Schub" bewegen, hängt von den Eigenschaften des Materials ab. Bei den meisten Substanzen ist die Stromdichte $\mathbf{J}$ proportional zur *Kraft pro Ladungseinheit* $\mathbf{f}$:

$$\mathbf{J} = \sigma \mathbf{f} . \tag{7.1}$$

Der Proportionalitätsfaktor σ (der nicht mit der Flächenladung verwechselt werden darf) ist eine empirische Konstante, die je nach Material unterschiedlich ist. Sie wird als **Leitfähigkeit** des Materials bezeichnet. Üblicherweise ist in den Handbüchern der *Kehrwert* von σ zu finden, der als **spezifischer Widerstand** bezeichnet wird: $\rho = 1/\sigma$. (Er darf nicht mit der Ladungsdichte verwechselt werden. Leider gehen uns allmählich die griechischen Buchstaben aus, doch das ist die übliche Schreibweise.) Einige typische Werte werden in Tabelle 7.1 aufgelistet. Beachten Sie, dass sogar *Isolatoren* eine geringe Leitfähigkeit aufweisen, obwohl die Leitfähigkeit von Metallen im Vergleich dazu astronomisch groß ist – mehr als das 10^{22}-Fache. Praktisch dürfen Metalle im Allgemeinen als **perfekte Leiter** betrachtet werden, deren Leitfähigkeit $\sigma = \infty$ beträgt. Für Isolatoren konnen wir $\sigma = 0$ annehmen.

Im Grunde kann alles mögliche die treibende Kraft sein, welche die Ladungen bewegt und den Strom erzeugt – Chemie, Gravitation oder trainierte Ameisen in winzigen Zuggeschirren. In *unseren* Fällen ist üblicherweise eine elektromagnetische Kraft die Ursache. Dann wird Gleichung 7.1 zu

$$\mathbf{J} = \sigma \left(\mathbf{E} + \mathbf{v} \times \mathbf{B} \right) . \tag{7.2}$$

Üblicherweise ist die Geschwindigkeit[1] der Ladungen so gering, dass der zweite Term ignoriert werden kann:

$$\mathbf{J} = \sigma \mathbf{E} . \tag{7.3}$$

(Beispielsweise in einem Plasma kann der magnetische Beitrag zu $\mathbf{f}$ allerdings bedeutsam werden.) Gleichung 7.3 wird als **Ohm'sches Gesetz** bezeichnet, obwohl die Physik eigentlich in Gleichung 7.1 enthalten ist, von der Gleichung 7.3 nur einen Spezialfall darstellt.

Ich weiß: Sie sind jetzt verwirrt, weil ich früher gesagt habe, dass im Inneren eines Leiters $\mathbf{E} = 0$ gilt (Abschnitt 2.5.1). Das gilt für *stationäre* Ladungen ($\mathbf{J} = 0$). Darüber hinaus gilt bei perfekten Leitern sogar dann $\mathbf{E} = \mathbf{J}/\sigma = 0$, wenn ein Strom *fließt.* Praktisch gesehen sind Metalle so gute Leiter, dass das elektrische Feld, das notwendig ist, um die Ladungen in Bewegung zu halten, vernachlässigbar ist. Daher behan-

1 Die hier genannte Geschwindigkeit ist die sogenannte *Driftgeschwindigkeit* der Elektronen. Die wesentlich höheren *thermischen Geschwindigkeiten* der Elektronen liefern keinen Beitrag zum Strom, da sie völlig ungerichtet sind, und alle diese mikroskopischen Ströme eines oder mehrerer Elektronen durch entsprechende andere Elektronen, die sich in Gegenrichtung bewegen, aufgehoben werden. A. d. Ü.

Tabelle 7.1: Spezifische Widerstände in Ohm-Meter. (Alle Werte gelten für 1 atm, 20 °C). Quelle: Handbook of Chemistry and Physics, 91st ed. (Boca Raton: CRC Press, Inc., 2010).

Material	spezifischer Widerstand	Material	spezifischer Widerstand	Material	spezifischer Widerstand
Leiter:		*Halbleiter:*		*Isolatoren:*	
Silber	$1{,}59 \cdot 10^{-8}$	Salzwasser (im Ozean)	0,2	Wasser (rein)	$8{,}3 \cdot 10^{3}$
Kupfer	$1{,}68 \cdot 10^{-8}$	Germanium	0,46	Glas	10^{9}–10^{14}
Gold	$2{,}21 \cdot 10^{-8}$	Diamant	2,7	Gummi	10^{13}–10^{15}
Aluminium	$2{,}65 \cdot 10^{-8}$	Silicium	2500	Teflon	10^{22}–10^{24}
Eisen	$9{,}61 \cdot 10^{-8}$				
Quecksilber	$9{,}61 \cdot 10^{-7}$				
Nichrom	$1{,}08 \cdot 10^{-6}$				
Mangan	$1{,}44 \cdot 10^{-6}$				
Graphit	$1{,}6 \cdot 10^{-5}$				

deln wir (beispielsweise) die in elektrischen Stromkreisen verbundenen Drähte als Äquipotentialflächen. Widerstände werden im Gegensatz dazu aus *schlecht* leitenden Materialien hergestellt.

Beispiel 7.1: Strom eines zylinderförmigen Leiters

Ein zylinderförmiger Widerstand mit Querschnitt A und Länge L besteht aus einem Material der Leitfähigkeit σ. (Siehe Abbildung 7.1. Wie dort gezeigt, muss der Querschnitt nicht kreisförmig sein. Allerdings *gehe ich davon aus*, dass er sich auf seiner gesamten Länge nicht verändert.) Wenn das Potential an jedem Ende konstant und die Potentialdifferenz zwischen den Enden V ist, welcher Strom fließt dann?

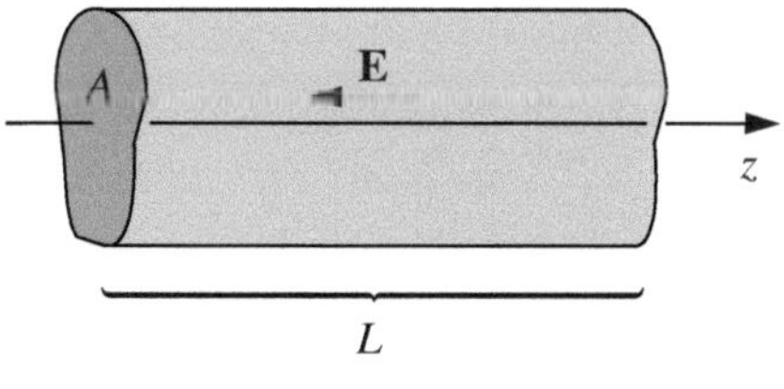

Abbildung 7.1

Lösung:

Wie sich zeigt, ist das elektrische Feld innerhalb des Drahts *gleichförmig* (was ich gleich in Beispiel 7.3 beweisen werde). Aus Gleichung 7.3 folgt dann, dass die Stromdichte ebenfalls gleichförmig ist, also gilt:

$$I = JA = \sigma EA = \frac{\sigma A}{L} V .$$

Beispiel 7.2: Strom eines koaxialen Zylinders

Zwei lange Zylinder (mit den Radien a und b) werden durch ein Material der Leitfähigkeit σ getrennt (Abbildung 7.2). Welcher Strom fließt innerhalb der Länge L von einem zum anderen, wenn sie auf einer Potentialdifferenz V gehalten werden?

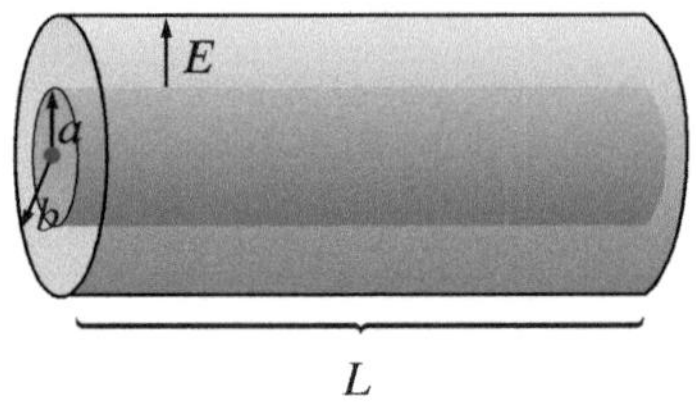

Abbildung 7.2

Lösung:

Das Feld zwischen beiden Zylindern beträgt

$$\mathbf{E} = \frac{\lambda}{2\pi\varepsilon_0 s}\hat{\mathbf{s}},$$

wobei λ die Ladung pro Längeneinheit auf dem inneren Zylinder darstellt. Der Strom beträgt daher

$$I = \int \mathbf{J} \cdot d\mathbf{a} = \sigma \int \mathbf{E} \cdot d\mathbf{a} = \frac{\sigma}{\varepsilon_0}\lambda L.$$

(Das Integral geht über eine beliebige Oberfläche, die den inneren Zylinder umschließt.) Die Potentialdifferenz zwischen den Zylindern ist

$$V = -\int_b^a \mathbf{E} \cdot d\mathbf{l} = \frac{\lambda}{2\pi\varepsilon_0} \ln\left(\frac{b}{a}\right).$$

Daher ist

$$I = \frac{2\pi\sigma L}{\ln(b/a)} V.$$

Wie diese Beispiele deutlich machen, ist der gesamte Strom, der von einer **Elektrode** zur anderen fließt, proportional zur zwischen ihnen herrschenden Potentialdifferenz:

$$V = IR. \tag{7.4}$$

Dies ist natürlich die bekanntere Version des Ohm'schen Gesetzes. Die Proportionalitätskonstante R wird als **Widerstand** bezeichnet. Sie hängt von der Geometrie der Anordnung und der Leitfähigkeit des Mediums zwischen den Elektroden ab. (In Beispiel 7.1 beträgt $R = (L/\sigma A)$, in Beispiel 7.2 ist $R = \ln(b/a)/2\pi\sigma L$.) Der Widerstand wird in **Ohm** (Ω) gemessen: Ein Ohm ist ein Volt pro Ampere. Beachten Sie, dass die

Proportionalität zwischen V und I eine direkte Konsequenz von Gleichung 7.3 ist. Wenn Sie V verdoppeln möchten, müssen Sie lediglich überall die Ladungsmenge verdoppeln – das verdoppelt aber auch **E**, wodurch **J** und so schließlich I verdoppelt wird.

Für *stationäre* Ströme und *gleichförmige* Leitfähigkeit gilt (Gleichung 5.33):

$$\nabla \cdot \mathbf{E} = \frac{1}{\sigma} \nabla \cdot \mathbf{J} = 0 \,. \tag{7.5}$$

Die Ladungsdichte ist demnach null. Jede nicht aufgehobene Ladung bleibt auf der *Oberfläche*. (Vor einiger Zeit haben wir dies für *stationäre* Ladungen bewiesen. Dabei haben wir ausgenutzt, dass $\mathbf{E} = 0$ ist. Dies ist offensichtlich auch dann noch richtig, wenn die Ladungen sich bewegen dürfen.) Insbesondere folgt, dass die Laplace-Gleichung innerhalb eines homogenen Ohm'schen Materials, das einen stationären Strom trägt, gültig ist. Daher stehen uns alle Hilfsmittel und Tricks aus Kapitel 3 zur Berechnung des Potentials zur Verfügung.

Beispiel 7.3: Feld eines langen Zylinders

Ich habe behauptet, dass das Feld in Beispiel 7.1 *gleichförmig* ist. Das wollen wir nun *beweisen.*

Lösung:

Innerhalb des Zylinders gehorcht V der Laplace-Gleichung. Welche Randbedingungen liegen vor? Am linken Ende ist das Potential konstant – wir können es ohne Weiteres null setzen. Am rechten Ende ist das Potential ebenfalls konstant – wir bezeichnen es mit V_0. Auf der Oberfläche des Zylinders ist $\mathbf{J} \cdot \hat{\mathbf{n}} = 0$, denn andernfalls würden Ladungen in den umgebenden Raum abwandern (vom dem wir annehmen, dass er nichtleitend ist). Daher ist $\mathbf{E} \cdot \hat{\mathbf{n}} = 0$ und somit auch $\partial V / \partial n = 0$. Wenn aber V oder seine Normalableitungen auf allen Oberflächen festgelegt sind, ist das Potential eindeutig bestimmt (Aufgabe 3.5). Ein Potential, das der Laplace-Gleichung und diesen Randbedingungen gehorcht, ist allerdings einfach zu erraten. Es ist:

$$V(z) = \frac{V_0 z}{L} \,,$$

wobei z entlang der Achse gemessen wird. Durch den Eindeutigkeitssatz wird sichergestellt, dass es sich um *die* Lösung handelt.

Das dazugehörige Feld

$$\mathbf{E} = -\nabla V = -\frac{V_0}{L} \hat{\mathbf{z}}$$

ist tatsächlich gleichförmig. ■

Vergleichen Sie damit das um ein *Vielfaches* schwierigere Problem, mit dem wir konfrontiert werden, wenn das leitende Material entfernt wird und nur eine Metallplatte an jedem Ende übrig bleibt (Abbildung 7.3). Im vorliegenden Fall

Beispiel 7.3 (Fortsetzung)

ordnen sich die Ladungen offensichtlich auf der Oberfläche so an, dass im Inneren ein völlig gleichförmiges Feld entsteht.[2]

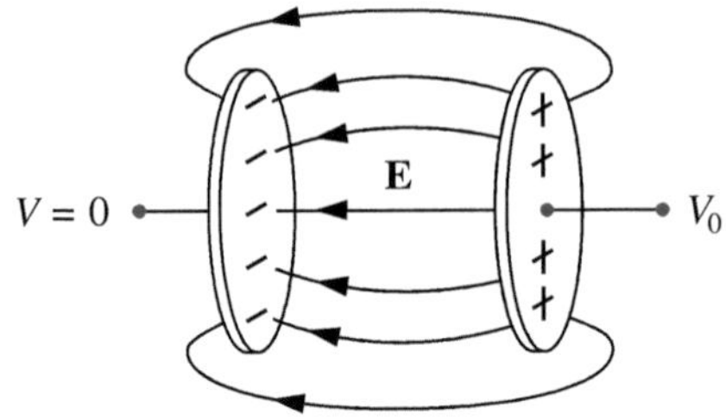

Abbildung 7.3

Ich bezweifle, dass es eine Formel in der Physik gibt, die bekannter ist als das Ohm'sche Gesetz ($E = mc^2$ vielleicht ausgenommen, aber das ist ein anderes Kaliber). Dennoch ist es kein Gesetz in dem Sinn, wie das Gauß'sche Gesetz oder das Ampère'sche Gesetz „Gesetze“ sind. Es ist vielmehr eine Pi-mal-Daumen-Regel, die für viele Substanzen weitgehend gültig ist. Sollten Sie eine Ausnahme finden, werden Sie keinesfalls den Nobelpreis gewinnen. Wenn Sie weiter darüber nachdenken, ist es eigentlich erstaunlich, dass das Ohm'sche Gesetz *überhaupt* gilt. Denn ein gegebenes Feld $\mathbf{E}$ erzeugt (bei einer Ladung q) eine Kraft $q\mathbf{E}$, und aufgrund des zweiten Newton'schen Gesetzes wird die Ladung beschleunigt. Wenn die Ladungen aber beschleunigt werden, warum *wächst* dann der Strom im Lauf der Zeit nicht an und wird immer größer, je länger das Feld vorhanden ist? Das Ohm'sche Gesetz legt im Gegensatz dazu nahe, dass ein konstantes Feld auch einen konstanten *Strom* hervorruft, was eine konstante *Geschwindigkeit* nahelegt. Widerspricht das nicht dem Newton'schen Gesetz?

Nein, denn wir vergessen die zahlreichen Stöße, die die Elektronen auf ihrem Weg durch den Draht erleiden. Sie können sich das folgendermaßen vorstellen: Nehmen Sie an, Sie würden eine Straße befahren, auf der an jeder Kreuzung ein Stoppschild steht. Obwohl Sie also zwischen den Schildern ständig beschleunigen, müssen Sie an jeder Kreuzung von vorne beginnen. Ihre *Durchschnittsgeschwindigkeit* ist daher konstant, obwohl Sie (mit Ausnahme des ständig wiederkehrenden plötzlichen Stillstands) dauernd beschleunigen. Beträgt die Länge eines Häuserblocks λ und Ihre Beschleunigung a, dann benötigen Sie für das Passieren eines Blocks

$$t = \sqrt{\frac{2\lambda}{a}} .$$

Die Durchschnittsgeschwindigkeit beträgt dann

$$v_{\text{Mittel}} = \frac{1}{2}at = \sqrt{\frac{\lambda a}{2}} .$$

2 Die *Berechnung* dieser Oberflächenladung ist nicht einfach. Siehe beispielsweise J. D. Jackson, *Am. J. Phys.* **64**, 855 (1996). Es ist auch keineswegs einfach, das Feld *außerhalb* des Drahts zu bestimmen – vgl. Aufgabe 7.43.

Aber Halt! Das ist *auch* nicht sauber. Die Formel besagt, dass die Geschwindigkeit proportional der *Wurzel* der Beschleunigung ist, dadurch sollte der Strom ebenfalls der *Wurzel* des Felds proportional sein. Es gibt aber noch eine Wendung in unserer Geschichte: Die Ladungen bewegen sich aufgrund ihrer thermischen Energie immer ziemlich schnell. Diese thermischen Geschwindigkeiten weisen aber unterschiedliche Richtungen und mitteln sich gegenseitig zu null heraus. Die Netto-**Driftgeschwindigkeit**, mit der wir uns befassen, stellt nur einen winzigen zusätzlichen Teil dar (Aufgabe 5.20). Daher ist die Zeit zwischen zwei Stößen viel kürzer, als wir gedacht haben. Tatsächlich beträgt sie

$$t = \frac{\lambda}{v_{\text{thermisch}}} ,$$

und daher gilt

$$v_{\text{Mittel}} = \frac{1}{2}at = \frac{a\lambda}{2v_{\text{thermisch}}} .$$

Wenn pro Volumeneinheit n Moleküle und f freie Elektronen pro Molekül vorliegen, von denen jedes die Ladung q und die Masse m aufweist, beträgt die Ladungsdichte

$$\mathbf{J} = nfq\mathbf{v}_{\text{Mittel}} = \frac{nfq\lambda}{2v_{\text{thermisch}}}\frac{\mathbf{F}}{m} = \left(\frac{nf\lambda q^2}{2mv_{\text{thermisch}}}\right)\mathbf{E} . \tag{7.6}$$

Ich behaupte keineswegs, dass der Term in Klammern einen exakten Ausdruck für die Leitfähigkeit angibt,[3] allerdings enthält er die wesentlichen Bestandteile und sagt richtig voraus, dass die Leitfähigkeit proportional zur Dichte der bewegten Ladungen ist und (üblicherweise) mit steigender Temperatur sinkt.

Im Ergebnis all dieser Stöße wandelt sich die von der elektrischen Kraft verrichtete Arbeit im Widerstand in Wärme um. Da die pro Ladungseinheit verrichtete Arbeit V und die pro Zeiteinheit fließende Ladung I ist, beträgt die abgegebene Leistung

$$P = VI = I^2R . \tag{7.7}$$

Dies ist das **Joule'sche Gesetz**. Mit I in Ampere und R in Ohm erhält P die Einheit Watt (Joule pro Sekunde).

Aufgabe 7.1

Zwei konzentrische metallische Kugelschalen mit den Radien a bzw. b werden durch ein schwach leitendes Material der Leitfähigkeit σ verbunden (Abbildung 7.4a).

a. Die Kugelschalen werden auf einer Potentialdifferenz V gehalten. Welcher Strom fließt dann von der einen zur anderen Kugel?

b. Welcher Widerstand liegt zwischen den Schalen vor?

3 Dieses klassische Modell (das auf P. Drude zurückgeht), hat wenig Ähnlichkeit zur modernen quantenmechanischen Theorie der Leitfähigkeit. Siehe z. B. D. Parks *Introduction to Quantum Theory*, 3rd ed., Kap. 15 (New York: McGraw-Hill, 1992).

c. Beachten Sie, dass für den Fall $b \gg a$ der Außenradius (b) unwichtig ist. Wie können Sie das erklären? Bestimmen Sie anhand dieser Beobachtung den Strom, der zwischen zwei Metallkugeln fließt, wenn beide den Radius a besitzen, sich tief unter dem Meeresspiegel treibend in großem Abstand voneinander befinden (Abbildung 7.4b) und zwischen ihnen die Potentialdifferenz V besteht. (Mit einer solchen Anordnung kann die Leitfähigkeit von Meerwasser gemessen werden.)

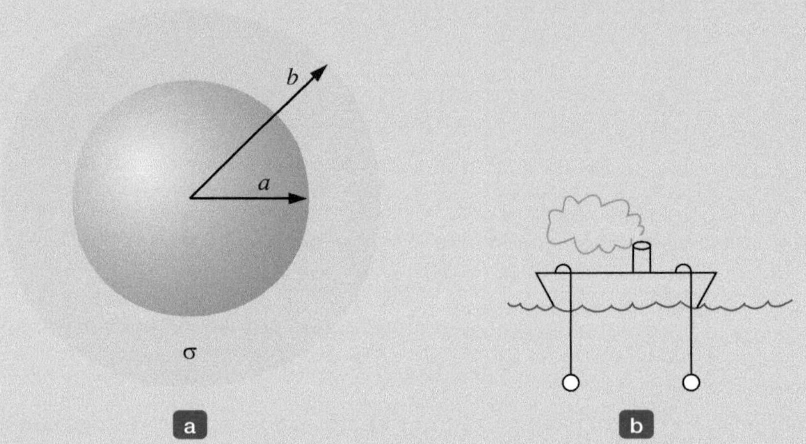

Abbildung 7.4

Aufgabe 7.2

Ein Kondensator C wurde auf das Potential V_0 aufgeladen. Zum Zeitpunkt $t = 0$ wird er mit dem Widerstand R verbunden und beginnt, sich zu entladen (Abbildung 7.5a).

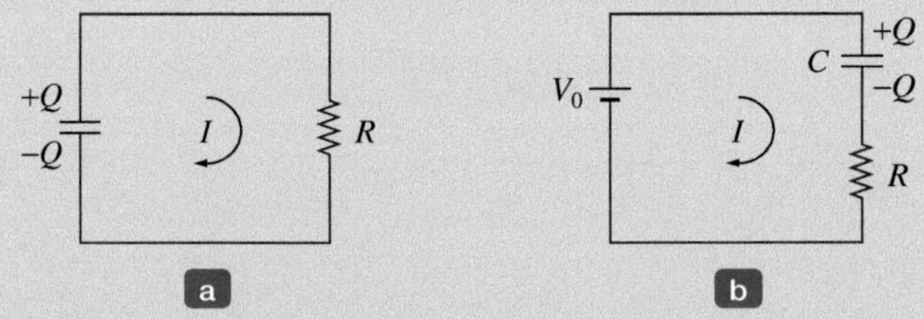

Abbildung 7.5

a. Bestimmen Sie die Ladung auf den Kondensator als Funktion der Zeit, $Q(t)$. Welcher Strom $I(t)$ fließt durch den Widerstand?

b. Welche Energiemenge war ursprünglich im Kondensator gespeichert (Gleichung 2.55)? Bestätigen Sie durch Integration von Gleichung 7.7, dass die an den Widerstand abgegebene Wärme genau der Energie entspricht, die vom Kondensator verloren wird.

Stellen Sie sich nun vor, dass man den Kondensator nun *auf*lädt, indem er (sowie der Widerstand) zum Zeitpunkt $t = 0$ an eine Batterie mit fester Spannung V_0 angeschlossen wird (Abbildung 7.5b).

c. Bestimmen Sie erneut $Q(t)$ und $I(t)$.

d. Bestimmen Sie den gesamten Energieausstoß der Batterie ($\int V_0 I\,\mathrm{d}t$). Bestimmen Sie die an den Widerstand abgegebene Wärme. Welche Energie wird letztlich im Kondensator gespeichert? Welcher Anteil der von der Batterie verrichteten Arbeit taucht als Energie im Kondensator auf?

[Beachten Sie, dass Ihre Antwort von R unabhängig ist.]

Aufgabe 7.3

a. Zwei metallische Objekte sind in schwach leitendes Material der Leitfähigkeit σ eingebettet (Abbildung 7.6). Zeigen Sie, dass der zwischen ihnen herrschende Widerstand mit der Kapazität dieser Anordnung durch die folgende Beziehung verknüpft ist:

$$R = \frac{\varepsilon_0}{\sigma C}\,.$$

b. Nehmen Sie an, Sie haben die Objekte 1 und 2 über eine Batterie verbunden und sie auf das Potential V_0 aufgeladen. Wenn Sie die Batterie dann abklemmen, wird die Ladung allmählich von den Objekten verschwinden. Zeigen Sie, dass $V(t) = V_0\,\mathrm{e}^{-t/\tau}$ ist, und bestimmen Sie die **Zeitkonstante** τ in Abhängigkeit von ε_0 und σ.

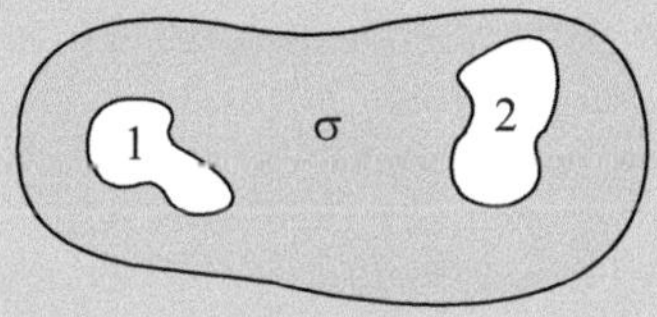

Abbildung 7.6

Aufgabe 7.4

Nehmen Sie an, das Material, das die Zylinder in Beispiel 7.2 trennt, hätte keine gleichförmige Leitfähigkeit. Insbesondere sei $\sigma(s) = k/s$ mit einer gewissen Konstanten k. Bestimmen Sie den Widerstand zwischen den Zylindern.

[*Hinweis*: Weil σ eine Funktion des Orts ist, gilt Gleichung 7.5 nicht, die Ladungsdichte ist im Widerstandsmaterial nicht null, und $\mathbf{E}$ fällt nicht gemäß $1/s$. Wir wissen allerdings, dass für stationäre Ströme der Strom I auf jeder Zylinderoberfläche gleich ist. Machen Sie von hier aus weiter.]

7.1.2 Elektromotorische Kraft

Wenn Sie sich einen typischen elektrischen Stromkreis vorstellen (Abbildung 7.7) – beispielsweise eine Batterie, die an eine Glühbirne angeschlossen ist – stehen Sie vor einer verblüffenden Frage: In der Praxis ist der *Strom entlang der Leiterschleife* zu jedem Zeitpunkt *gleich groß*. Warum ist das der Fall, wo doch die einzige treibende Kraft im Inneren der Batterie steckt? Auf den ersten Blick erwarten Sie vielleicht, dass dies einen großen Strom in der Batterie und keinen in der Lampe hervorruft. Was treibt den restlichen Stromkreis an, und wieso ist dieser Antrieb gerade so groß, das in jedem Abschnitt derselbe Strom erzeugt wird? Mehr noch: Da die Ladungen in einem typischen Draht sich (buchstäblich) im Schneckentempo fortbewegen (Aufgabe 5.20), warum dauert es dann nicht eine halbe Stunde, bis die Glühbirne die Nachricht vom fließenden Strom erreicht? Woher wissen alle Ladungen, dass sie sich im selben Moment in Bewegung setzen müssen?

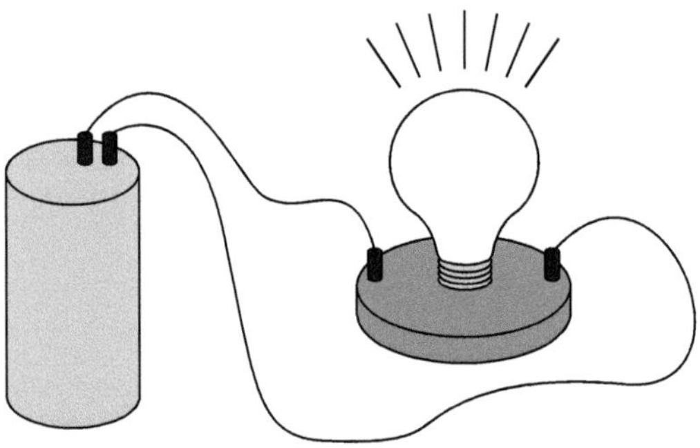

Abbildung 7.7

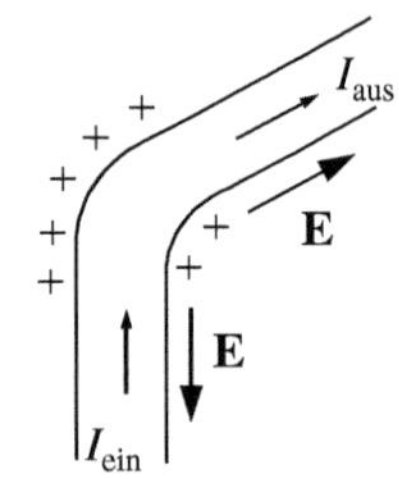

Abbildung 7.8

Antwort: Falls der Strom *nicht* überall gleich ist (beispielsweise im ersten Sekundenbruchteil, nachdem der Schalter geschlossen wird) dann sammeln sich irgendwo Ladungen an, und – das ist jetzt das Entscheidende – das elektrische Feld dieser Ladungsansammlung ist so gerichtet, das der Ladungsfluss ausgeglichen wird. Nehmen Sie beispielsweise an, dass der Strom, der *in* die (in Abbildung 7.8 dargestellte) Krümmung fließt, größer ist als der *hinaus*fließende Strom. Dann sammeln sich die Ladungen im „Knie" an und erzeugen ein Feld, das von diesem Knick weg weist.[4] Dieses Feld *behindert* den einfließenden Strom (es verlangsamt ihn) und hilft dem ausfließenden Strom (es beschleunigt ihn), bis diese Ströme gleich sind. Ab diesem Punkt gibt es keine weitere Ladungsansammlung, und das Gleichgewicht ist hergestellt. Dieses bewundernswerte System passt sich also automatisch selbst an, um den Strom gleichförmig zu halten, und das auch noch so schnell, dass Sie in der Praxis immer annehmen dürfen, dass der Strom im gesamten Stromkreis gleich groß ist – selbst in Systemen, die bei Radiofrequenzen oszillieren.

Als Fazit können wir feststellen, dass es tatsächlich *zwei* Kräfte gibt, die einen Strom durch eine Leitung treiben. Einerseits die *Quelle* $\mathbf{f}_S$, die üblicherweise auf einen Teil der Schleife beschränkt ist (beispielsweise eine Batterie), andrerseits die *elektrostatische Kraft*, welche den Fluss ausgleicht und den Einfluss der Quelle auch fernen Bereichen des Stromkreises mitteilt:

$$\mathbf{f} = \mathbf{f}_S + \mathbf{E} . \tag{7.8}$$

4 Die involvierte Ladungsmenge ist überraschend klein, siehe W. G. V. Rosser, *Am. J. Phys.* **38**, 265 (1970). Trotzdem kann man das resultierende Feld experimentell nachweisen, siehe R. Jacobs, A. de Salazar und A. Nassar, *Am. J. Phys.* **78**, 1432 (2010).

Es gibt viele mögliche physikalische Ursachen von $\mathbf{f}_S$: In einer Batterie ist es die chemische Kraft; in einem piezoelektrischen Kristall wird mechanischer Druck in einen elektrischen Impuls umgewandelt; in einem Thermokoppler sorgt der Temperaturgradient für den Antrieb; in einer fotoelektrischen Zelle ist es das Licht, und in einem Van-de-Graaff-Generator werden die Elektronen im wahrsten Sinne des Wortes auf ein Förderband geladen und transportiert. Durch welchen Mechanismus auch immer, der Nettoeffekt wird durch das Linienintegral von $\mathbf{f}$ um den Stromkreis bestimmt:

$$\mathcal{E} \equiv \oint \mathbf{f} \cdot d\mathbf{l} = \oint \mathbf{f}_S \cdot d\mathbf{l} \,. \tag{7.9}$$

(Weil bei elektrostatischen Feldern $\oint \mathbf{E} \cdot d\mathbf{l} = 0$ gilt, ist es egal, ob Sie $\mathbf{f}$ oder $\mathbf{f}_S$ verwenden.) $\mathcal{E}$ wird als **elektromotorische Kraft** (oder auch **EMK**) des Stromkreises bezeichnet. Dies ist allerdings eine lausige Bezeichnung, weil es sich gar nicht um eine *Kraft* handelt, sondern vielmehr um das *Integral* einer *Kraft pro Ladungseinheit*. Manche Menschen bevorzugen die Bezeichnung **Elektromotanz**, aber „elektromotorische Kraft" ist so weit verbreitet, dass ich glaube, wir belassen es dabei. Der Begriff *electromotance* ist eher in der englischen Literatur zu finden (und dort auch nur noch selten). Im Deutschen wird er eigentlich nicht verwendet.

Mit einer idealen EMK-Quelle (beispielsweise einer widerstandsfreien Batterie[5]) ist die Nettokraft auf die Ladungen null (Gleichung 7.1 mit $\sigma = \infty$), daher ist $\mathbf{E} = -\mathbf{f}_S$. Die Potentialdifferenz zwischen den Anschlussklemmen (a und b) beträgt daher

$$V = -\int_a^b \mathbf{E} \cdot d\mathbf{l} = \int_a^b \mathbf{f}_S \cdot d\mathbf{l} = \oint \mathbf{f}_S \cdot d\mathbf{l} = \mathcal{E} \,. \tag{7.10}$$

(Wir können das Integral auf die gesamte Schleife ausdehnen, denn außerhalb der Quelle ist $\mathbf{f}_S = 0$.) Die Funktion einer Batterie besteht dann darin, eine Spannungsdifferenz entsprechend der elektromotorischen Kraft aufzubauen und aufrechtzuhalten. (Eine 6-V-Batterie sorgt z. B. dafür, dass das positive Ende 6 V oberhalb des negativen Endes liegt.) Das resultierende elektrostatische Feld treibt den Strom durch den restlichen Stromkreis. (Beachten Sie jedoch, dass $\mathbf{f}_S$ den Strom *innerhalb* der Batterie in die entgegengesetzte Richtung von $\mathbf{E}$ treibt.)[6]

Weil es sich um das Linienintegral von $\mathbf{f}_S$ handelt, kann $\mathcal{E}$ als die *Arbeit* interpretiert werden, die *pro Ladungseinheit* von der Quelle verrichtet wird – tatsächlich wird die elektromotorische Kraft in manchen Büchern auf diese Weise *definiert*. Wie Sie jedoch im nächsten Abschnitt sehen werden, enthält diese Interpretation einige Besonderheiten, sodass ich Gleichung 7.9 bevorzuge.

5 Echte Batterien haben einen gewissen **internen Widerstand** r, und die Potentialdifferenz zwischen ihren Anschlussklemmen beträgt $\mathcal{E} - Ir$ – sofern ein Strom I fließt. Eine erhellende Diskussion über die Arbeitsweise von Batterien finden Sie in D. Roberts, *Am. J. Phys.* **51**, 829 (1983).

6 Der Strom in einem Stromkreis ist in einer gewissen Weise analog zum Wasserstrom in einem geschlossenen Röhrensystem, wobei die Gravitation die Rolle des elektrostatischen Feldes übernimmt und eine Pumpe, die das Wasser *gegen* die Schwerkraft hochpumpt, die Batterie darstellt. In dem Fall ist die *Höhe* das Analogon zur Spannung.

■ **Aufgabe 7.5**

Eine Batterie mit der elektromotorischen Kraft $\mathcal{E}$ sowie dem internen Widerstand r wird an einen variablen „Lastwiderstand" R angeschlossen. Wenn Sie die maximal mögliche Leistung an die Last bringen wollen, welchen Widerstand R sollten Sie dann verwenden? (Natürlich können Sie $\mathcal{E}$ und r nicht ändern.)

■ **Aufgabe 7.6**

Eine rechteckige Drahtschleife wird so angebracht, dass ein Ende (in der Höhe h) sich zwischen den Platten eines Kondensators befindet (Abbildung 7.9) und parallel zum Feld **E** ausgerichtet ist. Das andere Ende befindet sich so weit außerhalb, dass das Feld praktisch null ist. Welche elektromotorische Kraft herrscht in dieser Schleife? Wenn der Gesamtwiderstand R beträgt, welcher Strom fließt dann? Erläutern Sie das.

[*Warnung*: Seien Sie vorsichtig, denn dies ist eine Fangfrage. Falls Sie jetzt ein Perpetuum mobile erfunden haben, ist mit Ihrer Lösung vermutlich etwas falsch.]

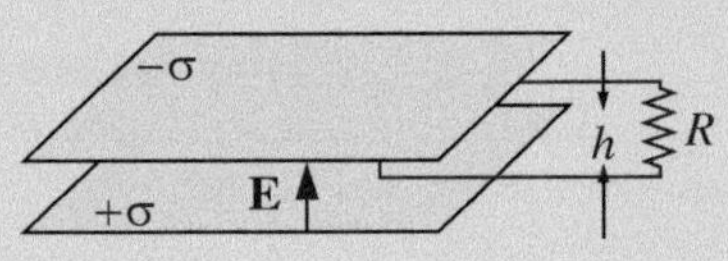

Abbildung 7.9

7.1.3 Dynamische elektromotorische Kraft

Im letzten Abschnitt habe ich verschiedene mögliche Quellen der elektromotorischen Kraft in einem Stromkreis genannt, unter denen Batterien die bekanntesten sein dürften. Die am häufigsten vorkommende habe ich allerdings verschwiegen: den **Generator**. Generatoren nutzen die **dynamische elektromotorische Kraft** aus, die entsteht, sobald Sie *einen Draht durch ein Magnetfeld bewegen*. In Abbildung 7.10 sehen Sie ein primitives Modell eines Generators. Im blau schattierten Bereich befindet sich ein gleichförmiges Magnetfeld **B**, das in die Seite hinein zeigt, und der Widerstand R kann irgendetwas sein, durch das wir den Strom jagen wollen (z. B. eine Glühbirne oder ein Toaster). Wird die gesamte Schleife mit der Geschwindigkeit v nach rechts gezogen, erfahren die Ladungen in den Segmenten ab eine magnetische Kraft, deren vertikale Komponente qvB einen Strom im Uhrzeigersinn durch die Schleife treibt. Die elektromotorische Kraft lautet dann

$$\mathcal{E} = \oint \mathbf{f}_{\text{mag}} \cdot d\mathbf{l} = vBh\,, \tag{7.11}$$

worin h die Höhe der Schleife darstellt. (Die horizontalen Segmente bc und ad tragen gar nichts bei, da die Kraft hier senkrecht auf dem Draht steht.)

Beachten Sie, dass das Integral, das Sie zur Berechnung von $\mathcal{E}$ auswerten (Gleichung 7.9 oder 7.11) in einem kurzen *Augenblick* ausgewertet wird – wenn Sie so

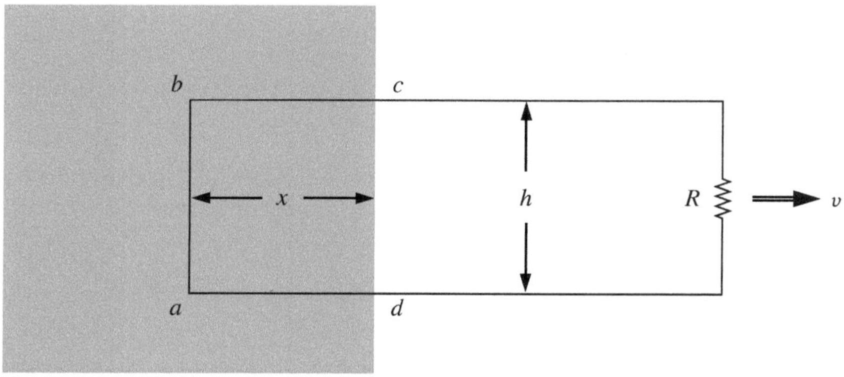

Abbildung 7.10

wollen, können Sie einen Schnappschuss der Schleife machen und von dort aus loslegen. Daher zeigt **dl** für das Segment *ab* in Abbildung 7.10 senkrecht nach oben, obwohl sich die Schleife nach rechts bewegt. Sie können nichts dagegen machen – so ist die elektromotorische Kraft nun mal *definiert* – aber es ist wichtig, sich das klar zu machen.

Obwohl die magnetische Kraft insbesondere für das Entstehen der elektromotorischen Kraft verantwortlich ist, verrichtet sie mit Sicherheit *keinerlei* Arbeit – magnetische Kräfte verrichten *niemals* Arbeit. Wer liefert dann die Energie, welche den Widerstand aufheizt? *Antwort*: Die Person, die an der Schleife zieht! Sobald der Strom fließt, haben die Ladungen im Segment *ab* zusätzlich zur horizontalen Geschwindigkeit **v** aufgrund der Bewegung der Schleife auch noch eine vertikale Geschwindigkeit (nennen wir sie **u**). Entsprechend weist die magnetische Kraft eine Komponente quB nach links auf. Um ihr entgegenzuwirken, muss die Person, die am Draht zieht, pro Ladungseinheit die folgende Kraft nach *rechts* aufbringen (Abbildung 7.11):

$$f_{\text{Zug}} = uB\,.$$

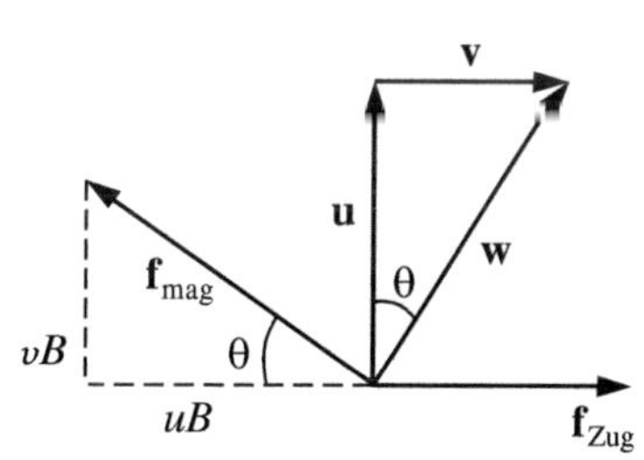

Abbildung 7.11

Diese Kraft wird durch die Struktur des Drahts auf die Ladung übertragen. Daher bewegt sich das Teilchen in Richtung der resultierenden Geschwindigkeit **w** und legt dabei die Entfernung $(h/\cos\theta)$ zurück. Die pro Ladungseinheit verrichtete Arbeit lautet daher

$$\int \mathbf{f}_{\text{Zug}} \cdot d\mathbf{l} = (uB)\left(\frac{h}{\cos\theta}\right)\sin\theta = vBh = \mathcal{E}$$

($\sin\theta$ stammt vom Skalarprodukt, wobei der eingeschlossene Winkel ($90° - \theta$) beträgt). Wie sich zeigt, ist die *pro Ladungseinheit aufzubringende Kraft genau gleich der elektromotorischen Kraft*, obwohl die Integrale über völlig unterschiedliche Wege berechnet werden (Abbildung 7.12) und ganz andere Kräfte im Spiel sind. Zur Berechnung der elektromotorischen Kraft integrieren Sie *innerhalb eines Augenblicks* um die Schleife. Zur Berechnung der verrichteten Arbeit folgen Sie jedoch der Bewegung einer Ladung entlang der Schleife. $\mathbf{f}_{\text{Zug}}$ trägt nichts zur elektromotorischen Kraft bei, da sie senkrecht zum Draht ist, und $\mathbf{f}_{\text{mag}}$ trägt nichts zur Arbeit bei, da sie senkrecht zur Bewegung der Ladung ist.[7]

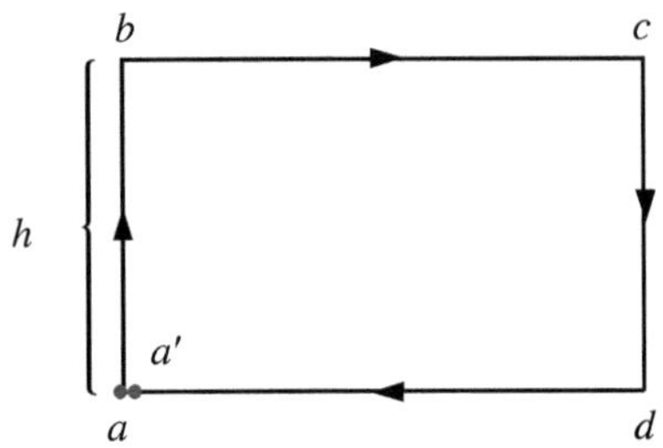

a Integration für die Berechnung von $\mathcal{E}$ (zu einem festen Zeitpunkt dem Draht folgen).

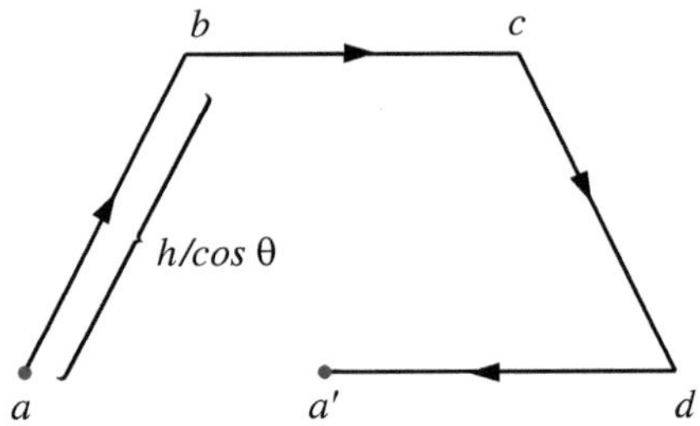

b Integrationspfad zur Berechnung der geleisteten Arbeit (der Ladung um den Draht folgen).

Abbildung 7.12

Es gibt eine besonders nette Art und Weise, die in einer bewegten Schleife erzeugte elektromotorische Kraft darzustellen. Sei Φ der Fluss von **B** durch die Schleife:

$$\Phi \equiv \int \mathbf{B} \cdot \mathrm{d}\mathbf{a}\,. \tag{7.12}$$

Für die rechtwinklige Schleife in Abbildung 7.10 ist

$$\Phi \equiv Bhx\,.$$

Während sich die Schleife bewegt, nimmt der Fluss ab:

$$\frac{\mathrm{d}\Phi}{\mathrm{d}t} = Bh\frac{\mathrm{d}x}{\mathrm{d}t} = -Bhv\,.$$

(Das Minuszeichen steht hier, weil $\mathrm{d}x/\mathrm{d}t$ negativ ist.) Dies entspricht jedoch genau der elektromotorischen Kraft (Gleichung 7.11). Die in der Schleife erzeugte EMK ist offenbar die negative zeitliche Änderung des Flusses durch die Schleife:

$$\mathcal{E} = -\frac{\mathrm{d}\Phi}{\mathrm{d}t}\,. \tag{7.13}$$

Dies ist die **Flussregel** für die dynamische elektromotorische Kraft. Abgesehen von der reizvollen Schlichtheit hat sie den Vorteil, dass man sie auch auf *nicht* rechtwinklige Schleifen anwenden kann, die sich in *beliebiger* Richtung durch *nicht*

7 Eine weitergehende Diskussion finden Sie bei E. P. Mosca, *Am. J. Phys.* **42**, 295 (1974).

gleichförmige Magnetfelder bewegen. Im Grunde genommen braucht die Schleife nicht einmal irgendeine festgelegte Form zu besitzen.

Beweis ■ Abbildung 7.13 zeigt eine Drahtschleife zur Zeit t sowie zu einem geringfügig späteren Zeitpunkt dt. Nehmen Sie an, wir berechnen den Fluss zur Zeit t über der Oberfläche $\mathcal{S}$ sowie den Fluss zur Zeit $t + \mathrm{d}t$ anhand der Oberfläche $\mathcal{S}$ plus dem „Band", welches die neue Position der Schleife mit dem alten verbindet. Die Änderung des Flusses ist dann

$$\mathrm{d}\Phi = \Phi\,(t + \mathrm{d}t) - \Phi(t) = \Phi_{\text{Band}} = \int\limits_{\text{Band}} \mathbf{B} \cdot \mathrm{d}\mathbf{a}\,.$$

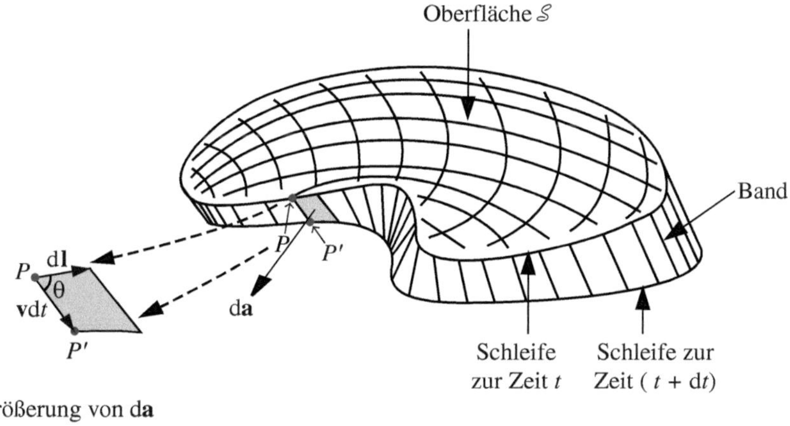

Abbildung 7.13

Konzentrieren Sie sich auf den Punkt P: Im Zeitintervall dt bewegt er sich nach P'. Sei $\mathbf{v}$ die Geschwindigkeit des Drahts und $\mathbf{u}$ die Geschwindigkeit einer Ladung, die sich durch den Draht bewegt. Dann ist $\mathbf{w} = \mathbf{v} + \mathbf{u}$ die resultierende Geschwindigkeit einer Ladung im Punkt P. Das infinitesimale Flächenelement auf dem Band kann folgendermaßen geschrieben werden (siehe Einschub in Abbildung 7.13):

$$\mathrm{d}\mathbf{a} = (\mathbf{v} \times \mathrm{d}\mathbf{l})\,\mathrm{d}t\,.$$

Daher ist

$$\frac{\mathrm{d}\Phi}{\mathrm{d}t} = \oint \mathbf{B} \cdot (\mathbf{v} \times \mathrm{d}\mathbf{l})\,.$$

Da $\mathbf{w} = (\mathbf{v} + \mathbf{u})$ und da $\mathbf{u}$ parallel zu d$\mathbf{l}$ ist, können wir dies auch als

$$\frac{\mathrm{d}\Phi}{\mathrm{d}t} = \oint \mathbf{B} \cdot (\mathbf{w} \times \mathrm{d}\mathbf{l})$$

schreiben. Das skalare Dreierprodukt können wir nach Abschnitt 1.1.3 allerdings auch folgendermaßen formulieren:

$$\mathbf{B} \cdot (\mathbf{w} \times \mathrm{d}\mathbf{l}) = -(\mathbf{w} \times \mathbf{B}) \cdot \mathrm{d}\mathbf{l}\,,$$

daher ist

$$\frac{d\Phi}{dt} = -\oint (\mathbf{w} \times \mathbf{B}) \cdot d\mathbf{l}\,.$$

Allerdings ist $(\mathbf{w} \times \mathbf{B})$ die magnetische Kraft pro Ladungseinheit $(\mathbf{f}_{mag})$. Somit ist

$$\frac{d\Phi}{dt} = -\oint \mathbf{f}_{mag} \cdot d\mathbf{l}$$

und das Integral über $\mathbf{f}_{mag}$ ist die elektromotorische Kraft

$$\mathcal{E} = -\frac{d\Phi}{dt}\,. \qquad \blacksquare$$

In der Definition der elektromotorischen Kraft gibt es eine Doppeldeutigkeit hinsichtlich des Vorzeichens (Gleichung 7.9): In welcher *Richtung* um die Schleife soll das Integral durchgeführt werden? Es gibt eine entsprechende Doppeldeutigkeit in der Definition des *Flusses* (Gleichung 7.12): In welcher Richtung ist d**a** positiv? Wenden wir die Flussregel an, wird die Konsistenz der Vorzeichen (wie immer) durch Ihre rechte Hand hergestellt: Wenn Ihre Finger die positive Richtung um die Schleife herum definieren, legt Ihr Daumen die Richtung von d**a** fest. Sollte die elektromotorische Kraft negativ sein, dann bedeutet dies, dass der Strom in negativer Richtung durch den Stromkreis fließt.

Die Flussregel ist eine trickreiche Abkürzung, um dynamische elektromotorische Kräfte zu berechnen. Sie enthält *keinerlei* neue Physik, nur die Lorentz-Kraft. Wenn Sie nicht aufpassen, kann sie allerdings zu Fehlern oder Mehrdeutigkeiten führen. Die Flussregel setzt voraus, dass Sie eine einzelne Drahtschleife haben; sie kann sich bewegen, dehnen, rotieren oder stetig verformen. Aber Vorsicht vor Schaltern, gleitenden Kontakten oder ausgedehnten Leitern, die eine Vielfalt von Strompfaden erlauben. Ein Standardparadoxon für die Flussregel dreht sich um den Stromkreis in Abbildung 7.14. Wenn der Schalter von a nach b umgelegt wird, verdoppelt sich der Fluss durch den Stromkreis, aber es gibt keine dynamische EMK (es bewegt sich kein Leiter in einem magnetischen Feld), und das Amperemeter (A) zeichnet keinen Strom auf.

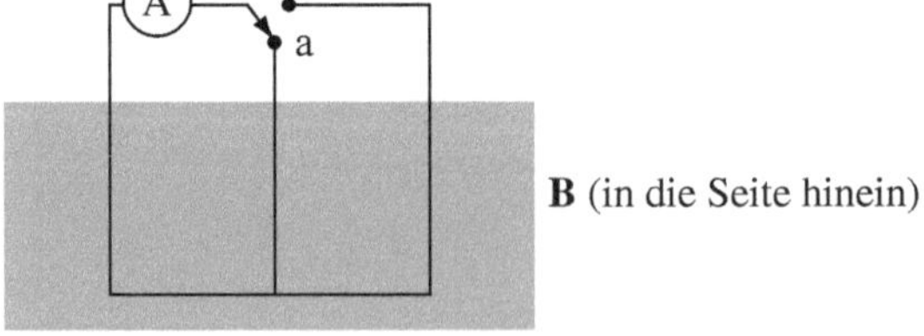

Abbildung 7.14

Beispiel 7.4: Strom einer rotierenden Scheibe

Eine Metallscheibe mit Radius a rotiert mit der Winkelgeschwindigkeit ω durch ein gleichförmiges, nach oben zeigendes Magnetfeld $\mathbf{B}$ um eine vertikale Achse. Verbinden Sie nun ein Ende eines Widerstands mit der Achse und das andere über einen Schleifkontakt mit dem Außenrand der Scheibe (Abbildung 7.15), dann entsteht ein Stromkreis. Bestimmen Sie den Strom am Widerstand.

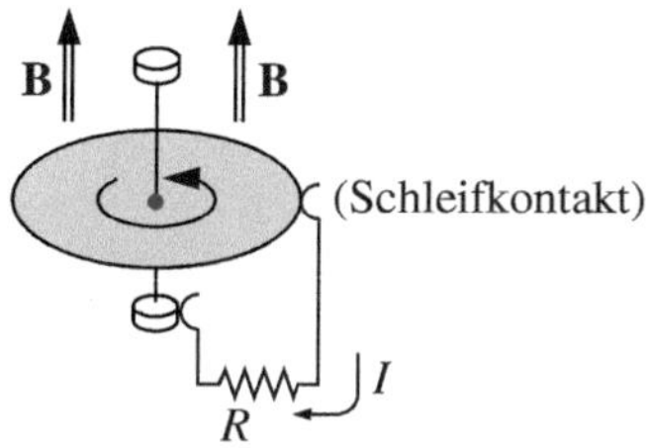

Abbildung 7.15

Lösung:

Die Geschwindigkeit eines Punkts auf der Scheibe, dessen Entfernung von der Achse s beträgt, ist $v = \omega s$, daher beträgt die Kraft pro Ladungseinheit $\mathbf{f}_{\text{mag}} = \mathbf{v} \times \mathbf{B} = \omega s B \hat{\mathbf{s}}$. Die elektromotorische Kraft beträgt daher

$$\mathcal{E} = \int_0^a f_{\text{mag}}\, \mathrm{d}s = \omega B \int_0^a s\, \mathrm{d}s = \frac{\omega B a^2}{2},$$

und der Strom ist

$$I = \frac{\mathcal{E}}{R} = \frac{\omega B a^2}{2R}.$$

Beispiel 7.4 (die **Faraday'sche Scheibe** bzw. der **Faraday'sche Dynamo**) dreht sich um eine elektromagnetische Kraft, die Sie nicht (zumindest nicht direkt) aus der Flussregel gewinnen können. Das Problem besteht darin, dass die Flussregel annimmt, dass der Strom entlang eines wohldefinierten Pfads fließt, während er sich in diesem Beispiel über die gesamte Scheibe erstreckt. Es ist nicht einmal klar, was „Fluss durch den Stromkreis" in diesem Zusammenhang *bedeutet*.

Noch schwieriger sind **Wirbelströme**. Nehmen Sie (beispielsweise) ein Stück Aluminium und fuchteln Sie damit in einem nicht gleichförmigen magnetischen Feld herum. Im Material werden Ströme erzeugt, und Sie spüren eine Art „Reibungswiderstand" – es fühlt sich an, als würden Sie das Metall durch Zuckersirup ziehen (dies ist die Kraft, die ich bei der Diskussion der dynamischen elektromotorischen Kraft als $\mathbf{f}_{\text{Zug}}$ bezeichnet habe.) Wirbelströme sind notorisch schlecht zu berechnen,[8] allerdings lassen sie sich leicht und dramatisch vorführen. Sie kennen vielleicht das klassische Experiment, in dem eine als Pendel an einer horizontalen Achse aufge-

8 Siehe z. B. W. M. Saslow, *Am. J. Phys.*, **60**, 693 (1992).

hängte Aluminiumscheibe zwischen den Polen eines Magneten hindurch schwingt (Abbildung 7.16a). Sobald sie in den Bereich des Felds eintritt, wird sie plötzlich langsamer. Um zu bestätigen, dass Wirbelströme dafür verantwortlich sind, wiederholt man den Versuch mit einer Aluminiumscheibe, in die kammartig zahlreiche Schlitze gefräst sind, sodass keine großräumigen Ströme entstehen können (Abbildung 7.16b). Nun schwingt die Scheibe frei und wird vom Feld nicht beeinflusst.

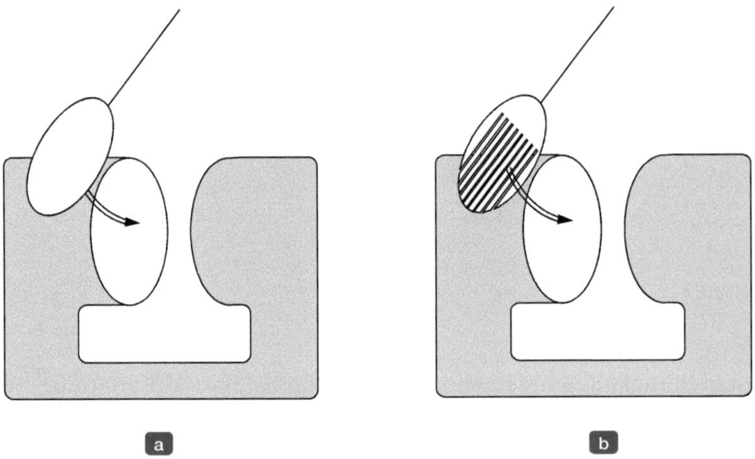

Abbildung 7.16

■ **Aufgabe 7.7**

Ein Metallstab der Masse m gleitet reibungslos auf zwei parallelen leitenden Schienen, deren Entfernung l beträgt (Abbildung 7.17). Ein Widerstand R wird über die Schienen hinweg angeschlossen, und ein gleichförmiges magnetisches Feld $\mathbf{B}$, das in die Seite hineinzeigt, füllt das gesamte Gebiet aus.

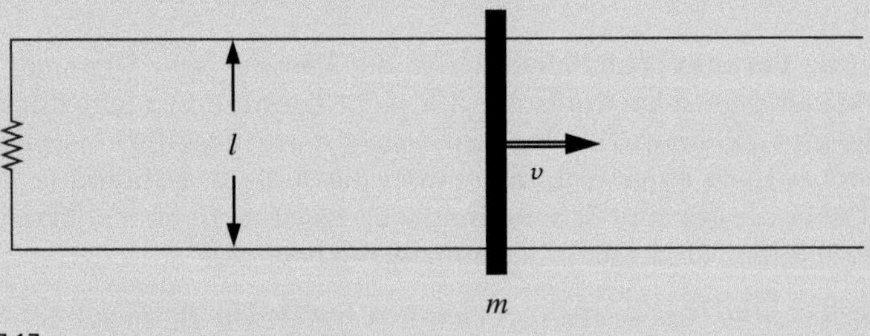

Abbildung 7.17

a. Wenn sich der Stab mit der Geschwindigkeit v nach rechts bewegt, welcher Strom fließt durch den Widerstand? In welche Richtung fließt er?

b. Welche magnetische Kraft herrscht auf dem Stab? In welche Richtung?

c. Wenn der Stab mit der Geschwindigkeit v_0 zur Zeit $t = 0$ beginnt und danach frei gleiten darf, welche Geschwindigkeit weist er zu einem späteren Zeitpunkt t auf?

d. Die ursprüngliche kinetische Energie des Stabs war natürlich $\frac{1}{2}mv_0^2$. Überprüfen Sie, dass die auf den Widerstand übertragene Energie genau $\frac{1}{2}mv_0^2$ entspricht.

Aufgabe 7.8

Eine quadratische Drahtschleife (der Kantenlänge a) liegt in einer Entfernung s von einem sehr langen geraden Draht, der den Strom I trägt, auf einem Tisch (Abbildung 7.18).

a. Bestimmen Sie den Fluss von **B** durch die Schleife.

b. Welche elektromotorische Kraft wird erzeugt, wenn nun irgendjemand die Schleife mit der Geschwindigkeit v rechtwinklig vom Draht wegzieht? In welche Richtung (im Uhrzeigersinn oder Gegenuhrzeigersinn) fließt der Strom?

c. Was geschieht, wenn die Schleife nicht rechtwinklig, sondern nach *rechts* mit der Geschwindigkeit v weggezogen wird?

Aufgabe 7.9

Es gibt unendlich viele verschiedene Oberflächen, die an eine gegebene Randlinie angepasst werden können, und dennoch habe ich bei der Definition des magnetischen Flusses durch eine Schleife, $\Phi = \int \mathbf{B} \cdot d\mathbf{a}$, niemals die besondere Oberfläche festgelegt, die benutzt werden soll. Begründen Sie, warum dies nur ein scheinbares Versäumnis ist.

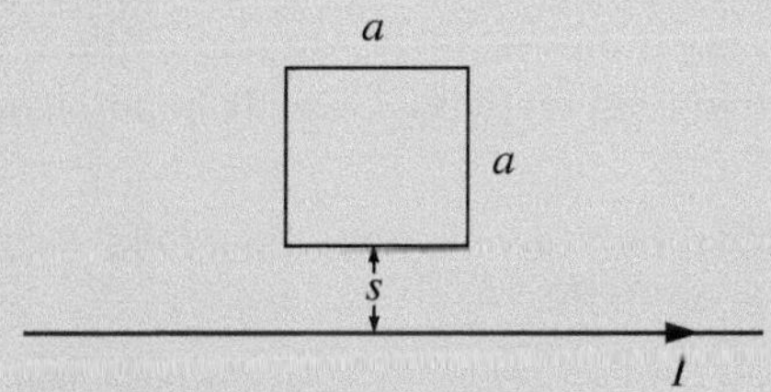

Abbildung 7.18

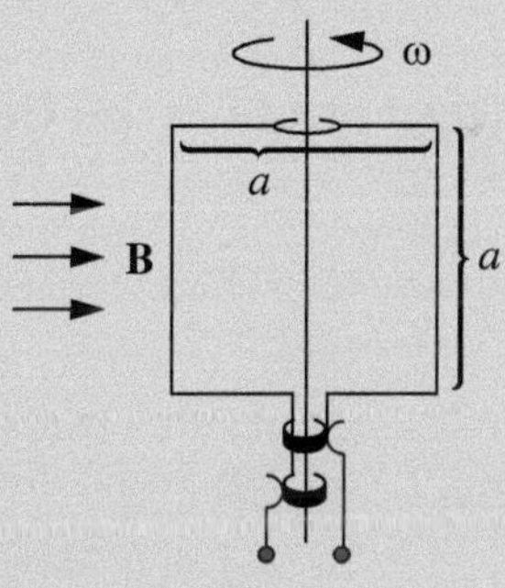

Abbildung 7.19

Aufgabe 7.10

Eine quadratische Schleife (der Kantenlänge a) ist auf einer senkrechten Achse befestigt und rotiert mit der Winkelgeschwindigkeit ω (Abbildung 7.19). Ein gleichförmiges magnetisches Feld **B** zeigt nach rechts. Bestimmen Sie $\mathcal{E}(t)$ dieses **Wechselstromgenerators.**

Aufgabe 7.11

Eine quadratische Schleife wird aus einer dicken Aluminiumscheibe herausgesägt. Sie wird dann so platziert, dass der obere Teil sich in einem gleichförmigen Magnetfeld **B** befindet und aufgrund der Gravitation frei fallen kann (Abbildung 7.20). (In dieser Zeichnung wird der Bereich des Magnetfelds durch die grau schattierte Fläche dargestellt; **B** zeigt in die Seite hinein.) Bestimmen Sie die Endgeschwindigkeit der Schleife (in m/s), wenn das magnetische Feld 1 T beträgt (ein ziemlich typisches Laborfeld). Bestimmen Sie die Geschwindigkeit der Schleife als Funktion der Zeit. Wie viele Sekunden dauert es, bis z. B. 90 % der Endgeschwindigkeit erreicht werden? Was würde geschehen, wenn Sie einen winzigen Spalt in den Ring schneiden und so den Stromkreis unterbrechen würden?

[*Anmerkung*: Die Abmessungen der Schleife heben sich heraus. Bestimmen Sie die tatsächlichen *Zahlen* in den angegebenen Einheiten.]

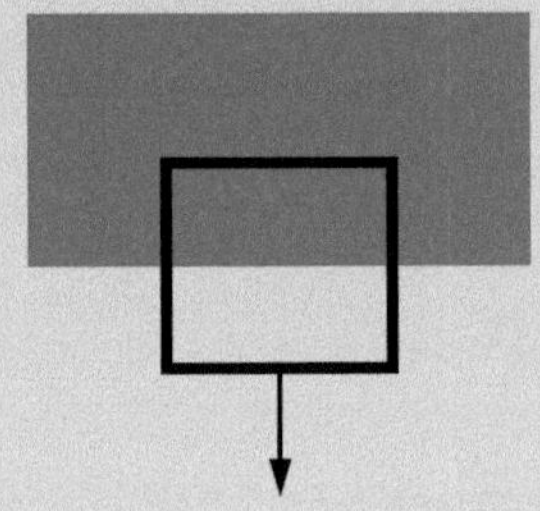

Abbildung 7.20

7.2 Elektromagnetische Induktion

7.2.1 Das Faraday'sche Gesetz

1831 berichtete Michael Faraday über eine Reihe von Experimenten, darunter drei, die folgendermaßen charakterisiert werden können (wobei wir die historische Abfolge etwas verbiegen):

Experiment 1. Er zog eine Drahtschleife durch ein magnetisches Feld nach rechts (Abbildung 7.21a). Ein Strom floss in der Schleife.

Experiment 2. Er zog den *Magnet* nach *links* und hielt die Schleife fest (Abbildung 7.21b). Erneut floss ein Strom in der Schleife.

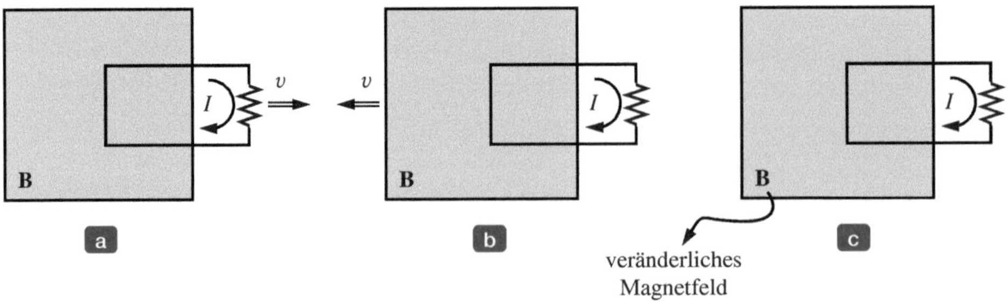

Abbildung 7.21

Experiment 3. Sowohl Schleife als auch Magnet blieben in Ruhe (Abbildung 7.21c). Er veränderte die Stärke des Magnetfelds (er benutzte einen Elektromagneten und veränderte den Strom in der Spule). Wieder floss ein Strom in der Schleife.

Das erste Experiment ist natürlich ein Beispiel für die dynamische elektromotorische Kraft, die praktischerweise durch die Flussregel ausgedrückt wird:

$$\mathcal{E} = -\frac{\mathrm{d}\Phi}{\mathrm{d}t} .$$

Sie sind vermutlich nicht allzu erstaunt, zu erfahren, dass genau dieselbe elektromotorische Kraft auch in Experiment 2 auftritt – es kommt nur auf die *relative* Bewegung von Magnet und Schleife an. Aus Sicht der speziellen Relativitätstheorie *muss* das so sein. Allerdings kannte Faraday die Relativitätstheorie noch nicht; in der klassischen Elektrodynamik ist diese einfache Umkehrung daher ein reiner Zufall – mit bemerkenswerten Auswirkungen. Wenn sich nämlich die *Schleife* bewegt, erzeugt eine *magnetische* Kraft die EMK. Wenn die Schleife jedoch in Ruhe verharrt, kann die Kraft nicht magnetisch sein – stationäre Ladungen erfahren keine magnetischen Kräfte. Was *ist* in diesem Fall die Ursache? Welche Art von Feld übt eine Kraft auf ruhende Ladungen aus? Nun, das sind natürlich *elektrische* Felder, allerdings scheinen in diesem Fall keinerlei elektrische Felder in Sicht.

Faraday hatte eine geniale Eingebung:

Induktion

Ein veränderliches Magnetfeld induziert ein elektrisches Feld.

Dieses „induzierte“[9] elektrische Feld ist die Ursache der elektromotorischen Kraft in Experiment 2.[10] Ist (wie Faraday empirisch herausgefunden hat) die elektromotorische Kraft tatsächlich wieder gleich der zeitlichen Änderung des Flusses,

$$\mathcal{E} = \oint \mathbf{E} \cdot \mathrm{d}\mathbf{l} = -\frac{\mathrm{d}\Phi}{\mathrm{d}t} , \tag{7.14}$$

9 Das Verb „induzieren“ ist subtil und etwas problematisch. Es hat den Beigeschmack einer *Ursache*, ohne sich ganz festzulegen („hervorrufen“ wäre da explizit). Es gibt eine fruchtlose Debatte in der Literatur, ob man ein veränderliches Magnetfeld als eine unabhängige „Quelle“ elektrischer Felder (zusammen mit Ladungen) ansehen soll: letztlich ist ja das magnetische Feld *selbst* auf elektrische Ströme zurückzuführen. Das ist die gleiche Frage wie die, ob die Postbotin die „Quelle“ meiner Post ist. Klar: Sie hat sie an meine Tür gebracht. Auf der anderen Seite hat Oma den Brief geschrieben. Letztlich sind ρ und $\mathbf{J}$ die Quellen *aller* elektromagnetischer Felder, und ein veränderliches Magnetfeld überliefert lediglich elektromagnetische Information über Ströme woanders. Es ist aber oft bequem, es sich so vorzustellen, als ob ein veränderliches Magnetfeld ein elektrisches Feld „hervorruft“. Das schadet Ihnen nicht, solange Sie im Kopf behalten, dass das die Kurzfassung einer komplizierteren Geschichte ist. Eine schöne Diskussion findet sich in S. E. Hill, *Phys. Teach.* **48**, 410 (2010).

10 Ihr Argument könnte nun lauten, dass sich das Magnetfeld in Experiment 2 nicht *verändert*, sondern nur *bewegt*. Wenn Sie sich jedoch an einem *festen Ort* befinden, dann verändert sich das Feld *doch*, während sich der Magnet vorbeibewegt.

dann wird **E** über die folgende Gleichung mit der Änderung in **B** verknüpft

$$\oint \mathbf{E} \cdot d\mathbf{l} = -\int \frac{\partial \mathbf{B}}{\partial t} \cdot d\mathbf{a} . \tag{7.15}$$

Dies ist das **Faraday'sche Gesetz** in integraler Form. Wir können es in eine differentielle Form überführen, indem wir den Stokes'schen Satz darauf anwenden:

$$\nabla \times \mathbf{E} = -\frac{\partial \mathbf{B}}{\partial t} . \tag{7.16}$$

Beachten Sie, dass sich das Faraday'sche Gesetz im statischen Fall (konstantes **B**) auf die alte Regel $\oint \mathbf{E} \cdot d\mathbf{l} = 0$ reduziert (bzw. in differentieller Form $\nabla \times \mathbf{E} = 0$), was natürlich auch der Fall sein sollte.

In Experiment 3 verändert sich das magnetische Feld aus völlig anderen Gründen. Allerdings wird aufgrund des Faraday'schen Gesetzes erneut ein elektrisches Feld induziert, was zu einer elektromotorischen Kraft $-d\Phi/dt$ führt. Tatsächlich können wir alle drei Fälle (und auch jede Kombination daraus) in einer **allgemeinen Flussregel** zusammenführen:

Allgemeine Flussregel

Immer wenn (aus welchem Grund auch immer) sich der magnetische Fluss durch eine Schleife verändert, tritt in der Schleife eine elektromotorische Kraft auf:

$$\mathcal{E} = -\frac{d\Phi}{dt} . \tag{7.17}$$

Viele Physiker bezeichnen *dies* als „Faraday'sches Gesetz". Vielleicht bin ich übermäßig penibel, aber mich verwirrt das. Hinter Gleichung 7.17 stecken eigentlich *zwei* völlig unterschiedliche Mechanismen. Sie beide als „Faraday'sches Gesetz" zu bezeichnen wäre dasselbe, als wollten wir eineiigen Zwillingen denselben Namen geben, nur weil sie gleich aussehen. Im ersten Faraday'schen Experiment ist die Lorentz-Kraft verantwortlich, die elektromotorische Kraft hat *magnetische* Ursachen. In den beiden anderen Fällen ist jedoch ein *elektrisches* Feld (das durch das veränderliche Magnetfeld induziert wird) an der Arbeit. Aus diesem Blickwinkel ist es eigentlich erstaunlich, dass alle drei Prozesse auf dieselbe Formel für die elektromotorische Kraft führen. Eigentlich wurde Einstein genau durch diesen „Zufall" zur speziellen Relativitätstheorie inspiriert – er suchte nach einem tieferen Verständnis von dem, was in der klassischen Elektrodynamik eine merkwürdige Fügung darstellt. Aber diese Geschichte muss bis Kapitel 12 warten. Bis dahin werde ich den Begriff „Faraday'sches Gesetz" für elektrische Felder reservieren, die durch veränderliche magnetische Felder hervorgerufen werden, und ich betrachte Experiment 1 *nicht* als Beispiel für das Faraday'sche Gesetz.

Beispiel 7.5: Elektromotorische Kraft

Ein langer zylindrischer Magnet mit Länge L und Radius a trägt parallel zu seiner Achse eine gleichförmige Magnetisierung $\mathbf{M}$. Er bewegt sich mit konstanter Geschwindigkeit v durch einen kreisförmigen Ring, dessen Durchmesser nur geringfügig größer ist (Abbildung 7.22). Skizzieren Sie die in diesem Ring induzierte elektromotorische Kraft als Funktion der Zeit.

Lösung:

Das magnetische Feld ist dasselbe wie das einer langen Spule mit einem Oberflächenstrom $\mathbf{K}_b = \mathbf{M}\hat{\boldsymbol{\varphi}}$. Das Feld im Inneren beträgt daher $\mathbf{B} = \mu_0\mathbf{M}$, außer in der Nähe der Enden, wo es sich langsam aufweitet. Der Fluss durch den Ring ist null, wenn der Magnet noch weit entfernt ist. Sobald sich der Anfang durch den Ring bewegt, steigt der Fluss auf ein Maximum von $\mu_0 M\pi a^2$. Er fällt wieder auf null zurück, nachdem das Ende hindurchgegangen ist (Abbildung 7.23a).

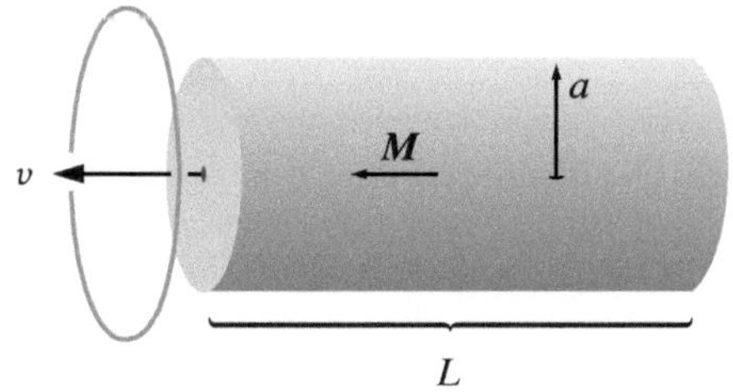

Abbildung 7.22

Die elektromotorische Kraft ist die (negativ genommene) zeitliche Ableitung von Φ und enthält daher, wie in Abbildung 7.23b gezeigt, zwei Spitzen.

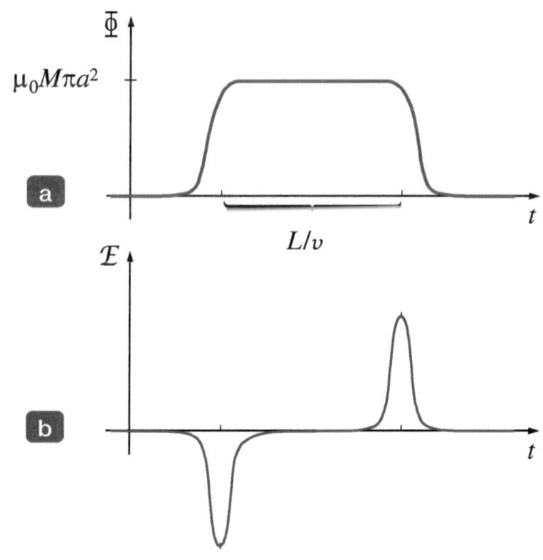

Abbildung 7.23

Die Übersicht über die richtigen Vorzeichen im Faraday'schen Gesetz zu behalten, kann bisweilen ziemliche Kopfschmerzen bereiten. In Beispiel 7.5 müssen wir beispielsweise wissen, in welcher *Richtung* der Strom durch den Ring fließt. Im Prinzip genügt bereits die Rechte-Hand-Regel. (In Abbildung 7.22 haben wir Φ als positiv bezeichnet, wenn er nach links wies. Fließt der Strom im Ring, von links aus gesehen, im Gegenuhrzeigersinn, ist dies die positive Richtung. Da die erste Spitze in Abbildung 7.23b *negativ* ist, fließt der erste Strompuls im *Uhrzeigersinn*, der zweite jedoch im *Gegenuhrzeigersinn*.) Es gibt aber eine praktische Regel, die als **Lenz'sche Regel** bezeichnet wird, deren einzige Aufgabe es ist, Ihnen die richtige Richtung zu zeigen:[11]

Lenz'sche Regel

Die Natur vermeidet eine Flussänderung.[12]

Der induzierte Strom fließt so, dass der von *ihm* hervorgerufene Fluss die Änderung aufhebt. (Wenn die Vorderseite des Magneten aus Beispiel 7.5 in den Ring eintritt, steigt der Fluss an, und daher muss der Strom im Ring ein nach rechts gerichtetes Feld erzeugen – er fließt daher im *Uhrzeigersinn*.) Beachten Sie, dass es die Fluss*änderung* ist, nicht der Fluss selbst, den die Natur zu vermeiden versucht (wenn das hintere Ende des Magneten den Ring verlässt, *fällt* der Fluss, und der induzierte Strom fließt in einem Versuch, den Fluss aufrecht zu erhalten, im *Gegenuhrzeigersinn*). Die Faraday'sche Induktion ist eine Art „Trägheitserscheinung": Eine leitende Schleife „will" einen konstanten Fluss durch sich aufrechterhalten. Wenn Sie versuchen, den Fluss zu ändern, reagiert die Schleife, in dem sie einen Strom so durch sich leitet, dass Ihre Anstrengungen vereitelt werden. (Sie ist dabei nicht allzu erfolgreich; der vom induzierten Strom erzeugte Fluss ist üblicherweise nur ein Bruchteil des ursprünglichen Flusses. Die Lenz'sche Regel sagt Ihnen nur, in welche *Richtung* er fließt.)

Beispiel 7.6: Das Schauexperiment des „springenden Rings"

Wenn Sie eine lange Spule um einen Eisenkern wickeln (das Eisen dient dazu, das Magnetfeld zu verstärken), einen Metallring darüber platzieren und die Spule an eine Stromquelle anschließen, schießt der Ring weit nach oben in die Luft (Abbildung 7.24). Warum?

11 Die Lenz'sche Regel gilt auch für *dynamische* elektromotorischen Kräfte. Bei ihnen ist es allerdings meist einfacher, die Stromrichtung mit der Lorentz-Kraft zu bestimmen.

12 In den Lehrbüchern wird die Lenz'sche Regel meist so formuliert: Die Änderung des magnetischen Flusses durch eine Leiterschleife induziert einen Strom, dessen Magnetfeld demjenigen der Schleife entgegen wirkt. A. d. Ü.

Beispiel 7.6 (Fortsetzung)

Lösung:

Bevor Sie den Strom eingeschaltet haben, war der Fluss durch den Ring *null*. Danach tritt ein Fluss auf (der in der Abbildung nach oben gerichtet ist), und die elektromotorische Kraft im Ring führt auf einen Strom (im Ring), der gemäß der Lenz'schen Regel so gerichtet ist, dass *sein* Feld den neuen Fluss aufzuheben versucht. Dies bedeutet, dass der Strom im Ring dem Strom in der Spule entgegengerichtet ist. Da sich entgegengesetzte Ströme abstoßen, fliegt der Ring weg.[13]

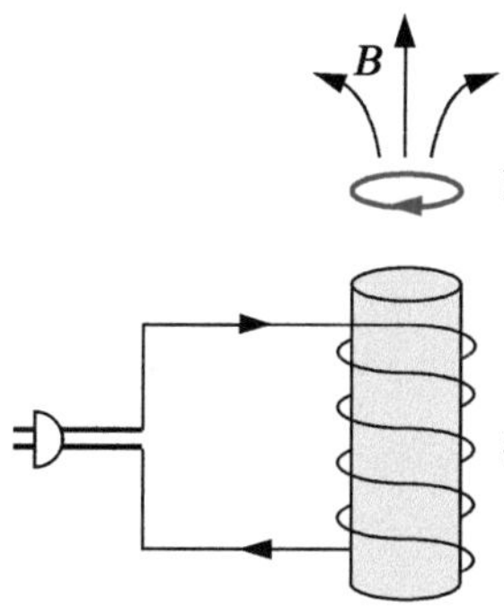

Abbildung 7.24

Aufgabe 7.12

Eine lange Spule mit Radius a wird von einem Wechselstrom durchflossen, sodass im Inneren ein sinusförmiges Feld entsteht: $\mathbf{B}(t) = \mathbf{B}_0 \cos(\omega t)\hat{\mathbf{z}}$. Eine kreisförmige Drahtschleife mit Radius $a/2$ und Widerstand R wird innerhalb der Spule koaxial dazu angebracht. Bestimmen Sie den in der Schleife induzierten Strom als Funktion der Zeit.

Aufgabe 7.13

Eine quadratische Drahtschleife mit Kantenlänge a liegt so im ersten Quadranten der x-y-Ebene, dass sich eine Ecke im Ursprung befindet. In diesem Gebiet gibt es ein nicht gleichförmiges zeitabhängiges Magnetfeld $\mathbf{B}(y, t) = ky^3t^2\hat{\mathbf{z}}$ (mit einer Konstanten k). Bestimmen Sie die elektromotorische Kraft in dieser Schleife.

Aufgabe 7.14

Für eine Demonstration während der Vorlesung lässt man einen kurzen zylinderförmigen Stabmagnet durch eine etwa 2 m lange vertikale Aluminiumröhre fallen, deren Durchmesser nur geringfügig größer ist. Der Stabmagnet benötigt

13 Eine weitergehende Diskussion des springenden Rings (und des damit verwandten „schwebenden Rings") finden Sie in C. S. Schneider und J. P. Ertel, *Am. J. Phys.* **66**, 686 (1998) sowie P. J. H. Tjossem und E. C. Brost, *Am. J. Phys.* **79**, 353 (2011).

mehre Sekunden, bis er am Boden zum Vorschein kommt, obwohl ein ansonsten identischer *unmagnetisierter* Eisenstab die Strecke im Bruchteil einer Sekunde zurücklegt. Erläutern Sie, warum der Magnet langsamer fällt.[14]

7.2.2 Das induzierte elektrische Feld

Das Faraday'sche Gesetz verallgemeinert die elektrostatische Regel $\nabla \times \mathbf{E} = \mathbf{0}$ auf den zeitabhängigen Fall. Die *Divergenz* von $\mathbf{E}$ ist immer noch durch das Gauß'sche Gesetz gegeben ($\nabla \cdot \mathbf{E} = \frac{1}{\epsilon_0}\rho$). Handelt es sich bei $\mathbf{E}$ um ein *reines* Faraday'sches Feld (das allein auf ein veränderliches $\mathbf{B}$ zurückzuführen ist bei $\rho = 0$), dann gilt

$$\nabla \cdot \mathbf{E} = 0\,, \quad \nabla \times \mathbf{E} = -\frac{\partial \mathbf{B}}{\partial t}\,.$$

Das ist mathematisch identisch mit der Magnetostatik:

$$\nabla \cdot \mathbf{B} = 0\,, \quad \nabla \times \mathbf{B} = \mu_0 \mathbf{J}\,.$$

Schlussfolgerung: Faraday'sch induzierte elektrische Felder werden durch $-(\partial \mathbf{B}/\partial t)$ exakt so bestimmt wie magnetstatische Felder durch $\mu_0 \mathbf{J}$ bestimmt sind. Das Analog zum Biot-Savart'schen Gesetz[15] lautet

$$\mathbf{E} = -\frac{1}{4\pi}\int \frac{(\partial \mathbf{B}/\partial t) \times \hat{\boldsymbol{\mathscr{r}}}}{\mathscr{r}^2}\,\mathrm{d}\tau = -\frac{1}{4\pi}\frac{\partial}{\partial t}\int \frac{\mathbf{B} \times \hat{\boldsymbol{\mathscr{r}}}}{\mathscr{r}^2}\,\mathrm{d}\tau\,. \tag{7.18}$$

Wenn es die Symmetrie zulässt, können wir insbesondere alle Tricks anwenden, die wir vom Ampère'schen Gesetz in integraler Form kennen:

$$\oint \mathbf{B} \cdot \mathrm{d}\mathbf{l} = \mu_0 I_{\text{eing}}\,.$$

Allerdings handelt es sich nun um das *Faraday'sche* Gesetz in integraler Form

$$\oint \mathbf{E} \cdot \mathrm{d}\mathbf{l} = -\frac{\mathrm{d}\Phi}{\mathrm{d}t}\,. \tag{7.19}$$

Die zeitliche Änderung des (magnetischen) Flusses durch die Ampère'sche Schleife spielt hier dieselbe Rolle, die früher $\mu_0 I_{\text{eing}}$ innehatte.

14 Eine Diskussion dieses erstaunlichen Experiments findet sich in K. D. Hahn et al., *Am. J. Phys.* **66**, 1066 (1998) und G. Donoso, C. L. Ladera und P. Martin, *Am. J. Phys.* **79**, 193 (2011).

15 Magnetostatik gilt nur für zeitunabhängige Ströme, aber für $\partial \mathbf{B}/\partial t$ gibt es keine Einschränkung.

Beispiel 7.7: Induziertes elektrisches Feld

Ein gleichförmiges Magnetfeld $\mathbf{B}(t)$, das direkt nach oben zeigt, füllt das dunkel gefärbte kreisförmige Gebiet in Abbildung 7.25. Wenn sich $\mathbf{B}$ mit der Zeit verändert, wie sieht dann das induzierte elektrische Feld aus?

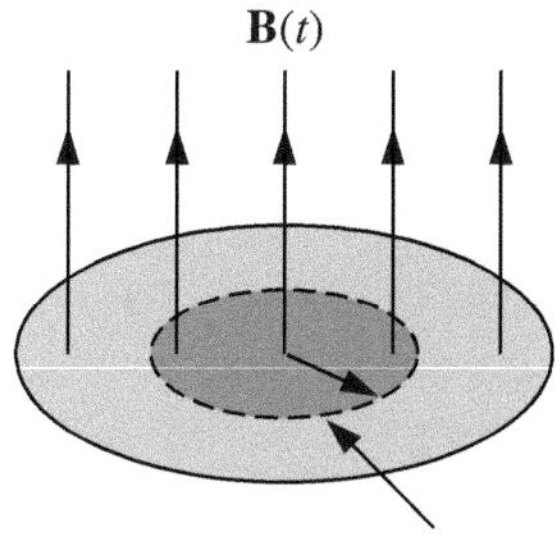

Abbildung 7.25

Lösung:

Wie das *magnetische* Feld im Inneren eines langen geraden Drahts mit gleichförmiger *Strom*dichte zeigt $\mathbf{E}$ in Richtung des Kreisumfangs. Zeichnen Sie eine Ampère'sche Schleife mit Radius s und wenden Sie das Faraday'sche Gesetz an:

$$\oint \mathbf{E} \cdot \mathrm{d}\mathbf{l} = E\,(2\pi s) = -\frac{\mathrm{d}\Phi}{\mathrm{d}t} = -\frac{\mathrm{d}}{\mathrm{d}t}\left(\pi s^2 B(t)\right) = -\pi s^2 \frac{\mathrm{d}B}{\mathrm{d}t} .$$

Daher ist

$$\mathbf{E} = -\frac{s}{2}\frac{\mathrm{d}B}{\mathrm{d}t}\hat{\varphi}$$

Wenn $\mathbf{B}$ ansteigt, verläuft $\mathbf{E}$ von oben gesehen im *Uhrzeigersinn.*

Beispiel 7.8: Feld eines rotierenden Rads

Eine Linienladung λ wird auf den Rand eines Rads mit Radius b aufgebracht, das dann, wie in Abbildung 7.26 dargestellt, horizontal so befestigt wird, dass es frei rotieren kann (die Speichen bestehen aus irgendeinem nichtleitenden Material, z. B. aus Holz). Im zentralen Bereich befindet sich, bis zu einem Radius a, ein gleichförmiges magnetisches Feld $\mathbf{B}_0$, das nach oben weist. Irgendjemand schaltet das Feld aus. Was geschieht?

Lösung:

Das sich ändernde magnetische Feld induziert ein elektrisches Feld, das um die Achse des Rads rotiert. Dieses elektrische Feld übt eine Kraft auf die am Rand befindlichen Ladungen aus, sodass sich das Rad zu drehen beginnt. Gemäß

Beispiel 7.8 (Fortsetzung)

der Lenz'schen Regel wird es rotieren; die Drehrichtung ist dabei so, dass sein Feld versucht, den nach oben gerichteten Fluss wiederherzustellen. Von oben gesehen dreht sich das Rad also im Gegenuhrzeigersinn.

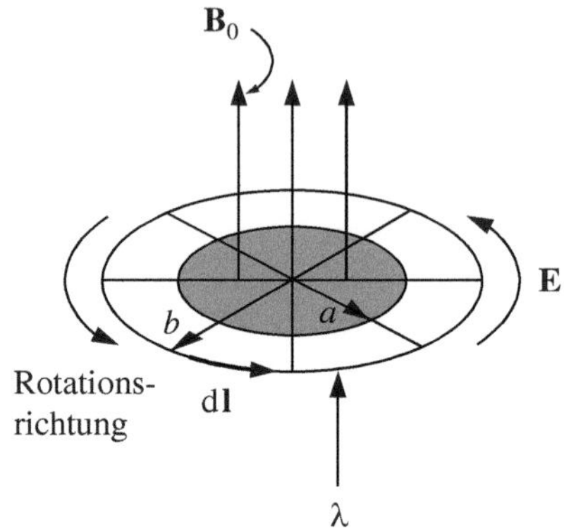

Abbildung 7.26

Auf die Schleife bei Radius b angewandt, besagt das Faraday'sche Gesetz

$$\oint \mathbf{E}\cdot \mathrm{d}\mathbf{l} = E(2\pi B) = -\frac{\mathrm{d}\Phi}{\mathrm{d}t} = -\pi a^2 \frac{\mathrm{d}B}{\mathrm{d}t}, \quad \text{oder} \quad \mathbf{E} = -\frac{a^2}{2b}\frac{\mathrm{d}B}{\mathrm{d}t}\hat{\boldsymbol{\phi}}\,.$$

Das Drehmoment auf ein Segment der Länge $\mathrm{d}l$ beträgt nun $(\mathbf{r}\times\mathbf{F})$ bzw. $b\lambda E\,\mathrm{d}l$. Das Gesamtdrehmoment auf das Rad beträgt daher

$$N = b\lambda\left(-\frac{a^2}{2b}\frac{\mathrm{d}B}{\mathrm{d}t}\right)\oint \mathrm{d}l = -b\lambda\pi a^2\frac{\mathrm{d}B}{\mathrm{d}t}\,,$$

und das auf das Rad übertragene Drehmoment beträgt

$$\int N\,\mathrm{d}t = -\lambda\pi a^2 b\int_{B_0}^{0}\mathrm{d}B = \lambda\pi a^2 bB_0\,.$$

Es spielt keine Rolle, wie schnell oder langsam Sie das Feld abschalten. Letztlich ist die Winkelgeschwindigkeit des Rads immer gleich. (Falls Sie sich nun fragen, woher dieser Drehimpuls *stammt*, dann sind Sie schon zu weit! Warten Sie auf das folgende Kapitel.)

Ein letztes Wort zu diesem Beispiel: Das *elektrische* Feld verursacht die Rotation. Um Sie davon zu überzeugen, habe ich die Dinge absichtlich so arrangiert, dass das magnetische Feld am Ort der Ladung (auf dem Rand) immer null ist. Der Experimentator wird Ihnen erzählen, dass er niemals ein elektrisches Feld eingebracht hat – er hat nur das magnetische Feld abgeschaltet. Aber genau dabei trat automatisch ein elektrisches Feld auf, und dieses elektrische Feld hat das Rad in Rotation versetzt.

Ich muss Sie nun vor einem kleinen Schwindel warnen, der vielen Anwendungen des Faraday'schen Gesetzes anhaftet. Die elektromagnetische Induktion tritt natürlich nur dann auf, wenn sich die magnetischen Felder *ändern*. Trotzdem wollen wir gern den Apparat der Magneto*statik* einsetzen (das Ampère'sche Gesetz, das Biot-Savart'sche Gesetz und all die anderen), um diese magnetischen Felder zu *berechnen*. Technisch gesehen ist jedes Ergebnis, das so gewonnen wird, nur näherungsweise richtig. In der Praxis ist der Fehler jedoch üblicherweise vernachlässigbar, es sei denn, das Feld würde extrem schnell oszillieren oder Sie interessieren sich für Punkte in großer Entfernung von der Quelle. Selbst der Fall eines Drahts, der durch eine Schere abgeschnitten wird (Aufgabe 7.18) ist *statisch genug*, dass das Ampère'sche Gesetz angewendet werden kann. Der Anwendungsbereich, in dem die Regeln der Magnetostatik benutzt werden können, um das magnetische Feld auf der rechten Seite des Faraday'schen Gesetzes zu berechnen, wird als **quasistatisch** bezeichnet. Allgemein gesagt müssen wir uns erst bei elektromagnetischen Wellen und Strahlung ernsthaft Gedanken über das Zusammenbrechen der Magnetostatik machen.

Beispiel 7.9: Induziertes elektrisches Feld eines langen Drahts

Ein unendlich langer grader Draht trägt einen sich langsam verändernden Strom $I(t)$. Bestimmen Sie das induzierte elektrische Feld als Funktion der Entfernung s vom Draht.[16]

Lösung:

In der quasistatischen Näherung ist das magnetische Feld $(\mu_0 I/2\pi s)$ und umkreist den Draht. Wie das **B**-Feld einer Spule verläuft **E** hier parallel zur Achse. Bei der rechtwinkligen „Ampère'schen Schleife" aus Abbildung 7.27 liefert das Faraday'sche Gesetz:

$$\oint \mathbf{E} \cdot \mathrm{d}\mathbf{l} = E(s_0)l - E(s)l = -\frac{\mathrm{d}}{\mathrm{d}t}\int \mathbf{B} \cdot \mathrm{d}\mathbf{a}$$

$$= -\frac{\mu_0 l}{2\pi}\frac{\mathrm{d}I}{\mathrm{d}t}\int_{s_0}^{s} \frac{1}{s'}\,\mathrm{d}s' = -\frac{\mu_0 l}{2\pi}\frac{\mathrm{d}I}{\mathrm{d}t}(\ln s - \ln s_0) \; .$$

16 Dieses Beispiel ist künstlich, nicht nur im üblichen Sinn (unendlich lange Drähte!), sondern in einem spitzfindigeren Sinn. Es nimmt an, dass der Strom (zu jedem beliebigen Zeitpunkt) den ganzen Draht entlang gleich bleibt. Bei den *kurzen* Drähten in typischen elektrischen Stromkreisen ist dies eine sichere Annahme, allerdings nicht bei (um in der Praxis zu bleiben) *langen* Drähten, etwa Überlandleitungen, es sei denn, Sie stellen einen verteilten und synchronisierten Mechanismus zur Verfügung, der den Strom treibt. Aber machen Sie sich keine Sorgen – das Problem besteht nicht darin, wie Sie einen solchen Strom *erzeugen* sollen, die Frage lautet nur, welche *Felder* entstehen würden, wenn Sie es *täten*. (Variationen dieses Problems werden in M. A. Heald, *Am. J. Phys.* **54**, 1142 (1986) und der darin genannten Literatur diskutiert.)

Beispiel 7.9 (Fortsetzung)

Daher ist

$$\mathbf{E}(s) = \left[\frac{\mu_0}{2\pi}\frac{\mathrm{d}I}{\mathrm{d}t}\ln s + K\right]\hat{\mathbf{z}}\,. \tag{7.20}$$

Hierin ist K eine Konstante (genau gesagt ist sie von s unabhängig – sie könnte immer noch von t abhängig sein). Der tatsächliche Wert von K hängt von der gesamten Historie der Funktion $I(t)$ ab – einige Beispiele dazu werden uns in Kapitel 10 begegnen.

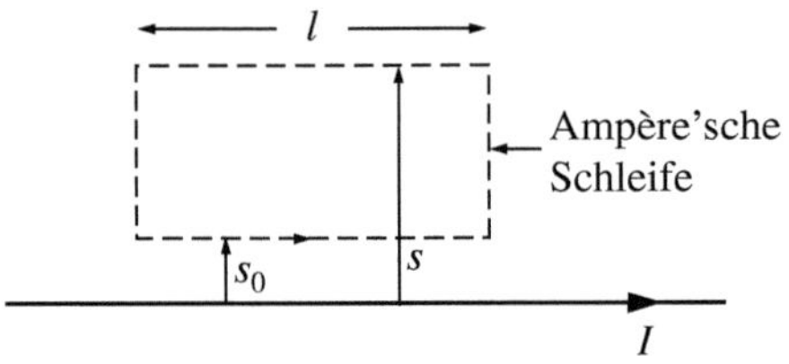

Abbildung 7.27

Gleichung 7.20 hat die seltsame Folgerung, dass E gigantisch ansteigt, sobald s gegen unendlich geht. Das kann nicht richtig sein ... Was ist falsch gelaufen? *Antwort*: Wir haben die Grenzen der quasistatischen Näherung überdehnt. Wie wir in Kapitel 9 sehen werden, breiten sich elektromagnetische Zustände mit Lichtgeschwindigkeit aus. Bei großen Entfernungen hängt **B** nicht vom *jetzigen* Strom ab, sondern von dem Strom *zu einem früheren Zeitpunkt* (genau genommen sogar von einem ganzen *Bündel* früherer Zeitpunkte, denn verschiedene Punkte auf dem Draht befinden sich auch in unterschiedlichen Entfernungen). Ist τ die Zeit, die I benötigt, um sich nennenswert zu ändern, dann sollte die quasistatische Näherung nur für

$$s \ll c\tau \tag{7.21}$$

gelten; daher kann Gleichung 7.20 bei extrem großen s einfach nicht angewendet werden.

Aufgabe 7.15

Eine lange Spule mit Radius a und n Windungen pro Längeneinheit trägt einen zeitabhängigen Strom $I(t)$, der in $\hat{\boldsymbol{\varphi}}$-Richtung fließt. Bestimmen Sie das elektrische Feld (Betrag und Richtung) in Entfernung s von der Achse (sowohl innerhalb als auch außerhalb der Spule) in der quasistatischen Näherung.

Aufgabe 7.16

Ein Wechselstrom $I = I_0 \cos(\omega t)$ fließt durch einen langen geraden Draht und kehrt durch eine koaxiale leitende Röhre mit Radius a zurück.

a. In welche Richtung zeigt das induzierte elektrische Feld (radial, entlang des Umkreises oder longitudinal)?

b. Nehmen Sie an, dass das Feld für $s \to \infty$ gegen null geht, und bestimmen Sie $\mathbf{E}(s,t)$.

[Übrigens ist dies keinesfalls die Art und Weise, in der sich koaxiale Kabel tatsächlich verhalten, wie wir in Fußnote 16 bereits erfahren haben. Eine realistischere Behandlung finden Sie in Abschnitt 9.5.3 bzw. in J. G. Cherveniak, *Am. J. Phys.* **54**, 946 (1986).]

Aufgabe 7.17

Eine lange Spule mit Radius a und n Windungen pro Längeneinheit ist, wie in Abbildung 7.28 zu sehen, von einer Leiterschleife umgeben, deren Widerstand R beträgt.

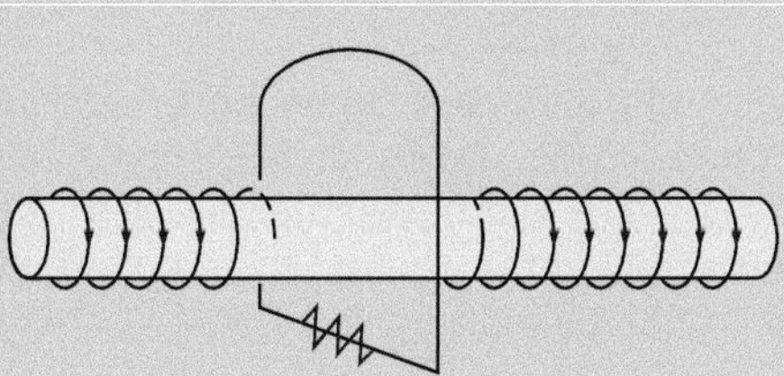

Abbildung 7.28

a. Welcher Strom fließt durch die Schleife, wenn der Strom in der Spule mit konstanter Geschwindigkeit ansteigt ($\mathrm{d}I/\mathrm{d}t = k$), und in welcher Richtung (nach links oder rechts) fließt er durch den Widerstand?

b. Welche Gesamtladung strömt durch den Widerstand, wenn der Strom I in der Spule konstant bleibt, aber die Spule aus der Schleife herausgezogen wird, umgedreht wird und wieder hineingeschoben wird?

Aufgabe 7.18

Eine quadratische Schleife mit Kantenlänge a und Widerstand R befindet sich in einer Entfernung s von einem unendlich langen geraden Draht, durch den der Strom I fließt (Abbildung 7.29). Nun durchschneidet jemand den Draht, sodass der Strom I auf null fällt. In welche Richtung fließt der induzierte Strom in der quadratischen Schleife, und welche Gesamtladung passiert einen gegebenen Punkt in der Schleife während der Zeit, in der dieser Strom fließt? Falls Ihnen das Modell mit der Schere nicht behagt, lassen Sie den Strom allmählich abklingen:

$$I(t) = \begin{cases} (1-\alpha t)I & \text{für} \quad 0 \le t \le 1/\alpha\,, \\ 0 & \text{für} \quad t > 1/\alpha\,. \end{cases}$$

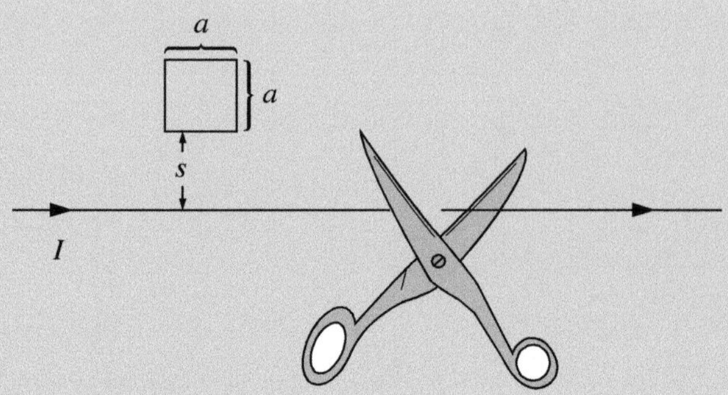

Abbildung 7.29

Aufgabe 7.19

Eine Ringspule hat einen rechtwinkligen Querschnitt, wobei der Innenradius a, der Außenradius $a+w$ und die Höhe h beträgt. Sie weist N eng gewundene Windungen auf, und der Strom steigt mit konstanter Geschwindigkeit $(\mathrm{d}I/\mathrm{d}t = k)$. Bestimmen Sie das elektrische Feld in einem Punkt z oberhalb des Mittelpunkts der Ringspule unter der Annahme, dass w und h viel kleiner als a sind.

[*Hinweis*: Benutzen Sie die Analogie zwischen Faraday'schen Feldern und magnetostatischen Feldern und beziehen Sie sich auf Beispiel 5.6.]

Aufgabe 7.20

Wo ist $\partial\mathbf{B}/\partial t$ in Abbildung 7.21b ungleich null? Nutzen Sie die Analogie zwischen dem Faraday'schen Gesetz und dem Ampère'schen Gesetz aus, um das elektrische Feld (qualitativ) zu skizzieren.

Aufgabe 7.21

Stellen Sie sich ein gleichförmiges Magnetfeld vor, das in die z-Richtung zeigt und den ganzen Raum erfüllt ($\mathbf{B} = B_0\hat{\mathbf{z}}$). Am Ursprung befindet sich eine Testladung in Ruhe. Nun schaltet jemand das Magnetfeld ab und induziert damit ein elektrisches Feld. In welche Richtung bewegt sich die Ladung?[17]

7.2.3 Induktivität

Sie haben zwei ruhende Drahtschleifen (Abbildung 7.30). Wenn Sie einen stationären Strom I_1 durch Schleife 1 fließen lassen, erzeugt er ein magnetisches Feld $\mathbf{B}_1$. Einige der Feldlinien durchqueren Schleife 2, wobei Φ_2 der Fluss von $\mathbf{B}_1$ durch 2 darstellt. Es dürfte Ihnen ziemliche Schwierigkeiten bereiten, $\mathbf{B}_1$ tatsächlich zu *berechnen*, doch ein einziger Blick auf das Biot-Savart'sche Gesetz

$$\mathbf{B}_1 = \frac{\mu_0}{4\pi} I_1 \oint \frac{\mathrm{d}\mathbf{l}_1 \times \hat{\boldsymbol{\mathscr{r}}}}{\mathscr{r}^2}$$

17 Dieses Paradoxon wurde von Tom Colbert vorgeschlagen. Beziehen Sie sich auf Aufgabe 2.55.

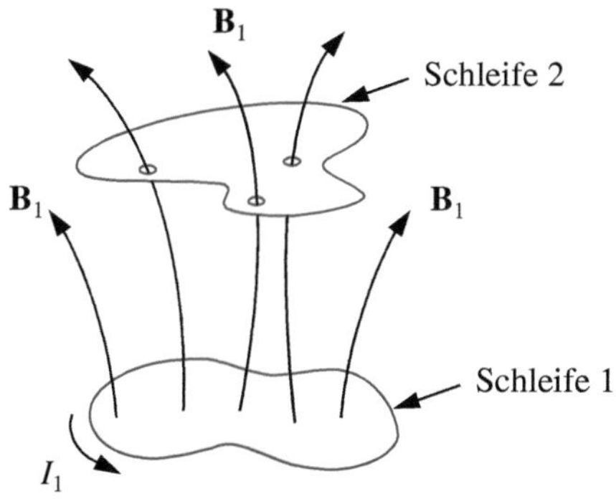

Abbildung 7.30

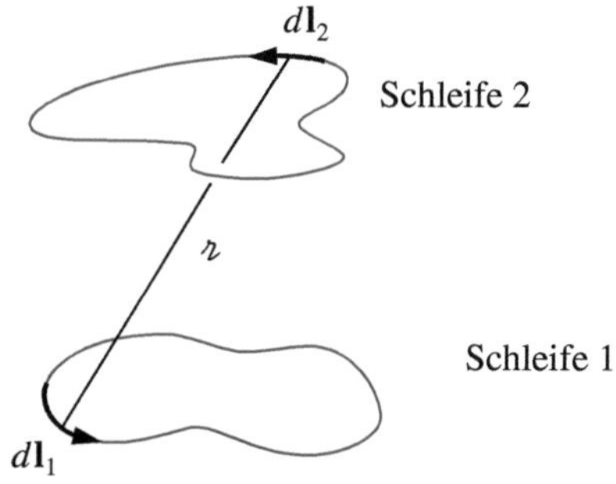

Abbildung 7.31

enthüllt eine wichtige Tatsache über dieses Feld: *Es ist proportional zum Strom* I_1. Die gleiche Proportionalität zeigt der Fluss durch Schleife 2:

$$\Phi_2 = \int \mathbf{B}_1 \cdot \mathrm{d}\mathbf{a}_2 \,.$$

Also ist

$$\Phi_2 = M_{21} I_1 \tag{7.22}$$

mit der Proportionalitätskonstante M_{21}, die als **Gegeninduktivität** beider Schleifen bezeichnet wird.

Es gibt eine nette Formel für die Gegeninduktivität, die Sie herleiten können, indem Sie den Fluss durch das Vektorpotential ausdrücken und den Stokes'schen Satz anwenden:

$$\Phi_2 = \int \mathbf{B}_1 \cdot \mathrm{d}\mathbf{a}_2 = \int (\nabla \times \mathbf{A}_1) \cdot \mathrm{d}\mathbf{a}_2 = \oint \mathbf{A}_1 \cdot \mathrm{d}\mathbf{l}_2 \,.$$

Nun ist gemäß Gleichung 5.66

$$\mathbf{A}_1 = \frac{\mu_0 I_1}{4\pi} \oint \frac{\mathrm{d}\mathbf{l}_1}{\mathscr{r}}$$

und daher

$$\Phi_2 = \frac{\mu_0 I_1}{4\pi} \oint \left(\oint \frac{\mathrm{d}\mathbf{l}_1}{\mathscr{r}} \right) \cdot \mathrm{d}\mathbf{l}_2 \,.$$

Offensichtlich ist

$$M_{21} = \frac{\mu_0}{4\pi} \oint \oint \frac{\mathrm{d}\mathbf{l}_1 \cdot \mathrm{d}\mathbf{l}_2}{\mathscr{r}} \,. \tag{7.23}$$

Dies ist die sogenannte **Neumann-Formel**. Sie enthält ein doppeltes Linienintegral das eine für die Integration um Schleife 1, das andere für Schleife 2 (Abbildung 7.31). Für praktische Rechnungen ist sie nicht besonders nützlich, verrät aber zwei wichtige Eigenschaften der Gegeninduktivität:

1. M_{21} ist eine rein geometrische Größe, die mit Ausdehnung, Form und relativen Abständen der beiden Schleifen zu tun hat.
2. Das Integral in Gleichung 7.23 ändert sich nicht, wenn wir die Rollen von Schleife 1 und 2 vertauschen. Daraus folgt, dass

$$M_{21} = M_{12} \,. \tag{7.24}$$

Dies ist eine erstaunliche Schlussfolgerung: *Welche Formen und Positionen die Schleifen auch besitzen, der Fluss durch 2, der entsteht, wenn wir einen Strom I durch 1 fließen lassen, ist mit dem Fluss durch 1 identisch, der entsteht, wenn wir denselben Strom I durch 2 fließen lassen.* Wir können die Indizes ohne Weiteres fallen lassen und das Ganze einfach M nennen.

Beispiel 7.10: Fluss in einer langen Spule

Eine kurze Spule (mit Länge l, Radius a sowie n_1 Windungen pro Längeneinheit) liegt, wie Abbildung 7.32 zeigt, auf der Achse einer sehr langen Spule (mit Radius b sowie n_2 Windungen pro Längeneinheit). Der Strom I fließt in die kurze Spule. Welcher Fluss liegt in der langen Spule vor?

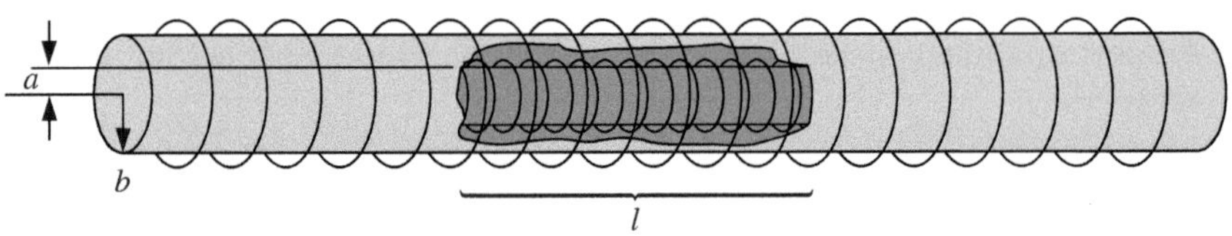

Abbildung 7.32

Lösung:

Da die innere Spule kurz ist, weist sie ein sehr kompliziertes Feld auf. Darüber hinaus sendet sie einen unterschiedlichen Fluss durch jede Windung der äußeren Spule. Es wäre eine *elende* Aufgabe, den gesamten Fluss auf diese Weise zu berechnen. Wenn wir jedoch die Gleichheit der Gegeninduktivitäten ausnutzen, wird das Problem sehr einfach. Betrachten Sie einfach die umgekehrte Situation: Lassen Sie den Strom I durch die *äußere* Spule fließen und berechnen Sie den Fluss für die *innere* Spule. Innerhalb der langen Spule ist das Feld konstant (Gleichung 5.59):

$$B = \mu_0 n_2 I \,,$$

daher ist der Fluss durch eine einzelne Windung der kurzen Spule

$$B\pi a^2 = \mu_0 n_2 I \pi a^2 \,.$$

Insgesamt gibt es $n_1 l$ Windungen, daher lautet der gesamte Fluss durch die innere Spule:

$$\Phi = \mu_0 \pi a^2 n_1 n_2 l I \,.$$

Beispiel 7.10 (Fortsetzung)

Dies ist auch der Fluss, den ein Strom I in der kurzen Spule durch die *lange* Spule senden würde. Das genau wollten wir herausfinden. Übrigens lautet die Gegeninduktivität in diesem Fall

$$M = \mu_0 \pi a^2 n_1 n_2 l\,.$$

Nehmen Sie nun an, dass Sie den Strom in Schleife 1 *verändern*. Der Fluss durch Schleife 2 verändert sich in gleicher Weise, und nach dem Faraday'schen Gesetz induziert dieser veränderliche Fluss eine elektromotorische Kraft in Schleife 2:

$$\mathcal{E}_2 = -\frac{\mathrm{d}\Phi_2}{\mathrm{d}t} = -M\frac{\mathrm{d}I_1}{\mathrm{d}t}\,. \tag{7.25}$$

(Beim Rückgriff auf Gleichung 7.22 – die auf dem Biot-Savart'schen Gesetz basiert – habe ich stillschweigend angenommen, dass sich die Ströme so langsam verändern, dass die Anordnung als quasistatisch betrachtet werden kann.) Das ist wirklich bemerkenswert: Jedes Mal, wenn Sie den Strom in Schleife 1 verändern, fließt durch Schleife 2 ein induzierter Strom – sogar wenn sie durch keinerlei Drähte miteinander verbunden sind!

Wenn wir darüber nachdenken, dann induziert ein veränderlicher Strom nicht nur eine elektromotorische Kraft in jeder anderen Schleife in der Nähe, er induziert zudem eine elektromotorische Kraft in der Ausgangsschleife *selbst* (Abbildung 7.33). Wieder einmal ist das Feld (und damit auch der Fluss) dem Strom proportional:

$$\Phi = LI\,. \tag{7.26}$$

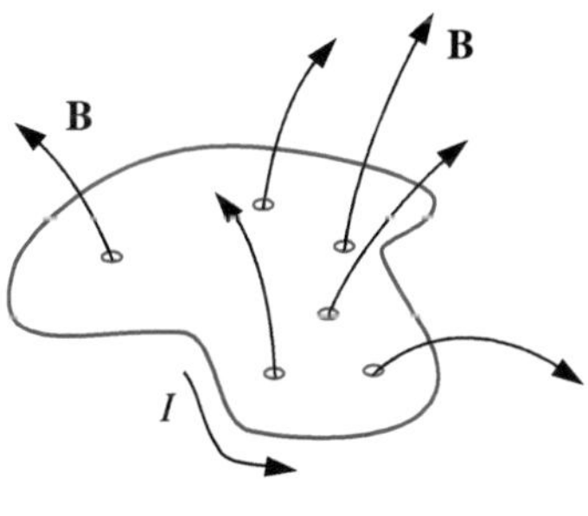

Abbildung 7.33

Die Proportionalitätskonstante L wird als **Selbstinduktivität** (oder als **Selbstinduktion** bzw. **Induktivität**) der Schleife bezeichnet. Wie bei M hängt sie von der Geometrie (Form und Ausdehnung) der Schleife ab. Verändert sich der Strom, dann beträgt die in dieser Schleife induzierte elektromotorische Kraft:

$$\mathcal{E} = -L\frac{\mathrm{d}I}{\mathrm{d}t}\,. \tag{7.27}$$

Die Induktivität wird in **Henry** (H) gemessen. Ein Henry ist eine Voltsekunde pro Ampere.

Beispiel 7.11: Selbstinduktivität einer Ringspule

Bestimmen Sie die Selbstinduktivität einer Ringspule mit rechtwinkligem Querschnitt (mit Innenradius a, Außenradius b und Höhe h), die insgesamt N Windungen aufweist.

Lösung:

Das magnetische Feld innerhalb der Ringspule ist gemäß Gleichung 5.60

$$B = \frac{\mu_0 NI}{2\pi s} .$$

Der Fluss durch eine einzelne Windung (Abbildung 7.34) ist

$$\int \mathbf{B} \cdot d\mathbf{a} = \frac{\mu_0 NI}{2\pi} h \int_a^b \frac{1}{s} ds = \frac{\mu_0 NIh}{2\pi} \ln\left(\frac{b}{a}\right) .$$

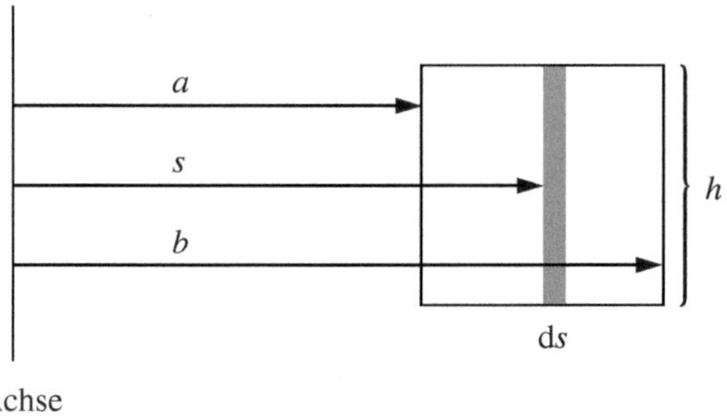

Abbildung 7.34

Der *gesamte* Fluss beträgt das N-fache dieses Werts, daher ist die Selbstinduktivität (Gleichung 7.26)

$$L = \frac{\mu_0 N^2 h}{2\pi} \ln\left(\frac{b}{a}\right) . \tag{7.28}$$

Die Induktivität ist (wie die Kapazität) an sich eine *positive* Größe. Nach der Lenz'schen Regel, die in Gleichung 7.27 durch das Minuszeichen erzwungen wird, muss die elektromotorische Kraft in eine solche Richtung wirken, dass sie *jeder Änderung des Stroms entgegenwirkt.* Aus diesem Grund wird sie als **gegenelektromotorische Kraft** bezeichnet. Immer wenn Sie den Strom in einem Draht verändern wollen, müssen Sie gegen diese gegenelektromotorische Kraft ankämpfen. Daher spielt die Selbstinduktivität in elektrischen Stromkreisen in gewisser Weise dieselbe Rolle, welche die *Masse* in mechanischen Systemen spielt: Je größer L, desto schwieriger kann der Strom verändert werden. In ähnlicher Weise wird es immer schwieriger, die Geschwindigkeit eines Objekts zu verändern, je größer die Masse ist.

Beispiel 7.12: Gegenelektromotorische Kraft

Ein Strom I durchfließt eine Schleife, als jemand plötzlich den Draht zerschneidet. Der Strom fällt „sofort" auf null. Dies erzeugt eine kolossale gegenelektromotorische Kraft, denn selbst wenn I sehr klein ist, so ist doch $\mathrm{d}I/\mathrm{d}t$ enorm groß. Deshalb ziehen Sie oft einen Funken, wenn Sie ein Bügeleisen oder einen Toaster vom Stromnetz abziehen. Die elektromagnetische Induktion versucht verzweifelt, den Strom am Laufen zu halten, selbst wenn sie dazu eine Unterbrechung im Stromkreis überspringen muss.

Nichts so Dramatisches geschieht, wenn Sie ein Bügeleisen oder einen Toaster *an*schließen. In diesem Fall stemmt sich die Induktion dem plötzlichen Strom*anstieg* entgegen und strebt einen allmählichen und kontinuierlichen Stromaufbau an. Nehmen Sie beispielsweise an, dass eine Batterie (die eine konstante elektromotorische Kraft $\mathcal{E}_0$ liefert) an einen Stromkreis mit dem Widerstand R und der Selbstinduktivität L angeschlossen ist (Abbildung 7.35). Welcher Strom fließt?

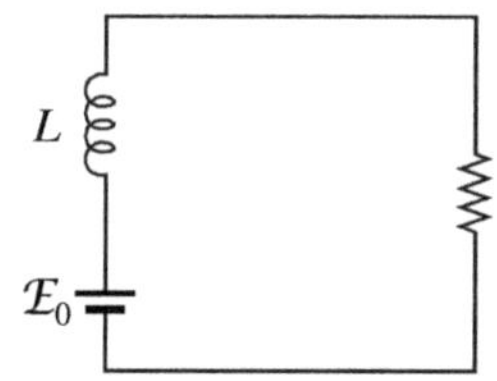

Abbildung 7.35

Lösung:

Die gesamte elektromotorische Kraft in diesem Stromkreis besteht aus derjenigen der Batterie plus derjenigen, die von der Selbstinduktivität herrührt. Das Ohm'sche Gesetz besagt dann[18]

$$\mathcal{E}_0 - L\frac{\mathrm{d}I}{\mathrm{d}t} = IR\,.$$

Dies ist eine Differentialgleichung erster Ordnung in I als Funktion der Zeit. Deren allgemeine Lösung lautet, wie Sie sich leicht ausrechnen können,

$$I(t) = \frac{\mathcal{E}_0}{R} + k\mathrm{e}^{-(R/L)t}\,,$$

mit einer Konstanten k, die durch die Anfangsbedingungen festgelegt wird. Wird insbesondere der Stromkreis zur Zeit $t = 0$ geschlossen (wodurch $I(0) = 0$ ist), dann besitzt k den Wert $-\mathcal{E}_0/R$ und

$$I(t) = \frac{\mathcal{E}_0}{R}\left[1 - \mathrm{e}^{-(R/L)t}\right]. \tag{7.29}$$

Diese Funktion ist in Abbildung 7.36 dargestellt. Gäbe es in diesem Stromkreis keine Selbstinduktivität, wäre der Strom sofort auf den Wert $\mathcal{E}_0/R$ gesprungen.

Beispiel 7.12 (Fortsetzung)

Im Alltag hat *jeder* Stromkreis eine gewisse Selbstinduktivität, wodurch der Strom den Wert $\mathcal{E}_0/R$ nur asymptotisch erreicht. Die Größe $\tau \equiv L/R$ wird als **Zeitkonstante** bezeichnet. Sie besagt, in welcher Zeit der Strom einen wesentlichen Anteil (üblicherweise etwa zwei Drittel) des endgültigen Werts erreicht.

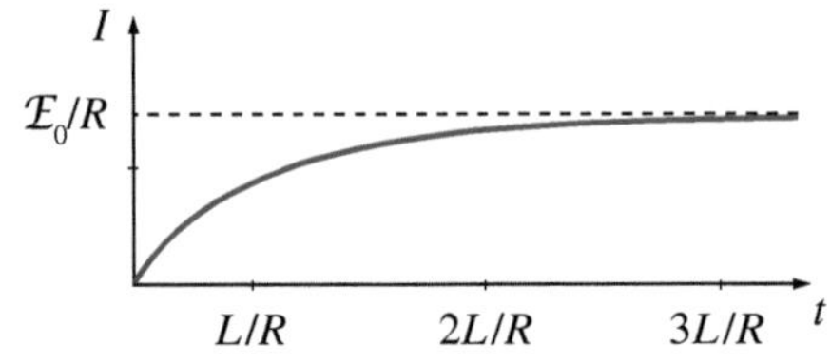

Abbildung 7.36

■ Aufgabe 7.22

Eine kleine Drahtschleife (mit Radius a) befindet sich, wie in Abbildung 7.37 dargestellt, in der Entfernung z oberhalb des Mittelpunkts einer großen Schleife (mit Radius b). Die Ebenen der beiden Schleifen sind zueinander parallel und stehen senkrecht auf der gemeinsamen Achse.

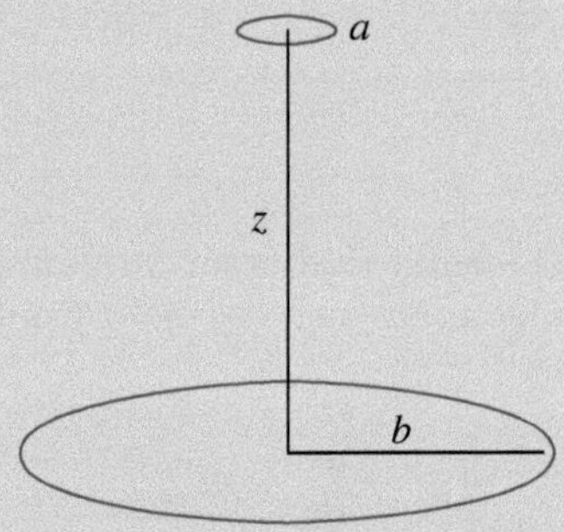

Abbildung 7.37

a. Nehmen Sie an, der Strom I fließt in der großen Schleife. Bestimmen Sie den Fluss durch die kleine Schleife. (Diese Schleife ist so winzig, dass Sie das Feld der großen Schleife als im Wesentlichen konstant betrachten dürfen.)

b. Nehmen Sie an, der Strom I fließt in der kleinen Schleife. Bestimmen Sie den Fluss durch die große Schleife. (Die kleine Schleife ist so winzig, dass Sie sie als magnetischen Dipol betrachten dürfen.)

c. Bestimmen Sie die Gegeninduktivitäten und bestätigen Sie, dass $M_{12} = M_{21}$ ist.

18 Beachten Sie, dass $-L(\mathrm{d}I/\mathrm{d}t)$ auf die *linke* Seite der Gleichung gehört – es ist Teil der elektromotorischen Kraft, die (zusammen mit $\mathcal{E}_0$) die Spannung über dem Widerstand verursacht (Gleichung 7.10).

Aufgabe 7.23

Eine quadratische Drahtschleife mit Kantenlänge a befindet sich in der Mitte zwischen zwei langen Drähten, deren Abstand $3a$ beträgt. Sie liegt in derselben Ebene wie die Drähte. (Im Grunde genommen sind die langen Drähte die Seiten einer großen rechteckigen Schleife, die kurzen Seiten befinden sich jedoch in so großer Entfernung, dass sie hier vernachlässigt werden können.) Ein im Uhrzeigersinn fließender Strom I in der quadratischen Schleife steigt allmählich an: $\mathrm{d}I/\mathrm{d}t = k$ (eine Konstante). Bestimmen Sie die elektromotorische Kraft, die in der großen Schleife induziert wird. In welche Richtung wird der induzierte Strom fließen?

Aufgabe 7.24

Bestimmen Sie die Selbstinduktivität pro Längeneinheit einer langen Spule mit Radius R, die n Windungen pro Längeneinheit aufweist.

Aufgabe 7.25

Versuchen Sie die Selbstinduktivität der in Abbildung 7.38 dargestellten haarnadelförmigen Schleife zu berechnen. (Vernachlässigen Sie die Beiträge der Enden. Der größte Teil des Flusses stammt von den langen geraden Abschnitten.) Sie werden auf Schwierigkeiten stoßen, die ein Merkmal vieler Selbstinduktionsberechnungen sind. Um eine endgültige Antwort zu erhalten, dürfen Sie annehmen, dass der Draht den winzigen Radius ε besitzt, und jeden Fluss vernachlässigen, der durch den Draht selbst geht.

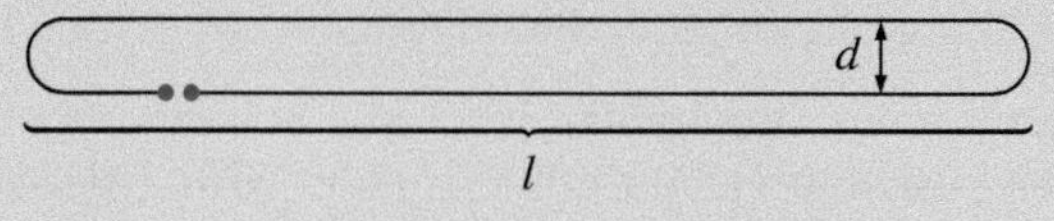

Abbildung 7.38

Aufgabe 7.26

Ein Wechselstrom $I_0 \cos(\omega t)$ (mit der Amplitude 0,5 A und einer Frequenz 60 Hz) fließt durch einen langen geraden Draht, der durch die Achse einer Ringspule mit rechtwinkligem Querschnitt verläuft (der Innenradius beträgt 1 cm, der Außenradius 2 cm, die Höhe 1 cm; es sind 1000 Windungen vorhanden). Die Spule ist an einem Widerstand von 500 Ω angeschlossen.

a. Welche elektromotorische Kraft wird nach der quasistatischen Näherung in der Spule induziert? Bestimmen Sie den Strom $I_r(t)$ im Widerstand.

b. Berechnen Sie die gegenelektromotorische Kraft in der Spule aufgrund des Stroms $I_r(t)$. Welches Verhältnis weisen in (a) die gegenelektromotorische Kraft und die „direkte" elektromotorische Kraft auf?

Aufgabe 7.27

Ein Kondensator C wird auf das Potential V aufgeladen und an eine Induktivität L angeschlossen, wie in Abbildung 7.39 schematisch dargestellt. Zur Zeit $t = 0$ wird der Schalter S geschlossen. Bestimmen Sie den Strom im Stromkreis als Funktion der Zeit. Wie verändert sich Ihre Antwort, wenn ein Widerstand R mit C und L in Reihe geschaltet wird?

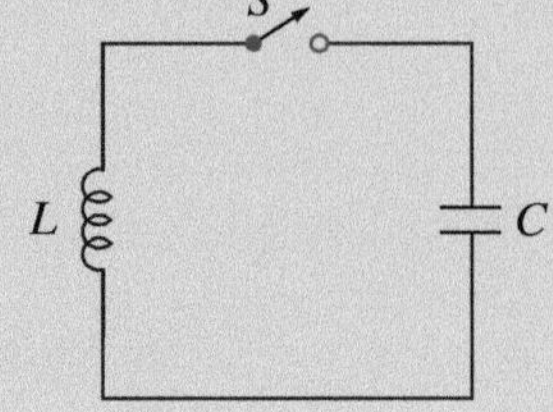

Abbildung 7.39

7.2.4 Energie in Magnetfeldern

Damit in einem Stromkreis ein Strom zu fließen beginnt, ist ein gewisser *Energie*betrag notwendig. Ich meine hier nicht die Energie, die im Widerstand in Wärme umgewandelt wird – soweit es den Stromkreis betrifft, ist diese Energie unwiederbringlich verloren, egal ob sie groß oder klein ist, je nachdem, wie lange Sie den Strom laufen lassen. Ich rede hier vielmehr von der Arbeit, die *Sie gegen die gegenelektromotorische Kraft* aufwenden müssen, um den Strom in Gang zu setzen. Bei ihr handelt es sich um einen *festen* Betrag, und er kann *wiedergewonnen* werden: Sie erhalten ihn zurück, sobald Sie den Strom abschalten. Bis zu diesem Zeitpunkt handelt es sich um Energie, die latent im Stromkreis steckt. Wie wir in Kürze sehen werden, handelt es in einem gewissen Sinne um Energie, die im Magnetfeld gespeichert ist.

Die Arbeit, die während eines Durchlaufs durch die Schleife an einer Ladungseinheit gegen die gegenelektromotorische Kraft verrichtet wird, beträgt $-\mathcal{E}$ (das Minuszeichen berücksichtigt, dass dies die Arbeit ist, die *von Ihnen gegen* die elektromotorische Kraft verrichtet werden muss – es handelt sich nicht um die Arbeit, die von der elektromotorischen Kraft selbst verrichtet wird). Die Ladungsmenge, die pro Zeiteinheit durch den Draht fließt, ist I. Die gesamte Arbeit pro Zeiteinheit ist daher

$$\frac{\mathrm{d}W}{\mathrm{d}t} = -\mathcal{E}I = LI\frac{\mathrm{d}I}{\mathrm{d}t} .$$

Wenn wir mit einem Strom der Stärke null beginnen und ihn bis zu einer endgültigen Stärke I anwachsen lassen, dann beträgt die Arbeit (die wir durch Integration der letzten Gleichung über die Zeit erhalten)

$$W = \frac{1}{2}LI^2 . \tag{7.30}$$

Sie hängt nicht davon ab, wie lange wir brauchen, um den Strom anzukurbeln, nur von der Geometrie der Schleife (in Form des L) sowie dem endgültigen Strom I.

Es gibt einen angenehmeren Weg, um W auszudrücken, der den Vorteil hat, dass er sich für Oberflächen- und Volumenströme leicht verallgemeinern lässt. Wie bereits erwähnt, ist der Fluss Φ durch die Schleife gleich LI (Gleichung 7.26). Andererseits

$$\Phi = \int_{\mathcal{S}} \mathbf{B} \cdot d\mathbf{a} = \int_{\mathcal{S}} (\nabla \times \mathbf{A}) \cdot d\mathbf{a} = \oint_{\mathcal{P}} \mathbf{A} \cdot d\mathbf{l} ,$$

wobei $\mathcal{P}$ der Umfang der Schleife und $\mathcal{S}$ eine beliebige Oberfläche ist, die von $\mathcal{P}$ begrenzt wird. Daher gilt

$$LI = \oint \mathbf{A} \cdot d\mathbf{l}$$

und damit

$$W = \frac{1}{2} I \oint \mathbf{A} \cdot d\mathbf{l} .$$

Auch I könnte ohne Weiteres ein Vektor sein, dann lautet diese Gleichung

$$W = \frac{1}{2} \oint (\mathbf{A} \cdot \mathbf{I})\, dl . \tag{7.31}$$

In dieser Form ist die Verallgemeinerung auf Volumenströme offensichtlich:

$$W = \frac{1}{2} \int_{\mathcal{V}} (\mathbf{A} \cdot \mathbf{J})\, d\tau . \tag{7.32}$$

Wir können das auch noch besser und drücken W vollständig durch das magnetische Feld aus: Durch das Ampère'sche Gesetz und $\nabla \times \mathbf{B} = \mu_0 \mathbf{J}$ können wir $\mathbf{J}$ eliminieren:

$$W = \frac{1}{2\mu_0} \int \mathbf{A} \cdot (\nabla \times \mathbf{B})\, d\tau . \tag{7.33}$$

Durch partielle Integration können wir die Ableitung von $\mathbf{B}$ auf $\mathbf{A}$ übertragen. Insbesondere besagt die Produktregel 6 (vordere Umschlaginnenseite)

$$\nabla \cdot (\mathbf{A} \times \mathbf{B}) = \mathbf{B} \cdot (\nabla \times \mathbf{A}) - \mathbf{A} \cdot (\nabla \times \mathbf{B}) ,$$

also ist

$$\mathbf{A} \cdot (\nabla \times \mathbf{B}) = \mathbf{B} \cdot \mathbf{B} - \nabla \cdot (\mathbf{A} \times \mathbf{B}) .$$

Folglich haben wir

$$\begin{aligned} W &= \frac{1}{2\mu_0} \left[\int B^2\, d\tau - \int \nabla \cdot (\mathbf{A} \times \mathbf{B})\, d\tau \right] \\ &= \frac{1}{2\mu_0} \left[\int_{\mathcal{V}} B^2\, d\tau - \oint_{\mathcal{S}} (\mathbf{A} \times \mathbf{B})\, d\mathbf{a} \right] , \end{aligned} \tag{7.34}$$

wobei $\mathcal{S}$ die Oberfläche ist, die das Volumen $\mathcal{V}$ umgibt.

Die Integration in Gleichung 7.32 muss über das *gesamte Volumen* durchgeführt werden, *das vom Strom ausgefüllt wird.* Aber auch jede größere Region ist geeignet, denn dort ist $\mathbf{J}$ sowieso null. Je größer die Region ist, die wir in Gleichung 7.34 auswählen, desto größer ist der Beitrag des Volumenintegrals und desto kleiner ist der Beitrag des

Flächenintegrals (das klingt sinnvoll: In dem Maße, in dem sich die Oberfläche vom Strom entfernt, nehmen sowohl **A** als auch **B** ab). Wenn wir uns insbesondere darauf einigen, über den *gesamten* Raum zu integrieren, dann wird das Flächenintegral null, und wir erhalten

$$W = \frac{1}{2\mu_0} \int_{\text{gesamter Raum}} B^2 \, d\tau . \tag{7.35}$$

Angesichts dieses Ergebnisses dürfen wir behaupten, dass „die Energie im magnetischen Feld gespeichert ist“ und zwar mit $(B^2/2\mu_0)$ pro Volumeneinheit. Dies ist eine angenehme Vorstellung, obwohl jemand, der Gleichung 7.32 vor Augen hat, eher behaupten würde, dass die Energie in der *Stromverteilung* gespeichert ist, und zwar mit $\frac{1}{2}(\mathbf{A} \cdot \mathbf{J})$ pro Volumeneinheit. Der Unterschied besteht in der Buchhaltung: Die wesentliche Größe ist die Gesamtenergie W, und wir müssen uns nicht darum kümmern, wo (falls überhaupt) die Energie „sich befindet“.

Vielleicht kommt es Ihnen seltsam vor, dass Energie notwendig ist, um ein Magnetfeld zu erzeugen – schließlich verrichten Magnetfelder *selbst* keine Arbeit. Der Punkt ist: Die Erzeugung eines Magnetfelds an einem Ort, an dem sich vorher keines befand, erfordert eine *Änderung* des Felds – und ein veränderliches **B**-Feld induziert gemäß Faraday ein *elektrisches* Feld. Dieses *kann* jedoch Arbeit verrichten. Zu Beginn gibt es kein **E**, und am Ende gibt es ebenfalls kein **E**. Während sich jedoch **B** aufbaut, gibt es ein **E** – und gegen *dieses* Feld wird die Arbeit verrichtet. (Sie sehen nun, warum ich in Kapitel 5 die in einem magnetostatischen Feld gespeicherte Energie nicht berechnen konnte.) Vor diesem Hintergrund ist es außergewöhnlich, wie sehr die magnetischen Energieformeln ihren elektrostatischen Gegenstücken ähneln:

$$W_{\text{elektrisch}} = \frac{1}{2}\int (V\rho)\, d\tau = \frac{\varepsilon_0}{2}\int E^2 \, d\tau \qquad (2.43 \text{ und } 2.45)\,,$$

$$W_{\text{magnetisch}} = \frac{1}{2}\int (\mathbf{A} \cdot \mathbf{J})\, d\tau = \frac{1}{2\mu_0}\int B^2 \, d\tau \qquad (7.32 \text{ und } 7.35)\,.$$

Beispiel 7.13: Magnetische Energie eines Koaxialkabels

Ein langes Koaxialkabel wie in Abbildung 7.40 trägt den Strom I (dieser fließt an der Oberfläche des inneren Zylinders mit Radius a in einer Richtung und kehrt am äußeren Zylinder mit Radius b zurück). Bestimmen Sie die magnetische Energie, die in einem Abschnitt der Länge l gespeichert ist.

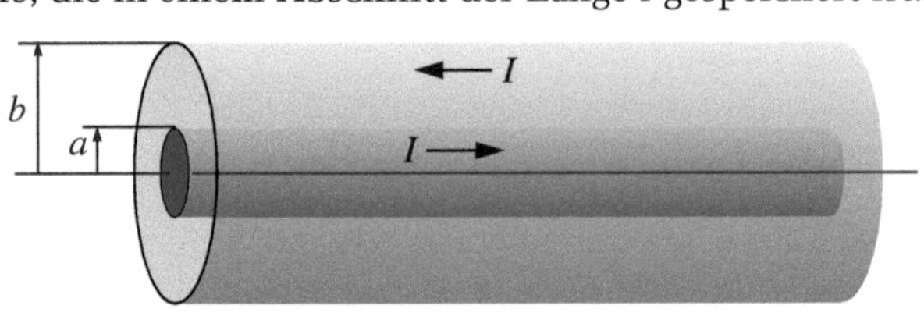

Abbildung 7.40

Beispiel 7.13 (Fortsetzung)

Lösung:

Gemäß dem Ampère'schen Gesetz beträgt das Feld zwischen den Zylindern

$$\mathbf{B} = \frac{\mu_0 I}{2\pi s}\hat{\boldsymbol{\varphi}} \, .$$

An anderen Stellen ist das Feld null. Die Energie pro Volumeneinheit ist daher

$$\frac{1}{2\mu_0}\left(\frac{\mu_0 I}{2\pi s}\right)^2 = \frac{\mu_0 I^2}{8\pi^2 s^2} \, .$$

Die Energie in einer zylinderförmigen Schale mit Länge l, Radius s und Dicke $\mathrm{d}s$ ist daher

$$\left(\frac{\mu_0 I^2}{8\pi^2 s^2}\right) 2\pi l s \,\mathrm{d}s = \frac{\mu_0 I^2 l}{4\pi}\left(\frac{\mathrm{d}s}{s}\right) \, .$$

Durch Integration von a nach b erhalten wir

$$W = \frac{\mu_0 I^2 l}{4\pi} \ln\left(\frac{b}{a}\right) \, .$$

Dies legt übrigens auch einen sehr einfachen Weg nahe, um die Selbstinduktivität eines Kabels zu berechnen. Gemäß Gleichung 7.30 kann die Energie auch durch $\frac{1}{2}LI^2$ ausgedrückt werden. Vergleichen wir die beiden Ausdrücke,[19] dann erhalten wir

$$L = \frac{\mu_0 l}{2\pi} \ln\left(\frac{b}{a}\right) \, .$$

Diese Methode zur Berechnung der Selbstinduktivität ist besonders dann von Nutzen, wenn der Strom nicht auf einen einzigen Weg beschränkt ist, sondern sich über eine Fläche oder in einem Volumen verteilen kann. In solchen Fällen können unterschiedliche Teile des Stroms auch unterschiedliche Flussanteile umkreisen, und es kann eine ziemlich kniffelige Aufgabe werden, L direkt anhand von Gleichung 7.26 zu bestimmen. Dann ist es am besten, Gleichung 7.30 L *definieren* zu lassen.

19 Beachten Sie die Ähnlichkeit zu Gleichung 7.28 – in einem gewissen Sinn *ist* die rechtwinklige Spule ein kurzes Koaxialkabel, das zur Seite gedreht wurde.

Aufgabe 7.28

Bestimmen Sie die Energie, die in einem Abschnitt einer langen Spule (mit Länge l, Radius R, Strom I sowie n Windungen pro Längeneinheit) gespeichert ist. Benutzen Sie

a. Gleichung 7.30 (Sie haben L in Aufgabe 7.24 bestimmt),

b. Gleichung 7.31 (wir haben $\mathbf{A}$ in Beispiel 5.12 hergeleitet),

c. Gleichung 7.35 (benutzen Sie die zylinderförmige Röhre zwischen den Radien $a < R$ und $b > R$ als Volumen).

Aufgabe 7.29

Berechnen Sie die Energie, die in der Ringspule aus Beispiel 7.11 gespeichert ist, indem Sie Gleichung 7.35 anwenden. Überprüfen Sie mit dieser Antwort die Gleichung 7.28.

Aufgabe 7.30

Ein langes Kabel trägt einen Strom, der gleichförmig über seinem (kreisförmigen) Querschnitt in einer Richtung verläuft. Der Strom kehrt entlang seiner Oberfläche zurück (es gibt eine sehr dünne isolierende Schicht, die beide Ströme trennt). Bestimmen Sie die Selbstinduktivität pro Längeneinheit.

Aufgabe 7.31

Nehmen Sie an, der Stromkreis in Abbildung 7.41 ist schon seit langer Zeit angeschlossen. Plötzlich wird (zum Zeitpunkt $t = 0$) der Schalter S betätigt und so die Batterie umgangen.

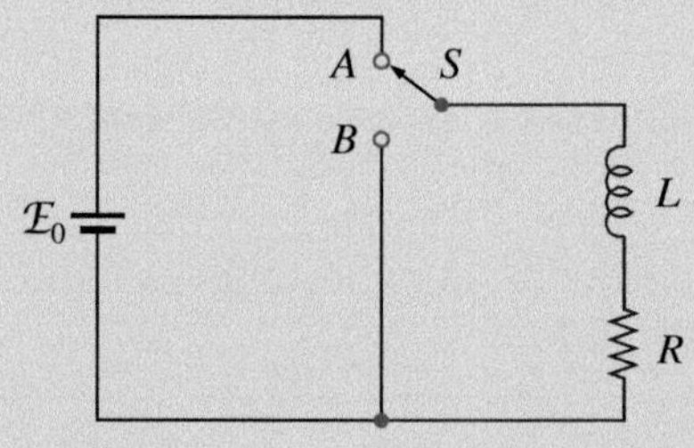

Abbildung 7.41

a. Wie stark ist der Strom zu einem späteren Zeitpunkt t?

b. Welche Gesamtenergie wurde auf den Widerstand übertragen?

c. Zeigen Sie, dass dies gleich der Energie ist, die ursprünglich in der Spule gespeichert wurde.

Aufgabe 7.32

Zwei winzige Drahtschleifen, mit den Flächen $\mathbf{a}_1$ und $\mathbf{a}_2$, befinden sich im Abstand $\boldsymbol{\mathscr{r}}$ voneinander (Abbildung 7.42).

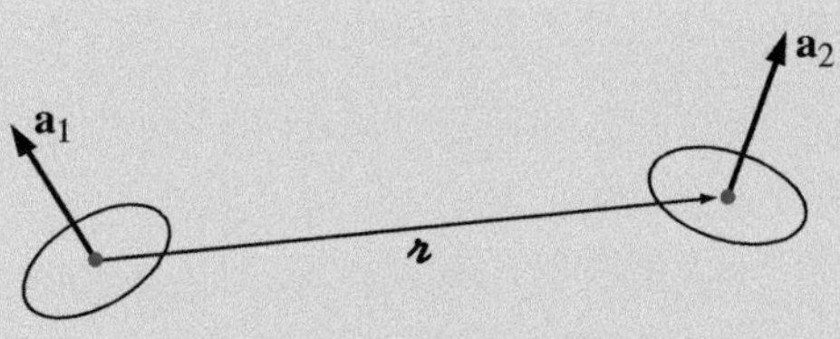

Abbildung 7.42

a. Bestimmen Sie ihre Gegeninduktivität.

[*Hinweis*: Behandeln Sie die Schleifen als magnetische Dipole und wenden Sie Gleichung 5.88 an.] Stimmt Ihre Formel mit Gleichung 7.24 überein?

b. Nehmen Sie an, ein Strom I_1 fließt durch Schleife 1, und wir wollen einen Strom I_2 in Schleife 2 fließen lassen. Wie viel Arbeit muss gegen die induzierte gegenelektromotorische Kraft verrichtet werden, damit Strom I_1 weiterhin durch Schleife 1 fließt? Erläutern Sie Gleichung 6.35 angesichts dieses Resultats.

Aufgabe 7.33

Ein unendlich langer Zylinder mit Radius R trägt eine gleichförmige Oberflächenladungsdichte σ. Wir wollen ihn um seine Achse rotieren lassen bei einer Schlußwinkelgeschwindigkeit ω_f. Wie viel Arbeit wird das pro Einheitslänge benötigen? Rechnen Sie auf zwei Arten und vergleichen Sie Ihre Antworten:

a. Bestimmen Sie das Magnetfeld und das induzierte elektrische Feld (in der quasistatischen Näherung) innerhalb und außerhalb des Zylinders, ausgedrückt durch ω, $\dot{\omega}$ und s, dem Abstand von der Achse. Berechnen Sie das benötigte Drehmoment und daraus die pro Einheitslänge verrichtete Arbeit ($W = \int N \, d\phi$).

b. Verwenden Sie Gleichung 7.35, um die im resultierenden Magnetfeld gespeicherte Energie zu berechnen.

7.3 Die Maxwell'schen Gleichungen

7.3.1 Die Elektrodynamik vor Maxwell

Bis jetzt sind uns die folgenden Gesetze begegnet, welche die Divergenz und Rotation elektrischer und magnetischer Felder festlegen:

$$
\begin{aligned}
&\text{(i)} && \nabla \cdot \mathbf{E} = \frac{1}{\varepsilon_0}\rho && \text{(Gauß'sches Gesetz)}\,, \\
&\text{(ii)} && \nabla \cdot \mathbf{B} = 0 && \text{(kein Name)}\,, \\
&\text{(iii)} && \nabla \times \mathbf{E} = -\frac{\partial \mathbf{B}}{\partial t} && \text{(Faraday'sches Gesetz)}\,, \\
&\text{(iv)} && \nabla \times \mathbf{B} = \mu_0 \mathbf{J} && \text{(Ampère'sches Gesetz)}\,.
\end{aligned}
$$

Diese Gleichungen repräsentieren den Stand der elektromagnetischen Theorie vor etwas mehr als hundertfünfzig Jahren, als Maxwell mit seiner Arbeit begann. Damals wurden sie nicht in einer so kompakten Form geschrieben, aber der physikalische Inhalt war derselbe. Nun enthalten diese Formeln einen schwerwiegenden Widerspruch. Er betrifft die bekannte Regel, dass die Divergenz der Rotation immer null ist. Wenn Sie die Divergenz von (iii) berechnen, dann erhalten Sie:

$$\nabla \cdot (\nabla \times \mathbf{E}) = \nabla \cdot \left(-\frac{\partial \mathbf{B}}{\partial t}\right) = -\frac{\partial}{\partial t}(\nabla \cdot \mathbf{B}) \ .$$

Die linke Seite ist null, weil die Divergenz der Rotation immer null ist. Wegen Gleichung (ii) ist die rechte Seite null. Sobald Sie aber die Divergenz von Gleichung (iv) berechnen, haben Sie ein Problem:

$$\nabla \cdot (\nabla \times \mathbf{B}) = \mu_0 (\nabla \cdot \mathbf{J}) \ . \tag{7.36}$$

Die linke Seite muss null sein, die rechte ist es im Allgemeinen aber *nicht*. Bei *stationären* Strömen ist die Divergenz von $\mathbf{J}$ null, wenn wir aber über die Magnetostatik hinausgehen, kann das Ampère'sche Gesetz nicht mehr richtig sein.

Es gibt noch eine Möglichkeit zu erkennen, dass das Ampère'sche Gesetz bei nichtstationären Strömen versagen muss. Nehmen Sie an, wir wollen einen Kondensator aufladen (Abbildung 7.43). In integraler Form lautet das Ampère'sche Gesetz

$$\oint \mathbf{B} \cdot \mathrm{d}\mathbf{l} = \mu_0 I_{\text{eing}} \ .$$

Das möchte ich auf die gezeigte Ampère'sche Schleife anwenden. Wie bestimme ich I_{eing}? Nun, dabei handelt es sich um den gesamten Strom, der durch die Schleife fließt, oder, genauer gesagt, den Strom, der eine Fläche durchquert, deren Randlinie die Schleife ist. In diesem Fall liegt die *einfachste* Fläche in der Ebene der Schleife – der Draht durchstößt diese Fläche, daher ist $I_{\text{eing}} = I$. Soweit, so gut. Was aber, wenn ich stattdessen die ballonförmige Oberfläche in Abbildung 7.43 verwenden möchte? Durch *diese* Fläche treten *keine* Ströme, und daher folgere ich, dass $I_{\text{eing}} = 0$ ist! In der Magnetostatik ist uns dieses Problem nie begegnet, da das Problem nur auftritt, wenn sich irgendwo Ladungen ansammeln (in diesem Fall auf den Kondensatorplatten). Aber bei *nichtstationären Strömen* (wie in diesem Fall) *ist die Beschreibung*

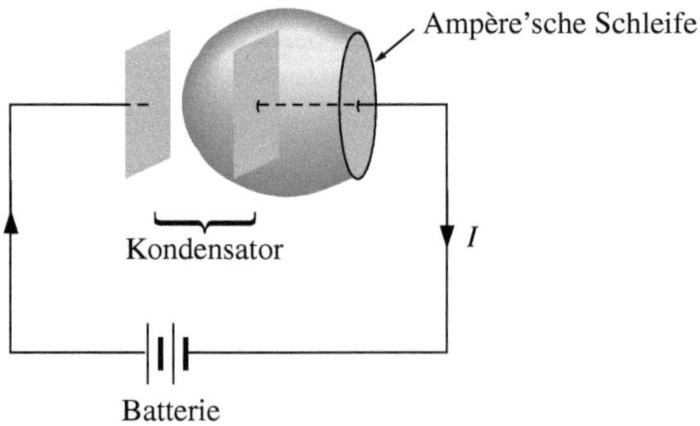

Abbildung 7.43

„der von einer Schleife eingeschlossene Strom" nicht wohldefiniert, denn dies hängt vollständig davon ab, welche Oberfläche Sie benutzen. (Falls Ihnen dies zu pedantisch vorkommt – „offensichtlich sollte man die ebene Fläche verwenden" – dann denken Sie daran, dass die Ampère'sche Schleife auch irgendeine verzerrte Form besitzen darf, die keineswegs in der Ebene liegen muss.)

Natürlich konnten wir nicht erwarten, dass das Ampère'sche Gesetz auch außerhalb der Magnetostatik gültig ist, denn schließlich haben wir es vom Biot-Savart'schen Gesetz abgeleitet. Zu Maxwells Zeit gab es jedoch keinerlei *experimentellen* Grund, an der weiteren Gültigkeit des Ampère'schen Gesetzes zu zweifeln. Der Makel war rein theoretischer Art, und Maxwell hat ihn allein durch theoretische Argumente bereinigt.

7.3.2 Wie Maxwell das Ampère'sche Gesetz reparierte

Das Problem befindet sich auf der rechten Seite von Gleichung 7.36. Sie *sollte* null sein, *ist* es aber nicht. Wenden wir die Kontinuitätsgleichung (5.29) und das Gauß'sche Gesetz an, kann der störende Term umformuliert werden:

$$\nabla \cdot \mathbf{J} = -\frac{\partial \rho}{\partial t} = -\frac{\partial}{\partial t}(\varepsilon_0 \nabla \cdot \mathbf{E}) = -\nabla \cdot \left(\varepsilon_0 \frac{\partial \mathbf{E}}{\partial t}\right) .$$

Der Gedankenblitz ist nun, dass sich die zusätzliche Divergenz beseitigen lässt, wenn wir im Ampère'schen Gesetz $\varepsilon_0(\partial \mathbf{E}/\partial t)$ mit $\mathbf{J}$ kombinieren:

$$\nabla \times \mathbf{B} = \mu_0 \mathbf{J} + \mu_0 \varepsilon_0 \frac{\partial \mathbf{E}}{\partial t} . \tag{7.37}$$

(Maxwell selbst hatte andere Gründe, aus denen er diese Größe zum Ampère'schen Gesetz addieren wollte. Für ihn war die Rettung der Kontinuitätsgleichung eine kostenlose Zugabe, aber kein primäres Anliegen. Uns kommt dieses Argument heute viel zwingender vor als das von Maxwell, das auf dem mittlerweile überholten Modell des Äthers beruhte.)[20]

Soweit es die Magneto*statik* betrifft, ändert sich durch diese Modifikation nichts: Ist $\mathbf{E}$ eine Konstante, dann haben wir immer noch $\nabla \times \mathbf{B} = \mu_0 \mathbf{J}$. Tatsächlich kann der Maxwell'sche Term in üblichen elektromagnetischen Experimenten nur schlecht gemessen werden, dort muss er sich in der Wahrnehmung gegen $\mathbf{J}$ behaupten. Deshalb konnten Faraday und die anderen Physiker ihn in den Laboratorien nie aufspüren. Allerdings spielt er eine entscheidende Rolle bei der Ausbreitung elektromagnetischer Wellen, wie wir in Kapitel 9 noch sehen werden.

Abgesehen davon, dass er den Defekt im Ampère'schen Gesetz bereinigt, hat der Maxwell'sche Term auch eine gewisse ästhetische Eleganz: Auf dieselbe Weise, in der ein veränderliches *magnetisches* Feld ein *elektrisches* Feld induziert (Faraday'sches Gesetz), gilt auch:[21]

20 Die Geschichte dieses Themas wird bei A. M. Bork, *Am. J. Phys.* **31**, 854 (1963) behandelt.
21 Siehe Fußnote 9 hinsichtlich eines Kommentars zum Wort „induzieren". Das gleiche Thema kommt hier auf: Sollte ein veränderliches elektrisches Feld als eine unabhängige Quelle

Verschiebungsstrom

Ein veränderliches elektrisches Feld induziert ein magnetisches Feld.

Natürlich sind theoretischer Nutzen und ästhetische Konsistenz nur *Hinweise* – es könnte immerhin auch andere Methoden geben, mit denen wir das Ampère'sche Gesetz bereinigen könnten. Die endgültige Bestätigung für Maxwells Theorie kam 1888 mit den Hertz'schen Versuchen zu elektromagnetischen Wellen.

Maxwell bezeichnete seinen zusätzlichen Term als **Verschiebungsstrom**:

$$\mathbf{J}_\mathrm{d} \equiv \varepsilon_0 \frac{\partial \mathbf{E}}{\partial t} . \tag{7.38}$$

Der Name ist schlecht gewählt, denn $\varepsilon_0(\partial \mathbf{E}/\partial t)$ hat nichts mit Strom zu tun, abgesehen davon, dass es zu $\mathbf{J}$ im Ampère'schen Gesetz hinzufügt wird. Prüfen wir nun, wie der Verschiebungsstrom das Paradoxon des ladenden Kondensators lösen kann (Abbildung 7.43). Befinden sich die Kondensatorplatten sehr dicht beieinander (so habe ich sie nicht gezeichnet, aber die Berechnung ist mit dieser Annahme einfacher), dann beträgt das elektrische Feld zwischen ihnen

$$E = \frac{1}{\varepsilon_0}\sigma = \frac{1}{\varepsilon_0}\frac{Q}{A} ,$$

wobei Q die Ladung auf der Platte und A ihre Fläche darstellt. Daher gilt zwischen den Platten

$$\frac{\partial E}{\partial t} = \frac{1}{\varepsilon_0 A}\frac{\mathrm{d}Q}{\mathrm{d}t} = \frac{1}{\varepsilon_0 A} I .$$

Gleichung 7.37 lautet in integraler Form

$$\oint \mathbf{B} \cdot \mathrm{d}\mathbf{l} = \mu_0 I_\mathrm{eing} + \mu_0 \varepsilon_0 \int \left(\frac{\partial \mathbf{E}}{\partial t}\right) \cdot \mathrm{d}\mathbf{a} . \tag{7.39}$$

Wenn wir für die Integration die ebene Fläche auswählen, dann ist $E = 0$ und $I_\mathrm{eing} = I$. Benutzen wir hingegen die ballonförmige Fläche, dann ist $I_\mathrm{eing} = 0$, aber $\int(\partial \mathbf{E}/\partial t) \cdot \mathrm{d}\mathbf{a} = I/\varepsilon_0$. Daher erhalten wir für beide Flächen dasselbe Resultat, obwohl es im ersten Fall auf einem „echten" Strom und im zweiten Fall auf einem Verschiebungsstrom beruht.

eines Magnetfelds aufgefasst werden (zusammen mit Strömen)? In einem indirekten Sinne dient es in der Tat als Quelle, aber da das elektrische Feld selbst durch Ladungen und Ströme produziert wurde, sind sie alleine die „letztendlichen" Quellen von **E** und **B**. Siehe S. E. Hill, *Phys. Teach.* **49**, 343 (2011); einen entgegengesetzten Standpunkt vertritt C. Savage, *Phys. Teach.* **50**, 226 (2012).

Beispiel 7.14: Konzentrische Kugelscheiben

Stellen Sie sich zwei konzentrische metallische Kugelschalen vor (Abbildung 7.44).

Die innere Schale (Radius a) trägt eine Ladung $Q(t)$ und die äußere (Radius b) eine entgegengesetzte Ladung $-Q(t)$. Der Raum zwischen ihnen besteht aus einem Ohm'schen Material mit Leitfähigkeit σ, sodass ein radialer Strom fließt:

$$\mathbf{J} = \sigma \mathbf{E} = \sigma \frac{1}{4\pi\epsilon_0} \frac{Q}{r^2} \hat{\mathbf{r}}\,; \quad I = -\dot{Q} = \int \mathbf{J} \cdot d\mathbf{a} = \frac{\sigma Q}{\epsilon_0}\,.$$

Diese Anordnung ist kugelsymmetrisch, somit muss das Magnetfeld null sein (die einzige denkbare Richtung wäre radial, und $\nabla \cdot \mathbf{B} = 0 \Rightarrow \oint \mathbf{B} \cdot d\mathbf{a} = B(4\pi r^2) = 0$, somit $\mathbf{B} = \mathbf{0}$). *Wie bitte?* Ich dachte, Ströme erzeugen Magnetfelder? Haben uns das nicht Biot-Savart und Ampère gelehrt? Wie kann es ein $\mathbf{J}$ geben ohne begleitendes $\mathbf{B}$?

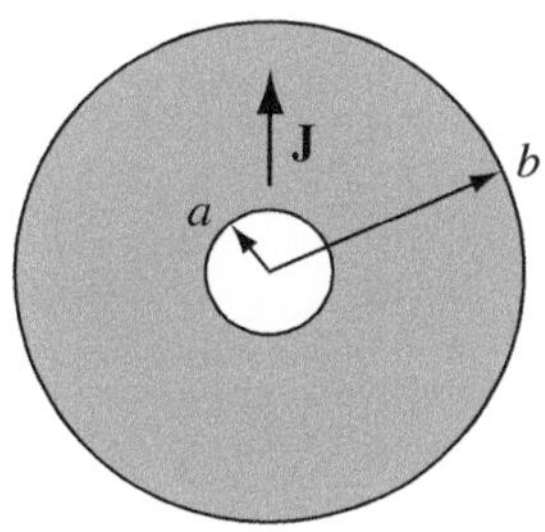

Abbildung 7.44

Lösung:

Es handelt sich nicht um eine statische Anordnung: Q, $\mathbf{E}$ und $\mathbf{J}$ hängen alle von der Zeit ab. Ampère und Biot-Savart sind nicht anwendbar. Der Verschiebungsstrom

$$J_d = \epsilon_0 \frac{\partial \mathbf{E}}{\partial t} = \frac{1}{4\pi} \frac{\dot{Q}}{r^2} \hat{\mathbf{r}} = -\sigma \frac{Q}{4\pi\epsilon_0 r^2} \hat{\mathbf{r}}$$

hebt den Leitungsstrom exakt weg (in Gleichung 7.37), und das magnetische Feld (das durch $\nabla \cdot \mathbf{B} = 0$, $\nabla \times \mathbf{B} = 0$ bestimmt wird) ist in der Tat null.

Aufgabe 7.34

Ein dicker Draht mit Radius a trägt einen konstanten Strom, der gleichförmig auf seinem Querschnitt verteilt ist. Ein enger Spalt im Draht mit der Breite $w \ll a$ bildet den in Abbildung 7.45 dargestellten Plattenkondensator. Bestimmen Sie das magnetische Feld in der Lücke bei Abständen $s < a$ von der Achse.

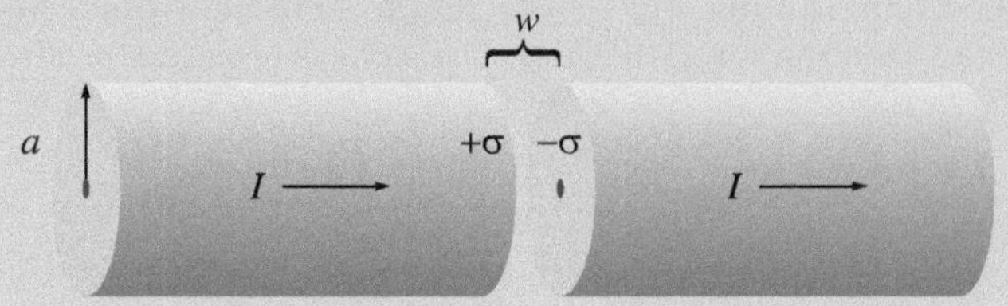

Abbildung 7.45

Aufgabe 7.35

Die letzte Aufgabe war ein künstliches Modell eines ladenden Kondensators, das Komplikationen vermeiden sollte, die von der Verteilung des Stroms auf der Plattenoberfläche herrühren. Stellen Sie sich in einem realistischeren Modell *dünne* Drähte vor, welche die Plattenmitten miteinander verbinden (Abbildung 7.46a). Der Strom I ist wieder konstant, der Radius des Kondensators ist a, und der Plattenabstand beträgt $w \ll a$. Nehmen Sie an, dass der Strom so über die Platten fließt, dass die Oberflächenladungen zu jedem beliebigen Zeitpunkt gleichmäßig verteilt sind und zum Zeitpunkt $t = 0$ null sind.

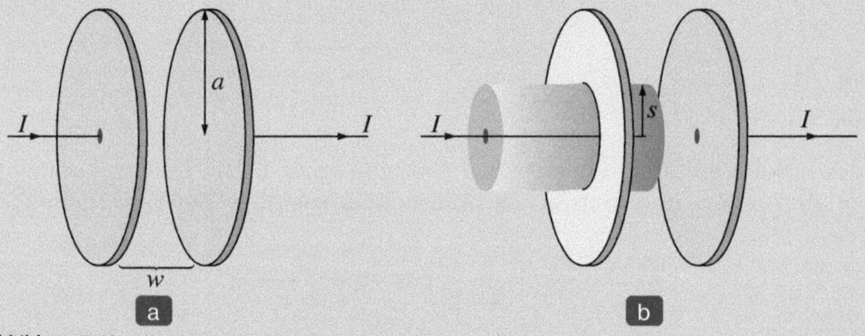

Abbildung 7.46

a. Bestimmen Sie das elektrische Feld zwischen den Platten als Funktion von t.

b. Bestimmen Sie den Verschiebungsstrom durch einen Kreis mit Radius s, der sich in einer Ebene in der Mitte zwischen den Platten befindet. Verwenden Sie diesen Kreis als „Ampère'sche Schleife" sowie die davon eingeschlossene ebene Fläche, um das magnetische Feld in der Entfernung s von der Achse zu bestimmen.

c. Wiederholen Sie Teil (b), nutzen Sie nun aber die zylinderförmige Fläche aus Abbildung 7.46b, die rechts offen ist, sich links durch die Platte in das Gebiet außerhalb des Kondensators erstreckt. Beachten Sie, dass der Verschiebungsstrom durch diese Oberfläche null ist und es zwei Beiträge zu I_{eing} gibt.[22]

■ **Aufgabe 7.36**

Schauen Sie sich noch einmal Aufgabe 7.16 an. Die richtige Lösung war

$$\mathbf{E}(s,t) = \frac{\mu_0 I_0 \omega}{2\pi} \sin(\omega t) \ln\left(\frac{a}{s}\right) \hat{\mathbf{z}} \,.$$

a. Bestimmen Sie die Verschiebungsstromdichte $\mathbf{J}_{\text{d}}$.

b. Integrieren Sie dieses Ergebnis und bestimmen Sie den gesamten Verschiebungsstrom

$$I_{\text{d}} = \int \mathbf{J}_{\text{d}} \cdot d\mathbf{a} \,.$$

c. Vergleichen Sie I_{d} und I. (Wie groß ist ihr Verhältnis?) Wenn der äußere Zylinder beispielsweise einen Durchmesser von 2 mm aufweist, wie groß müsste dann die Frequenz sein, damit I_{d} 1% von I beträgt?

[Durch diese Aufgabe soll gezeigt werden, warum Faraday den Verschiebungsstrom nie entdecken konnte und warum wir ihn, außer bei extrem hohen Frequenzen, üblicherweise ignorieren dürfen.]

7.3.3 Die Maxwell'schen Gleichungen

Im vorangegangenen Abschnitt haben wir letzte Hand an die Maxwell'schen Gleichungen gelegt:

$$\begin{array}{lll} \text{(i)} & \nabla \cdot \mathbf{E} = \dfrac{1}{\varepsilon_0}\rho & \text{(Gauß'sches Gesetz)}\,, \\ \text{(ii)} & \nabla \cdot \mathbf{B} = 0 & \text{(kein Name)}\,, \\ \text{(iii)} & \nabla \times \mathbf{E} = -\dfrac{\partial \mathbf{B}}{\partial t} & \text{(Faraday'sches Gesetz)}\,, \\ \text{(iv)} & \nabla \times \mathbf{B} = \mu_0 \mathbf{J} + \mu_0 \varepsilon_0 \dfrac{\partial \mathbf{E}}{\partial t} & \text{(Ampère'sches Gesetz mit Maxwell'scher Korrektur)}\,. \end{array} \tag{7.40}$$

Zusammen mit dem Ausdruck für die Lorentz-Kraft

$$\mathbf{F} = q\,(\mathbf{E} + \mathbf{v} \times \mathbf{B}) \tag{7.41}$$

22 Diese Aufgabe wirft eine interessante quasi-philosophische Frage auf: Wenn Sie **B** im Labor messen, haben Sie dann die Auswirkungen des Verschiebungsstroms entdeckt (wie Teil (b) nahelegt) oder lediglich die Auswirkungen der gewöhnlichen Ströme bestimmt (wie Teil (c) besagt)? Siehe auch D. F. Bartlett, *Am. J. Phys.* **58**, 1168 (1990).

fassen sie den gesamten theoretischen Inhalt der klassischen Elektrodynamik[23] zusammen (mit Ausnahme einiger besonderer Materieeigenschaften, denen wir in Kapitel 4 und 6 begegnet sind). Selbst die Kontinuitätsgleichung

$$\nabla \cdot \mathbf{J} = -\frac{\partial \rho}{\partial t}, \tag{7.42}$$

der mathematische Ausdruck der Ladungserhaltung, kann aus den Maxwell'schen Gleichungen abgeleitet werden, indem man die Divergenz auf Nummer (iv) anwendet.

Ich habe die Maxwell'schen Gleichungen in der traditionellen Weise formuliert, die hervorhebt, dass sie Divergenz und Rotation von **E** und **B** festlegen. In dieser Form verstärken sie die Auffassung, dass elektrische Felder *entweder* von Ladungen (ρ) *oder* von veränderlichen magnetischen Feldern ($\partial\mathbf{B}/\partial t$) hervorgerufen werden können, während magnetische Felder *entweder* von Strömen (**J**) *oder* von veränderlichen elektrischen Feldern ($\partial\mathbf{E}/\partial t$) verursacht werden können. Allerdings führt dies etwas in die Irre, denn wenn Sie es genau betrachten, dann beruhen $\partial\mathbf{B}/\partial t$ und $\partial\mathbf{E}/\partial t$ *selbst* auf Ladungen und Strömen. Meiner Meinung nach wäre die Schreibweise

$$\left.\begin{array}{llll}\text{(i)} & \nabla \cdot \mathbf{E} = \frac{1}{\varepsilon_0}\rho, & \text{(iii)} & \nabla \times \mathbf{E} + \frac{\partial \mathbf{B}}{\partial t} = 0, \\ \text{(ii)} & \nabla \cdot \mathbf{B} = 0, & \text{(iv)} & \nabla \times \mathbf{B} - \mu_0\varepsilon_0\frac{\partial \mathbf{E}}{\partial t} = \mu_0\mathbf{J}\end{array}\right\} \tag{7.43}$$

vorteilhafter, wobei die Felder (**E** und **B**) links und die Quellen (ρ bzw. **J**) rechts stehen. Durch diese Schreibweise wird hervorgehoben, dass alle elektromagnetischen Felder letztendlich auf Ladungen und Ströme zurückgeführt werden können. Die Maxwell'schen Gleichungen sagen Ihnen, wie *Ladungen* zu *Feldern* führen. Umgekehrt zeigt das Kraftgesetz, wie *Ladungen* durch *Felder* beeinflusst werden.

■ Aufgabe 7.37

Nehmen Sie an,

$$\mathbf{E}(\mathbf{r}, t) = \frac{1}{4\pi\varepsilon_0}\frac{q}{r^2}\theta(vt - r)\hat{\mathbf{r}}\,; \quad \mathbf{B}(\mathbf{r}, t) = 0$$

(die Stufenfunktion $\theta(x)$ wird in Aufgabe 1.46b definiert). Zeigen Sie, dass diese Felder die Maxwell'schen Gleichungen erfüllen, und bestimmen Sie ρ und **J**. Beschreiben Sie die physikalische Situation, die diese Felder hervorruft.

23 Wie alle anderen Differentialgleichungen müssen auch die Maxwell'schen durch geeignete Randbedingungen ergänzt werden. Weil diese üblicherweise aufgrund des Kontexts „selbstverständlich" sind (z. B. gehen **E** und **B** in großen Entfernungen von einer festen Ladungsverteilung gegen null), kann man deren wesentliche Rolle bisweilen leicht vergessen.

7.3.4 Magnetische Ladung

Die Maxwell'schen Gleichungen weisen eine erfreuliche Symmetrie auf. Dies wird besonders im leeren Raum deutlich, denn dort verschwinden ρ und $\mathbf{J}$:

$$\left.\begin{aligned} \nabla\cdot\mathbf{E} &= 0\,, & \nabla\times\mathbf{E} &= -\frac{\partial\mathbf{B}}{\partial t}\,, \\ \nabla\cdot\mathbf{B} &= 0\,, & \nabla\times\mathbf{B} &= \mu_0\varepsilon_0\frac{\partial\mathbf{E}}{\partial t}\,. \end{aligned}\right\}$$

Sofern Sie $\mathbf{E}$ durch $\mathbf{B}$ und $\mathbf{B}$ durch $-\mu_0\varepsilon_0\mathbf{E}$ ersetzen, dann wandelt sich das erste Gleichungspaar in das zweite um und umgekehrt. Diese Symmetrie[24] zwischen $\mathbf{E}$ und $\mathbf{B}$ wird allerdings durch den Ladungsterm im Gauß'schen Gesetz und den Stromterm im Ampère'schen Gesetz ruiniert. Wir müssen uns fragen, warum die korrespondierenden Größen bei $\nabla\cdot\mathbf{B} = 0$ und $\nabla\times\mathbf{E} = -\partial\mathbf{B}/\partial t$ „fehlen“. Was, wenn wir die folgenden Gleichungen hätten:

$$\left.\begin{aligned} &\text{(i)} \quad \nabla\cdot\mathbf{E} = \frac{1}{\varepsilon_0}\rho_e\,, && \text{(iii)} \quad \nabla\times\mathbf{E} = -\mu_0\mathbf{J}_m - \frac{\partial\mathbf{B}}{\partial t}\,, \\ &\text{(ii)} \quad \nabla\cdot\mathbf{B} = \mu_0\rho_m\,, && \text{(iv)} \quad \nabla\times\mathbf{B} = \mu_0\mathbf{J}_e + \mu_0\varepsilon_0\frac{\partial\mathbf{E}}{\partial t}\,. \end{aligned}\right\} \tag{7.44}$$

Dann würde ρ_m die Dichte der magnetischen „Ladung“ und ρ_e die Dichte der elektrischen Ladung darstellen. $\mathbf{J}_m$ wäre der Strom der magnetischen Ladungen und $\mathbf{J}_e$ der Strom der elektrischen Ladungen. Beide Ladungen wären erhalten:

$$\nabla\cdot\mathbf{J}_m = -\frac{\partial\rho_m}{\partial t}\,, \quad \nabla\cdot\mathbf{J}_e = -\frac{\partial\rho_e}{\partial t}\,. \tag{7.45}$$

Die erste Gleichung erhalten Sie, indem Sie die Divergenz von (iii) bestimmen, die zweite erhalten Sie aus der Divergenz von (iv).

In einem gewissen Sinn *betteln* die Maxwell'schen Gleichungen geradezu um die Existenz magnetischer Ladungen – sie würden so schön zu den Gleichungen passen. Doch trotz aller intensiven Nachforschungen sind bislang keine entdeckt worden.[25] Soweit wir wissen, ist also ρ_m und damit auch $\mathbf{J}_m$ überall null. $\mathbf{B}$ steht nicht auf gleicher Stufe mit $\mathbf{E}$. Es gibt stationäre Quellen für $\mathbf{E}$ (elektrische Ladungen), aber keine für $\mathbf{B}$. (Dies spiegelt sich in der Tatsache, dass die magnetische Multipolentwicklung keinen Monopolterm besitzt und magnetische Dipole aus Stromschleifen bestehen und nicht aus getrennten „Nord- und Südpolen“.) Wie es scheint, hat Gott einfach keine magnetischen Ladungen *erschaffen*. (Übrigens ist es in der Quantenelektrodynamik mehr als nur ein gewisser ästhetischer Makel, dass es anscheinend keine magnetischen Ladungen gibt: Dirac zeigte, dass die *Existenz magnetischer Ladungen* erklären würde, warum die *elektrische* Ladung *quantisiert* ist. Siehe Aufgabe 8.19.)

24 Lassen Sie sich von den nervtötenden Konstanten μ_0 und ε_0 nicht verwirren. Sie sind nur da, weil das SI-System $\mathbf{E}$ und $\mathbf{B}$ in unterschiedlichen Einheiten misst. Sie würden beispielsweise im Gauß'schen System nicht auftreten.

25 Eine ausführliche Bibliografie finden Sie bei A. S. Goldhaber und W. P. Trower, *Am. J. Phys.* **58**, 429 (1990)

■ **Aufgabe 7.38**

Angenommen, das „Coulomb'sche Gesetz" für magnetische Ladungen (q_m) würde folgendermaßen lauten:

$$\mathbf{F} = \frac{\mu_0}{4\pi} \frac{q_{m_1} q_{m_2}}{\mathscr{r}^2} \hat{\mathscr{r}} . \tag{7.46}$$

Erarbeiten Sie das Kraftgesetz für Monopole q_m, die sich mit Geschwindigkeit $\mathbf{v}$ durch elektrische und magnetische Felder $\mathbf{E}$ und $\mathbf{B}$ bewegen.

[Interessante Kommentare dazu finden Sie bei W. Rindler, *Am. J. Phys.* **57**, 993 (1989).]

■ **Aufgabe 7.39**

Nehmen Sie an, ein magnetischer Monopol q_m durchquert eine widerstandslose Drahtschleife mit Selbstinduktivität L. Welcher Strom wird in der Schleife induziert?

[Hierbei handelt es sich um eine der Methoden, die bei der Suche nach Monopolen im Labor eingesetzt werden. Siehe B. Cabrera, *Phys. Rev. Lett.* **48**, 1378 (1982).]

7.3.5 Maxwell'sche Gleichungen in Materie

Die Maxwell'schen Gleichungen in der Formulierung von Gleichung 7.40 sind so, wie sie sind, vollständig und richtig. Wenn Sie allerdings mit Materialien arbeiten müssen, die elektrisch und magnetisch polarisiert sind, gibt es eine bequemere *Schreibweise*. Innerhalb polarisierter Materie gibt es nämlich eine Ansammlung „gebundener" Polarisationsladungen und -ströme, die Sie nicht direkt beeinflussen können. Es wäre schön, wenn wir die Maxwell'schen Gleichungen so umformulieren könnten, dass sie sich ausschließlich auf diejenigen Quellen beziehen, die wir direkt kontrollieren können: die „freien" Ladungen und Ströme.

Wir haben aus dem statischen Fall bereits erfahren, dass eine elektrische Polarisation $\mathbf{P}$ eine Polarisationsladungsdichte

$$\rho_b = -\nabla \cdot \mathbf{P} \tag{7.47}$$

hervorruft (Gleichung 4.12). In ähnlicher Weise verursacht eine magnetische Polarisation (bzw. die Magnetisierung) $\mathbf{M}$ einen Polarisationsstrom (Gleichung 6.13)

$$\mathbf{J}_b = \nabla \times \mathbf{M} . \tag{7.48}$$

Es gibt nur eine neue Eigenschaft, die wir im *nicht*statischen Fall berücksichtigen müssen: Jede *Änderung* der elektrischen Polarisation geht mit einem Fluss von (Polarisations-)Ladungen (nennen wir ihn $\mathbf{J}_P$) einher, der im Gesamtstrom berücksichtigt werden muss. Nehmen Sie an, wir untersuchen einen winzigen Brocken eines polarisierten Materials (Abbildung 7.47). Durch die Polarisation wird an einem

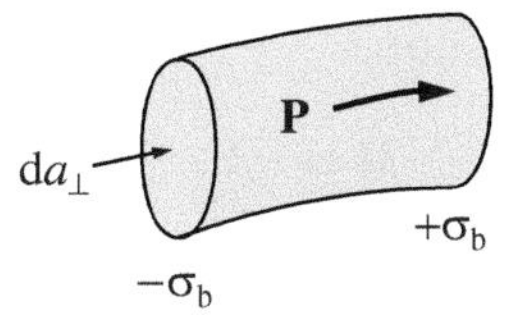

Abbildung 7.47

Ende eine Ladungsdichte $\sigma_b = P$ hervorgerufen, am anderen beträgt sie $-\sigma_b$ (Gleichung 4.11). Wenn P nun etwas ansteigt, dann nehmen auch die Ladungen an den beiden Enden entsprechend zu, was zu dem Nettostrom

$$dI = \frac{\partial \sigma_b}{\partial t} da_\perp = \frac{\partial P}{\partial t} da_\perp$$

führt. Die Stromdichte ist daher

$$\mathbf{J}_p = \frac{\partial \mathbf{P}}{\partial t} . \qquad (7.49)$$

Dieser **Polarisationsstrom** hat nichts mit dem (gebundenen) Polarisationsstrom $\mathbf{J}_b$ zu tun. Letzterer ist mit der Magnetisierung des Materials verbunden und beruht auf den Spins und der Bahnbewegung der Elektronen. Im Gegensatz dazu ist $\mathbf{J}_p$ das Ergebnis der linearen Bewegungen der Ladungen bei der Änderung der elektrischen Polarisation. Zeigt $\mathbf{P}$ nach rechts und wächst an, dann bewegt sich jede positive Ladung ein wenig nach rechts und jede negative Ladung ein Stück nach links. Der Gesamteffekt ist der Polarisationsstrom $\mathbf{J}_p$. In diesem Zusammenhang sollten wir überprüfen, ob Gleichung 7.49 mit der Kontinuitätsgleichung übereinstimmt:

$$\nabla \cdot \mathbf{J}_p = \nabla \cdot \frac{\partial \mathbf{P}}{\partial t} = \frac{\partial}{\partial t}(\nabla \cdot \mathbf{P}) = -\frac{\partial \rho_b}{\partial t} .$$

Ja: Die Kontinuitätsgleichung *ist* erfüllt. Tatsächlich ist $\mathbf{J}_p$ für die Erhaltung der Polarisationsladungen unabdingbar notwendig. (Übrigens führt eine veränderliche Magnetisierung nicht auf irgendeine ähnlich geartete Ansammlung von Ladungen oder Strömen. Selbstverständlich verändert sich der Polarisationsstrom $\mathbf{J}_b = \nabla \times \mathbf{M}$ als Reaktion auf Änderungen in $\mathbf{M}$, das ist aber auch schon alles.)

Angesichts all dessen kann die gesamte Ladungsdichte in zwei Teile aufgespalten werden:

$$\rho = \rho_f + \rho_b = \rho_f - \nabla \cdot \mathbf{P} . \qquad (7.50)$$

Die Stromdichte lässt sich hingegen in *drei* Teile unterteilen:

$$\mathbf{J} = \mathbf{J}_f + \mathbf{J}_b + \mathbf{J}_p = \mathbf{J}_f + \nabla \times \mathbf{M} + \frac{\partial \mathbf{P}}{\partial t} . \qquad (7.51)$$

Das Gauß'sche Gesetz kann man nun folgendermaßen schreiben:

$$\nabla \cdot \mathbf{E} = \frac{1}{\varepsilon_0}(\rho_f - \nabla \cdot \mathbf{P})$$

oder

$$\nabla \cdot \mathbf{D} = \rho_f , \qquad (7.52)$$

wobei **D**, wie im statischen Fall, durch

$$\mathbf{D} \equiv \varepsilon_0 \mathbf{E} + \mathbf{P} \tag{7.53}$$

gegeben ist.

Außerdem wird das Ampère'sche Gesetz (mit dem Maxwell'schen Term) zu

$$\nabla \times \mathbf{B} = \mu_0 \left(\mathbf{J}_\mathrm{f} + \nabla \times \mathbf{M} + \frac{\partial \mathbf{P}}{\partial t} \right) + \mu_0 \varepsilon_0 \frac{\partial \mathbf{E}}{\partial t},$$

bzw. zu

$$\nabla \times \mathbf{H} = \mathbf{J}_\mathrm{f} + \frac{\partial \mathbf{D}}{\partial t}. \tag{7.54}$$

Wie zuvor ist hier

$$\mathbf{H} \equiv \frac{1}{\mu_0} \mathbf{B} - \mathbf{M}. \tag{7.55}$$

Das Faraday'sche Gesetz sowie $\nabla \cdot \mathbf{B} = 0$ werden von unserer Separation der Ladungen und Ströme in freie und Polarisationsbeiträge nicht beeinflusst, denn sie enthalten weder ρ noch **J**.

Durch *freie* Ladungen und Ströme lassen sich die Maxwell'schen Gleichungen folgendermaßen ausdrücken:

$$\begin{aligned} &\text{(i)} \quad \nabla \cdot \mathbf{D} = \rho_\mathrm{f}, && \text{(iii)} \quad \nabla \times \mathbf{E} = -\frac{\partial \mathbf{B}}{\partial t}, \\ &\text{(ii)} \quad \nabla \cdot \mathbf{B} = 0, && \text{(iv)} \quad \nabla \times \mathbf{H} = \mathbf{J}_\mathrm{f} + \frac{\partial \mathbf{D}}{\partial t}. \end{aligned} \tag{7.56}$$

Manche Physiker betrachten dies als die wahren Maxwell'schen Gleichungen. Beachten Sie jedoch, dass diese Gleichungen in keinster Weise „allgemeiner" sind als diejenigen aus Gleichung 7.40. Sie spiegeln lediglich eine bequeme Trennung von Ladung und Strom in freie und polarisierte Anteile wider. Und sie weisen den Nachteil einer uneinheitlichen Schreibweise auf, denn sie enthalten sowohl **E** und **D** als auch **B** und **H**. Daher müssen sie durch geeignete **Materialgleichungen** ergänzt werden, in denen **D** und **H** durch **E** und **B** ausgedrückt werden. Diese hängen von der Art des Materials ab. Für lineare Medien lauten sie

$$\mathbf{P} = \varepsilon_0 \chi_\mathrm{e} \mathbf{E} \quad \text{und} \quad \mathbf{M} = \chi_\mathrm{m} \mathbf{H}, \tag{7.57}$$

und daher

$$\mathbf{D} = \varepsilon \mathbf{E} \quad \text{und} \quad \mathbf{H} = \frac{1}{\mu} \mathbf{B}. \tag{7.58}$$

Hierbei ist $\varepsilon \equiv \varepsilon_0(1 + \chi_\mathrm{e})$ und $\mu \equiv \mu_0(1 + \chi_\mathrm{m})$. Wie früher bereits erwähnt, wird **D** übrigens als elektrische „Verschiebung" bezeichnet. Aus diesem Grund heißt der zweite Term in der Ampère'schen/Maxwell'schen Gleichung (iv) auch **Verschiebungsstrom**, in diesem Zusammenhang gilt

$$\mathbf{J}_\mathrm{d} = \frac{\partial \mathbf{D}}{\partial t}. \tag{7.59}$$

■ **Aufgabe 7.40**

Meerwasser hat bei einer Frequenz $\nu = 4 \cdot 10^8$ Hz die Dielektrizitätskonstante $\varepsilon = 81\,\varepsilon_0$, die Permeabilität $\mu = \mu_0$ und den spezifischen Widerstand $\rho = 0{,}23\,\Omega \cdot \text{m}$. Welches Verhältnis haben Leitungsstrom und Verschiebungsstrom?

[*Hinweis*: Gehen Sie von einem Plattenkondensator aus, der in Meerwasser eingetaucht ist und mit einer Spannung $V_0 \cos(2\pi\nu t)$ versorgt wird.]

7.3.6 Randbedingungen

Im Allgemeinen werden die Felder **E**, **B**, **D** und **H** an der Grenze zwischen zwei unterschiedlichen Medien, an einer Fläche mit einer Ladungsdichte σ oder einer Stromdichte **K** unstetig verlaufen. Die genaue Form dieser Unstetigkeiten kann aus den Maxwell'schen Gleichungen (7.56) in ihrer integralen Form hergeleitet werden:

$$\left.\begin{array}{ll} \text{(i)} & \oint_{\mathcal{S}} \mathbf{D} \cdot \mathrm{d}\mathbf{a} = Q_{\mathrm{f_{eing}}} \\ \text{(ii)} & \oint_{\mathcal{S}} \mathbf{B} \cdot \mathrm{d}\mathbf{a} = 0 \end{array}\right\} \quad \text{über jede geschlossene Fläche } \mathcal{S}\,.$$

$$\left.\begin{array}{ll} \text{(iii)} & \oint_{\mathcal{P}} \mathbf{E} \cdot \mathrm{d}\mathbf{l} = -\frac{\mathrm{d}}{\mathrm{d}t} \int_{\mathcal{S}} \mathbf{B} \cdot \mathrm{d}\mathbf{a} \\ \text{(iv)} & \oint_{\mathcal{P}} \mathbf{H} \cdot \mathrm{d}\mathbf{l} = I_{\mathrm{f_{eing}}} + \frac{\mathrm{d}}{\mathrm{d}t} \int_{\mathcal{S}} \mathbf{D} \cdot \mathrm{d}\mathbf{a} \end{array}\right\} \quad \begin{array}{l}\text{für jede Fläche } \mathcal{S}\text{, die durch den} \\ \text{geschlossenen Weg } \mathcal{P} \text{ umrandet wird}\,.\end{array}$$

Wenden wir (i) auf eine winzige papierdünne Gauß'sche Schachtel an, die auf jeder Seite nur geringfügig in das betreffende Medium eintaucht, dann erhalten wir (Abbildung 7.48):

$$\mathbf{D}_1 \cdot \mathbf{a} - \mathbf{D}_2 \cdot \mathbf{a} = \sigma_{\mathrm{f}} a\,.$$

(Die positive Richtung für **a** zeigt *von 2 nach 1*. Während die Dicke dieser dünnen Schicht gegen null geht, trägt ihre Kante nichts bei, ebenso wenig trägt irgendeine

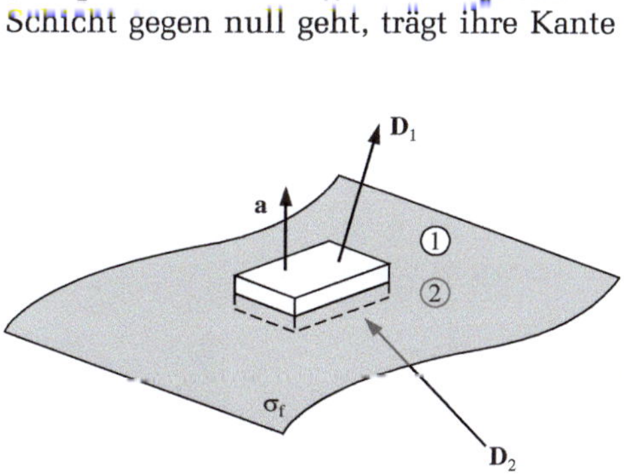

Abbildung 7.48

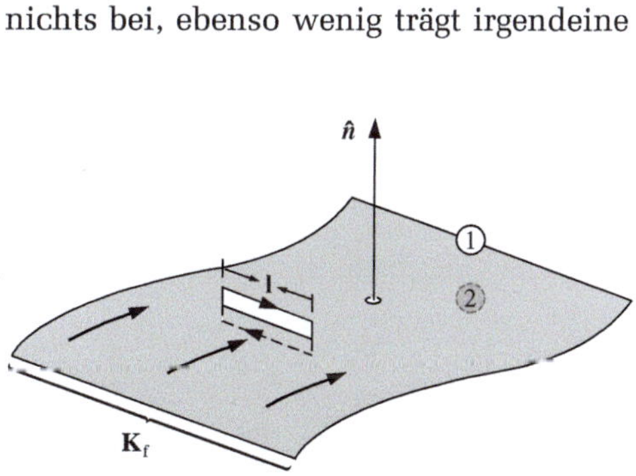

Abbildung 7.49

Änderung der *Volumen*ladungsdichte bei.) Daher ist die senkrecht auf der Trennfläche stehende Komponente von $\mathbf{D}$ unstetig und hat den Betrag

$$\mathbf{D}_1^{\perp} - \mathbf{D}_2^{\perp} = \sigma_{\mathrm{f}} . \tag{7.60}$$

Dieselben Argumente, angewandt auf Gleichung (ii), führen zu

$$B_1^{\perp} - B_2^{\perp} = 0 . \tag{7.61}$$

Wenden wir uns (iii) zu. Eine sehr dünne Ampère'sche Schleife, welche die Fläche durchstößt, liefert

$$\mathbf{E}_1 \cdot \mathbf{l} - \mathbf{E}_2 \cdot \mathbf{l} = -\frac{\mathrm{d}}{\mathrm{d}t} \int_{\mathcal{S}} \mathbf{B} \cdot \mathrm{d}\mathbf{a} .$$

Geht die Ausdehnung der Schleife gegen null, dann verschwindet der Fluss. (Ich habe bereits die Beiträge der beiden Enden zu $\oint \mathbf{E} \cdot \mathrm{d}\mathbf{l}$ aus denselben Gründen unter den Tisch fallen lassen.) Daher ist

$$\mathbf{E}_1^{\parallel} - \mathbf{E}_2^{\parallel} = 0 . \tag{7.62}$$

Das bedeutet, dass die Komponenten von $\mathbf{E}$ *parallel* zur Grenzschicht über die Grenzfläche hinweg kontinuierlich sind. Dieselben Argumente führen bei (iv) auf

$$\mathbf{H}_1 \cdot \mathbf{l} - \mathbf{H}_2 \cdot \mathbf{l} = I_{\mathrm{f_{eing}}} ,$$

wobei $I_{\mathrm{f_{eing}}}$ der freie Strom ist, der die Ampère'sche Schleife durchquert. Eine *Volumen*stromdichte wird dazu keinen Beitrag liefern (im Grenzfall infinitesimaler Ausdehnung), aber ein *Flächen*strom kann das sehr wohl. Und tatsächlich: Ist $\hat{\mathbf{n}}$ ein Einheitsvektor, der senkrecht auf der Grenzfläche steht (und von 2 nach 1 weist), sodass $(\hat{\mathbf{n}} \times \mathbf{l})$ auf der Ampère'schen Schleife senkrecht steht (Abbildung 7.49), dann gilt

$$I_{\mathrm{f_{eing}}} = \mathbf{K}_{\mathrm{f}} \cdot (\hat{\mathbf{n}} \times \mathbf{l}) = (\mathbf{K}_{\mathrm{f}} \times \hat{\mathbf{n}}) \cdot \mathbf{l} ,$$

und somit

$$\mathbf{H}_1^{\parallel} - \mathbf{H}_2^{\parallel} = \mathbf{K}_{\mathrm{f}} \times \hat{\mathbf{n}} . \tag{7.63}$$

Die *parallelen* Komponenten von $\mathbf{H}$ sind daher unstetig um einen Betrag, der proportional zur freien Flächendichte ist.

Die Gleichungen 7.60–7.63 sind die allgemeinen Randbedingungen der Elektrodynamik. Für *lineare* Medien können sie allein durch $\mathbf{E}$ und $\mathbf{B}$ ausgedrückt werden:

$$\left.\begin{array}{llll} \textbf{(i)} & \varepsilon_1 E_1^{\perp} - \varepsilon_2 E_2^{\perp} = \sigma_{\mathrm{f}} , & \textbf{(iii)} & \mathbf{E}_1^{\parallel} - \mathbf{E}_2^{\parallel} = 0 , \\ \textbf{(ii)} & B_1^{\perp} - B_2^{\perp} = 0 , & \textbf{(iv)} & \frac{1}{\mu_1}\mathbf{B}_1^{\parallel} - \frac{1}{\mu_2}\mathbf{B}_2^{\parallel} = \mathbf{K}_{\mathrm{f}} \times \hat{\mathbf{n}} . \end{array}\right\} \tag{7.64}$$

Liegen an der Grenzschicht weder freie Ladungen noch freie Ströme vor, dann wird insbesondere

$$\text{(i)}\quad \varepsilon_1 E_1^{\perp} - \varepsilon_2 E_2^{\perp} = 0\,, \qquad \text{(iii)}\quad \mathbf{E}_1^{\parallel} - \mathbf{E}_2^{\parallel} = 0\,,$$
$$\text{(ii)}\quad B_1^{\perp} - B_2^{\perp} = 0\,, \qquad \text{(iv)}\quad \frac{1}{\mu_1}\mathbf{B}_1^{\parallel} - \frac{1}{\mu_2}\mathbf{B}_2^{\parallel} = 0\,. \tag{7.65}$$

Wie wir in Kapitel 9 sehen werden, sind diese Gleichungen die Grundlage für die Theorie von Reflexion und Brechung.

Weitere Aufgaben für Kapitel 7

EXTRAS ONLINE

Lösungshinweise

! Aufgabe 7.41

Zwei lange gerade Kupferröhren, jede mit Radius a, befinden sich im Abstand $2d$ zueinander (siehe Abbildung 7.50). Eine befindet sich auf dem Potential V_0, die andere auf dem Potential $-V_0$. Der Raum um die Röhren ist mit einem schwach leitenden Material der Leitfähigkeit σ gefüllt. Bestimmen Sie den Strom pro Längeneinheit, der von einer Röhre zur anderen fließt.

[*Hinweis*: Ziehen Sie Aufgabe 3.12 hinzu.]

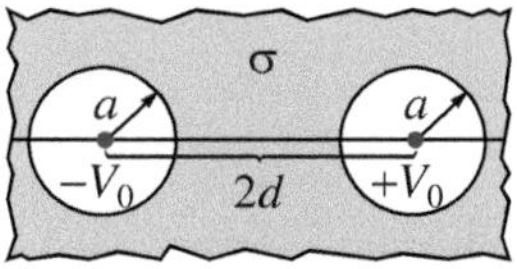

Abbildung 7.50

! Aufgabe 7.42

Ein seltener Fall, in dem man ein elektrostatisches Feld **E** eines Stromkreises tatsächlich formal berechnen kann, ist der folgende [M. A. Heald, *Am. J. Phys.* **52**, 522 (1984). Siehe auch J. A. Hernandes und A. K. T. Assis, *Phys. Rev. E* **68**, 046611 (2003)]: Betrachten Sie eine unendlich lange zylinderförmige Fläche mit gleichförmigem spezifischen Widerstand und Radius a. Ein Spalt (welcher der Batterie entspricht) wird bei $\varphi = \pm\pi$ auf dem Potential $\pm V_0/2$ gehalten. Auf der Fläche fließt, wie in Abbildung 7.51 dargestellt, ein stationärer Strom. Gemäß dem Ohm'schen Gesetz ist dann

$$V(a,\varphi) = \frac{V_0\varphi}{2\pi} \qquad (-\pi < \varphi < +\pi)\ .$$

a. Wenden Sie die Separation der Variablen für Zylinderkoordinaten an und bestimmen Sie $V(s,\varphi)$ innerhalb und außerhalb des Zylinders.

[*Antwort*: $(V_0/\pi)\tan^{-1}[(s\sin\varphi)/(a + s\cos\varphi)]$ für $s < a$; $(V_0/\pi)\tan^{-1}[(a\sin\varphi)/(s + a\cos\varphi)]$ für $s > a$.]

b. Bestimmen Sie die Flächenladungsdichte auf dem Zylinder.

[*Antwort*: $(\varepsilon_0 V_0/\pi a)\tan(\varphi/2)$.]

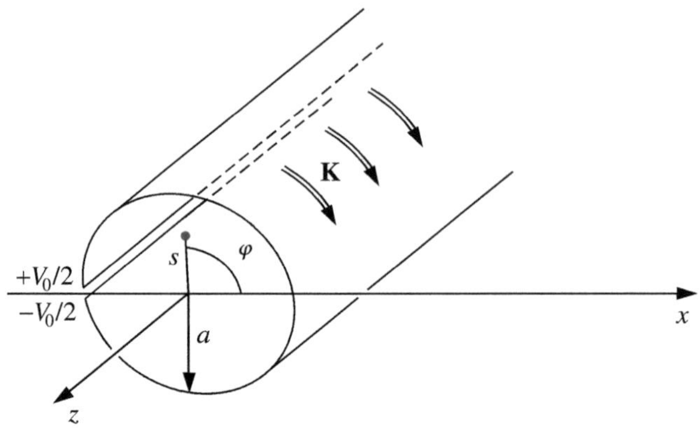

Abbildung 7.51

Aufgabe 7.43

Das Magnetfeld außerhalb eines langen geraden Drahts, der einen stationären Strom I führt, lautet

$$\mathbf{B} = \frac{\mu_0}{2\pi}\frac{I}{s}\hat{\boldsymbol{\phi}} .$$

Das *elektrische Feld innerhalb* des Drahtes ist gleichförmig:

$$\mathbf{E} = \frac{I\rho}{\pi a^2}\hat{\mathbf{z}} ,$$

wobei ρ der spezifische Widerstand und a der Radius sind (siehe Beispiele 7.1 und 7.3).

Frage: Wie lautet das elektrische Feld *außerhalb* des Drahts?[26] Die Antwort hängt davon ab, wie Sie den Stromkreis schließen. Angenommen, der Strom kommt entlang eines perfekt leitenden geerdeten koaxialen Zylinders von Radius b zurück (Abbildung 7.52). Im Bereich $a < s < b$ genügt das Potential $V(s, z)$ der Laplace-Gleichung mit den Randbedingungen

$$\text{(i) } V(a, z) = -\frac{I\rho z}{\pi a^2} ; \quad \text{(ii) } V(b, z) = 0 .$$

Das genügt nicht, um die Antwort festzulegen; wir müssen noch Randbedingungen an den beiden Enden festlegen (obwohl es bei einem *langen* Draht nicht sehr darauf ankommen sollte). In der Fachliteratur wird diese Mehrdeutigkeit gewöhnlich unter den Teppich gekehrt, indem einfach behauptet wird, $V(s, z)$ sei proportional zu z: $V(s, z) = zf(s)$. Unter dieser Annahme:

- **a.** Bestimmen Sie $f(s)$.
- **b.** Berechnen Sie $\mathbf{E}(s, z)$.
- **c.** Berechnen Sie die Oberflächenladungsdichte $\sigma(z)$ auf dem Draht.

26 Das ist ein berühmtes Problem, das zum ersten Mal von Sommerfeld untersucht wurde und in seiner jüngsten Inkarnation als **Merzbachers Rätsel** bekannt ist. A. Sommerfeld, Elektrodynamik, Harry Deutsch, Frankfurt am Main, 4. Auflage (2001); E. Merzbacher, *Am. J. Phys.* **48**, 178 (1980); weitere Fundstellen in R. N. Varnas und L. H. Fisher, *Am. J. Phys.* **52**, 1097 (1984).

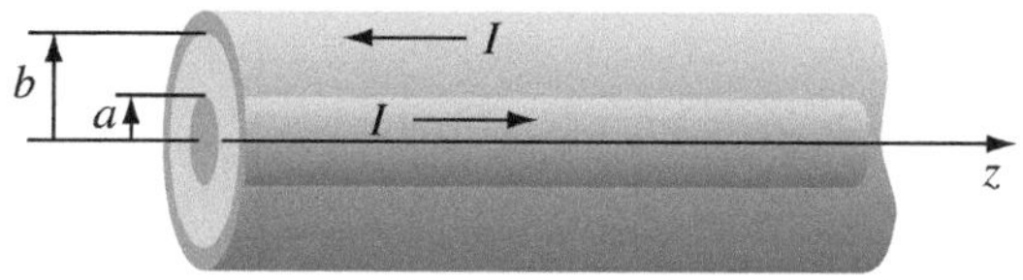

Abbildung 7.52

[*Antwort:* $V = (-Iz\rho/\pi a^2)[\ln(s/b)/\ln(a/b)]$. Das ist ein merkwürdiges Resultat, weil E_s und $\sigma(z)$ *nicht* von z unabhängig sind, was man für einen echt unendlichen Draht erwarten würde.]

Aufgabe 7.44

In einem **perfekten Leiter** ist die Leitfähigkeit unendlich und daher $\mathbf{E} = 0$ (Gleichung 7.3). Außerdem befindet sich jede Nettoladung auf der Oberfläche (genau wie bei einem *nicht* perfekten Leiter in der Elektro*statik*).

a. Zeigen Sie, dass das magnetische Feld im Inneren eines perfekten Leiters konstant ist ($\partial\mathbf{B}/\partial t = 0$).

b. Zeigen Sie, das der magnetische Fluss durch eine perfekt leitende Schleife konstant ist.

Ein **Supraleiter** ist ein perfekter Leiter mit der *zusätzlichen* Eigenschaft, dass das (konstante) $\mathbf{B}$ im Inneren tatsächlich *null* ist. (Diese „Flussverdrängung" wird als **Meißner-Ochsenfeld-Effekt**[27] bezeichnet.)

c. Zeigen Sie, dass der Strom in einem Supraleiter auf die Oberfläche beschränkt ist.

d. Die Supraleitfähigkeit geht oberhalb einer bestimmten kritischen Temperatur (T_C), die für jedes Material spezifisch ist, verloren. Nehmen Sie an, Sie hätten eine Kugel (mit Radius a) oberhalb der kritischen Temperatur, und Sie halten diese in ein gleichförmiges Magnetfeld $B_0\hat{\mathbf{z}}$, während Sie sie auf eine Temperatur unterhalb von T_C abkühlen. Bestimmen Sie die induzierte Flächenstromdichte K als Funktion des Polarwinkels θ.

Aufgabe 7.45

Als Demonstration der Supraleitfähigkeit (Aufgabe 7.44) wird oft ein Magnet gezeigt, der über einem Stück eines supraleitenden Materials schwebt. Dieses Phänomen kann mithilfe der Methode der Spiegeldipole analysiert werden.[28] Behandeln Sie den Magneten als perfekten Dipol $\mathbf{m}$, der sich in der Höhe z über dem Ursprung befindet (und darauf beschränkt ist, in z-Richtung zu zeigen). Gehen Sie davon aus, dass der Supraleiter den gesamten Halbraum unterhalb der x-y-Ebene einnimmt. Aufgrund des Meißner-Ochsenfeld-Effekts gilt $\mathbf{B} = 0$ für $z \leq 0$, und da $\mathbf{B}$ divergenzfrei ist, ist die Normalkomponente (z-Komponente) stetig. Also ist unmittelbar *oberhalb* der Fläche $B_z = 0$. Diese Randbedingung wird durch eine Bilddipolanordnung erfüllt, in der sich ein identischer Dipol als Ersatz des Supraleiters bei $-z$

27 Der Meißner-Ochsenfeld-Effekt wird oft als „perfekter Diamagnetismus" beschrieben, da das Feld im Inneren nicht einfach nur *verringert*, sondern völlig ausgelöscht ist. Allerdings handelt es sich bei den dafür verantwortlichen Oberflächenströmen um *freie* Ströme und nicht um Polarisationsströme, daher ist der tatsächliche *Mechanismus* ein völlig anderer.

28 W. M. Saslow, *Am. J. Phys.* **59**, 16 (1991).

befindet. Die beiden Konfigurationen erzeugen also im Gebiet $z > 0$ dasselbe magnetische Feld.

a. In welche Richtung sollte der Bilddipol zeigen ($+z$ oder $-z$)?

b. Bestimmen Sie die Kraft auf den Magneten aufgrund der im Supraleiter induzierten Ströme (d. h. die Kraft aufgrund des Bilddipols). Setzen Sie dies gleich seiner Gewichtskraft Mg (dabei ist M die Masse des Magneten, g ist die Fallbeschleunigung), damit Sie die Höhe h bestimmen können, in welcher der Magnet „schweben" wird.

[*Hinweis*: Ziehen Sie Aufgabe 6.3 hinzu.]

c. Der induzierte Strom auf der Oberfläche des Supraleiters (der x-y-Ebene) kann anhand der Randbedingungen für die tangentiale Komponente von $\mathbf{B}$ bestimmt werden (Gleichung 5.76): $\mathbf{B} = \mu_0(\mathbf{K} \times \hat{\mathbf{z}})$. Zeigen Sie anhand des Felds, das Sie durch die Bilddipolanordnung erhalten, dass

$$\mathbf{K} = -\frac{3mrh}{2\pi\left(r^2 + h^2\right)^{5/2}}\hat{\boldsymbol{\varphi}},$$

wobei r die Entfernung zum Ursprung bedeutet.

! Aufgabe 7.46
Ein magnetischer Dipol, der über einer unendlich ausgedehnten supraleitenden Ebene schwebt (Aufgabe 7.45), darf frei rotieren. Welche Orientierung nimmt er dann an, und in welcher Höhe über der Oberfläche schwebt er?

Aufgabe 7.47
Eine perfekt leitende Kugelschale mit Radius a rotiert mit der Winkelgeschwindigkeit ω in einem gleichförmigen Magnetfeld $\mathbf{B} = B_0\hat{\mathbf{z}}$ um die z-Achse. Berechnen Sie die elektromotorische Kraft zwischen dem „Nordpol" und dem Äquator.

[*Antwort*: $\frac{1}{2}B_0\omega a^2$.]

! Aufgabe 7.48
Lesen Sie Aufgabe 7.11 (und verwenden Sie das Resultat aus Aufgabe 5.42, wenn es Ihnen hilft):

Wie lange braucht ein kreisförmiger Ring (Radius a, Masse m, Widerstand R), um die Unterseite des Magnetfelds bei seiner (veränderlichen) Endgeschwindigkeit zu durchqueren?

Aufgabe 7.49

a. Zeigen Sie unter Bezugnahme auf die Aufgabe 5.52a und Gleichung 7.18, dass

$$\mathbf{E} = -\frac{\partial \mathbf{A}}{\partial t} \tag{7.66}$$

für Faraday-induzierte elektrische Felder gilt. Überprüfen Sie das Ergebnis, indem Sie auf beiden Seiten die Divergenz und Rotation ausrechnen.

b. Eine Kugelschale mit Radius R trägt eine gleichförmige Oberflächenladungsdichte σ. Sie dreht sich um eine feste Achse mit einer Winkelgeschwindigkeit $\omega(t)$, die sich langsam in der Zeit ändert.

[*Hinweis:* Hier gibt es *zwei* Beiträge: das Coulomb-Feld aufgrund der Ladung und das Faraday-Feld aufgrund des veränderlichen **B**. Schauen Sie in Beispiel 5.11 nach.]

Aufgabe 7.50

Elektronen, die eine Zyklotronbewegung durchführen, lassen sich beschleunigen, indem das Magnetfeld verstärkt wird. Das dazugehörige elektrische Feld bewirkt eine Tangentialbeschleunigung. Dies ist das Funktionsprinzip von einem **Betatron**. Man würde sich wünschen, den Bahnradius bei diesem Prozess konstant zu halten. Zeigen Sie, dass sich dies erreichen lässt, indem ein Magnet so gestaltet wird, dass sein mittleres Feld über der Fläche der Bahn doppelt so groß ist wie das Feld an der Peripherie (Abbildung 7.53). Nehmen Sie an, die Elektronen beginnen im Ruhezustand ohne Feld, und das Betatron ist symmetrisch zum Zentrum der Bahn gebaut. (Nehmen Sie auch an, dass die Elektronengeschwindigkeit deutlich unterhalb der Lichtgeschwindigkeit bleibt, sodass die nichtrelativistische Mechanik anwendbar ist.)

[*Hinweis*: Differenzieren Sie Gleichung 5.3 nach der Zeit und wenden Sie $F = ma = qE$ an.]

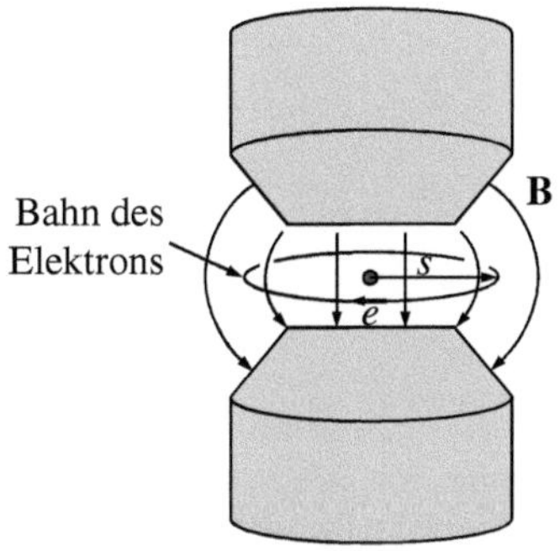

Abbildung 7.53

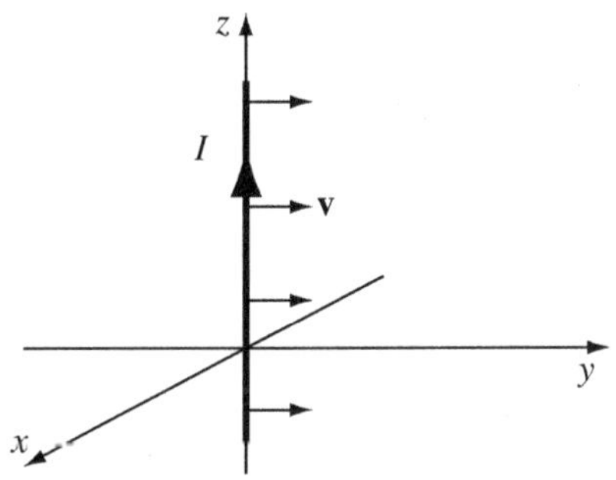

Abbildung 7.54

Aufgabe 7.51

Ein unendlich langer Draht, der einen konstanten Strom I in der $\hat{\mathbf{z}}$-Richtung führt, bewegt sich mit konstanter Geschwindigkeit v in y-Richtung. Bestimmen Sie in der quasistatischen Näherung das Feld zu dem Zeitpunkt, an dem der Draht mit der z-Achse zusammenfällt (Abbildung 7.54).

[*Antwort:* $-(\mu_0 Iv/2\pi s)\cos\phi\,\hat{\mathbf{z}}$]

Aufgabe 7.52

Das Elektron in einem Atom (mit der Ladung q) umkreist den Kern (Ladung Q) auf einer Bahn mit Radius r. Die Zentripetalbeschleunigung wird natürlich von der Coulomb-Anziehung der beiden entgegengesetzten Ladungen geliefert. Nun wird langsam ein kleines Magnetfeld $\mathrm{d}B$ dazugeschaltet, das senkrecht auf der Bahnebene steht. Zeigen Sie, dass der Anstieg $\mathrm{d}T$ der kinetischen Energie, der auf das induzierte elektrische Feld zurückgeht, gerade so groß ist, dass eine Kreisbewegung *mit konstantem Radius r* möglich wird. (Deshalb habe ich in meiner Diskussion des Diamagnetismus angenommen, der Radius sei fest. Siehe Abschnitt 6.1.3 und die dort genannte Literatur.)

Aufgabe 7.53
Der Strom in einer langen Spule steigt im Lauf der Zeit linear an, sodass der Fluss proportional zu t ist: $\Phi = \alpha t$. Zwei Voltmeter werden an gegenüberliegenden Punkten (A und B) zusammen mit zwei Widerständen (R_1 und R_2) angeschlossen, wie in Abbildung 7.55 dargestellt. Welcher Wert wird an jedem Voltmeter angezeigt? Nehmen Sie an, dass es sich um *ideale* Voltmeter handelt, die nur vernachlässigbar geringe Ströme aufnehmen (etwa indem sie riesige interne Widerstände haben) und dass ein Voltmeter zwischen den Anschlussstellen und im Messgerät selbst $-\int_a^b \mathbf{E}\cdot d\mathbf{l}$ aufnimmt.

[Antwort: $V_1 = \alpha R_1/(R_1 + R_2)$; $V_2 = -\alpha R_2/(R_1 + R_2)$. Beachten Sie, dass $V_1 \neq V_2$, obwohl sie an denselben Punkten angeschlossen sind! Siehe R. H. Romer, *Am. J. Phys.* **50**, 1089 (1982). Siehe ebenso H. W. Nicholson, *Am. J. Phys.* **73**, 1194 (2005); B. M. McGuyer, *Am. J. Phys.* **80**, 101 (2012).]

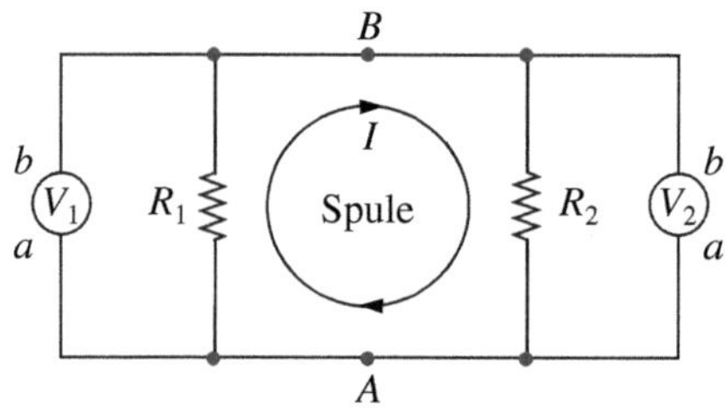

Abbildung 7.55

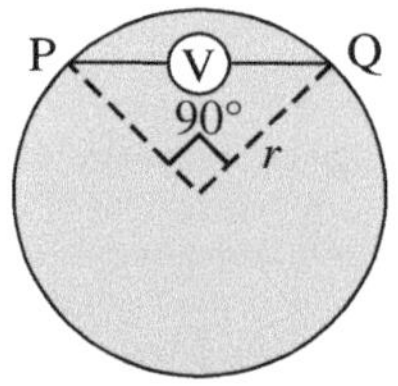

Abbildung 7.56

Aufgabe 7.54
Eine kreisförmige Drahtschleife (Radius r, Widerstand R) umschließt eine Region mit einem gleichförmigen Magnetfeld B senkrecht zur Ebene der Schleife. Das Feld (das sich in der schraffierten Region in Abbildung 7.56 befindet) nimmt linear in der Zeit zu ($B = \alpha t$). Ein ideales Voltmeter (unendlicher innerer Widerstand) ist zwischen den Punkten P und Q angeschlossen.

a. Wie lautet der Strom in der Schleife?

b. Was zeigt das Voltmeter an? [*Antwort:* $\alpha r^2/2$.]

Aufgabe 7.55
Bei der Diskussion der dynamischen elektromotorischen Kraft (Abschnitt 7.1.3) habe ich angenommen, dass die Drahtschleife (Abbildung 7.10) den Widerstand R aufweist. Der erzeugte Strom beträgt dann $I = vBh/R$. Was aber, wenn der Draht aus einem perfekt leitenden Material besteht und R somit *null* ist? In diesem Fall wird der Strom nur durch die gegenelektromotorische Kraft begrenzt, die von der Selbstinduktivität L der Schleife herrührt (und die im Vergleich zu IR üblicherweise vernachlässigbar wäre). Zeigen Sie, dass die Schleife (mit Masse m) in diesem Regime einfache harmonische Schwingungen ausführt, und bestimmen Sie deren Frequenz.[29]

[*Antwort:* $\omega = Bh/\sqrt{mL}$.]

29 Eine Sammlung ähnlicher Aufgaben finden Sie bei W. M. Saslow, *Am. J. Phys.* **55**, 986 (1987) sowie bei R. H. Romer, *Eur. J. Phys.* **11**, 103 (1990).

Aufgabe 7.56

a. Berechnen Sie mit der Neumann-Formel (Gleichung 7.23) die Gegeninduktivität der Konfiguration aus Abbildung 7.37. Gehen Sie davon aus, dass a sehr klein ist ($a \ll b$, $a \ll z$). Vergleichen Sie Ihr Ergebnis mit Aufgabe 7.22.

b. Zeigen Sie für den allgemeinen Fall (bei dem Sie *nicht* voraussetzen, dass a klein ist), dass

$$M = \frac{\mu_0 \pi \beta}{2} \sqrt{ab\beta} \left(1 + \frac{15}{8}\beta^2 + \ldots \right),$$

mit

$$\beta = \frac{ab}{z^2 + a^2 + b^2}.$$

Aufgabe 7.57

Zwei Spulen sind so um einen Zylinder gewickelt, dass *durch jede Windung der beiden Spulen derselbe Fluss fließt.* (In der Praxis wird dies erreicht, indem man in den Zylinder einen Eisenkern steckt. Dadurch wird der Fluss konzentriert.) Die „Primärspule" hat N_1 Windungen, die Sekundärspule hat N_2 Windungen (Abbildung 7.57). Zeigen Sie, dass bei Veränderung des Strom I in der Primärspule die elektromotorische Kraft in der Sekundärspule durch

$$\frac{\mathcal{E}_2}{\mathcal{E}_1} = \frac{N_2}{N_1}, \tag{7.67}$$

gegeben ist, wobei $\mathcal{E}_1$ die (gegen)elektromotorische Kraft der Primärspule ist.

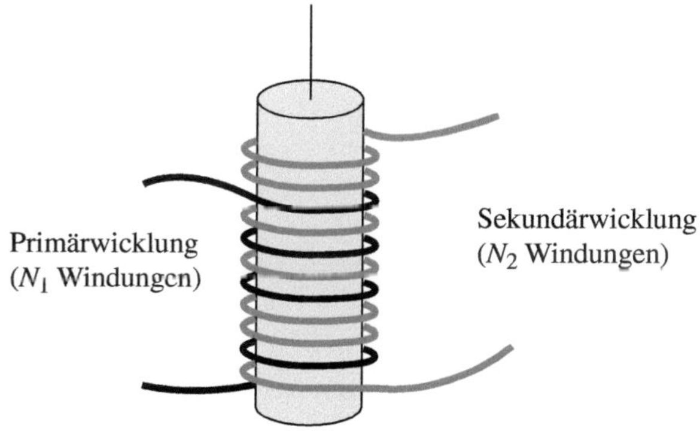

Abbildung 7.57

[Dies ist ein primitiver **Transformator** – ein Gerät, mit dem Sie die elektromotorische Kraft einer Wechselstromquelle erhöhen oder verringern können. Indem Sie die geeignete Windungszahl wählen, können Sie jede gewünschte sekundäre EMK erzeugen. Falls Sie glauben, dass dies die Energieerhaltung verletzt, dann befassen Sie sich mit Aufgabe 7.58.]

Aufgabe 7.58

Ein Transformator (Aufgabe 7.57) erhält eine Eingangswechselspannung der Amplitude V_1 und liefert einen Ausgangsspannung der Amplitude V_2, die durch das Wicklungsverhältnis $V_2/V_2 = N_2/N_1$ gegeben ist. Für $N_2 > N_1$ ist die Ausgangsspannung größer als die Eingangsspannung. Warum wird dadurch die Energieerhaltung nicht verletzt? *Antwort*: Leistung ist das Produkt aus Spannung und Strom. Steigt die Spannung *an*, muss der Strom offenbar *sinken*. Ziel dieser Aufgabe ist, anhand eines vereinfachten Modells zu sehen, wie dies genau vor sich geht.

a. In einem idealen Transformator geht derselbe Fluss durch alle Windungen der Primärspule und der Sekundärspule. Zeigen Sie, dass in diesem Fall $M^2 = L_1L_2$ gilt, wobei M die Gegeninduktivität der Spulen darstellt und L_1, L_2 ihre jeweiligen Selbstinduktivitäten sind.

b. Nehmen Sie an, die Primärspule wird durch die Wechselspannung $V_{\text{ein}} = V_1 \cos(\omega t)$ versorgt, und die Sekundärspule ist an einen Widerstand R angeschlossen. Zeigen Sie, dass die beiden Ströme die Beziehungen

$$L_1\frac{\mathrm{d}I_1}{\mathrm{d}t} + M\frac{\mathrm{d}I_2}{\mathrm{d}t} = V_1 \cos(\omega t)\,; \quad L_2\frac{\mathrm{d}I_2}{\mathrm{d}t} + M\frac{\mathrm{d}I_1}{\mathrm{d}t} = -I_2R$$

erfüllen.

c. Lösen Sie diese Gleichungen für $I_1(t)$ und $I_2(t)$ unter Benutzung des Ergebnisses aus (a). (Nehmen Sie an, dass I_1 keine Gleichspannungskomponente hat.)

d. Zeigen Sie, dass die Ausgangsspannung ($V_{\text{aus}} = I_2R$) dividiert durch die Eingangsspannung (V_{ein}) gleich dem Windungsverhältnis ist: $V_{\text{aus}}/V_{\text{ein}} = N_2/N_1$.

e. Berechnen Sie die Eingangsleistung ($P_{\text{ein}} = V_{\text{ein}}I_1$) und die Ausgangsleistung ($P_{\text{aus}} = V_{\text{aus}}I_2$). Zeigen Sie, dass ihre Mittelwerte über einen vollständigen Zyklus gleich sind.

Aufgabe 7.59

Ein unendlich langer Draht verläuft entlang der z-Achse; er trägt einen Strom $I(z)$, der eine Funktion von z, aber nicht von t ist, sowie eine Ladungsdichte $\lambda(t)$, die von der Zeit abhängt, aber nicht von z.

a. Zeigen Sie, dass $\mathrm{d}\lambda/\mathrm{d}T = -\mathrm{d}I/\mathrm{d}z$ ist, indem Sie sich die Ladung anschauen, die in einem Zeitraum $\mathrm{d}t$ in ein Segment $\mathrm{d}z$ fließt. Zeigen Sie ferner, dass $\lambda(t) = kt$ und $I(z) = -kz$, mit einer Konstante k, wenn wir fordern, dass $\lambda(0) = 0$ und $I(0) = 0$ sind.

b. Nehmen Sie für einen Augenblick an, dass der Prozess quasistatisch ist, sodass die Felder durch die Gleichungen 2.9 und 5.38 gegeben sind. Zeigen Sie, dass dies in der Tat die *exakten* Felder sind, indem Sie bestätigen, dass alle vier Maxwell-Gleichungen erfüllt sind. (Verwenden Sie dazu zunächst die differentielle Form für den Bereich $s > 0$ und dann die Integralform für den passenden Gauß'schen Zylinder bzw. die passende Ampère'sche Schleife auf der Achse.)

Aufgabe 7.60

Nehmen Sie an, dass $\mathbf{J}(\mathbf{r})$ zeitlich konstant ist, $\rho(\mathbf{r}, t)$ aber nicht – Bedingungen, die beispielsweise vorliegen können, wenn Sie einen Kondensator aufladen.

a. Zeigen Sie, dass die Ladungsdichte an einem beliebigen Punkt eine lineare Funktion der Zeit ist:

$$\rho(\mathbf{r}, t) = \rho(\mathbf{r}, 0) + \dot{\rho}(\mathbf{r}, 0)t\,.$$

Darin ist $\dot{\rho}(\mathbf{r}, 0)$ die zeitliche Ableitung von ρ zur Zeit $t = 0$.

[*Hinweis:* Verwenden Sie die Kontinuitätsgleichung.]

Dies ist *keine* elektrostatische oder magnetostatische Konfiguration;[30]dennoch sind – recht überraschend – sowohl das Coulomb'sche Gesetz (in der Form von Gleichung 2.9) als auch das Biot-Savart'sche Gesetz (Gleichung 5.38) gültig, was Sie bestätigen können, indem Sie zeigen, dass sie die Maxwell'schen Gleichungen erfüllen.

b. Zeigen Sie insbesondere, dass

$$\mathbf{B}(\mathbf{r}) = \frac{\mu_0}{4\pi} \int \frac{\mathbf{J}(\mathbf{r}') \times \hat{\boldsymbol{\mathscr{r}}}}{\mathscr{r}^2}\,\mathrm{d}\tau'$$

das Ampère'sche Gesetz mit dem Term *des Maxwell'schen Verschiebungsstroms* erfüllt.

Aufgabe 7.61

Das magnetische Feld eines unendlich langen geraden Drahts, der einen stationären Strom I trägt, lässt sich folgendermaßen aus dem Term des *Verschiebungs*stroms im Ampère'schen Gesetz bzw. Maxwell'schen Gesetz gewinnen: Stellen Sie sich den Strom als gleichförmige Linienladung λ vor, die mit der Geschwindigkeit v die z-Achse entlang fließt (dadurch wird $I = \lambda v$), mit einer winzigen Lücke der Länge ε, die den Ursprung zur Zeit $t = 0$ erreicht. Einen Moment lang (bis zum Zeitpunkt $t = \varepsilon/v$) fließt kein *echter* Strom durch eine kreisförmige Ampère'sche Schleife in der x-y-Ebene, aber es gibt aufgrund der „fehlenden“ Ladung in der Lücke einen *Verschiebungs*strom.

a. Wenden Sie das Coulomb'sche Gesetz an und berechnen Sie die z-Komponente des elektrischen Felds eines Drahtabschnitts mit gleichförmiger Dichte $-\lambda$ für Punkte in der x-y-Ebene, die sich in der Entfernung s vom Ursprung befinden. $-\lambda$ soll sich von $z_1 = vt - \varepsilon$ bis $z_2 = vt$ erstrecken,

b. Bestimmen Sie den Fluss dieses elektrischen Felds durch einen Kreis mit Radius a in der x-y-Ebene.

c. Bestimmen Sie den Verschiebungsstrom durch diesen Kreis. Zeigen Sie, dass I_d gleich I ist, wenn die Spaltbreite ε gegen null geht.

[Einen etwas anderen Zugang zu derselben Aufgabe finden Sie in W. K. Terry, *Am. J. Phys.* **50**, 742 (1982).]

---

30 Es gibt Autoren, die dies als magnetostatisch betrachten würden, da $\mathbf{B}$ von t unabhängig ist. Für sie ist das Biot-Savart'sche Gesetz eine allgemeine Regel der Magnetostatik, aber $\nabla \cdot \mathbf{J} = 0$ und $\nabla \times \mathbf{B} = \mu_0 \mathbf{J}$ gelten nur unter der zusätzlichen Annahme, dass ρ konstant ist. In einer solchen Formulierung kann man den Term der Maxwell'schen Verschiebung (in diesem sehr speziellen Fall) mittels der Methode aus (b) aus dem Biot-Savart'schen Gesetz *ableiten*. Siehe D. F. Bartlett, *Am. J. Phys.* **58**, 168 (1990), D. J. Griffiths und M. A. Heald, *Am. J. Phys.* **59**, 111 (1991).

Aufgabe 7.62

Eine bestimmte Art von Übertragungsleitung wird aus zwei dünnen „Metallbändern" hergestellt, deren Breite w beträgt und die sich in der geringen Entfernung $h \ll w$ befinden. Der Strom fließt zuerst den einen Draht entlang und kehrt durch den anderen zurück. In beiden Fällen verteilt er sich gleichförmig über der Oberfläche der Bänder.

a. Bestimmen Sie die Kapazität C pro Längeneinheit.

b. Bestimmen Sie die Induktivität $\mathcal{L}$ pro Längeneinheit.

c. Welches zahlenmäßige Ergebnis liefert das Produkt $\mathcal{L}C$?

[$\mathcal{L}$ und C sind natürlich für unterschiedliche Übertragungsleitung verschieden, ihr *Produkt* ist jedoch eine universelle Konstante (überprüfen Sie das beispielsweise für die Kabel in Beispiel 7.13) – vorausgesetzt, der Raum zwischen den Leitern ist ein Vakuum. In der Theorie der Übertragungsleitung hängt dieses Produkt mit der Geschwindigkeit zusammen, mit der sich ein Puls durch die Leitung fortbewegt: $v = 1/\sqrt{\mathcal{L}C}$.]

d. Wie lautet das Produkt $\mathcal{L}C$, wenn die Streifen voneinander durch ein nichtleitendes Material mit der Dielektrizitätskonstante ε und der Permeabilität μ isoliert werden? Wie groß ist die Ausbreitungsgeschwindigkeit?

[*Hinweis*: Siehe Beispiel 4.6. Um welchen Faktor verändert sich $\mathcal{L}$, wenn eine Induktivität in ein lineares Medium der Permeabilität μ eingebettet ist?]

Aufgabe 7.63

Beweisen Sie den **Alfvén'schen Satz**: In einem perfekt leitenden Fluid (beispielsweise ein Gas aus freien Elektronen) ist der magnetische Fluss durch eine geschlossene Schleife, die sich mit dem Fluid bewegt, zeitlich konstant. (Die magnetischen Feldlinien sind sozusagen in die Flüssigkeit „eingefroren".)

a. Benutzen Sie das Ohm'sche Gesetz in der Form von Gleichung 7.2 zusammen mit dem Faraday'schen Gesetz und beweisen Sie, dass für $\sigma = \infty$ und endliches $\mathbf{J}$ gilt:

$$\frac{\partial \mathbf{B}}{\partial t} = \nabla \times (\mathbf{v} \times \mathbf{B}) \ .$$

b. Sei $\mathcal{S}$ eine Fläche, die von der Schleife ($\mathcal{P}$) zur Zeit t umrandet wird, und $\mathcal{S}'$ eine Fläche, die von der Schleife in ihrer neuen Position ($\mathcal{P}'$) zur Zeit $t+\,\mathrm{d}t$ umrandet wird (siehe Abbildung 7.58). Die Flussänderung beträgt

$$\mathrm{d}\Phi = \int_{\mathcal{S}'} \mathbf{B}(t+\,\mathrm{d}t) \cdot \mathrm{d}\mathbf{a} - \int_{\mathcal{S}} \mathbf{B}(t) \cdot \mathrm{d}\mathbf{a} \ .$$

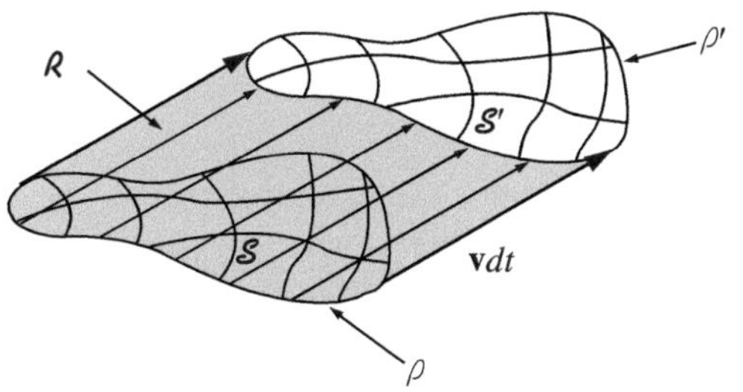

Abbildung 7.58

Zeigen Sie, dass

$$\int_{\mathcal{S}'} \mathbf{B}(t+\mathrm{d}t)\cdot \mathrm{d}\mathbf{a} + \int_{\mathcal{R}} \mathbf{B}(t+\mathrm{d}t)\cdot \mathrm{d}\mathbf{a} = \int_{\mathcal{S}} \mathbf{B}(t+\mathrm{d}t)\cdot \mathrm{d}\mathbf{a}$$

(wobei $\mathcal{R}$ das „Band" ist, das $\mathcal{P}$ und $\mathcal{P}'$ verbindet) und dass daher (für infinitesimales dt) gilt:

$$\mathrm{d}\Phi = \mathrm{d}t \int_{\mathcal{S}} \frac{\partial \mathbf{B}}{\partial t}\cdot \mathrm{d}\mathbf{a} - \int_{\mathcal{R}} \mathbf{B}(t+\mathrm{d}t)\cdot \mathrm{d}\mathbf{a}\,.$$

Benutzen Sie die Methode aus Abschnitt 7.1.3 und schreiben Sie das zweite Integral in der Form

$$\mathrm{d}t \oint_{\mathcal{P}} (\mathbf{B}\times \mathbf{v})\cdot \mathrm{d}\mathbf{l}\,.$$

Wenden Sie den Stokes'schen Satz an und leiten Sie daraus

$$\frac{\mathrm{d}\Phi}{\mathrm{d}t} = \int_{\mathcal{S}} \left(\frac{\partial \mathbf{B}}{\partial t} - \nabla\times(\mathbf{v}\times\mathbf{B})\right)\cdot \mathrm{d}\mathbf{a}$$

her. Zusammen mit dem Ergebnis aus (a) beweist dies den Satz.

Aufgabe 7.64

a. Zeigen Sie, dass die Maxwell'schen Gleichungen mit magnetischen Ladungen (Gleichung 7.44) unter der **Dualitätstransformation**

$$\left.\begin{aligned} \mathbf{E}' &= \mathbf{E}\cos\alpha + c\mathbf{B}\sin\alpha\,,\\ c\mathbf{B}' &= c\mathbf{B}\cos\alpha - \mathbf{E}\sin\alpha\,,\\ cq_\mathrm{e}' &= cq_\mathrm{e}\cos\alpha + q_\mathrm{m}\sin\alpha\,,\\ q_\mathrm{m}' &= q_\mathrm{m}\cos\alpha - cq_\mathrm{e}\sin\alpha\,. \end{aligned}\right\} \tag{7.68}$$

invariant sind, wobei $c \equiv 1/\sqrt{\varepsilon_0\mu_0}$ und α ein frei wählbarer Rotationswinkel im „**E**-**B**-Raum" ist. Ladung und Stromdichten transformieren sich auf dieselbe Weise wie q_e und q_m.

[Dies bedeutet insbesondere, dass Sie, sofern Sie die Felder kennen, die von einer *elektrischen* Ladungsanordnung hervorgerufen werden, sofort (mit $\alpha = 90°$) die Felder hinschreiben können, die von der entsprechenden Anordnung *magnetischer* Ladungen hervorgerufen würden.]

b. Zeigen Sie, dass das in Aufgabe 7.38 herzuleitende Kraftgesetz

$$\mathbf{F} = q_\mathrm{e}\,(\mathbf{E} + \mathbf{v} \times \mathbf{B}) + q_\mathrm{m}\left(\mathbf{B} - \frac{1}{c^2}\mathbf{v} \times \mathbf{E}\right)$$

unter der Dualitätstransformation ebenfalls invariant ist.

Zwischenakt

Alle Karten liegen nun auf dem Tisch, und in einem gewissen Sinn ist meine Aufgabe damit erledigt. In den ersten sieben Kapiteln haben wir uns die Elektrodynamik Stück für Stück erarbeitet. Mit den Maxwell'schen Gleichungen in ihrer endgültigen Fassung ist die Theorie jetzt vollständig. Nun gibt es keine weiteren Gesetze mehr zu lernen, es müssen keine weiteren Verallgemeinerungen bedacht werden und (vielleicht mit einer einzigen Ausnahme) müssen keine lauernden Inkonsistenzen aufgelöst werden. Wenn Sie eine einsemestrige Vorlesung besuchen, wäre dies ein sinnvoller Zeitpunkt, um aufzuhören.

In einem anderen Sinn sind wir erst am Anfang angekommen. Wir haben ein gutes Blatt auf der Hand, und wir kennen die Spielregeln – es ist Zeit, unsere Trümpfe auszuspielen. Jetzt beginnt der angenehme Teil, in dem wir die außerordentliche Kraft und den Reichtum der Elektrodynamik genießen können. In einer vertiefenden Vorlesung sollte genügend Zeit bleiben, auch die restlichen Kapitel zu behandeln und vielleicht mit etwas Plasmaphysik, der Theorie von Gleichstrom- und Wechselstromkreisen oder sogar etwas spezieller Relativitätstheorie abzuschmecken. Wenn Ihnen jedoch nur Zeit für ein einziges weiteres Thema bleibt, lege ich Ihnen Kapitel 9 über elektromagnetische Wellen ans Herz. (Vielleicht wollen Sie als Einführung einige Abschnitte aus Kapitel 8 überfliegen.) Dies ist der Übergang zur Optik und bildet historisch die wichtigste Anwendung der Maxwell'schen Theorie.

Erhaltungssätze

8

ÜBERBLICK

8.1 Ladung und Energie

8.1.1 Die Kontinuitätsgleichung

In diesem Kapitel befassen wir uns mit der Erhaltung von Energie, Impuls und Drehimpuls in der Elektrodynamik. Allerdings möchte ich mit der **Ladungserhaltung** beginnen, denn sie stellt das Urbild aller Erhaltungssätze dar. Was genau lernen wir aus der Ladungserhaltung? Dass die Gesamtladung des Universums eine Konstante ist? Nun – das ist eigentlich der *globale* Ladungserhaltungssatz. Die *lokale* Ladungserhaltung ist eine viel stärkere Forderung: Wenn sich die Gesamtladung in einem Volumen ändert, dann muss genau diese Ladungsmenge durch die Oberfläche in das Volumen hinein- oder daraus herausgeflossen sein. Der Tiger kann sich nicht einfach außerhalb des Käfigs materialisieren. Wenn es ihm gelang, von innen nach außen zu kommen, dann muss er ein Loch im Käfig gefunden haben.

Formal gesehen beträgt die Ladung in einem Volumen $\mathcal{V}$

$$Q(t) = \int_{\mathcal{V}} \rho(\mathbf{r}, t)\, \mathrm{d}\tau \tag{8.1}$$

und der Strom, der durch die Grenzfläche $\mathcal{S}$ fließt, beträgt $\oint_{\mathcal{S}} \mathbf{J} \cdot \mathrm{d}\mathbf{a}$. Die lokale Ladungserhaltung fordert daher

$$\frac{\mathrm{d}Q}{\mathrm{d}t} = -\oint_{\mathcal{S}} \mathbf{J} \cdot \mathrm{d}\mathbf{a}\,. \tag{8.2}$$

Mithilfe von Gleichung 8.1 können wir die linke Seite umschreiben, und durch Anwendung des Gauß'schen Satzes auf die rechte Seite erhalten wir

$$\int_{\mathcal{V}} \frac{\partial \rho}{\partial t}\, \mathrm{d}\tau = -\int_{\mathcal{V}} \nabla \cdot \mathbf{J}\, \mathrm{d}\tau\,. \tag{8.3}$$

Da dies für *jedes beliebige* Volumen gilt, folgt

$$\frac{\partial \rho}{\partial t} = -\nabla \cdot \mathbf{J}\,. \tag{8.4}$$

Dies ist natürlich nichts anderes als die Kontinuitätsgleichung – die genaue mathematische Formulierung der Ladungserhaltung. Wie ich bereits erwähnt habe, kann sie aus den Maxwell'schen Gleichungen hergeleitet werden – die Ladungserhaltung ist keine *unabhängige* Forderung, sondern eine *Folgerung* aus den Gesetzen der Elektrodynamik.Sie dient als Nebenbedingung an die Quellen (ρ und $\mathbf{J}$). Sie können nicht *irgendwelche* Funktionen sein: Sie müssen die Ladungserhaltung erfüllen.[1]

Ziel dieses Kapitels ist die Konstruktion der entsprechenden Gleichungen für die Erhaltung von Energie und Impuls. Während dieses Prozesses werden wir lernen (und das ist vielleicht viel wichtiger), wie wir die Energiedichte und die Impulsdichte (die Analogien zu ρ) sowie die „Energieströme" und „Impulsströme" (die Analogien zu $\mathbf{J}$) ausdrücken können.

1 Die Kontinuitätsgleichung ist die *einzige* derartige Nebenbedingung. Beliebige Funktionen $\rho(\mathbf{r}, t)$ und $\mathbf{J}(\mathbf{r}, t)$, die mit Gleichung 8.4 konsistent sind, stellen mögliche Ladungs- und Stromverteilungen dar, in dem Sinne, dass sie die Maxwell-Gleichungen lösen.

8.1.2 Der Poynting'sche Satz

In Kapitel 2 haben wir herausgefunden, dass die zum Aufbau einer statischen Ladungsverteilung notwendige Arbeit (gegen die Coulomb-Abstoßung gleichnamiger Ladungen) durch Gleichung 2.45 gegeben ist:

$$W_\mathrm{e} = \frac{\varepsilon_0}{2}\int E^2\,\mathrm{d}\tau\,.$$

Darin ist **E** das resultierende elektrische Feld. Ganz ähnlich ist die Arbeit, die benötigt wird, um die Ströme (gegen die gegenelektromotorische Kraft) in Gang zu halten (Gleichung 7.35)

$$W_\mathrm{m} = \frac{1}{2\mu_0}\int B^2\,\mathrm{d}\tau\,,$$

mit **B** als resultierendem Magnetfeld. Dies legt nahe, dass die gesamte in einem elektromagnetischen Feld gespeicherte Energie

$$U_\mathrm{em} = \frac{1}{2}\int\left(\varepsilon_0 E^2 + \frac{1}{\mu_0}B^2\right)\mathrm{d}\tau \qquad (8.5)$$

beträgt. In diesem Abschnitt werde ich Gleichung 8.5 bestätigen und den Energieerhaltungssatz der Elektrodynamik entwickeln.

Nehmen Sie an, wir haben irgendwelche Ladungs- und Stromkonfigurationen, die zur Zeit t die Felder **E** und **B** erzeugen. Einen kurzen Moment $\mathrm{d}t$ später haben sich die Ladungen ein wenig bewegt. *Frage*: Wie viel Arbeit verrichten die elektromagnetischen Kräfte, die im Zeitintervall $\mathrm{d}t$ auf diese Ladungen wirken? Nach dem Ausdruck für die Lorentz-Kraft ist die Arbeit, die an einer Ladung q verrichtet wird,

$$\mathbf{F}\cdot\mathrm{d}\mathbf{l} = q(\mathbf{E}+\mathbf{v}\times\mathbf{B})\cdot\mathbf{v}\,\mathrm{d}t = q\mathbf{E}\cdot\mathbf{v}\,\mathrm{d}t\,.$$

Drücken wir dies durch Ladungs- und Stromdichten aus, so wird $q \to \rho\,\mathrm{d}\tau$ und $\rho\mathbf{v} \to \mathbf{J}$.[2] Daher ändert sich die Arbeit, die an allen Ladungen in einem Volumen $\mathcal{V}$ verrichtet wird, gemäß

$$\frac{\mathrm{d}W}{\mathrm{d}t} = \int_{\mathcal{V}}(\mathbf{E}\cdot\mathbf{J})\,\mathrm{d}\tau\,. \qquad (8.6)$$

Offenbar ist $\mathbf{E}\cdot\mathbf{J}$ die Arbeit, die pro Zeiteinheit und pro Volumeneinheit verrichtet wird – sozusagen die pro Volumeneinheit gelieferte Leistung. Wir können diese Größe allein durch die Felder ausdrücken, wenn wir **J** mithilfe des Ampère-Maxwell'schen Gesetzes eliminieren:

$$\mathbf{E}\cdot\mathbf{J} = \frac{1}{\mu_0}\mathbf{E}\cdot(\nabla\times\mathbf{B}) - \varepsilon_0\mathbf{E}\cdot\frac{\partial\mathbf{E}}{\partial t}\,.$$

Aufgrund der Produktregel 6 (vordere Umschlaginnenseite) gilt

$$\nabla\cdot(\mathbf{E}\times\mathbf{B}) = \mathbf{B}\cdot(\nabla\times\mathbf{E}) - \mathbf{E}\cdot(\nabla\times\mathbf{B})\,.$$

2 Das ist eine heikle Gleichung: schließlich kann die *Netto*ladungsdichte null sein, auch wenn es der Strom *nicht* ist, wenn Ladungen beider Vorzeichen anwesend sind. Tatsächlich gilt das für gewöhnliche stromführende Drähte. Wir sollten in Wirklichkeit die positiven und negativen Ladungen getrennt behandeln, und die beiden kombinieren, um Gleichung 8.6 zu erhalten: $\mathbf{J} = \rho_+\mathbf{v}_+ + \rho_-\mathbf{v}_-$.

Wenden wir das Faraday'sche Gesetz ($\nabla \times \mathbf{E} = -\partial \mathbf{B}/\partial t$) an, dann folgt daraus

$$\mathbf{E} \cdot (\nabla \times \mathbf{B}) = -\mathbf{B} \cdot \frac{\partial \mathbf{B}}{\partial t} - \nabla \cdot (\mathbf{E} \times \mathbf{B}) \ .$$

Darüber hinaus ist

$$\mathbf{B} \cdot \frac{\partial \mathbf{B}}{\partial t} = \frac{1}{2}\frac{\partial}{\partial t}B^2 \quad \text{und} \quad \mathbf{E} \cdot \frac{\partial \mathbf{E}}{\partial t} = \frac{1}{2}\frac{\partial}{\partial t}E^2 \tag{8.7}$$

und damit

$$\mathbf{E} \cdot \mathbf{J} = -\frac{1}{2}\frac{\partial}{\partial t}\left(\varepsilon_0 E^2 + \frac{1}{\mu_0}B^2\right) - \frac{1}{\mu_0}\nabla \cdot (\mathbf{E} \times \mathbf{B}) \ . \tag{8.8}$$

Setzen wir dies in Gleichung 8.6 ein und wenden wir den Gauß'schen Satz auf den zweiten Term an, dann erhalten wir

$$\frac{\mathrm{d}W}{\mathrm{d}t} = -\frac{\mathrm{d}}{\mathrm{d}t}\int_{\mathcal{V}} \frac{1}{2}\left(\varepsilon_0 E^2 + \frac{1}{\mu_0}B^2\right) \mathrm{d}\tau - \frac{1}{\mu_0}\oint_{\mathcal{S}} (\mathbf{E} \times \mathbf{B}) \cdot \mathrm{d}\mathbf{a} \, . \tag{8.9}$$

Darin ist $\mathcal{S}$ die Randfläche von $\mathcal{V}$. Dies ist der **Poynting'sche Satz**. Er stellt den Zusammenhang von Arbeit und Energie in der Elektrodynamik her. Das erste Integral auf der rechten Seite ist die in den Feldern gespeicherte Gesamtenergie U_{em} (Gleichung 8.5). Der zweite Term stellt offensichtlich die Rate dar, mit der Energie durch die elektromagnetischen Felder aus $\mathcal{V}$ durch dessen Randfläche herausgetragen wird.

Poynting'scher Satz

Nach dem Poynting'schen Satz ist dann *die Arbeit, die durch die elektromagnetischen Felder an den Ladungen verrichtet wird, gleich der Verringerung der im Feld gespeicherten Energie, abzüglich der Energie, die durch die Oberfläche hinausgeflossen ist.*

Die Energie *pro Zeiteinheit und pro Flächeneinheit*, die von den Feldern transportiert wird, wird als **Poynting-Vektor** bezeichnet:

$$\mathbf{S} \equiv \frac{1}{\mu_0}(\mathbf{E} \times \mathbf{B}) \ . \tag{8.10}$$

Insbesondere ist $\mathbf{S} \cdot \mathrm{d}\mathbf{a}$ die Energie pro Zeiteinheit, die das infinitesimal kleine Flächenelement $\mathrm{d}\mathbf{a}$ durchquert – wenn Sie so wollen, der Energie*fluss* (daher ist $\mathbf{S}$ die **Energieflussdichte**).[3] In den Kapiteln 9 und 11 werden uns noch viele Anwendungen

3 Wenn Sie sehr penibel sind, werden Sie hier eine kleine Lücke in der Logik bemerken: Anhand von Gleichung 8.9 wissen wir, dass $\oint \mathbf{S} \cdot \mathrm{d}\mathbf{a}$ die gesamte Leistung ist, die eine *geschlossene* Oberfläche durchquert. Dies beweist aber nicht, dass $\int \mathbf{S} \cdot \mathrm{d}\mathbf{a}$ die Leistung ist, die eine beliebige *offene* Oberfläche durchquert (es könnte ja einen Extraterm geben, dessen Integral für alle geschlossenen Flächen null ergibt). Allerdings ist dies die natürliche und offensichtliche Interpretation. Wie immer ist der genaue *Ort* der Energie in der Elektrodynamik nicht wirklich festgelegt (siehe Abschnitt 2.4.4).

des Poynting-Vektors begegnen. Im Moment interessiert mich mehr, dass ich damit den Poynting'schen Satz kompakter ausdrücken kann:

$$\frac{\mathrm{d}W}{\mathrm{d}t} = -\frac{\mathrm{d}}{\mathrm{d}t}\int_{\mathcal{V}} u\,\mathrm{d}\tau - \oint_{\mathcal{S}} \mathbf{S}\cdot \mathrm{d}\mathbf{a}\,. \tag{8.11}$$

Was passiert, wenn *keine* Arbeit an den Ladungen in $\mathcal{V}$ verrichtet wird? Wenn wir uns zum Beispiel in einem Bereich leeren Raumes befinden, wo es keine Ladungen gibt? In diesem Fall ist $\mathrm{d}W/\mathrm{d}t = 0$, somit

$$\int \frac{\partial u}{\partial t}\,\mathrm{d}\tau = -\oint \mathbf{S}\cdot \mathrm{d}\mathbf{a} = -\int (\nabla\cdot\mathbf{S})\,\mathrm{d}\tau$$

und somit

$$\frac{\partial u}{\partial t} = -\nabla\cdot\mathbf{S}. \tag{8.12}$$

Das ist die „Kontinuitätsgleichung" der *Energie*: u (Energiedichte) spielt die Rolle von ρ (Ladungsdichte), und $\mathbf{S}$ übernimmt die Rolle von $\mathbf{J}$ (Stromdichte). Sie drückt die lokale Erhaltung der elektromagnetischen Energie aus.

Im *Allgemeinen* ist die elektromagnetische Energie für sich genommen *nicht* erhalten (und die Energie der Ladungen auch nicht). Natürlich nicht! Die Felder verrichten Arbeit an den Ladungen, die Ladungen erzeugen Felder. Energie wird hin- und hergeschaufelt. Bei der Gesamtbilanz müssen Sie die Beiträge von Feldern *und* Materie berücksichtigen.

Beispiel 8.1: Joule'sche Wärme

Wenn ein Strom durch einen Draht fließt, wird Arbeit verrichtet, die als Joule'sche Wärme in Erscheinung tritt und den Draht aufheizt (Gleichung 7.7). Obwohl es bestimmt einfachere Methoden gibt, die pro Zeiteinheit auf den Draht übertragene Energie zu berechnen, können wir dies auch mit dem Poynting-Vektor erreichen. Angenommen, das elektrische Feld ist gleichförmig, dann ist sein Betrag parallel zum Draht

$$E = \frac{V}{L}\,.$$

Dabei ist V die Potentialdifferenz zwischen den Enden und L die Drahtlänge (Abbildung 8.1). Das magnetische Feld verläuft entlang des Umkreises. An der Oberfläche (Radius a) hat es den Wert

$$B = \frac{\mu_0 I}{2\pi a}\,.$$

Entsprechend beträgt der Poynting-Vektor

$$S = \frac{1}{\mu_0}\frac{V}{L}\frac{\mu_0 I}{2\pi a} = \frac{VI}{2\pi a L}$$

Beispiel 8.1 (Fortsetzung)

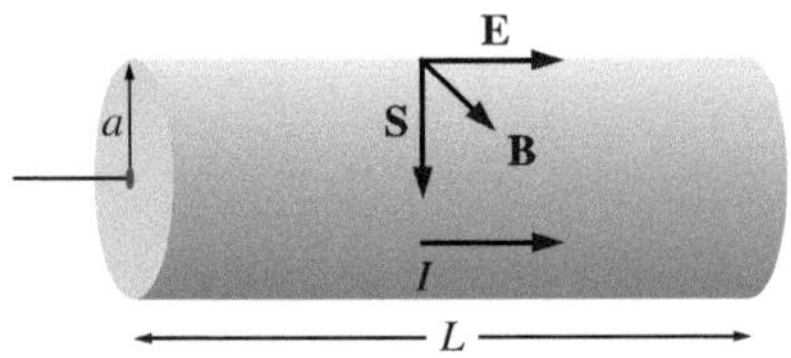

Abbildung 8.1

und zeigt radial nach innen. Die Energie pro Zeiteinheit, die durch die Oberfläche des Drahts fließt, ist daher

$$\int \mathbf{S} \cdot d\mathbf{a} = S(2\pi a L) = VI\,,$$

und das ist genau dasselbe Ergebnis wie dasjenige, das wir durch die direktere Vorgehensweise in Abschnitt 7.1.1 berechnet haben.[4]

Aufgabe 8.1

Berechnen Sie die Leistung (Energie pro Zeiteinheit), die in Beispiel 7.13 und Aufgabe 7.62 durch die Kabel transportiert wird, unter der Voraussetzung, dass die beiden Leiter eine Potentialdifferenz V aufweisen und einen Strom I transportieren (der über den einen hin- und über den anderen zurückfließt).

Aufgabe 8.2

Betrachten Sie den Kondensator aus Aufgabe 7.34.

a. Bestimmen Sie die elektrischen und magnetischen Felder in der Lücke als Funktionen des Abstands s von der Achse sowie der Zeit t. (Nehmen Sie an, dass die Ladung zum Zeitpunkt $t = 0$ null ist.)

b. Bestimmen Sie die Energiedichte u_{em} und den Poynting-Vektor $\mathbf{S}$ in der Lücke. Beachten Sie insbesondere die *Richtung* von $\mathbf{S}$. Prüfen Sie, ob Gleichung 8.12 erfüllt ist.

c. Bestimmen Sie die Gesamtenergie in der Lücke als Funktion der Zeit. Berechnen Sie die gesamte in die Lücke fließende Leistung, indem Sie den Poynting-Vektor über die geeignete Fläche integrieren. Überprüfen Sie, dass die einfließende Leistung genauso groß ist wie der Energieanstieg in der Lücke (Gleichung 8.9) – in diesem Fall ist $W = 0$, weil in der Lücke keine Ladungen vorliegen.

[Wenn Sie sich wegen der Streufelder Sorgen machen, dann rechnen Sie mit einem Volumen, dessen Radius $b < a$ ist und das sich noch deutlich innerhalb der Schleife befindet.]

4 Und wie schaut es mit dem Energiefluß *entlang* des Drahts aus? Sie finden eine Diskussion in M. K. Harbola, *Am. J. Phys.* **78**, 1203 (2010). Eine anspruchsvollere Geometrie wird in D. S. Davis und L. Kaplan, *Am. J. Phys.* **79**, 1155 (2011) behandelt.

8.2 Impuls

8.2.1 Das dritte Newton'sche Gesetz in der Elektrodynamik

Stellen Sie sich eine Punktladung q vor, die sich mit konstanter Geschwindigkeit v entlang der x-Achse bewegt. Weil sie sich bewegt, wird ihr elektrisches Feld *nicht* durch das Coulomb'sche Gesetz bestimmt, dennoch weist **E** immer noch vom jeweiligen Ort der Ladung radial nach außen (Abbildung 8.2a), wie wir in Kapitel 10 noch sehen werden. Weil darüber hinaus eine bewegte Punktladung keinen stationären Strom ausmacht, ist ihr Feld *nicht* durch das Biot-Savart'sche Gesetz gegeben. Dennoch weist **B** immer noch in einer Art und Weise um die Achse, die durch die Rechte-Hand-Regel festgelegt ist (Abbildung 8.2b). Auch diesen Beweis werden wir in Kapitel 10 erbringen.

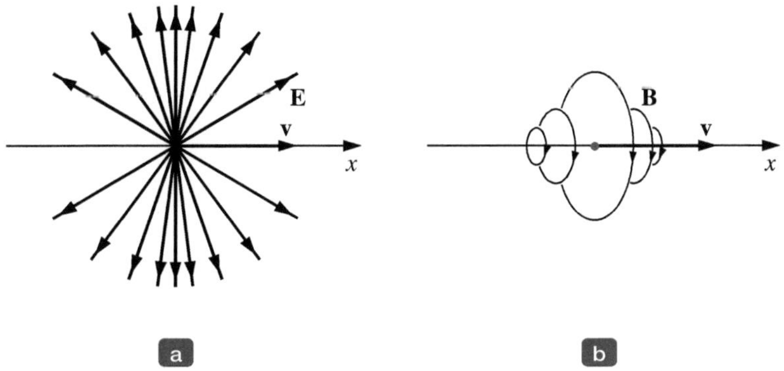

Abbildung 8.2

Nehmen Sie nun an, dass diese Ladung einer gleichartigen anderen Ladung begegnet, die sich auf dieselbe Weise entlang der y-Achse bewegt. Natürlich hat die zwischen ihnen wirkende elektromagnetische Kraft das Bestreben, sie von den Achsen herunterzufegen, wir nehmen jedoch an, dass die Ladungen irgendwie auf den Achsen befestigt sind, sodass sie dieselbe Richtung und dieselbe Geschwindigkeit beibehalten müssen (Abbildung 8.3). Die zwischen ihnen wirkende elektrische Kraft ist absto-

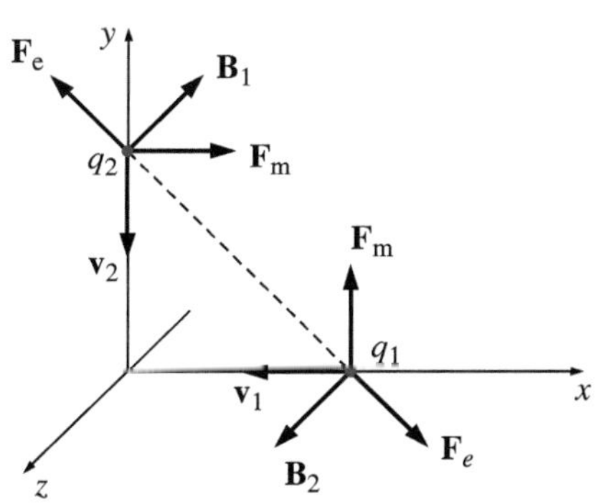

Abbildung 8.3

ßend, aber was ist mit der magnetischen Kraft? Nun, das Magnetfeld von q_1 deutet (am Ort von q_2) in die Zeichenebene hinein, daher ist die auf q_2 wirkende magnetische Kraft nach *rechts* gerichtet. *Das Magnetfeld von q_2 zeigt (am Ort q_1) jedoch aus der Zeichenebene heraus, und die magnetische Kraft auf q_1 ist nach oben gerichtet. Die elektromagnetische Kraft von q_1 auf q_2 ist gleich groß, weist aber nicht in die entgegengesetzte Richtung der Kraft von q_2 auf q_1, obwohl das dem dritten Newton'schen Gesetz widerspricht.* In der Elektro*statik* sowie der Magneto*statik* gilt das dritte Newton'sche Gesetz, in der Elektro*dynamik* gilt es *nicht* mehr.

Das klingt nach einem interessanten Kuriosum, denn wie oft brauchen wir in der Praxis schon das dritte Newton'sche Gesetz? *Antwort*: Ständig! Der Beweis der Impulserhaltung beruht darauf, dass sich die internen Kräfte gegenseitig aufheben, was aus dem dritten Newton'schen Gesetz folgt. Wenn Sie am dritten Newton'schen Gesetz zweifeln, dann stellen Sie die Impulserhaltung in Frage. In der ganzen Physik gibt es aber kein Prinzip, das sakrosankter wäre.

In der Elektrodynamik wird die Impulserhaltung schließlich durch die Erkenntnis gerettet, dass *die Felder selbst Impuls tragen*. Da wir den Feldern bereits *Energie* zugesprochen haben, dürfte Sie dies kaum überraschen. Alles, was die Teilchen an Impuls verlieren, wird von den Feldern gewonnen. Erst wenn der Impuls des Felds zum mechanischen Impuls der Ladungen addiert wird, ist der Gesamtimpuls wieder erhalten.

8.2.2 Der Maxwell'sche Spannungstensor

Berechnen wir die gesamte elektromagnetische Kraft auf die Ladungen im Volumen $\mathcal{V}$:

$$\mathbf{F} = \int_{\mathcal{V}} (\mathbf{E} + \mathbf{v} \times \mathbf{B})\, \rho\, d\tau = \int_{\mathcal{V}} (\rho \mathbf{E} + \mathbf{J} \times \mathbf{B})\, d\tau \,. \tag{8.13}$$

Die *Kraft pro Volumeneinheit* ist offenbar

$$\mathbf{f} = \rho \mathbf{E} + \mathbf{J} \times \mathbf{B} \,. \tag{8.14}$$

Wie früher auch habe ich vor, dies ausschließlich durch die Felder auszudrücken und ρ sowie $\mathbf{J}$ mithilfe der Maxwell'schen Gleichungen (i) und (iv) zu eliminieren:

$$\mathbf{f} = \varepsilon_0 (\nabla \cdot \mathbf{E})\, \mathbf{E} + \left(\frac{1}{\mu_0} \nabla \times \mathbf{B} - \varepsilon_0 \frac{\partial \mathbf{E}}{\partial t} \right) \times \mathbf{B} \,.$$

Nun ist

$$\frac{\partial}{\partial t} (\mathbf{E} \times \mathbf{B}) = \left(\frac{\partial \mathbf{E}}{\partial t} \times \mathbf{B} \right) + \left(\mathbf{E} \times \frac{\partial \mathbf{B}}{\partial t} \right) ,$$

und das Faraday'sche Gesetz besagt

$$\frac{\partial \mathbf{B}}{\partial t} = -\nabla \times \mathbf{E} \,;$$

daher ist

$$\frac{\partial \mathbf{E}}{\partial t} \times \mathbf{B} = \frac{\partial}{\partial t} (\mathbf{E} \times \mathbf{B}) + \mathbf{E} \times (\nabla \times \mathbf{E}) \,.$$

Also folgt:

$$\mathbf{f} = \varepsilon_0 \left[(\nabla \cdot \mathbf{E})\,\mathbf{E} - \mathbf{E} \times (\nabla \times \mathbf{E})\right] - \frac{1}{\mu_0}\left[\mathbf{B} \times (\nabla \times \mathbf{B})\right] - \varepsilon_0 \frac{\partial}{\partial t}(\mathbf{E} \times \mathbf{B})\ . \tag{8.15}$$

Nur damit das Ganze symmetrischer aussieht, werden wir als weiteren Term $(\nabla \cdot \mathbf{B})\mathbf{B}$ einfügen. Da $\nabla \cdot \mathbf{B} = 0$ ist, verändert das nichts. Mit der Produktregel 4 (vordere Umschlaginnenseite)

$$\nabla\left(E^2\right) = 2\,(\mathbf{E} \cdot \nabla)\,\mathbf{E} + 2\mathbf{E} \times (\nabla \times \mathbf{E})$$

wird daraus

$$\mathbf{E} \times (\nabla \times \mathbf{E}) = \frac{1}{2}\nabla\left(E^2\right) - (\mathbf{E} \cdot \nabla)\,\mathbf{E}\,,$$

in gleicher Weise verfahren wir mit $\mathbf{B}$. Daher ist:

$$\begin{aligned}\mathbf{f} = {} & \varepsilon_0 \left[(\nabla \cdot \mathbf{E})\,\mathbf{E} + (\mathbf{E} \cdot \nabla)\,\mathbf{E}\right] + \frac{1}{\mu_0}\left[(\nabla \cdot \mathbf{B})\,\mathbf{B} + (\mathbf{B} \cdot \nabla)\,\mathbf{B}\right] \\ & - \frac{1}{2}\nabla\left(\varepsilon_0 E^2 + \frac{1}{\mu_0}B^2\right) - \varepsilon_0 \frac{\partial}{\partial t}(\mathbf{E} \times \mathbf{B})\ .\end{aligned} \tag{8.16}$$

Ein *hässliches* Ergebnis! Wir können es jedoch mithilfe des **Maxwell'schen Spannungstensors**

$$T_{ij} \equiv \varepsilon_0\left(E_iE_j - \frac{1}{2}\delta_{ij}E^2\right) + \frac{1}{\mu_0}\left(B_iB_j - \frac{1}{2}\delta_{ij}B^2\right) \tag{8.17}$$

vereinfachen. Die Indizes i und j stehen für die Koordinaten x, y und z, daher hat der Spannungstensor insgesamt neun Komponenten (T_{xx}, T_{yy}, T_{xz}, T_{yx} usw.). Das **Kronecker-Delta** δ_{ij} ist 1, wenn die Indizes übereinstimmen ($\delta_{xx} = \delta_{yy} = \delta_{zz} = 1$), ansonsten ist es null ($\delta_{xy} = \delta_{xz} = \delta_{yz} = 0$). Daher ist

$$\begin{aligned}T_{xx} &= \frac{1}{2}\varepsilon_0\left(E_x^2 - E_y^2 - E_z^2\right) + \frac{1}{2\mu_0}\left(B_x^2 - B_y^2 - B_z^2\right)\,, \\ T_{xy} &= \varepsilon_0\left(E_xE_y\right) + \frac{1}{\mu_0}\left(B_xB_y\right)\end{aligned}$$

usw. Weil eine Tensorkomponente zwei Indizes besitzt, während eine Vektorkomponente nur einen einzelnen Index aufweist, schreibt man den Tensor T_{ij} bisweilen mit einem Doppelpfeil: $\overleftrightarrow{\mathbf{T}}$ (so wie man einen Vektor oft mit einem einfachen Pfeil kennzeichnet). Wir können das Produkt zwischen $\overleftrightarrow{\mathbf{T}}$ und einem Vektor $\mathbf{a}$ bilden:

$$\left(\mathbf{a} \cdot \overleftrightarrow{\mathbf{T}}\right)_j = \sum_{i=x,y,z} a_iT_{ij}\ . \tag{8.18}$$

Das Resultat, das nur noch einen Index besitzt, ist selbst wieder ein Vektor. Insbesondere ist die j-te Komponente der Divergenz von $\overleftrightarrow{\mathbf{T}}$:

$$\begin{aligned}\left(\nabla \cdot \overleftrightarrow{\mathbf{T}}\right)_j = {} & \varepsilon_0\left[(\nabla \cdot \mathbf{E})\,E_j + (\mathbf{E} \cdot \nabla)\,E_j - \frac{1}{2}\nabla_jE^2\right] \\ & + \frac{1}{\mu_0}\left[(\nabla \cdot \mathbf{B})\,B_j + (\mathbf{B} \cdot \nabla)\,B_j - \frac{1}{2}\nabla_jB^2\right]\ .\end{aligned}$$

Daher kann die Kraft pro Volumeneinheit (Gleichung 8.16) mit dem Poynting-Vektor **S** (Gleichung 8.10) viel einfacher formuliert werden:

$$\mathbf{f} = \nabla \cdot \overleftrightarrow{\mathbf{T}} - \varepsilon_0 \mu_0 \frac{\partial \mathbf{S}}{\partial t} \,. \tag{8.19}$$

Die *gesamte* Kraft auf die Ladungen in $\mathcal{V}$ (Gleichung 8.13) beträgt demnach

$$\mathbf{F} = \oint_{\mathcal{S}} \overleftrightarrow{\mathbf{T}} \cdot \mathrm{d}\mathbf{a} - \varepsilon_0 \mu_0 \frac{\mathrm{d}}{\mathrm{d}t} \int_{\mathcal{V}} \mathbf{S}\, \mathrm{d}\tau \,. \tag{8.20}$$

(Ich habe den ersten Term mithilfe des Gauß'schen Satzes in ein Flächenintegral umgewandelt.) Im statischen Fall (oder allgemeiner, immer wenn $\int \mathbf{S}\, \mathrm{d}\tau$ zeitlich unabhängig ist), fällt der zweite Term heraus, und die elektromagnetische Kraft auf die Ladungsverteilung kann vollständig durch den Spannungstensor an den Rändern ausgedrückt werden:

$$\mathbf{F} = \oint_{\mathcal{S}} \overleftrightarrow{\mathbf{T}} \cdot \mathrm{d}\mathbf{a} \qquad \text{(statisch)} \,. \tag{8.21}$$

Physikalisch gesehen ist $\overleftrightarrow{\mathbf{T}}$ die Kraft pro Flächeneinheit (die **Spannung**), die auf die Fläche wirkt. Präziser ausgedrückt ist T_{ij} die Kraft (pro Flächeneinheit) in i-Richtung, die auf ein Flächenelement wirkt, das in j-Richtung gerichtet ist – die „Diagonalelemente“ (T_{xx}, T_{yy}, T_{zz}) beschreiben *Drücke*, die „Nichtdiagonalelemente“ (T_{xy}, T_{yz} usw.) beschreiben *Scherungen*.

Beispiel 8.2: Maxwell'scher Spannungstensor

Bestimmen Sie die Nettokraft auf die „nördliche“ Halbkugel einer gleichförmig geladenen festen Kugel mit Radius R und Nettoladung Q (diejenige aus Aufgabe 2.47, allerdings verwenden wir dieses Mal den Maxwell'schen Spannungstensor sowie Gleichung 8.21).

Lösung:

Die Grenzfläche besteht aus zwei Teilen – einer „kuppelförmigen“ Halbkugel mit Radius R und einer kreisförmigen Scheibe bei $\theta = \pi/2$ (Abbildung 8.4). Für die Halbkugel gilt:

$$\mathrm{d}\mathbf{a} = R^2 \sin\theta \, \mathrm{d}\theta \, \mathrm{d}\varphi \hat{\mathbf{r}}$$

und

$$\mathbf{E} = \frac{1}{4\pi\varepsilon_0} \frac{Q}{R^2} \hat{\mathbf{r}} \,.$$

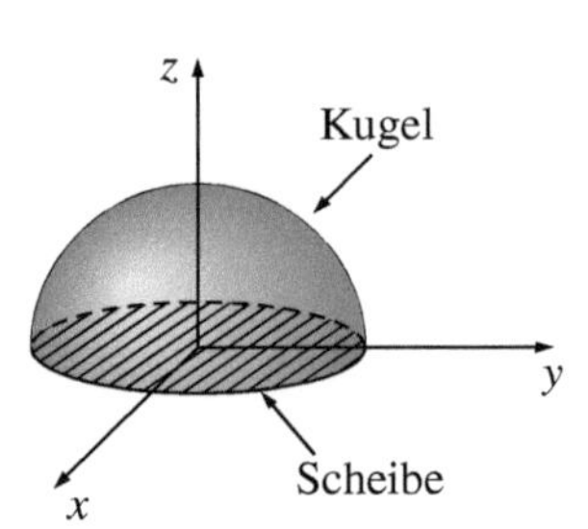

Abbildung 8.4

Beispiel 8.2 (Fortsetzung)

In kartesischen Koordinaten ist

$$\hat{\mathbf{r}} = \sin\theta\cos\varphi\hat{\mathbf{x}} + \sin\theta\sin\varphi\hat{\mathbf{y}} + \cos\theta\hat{\mathbf{z}}$$

und somit gilt

$$\begin{aligned} T_{zx} &= \varepsilon_0 E_z E_x = \varepsilon_0 \left(\frac{Q}{4\pi\varepsilon_0 R^2}\right)^2 \sin\theta\cos\theta\cos\varphi\,, \\ T_{zy} &= \varepsilon_0 E_z E_y = \varepsilon_0 \left(\frac{Q}{4\pi\varepsilon_0 R^2}\right)^2 \sin\theta\cos\theta\sin\varphi\,, \\ T_{zz} &= \frac{\varepsilon_0}{2}\left(E_z^2 - E_x^2 - E_y^2\right) = \frac{\varepsilon_0}{2}\left(\frac{Q}{4\pi\varepsilon_0 R^2}\right)^2 \left(\cos^2\theta - \sin^2\theta\right)\,. \end{aligned} \tag{8.22}$$

Die Nettokraft wirkt offensichtlich in z-Richtung, daher genügt es, nur die z-Komponente zu berechnen:

$$\left(\overleftrightarrow{\mathbf{T}} \cdot \mathrm{d}\mathbf{a}\right)_z = T_{zx}\,\mathrm{d}a_x + T_{zy}\,\mathrm{d}a_y + T_{zz}\,\mathrm{d}a_z = \frac{\varepsilon_0}{2}\left(\frac{Q}{4\pi\varepsilon_0 R^2}\right)^2 \sin\theta\cos\theta\,\mathrm{d}\theta\,\mathrm{d}\varphi\,.$$

Die Kraft auf die „Kuppel“ beträgt daher

$$F_{\text{Kuppel}} = \frac{\varepsilon_0}{2}\left(\frac{Q}{4\pi\varepsilon_0 R}\right)^2 2\pi \int_0^{\pi/2} \sin\theta\cos\theta\,\mathrm{d}\theta = \frac{1}{4\pi\varepsilon_0}\frac{Q^2}{8R^2}\,. \tag{8.23}$$

Für die in der Äquatorebene liegende Scheibe gilt

$$\mathrm{d}\mathbf{a} = -r\,\mathrm{d}r\,\mathrm{d}\varphi\,\hat{\mathbf{z}} \tag{8.24}$$

und (da wir uns nun innerhalb der Kugel befinden)

$$\mathbf{E} = \frac{1}{4\pi\varepsilon_0}\frac{Q}{R^3}\mathbf{r} = \frac{1}{4\pi\varepsilon_0}\frac{Q}{R^3} r\left(\cos\varphi\hat{\mathbf{x}} + \sin\varphi\hat{\mathbf{y}}\right)\,.$$

Daher ist

$$T_{zz} = \frac{\varepsilon_0}{2}\left(E_z^2 - E_x^2 - E_y^2\right) = -\frac{\varepsilon_0}{2}\left(\frac{Q}{4\pi\varepsilon_0 R^3}\right)^2 r^2\,,$$

und somit

$$\left(\overleftrightarrow{\mathbf{T}} \cdot \mathrm{d}\mathbf{a}\right)_z = \frac{\varepsilon_0}{2}\left(\frac{Q}{4\pi\varepsilon_0 R^3}\right)^2 r^3\,\mathrm{d}r\,\mathrm{d}\varphi\,.$$

Die Kraft auf die Scheibe beträgt daher

$$F_{\text{Scheibe}} = \frac{\varepsilon_0}{2}\left(\frac{Q}{4\pi\varepsilon_0 R^3}\right)^2 2\pi \int_0^R r^3\,\mathrm{d}r = \frac{1}{4\pi\varepsilon_0}\frac{Q^2}{16R^2}\,. \tag{8.25}$$

Beispiel 8.2 (Fortsetzung)

Kombinieren wir die Gleichung 8.23 und 8.25 miteinander, können wir folgern, dass die Nettokraft auf die nördliche Halbkugel

$$F = \frac{1}{4\pi\varepsilon_0}\frac{3Q^2}{16R^2} \tag{8.26}$$

beträgt.

Wenden wir übrigens Gleichung 8.21 an, dann können wir ein *beliebiges* Volumen verwenden, sofern es alle fraglichen Ladungen (und keine *anderen*) enthält. Wir können z. B. im vorliegenden Fall die gesamte Region $z > 0$ verwenden. In diesem Fall besteht die Randfläche aus der gesamten x-y-Ebene (plus einer Halbkugel bei $r = \infty$; da dort aber sowieso $E = 0$ ist, trägt sie nicht weiter bei). Anstelle der „Kuppel" haben wir nun den äußeren Bereich der Ebene ($r > R$). Hier gilt

$$T_{zz} = -\frac{\varepsilon_0}{2}\left(\frac{Q}{4\pi\varepsilon_0}\right)^2\frac{1}{r^4}$$

(Gleichung 8.22 mit $\theta = \pi/2$ und $R \rightarrow r$). Durch Gleichung 8.24 kennen wir $d\mathbf{a}$, und damit ist

$$\left(\overleftrightarrow{\mathbf{T}}\cdot d\mathbf{a}\right)_z = \frac{\varepsilon_0}{2}\left(\frac{Q}{4\pi\varepsilon_0}\right)^2\frac{1}{r^3}\,dr\,d\varphi\,.$$

Der Beitrag der Ebene mit $r > R$ beträgt

$$\frac{\varepsilon_0}{2}\left(\frac{Q}{4\pi\varepsilon_0}\right)^2 2\pi\int_R^\infty \frac{1}{r^3}\,dr = \frac{1}{4\pi\varepsilon_0}\frac{Q^2}{8R^2}\,,$$

also dasselbe wie im Fall der Halbkugel (Gleichung 8.23).

Ich hoffe, Sie haben sich jetzt bei den Details von Beispiel 8.2 nicht allzu sehr verzettelt. Falls doch, dann gönnen Sie sich einen Moment Ruhe und lassen Sie die Rechnung Revue passieren. Wir haben die Kraft auf ein festes Objekt berechnet. Statt jedoch das von Ihnen vermutlich erwartete *Volumenintegral* zu verwenden, hat uns Gleichung 8.21 ermöglicht, statt dessen ein *Flächenintegral* zu nutzen. Irgendwie hat der Spannungstensor aufgespürt, was im Inneren des Volumens vor sich geht.

! **■ Aufgabe 8.3**

Berechnen Sie die magnetische Anziehungskraft zwischen der nördlichen und südlichen Halbkugel einer gleichförmig geladenen rotierenden Kugelschale mit Radius R, Winkelgeschwindigkeit ω und Flächenladungsdichte σ.

[Dies ist dieselbe Aufgabe wie in 5.44, allerdings benutzen wir dieses Mal den Spannungstensor sowie Gleichung 8.21.]

■ Aufgabe 8.4

a. Betrachten Sie zwei gleiche Punktladungen q, die sich im Abstand $2a$ befinden. Konstruieren Sie die Ebene, die von den beiden Ladungen den gleichen Abstand hat. Bestimmen Sie durch Integration des Maxwell'schen Spannungstensors über diese Ebene die Kraft der einen Ladung auf die andere.

b. Wiederholen Sie die Rechnung für Ladungen mit entgegengesetztem Vorzeichen.

8.2.3 Impulserhaltung

Aufgrund des zweiten Newton'schen Gesetzes ist die Kraft auf ein Objekt gleich der Impulsänderung:

$$\mathbf{F} = \frac{\mathrm{d}\mathbf{p}_{\mathrm{mech}}}{\mathrm{d}t} .$$

Daher kann Gleichung 8.20 in folgender Form geschrieben werden[5]

$$\frac{\mathrm{d}\mathbf{p}_{\mathrm{mech}}}{\mathrm{d}t} = -\varepsilon_0\mu_0\frac{\mathrm{d}}{\mathrm{d}t}\int\limits_{\mathcal{V}} \mathbf{S}\,\mathrm{d}\tau + \oint\limits_{\mathcal{S}} \overleftrightarrow{\mathbf{T}} \cdot \mathrm{d}\mathbf{a} , \tag{8.27}$$

mit $\mathbf{p}_{\mathrm{mech}}$ als dem gesamten (mechanischen) Impuls der im Volumen $\mathcal{V}$ enthaltenen Teilchen. Dieser Ausdruck hat eine ähnliche Struktur wie der Poynting'sche Satz (Gleichung 8.11) und ermöglicht uns eine analoge Interpretation: Das erste Integral stellt den *Impuls* dar, der *im elektromagnetischen Feld selbst gespeichert ist*:

$$\mathbf{p} = \mu_0\varepsilon_0 \int\limits_{\mathcal{V}} \mathbf{S}\,\mathrm{d}\tau , \tag{8.28}$$

während das zweite Integral der *Impuls ist, der pro Zeiteinheit durch die Fläche strömt.*

Gleichung 8.27 beinhaltet die *Impulserhaltung* in der Elektrodynamik: Wenn der mechanische Impuls zunimmt, nimmt der Impuls der Felder ab, oder die Felder tragen Impuls durch die Oberfläche in das Volumen. Die Impuls*dichte* in den Feldern ist offensichtlich

$$\mathbf{g} = \mu_0\epsilon_0\mathbf{S} = \epsilon_0(\mathbf{E}\times\mathbf{B}) \tag{8.29}$$

und der von den Feldern getragene Impulsfluss ist $-\overleftrightarrow{\mathbf{T}}$ (genauer gesagt, ist $-\overleftrightarrow{\mathbf{T}}\cdot\mathrm{d}\mathbf{a}$ der elektromagnetische Impuls, der pro Zeiteinheit durch die Fläche $d\mathbf{a}$ fließt).

Wenn sich der mechanische Impuls in $\mathcal{V}$ nicht ändert (zum Beispiel, wenn wir über eine Region leeren Raumes sprechen), dann gilt

$$\int \frac{\partial\mathbf{g}}{\partial t}\mathrm{d}\tau = \oint \overleftrightarrow{\mathbf{T}}\cdot\mathrm{d}\mathbf{a} = \int \nabla\cdot\overleftrightarrow{\mathbf{T}}\;\mathrm{d}\tau$$

5 Nehmen Sie an, dass nur elektromagnetische Kräfte wirken. Wenn Sie wollen, können Sie hier oder in der Diskussion der Energieerhaltung andere Kräfte mit einschließen, aber das lenkt nur vom Wesentlichen ab.

und somit

$$\frac{\partial \mathbf{g}}{\partial t} = \nabla \cdot \overleftrightarrow{\mathbf{T}} . \tag{8.30}$$

Das ist die „Kontinuitätsgleichung" für den elektromagnetischen Impuls, wobei $\mathbf{g}$ (die Impulsdichte) in die Rolle von ρ (Ladungsdichte) und $-\overleftrightarrow{\mathbf{T}}$ in die Rolle von $\mathbf{J}$ schlüpft; sie drückt die lokale Erhaltung des Feldimpulses aus. Im Allgemeinen aber (wenn Ladungen anwesend sind) sind Feldimpuls und mechanischer Impuls für sich alleine jeweils *nicht* erhalten: Ladungen und Felder tauschen Impuls aus, und nur der *Gesamt*impuls ist erhalten.

Beachten Sie, dass der Poynting-Vektor zwei ziemlich unterschiedliche Rollen spielt: $\mathbf{S}$ selbst ist die Energie pro Flächeneinheit und pro Zeiteinheit, die von den elektromagnetischen Feldern transportiert wird. $\mu_0\varepsilon_0\mathbf{S}$ ist dagegen der Impuls pro Volumeneinheit, der in diesen Feldern gespeichert ist.[6] Auch $\overleftrightarrow{\mathbf{T}}$ spielt eine Doppelrolle: $\overleftrightarrow{\mathbf{T}}$ selbst ist die elektromagnetische Spannung (die Kraft pro Flächeneinheit), die auf eine Fläche wirkt, und $-\overleftrightarrow{\mathbf{T}}$ beschreibt den Impulsfluss (die Impulsstromdichte), der von diesen Feldern transportiert wird.

Beispiel 8.3: Elektromagnetischer Impuls

Ein langes Koaxialkabel der Länge l besteht aus einem inneren Leiter (mit Radius a) und einem äußeren Leiter (mit Radius b). An einem Ende ist das Kabel an eine Batterie angeschlossen, das andere ist mit einem Widerstand verbunden (Abbildung 8.5). Der innere Leiter trägt eine gleichförmige Ladung pro Längeneinheit λ und einen stationären Strom I nach rechts. Der äußere Leiter weist entgegengesetzte Ladung und Strom auf. Welcher elektromagnetische Impuls ist in den Feldern gespeichert?

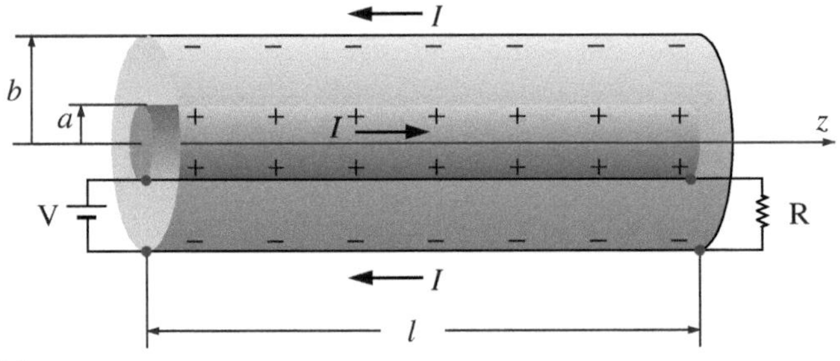

Abbildung 8.5

Lösung:

Die Felder sind

$$\mathbf{E} = \frac{1}{2\pi\varepsilon_0}\frac{\lambda}{s}\hat{\mathbf{s}}, \quad \mathbf{B} = \frac{\mu_0}{2\pi}\frac{I}{s}\hat{\boldsymbol{\varphi}} .$$

6 Das ist kein Zufall; siehe R. P. Feynman, R. B. Leighton und M. Sands, *Die Feynman-Vorlesungen über Physik*, Oldenbourg Wissenschaftsverlag (2009), Band II, Abschnitt 27-6.

Beispiel 8.3 (Fortsetzung)

Der Poynting-Vektor lautet daher

$$\mathbf{S} = \frac{\lambda I}{4\pi^2 \varepsilon_0 s^2} \hat{\mathbf{z}} .$$

Offensichtlich fließt Strom von der Batterie über die Leitung zum Widerstand. Tatsächlich beträgt die transportierte Leistung, wie erwartet,

$$P = \int \mathbf{S} \cdot \mathrm{d}\mathbf{a} = \frac{\lambda I}{4\pi^2 \varepsilon_0} \int_a^b \frac{1}{s^2} 2\pi s \,\mathrm{d}s = \frac{\lambda I}{2\pi \varepsilon_0} \ln\left(\frac{b}{a}\right) = IV .$$

Der *Impuls* in den Feldern beträgt

$$\mathbf{p} = \mu_0 \varepsilon_0 \int \mathbf{S} \cdot \mathrm{d}\tau = \frac{\mu_0 \lambda I}{4\pi^2} \hat{\mathbf{z}} \int_a^b \frac{1}{s^2} l 2\pi s \,\mathrm{d}s - \frac{\mu_0 \lambda I l}{2\pi} \ln\left(\frac{b}{a}\right) \hat{\mathbf{z}} = \frac{IVl}{c^2} \hat{\mathbf{z}} .$$

Das ist doch ein erstaunliches Ergebnis. Das Kabel bewegt sich nicht, die Felder sind statisch – und dennoch sollen wir glauben, dass in den Feldern ein Impuls steckt. Falls Sie jetzt zu dem Verdacht kommen, das könne doch nicht die ganze Geschichte sein, dann haben Sie eine gesunde Intuition. Aber die Auflösung des Paradoxon muss noch bis Kapitel 12 warten (Beispiel 12.12).

Nehmen Sie nun an, dass wir den Widerstand erhöhen, sodass der Strom abnimmt. Das veränderliche Magnetfeld induziert ein elektrisches Feld (Gleichung 7.20):

$$\mathbf{E} = \left[\frac{\mu_0}{2\pi} \frac{\mathrm{d}I}{\mathrm{d}t} \ln s + K\right] \hat{\mathbf{z}} .$$

Dieses Feld übt eine Kraft auf $\pm\lambda$ aus:

$$\mathbf{F} = \lambda l \left[\frac{\mu_0}{2\pi} \frac{\mathrm{d}I}{\mathrm{d}t} \ln a + K\right] \hat{\mathbf{z}} - \lambda l \left[\frac{\mu_0}{2\pi} \frac{\mathrm{d}I}{\mathrm{d}t} \ln b + K\right] \hat{\mathbf{z}} = -\frac{\mu_0 \lambda l}{2\pi} \frac{\mathrm{d}I}{\mathrm{d}t} \ln\left(\frac{b}{a}\right) \hat{\mathbf{z}} .$$

Der Gesamtimpuls, der beim Absinken des Stroms von I auf null auf das Kabel übertragen wird, ist daher

$$\mathbf{p}_{\mathrm{mech}} = \int \mathbf{F} \,\mathrm{d}t = \frac{\mu_0 \lambda I l}{2\pi} \ln\left(\frac{b}{a}\right) \hat{\mathbf{z}} .$$

Dies ist genau der Impuls, der ursprünglich in den Feldern gespeichert war.

Aufgabe 8.5

Stellen Sie sich zwei unendlich ausgedehnte planparallele Ebenen vor, die jeweils eine gleichförmige Oberflächenladungsdichte $+\sigma$ (auf der Ebene mit $z = d$) und $-\sigma$ (auf der Ebene mit $z = 0$) aufweisen. Sie bewegen sich mit konstanter Geschwindigkeit v in die y-Richtung (wie in Aufgabe 5.17).

a. Wie groß ist der elektromagnetische Impuls in einer Region der Fläche A?

b. Nehmen Sie nun an, dass sich die obere Ebene langsam mit Geschwindigkeit u nach unten bewegt, bis sie die untere Ebene erreicht, sodass die Felder verschwinden. Zeigen Sie, dass der Impuls, der auf die Ebene übertragen wird, gleich dem Impuls ist, der ursprünglich in den Feldern gespeichert war. Berechnen Sie dazu die (magnetische) Kraft auf die Ladung ($q = \sigma A$).

Aufgabe 8.6

Ein geladener Plattenkondensator (mit gleichförmigem elektrischen Feld $\mathbf{E} = E\hat{\mathbf{z}}$) wird, wie in der Abbildung 8.6 dargestellt, in einem gleichförmigen Magnetfeld $\mathbf{B} = B\hat{\mathbf{x}}$ platziert.

a. Bestimmen Sie den elektromagnetischen Impuls im Raum zwischen den Platten.

b. Nun wird ein Draht mit Widerstand entlang der z-Achse zwischen den Platten befestigt, sodass sich der Kondensator allmählich entlädt. Der Strom durch den Draht erfährt eine magnetische Kraft. Welcher Gesamtimpuls wird während der Entladung auf das System übertragen?[7]

Aufgabe 8.7

Ein unendlich ausgedehnter Plattenkondensator trägt auf seiner unteren Platte (bei $z = -d/2$) die Ladungsdichte $-\sigma$, die obere Platte (bei $z = +d/2$) trägt die Ladungsdichte $+\sigma$.

a. Bestimmen Sie alle neun Elemente des Spannungstensors im Gebiet zwischen diesen Platten. Stellen Sie Ihre Antwort als 3×3-Matrix dar:

$$\begin{pmatrix} T_{xx} & T_{xy} & T_{xz} \\ T_{yx} & T_{yy} & T_{yz} \\ T_{zx} & T_{zy} & T_{zz} \end{pmatrix} .$$

b. Bestimmen Sie mit Gleichung 8.21 die Kraft pro Flächeneinheit auf der oberen Platte. Vergleichen Sie dies mit Gleichung 2.51.

c. Welcher Impuls durchquert pro Flächeneinheit und Zeiteinheit die x-y-Ebene (oder jede andere dazu parallele Ebene zwischen den Platten)?

7 Zu dieser Aufgabe kann man *viel* mehr sagen, überbewerten Sie es daher nicht, wenn Ihre Antworten für (a) und (b) übereinstimmen. Siehe D. Babson et al., *Am. J. Phys.* **77**, 826 (2009).

d. Natürlich muss es *mechanische* Kräfte geben, die die Platten auseinander hält. Vielleicht ist der Kondensator mit isolierendem Material unter Druck gefüllt. Nehmen Sie an, dass wir den Isolator plötzlich *entfernen:* Der Impulsfluss (c) wird nun von den Platten absorbiert, und sie beginnen sich zu bewegen. Bestimmen Sie den Rückstoß pro Flächeneinheit und vergleichen Sie Ihre Antwort mit (b).

[*Hinweis*: Es handelt sich nicht um eine *zusätzliche* Kraft, sondern vielmehr um einen alternativen Weg, um *dieselbe* Kraft zu berechnen – in (b) haben wir sie mithilfe des Kraftgesetzes bestimmt und in (d) mittels der Impulserhaltung.]

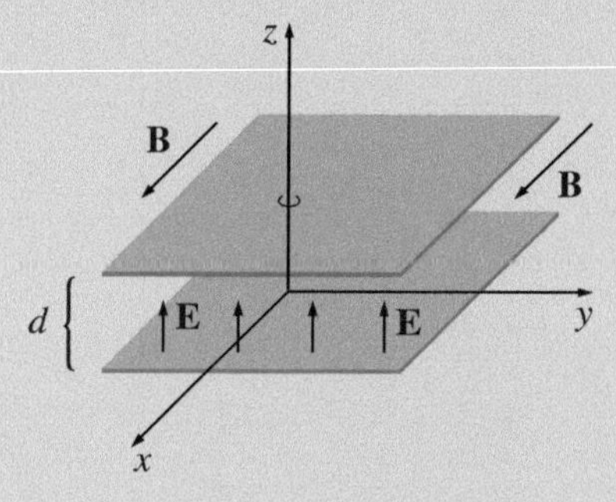

Abbildung 8.6

8.2.4 Drehimpuls

Mittlerweile haben die elektromagnetischen Felder (die uns ja zuerst als Vermittler der Kräfte zwischen Ladungen begegnet sind) ein Eigenleben angenommen. Sie tragen Energie (Gleichung 8.5)

$$u = \frac{1}{2}\left(\varepsilon_0 E^2 + \frac{1}{\mu_0} B^2\right) , \tag{8.31}$$

Impuls (Gleichung 8.29)

$$\mathbf{g} = \varepsilon_0 \left(\mathbf{E} \times \mathbf{B}\right) \tag{8.32}$$

und darüber hinaus sogar *Dreh*impuls:

$$\boldsymbol{\ell} = \mathbf{r} \times \mathbf{g} = \varepsilon_0 \left[\mathbf{r} \times \left(\mathbf{E} \times \mathbf{B}\right)\right] . \tag{8.33}$$

Selbst *absolut statische Felder* können Impuls und Drehimpuls beherbergen, solange $\mathbf{E}\times\mathbf{B}$ nicht null ist. Erst wenn diese Beiträge der Felder in die Rechnungen einbezogen werden, gelten wieder die klassischen Erhaltungssätze.

Beispiel 8.4: Drehimpuls einer langen Spule

Stellen Sie sich eine sehr lange Spule mit Radius R vor, die n *Windungen* pro Längeneinheit besitzt und den Strom I führt. Koaxial zur Spule liegen zwei lange zylinderförmige Schalen der Länge l – die eine, mit Radius a *innerhalb* der Spule gelegen, trägt die gleichförmig auf der Oberfläche verteilte Ladung $+Q$, die andere, mit *Radius* b *außerhalb* der Spule gelegen, trägt die Ladung $-Q$ (siehe Abbildung 8.7; l soll wesentlich größer sein als b). Wird der Strom in der Spule drastisch verringert, beginnen die Zylinder, wie wir in Beispiel 7.8 herausgefunden haben, zu rotieren. *Frage*: Woher stammt dieser Drehimpuls?[8]

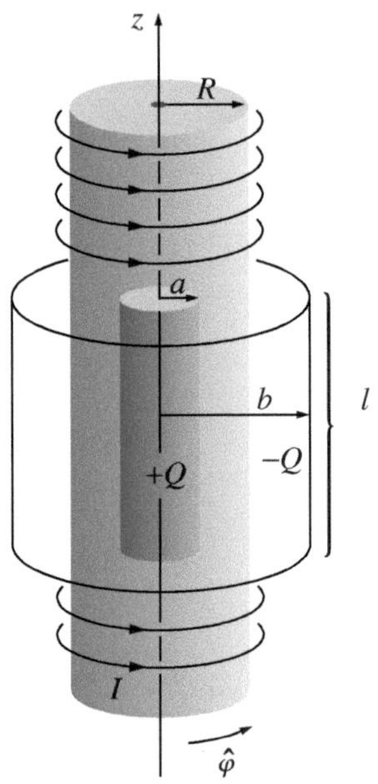

Abbildung 8.7

Lösung:

Ursprünglich war der Drehimpuls in den Feldern gespeichert. Bevor der Strom abgeschaltet wurde, existierte im Gebiet zwischen den Zylindern das elektrische Feld

$$\mathbf{E} = \frac{Q}{2\pi\varepsilon_0 l}\frac{1}{s}\hat{\mathbf{s}} \quad (a < s < b)\,,$$

sowie im Inneren der Spule das Magnetfeld

$$\mathbf{B} = \mu_0 n I \hat{\mathbf{z}} \quad (s < R)\,.$$

8 Dies ist eine Variation des "Feynman'schen Scheibenparadoxons" (R. P. Feynman, R. B. Leighton und M. Sands, Vorlesungen über Physik, Band 2, Abschnitt 17-4 (München: Oldenbourg, 2007), vorgeschlagen von F. L. Boos, jr. (*Am J. Phys.* **52**, 756 (1984))). Ein ähnliches Modell wurde zuvor schon von R. H. Romer veröffentlicht (*Am. J. Phys.* **34**, 772 (1966)). Weitere Referenzen finden Sie in T.-C. E. Ma, *Am. J. Phys.* **54**, 949 (1986).

Beispiel 8.4 (Fortsetzung)

Die Impulsdichte (Gleichung 8.32) im Gebiet $a < s < R$ war daher

$$\mathbf{g} = -\frac{\mu_0 n I Q}{2\pi l s}\hat{\boldsymbol{\varphi}} .$$

Die z-Komponente der *Dreh*impulsdichte war

$$(\mathbf{r} \times \mathbf{g})_z = -\frac{\mu_0 n I Q}{2\pi l} ,$$

und das ist *konstant*, d. h. unabhängig von s. Wegen der Symmetrie ergibt die radiale Komponente bei Integration null. Um den *gesamten* Drehimpuls in den Feldern zu erhalten, multiplizieren wir einfach mit dem Volumen $\pi(R^2 - a^2)l$:

$$\mathbf{L} = -\frac{1}{2}\mu_0 n I Q \left(R^2 - a^2\right)\hat{\mathbf{z}} . \tag{8.34}$$

Wird der Strom abgeschaltet, induziert das veränderliche Magnetfeld ein elektrisches Feld entlang des Umkreises, das durch das Faraday'sche Gesetz gegeben ist:

$$\mathbf{E} = \begin{cases} -\frac{1}{2}\mu_0 n \frac{\mathrm{d}I}{\mathrm{d}t}\frac{R^2}{s}\hat{\boldsymbol{\varphi}} & (s > R) , \\ -\frac{1}{2}\mu_0 n \frac{\mathrm{d}I}{\mathrm{d}t} s\hat{\boldsymbol{\varphi}} & (s < R) . \end{cases}$$

Das Drehmoment auf den äußeren Zylinder beträgt daher

$$\mathbf{N}_b = \mathbf{r} \times (-Q\mathbf{E}) = \frac{1}{2}\mu_0 n Q R^2 \frac{\mathrm{d}I}{\mathrm{d}t}\hat{\mathbf{z}} .$$

Es erzeugt einen Drehimpuls

$$\mathbf{L}_b = \frac{1}{2}\mu_0 n Q R^2 \hat{\mathbf{z}} \int_I^0 \frac{\mathrm{d}I}{\mathrm{d}t}\,\mathrm{d}t = -\frac{1}{2}\mu_0 n I Q R^2 \hat{\mathbf{z}} .$$

Auf ähnliche Weise beträgt das Drehmoment auf den inneren Zylinder

$$\mathbf{N}_a = -\frac{1}{2}\mu_0 n Q a^2 \frac{\mathrm{d}I}{\mathrm{d}t}\hat{\mathbf{z}} ,$$

und sein Drehimpuls steigt um

$$\mathbf{L}_a = \frac{1}{2}\mu_0 n I Q a^2 \hat{\mathbf{z}} .$$

Nun passt alles zusammen: $\mathbf{L}_{\text{em}} = \mathbf{L}_a + \mathbf{L}_b$. Der von den Feldern *verlorene* Drehimpuls ist genauso groß wie der Drehimpuls, der von den Zylindern *aufgenommen* wurde. Der *gesamte* Drehimpuls (in den Feldern und der Materie) ist dadurch erhalten.

■ Aufgabe 8.8

Nehmen Sie an, dass wir in Beispiel 8.4 nicht das *magnetische* Feld abschalten (durch Reduktion von I), sondern das *elektrische* Feld, indem wir einen schlecht[9] leitenden radialen Sporn zwischen den Zylindern befestigen. (Wir müssen dazu einen Schlitz in die Spule schneiden, damit die Zylinder weiterhin frei rotieren können.) Bestimmen Sie aus der magnetischen Kraft auf den in dem Sporn fließenden Strom den Gesamtdrehimpuls, den die Zylinder erhalten, während sie sich entladen (sie sind nun fest miteinander verbunden, damit sie gemeinsam rotieren). Vergleichen Sie den ursprünglich in den Feldern gespeicherten Drehimpuls (Gleichung 8.34). (Beachten Sie, dass der *Mechanismus*, durch den der Drehimpuls von den Feldern auf die Zylinder übertragen wird, in beiden Fällen völlig unterschiedlich ist: In Gleichung 8.4 handelte es sich um das Faraday'sche Gesetz, hier ist es jedoch die Lorentz-Kraft.)

■ Aufgabe 8.9

Zwei konzentrische Kugelschalen tragen gleichmäßig verteilte Oberflächenladungen $+Q$ (bei Radius a) und $-Q$ (bei Radius b). Sie befinden sich in einem gleichförmigen Magnetfeld $\mathbf{B} = B_0\hat{\mathbf{z}}$.

a. Geben Sie den Drehimpuls der Felder in Bezug auf das Zentrum an.

b. Nun wird das Magnetfeld langsam ausgemacht. Berechnen Sie das Drehmoment auf jede Kugelschale und den resultierenden Drehimpuls des Systems.

! ■ Aufgabe 8.10[10]

Eine Eisenkugel mit Radius R trägt eine Ladung Q und weist eine gleichförmige Magnetisierung $\mathbf{M} = M\hat{\mathbf{z}}$ auf. Die Kugel ist anfangs in Ruhe.

a. Berechnen Sie den in den elektromagnetischen Feldern gespeicherten Drehimpuls.

b. Nehmen Sie an, die Kugel würde allmählich (und gleichförmig) entmagnetisiert (möglicherweise, indem wir sie auf eine Temperatur oberhalb des Curie-Punkts aufheizen). Bestimmen Sie mithilfe des Faraday'schen Gesetzes das induzierte elektrische Feld, stellen Sie fest, welches Drehmoment dieses Feld auf die Kugel ausübt, und berechnen Sie den gesamten Drehimpuls, der während der Entmagnetisierung auf die Kugel übertragen wird.

c. Nehmen Sie an, dass die Kugel nicht entmagnetisiert, sondern entladen wird, indem wir einen geerdeten Draht an den Nordpol anschließen. Gehen Sie davon aus, dass der Strom so über die Oberfläche fließt, dass die Ladungsdichte gleichförmig bleibt. Bestimmen Sie mithilfe der Lorentz-Kraft

9 In Beispiel 8.4 hatten wir den Strom langsam abgeschaltet, damit die Angelegenheit quasistatisch bleibt. Hier reduzieren wir das elektrische Feld langsam, damit der Verschiebungsstrom vernachlässigbar bleibt.

10 Diese Version des Feynman'schen Scheibenparadoxons stammt von N. L. Sharma (*Am. J. Phys.* **56**, 420 (1988)). Ähnliche Modelle wurden von E. M. Pugh und G. E. Pugh, *Am. J. Phys.* **35**, 153 (1967), sowie von R. H. Romer, *Am. J. Phys.* **35**, 445 (1967) analysiert.

das Drehmoment auf die Kugel und berechnen Sie den Gesamtdrehimpuls, der während des Entladens auf die Kugel übertragen wird. (Das Magnetfeld ist an der Oberfläche unstetig ... spielt das eine Rolle?)

[*Ergebnis*: $(2/9)\mu_0 MQR^2$.]

8.3 Magnetische Kräfte verrichten keine Arbeit[11]

Das ist vielleicht ein guter Moment, um nochmals auf das alte Paradoxon zurückzukommen, dass magnetische Kräfte keine Arbeit verrichten (Gleichung 5.11). Wie schaut das mit dem Magnetkran aus, der ein Schrottauto anhebt? *Irgendwer* verrichtet Arbeit am Auto, und wenn es nicht das Magnetfeld ist, *wer dann?* Das Auto ist ferromagnetisch; in Gegenwart des Magnetfeldes enthält es eine Menge mikroskopischer magnetischer Dipole (genauer gesagt, Elektronenspins), die alle parallel ausgerichtet sind. Die resultierende Magnetisierung entspricht einem Polarisationsstrom, der um die Oberfläche herumfließt. Modellieren wir das Auto daher durch eine kreisförmige Stromschleife; genauer gesagt, wir betrachten einen isolierenden Ring mit Linienladung λ, die mit Winkelgeschwindigkeit ω rotiert (Abbildung 8.8).

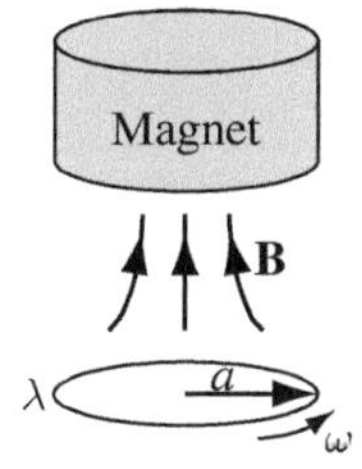

Abbildung 8.8

Die nach oben gerichtete magnetische Kraft auf die Schleife beträgt (Gleichung 6.2)

$$F = 2\pi I a B_s\,, \tag{8.35}$$

wobei B_s die Radialkomponente des Magnetfeldes ist[12] und $I = \lambda\omega a$. Wenn der Ring um einen Abstand dz angehoben wird (während der Magnet in Position bleibt), so lautet die an ihm verrichtete Arbeit

$$\mathrm{d}W = 2\pi a^2 \lambda\omega B_s\,\mathrm{d}z\,. \tag{8.36}$$

Damit wächst die potentielle Energie des Rings an. Wer hat die Arbeit verrichtet? Bei einer naiven Betrachtung scheint das Magnetfeld verantwortlich zu sein, aber wir wissen bereits (Beispiel 5.3), dass das nicht der Fall ist: Während der Ring aufsteigt, ist die magnetische Kraft *senkrecht* auf der *Netto*geschwindigkeit der Ladungen im Ring und verrichtet daher keine Arbeit an ihnen.

11 Dieser Abschnitt kann übersprungen werden, ohne mit dem Folgenden Probleme zu bekommen. Ich habe ihn für die Leser geschrieben, die die Vorstellung, dass magnetische Kräfte keine Arbeit verrichten, stört.

12 Beachten Sie, dass das Magnetfeld nicht gleichförmig sein darf, sonst würde es das Auto nicht anheben!

Gleichzeitig wird aber eine dynamische EMK im Ring induziert, die dem Ladungsfluss entgegen wirkt und daher seine Winkelgeschwindigkeit verringert:

$$\mathcal{E} = -\frac{\mathrm{d}\Phi}{\mathrm{d}t} .$$

Dabei ist $\mathrm{d}\Phi$ der Fluss durch das Band, das den Ring zum Zeitpunkt t mit dem Ring zum Zeitpunkt $t + \mathrm{d}t$ verbindet (Abbildung 8.9):

$$\mathrm{d}\Phi = B_s 2\pi a \,\mathrm{d}z .$$

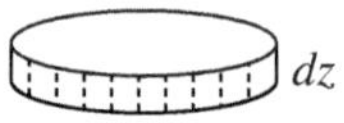

Abbildung 8.9

Nun gilt auch

$$\mathcal{E} = \oint \mathbf{f} \cdot \mathrm{d}\mathbf{l} = f(2\pi a) ,$$

wobei **f** die Kraft pro Einheitsladung ist. Damit ist

$$f = -B_s \frac{\mathrm{d}z}{\mathrm{d}t} , \tag{8.37}$$

die Kraft auf einen Abschnitt der Länge $\mathrm{d}l$ ist $f\lambda\,\mathrm{d}l$, und das Drehmoment auf den Ring lautet

$$N = a\left(-B_s \frac{\mathrm{d}z}{\mathrm{d}t}\right)\lambda(2\pi a) ,$$

und die verrichtete Arbeit, die die Rotation herunterbremst, ist $N\,\mathrm{d}\phi = n\omega\,\mathrm{d}t$ oder

$$\mathrm{d}W = -2\pi a^2 \lambda \omega B_s \,\mathrm{d}z . \tag{8.38}$$

Der Ring wird abgebremst und die Rotationsenergie, die er verliert (Gleichung 8.38), ist exakt gleich der potentiellen Energie, die er gewinnt (Gleichung 8.36). Das magnetische Feld hat lediglich eine Energieform in eine andere umgewandelt. Etwas schlampig gesprochen, ist die Arbeit, die die vertikale Komponente der magnetischen Kraft verrichtet (Gleichung 8.35), entgegengesetzt gleich zur Arbeit, die von ihrer horizontalen Komponente verrichtet wird (Gleichung 8.37).[13]

Und was ist mit dem Magneten? Ist er bei diesem Ablauf völlig passiv? Wir können ihn als eine große Schleife mit Radius b modellieren. Sie liegt auf einem Tisch und führt einen Strom I_b; das „Schrottauto" ist eine relativ kleine Stromschleife mit Radius a, die direkt darunter auf dem Boden liegt und einen Strom I_a führt (Abbildung 8.10). Nehmen wir zur Abwechslung hier einmal an, dass beide Ströme konstant sind (wir bauen dazu in jede Schleife eine geregelte Spannungsquelle ein[14]). Parallele Ströme ziehen sich an, und wir wollen jetzt den kleinen Stromkreis vom Flur hochheben und dabei sorgfältig die verrichtete Arbeit und den jeweiligen Verursacher verfolgen.

13 Diese Argumentation ist im Wesentlichen dieselbe wie in Beispiel 5.3, außer dass ich hier die Geschichte anhand der dynamischen EMF anstelle anhand der Lorentz-Kraft erzählt habe. Aber am Ende ist die Flussregel eine *Konsequenz* der Lorentz-Kraft.

14 Die untere Schleife könnte ein einzelnes Elektron mit Spin sein. In diesem Fall legt die Quantenmechanik den Drehimpuls auf $\hbar/2$ fest. Es schaut so aus, als würde das den Strom aufrechterhalten ohne die Notwendigkeit einer Spannungsquelle. Ich werde darauf zurückkommen; im Moment lassen wir die Quantenmechanik einfach außen vor.

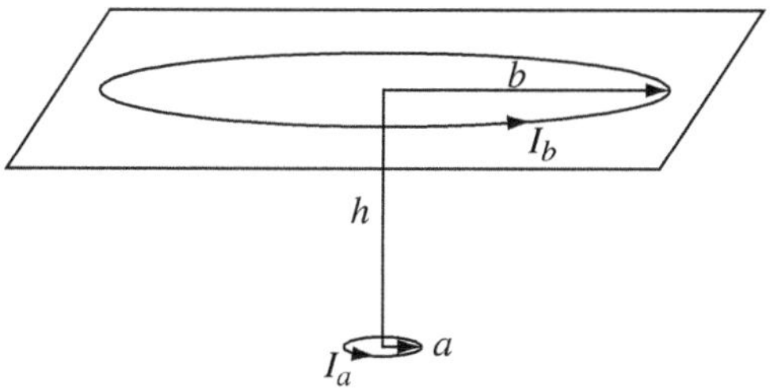

Abbildung 8.10

Fangen wir damit an, dass wir die Ströme so wählen, dass die kleine Schleife gerade „schwebt", in einem Abstand h unterhalb des Tischs. Die magnetische Kraft hebt dann exakt das Gewicht $m_a g$ der kleinen Schleife weg. Ich überlasse es Ihnen, die magnetische Kraft auszurechnen (Aufgabe 8.11):

$$F_{\mathrm{mag}} = \frac{3\pi}{2}\mu_0 I_a I_b \frac{a^2 b^2 h}{(b^2+h^2)^{5/2}} = m_a g\,. \tag{8.39}$$

Die Schleife steigt nun um eine infinitesimale Länge dz an; die verrichtete Arbeit entspricht dem Anwuchs ihrer potentiellen Energie

$$\mathrm{d}W_g = m_a g\,\mathrm{d}z = \frac{3\pi}{2}\mu_0 I_a I_b \frac{a^2 b^2 h}{(b^2+h^2)^{5/2}}\,\mathrm{d}z\,. \tag{8.40}$$

Wer hat diese Arbeit verrichtet? Das Magnetfeld? *Nein!* Die Arbeit wurde von der Spannungsquelle verrichtet, die den Strom in Schleife a aufrechterhält (Beispiel 5.3). Wenn die Schleife sich nach oben bewegt, wird eine dynamische EMF in ihr induziert. Der Fluss durch die Schleife beträgt

$$\Phi_a = M I_b\,,$$

wobei M die Gegeninduktivität der zwei Schleifen ist:

$$M = \frac{\pi\mu_0}{2}\frac{a^2 b^2}{(b^2+h^2)^{3/2}}\,;$$

siehe Aufgabe 7.22. Die EMK beträgt

$$\begin{aligned}\mathcal{E}_a &= -\frac{\mathrm{d}\Phi_a}{\mathrm{d}t} = -I_b\frac{\mathrm{d}M}{\mathrm{d}t} = -I_b\frac{\mathrm{d}M}{\mathrm{d}h}\frac{\mathrm{d}h}{\mathrm{d}t} \\ &= -I_b\left(-\frac{3}{2}\right)\frac{\pi\mu_0}{2}\frac{a^2 b^2}{(b^2+h^2)^{5/2}}2h\frac{(-\mathrm{d}z)}{\mathrm{d}t}\,.\end{aligned}$$

Die Arbeit, die von der Spannungsquelle gegen diese dynamische EMK verrichtet wird, ist durch

$$\mathrm{d}W_a = -\mathcal{E}_a I_a\,\mathrm{d}t = \frac{3\pi}{2}\mu_0 I_a I_b \frac{a^2 b^2 h}{(b^2+h^2)^{5/2}}\,\mathrm{d}z \tag{8.41}$$

gegeben; das ist genau die Arbeit, die beim Anheben der Schleife verrichtet wird (Gleichung 8.40).

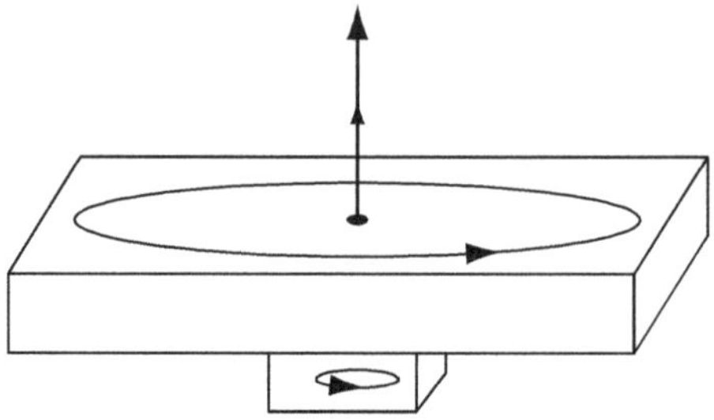

Abbildung 8.11

Gleichzeitig wird jedoch eine *Faraday'sche* EMK in der *oberen* Schleife durch den sich ändernden, von der unteren Schleife hervorgerufenen Fluss induziert:

$$\Phi_b = MI_a \Rightarrow \mathcal{E}_b = -I_a \frac{dM}{dt}.$$

Die von der Spannungsquelle in Ring b zur Aufrechterhaltung des Stroms I_b geleistete Arbeit lautet

$$\mathrm{d}W_b = -\mathcal{E}_b I_b \,\mathrm{d}t = \frac{3\pi}{2}\mu_0 I_a I_b \frac{a^2 b^2 h}{(b^2 + h^2)^{5/2}} dz\,. \tag{8.42}$$

Das ist dieselbe Arbeit wie $\mathrm{d}W_a$. Das ist jetzt peinlich: Die Spannungsquellen haben *zweimal* so viel Arbeit verrichtet, wie man braucht, um das Schrottauto anzuheben! Wohin ist die „verschwendete" Energie gegangen? *Antwort:* Sie hat die in den Feldern gespeicherte Energie erhöht. Die Energie in einem System von zwei stromführenden Schleifen beträgt (siehe Aufgabe 8.12)

$$U = \frac{1}{2}L_a I_a^2 + \frac{1}{2}L_b I_b^2 + MI_a I_b\,, \tag{8.43}$$

somit haben wir

$$\mathrm{d}U = I_a I_b \frac{\mathrm{d}M}{\mathrm{d}t}\mathrm{d}t = \mathrm{d}W_b\,.$$

Bemerkenswerterweise sind alle vier Energieänderungen gleich. Wenn wir die Dinge so ordnen wollen, dann trägt die Spannungsquelle in Schleife a die Energie bei, um die untere Schleife anzuheben. Die Spannungsquelle in Schleife b liefert die extra Energie für die Felder. Wenn wir uns nur für die Arbeit für das Anheben der Schleife interessieren, können wir die obere Schleife (und die Energie in den Feldern) komplett ignorieren.

In beiden Modellen war der Magnet selbst stationär. Das ist der Fall, wenn wir zum Beispiel eine Büroklammer hochheben, indem wir einen Magneten darüberhalten. Im Fall des magnetischen Krans bleibt der Wagen aber in Kontakt mit dem Magneten, der an einem Kabel hängt, das Auto und Magnet anhebt. Um das zu modellieren, könnten wir die obere Schleife in eine große Schachtel stecken, die untere Schleife in eine kleine Schachtel und die Ströme so hochdrehen, dass die Anziehungskraft viel größer als $m_a g$ ist: Dann „kleben" die beiden Schachteln aneinander. Wir befestigen dann eine Schnur an der oberen Schachtel und ziehen beide hoch (Abbildung 8.11).

Der gleiche Mechanismus wie vorher (Beispiel 5.3) kommt zum Tragen: Solange sich die untere Schleife nach oben bewegt, kippt die magnetische Kraft nach hinten; ihre vertikale Komponente hebt die Schleife an, aber ihre horizontale Komponente wirkt dem Strom entgegen und netto wird keine Arbeit verrichtet. Dieses Mal wird jedoch die dynamische EMK exakt durch die Faraday'sche EMK ausgeglichen, die sich bemüht, den Strom aufrechtzuerhalten: Der Fluss durch die untere Schleife ändert sich nicht. (Wenn Sie so wollen, *nimmt* der Fluss *zu*, weil sich die Schleife nach oben in eine Region mit stärkerem Magnetfeld bewegt, *nimmt* aber gleichzeitig *ab*, weil sich das Magnetfeld der oberen Schleife an allen Punkten im Raum verringert, wenn sich diese Schleife nach oben bewegt.) Wir brauchen keine Spannungsquelle, um den Strom aufrechtzuerhalten (das gilt auch für die obere Schleife), weil sich die Energie in den Feldern nicht ändert. Wer hat also die Arbeit verrichtet, die das Auto anhebt? Natürlich die Person, die am Seil zieht. Die Rolle des magnetischen Feldes besteht lediglich darin, diese Energie auf das Auto zu übertragen, und zwar über die vertikale Komponente der Magnetkraft. Das magnetische Feld selbst hat wie immer keine Arbeit verrichtet.

Die Tatsache, dass Magnetfelder keine Arbeit verrichten, folgt direkt aus der Lorentz-Kraft. Wenn Sie also denken, dass Sie eine Ausnahme entdeckt haben, dann müssen Sie erklären, warum das Gesetz für die Lorentz-Kraft inkorrekt ist. Wenn zum Beispiel magnetische Monopole existieren würden, so schaut die Kraft auf ein Teilchen mit elektrischer Ladung q_e und magnetischer Ladung q_m folgendermaßen aus (Aufgabe 7.38):

$$\mathbf{F} = q_e(\mathbf{E} + \mathbf{v} \times \mathbf{B}) + q_m(\mathbf{B} - \epsilon_0\mu_0\mathbf{v} \times \mathbf{E}) . \tag{8.44}$$

In diesem Fall *können* magnetische Felder Arbeit verrichten, aber *nur auf magnetische Ladungen.* Wenn Ihr Auto also nicht aus Monopolen besteht (was ich bezweifle), dann löst das Ihr Problem nicht.

Eine etwas weniger radikale Möglichkeit besteht darin, dass es zusätzlich zu elektrischen Ladungen auch noch permanente punktförmige magnetische Dipole gibt (Elektronen?), deren Dipolmoment $\mathbf{m}$ nicht mit irgendeinem elektrischen Strom zusammenhängt, sondern einfach *da ist.* Dann bekommt die Lorentz-Kraft noch einen weiteren Beitrag:

$$\mathbf{F} = q(\mathbf{E} + \mathbf{v} \times \mathbf{B}) + \nabla(\mathbf{m} \cdot \mathbf{B}) .$$

Das Magnetfeld *kann* Arbeit an diesen „intrinsischen" Dipolen verrichten (die keine dynamische oder Faraday'sche EMK erfahren, da sie keinen Fluss einschließen). Ich weiß nicht, ob man auf diese Weise eine konsistente Theorie bauen kann, aber es würde sich keinesfalls um *klassische* Elektrodynamik handeln. Sie baut ja auf der Annahme von Ampère auf, dass alle magnetischen Phänomene auf bewegte Ladungen zurückgehen und punktförmige magnetische Dipole als Grenzfälle winziger Stromschleifen aufgefasst werden müssen.

Aufgabe 8.11

Leiten Sie Gleichung 8.38 her.

[*Hinweis:* Behandeln Sie die untere Schleife als magnetischen Dipol.]

Aufgabe 8.12

Leiten Sie Gleichung 8.42 her.

[*Hinweis:* Verwenden Sie die Methode aus Abschnitt 7.2.4 und bauen Sie die zwei Ströme von null zu ihren Endwerten auf.]

EXTRAS ONLINE

Weitere Aufgaben für Kapitel 8

Lösungshinweise

Aufgabe 8.13[15]
Eine sehr lange Spule mit Radius a und n Windungen pro Längeneinheit trägt einen Strom I_S. Koaxial mit der Spule befindet sich bei $b \gg a$ ein kreisförmiger Drahtring mit Widerstand R. Verringert man den Strom in der Spule (allmählich), dann wird ein Strom I_r im Ring induziert.

a. Bestimmen Sie I_r in Abhängigkeit von dI_S/dt.

b. Die auf den Ring übertragene Leistung ($I_r^2 R$) muss aus der Spule stammen. Bestätigen Sie dies, indem Sie den Poynting-Vektor direkt außerhalb der Spule berechnen. (Das *elektrische* Feld beruht auf dem veränderlichen Fluss in der Spule, das *magnetische* Feld beruht auf dem Strom im Ring.) Integrieren Sie über die gesamte Fläche der Spule und überprüfen Sie, dass Sie die richtige Gesamtleistung erhalten.

Aufgabe 8.14
Ein unendlich langes zylindrisches Rohr mit Radius a bewegt sich mit konstanter Geschwindigkeit v entlang seiner Achse. Es trägt eine gleichmäßig über die Oberfläche verteilte Nettoladung λ pro Einheitslänge. Um das Rohr herum befindet sich ein weiterer Zylinder mit Radius b, der sich mit der gleichen Geschwindigkeit bewegt, aber eine entgegengesetzte Ladung trägt ($-\lambda$). Berechnen Sie:

a. die Energie, die pro Einheitslänge in den Feldern gespeichert ist.

b. den Impuls, der pro Einheitslänge in den Feldern steckt.

c. die Energie, die pro Zeiteinheit von den Feldern durch eine zu den Zylindern senkrechte Ebene transportiert wird.

Aufgabe 8.15
Eine Punktladung q befindet sich im Mittelpunkt einer torusförmigen Spule mit rechteckigem Querschnitt, innerem Radius a, äußerem Radius $a + w$ und Höhe h. Die Spule besteht aus N engen Windungen und führt einen Strom I.

a. Leiten Sie den elektromagnetischen Impuls $\mathbf{p}$ in dieser Anordnung her. Nehmen Sie dazu an, dass w und h beide sehr viel kleiner als a sind (dann können Sie die Änderung der Felder im Querschnitt vernachlässigen).

15 Eine ausführlichere Diskussion finden Sie bei M. A. Heald, *Am. J. Phys.* **56**, 540 (1988).

b. Der Strom wird nun in der Spule abgeschaltet, und zwar rasch genug, dass sich die Punktladung nicht merklich bewegt, während das Magnetfeld auf null abfällt. Zeigen Sie, dass der auf q übertragene Impuls dem ursprünglich in den Feldern gespeicherten Impuls entspricht.

[*Hinweis:* Vielleicht schauen Sie noch mal auf Aufgabe 7.19.].

Aufgabe 8.16[16]

Eine Kugel mit Radius R hat eine gleichförmige Polarisation **P** und eine gleichförmige Magnetisierung **M** (die nicht notwendigerweise in dieselbe Richtung zeigen müssen). Bestimmen Sie den elektromagnetischen Impuls dieser Anordnung.

[*Ergebnis*: $(4/9)\pi\mu_0 R^3(\mathbf{M}\times\mathbf{P})$.]

Aufgabe 8.17[17]

Stellen Sie sich das Elektron als gleichförmig geladene Kugelschale vor, mit Ladung e und Radius R, die mit der Winkelgeschwindigkeit ω rotiert.

a. Berechnen Sie die in den elektromagnetischen Feldern enthaltene Gesamtenergie.

b. Berechnen Sie den in den elektromagnetischen Feldern enthaltenen Gesamtdrehimpuls.

c. Aufgrund der Einstein'schen Formel ($E = mc^2$) sollte die Energie in den Feldern zur Masse des Elektrons beitragen. Lorentz und andere Physiker hatten spekuliert, dass auf diese Weise die *gesamte* Masse des Elektrons erklärt werden könnte: $U_{\mathrm{em}} = m_{\mathrm{e}}c^2$. Nehmen Sie darüber hinaus an, dass der Spindrehimpuls des Elektrons vollständig auf das elektromagnetische Feld zurückgeführt werden kann: $L_{\mathrm{em}} = \hbar/2$. Bestimmen Sie aufgrund dieser beiden Annahmen den Radius und die Winkelgeschwindigkeit des Elektrons. Wie groß ist ihr Produkt ωR? Ist das klassische Modell in irgendeiner Weise sinnvoll?

Aufgabe 8.18

Leiten Sie die Ausdrücke für u, **S**, **g**, und $\overleftrightarrow{\mathbf{T}}$ in Gegenwart einer magnetischen Ladung her.

[*Hinweis:* Fangen Sie mit den verallgemeinerten Maxwell-Gleichungen 7.44 und dem Gesetz der Lorentz-Kraft (Gleichung 8.44) an, und folgen Sie den Herleitungen in den Abschnitten 8.1.2, 8.2.2 und 8.2.3.]

! Aufgabe 8.19[18]

Nehmen Sie an, Sie hätten eine elektrische Ladung q_{e} und einen magnetischen Monopol q_{m}. Das Feld der elektrischen Ladung beträgt natürlich

$$\mathbf{E} = \frac{1}{4\pi\varepsilon_0}\frac{q_e}{\imath^2}\hat{\boldsymbol{\imath}},$$

16 Eine interessante Diskussion und Referenzen finden Sie in R. H. Romer, *Am. J. Phys.* **63**, 777 (1995).

17 Siehe J. Higbie, *Am. J. Phys.* **56**, 378 (1988).

18 Dieses System wird als **Thomson'scher Dipol** bezeichnet. Weitere Diskussionen und Literatur finden Sie in I. Adawi, *Am. J. Phys.* **57**, 420 (1989), *Phys. Rev.* **D31**, 3301 (1985), und K. R. Brownstein, *Am. J. Phys.* **57**, 420 (1989).

und das Feld des magnetischen Monopols lautet

$$\mathbf{B} = \frac{\mu_0}{4\pi} \frac{q_m}{\mathscr{r}^2} \hat{\boldsymbol{\mathscr{r}}} \,.$$

Bestimmen Sie den in den Feldern gespeicherten Drehimpuls, sofern die beiden Ladungen die Entfernung d voneinander aufweisen.

[*Ergebnis*: $(\mu_0/4\pi)q_e q_m$.[19]]

Aufgabe 8.20

Betrachten Sie einen idealen stationären magnetischen Dipol **m** in einem statischen elektrischen Feld **E**. Zeigen Sie, dass die Felder den Impuls

$$\mathbf{p} = -\epsilon_0 \mu_0 (\mathbf{m} \times \mathbf{E}) \tag{8.45}$$

tragen.

[*Hinweis:* Man kann das auf verschiedene Weisen machen. Der einfachste Weg besteht darin, mit $\mathbf{p} = \epsilon_0 \int (\mathbf{E} \times \mathbf{B}) d\tau$ zu starten, $\mathbf{E} = -\nabla V$ hinzuschreiben und dann partiell zu integrieren. Dann folgt

$$\mathbf{p} = \epsilon_0 \mu_0 \int V \mathbf{J} \, d\tau.$$

Bis jetzt gilt alles für *irgendeine* lokalisierte statische Verteilung. Im Falle eines Stroms, der in einer infinitesimalen Umgebung des Ursprungs lokalisiert ist, können wir $V(\mathbf{r}) \approx V(\mathbf{0}) - \mathbf{E}(\mathbf{r}) \cdot \mathbf{r}$ annähern. Behandeln Sie den Dipol als Stromschleife und verwenden Sie Gleichungen 5.82 und 1.108.][20]

Aufgabe 8.21

Paul DeYoung vom Hope College in Holland (Michigan, USA) weist auf Folgendes hin: Weil die Zylinder in Beispiel 8.4 (mit den Winkelgeschwindigkeiten ω_a und ω_b) weiter rotieren, gibt es eigentlich ein magnetisches Restfeld; daher liegt in den Feldern auch dann Drehimpuls vor, nachdem der Strom in der Spule abgeklungen ist. Sind die Zylinder schwer, ist diese Korrektur vernachlässigbar, allerdings ist es interessant, diese Aufgabe *ohne* diese Annahme durchzuführen.

a. Berechnen Sie den endgültigen Drehimpuls (ausgedrückt durch ω_a und ω_b) in den Feldern. (Definieren Sie $\boldsymbol{\omega} = \omega\hat{\mathbf{z}}$; damit könnten ω_a und ω_b positiv oder negativ sein.)

---

19 Beachten Sie, dass dieses Ergebnis vom *Abstand d unabhängig* ist! Der Drehimpuls zeigt von q_e nach q_m. In der Quantenmechanik nimmt der Drehimpuls halbzahlige Vielfache von $\hbar$ an. Das Ergebnis legt daher nahe, dass elektrische und magnetische Ladungen quantisiert sein müssen, sofern magnetische Monopole existieren: $\mu_0 q_e q_m/4\pi = n\hbar/2$, mit $n = 1, 2, 3, \ldots$ Dies wurde 1931 von Dirac erstmals vorgeschlagen. Wenn also irgendwo im Universum auch nur *ein* Monopol existiert, würde dies „erklären", warum die elektrische Ladung in diskreten Einheiten auftritt. Siehe jedoch auch D. Singleton, *Am. J. Phys.* **66**, 697 (1998) für kritische Anmerkungen.

20 In der oben gegebenen Form gilt Gleichung 8.45 nur für *ideale* Dipole. Aber **g** ist linear in **B** und gehorcht somit dem Superpositionsprinzip, wenn **E** festgehalten wird. Für eine *Ansammlung* von magnetischen Dipolen ist der Gesamtimpuls die (Vektor-)Summe der einzelnen Impulsbeiträge. Insbesondere gilt Gleichung 8.45 für eine lokalisierte Verteilung stationärer Ströme, wenn **E** in dem ganzen Bereich *gleichförmig* ist. **m** ist dann allerdings das magnetische *Gesamt*moment.

b. Während die Zylinder zu rotieren beginnen, induziert ihr veränderliches Magnetfeld ein zusätzliches azimutales elektrisches Feld, das wiederum einen zusätzlichen Beitrag zu den Drehmomenten liefert. Bestimmen Sie die resultierenden zusätzlichen Drehimpulse und vergleichen Sie dies mit Ihrem Resultat aus (a).

[*Ergebnis*: $[-\mu_0 Q^2 \omega_b (b^2 - a^2)/4\pi l]\hat{\mathbf{z}}$.]

Aufgabe 8.22[21]

Eine Punktladung q befindet sich in der Entfernung $a > R$ von der Achse einer unendlich langen Spule (mit Radius R, mit n Windungen pro Längeneinheit und Strom I). Bestimmen den linearen Impuls und den Drehimpuls (bezüglich des Mittelpunkts) in den Feldern. (Setzen Sie q auf die x-Achse, wobei die Spule in z-Richtung zeigt. Behandeln Sie die Spule als Nichtleiter, dann müssen Sie sich keine Gedanken über die Ladungen machen, die auf ihrer Oberfläche induziert werden.)

[*Ergebnis*: $\mathbf{p}_{\text{em}} = (\mu_0 q n I R^2/2a)\hat{\mathbf{y}}$; $\mathbf{L}_{\text{em}} = 0$.]

Aufgabe 8.23

a. Folgen Sie der Argumentation in Abschnitt 8.1.2, ab Gleichung 8.6, ersetzen aber $\mathbf{J}$ durch $\mathbf{J}_f$. Zeigen Sie, dass der Poynting-Vektor zu

$$\mathbf{S} = \mathbf{E} \times \mathbf{H} \tag{8.46}$$

wird und dass die Änderungsrate der Energiedichte der Felder

$$\frac{\partial u}{\partial t} = \mathbf{E} \cdot \frac{\partial \mathbf{D}}{\partial t} + \mathbf{H} \cdot \frac{\partial \mathbf{B}}{\partial t}$$

lautet. Zeigen Sie für *lineare* Medien, dass[22]

$$u = \frac{1}{2}(\mathbf{E} \cdot \mathbf{D} + \mathbf{B} \cdot \mathbf{H}) \tag{8.47}$$

b. Reproduzieren Sie in gleicher Weise den Gedankengang aus Abschnitt 8.2.2 ab Gleichung 8.15, mit ρ_f und $\mathbf{J}_f$ anstelle von ρ und $\mathbf{J}$. Halten Sie sich nicht mit der Berechnung des Maxwell'schen Spannungstensors auf, zeigen Sie aber, dass die Impulsdichte

$$\mathbf{g} = \mathbf{D} \times \mathbf{B} \tag{8.48}$$

ist.[23]

Aufgabe 8.24

Eine kreisförmige Scheibe mit Radius R und Masse M trägt n Punktladungen q, die in gleichmäßigen Abständen an ihrem Rand angebracht sind. Zum Zeitpunkt $t = 0$ befindet sich die Scheibe in der x-y-Ebene mit dem Mittelpunkt im Ursprung. Sie

21 Eine weitergehende Diskussion dieses und ähnlicher Probleme finden Sie in F. S. Johnson, B. L. Craig und R. R. Hodges, *Am. J. Phys.* **62**, 33 (1994).

22 Schauen Sie in Abschnitt 4.4.3 nach, was „Energie“ hier bedeutet.

23 Seit über 100 Jahren wird darüber gestritten (ohne dass es bis jetzt eine vollständige Auflösung gegeben hätte), ob der Feldimpuls in polarisierbaren oder magnetisierteren Medien durch Gleichung 8.48 gegeben ist (Minkowskis Position) oder durch $\epsilon_0\mu_0(\mathbf{E}\times\mathbf{H})$ (Abrahams Meinung). Siehe D. J. Griffiths, *Am. J. Phys.* **80**, 7 (2012).

rotiert mit Winkelgeschwindigkeit ω_0 um die z-Achse und wird losgelassen. Sie befindet sich dabei in einem zeitunabhängigen äußeren Magnetfeld

$$\mathbf{B}(s, z) = k(-s\hat{\mathbf{s}} + 2z\hat{\mathbf{z}}).$$

Dabei ist k eine Konstante.

a. Bestimmen Sie die Position des Scheibenmittelpunkts $z(t)$ und seine Winkelgeschwindigkeit $\omega(t)$ als Funktion der Zeit. (Ignorieren Sie die Schwerkraft.)

b. Beschreiben Sie die Bewegung und überprüfen Sie, dass die kinetische (Gesamt-) Energie, also Translations- und Rotationsenergie, konstant ist; dies bestätigt, dass die Magnetkraft keine Arbeit verrichtet.[24]

24 Diese nette Problem geht auf K. T. McDonald zurück: http://puhep1.princeton.edu/mcdonald/examples/disk.pdf. Er kommt allerdings zu einer etwas anderen Schlussfolgerung.

Elektromagnetische Wellen

9

ÜBERBLICK

9.1 Wellen in einer Dimension

9.1.1 Die Wellengleichung

Was ist eine „Welle“? Ich fürchte, ich kann Ihnen keine völlig befriedigende Antwort geben – die Idee einer Welle ist von sich aus etwas vage – aber dies hier ist immerhin ein Anfang: Eine Welle ist eine *Störung in einem kontinuierlichen Medium, die sich mit fester Form bei konstanter Geschwindigkeit ausbreitet.* Und sofort muss ich das näher spezifizieren: Liegt Absorption vor, dann wird die Größe der Welle während ihrer Bewegung abnehmen. Ist das Medium dispersiv (zerstreuend), dann breiten sich Wellen unterschiedlicher Frequenz mit unterschiedlicher Geschwindigkeit aus. Pflanzt sich die Welle in zwei oder drei Dimensionen fort, wird ihre Amplitude abnehmen. Darüber hinaus breiten sich *stehende* Wellen natürlich gar nicht aus. Aber das sind Feinheiten. Beginnen wir mit dem einfachsten Fall: feste Form und konstante Geschwindigkeit (Abbildung 9.1).

Wie würden Sie ein solches Objekt mathematisch beschreiben? In der Abbildung habe ich die Welle zu zwei unterschiedlichen Zeitpunkten gezeichnet, einmal bei $t = 0$ und noch einmal zu einem späteren Zeitpunkt t. Jeder Punkt der Welle bewegt sich einfach um den Betrag vt nach rechts, wobei v die Geschwindigkeit der Welle darstellt. Vielleicht entsteht die Welle, indem ein Ende eines straff gespannten Seils bewegt wird. Dann stellt $f(z, t)$ die Verschiebung des Seils am Punkt z zur Zeit t dar. Wenn wir von der *ursprünglichen* Form des Seils, also $g(z) \equiv f(z, 0)$ ausgehen, was können wir über die spätere Form $f(z, t)$ sagen? Die Verzerrung am Punkt zum späteren Zeitpunkt t ist dieselbe wie die Verzerrung in einer Entfernung vt vom links liegenden Anfangspunkt (also bei $z - vt$) zum Zeitpunkt $t = 0$:

$$f(z,t) = f(z - vt, 0) = g(z - vt) \tag{9.1}$$

Diese Aussage enthält (mathematisch gesehen) die Essenz der Wellenbewegung. Sie besagt, dass die Funktion $f(z, t)$, die auf irgendeine denkbare Weise von z und t abhängen *könnte*, von ihnen *tatsächlich* nur in der ganz besonderen Kombination $z - vt$ abhängt. Ist dies der Fall, dann beschreibt die Funktion $f(z, t)$ eine Welle mit fester Form, die sich mit der Geschwindigkeit v in z-Richtung bewegt. Sind beispielsweise A und b Konstanten (mit den richtigen Einheiten), dann stellen

$$f_1(z,t) = A\mathrm{e}^{-b(z-vt)^2}\,, \quad f_2(z,t) = A\sin\left[b\,(z-vt)\right]\,, \quad f_3(z,t) = \frac{A}{b\,(z-vt)^2+1}$$

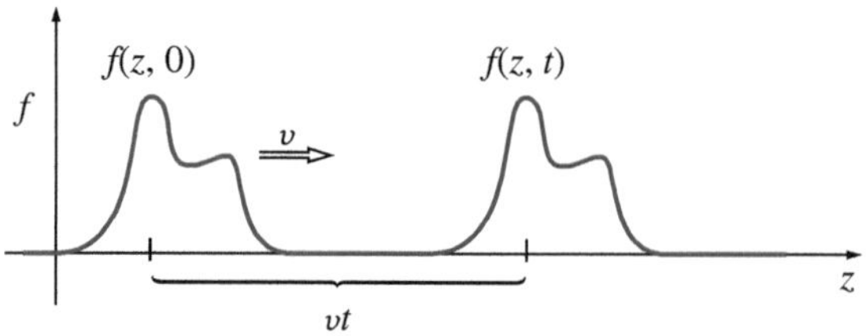

Abbildung 9.1

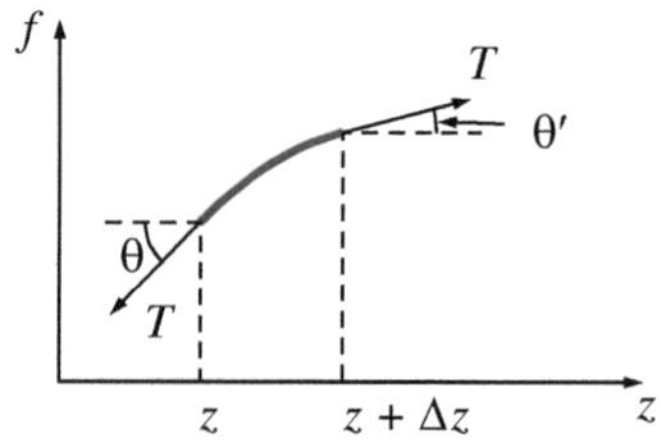

Abbildung 9.2

jeweils Wellen dar (natürlich mit unterschiedlichen Formen), die Ausdrücke

$$f_4(z,t) = A\,\mathrm{e}^{-b(bz^2+vt)^2} \quad \text{und} \quad f_5(z,t) = A\sin(bz)\cos(bvt)^3$$

allerdings *nicht*.

Warum können sich Wellen in einem langen Seil fortpflanzen? Tatsächlich folgt das aus dem zweiten Newton'schen Gesetz. Stellen Sie sich ein sehr langes Seil vor, das durch eine Zugkraft T gespannt ist. Wird es aus der Gleichgewichtslage ausgelenkt, dann beträgt die Netto-Querkraft auf das Segment zwischen z und $z + \Delta z$ (Abbildung 9.2)

$$\Delta F = T\sin\theta' - T\sin\theta\,.$$

Dabei ist θ' der Winkel, den das Seil am Punkt $z + \Delta z$ mit der z-Richtung einschließt, und θ der entsprechende Winkel im Punkt z. Vorausgesetzt, dass die Verzerrung auf dem Seil nicht zu groß ist, sind diese Winkel klein (in der Abbildung ist das offenbar übertrieben dargestellt); daher dürfen wir den Sinus durch den Tangens ersetzen:

$$\Delta F \cong T\big(\tan\theta' - \tan\theta\big) = T\left(\left.\frac{\partial f}{\partial z}\right|_{z+\Delta z} - \left.\frac{\partial f}{\partial z}\right|_{z}\right) \cong T\frac{\partial^2 f}{\partial z^2}\Delta z\,.$$

Ist die Masse pro Längeneinheit μ, dann besagt das zweite Newton'sche Gesetz

$$\Delta F = \mu(\Delta z)\frac{\partial^2 f}{\partial t^2}\,,$$

daher ist

$$\frac{\partial^2 f}{\partial z^2} = \frac{\mu}{T}\frac{\partial^2 f}{\partial t^2}\,.$$

Kleine Störungen auf dem Seil werden offensichtlich durch

$$\frac{\partial^2 f}{\partial z^2} = \frac{1}{v^2}\frac{\partial^2 f}{\partial t^2} \tag{9.2}$$

beschrieben, wobei v (das, wie wir bald sehen werden, die Ausbreitungsgeschwindigkeit darstellt) durch

$$v = \sqrt{\frac{T}{\mu}} \tag{9.3}$$

gegeben ist.

Gleichung 9.2 ist als (klassische) **Wellengleichung** bekannt, denn ihre Lösungen sind alles Funktionen der Form

$$f(z,t) = g(z - vt) \tag{9.4}$$

(also alle Funktionen, die von den Variablen z und t in der speziellen Kombination $u \equiv z - vt$ abhängen), und wir haben gerade gelernt, dass solche Funktionen Wellen darstellen, die sich mit Geschwindigkeit v in z-Richtung ausbreiten.

Beweis Für Gleichung 9.4 bedeutet das mit $u \equiv z - \upsilon t$

$$\frac{\partial f}{\partial z} = \frac{\mathrm{d}g}{\mathrm{d}u}\frac{\partial u}{\partial z} = \frac{\mathrm{d}g}{\mathrm{d}u}, \quad \frac{\partial f}{\partial t} = \frac{\mathrm{d}g}{\mathrm{d}u}\frac{\partial u}{\partial t} = -\upsilon\frac{\mathrm{d}g}{\mathrm{d}u}$$

und

$$\frac{\partial^2 f}{\partial z^2} = \frac{\partial}{\partial z}\left(\frac{\mathrm{d}g}{\mathrm{d}u}\right) = \frac{\mathrm{d}^2 g}{\mathrm{d}u^2}\frac{\partial u}{\partial z} = \frac{\mathrm{d}^2 g}{\mathrm{d}u^2},$$

$$\frac{\partial^2 f}{\partial t^2} = -\upsilon\frac{\partial}{\partial t}\left(\frac{\mathrm{d}g}{\mathrm{d}u}\right) = -\upsilon\frac{\mathrm{d}^2 g}{\mathrm{d}u^2}\frac{\partial u}{\partial t} = \upsilon^2\frac{\mathrm{d}^2 g}{\mathrm{d}u^2},$$

also ist

$$\frac{\mathrm{d}^2 g}{\mathrm{d}u^2} = \frac{\partial^2 f}{\partial z^2} = \frac{1}{\upsilon^2}\frac{\partial^2 f}{\partial t^2}. \quad \blacksquare$$

Beachten Sie, dass $g(u)$ *eine beliebige* (differenzierbare) *Funktion* sein kann. Breitet sich die Störung ohne Formänderung aus, dann erfüllt sie die Wellengleichung.

Allerdings sind Funktionen der Form $g(z - \upsilon t)$ nicht die *einzigen* Lösungen. In der Wellengleichung kommt das *Quadrat* von υ vor, daher können wir eine weitere Klasse von Lösungen angeben, indem wir schlicht das Vorzeichen der Geschwindigkeit umkehren:

$$f(z, t) = h(z + \upsilon t). \tag{9.5}$$

Dies stellt natürlich eine Welle dar, die sich in *negative* z-Richtung ausbreitet, und es ist (aus physikalischen Gründen) sicher vernünftig, solche Lösungen zuzulassen. Was vielleicht am meisten überrascht: Die allgemeinste Lösung der Wellengleichung ist die Summe einer nach rechts und einer nach links laufenden Welle:

$$f(z, t) = g(z - \upsilon t) + h(z + \upsilon t). \tag{9.6}$$

(Beachten Sie, dass die Wellengleichung **linear** ist: Die Summe zweier beliebiger Lösungen ist selbst wieder eine Lösung.) *Jede* Lösung der Wellengleichung kann in dieser Form ausgedrückt werden.

Wie die Gleichung der einfachen harmonischen Schwingung ist die Wellengleichung in der Physik weitverbreitet. Sind Schwingungen beteiligt, dann ist dafür fast immer die Schwingungsgleichung verantwortlich (zumindest bei kleinen Amplituden), und wenn irgendwo Wellen beteiligt sind (egal ob im Bereich der Mechanik, Akustik, Optik oder in der Ozeanografie), dann muss die Wellengleichung (eventuell mit etwas schmückendem Beiwerk) die Ursache sein.

Aufgabe 9.1

Überprüfen Sie durch explizites Differenzieren, ob die im Text genannten Funktionen f_1, f_2 und f_3 die Wellengleichung erfüllen. Zeigen Sie, dass f_4 und f_5 es *nicht* tun.

Aufgabe 9.2

Zeigen Sie, dass die **stehende Welle** $f(z, t) = A\sin(kz)\cos(k\upsilon t)$ die Wellengleichung erfüllt, und drücken Sie sie als Summe einer nach links und einer nach rechts laufenden Welle aus (Gleichung 9.6).

9.1.2 Sinusförmige Wellen

(i) Terminologie Von allen möglichen Wellenformen ist die sinusartige Form

$$f(z,t) = A\cos\left[k(z - vt) + \delta\right] \tag{9.7}$$

(aus gutem Grund) die bekannteste. Abbildung 9.3 zeigt diese Funktion zur Zeit $t = 0$. A ist die **Amplitude** der Welle (sie ist positiv und stellt die maximale Auslenkung aus dem Gleichgewicht dar). Das Argument des Kosinus wird als **Phase** bezeichnet, und δ ist die **Phasenkonstante**. (Sie dürfen ganz offensichtlich jedes ganzzahlige Vielfache von 2π zu δ addieren, ohne $f(z,t)$ zu verändern. Üblicherweise benutzen wir einen Wert im Bereich $0 \leq \delta < 2\pi$.) Beachten Sie, dass bei $z = vt - \delta/k$ die Phase null ist. Wir bezeichnen dies als das „zentrale Maximum". Ist $\delta = 0$, geht das zentrale Maximum zum Zeitpunkt $t = 0$ durch den Ursprung. Ganz allgemein ist δ/k die Entfernung, um die das zentrale Maximum (und daher die ganze Welle) „verzögert" ist. Schließlich haben wir noch k, die **Wellenzahl**. Sie ist über die Gleichung

$$\lambda = \frac{2\pi}{k} \tag{9.8}$$

mit der **Wellenlänge** λ verknüpft. Wird z um $2\pi/k$ vergrößert, legt der Kosinus eine komplette Periode zurück.

Mit fortschreitender Zeit läuft der gesamte Wellenzug mit der Geschwindigkeit v nach rechts. In jedem festen Punkt z schwingt das Seil auf und ab und führt während der **Periode**

$$T = \frac{2\pi}{kv} \tag{9.9}$$

eine komplette Schwingung aus.

Die **Frequenz** ν (die Anzahl der Schwingungen pro Zeiteinheit) beträgt

$$\nu = \frac{1}{T} = \frac{kv}{2\pi} = \frac{v}{\lambda}\,. \tag{9.10}$$

Für unsere Zwecke ist die **Kreisfrequenz** ω (auch als *Winkelfrequenz* oder salopp nur als „Frequenz" bezeichnet) eine besser geeignete Größe. Sie heißt so, weil sie im analogen Fall einer gleichförmigen Kreisbewegung den Winkel angibt, der pro Zeiteinheit überstrichen wird:

$$\omega = 2\pi\nu = kv\,. \tag{9.11}$$

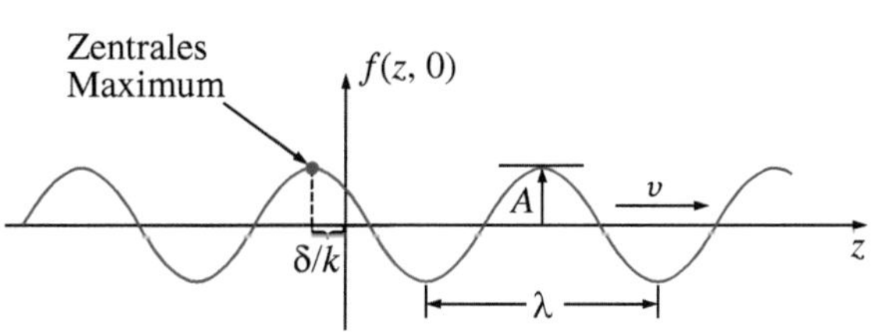

Abbildung 9.3

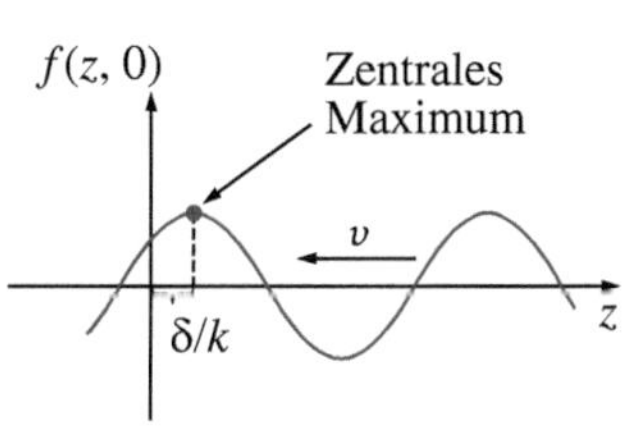

Abbildung 9.4

Üblicherweise ist es einfacher, sinusförmige Wellen (Gleichung 9.7) durch ω und nicht durch v zu beschreiben:

$$f(z,t) = A\cos(kz - \omega t + \delta)\,. \tag{9.12}$$

Eine nach *links* laufende Sinusschwingung mit Wellenzahl k und (Kreis-)Frequenz ω hat die folgende Form:

$$f(z,t) = A\cos(kz + \omega t - \delta)\,. \tag{9.13}$$

Das Vorzeichen der Phasenkonstante wird – damit sie mit unserer früheren Konvention vereinbar ist – so gewählt, dass δ/k die Entfernung darstellt, um die die Welle „verzögert“ ist (da die Welle sich nun nach links bewegt, bedeutet Verzögerung nun eine Verschiebung nach *rechts*). Bei $t = 0$ sieht die Welle aus wie in Abbildung 9.4. Weil der Kosinus eine *gerade* Funktion ist, können wir Gleichung 9.13 auch einfach folgendermaßen formulieren:

$$f(z,t) = A\cos(-kz - \omega t + \delta)\,. \tag{9.14}$$

Der Vergleich mit Gleichung 9.12 zeigt, dass wir im Prinzip *einfach das Vorzeichen von k umdrehen könnten*, um eine Welle mit derselben Amplitude, Phasenkonstanten, Frequenz und Wellenlänge zu erzeugen, die allerdings in die entgegengesetzte Richtung verläuft.

(ii) Komplexe Schreibweise Mit Blick auf die **Euler'sche Formel**

$$e^{i\theta} = \cos\theta + i\sin\theta \tag{9.15}$$

kann die sinusförmige Welle (Gleichung 9.12) folgendermaßen formuliert werden:

$$f(z,t) = \mathrm{Re}\left[A\,e^{i(kz-\omega t+\delta)}\right]\,, \tag{9.16}$$

mit $\mathrm{Re}(\xi)$ als Realteil der komplexen Zahl ξ. Dies legt nahe, die **komplexe Wellenfunktion**

$$\tilde{f}(z,t) \equiv \tilde{A}\,e^{i(kz-\omega\,t)} \tag{9.17}$$

einzuführen, wobei die **komplexe Amplitude** $\tilde{A} \equiv A e^{i\delta}$ die Phasenkonstante aufnimmt. Die *tatsächliche* Wellenfunktion ist der Realteil von $\tilde{f}$:

$$f(z,t) = \mathrm{Re}\left[\tilde{f}(z,t)\right]\,, \tag{9.18}$$

Wenn Sie $\tilde{f}$ kennen, ist es ziemlich einfach, f zu finden. Der *Vorteil* der komplexen Schreibweise besteht darin, dass Exponentialfunktionen viel einfacher zu bearbeiten sind als Sinus- und Kosinusfunktionen.

Beispiel 9.1: Komplexe Wellenfunktionen

Nehmen Sie an, Sie wollen zwei sinusförmige Wellen miteinander kombinieren:

$$f_3 = f_1 + f_2 = \mathrm{Re}\left(\tilde{f}_1\right) + \mathrm{Re}\left(\tilde{f}_2\right) = \mathrm{Re}\left(\tilde{f}_1 + \tilde{f}_2\right) = \mathrm{Re}\left(\tilde{f}_3\right)$$

(dabei gilt $\tilde{f}_3 = \tilde{f}_1 + \tilde{f}_2$). Sie addieren einfach die entsprechenden *komplexen* Wellenfunktionen und nehmen den Realteil des Ergebnisses. Insbesondere gilt, wenn beide dieselbe Frequenz und Wellenzahl aufweisen:

$$\tilde{f}_3 = \tilde{A}_1 \mathrm{e}^{\mathrm{i}(kz-\omega t)} + \tilde{A}_2 \mathrm{e}^{\mathrm{i}(kz-\omega t)} = \tilde{A}_3 \mathrm{e}^{\mathrm{i}(kz-\omega t)} ,$$

wobei

$$\tilde{A}_3 = \tilde{A}_1 + \tilde{A}_2 , \quad \text{oder} \quad A_3 \mathrm{e}^{\mathrm{i}\delta_3} = A_1 \mathrm{e}^{\mathrm{i}\delta_1} + A_2 \mathrm{e}^{\mathrm{i}\delta_2} \tag{9.19}$$

beträgt. Wie Sie sehen können, addieren Sie einfach die (komplexen) Amplituden. Die kombinierte Welle weist immer noch dieselbe Frequenz und Wellenzahl auf:

$$f_3(z,t) = A_3 \cos(kz - \omega t + \delta_3) ,$$

und Sie können A_3 und δ_3 einfach aus Gleichung 9.19 ablesen (Aufgabe 9.3). Versuchen Sie die Lösung auch einmal *ohne* die komplexe Schreibweise – Sie werden trigonometrische Formeln nachschlagen und sich durch ziemlich unangenehme Rechnungen wühlen müssen.

(iii) Linearkombinationen sinusförmiger Wellen Obwohl die Sinusfunktion 9.17 eine sehr spezielle Wellenform darstellt, lässt sich doch *jede* Welle als Linearkombination von Sinusfunktionen darstellen:

$$\tilde{f}(z,t) = \int_{-\infty}^{\infty} \tilde{A}(k) \mathrm{e}^{\mathrm{i}(kz-\omega t)} \mathrm{d}k . \tag{9.20}$$

Hierbei ist ω eine Funktion von k (Gleichung 9.11), und k darf auch negative Werte annehmen, wodurch wir Wellen in beide Richtungen erhalten.[1]

Die Formel für $\tilde{A}(k)$, ausgedrückt durch unsere Anfangsbedingungen $f(z,0)$ und $\dot{f}(z,0)$, kann aus der Theorie der Fourier-Transformationen abgeleitet werden (siehe Aufgabe 9.33), doch die Details sind für meine Zwecke hier nicht von Bedeutung. Die Sache ist die, dass jede Welle als Linearkombination von Sinuskurven geschrieben werden kann. Wenn Sie also wissen, wie sich eine sinusförmige Welle verhält, dann wissen Sie im Prinzip auch, wie sich *jede* andere Welle verhält. Und damit wenden wir unsere Aufmerksamkeit von nun an also sinusförmigen Wellen zu.

1 Dies bedeutet nicht, dass λ und ω negativ sind – Wellenlänge und Frequenz sind *immer* positiv. Wenn wir negative Wellenzahlen zulassen, dann sollten Gleichung 9.8 und 9.11 eigentlich als $\lambda = 2\pi/|k|$ und $\omega = |k|v$ geschrieben werden.

Aufgabe 9.3

Wenden Sie Gleichung 9.19 an und bestimmen Sie A_3 und δ_3 in Abhängigkeit von A_1, A_2, δ_1 und δ_2.

Aufgabe 9.4

Leiten Sie Gleichung 9.20 mittels Separation der Variablen direkt aus der Wellengleichung ab.

9.1.3 Randbedingungen: Reflexion und Transmission

Bislang habe ich angenommen, dass das Seil unendlich lang ist – zumindest lang genug, damit wir uns nicht darum sorgen müssen, was geschieht, wenn die Welle das Ende des Seils erreicht. Eigentlich hängt das, was geschieht, davon ab, wie das Seil am Ende *befestigt* ist – d. h., von den besonderen Randbedingungen, denen die Welle unterliegt. Nehmen Sie beispielsweise an, das Seil sei einfach an ein *zweites* Seil angeknotet. Die Zugkraft T ist für beide gleich, aber die Masse pro Längeneinheit μ ist es vermutlich nicht; daher sind die Wellengeschwindigkeiten v_1 und v_2 unterschiedlich (wie erwähnt ist $v = \sqrt{T/\mu}$). Sagen wir der Einfachheit halber, dass der Knoten die Position $z = 0$ besitzt. Die von links her **einlaufende** Welle

$$\tilde{f}_{\mathrm{I}}(z,t) = \tilde{A}_{\mathrm{I}} \mathrm{e}^{\mathrm{i}(k_1 z - \omega t)} \quad (z < 0) \tag{9.21}$$

erzeugt eine **reflektierte Welle**

$$\tilde{f}_{\mathrm{R}}(z,t) = \tilde{A}_{\mathrm{R}} \mathrm{e}^{\mathrm{i}(-k_1 z - \omega t)} \quad (z < 0)\,, \tag{9.22}$$

die entlang Seil 1 wieder zurückläuft (daher das Minuszeichen vor k_1). Darüber hinaus entsteht eine **transmittierte Welle**

$$\tilde{f}_{\mathrm{T}}(z,t) = \tilde{A}_{\mathrm{T}} \mathrm{e}^{\mathrm{i}(k_2 z - \omega t)} \quad (z > 0)\,, \tag{9.23}$$

die entlang Seil 2 nach rechts weiterläuft.

Die einlaufende Welle $f_{\mathrm{I}}(z,t)$ ist eine Sinusschwingung, die sich (im Prinzip) bis zu $z = -\infty$ erstreckt, und das zudem zu allen Zeiten. Dasselbe gilt für f_{R} und f_{T} (wobei letztere sich natürlich bis zu $z = +\infty$ erstreckt). *Alle Teile dieses Systems schwingen mit derselben Frequenz* ω (eine Frequenz, die durch die Person bei $z = -\infty$ vorgegeben wird, die das Seil bewegt.) Da die Wellengeschwindigkeiten in den beiden Seilen unterschiedlich sind, unterscheiden sich auch Wellenlängen und Wellenzahlen:

$$\frac{\lambda_1}{\lambda_2} = \frac{k_2}{k_1} = \frac{v_1}{v_2}\,. \tag{9.24}$$

Natürlich ist diese Situation ziemlich künstlich – da darüber hinaus die einlaufende und die reflektierte Welle mit unendlicher Ausdehnung über dasselbe Seil laufen, ist es für einen Zuschauer schwer, sie auseinander zu halten. Sie stellen sich deswegen vermutlich lieber eine Welle mit endlicher Ausdehnung vor, beispielsweise den in Abbildung 9.5 dargestellten Puls. Wenn Sie möchten, können Sie sich

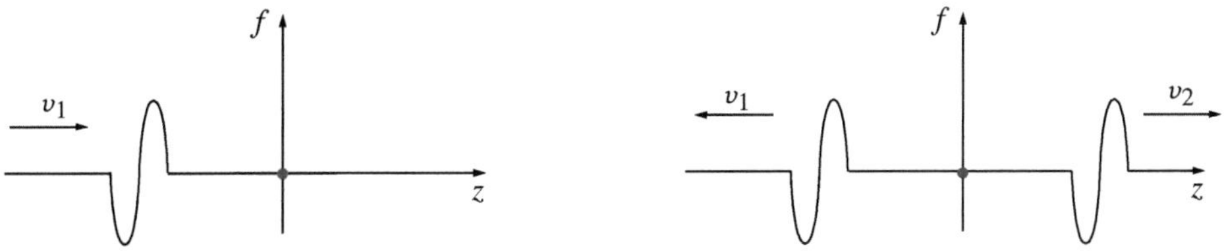

a Ankommender Puls

b Reflektierte und transmittierte Pulse

Abbildung 9.5

die Details selbst erarbeiten (Aufgabe 9.5). Das *Problem* mit dieser Vorgehensweise besteht darin, dass kein *endlicher* Puls wirklich sinusförmig ist. Die Wellen aus Abbildung 9.5 mögen *aussehen* wie Sinusfunktionen, *sind* es aber nicht: Sie sind kleine Ausschnitte aus Sinuskurven, die zu einer völlig *unterschiedlichen* Funktion (nämlich null) zusammengesetzt wurden. Wie alle anderen Wellen können sie als *Linearkombinationen* echter Sinusfunktionen dargestellt werden (Gleichung 9.20), allerdings nur, wenn eine ganze Reihe von Funktionen mit unterschiedlichen Frequenzen und Wellenlängen miteinander verknüpft werden. Wenn Sie eine *einzelne* Frequenz der einlaufenden Welle wünschen (wie wir das im elektromagnetischen Fall wollen), dann müssen Sie Ihre Wellen bis ins Unendliche laufen lassen. In der Praxis verwenden Sie einen sehr *langen* Puls mit vielen Schwingungen, der Sie *nahe* an das Ideal einer einzelnen Frequenz heranbringt.

Bei einer sinusförmigen einlaufenden Welle beträgt dann die Nettoauslenkung des Seils:

$$\tilde{f}(z,t) = \begin{cases} \tilde{A}_\mathrm{I}\,\mathrm{e}^{\mathrm{i}(k_1 z-\omega t)} + \tilde{A}_\mathrm{R}\,\mathrm{e}^{\mathrm{i}(-k_1 z-\omega t)} & \text{für} \quad z<0\,, \\ \tilde{A}_\mathrm{T}\,\mathrm{e}^{\mathrm{i}(k_2 z-\omega t)} & \text{für} \quad z>0\,. \end{cases} \tag{9.25}$$

An dem Knoten zwischen den beiden Seilen ($z = 0$) muss die unmittelbar links daneben liegende Auslenkung ($z = 0^-$) gleich der unmittelbar rechts daneben liegenden Auslenkung ($z = 0^+$) sein, ansonsten gäbe es einen Riss zwischen den beiden Seilen. Mathematisch gesehen ist $f(z,t)$ bei $z = 0$ *stetig*:

$$f(0^-,t) = f(0^+,t)\,. \tag{9.26}$$

Hat der Knoten selbst eine vernachlässigbare Masse, dann muss die *Ableitung* von f *ebenfalls* stetig sein:

$$\left.\frac{\partial f}{\partial z}\right|_{0^-} = \left.\frac{\partial f}{\partial z}\right|_{0^+}\,. \tag{9.27}$$

Andernfalls gäbe es eine Nettokraft auf den Knoten und daher eine unendlich große Beschleunigung (Abbildung 9.6). Diese Randbedingungen gelten direkt für die *reelle* Wellenfunktion $f(z,t)$. Aber da sich der Imaginärteil von $\tilde{f}$ nur durch das Ersetzen des Kosinus durch den Sinus vom Realteil unterscheidet (Gleichung 9.15), muss die

a Unstetige Steigung; Kraft auf den Knoten

b Stetige Steigung; keine Kraft auf den Knoten

Abbildung 9.6

komplexe Wellenfunktion $\tilde{f}(z,t)$ denselben Regeln unterliegen:

$$\tilde{f}(0^-,t) = \tilde{f}(0^+,t)\,, \qquad \left.\frac{\partial \tilde{f}}{\partial z}\right|_{0^-} = \left.\frac{\partial \tilde{f}}{\partial z}\right|_{0^+} . \tag{9.28}$$

Auf Gleichung 9.25 angewendet, bestimmen diese Randbedingungen die auslaufenden Amplituden ($\tilde{A}_R$ und $\tilde{A}_T$) in Abhängigkeit von der einlaufenden ($\tilde{A}_I$):

$$\tilde{A}_I + \tilde{A}_R = \tilde{A}_T\,, \quad k_1\,(\tilde{A}_I - \tilde{A}_R) = k_2 \tilde{A}_T\,,$$

woraus folgt:

$$\tilde{A}_R = \left(\frac{k_1 - k_2}{k_1 + k_2}\right)\tilde{A}_I\,, \quad \tilde{A}_T = \left(\frac{2k_1}{k_1 + k_2}\right)\tilde{A}_I\,. \tag{9.29}$$

Ausgedrückt durch die Geschwindigkeiten lautet dies (Gleichung 9.24):

$$\tilde{A}_R = \left(\frac{v_2 - v_1}{v_2 + v_1}\right)\tilde{A}_I\,, \quad \tilde{A}_T = \left(\frac{2v_2}{v_2 + v_1}\right)\tilde{A}_I\,. \tag{9.30}$$

Die *reellen* Amplituden und Phasen sind dann durch

$$A_R e^{i\delta_R} = \left(\frac{v_2 - v_1}{v_2 + v_1}\right) A_I e^{i\delta_I}\,, \quad A_T e^{i\delta_T} = \left(\frac{2v_2}{v_2 + v_1}\right) A_I e^{i\delta_I} \tag{9.31}$$

miteinander verknüpft.

Ist das zweite Seil *leichter* als das erste ($\mu_2 < \mu_1$, sodass $v_2 > v_1$), haben alle drei Wellen denselben Phasenwinkel ($\delta_R = \delta_T = \delta_I$), und die auslaufenden Amplituden sind

$$A_R = \left(\frac{v_2 - v_1}{v_2 + v_1}\right) A_I\,, \quad A_T = \left(\frac{2v_2}{v_2 + v_1}\right) A_I\,. \tag{9.32}$$

Ist das zweite Seil *schwerer* als das erste ($v_2 < v_1$), ist die reflektierte Welle um 180° außer Phase ($\delta_R + \pi = \delta_T = \delta_I$). Mit anderen Worten: Wegen

$$\cos(-k_1 z - \omega t + \delta_I - \pi) = -\cos(-k_1 z - \omega t + \delta_I)$$

läuft die reflektierte Welle „verkehrt herum“. Die Amplituden sind in diesem Fall

$$A_R = \left(\frac{v_1 - v_2}{v_2 + v_1}\right) A_I \quad \text{und} \quad A_T = \left(\frac{2v_2}{v_2 + v_1}\right) A_I\,. \tag{9.33}$$

Besitzt insbesondere das zweite Seil *unendlich* hohe Masse – oder ist das erste Seil an einem Ende *befestigt*, was auf dasselbe hinaus läuft – dann ist

$$A_R = A_I , \quad \text{und} \quad A_T = 0 .$$

Natürlich gibt es in diesem Fall *keine* transmittierte Welle – die *ganze* Welle wird reflektiert.

! **Aufgabe 9.5**

Sie senden eine einlaufende Welle mit vorgegebener Form $g_I(z - v_1 t)$ entlang Seil 1. Dies erzeugt eine reflektierte Welle $h_R(z + v_1 t)$ und eine transmittierte Welle $g_T(z - v_2 t)$. Wenden Sie die Randbedingungen 9.26 und 9.27 an und bestimmen Sie h_R und g_T.

Aufgabe 9.6

a. Formulieren Sie für den Fall zweier Seile mit Zugspannung T, die durch einen Knoten der Masse m miteinander verbunden sind, eine geeignete Randbedingung als Ersatz für Gleichung 9.27.

b. Bestimmen Sie Amplitude und Phase der reflektierten und transmittierten Wellen für den Fall, dass der Knoten die Masse m hat und das zweite Seil masselos ist.

! **Aufgabe 9.7**

Nehmen Sie an, Seil 2 ist in ein viskoses Medium (z. B. in Sirup) eingetaucht, das darauf eine Widerstandskraft proportional zu seiner (transversalen) Geschwindigkeit ausübt:

$$\Delta F_{\text{Wid}} = -\gamma \frac{\partial f}{\partial t} \Delta z .$$

a. Beschreiben Sie die modifizierte Wellengleichung, welche die Bewegung des Seils beschreibt.

b. Lösen Sie diese Gleichung unter der Annahme, dass das Seil mit der Einfallsfrequenz ω schwingt. Mit anderen Worten: Suchen Sie nach Lösungen der Form $\tilde{f}(z, t) = e^{i\omega t}\tilde{F}(z)$.

c. Zeigen Sie, dass die Wellen **gedämpft** werden (das bedeutet, ihre Amplitude sinkt mit wachsendem z ab). Bestimmen Sie die charakteristische Eindringtiefe, bei der die Amplitude auf $1/e$ ihres ursprünglichen Werts abgesunken ist, in Abhängigkeit von γ, T, μ und ω.

d. Bestimmen Sie für eine Welle der Amplitude A_I, Phase $\delta_I = 0$ und Frequenz ω, die von links (auf Seil 1) einläuft, Amplitude und Phase der reflektierten Welle.

9.1.4 Polarisation

Die Wellen, die an einem Seil entlang laufen, das Sie hin und her schwingen, werden als **Transversalwellen** bezeichnet, denn die Auslenkung steht senkrecht auf der Ausbreitungsrichtung. Ist das Seil einigermaßen elastisch, ist es zudem möglich, *Kompressionswellen* hervorzurufen, etwa indem Sie kurz am Seil ziehen. Kompressionswellen sind auf einem Seil schwer zu erkennen. Wenn Sie statt dessen eine Feder verwenden, sind sie jedoch ganz offensichtlich (Abbildung 9.7). Diese Wellen werden als **longitudinal** bezeichnet, weil die Auslenkung aus dem Gleichgewicht entlang der Ausbreitungsrichtung erfolgt. Schallwellen – also Kompressionswellen in Luft – sind longitudinal. Elektromagnetische Wellen sind, wie wir noch sehen werden, transversal.

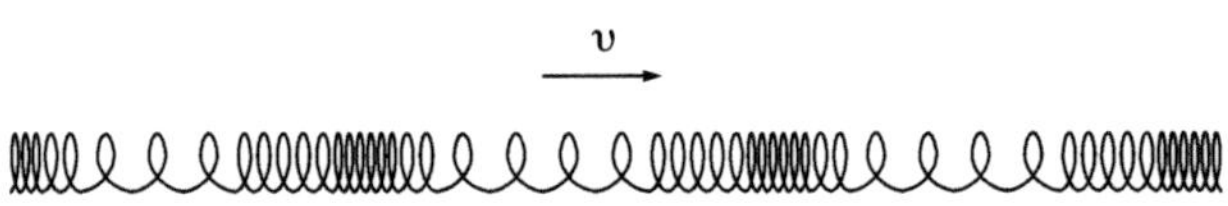

Abbildung 9.7

Nun gibt es natürlich *zwei* Dimensionen, die senkrecht auf einer beliebigen Ausbreitungsrichtung stehen. In entsprechender Weise treten zwei unabhängige **Polarisationszustände** auf: Sie können das Seil auf und ab schwingen (vertikale Polarisation – Abbildung 9.8a),

$$\tilde{\mathbf{f}}_v(z,t) = \tilde{A}\,e^{i(kz-\omega t)}\hat{\mathbf{x}}\,, \tag{9.34}$$

oder von links nach rechts („horizontale“ Polarisation – Abbildung 9.8b)

$$\tilde{\mathbf{f}}_h(z,t) = \tilde{A}\,e^{i(kz-\omega t)}\hat{\mathbf{y}}\,, \tag{9.35}$$

oder in irgendeiner anderen Richtung der x-y-Ebene (Abbildung 9.8c)

$$\tilde{\mathbf{f}}(z,t) = \tilde{A}\,e^{i(kz-\omega t)}\hat{\mathbf{n}}\,. \tag{9.36}$$

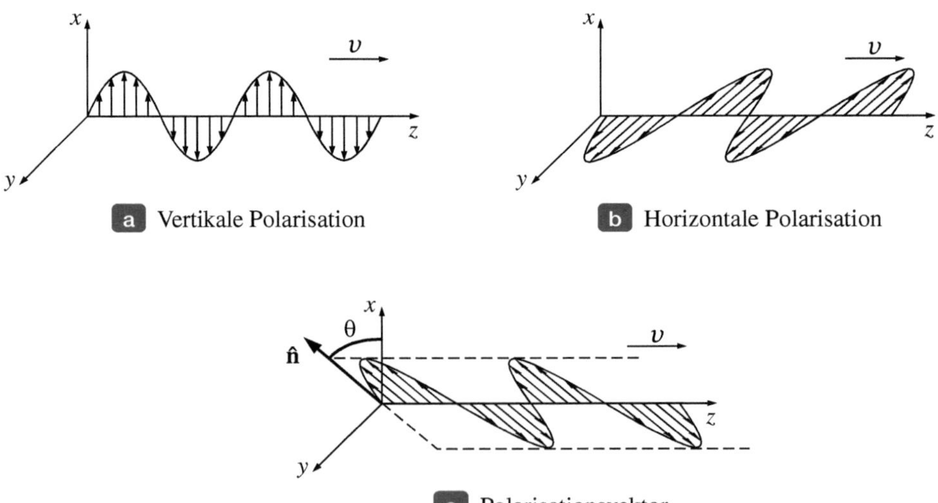

Abbildung 9.8

Der **Polarisationsvektor** $\hat{\mathbf{n}}$ definiert die Schwingungsebene.[2] Weil die Wellen transversal sind, steht $\hat{\mathbf{n}}$ senkrecht auf der Ausbreitungsrichtung:

$$\hat{\mathbf{n}} \cdot \hat{\mathbf{z}} = 0\,. \tag{9.37}$$

Ausgedrückt durch den **Polarisationswinkel** θ lautet dies:

$$\hat{\mathbf{n}} = \cos\theta\hat{\mathbf{x}} + \sin\theta\hat{\mathbf{y}}\,. \tag{9.38}$$

Daher kann die in Abbildung 9.8c abgebildete Welle als Überlagerung zweier Wellen angesehen werden – die eine ist horizontal polarisiert, die andere vertikal:

$$\tilde{\mathbf{f}}(z,t) = (\tilde{A}\cos\theta)\,\mathrm{e}^{\mathrm{i}(kz-\omega t)}\hat{\mathbf{x}} + (\tilde{A}\sin\theta)\,\mathrm{e}^{\mathrm{i}(kz-\omega t)}\hat{\mathbf{y}}\,. \tag{9.39}$$

Aufgabe 9.8

Gleichung 9.36 beschreibt die allgemeinste **linear** polarisierte Welle auf einem Seil. Lineare oder („ebene") Polarisation (die so bezeichnet wird, weil die Auslenkung parallel zu einem festen Vektor $\hat{\mathbf{n}}$ steht) entsteht aus der Kombination horizontal und vertikal polarisierter Wellen *derselben Phase* (Gleichung 9.39). Haben die beiden Komponenten gleiche Amplitude, sind aber um 90° *außer Phase* (beispielsweise $\delta_\mathrm{v} = 0$, $\delta_\mathrm{h} = 90°$), ist das Ergebnis eine *zirkular* polarisierte Welle. Betrachten Sie einen solchen Fall.

a. Zeigen Sie für einen festen Punkt z, dass das Seil sich kreisförmig um die z-Achse bewegt. Wenn Sie entlang der Achse in Richtung Ursprung blicken, dreht es sich dann im *Uhrzeigersinn* oder im *Gegenuhrzeigersinn*? Wie würden Sie eine Welle konstruieren, die sich in entgegengesetzter Richtung dreht? (In der Optik wird die Rotation im Uhrzeigersinn als **rechtszirkulare Polarisation**, die Drehung gegen den Uhrzeigersinn als **linkszirkulare Polarisation** bezeichnet.[3])

b. Skizzieren Sie das Seil zur Zeit $t = 0$.

c. Wie würden Sie das Seil bewegen, um eine zirkular polarisierte Welle zu erzeugen?

9.2 Elektromagnetische Wellen im Vakuum

9.2.1 Die Wellengleichung für E und B

In den Regionen des Weltraums, in denen weder Ladungen noch Ströme vorliegen, lauten die Maxwell'schen Gleichungen

$$\left.\begin{aligned} &\text{(i)} \quad \nabla\cdot\mathbf{E} = 0\,, &&\text{(iii)} \quad \nabla\times\mathbf{E} = -\frac{\partial\mathbf{B}}{\partial t}\,,\\ &\text{(ii)} \quad \nabla\cdot\mathbf{B} = 0\,, &&\text{(iv)} \quad \nabla\times\mathbf{B} = \mu_0\varepsilon_0\frac{\partial\mathbf{E}}{\partial t}\,. \end{aligned}\right\} \tag{9.40}$$

2 Beachten Sie, dass Sie das Vorzeichen von $\hat{\mathbf{n}}$ immer umkehren können, vorausgesetzt, Sie verändern die Phasenkonstante gleichzeitig um 180°, da beide Operationen das Vorzeichen der Welle verändern.

3 Eine elegante Notation für die zirkulare Polarisation (oder auch elliptische Polarisation, falls die Amplituden ungleich sind) besteht darin, einen *komplexen* Vektor $\hat{\mathbf{n}}$ zu verwenden. Ich werde das in diesem Buch nicht so machen.

Sie bilden einen Satz von gekoppelten partiellen Differentialgleichungen erster Ordnung für **E** und **B**. Sie lassen sich *ent*koppeln, indem man die Rotation von (iii) und (iv) bildet:

$$\begin{aligned}
\nabla \times (\nabla \times \mathbf{E}) = \nabla (\nabla \cdot \mathbf{E}) - \nabla^2 \mathbf{E} &= \nabla \times \left(-\frac{\partial \mathbf{B}}{\partial t}\right) \\
&= -\frac{\partial}{\partial t} (\nabla \times \mathbf{B}) = -\mu_0 \varepsilon_0 \frac{\partial^2 \mathbf{E}}{\partial t^2}, \\
\nabla \times (\nabla \times \mathbf{B}) = \nabla (\nabla \cdot \mathbf{B}) - \nabla^2 \mathbf{B} &= \nabla \times \left(\mu_0 \varepsilon_0 \frac{\partial \mathbf{E}}{\partial t}\right) \\
&= \mu_0 \varepsilon_0 \frac{\partial}{\partial t} (\nabla \times \mathbf{E}) = -\mu_0 \varepsilon_0 \frac{\partial^2 \mathbf{B}}{\partial t^2}.
\end{aligned}$$

Oder, da $\nabla \cdot \mathbf{E} = 0$ und $\nabla \cdot \mathbf{B} = 0$,

$$\nabla^2 \mathbf{E} = \mu_0 \varepsilon_0 \frac{\partial^2 \mathbf{E}}{\partial t^2}, \quad \nabla^2 \mathbf{B} = \mu_0 \varepsilon_0 \frac{\partial^2 \mathbf{B}}{\partial t^2}. \tag{9.41}$$

Wir haben nun *separate* Gleichungen für **E** und **B**, allerdings sind es – die Entkopplung hat ihren Preis – Differentialgleichungen *zweiter* Ordnung.

Im Vakuum erfüllt nun jede kartesische Koordinate von **E** und **B** die **dreidimensionale Wellengleichung**

$$\nabla^2 f = \frac{1}{v^2} \frac{\partial^2 f}{\partial t^2}.$$

(Dies ist genau dasselbe wie Gleichung 9.2, allerdings ist $\partial^2 f/\partial z^2$ durch seine natürliche Verallgemeinerung $\nabla^2 f$ ersetzt.) Daher bedeuten die Maxwell'schen Gleichungen, dass sich im leeren Raum elektromagnetische Wellen mit einer Geschwindigkeit von

$$v = \frac{1}{\sqrt{\mu_0 \varepsilon_0}} = 3{,}0 \cdot 10^8\,\mathrm{m/s} \tag{9.42}$$

ausbreiten, was exakt die Lichtgeschwindigkeit c darstellt. Dies führt auf eine erstaunliche Folgerung: Vielleicht *ist* Licht eine elektromagnetische Welle[4]. Natürlich überrascht diese Folgerung heute niemand mehr, aber stellen Sie sich vor, was für eine Offenbarung dies in Maxwells Zeit war! Erinnern Sie sich daran, wie ε_0 und μ_0 überhaupt in die Theorie gekommen sind: Es handelt sich um Konstanten im Coulomb'schen bzw. Biot-Savart'schen Gesetz. Man misst sie in Experimenten, an denen Elektroskope, Batterien und Drähte beteiligt sind – Experimente, die nicht das geringste mit Licht zu tun haben. Aber gemäß der Maxwell'schen Theorie können Sie c anhand dieser beiden Zahlen berechnen. Beachten Sie die entscheidende Rolle des Maxwell'schen Beitrags zum Ampère'schen Gesetz ($\mu_0 \varepsilon_0 \partial \mathbf{E}/\partial t$). Ohne ihn gäbe es keine Wellengleichung und keine elektromagnetische Theorie des Lichts.

4 Maxwell selbst hat das so ausgedrückt: „Wir können kaum die Schlussfolgerung vermeiden, dass Licht aus den transversalen Undulationen desselben Mediums besteht, welches die Ursache elektrischer und magnetischer Phänomene ist.“ Siehe Ivan Tolstoy, *James Clerk Maxwell, A Biography* (Chicago: University of Chicago Press, 1983).

9.2.2 Monochromatische ebene Wellen

Aus Gründen, die wir in Abschnitt 9.1.2 diskutiert haben, können wir unsere Aufmerksamkeit allein auf sinusförmige Wellen der Frequenz ω richten. Da den unterschiedlichen Frequenzen im sichtbaren Bereich jeweils unterschiedliche Farben entsprechen, werden solche Wellen als **monochromatisch** bezeichnet (Tabelle 9.1). Nehmen Sie darüber hinaus an, dass die Wellen sich in z-Richtung ausbreiten und weder von x noch von y abhängen. Sie werden als **ebene Wellen** bezeichnet,[5] weil die Felder auf jeder Ebene senkrecht zur Ausbreitungsrichtung gleichförmig sind (Abbildung 9.9). Wir interessieren uns daher für Felder der Form

$$\tilde{\mathbf{E}}(z,t) = \tilde{\mathbf{E}}_0 \, e^{i(kz-\omega t)} , \quad \tilde{\mathbf{B}}(z,t) = \tilde{\mathbf{B}}_0 \, e^{i(kz-\omega t)} , \tag{9.43}$$

wobei $\tilde{\mathbf{E}}_0$ und $\tilde{\mathbf{B}}_0$ die (komplexen) Amplituden sind (die *physikalischen* Felder sind natürlich die Realteile von $\tilde{\mathbf{E}}$ und $\tilde{\mathbf{B}}$).

Die Wellengleichungen für $\mathbf{E}$ und $\mathbf{B}$ (Gleichung 9.41) sind aus den Maxwell'schen Gleichungen abgeleitet worden. Obwohl nun alle Lösungen der Maxwell'schen Gleichungen (im leeren Raum) die Wellengleichung erfüllen müssen, gilt das Gegenteil *nicht*: Die Maxwell'schen Gleichungen stellen zusätzliche Einschränkungen für $\tilde{\mathbf{E}}_0$ und $\tilde{\mathbf{B}}_0$ dar. Insbesondere folgt,[6] da $\nabla \cdot \mathbf{E} = 0$ und $\nabla \cdot \mathbf{B} = 0$ ist, dass

$$(\tilde{E}_0)_z = (\tilde{B}_0)_z = 0 . \tag{9.44}$$

Das bedeutet, dass *elektromagnetische Wellen Transversalwellen* sind. Elektrisches und magnetisches Feld stehen per Definition senkrecht auf der Ausbreitungsrichtung. Darüber hinaus schließt das Faraday'sche Gesetz $\nabla \times \mathbf{E} = -\partial \mathbf{B}/\partial t$ eine Beziehung zwischen der elektrischen und magnetischen Amplitude ein, genauer gesagt:

$$-k\,(\tilde{E}_0)_y = \omega\,(\tilde{B}_0)_x , \quad k\,(\tilde{E}_0)_x = \omega\,(\tilde{B}_0)_y , \tag{9.45}$$

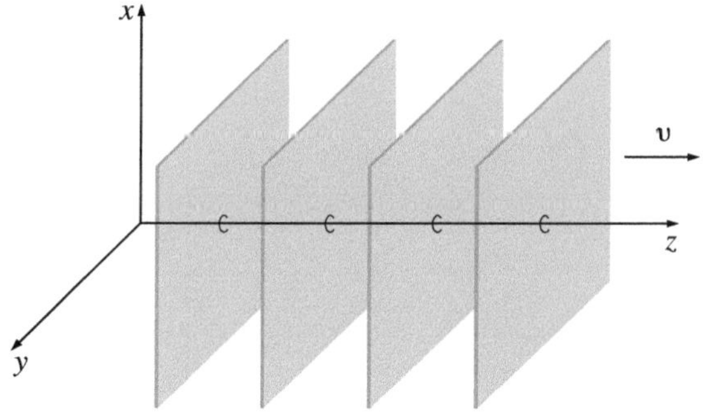

Abbildung 9.9

5 Sphärische Wellen werden auf diesem Niveau in J. R. Reitz, F. J. Milford und R. W. Christy *Foundations of Electromagnetic Theory*, 3rd ed., Sect. 17-5 (Reading, MA: Addison-Wesley, 1979) behandelt. Oder bearbeiten Sie Aufgabe 9.35. Natürlich ist in hinreichend kleinen Gebieten *jede* Welle im Wesentlichen eben, solange die Wellenlänge viel kleiner ist als der Krümmungsradius der Wellenfront.

6 Weil sich Realteil und Imaginärteil von $\tilde{\mathbf{E}}$ nur durch die Vertauschung von Sinus und Kosinus unterscheiden, muss, wenn ersterer die Maxwell'schen Gleichungen erfüllen, dies auch für letzteren sowie folglich auch für $\tilde{\mathbf{E}}$ gelten.

Tabelle 9.1: Das elektromagnetische Spektrum

Übersicht über das elektromagnetische Spektrum			
Frequenz (Hz)	**Bereich**		**Wellenlänge (m)**
10^{22}			10^{-13}
10^{21}	Gammastrahlung		10^{-12}
10^{20}			10^{-11}
10^{19}			10^{-10}
10^{18}	Röntgenstrahlung		10^{-9}
10^{17}			10^{-8}
10^{16}	Ultraviolett		10^{-7}
10^{15}	sichtbares Licht		10^{-6}
10^{14}	Infrarot		10^{-5}
10^{13}			10^{-4}
10^{12}			10^{-3}
10^{11}			10^{-2}
10^{10}	Mikrowellen		10^{-1}
10^{9}			1
10^{8}	UKW, Fernsehen		10
10^{7}			10^{2}
10^{6}	Mittelwellen	Radiowellen	10^{3}
10^{5}			10^{4}
10^{4}	Langwellen		10^{5}
10^{3}			10^{6}

Sichtbarer Spektralbereich		
Frequenz (Hz)	**Farbe**	**Wellenlänge (m)**
$1{,}0 \cdot 10^{15}$	nahes Ultraviolett	$3{,}0 \cdot 10^{-7}$
$7{,}5 \cdot 10^{14}$	kürzeste sichtbare blaue Wellenlängen	$4{,}0 \cdot 10^{-7}$
$6{,}5 \cdot 10^{14}$	Blau	$4{,}6 \cdot 10^{-7}$
$5{,}6 \cdot 10^{14}$	Grün	$5{,}4 \cdot 10^{-7}$
$5{,}1 \cdot 10^{14}$	Gelb	$5{,}9 \cdot 10^{-7}$
$4{,}9 \cdot 10^{14}$	Orange	$6{,}1 \cdot 10^{-7}$
$3{,}9 \cdot 10^{14}$	längste sichtbare rote Wellenlängen	$7{,}6 \cdot 10^{-7}$
$3{,}0 \cdot 10^{14}$	nahes Infrarot	$1{,}0 \cdot 10^{-6}$

in kompakterer Form:

$$\tilde{\mathbf{B}}_0 = \frac{k}{\omega} \left(\hat{\mathbf{z}} \times \tilde{\mathbf{E}}_0 \right) . \tag{9.46}$$

Offensichtlich sind **E** und **B** *in Phase und stehen senkrecht aufeinander*. Ihre (reelle)

Amplituden sind durch

$$B_0 = \frac{k}{\omega} E_0 = \frac{1}{c} E_0 \qquad (9.47)$$

miteinander verbunden. Die vierte der Maxwell'schen Gleichungen, das heißt $\nabla \times \mathbf{B} = \mu_0 \varepsilon_0 (\partial \mathbf{E}/\partial t)$, stellt keine unabhängige Bedingung dar. Sie reproduziert einfach Gleichung 9.45.

Beispiel 9.2: Ebene Wellen

Wenn **E** in x-Richtung weist, dann weist **B** in y-Richtung (Gleichung 9.46):

$$\tilde{\mathbf{E}}(z,t) = \tilde{E}_0 \, e^{i(kz-\omega t)} \hat{\mathbf{x}} , \quad \tilde{\mathbf{B}}(z,t) = \frac{1}{c} \tilde{E}_0 \, e^{i(kz-\omega t)} \hat{\mathbf{y}} ,$$

oder (wenn wir den Realteil nehmen)

$$\mathbf{E}(z,t) = E_0 \cos(kz - \omega t + \delta) \, \hat{\mathbf{x}} , \quad \mathbf{B}(z,t) = \frac{1}{c} E_0 \cos(kz - \omega t + \delta) \, \hat{\mathbf{y}} . \qquad (9.48)$$

Dies ist das Musterbeispiel einer monochromatischen ebenen Welle (siehe Abbildung 9.10). Die Welle als Ganzes wird als in x-Richtung polarisiert bezeichnet (aus Konventionsgründen legen wir die Polarisation einer elektromagnetischen Welle durch die Richtung von **E** fest.)

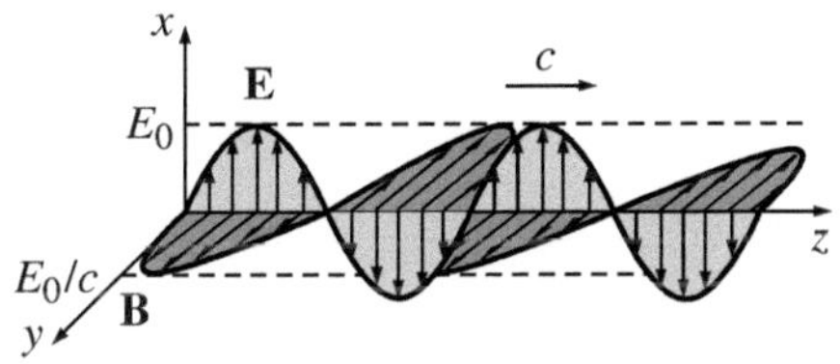

Abbildung 9.10

Natürlich ist an der z-Richtung nichts Besonderes. Daher können wir einfach auf monochromatische Wellen verallgemeinern, die sich in einer beliebigen Richtung ausbreiten. Die Schreibweise wird durch die Einführung eines **Ausbreitungsvektors k** (auch als **Wellenvektor** bezeichnet) erleichtert, der in Ausbreitungsrichtung deutet und dessen Größe die Wellenzahl k darstellt. Das Skalarprodukt $\mathbf{k} \cdot \mathbf{r}$ ist die richtige Verallgemeinerung von kz (Abbildung 9.11), daher ist

$$\begin{aligned} \tilde{\mathbf{E}}(\mathbf{r},t) &= \tilde{E}_0 \, e^{i(\mathbf{k}\cdot\mathbf{r}-\omega t)} \hat{\mathbf{n}} , \\ \tilde{\mathbf{B}}(\mathbf{r},t) &= \frac{1}{c} \tilde{E}_0 \, e^{i(\mathbf{k}\cdot\mathbf{r}-\omega t)} \left(\hat{\mathbf{k}} \times \hat{\mathbf{n}} \right) = \frac{1}{c} \hat{\mathbf{k}} \times \tilde{\mathbf{E}} , \end{aligned} \qquad (9.49)$$

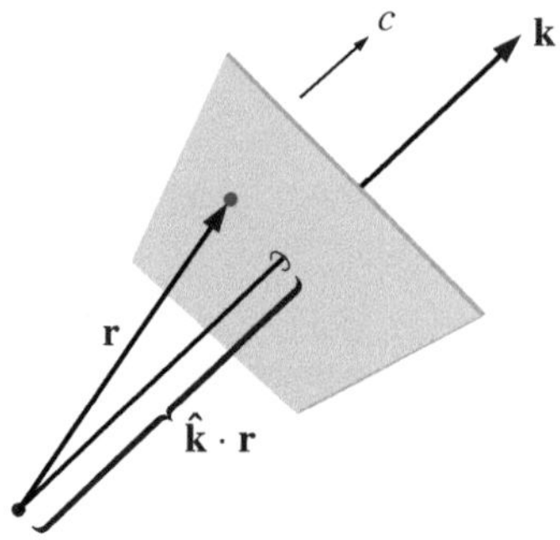

Abbildung 9.11

mit dem Polarisationsvektor $\hat{\mathbf{n}}$. Weil $\mathbf{E}$ transversal ist, gilt

$$\hat{\mathbf{n}} \cdot \hat{\mathbf{k}} = 0 . \tag{9.50}$$

(Die transversale Ausbreitungsrichtung von $\mathbf{B}$ folgt automatisch aus Gleichung 9.49.) Die tatsächlichen (reellen) elektrischen und magnetischen Felder in einer monochromatischen ebenen Welle mit Ausbreitungsvektor $\mathbf{k}$ und Polarisation $\hat{\mathbf{n}}$ sind

$$\mathbf{E}(\mathbf{r}, t) = E_0 \cos(\mathbf{k} \cdot \mathbf{r} - \omega t + \delta)\, \hat{\mathbf{n}} , \tag{9.51}$$

$$\mathbf{B}(\mathbf{r}, t) = \frac{1}{c} E_0 \cos(\mathbf{k} \cdot \mathbf{r} - \omega t + \delta) \left(\hat{\mathbf{k}} \times \hat{\mathbf{n}}\right) . \tag{9.52}$$

Aufgabe 9.9

Schreiben Sie die (reellen) elektrischen und magnetischen Felder einer monochromatischen ebenen Welle mit Amplitude E_0, Frequenz ω und Phasenwinkel null, die

a. in negative x-Richtung läuft und in z-Richtung polarisiert ist;

b. in die Richtung läuft, die vom Ursprung zum Punkt $(1, 1, 1)$ geht, wobei die Polarisation in der x-z-Ebene liegt.

Skizzieren Sie in beiden Fällen die Welle und geben Sie explizit die kartesischen Komponenten von $\mathbf{k}$ und $\hat{\mathbf{n}}$ an.

9.2.3 Energie und Impuls in elektromagnetischen Wellen

Gemäß Gleichung 8.5 beträgt die in elektromagnetischen Feldern gespeicherte Energie pro Volumeneinheit

$$u = \frac{1}{2} \left(\varepsilon_0 E^2 + \frac{1}{\mu_0} B^2 \right) . \tag{9.53}$$

Für eine monochromatische ebene Welle (Gleichung 9.48) gilt

$$B^2 = \frac{1}{c^2}E^2 = \varepsilon_0\mu_0 E^2 , \tag{9.54}$$

daher sind die *elektrischen und magnetischen Beiträge gleich*:

$$u = \varepsilon_0 E^2 = \varepsilon_0 E_0^2 \cos^2(kz - \omega t + \delta) . \tag{9.55}$$

Während sich die Welle ausbreitet, trägt sie ihre Energie mit sich. Die Energieflussdichte (Energie pro Flächeneinheit und Zeiteinheit), die von den Feldern transportiert wird, wird durch den Poynting-Vektor gegeben (Gleichung 8.10):

$$\mathbf{S} = \frac{1}{\mu_0}(\mathbf{E} \times \mathbf{B}) . \tag{9.56}$$

Für monochromatische ebene Wellen, die in z-Richtung laufen, gilt:

$$\mathbf{S} = c\varepsilon_0 E_0^2 \cos^2(kz - \omega t + \delta)\,\hat{\mathbf{z}} = cu\,\hat{\mathbf{z}} . \tag{9.57}$$

Beachten Sie, dass **S** die Energiedichte (u) multipliziert mit der Geschwindigkeit der Wellen ($c\hat{\mathbf{z}}$) ist – was auch der Fall sein *sollte*. Denn in der Zeit Δt geht die Strecke $c\Delta t$ durch die Fläche A (Abbildung 9.12), welche die Energie $uAc\Delta t$ transportiert. Die Energie pro Zeiteinheit und Längeneinheit, die durch die Welle transportiert wird, beträgt daher uc.

Elektromagnetische Wellen tragen nicht nur *Energie*, sondern auch *Impuls* mit sich. Tatsächlich haben wir in Gleichung 8.29 herausgefunden, dass die in den Feldern gespeicherte Impulsdichte

$$\mathbf{g} = \frac{1}{c^2}\mathbf{S} \tag{9.58}$$

beträgt. Für monochromatische ebene Wellen ist daher

$$\mathbf{g} = \frac{1}{c}\varepsilon_0 E_0^2 \cos^2(kz - \omega t + \delta)\,\hat{\mathbf{z}} = \frac{1}{c}u\hat{\mathbf{z}} . \tag{9.59}$$

Bei sichtbarem *Licht* ist die Wellenlänge so kurz (ca. $5 \cdot 10^{-7}$ m) und die Perioden sind so winzig (ca. 10^{-15} s), dass jede makroskopische Messung eine große Zahl von Schwingungen umfasst. Üblicherweise sind wir daher nicht an den Schwingungen des Kosinus-Quadrat-Terms von Energie- und Impulsdichte interessiert. Alles, was

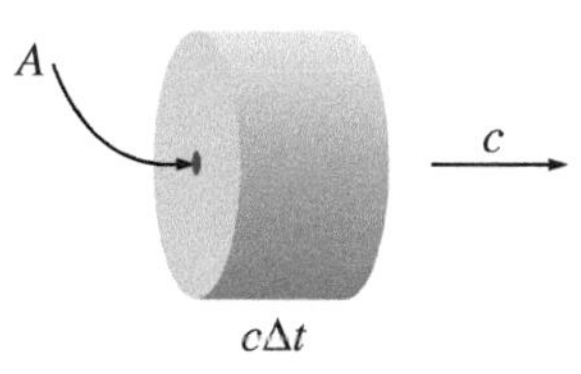

Abbildung 9.12

wir brauchen, ist der *Mittel*wert. Der Mittelwert von Kosinus-Quadrat über eine vollständige Schwingungsperiode[7] ist 1/2, und somit ist

$$\langle u \rangle = \frac{1}{2}\varepsilon_0 E_0^2\,, \tag{9.60}$$

$$\langle \mathbf{S} \rangle = \frac{1}{2}c\varepsilon_0 E_0^2 \hat{\mathbf{z}}\,, \tag{9.61}$$

$$\langle \mathbf{g} \rangle = \frac{1}{2c}\varepsilon_0 E_0^2 \hat{\mathbf{z}}\,, \tag{9.62}$$

Ich benutze spitze Klammern $\langle\ \rangle$, um den (zeitlichen) Mittelwert über eine komplette Periode (wenn Ihnen das besser gefällt, auch über viele Perioden) zu bezeichnen. Die mittlere Leistung pro Flächeneinheit, die von einer elektromagnetischen Welle transportiert wird, heißt **Intensität**:

$$I \equiv \langle \mathbf{S} \rangle = \frac{1}{2}c\varepsilon_0 E_0^2\,. \tag{9.63}$$

Fällt Licht auf einen perfekten Absorber, überträgt es seinen Impuls auf dessen Oberfläche. Während der Zeit Δt beträgt der Impulsübertrag (Abbildung 9.12) $\Delta \mathbf{p} = \langle \mathbf{g} \rangle A c \Delta t$, daher ist der **Strahlungsdruck** (die mittlere Kraft pro Flächeneinheit)

$$P = \frac{1}{A}\frac{\Delta p}{\Delta t} = \frac{1}{2}\varepsilon_0 E_0^2 = \frac{I}{c}\,. \tag{9.64}$$

(Bei einem perfekten *Reflektor* ist der Druck *doppelt* so groß, denn der Impuls wird nicht nur einfach absorbiert, sondern wechselt seine Richtung.) Wir können diesen Druck folgendermaßen qualitativ bestimmen: Das elektrische Feld (Gleichung 9.48) treibt Ladungen in x-Richtung, und das magnetische Feld übt auf sie eine Kraft ($q\mathbf{v} \times \mathbf{B}$) in z-Richtung aus. Die Nettokraft auf alle Ladungen in der Oberfläche erzeugt den Druck.[8]

Aufgabe 9.10

Die Intensität des auf die Erde auftreffenden Sonnenlichts beträgt ca. 1300 W/m^2. Welchen Druck übt das auf einen perfekten Absorber auftreffende Sonnenlicht aus? Was geschieht bei einem perfekten Reflektor? Welchem Anteil des Atmosphärendrucks entspricht das?

Aufgabe 9.11

Betrachten Sie ein Teilchen der Ladung q und Masse m, das sich in der x-y-Ebene frei bewegen kann, in Reaktion auf eine elektromagnetische Welle, die sich in der z-Richtung ausbreitet (Gleichung 9.48; Sie können δ ruhig 0 setzen).

---

7 Es gibt einen netten Trick, dies im Kopf zu rechnen: Wir gehen aus von $\sin^2\theta + \cos^2\theta = 1$; über eine vollständige Schwingungsperiode ist der Mittelwert von $\sin^2\theta$ gleich dem Mittelwert von $\cos^2\theta$. Daher gilt $\langle\sin^2\theta\rangle = \langle\cos^2\theta\rangle = 1/2$. Formal ausgedrückt lautet dies:

$$\frac{1}{T}\int_0^T \cos^2(kz - 2\pi t/T + \delta)\,\mathrm{d}t = \frac{1}{2}\,.$$

8 In Wirklichkeit ist es ein wenig subtiler, siehe Aufgabe 9.11.

a. Vernachlässigen Sie die magnetische Kraft und bestimmen Sie die Geschwindigkeit des Teilchens als Funktion der Zeit. (Nehmen Sie an, dass die mittlere Geschwindigkeit null ist.)

b. Berechnen Sie nun die resultierende magnetische Kraft auf das Teilchen.

c. Zeigen Sie, dass die magnetische Kraft im (zeitlichen) Mittel *null* ist.

Das Problem dieses naiven Modells für den Lichtdruck besteht darin, dass die Geschwindigkeit und die Felder um 90° außer Phase sind. Damit Energie absorbiert wird, muss es irgendeinen *Widerstand* gegen die Bewegung der Ladungen geben. Nehmen Sie an, dass wir eine Kraft der Gestalt $-\gamma m\mathbf{v}$ miteinbeziehen, wobei γ eine Dämpfungskonstante ist.

d. Wiederholen Sie (a); ignorieren Sie dabei den exponentiell gedämpften Transienten. Wiederholen Sie dann (b) und bestimmen Sie die mittlere magnetische Kraft, die auf das Teilchen wirkt.[9]

Aufgabe 9.12

In Komplexschreibweise gibt es einen netten Trick, um den zeitlichen Mittelwert eines Produkts zu berechnen. Nehmen Sie an, dass $f(\mathbf{r},t) = A\cos(\mathbf{k}\cdot\mathbf{r}-\omega t+\delta_a)$ und $g(\mathbf{r},t) = B\cos(\mathbf{k}\cdot\mathbf{r}-\omega t+\delta_b)$. Zeigen Sie, dass $\langle fg\rangle = (1/2)\mathrm{Re}(\tilde{f}\tilde{g}^*)$, wobei der Stern für das Komplexkonjugierte steht.

[Beachten Sie, dass dies üblicherweise nur funktioniert, wenn zwei Wellen dieselben $\mathbf{k}$ und ω besitzen, allerdings müssen sie weder dieselbe Amplitude noch dieselbe Phase aufweisen.]

Beispielsweise sind

$$\langle u\rangle = \frac{1}{4}\mathrm{Re}\left(\varepsilon_0\tilde{\mathbf{E}}\cdot\tilde{\mathbf{E}}^* + \frac{1}{\mu_0}\tilde{\mathbf{B}}\cdot\tilde{\mathbf{B}}^*\right) \quad \text{und} \quad \langle\mathbf{S}\rangle = \frac{1}{2\mu_0}\mathrm{Re}\left(\tilde{\mathbf{E}}\times\tilde{\mathbf{B}}^*\right).$$

Aufgabe 9.13

Bestimmen Sie alle Elemente des Maxwell'schen Spannungstensors für eine monochromatische ebene Welle, die in z-Richtung verläuft und in x-Richtung linear polarisiert ist (Gleichung 9.48). Ist Ihre Antwort sinnvoll? (Wie bereits erwähnt, stellt $-\overleftrightarrow{\mathbf{T}}$ die Impulsflussdichte dar. Wie ist die Impulsflussdichte in diesem Fall mit der Energiedichte verknüpft?)

9 Siehe C. E. Mangan, *Am. J. Phys.* **77**, 965 (2009) und ferner Aufgabe 9.34.

9.3 Elektromagnetische Wellen in Materie

9.3.1 Ausbreitung in linearen Medien

Innerhalb von Materie, allerdings in Regionen, in denen weder *freie* Ladungen noch *freie* Ströme auftreten, werden die Maxwell'schen Gleichungen zu

$$\left.\begin{array}{llll} \text{(i)} & \nabla\cdot\mathbf{D}=0\,, & \text{(iii)} & \nabla\times\mathbf{E}=-\dfrac{\partial\mathbf{B}}{\partial t}\,, \\ \text{(ii)} & \nabla\cdot\mathbf{B}=0\,, & \text{(iv)} & \nabla\times\mathbf{H}=\dfrac{\partial\mathbf{D}}{\partial t}\,. \end{array}\right\} \tag{9.65}$$

Ist das Medium *linear*, d. h. gilt

$$\mathbf{D}=\varepsilon\mathbf{E}\,,\quad \mathbf{H}=\frac{1}{\mu}\mathbf{B}\,, \tag{9.66}$$

und *homogen* (sodass ε und μ nicht von Punkt zu Punkt unterschiedlich sind), reduzieren sich die Maxwell'schen Gleichungen auf

$$\left.\begin{array}{llll} \text{(i)} & \nabla\cdot\mathbf{E}=0\,, & \text{(iii)} & \nabla\times\mathbf{E}=-\dfrac{\partial\mathbf{B}}{\partial t}\,, \\ \text{(ii)} & \nabla\cdot\mathbf{B}=0\,, & \text{(iv)} & \nabla\times\mathbf{B}=\mu\varepsilon\dfrac{\partial\mathbf{E}}{\partial t}\,, \end{array}\right\} \tag{9.67}$$

die sich (bemerkenswerterweise) nur durch das Vertauschen von $\mu_0\varepsilon_0$ durch $\mu\varepsilon$ von den entsprechenden Gleichungen im Vakuum unterscheiden.[10] Offensichtlicherweise pflanzen sich elektromagnetische Wellen durch ein lineares homogenes Medium mit der Geschwindigkeit

$$v=\frac{1}{\sqrt{\varepsilon\mu}}=\frac{c}{n}\,, \tag{9.68}$$

fort, wobei

$$n\equiv\sqrt{\frac{\varepsilon\mu}{\varepsilon_0\mu_0}}\,, \tag{9.69}$$

der **Brechungsindex** des Materials ist. Für die meisten Materialien ist μ sehr nahe an μ_0, daher ist

$$n\cong\sqrt{\varepsilon_r}\,, \tag{9.70}$$

10 Diese Beobachtung ist mathematisch gesehen ziemlich trivial, allerdings sind die physikalischen Auswirkungen erstaunlich: Während des Durchgangs der Welle polarisieren und magnetisieren die Felder alle Moleküle, und die resultierenden (oszillierenden) Dipole erzeugen ihre eigenen elektrischen und magnetischen Felder. Diese überlagern sich so mit den ursprünglichen Feldern, dass eine *einzelne* Welle mit derselben Frequenz, aber anderer Geschwindigkeit entsteht. Dieses außergewöhnliche Zusammenwirken (das in der Optik als das **Ewald–Oseen'sche Auslöschungstheorem** bekannt ist) ist für das Phänomen der **Transparenz** verantwortlich. Dies ist eine durchaus *nicht*triviale Konsequenz der *Linearität* des Mediums. Eine weitergehende Diskussion finden Sie bei M. B. James und D. J. Griffiths, *Am. J. Phys.* **60**, 309 (1992); H. Fearn, D. F. V. James und P. W. Milonni, *Am. J. Phys.* **64**, 986 (1996); M. Mansuripur, *Optics and Photonics News* **9**, 50 (1998).

wobei ε_r die Dielektrizitätskonstante[11] darstellt (Gleichung 4.34). Weil ε_r fast immer größer als 1 ist, breitet sich Licht in Materie *viel langsamer* aus als im Vakuum – eine Tatsache, die aus der Optik wohlbekannt ist.

Alle unsere früheren Ergebnisse lassen sich übertragen, wenn wir nur die einfachen Änderungen $\varepsilon_0 \to \varepsilon$, $\mu_0 \to \mu$ und damit $c \to v$ vornehmen. Die Energiedichte[12] ist daher

$$u = \frac{1}{2}\left(\varepsilon E^2 + \frac{1}{\mu}B^2\right), \tag{9.71}$$

und der Poynting-Vektor beträgt

$$\mathbf{S} = \frac{1}{\mu}(\mathbf{E} \times \mathbf{B}) . \tag{9.72}$$

Bei monochromatischen ebenen Wellen sind Frequenz und Wellenzahl durch $\omega = kv$ (Gleichung 9.11) miteinander verknüpft. Die Amplitude von **B** beträgt das $1/v$-fache der Amplitude von **E** (Gleichung 9.47), und die Intensität[13] beträgt

$$I = \frac{1}{2}\varepsilon v E_0^2 . \tag{9.73}$$

Die interessante Frage lautet: Was geschieht, wenn eine Welle von einem transparenten Medium in ein anderes eintritt – beispielsweise von Luft in Wasser oder von Glas in Plastik? Wie im Fall der Seilwellen erwarten wir eine reflektierte und eine transmittierte Welle. Die Details hängen von den genauen elektrodynamischen Randbedingungen ab, die wir in Kapitel 7 abgeleitet haben (Gleichung 7.65):

$$\left.\begin{array}{llll} \text{(i)} & \varepsilon_1 E_1^{\perp} = \varepsilon_2 E_2^{\perp} , & \text{(iii)} & \mathbf{E}_1^{\parallel} = \mathbf{E}_2^{\parallel} , \\ \text{(ii)} & B_1^{\perp} = B_2^{\perp} , & \text{(iv)} & \frac{1}{\mu_1}\mathbf{B}_1^{\parallel} = \frac{1}{\mu_2}\mathbf{B}_2^{\parallel} . \end{array}\right\} \tag{9.74}$$

Diese Gleichungen verbinden die elektrischen und magnetischen Felder unmittelbar links und rechts der Grenzfläche zwischen den beiden linearen Medien. In den folgenden Abschnitten wenden wir sie an, um die Gesetze abzuleiten, welche die Reflexion und Brechung elektromagnetischer Wellen beschreiben.

9.3.2 Reflexion und Transmission bei senkrechtem Einfall

Nehmen Sie an, die x-y-Ebene bildet die Grenze zwischen den beiden linearen Medien. Eine ebene Welle der Frequenz ω, die sich in z-Richtung bewegt und in

11 Die Dielektrizitätskonstante ist in dem Sinne „konstant“, dass sie von der *Amplitude* von **E** unabhängig ist. Wie wir sehen werden, kann sie aber sehr wohl von der Frequenz abhängen. Wenn Sie zum Beispiel die (statische) Dielektrizitätskonstante von Wasser aus Tabelle 4.2 entnehmen, werden Sie schließen, dass der Brechungsindex 8.9 beträgt. Für sichtbares Licht ist das meilenweit daneben ($n = 1.33$).

12 Siehe Aufgabe 8.23. Die genaue *Bedeutung* von „Energiedichte“ im Kontext der linearen Medien finden Sie in Abschnitt 4.4.3.

13 Der von einer elektromagnetischen Welle in Materie transportierte *Impuls* ist umstritten. Siehe zum Beispiel S. M. Barnett, *Phys. Rev. Lett.* **104**, 070401 (2010).

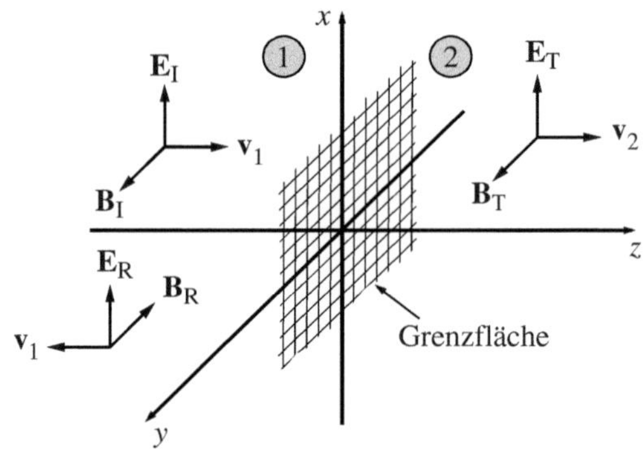

Abbildung 9.13

x-Richtung polarisiert ist, kommt von links an der Grenzfläche an (Abbildung 9.13):

$$\left.\begin{aligned}\tilde{\mathbf{E}}_\mathrm{I}(z,t) &= \tilde{E}_{0_\mathrm{I}}\,\mathrm{e}^{\mathrm{i}(k_1 z-\omega t)}\hat{\mathbf{x}}\,,\\ \tilde{\mathbf{B}}_\mathrm{I}(z,t) &= \frac{1}{v_1}\tilde{E}_{0_\mathrm{I}}\,\mathrm{e}^{\mathrm{i}(k_1 z-\omega t)}\hat{\mathbf{y}}\,.\end{aligned}\right\} \tag{9.75}$$

Sie ist die Ursache einer reflektierten Welle

$$\left.\begin{aligned}\tilde{\mathbf{E}}_\mathrm{R}(z,t) &= \tilde{E}_{0_\mathrm{R}}\,\mathrm{e}^{\mathrm{i}(-k_1 z-\omega t)}\hat{\mathbf{x}}\,,\\ \tilde{\mathbf{B}}_\mathrm{R}(z,t) &= -\frac{1}{v_1}\tilde{E}_{0_\mathrm{R}}\,\mathrm{e}^{\mathrm{i}(-k_1 z-\omega t)}\hat{\mathbf{y}}\,,\end{aligned}\right\} \tag{9.76}$$

die nach links in das Medium (1) zurückläuft, sowie einer transmittierten Welle

$$\left.\begin{aligned}\tilde{\mathbf{E}}_\mathrm{T}(z,t) &= \tilde{E}_{0_\mathrm{T}}\,\mathrm{e}^{\mathrm{i}(k_2 z-\omega t)}\hat{\mathbf{x}}\,,\\ \tilde{\mathbf{B}}_\mathrm{T}(z,t) &= \frac{1}{v_2}\tilde{E}_{0_\mathrm{T}}\,\mathrm{e}^{\mathrm{i}(k_2 z-\omega t)}\hat{\mathbf{y}}\,,\end{aligned}\right\} \tag{9.77}$$

die sich nach rechts in Medium (2) ausbreitet. Beachten Sie das Minuszeichen bei $\tilde{\mathbf{B}}_\mathrm{R}$, das von Gleichung 9.49 verlangt wird – oder, falls Ihnen das lieber ist, durch die Tatsache, dass der Poynting-Vektor in die Ausbreitungsrichtung zeigt.

Bei $z = 0$ müssen die überlagerten Felder auf der linken Seite ($\tilde{\mathbf{E}}_\mathrm{I} + \tilde{\mathbf{E}}_\mathrm{R}$ und $\tilde{\mathbf{B}}_\mathrm{I} + \tilde{\mathbf{B}}_\mathrm{R}$) aufgrund der Randbedingungen in Gleichung 9.74 den Feldern auf der rechten Seite ($\tilde{\mathbf{E}}_\mathrm{T}$ und $\tilde{\mathbf{B}}_\mathrm{T}$) entsprechen. In diesem Fall gibt es keine Komponenten, die senkrecht auf der Oberfläche stehen, daher sind (i) und (ii) trivial. Allerdings erfordert (iii), dass

$$\tilde{E}_{0_\mathrm{I}} + \tilde{E}_{0_\mathrm{R}} = \tilde{E}_{0_\mathrm{T}}\,, \tag{9.78}$$

während nach (iv) gilt:

$$\frac{1}{\mu_1}\left(\frac{1}{v_1}\tilde{E}_{0_\mathrm{I}} - \frac{1}{v_1}\tilde{E}_{0_\mathrm{R}}\right) = \frac{1}{\mu_2}\left(\frac{1}{v_2}\tilde{E}_{0_\mathrm{T}}\right) \tag{9.79}$$

oder

$$\tilde{E}_{0_\mathrm{I}} - \tilde{E}_{0_\mathrm{R}} = \beta\tilde{E}_{0_\mathrm{T}} \tag{9.80}$$

mit

$$\beta \equiv \frac{\mu_1 v_1}{\mu_2 v_2} = \frac{\mu_1 n_2}{\mu_2 n_1} \,. \tag{9.81}$$

Die Gleichungen 9.78 und 9.80 sind für die Amplituden der auslaufenden Wellen schnell gelöst und lauten in Abhängigkeit von der Amplitude der einfallenden Welle:

$$\tilde{E}_{0_R} = \left(\frac{1-\beta}{1+\beta}\right)\tilde{E}_{0_I} \,, \quad \tilde{E}_{0_T} = \left(\frac{2}{1+\beta}\right)\tilde{E}_{0_I} \,. \tag{9.82}$$

Diese Ergebnisse erinnern deutlich an diejenigen für Wellen auf einem Seil. In der Tat: Liegen die Werte der Permeabilitäten μ in der Nähe ihrer Werte im Vakuum (und wie wir uns erinnern, *tun* sie das für die meisten Medien), dann ist $\beta = v_1/v_2$, und wir erhalten

$$\tilde{E}_{0_R} = \left(\frac{v_2 - v_1}{v_2 + v_1}\right)\tilde{E}_{0_I} \,, \quad \tilde{E}_{0_T} = \left(\frac{2v_2}{v_2 + v_1}\right)\tilde{E}_{0_I} \,, \tag{9.83}$$

die mit Gleichung 9.30 *identisch* sind. In diesem Fall ist die reflektierte Welle wie zuvor *in Phase* („richtige Seite“ oben) für $v_2 > v_1$ und *außer Phase* („umgekehrt“) für $v_2 < v_1$. Die reellen Amplituden sind durch

$$E_{0_R} = \left|\frac{v_2 - v_1}{v_2 + v_1}\right| E_{0_I} \,, \quad E_{0_T} = \left(\frac{2v_2}{v_2 + v_1}\right) E_{0_I} \tag{9.84}$$

miteinander verknüpft, oder, in Abhängigkeit vom Brechungsindex,

$$E_{0_R} = \left|\frac{n_1 - n_2}{n_1 + n_2}\right| E_{0_I} \,, \quad E_{0_T} = \left(\frac{2n_1}{n_1 + n_2}\right) E_{0_I} \,. \tag{9.85}$$

Welcher Anteil der einfallenden Energie wird reflektiert, und welcher Anteil wird transmittiert? Gemäß Gleichung 9.73 beträgt die Intensität (die mittlere Leistung pro Flächeneinheit)

$$I = \frac{1}{2}\varepsilon v E_0^2 \,.$$

Wenn (wie zuvor) $\mu_1 = \mu_2 = \mu_0$, dann beträgt das Verhältnis der reflektierten zur einfallenden Intensität

$$R \equiv \frac{I_R}{I_I} = \left(\frac{E_{0_R}}{E_{0_I}}\right)^2 = \left(\frac{n_1 - n_2}{n_1 + n_2}\right)^2 , \tag{9.86}$$

während das Verhältnis der transmittierten zur einfallenden Energie

$$T \equiv \frac{I_T}{I_I} = \frac{\varepsilon_2 v_2}{\varepsilon_1 v_1}\left(\frac{E_{0_T}}{E_{0_I}}\right)^2 = \frac{4n_1 n_2}{(n_1 + n_2)^2} \tag{9.87}$$

ist. R wird als **Reflexionskoeffizient** und T als **Transmissionskoeffizient** bezeichnet. Sie messen den Anteil der einfallenden Energie, die reflektiert bzw. transmittiert wird. Beachten Sie, dass natürlich (wegen der Energieerhaltung) gilt:

$$R + T = 1 \,. \tag{9.88}$$

Wenn beispielsweise Licht aus der Luft ($n_1 = 1$) in Glas ($n_2 = 1{,}5$) eintritt, dann sind $R = 0{,}04$ und $T = 0{,}96$. Der größte Teil des Lichts wird, kaum überraschend, transmittiert.

Aufgabe 9.14

Berechnen Sie die *exakten* Reflexions- und Transmissionskoeffizienten *ohne* die Annahme $\mu_1 = \mu_2 = \mu_0$. Bestätigen Sie die Aussage $R + T = 1$.

Aufgabe 9.15

Beim Formulieren der Gleichungen 9.76 und 9.77 habe ich stillschweigend angenommen, dass die reflektierten und transmittierten Wellen – in x-Richtung – dieselbe *Polarisation* aufweisen wie die einfallende Welle. Beweisen Sie, dass dies der Fall sein *muss*.

[*Hinweis*: Setzen Sie die Polarisationsvektoren der transmittierten und der reflektierten Welle zu

$$\hat{\mathbf{n}}_{\mathrm{T}} = \cos\theta_{\mathrm{T}}\hat{\mathbf{x}} + \sin\theta_{\mathrm{T}}\hat{\mathbf{y}}\,, \quad \hat{\mathbf{n}}_{\mathrm{R}} = \cos\theta_{\mathrm{R}}\hat{\mathbf{x}} + \sin\theta_{\mathrm{R}}\hat{\mathbf{y}}\,,$$

und beweisen Sie anhand der Randbedingungen, dass $\theta_{\mathrm{T}} = \theta_{\mathrm{R}} = 0$.]

9.3.3 Reflexion und Transmission bei schrägem Einfall

Im letzten Abschnitt habe ich Reflexion und Transmission bei *senkrechtem* Einfall beschrieben – d. h., wenn die einfallende Welle senkrecht auf die Grenzfläche fällt. Nun wenden wir uns dem allgemeineren Fall des *schrägen* Einfalls zu, bei dem die ankommende Welle den beliebigen Winkel θ_{I} zur Grenzfläche aufweist (Abbildung 9.14). Natürlich ist der senkrechte Einfall lediglich ein Spezialfall des schrägen Einfalls für $\theta_{\mathrm{I}} = 0$, allerdings wollte ich das als eine Art Aufwärmübung getrennt behandeln, denn die Rechnungen werden nun etwas anspruchsvoll werden.

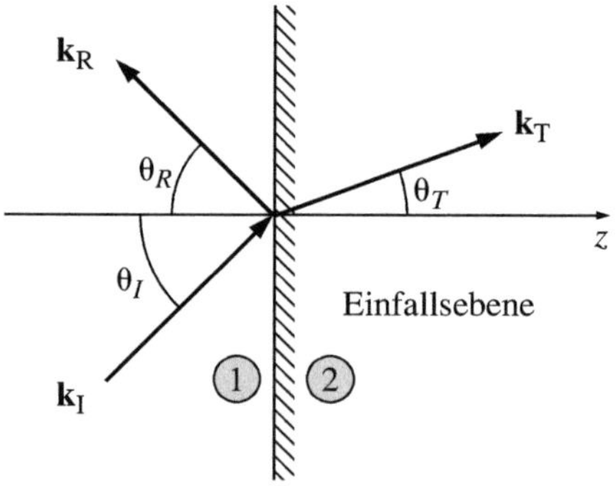

Abbildung 9.14

Nehmen Sie nun an, dass eine monochromatische ebene Welle

$$\tilde{\mathbf{E}}_{\mathrm{I}}(\mathbf{r},t) = \tilde{\mathbf{E}}_{0_{\mathrm{I}}}\, e^{i(\mathbf{k}_{\mathrm{I}}\cdot\mathbf{r}-\omega t)}\,, \quad \tilde{\mathbf{B}}_{\mathrm{I}}(\mathbf{r},t) = \frac{1}{v_1}\left(\hat{\mathbf{k}}_{\mathrm{I}} \times \tilde{\mathbf{E}}_{\mathrm{I}}\right)\,, \tag{9.89}$$

die von links einfällt, eine reflektierte ebene Welle

$$\tilde{\mathbf{E}}_{\mathrm{R}}(\mathbf{r},t) = \tilde{\mathbf{E}}_{0_{\mathrm{R}}}\, e^{i(\mathbf{k}_{\mathrm{R}}\cdot\mathbf{r}-\omega t)}\,, \quad \tilde{\mathbf{B}}_{\mathrm{R}}(\mathbf{r},t) = \frac{1}{v_1}\left(\hat{\mathbf{k}}_{\mathrm{R}} \times \tilde{\mathbf{E}}_{\mathrm{R}}\right)\,, \tag{9.90}$$

sowie eine transmittierte Welle erzeugt

$$\tilde{\mathbf{E}}_T(\mathbf{r}, t) = \tilde{\mathbf{E}}_{0_T} e^{i(\mathbf{k}_T \cdot \mathbf{r} - \omega t)}, \quad \tilde{\mathbf{B}}_T(\mathbf{r}, t) = \frac{1}{v_2}\left(\hat{\mathbf{k}}_T \times \tilde{\mathbf{E}}_T\right). \tag{9.91}$$

Alle drei Wellen weisen dieselbe *Frequenz* ω auf – die wird eben ein für alle Mal an der Quelle (der Taschenlampe, oder was immer den einfallenden Lichtstrahl erzeugt) festgelegt.[14] Die drei Wellenzahlen sind durch Gleichung 9.11 verknüpft:

$$k_I v_1 = k_R v_1 = k_T v_2 = \omega \quad \text{oder} \quad k_I = k_R = \frac{v_2}{v_1} k_T = \frac{n_1}{n_2} k_T. \tag{9.92}$$

Die überlagerten Felder in Medium (1), also $\tilde{\mathbf{E}}_I + \tilde{\mathbf{E}}_R$ sowie $\tilde{\mathbf{B}}_I + \tilde{\mathbf{B}}_R$, müssen nun mithilfe der Randbedingungen 9.74 mit den Feldern $\tilde{\mathbf{E}}_T$ sowie $\tilde{\mathbf{B}}_T$ in Medium 2 verknüpft werden. Ihnen allen ist dieselbe allgemeine Struktur gemein:

$$(\,)e^{i(\mathbf{k}_I \cdot \mathbf{r} - \omega t)} + (\,)e^{i(\mathbf{k}_R \cdot \mathbf{r} - \omega t)} = (\,)e^{i(\mathbf{k}_T \cdot \mathbf{r} - \omega t)} \quad \text{bei} \quad z = 0. \tag{9.93}$$

Die Klammern werde ich in Kürze ausfüllen. Vorerst ist von Bedeutung, dass die Abhängigkeit von x, y und t auf die Exponenten beschränkt ist. *Da die Randbedingungen für alle Punkte der Ebene sowie jeden Zeitpunkt gelten müssen, müssen diese Exponentialfaktoren (für $z = 0$) gleich sein.* Ansonsten würde eine geringfügige Änderung, z. B. in x, die Gleichsetzung zerstören (siehe Aufgabe 9.16). Natürlich sind die zeitlichen Faktoren *schon jetzt* gleich (tatsächlich könnten Sie dies als unabhängige Bestätigung betrachten, dass transmittierte und reflektierte Frequenz mit der einfallenden übereinstimmen müssen). Der räumliche Term ist offensichtlich:

$$\mathbf{k}_I \cdot \mathbf{r} = \mathbf{k}_R \cdot \mathbf{r} = \mathbf{k}_T \cdot \mathbf{r}, \quad \text{wenn} \quad z = 0, \tag{9.94}$$

oder ausführlicher, für alle x und y:

$$x(k_I)_x + y(k_I)_y = x(k_R)_x + y(k_R)_y = x(k_T)_x + y(k_T)_y. \tag{9.95}$$

Aber Gleichung 9.95 kann nur *dann* gelten, wenn jede der Komponenten unabhängig von den anderen gleich ist, denn für $x = 0$ erhalten wir

$$(k_I)_y = (k_R)_y = (k_T)_y, \tag{9.96}$$

während $y = 0$ auf

$$(k_I)_x = (k_R)_x = (k_T)_x \tag{9.97}$$

führt. Wir dürfen unsere Achsen ohne Weiteres so legen, dass $\mathbf{k}_I$ in der x-z-Ebene liegt (d. h. $(\mathbf{k}_I)_y = 0$). Gemäß Gleichung 9.96 gilt dies auch für $\mathbf{k}_R$ und $\mathbf{k}_T$. *Schlussfolgerung*:

Erstes Gesetz der geometrischen Optik

Die einfallenden, reflektierten und transmittierten Wellenvektoren bilden eine Ebene (die sogenannte **Einfallsebene**), zu der auch die Normale zur Oberfläche gehört (in diesem Fall die z-Achse).

14 Nichtlineare (oder „aktive") Medien können die Frequenz ändern, wir sprechen aber nur über *lineare* Medien.

Darüber hinaus besagt Gleichung 9.97:

$$k_\mathrm{I} \sin\theta_\mathrm{I} = k_\mathrm{R} \sin\theta_\mathrm{R} = k_\mathrm{T} \sin\theta_\mathrm{T} \,. \tag{9.98}$$

Darin ist θ_I der **Einfallswinkel**, θ_R der **Reflexionswinkel** (bisweilen auch als *Ausfallswinkel* bezeichnet) und θ_T der Winkel der Transmission, üblicherweise als **Brechungswinkel** bezeichnet. Alle drei werden gegen die Senkrechte der Grenzfläche gemessen (Abbildung 9.14). Mit Blick auf Gleichung 9.92 erhalten wir dann:

Zweites Gesetz der geometrischen Optik

Der Einfallswinkel ist gleich dem Reflexionswinkel.

$$\theta_\mathrm{I} = \theta_\mathrm{R} \,. \tag{9.99}$$

Dies wird auch **Reflexionsgesetz** bezeichnet. Für den Brechungswinkel gilt:

Drittes Gesetz der geometrischen Optik

$$\frac{\sin\theta_\mathrm{T}}{\sin\theta_\mathrm{I}} = \frac{n_1}{n_2} \,. \tag{9.100}$$

Dies ist das **Snellius'sches Brechungsgesetz** (oder kurz **Brechungsgesetz**).

Dies sind die drei grundlegenden Gesetze der geometrischen Optik. Es ist bemerkenswert, wie wenig Elektrodynamik tatsächlich in ihnen steckt: Wir haben noch keine speziellen Randbedingungen eingeführt – bislang haben wir nur ihre allgemeine Form (Gleichung 9.93) benutzt. Daher dürfen wir erwarten, dass auch beliebige *andere* Wellen (z. B. Wasserwellen oder Schallwellen) ebenfalls diese „optischen" Gesetze erfüllen, wenn sie sich aus einem Medium in ein anderes bewegen.

Nachdem wir nun die Exponentialfaktoren berücksichtigt haben – sie heben sich gemäß Gleichung 9.94 heraus –, werden die Randbedingungen 9.74 zu:

$$\left.\begin{array}{lrl}
\text{(i)} & \varepsilon_1 \left(\tilde{\mathbf{E}}_{0_\mathrm{I}} + \tilde{\mathbf{E}}_{0_\mathrm{R}}\right)_z & = \varepsilon_2 \left(\tilde{\mathbf{E}}_{0_\mathrm{T}}\right)_z \\
\text{(ii)} & \left(\tilde{\mathbf{B}}_{0_\mathrm{I}} + \tilde{\mathbf{B}}_{0_\mathrm{R}}\right)_z & = \left(\tilde{\mathbf{B}}_{0_\mathrm{T}}\right)_z \\
\text{(iii)} & \left(\tilde{\mathbf{E}}_{0_\mathrm{I}} + \tilde{\mathbf{E}}_{0_\mathrm{R}}\right)_{x,y} & = \left(\tilde{\mathbf{E}}_{0_\mathrm{T}}\right)_{x,y} \\
\text{(iv)} & \dfrac{1}{\mu_1}\left(\tilde{\mathbf{B}}_{0_\mathrm{I}} + \tilde{\mathbf{B}}_{0_\mathrm{R}}\right)_{x,y} & = \dfrac{1}{\mu_2}\left(\tilde{\mathbf{B}}_{0_\mathrm{T}}\right)_{x,y}
\end{array}\right\} \tag{9.101}$$

wobei in jedem der Fälle $\tilde{\mathbf{B}}_0 = (1/v)\hat{\mathbf{k}} \times \tilde{\mathbf{E}}_0$ gilt. (Die beiden letzten Bedingungen sind Gleichungs*paare*, d. h. jeweils eine gilt für die x-Komponente und für die y-Komponente.)

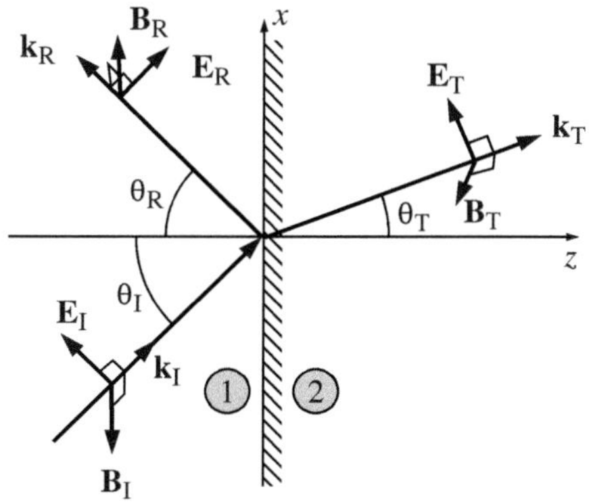

Abbildung 9.15

Nehmen Sie an, dass die Polarisation der einfallenden Welle *parallel* zur Einfallsebene liegt (die x-z-Ebene in Abbildung 9.15). Es folgt (siehe Aufgabe 9.15), dass die reflektiere und transmittierte Welle ebenfalls in dieser Ebene polarisiert sind. (Ich überlasse Ihnen die Analyse für den Fall einer Polarisation *senkrecht* zur Einfallsebene, siehe Aufgabe 9.17.) Dann wird (i) zu

$$\varepsilon_1\left(-\tilde{E}_{0_I}\sin\theta_I + \tilde{E}_{0_R}\sin\theta_R\right) = \varepsilon_2\left(-\tilde{E}_{0_T}\sin\theta_T\right) . \tag{9.102}$$

Gleichung (ii) trägt nichts bei (0 = 0), denn die magnetischen Felder besitzen keine z-Komponente. Gleichung (iii) wird zu

$$\tilde{E}_{0_I}\cos\theta_I + \tilde{E}_{0_R}\cos\theta_R = \tilde{E}_{0_T}\cos\theta_T , \tag{9.103}$$

(iv) hingegen besagt

$$\frac{1}{\mu_1 v_1}\left(\tilde{E}_{0_I} - \tilde{E}_{0_R}\right) = \frac{1}{\mu_2 v_2}\tilde{E}_{0_T} . \tag{9.104}$$

Zusammen mit dem Reflexions- und Brechungsgesetz reduzieren sich die Gleichungen 9.102 und 9.104 zu

$$\tilde{E}_{0_I} - \tilde{E}_{0_R} = \beta\tilde{E}_{0_T} , \tag{9.105}$$

wobei (wie zuvor)

$$\beta \equiv \frac{\mu_1 v_1}{\mu_2 v_2} = \frac{\mu_1 n_2}{\mu_2 n_1} . \tag{9.106}$$

gilt. Gleichung 9.103 besagt

$$\tilde{E}_{0_I} + \tilde{E}_{0_R} = \alpha\tilde{E}_{0_T} , \tag{9.107}$$

mit

$$\alpha \equiv \frac{\cos\theta_T}{\cos\theta_I} . \tag{9.108}$$

Durch Lösen der Gleichungen 9.105 und 9.107 für die Amplituden der reflektierten und der transmittierten Welle erhalten wir

$$\tilde{E}_{0_R} = \left(\frac{\alpha-\beta}{\alpha+\beta}\right)\tilde{E}_{0_I} , \quad \tilde{E}_{0_T} = \left(\frac{2}{\alpha+\beta}\right)\tilde{E}_{0_I} . \tag{9.109}$$

Sie sind als die **Fresnel'schen Gleichungen** für den Fall der Polarisation in Einfallsebene bekannt. (Es gibt zwei weitere Fresnel'sche Gleichungen für den Fall der Polarisation *senkrecht* zur Einfallsebene – siehe Aufgabe 9.17.) Beachten Sie, dass die transmittierte Welle immer mit der einfallenden Welle *in Phase* ist. Die reflektierte Welle ist entweder in Phase („richtige" Seite oben) für $\alpha > \beta$ oder 180° außer Phase („umgekehrt") für $\alpha < \beta$.[15]

Die Amplituden der transmittierten und der reflektierten Welle hängen vom Einfallswinkel ab, da α eine Funktion von θ_I ist:

$$\alpha = \frac{\sqrt{1-\sin^2\theta_T}}{\cos\theta_I} = \frac{\sqrt{1-[(n_1/n_2)\sin\theta_I]^2}}{\cos\theta_I}\,. \tag{9.110}$$

Im Fall senkrechten Einfalls ($\theta_I = 0$) ist $\alpha = 1$, und wir erhalten Gleichung 9.82 zurück. Bei streifendem Einfall ($\theta_I = 90°$) divergiert α, und die Welle wird totalreflektiert (was jedem schmerzlich bewusst ist, der schon einmal bei Nacht auf nasser Straße gefahren ist). Interessanterweise gibt es im Bereich dazwischen einen Winkel θ_B (namens **Brewster-Winkel**), bei dem die reflektierte Welle vollständig verschwindet.[16] Gemäß Gleichung 9.109 tritt dies auf bei $\alpha = \beta$ bzw. wenn

$$\sin^2\theta_B = \frac{1-\beta^2}{(n_1/n_2)^2-\beta^2}\,. \tag{9.111}$$

Beim üblichen Fall ist $\mu_1 \cong \mu_2$, sodass $\beta \cong n_2/n_1$ und $\sin^2\theta_B \cong \beta^2/(1+\beta^2)$, daher gilt

$$\tan\theta_B \cong \frac{n_2}{n_1}\,. \tag{9.112}$$

Abbildung 9.16 zeigt eine Darstellung von transmittierter und reflektierter Amplitude als Funktion von θ_I für Licht, das aus der Luft ($n_1 = 1$) in Glas ($n_2 = 1{,}5$) eintritt. (*Negative* Werte in den Funktionskurven bedeuten, dass die Phase der Welle um 180° gegen den einfallenden Strahl verschoben ist – die Amplitude selbst ist der Absolutwert.)

Die Leistung pro Flächeneinheit, die auf der Grenzfläche auftrifft, lautet $\mathbf{S}\cdot\hat{\mathbf{z}}$. Die auftreffende Intensität ist daher

$$I_I = \frac{1}{2}\varepsilon_1 v_1 E_{0I}^2 \cos\theta_I\,, \tag{9.113}$$

während die reflektierte und transmittierte Intensität

$$I_R = \frac{1}{2}\varepsilon_1 v_1 E_{0R}^2 \cos\theta_R \quad \text{und} \quad I_T = \frac{1}{2}\varepsilon_2 v_2 E_{0T}^2 \cos\theta_T \tag{9.114}$$

15 In der Phase der reflektierten Welle liegt eine unvermeidbare Doppeldeutigkeit vor, da (wie ich in Fußnote 2 erwähnt habe) ein Vertauschen des Vorzeichens des Polarisationsvektors dasselbe ist wie eine Phasenverschiebung um 180°. Die Konvention, die ich in Abbildung 9.15 gewählt habe, bei der $\mathbf{E}_R$ positiv ist und nach oben weist, stimmt mit einigen – wenn auch nicht mit allen – optischen Lehrbüchern überein.

16 Weil Wellen, die *senkrecht* zur Einfallsebene polarisiert sind, keinerlei Auslöschung der reflektierten Komponente erfahren, wird aus einem zufälligen Strahl, der mit dem Brewster-Winkel einfällt, ein reflektierter Strahl, der *vollständig* parallel zur Grenzfläche polarisiert ist. Deshalb kann der Glanz von horizontalen Flächen durch Polaroidfilter mit senkrecht stehender Transmissionsachse verringert werden.

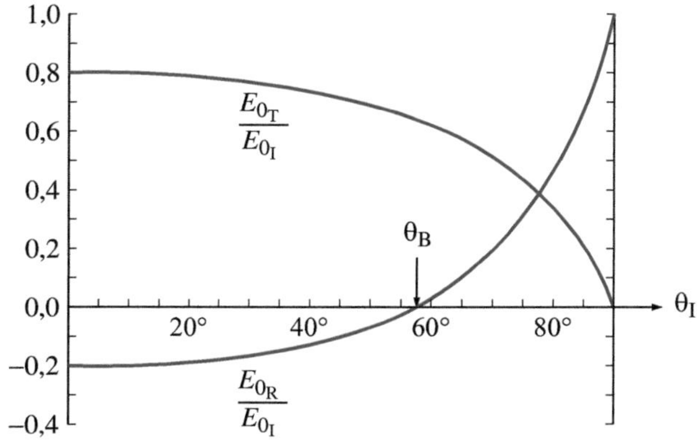

Abbildung 9.16

beträgt. (Der Kosinus tritt auf, weil ich hier die mittlere Leistung pro Flächeneinheit an der *Grenzfläche* betrachte und diese Grenzfläche gegenüber der Wellenfront geneigt ist.) Die Reflexions- und Transmissionskoeffizienten für Wellen, die parallel zur Einfallsebene polarisiert sind, lauten:

$$R \equiv \frac{I_R}{I_I} = \left(\frac{E_{0_R}}{E_{0_I}}\right)^2 = \left(\frac{\alpha - \beta}{\alpha + \beta}\right)^2 , \tag{9.115}$$

$$T \equiv \frac{I_T}{I_I} = \frac{\varepsilon_2 v_2}{\varepsilon_1 v_1}\left(\frac{E_{0_T}}{E_{0_I}}\right)^2 \frac{\cos\theta_T}{\cos\theta_I} = \alpha\beta\left(\frac{2}{\alpha + \beta}\right)^2 . \tag{9.116}$$

Sie werden in Abbildung 9.17 als Funktionen des Einfallswinkels dargestellt (für die Grenzfläche zwischen Luft und Glas). R ist der Anteil der einfallenden Energie, der reflektiert wird – natürlich geht er beim Brewster-Winkel gegen null. T ist der transmittierte Anteil – er wird bei θ_B zu eins. Beachten Sie, dass $R + T = 1$, wie von der Energieerhaltung gefordert: Die Energie pro Einheitsfläche, die auf einem bestimmten Punkt der Oberfläche *auftrifft*, ist gleich der Energie pro Zeiteinheit, die von diesem Punkt *abgegeben* wird.

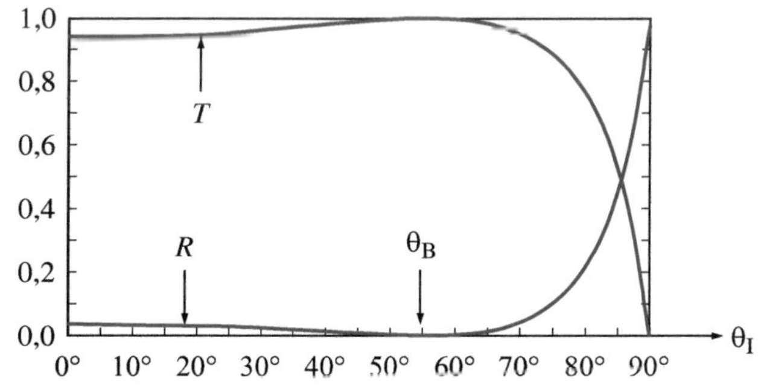

Abbildung 9.17

Aufgabe 9.16

Nehmen Sie an, dass $A\mathrm{e}^{\mathrm{i}ax} + B\mathrm{e}^{\mathrm{i}bx} = C\mathrm{e}^{\mathrm{i}cx}$ mit beliebigen von null verschiedenen Konstanten A, B, C, a, b, c für alle x gilt. Beweisen Sie, dass $a = b = c$ und $A + B = C$.

! **Aufgabe 9.17**

Analysieren Sie den Fall der Polarisation *senkrecht* zur Einfallsebene (d. h., die elektrischen Felder weisen in Abbildung 9.15 in y-Richtung). Wenden Sie die Randbedingungen 9.101 an und leiten Sie die Fresnel'schen Gleichungen für $\tilde{E}_{0_R}$ und $\tilde{E}_{0_T}$ ab. Skizzieren Sie $(\tilde{E}_{0_R}/\tilde{E}_{0_I})$ und $(\tilde{E}_{0_T}/\tilde{E}_{0_I})$ als Funktionen von θ_I für den Fall $\beta = n_2/n_1 = 1{,}5$. (Beachten Sie, dass für dieses β die reflektierte Welle *immer* 180° außer Phase ist.) Zeigen Sie, dass es bei senkrechter Polarisation für beliebige n_1 und n_2 keinen Brewster-Winkel gibt: $\tilde{E}_{0_R}$ ist *niemals* null (außer natürlich, wenn $n_1 = n_2$ und $\mu_1 = \mu_2$; in diesem Fall sind die beiden Medien optisch nicht zu unterscheiden). Bestätigen Sie, dass sich Ihre Fresnel'schen Gleichungen bei senkrechtem Einfall auf die einfachen Formen reduzieren. Berechnen Sie die Reflexions- und Transmissionskoeffizienten und überprüfen Sie, dass ihre Summe eins ergibt.

Aufgabe 9.18

Der Brechungsindex von Diamant ist 2,42. Konstruieren Sie analog zu Abbildung 9.16 den Graphen für die Grenzfläche Luft/Diamant. (Nehmen Sie an, dass $\mu_1 = \mu_2 = \mu_0$.) Berechnen Sie insbesondere

a. die Amplituden bei senkrechtem Einfall,

b. den Brewster-Winkel und

c. den „Kreuzungswinkel", bei dem die reflektierte und die transmittierte Amplitude gleich sind.

9.4 Absorption und Dispersion

9.4.1 Elektromagnetische Wellen in Leitern

In Abschnitt 9.3.1 habe ich gefordert, dass die Dichte der freien Ladungen ρ_f sowie die Dichte der freien Ströme $\mathbf{J}_f$ null sind. Alles, was daraus folgte, baute daher auf dieser Voraussetzung auf. Eine derartige Einschränkung ist völlig akzeptabel, wenn Sie sich mit der Ausbreitung von Wellen im Vakuum oder in einem isolierenden Material wie Glas oder (reinem) Wasser befassen. Im Fall von Leitern können wir den Fluss von Ladung jedoch nicht unabhängig kontrollieren; im Allgemeinen ist $\mathbf{J}_f$ mit Sicherheit *nicht* null. Und tatsächlich sind die (freien) Stromdichten in einem Leiter gemäß dem Ohm'schen Gesetz proportional zum elektrischen Feld:

$$\mathbf{J}_f = \sigma\mathbf{E}\,. \tag{9.117}$$

Damit nehmen die Maxwell'schen Gleichungen für lineare Medien die folgende Form an:

$$\left.\begin{array}{llll} \text{(i)} & \nabla\cdot\mathbf{E}=\frac{1}{\varepsilon}\rho_\mathrm{f}\,, & \text{(iii)} & \nabla\times\mathbf{E}=-\frac{\partial\mathbf{B}}{\partial t}\,, \\ \text{(ii)} & \nabla\cdot\mathbf{B}=0\,, & \text{(iv)} & \nabla\times\mathbf{B}=\mu\sigma\mathbf{E}+\mu\varepsilon\frac{\partial\mathbf{E}}{\partial t}\,. \end{array}\right\} \tag{9.118}$$

Aus der Kontinuitätsgleichung für freie Ladungen

$$\nabla\cdot\mathbf{J}_\mathrm{f}=-\frac{\partial\rho_\mathrm{f}}{\partial t} \tag{9.119}$$

in einem homogenen linearen Medium folgt zusammen mit dem Ohm'schen Gesetz und dem Gauß'schen Gesetz (Gleichung (i))

$$\frac{\partial\rho_\mathrm{f}}{\partial t}=-\sigma\,(\nabla\cdot\mathbf{E})=-\frac{\sigma}{\varepsilon}\rho_\mathrm{f}$$

und daraus weiter

$$\rho_\mathrm{f}(t)=\mathrm{e}^{-(\sigma/\varepsilon)t}\rho_\mathrm{f}(0)\,. \tag{9.120}$$

Jede anfängliche freie Ladungsdichte $\rho_\mathrm{f}(0)$ baut sich daher innerhalb einer charakteristischen Zeit $\tau\equiv\varepsilon/\sigma$ ab. Dies spiegelt die bekannte Tatsache wieder, dass freie Ladungen, die Sie auf einen Leiter aufbringen, in Richtung der Ränder fließen. Die Zeitkonstante τ ermöglicht eine Messung der „Qualität" eines Leiters: Für einen „idealen" Leiter ist $\sigma=\infty$ und $\tau=0$. Bei einem „guten" Leiter ist τ viel kleiner als die anderen relevanten Zeiträume innerhalb des Problems (bei schwingenden Systemen bedeutet dies $\tau\ll 1/\omega$). Bei einem „schlechten" Leiter ist τ jedoch *größer* als die charakteristischen Zeiträume des Problems ($\tau\gg 1/\omega$).[17] Zum jetzigen Zeitpunkt sind wir an diesem Übergangsverhalten nicht interessiert – wir warten darauf, dass alle freien Ladungen verschwinden. Ab diesem Zeitpunkt gilt $\rho_\mathrm{f}=0$, und wir erhalten

$$\left.\begin{array}{llll} \text{(i)} & \nabla\cdot\mathbf{E}=0\,, & \text{(iii)} & \nabla\times\mathbf{E}=-\frac{\partial\mathbf{B}}{\partial t}\,, \\ \text{(ii)} & \nabla\cdot\mathbf{B}=0\,, & \text{(iv)} & \nabla\times\mathbf{B}=\mu\varepsilon\frac{\partial\mathbf{E}}{\partial t}+\mu\sigma\mathbf{E}\,. \end{array}\right\} \tag{9.121}$$

Von den entsprechenden Gleichungen für *nicht*leitende Medien (9.67) unterscheiden sie sich nur durch die Hinzufügung des letzten Terms in (iv). Er fehlt natürlich, wenn $\sigma=0$ ist.

17 N. Ashby (*Am. J. Phys.* **43**, 553 (1975)) weist darauf hin, dass τ bei guten Leitern absurd klein ist (bei Kupfer beispielsweise nur 10^{-19} s; die Zeit zwischen Kollisionen beträgt dagegen $\tau_\mathrm{C}=10^{-14}$ s). Das Problem besteht darin, dass das Ohm'sche Gesetz bei Zeitskalen unterhalb von τ_C zusammenbricht. Tatsächlich ist also die Zeit, die freie Ladungen benötigen, um sich in einem guten Leiter zu verbreiten, von der Größenordnung τ_C, nicht von τ. Darüber hinaus zeigt H. C. Ohanian (*Am. J. Phys.* **51**, 1020 (1983)), dass Felder und Ströme sogar viel mehr Zeit brauchen, um ein Gleichgewicht zu erreichen. Beides ist für unsere Zwecke jedoch ohne Belang. Die Dichte freier Ladungen in einem Leiter sinkt irgendwann ab. Wie lang dieser Prozess genau dauert, zählt nicht zur Sache.

Wenden wir, wie schon früher, die Rotation auf (iii) und (iv) an, dann erhalten wir modifizierte Wellengleichungen für **E** und **B**:

$$\nabla^2 \mathbf{E} = \mu\varepsilon \frac{\partial^2 \mathbf{E}}{\partial t^2} + \mu\sigma \frac{\partial \mathbf{E}}{\partial t}, \quad \nabla^2 \mathbf{B} = \mu\varepsilon \frac{\partial^2 \mathbf{B}}{\partial t^2} + \mu\sigma \frac{\partial \mathbf{B}}{\partial t}. \tag{9.122}$$

Diese Gleichungen erlauben immer noch ebene Wellen als Lösungen,

$$\tilde{\mathbf{E}}(z,t) = \tilde{\mathbf{E}}_0 \, e^{i(\tilde{k}z-\omega t)}, \quad \tilde{\mathbf{B}}(z,t) = \tilde{\mathbf{B}}_0 \, e^{i(\tilde{k}z-\omega t)}. \tag{9.123}$$

Allerdings ist die Wellenzahl $\tilde{k}$ nun komplex:

$$\tilde{k}^2 = \mu\varepsilon\omega^2 + i\mu\sigma\omega. \tag{9.124}$$

Am leichtesten können Sie dies überprüfen, indem Sie Gleichung 9.123 in Gleichung 9.122 einsetzen und die Quadratwurzel bilden

$$\tilde{k} = k + i\kappa \tag{9.125}$$

mit

$$k \equiv \omega\sqrt{\frac{\varepsilon\mu}{2}}\left[\sqrt{1+\left(\frac{\sigma}{\varepsilon\omega}\right)^2}+1\right]^{1/2}, \quad \kappa \equiv \omega\sqrt{\frac{\varepsilon\mu}{2}}\left[\sqrt{1+\left(\frac{\sigma}{\varepsilon\omega}\right)^2}-1\right]^{1/2}. \tag{9.126}$$

Der Imaginärteil von $\tilde{k}$ führt zu einer Dämpfung der Welle (sinkende Amplitude bei wachsendem z)

$$\tilde{\mathbf{E}}(z,t) = \tilde{\mathbf{E}}_0 \, e^{-\kappa z} e^{i(kz-\omega t)}, \quad \tilde{\mathbf{B}}(z,t) = \tilde{\mathbf{B}}_0 \, e^{-\kappa z} e^{i(kz-\omega t)}. \tag{9.127}$$

Die Strecke, die notwendig ist, um die Amplitude um den Faktor 1/e zu verringern (entsprechend etwa einem Drittel), wird als **Eindringtiefe** bezeichnet:

$$d \equiv \frac{1}{\kappa}. \tag{9.128}$$

Sie stellt ein Maß dafür dar, wie weit die Welle in den Leiter eindringen kann. Der Realteil von $\tilde{k}$ legt hingegen in der üblichen Weise Wellenlänge, Ausbreitungsgeschwindigkeit und Brechungsindex fest:

$$\lambda = \frac{2\pi}{k}, \quad v = \frac{\omega}{k}, \quad n = \frac{ck}{\omega}. \tag{9.129}$$

Die abklingenden ebenen Wellen (Gleichung 9.127) erfüllen die veränderten Wellengleichungen (9.122) für *beliebige* $\tilde{\mathbf{E}}_0$ und $\tilde{\mathbf{B}}_0$. Aber die Maxwell'schen Gleichungen (9.121) führen auf weitere Bedingungen, mit denen die relativen Amplituden, Phasen und Polarisationen von **E** und **B** festgelegt werden. Wie zuvor schließen (i) und (ii) die Existenz von z-Komponenten aus: Die Felder sind *transversal*. Wir dürfen unsere Achsen ohne Weiteres so legen, dass **E** in x-Richtung polarisiert ist:

$$\tilde{\mathbf{E}}(z,t) = \tilde{E}_0 \, e^{-\kappa z} e^{i(kz-\omega t)} \hat{\mathbf{x}}. \tag{9.130}$$

Dann liefert (iii)

$$\tilde{\mathbf{B}}(z,t) = \frac{\tilde{k}}{\omega}\tilde{E}_0\,\mathrm{e}^{-\kappa z}\,\mathrm{e}^{\mathrm{i}(kz-\omega t)}\hat{\mathbf{y}}\,. \tag{9.131}$$

(Gleichung (iv) sagt das ebenso aus.) Wieder einmal erweisen sich elektrische und magnetische Felder als senkrecht aufeinander stehend.

Wie jede andere komplexe Zahl kann $\tilde{k}$ durch ihren Betrag und ihre Phase angegeben werden:

$$\tilde{k} = K\mathrm{e}^{\mathrm{i}\varphi} \tag{9.132}$$

mit

$$K \equiv \left|\tilde{k}\right| = \sqrt{k^2+\kappa^2} = \omega\sqrt{\varepsilon\mu\sqrt{1+\left(\frac{\sigma}{\varepsilon\omega}\right)^2}} \tag{9.133}$$

und

$$\varphi \equiv \tan^{-1}(\kappa/k)\,. \tag{9.134}$$

Gemäß Gleichung 9.130 und 9.131 sind die komplexen Amplituden $\tilde{E}_0 = E_0\,\mathrm{e}^{\mathrm{i}\delta_E}$ und $\tilde{B}_0 = B_0\,\mathrm{e}^{\mathrm{i}\delta_B}$ durch

$$B_0\,\mathrm{e}^{\mathrm{i}\delta_B} \equiv \frac{K\mathrm{e}^{\mathrm{i}\varphi}}{\omega}E_0\,\mathrm{e}^{\mathrm{i}\delta_E} \tag{9.135}$$

miteinander verknüpft. Ganz offensichtlich sind die elektrischen und magnetischen Felder nicht mehr in Phase. Tatsächlich ist

$$\delta_B - \delta_E \equiv \varphi\,. \tag{9.136}$$

Das magnetische Feld bleibt hinter dem elektrischen Feld *zurück*. Gleichzeitig sind die (reellen) Amplituden von **E** und **B** durch

$$\frac{B_0}{E_0} = \frac{K}{\omega} = \sqrt{\varepsilon\mu\sqrt{1+\left(\frac{\sigma}{\varepsilon\omega}\right)^2}} \tag{9.137}$$

miteinander verknüpft. Schließlich lauten die (reellen) elektrischen und magnetischen Felder

$$\left.\begin{aligned} \mathbf{E}(z,t) &= E_0\,\mathrm{e}^{-\kappa z}\cos(kz-\omega t+\delta_E)\,\hat{\mathbf{x}}\,,\\ \mathbf{B}(z,t) &= B_0\,\mathrm{e}^{-\kappa z}\cos(kz-\omega t+\delta_E+\phi)\,\hat{\mathbf{y}}\,. \end{aligned}\right\} \tag{9.138}$$

Diese Felder sind in Abbildung 9.18 dargestellt.

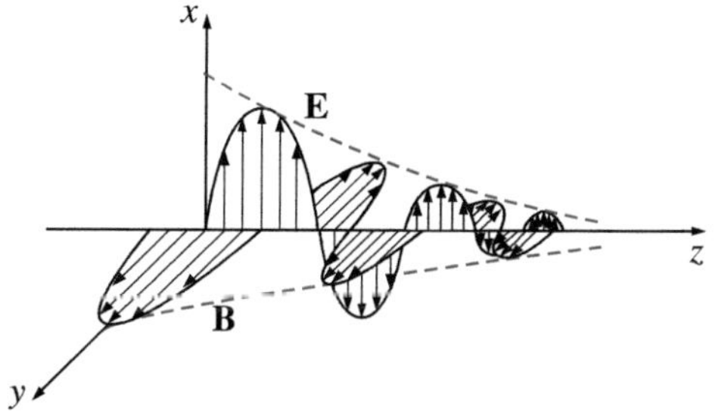

Abbildung 9.18

Aufgabe 9.19

a. Nehmen Sie an, Sie hätten einige freie Ladungen in ein Stück Glas eingebracht. Wie lange wird es etwa dauern, bis die Ladungen an die Oberfläche geflossen sind?

b. Silber ist ein ausgezeichneter, allerdings teurer Leiter. Nehmen Sie an, Sie würden ein Mikrowellenexperiment vorbereiten, das bei der Frequenz 10^{10} Hz arbeiten soll. Wie dick würden Sie die Silberschichten machen?

c. Bestimmen Sie Wellenlänge und Ausbreitungsgeschwindigkeit von Radiowellen bei 1 MHz in Kupfer. Vergleichen Sie dies mit den entsprechenden Werten in Luft (oder Vakuum).

Aufgabe 9.20

a. Zeigen Sie, dass die Eindringtiefe in einem schlechten Leiter ($\sigma \ll \omega\varepsilon$) (unabhängig von der Frequenz) $(2/\sigma)\sqrt{\varepsilon/\mu}$ beträgt. Bestimmen Sie die Eindringtiefe (in Meter) für (reines) Wasser. (Verwenden Sie die statischen Werte für ϵ, μ und σ; Ihre Antwort wird dann nur für relativ niedrige Frequenzen gelten.)

b. Zeigen Sie, dass die Eindringtiefe in einem guten Leiter (also für $\sigma \gg \omega\varepsilon$) $\lambda/2\pi$ beträgt (wobei λ die Wellenlänge *im Inneren des Leiters* darstellt). Bestimmen Sie die Eindringtiefe (in Nanometer) für ein typisches Metall ($\sigma \approx 10^7(\Omega\text{m})^{-1}$) im sichtbaren Bereich ($\omega \approx 10^{15}/\text{s}$) unter der Annahme $\varepsilon \approx \varepsilon_0$ und $\mu \approx \mu_0$. Warum sind Metalle undurchsichtig?

c. Zeigen Sie, dass in einem guten Leiter das magnetische Feld 45° hinter dem elektrischen Feld zurückbleibt, und bestimmen Sie das Verhältnis ihrer Amplituden. Benutzen Sie als numerisches Beispiel das „typische Metall“ aus Teil (b).

Aufgabe 9.21

a. Bestimmen Sie die (zeitlich gemittelte) Energiedichte einer elektromagnetischen ebenen Welle in einem leitenden Medium (Gleichung 9.138). Zeigen Sie, dass der magnetische Beitrag immer dominiert.

[*Ergebnis*: $(k^2/(2\mu\omega^2))E_0^2\,\mathrm{e}^{-2\kappa z}$.]

b. Zeigen Sie, dass die Intensität $(k/2\mu\omega)E_0^2\,\mathrm{e}^{-2\kappa z}$ beträgt.

9.4.2 Reflexion an einer leitenden Oberfläche

Die Randbedingungen, die wir benutzt haben, um Reflexion und Brechung an einer Grenzschicht zwischen zwei Dielektrika zu analysieren, sind in Anwesenheit freier Ladungen und Ströme nicht mehr gültig. Stattdessen gelten die allgemeineren Beziehungen (7.64):

$$\left.\begin{array}{llll}\text{(i)} & \varepsilon_1 E_1^{\perp} - \varepsilon_2 E_2^{\perp} = \sigma_{\mathrm{f}}\,, & \text{(iii)} & \mathbf{E}_1^{\parallel} - \mathbf{E}_2^{\parallel} = 0\,, \\ \text{(ii)} & B_1^{\perp} - B_2^{\perp} = 0\,, & \text{(iv)} & \dfrac{1}{\mu_1}\mathbf{B}_1^{\parallel} - \dfrac{1}{\mu_2}\mathbf{B}_2^{\parallel} = \mathbf{K}_{\mathrm{f}} \times \hat{\mathbf{n}}\,. \end{array}\right\} \tag{9.139}$$

Darin ist σ_f (das nicht mit der Leitfähigkeit verwechselt werden darf) die freie Flächenladung, $\mathbf{K}_f$ ist der freie Flächenstrom und $\hat{\mathbf{n}}$ (das nicht mit der Polarisation der Welle verwechselt werden darf), ist ein Einheitsvektor, der senkrecht auf der Fläche steht und von Medium (2) in Medium (1) zeigt. Bei Ohm'schen Leitern ($\mathbf{J}_f = \sigma \mathbf{E}$) kann es keine freien Oberflächenströme geben, denn das würde an der Grenzfläche ein unendlich starkes elektrisches Feld erfordern.

Nehmen Sie nun an, dass die x-y-Ebene die Grenzfläche zwischen dem nichtleitenden linearen Medium (1) und dem Leiter (2) ist. Eine monochromatische ebene Welle, die sich in z-Richtung ausbreitet und in x-Richtung polarisiert ist, kommt, wie in Abbildung 9.13 dargestellt, von links herein:

$$\tilde{\mathbf{E}}_{\mathrm{I}}(z,t) = \tilde{E}_{0_{\mathrm{I}}}\, \mathrm{e}^{\mathrm{i}(k_1 z - \omega t)} \hat{\mathbf{x}}\,, \quad \tilde{\mathbf{B}}_{\mathrm{I}}(z,t) = \frac{1}{v_1} \tilde{E}_{0_{\mathrm{I}}}\, \mathrm{e}^{\mathrm{i}(k_1 z - \omega t)} \hat{\mathbf{y}}\,. \tag{9.140}$$

Diese einfallende Welle ruft eine reflektierte Welle

$$\tilde{\mathbf{E}}_{\mathrm{R}}(z,t) = \tilde{E}_{0_{\mathrm{R}}}\, \mathrm{e}^{\mathrm{i}(-k_1 z - \omega t)} \hat{\mathbf{x}}\,, \quad \tilde{\mathbf{B}}_{\mathrm{R}}(z,t) = -\frac{1}{v_1} \tilde{E}_{0_{\mathrm{R}}}\, \mathrm{e}^{\mathrm{i}(-k_1 z - \omega t)} \hat{\mathbf{y}} \tag{9.141}$$

hervor, die nach links in Medium (1) zurückläuft, ferner wird eine transmittierte Welle

$$\tilde{\mathbf{E}}_{\mathrm{T}}(z,t) = \tilde{E}_{0_{\mathrm{T}}}\, \mathrm{e}^{\mathrm{i}\left(\tilde{k}_2 z - \omega t\right)} \hat{\mathbf{x}}\,, \quad \tilde{\mathbf{B}}_{\mathrm{T}}(z,t) = \frac{\tilde{k}_2}{\omega} \tilde{E}_{0_{\mathrm{T}}}\, \mathrm{e}^{\mathrm{i}\left(\tilde{k}_2 z - \omega t\right)} \hat{\mathbf{y}}\,, \tag{9.142}$$

hervorgerufen, die sich abschwächt, sobald sie in den Leiter eindringt.

Bei $z = 0$ müssen die überlagerten Wellen in Medium (1) gemäß den Randbedingungen 9.139 mit der Welle in Medium (2) übereinstimmen. Da auf beiden Seiten $E^{\perp} = 0$ gilt, hat Randbedingung (i) zur Folge, dass $\sigma_f = 0$. Wegen $B^{\perp} = 0$ ist (ii) automatisch erfüllt. Darüber hinaus führt (iii) auf

$$\tilde{E}_{0_{\mathrm{I}}} + \tilde{E}_{0_{\mathrm{R}}} = \tilde{E}_{0_{\mathrm{T}}}\,, \tag{9.143}$$

und (iv) (mit $\mathbf{K}_f = 0$) besagt, dass

$$\frac{1}{\mu_1 v_1}\left(\tilde{E}_{0_{\mathrm{I}}} - \tilde{E}_{0_{\mathrm{R}}}\right) - \frac{\tilde{k}_2}{\mu_2 \omega} \tilde{E}_{0_{\mathrm{T}}} = 0\,, \tag{9.144}$$

oder

$$\tilde{E}_{0_{\mathrm{I}}} - \tilde{E}_{0_{\mathrm{R}}} = \tilde{\beta} \tilde{E}_{0_{\mathrm{T}}} \tag{9.145}$$

mit

$$\tilde{\beta} \equiv \frac{\mu_1 v_1}{\mu_2 \omega} \tilde{k}_2\,. \tag{9.146}$$

Es folgt, dass

$$\tilde{E}_{0_R} = \left(\frac{1-\tilde{\beta}}{1+\tilde{\beta}}\right)\tilde{E}_{0_I}\,, \quad \tilde{E}_{0_T} = \left(\frac{2}{1+\tilde{\beta}}\right)\tilde{E}_{0_I}\,. \tag{9.147}$$

Diese Ergebnisse sind formal mit denjenigen identisch, die an den Grenzflächen zwischen Nichtleitern auftreten (Gleichung 9.82), allerdings führt diese Ähnlichkeit in die Irre, da $\tilde{\beta}$ nun eine komplexe Zahl ist.

Bei einem *perfekten* Leiter ($\sigma = \infty$) ist $k_2 = \infty$ (Gleichung 9.126), daher ist $\tilde{\beta}$ unendlich und

$$\tilde{E}_{0_R} = -\tilde{E}_{0_I}\,, \quad \tilde{E}_{0_T} = 0\,. \tag{9.148}$$

In diesem Fall wird die Welle mit einer Phasenverschiebung von 180° total reflektiert. (Deshalb sind hervorragende Leiter auch gute Spiegel. In der Praxis bedecken Sie die Rückseite einer Glasscheibe mit Silber – das Glas hat mit der *Reflexion* nichts zu tun. Es dient nur dazu, dem Silber einen Halt zu geben und es vor Verwitterung zu schützen. Da die Eindringtiefe in Silber bei optischen Frequenzen von der Größenordnung 100 Å ist, brauchen Sie keine sehr dicke Schicht.)

■ Aufgabe 9.22

Berechnen Sie den Reflexionskoeffizienten für Licht bei optischen Frequenzen ($\omega = 4 \cdot 10^{15}\ \mathrm{s}^{-1}$) an einer Grenzfläche zwischen Luft und Silber ($\mu_1 = \mu_2 = \mu_0$, $\varepsilon_1 = \varepsilon_0$, $\sigma = 6 \cdot 10^7$ (·· m)$^{-1}$).

9.4.3 Die Frequenzabhängigkeit der Dielektrizitätskonstante

In den vorangegangenen Abschnitten haben wir gesehen, dass die Ausbreitung elektromagnetischer Wellen in Materie von drei Eigenschaften der Materialien abhängt, die wir als Konstanten angesehen haben: der Dielektrizitätskonstanten ε, der Permeabilität μ und der Leitfähigkeit σ. Tatsächlich hängt aber jeder dieser drei Parameter in gewissem Maße von der Frequenz der Wellen ab, die Sie betrachten. Wäre die Dielektrizitätskonstante tatsächlich *konstant*, dann wäre auch der Brechungsindex in einem transparenten Medium, $n \cong \sqrt{\varepsilon_r}$, eine Konstante. Aus der Optik ist allerdings wohlbekannt, dass n von der Wellenlänge abhängt (Abbildung 9.19 zeigt den Graphen für ein typisches Glas). Ein Prisma oder ein Regentropfen beugt blaues Licht stärker als rotes und spreizt weißes Licht zu einem Regenbogen voller Farben. Dieses Phänomen wird als **Dispersion** bezeichnet. Darüber hinaus wird ein Trägermedium immer dann, wenn die Geschwindigkeit der Welle von ihrer Frequenz abhängt, als **dispersiv** bezeichnet.

Weil Wellen unterschiedlicher Frequenz sich in einem dispersiven Medium mit unterschiedlichen Geschwindigkeiten ausbreiten, wird ein Wellenpaket, das eine ganze Reihe von Frequenzen umfasst, im Lauf der Ausbreitung seine Form verändern. Eine scharfe Spitze flacht sich üblicherweise ab, und obwohl jede sinusförmige Komponente sich mit der normalen **Wellengeschwindigkeit** (oder auch **Phasengeschwindigkeit**)

$$v = \frac{\omega}{k} \tag{9.149}$$

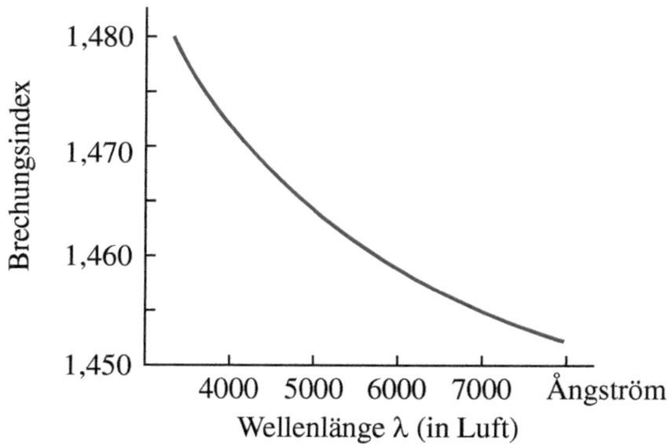

Abbildung 9.19

ausbreitet, bewegt sich das Paket als Ganzes (die „Einhüllende“) mit der sogenannten **Gruppengeschwindigkeit**[18]

$$v_g = \frac{d\omega}{dk}. \tag{9.150}$$

[Sie können dies zeigen, indem Sie einen Stein in einen Teich werfen und die Wellen beobachten, die sich dabei bilden: Während sich die Störung als Ganzes kreisförmig und mit Geschwindigkeit v_g ausbreitet, können Sie sehen, dass sich die kleineren Wellen, aus denen sie besteht, *doppelt* so schnell bewegen (in diesem Fall $v = 2v_g$). Sie treten am hinteren Ende des Wellenpakets auf, wachsen empor, während sie sich in Richtung Zentrum bewegen, und schrumpfen dann auf dem Weg zum vorderen Rand, bis sie wieder verschwinden (Abbildung 9.20).] Damit werden wir uns allerdings nicht befassen – ich beschränke mich auf monochromatische Wellen, bei denen dieses Problem nicht auftritt. Allerdings sollte ich erwähnen, dass die *Energie*, die von einem Wellenpaket in einem dispersiven Medium transportiert wird, sich üblicherweise mit der *Gruppengeschwindigkeit* und nicht mit der Phasengeschwindigkeit ausbreitet. Erschrecken Sie also nicht, wenn v unter Umständen einmal größer als c sein sollte.[19]

In diesem Abschnitt will ich mich mit der Frequenzabhängigkeit von ϵ in einem Nichtleiter zu befassen; dazu verwende ich ein vereinfachtes Modell für das Verhalten von Elektronen in Dielektrika. Wie alle klassischen Modelle von Phänomenen auf atomarer Skala ist es bestenfalls eine Annäherung an die Wahrheit. Dennoch führt

18 Siehe A. P. French, *Vibrations and Waves*, p. 230 (New York: W. W. Norton & Co., 1971) oder F. S. Crawford, *Schwingungen und Wellen*, Abschnitt 6.2 (Vieweg, 1974)

19 Selbst die Gruppengeschwindigkeit kann in besonderen Fällen c überschreiten – siehe P. C. Peters, *Am. J. Phys.* **56**, 129 (1988) oder bearbeiten Sie Aufgabe 9.26. Ein herrlicher Kommentar findet sich in C. F. Bohren, *Am. J. Phys.* **77**, 101 (2009). Wenn Ihnen übrigens *zwei* verschiedene „Lichtgeschwindigkeiten“ nicht genug sind, lesen Sie C. Bloch, *Am. J. Phys.* **45**, 538 (1977), in der nicht weniger als *acht* unterschiedliche Geschwindigkeiten beschrieben werden! Es ist in der Tat nicht klar, was man unter der „Geschwindigkeit“ von etwas versteht, das seine Gestalt während der Bewegung verändert und keinen klaren Anfang und kein klares Ende hat. Reden wir von der Geschwindigkeit, mit der sich die *Intensitätsspitze* fortpflanzt? Oder der Geschwindigkeit des Energietransports? Oder der Informationsübertragung? In der speziellen Relativitätstheorie kann sich kein *kausales* Signal schneller als mit c ausbreiten, aber einige andere „Geschwindigkeiten“ unterliegen dieser Einschränkung nicht.

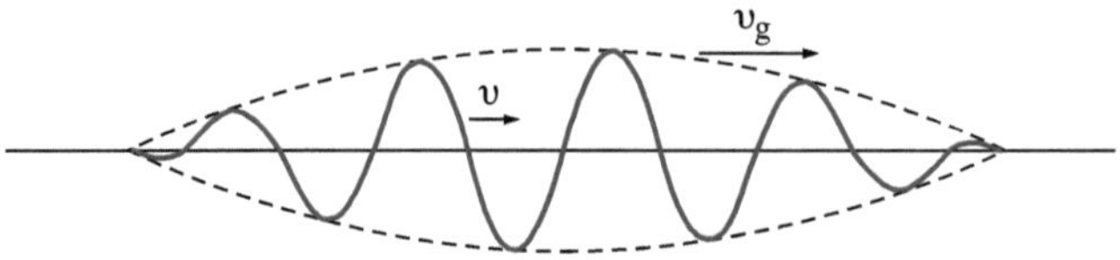

Abbildung 9.20

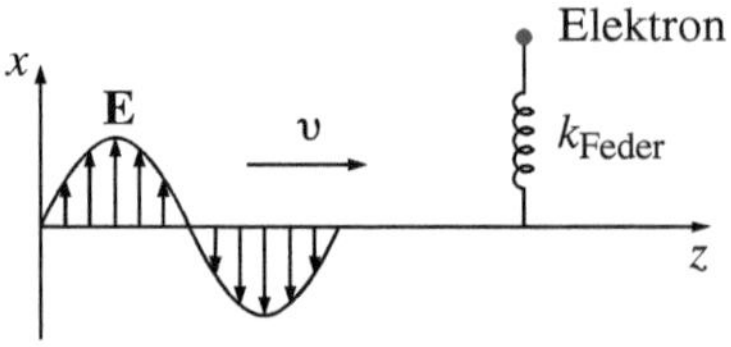

Abbildung 9.21

es auf qualitativ befriedigende Ergebnisse und liefert einen plausiblen Mechanismus für die Dispersion in transparenten Medien.

Die Elektronen in einem Nichtleiter sind an ihre Moleküle gebunden. Die tatsächlichen Bindungskräfte sind ziemlich kompliziert, doch wir werden uns jedes Elektron so vorstellen, als ob es am Ende einer imaginären Feder befestigt wäre, deren Federkonstante k_{Feder} beträgt (Abbildung 9.21):

$$F_{\text{Bindung}} = -k_{\text{Feder}} x = -m\omega_0^2 x \,, \tag{9.151}$$

wobei x die Auslenkung aus dem Gleichgewicht ist, m die Elektronenmasse und ω_0 die natürliche Schwingungsfrequenz oder Eigenfrequenz $\sqrt{k_{\text{Feder}}/m}$. [Falls Ihnen dies als unwahrscheinliches Modell erscheint, gehen Sie zu Gleichung 4.1 zurück, wo wir auf eine Kraft genau dieser Form gestoßen sind. Tatsächlich kann praktisch *jede* Bindungskraft für hinreichend kleine Auslenkungen aus dem Gleichgewicht auf diese Art und Weise angenähert werden. Dies wird deutlich, wenn Sie die potentielle Energie in eine Taylor-Reihe um den Gleichgewichtspunkt entwickeln:

$$U(x) = U(0) + xU'(0) + \frac{1}{2}x^2 U''(0) + \dots .$$

Der erste Term ist eine Konstante ohne dynamische Bedeutung. (Sie können den Nullpunkt der potentiellen Energie immer so legen, dass $U(0) = 0$ ist.) Der zweite Term verschwindet sofort, da $\mathrm{d}U/\mathrm{d}x = -F$. Aufgrund der Eigenschaften eines Gleichgewichts ist die Kraft in diesem Punkt null. Der dritte Term ist genau die potentielle Energie einer Feder mit der Kraftkonstante $k_{\text{Feder}} = \mathrm{d}^2U/\mathrm{d}x^2|_0$ (die zweite Ableitung ist für einen Punkt in einem stabilen Gleichgewicht positiv). Solange die Auslenkung klein bleibt, dürfen die höheren Terme der Reihe vernachlässigt werden. Geometrisch gesehen bedeutet dies nichts anderes, als dass praktisch *jede* Funktion in der Nähe eines Minimums durch eine geeignete Parabel angenähert werden kann.]

Darüber hinaus wirkt auf das Elektron vermutlich auch eine dämpfende Kraft:

$$F_{\text{Dämpfung}} = -m\gamma \frac{\mathrm{d}x}{\mathrm{d}t} \,. \tag{9.152}$$

[Ich habe hier ebenfalls die einfachste mögliche Form gewählt. Die Dämpfung muss der Richtung des Geschwindigkeitsvektors entgegengesetzt sein. Sie *proportional* zur Geschwindigkeit anzusetzen ist der leichteste Weg, um dies zu erreichen. Die *Ursache* der Dämpfung interessiert uns hier nicht – unter anderem gibt eine schwingende Ladung Strahlung ab und diese zieht Energie ab. Wir werden diese „Strahlungsdämpfung“ in Kapitel 11 berechnen.]

In Anwesenheit einer elektromagnetischen Welle der Frequenz ω, die in x-Richtung polarisiert ist (Abbildung 9.21), unterliegt das Elektron einer treibenden Kraft:

$$F_{\text{Antrieb}} = qE = qE_0 \cos(\omega t) , \tag{9.153}$$

mit der Ladung des Elektrons q und E_0 als der Amplitude der Welle im Punkt z, an dem sich das Elektron befindet. (Da wir nur an einem Punkt interessiert sind, habe ich die Uhr so verstellt, dass der Zeitpunkt $t = 0$ mit dem Maximum von E zusammenfällt.) Setzen wir dies alles in das zweite Newton'sche Gesetz ein, so erhalten wir:

$$m\frac{\mathrm{d}^2x}{\mathrm{d}t^2} = F_{\text{ges}} = F_{\text{Bindung}} + F_{\text{Dämpfung}} + F_{\text{Antrieb}} ,$$

oder

$$m\frac{\mathrm{d}^2x}{\mathrm{d}t^2} + m\gamma\frac{\mathrm{d}x}{\mathrm{d}t} + m\omega_0^2 x = qE_0 \cos(\omega t) . \tag{9.154}$$

Unser Modell beschreibt dann das Elektron als gedämpften harmonischen Oszillator mit der Frequenz ω. (Ich gehe davon aus, dass der viel schwerere Kern in Ruhe bleibt.)

Gleichung 9.154 ist leichter zu bearbeiten, wenn wir sie als Realteil einer *komplexen* Gleichung betrachten:

$$\frac{\mathrm{d}^2\tilde{x}}{\mathrm{d}t^2} + \gamma\frac{\mathrm{d}\tilde{x}}{\mathrm{d}t} + \omega_0^2\tilde{x} = \frac{q}{m}E_0\,\mathrm{e}^{-\mathrm{i}\omega t} . \tag{9.155}$$

Im stationären Zustand oszilliert das System mit der Antriebsfrequenz:

$$\tilde{x}(t) = \tilde{x}_0\,\mathrm{e}^{-\mathrm{i}\omega t} . \tag{9.156}$$

Setzen wir dies in Gleichung 9.155 ein, erhalten wir

$$\tilde{x}_0 = \frac{q/m}{\omega_0^2 - \omega^2 - \mathrm{i}\gamma\omega}E_0 . \tag{9.157}$$

Das Dipolmoment ist der Realteil von

$$\tilde{p}(t) = q\tilde{x}(t) = \frac{q^2/m}{\omega_0^2 - \omega^2 - \mathrm{i}\gamma\omega}E_0\,\mathrm{e}^{-\mathrm{i}\omega t} . \tag{9.158}$$

Der Imaginärterm im Nenner bedeutet, dass p gegenüber E *außer Phase* ist – es bleibt um den Winkelterm $\tan^{-1}[\gamma\omega/(\omega_0^2 - \omega^2)]$ zurück. Dieser ist für $\omega \ll \omega_0$ sehr klein und steigt für $\omega \gg \omega_0$ auf π an.

Im Allgemeinen erfahren Elektronen innerhalb eines gegebenen Moleküls unterschiedliche natürliche Frequenzen und Dämpfungskoeffizienten. Angenommen, es gibt in jedem Molekül f_j Elektronen der Eigenfrequenz ω_j und der Dämpfung γ_j. Liegen pro Volumeneinheit N Moleküle vor, dann ist die Polarisation $\mathbf{P}$ durch den Realteil von

$$\tilde{\mathbf{P}} = \frac{Nq^2}{m}\left(\sum_j \frac{f_j}{\omega_j^2 - \omega^2 - \mathrm{i}\gamma_j\omega}\right)\tilde{\mathbf{E}} \tag{9.159}$$

gegeben.[20] Die elektrische Suszeptibilität habe ich früher als Proportionalitätskonstante zwischen **P** und **E** definiert (nämlich durch $\mathbf{P} = \varepsilon_0 \chi_e \mathbf{E}$). Im vorliegenden Fall ist **P** wegen des Phasenunterschieds nicht proportional zu **E** (genau genommen handelt es sich nicht um ein lineares Medium). Allerdings *ist* die komplexe Polarisation $\tilde{\mathbf{P}}$ proportional zum *komplexen* Feld $\tilde{\mathbf{E}}$, und dies legt nahe, eine **komplexe Suszeptibilität** $\tilde{\chi}_e$ einzuführen:

$$\tilde{\mathbf{P}} = \varepsilon_0 \tilde{\chi}_e \tilde{\mathbf{E}} . \tag{9.160}$$

Alle Arbeitsschritte, die wir bislang kennengelernt haben, sind auch jetzt anwendbar, sofern wir vereinbaren, dass die physikalische Polarisation der Realteil von $\tilde{\mathbf{P}}$ ist, so wie das physikalische Feld der Realteil von $\tilde{\mathbf{E}}$ ist. Insbesondere ist die Proportionalität zwischen $\tilde{\mathbf{D}}$ und $\tilde{\mathbf{E}}$ die **komplexe Dielektrizitätskonstante** $\tilde{\varepsilon} = \varepsilon_0(1 + \tilde{\chi}_e)$, und die **komplexe Dielektrizitätszahl** beträgt (in diesem Modell)

$$\tilde{\varepsilon}_r = \frac{\tilde{\varepsilon}}{\varepsilon_0} = 1 + \frac{Nq^2}{m\varepsilon_0} \sum_j \frac{f_j}{\omega_j^2 - \omega^2 - i\gamma_j \omega} . \tag{9.161}$$

Üblicherweise ist der imaginäre Term vernachlässigbar. Wenn jedoch ω sehr nah an eine der Resonanzfrequenzen (ω_j) heranrückt, spielt er, wie wir noch sehen werden, eine wichtige Rolle.

In einem dispersiven Medium lautet die Wellengleichung für eine gegebene Frequenz:

$$\nabla^2 \tilde{\mathbf{E}} = \tilde{\varepsilon} \mu_0 \frac{\partial^2 \tilde{\mathbf{E}}}{\partial t^2} . \tag{9.162}$$

Sie lässt, wie zuvor, ebene Wellen

$$\tilde{\mathbf{E}}(z, t) = \tilde{\mathbf{E}}_0 \, e^{i(\tilde{k}z - \omega t)} \tag{9.163}$$

als Lösungen zu, in denen die komplexe Wellenzahl

$$\tilde{k} \equiv \sqrt{\tilde{\varepsilon} \mu_0} \, \omega , \tag{9.164}$$

auftritt. Drücken wir $\tilde{k}$ durch seinen Real- und Imaginärteil aus,

$$\tilde{k} = k + i\kappa , \tag{9.165}$$

dann wird Gleichung 9.163 zu

$$\tilde{\mathbf{E}}(z, t) = \tilde{\mathbf{E}}_0 \, e^{-\kappa z} \, e^{i(kz - \omega t)} . \tag{9.166}$$

Ganz offensichtlich ist diese Welle *gedämpft* (was auch kaum überrascht, da die Dämpfung Energie verschlingt). Weil die Intensität proportional zu E^2 ist (und daher auch zu $e^{-2\kappa z}$), wird die Größe

$$\alpha \equiv 2\kappa \tag{9.167}$$

20 Dies lässt sich direkt auf den Fall eines dünnen Gases anwenden. Für dichtere Materialien muss die Theorie, in Übereinstimmung mit der Clausius-Mossotti-Gleichung (Aufgabe 4.41), geringfügig modifiziert werden. Übrigens, verwechseln Sie nicht die „Polarisation" **P** eines *Mediums* mit der „Polarisation" einer *Welle* – es handelt sich zwar um dasselbe Wort, allerdings um zwei völlig unterschiedliche Bedeutungen.

als **Absorptionskoeffizient** bezeichnet. Darüber hinaus ist die Wellengeschwindigkeit ω/k, und der Brechungsindex beträgt

$$n = \frac{ck}{\omega} . \tag{9.168}$$

Ich habe mit Absicht eine Schreibweise wie in Abschnitt 9.4.1 verwendet. Allerdings haben im vorliegenden Fall k und κ nichts mit der Leitfähigkeit zu tun, vielmehr werden sie von den Parametern unseres gedämpften harmonischen Oszillators festgelegt. Für Gase ist der zweite Term in Gleichung 9.161 klein, und wir können die Quadratwurzel (Gleichung 9.164) durch den ersten Term der Binomialentwicklung $\sqrt{1+\varepsilon} \cong 1 + \frac{1}{2}\varepsilon$ annähern. Dann ist

$$\tilde{k} = \frac{\omega}{c}\sqrt{\tilde{\varepsilon}_{\mathrm{r}}} \cong \frac{\omega}{c}\left[1 + \frac{Nq^2}{m\varepsilon_0}\sum_j \frac{f_j}{\omega_j^2 - \omega^2 - \mathrm{i}\gamma_j\omega}\right] , \tag{9.169}$$

somit

$$n = \frac{ck}{\omega} \cong 1 + \frac{Nq^2}{2m\varepsilon_0}\sum_j \frac{f_j\left(\omega_j^2 - \omega^2\right)}{\left(\omega_j^2 - \omega^2\right)^2 + \gamma_j^2\omega^2} , \tag{9.170}$$

und

$$\alpha = 2\kappa \cong \frac{Nq^2\omega^2}{m\varepsilon_0 c}\sum_j \frac{f_j\gamma_j}{\left(\omega_j^2 - \omega^2\right)^2 + \gamma_j^2\omega^2} . \tag{9.171}$$

In Abbildung 9.22 habe ich Brechungsindex und Absorptionskoeffizient in der Nähe einer der Resonanzen gezeichnet. *Zumeist* steigt der Brechungsindex mit wachsender Frequenz allmählich an, in Übereinstimmung mit unseren Erfahrungen aus der

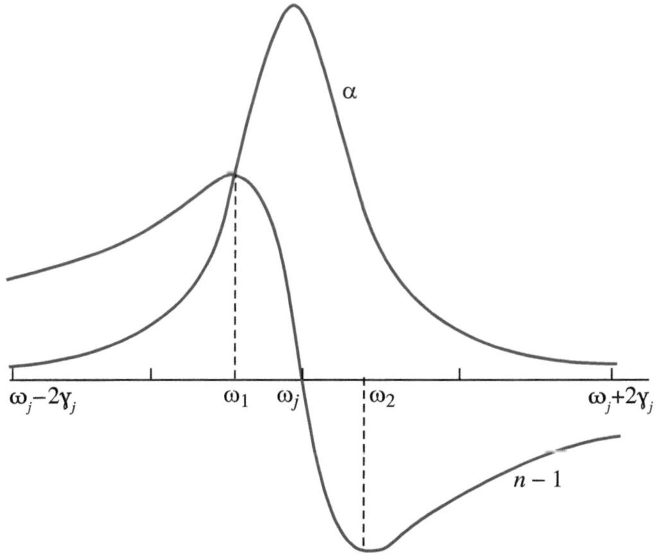

Abbildung 9.22

Optik (Abbildung 9.19). In unmittelbarer Nachbarschaft einer Resonanz *fällt* der Brechungsindex drastisch ab. Weil dieses Verhalten atypisch ist, wird es als **anomale Dispersion** bezeichnet. Beachten Sie, dass der Bereich der anomalen Dispersion (in dieser Abbildung $\omega_1 < \omega < \omega_2$) mit dem Bereich der maximalen Absorption zusammenfällt. Tatsächlich ist das Material in diesem Frequenzbereich praktisch undurchsichtig. Grund dafür ist, dass die Elektronen nun einen Antrieb bei ihrer „Lieblingsfrequenz" erfahren. Ihre Schwingungsamplitude wird relativ groß, und ein entsprechend großer Energiebetrag wird durch den Dämpfungsmechanismus dissipiert.

In Abbildung 9.22 liegt n oberhalb der Resonanz unter 1, was darauf schließen lässt, dass die Ausbreitungsgeschwindigkeit c überschreitet. Wie ich früher bereits erwähnt habe, ist dies aber kein Grund zur Besorgnis, denn die Energie breitet sich nicht mit der Wellengeschwindigkeit, sondern vielmehr mit der *Gruppengeschwindigkeit* aus (siehe Aufgabe 9.26). Außerdem enthält die Zeichnung nicht die Beiträge der anderen Terme der Summe, die einen relativ konstanten „Hintergrund" hinzufügen, der dafür sorgt, dass in manchen Fällen auf beiden Seiten der Resonanz $n > 1$ gilt.

Wenn Sie den Resonanzen fern bleiben, können Sie die Dämpfung ignorieren, und die Formel für den Brechungsindex vereinfacht sich zu

$$n = 1 + \frac{Nq^2}{2m\varepsilon_0} \sum_j \frac{f_j}{\omega_j^2 - \omega^2} . \tag{9.172}$$

Bei den meisten Substanzen sind die Eigenfrequenzen ω_j ziemlich chaotisch über das gesamte Spektrum verteilt. Bei transparenten Materialien liegen jedoch die nächstgelegenen wesentlichen Resonanzen typischerweise im Ultravioletten, sodass $\omega < \omega_j$ ist. In diesem Fall ist

$$\frac{1}{\omega_j^2 - \omega^2} = \frac{1}{\omega_j^2}\left(1 - \frac{\omega^2}{\omega_j^2}\right)^{-1} \cong \frac{1}{\omega_j^2}\left(1 + \frac{\omega^2}{\omega_j^2}\right) ,$$

und Gleichung 9.172 nimmt folgende Form an:

$$n = 1 + \left(\frac{Nq^2}{2m\varepsilon_0} \sum_j \frac{f_j}{\omega_j^2}\right) + \omega^2 \left(\frac{Nq^2}{2m\varepsilon_0} \sum_j \frac{f_j}{\omega_j^4}\right) , \tag{9.173}$$

oder mit der Vakuumwellenlänge ($\lambda = 2\pi c/\omega$) ausgedrückt:

$$n = 1 + A\left(1 + \frac{B}{\lambda^2}\right) . \tag{9.174}$$

Diese Gleichung ist unter dem Namen **Cauchy-Formel** bekannt. Die Konstante A wird als **Brechungskoeffizient** bezeichnet, B hingegen als **Dispersionskoeffizient**. Die Cauchy-Gleichung liefert im optischen Bereich für die meisten Gase ziemlich gute Werte.

In diesem Abschnitt habe ich gewiss nicht alle Aspekte der Dispersion in nichtleitenden Medien beschrieben. Dennoch haben wir eine Ahnung bekommen, wie die gedämpfte harmonische Bewegung der Elektronen die Frequenzabhängigkeit des

Brechungsindex erklären kann, und zudem, warum n üblicherweise eine langsam mit ω anwachsende Funktion ist, in der sich gelegentlich „anomale“ Regionen befinden, in der es steil abfällt.

Aufgabe 9.23

a. Flaches Wasser ist nichtdispersiv. Die Wellen bewegen sich darauf mit einer Geschwindigkeit, die proportional zur Quadratwurzel der Tiefe ist. In tiefem Wasser können die Wellen jedoch nicht bis zum Grund hinunter „fühlen“ – sie verhalten sich, als ob die Tiefe proportional zu λ wäre. (Tatsächlich hängt die Unterscheidung zwischen „flach“ und „tief“ von der Wellenlänge ab: Ist die Tiefe geringer als λ, dann gilt das Wasser als „flach“. Ist sie jedoch bedeutend tiefer als λ, dann gilt das Wasser als „tief“.) Zeigen Sie, dass die Geschwindigkeit der Wellen in tiefem Wasser das *Doppelte* der Gruppengeschwindigkeit beträgt.

b. In der Quantenmechanik wird ein freies Teilchen der Masse m, dass sich in x-Richtung bewegt, durch die Wellenfunktion

$$\Psi(x,t) = A\,\mathrm{e}^{\mathrm{i}(px-Et)/\hbar}$$

beschrieben, in der p der Impuls und $E = p^2/2m$ die kinetische Energie ist. Berechnen Sie die Gruppengeschwindigkeit und die Wellengeschwindigkeit. Welche dieser beiden entspricht der klassischen Geschwindigkeit des Teilchens? Beachten Sie, dass die Wellengeschwindigkeit die *Hälfte* der Gruppengeschwindigkeit beträgt.

Aufgabe 9.24

Welche Eigenfrequenz erhalten Sie, wenn Sie das Modell aus Beispiel 4.1 wörtlich nehmen? Setzen Sie die tatsächlichen Zahlen ein. Wo ist sie im elektromagnetischen Spektrum zu finden, wenn der Atomradius 0,5 Å beträgt? Bestimmen Sie den Brechungs- und Dispersionskoeffizienten und vergleichen Sie diese mit den Werten für Wasserstoff bei 0 °C und bei Atmosphärendruck: $A = 1{,}36 \cdot 10^{-4}$ und $B = 7{,}7 \cdot 10^{-15}\,\mathrm{m}^2$.

Aufgabe 9.25

Bestimmen Sie die Breite des Gebiets anomaler Dispersion für den Fall einer einzelnen Resonanz mit Frequenz ω_0. Nehmen Sie $\gamma \ll \omega_0$ an. Zeigen Sie, dass der Brechungsindex seinen Maximal- und Minimalwert an den Punkten erreicht, an denen der Absorptionskoeffizient die Hälfte seines Maximums erreicht.

Aufgabe 9.26

Berechnen Sie die Gruppengeschwindigkeit ausgehend von Gleichung 9.170; nehmen Sie dazu an, dass es nur eine einzige Resonanz bei ω_0 gibt. Nutzen Sie einen Computer, um den Graphen von $y = v_g/c$ als Funktion von $x = (\omega/\omega_0)^2$ zu zeichnen. Lassen Sie x von 0 bis 2 laufen für (a) $\gamma = 0$ und (b) für $\gamma = 0,1\omega_0$. Setzen Sie $(Nq^2)/(2m\epsilon_0\omega_0^2) = 0{,}003$. Beachten Sie, dass die Gruppengeschwindigkeit c überschreiten kann.

9.5 Geführte Wellen

9.5.1 Wellenleiter

Bislang haben wir uns mit unendlich ausgedehnten ebenen Wellen befasst. Nun betrachten wir elektromagnetische Wellen, die auf das Innere einer hohlen Röhre (dem **Wellenleiter**) beschränkt sind (Abbildung 9.23). Man spricht in diesem Fall von **geführten Wellen** oder **Hohlleiterwellen**. Wir werden annehmen, dass der Wellenleiter ein perfekter Leiter ist, sodass im Material selbst $\mathbf{E} = 0$ und $\mathbf{B} = 0$ ist; dadurch gelten die folgenden Randbedingungen an der Innenwand:[21]

$$\left.\begin{array}{ll}\text{(i)} & \mathbf{E}^{\parallel} = 0\,, \\ \text{(ii)} & \mathbf{B}^{\perp} = 0\,.\end{array}\right\} \tag{9.175}$$

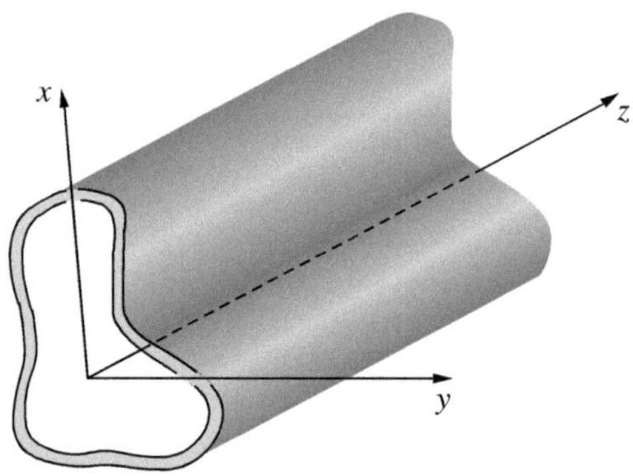

Abbildung 9.23

Freie Ladungen und Ströme[22] werden in einer Art und Weise auf der Oberfläche induziert, dass diese Randbedingungen sichergestellt werden. Wir interessieren uns für monochromatische Wellen, die sich in der Röhre ausbreiten, sodass E und B die allgemeine Form

$$\left.\begin{array}{ll}\text{(i)} & \tilde{\mathbf{E}}(x,y,z,t) = \tilde{\mathbf{E}}_0(x,y)\,\mathrm{e}^{\mathrm{i}(kz-\omega t)}\,, \\ \text{(ii)} & \tilde{\mathbf{B}}(x,y,z,t) = \tilde{\mathbf{B}}_0(x,y)\,\mathrm{e}^{\mathrm{i}(kz-\omega t)}\end{array}\right\} \tag{9.176}$$

annehmen. (In den für uns interessanten Fällen ist k reell, daher lasse ich die Tilde fallen.) Das elektrische und das magnetische Feld müssen natürlich im Inneren des

21 Siehe Gleichung 9.139 und Aufgabe 7.44. In einem perfekten Leiter ist $\mathbf{E} = 0$ und daher (wegen des Faraday'schen Gesetzes) $\partial\mathbf{B}/\partial t = 0$, was die Annahme erlaubt, dass das Magnetfeld bei *null bleiben wird*, wenn es auch am *Anfang* null war.

22 In Abschnitt 9.4.2 habe ich argumentiert, dass es in einem Ohm'schen Leiter mit endlicher Leitfähigkeit keine Oberflächenströme geben kann. Aber es *gibt* Volumenströme, die sich in etwa bis zur Eindringtiefe erstrecken. Mit zunehmender Leitfähigkeit werden sie in eine immer dünnere Schicht gezwängt, bis sie im Grenzfall eines perfekten Leiters zu echten Oberflächenströmen werden.

Wellenleiters die Maxwell'schen Gleichungen erfüllen:

$$\left.\begin{aligned} &\textbf{(i)}\quad \nabla\cdot\mathbf{E}=0\,, &&\textbf{(iii)}\quad \nabla\times\mathbf{E}=-\frac{\partial\mathbf{B}}{\partial t}\,,\\ &\textbf{(ii)}\quad \nabla\cdot\mathbf{B}=0\,, &&\textbf{(iv)}\quad \nabla\times\mathbf{B}=\frac{1}{c^2}\frac{\partial\mathbf{E}}{\partial t}\,. \end{aligned}\right\} \tag{9.177}$$

Das Problem liegt nun darin, die Funktionen $\tilde{\mathbf{E}}_0$ und $\tilde{\mathbf{B}}_0$ so zu bestimmen, dass die Felder (9.176) die Differentialgleichungen (9.177) und die Randbedingungen (9.175) erfüllen.

Wie wir bald sehen werden, sind solcherart eingeschlossene Wellen (im Allgemeinen) *nicht* transversal. Damit die Randbedingungen gelten, werden wir die longitudinalen Komponenten (E_z und B_z) berücksichtigen müssen:[23]

$$\tilde{\mathbf{E}}_0=E_x\hat{\mathbf{x}}+E_y\hat{\mathbf{y}}+E_z\hat{\mathbf{z}}\,,\quad \tilde{\mathbf{B}}_0=B_x\hat{\mathbf{x}}+B_y\hat{\mathbf{y}}+B_z\hat{\mathbf{z}}\,. \tag{9.178}$$

Jede dieser Funktionen ist eine Funktion von x und y. Setzen wir dies in die Maxwell'schen Gleichungen (iii) und (iv) ein, dann erhalten wir (Aufgabe 9.27a)

$$\left.\begin{aligned} &\textbf{(i)}\quad \frac{\partial E_y}{\partial x}-\frac{\partial E_x}{\partial y}=\mathrm{i}\omega B_z\,, &&\textbf{(iv)}\quad \frac{\partial B_y}{\partial x}-\frac{\partial B_x}{\partial y}=-\frac{\mathrm{i}\omega}{c^2}E_z\,,\\ &\textbf{(ii)}\quad \frac{\partial E_z}{\partial y}-\mathrm{i}kE_y=\mathrm{i}\omega B_x\,, &&\textbf{(v)}\quad \frac{\partial B_z}{\partial y}-\mathrm{i}kB_y=-\frac{\mathrm{i}\omega}{c^2}E_x\,,\\ &\textbf{(iii)}\quad \mathrm{i}kE_x-\frac{\partial E_z}{\partial x}=\mathrm{i}\omega B_y\,, &&\textbf{(vi)}\quad \mathrm{i}kB_x-\frac{\partial B_z}{\partial x}=-\frac{\mathrm{i}\omega}{c^2}E_y\,. \end{aligned}\right\} \tag{9.179}$$

Die Gleichungen (ii), (iii), (v) und (vi) können nach E_x, E_y, B_x und B_y aufgelöst werden:

$$\left.\begin{aligned} &\textbf{(i)}\quad E_x=\frac{\mathrm{i}}{(\omega/c)^2-k^2}\left(k\frac{\partial E_z}{\partial x}+\omega\frac{\partial B_z}{\partial y}\right)\,,\\ &\textbf{(ii)}\quad E_y=\frac{\mathrm{i}}{(\omega/c)^2-k^2}\left(k\frac{\partial E_z}{\partial y}-\omega\frac{\partial B_z}{\partial x}\right)\,,\\ &\textbf{(iii)}\quad B_x=\frac{\mathrm{i}}{(\omega/c)^2-k^2}\left(k\frac{\partial B_z}{\partial x}-\frac{\omega}{c^2}\frac{\partial E_z}{\partial y}\right)\,,\\ &\textbf{(iv)}\quad B_y=\frac{\mathrm{i}}{(\omega/c)^2-k^2}\left(k\frac{\partial B_z}{\partial y}+\frac{\omega}{c^2}\frac{\partial E_z}{\partial x}\right)\,. \end{aligned}\right\} \tag{9.180}$$

Es genügt nun, die longitudinalen Komponenten E_z und B_z zu bestimmen. Wenn wir diese kennen würden, könnten wir alle anderen schnell berechnen, indem wir einfach differenzieren. Setzen wir Gleichung 9.180 in die verbleibenden Maxwell'schen Gleichungen ein (Aufgabe 9.27b), dann erhalten wir entkoppelte Gleichungen für E_z und B_z:

$$\left.\begin{aligned} &\textbf{(i)}\quad \left[\frac{\partial^2}{\partial x^2}+\frac{\partial^2}{\partial y^2}+\left(\frac{\omega}{c}\right)^2-k^2\right]E_z=0\,,\\ &\textbf{(ii)}\quad \left[\frac{\partial^2}{\partial x^2}+\frac{\partial^2}{\partial y^2}+\left(\frac{\omega}{c}\right)^2-k^2\right]B_z=0\,. \end{aligned}\right\} \tag{9.181}$$

23 Um schwerfällige Schreibweisen zu vermeiden, werde ich den Subskript 0 sowie die Tilde bei den einzelnen Komponenten weglassen.

Wenn $E_z = 0$ ist, bezeichnen wir diese Wellen als transversal-elektrische Wellen (**TE-Wellen**). Ist hingegen $B_z = 0$, dann heißen sie transversal-magnetische Wellen (**TM-Wellen**). Sind sowohl $E_z = 0$ als auch $B_z = 0$, dann heißen diese Wellen transversal-elektromagnetische Wellen (**TEM-Wellen**).[24] Wie sich zeigt, können TEM-Wellen in Hohlraum-Wellenleitern nicht auftreten.

Beweis ■ Für $E_z = 0$ besagt das Gauß'sche Gesetz (Gleichung 9.177i)

$$\frac{\partial E_x}{\partial x} + \frac{\partial E_y}{\partial y} = 0\,.$$

Für $B_z = 0$ besagt das Faraday'sche Gesetz (Gleichung 9.177iii)

$$\frac{\partial E_y}{\partial x} - \frac{\partial E_x}{\partial y} = 0\,.$$

Tatsächlich sind für den Vektor $\tilde{\mathbf{E}}_0$ in Gleichung 9.178 Divergenz und Rotation null. Er kann daher als Gradient eines skalaren Potentials geschrieben werden, das die Laplace-Gleichung erfüllt. Aber die Randbedingungen für $\mathbf{E}$ (Gleichung 9.175) erfordern, dass die Oberfläche eine Äquipotentialfläche ist. Da die Laplace-Gleichung weder lokale Maxima noch Minima zulässt (Abschnitt 3.1.4), muss also das Potential überall konstant sein, und daher ist das elektrische Feld *null* – also gibt es keine Welle. ■

Beachten Sie, dass dieses Argument nur für völlig *leere* Röhren gilt – wenn Sie einen eigenständigen Leiter in der Mitte unterbringen, muss das Potential an *dessen* Oberfläche keineswegs dasselbe sein wie das der Außenwand; daher ist dann ein nichttriviales Potential möglich. Ein Beispiel dafür sehen wir in Abschnitt 9.5.3.

! **■ Aufgabe 9.27**

a. Leiten Sie Gleichung 9.179 und daraus Gleichung 9.180 ab.

b. Setzen Sie Gleichung 9.180 in die Maxwell'schen Gleichungen (i) und (ii) ein und bestimmen Sie Gleichung 9.181. Überprüfen Sie, dass Sie dieselben Resultate erhalten, wenn Sie (i) und (iv) von Gleichung 9.179 benutzen.

9.5.2 TE-Wellen in rechtwinkligen Wellenleitern

Wir haben einen Wellenleiter mit rechteckigem Querschnitt (Abbildung 9.24), dessen Höhe a und Breite b beträgt, und wir interessieren uns für die Ausbreitung von TE-Wellen. Die Aufgabe besteht darin, Gleichung 9.181ii zu lösen, für die die Randbedingungen 9.175ii gelten. Wir erledigen dies durch Separation der Variablen. Sei

$$B_z(x, y) = X(x)Y(y)\,,$$

24 Im Fall von TEM-Wellen (einschließlich der unbegrenzten ebenen Wellen aus Abschnitt 9.2) gilt $k = \omega/c$, die Gleichungen 9.180 sind dann unbestimmt, und Sie müssen auf Gleichung 9.179 zurückgreifen.

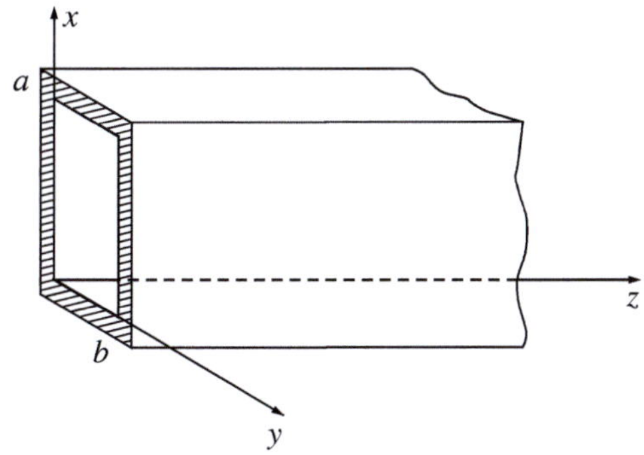

Abbildung 9.24

sodass

$$Y\frac{\mathrm{d}^2X}{\mathrm{d}x^2} + X\frac{\mathrm{d}^2Y}{\mathrm{d}y^2} + \left[\left(\frac{\omega}{c}\right)^2 - k^2\right]XY = 0\,.$$

Teilen Sie dies durch XY und beachten Sie, dass die von x und y abhängigen Terme konstant sein müssen:

$$\text{(i)}\quad \frac{1}{X}\frac{\mathrm{d}^2X}{\mathrm{d}x^2} = -k_x^2\,, \qquad \text{(ii)}\quad \frac{1}{Y}\frac{\mathrm{d}^2Y}{\mathrm{d}y^2} = -k_y^2 \tag{9.182}$$

mit

$$-k_x^2 - k_y^2 + (\omega/c)^2 - k^2 = 0\,. \tag{9.183}$$

Die allgemeine Lösung für Gleichung 9.182i lautet

$$X(x) = A\sin(k_x x) + B\cos(k_x x)\,.$$

Aber die Randbedingungen erfordern, dass B_x (und daher wegen Gleichung 9.180iii auch $\mathrm{d}X/\mathrm{d}x$) bei $x = 0$ und $x = a$ verschwindet. Somit ist $A = 0$ und

$$k_x = m\pi/a \quad (m = 0, 1, 2, \ldots)\,. \tag{9.184}$$

Dasselbe gilt für Y, mit

$$k_y = n\pi/b \quad (n = 0, 1, 2, \ldots)\,. \tag{9.185}$$

Wir folgern:

$$B_z = B_0\cos(m\pi x/a)\cos(n\pi y/b)\,. \tag{9.186}$$

Diese Lösung wird als TE_{mn}-Mode bezeichnet. (Die Konvention besagt, dass der erste Index mit der *größeren* Abmessung verknüpft wird, daher nehmen wir an, dass $a \geq b$ ist. Übrigens muss mindestens einer dieser Koeffizienten von null verschieden sein – siehe Aufgabe 9.28.) Die Wellenzahl (k) erhalten wir, indem wir die Gleichungen 9.184 und 9.185 in Gleichung 9.183 einsetzen:

$$k = \sqrt{(\omega/c)^2 - \pi^2\left[(m/a)^2 + (n/b)^2\right]}\,. \tag{9.187}$$

Für

$$\omega < c\pi\sqrt{(m/a)^2 + (n/b)^2} \equiv \omega_{mn} \tag{9.188}$$

wird die Wellenzahl imaginär, und anstatt einer sich ausbreitenden Welle haben wir exponentiell gedämpfte Felder (Gleichung 9.176). Aus diesem Grund wird ω_{mn} als **Grenzfrequenz** der betreffenden Mode bezeichnet. Die *niedrigste* Grenzfrequenz eines gegebenen Wellenleiters tritt für die Mode TE_{10} auf:

$$\omega_{10} = c\pi/a . \tag{9.189}$$

Kleinere Frequenzen als diese breiten sich überhaupt nicht aus.

Die Wellenzahl lässt sich einfacher formulieren, wenn sie durch die Grenzfrequenz ausgedrückt wird:

$$k = \frac{1}{c}\sqrt{\omega^2 - \omega_{mn}^2} . \tag{9.190}$$

Die Wellengeschwindigkeit beträgt

$$v = \frac{\omega}{k} = \frac{c}{\sqrt{1-(\omega_{mn}/\omega)^2}} \tag{9.191}$$

und ist somit größer als c. Die Energie, die von der Welle transportiert wird (siehe Aufgabe 9.30), breitet sich mit der *Gruppen*geschwindigkeit aus (Gleichung 9.150):

$$v_g = \frac{1}{\mathrm{d}k/\mathrm{d}\omega} = c\sqrt{1-(\omega_{mn}/\omega)^2} < c . \tag{9.192}$$

Es gibt eine weitere Methode, mit der wir uns die Ausbreitung einer elektromagnetischen Welle in einer rechteckigen Röhre veranschaulichen können und die dazu geeignet ist, ein Licht auf viele dieser Ergebnisse zu werfen. Betrachten Sie eine gewöhnliche *ebene* Welle, die sich unter einem Winkel θ zur z-Achse ausbreitet und die von jeder leitenden Oberfläche perfekt reflektiert wird (Abbildung 9.25). In x- und y-Richtung interferieren die (mehrfach reflektierten) Wellen und bilden ein stehendes Wellenmuster der Wellenlänge $\lambda_x = 2a/m$ bzw. $\lambda_x = 2b/n$ (die Wellenzahlen lauten daher entsprechend $k_x = 2\pi/\lambda_x = \pi m/a$ und $k_y = \pi n/b$). Darüber hinaus bleibt in z-Richtung eine sich ausbreitende Welle mit der Wellenzahl $k_z = k$ übrig. Der Ausbreitungsvektor der „ursprünglichen“ Welle hat daher die Form

$$\mathbf{k}' = \frac{\pi m}{a}\hat{\mathbf{x}} + \frac{\pi n}{b}\hat{\mathbf{y}} + k\hat{\mathbf{z}} ,$$

mit der Frequenz

$$\omega = c\left|\mathbf{k}'\right| = c\sqrt{k^2 + \pi^2\left[(m/a)^2 + (n/b)^2\right]} = \sqrt{(ck)^2 + (\omega_{mn})^2} .$$

Nur ganz bestimmte Winkel können zu einem der erlaubten Muster aus stehenden Wellen führen:

$$\cos\theta = \frac{k}{|\mathbf{k}'|} = \sqrt{1-(\omega_{mn}/\omega)^2} .$$

Die ebene Welle breitet sich mit der Geschwindigkeit c aus. Weil sie allerdings den Winkel θ mit der z-Achse einschließt, beträgt ihre Nettogeschwindigkeit innerhalb des Wellenleiters

$$v_g = c\cos\theta = c\sqrt{1-(\omega_{mn}/\omega)^2} .$$

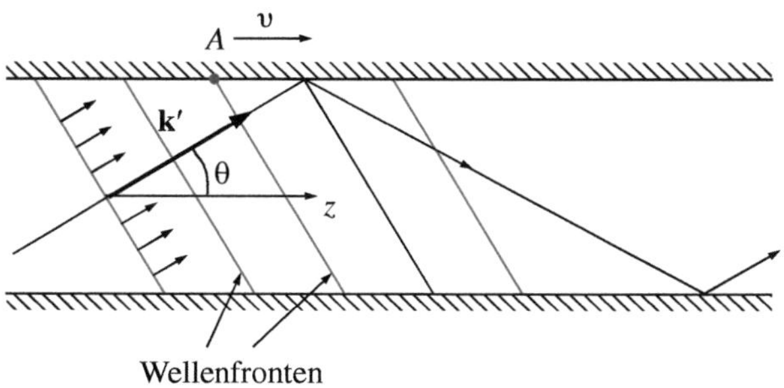

Abbildung 9.25

Andererseits hat die Welle innerhalb der Röhre dieselbe Geschwindigkeit wie die Wellenfronten (in Abbildung 9.25 beispielsweise A). Wie beim Auftreffen von Brechern auf den Strand können sich die Wellenfronten viel schneller bewegen als die Wellen selbst – tatsächlich gilt:

$$v = \frac{c}{\cos\theta} = \frac{c}{\sqrt{1-(\omega_{mn}/\omega)^2}} \, .$$

■ Aufgabe 9.28

Zeigen Sie, dass die TE_{00}-Mode in einem rechtwinkligen Wellenleiter nicht auftreten kann.

[*Hinweis*: In diesem Fall ist $\omega/c = k$, daher ist Gleichung 9.180 unbestimmt, und Sie müssen zu Gleichung 9.179 zurückkehren. Zeigen Sie, dass B_z eine Konstante ist und damit – durch Anwenden der integralen Form des Faraday'schen Gesetzes auf den Querschnitt – auch $B_z = 0$ gilt; es handelt sich also um eine TEM-Mode.]

■ Aufgabe 9.29

Betrachten Sie einen rechteckigen Wellenleiter mit den Abmessungen 2,28 cm × 1,01 cm. Welche TE-Moden können sich in diesem Wellenleiter ausbreiten, wenn die treibende Frequenz $1{,}70 \cdot 10^{10}$ Hz beträgt? Nehmen Sie an, Sie wollten nur eine *einzelne* TE-Mode anregen. In welchem Frequenzbereich würden Sie arbeiten? Wie lauten (im offenen Raum) die dazugehörigen Wellenlängen?

■ Aufgabe 9.30

Bestätigen Sie, dass die Energie in den TE_{mn}-Moden sich mit der Gruppengeschwindigkeit ausbreitet.

[*Hinweis*: Finden Sie den über die Zeit gemittelten Poynting-Vektor $\langle \mathbf{S} \rangle$ und die Energiedichte $\langle u \rangle$ (wenn Sie wollen, können Sie auf Aufgabe 9.12 zurückgreifen). Integrieren Sie dies über den Querschnitt des Wellenleiters, um die von der Welle transportierte Energie pro Zeiteinheit und pro Längeneinheit zu berechnen, und bestimmen Sie das Verhältnis.]

Aufgabe 9.31

Arbeiten Sie die Theorie der TM-Moden für einen rechtwinkligen Wellenleiter aus. Bestimmen Sie insbesondere das longitudinale elektrische Feld, die Grenzfrequenzen sowie die Wellen- und Gruppengeschwindigkeiten. Bestimmen Sie für einen gegebenen Wellenleiter das Verhältnis der niedrigsten TM-Grenzfrequenz zur niedrigsten TE-Grenzfrequenz. [*Vorsicht*: Was ist die niedrigste TM-Mode?]

9.5.3 Koaxiale Übertragungsleitungen

In Abschnitt 9.5.1 habe ich gezeigt, dass ein *Hohlraum*wellenleiter keine TEM-Wellen tragen kann. Eine *koaxiale* Übertragungsleitung, die aus einem langen geraden Draht mit Radius a besteht, die von einer zylindrischen leitenden Hülle mit Radius b umgeben ist (Abbildung 9.26) *kann* jedoch Moden mit $E_z = 0$ und $B_z = 0$ tragen. In diesem Fall führen die Maxwell'schen Gleichungen (in Form von 9.179) auf

$$k = \omega / c \tag{9.193}$$

(daher breiten sich die Wellen mit der Geschwindigkeit c aus und sind nicht-dispersiv) sowie

$$cB_y = E_x \quad \text{und} \quad cB_x = -E_y \tag{9.194}$$

(dadurch stehen $\mathbf{E}$ und $\mathbf{B}$ senkrecht aufeinander). Dann gilt (zusammen mit $\nabla \cdot \mathbf{E} = 0$ sowie $\nabla \cdot \mathbf{B} = 0$):

$$\left.\begin{aligned} \frac{\partial E_x}{\partial x} + \frac{\partial E_y}{\partial y} &= 0\,, \qquad & \frac{\partial E_y}{\partial x} - \frac{\partial E_x}{\partial y} &= 0\,, \\ \frac{\partial B_x}{\partial x} + \frac{\partial B_y}{\partial y} &= 0\,, \qquad & \frac{\partial B_y}{\partial x} - \frac{\partial B_x}{\partial y} &= 0\,. \end{aligned}\right\} \tag{9.195}$$

Dies sind genau die Gleichungen der Elektrostatik sowie der Magnetostatik im leeren Raum und in zwei Dimensionen. Die Lösung mit Zylindersymmetrie können Sie direkt dem Fall einer unendlich ausgedehnten Linienladung bzw. eines unendlichen geraden Stroms entnehmen:

$$\mathbf{E}_0(s,\varphi) = \frac{A}{s}\hat{\mathbf{s}}\,, \qquad \mathbf{B}_0(s,\varphi) = \frac{A}{cs}\hat{\boldsymbol{\varphi}}\,, \tag{9.196}$$

Abbildung 9.26

mit einer Konstanten A. Setzen wir dies in Gleichung 9.176 ein und nehmen wir den Realteil, dann erhalten wir:

$$\left.\begin{aligned}\tilde{\mathbf{E}}(s,\varphi,z,t) &= \frac{A\cos(kz-\omega t)}{s}\hat{\mathbf{s}}\,,\\ \tilde{\mathbf{B}}(s,\varphi,z,t) &= \frac{A\cos(kz-\omega t)}{cs}\hat{\boldsymbol{\varphi}}\,.\end{aligned}\right\} \tag{9.197}$$

Aufgabe 9.32

a. Zeigen Sie direkt, dass Gleichung 9.197 die Maxwell'schen Gleichungen (9.177) sowie die Randbedingungen 9.175 erfüllt.

b. Bestimmen Sie die Ladungsdichte $\lambda(z,t)$ und den Strom $I(z,t)$ auf dem inneren Leiter.

Weitere Aufgaben für Kapitel 9

EXTRAS ONLINE
Lösungshinweise

! Aufgabe 9.33

Der „Umkehrsatz" der Fourier-Transformation besagt, dass

$$\tilde{\varphi}(z) = \int_{-\infty}^{\infty} \tilde{\Phi}(k)\mathrm{e}^{\mathrm{i}kz}\,\mathrm{d}k \Leftrightarrow \tilde{\Phi}(k) = \frac{1}{2\pi}\int_{-\infty}^{\infty} \tilde{\varphi}(z)\mathrm{e}^{-\mathrm{i}kz}\,\mathrm{d}z\,. \tag{9.198}$$

Benutzen Sie dies zur Bestimmung von $\tilde{A}(k)$ in Gleichung 9.20 in Abhängigkeit von $f(z,0)$ und $\dot{f}(z,0)$.

[*Ergebnis*: $(1/2\pi)\int_{-\infty}^{\infty}[f(z,0) + (\mathrm{i}/\omega)\dot{f}(z,0)]\,\mathrm{e}^{-\mathrm{i}kz}\,\mathrm{d}z$.]

Aufgabe 9.34

[Die naive Erklärung für den Strahlungsdruck aus Abschnitt 9.2.3 hat ihre Mängel, wie Sie herausgefunden haben, falls Sie Aufgabe 9.11 bearbeitet haben. Hier stelle ich einen anderen Zugang vor, der ursprünglich auf Planck zurückgeht.[25]] Eine ebene Welle breitet sich im Vakuum in z-Richtung aus, trifft auf einen perfekten Leiter im Bereich $z \geq 0$ und wird reflektiert:

$$\mathbf{E}(z,t) = E_0[\cos(kz-\omega t) - \cos(kz+\omega t)]\hat{\mathbf{x}}\,, \quad (z<0)\,.$$

a. Bestimmen Sie das zugehörige Magnetfeld im Bereich $z < 0$.

b. Wie lautet der Strom $\mathbf{k}$ auf der Oberfläche $(z = 0)$? Nehmen Sie dazu $\mathbf{B} = 0$ im Leiter an und benutzen Sie die passende Randbedingung.

c. Berechnen Sie die magnetische Kraft pro Flächeneinheit an der Oberfläche und vergleichen Sie ihr zeitliches Mittel mit dem erwarteten Strahlungsdruck (Gleichung 9.64).

25 T. Rothman und S. Boughn, *Am. J. Phys.* **77**, 122 (2009), Abschnitt IV.

Aufgabe 9.35
Betrachten Sie

$$\tilde{\mathbf{E}}(r,\theta,\varphi,t) = \frac{A\sin\theta}{r}\left[\cos(kr-\omega t) - (1/kr)\sin(kr-\omega t)\right]\hat{\boldsymbol{\varphi}}\,, \quad \text{mit} \quad \frac{\omega}{k} = c\,.$$

(Dies ist übrigens die einfachste mögliche **sphärische Welle (Kugelwelle)**. Damit die Formulierung einfacher wird, setzen wir in unseren Rechnungen einfach $(kr - \omega t) \equiv u$.)

a. Zeigen Sie, dass $\tilde{\mathbf{E}}$ alle vier Maxwell'schen Gleichungen im Vakuum erfüllt, und bestimmen Sie das dazugehörige Magnetfeld.

b. Berechnen Sie den Poynting-Vektor. Mitteln Sie zur Bestimmung des Intensitätsvektors $\mathbf{I}$ über eine vollständige Periode. (Zeigt er in die Richtung, die Sie erwartet haben? Fällt er wie r^{-2} ab, wie er sollte?)

c. Integrieren Sie $\mathbf{I}\cdot d\mathbf{a}$ über eine kugelförmige Oberfläche und bestimmen Sie die gesamte abgestrahlte Leistung.
[*Ergebnis*: $4\pi A^2/3\mu_0 c$.]

! **Aufgabe 9.36**
Licht der (Kreis)frequenz ω durchquert Medium 1, dann eine Schicht (der Dicke d) aus Medium 2 und erreicht danach Medium 3 (beispielsweise wie in Abbildung 9.27 skizziert aus Wasser durch Glas in die Luft). Zeigen Sie, dass der Transmissionskoeffizient für senkrechten Einfall durch

$$T^{-1} = \frac{1}{4n_1 n_3}\left[(n_1+n_3)^2 + \frac{(n_1^2-n_2^2)(n_3^2-n_2^2)}{n_2^2}\sin^2\left(\frac{n_2\omega d}{c}\right)\right] \tag{9.199}$$

gegeben ist.

[*Hinweis*: Auf der *linken* Seite der Anordnung befinden sich die einfallende Welle sowie eine reflektierte Welle. Auf der *rechten* Seite befindet sich die transmittierte Welle. Innerhalb der Schicht gibt es eine Welle, die nach rechts läuft, sowie eine Welle, die nach links läuft. Drücken Sie jede durch ihre komplexe Amplitude aus und vergleichen Sie die Amplituden, indem Sie geeignete Randbedingungen an den beiden Grenzflächen einführen. Alle drei Medien sind linear und homogen. Nehmen Sie an, dass $\mu_1 = \mu_2 = \mu_3 = \mu_0$.]

Aufgabe 9.37
Eine Mikrowellenantenne strahlt bei 10 GHz und wird durch eine Plastikhülle mit der Dielektrizitätszahl 2,5 vor der Umgebung geschützt. Wie groß ist die minimale Dicke der Abschirmung, die eine perfekte Übertragung ermöglicht (unter der Annahme senkrechten Einfalls)?

[*Hinweis*: Benutzen Sie Gleichung 9.199.]

Aufgabe 9.38
Licht aus einem Aquarium (Abbildung 9.27) läuft aus Wasser ($n = 4/3$) durch eine Glasplatte ($n = 3/2$) in Luft ($n = 1$). Bestimmen Sie den minimalen und maximalen Transmissionskoeffizienten unter der Annahme, dass es sich um eine monochromatische ebene Welle handelt, die senkrecht auf das Glas einfällt (Gleichung 9.199). Sie können den Fisch deutlich sehen. Wie gut kann er Sie sehen?

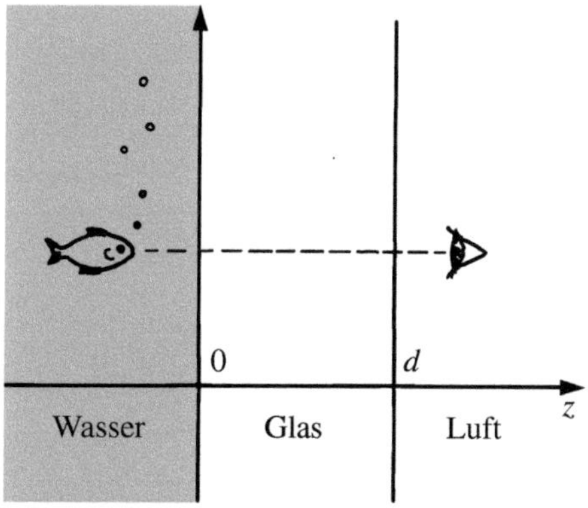

Abbildung 9.27

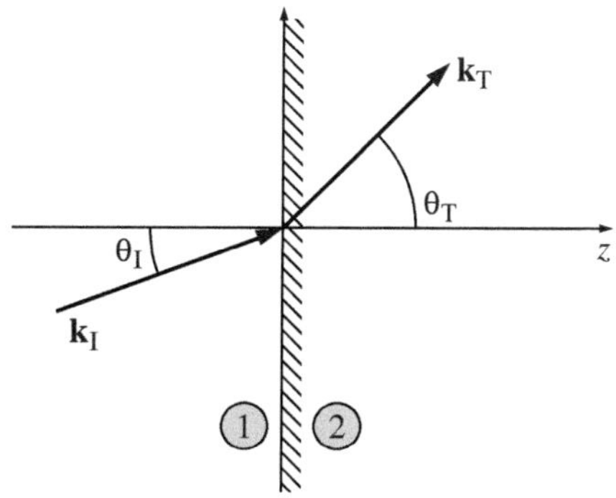

Abbildung 9.28

! **Aufgabe 9.39**

Gemäß dem Snellius'schen Brechungsgesetz wird der Fortpflanzungsvektor **k** von der Senkrechten *weg*gebrochen (Abbildung 9.28), sobald das Licht aus einem optisch dichten Medium in ein weniger dichtes ($n_1 > n_2$) eintritt. Fällt das Licht insbesondere unter dem **kritischen Winkel**

$$\theta_C \equiv \sin^{-1}(n_2/n_1) \tag{9.200}$$

ein, dann ist $\theta_T = 90°$, und der transmittierte Strahl streift lediglich die Oberfläche. Wenn θ_I *größer wird als* θ_C, gibt es keinerlei gebrochenen Strahl, lediglich einen reflektierten (dieses Phänomen wird als **innere Totalreflexion** beschrieben; auf ihr beruhen Lichtleiter und Glasfaseroptiken). Allerdings sind die *Felder* in Medium 2 nicht null. Wir erhalten statt dessen eine sogenannte **abklingende Welle**, die schnell gedämpft wird und keine Energie in Medium 2 einbringt.[26]

Ein schneller Weg zur Konstruktion der abklingenden Welle besteht einfach darin, die Ergebnisse aus Abschnitt 9.3.3 mit $k_T = \omega n_2/c$ heranzuziehen, sodass

$$\mathbf{k}_T = k_T\left(\sin\theta_T\hat{\mathbf{x}} + \cos\theta_T\hat{\mathbf{z}}\right) .$$

Der einzige Unterschied besteht darin, dass

$$\sin\theta_T = \frac{n_1}{n_2}\sin\theta_I$$

nun größer als eins ist und

$$\cos\theta_T = \sqrt{1-\sin^2\theta_T} = i\sqrt{\sin^2\theta_T - 1}$$

imaginär wird. (Offensichtlich kann θ_T in diesem Fall nicht mehr als *Winkel* interpretiert werden!)

19 Abklingende Felder können detektiert werden, indem ein zweite Grenzfläche in geringer Entfernung rechts hinter die erste gesetzt wird. In enger Analogie zum quantenmechanischen **Tunneleffekt** überwindet die Welle die Lücke und tritt rechts wieder in Erscheinung. Siehe F. Albiol, S. Navas und M. V. Andres, *Am. J. Phys.* **61**, 165 (1993).

a. Zeigen Sie, dass

$$\tilde{\mathbf{E}}_T(\mathbf{r}, t) = \tilde{\mathbf{E}}_{0_T}\, e^{-\kappa z}\, e^{i(kx-\omega t)} \tag{9.201}$$

gilt, mit

$$\kappa \equiv \frac{\omega}{c}\sqrt{(n_1 \sin\theta_I)^2 - n_2^2} \quad \text{und} \quad k \equiv \frac{\omega n_1}{c} \sin\theta_I\,. \tag{9.202}$$

Hierbei handelt es sich um eine Welle, die in x-Richtung voranschreitet (*parallel* zur Grenzfläche!) und in z-Richtung gedämpft wird.

b. Benutzen Sie, nachdem α (in Gleichung 9.108) nun imaginär ist, Gleichung 9.109 zur Berechnung des Reflexionskoeffizienten der parallel zur Einfallsebene polarisierten Welle.

[Beachten Sie, dass Sie 100 %-ige Reflexion erhalten, also einen besseren Wert als bei einer leitenden Oberfläche (siehe beispielsweise Aufgabe 9.22).]

c. Wiederholen Sie dies für die Polarisation senkrecht zur Einfallsebene (benutzen Sie die Ergebnisse aus Aufgabe 9.17).

d. Zeigen Sie, dass im Fall der Polarisation senkrecht zur Einfallsebene die (reellen) abklingenden Felder gegeben werden durch

$$\left.\begin{aligned} \mathbf{E}(\mathbf{r}, t) &= E_0\, e^{-\kappa z} \cos(kx - \omega t)\, \hat{\mathbf{y}}\,, \\ \mathbf{B}(\mathbf{r}, t) &= \frac{E_0}{\omega}\, e^{-\kappa z} \left[\kappa \sin(kx - \omega t)\, \hat{\mathbf{x}} + k \cos(kx - \omega t)\, \hat{\mathbf{z}}\right]\,. \end{aligned}\right\} \tag{9.203}$$

e. Überprüfen Sie, ob die Felder in (d) alle Maxwell'schen Gleichungen (9.67) erfüllen.

f. Konstruieren Sie für die Felder in (d) den Poynting-Vektor und zeigen Sie, dass im Mittel keine Energie in z-Richtung übertragen wird.

! Aufgabe 9.40

Betrachten Sie den Resonanzhohlraum, der durch das Schließen der beiden offenen Enden eines rechtwinkligen Wellenleiters bei $z = 0$ und $z = d$ entsteht und der einen perfekt leitenden leeren Behälter bildet. Zeigen Sie, dass die Resonanzfrequenz sowohl für TE- als auch TM-Moden durch

$$\omega_{lmn} = c\pi\sqrt{(l/d)^2 + (m/a)^2 + (n/b)^2}\,, \tag{9.204}$$

gegeben ist, wobei l, m und n ganze Zahlen sind. Bestimmen Sie die damit verknüpften elektrischen und magnetischen Felder.

Potentiale und Felder

10

ÜBERBLICK

10.1 Der Potentialformalismus

10.1.1 Skalare und Vektorpotentiale

In diesem Kapitel befassen wir uns mit der Frage, wie die Quellen (ρ und $\mathbf{J}$) elektrische und magnetische Felder erzeugen. Mit anderen Worten: Wir suchen die *allgemeine* Lösung der Maxwell'schen Gleichungen

$$\left.\begin{aligned} &\text{(i)} \quad \nabla\cdot\mathbf{E} = \frac{1}{\varepsilon_0}\rho\,, &&\text{(iii)} \quad \nabla\times\mathbf{E} = -\frac{\partial\mathbf{B}}{\partial t}\,,\\ &\text{(ii)} \quad \nabla\cdot\mathbf{B} = 0\,, &&\text{(iv)} \quad \nabla\times\mathbf{B} = \mu_0\mathbf{J} + \mu_0\varepsilon_0\frac{\partial\mathbf{E}}{\partial t}\,. \end{aligned}\right\} \tag{10.1}$$

Wenn $\rho(\mathbf{r},t)$ und $\mathbf{J}(\mathbf{r},t)$ gegeben sind, wie sehen dann die Felder $\mathbf{E}(\mathbf{r},t)$ und $\mathbf{B}(\mathbf{r},t)$ aus? Für den statischen Fall geben uns das Coulomb'sche und das Biot-Savart'sche Gesetz die Antwort. Wir suchen also nach einer Verallgemeinerung dieser Gesetze für zeitabhängige Konfigurationen.

Das ist kein einfaches Problem, und es wird sich auszahlen, wenn wir die Felder durch Potentiale ausdrücken. In der Elektrostatik können wir $\mathbf{E}$ wegen $\nabla\times\mathbf{E} = 0$ als Gradienten eines skalaren Potentials schreiben: $\mathbf{E} = -\nabla V$. In der Elektro*dynamik* ist das nicht mehr möglich, weil die Rotation von $\mathbf{E}$ nicht null ist. Da aber $\mathbf{B}$ nach wie vor divergenzfrei ist, haben wir, wie in der Magnetostatik, immer noch

$$\mathbf{B} = \nabla\times\mathbf{A}\,. \tag{10.2}$$

Setzen wir dies in das Faraday'sche Gesetz (iii) ein, dann erhalten wir

$$\nabla\times\mathbf{E} = -\frac{\partial}{\partial t}(\nabla\times\mathbf{A})\,,$$

bzw.

$$\nabla\times\left(\mathbf{E} + \frac{\partial\mathbf{A}}{\partial t}\right) = 0\,.$$

Hier *haben* wir also eine Größe, deren Rotation, anders als bei $\mathbf{E}$ allein, *verschwindet*. Daher kann sie als Gradient eines Skalars geschrieben werden:

$$\mathbf{E} + \frac{\partial\mathbf{A}}{\partial t} = -\nabla V\,.$$

In Abhängigkeit von V und $\mathbf{A}$ haben wir dann

$$\mathbf{E} = -\nabla V - \frac{\partial\mathbf{A}}{\partial t}\,. \tag{10.3}$$

Ist $\mathbf{A}$ konstant, reduziert sich dies natürlich auf die alte Form.

Die Potentialdarstellung (Gleichungen 10.2 und 10.3) erfüllt automatisch die beiden homogenen Maxwell'schen Gleichungen (ii) und (iii). Was ist aber mit dem Gauß'schen Gesetz (i) und dem Ampère-/Maxwell'schen Gesetz (iv)? Setzen wir Gleichung 10.3 in (i) ein, erhalten wir

$$\nabla^2 V + \frac{\partial}{\partial t}(\nabla\cdot\mathbf{A}) = -\frac{1}{\varepsilon_0}\rho\,. \tag{10.4}$$

Dies ersetzt die Poisson-Gleichung (zu der es sich im statischen Fall vereinfacht). Einsetzen von Gleichung 10.2 und Gleichung 10.3 in (iv) führt auf

$$\nabla \times (\nabla \times \mathbf{A}) = \mu_0 \mathbf{J} - \mu_0 \varepsilon_0 \nabla \left(\frac{\partial V}{\partial t} \right) - \mu_0 \varepsilon_0 \frac{\partial^2 \mathbf{A}}{\partial t^2} \,.$$

Mit der Vektoridentität $\nabla \times (\nabla \times \mathbf{A}) = \nabla(\nabla \cdot \mathbf{A}) - \nabla^2 \mathbf{A}$ und nach dem Vertauschen der Terme haben wir:

$$\left(\nabla^2 \mathbf{A} - \mu_0 \varepsilon_0 \frac{\partial^2 \mathbf{A}}{\partial t^2} \right) - \nabla \left(\nabla \cdot \mathbf{A} + \mu_0 \varepsilon_0 \frac{\partial V}{\partial t} \right) = -\mu_0 \mathbf{J} \,. \tag{10.5}$$

Die Gleichungen 10.4 und 10.5 enthalten daher die gesamten Informationen der Maxwell'schen Gleichungen.

Beispiel 10.1: Ladungsverteilung und Strom von Potentialen

Bestimmen Sie die Verteilungen von Ladung und Strom, die die Potentiale

$$V = 0 \,, \quad \mathbf{A} = \begin{cases} \dfrac{\mu_0 k}{4c} (ct - |x|)^2 \, \hat{\mathbf{z}} & \text{für} \quad |x| < ct \\ 0 & \text{für} \quad |x| > ct \end{cases}$$

verursachen, wobei k eine Konstante ist und $c = 1/\sqrt{\mu_0 \varepsilon_0}$ beträgt.

Lösung:

Zunächst bestimmen wir das elektrische und das magnetische Feld anhand der Gleichungen 10.2 und 10.3:

$$\mathbf{E} = -\frac{\partial \mathbf{A}}{\partial t} = -\frac{\mu_0 k}{2} (ct - |x|) \, \hat{\mathbf{z}} \,,$$

$$\mathbf{B} = \nabla \times \mathbf{A} = -\frac{\mu_0 k}{4c} \frac{\partial}{\partial x} (ct - |x|)^2 \, \hat{\mathbf{y}} = \pm \frac{\mu_0 k}{2c} (ct - |x|) \, \hat{\mathbf{y}}$$

(plus für $x > 0$ und minus für $x < 0$). Dies gilt für $|x| < ct$; für $|x| > ct$ ist $\mathbf{E} = \mathbf{B} = 0$ (Abbildung 10.1). Wenn wir alle Ableitungen in Reichweite berechnen, erhalten wir:

$$\nabla \cdot \mathbf{E} = 0 \,; \quad \nabla \cdot \mathbf{B} = 0 \,; \quad \nabla \times \mathbf{E} = \mp \frac{\mu_0 k}{2} \hat{\mathbf{y}} \,; \quad \nabla \times \mathbf{B} = -\frac{\mu_0 k}{2c} \hat{\mathbf{z}} \,;$$

$$\frac{\partial \mathbf{E}}{\partial t} = -\frac{\mu_0 k c}{2} \hat{\mathbf{z}} \,; \quad \frac{\partial \mathbf{B}}{\partial t} = \pm \frac{\mu_0 k}{2} \hat{\mathbf{y}} \,.$$

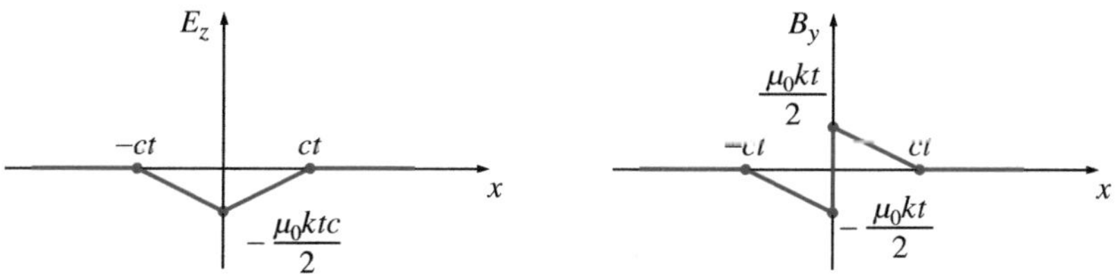

Abbildung 10.1

Beispiel 10.1 (Fortsetzung)

Wie Sie leicht nachprüfen können, sind alle Maxwell'schen Gleichungen auch dann erfüllt, wenn σ und $\mathbf{J}$ beide *null* sind. Beachten Sie, dass jedoch $\mathbf{B}$ bei $x = 0$ eine Sprungstelle aufweist. Dies signalisiert das Vorliegen eines Oberflächenstroms $\mathbf{K}$ in der y-z-Ebene. Die Randbedingung (iv) in Gleichung 7.64 liefert

$$kt\hat{\mathbf{y}} = \mathbf{K} \times \hat{\mathbf{x}} ,$$

und damit ist

$$\mathbf{K} = kt\hat{\mathbf{z}} .$$

Offenbar liegt uns hier ein Oberflächenstrom vor, der über die Ebene bei $x = 0$ in z-Richtung fließt. Er beginnt bei $t = 0$ und wächst proportional zu t an. Beachten Sie, dass sich die Informationen (in beiden Richtungen) mit Lichtgeschwindigkeit ausbreiten: für Punkte $|x| > ct$ ist die Nachricht (dass nun ein Strom fließt) noch nicht eingetroffen, daher sind die Felder null.

Aufgabe 10.1

Zeigen Sie, dass die Differentialgleichungen für V und $\mathbf{A}$ (Gleichung 10.4 und 10.5) in einer symmetrischeren Form geschrieben werden können:

$$\left.\begin{aligned} \Box^2 V + \frac{\partial L}{\partial t} &= -\frac{1}{\varepsilon_0}\rho , \\ \Box^2 \mathbf{A} - \nabla L &= -\mu_0 \mathbf{J} , \end{aligned}\right\} \tag{10.6}$$

mit

$$\Box^2 \equiv \nabla^2 - \mu_0\varepsilon_0 \frac{\partial^2}{\partial t^2} \quad \text{und} \quad L \equiv \nabla \cdot \mathbf{A} + \mu_0\varepsilon_0 \frac{\partial V}{\partial t} .$$

In Analogie zu ∇ (Nabla) bezeichnet man $\Box$ gerne als „Quabla".

Aufgabe 10.2

Nehmen Sie für die Anordnung aus Beispiel 10.1 eine rechteckige Schachtel mit der Länge l, Breite w und Höhe h an. Sie befindet sich im Abstand d oberhalb der y-z-Ebene (Abbildung 10.2).

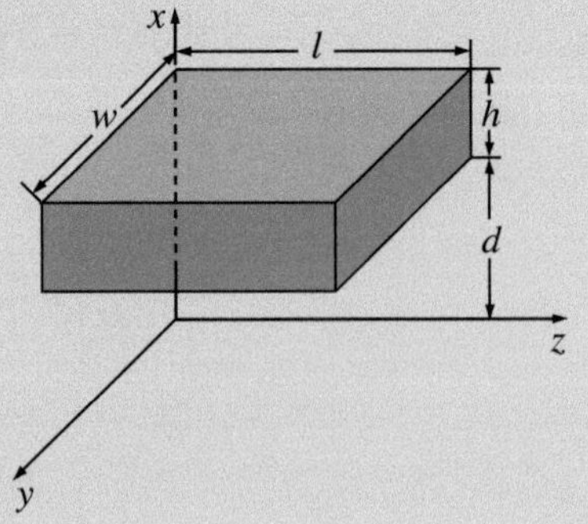

Abbildung 10.2

a. Bestimmen Sie die Energie in der Schachtel zu den Zeiten $t_1 = d/c$ und $t_2 = (d + h)/c$.

b. Bestimmen Sie den Poynting-Vektor sowie die Energie pro Zeiteinheit, die während des Intervalls $t_1 < t < t_2$ in die Schachtel hineinfließt.

c. Integrieren Sie das Ergebnis in (b) von t_1 nach t_2 und bestätigen Sie, dass der Energieanstieg (Teil (a)) dem Nettozufluss von Energie entspricht.

10.1.2 Eichtransformationen

Gleichung 10.4 und 10.5 sind ausgesprochen *hässlich*, und Sie neigen zum jetzigen Zeitpunkt vielleicht dazu, den Potentialformalismus ganz fallen zu lassen. Allerdings ist es uns dank dieses Mechanismus gelungen, sechs Probleme – die Bestimmung der (jeweils drei) Komponenten von **E** und **B** – auf vier zu verringern: Jetzt geht es nur noch um die Bestimmung von V (mit nur einer Komponente) und **A** (drei weitere Komponenten). Allerdings definieren die Gleichungen 10.2 und 10.3 die Potentiale keineswegs eindeutig. Wir haben die Freiheit, zusätzliche Bedingungen für V und **A** einzuführen, solange dies **E** und **B** nicht beeinflusst. Im Folgenden wollen wir genau ausarbeiten, was diese sogenannte **Eichfreiheit** mit sich bringt. Nehmen Sie an, wir hätten zwei Gruppen von Potentialen, nämlich $(V, \mathbf{A})$ sowie $(V', \mathbf{A}')$, die zu den *gleichen* elektrischen und magnetischen Feldern gehören. Wie sehr können sie sich unterscheiden? Wir schreiben

$$\mathbf{A}' = \mathbf{A} + \boldsymbol{\alpha} \quad \text{und} \quad V' = V + \beta \, .$$

Da die beiden **A** auf dasselbe **B** führen, müssen ihre Rotationen gleich sein; deshalb gilt:

$$\nabla \times \boldsymbol{\alpha} = 0 \, .$$

Daher können wir $\boldsymbol{\alpha}$ als Gradient eines bestimmten Skalars schreiben:

$$\boldsymbol{\alpha} = \nabla \lambda \, .$$

Die beiden Potentiale führen zudem auf dasselbe **E**, also ist

$$\nabla \beta + \frac{\partial \boldsymbol{\alpha}}{\partial t} = 0 \, ,$$

bzw.

$$\nabla \left(\beta + \frac{\partial \lambda}{\partial t} \right) = 0 \, .$$

Der Term in Klammern ist daher nicht vom Ort abhängig (er könnte allerdings noch von der Zeit abhängen). Nennen wir ihn $k(t)$:

$$\beta = -\frac{\partial \lambda}{\partial t} + k(t) \, .$$

Eigentlich könnten wir $k(t)$ gleich in λ einfügen und damit ein neues λ definieren, indem wir zu dem alten Wert $\int_0^t k(t')\,\mathrm{d}t'$ addieren. Dies hat keinen Einfluss auf den

Gradienten von λ, sondern fügt $\partial\lambda/\partial t$ lediglich den Wert $k(t)$ hinzu. Dann gilt:

$$\mathbf{A}' = \mathbf{A} + \nabla\lambda\,,$$
$$V' = V - \frac{\partial\lambda}{\partial t}\,. \tag{10.7}$$

Schlussfolgerung: Für eine beliebige skalare Funktion $\lambda(\mathbf{r}, t)$ können wir ungestraft $\nabla\lambda$ zu $\mathbf{A}$ addieren, vorausgesetzt, wir subtrahieren gleichzeitig $\partial\lambda/\partial t$ von V. Nichts davon wird die physikalischen Größen $\mathbf{E}$ und $\mathbf{B}$ beeinflussen. Solche Änderungen von $\mathbf{A}$ und V werden als **Eichtransformationen** bezeichnet. Sie können genutzt werden, um die Divergenz von $\mathbf{A}$ mit dem Ziel zu justieren, die „hässlichen" Gleichungen 10.4 und 10.5 zu vereinfachen. In der Magnetostatik lautete die beste Wahl $\nabla\cdot\mathbf{A} = 0$ (Gleichung 5.63). In der Elektrodynamik ist die Situation nicht so eindeutig, und die am besten geeignete Eichung hängt in gewissem Maße von dem jeweils vorliegenden Problem ab. Die Literatur kennt viele berühmte Eichungen, von denen ich Ihnen die beiden bekanntesten vorstellen werde.

Aufgabe 10.3

a. Bestimmen Sie die Felder sowie die Ladungs- und Stromverteilungen, die zu

$$V(\mathbf{r}, t) = 0\,, \quad \mathbf{A}(\mathbf{r}, t) = -\frac{1}{4\pi\varepsilon_0}\frac{qt}{r^2}\hat{\mathbf{r}}$$

gehören.

b. Verwenden Sie die Eichfunktion $\lambda = -(1/4\pi\varepsilon_0)(qt/r)$, um die Potentiale zu transformieren. Kommentieren Sie das Ergebnis.

Aufgabe 10.4

Nehmen Sie an, dass $V = 0$ und $\mathbf{A} = A_0 \sin(kx - \omega t)\hat{\mathbf{y}}$ ist, wobei A_0, ω und k Konstanten sind. Bestimmen Sie $\mathbf{E}$ und $\mathbf{B}$ und bestätigen Sie, dass sie die Maxwell'schen Gleichungen im Vakuum erfüllen. Welche Bedingungen müssen Sie für ω und k einführen?

10.1.3 Coulomb-Eichung und Lorenz-Eichung

Die Coulomb-Eichung Wie in der Magnetostatik wählen wir

$$\nabla\cdot\mathbf{A} = 0 \tag{10.8}$$

aus. Damit wird Gleichung 10.4 zu

$$\nabla^2 V = -\frac{1}{\varepsilon_0}\rho\,. \tag{10.9}$$

Dies ist nichts anderes als die Poisson-Gleichung, von der wir bereits wissen, wie sie zu lösen ist: Wir setzen im Unendlichen $V = 0$ und erhalten:

$$V(\mathbf{r}, t) = \frac{1}{4\pi\varepsilon_0}\int \frac{\rho(\mathbf{r}', t)}{\mathscr{r}}\,\mathrm{d}\tau'\,. \tag{10.10}$$

Es gibt eine Besonderheit hinsichtlich des skalaren Potentials in der Coulomb-Eichung. Sie wird von der *jetzigen* Ladungsverteilung festgelegt. Wenn ich ein Elektron in meinem Labor bewege, stellt das Potential auf dem Mond sofort diese Änderung fest. Im Licht der speziellen Relativitätstheorie, in der sich keine Nachricht schneller als Lichtgeschwindigkeit ausbreiten kann, klingt dies äußerst seltsam. Der springende Punkt ist: V *selbst* ist keine physikalisch messbare Größe – der Mann im Mond kann allenfalls das $\mathbf{E}$ messen, das ebenfalls $\mathbf{A}$ enthält (Gleichung 10.3). Irgendwie ist also in das Vektorpotential bei der Coulomb-Eichung eingebaut, dass, obwohl V sofort alle Änderungen in ρ widerspiegelt, dies für die Kombination $-\nabla V-(\partial\mathbf{A}/\partial t)$ *nicht* gilt. $\mathbf{E}$ verändert sich erst, nachdem genug Zeit verstrichen ist, dass die „Nachricht" ankommen konnte.[1]

Der *Vorteil* der Coulomb-Eichung besteht darin, dass das *skalare* Potential besonders einfach zu berechnen ist. Der *Nachteil* (abgesehen von dem akausalen Erscheinungsbild von V) besteht darin, dass das *Vektor*potential $\mathbf{A}$ besonders *schwer* zu berechnen ist. Die Differentialgleichung für $\mathbf{A}$ (10.5) lautet in der Coulomb-Eichung

$$\nabla^2\mathbf{A}-\mu_0\varepsilon_0\frac{\partial^2\mathbf{A}}{\partial t^2}=-\mu_0\mathbf{J}+\mu_0\varepsilon_0\nabla\left(\frac{\partial V}{\partial t}\right). \tag{10.11}$$

Die Lorenz-Eichung Bei der Lorenz-Eichung[2] wählen wir

$$\nabla\cdot\mathbf{A}=-\mu_0\varepsilon_0\frac{\partial V}{\partial t}. \tag{10.12}$$

Dadurch wird der mittlere Term in Gleichung 10.5 eliminiert (in der Sprache von Aufgabe 10.1 wird somit $L=0$). Damit erhalten wir

$$\nabla^2\mathbf{A}-\mu_0\varepsilon_0\frac{\partial^2\mathbf{A}}{\partial t^2}=-\mu_0\mathbf{J}. \tag{10.13}$$

Zugleich wird die Differentialgleichung für V (Gleichung 10.4) zu

$$\nabla^2 V-\mu_0\varepsilon_0\frac{\partial^2 V}{\partial t^2}=-\frac{1}{\varepsilon_0}\rho. \tag{10.14}$$

Der Vorteil der Lorenz-Eichung besteht darin, dass nun V und $\mathbf{A}$ gleich behandelt werden: Derselbe Differentialoperator

$$\nabla^2-\mu_0\varepsilon_0\frac{\partial^2}{\partial t^2}\equiv\Box^2 \tag{10.15}$$

(der als **D'Alembert-Operator** bezeichnet wird) tritt in beiden Gleichungen auf:

$$\begin{aligned}&\textbf{(i)} && \Box^2 V=-\frac{1}{\varepsilon_0}\rho,\\ &\textbf{(ii)} && \Box^2\mathbf{A}=-\mu_0\mathbf{J}.\end{aligned} \tag{10.16}$$

1 Siehe O. L. Brill und B. Goodman, *Am. J. Phys.* **35**, 832 (1967).

2 Bis vor Kurzem wurde diese Eichung „Lorentz" zu Ehren des niederländischen Physikers H. A. Lorentz genannt, jetzt wird sie aber dem Dänen L. V. Lorenz zugeschrieben. Siehe J. van Bladel, *IEEE Antennas and Propagation Magazine* **33**(2), 69 (1991); J. D. Jackson und L. B. Okun, *Rev. Mod. Phys.* **73**, 663 (2001).

Diese demokratische Gleichbehandlung von V und $\mathbf{A}$ ist insbesondere mit Blick auf die spezielle Relativitätstheorie angenehm, denn dort ist der D'Alembert-Operator die natürliche Verallgemeinerung des Laplace-Operators, und die Gleichungen 10.16 können als vierdimensionale Version der Poisson-Gleichung betrachtet werden. (Im gleichen Sinne kann man die Wellengleichung $\Box^2 f = 0$ für die Fortpflanzungsgeschwindigkeit c als vierdimensionale Version der Laplace-Gleichung betrachten.) Bei der Lorenz-Eichung erfüllen V und $\mathbf{A}$ die **inhomogene Wellengleichung** mit einem „Quellenterm" (anstelle der Null) auf der rechten Seite. Von nun an werde ich ausschließlich die Lorenz-Eichung verwenden, wodurch die gesamte Elektrodynamik sich auf das Problem reduziert, *die inhomogene Wellengleichung für gegebene Quellen zu lösen.*

Aufgabe 10.5

Welches der Potentiale in Beispiel 10.1, Aufgabe 10.3 und Aufgabe 10.4 unterliegt der Coulomb-Eichung? Welche der Lorenz-Eichung? (Beachten Sie, dass diese Eichungen sich nicht gegenseitig ausschließen.)

Aufgabe 10.6

In Kapitel 5 habe ich gezeigt, dass es immer möglich ist, ein Vektorpotential auszuwählen, dessen Divergenz null ist (Coulomb-Eichung). Zeigen Sie, dass es immer möglich ist, $\nabla \cdot \mathbf{A} = -\mu_0 \varepsilon_0 (\partial V / \partial t)$ zu wählen, wie von der Lorenz-Eichung gefordert, vorausgesetzt, Sie wissen, wie Sie die inhomogene Wellengleichung 10.16 lösen können. Ist es immer möglich, $V = 0$ zu wählen? Geht auch $\mathbf{A} = 0$?

Aufgabe 10.7

Eine zeitabhängige Punktladung $q(t)$ am Ursprung, $\rho(\mathbf{r}, t) = q(t)\delta^3(\mathbf{r})$, wird von einem Strom $\mathbf{J}(\mathbf{r}, t) = -(1/4\pi)(\dot{q}/r^2)\hat{\mathbf{r}}$ gespeist. Dabei ist $\dot{q} = \mathrm{d}q/\mathrm{d}t$.

a. Überprüfen Sie, dass die Ladung erhalten ist, indem Sie bestätigen, dass die Kontinuitätsgleichung gilt.

b. Bestimmen Sie das Skalarpotential und das Vektorpotential in der Coulomb-Eichung. Wenn Sie nicht weiterkommen, bearbeiten Sie (c) zuerst.

c. Berechnen Sie die Felder und überprüfen Sie, dass sie allen Maxwell-Gleichungen genügen.[3]

10.1.4 Die Lorentz-Kraft in Potentialform[4]

Es ist erhellend, die Lorentz-Kraft durch die Potentiale auszudrücken:

$$\mathbf{F} = \frac{\mathrm{d}\mathbf{p}}{\mathrm{d}t} = q(\mathbf{E} + \mathbf{v} \times \mathbf{B}) = q\left[-\nabla V - \frac{\partial \mathbf{A}}{\partial t} + \mathbf{v} \times (\nabla \times \mathbf{A})\right], \qquad (10.17)$$

3 P. R. Berman, *Am. J. Phys.* **76**, 48 (2008).
4 Diesen Abschnitt können Sie zunächst überspringen.

wobei $\mathbf{p} = m\mathbf{v}$ der Impuls des Teilchens ist. Die Produktregel 4 besagt nun

$$\nabla(\mathbf{v} \cdot \mathbf{A}) = \mathbf{v} \times (\nabla \times \mathbf{A}) + (\mathbf{v} \cdot \nabla)\mathbf{A}$$

($\mathbf{v}$, die Geschwindigkeit des Teilchens, hängt von der Zeit, aber nicht dem Ort des Teilchens ab). Somit

$$\frac{\mathrm{d}\mathbf{p}}{\mathrm{d}t} = -q\left[\frac{\partial \mathbf{A}}{\partial t} + (\mathbf{v} \cdot \nabla)\mathbf{A} + \nabla(V - \mathbf{v} \cdot \mathbf{A})\right] . \tag{10.18}$$

Die Kombination

$$\left[\frac{\partial \mathbf{A}}{\partial t} + (\mathbf{v} \cdot \nabla)\mathbf{A}\right]$$

heißt **materielle** oder **mitbewegte Ableitung** von $\mathbf{A}$ und wird $d\mathbf{A}/\mathrm{d}t$ (*totale* Ableitung) geschrieben. Sie beschreibt die zeitliche Änderung von $\mathbf{A}$ an der *(sich ändernden) Position des Teilchens.* Stellen Sie sich vor, das Teilchen wäre zur Zeit t am Punkt $\mathbf{r}$, wo das Potential $\mathbf{A}(\mathbf{r}, t)$ beträgt; ein Intervall $\mathrm{d}t$ später ist es dann bei $\mathbf{r}+\mathbf{v}\,\mathrm{d}t$, wo das Potential $\mathbf{A}(\mathbf{r} + \mathbf{v}\,\mathrm{d}t, t + \mathrm{d}t)$ beträgt. Die *Änderung* von $\mathbf{A}$ ist dann

$$\begin{aligned}\mathrm{d}\mathbf{A} &= \mathbf{A}(\mathbf{r} + \mathbf{v}\,\mathrm{d}t, t + \mathrm{d}t) - \mathbf{A}(\mathbf{r}, t)\\ &= \left(\frac{\partial \mathbf{A}}{\partial x}\right)(v_x\,\mathrm{d}t) + \left(\frac{\partial \mathbf{A}}{\partial y}\right)(v_y\,\mathrm{d}t) + \left(\frac{\partial \mathbf{A}}{\partial z}\right)(v_z\,\mathrm{d}t) + \left(\frac{\partial \mathbf{A}}{\partial t}\right)\mathrm{d}t .\end{aligned}$$

Somit gilt

$$\frac{\mathrm{d}\mathbf{A}}{\mathrm{d}t} = \frac{\partial \mathbf{A}}{\partial t} + (\mathbf{v} \cdot \nabla)\mathbf{A} . \tag{10.19}$$

Während sich das Teilchen bewegt, ändert sich das Potential, das es „spürt", aus zwei unterschiedlichen Gründen: erstens, weil sich das Potential in der *Zeit* ändert, zweitens weil es sich nun an einem neuen Ort befindet, wo $\mathbf{A}$ deswegen anders ist, weil es sich im *Raum* ändert. Daher die zwei Beiträge in Gleichung 10.19.

Mit der materiellen Ableitung schaut die Lorentz-Kraft nun so aus:

$$\frac{\mathrm{d}}{\mathrm{d}t}(\mathbf{p} + q\mathbf{A}) = -\nabla[q(V - \mathbf{v} \cdot \mathbf{A})] . \tag{10.20}$$

Das erinnert an die Standardformel aus der Mechanik für die Bewegung eines Teilchens, dessen potentielle Energie U eine bekannte Funktion des Ortes ist:

$$\frac{\mathrm{d}\mathbf{p}}{\mathrm{d}t} = -\nabla U .$$

Die Rolle von $\mathbf{p}$ wird nun vom sogenannten **kanonischen Impuls** übernommen:

$$\mathbf{p}_{\text{kanonisch}} = \mathbf{p} + q\mathbf{A} , \tag{10.21}$$

während die Rolle von U an die geschwindigkeitsabhängige Größe

$$U_{\text{geschw}} = q(V - \mathbf{v} \cdot \mathbf{A}) \tag{10.22}$$

fällt. Eine ähnliche Argumentation (Aufgabe 10.7) führt auf die Änderungsrate der *Energie* des Teilchens:

$$\frac{\mathrm{d}}{\mathrm{d}t}(T + qV) = \frac{\partial}{\partial t}[q(V - \mathbf{v} \cdot \mathbf{A})] , \tag{10.23}$$

wobei $T = \frac{1}{2}mv^2$ die kinetische Energie des Teilchens ist und V seine potentielle Energie (die Ableitung auf der rechten Seite wirkt nur auf V und $\mathbf{A}$, nicht auf $\mathbf{v}$). Merkwürdigerweise taucht die gleiche Größe[5] U_{geschw} auf der rechten Seite beider Gleichungen auf. Die Parallele zwischen Gleichung 10.20 und Gleichung 10.23 legt uns nahe, $\mathbf{A}$ als eine Art von „potentiellem Impuls" pro Einheitsladung zu interpretieren, genauso wie V die potentielle *Energie* pro Einheitsladung darstellt.[6]

Aufgabe 10.8

Das Vektorpotential eines gleichförmigen magnetostatischen Feldes beträgt $\mathbf{A} = -\frac{1}{2}(\mathbf{r} \times \mathbf{B})$ (Aufgabe 5.25). Zeigen Sie, dass in diesem Fall $\mathrm{d}\mathbf{A}/\mathrm{d}t = -\frac{1}{2}(\mathbf{v} \times \mathbf{B})$ gilt. Bestätigen Sie auch, dass Gleichung 10.20 die richtige Bewegungsgleichung liefert.

Aufgabe 10.9

Leiten Sie Gleichung 10.23 her.

[*Hinweis:* Fangen Sie mit Gleichung 10.17 an.]

10.2 Kontinuierliche Verteilungen

10.2.1 Retardierte Potentiale

Im statischen Fall reduziert sich Gleichung 10.16 auf die Poisson-Gleichung (genauer: vier Kopien davon)

$$\nabla^2 V = -\frac{1}{\varepsilon_0}\rho\,, \quad \nabla^2 \mathbf{A} = -\mu_0 \mathbf{J}$$

mit den gewohnten Lösungen

$$V(\mathbf{r}) = \frac{1}{4\pi\varepsilon_0}\int \frac{\rho(\mathbf{r}')}{\mathscr{r}}\,\mathrm{d}\tau'\,, \quad \mathbf{A}(\mathbf{r}) = \frac{\mu_0}{4\pi}\int \frac{\mathbf{J}(\mathbf{r}')}{\mathscr{r}}\,\mathrm{d}\tau'\,, \tag{10.24}$$

in denen $\mathscr{r}$ wie immer die Entfernung zwischen dem Quellpunkt $\mathbf{r}'$ und dem Feldpunkt $\mathbf{r}$ ist (Abbildung 10.3). Elektromagnetische „Neuigkeiten" breiten sich mit Lichtgeschwindigkeit aus. Im *nichtstatischen* Fall kommt es daher nicht auf den Zustand der Quelle zum *jetzigen* Zeitpunkt an, vielmehr ist nun der Zustand von Interesse, den die Quelle zu einem früheren Zeitpunkt t_r besaß (und der als **retardierte Zeit** bezeichnet wird), zu dem die „Nachricht" ausgesandt wurde. Da die Nachricht die Entfernung $\mathscr{r}$ zurücklegen muss, beträgt die Verzögerung $\mathscr{r}/c$:

$$t_r \equiv t - \frac{\mathscr{r}}{c}\,. \tag{10.25}$$

5 Ich weiß nicht, wie ich U_{geschw} nennen soll: Es ist nicht genau die potentielle Energie, das wäre qV.

6 Es gibt andere Argumente für diese Interpretation, die Maxwell selbst vorzog und für die viele moderne Autoren eintreten. Eine faszinierende Diskussion findet sich in M. D. Simon und J. R. Taylor, *Am. J. Phys.* **64**, 1361 (1996). übrigens wird der *kanonische* Drehimpuls, der sich aus $\mathbf{p}_{\text{kanonisch}}$ ableitet, quantisiert, nicht sein mechanischer Anteil; siehe R. H. Young, *Am. J. Phys.* **66**, 1043 (1998).

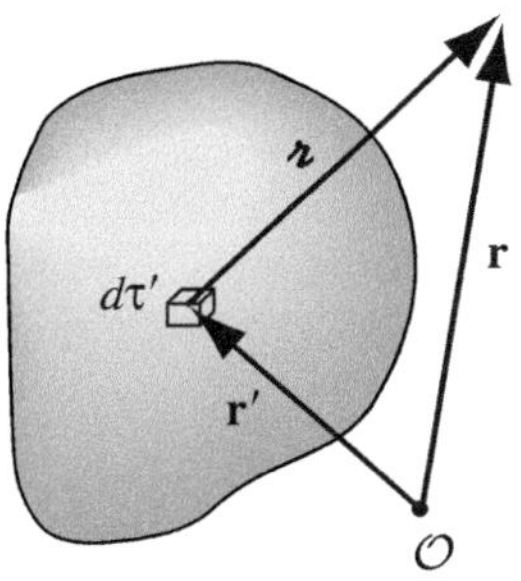

Abbildung 10.3

Die auf der Hand liegende Verallgemeinerung von Gleichung 10.24 für nichtstatische Quellen ist daher

$$V(\mathbf{r}, t) = \frac{1}{4\pi\varepsilon_0} \int \frac{\rho(\mathbf{r}', t_r)}{\mathscr{r}} \, d\tau', \quad \mathbf{A}(\mathbf{r}, t) = \frac{\mu_0}{4\pi} \int \frac{\mathbf{J}(\mathbf{r}', t_r)}{\mathscr{r}} \, d\tau'. \tag{10.26}$$

Hier ist $\rho(\mathbf{r}', t_r)$ die Ladungsdichte, die am Punkt $\mathbf{r}'$ zum Zeitpunkt der retardierten Zeit t_r vorherrschte. Weil die Integranden zur retardierten Zeit bestimmt werden müssen, werden sie als **retardierte Potentiale** bezeichnet. (Ich sage „die“ retardierte Zeit, aber die am weitesten entfernten Gebiete der Ladungsverteilung haben natürlich frühere retardierte Zeiten als nahegelegene Gebiete. Es ist genau wie beim Nachthimmel: Das Licht, das wir heute sehen, hat den Stern zu einer retardierten Zeit verlassen, die von der Entfernung des Sterns zur Erde abhängt.) Beachten Sie, dass sich die retardierten Potentiale im statischen Fall einfach auf Gleichung 10.24 reduzieren, in denen ρ und $\mathbf{J}$ zeitunabhängig sind.

Nun, das sieht alles ganz *sinnvoll* aus – und ist überraschend einfach. Aber dürfen wir sicher sein, dass es richtig ist? Ich habe diese Formeln für V und $\mathbf{A}$ (Gleichung 10.26) nicht wirklich *hergeleitet*. Ich habe lediglich ein heuristisches Argument vorgebracht („Elektromagnetische Wellen breiten sich mit Lichtgeschwindigkeit aus“), damit sie *plausibel* wirken. Für einen Beweis muss ich zeigen, dass sie die inhomogene Wellengleichung (10.16) erfüllen und der Lorenz-Bedingung (10.12) genügen. Wenn Sie nun der Ansicht sind, dass ich pingelig bin, dann seien Sie gewarnt: Sie werden zu völlig *falschen* Ergebnissen kommen, wenn Sie dieselben Argumente auf *Felder* anwenden:

$$\mathbf{E}(\mathbf{r}, t) \neq \frac{1}{4\pi\varepsilon_0} \int \frac{\rho(\mathbf{r}', t_r)}{\mathscr{r}^2} \hat{\mathscr{r}} \, d\tau', \quad \mathbf{B}(\mathbf{r}, t) \neq \frac{\mu_0}{4\pi} \int \frac{\mathbf{J}(\mathbf{r}', t_r) \times \hat{\mathscr{r}}}{\mathscr{r}^2} \, d\tau'.$$

Diese Formeln hätten Sie erwarten dürfen, wenn dieselbe „Logik“ für das Coulomb'sche Gesetz und das Biot-Savart'sche Gesetz gelten würde. Halten wir kurz inne und überprüfen wir, dass das retardierte skalare Potential Gleichung 10.16 erfüllt. Das im Wesentlichen gleiche Argument würde für das Vektorpotential gelten.[7] Ich

7 Ich zeige Ihnen den direkten, aber etwas mühsamen Beweis. Einen geschickten indirekten Beweis finden Sie bei M. A. Heald und J. B. Marion, *Classical Electromagnetic Radiation*, 3rd ed., Abschnitt 8.1 (Orlando, FL: Saunders (1995)).

überlasse Ihnen den Nachweis, dass die retardierten Potentiale die Lorenz-Bedingung erfüllen (Aufgabe 10.10).

Bei der Berechnung des Laplace-Operators von $V(\mathbf{r}, t)$ besteht der entscheidende Punkt in der Erkenntnis, dass der Integrand (in Gleichung 10.26) an *zwei* Stellen von $\mathbf{r}$ abhängt: *explizit* im Nenner (über $\mathscr{r} = |\mathbf{r} - \mathbf{r}'|$) und *implizit* über den Ausdruck $t_\text{r} = t - \mathscr{r}/c$ im Zähler. Daher ist

$$\boldsymbol{\nabla} V = \frac{1}{4\pi\varepsilon_0} \int \left[(\boldsymbol{\nabla}\rho) \frac{1}{\mathscr{r}} + \rho \boldsymbol{\nabla} \left(\frac{1}{\mathscr{r}} \right) \right] \mathrm{d}\tau' , \tag{10.27}$$

und

$$\boldsymbol{\nabla}\rho = \dot{\rho} \boldsymbol{\nabla} t_\text{r} = -\frac{1}{c} \dot{\rho} \boldsymbol{\nabla} \mathscr{r} \tag{10.28}$$

(der Punkt kennzeichnet eine Ableitung nach der Zeit).[8] Wegen $\boldsymbol{\nabla}\mathscr{r} = \hat{\boldsymbol{\mathscr{r}}}$ und $\boldsymbol{\nabla}(1/\mathscr{r}) = -\hat{\boldsymbol{\mathscr{r}}}/\mathscr{r}^2$ (Aufgabe 1.13) ist

$$\boldsymbol{\nabla} V = \frac{1}{4\pi\varepsilon_0} \int \left[-\frac{\dot{\rho}}{c} \frac{\hat{\boldsymbol{\mathscr{r}}}}{\mathscr{r}} - \rho \frac{\hat{\boldsymbol{\mathscr{r}}}}{\mathscr{r}^2} \right] \mathrm{d}\tau' . \tag{10.29}$$

Nehmen wir die Divergenz, dann erhalten wir

$$\nabla^2 V = \frac{1}{4\pi\varepsilon_0} \int \left\{ -\frac{1}{c} \left[\frac{\hat{\boldsymbol{\mathscr{r}}}}{\mathscr{r}} \cdot (\boldsymbol{\nabla}\dot{\rho}) + \dot{\rho} \boldsymbol{\nabla} \cdot \left(\frac{\hat{\boldsymbol{\mathscr{r}}}}{\mathscr{r}} \right) \right] - \left[\frac{\hat{\boldsymbol{\mathscr{r}}}}{\mathscr{r}^2} \cdot (\boldsymbol{\nabla}\rho) + \rho \boldsymbol{\nabla} \cdot \left(\frac{\hat{\boldsymbol{\mathscr{r}}}}{\mathscr{r}^2} \right) \right] \right\} \mathrm{d}\tau' .$$

Allerdings gilt wie in Gleichung 10.28:

$$\boldsymbol{\nabla}\dot{\rho} = -\frac{1}{c} \ddot{\rho} \boldsymbol{\nabla} \mathscr{r} = -\frac{1}{c} \ddot{\rho} \hat{\boldsymbol{\mathscr{r}}}$$

und (gemäß Aufgabe 1.63)

$$\boldsymbol{\nabla} \cdot \left(\frac{\hat{\boldsymbol{\mathscr{r}}}}{\mathscr{r}} \right) = \frac{1}{\mathscr{r}^2} .$$

Hierbei ist (Gleichung 1.100)

$$\boldsymbol{\nabla} \cdot \left(\frac{\hat{\boldsymbol{\mathscr{r}}}}{\mathscr{r}^2} \right) = 4\pi \delta^3(\boldsymbol{\mathscr{r}}) .$$

Somit gilt

$$\nabla^2 V = \frac{1}{4\pi\varepsilon_0} \int \left[\frac{1}{c^2} \frac{\ddot{\rho}}{\mathscr{r}} - 4\pi \rho \delta^3(\boldsymbol{\mathscr{r}}) \right] \mathrm{d}\tau' = \frac{1}{c^2} \frac{\partial^2 V}{\partial t^2} - \frac{1}{\varepsilon_0} \rho(\mathbf{r}, t) ,$$

womit bestätigt ist, dass das retardierte Potential (10.26) die inhomogene Wellengleichung (10.16) erfüllt. ■

Übrigens lässt sich der Beweis ebenso gut bei **avancierten Potentialen** einsetzen:

$$V_\text{a}(\mathbf{r}, t) = \frac{1}{4\pi\varepsilon_0} \int \frac{\rho(\mathbf{r}', t_\text{a})}{\mathscr{r}} \mathrm{d}\tau' , \quad \mathbf{A}_\text{a}(\mathbf{r}, t) = \frac{\mu_0}{4\pi} \int \frac{\mathbf{J}(\mathbf{r}', t_\text{a})}{\mathscr{r}} \mathrm{d}\tau' . \tag{10.30}$$

8 Beachten Sie, dass $\partial/\partial t_\text{r} = \partial/\partial t$, da $t_\text{r} = t - \mathscr{r}/c$ und $\mathscr{r}$ von t unabhängig ist.

Bei ihnen werden Ladungs- und Stromdichten zu dem **späteren (avancierten) Zeitpunkt**

$$t_\mathrm{a} \equiv t + \frac{\mathscr{r}}{c} \tag{10.31}$$

bestimmt. Dabei kehren sich ein paar Vorzeichen um, aber das Ergebnis bleibt schlussendlich das Gleiche. Obwohl die avancierten Potentiale die Maxwell'schen Gleichungen vollständig erfüllen, verletzen sie das wichtigste aller physikalischen Prinzipien: die **Kausalität**. Sie legen nahe, dass die Potentiale zum *jetzigen* Zeitpunkt auf der Ladungs- und Stromverteilung beruhen, die zu einem *künftigen* Zeitpunkt herrschen wird – mit anderen Worten geht die Wirkung ihrer Ursache voraus. Daher sind die avancierten Potentiale zwar von einem gewissen theoretischen Interesse, besitzen aber keinerlei physikalische Bedeutung.[9]

Beispiel 10.2: Felder bei abrupter Stromänderung

Ein unendlicher gerader Draht trägt den Strom

$$I(t) = \begin{cases} 0 & \text{für} \quad t \le 0\,, \\ I_0 & \text{für} \quad t > 0\,. \end{cases}$$

Die Gleichung beschreibt, dass ein konstanter Strom I_0 bei $t = 0$ abrupt eingeschaltet wird. Bestimmen Sie das elektrische und das magnetische Feld.

Lösung:

Der Draht ist vermutlich elektrisch neutral, somit ist das skalare Potential null. Nehmen Sie an, dass der Draht entlang der z-Achse liegt (Abbildung 10.4). Das retardierte Potential im Punkt P ist dann

$$\mathbf{A}(s,t) = \frac{\mu_0}{4\pi}\hat{\mathbf{z}} \int\limits_{-\infty}^{\infty} \frac{I(t_\mathrm{r})}{\mathscr{r}}\,\mathrm{d}z\,.$$

Für $t < s/c$ haben die „Informationen" P noch nicht erreicht, und das Potential ist null. Für $t > s/c$ trägt nur das Segment

$$|z| \le \sqrt{(ct)^2 - s^2} \tag{10.32}$$

bei (außerhalb dieses Gebiets ist t_r negativ, daher ist $I(t_\mathrm{r}) = 0$). Somit ist

$$\begin{aligned} \mathbf{A}(s,t) &= \left(\frac{\mu_0 I_0}{4\pi}\hat{\mathbf{z}}\right) 2 \int\limits_0^{\sqrt{(ct)^2-s^2}} \frac{\mathrm{d}z}{\sqrt{s^2+z^2}} \\ &= \frac{\mu_0 I_0}{2\pi}\hat{\mathbf{z}} \ln\left(\sqrt{s^2+z^2}+z\right)\Bigg|_0^{\sqrt{(ct)^2-s^2}} = \frac{\mu_0 I_0}{2\pi} \ln\left(\frac{ct + \sqrt{(ct)^2-s^2}}{s}\right)\hat{\mathbf{z}}\,. \end{aligned}$$

9 Weil der D'Alembert-Operator ein t^2 (anstelle eines t) enthält, ist die Theorie selbst **invariant unter der Zeitumkehr** und kann „Vergangenheit" und „Zukunft" nicht unterscheiden. Die zeitliche Asymmetrie tritt auf, weil wir die retardierten Potentiale statt der avancierten Potentialen anwenden, was auf der (nicht unvernünftigen) Annahme beruht, dass elektromagnetische Auswirkungen in der Zeit nach vorne, nicht aber nach hinten laufen.

Beispiel 10.2 (Fortsetzung)

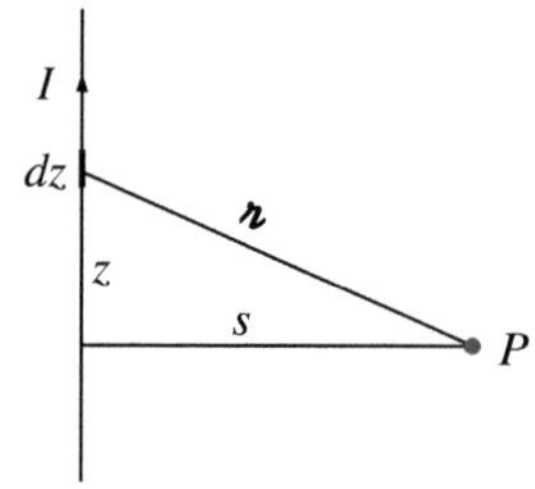

Abbildung 10.4

Das elektrische Feld beträgt

$$\mathbf{E}(s,t) = -\frac{\partial \mathbf{A}}{\partial t} = -\frac{\mu_0 I_0 c}{2\pi\sqrt{(ct)^2 - s^2}}\hat{\mathbf{z}}\,,$$

und das magnetische Feld beträgt

$$\mathbf{B}(s,t) = \nabla \times \mathbf{A} = -\frac{\partial A_z}{\partial s}\hat{\boldsymbol{\varphi}} = \frac{\mu_0 I_0}{2\pi s}\frac{ct}{\sqrt{(ct)^2 - s^2}}\hat{\boldsymbol{\varphi}}\,.$$

Beachten Sie, dass für $t \to \infty$ wieder der statische Fall vorliegt: $\mathbf{E} = 0$, $\mathbf{B} = (\mu_0 I_0 / 2\pi s)\hat{\boldsymbol{\varphi}}$.

! **Aufgabe 10.10**

Bestätigen Sie, dass die retardierten Potentiale die Lorenz'schen Eichbedingungen erfüllen.

[*Hinweis*: Zeigen Sie zunächst

$$\nabla \cdot \left(\frac{\mathbf{J}}{\mathscr{r}}\right) = \frac{1}{\mathscr{r}}(\nabla \cdot \mathbf{J}) + \frac{1}{\mathscr{r}}(\nabla' \cdot \mathbf{J}) - \nabla' \cdot \left(\frac{\mathbf{J}}{\mathscr{r}}\right),$$

wobei ∇ Ableitungen nach $\mathbf{r}$ und ∇' Ableitungen nach $\mathbf{r}'$ sind. Berücksichtigen Sie als nächstes, dass $\mathbf{J}(\mathbf{r}', t - \mathscr{r}/c)$ sowohl explizit als auch über $\boldsymbol{\mathscr{r}}$ von $\mathbf{r}'$ abhängt, während es von $\mathbf{r}$ nur durch $\mathscr{r}$ abhängt; bestätigen Sie dann den Ausdruck

$$\nabla \cdot \mathbf{J} = -\frac{1}{c}\dot{\mathbf{J}} \cdot (\nabla \mathscr{r})\,, \quad \nabla' \cdot \mathbf{J} = -\dot{\rho} - \frac{1}{c}\dot{\mathbf{J}} \cdot (\nabla' \mathscr{r})\,.$$

Berechnen Sie damit die Divergenz von $\mathbf{A}$ (Gleichung 10.26).]

! **Aufgabe 10.11**

a. Nehmen Sie an, der Draht aus Beispiel 10.2 trägt für $t > 0$ einen linear ansteigenden Strom

$$I(t) = kt\,.$$

Bestimmen Sie das erzeugte elektrische und magnetische Feld.

b. Wiederholen Sie diese Rechnung für den Fall eines plötzlichen Strompulses

$$I(t) = q_0 \delta(t)\,.$$

Aufgabe 10.12

Ein Draht wird, wie in Abbildung 10.5 dargestellt, zu einer Schleife gebogen. Er trägt einen Strom, der mit der Zeit linear ansteigt:

$$I(t) = kt \quad (-\infty < t < +\infty)\,.$$

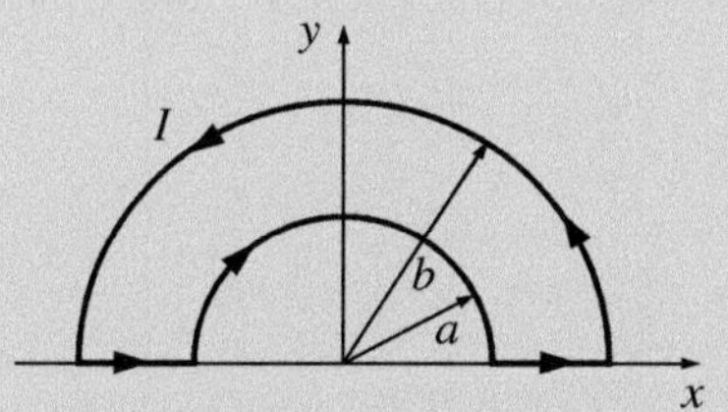

Abbildung 10.5

Berechnen Sie das retardierte Vektorpotential **A** im Mittelpunkt des Kreisbogens. Bestimmen Sie dort auch das elektrische Feld. Warum erzeugt dieser neutrale Draht ein elektrisches Feld? (Warum können Sie mit diesem Ausdruck für **A** nicht das *magnetische* Feld bestimmen?)

10.2.2 Die Jefimenko-Gleichungen

Wenn die retardierten Potentiale

$$V(\mathbf{r}, t) = \frac{1}{4\pi\varepsilon_0} \int \frac{\rho\left(\mathbf{r}', t_r\right)}{\mathscr{r}} \, d\tau'\,, \quad \mathbf{A}(\mathbf{r}, t) = \frac{\mu_0}{4\pi} \int \frac{\mathbf{J}(\mathbf{r}', t_r)}{\mathscr{r}} \, d\tau' \tag{10.33}$$

gegeben sind, lassen sich im Prinzip die Felder direkt bestimmen:

$$\mathbf{E} = -\nabla V - \frac{\partial \mathbf{A}}{\partial t}\,, \quad \mathbf{B} = \nabla \times \mathbf{A}\,. \tag{10.34}$$

Die Details sind allerdings nicht völlig trivial, da, wie weiter oben bereits erwähnt, der Integrand sowohl explizit – nämlich durch ($\mathscr{r} = |\mathbf{r} - \mathbf{r}'|$) im Nenner – als auch implizit – nämlich durch die retardierte Zeit $t_r = t - \mathscr{r}/c$ im Argument des Zählers – von **r** abhängt.

Den Gradienten von V haben wir bereits berechnet (Gleichung 10.29); die zeitliche Ableitung von $\mathbf{A}$ ist einfach:

$$\frac{\partial \mathbf{A}}{\partial t} = \frac{\mu_0}{4\pi} \int \frac{\dot{\mathbf{J}}}{\mathscr{r}} \, \mathrm{d}\tau' . \tag{10.35}$$

Fügen wir beides zusammen (unter Verwendung von $c^2 = 1/\mu_0 \varepsilon_0$), erhalten wir:

$$\mathbf{E}(\mathbf{r}, t_r) = \frac{1}{4\pi\varepsilon_0} \int \left[\frac{\rho(\mathbf{r}', t_r)}{\mathscr{r}^2} \hat{\boldsymbol{\mathscr{r}}} + \frac{\dot{\rho}(\mathbf{r}', t_r)}{c\mathscr{r}} \hat{\boldsymbol{\mathscr{r}}} - \frac{\dot{\mathbf{J}}(\mathbf{r}', t_r)}{c^2 \mathscr{r}} \right] \mathrm{d}\tau' . \tag{10.36}$$

Dies ist die zeitabhängige allgemeine Form des Coulomb'schen Gesetzes, auf das sich die Formel im statischen Fall reduziert (wenn der zweite und dritte Term wegfallen und der erste Term nicht mehr von t_r abhängig ist).

Wie die Rotation von $\mathbf{B}$ enthält auch die Rotation von $\mathbf{A}$ zwei Terme:

$$\nabla \times \mathbf{A} = \frac{\mu_0}{4\pi} \int \left[\frac{1}{\mathscr{r}} (\nabla \times \mathbf{J}) - \mathbf{J} \times \nabla \left(\frac{1}{\mathscr{r}} \right) \right] \mathrm{d}\tau' .$$

Nun gilt

$$(\nabla \times \mathbf{J})_x = \frac{\partial J_z}{\partial y} - \frac{\partial J_y}{\partial z} ,$$

und

$$\frac{\partial J_z}{\partial y} = \dot{J}_z \frac{\partial t_r}{\partial y} = -\frac{1}{c} \dot{J}_z \frac{\partial \mathscr{r}}{\partial y} ,$$

daher ist

$$(\nabla \times \mathbf{J})_x = -\frac{1}{c} \left(\dot{J}_z \frac{\partial \mathscr{r}}{\partial y} - \dot{J}_y \frac{\partial \mathscr{r}}{\partial z} \right) = \frac{1}{c} \left[\dot{\mathbf{J}} \times (\nabla \mathscr{r}) \right]_x .$$

Allerdings ist $\nabla \mathscr{r} = \hat{\boldsymbol{\mathscr{r}}}$ (Aufgabe 1.13), und somit haben wir

$$\nabla \times \mathbf{J} = \frac{1}{c} \dot{\mathbf{J}} \times \hat{\boldsymbol{\mathscr{r}}} . \tag{10.37}$$

Darüber hinaus gilt $\nabla(1/\mathscr{r}) = -\hat{\boldsymbol{\mathscr{r}}}/\mathscr{r}^2$, und daher ist

$$\mathbf{B}(\mathbf{r}, t) = \frac{\mu_0}{4\pi} \int \left[\frac{\mathbf{J}(\mathbf{r}', t_r)}{\mathscr{r}^2} + \frac{\dot{\mathbf{J}}(\mathbf{r}', t_r)}{c\mathscr{r}} \right] \times \hat{\boldsymbol{\mathscr{r}}} \, \mathrm{d}\tau' . \tag{10.38}$$

Dies ist die zeitabhängige allgemeine Form des Biot-Savart'schen Gesetzes, auf das es sich im statischen Fall reduziert.

Die Gleichungen 10.36 und 10.38 sind die (kausalen) Lösungen der Maxwell'schen Gleichungen. Aus welchen Gründen auch immer sind sie erst vor relativ kurzer Zeit veröffentlicht worden – die früheste explizite Formulierung, die ich finden konnte, stammt von Oleg Jefimenko aus dem Jahr 1966.[10] In der Praxis sind Jefimenkos Gleichungen von begrenztem Nutzwert, denn üblicherweise ist es einfacher, die retar-

10 O. D. Jefimenko, *Electricity and Magnetism*, Abschnitt 15.7 (New York: Appleton-Century-Crofts, 1966). Sehr ähnliche Ausdrücke sind in W. K. H. Panofsky und M. Phillips, *Classical Electricity and Magnetism*, Abschnitt 14.3 (Reading, MA: Addison-Wesley, 2nd ed. 1962) zu finden. Erläuternde Kommentare und Literaturhinweise finden Sie in K. T. McDonald, *Am. J. Phys.* **65**, 1074 (1997).

dierten Potentiale zu berechnen und zu differenzieren, als sich direkt den Feldern zuzuwenden. Dennoch verleihen sie der Theorie eine angenehme Abgeschlossenheit. Sie werden auch dabei mithelfen, eine Beobachtung zu erklären, auf die ich im nächsten Abschnitt eingehen werde: Um die retardierten *Potentiale* zu erhalten, müssen Sie in den elektrostatischen und magnetostatischen Formeln lediglich t durch t_r ersetzen. Im Fall der *Felder* ist aber nicht nur die Zeit durch die retardierte Zeit ersetzt, sondern es treten auch völlig neue Terme auf (die Ableitungen von ρ und $\mathbf{J}$ enthalten). Diese stützen auf erstaunliche Weise die quasistatische Näherung (siehe Aufgabe 10.14).

Aufgabe 10.13

$\mathbf{J}(\mathbf{r})$ sei zeitlich konstant, sodass (Aufgabe 7.60) $\rho(\mathbf{r},t) = \rho(\mathbf{r},0) + \dot{\rho}(\mathbf{r},0)t$ ist. Zeigen Sie, dass gilt:

$$\mathbf{E}(\mathbf{r},t) = \frac{1}{4\pi\varepsilon_0}\int \frac{\rho(\mathbf{r}',t)}{\mathscr{r}^2}\hat{\mathscr{r}}\,\mathrm{d}\tau' .$$

Das heißt: Das Coulomb'sche Gesetz gilt, wobei die Ladungsdichte zur *nicht retardierten* Zeit gemessen wird.

Aufgabe 10.14

Die Ladungsdichte soll sich so langsam verändern, dass wir (in guter Näherung) alle höheren Ableitungen in der Taylor-Reihenentwicklung

$$\mathbf{J}(t_r) = \mathbf{J}(t) + (t_r - t)\dot{\mathbf{J}}(t) + \ldots$$

ignorieren dürfen (um dies deutlicher zu machen, habe ich die im Moment unwichtige $\mathbf{r}$-Abhängigkeit nicht dargestellt). Zeigen Sie, dass eine glückliche Weghebung in Gleichung 10.38 auf folgenden Ausdruck führt:

$$\mathbf{B}(\mathbf{r},t) = \frac{\mu_0}{4\pi}\int \frac{\mathbf{J}(\mathbf{r}',t)\times\hat{\mathscr{r}}}{\mathscr{r}^2}\,\mathrm{d}\tau' .$$

Das heißt: Das Biot-Savart'sche Gesetz gilt, wobei die Stromdichte $\mathbf{J}$ zur *nicht retardierten* Zeit gemessen wird. Somit ist die quasistatische Näherung sogar besser, als wir jemals erhoffen durften: Die beiden Fehler, die sie enthält (das Vernachlässigen der Retardierung und das Fallenlassen des zweiten Terms in Gleichung 10.38), heben sich in erster Näherung gegenseitig auf.

10.3 Punktladungen

10.3.1 Liénard-Wiechert-Potentiale

Meine nächste Aufgabe besteht darin, die (retardierten) Potentiale $V(\mathbf{r},t)$ und $\mathbf{A}(\mathbf{r},t)$ einer Punktladung q zu berechnen, die sich auf einer festgelegten Bahn befindet:

$$\mathbf{w}(t) \equiv \text{Position von } q \text{ zur Zeit } t . \qquad (10.39)$$

Wenn Sie nun die Formel

$$V(\mathbf{r}, t) = \frac{1}{4\pi\varepsilon_0} \int \frac{\rho(\mathbf{r}', t_r)}{\mathscr{r}} \mathrm{d}\tau' \tag{10.40}$$

ganz blauäugig lesen, könnten Sie den Eindruck gewinnen, dass das retardierte Potential einer Punktladung schlicht

$$\frac{1}{4\pi\varepsilon_0} \frac{q}{\mathscr{r}}$$

beträgt (genau wie im statischen Fall, allerdings stillschweigend vorausgesetzt, dass $\mathscr{r}$ die Entfernung zur *retardierten* Position der Ladung ist). Dies ist aber aus einem sehr spitzfindigen Grund falsch: Es stimmt zwar, dass bei einer Punktquelle der Nenner $\mathscr{r}$ aus dem Integral herausgezogen werden kann.[11] Der Rest

$$\int \rho(\mathbf{r}', t_r) \mathrm{d}\tau' \tag{10.41}$$

ist allerdings *nicht* gleich der Ladung eines Teilchens. Um die gesamte Ladung einer Konfiguration zu erhalten, müssen Sie ρ *zu einem einzigen Zeitpunkt* über die gesamte Verteilung integrieren. Hier zwingt uns die Retardierung $t_r = t - \mathscr{r}/c$ aber dazu, ρ in verschiedenen Teilen der Konfiguration zu *verschiedenen Zeiten* zu berechnen. Bewegt sich die Quelle, führt dies zu einem verzerrten Bild der Gesamtladung. Vielleicht sind Sie nun der Ansicht, dass dieses Problem für *Punkt*ladungen verschwinden sollte, doch das ist nicht der Fall. Wird die Maxwell'sche Elektrodynamik, wie meistens, über Ladungs- und Strom*dichten* formuliert, muss man eine Punktladung als Grenzfall einer ausgedehnten Ladung betrachten, deren Radius gegen null geht. Bei einem ausgedehnten Teilchen aber, wie klein es auch sein mag, bringt die Retardierung in Gleichung 10.41 einen Faktor $(1 - \hat{\boldsymbol{\mathscr{r}}} \cdot \mathbf{v}/c)^{-1}$ ins Spiel, in dem $\mathbf{v}$ die Geschwindigkeit der Ladung im Moment der retardierten Zeit ist.

$$\int \rho(\mathbf{r}', t_r) \mathrm{d}\tau' = \frac{q}{1 - \hat{\boldsymbol{\mathscr{r}}} \cdot \mathbf{v}/c} . \tag{10.42}$$

Beweis ■ Es handelt sich um einen rein *geometrischen* Effekt; dies kann dazu beitragen, das Thema in einem weniger abstrakten Kontext zu verdeutlichen. Aus verständlichen Gründen werden Sie es noch nicht bemerkt haben, doch tatsächlich sieht ein Zug, der sich auf Sie zubewegt, etwas länger aus als er tatsächlich ist. Das Licht, das Sie vom Dienstwagen[12] empfangen, wurde nämlich etwas früher ausgestrahlt als das Licht, das Sie zur selben Zeit von der Lokomotive empfangen. Zu diesem früheren Zeitpunkt war der Zug aber auch etwas weiter entfernt (Abbildung 10.6). In dem Zeitraum, den das Licht des Dienstwagens benötigt, um die zusätzliche Strecke L' zurückzulegen, bewegt sich der Zug selbst um die Strecke $L' - L$ weiter:

$$\frac{L'}{c} = \frac{L' - L}{v}, \quad \text{oder} \quad L' = \frac{L}{1 - v/c} .$$

11 Damit verbunden ist allerdings eine implizite Änderung der funktionalen Abhängigkeit: *Vor* der Integration ist $\mathscr{r} = |\mathbf{r} - \mathbf{r}'|$ eine Funktion von $\mathbf{r}$ und $\mathbf{r}'$. *Nach* der Integration (durch die $\mathbf{r}' = \mathbf{w}(t_r)$ festgelegt wird) ist $\mathscr{r} = |\mathbf{r} - \mathbf{w}(t_r)|$ (wie t_r) eine Funktion von $\mathbf{r}$ und t.

12 Bei amerikanischen Zügen traditionell der letzte Wagen mit dem „Bremserhäuschen“. A. d. Ü.

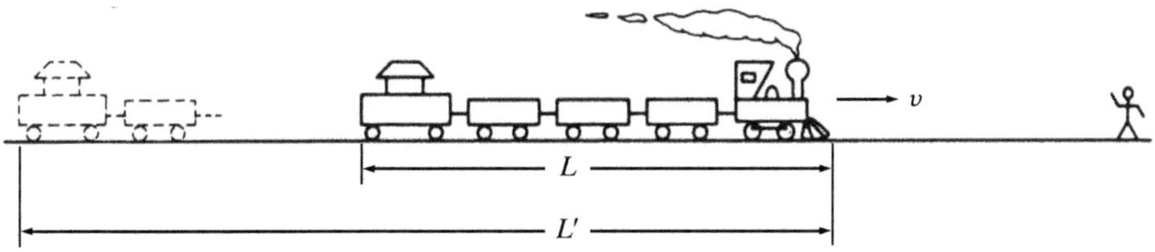

Abbildung 10.6

Daher erscheinen herannahende Züge um einen Faktor $(1 - v/c)^{-1}$ *verlängert.* Im Gegensatz dazu erscheint ein Zug, der sich von Ihnen entfernt, um den Faktor $(1 + v/c)^{-1}$ *verkürzt.*[13] Bildet die Geschwindigkeit des Zugs einen Winkel θ mit Ihrer Sichtlinie,[14] dann beträgt die zusätzliche Strecke für das Licht des Dienstwagens $L' \cos\theta$ (Abbildung 10.7). Im Zeitraum $L' \cos\theta / c$ bewegt sich der Zug also um die Strecke $(L' - L)$ weiter:

$$\frac{L' \cos\theta}{c} = \frac{L' - L}{v} \quad \text{oder} \quad L' = \frac{L}{1 - v\cos\theta/c}\,.$$

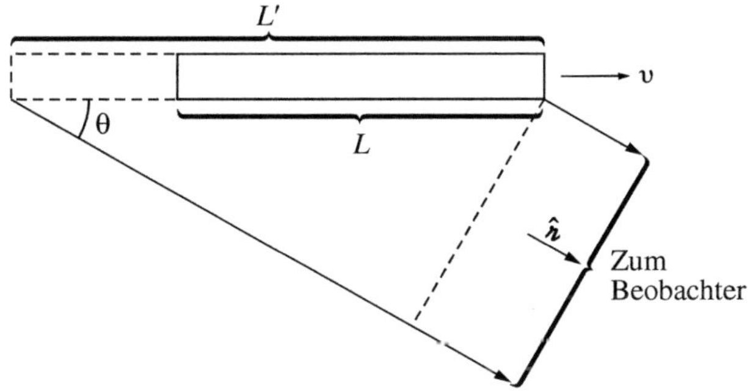

Abbildung 10.7

Beachten Sie, dass dieser Effekt die Abmessungen senkrecht zur Bewegungsrichtung (Höhe und Breite des Zugs) *nicht* verzerrt. Auch wenn das Licht der entfernteren Seite Sie etwas später erreicht (im Vergleich mit dem Licht der nähergelegenen Seite), *bewegt* sich der Zug in dieser Richtung nicht, und daher bleibt ihr gegenseitiger Abstand gleich. Das *scheinbare* Volumen τ' des Zugs ist daher mit dem *tatsächlichen* Volumen τ durch

$$\tau' = \frac{\tau}{1 - \hat{\boldsymbol{\imath}} \cdot \mathbf{v}/c} \tag{10.43}$$

verknüpft, wobei $\hat{\boldsymbol{\imath}}$ der Einheitsvektor vom Zug zum Beobachter ist.

Falls Sie gerade die Verbindung zwischen einem fahrenden Zug und einem retardierten Potential nicht herstellen können, hier ist sie: Immer wenn Sie ein Integral des

13 Bitte beachten Sie, dass dies nicht das Geringste mit der speziellen Relativitätstheorie oder der Lorentz-Kontraktion zu tun hat – L ist die Länge des sich *bewegenden* Zugs. Die *Ruhe*länge ist hier ohne Bedeutung. Die Argumentation *ähnelt* dem Doppler-Effekt.

14 Ich nehme hierbei an, dass der Zug weit genug entfernt oder (besser gesagt) so *kurz* ist, dass die vom Dienstwagen und der Lokomotive ausgehenden Lichtstrahlen als parallel angenommen werden dürfen.

Typs 10.42 berechnen, in dem der Integrand zur retardierten Zeit genommen wird, wird das effektive Volumen, genau wie das scheinbare Volumen des Zugs und sogar aus denselben Gründen, durch den Faktor aus Gleichung 10.43 verändert. Da dieser Korrekturfaktor keinerlei Bezug auf die Größe des Teilchens nimmt, ist er für eine Punktladung genauso wichtig wie für eine ausgedehnte Ladung. ■

Die retardierte Zeit wird für eine Punktladung implizit durch die Gleichung

$$|\mathbf{r} - \mathbf{w}(t_r)| = c(t - t_r) \tag{10.44}$$

festgelegt. Darin gibt die linke Seite die Entfernung an, welche die „Information" zurücklegen muss, und $(t - t_r)$ ist die Zeit, die zum Zurücklegen dieser Strecke nötig ist (Abbildung 10.8). Ich werde $\mathbf{w}(t_r)$ als **retardierten Ort** der Ladung bezeichnen. $\boldsymbol{\mathscr{r}}$ ist der Vektor von der retardierten Position zum Feldpunkt $\mathbf{r}$:

$$\boldsymbol{\mathscr{r}} = \mathbf{r} - \mathbf{w}(t_r)\,. \tag{10.45}$$

Wichtig ist hierbei, dass zu einer beliebigen Zeit t höchstens *ein* Punkt der Bahn mit $\mathbf{r}$ „in Kontakt" steht. Denn angenommen, es gäbe *zwei* derartige Punkte mit den retardierten Zeiten t_1 und t_2:

$$\mathscr{r}_1 = c(t - t_1) \quad \text{und} \quad \mathscr{r}_2 = c(t - t_2)\,,$$

dann wäre $\mathscr{r}_1 - \mathscr{r}_2 = c(t_2 - t_1)$, und die mittlere Geschwindigkeit des sich auf $\mathbf{r}$ zu bewegenden Teilchens müsste c betragen – und hierin ist nicht einmal berücksichtigt, welche Geschwindigkeiten die Ladung in *anderen* Richtungen haben müsste. Da sich kein geladenes Teilchen mit Lichtgeschwindigkeit fortbewegen kann, folgt, *dass zu einem beliebigen Zeitpunkt immer nur ein retardierter Ort zu den Potentialen beiträgt.*[15]

Es folgt nun

$$V(\mathbf{r}, t) = \frac{1}{4\pi\varepsilon_0} \frac{qc}{(\mathscr{r}c - \boldsymbol{\mathscr{r}} \cdot \mathbf{v})}\,, \tag{10.46}$$

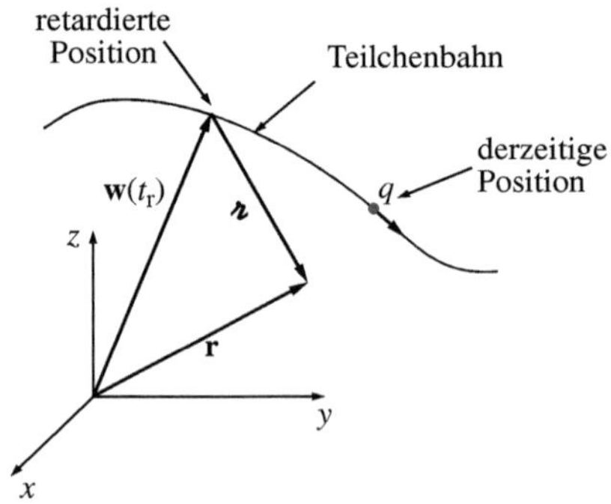

Abbildung 10.8

15 Aus demselben Grund *sieht* ein Beobachter am Ort $\mathbf{r}$ das Teilchen zu einem beliebigen Zeitpunkt immer nur an einem Ort. Im Gegensatz dazu ist es möglich, ein Objekt gleichzeitig an zwei Orten zu *hören*. Stellen Sie sich einen Hund vor, der Sie anknurrt, danach mit Schallgeschwindigkeit auf Sie zu rennt und erneut knurrt. Obwohl es nur einen Hund gibt, hören Sie beide Knurrlaute zur gleichen Zeit, aber aus verschiedenen Richtungen kommend.

mit der Geschwindigkeit $\mathbf{v}$ der Ladung zur retardierten Zeit und $\boldsymbol{\mathscr{r}}$ als Vektor von der retardierten Position zum Feldpunkt $\mathbf{r}$. Da die Stromdichte eines starren Objekts $\rho\mathbf{v}$ beträgt (Gleichung 5.26), haben wir darüber hinaus

$$\mathbf{A}(\mathbf{r}, t) = \frac{\mu_0}{4\pi} \int \frac{\rho(\mathbf{r}', t_r)\mathbf{v}(t_r)}{\mathscr{r}} \, d\tau' = \frac{\mu_0}{4\pi} \frac{\mathbf{v}}{\mathscr{r}} \int \rho(\mathbf{r}', t_r) \, d\tau'$$

bzw.

$$\mathbf{A}(\mathbf{r}, t) = \frac{\mu_0}{4\pi} \frac{qc\mathbf{v}}{(\mathscr{r}c - \boldsymbol{\mathscr{r}} \cdot \mathbf{v})} = \frac{\mathbf{v}}{c^2} V(\mathbf{r}, t) . \tag{10.47}$$

Die Gleichungen 10.46 und 10.47 sind die berühmten **Liénard-Wiechert-Potentiale** einer bewegten Punktladung.[16]

Beispiel 10.3: Potential einer bewegten Punktladung

Bestimmen Sie das Potential einer Punktladung, die sich mit konstanter Geschwindigkeit bewegt.

Lösung:

Nehmen wir der Einfachheit halber an, dass das Teilchen zur Zeit $t = 0$ durch den Ursprung geht, sodass

$$\mathbf{w}(t) = \mathbf{v}t .$$

Wir berechnen zunächst mithilfe von Gleichung 10.44 die retardierte Zeit:

$$|\mathbf{r} - \mathbf{v}t_r| = c(t - t_r) .$$

Durch Quadrieren wird daraus:

$$r^2 - 2\mathbf{r} \cdot \mathbf{v}t_r + v^2 t_r^2 = c^2(t^2 - 2tt_r + t_r^2) .$$

Löst man diese quadratische Gleichung nach t_r auf, dann ergibt sich:

$$t_r = \frac{(c^2 t - \mathbf{r} \cdot \mathbf{v}) \pm \sqrt{(c^2 t - \mathbf{r} \cdot \mathbf{v})^2 + (c^2 - v^2)(r^2 - c^2 t^2)}}{c^2 - v^2} . \tag{10.48}$$

Um das Vorzeichen festzulegen, betrachten wir den Grenzfall $v = 0$:

$$t_r = t \pm \frac{r}{c} .$$

16 Es gibt viele Methoden, um die Liénard-Wiechert-Potentiale abzuleiten. Ich habe hier versucht, den *geometrischen* Ursprung des Faktors $(1 - \hat{\boldsymbol{\mathscr{r}}} \cdot \mathbf{v}/c)^{-1}$ darzustellen. Weitere erhellende Kommentare finden Sie in W. K. H. Panofsky und M. Phillips, *Classical Electricity and Magnetism*, 2nd ed., S. 342f. (Reading, MA: Addison-Wesley, 1962). Eine strengere Ableitung liefern J. R. Reitz, F. J. Milford und R. W. Christy, *Foundations of Electromagnetic Theory*, 3rd ed., Sect. 21.1 (Reading, MA, Addison-Wesley, 1979) oder auch M. A. Heald und J. B. Marion, *Classical Electromagnetic Radiation*, 3rd ed., Sect. 8.3 (Orlando, FL: Saunders, 1995).

Beispiel 10.3 (Fortsetzung)

In diesem Fall befindet sich die Ladung im Ursprung in Ruhe, und die retardierte Zeit sollte $(t - r/c)$ lauten. Ganz offensichtlich benötigen wir das *Minus*zeichen.

Mit Gleichung 10.44 und 10.45 erhalten wir

$$\mathscr{r} = c\,(t - t_{\mathrm{r}}) \quad \text{und} \quad \hat{\boldsymbol{\mathscr{r}}} = \frac{\mathbf{r} - \mathbf{v}t_{\mathrm{r}}}{c\,(t - t_{\mathrm{r}})}$$

und damit

$$\begin{aligned} \mathscr{r}\left(1 - \hat{\boldsymbol{\mathscr{r}}} \cdot \mathbf{v}/c\right) &= c\,(t - t_{\mathrm{r}})\left[1 - \frac{\mathbf{v}}{c} \cdot \frac{(\mathbf{r} - \mathbf{v}t_{\mathrm{r}})}{c\,(t - t_{\mathrm{r}})}\right] \\ &= c\,(t - t_{\mathrm{r}}) - \frac{\mathbf{v} \cdot \mathbf{r}}{c} + \frac{v^2}{c} t_{\mathrm{r}} \\ &= \frac{1}{c}\left[\left(c^2 t - \mathbf{r} \cdot \mathbf{v}\right) - \left(c^2 - v^2\right) t_{\mathrm{r}}\right] \\ &= \frac{1}{c}\sqrt{\left(c^2 t - \mathbf{r} \cdot \mathbf{v}\right)^2 + \left(c^2 - v^2\right)\left(r^2 - c^2 t^2\right)}\,. \end{aligned}$$

(Im letzten Schritt habe ich Gleichung 10.48 mit einem Minuszeichen benutzt.) Daher ist

$$V(\mathbf{r}, t) = \frac{1}{4\pi\varepsilon_0} \frac{qc}{\sqrt{\left(c^2 t - \mathbf{r} \cdot \mathbf{v}\right)^2 + \left(c^2 - v^2\right)\left(r^2 - c^2 t^2\right)}} \tag{10.49}$$

und (mittels Gleichung 10.47)

$$\mathbf{A}(\mathbf{r}, t) = \frac{\mu_0}{4\pi} \frac{qc\mathbf{v}}{\sqrt{\left(c^2 t - \mathbf{r} \cdot \mathbf{v}\right)^2 + \left(c^2 - v^2\right)\left(r^2 - c^2 t^2\right)}}\,. \tag{10.50}$$

■ **Aufgabe 10.15**

Ein Teilchen der Ladung q bewegt sich mit konstanter Winkelgeschwindigkeit ω auf einem Kreis mit Radius a. (Nehmen Sie an, dass sich der Kreis in der x-y-Ebene befindet und sein Mittelpunkt im Ursprung liegt. Außerdem soll sich die Ladung zur Zeit $t = 0$ im Punkt $(a, 0)$ auf der positiven x-Achse befinden.) Bestimmen Sie die Liénard-Wiechert-Potentiale für Punkte auf der z-Achse.

• ■ **Aufgabe 10.16**

Zeigen Sie, dass das skalare Potential einer Punktladung, die sich mit konstanter Geschwindigkeit bewegt (Gleichung 10.49), in äquivalenter Weise durch

$$V(\mathbf{r}, t) = \frac{1}{4\pi\varepsilon_0} \frac{q}{R\sqrt{1 - v^2 \sin^2\theta / c^2}} \tag{10.51}$$

ausgedrückt werden kann. Dabei ist $\mathbf{R} \equiv \mathbf{r} - \mathbf{v}t$ der Vektor vom *gegenwärtigen (!)* Ort des Teilchens zum Feldpunkt $\mathbf{r}$ und θ der Winkel zwischen $\mathbf{R}$ und $\mathbf{v}$ (Abbildung 10.9). Für nichtrelativistische Geschwindigkeiten ($v^2 \ll c^2$) ist offensichtlich

$$V(\mathbf{r}, t) \approx \frac{1}{4\pi\varepsilon_0} \frac{q}{R} .$$

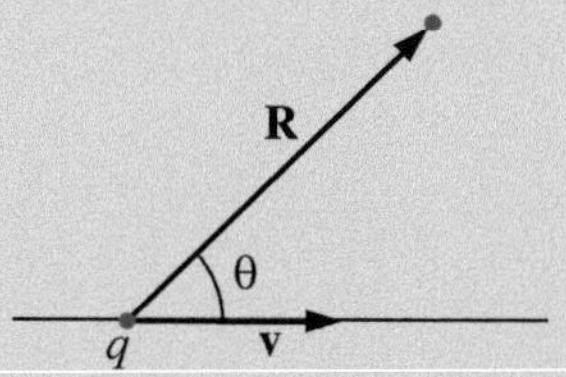

Abbildung 10.9

■ Aufgabe 10.17

Ich habe gezeigt, dass *höchstens ein* Punkt auf der Flugbahn des Teilchens zu einem beliebigen Zeitpunkt mit dem Punkt $\mathbf{r}$ kommuniziert. In manchen Fällen gibt es *keinen* derartigen Punkt (ein Beobachter in $\mathbf{r}$ würde dann das Teilchen nicht erkennen – in der blumigen Sprache der allgemeinen Relativitätstheorie befindet es sich „unterhalb des **Ereignishorizonts**"). Betrachten Sie als Beispiel ein Teilchen auf einer **hyperbolischen Bahn** entlang der x-Achse

$$\mathbf{w}(t) = \sqrt{b^2 + (ct)^2}\,\hat{\mathbf{x}} \quad (-\infty < t < \infty) . \tag{10.52}$$

(In der speziellen Relativitätstheorie ist dies die Flugbahn eines Teilchens, auf das eine konstante Kraft $F = mc^2/b$ wirkt.) Skizzieren Sie den Graph von $w(t)$. Zeichnen Sie für vier oder fünf Punkte auf der Kurve den Weg, den ein von dem Teilchen in diesem Punkt ausgesendetes Lichtsignal zurücklegt – sowohl in Plus-x- als auch in Minus-x-Richtung. In welchem Gebiet Ihrer Zeichnung befinden sich die Punkte und Zeiten (x, t), von denen aus das Teilchen nicht gesehen werden kann? Zu welcher Zeit könnte jemand im Punkt x das Teilchen erstmals erkennen? (Vor diesem Zeitpunkt ist das Potential in x offensichtlich null.) Kann ein Teilchen, das einmal gesichtet wurde, auch wieder aus der Sicht *verschwinden*?

!
■ Aufgabe 10.18

Bestimmen Sie die Liénard-Wiechert-Potentiale einer Ladung auf einer hyperbolischen Bahn (Gleichung 10.52). Nehmen Sie an, dass sich der Punkt $\mathbf{r}$ auf der x-Achse sowie rechts der Ladung befindet.[17]

17 Die Felder einer Punktladung in hyperbolischer Bewegung sind berüchtigt schwierig. Wenn man die Liénard-Wiechert-Potentiale ohne Weiteres anwendet, so erhält man ein elektrisches Feld, dass den Gauß'schen Satz verletzt. Dieses Paradoxon wurde von Bondi und Gold 1955 gelöst. Eine Geschichte dieses Problems findet sich in E. Eriksen und O. Gron, *Ann. Phys.* **286**, 320 (2000).

10.3.2 Die Felder einer bewegten Punktladung

Wir können nun mithilfe der Liénard-Wiechert-Potentiale die elektrischen und magnetischen Felder einer Punktladung berechnen, deren Bewegung völlig beliebig ist:[18]

$$V(\mathbf{r},t) = \frac{1}{4\pi\varepsilon_0}\frac{qc}{(\mathscr{r}c - \boldsymbol{\mathscr{r}}\cdot\mathbf{v})}\,, \qquad \mathbf{A}(\mathbf{r},t) = \frac{\mathbf{v}}{c^2}V(\mathbf{r},t)\,. \tag{10.53}$$

Die Gleichungen für $\mathbf{E}$ und $\mathbf{B}$ lauten

$$\mathbf{E} = -\nabla V - \frac{\partial \mathbf{A}}{\partial t}\,, \qquad \mathbf{B} = \nabla\times\mathbf{A}\,.$$

Die Differentiation ist allerdings nicht ganz einfach, denn

$$\boldsymbol{\mathscr{r}} = \mathbf{r} - \mathbf{w}(t_r) \quad \text{und} \quad \mathbf{v} = \dot{\mathbf{w}}(t_r) \tag{10.54}$$

werden beide zur retardierten Zeit berechnet, und t_r – implizit definiert durch die Gleichung

$$|\mathbf{r} - \mathbf{w}(t_r)| = c(t - t_r) \tag{10.55}$$

– ist *selbst* eine Funktion von $\mathbf{r}$ und t.[19] Bitte haben Sie also Geduld: Die beiden nächsten Seiten werden ziemlich heftig – die Antwort ist allerdings die Anstrengungen wert.

Beginnen wir mit dem Gradienten von V:

$$\nabla V = \frac{qc}{4\pi\varepsilon_0}\frac{-1}{(\mathscr{r}c - \boldsymbol{\mathscr{r}}\cdot\mathbf{v})^2}\nabla(\mathscr{r}c - \boldsymbol{\mathscr{r}}\cdot\mathbf{v})\,. \tag{10.56}$$

Wegen $\mathscr{r} = c(t - t_r)$ gilt:[20]

$$\nabla\mathscr{r} = -c\nabla t_r\,. \tag{10.57}$$

Für den zweiten Term liefert Produktregel (4) von der vorderen Umschlaginnenseite:

$$\nabla(\boldsymbol{\mathscr{r}}\cdot\mathbf{v}) = (\boldsymbol{\mathscr{r}}\cdot\nabla)\mathbf{v} + (\mathbf{v}\cdot\nabla)\boldsymbol{\mathscr{r}} + \boldsymbol{\mathscr{r}}\times(\nabla\times\mathbf{v}) + \mathbf{v}\times(\nabla\times\boldsymbol{\mathscr{r}})\,. \tag{10.58}$$

Bestimmen wir nun einen Term nach dem anderen:

$$\begin{aligned}(\boldsymbol{\mathscr{r}}\cdot\nabla)\mathbf{v} &= \left(\mathscr{r}_x\frac{\partial}{\partial x} + \mathscr{r}_y\frac{\partial}{\partial y} + \mathscr{r}_z\frac{\partial}{\partial z}\right)\mathbf{v}(t_r)\\ &= \mathscr{r}_x\frac{\partial\mathbf{v}}{\partial t_r}\frac{\partial t_r}{\partial x} + \mathscr{r}_y\frac{\partial\mathbf{v}}{\partial t_r}\frac{\partial t_r}{\partial y} + \mathscr{r}_z\frac{\partial\mathbf{v}}{\partial t_r}\frac{\partial t_r}{\partial z}\\ &= \mathbf{a}(\boldsymbol{\mathscr{r}}\cdot\nabla t_r)\,.\end{aligned} \tag{10.59}$$

18 Sie können diese Felder direkt aus den Jefimenko-Gleichungen ableiten, allerdings ist das nicht einfach. Siehe z. B. M. A. Heald und J. B. Marion, *Classical Electromagnetic Radiation*, 3rd ed., Abschnitt 8.4 (Orlando, FL: Saunders, 1995).

19 Die folgende Rechnung beruht auf der direktesten Methode, sozusagen mit der „Brechstange“. Einen viel einfallsreicheren und effizienten Ansatz finden Sie bei J. D. Jackson, Klassische Elektrodynamik, 4. Aufl., Abschnitt 14.1 (Berlin: Walter de Gruyter, 2006).

20 Denken Sie daran, dass $\boldsymbol{\mathscr{r}} = \mathbf{r} - \mathbf{w}(t_r)$ (Abbildung 10.8) und dass t_r selbst eine Funktion von $\mathbf{r}$ ist. Vergleichen Sie dies mit Aufgabe 1.13 (und Abschnitt 10.2), wo $\boldsymbol{\mathscr{r}} = \mathbf{r} - \mathbf{r}'$ (Abbildung 10.3) mit $\mathbf{r}'$ als *unabhängiger* Variable. Dort war dann $\nabla\mathscr{r} = \hat{\boldsymbol{\mathscr{r}}}$, aber hier haben wir es mit einem schwierigeren Problem zu tun.

Hierin ist $\mathbf{a} \equiv \dot{\mathbf{v}}$ die *Beschleunigung* des Teilchens zur retardierten Zeit. Nun ist

$$(\mathbf{v} \cdot \nabla)\,\boldsymbol{\mathscr{r}} = (\mathbf{v} \cdot \nabla)\,\mathbf{r} - (\mathbf{v} \cdot \nabla)\,\mathbf{w} \tag{10.60}$$

und

$$\begin{aligned}(\mathbf{v} \cdot \nabla)\,\mathbf{r} &= \left(v_x \frac{\partial}{\partial x} + v_y \frac{\partial}{\partial y} + v_z \frac{\partial}{\partial z}\right)(x\hat{\mathbf{x}} + y\hat{\mathbf{y}} + z\hat{\mathbf{z}}) \\ &= v_x\hat{\mathbf{x}} + v_y\hat{\mathbf{y}} + v_z\hat{\mathbf{z}} = \mathbf{v}\,,\end{aligned} \tag{10.61}$$

während

$$(\mathbf{v} \cdot \nabla)\,\mathbf{w} = \mathbf{v}\,(\mathbf{v} \cdot \nabla t_r)$$

(aus denselben Gründen wie in Gleichung 10.59). Machen wir mit dem dritten Term in Gleichung 10.58 weiter:

$$\begin{aligned}\nabla \times \mathbf{v} &= \left(\frac{\partial v_z}{\partial y} - \frac{\partial v_y}{\partial z}\right)\hat{\mathbf{x}} + \left(\frac{\partial v_x}{\partial z} - \frac{\partial v_z}{\partial x}\right)\hat{\mathbf{y}} + \left(\frac{\partial v_y}{\partial x} - \frac{\partial v_x}{\partial y}\right)\hat{\mathbf{z}} \\ &= \left(\frac{\partial v_z}{\partial t_r}\frac{\partial t_r}{\partial y} - \frac{\partial v_y}{\partial t_r}\frac{\partial t_r}{\partial z}\right)\hat{\mathbf{x}} + \left(\frac{\partial v_x}{\partial t_r}\frac{\partial t_r}{\partial z} - \frac{\partial v_z}{\partial t_r}\frac{\partial t_r}{\partial x}\right)\hat{\mathbf{y}} + \left(\frac{\partial v_y}{\partial t_r}\frac{\partial t_r}{\partial x} - \frac{\partial v_x}{\partial t_r}\frac{\partial t_r}{\partial y}\right)\hat{\mathbf{z}} \\ &= -\mathbf{a} \times \nabla t_r\,.\end{aligned} \tag{10.62}$$

Schließlich ist

$$\nabla \times \boldsymbol{\mathscr{r}} = \nabla \times \mathbf{r} - \nabla \times \mathbf{w}\,, \tag{10.63}$$

allerdings ist $\nabla \times \mathbf{r} = 0$; gleichzeitig gilt (aus denselben Gründen wie in Gleichung 10.62)

$$\nabla \times \mathbf{w} = -\mathbf{v} \times \nabla t_r\,. \tag{10.64}$$

Setzen wir all diese Ergebnisse wieder in Gleichung 10.58 ein und vereinfachen wir das dreifache Kreuzprodukt mittels der „BAC-CAB-Regel" (Gleichung 1.17), dann erhalten wir:

$$\begin{aligned}\nabla\,(\boldsymbol{\mathscr{r}} \cdot \mathbf{v}) &= \mathbf{a}\,(\boldsymbol{\mathscr{r}} \cdot \nabla t_r) + \mathbf{v} - \mathbf{v}\,(\mathbf{v} \cdot \nabla t_r) - \boldsymbol{\mathscr{r}} \times (\mathbf{a} \times \nabla t_r) + \mathbf{v} \times (\mathbf{v} \times \nabla t_r) \\ &= \mathbf{v} + \left(\boldsymbol{\mathscr{r}} \cdot \mathbf{a} - v^2\right)\nabla t_r\,.\end{aligned} \tag{10.65}$$

Nun verbinden wir Gleichung 10.57 mit Gleichung 10.65:

$$\nabla V = \frac{qc}{4\pi\varepsilon_0}\frac{1}{(\mathscr{r}c - \boldsymbol{\mathscr{r}} \cdot \mathbf{v})^2}\left[\mathbf{v} + \left(c^2 - v^2 + \boldsymbol{\mathscr{r}} \cdot \mathbf{a}\right)\nabla t_r\right]. \tag{10.66}$$

Um die Rechnung abzuschließen, müssen wir noch ∇t_r kennen. Diesen Wert erhalten wir, indem wir den Gradienten der Definitionsgleichung (10.55) bestimmen – was wir bereits in Gleichung 10.57 durchgeführt haben – und $\nabla\mathscr{r}$ ausformulieren:

$$\begin{aligned}-c\nabla t_r = \nabla\mathscr{r} &= \nabla\sqrt{\boldsymbol{\mathscr{r}} \cdot \boldsymbol{\mathscr{r}}} = \frac{1}{2\sqrt{\boldsymbol{\mathscr{r}} \cdot \boldsymbol{\mathscr{r}}}}\nabla\,(\boldsymbol{\mathscr{r}} \cdot \boldsymbol{\mathscr{r}}) \\ &= \frac{1}{\mathscr{r}}\left[(\boldsymbol{\mathscr{r}} \cdot \nabla)\,\boldsymbol{\mathscr{r}} + \boldsymbol{\mathscr{r}} \times (\nabla \times \boldsymbol{\mathscr{r}})\right].\end{aligned} \tag{10.67}$$

Allerdings ist

$$(\boldsymbol{\mathscr{r}} \cdot \nabla)\,\boldsymbol{\mathscr{r}} = \boldsymbol{\mathscr{r}} - \mathbf{v}\,(\boldsymbol{\mathscr{r}} \cdot \nabla t_r)$$

(mit derselben Begründung wie in Gleichung 10.60), und es gilt (wegen Gleichung 10.63 und 10.64)

$$\nabla \times \boldsymbol{\mathscr{r}} = (\mathbf{v} \times \nabla t_r) \ .$$

Daher ist

$$-c\nabla t_r = \frac{1}{\mathscr{r}}\left[\boldsymbol{\mathscr{r}} - \mathbf{v}\,(\boldsymbol{\mathscr{r}} \cdot \nabla t_r) + \boldsymbol{\mathscr{r}} \times (\mathbf{v} \times \nabla t_r)\right] = \frac{1}{\mathscr{r}}\left[\boldsymbol{\mathscr{r}} - (\boldsymbol{\mathscr{r}} \cdot \mathbf{v})\,\nabla t_r\right] ,$$

und somit ist

$$\nabla t_r = \frac{-\boldsymbol{\mathscr{r}}}{\mathscr{r}c - \boldsymbol{\mathscr{r}} \cdot \mathbf{v}} \ . \tag{10.68}$$

Setze ich dieses Ergebnis in Gleichung 10.66 ein, so komme ich zu dem Schluss:

$$\nabla V = \frac{1}{4\pi\varepsilon_0}\frac{qc}{(\mathscr{r}c - \boldsymbol{\mathscr{r}} \cdot \mathbf{v})^3}\left[(\mathscr{r}c - \boldsymbol{\mathscr{r}} \cdot \mathbf{v})\,\mathbf{v} - \left(c^2 - v^2 + \boldsymbol{\mathscr{r}} \cdot \mathbf{a}\right)\boldsymbol{\mathscr{r}}\right] . \tag{10.69}$$

Eine ähnliche Rechnung, die ich Ihnen überlassen werde (Aufgabe 10.19), liefert

$$\frac{\partial \mathbf{A}}{\partial t} = \frac{1}{4\pi\varepsilon_0}\frac{qc}{(\mathscr{r}c - \boldsymbol{\mathscr{r}} \cdot \mathbf{v})^3}\left[(\mathscr{r}c - \boldsymbol{\mathscr{r}} \cdot \mathbf{v})\,(-\mathbf{v} + \mathscr{r}\mathbf{a}/c) + \frac{\mathscr{r}}{c}\left(c^2 - v^2 + \boldsymbol{\mathscr{r}} \cdot \mathbf{a}\right)\mathbf{v}\right] . \tag{10.70}$$

Fügen wir diese Ergebnisse zusammen. Mit dem neuen Vektor

$$\mathbf{u} \equiv c\hat{\boldsymbol{\mathscr{r}}} - \mathbf{v} \tag{10.71}$$

erhalte ich

$$\mathbf{E}(\mathbf{r}, t) = \frac{q}{4\pi\varepsilon_0}\frac{\mathscr{r}}{(\boldsymbol{\mathscr{r}} \cdot \mathbf{u})^3}\left[\left(c^2 - v^2\right)\mathbf{u} + \boldsymbol{\mathscr{r}} \times (\mathbf{u} \times \mathbf{a})\right] . \tag{10.72}$$

Darüber hinaus ist

$$\nabla \times \mathbf{A} = \frac{1}{c^2}\nabla \times (V\mathbf{v}) = \frac{1}{c^2}\left[V\,(\nabla \times \mathbf{v}) - \mathbf{v} \times (\nabla V)\right] .$$

Die Größen $\nabla \times \mathbf{v}$ sowie ∇V haben wir bereits berechnet (in den Gleichungen 10.62 bzw. 10.69). Fügen wir beides zusammen, so erhalten wir

$$\nabla \times \mathbf{A} = -\frac{1}{c}\frac{q}{4\pi\varepsilon_0}\frac{1}{(\mathbf{u} \cdot \boldsymbol{\mathscr{r}})^3}\boldsymbol{\mathscr{r}} \times \left[\left(c^2 - v^2\right)\mathbf{v} + (\boldsymbol{\mathscr{r}} \cdot \mathbf{a})\,\mathbf{v} + (\boldsymbol{\mathscr{r}} \cdot \mathbf{u})\,\mathbf{a}\right] .$$

Die Größe in Klammern hat große Ähnlichkeit mit derjenigen aus Gleichung 10.72, die mithilfe der „BAC-CAB-Regel“ als $[(c^2 - v^2)\mathbf{u} + (\boldsymbol{\mathscr{r}} \cdot \mathbf{a})\mathbf{u} - (\boldsymbol{\mathscr{r}} \cdot \mathbf{u})\mathbf{a}]$ geschrieben werden kann. Der Hauptunterschied liegt in den $\mathbf{v}$, die sich anstelle der $\mathbf{u}$ in den beiden ersten Termen befinden. Da *sowieso* alles mit $\boldsymbol{\mathscr{r}}$ kreuzmultipliziert wird, können wir die $\mathbf{v}$ ungestraft zu $-\mathbf{u}$ *ändern*. Der zusätzliche Term, der proportional zu $\boldsymbol{\mathscr{r}}$ ist, verschwindet im Kreuzprodukt. Daraus folgt, dass

$$\mathbf{B}(\mathbf{r}, t) = \frac{1}{c}\hat{\boldsymbol{\mathscr{r}}} \times \mathbf{E}(\mathbf{r}, t) \ . \tag{10.73}$$

Offenbar *steht das magnetische Feld einer Punktladung immer senkrecht auf dem elektrischen Feld sowie auf dem aus dem retardierten Punkt weisenden Vektor.*

Der erste Term in $\mathbf{E}$ (also derjenige, der $(c^2 - v^2)\mathbf{u}$ enthält) fällt umgekehrt *quadratisch* mit der Entfernung zum Teilchen ab. Sind sowohl Geschwindigkeit als auch Beschleunigung null, bleibt allein dieser Term übrig und reduziert sich auf das von jeher bekannte elektrostatische Feld

$$\mathbf{E} = \frac{1}{4\pi\varepsilon_0} \frac{q}{\mathscr{r}^2} \hat{\boldsymbol{\mathscr{r}}} .$$

Aus diesem Grund wird der erste Term in $\mathbf{E}$ bisweilen als **verallgemeinertes Coulomb-Feld** bezeichnet. (Weil er nicht von der Beschleunigung abhängt, ist er zudem als **Geschwindigkeitsfeld** bekannt.) Der zweite Term (der $\boldsymbol{\mathscr{r}} \times (\mathbf{u} \times \mathbf{a})$ enthält) fällt entsprechend dem Inversen der *ersten* Potenz von $\mathscr{r}$ und dominiert daher bei großen Entfernungen. Wie wir in Kapitel 11 noch sehen werden, ist dieser Term für die elektromagnetische Strahlung verantwortlich. Daher wird er als **Strahlungsfeld** bezeichnet – aber wegen der Proportionalität zu $\mathbf{a}$ gibt es auch die Bezeichnung **Beschleunigungsfeld**. Dieselbe Terminologie gilt für das Magnetfeld.

Bereits in Kapitel 2 hatte ich erwähnt, dass wir prinzipiell mit der Elektrodynamik fertig wären, wenn wir nur die Formel für die Kraft angeben könnten, die eine Ladung auf eine andere ausübt. Aus ihr erhalten wir, zusammen mit dem Superpositionsprinzip, die Kraft, die von einer beliebigen Konfiguration auf eine Testladung Q ausgeübt wird. Damit sind wir am Ende: Gleichung 10.72 sowie Gleichung 10.73 geben uns die Felder, und aus der Gleichung für die Lorentz-Kraft folgt die resultierende Kraft:

$$\begin{aligned}\mathbf{F} = \frac{qQ}{4\pi\varepsilon_0} \frac{\mathscr{r}}{(\boldsymbol{\mathscr{r}} \cdot \mathbf{u})^3} \Big\{ & \Big[\left(c^2 - v^2\right)\mathbf{u} + \boldsymbol{\mathscr{r}} \times (\mathbf{u} \times \mathbf{a})\Big] \\ & + \frac{\mathbf{V}}{c} \times \Big[\hat{\boldsymbol{\mathscr{r}}} \times \Big[\left(c^2 - v^2\right)\mathbf{u} + \boldsymbol{\mathscr{r}} \times (\mathbf{u} \times \mathbf{a})\Big]\Big]\Big\} , \end{aligned} \tag{10.74}$$

in der $\mathbf{V}$ die Geschwindigkeit von Q ist und $\boldsymbol{\mathscr{r}}$, $\mathbf{u}$, $\mathbf{v}$ und $\mathbf{a}$ alle zur retardierten Zeit bestimmt werden. Die gesamte Theorie der klassischen Elektrodynamik ist in dieser Gleichung enthalten – allerdings merken Sie bestimmt, warum ich lieber mit dem Coulomb'schen Gesetz angefangen habe.

Beispiel 10.4: Felder einer bewegten Punktladung

Berechnen Sie die elektrischen und magnetischen Felder einer Punktladung, die sich mit konstanter Geschwindigkeit bewegt.

Lösung:

Wir setzen in Gleichung 10.72 $\mathbf{a} = 0$:

$$\mathbf{E} = \frac{q}{4\pi\varepsilon_0} \frac{(c^2 - v^2)\mathscr{r}}{(\boldsymbol{\mathscr{r}} \cdot \mathbf{u})^3} \mathbf{u} .$$

In diesem Fall wird (mit $\mathbf{w} = \mathbf{v}t$)

$$\mathscr{r}\mathbf{u} = c\boldsymbol{\mathscr{r}} - \mathscr{r}\mathbf{v} = c\,(\mathbf{r} - \mathbf{v}t_r) - c\,(t - t_r)\,\mathbf{v} = c\,(\mathbf{r} - \mathbf{v}t) .$$

Beispiel 10.4 (Fortsetzung)

In Beispiel 10.3 haben wir festgestellt, dass

$$\mathscr{r}c - \boldsymbol{\mathscr{r}} \cdot \mathbf{v} = \boldsymbol{\mathscr{r}} \cdot \mathbf{u} = \sqrt{\left(c^2 t - \mathbf{r} \cdot \mathbf{v}\right)^2 + \left(c^2 - v^2\right)\left(r^2 - c^2 t^2\right)}\,.$$

In Aufgabe 10.16 konnten wir zeigen, dass diese Wurzel als

$$Rc\sqrt{1 - v^2 \sin^2\theta / c^2}$$

geschrieben werden kann, wobei

$$\mathbf{R} \equiv \mathbf{r} - \mathbf{v}t$$

der Vektor von der *aktuellen* Position des Teilchens zu **r** und θ der Winkel zwischen **R** und **v** ist (Abbildung 10.9). Daher gilt

$$\mathbf{E}(\mathbf{r}, t) = \frac{q}{4\pi\varepsilon_0} \frac{1 - v^2/c^2}{\left(1 - v^2 \sin^2\theta / c^2\right)^{3/2}} \frac{\hat{\mathbf{R}}}{R^2}\,. \qquad (10.75)$$

Beachten Sie, dass die Richtung von **E** durch die *aktuelle* Position des Teilchens vorgegeben wird. Dies ist ein ganz *außergewöhnliches* Zusammentreffen, da die „Nachricht“ von der *retardierten* Position stammt. Wegen des $\sin^2\theta$ im Nenner ist das Feld einer schnell bewegten Ladung wie ein Pfannkuchen senkrecht zur Ausbreitungsrichtung abgeplattet (Abbildung 10.10). In Vorwärts- bzw. Rückwärtsrichtung ist **E** um den Faktor $(1 - v^2/c^2)$ relativ zum Feld einer ruhenden Ladung *reduziert*. Senkrecht dazu ist es um den Faktor $1/\sqrt{1 - v^2/c^2}$ *verstärkt.*

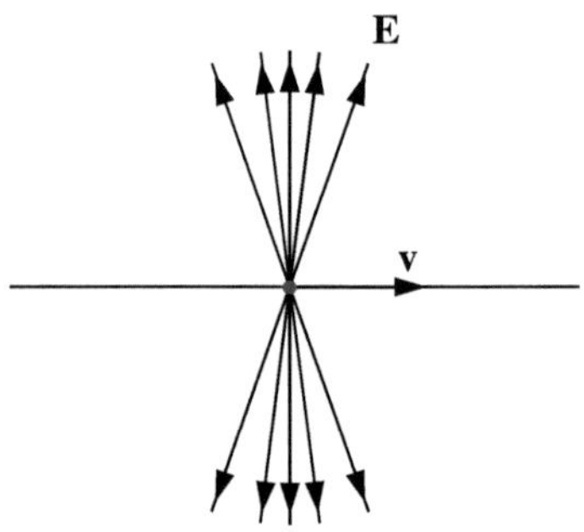

Abbildung 10.10

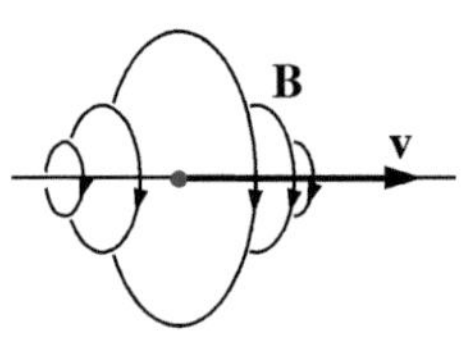

Abbildung 10.11

Für **B** haben wir

$$\hat{\boldsymbol{\mathscr{r}}} = \frac{\mathbf{r} - \mathbf{v}t_r}{\mathscr{r}} = \frac{(\mathbf{r} - \mathbf{v}t) + (t - t_r)\,\mathbf{v}}{\mathscr{r}} = \frac{\mathbf{R}}{\mathscr{r}} + \frac{\mathbf{v}}{c}\,,$$

und daher ist

$$\mathbf{B} = \frac{1}{c}\left(\hat{\boldsymbol{\mathscr{r}}} \times \mathbf{E}\right) = \frac{1}{c^2}\left(\mathbf{v} \times \mathbf{E}\right)\,. \qquad (10.76)$$

Die Feldlinien von **B** umkreisen, wie in Abbildung 10.11 dargestellt, die Ladung.

Beispiel 10.4 (Fortsetzung)

Die Felder einer mit konstanter Geschwindigkeit bewegten Punktladung (Gleichung 10.75 und 10.76) wurden 1888 erstmals von Oliver Heaviside[21] beschrieben. Ist $v^2 \ll c^2$, dann reduziert sich dies zu

$$\mathbf{E}(\mathbf{r}, t) \approx \frac{1}{4\pi\varepsilon_0} \frac{q}{R^2} \hat{\mathbf{R}}\,; \quad \mathbf{B}(\mathbf{r}, t) \approx \frac{\mu_0}{4\pi} \frac{q}{R^2} \left(\mathbf{v} \times \hat{\mathbf{R}}\right) . \tag{10.77}$$

Der erste Term ist im Wesentlichen das Coulomb'sche Gesetz, der zweite ist das „Biot-Savart'sche Gesetz einer Punktladung", vor dem ich Sie in Kapitel 5 (Gleichung 5.43) gewarnt habe.

Aufgabe 10.19

Leiten Sie Gleichung 10.70 her. Zeigen Sie zunächst, dass

$$\frac{\partial t_r}{\partial t} = \frac{\boldsymbol{\mathscr{r}} c}{\boldsymbol{\mathscr{r}} \cdot \mathbf{u}} . \tag{10.78}$$

Aufgabe 10.20

Eine Punktladung q ist auf Bewegungen entlang der x-Achse beschränkt. Zeigen Sie, dass die Felder in Punkten auf der Achse zur *Rechten* der Ladung durch

$$\mathbf{E} = \frac{q}{4\pi\varepsilon_0} \frac{1}{\mathscr{r}^2} \left(\frac{c+v}{c-v}\right) \hat{\mathbf{x}} \quad \text{bzw.} \quad \mathbf{B} = 0$$

gegeben sind. Wie sehen die Felder zur *Linken* der Ladung aus?

Aufgabe 10.21

Berechnen Sie (mittels Gleichung 10.75) für eine Punktladung, die sich mit konstanter Geschwindigkeit bewegt, das Flussintegral $\oint \mathbf{E} \cdot d\mathbf{a}$ über die Oberfläche einer Kugel, deren Mittelpunkt der momentane Ort der Ladung ist.[22]

Aufgabe 10.22

a. Berechnen Sie mithilfe von Gleichung 10.75 das elektrische Feld in der Entfernung d von einem unendlich langen geraden Draht, auf dem sich eine gleichförmige Linienladung λ befindet, die sich mit konstanter Geschwindigkeit v den Draht entlang bewegt.

---

21 Geschichte und weiterführende Literatur finden Sie in O. D. Jefimenko, *Am. J. Phys.* **62**, 79 (1994).

22 Feynman pflegte zu sagen, dass man keine Rechnung anfangen sollte, ohne die Antwort bereits zu kennen. Das klappt nicht immer, aber das ist eine gute Aufgabe, das einmal auszuprobieren.

b. Bestimmen Sie mithilfe von Gleichung 10.76 das magnetische Feld auf diesem Draht.

Aufgabe 10.23

Bestimmen Sie für die Konfiguration in Aufgabe 10.15 die im Mittelpunkt herrschenden elektrischen und magnetischen Felder. Bestimmen Sie anhand unserer Formel für $\mathbf{B}$ das magnetische Feld im Mittelpunkt einer kreisförmigen Schleife, die einen stationären Strom I trägt, und vergleichen Sie Ihre Antwort mit dem Ergebnis aus Beispiel 5.6.

Weitere Aufgaben für Kapitel 10

EXTRAS ONLINE

Lösungshinweise

Aufgabe 10.24

Auf einen Plastikring mit Radius a kleben Sie eine Ladung, sodass die Linienladungsdichte $\lambda_0|\sin(\theta/2)|$ beträgt. Dann lassen Sie diese „Schleife" mit der Winkelgeschwindigkeit ω um ihre Achse rotieren. Bestimmen Sie die (exakten) skalaren und Vektorpotentiale im Mittelpunkt des Rings.

[*Ergebnis:* $\mathbf{A} = (\mu_0\lambda_0\omega a/3\pi)\{\sin[\omega(t-a/c)]\hat{\mathbf{x}} - \cos[\omega(t-a/c)]\hat{\mathbf{y}}\}$.]

Aufgabe 10.25

Abbildung 2.35 fasst die drei Gesetze der *Elektrostatik* in einem „Dreiecksdiagramm" zusammen, das die *Quelle* (ρ), das *Feld* ($\mathbf{E}$) und das *Potential* (V) miteinander verknüpft. Abbildung 5.48 leistet dasselbe für die Magnetostatik, mit der Quelle $\mathbf{J}$, dem Feld $\mathbf{B}$ und dem Potential $\mathbf{A}$. Konstruieren Sie die analogen Diagramme der *Elektrodynamik* mit den Quellen ρ und $\mathbf{J}$ (die durch die Kontinuitätsgleichung eingeschränkt werden), den Feldern $\mathbf{E}$ und $\mathbf{B}$ sowie den Potentialen V und $\mathbf{A}$ (eingeschränkt durch die Lorenz-Eichung). Verwenden Sie keine Formeln, in denen V und $\mathbf{A}$ durch $\mathbf{E}$ und $\mathbf{B}$ ausgedrückt werden.

Aufgabe 10.26

Eine sich ausdehnende Kugel mit Radius $R(t) = vt$ ($t > 0$, konstantes v) trägt eine gleichförmig über ihr Volumen verteilte Ladung Q. Berechnen Sie das Integral

$$Q_{\text{eff}} = \int \rho(\mathbf{r}, t_r)\,\mathrm{d}\tau$$

relativ zum Ursprung. Zeigen Sie, dass $Q_{\text{eff}} \approx Q(1 - 3v/4c)$, falls $v \ll c$.

Aufgabe 10.27

Überprüfen Sie, dass das Potential einer Punktladung, die sich mit konstanter Geschwindigkeit bewegt (Gleichung 10.49 und 10.50), die Lorenz-Eichbedingung erfüllt (Gleichung 10.12).

Aufgabe 10.28

Ein Teilchen mit Ladung q_1 befindet sich am Ursprung in Ruhe. Ein anderes Teilchen mit Ladung q_2 nähert sich in einer Hyperbelbewegung entlang der x-Achse:

$$x(t) = \sqrt{b^2 + (ct)^2}\,.$$

Zur Zeit $t = 0$ erreicht es den Punkt b der größten Annäherung und verschwindet dann wieder ins Unendliche.

a. Welche Kraft F_2 herrscht zur Zeit t aufgrund von q_1 auf q_2?

b. Welcher Kraftstoß ($I_2 = \int_{-\infty}^{\infty} F_2\,dt$) wird von q_2 auf q_1 übertragen?

c. Welche Kraft F_1 wirkt zur Zeit t aufgrund von q_2 auf q_1?

d. Welcher Kraftstoß ($I_1 = \int_{-\infty}^{\infty} F_1\,dt$) wird durch q_1 auf q_2 übertragen?

[*Hinweis*: Es könnte hilfreich sein, vor Durchführung des Integrals Aufgabe 10.17 zu bearbeiten.

Ergebnis: $I_2 = -I_1 = q_1 q_2/4\pi\varepsilon_0 bc$.]

Aufgabe 10.29
Wir sind nun in der Lage, das Beispiel in Abschnitt 8.2.1 quantitativ zu behandeln. Nehmen Sie an, dass sich q_1 bei $x_1 = -vt$ befindet und q_2 bei $y = -vt$ (Abbildung 8.3 mit $t < 0$). Bestimmen Sie die elektrischen und magnetischen Kräfte auf q_1 und q_2. Ist das dritte Newton'sche Gesetz erfüllt?

Aufgabe 10.30
Ein gleichförmig geladener Stab (Länge L, Ladungsdichte λ) gleitet mit konstanter Geschwindigkeit v entlang der x-Achse. Das hintere Ende passiert den Ursprung zur Zeit $t = 0$. Somit ist die Position des hinteren Endes $x = vt$ eine Funktion der Zeit; das vordere Ende befindet sich bei $x = vt + L$. Bestimmen Sie das retardierte skalare Potential am Ursprung als Funktion der Zeit für $t > 0$. [Bestimmen Sie zuerst die retardierte Zeit t_1 für das hintere Ende, dann die retardierte Zeit t_2 für das vordere Ende und die zugehörigen retardierten Positionen x_1 und x_2.] Ist Ihre Antwort für den Grenzfall einer Punktladung ($L \ll vt$ mit $\lambda L = q$) mit dem Liénard-Wiechert-Potential konsistent? Nehmen Sie *nicht* $v \ll c$ an.

Aufgabe 10.31
Ein Teilchen der Ladung q bewegt sich mit konstanter Geschwindigkeit v entlang der x-Achse. Berechnen Sie die Gesamtleistung, die zu dem Zeitpunkt, zu dem das Teilchen durch den Ursprung geht, die Ebene $x = a$ durchquert.

[*Ergebnis*: $q^2 v/32\pi\varepsilon_0 a^2$.]

Aufgabe 10.32[23]
Ein Teilchen mit Ladung q_1 ruht am Ursprung. Ein zweites Teilchen mit Ladung q_2 bewegt sich mit konstanter Geschwindigkeit v entlang der z-Achse.

a. Bestimmen Sie die Kraft $\mathbf{F}_{12}(t)$, die von q_1 zum Zeitpunkt t auf q_2 ausgeübt wird (wenn sich q_2 bei $z = vt$ befindet).

b. Bestimmen Sie die Kraft $\mathbf{F}_{21}(t)$, die von q_2 zum Zeitpunkt t auf q_1 ausgeübt wird. Gilt das dritte Newton'sche Gesetz in diesem Fall?

c. Berechnen Sie den (linearen) Impuls $\mathbf{p}(t)$, der zur Zeit t in den elektromagnetischen Feldern steckt. (Halten Sie sich nicht mit Beiträgen auf, die zeitlich konstant sind; die werden Sie in Teil (d) nicht benötigen.)

[*Antwort:* $(\mu_0 q_1 q_2/4\pi t)\hat{\mathbf{z}}$]

23 Siehe J. J. G. Scanio, *Am. J. Phys.* **43**, 258 (1975).

d. Zeigen Sie, dass die Summe der Kräfte gleich der negativen Änderungsrate des Impulses in den Feldern ist. Interpretieren Sie dieses Ergebnis physikalisch.

Aufgabe 10.33
Entwickeln Sie die Potentialformulierung der Elektrodynamik mit magnetischer Ladung (Gleichung 7.44).

[*Hinweis:* Sie werden zwei skalare Potentiale und zwei Vektorpotentiale benötigen. Verwenden Sie die Lorenz-Eichung. Bestimmen Sie die retardierten Potentiale (als Verallgemeinerung von Gleichung 10.26) und geben Sie die Formeln für **E** und **B** an, ausgedrückt durch die Potentiale (als Verallgemeinerung der Gleichungen 10.2 und 10.3).]

Aufgabe 10.34
Bestimmen Sie die Potentiale (Lorenz-Eichung!) und Felder eines zeitabhängigen idealen Dipols $\mathbf{p}(t)$ im Ursprung.[24] (Er ist stationär, aber sein Betrag und/oder seine Richtung ändern sich mit der Zeit.) Ignorieren Sie den Kontaktterm.

[*Antwort:*

$$\begin{aligned}
V(\mathbf{r},t) &= \frac{1}{4\pi\epsilon_0}\frac{\hat{\mathbf{r}}}{r^2}\cdot[\mathbf{p}+(r/c)\dot{\mathbf{p}}] \\
\mathbf{A}(\mathbf{r},t) &= \frac{\mu_0}{4\pi}\left[\frac{\dot{\mathbf{p}}}{r}\right] \\
\mathbf{E}(\mathbf{r},t) &= -\frac{\mu_0}{4\pi}\left\{\frac{\ddot{\mathbf{p}}-\hat{\mathbf{r}}(\hat{\mathbf{r}}\cdot\ddot{\mathbf{p}})}{r}+c^2\frac{[\mathbf{p}+(r/c)\dot{\mathbf{p}}]-3\hat{\mathbf{r}}(\hat{\mathbf{r}}\cdot[\mathbf{p}+(r/c)\dot{\mathbf{p}}])}{r^3}\right\} \\
\mathbf{B}(\mathbf{r},t) &= -\frac{\mu_0}{4\pi}\left\{\frac{\hat{\mathbf{r}}\times[\dot{\mathbf{p}}+(r/c)\ddot{\mathbf{p}}]}{r^2}\right\}
\end{aligned} \tag{10.79}$$

Dabei werden alle Ableitungen von **p** zur retardierten Zeit ausgewertet.]

24 W. J. M. Kort-Kamp und C. Farina, *Am. J. Phys.* **79**, 111 (2011); D. J. Griffiths, *Am. J. Phys.* **79**, 867 (2011).

Strahlung

11

ÜBERBLICK

11.1 Dipolstrahlung

11.1.1 Was ist Strahlung?

Wenn Ladungen *beschleunigen*, können ihre Felder Energie irreversibel ins Unendliche abtransportieren. Diesen Vorgang bezeichnen wir als **Strahlung**.[1] Nehmen wir an, dass die Quelle in der Nähe des Ursprungs *lokalisiert*[2] ist. Wir würden nun gerne die Energie berechnen, die sie zum Zeitpunkt t_0 abstrahlt. Stellen Sie sich eine riesige kugelförmige Hülle mit Radius r vor (Abbildung 11.1). Die gesamte Leistung, die durch diese Fläche geht, ist das Integral des Poynting-Vektors:

$$P(r) = \oint S \cdot d\mathbf{a} = \frac{1}{\mu_0} \oint (\mathbf{E} \times \mathbf{B}) \cdot d\mathbf{a} \,. \tag{11.1}$$

Weil sich elektromagnetische „Information" mit Lichgeschwindigkeit ausbreitet,[3] hat diese Energie die Quelle in Wirklichkeit zu der früheren Zeit $t_0 = t - r/c$ verlassen. Somit lautet die abgestrahlte Leistung

$$P_{\text{rad}}(t_0) \equiv \lim_{r \to \infty} P(r, t_0 + \frac{r}{c}) \,. \tag{11.2}$$

Dabei bleibt t_0 konstant. Dies ist die Energie (pro Zeiteinheit), die bis ins Unendliche transportiert wird und niemals zurückkehrt.

Nun beträgt die Fläche der Kugel $4\pi r^2$, daher muss der Poynting-Vektor, damit (für große r) Strahlung auftreten kann, langsamer als mit $1/r^2$ abklingen. (Bei einem Abfall beispielsweise mit $1/r^3$ würde $P(r)$ wie $1/r$ verlaufen, und P_{rad} wäre null).

Abbildung 11.1

1 In diesem Kapitel verwenden wir das Wort „Strahlung" in einem eingeschränkten technischen Sinne. Eine bessere Bezeichnung wäre „Abstrahlung ins Unendliche". In der Alltagssprache hat das Wort eine breitere Bedeutung. Wir sprechen zum Beispiel von der Strahlung einer Heizlampe oder eines Röntgenapparats. In diesem allgemeineren Sinn bezeichnet elektromagnetische „Strahlung" alle Felder, die Energie transportieren, also Felder, deren Poynting-Vektor nicht verschwindet. An dieser Sprechweise ist nichts falsch, aber ich verwende eine andere.

2 Bei nicht lokalisierten Quellen, beispielsweise unendlich ausgedehnten Ebenen, Drähten oder Spulen, muss das gesamte Konzept der „Strahlung" neu formuliert werden – siehe Aufgabe 11.28.

3 Genauer gesagt: Die Felder hängen vom Zustand der Quelle zur retardierten Zeit ab.

Gemäß dem Coulomb'schen Gesetz fallen elektro*statische* Felder mit $1/r^2$ ab (falls die Gesamtladung null ist, sogar noch schneller). Das Biot-Savart'sche Gesetz besagt, dass magneto*statische* Felder mit $1/r^2$ (oder noch schneller) abfallen. Dies bedeutet, dass für statische Konfigurationen $S \sim 1/r^4$ ist. Daher *strahlen* statische Quellen nicht. Aber die Jefimenko-Gleichungen (Gleichung 10.36 und 10.38) deuten darauf hin, dass *zeitabhängige* Felder (die $\dot{\rho}$ und $\dot{\mathbf{J}}$ enthalten) mit $1/r$ abklingen. *Diese* Terme sind für die elektromagnetische Strahlung verantwortlich.

Zur Untersuchung der Strahlung gehört daher das Herauspicken der Teile von **E** und **B**, die in großer Entfernung von der Quelle mit $1/r$ abfallen, die Konstruktion des $1/r^2$-Terms in **S**, die Integration über eine große kugelförmige[4] Oberfläche und die Durchführung des Grenzübergangs $r \to \infty$. Ich werde dieses Verfahren zuerst für oszillierende elektrische und magnetische Dipole durchführen. In Abschnitt 11.2 betrachten wir dann den schwierigeren Fall der Strahlung einer beschleunigten Punktladung.

11.1.2 Elektrische Dipolstrahlung

Betrachten Sie zwei winzige Metallkugeln im Abstand d, die durch einen dünnen Draht verbunden sind (Abbildung 11.2). Zur Zeit t beträgt die Ladung auf der oberen Kugel $q(t)$ und die Ladung auf der unteren Kugel $-q(t)$. Nehmen Sie an, dass wir die Ladung mit der Kreiswinkelfrequenz ω durch den Draht leiten, von einem Ende zum anderen, vor und zurück:

$$q(t) = q_0 \cos(\omega t)\,. \tag{11.3}$$

Das Ergebnis ist ein oszillierender elektrischer Dipol:[5]

$$\mathbf{p}(t) = p_0 \cos(\omega t)\hat{\mathbf{z}}\,, \tag{11.4}$$

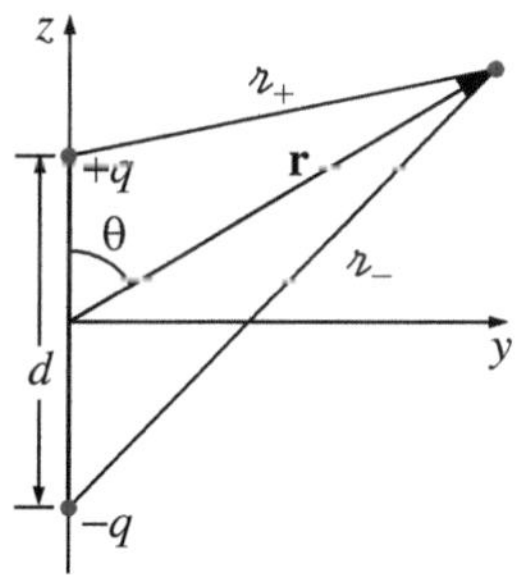

Abbildung 11.2

4 Es muss sich natürlich nicht zwingend um eine Kugel handeln, allerdings wird dadurch die Rechnung viel einfacher.

5 Vielleicht sind Sie der Ansicht, dass es auch ein natürlicheres Modell gibt, etwa eine Anordnung aus gleichartigen und entgegengesetzten Ladungen, die beispielsweise auf einer Feder angebracht sind, sodass q konstant bleibt, während d schwingt und nicht (wie in dem oben eingeführten Modell) anders herum. Ein solches Modell würde zum selben Ergebnis führen, allerdings lässt sich mit bewegten Punktladungen (wegen des unangenehmen Nenners in den Liénard-Wiechert-Potentialen) nur schwer rechnen. Die hier vorgestellte Formulierung ist weit einfacher.

wobei

$$p_0 \equiv q_0 d$$

der Maximalwert des Dipolmoments ist.

Das retardierte Potential (Gleichung 10.26) beträgt

$$V(\mathbf{r}, t) = \frac{1}{4\pi\varepsilon_0} \left\{ \frac{q_0 \cos\left[\omega\left(t - \mathscr{r}_+/c\right)\right]}{\mathscr{r}_+} - \frac{q_0 \cos\left[\omega\left(t - \mathscr{r}_-/c\right)\right]}{\mathscr{r}_-} \right\} . \quad (11.5)$$

Aufgrund des Kosinussatzes gilt:

$$\mathscr{r}_\pm = \sqrt{r^2 \mp rd\cos\theta + (d/2)^2} . \quad (11.6)$$

Um nun aus diesem *physikalischen* Dipol einen *perfekten* Dipol zu machen, muss der Abstand extrem klein sein:

$$\textbf{Näherung 1:} d \ll r . \quad (11.7)$$

Wenn d gleich *null* ist, erhalten wir natürlich überhaupt kein Potential. Was wir brauchen, ist eine Entwicklung bis zur *ersten Ordnung* in d. Daher ist

$$\mathscr{r}_\pm \cong r\left(1 \mp \frac{d}{2r}\cos\theta\right) . \quad (11.8)$$

Es folgt, dass

$$\frac{1}{\mathscr{r}_\pm} \cong \frac{1}{r}\left(1 \pm \frac{d}{2r}\cos\theta\right) \quad (11.9)$$

und

$$\begin{aligned} \cos\left[\omega\left(t - \mathscr{r}_\pm/c\right)\right] &\cong \cos\left[\omega\left(t - r/c\right) \pm \frac{\omega d}{2c}\cos\theta\right] \\ &= \cos\left[\omega\left(t - r/c\right)\right]\cos\left(\frac{\omega d}{2c}\cos\theta\right) \mp \sin\left[\omega\left(t - r/c\right)\right]\sin\left(\frac{\omega d}{2c}\cos\theta\right) . \end{aligned}$$

Für den Grenzwert des perfekten Dipols haben wir außerdem

$$\textbf{Näherung 2:} d \ll \frac{c}{\omega} . \quad (11.10)$$

(Da Wellen der Frequenz ω die Wellenlänge $\lambda = 2\pi c/\omega$ aufweisen, ist dies letztlich die Forderung: $d \ll \lambda$.) Unter diesen Umständen ist

$$\cos\left[\omega\left(t - \mathscr{r}_\pm/c\right)\right] \cong \cos\left[\omega\left(t - r/c\right)\right] \mp \frac{\omega d}{2c}\cos\theta\sin\left[\omega\left(t - r/c\right)\right] . \quad (11.11)$$

Setzen wir Gleichung 11.9 und 11.11 in Gleichung 11.5 ein, dann erhalten wir das Potential eines schwingenden perfekten Dipols:

$$V(r, \theta, t) = \frac{p_0\cos\theta}{4\pi\varepsilon_0 r}\left\{-\frac{\omega}{c}\sin\left[\omega\left(t - r/c\right)\right] + \frac{1}{r}\cos\left[\omega\left(t - r/c\right)\right]\right\} . \quad (11.12)$$

Im statischen Grenzfall ($\omega \to 0$) reproduziert der zweite Term die alte Formel für das Potential eines stationären Dipols (Gleichung 3.99):

$$V = \frac{p_0 \cos\theta}{4\pi\varepsilon_0 r^2} \,.$$

Allerdings ist dies jetzt nicht der Term, den wir suchen. Wir interessieren uns für die sogenannten **Fernfelder**, d. h. Felder, die *in großer Entfernung von der Quelle* (in der sogenannten **Strahlungszone**) übrig bleiben:[6]

$$\textbf{Näherung 3:} r \gg \frac{c}{\omega} \,. \tag{11.13}$$

(Oder, wenn wir es durch die Wellenlänge ausdrücken, $r \gg \lambda$.) In diesem Gebiet reduziert sich das Potential auf

$$V(r,\theta,t) = -\frac{p_0\omega}{4\pi\varepsilon_0 c}\left(\frac{\cos\theta}{r}\right)\sin\left[\omega\left(t - r/c\right)\right] \,. \tag{11.14}$$

Darüber hinaus wird das *Vektor*potential durch den Strom festgelegt, der durch den Draht fließt:

$$\mathbf{I}(t) = \frac{\mathrm{d}q}{\mathrm{d}t}\hat{\mathbf{z}} = -q_0\omega\sin(\omega t)\hat{\mathbf{z}} \,. \tag{11.15}$$

Mit Blick auf Abbildung 11.3 wird dies zu:

$$\mathbf{A}(\mathbf{r},t) = \frac{\mu_0}{4\pi}\int_{-d/2}^{d/2} \frac{-q_0\omega\sin[\omega(t - \mathscr{r}/c)]\hat{\mathbf{z}}}{\mathscr{r}}\,\mathrm{d}z \,. \tag{11.16}$$

Weil die Integration selbst einen Faktor d einführt, können wir in erster Näherung den Integranden durch seinen Wert im Mittelpunkt ersetzen:

$$\mathbf{A}(r,\theta,t) = -\frac{\mu_0 p_0 \omega}{4\pi r}\sin\left[\omega(t - r/c)\right]\hat{\mathbf{z}} \,. \tag{11.17}$$

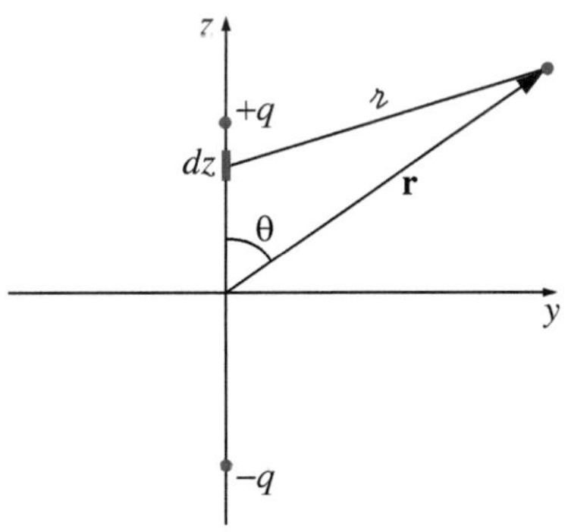

Abbildung 11.3

6 Beachten Sie, dass die Näherungen 2 und 3 die Näherung 1 implizieren. Alle zusammengenommen, haben wir $d \ll \lambda \ll r$.

(Beachten Sie, dass ich zwar implizit die Näherungen 1 und 2 eingesetzt habe, um nur die erste Ordnung in d zu behalten, dennoch wird Näherung 3 *nicht* für Gleichung 11.17 benötigt.)

Aus den Potentialen können wie die Felder auf einfache Weise berechnen:

$$\begin{aligned}\nabla V &= \frac{\partial V}{\partial r}\hat{\mathbf{r}} + \frac{1}{r}\frac{\partial V}{\partial \theta}\hat{\boldsymbol{\theta}} \\ &= -\frac{p_0\omega}{4\pi\varepsilon_0 c}\left\{\cos\theta\left(-\frac{1}{r^2}\sin\left[\omega(t-r/c)\right] - \frac{\omega}{rc}\cos\left[\omega(t-r/c)\right]\right)\hat{\mathbf{r}}\right. \\ &\quad \left. -\frac{\sin\theta}{r^2}\sin\left[\omega(t-r/c)\right]\hat{\boldsymbol{\theta}}\right\} \\ &\cong \frac{p_0\omega^2}{4\pi\varepsilon_0 c^2}\left(\frac{\cos\theta}{r}\right)\cos\left[\omega(t-r/c)\right]\hat{\mathbf{r}}\,.\end{aligned}$$

(In Übereinstimmung mit Näherung 3 habe ich dabei den ersten und den letzten Term unter den Tisch fallen lassen.) Auf ähnliche Weise erhalten wir

$$\frac{\partial \mathbf{A}}{\partial t} = -\frac{\mu_0 p_0 \omega^2}{4\pi r}\cos\left[\omega(t-r/c)\right]\left(\cos\theta\hat{\mathbf{r}} - \sin\theta\hat{\boldsymbol{\theta}}\right)$$

und damit

$$\mathbf{E} = -\nabla V - \frac{\partial \mathbf{A}}{\partial t} = -\frac{\mu_0 p_0 \omega^2}{4\pi}\left(\frac{\sin\theta}{r}\right)\cos\left[\omega(t-r/c)\right]\hat{\boldsymbol{\theta}}\,. \tag{11.18}$$

Darüber hinaus gilt

$$\begin{aligned}\nabla\times\mathbf{A} &= \frac{1}{r}\left[\frac{\partial}{\partial r}\left(rA_\theta\right) - \frac{\partial A_r}{\partial \theta}\right]\hat{\boldsymbol{\varphi}} \\ &= -\frac{\mu_0 p_0\omega}{4\pi r}\left\{\frac{\omega}{c}\sin\theta\cos\left[\omega(t-r/c)\right] + \frac{\sin\theta}{r}\sin\left[\omega(t-r/c)\right]\right\}\hat{\boldsymbol{\varphi}}\,.\end{aligned}$$

Der zweite Term wird durch Näherung 3 wieder eliminiert, also ist

$$\mathbf{B} = \nabla\times\mathbf{A} = -\frac{\mu_0 p_0 \omega^2}{4\pi c}\left(\frac{\sin\theta}{r}\right)\cos\left[\omega(t-r/c)\right]\hat{\boldsymbol{\varphi}}\,. \tag{11.19}$$

Gleichung 11.18 und 11.19 entsprechen monochromatischen Wellen der Frequenz ω, die sich radial mit Lichtgeschwindigkeit ausbreiten. **E** und **B** sind phasengleich, stehen senkrecht aufeinander und sind transversal. Das Verhältnis ihrer Amplituden beträgt $E_0/B_0 = c$. Genau das haben wir auch für elektromagnetische Wellen im leeren Raum erwartet. (Genauer gesagt, handelt es sich dabei um *sphärische* Wellen und nicht um ebene Wellen. Ihre Amplituden sinken während der Ausbreitung mit $1/r$ ab. Für große r sind sie in kleineren Bereichen aber näherungsweise eben – so wie auch die Erdoberfläche lokal eben ist.)

Die Energie, die ein schwingender elektrischer Dipol abstrahlt, wird durch den Poynting-Vektor festgelegt:

$$\mathbf{S} = \frac{1}{\mu_0}\left(\mathbf{E}\times\mathbf{B}\right) = \frac{\mu_0}{c}\left\{\frac{p_0\omega^2}{4\pi}\left(\frac{\sin\theta}{r}\right)\cos\left[\omega\left(t-r/c\right)\right]\right\}^2\hat{\mathbf{r}}\,. \tag{11.20}$$

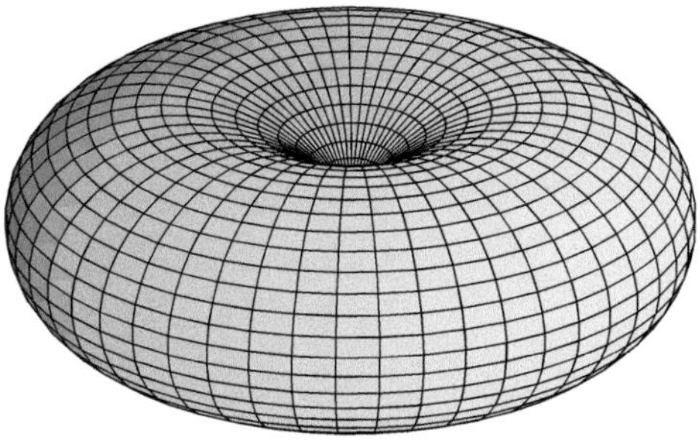

Abbildung 11.4

Die Intensität erhalten wir durch (zeitliche) Mittelung über eine komplette Periode:

$$\langle \mathbf{S} \rangle = \left(\frac{\mu_0 p_0^2 \omega^4}{32\pi^2 c} \right) \frac{\sin^2 \theta}{r^2} \hat{\mathbf{r}} \,. \tag{11.21}$$

Beachten Sie, dass entlang der *Achse* des Dipols keine Strahlung auftritt (hier ist $\sin\theta = 0$). Das Intensitätsprofil[7] nimmt die Form eines Donuts an, wobei das Maximum in der Äquatorebene liegt (Abbildung 11.4). Die Gesamtleistung bestimmen wir durch Integration von $\langle \mathbf{S} \rangle$ über eine Kugel mit Radius r:

$$\langle P \rangle = \int \langle \mathbf{S} \rangle \cdot \mathrm{d}\mathbf{a} = \frac{\mu_0 p_0^2 \omega^4}{32\pi^2 c} \int \frac{\sin^2 \theta}{r^2} r^2 \sin\theta \,\mathrm{d}\theta \,\mathrm{d}\varphi = \frac{\mu_0 p_0^2 \omega^4}{12\pi c} \,. \tag{11.22}$$

Beispiel 11.1: Die Farben des Himmels

Die steile Frequenzabhängigkeit (ω^4!) in der Formel für die Leistung ist die Ursache, warum der Himmel blau ist. Sonnenlicht, das die Atmosphäre durchdringt, regt die Atome dazu an, wie winzige Dipole zu schwingen. Die einfallende Sonnenstrahlung überdeckt einen breiten Frequenzbereich (weißes Licht), aber die Energie, die von den atmosphärischen Dipolen absorbiert und wieder abgestrahlt wird, ist bei hohen Frequenzen (also im Blauen) aufgrund des Terms ω^4 in Gleichung 11.22 höher als im Roten. Es ist dieses erneut abgestrahlte Licht, das Sie bei einem Blick in den Himmel wahrnehmen – natürlich nur, wenn Sie nicht direkt in die Sonne sehen.

Weil elektromagnetische Wellen transversal sind, schwingen die Dipole in einer Ebene senkrecht zu den Sonnenstrahlen. Senkrecht zu diesen Strahlen, wo das Blau an der Himmelskugel am intensivsten ist, senden die entlang des Sehstrahls schwingenden Dipole keine Strahlung zum Beobachter (wegen des $\sin^2\theta$ in Gleichung 11.21). Licht, das unter diesem Winkel einfällt, ist daher senkrecht zu den Sonnenstrahlen polarisiert (Abbildung 11.5).

7 Die „radiale“ Koordinate in Abbildung 11.4 entspricht der Größe von $\langle \mathbf{S} \rangle$ (bei festem r) als Funktion von θ und φ.

Beispiel 11.1 (Fortsetzung)

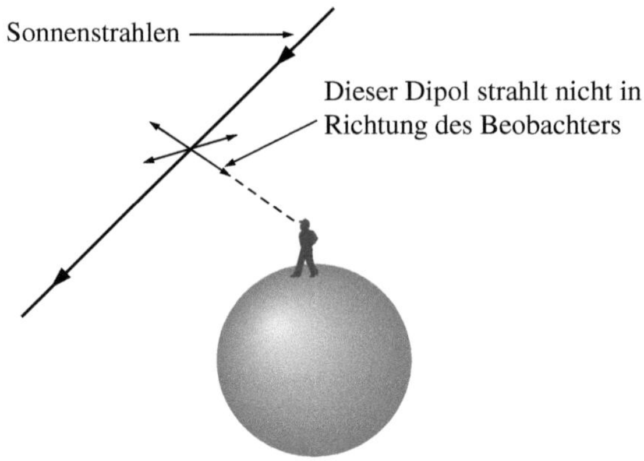

Abbildung 11.5

Rote Sonnenuntergänge sind die andere Seite der Medaille: Das Sonnenlicht, das tangential zur Erdoberfläche einfällt, muss eine viel dickere Atmosphärenschicht durchqueren als das Sonnenlicht, das senkrecht von oben einfällt (Abbildung 11.6). Dementsprechend wurde ein Großteil des blauen Lichts durch Streuung *entfernt*, sodass das nur der rote Anteil übrig bleibt.

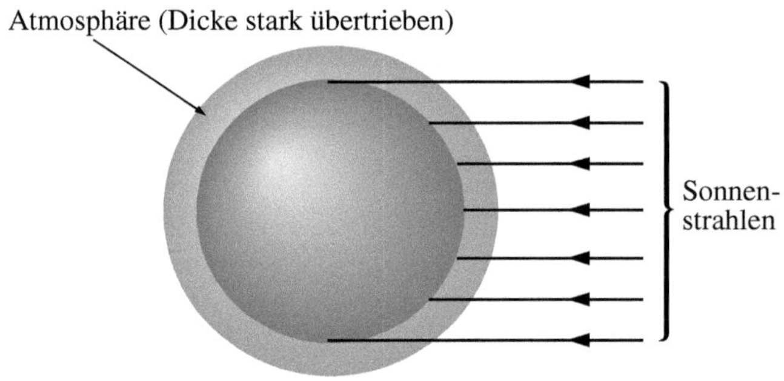

Abbildung 11.6

■ Aufgabe 11.1

Überprüfen Sie, dass die retardierten Potentiale eines schwingenden Dipols (Gleichung 11.12 und 11.17) die Lorenz'sche Eichbedingung erfüllen. Verwenden Sie *nicht* die Näherung 3.

■ Aufgabe 11.2

Gleichung 11.14 kann durch Verwendung von $p_0 \cos\theta = \mathbf{p}_0 \cdot \hat{\mathbf{r}}$ in „koordinatenfreier" Form geschrieben werden. Führen Sie dies durch und wiederholen Sie es für die Gleichungen 11.17, 11.18, 11.19 und 11.21.

■ **Aufgabe 11.3**

Bestimmen Sie den **Strahlungswiderstand** des Drahts, der die beiden Enden des Dipols verbindet. (Dabei handelt es sich um den Widerstand, der zum selben mittleren Leistungsverlust in Form von Wärme führt, den die schwingenden Dipole *tatsächlich* in Form von Strahlung abgeben.) Zeigen Sie, dass $R = 790(d/\lambda)^2\Omega$ gilt, wobei λ die Wellenlänge der Strahlung ist. Wenn sich ein solcher Draht in einem gewöhnlichen Radio befindet (beispielsweise mit $d = 5\,\text{cm}$), müssen Sie sich dann über den Strahlungsbeitrag zum Gesamtwiderstand Sorgen machen?

! ■ **Aufgabe 11.4**

Ein *rotierender* elektrischer Dipol kann als Überlagerung zweier *schwingender* Dipole betrachtet werden, einer entlang der x-Achse und der andere entlang der y-Achse (Abbildung 11.7), wobei letzterer um 90° außer Phase ist:

$$\mathbf{p} = p_0 \left[\cos(\omega t)\hat{\mathbf{x}} + \sin(\omega t)\hat{\mathbf{y}}\right] .$$

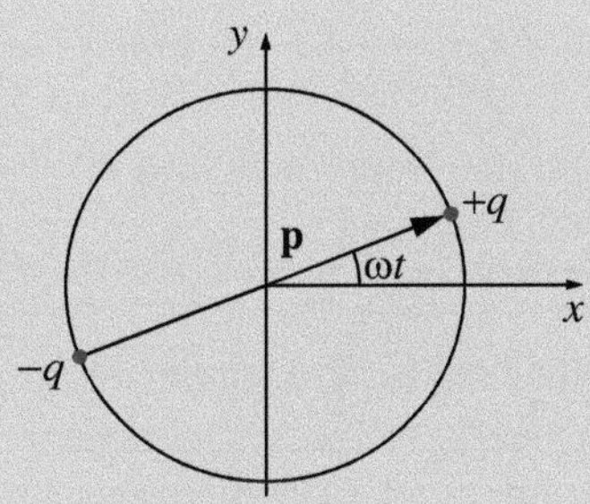

Abbildung 11.7

Bestimmen Sie mithilfe des Superpositionsprinzips sowie von Gleichung 11.18 und Gleichung 11.19 (eventuell in der Form, die durch Aufgabe 11.2 angeregt worden ist) die Felder des rotierenden Dipols. Bestimmen Sie ebenso den Poynting-Vektor und die Strahlungsintensität. Skizzieren Sie die Intensitätsprofile als Funktion des Polwinkels θ und berechnen Sie die gesamte abgestrahlte Leistung. Ist die Antwort sinnvoll? (Beachten Sie, dass die Leistung, die in den Feldern *quadratisch* auftritt, das Superpositionsprinzip nicht erfüllt. In diesem Zusammenhang *scheint* dies jedoch der Fall zu sein. Können Sie das erklären?)

11.1.3 Magnetische Dipolstrahlung

Wir haben eine Drahtschleife mit Radius b (Abbildung 11.8), durch die wir einen Wechselstrom schicken:

$$I(t) = I_0 \cos(\omega t) . \tag{11.23}$$

Dies ist das Modell eines oszillierenden *magnetischen* Dipols mit

$$\mathbf{m}(t) = \pi b^2 I(t)\hat{\mathbf{z}} = m_0 \cos(\omega t)\hat{\mathbf{z}} , \tag{11.24}$$

wobei

$$m_0 \equiv \pi b^2 I_0 \tag{11.25}$$

den Maximalwert des magnetischen Dipolmoments darstellt.

Die Schleife ist nicht geladen, daher ist das skalare Potential null. Das retardierte Vektorpotential beträgt

$$\mathbf{A}(\mathbf{r}, t) = \frac{\mu_0}{4\pi} \int \frac{I_0 \cos[\omega(t - \mathscr{r}/c)]}{\mathscr{r}} \, d\mathbf{l}' . \tag{11.26}$$

Für einen Punkt **r** direkt oberhalb der x-Achse (Abbildung 11.8) muss **A** in y-Richtung zeigen, da sich die x-Komponenten von symmetrisch angeordneten Punkten auf beiden Seiten der x-Achse aufheben. Daher ist

$$\mathbf{A}(\mathbf{r}, t) = \frac{\mu_0 I_0 b}{4\pi} \hat{\mathbf{y}} \int_0^{2\pi} \frac{\cos[\omega(t - \mathscr{r}/c)]}{\mathscr{r}} \cos\varphi' \, d\varphi' \tag{11.27}$$

($\cos\varphi'$ dient dazu, die y-Komponente von $d\mathbf{l}'$ auszuwählen). Aufgrund des Kosinussatzes ist

$$\mathscr{r} = \sqrt{r^2 + b^2 - 2rb\cos\psi} ,$$

darin ist ψ der Winkel zwischen den Vektoren **r** und **b**:

$$\mathbf{r} = r\sin\theta\,\hat{\mathbf{x}} + r\cos\theta\,\hat{\mathbf{z}} , \quad \mathbf{b} = b\cos\varphi'\,\hat{\mathbf{x}} + b\sin\varphi'\,\hat{\mathbf{y}} .$$

Daher ist $rb\cos\psi = \mathbf{r}\cdot\mathbf{b} = rb\sin\theta\cos\varphi'$ und somit

$$\mathscr{r} = \sqrt{r^2 + b^2 - 2rb\sin\theta\cos\varphi'} . \tag{11.28}$$

Für einen „perfekten" Dipol muss die Schleife extrem klein sein:

$$\textbf{Näherung 1:} b \ll r . \tag{11.29}$$

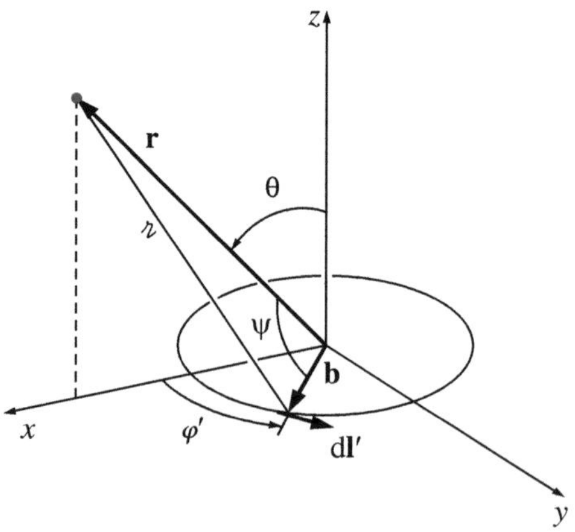

Abbildung 11.8

Bis zur ersten Ordnung in b haben wir dann

$$\mathscr{r} \cong r\left(1-\frac{b}{r}\sin\theta\cos\varphi'\right),$$

somit ist

$$\frac{1}{\mathscr{r}} \cong \frac{1}{r}\left(1+\frac{b}{r}\sin\theta\cos\varphi'\right) \tag{11.30}$$

und

$$\begin{aligned}\cos\left[\omega\left(t-\mathscr{r}/c\right)\right] &\cong \cos\left[\omega\left(t-r/c\right)+\frac{\omega b}{c}\sin\theta\cos\varphi'\right]\\ &= \cos\left[\omega\left(t-r/c\right)\right]\cos\left(\frac{\omega b}{c}\sin\theta\cos\varphi'\right)-\sin\left[\omega\left(t-r/c\right)\right]\sin\left(\frac{\omega b}{c}\sin\theta\cos\varphi'\right).\end{aligned}$$

Wie zuvor nehmen wir an, dass die Größe des Dipols klein im Vergleich zur Wellenlänge der Strahlung ist:

$$\textbf{Näherung 2:} b \ll \frac{c}{\omega}. \tag{11.31}$$

In diesem Fall ist

$$\cos\left[\omega\left(t-\mathscr{r}/c\right)\right] \cong \cos\left[\omega\left(t-r/c\right)\right]-\frac{\omega b}{c}\sin\theta\cos\varphi'\sin\left[\omega\left(t-r/c\right)\right]. \tag{11.32}$$

Setzen wir Gleichung 11.30 und 11.32 in Gleichung 11.27 ein und lassen wir den zweiten Term unter den Tisch fallen, erhalten wir:

$$\begin{aligned}\mathbf{A}(\mathbf{r},t) \cong \frac{\mu_0 I_0 b}{4\pi r}\hat{\mathbf{y}}\int_0^{2\pi}\Big\{&\cos\left[\omega\left(t-r/c\right)\right]\\ &+b\sin\theta\cos\varphi'\left(\frac{1}{r}\cos\left[\omega\left(t-r/c\right)\right]-\frac{\omega}{c}\sin\left[\omega\left(t-r/c\right)\right]\right)\Big\}\cos\varphi'\,\mathrm{d}\varphi'.\end{aligned}$$

Der erste Term wird bei der Integration null:

$$\int_0^{2\pi}\cos\varphi'\,\mathrm{d}\varphi' = 0.$$

Der zweite Term enthält das Integral des Kosinusquadrats:

$$\int_0^{2\pi}\cos^2\varphi'\,\mathrm{d}\varphi' = \pi.$$

Setzen wir dies ein und beachten wir, dass $\mathbf{A}$ üblicherweise in $\hat{\boldsymbol{\varphi}}$-Richtung zeigt, kommen wir auf folgenden Ausdruck für das Vektorpotential eines schwingenden perfekten magnetischen Dipols:

$$\mathbf{A}(r,\theta,t) = \frac{\mu_0 m_0}{4\pi}\left(\frac{\sin\theta}{r}\right)\left\{\frac{1}{r}\cos\left[\omega\left(t-r/c\right)\right]-\frac{\omega}{c}\sin\left[\omega\left(t-r/c\right)\right]\right\}\hat{\boldsymbol{\varphi}}. \tag{11.33}$$

Im statischen Grenzfall ($\omega = 0$) erhalten wir die bereits bekannte Formel für das Potential eines magnetischen Dipols (Gleichung 5.87):

$$\mathbf{A}(r,\theta) = \frac{\mu_0}{4\pi}\frac{m_0 \sin\theta}{r^2}\hat{\boldsymbol{\varphi}} .$$

In der Strahlungszone, also im Bereich der

$$\textbf{Näherung 3:} r \gg \frac{c}{\omega} , \tag{11.34}$$

ist der erste Term für **A** vernachlässigbar, und daher ist

$$\mathbf{A}(r,\theta,t) = -\frac{\mu_0 m_0 \omega}{4\pi c}\left(\frac{\sin\theta}{r}\right)\sin\left[\omega\left(t - r/c\right)\right]\hat{\boldsymbol{\varphi}} . \tag{11.35}$$

Aus **A** erhalten wir die Felder bei großen r:

$$\mathbf{E} = -\frac{\partial \mathbf{A}}{\partial t} = \frac{\mu_0 m_0 \omega^2}{4\pi c}\left(\frac{\sin\theta}{r}\right)\cos\left[\omega\left(t - r/c\right)\right]\hat{\boldsymbol{\varphi}} \tag{11.36}$$

sowie

$$\mathbf{B} = \nabla \times \mathbf{A} = -\frac{\mu_0 m_0 \omega^2}{4\pi c^2}\left(\frac{\sin\theta}{r}\right)\cos\left[\omega\left(t - r/c\right)\right]\hat{\boldsymbol{\theta}} . \tag{11.37}$$

(Bei der Berechnung von **B** habe ich Näherung 3 genutzt.) Diese Felder sind in Phase, stehen senkrecht aufeinander, bewegen sich in Ausbreitungsrichtung ($\hat{\mathbf{r}}$), und ihr Amplitudenverhältnis beträgt $E_0/B_0 = c$, also alles Eigenschaften, die wir bei elektromagnetischen Wellen auch erwarten. Ihre Struktur zeigt überraschenderweise große Ähnlichkeiten mit den Feldern eines schwingenden *elektrischen* Dipols (Gleichung 11.18 und 11.19), allerdings zeigt nun **B** in $\hat{\boldsymbol{\theta}}$-Richtung und **E** in $\hat{\boldsymbol{\varphi}}$-Richtung – bei elektrischen Dipolen ist das umgekehrt.

Der Energiefluss für die magnetischer Dipolstrahlung beträgt

$$\mathbf{S} = \frac{1}{\mu_0}\left(\mathbf{E} \times \mathbf{B}\right) = \frac{\mu_0}{c}\left\{\frac{m_0\omega^2}{4\pi c}\left(\frac{\sin\theta}{r}\right)\cos\left[\omega\left(t - r/c\right)\right]\right\}^2 \hat{\mathbf{r}} , \tag{11.38}$$

ihre Intensität ist

$$\langle \mathbf{S} \rangle = \left(\frac{\mu_0 m_0^2 \omega^4}{32\pi^2 c^3}\right)\frac{\sin^2\theta}{r^2}\hat{\mathbf{r}} , \tag{11.39}$$

und die gesamte abgestrahlte Leistung beträgt

$$\langle P \rangle = \frac{\mu_0 m_0^2 \omega^4}{12\pi c^3} . \tag{11.40}$$

Wieder einmal hat das Intensitätsprofil die Gestalt eines Donuts (Abbildung 11.4), und die abgestrahlte Leistung verläuft wie ω^4. Es gibt allerdings einen wichtigen

Unterschied zwischen elektrischer und magnetischer Dipolstrahlung: Bei Konfigurationen mit vergleichbaren Dimensionen ist die elektrisch abgestrahlte Leistung unglaublich viel größer. Der Vergleich von Gleichung 11.22 und 11.40 zeigt

$$\frac{P_{\text{magnetisch}}}{P_{\text{elektrisch}}} = \left(\frac{m_0}{p_0 c}\right)^2 , \tag{11.41}$$

wobei (wie bereits erwähnt) $m_0 = \pi b^2 I_0$ und $p_0 = q_0 d$. Die Amplitude des Stroms betrug im elektrischen Fall $I_0 = q_0\omega$ (Gleichung 11.15). Setzen wir, nur zum Vergleich, $d = \pi b$, dann erhalten wir

$$\frac{P_{\text{magnetisch}}}{P_{\text{elektrisch}}} = \left(\frac{\omega b}{c}\right)^2 . \tag{11.42}$$

Allerdings ist $\omega b/c$ genau die Größe, von der wir angenommen haben, dass sie sehr klein ist (Näherung 2) und die hier *quadriert* auftaucht. Üblicherweise würden wir nun erwarten, dass die elektrische Dipolstrahlung dominiert. Nur wenn das System genau so abgestimmt ist, dass jeglicher elektrische Beitrag ausgeschlossen werden kann (wie im gerade betrachteten Fall), zeigt sich die magnetische Dipolstrahlung überhaupt.

■ Aufgabe 11.5

Berechnen Sie die elektrischen und magnetischen Felder eines schwingenden magnetischen Dipols, *ohne* Näherung 3 zu benutzen.

[Kommt Ihnen das bekannt vor? Vergleichen Sie das mit Aufgabe 9.35.]

Bestimmen Sie den Poynting-Vektor und zeigen Sie, dass die Intensität der Strahlung genau dem entspricht, was wir mit Näherung 3 erhalten haben.

■ Aufgabe 11.6

Bestimmen Sie den Strahlungswiderstand (Aufgabe 11.3) des schwingenden magnetischen Dipols in Abbildung 11.8. Drücken Sie Ihr Ergebnis durch λ und b aus und vergleichen Sie es mit dem Strahlungswiderstand eines *elektrischen* Dipols.

[*Antwort*: $3 \cdot 10^5\ (b/\lambda)^4 \Omega$.]

■ Aufgabe 11.7

Wenden Sie die „Dualitätstransformation“ aus Aufgabe 7.64 zusammen mit den Feldern eines schwingenden *elektrischen* Dipols (Gleichung 11.18 und 11.19) an und bestimmen Sie Felder eines oszillierenden *magnetischen* Dipols im Gilbert-Modell (das aus gleich großen und entgegengesetzten magnetischen Ladungen anstelle elektrischer Stromschleifen besteht). Vergleichen Sie die Gleichungen 11.36 und 11.37 und erläutern Sie Ihr Ergebnis.

11.1.4 Strahlung aus einer beliebigen Quelle

In den vorangegangenen Abschnitten haben wir die Strahlung untersucht, die von zwei speziellen Systemen verursacht wird: schwingende elektrische Dipole und schwingende magnetische Dipole. Nun werde ich dieselben Methoden auf eine Konfiguration aus Ladungen und Strömen anwenden, die völlig willkürlich ist, abgesehen davon, dass sie sich innerhalb eines endlichen Volumens in der Nähe des Ursprungs befindet (Abbildung 11.9). Das retardierte skalare Potential beträgt

$$V(\mathbf{r}, t) = \frac{1}{4\pi\varepsilon_0} \int \frac{\rho\left(\mathbf{r}', t - \mathscr{r}/c\right)}{\mathscr{r}} \, d\tau' , \tag{11.43}$$

mit

$$\mathscr{r} = \sqrt{r^2 + r'^2 - 2\mathbf{r} \cdot \mathbf{r}'} . \tag{11.44}$$

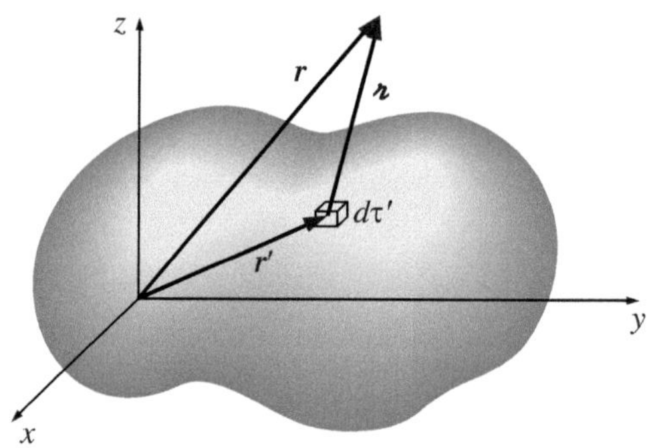

Abbildung 11.9

Wie zuvor werden wir annehmen, dass der Feldpunkt **r**, verglichen mit den Dimensionen der Quelle, weit entfernt ist:

$$\textbf{Näherung 1:} r' \ll r . \tag{11.45}$$

(Tatsächlich ist r' eine Integrationsvariable; Näherung 1 bedeutet, dass der *Maximal*wert von r', im Bereich der Quelle, viel kleiner als r ist.) Mit dieser Näherung ist

$$\mathscr{r} \cong r\left(1 - \frac{\mathbf{r} \cdot \mathbf{r}'}{r^2}\right) , \tag{11.46}$$

sowie

$$\frac{1}{\mathscr{r}} \cong \frac{1}{r}\left(1 + \frac{\mathbf{r} \cdot \mathbf{r}'}{r^2}\right) \tag{11.47}$$

und

$$\rho(\mathbf{r}', t - \mathscr{r}/c) \cong \rho\left(\mathbf{r}', t - \frac{r}{c} + \frac{\hat{\mathbf{r}} \cdot \mathbf{r}'}{c}\right) .$$

Entwickeln wir ρ in eine Taylor-Reihe in t um die retardierte Zeit im Ursprung mit

$$t_0 \equiv t - \frac{r}{c} , \tag{11.48}$$

dann erhalten wir

$$\rho(\mathbf{r}', t - \mathscr{r}/c) \cong \rho(\mathbf{r}', t_0) + \dot{\rho}\,(\mathbf{r}', t_0) \left(\frac{\hat{\mathbf{r}} \cdot \mathbf{r}'}{c} \right) + \ldots \tag{11.49}$$

Hierin kennzeichnet der Punkt bei ρ wieder die zeitliche Ableitung. Die nächsten Terme in der Reihe wären

$$\frac{1}{2}\ddot{\rho}\left(\frac{\hat{\mathbf{r}} \cdot \mathbf{r}'}{c} \right)^2 , \quad \frac{1}{3!}\dddot{\rho}\left(\frac{\hat{\mathbf{r}} \cdot \mathbf{r}'}{c} \right)^3 , \quad \ldots$$

Wegen

$$\textbf{Näherung 2:} r' \ll \frac{c}{|\ddot{\rho}/\dot{\rho}|}, \quad \frac{c}{|\dddot{\rho}/\dot{\rho}|^{1/2}}, \quad \frac{c}{|\ddddot{\rho}/\dot{\rho}|^{1/3}}, \quad \ldots \tag{11.50}$$

dürfen wir sie fallen lassen.

In einem schwingenden System beträgt jeder dieser Quotienten c/ω, und wir erhalten die frühere Näherung 2. Im allgemeinen Fall ist die Interpretation von Gleichung 11.50 viel schwieriger, aber verfahrenstechnisch bedeuten die Näherungen 1 und 2, dass *nur die Terme erster Ordnung in r' übrig bleiben.*

Setzen wir die Gleichungen 11.47 und 11.49 in die Formel für V ein (Gleichung 11.43) und vernachlässigen wir erneut den Term zweiter Ordnung, dann erhalten wir:

$$V(\mathbf{r}, t) \cong \frac{1}{4\pi\varepsilon_0 r}\left[\int \rho\,(\mathbf{r}', t_0)\,\mathrm{d}\tau' + \frac{\hat{\mathbf{r}}}{r} \cdot \int \mathbf{r}'\rho\,(\mathbf{r}', t_0)\,\mathrm{d}\tau' + \frac{\hat{\mathbf{r}}}{c}\frac{\mathrm{d}}{\mathrm{d}t} \int \mathbf{r}'\rho\,(\mathbf{r}', t_0)\,\mathrm{d}\tau' \right] .$$

Das erste Integral ist schlicht die Gesamtladung Q zur Zeit t_0. Weil die Ladung erhalten bleibt, ist Q sogar *zeitunabhängig*. Die beiden anderen Integrale stellen das elektrische Dipolmoment zur Zeit t_0 dar. Somit ist

$$V(\mathbf{r}, t) \cong \frac{1}{4\pi\varepsilon_0}\left[\frac{Q}{r} + \frac{\hat{\mathbf{r}} \cdot \mathbf{p}(t_0)}{r^2} + \frac{\hat{\mathbf{r}} \cdot \dot{\mathbf{p}}(t_0)}{rc} \right] . \tag{11.51}$$

Im statischen Fall sind die beiden ersten Terme die Monopol- und Dipolbeiträge zur Multipolentwicklung in V. Der dritte Term taucht im statischen Fall natürlich nicht auf.

Darüber hinaus lautet das Vektorpotential

$$\mathbf{A}(\mathbf{r}, t) = \frac{\mu_0}{4\pi} \int \frac{\mathbf{J}(\mathbf{r}', t - \mathscr{r}/c)}{\mathscr{r}}\,\mathrm{d}\tau' . \tag{11.52}$$

Wie Sie gleich sehen werden, ist es bis zur ersten Ordnung in r' ausreichend, $\mathscr{r}$ im Integranden durch r zu ersetzen:

$$\mathbf{A}(\mathbf{r}, t) \cong \frac{\mu_0}{4\pi r} \int \mathbf{J}(\mathbf{r}', t_0)\,\mathrm{d}\tau' . \tag{11.53}$$

Gemäß Aufgabe 5.7 ist das Integral über $\mathbf{J}$ die zeitliche Ableitung des Dipolmoments; daher ist

$$\mathbf{A}(\mathbf{r}, t) \cong \frac{\mu_0}{4\pi}\frac{\dot{\mathbf{p}}(t_0)}{r} . \tag{11.54}$$

Sie sehen jetzt, warum es unnötig war, die Näherung von $\mathscr{r}$ über die nullte Ordnung hinaus zu entwickeln ($\mathscr{r} \cong r$): **p** *ist bereits* von erster Ordnung in r', und jegliche Verfeinerungen wären bereits Korrekturen *zweiter* (oder höherer) Ordnung.

Als nächstes müssen wir die Felder berechnen. Wieder einmal sind wir am Fernfeld interessiert (also den Feldern, die noch in großen Entfernungen von der Quelle vorhanden sind), daher behalten wir nur diejenigen Terme, die wie $1/r$ verlaufen:

$$\textbf{Näherung 3:} 1/r^2\text{-Terme in } \mathbf{E} \text{ und } \mathbf{B} \text{ streichen} . \tag{11.55}$$

Beispielsweise trägt das Coulomb-Feld

$$\mathbf{E} = \frac{1}{4\pi\varepsilon_0}\frac{Q}{r^2}\hat{\mathbf{r}} ,$$

das vom ersten Term in Gleichung 11.51 herrührt, nicht zur elektromagnetischen Strahlung bei. Tatsächlich stammt die Strahlung ausschließlich von denjenigen Termen, in denen wir das Argument t_0 differenzieren. Aus Gleichung 11.48 folgt

$$\nabla t_0 = -\frac{1}{c}\nabla r = -\frac{1}{c}\hat{\mathbf{r}}$$

und daher

$$\nabla V \cong \nabla\left[\frac{1}{4\pi\varepsilon_0}\frac{\hat{\mathbf{r}}\cdot\dot{\mathbf{p}}(t_0)}{rc}\right] \cong \frac{1}{4\pi\varepsilon_0}\left[\frac{\hat{\mathbf{r}}\cdot\ddot{\mathbf{p}}(t_0)}{rc}\right]\nabla t_0 = -\frac{1}{4\pi\varepsilon_0 c^2}\left[\frac{\hat{\mathbf{r}}\cdot\ddot{\mathbf{p}}(t_0)}{r}\right]\hat{\mathbf{r}} .$$

Auf ähnliche Weise haben wir

$$\nabla\times\mathbf{A} \cong \frac{\mu_0}{4\pi r}\left[\nabla\times\dot{\mathbf{p}}(t_0)\right] = \frac{\mu_0}{4\pi r}\left[(\nabla t_0)\times\ddot{\mathbf{p}}(t_0)\right] = -\frac{\mu_0}{4\pi rc}\left[\hat{\mathbf{r}}\times\ddot{\mathbf{p}}(t_0)\right]$$

mit

$$\frac{\partial\mathbf{A}}{\partial t} \cong \frac{\mu_0}{4\pi}\frac{\ddot{\mathbf{p}}(t_0)}{r} .$$

Daher ist

$$\mathbf{E}(\mathbf{r},t) \cong \frac{\mu_0}{4\pi r}\left[(\hat{\mathbf{r}}\cdot\ddot{\mathbf{p}})\,\hat{\mathbf{r}}-\ddot{\mathbf{p}}\right] = \frac{\mu_0}{4\pi r}\left[\hat{\mathbf{r}}\times(\hat{\mathbf{r}}\times\ddot{\mathbf{p}})\right] , \tag{11.56}$$

wobei $\ddot{\mathbf{p}}$ zur Zeit $t_0 = t - r/c$ bestimmt wird und

$$\mathbf{B}(\mathbf{r},t) \cong -\frac{\mu_0}{4\pi rc}\left[(\hat{\mathbf{r}}\times\ddot{\mathbf{p}})\right] \tag{11.57}$$

ist.

Wenn wir jetzt speziell Kugelkoordinaten verwenden, deren z-Achse in Richtung von $\ddot{\mathbf{p}}(t_0)$ weist, dann erhalten wir

$$\left.\begin{aligned} \mathbf{E}(r,\theta,t) &\cong \frac{\mu_0\ddot{p}(t_0)}{4\pi}\left(\frac{\sin\theta}{r}\right)\hat{\boldsymbol{\theta}} , \\ \mathbf{B}(r,\theta,t) &\cong \frac{\mu_0\ddot{p}(t_0)}{4\pi c}\left(\frac{\sin\theta}{r}\right)\hat{\boldsymbol{\varphi}} . \end{aligned}\right\} \tag{11.58}$$

Der Poynting-Vektor lautet

$$\mathbf{S} \cong \frac{1}{\mu_0}(\mathbf{E}\times\mathbf{B}) = \frac{\mu_0}{16\pi^2 c}\left[\ddot{p}(t_0)\right]^2\left(\frac{\sin^2\theta}{r^2}\right)\hat{\mathbf{r}}\,, \tag{11.59}$$

und die abgestrahlte Leistung durch eine gigantische Kugeloberfläche mit Radius r beträgt

$$P \cong \oint \mathbf{S}(\mathbf{r},t)\cdot d\mathbf{a} = \frac{\mu_0}{6\pi c}\left[\ddot{p}\left(t-\frac{r}{c}\right)\right]^2 .$$

Die gesamte abgestrahlte Leistung (Gleichung 11.2) beträgt somit

$$P_{\mathrm{rad}}(t_0) \simeq \frac{\mu_0}{6\pi c}[\ddot{p}(t_0)]^2 . \tag{11.60}$$

Beachten Sie, dass **E** und **B**, wie immer bei Strahlungsfeldern, aufeinander senkrecht stehen, sich in Ausbreitungsrichtung ($\hat{\mathbf{r}}$) fortpflanzen und das Verhältnis $E/B = c$ aufweisen.

Beispiel 11.2: Larmor-Gleichung

a. Im Fall eines schwingenden elektrischen Dipols ist

$$p(t) = p_0\cos(\omega t)\,, \quad \ddot{p}(t) = -\omega^2 p_0\cos(\omega t)\,,$$

und wir erhalten die Ergebnisse aus Abschnitt 11.1.2.

b. Das Dipolmoment einer einzelnen Punktladung q beträgt

$$\mathbf{p}(t) = q\mathbf{d}(t)\,,$$

wobei **d** die Position von q bezüglich des Ursprungs darstellt. Entsprechend ist

$$\ddot{\mathbf{p}}(t) = q\mathbf{a}(t)\,,$$

mit **a** als Beschleunigung der Ladung. In diesem Fall beträgt die abgestrahlte Leistung (Gleichung 11.60)

$$P = \frac{\mu_0 q^2 a^2}{6\pi c} . \tag{11.61}$$

Dies ist die bekannte **Larmor-Gleichung**. Im nächsten Abschnitt werde ich sie mit völlig anderen Methoden nochmals herleiten. Beachten Sie, dass die von einer Punktladung abgestrahlte Leistung dem *Quadrat der Beschleunigung* proportional ist.

In diesem Abschnitt habe ich im Wesentlichen eine Multipolentwicklung der retardierten Potentiale durchgeführt, die bis zu der niedrigsten Ordnung in r' ausgewertet wird, die elektromagnetische Strahlung abgeben kann (also Felder, die wie $1/r$ verlaufen). Dies ist der elektrische Dipolterm. Weil die Ladung erhalten bleibt, strahlt ein elektrischer *Monopol* nicht – bliebe die Ladung *nicht* erhalten, würde der erste Term in Gleichung 11.51 lauten:

$$V_{\text{mono}} = \frac{1}{4\pi\varepsilon_0}\frac{Q(t_0)}{r}$$

und wir würden ein Monopolfeld erhalten, das proportional zu $1/r$ ist:

$$\mathbf{E}_{\text{mono}} = \frac{1}{4\pi\varepsilon_0 c}\frac{\dot{Q}(t_0)}{r}\hat{\mathbf{r}}\,.$$

Vielleicht sind Sie der Meinung, dass eine geladene Kugel, deren Radius nach innen und außen schwingt, strahlen müsste? Genau das ist allerdings nicht der Fall – das Feld im Außenraum beträgt gemäß dem Gauß'schen Gesetz genau $(Q/4\pi\varepsilon_0 r^2)\hat{\mathbf{r}}$, egal wie groß die Schwankungen sind. (In der akustischen Analogie strahlen Monopole übrigens *doch*: Der Beweis ist das Quaken eines Frosches.)

Sollte das elektrische Dipolmoment verschwinden (oder seine zweite Ableitung nach der Zeit null werden), dann tritt keine elektrische Dipolstrahlung auf, und wir müssen den nächsten Term betrachten: derjenige in zweiter Ordnung von r'. Dieser Term kann übrigens in zwei Teile separiert werden, von denen einer von den *magnetischen* Dipolen herrührt und der andere das elektrische *Quadrupol*moment ist. (Ersterer ist eine Verallgemeinerung der magnetischen Dipolstrahlung, die wir in Abschnitt 11.1.3 behandelt haben.) Verschwinden die Beiträge des magnetischen Dipols sowie des elektrischen Quadrupols, dann muss auch der Term in $(r')^3$ berücksichtigt werden. Dadurch entsteht magnetische Quadrupol- und elektrische Oktopolstrahlung usw.

Aufgabe 11.8

Ein Plattenkondensator mit Kapazität C und Plattenabstand d wird anfangs auf $(\pm)Q_0$ aufgeladen. Die Platten werden dann über einen Widerstand R verbunden; der Kondensator entlädt sich: $Q(t) = Q_0 e^{-t/RC}$.

a. Welcher Anteil der ursprünglichen Energie $(Q_0^2/2C)$ wird abgestrahlt?

b. Was ergibt sich als Zahlenwert, wenn $C = 1\,\text{pF}$, $R = 1000\,\Omega$ und $d = 0.1$ mm sind? Normalerweise kümmern wir uns in der Elektronik nicht um Strahlungsverluste. Ist das in diesem Fall angemessen?

Aufgabe 11.9

Wenden Sie Gleichung 11.59 und Gleichung 11.60 auf den rotierenden Dipol aus Aufgabe 11.4 an. Erläutern Sie jede scheinbare Abweichung zu Ihrem vorangegangenen Ergebnis.

Aufgabe 11.10

Ein isolierter Ring (mit Radius b) befindet sich so in der x-y-Ebene, dass der Mittelpunkt im Ursprung liegt. Er trägt eine lineare Ladungsdichte $\lambda = \lambda_0 \sin\varphi$, wobei λ_0 eine Konstante ist und φ den üblichen Azimutwinkel darstellt. Der Ring wird nun mit konstanter Winkelgeschwindigkeit ω in Rotation um die z-Achse versetzt. Berechnen Sie die abgestrahlte Leistung.

! **■ Aufgabe 11.11**

Ein Strom $I(t)$ fließt entlang des Rings aus Abbildung 11.8. Leiten Sie (analog zu Gleichung 11.60) die allgemeine Formel für die abgestrahlte Leistung her und drücken Sie Ihre Antwort durch das magnetische Dipolmoment ($m(t)$) der Schleife aus.

[*Ergebnis*: $P = \mu_0 \ddot{m}^2 / 6\pi c^3$.]

11.2 Punktladungen

11.2.1 Abgestrahlte Leistung einer Punktladung

In Kapitel 10 haben wir die Felder einer Punktladung hergeleitet, die sich beliebig bewegt (Gleichung 10.72 und 10.73):

$$\mathbf{E}(\mathbf{r}, t) = \frac{q}{4\pi\varepsilon_0} \frac{\mathscr{r}}{(\boldsymbol{\mathscr{r}} \cdot \mathbf{u})^3} \left[\left(c^2 - v^2 \right) \mathbf{u} + \boldsymbol{\mathscr{r}} \times (\mathbf{u} \times \mathbf{a}) \right] \tag{11.62}$$

mit $\mathbf{u} = c\hat{\boldsymbol{\mathscr{r}}} - \mathbf{v}$ und

$$\mathbf{B}(\mathbf{r}, t) = \frac{1}{c} \hat{\boldsymbol{\mathscr{r}}} \times \mathbf{E}(\mathbf{r}, t) \,. \tag{11.63}$$

Der erste Term in Gleichung 11.62 wird als **Geschwindigkeitsfeld** bezeichnet, der zweite (mit dem dreifachen Kreuzprodukt) als **Beschleunigungsfeld**.

Der Poynting-Vektor lautet

$$\mathbf{S} = \frac{1}{\mu_0} (\mathbf{E} \times \mathbf{B}) = \frac{1}{\mu_0 c} \left[\mathbf{E} \times (\hat{\boldsymbol{\mathscr{r}}} \times \mathbf{E}) \right] - \frac{1}{\mu_0 c} \left[E^2 \hat{\boldsymbol{\mathscr{r}}} - (\hat{\boldsymbol{\mathscr{r}}} \cdot \mathbf{E}) \mathbf{E} \right] . \tag{11.64}$$

Allerdings besteht ein Teil dieses Energieflusses nicht aus *Strahlung*. Es ist Feldenergie, die von dem bewegten Teilchen transportiert wird. Die *abgestrahlte* Energie ist der Teil, der sich effektiv von der Ladung *abkoppelt* und ins Unendliche verschwindet. (Das können Sie sich mittels der Fliegen auf einem Müllwagen verdeutlichen: Manche schwirren während der Fahrt um den Laster, andere verschwinden auf Nimmerwiedersehen). Um die gesamte Leistung zu berechnen, die vom Teilchen zur Zeit t_r abgestrahlt wird, legen wir eine riesige Kugel mit Radius $\mathscr{r}$ so um das Teilchen, dass sich ihr Mittelpunkt (zur Zeit t_r) im Teilchen befindet (Abbildung 11.10), warten ein geeignetes Intervall

$$t - t_r = \frac{\mathscr{r}}{c} \tag{11.65}$$

ab, in dem die Strahlung die Kugel erreichen kann, und integrieren in diesem Moment den Poynting-Vektor über die Oberfläche.[8] Ich habe die Schreibweise t_r verwendet, weil es sich tatsächlich um die retardierte Zeit aller Punkte auf der Kugel zur Zeit t handelt.

8 Beachten Sie hier unsere subtile Strategieänderung: In Abschnitt 11.1 sind wir von einem fest stehenden Punkt ausgegangen (dem Ursprung), hier ist es jedoch sinnvoller, den (bewegten) Ort der Ladung zu verwenden. Die Auswirkung dieser Änderung wird in Kürze deutlich werden.

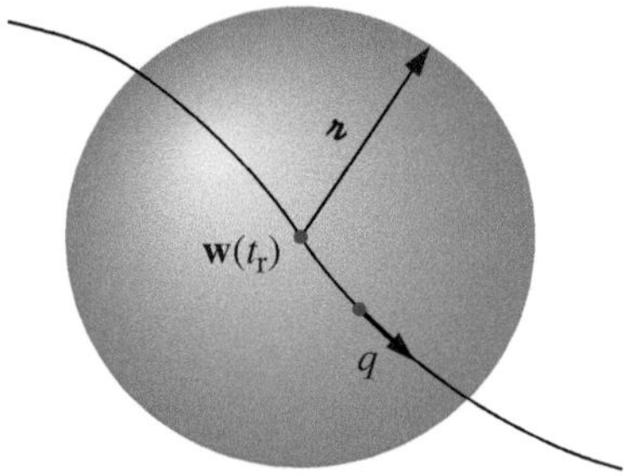

Abbildung 11.10

Die Fläche der Kugel ist proportional zu $\mathscr{r}^2$, daher führt jeder Term in $\mathbf{S}$, der mit $1/\mathscr{r}^2$ verläuft, zu einem endlichen Ergebnis. Terme mit $1/\mathscr{r}^3$ oder $1/\mathscr{r}^4$ tragen beim Übergang $\mathscr{r} \to \infty$ nichts bei. Aus diesem Grund stellen nur die *Beschleunigungs*felder echte Strahlung dar (daher auch die Bezeichnung **Strahlungsfelder**):

$$\mathbf{E}_{\text{rad}} = \frac{q}{4\pi\varepsilon_0} \frac{\mathscr{r}}{(\boldsymbol{\mathscr{r}} \cdot \mathbf{u})^3} [\boldsymbol{\mathscr{r}} \times (\mathbf{u} \times \mathbf{a})] \ . \tag{11.66}$$

Das Geschwindigkeitsfeld trägt mit Sicherheit Energie. Während der Bewegung der Ladung wird diese Energie mitgenommen – allerdings handelt es sich nicht um *Strahlung*. (Das entspricht den Fliegen, die beim Müllwagen bleiben.) $\mathbf{E}_{\text{rad}}$ steht senkrecht auf $\hat{\boldsymbol{\mathscr{r}}}$, daher verschwindet der zweite Term in Gleichung 11.64:

$$\mathbf{S}_{\text{rad}} = \frac{1}{\mu_0 c} E_{\text{rad}}^2 \hat{\boldsymbol{\mathscr{r}}} \ . \tag{11.67}$$

Wird die Ladung abrupt zum *Stillstand* gebracht (zur Zeit t_r), ist $\mathbf{u} = c\hat{\boldsymbol{\mathscr{r}}}$ und

$$\mathbf{E}_{\text{rad}} = \frac{q}{4\pi\varepsilon_0 c^2 \mathscr{r}} [\hat{\boldsymbol{\mathscr{r}}} \times (\hat{\boldsymbol{\mathscr{r}}} \times \mathbf{a})] = \frac{\mu_0 q}{4\pi\mathscr{r}} [(\hat{\boldsymbol{\mathscr{r}}} \cdot \mathbf{a})\, \hat{\boldsymbol{\mathscr{r}}} - \mathbf{a}] \ . \tag{11.68}$$

In diesem Fall ist

$$\mathbf{S}_{\text{rad}} = \frac{1}{\mu_0 c} \left(\frac{\mu_0 q}{4\pi\mathscr{r}}\right)^2 \left[a^2 - (\hat{\boldsymbol{\mathscr{r}}} \times \mathbf{a})^2\right] \hat{\boldsymbol{\mathscr{r}}} = \frac{\mu_0 q^2 a^2}{16\pi^2 c} \left(\frac{\sin^2\theta}{\mathscr{r}^2}\right) \hat{\boldsymbol{\mathscr{r}}} \tag{11.69}$$

wobei θ der Winkel zwischen $\hat{\boldsymbol{\mathscr{r}}}$ und $\mathbf{a}$ ist. Keinerlei Leistung wird nach vorne oder nach hinten abgestrahlt – vielmehr wird die Strahlung in Richtung der abrupten Beschleunigung in Form eines Donuts abgegeben (Abbildung 11.11).

Die gesamte abgestrahlte Leistung beträgt offensichtlich

$$P = \oint \mathbf{S}_{\text{rad}} \cdot \mathrm{d}\mathbf{a} = \frac{\mu_0 q^2 a^2}{16\pi^2 c} \int \frac{\sin^2\theta}{\mathscr{r}^2} \mathscr{r}^2 \sin\theta \,\mathrm{d}\theta \,\mathrm{d}\varphi$$

oder

$$P = \frac{\mu_0 q^2 a^2}{6\pi^2 c} \ . \tag{11.70}$$

Dies ist wieder die **Larmor-Gleichung**, die wir auf andere Weise bereits früher abgeleitet hatten (Gleichung 11.61).

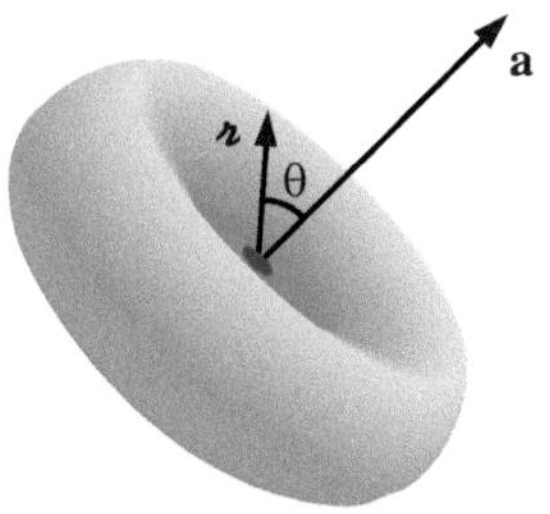

Abbildung 11.11

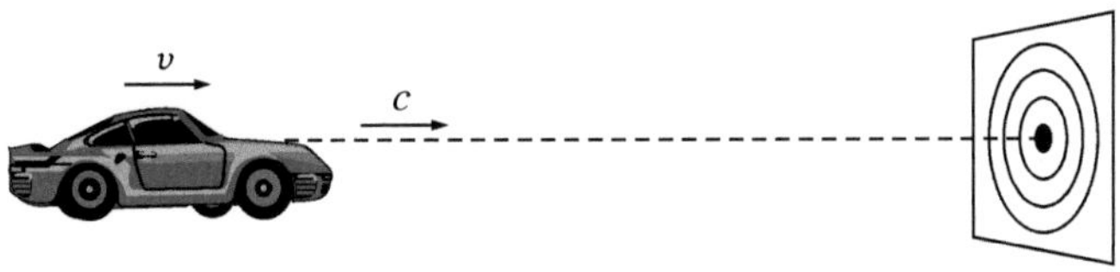

Abbildung 11.12

Obwohl ich sie unter der Voraussetzung $v = 0$ abgeleitet habe, bleiben die Gleichungen 11.69 und 11.70 gültig, solange $v \ll c$ ist. Eine exakte Behandlung des Falls $v \neq 0$ ist schwieriger,[9] einerseits aus dem offensichtlichen Grund, dass $\mathbf{E}_{\text{rad}}$ viel komplizierter ist, andererseits aus dem spitzfindigeren Grund, dass $\mathbf{S}_{\text{rad}}$ (also die Energiemenge, die pro Zeiteinheit durch die Kugel hindurchtritt) *nicht* die Energiemenge ist, die das Teilchen pro Zeiteinheit verlässt. Stellen Sie sich vor, jemand würde eine Salve durch die Frontscheibe eines fahrenden Wagens abfeuern (Abbildung 11.12). Die Rate N_{t}, mit der die Kugeln ein fest stehendes Ziel treffen, ist nicht dieselbe Rate N_{g}, mit der sie die Waffe verlassen, denn der Wagen bewegt sich ja. Tatsächlich können Sie einfach nachprüfen, dass $N_{\text{g}} = (1 - v/c)N_{\text{t}}$, sofern sich der Wagen auf das Ziel zubewegt, während für beliebige Richtungen

$$N_{\text{g}} = \left(1 - \frac{\hat{\boldsymbol{\mathscr{r}}} \cdot \mathbf{v}}{c}\right) N_{\text{t}}$$

gilt. (Hier ist $\mathbf{v}$ die Geschwindigkeit des Fahrzeugs, c ist die Geschwindigkeit der Kugeln – relativ zum Boden – und $\hat{\boldsymbol{\mathscr{r}}}$ der Einheitsvektor vom Wagen zum Ziel.) In unserem Fall, bei dem $\mathrm{d}W/\mathrm{d}t$ die Energiemenge ist, die pro Zeiteinheit durch die Kugel mit Radius $\mathscr{r}$ hindurchtritt, ist die Rate, mit der die Energie die Ladung verlässt

$$\frac{\mathrm{d}W}{\mathrm{d}t_{\text{r}}} = \frac{\mathrm{d}W/\mathrm{d}t}{\partial t_{\text{r}}/\partial t} = \left(\frac{\boldsymbol{\mathscr{r}} \cdot \mathbf{u}}{\mathscr{r}c}\right) \frac{\mathrm{d}W}{\mathrm{d}t} . \tag{11.71}$$

(Ich habe $\partial t_{\text{r}}/\partial t$ mithilfe von Gleichung 10.78 ausgedrückt.) Allerdings ist

$$\frac{\boldsymbol{\mathscr{r}} \cdot \mathbf{u}}{\mathscr{r}c} = 1 - \frac{\hat{\boldsymbol{\mathscr{r}}} \cdot \mathbf{v}}{c}$$

genau das Verhältnis von N_{g} zu N_{t}. Es handelt sich um einen rein geometrischen Faktor (derselbe, der auch im Doppler-Effekt auftritt).

Die vom Teilchen in ein Flächenelement der Kugel $\mathscr{r}^2 \sin\theta \, \mathrm{d}\theta \, \mathrm{d}\varphi = \mathscr{r}^2 \, \mathrm{d}\Omega$ abgestrahlte Leistung ist daher durch

$$\frac{\mathrm{d}P}{\mathrm{d}\Omega} = \left(\frac{\boldsymbol{\mathscr{r}} \cdot \mathbf{u}}{\mathscr{r}c}\right) \frac{1}{\mu_0 c} E_{\text{rad}}^2 \mathscr{r}^2 = \frac{q^2}{16\pi^2 \varepsilon_0} \frac{|\hat{\boldsymbol{\mathscr{r}}} \times (\mathbf{u} \times \mathbf{a})|^2}{(\hat{\boldsymbol{\mathscr{r}}} \cdot \mathbf{u})^5} \tag{11.72}$$

9 Im Kontext der speziellen Relativitätstheorie stellt die Bedingung $v = 0$ ohne Beschränkung der Allgemeinheit einfach eine raffinierte Wahl eines Referenzsystems dar. Wenn Sie entscheiden können, wie sich P transformiert, können Sie das allgemeine Resultat (Liénard) aus der Formel für $v = 0$ (Larmor) *herleiten* (siehe Aufgabe 12.71).

gegeben, wobei $\mathrm{d}\Omega = \sin\theta\,\mathrm{d}\theta\,\mathrm{d}\varphi$ der **Raumwinkel** ist, in den die Strahlung abgestrahlt wird. Die Integration über θ und φ zur Bestimmung der gesamten abgestrahlten Leistung ist kein Sonntagsspaziergang, und dieses Mal werde ich Ihnen einfach das Ergebnis mitteilen:

$$P = \frac{\mu_0 q^2 \gamma^6}{6\pi c}\left(a^2 - \left|\frac{\mathbf{v}\times\mathbf{a}}{c}\right|^2\right), \tag{11.73}$$

mit $\gamma \equiv 1/\sqrt{1-v^2/c^2}$. Dies ist die **Liénard'sche Verallgemeinerung** der **Larmor-Gleichung** (auf die sie sich im Fall $v \ll c$ reduziert). Der Faktor γ^6 bedeutet, dass die abgestrahlte Leistung enorm ansteigt, sobald das Teilchen sich der Lichtgeschwindigkeit nähert.

Beispiel 11.3: Winkelverteilung und Leistung von Strahlung

Nehmen Sie an, $\mathbf{v}$ und $\mathbf{a}$ wären anfänglich (zur Zeit t_r) kollinear, beispielsweise wie im Fall der gradlinigen Bewegung. Bestimmen Sie die Winkelverteilung der Strahlung (Gleichung 11.72) sowie die gesamte abgestrahlte Leistung.

Lösung:

In diesem Fall ist $(\mathbf{u}\times\mathbf{a}) = c(\hat{\boldsymbol{\mathscr{r}}}\times\mathbf{a})$, somit ist

$$\frac{\mathrm{d}P}{\mathrm{d}\Omega} = \frac{q^2c^2}{16\pi^2\varepsilon_0}\frac{\left|\hat{\boldsymbol{\mathscr{r}}}\times(\hat{\boldsymbol{\mathscr{r}}}\times\mathbf{a})\right|^2}{(c-\hat{\boldsymbol{\mathscr{r}}}\cdot\mathbf{v})^5}\,.$$

Nun ist

$$\hat{\boldsymbol{\mathscr{r}}}\times(\hat{\boldsymbol{\mathscr{r}}}\times\mathbf{a}) = (\hat{\boldsymbol{\mathscr{r}}}\cdot\mathbf{a})\,\hat{\boldsymbol{\mathscr{r}}} - \mathbf{a} \quad \text{und somit} \quad \left|\hat{\boldsymbol{\mathscr{r}}}\times(\hat{\boldsymbol{\mathscr{r}}}\times\mathbf{a})\right|^2 = a^2 - (\hat{\boldsymbol{\mathscr{r}}}\cdot\mathbf{a})^2\,.$$

Lassen wir insbesondere die z-Achse in $\mathbf{v}$-Richtung zeigen, dann gilt

$$\frac{\mathrm{d}P}{\mathrm{d}\Omega} = \frac{\mu_0 q^2 a^2}{16\pi^2 c}\frac{\sin^2\theta}{(1-\beta\cos\theta)^5} \tag{11.74}$$

mit $\beta \equiv v/c$. Dies stimmt natürlich für den Fall $v = 0$ mit Gleichung 11.69 überein. Für sehr große v ($\beta \approx 1$) dehnt sich der Strahlungs-Donut jedoch aus (Abbildung 11.11) und wird um den Faktor $(1-\beta\cos\theta)^{-5}$ nach vorne verlängert, wie in Abbildung 11.13 angedeutet. Obwohl *exakt* nach vorne immer noch keine Strahlung auftritt, ist der größte Teil der Strahlung in einem engen Kegel *um* die Vorwärtsrichtung konzentriert (siehe Aufgabe 11.15).

Die *gesamte* emittierte Leistung erhalten wir durch Integration von Gleichung 11.74 über alle Winkel:

$$P = \int \frac{\mathrm{d}P}{\mathrm{d}\Omega}\mathrm{d}\Omega = \frac{\mu_0 q^2 a^2}{16\pi^2 c}\int \frac{\sin^2\theta}{(1-\beta\cos\theta)^5}\sin\theta\,\mathrm{d}\theta\,\mathrm{d}\varphi\,.$$

Beispiel 11.3 (Fortsetzung)

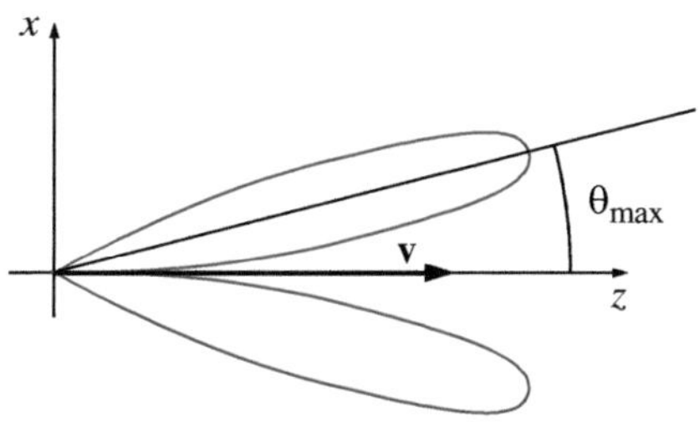

Abbildung 11.13

Das Integral über φ beträgt 2π. Das Integral wird durch die Substitution $x \equiv \cos\theta$ zu:

$$P = \frac{\mu_0 q^2 a^2}{8\pi c} \int_{-1}^{+1} \frac{(1-x^2)}{(1-\beta x)^5}\,dx\,.$$

Partielle Integration führt auf $\frac{4}{3}(1-\beta^2)^{-3}$, und ich schließe daraus:

$$P = \frac{\mu_0 q^2 a^2 \gamma^6}{6\pi c}\,. \qquad (11.75)$$

Dies stimmt für den Fall kollinearer $\mathbf{v}$ und $\mathbf{a}$ mit der Liénard-Formel (Gleichung 11.73) überein.

Beachten Sie, dass die Winkelverteilung der Strahlung sowohl für das *Beschleunigen* als auch für das *Abbremsen* des Teilchens dieselbe ist. Sie hängt nur vom *Quadrat* von a ab und ist in beiden Fällen (im Vergleich zur Geschwindigkeit) nach vorne gerichtet. Trifft ein Elektron mit hoher Geschwindigkeit auf ein metallisches Ziel, wird es abrupt abgebremst und gibt die sogenannte **Bremsstrahlung** ab. In diesem Beispiel habe ich im Wesentlichen die klassische Theorie der Bremsstrahlung beschrieben.

Aufgabe 11.12

Ein Elektron setzt sich in Bewegung und fällt unter dem Einfluss der Gravitation. Welcher Anteil seiner potentiellen Energie wird auf dem ersten Zentimeter abgestrahlt?

Aufgabe 11.13

Eine positive Ladung q wird frontal auf eine weit entfernte positive Ladung Q, die festgehalten wird, abgeschossen. Die Anfangsgeschwindigkeit beträgt v_0. Die Ladung kommt herein, wird auf $v = 0$ abgebremst und entfernt sich wieder ins Unendliche. Welcher Teil ihrer ursprünglichen Energie ($\frac{1}{2}mv_0^2$) wird abgestrahlt? Nehmen Sie $v_0 \ll c$ an und ebenso, dass Sie die Rückwirkung der Strahlungsverluste auf die Bewegung des Teilchens vernachlässigen können.

[*Antwort:* $(16/45)(q/Q)(v_0/c)^3$.]

■ **Aufgabe 11.14**

Im Bohr'schen Modell des Wasserstoffatoms wird angenommen, dass sich ein Elektron im Grundzustand auf einem Kreis mit dem Radius $5 \cdot 10^{-11}$ m bewegt, auf dem es durch die Coulomb-Anziehung des Protons gehalten wird. Gemäß der klassischen Elektrodynamik sollte das Elektron abstrahlen und daher auf einer Spiralbahn in den Kern stürzen. Zeigen Sie, dass für den größten Teil des Wegs $v \ll c$ gilt (sodass Sie die Larmor-Gleichung benutzen können), und berechnen Sie die Lebensdauer des Bohr'schen Atoms. (Nehmen Sie dabei an, dass jeder Umlauf um das Proton im Wesentlichen kreisförmig ist.)

■ **Aufgabe 11.15**

Bestimmen Sie den Winkel $\theta_{\max}$, bei dem in Beispiel 11.3 die maximale Strahlung emittiert wird (siehe Abbildung 11.13). Zeigen Sie, dass bei ultrarelativistischen Geschwindigkeiten (v beinahe c) $\theta_{\max} = \sqrt{(1-\beta)/2}$ gilt. Welche Intensität hat die Strahlung in dieser Maximalrichtung (im ultrarelativistischen Fall) im Vergleich mit derselben Größe eines Teilchens, das sich anfänglich in Ruhe befindet? Drücken Sie Ihre Antwort durch γ aus.

! ■ **Aufgabe 11.16**

In Beispiel 11.3 haben wir angenommen, dass die Geschwindigkeit und Beschleunigung (zumindest anfänglich) *kollinear* sind. Führen Sie dieselbe Analyse für den Fall durch, in dem beide *senkrecht* aufeinander stehen. Wählen Sie Ihre Achsen so, dass $\mathbf{v}$ entlang der z-Achse und $\mathbf{a}$ entlang der x-Achse liegt (Abbildung 11.14), sodass $\mathbf{v} = v\hat{\mathbf{z}}$, $\mathbf{a} = a\hat{\mathbf{x}}$ und $\hat{\boldsymbol{\imath}} = \sin\theta\cos\varphi\hat{\mathbf{x}} + \sin\theta\sin\varphi\hat{\mathbf{y}} + \cos\theta\hat{\mathbf{z}}$ ist. Prüfen Sie, ob P mit der Liénard-Formel übereinstimmt.

[*Ergebnis*:

$$\frac{dP}{d\Omega} = \frac{\mu_0 q^2 a^2}{16\pi^2 c} \frac{\left[(1-\beta\cos\theta)^2 - (1-\beta^2)\sin^2\theta\cos^2\varphi\right]}{(1-\beta\cos\theta)^5}, \quad P = \frac{\mu_0 q^2 a^2 \gamma^4}{6\pi c}.$$

Für relativistische Geschwindigkeiten ($\beta \approx 1$) hat die Strahlung wieder eine scharfe Spitze nach vorne (Abbildung 11.15). Die wichtigste Anwendung dieser Formeln betrifft die Kreisbewegung – in diesem Fall wird die Strahlung als **Synchrotronstrahlung** bezeichnet. Bei einem relativistischen Elektron schwenkt die Strahlung mit der Bewegung des Teilchens herum.]

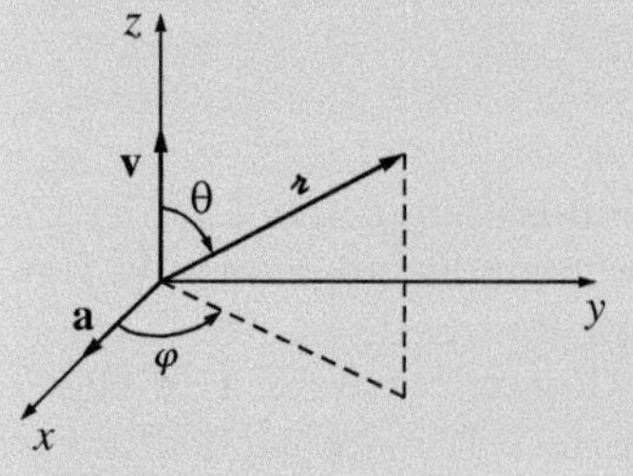

Abbildung 11.14

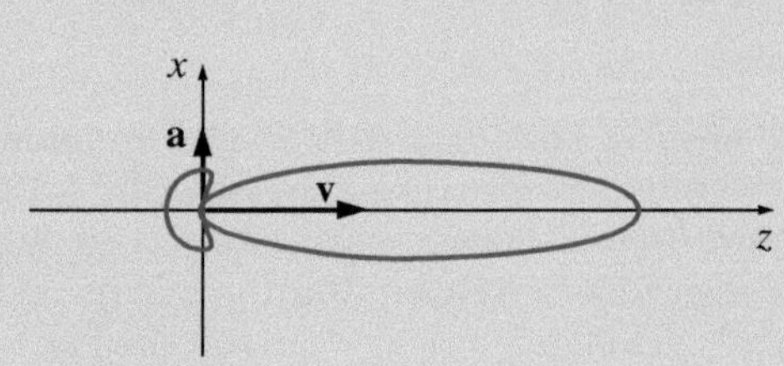

Abbildung 11.15

11.2.2 Strahlungsreaktion

Gemäß den Gesetzen der klassischen Elektrodynamik gibt eine beschleunigte Ladung Strahlung ab. Diese Strahlung trägt, auf Kosten der kinetischen Energie des Teilchens, Energie fort. Unter dem Einfluss einer gegebenen Kraft ist daher die Beschleunigung eines geladenen Teilchens *geringer* als die eines neutralen Teilchens derselben Masse. Die Strahlung übt offensichtlich eine Kraft ($\mathbf{F}_{\text{rad}}$) aus, die auf das Teilchen *rückwirkt* – eine Rückstoßkraft, ähnlich derjenigen einer Granate auf ein Geschütz. In diesem Abschnitt leiten wir diese **Strahlungsreaktionskraft** aus der Energieerhaltung her. Im nächsten Abschnitt werde ich Ihnen dann den tatsächlich verantwortlichen *Mechanismus* zeigen und werde dann mithilfe eines einfachen Modells die Reaktionskraft erneut ableiten.

Bei einem nichtrelativistischen Teilchen ($v \ll c$) ist die gesamte abgestrahlte Leistung durch die Larmor-Gleichung (Gleichung 11.70) gegeben:

$$P = \frac{\mu_0 q^2 a^2}{6\pi c} . \tag{11.76}$$

Die Energieerhaltung legt nahe, dass es sich dabei auch um die Rate handelt, mit der das Teilchen unter dem Einfluss der Strahlungsreaktionskraft $\mathbf{F}_{\text{rad}}$ Energie *verliert*:

$$\mathbf{F}_{\text{rad}} \cdot \mathbf{v} = -\frac{\mu_0 q^2 a^2}{6\pi c} . \tag{11.77}$$

Ich habe mit Absicht „legt nahe“ gesagt, weil diese Gleichung eigentlich *falsch* ist. Denn wir haben die Strahlungsleistung durch Integration des Poynting-Vektors über eine Kugel mit „unendlichem“ Radius berechnet. In dieser Rechnung haben die *Geschwindigkeits*felder keine Rolle gespielt, weil sie als Funktion von $\mathscr{r}$ zu schnell abgefallen sind, um irgendeinen Beitrag zu liefern. Zwar *führen* die Geschwindigkeitsfelder Energie ab – doch sie tragen sie nicht bis ins Unendliche. Während der Beschleunigung und Abbremsung des Teilchens wird zwischen ihm und den Geschwindigkeitsfeldern Energie ausgetauscht. Gleichzeitig wird Energie von den Beschleunigungsfeldern unwiederbringlich weggetragen. Gleichung 11.77 berücksichtigt nur letzteres. Wenn wir jedoch die Rückstoßkraft kennenlernen wollen, die von den Feldern auf das Teilchen ausgeübt wird, müssen wir die *gesamte* Leistung bestimmen, die zu jedem Zeitpunkt verloren geht, nicht nur den Anteil, der durch Strahlung verloren geht. (Der Begriff „Strahlungsreaktion“ ist schlecht gewählt. Wir sollten ihn eigentlich durch *Feldreaktion* ersetzen. Tatsächlich werden wir bald sehen, dass $\mathbf{F}_{\text{rad}}$ durch die *zeitliche Ableitung* der Beschleunigung festgelegt wird und selbst dann von null verschieden sein kann, wenn die Beschleunigung selbst unmittelbar null wird, sodass das Teilchen nicht strahlt.)

Der in irgendeinem Zeitintervall eintretende Energieverlust des Teilchens muss der durch Strahlung abgeführten Energie entsprechen, *plus* aller zusätzlichen Energieformen, die eventuell in die Geschwindigkeitsfelder gesteckt worden sind.[10] Wenn

10 Während das gesamte Feld die Summe von Geschwindigkeits- und Beschleunigungsfeldern ist, also $\mathbf{E} = \mathbf{E}_v + \mathbf{E}_a$, ist die *Energie* proportional zu $E^2 = E_v^2 + 2\mathbf{E}_v \cdot \mathbf{E}_a + E_a^2$ und enthält *drei* Terme: Die allein in den Geschwindigkeitsfeldern gespeicherte Energie E_v^2, die durch Strahlung abgegebene Energie E_a^2 und einen gemischten Term $2\mathbf{E}_v \cdot \mathbf{E}_a$. Aus Grün-

wir jedoch nur Intervalle berücksichtigen, in denen das System in seinen ursprünglichen Zustand zurückkehrt, dann ist die in den Geschwindigkeitsfeldern steckende Energie an beiden Enden gleich groß, und der einzige *Netto*verlust findet in Form von Strahlung statt. Daher ist Gleichung 11.77, obwohl sie *zu jedem Zeitpunkt* falsch ist, im *Mittel* doch gültig:

$$\int_{t_1}^{t_2} \mathbf{F}_{\text{rad}} \cdot \mathbf{v}\,dt = -\frac{\mu_0 q^2}{6\pi c} \int_{t_1}^{t_2} a^2\,dt\,, \tag{11.78}$$

mit der Bedingung, dass *der Systemzustand bei* t_1 *und* t_2 *identisch sein muss.* Für eine periodische Bewegung müssen wir beispielsweise über eine gerade Anzahl von Perioden integrieren.[11] Dann kann die rechte Seite von Gleichung 11.78 partiell integriert werden:

$$\int_{t_1}^{t_2} a^2\,dt = \int_{t_1}^{t_2} \left(\frac{d\mathbf{v}}{dt}\right) \cdot \left(\frac{d\mathbf{v}}{dt}\right) dt = \left(\mathbf{v} \cdot \frac{d\mathbf{v}}{dt}\right)\Bigg|_{t_1}^{t_2} - \int_{t_1}^{t_2} \frac{d^2\mathbf{v}}{dt^2} \cdot \mathbf{v}\,dt\,.$$

Die Grenzterme fallen heraus, weil die Geschwindigkeiten und Beschleunigungen bei t_1 und t_2 identisch sind, sodass Gleichung 11.78 auch folgendermaßen geschrieben werden kann:

$$\int_{t_1}^{t_2} \left(\mathbf{F}_{\text{rad}} - \frac{\mu_0 q^2}{6\pi c}\dot{\mathbf{a}}\right) \cdot \mathbf{v}\,dt = 0\,. \tag{11.79}$$

Gleichung 11.79 ist mit Sicherheit erfüllt für

$$\mathbf{F}_{\text{rad}} = \frac{\mu_0 q^2}{6\pi c}\dot{\mathbf{a}}\,. \tag{11.80}$$

Dies ist die **Abraham-Lorentz-Formel** der Strahlungsreaktionskraft.

Natürlich stellt Gleichung 11.79 keineswegs einen *Beweis* von Gleichung 11.80 dar. Sie sagt nicht das Geringste über die Komponente von $\mathbf{F}_{\text{rad}}$ aus, die *senkrecht* auf $\mathbf{v}$ steht. Sie sagt nur etwas über den *zeitlichen Mittelwert* der parallelen Komponente aus – genauer gesagt über sehr spezielle Zeitintervalle. Wie wir im nächsten Abschnitt noch sehen werden, gibt es andere Gründe, der Abraham-Lorentz-Formel zu vertrauen. Jetzt können wir nur sagen, dass sie die *einfachste* Form der Strahlungsreaktionskraft in Übereinstimmung mit der Energieerhaltung darstellt.

Die Abraham-Lorentz-Formel hat beunruhigende Konsequenz, die selbst ein Jahrhundert, nachdem die Gleichung erstmals formuliert wurde, noch nicht vollständig verstanden sind. Nehmen Sie beispielsweise an, ein Teilchen unterliege keinen *äuße-*

den der Einfachheit bezeichne ich die *Kombination* $(E_v^2 + 2\mathbf{E}_v \cdot \mathbf{E}_a)$ als „Energie, die in den Geschwindigkeitsfeldern gespeichert ist“. Diese Terme fallen mit $1/\mathscr{r}^4$ bzw. mit $1/\mathscr{r}^3$ ab, daher trägt keiner von ihnen zur Strahlung bei.

11 Bei *nicht*periodischen Bewegungen ist die Bedingung, dass die Energie in den Geschwindigkeitsfeldern während t_1 und t_2 gleich sein muss, schwer zu erreichen. Es genügt nicht, dass die ursprünglichen Geschwindigkeiten und Beschleunigungen gleich sind, da die weiter außen liegenden Felder von v und a zu einem *früheren Zeitpunkt* abhängen. Im *Prinzip* müssen dann v und *a und alle höheren Ableitungen* bei t_1 und t_2 gleich sein. In der Praxis genügt es, wenn v und a während eines kurzen Intervalls vor t_1 und t_2 gleich sind, weil die Geschwindigkeitsfelder mit $\mathscr{r}$ schnell abfallen.

ren Kräften. Dann besagt das zweite Newton'sche Gesetz:

$$F_{\text{rad}} = \frac{\mu_0 q^2}{6\pi c}\dot{a} = ma\,,$$

woraus folgt, dass

$$a(t) = a_0\,\mathrm{e}^{t/\tau}\,, \tag{11.81}$$

mit

$$\tau \equiv \frac{\mu_0 q^2}{6\pi mc}\,. \tag{11.82}$$

(Im Fall des Elektrons beträgt $\tau = 6 \cdot 10^{-24}$ s.) Die Beschleunigung *wächst* plötzlich exponentiell mit der Zeit an! Diese absurde Schlussfolgerung können wir vermeiden, wenn wir darauf bestehen, dass $a_0 = 0$ beträgt. Allerdings zeigt sich, dass der systematische Ausschluss einer solchen exponentiell divergierenden Lösung eine viel unangenehmere Konsequenz nach sich zieht: *Wenn* Sie eine äußere Kraft anwenden, beginnen die Teilchen zu reagieren, *bevor die Kraft wirkt*! (Siehe Aufgabe 11.19.) Diese **akausale Vorbeschleunigung** kommt nur um den winzigen Zeitraum τ zu früh. Dennoch ist es (meiner Meinung nach) philosopisch abstoßend, sie überhaupt zu berücksichtigen.[12]

Beispiel 11.4: Strahlungsdämpfung

Berechnen Sie die **Strahlungsdämpfung** eines geladenen Teilchens, das an einer Feder der Eigenfrequenz ω_0 befestigt ist und mit der Frequenz ω angetrieben wird.

Lösung:

Die Bewegungsgleichung lautet

$$m\ddot{x} = F_{\text{Feder}} + F_{\text{rad}} + F_{\text{Antrieb}} = -m\omega_0^2 x + m\tau\dddot{x} + F_{\text{Antrieb}}\,.$$

Mit der Schwingungsfrequenz ω dieses Systems haben wir

$$x(t) = x_0\cos(\omega t + \delta)\,,$$

somit ist

$$\dddot{x} = -\omega^2\dot{x}\,.$$

Daher gilt

$$m\ddot{x} + m\gamma\dot{x} + m\omega_0^2 x = F_{\text{Antrieb}} \tag{11.83}$$

12 Diese Schwierigkeiten bleiben in der relativistischen Version der Abraham-Lorentz-Formel bestehen, die wir erhalten, wenn wir mit der Liénard'schen Formel und nicht mit der Larmor-Gleichung beginnen (siehe Aufgabe 12.72). Vielleicht sagen sie uns, dass es in der klassischen Elektrodynamik keine Punktladung geben kann, vielleicht sagen sie aber auch den Beginn der Quantenmechanik voraus. Hinweise auf die Literatur finden Sie in Philip Pearles Kapitel in dem von D. Teplitz herausgebenen Band *Electromagnetism: Paths to Research* (New York: Plenum, 1982) und F. Rohrlich, *Am. J. Phys.* **65**, 1051 (1997).

Beispiel 11.4 (Fortsetzung)

mit dem Dämpfungsfaktor γ

$$\gamma = \omega^2 \tau\,. \tag{11.84}$$

[Als ich in Kapitel 9 (Gleichung 9.152) $F_{\text{Dämpfung}} = -\gamma m v$ formuliert habe, hatte ich der Einfachheit halber angenommen, dass die Dämpfung proportional zur Geschwindigkeit erfolgt. Wir wissen mittlerweile, dass zumindest die *Strahlungs*dämpfung proportional zu $\ddot{v}$ ist. Allerdings ist das fast egal: Bei Sinusschwingungen kann man *jede* geradzahlige Anzahl der Ableitungen von v ansetzen, da sie alle proportional v sind.]

Aufgabe 11.17

a. Ein Teilchen der Ladung q bewegt sich auf einem Kreis mit Radius R und konstanter Geschwindigkeit v. Um diese Bewegung aufrecht zu erhalten, müssen Sie natürlich eine Zentripetalkraft mv^2/R zur Verfügung stellen. Welche *zusätzliche* Kraft ($\mathbf{F}_e$) müssen Sie ausüben, damit sie der Strahlungsreaktion entgegenwirkt?

[Das Ergebnis lässt sich am einfachsten durch die momentane Geschwindigkeit $\mathbf{v}$ ausdrücken.]

Welche Leistung (P_e) gibt diese zusätzliche Kraft ab? Vergleichen Sie P_e mit der abgestrahlten Leistung (benutzen Sie dazu die Larmor-Gleichung).

b. Wiederholen Sie Teil (a) für ein Teilchen, das eine einfache harmonische Bewegung mit Amplitude A und Kreiswinkelfrequenz ω vollführt (d. h. $\mathbf{w}(t) = A\cos(\omega t)\hat{\mathbf{z}}$). Erläutern Sie die Diskrepanz.

c. Berücksichtigen Sie den Fall eines Teilchens im freien Fall (also bei konstanter Beschleunigung g). Wie lautet die Strahlungsreaktionskraft? Welche Leistung wird abgestrahlt? Erläutern Sie Ihre Ergebnisse.

Aufgabe 11.18

Eine Punktladung q der Masse m ist an einer Feder mit Federkonstante k befestigt. Zum Zeitpunkt $t = 0$ bekommt sie einen Stoß; die anfängliche kinetische Energie beträgt $U_0 = \frac{1}{2} m v_0^2$. Danach oszilliert die Ladung und strahlt diese Energie schrittweise ab.

a. Bestätigen Sie, dass die abgestrahlte Gesamtenergie gleich U_0 ist. Nehmen Sie an, dass die Strahlungsdämpfung hinreichend schwach ist, sodass Sie die Bewegungsgleichung als

$$\ddot{x} + \gamma \dot{x} + \omega_0^2 x = 0$$

und die Lösung als

$$x(t) = \frac{v_0}{\omega_0} e^{-\gamma t/2} \sin \omega_0 t$$

schreiben können. Dabei sind $\omega_0 = \sqrt{k/m}$, $\gamma = \omega_0^2 \tau$ und $\gamma \ll \omega_0$ (vernachlässigen Sie γ^2 im Vergleich zu ω_0^2 und ignorieren Sie die Änderung in $e^{-\gamma t}$).

b. Nehmen Sie nun an, wir hätten *zwei* solche Oszillatoren, die wir mit identischen Stößen starten. Egal wie sie zueinander liegen oder orientiert sind: Die gesamte abgestrahlte Energie beträgt $2U_0$. Sitzen Sie aber direkt aufeinander, so entspricht das einem *einzelnen* Oszillator mit zweifacher Ladung. Die Larmor-Formel besagt dann, dass die abgestrahlte Leistung *viermal* so groß ist. Daher sollte die abgestrahlte Gesamtenergie $4U_0$ beitragen. Zeigen Sie den Fehler in dieser Argumentation auf und weisen Sie nach, dass die Gesamtenergie in Wirklichkeit $2U_0$ ist, genau wie es sein sollte.[13]

! **Aufgabe 11.19**

Unter Einbeziehung der Strahlungsreaktionskraft (Gleichung 11.80) lautet das zweite Newton'sche Gesetz für ein geladenes Teilchen

$$a = \tau \dot{a} + \frac{F}{m},$$

wobei F die äußere, auf das Teilchen wirkende Kraft ist.

a. Im Gegensatz zum Fall eines *ungeladenen* Teilchens ($a = F/m$) muss nun auch die Beschleunigung (wie Ort und Geschwindigkeit) eine *stetige* Funktion der Zeit sein, selbst wenn sich die Kraft abrupt ändert. (Physikalisch gesehen dämpft die Strahlungsreaktion jede schnelle Änderung in a.) *Beweisen* Sie durch Integration der oben stehenden Bewegungsgleichung von $(t-\varepsilon)$ bis $(t+\varepsilon)$ und Durchführen des Grenzübergangs $\varepsilon \to 0$, dass a zu jedem beliebigen Zeitpunkt t stetig ist.

b. Ein Teilchen unterliegt einer konstanten Kraft F, die zur Zeit $t = 0$ einsetzt und bis zum Zeitpunkt T dauert. Bestimmen Sie die allgemeinste Lösung $a(t)$ für die Bewegungsgleichung in jedem der drei Zeitabschnitte: (i) $t < 0$, (ii) $0 < t < T$ und (iii) $t > T$.

c. Beschränken Sie die Stetigkeitsbedingung (aus Teil a) auf die Zeiten $t = 0$ und $t = T$. Zeigen Sie, dass Sie *entweder* die exponentiell divergierende Lösung in Gebiet (iii) *oder* die vorzeitige Beschleunigung in Region (i) eliminieren können, *keinesfalls aber beide.*

d. Falls Sie sich zur Eliminierung der exponentiell explodierenden Lösung entschließen, wie lautet dann in jedem der Intervalle die Beschleunigung als Funktion der Zeit? Wie steht es um die Geschwindigkeit? (Die letztere muss natürlich bei $t = 0$ und $t = T$ stetig sein.) Nehmen Sie an, das Teilchen war ursprünglich in Ruhe: $v(-\infty) = 0$.

e. Zeichnen Sie sowohl für ein *ungeladenes* Teilchen als auch für ein (nicht zu einer exponentiell divergierenden Lösung führendes) geladenes Teilchen, die diese Kraft erfahren, $a(t)$ und $v(t)$.

13 Eine raffiniertere Version dieses Paradoxons finden Sie bei P. R. Berman, *Am. J. Phys.* **78**, 1323 (2010).

11.2.3 Die physikalische Grundlage der Strahlungsreaktion

Im letzen Abschnitt habe ich die Abraham-Lorentz-Formel der Strahlungsreaktion über die Energieerhaltung hergeleitet. Ich habe mich nicht darum bemüht, die tatsächlichen *Mechanismen* ausfindig zu machen, die für diese Kraft verantwortlich sind, abgesehen von dem Hinweis, dass es sich um einen Rückstoßeffekt der teilcheneigenen Felder auf die Ladung handeln muss. Unglücklicherweise divergieren die Felder einer Punktladung direkt am Teilchen, daher ist nur schwierig zu erkennen, wie die Kräfte, die sie ausüben, berechnet werden können.[14] Umgehen wir dieses Problem, indem wir eine *ausgedehnte* Ladungsverteilung annehmen, deren Feld überall endlich ist. Zum Schluss werden wir die Ausdehnung der Ladung gegen null gehen lassen. Im Allgemeinen wird die elektromagnetische Kraft eines Teils (A) auf einen anderen Teil (B) *nicht* gleich groß und entgegengesetzt zu der Kraft von B auf A sein (Abbildung 11.16). Wird die Verteilung in unendlich kleine Teile aufgeteilt und werden die Ungleichgewichte aller derartigen Paare aufaddiert, resultiert eine *Nettokraft der Ladung* auf sich selbst. Diese **Selbstkraft**, die aus dem Zusammenbruch des dritten Newton'schen Gesetzes innerhalb der Struktur des Teilchens resultiert, ist die Ursache der Strahlungsreaktion.

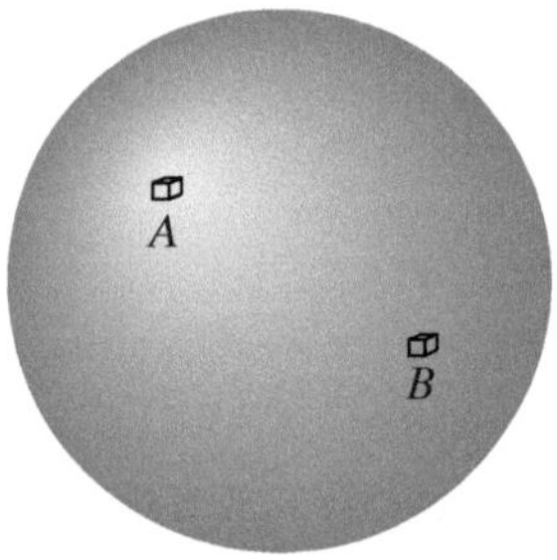

Abbildung 11.16

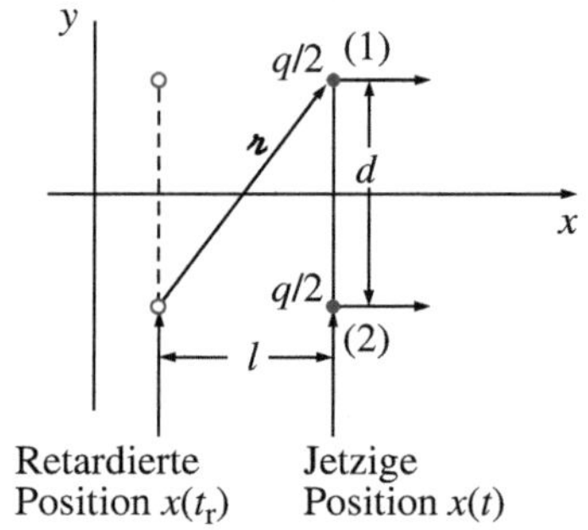

Abbildung 11.17

Lorentz hat die elektromagnetische Selbstkraft ursprünglich mit einer kugelförmigen Ladungsverteilung berechnet, was zwar sinnvoll zu sein scheint, die Mathematik aber ziemlich mühsam macht.[15] Da es mir darum gelegen ist, den wirkenden *Mechanismus* deutlich zu machen, werde ich ein weniger realistisches Modell verwenden, nämlich eine „Hantel", in der die Gesamtladung q in zwei Hälften aufgeteilt ist, die sich in einer festen Entfernung d befinden (Abbildung 11.17). Dies ist die einfachste mögliche Anordnung der Ladungen, bei der der wesentliche Mechanismus (die Ungleichgewichte der internen elektromagnetischen Kräfte) funktioniert. Stören Sie sich nicht daran, dass es sich um ein unwahrscheinliches Modell eines Elementarteilchens handelt: Im punktförmigen Grenzfall ($d \to 0$) muss *jedes* Modell die Abraham-Lorentz-Formel ergeben, weil ja letztlich allein die Energieerhaltung die Antwort diktiert.

14 Mit einer geeigneten Mittelung über das Feld ist das möglich, aber nicht einfach. Siehe T. H. Boyer, *Am. J. Phys.* **40**, 1843 (1972) und die darin zitierte Literatur.

15 Siehe J. D. Jackson, *Klassische Elektrodynamik*, 4. überarb. Auflage, Abschnitt 16.3 (Berlin: Walter de Gruyter, 2006)

Nehmen wir an, die Hantel bewegt sich in x-Richtung und befindet sich (anfänglich) zur retardierten Zeit in Ruhe. Das elektrische Feld in (1) aufgrund von (2) beträgt

$$\mathbf{E}_1 = \frac{(q/2)}{4\pi\varepsilon_0} \frac{\mathscr{r}}{(\boldsymbol{\mathscr{r}}\cdot\mathbf{u})^3}\left[\left(c^2 + \boldsymbol{\mathscr{r}}\cdot\mathbf{a}\right)\mathbf{u} - (\boldsymbol{\mathscr{r}}\cdot\mathbf{u})\,\mathbf{a}\right] \tag{11.85}$$

(Gleichung 10.72), wobei

$$\mathbf{u} = c\hat{\boldsymbol{\mathscr{r}}} \quad \text{und} \quad \boldsymbol{\mathscr{r}} = l\hat{\mathbf{x}} + d\hat{\mathbf{y}}\,, \tag{11.86}$$

sodass

$$\boldsymbol{\mathscr{r}}\cdot\mathbf{u} = c\mathscr{r}\,, \quad \boldsymbol{\mathscr{r}}\cdot\mathbf{a} = la \quad \text{und} \quad \mathscr{r} = \sqrt{l^2 + d^2}\,. \tag{11.87}$$

Eigentlich interessiert uns nur die x-Komponente von $\mathbf{E}_1$, da sich die y-Komponenten gegenseitig aufheben, sobald wir die Kräfte an den beiden Enden aufaddieren (aus denselben Gründen müssen wir uns nicht mit den magnetischen Kräften abgeben). Nun gilt

$$u_x = \frac{cl}{\mathscr{r}} \tag{11.88}$$

und daher

$$E_{1_x} = \frac{q}{8\pi\varepsilon_0 c^2} \frac{(lc^2 - ad^2)}{\left(l^2 + d^2\right)^{3/2}}\,. \tag{11.89}$$

Aufgrund der Symmetrie ist $E_{2_x} = E_{1_x}$ und daher beträgt die Nettokraft auf die Hantel

$$\mathbf{F}_{\text{selbst}} = \frac{q}{2}(\mathbf{E}_1 + \mathbf{E}_2) = \frac{q^2}{8\pi\varepsilon_0 c^2} \frac{(lc^2 - ad^2)}{\left(l^2 + d^2\right)^{3/2}}\hat{\mathbf{x}}\,. \tag{11.90}$$

Bis hierher gilt alles exakt. Der Grundgedanke besteht nun darin, eine Reihenentwicklung in Potenzen von d durchzuführen. Sobald die Ausdehnung des Teilchens gegen null geht, verschwinden alle *positiven* Potenzen. Mithilfe des Taylor'schen Satzes

$$x(t) = x(t_r) + \dot{x}(t_r)\,(t - t_r) + \frac{1}{2}\ddot{x}(t_r)\,(t - t_r)^2 + \frac{1}{3!}\dddot{x}(t_r)\,(t - t_r)^3 + \ldots$$

erhalten wir

$$l = x(t) - x(t_r) = \frac{1}{2}aT^2 + \frac{1}{6}\dot{a}T^3 + \ldots \tag{11.91}$$

mit der Abkürzung $T \equiv t - t_r$. T ist aber durch die Bedingung für die retardierte Zeit

$$(cT)^2 = l^2 + d^2 \tag{11.92}$$

festgelegt, daher ist

$$d = \sqrt{(cT)^2 - l^2} = cT\sqrt{1 - \left(\frac{aT}{2c} + \frac{\dot{a}T^2}{6c} + \ldots\right)^2} = cT - \frac{a^2}{8c}T^3 + (\,)\,T^4 + \ldots\,.$$

Diese Gleichung gibt uns d in Abhängigkeit von T. Wir müssen sie „lösen", als ob T eine Funktion von d wäre. Dafür existiert eine systematische Prozedur, die als

Reiheninversion bekannt ist,[16] allerdings können wir die ersten paar Terme folgendermaßen auch weniger formal erhalten: Wir ignorieren alle höheren Potenzen von T, dann haben wir

$$d \cong cT \quad \Rightarrow \quad T \cong \frac{d}{c}\,.$$

Dies benutzen wir als Näherung für den kubischen Term

$$d \cong cT - \frac{a^2}{8c}\frac{d^3}{c^3} \quad \Rightarrow \quad T \cong \frac{d}{c} + \frac{a^2 d^3}{8c^5}$$

usw. Offensichtlich ist

$$T = \frac{1}{c}d + \frac{a^2}{8c^5}d^3 + (\,)\,d^4 + \dots\,. \tag{11.93}$$

Kehren wir zu Gleichung 11.91 zurück und konstruieren wir die Potenzreihe für l in Abhängigkeit von d:

$$l = \frac{a}{2c^2}d^2 + \frac{\dot{a}}{6c^3}d^3 + (\,)\,d^4 + \dots\,. \tag{11.94}$$

Durch Einsetzen in Gleichung 11.90 kommen wir zu dem Ergebnis:

$$\mathbf{F}_{\text{selbst}} = \frac{q^2}{4\pi\varepsilon_0}\left[-\frac{a}{4c^2 d} + \frac{\dot{a}}{12c^3} + ()\,d + \dots\right]\hat{\mathbf{x}}\,. \tag{11.95}$$

Hierin werden a und $\dot{a}$ zur *retardierten* Zeit (t_r) berechnet, allerdings ist es einfacher, das Ergebnis durch die *aktuelle* Zeit t auszudrücken:

$$a(t_r) = a(t) + \dot{a}(t)\,(t_r - t) + \dots = a(t) - \dot{a}(t)T + \dots = a(t) - \dot{a}(t)\frac{d}{c} + \dots\,,$$

woraus folgt, dass

$$\mathbf{F}_{\text{selbst}} = \frac{q^2}{4\pi\varepsilon_0}\left[-\frac{a(t)}{4c^2 d} + \frac{\dot{a}(t)}{3c^3} + (\,)\,d + \dots\right]\hat{\mathbf{x}}\,. \tag{11.96}$$

Der erste Term auf der rechten Seite ist proportional zur Beschleunigung der Ladung. Ziehen wir ihn auf die Seite des zweiten Newton'schen Gesetzes hinüber, addiert er sich einfach zur Masse der Hantel hinzu. Letztendlich wird so die gesamte träge Masse der geladenen Hantel zu

$$m = 2m_0 + \frac{1}{4\pi\varepsilon_0}\frac{q^2}{4dc^2}\,, \tag{11.97}$$

wobei m_0 die Masse einer einzelnen Seite der Hantel ist. Im Kontext der speziellen Relativitätstheorie ist es kaum überraschend, dass die elektrische Abstoßung der Ladungen die Masse der Hantel erhöhen sollte. Die potentielle Energie dieser Konfiguration beträgt (im statischen Fall)

$$\frac{1}{4\pi\varepsilon_0}\frac{(q/2)^2}{d}\,. \tag{11.98}$$

16 Siehe beispielsweise *CRC Standard Mathematical Tables* (Cleveland: CRC Press)

Gemäß der Einstein'schen Formel ist $E = mc^2$, und diese Energie trägt zur Trägheit des Objekts bei.[17]

Der zweite Term in Gleichung 11.96 ist die Strahlungsreaktion:

$$F_{\text{rad}}^{\text{int}} = \frac{\mu_0 q^2 \dot{a}}{12\pi c} . \tag{11.99}$$

Sie allein (abgesehen von der Massenkorrektur[18]) überlebt den Grenzübergang zur „punktförmigen Hantel" $d \to 0$. Unglücklicherweise unterscheidet sie sich durch einen Faktor 2 von der Abraham-Lorentz-Formel. Allerdings handelt es sich dabei nur um die Selbstkraft, die mit der *Wechselwirkung* zwischen 1 und 2 verknüpft ist – daher auch das Superskript „int" für „Interaktion". Wir haben noch die Kraft *jedes Endes auf sich selbst*. Wird letztere mit berücksichtigt (siehe Aufgabe 11.20) dann beträgt das Ergebnis

$$F_{\text{rad}} = \frac{\mu_0 q^2 \dot{a}}{6\pi c} . \tag{11.100}$$

Damit haben wir wieder exakt die Abraham-Lorentz-Formel. *Schlussfolgerung*: *Die Strahlungsreaktion beruht auf der Kraft der Ladung auf sich selbst* – geschwollener ausgedrückt: auf der Nettokraft, die von den Feldern unterschiedlicher Teile der Ladung aufeinander ausgeübt wird.

Aufgabe 11.20

Leiten Sie Gleichung 11.100 folgendermaßen aus Gleichung 11.99 ab:

a. Bestimmen sie anhand der Abraham-Lorentz-Formel die Strahlungsreaktion an jedem Ende der Hantel. Addieren Sie dies zum Wechselwirkungsterm (Gleichung 11.99).

b. Die Methode in (a) hat den Nachteil, dass sie die Abraham-Lorentz-Formel *verwendet*, die wir ja eigentlich erst *ableiten* wollen. Um dies zu umgehen, sei $F(q)$ der gesamte Anteil der Selbstkraft auf eine Ladung q, der von d unabhängig ist. Dann gilt

$$F(q) = F^{\text{int}}(q) + 2F(q/2) .$$

Hierbei ist F^{int} der Wechselwirkungsanteil (Gleichung 11.99) und $F(q/2)$ ist die Selbstkraft auf jedes Ende. $F(q)$ muss nun proportional zu q^2 sein, da

17 Die Tatsache, dass die *Zahlen* so perfekt stimmen, ist eine zufällige Eigenschaft dieser Konfiguration. Führen Sie dieselbe Rechnung für eine *longitudinal* bewegte Hantel aus, beträgt die Massenkorrektur nur die *Hälfte* des zu „erwartenden" Werts (in Gleichung 11.97 taucht dann eine 2 anstelle einer 4 auf), und für eine Kugel beträgt der Faktor 3/4. Dieses berüchtigte Paradoxon war im Lauf der Zeit Thema vieler Diskussionen. Siehe D. J. Griffiths und R. E. Owen, *Am. J. Phys.* **51**, 1120 (1983).

18 Natürlich hat der Grenzübergang $d \to 0$ einen unangenehmen Effekt auf den Massenterm. In einem gewissen Sinn ist das unerheblich, weil nur die *Gesamt*masse m eine Observable darstellt. Vielleicht weist m_0 irgendwie eine kompensierende (negative!) Grenzenlosigkeit auf, sodass m endlich wird. Dieses unangenehme Problem tritt auch in der *Quanten*elektrodynamik noch auf, wird dort aber durch einen als **Massen-Renormierung** bezeichneten Prozess „unter den Teppich" gekehrt.

das Feld proportional zu q ist und die Kraft $q\mathbf{E}$ beträgt. Somit ist $F(q/2) = (1/4)F(q)$. Machen Sie an dieser Stelle weiter.

c. Schmieren Sie die Ladung auf einem Streifen der Länge L aus, der senkrecht zur Bewegung ausgerichtet ist (die Ladungsdichte ist dann $\lambda = q/L$). Berechnen Sie die akkumulierte Wechselwirkungskraft für alle Paare von Segmenten mittels Gleichung 11.99 (mit der Ersetzung $q/2 \to \lambda dy_1$ am einen Ende und $q/2 \to \lambda dy_2$ am anderen). Achten Sie darauf, keinen Beitrag zweimal zu zählen.

Aufgabe 11.21[19]

Ein elektrischer Dipol rotiert mit konstanter Winkelgeschwindigkeit ω in der x-y-Ebene (die Ladungen $\pm q$ befinden sich bei $\mathbf{r}_\pm = \pm R(\cos\omega t\hat{\mathbf{x}} + \sin\omega t\hat{\mathbf{y}})$; das Dipolmoment hat den Betrag $2qR$).

a. Bestimmen Sie den Wechselwirkungsterm im Selbstdrehmoment (analog zu Gleichung 11.99). Nehmen Sie dabei an, dass die Bewegung nichtrelativistisch ist ($\omega R \ll c$).

b. Benutzen Sie die Methode aus Aufgabe 11.20a, um das Gesamtdrehmoment auf das System aufgrund der Strahlungsreaktion zu bestimmen.

[*Antwort:* $-\dfrac{\mu_0 p^2 \omega^3}{6\pi c}\hat{\mathbf{z}}$.]

c. Überprüfen Sie, dass dieses Resultat mit der abgestrahlten Leistung (Gleichung 11.60) konsistent ist.

Weitere Aufgaben für Kapitel 11

EXTRAS ONLINE Lösungshinweise

Aufgabe 11.22

Ein Teilchen mit Masse m und Ladung q ist an einer Feder befestigt, deren Kraftkonstante k beträgt und die von der Decke herunterhängt (Abbildung 11.18). Ihre Gleichgewichtsposition befindet sich in der Höhe h über dem Fußboden. Die Feder wird eine Strecke d unter die Gleichgewichtsposition gezogen und dann zur Zeit $t = 0$ losgelassen.

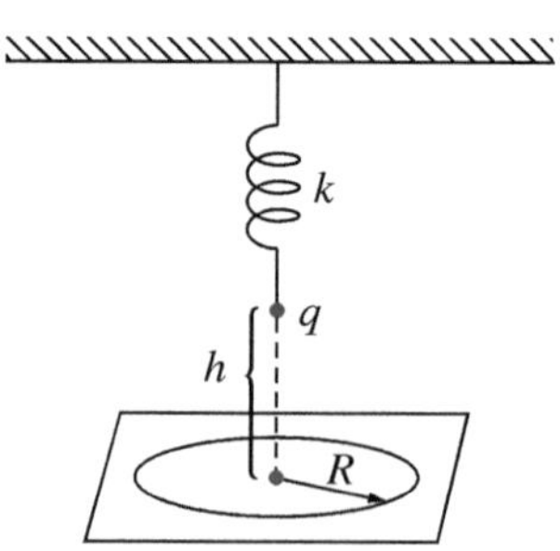

Abbildung 11.18

19 Verwandte Probleme finden Sie in D. R. Stump und G. L. Pollack, *Am. J. Phys.* **65**, 81 (1997); D. Griffiths und E. Szeto, *Am. J. Phys.* **46**, 244 (1978).

a. Berechnen Sie unter der üblichen Annahme ($d \ll \lambda \ll h$) die Intensität der auf den Boden auftreffenden Strahlung als Funktion der Entfernung R vom Punkt direkt unterhalb von q.

[*Hinweis*: Die Intensität ist hier die mittlere Leistung pro Flächeneinheit auf dem *Boden*.]

Bei welchem R ist die Strahlung am intensivsten? Vernachlässigen Sie die Strahlungsdämpfung des Oszillators.

[Ergebnis: $\mu_0 q^2 d^2 \omega^4 R^2 h / 32\pi^2 c(R^2 + h^2)^{5/2}$.]

b. Nehmen Sie zur Überprüfung Ihrer Formel an, dass der Boden unendlich weit ausgedehnt ist, und berechnen Sie die mittlere Energie pro Zeiteinheit, die den gesamten Boden trifft. Haben Sie dieses Ergebnis erwartet?

c. Weil sie Energie in Form von Strahlung verliert, nimmt die Amplitude der Schwingung allmählich ab. Nach welcher Zeit τ ist die Amplitude auf d/e abgeklungen? (Nehmen Sie an, dass der Anteil der Gesamtenergie, der während einer Periode verloren geht, sehr gering ist.)

Aufgabe 11.23

Ein Sendemast erhebt sich bis zur Höhe h über einen ebenen Untergrund. An der Spitze befindet sich eine magnetische Dipolantenne mit Radius b, deren Achse vertikal steht. Ein UKW-Sender sendet über diese Antenne mit der Leistung P (die natürlich über eine volle Periode gemittelt ist) bei der Kreiswinkelfrequenz ω. Nachbarn beschweren sich über Probleme, die sie auf zu hohe Strahlungsleistung des Turms zurückführen – Interferenzen mit ihren Stereogeräten, das mysteriöse Öffnen und Schließen von automatischen Garagentoren und eine Vielzahl seltsamer medizinischer Probleme. Der von der Stadt bestellte Ingenieur, der die Strahlungsintensität am Boden des Turms bestimmen soll, misst einen Wert, der weit unter den vorgeschriebenen Grenzwerten liegt. Sie werden von der Nachbarschaftsvereinigung angeheuert, um den Bericht des Ingenieurs zu bewerten.

a. Bestimmen Sie die Formel für die Intensität der Strahlung auf Bodenniveau in der Entfernung R vom Fußpunkt des Turms. Drücken Sie Ihr Ergebnis durch die gegebenen Variablen aus (von denen natürlich nicht alle von Bedeutung sind). Sie dürfen annehmen, dass $b \ll c/\omega \ll h$.

[*Anmerkung*: Wir interessieren uns nur für die *Stärke* der Strahlung, nicht ihre *Richtung* – werden Messungen durchgeführt, wird der Detektor direkt auf die Antenne gerichtet.]

b. In welcher Entfernung vom Fußpunkt der Antenne *sollte* der Ingenieur die Messungen durchgeführt haben? Wie lautet an dieser Stelle die Formel für die Intensität?

c. Die tatsächliche abgegebene Leistung des Senders beträgt 35 Kilowatt, die Frequenz liegt bei 90 MHz. Der Antennenradius ist 6 cm und die Höhe des Turms beträgt 200 m. Der städtische Grenzwert der Radiostrahlung liegt bei 200 Mikrowatt/cm^2. Liegt der Sender innerhalb der Grenzwerte?

! Aufgabe 11.24

Betrachten Sie zwei entgegengesetzt orientierte schwingende elektrische Dipole im Abstand d, wie in Abbildung 11.19 dargestellt, als Modell der elektrischen Quadrupolstrahlung. Verwenden Sie die Ergebnisse aus Abschnitt 11.1.2 für das Potential

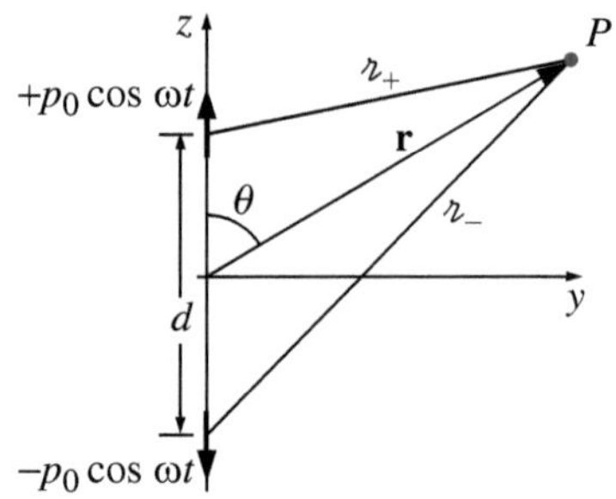

Abbildung 11.19

jedes Dipols, beachten Sie aber, dass sie sich *nicht* im Ursprung befinden. Behalten wir nur die Terme erster Ordnung in d:

a. Bestimmen Sie das skalare und das Vektorpotential.

b. Bestimmen Sie die elektrischen und magnetischen Felder.

c. Bestimmen Sie den Poynting-Vektor sowie die abgestrahlte Leistung. Skizzieren Sie das Intensitätsprofil als Funktion von θ.

Aufgabe 11.25

Wie Sie wissen, stimmt der sogenannte magnetische Nordpol der Erde (der ja eigentlich der Südpol ist) nicht mit dem geografischen Nordpol überein – tatsächlich sind beide etwa $11°$ voneinander entfernt. Relativ zur feststehenden Rotationsachse der Erde ändert sich also der Vektor ihres magnetischen Dipolmoments im Laufe der Zeit, weshalb die Erde magnetische Dipolstrahlung abgeben muss.

a. Bestimmen Sie die Formel für die abgestrahlte Gesamtenergie in Abhängigkeit von den folgenden Parametern: ψ (der Winkel zwischen dem geografischen und dem magnetischen Pol), M (die Stärke des magnetischen Dipolmoments der Erde) und ω (die Winkelgeschwindigkeit der Erddrehung).

[*Hinweis*: Betrachten Sie Aufgabe 11.4 oder Aufgabe 11.2.]

b. Nutzen Sie die Tatsache aus, dass das irdische Magnetfeld am Äquator etwa ein halbes Gauß beträgt, und bestimmen Sie daraus das magnetische Dipolmoment M der Erde.

c. Bestimmen Sie die abgestrahlte Leistung

[*Ergebnis*: $4 \cdot 10^{-5}$ W.]

d. Pulsare sind rotierende Neutronensterne mit einem typischen Radius von 10 km, einer Rotationsperiode von 10^{-3} s und einem Magnetfeld an der Oberfläche von 10^8 T. Welche Strahlungsleistung würden Sie von einem solchen Stern erwarten? [Siehe J. P. Ostriker und J. E. Gunn, *Astrophys. J.* **157**, 1395 (1969).]

[*Ergebnis*: $2 \cdot 10^{36}$ W.]

Aufgabe 11.26
Ein idealer elektrischer Dipol befindet sich am Ursprung. Sein Dipolmoment weist in die $\hat{\mathbf{z}}$-Richtung und ist quadratisch in der Zeit,

$$\mathbf{p}(t) = \frac{1}{2}\ddot{p}_0 t^2 \hat{\mathbf{z}} \quad (-\infty < t < \infty)\,,$$

wobei p_0 eine Konstante ist.

a. Benutzen Sie die Methode aus Abschnitt 11.1.2, um die (exakten) elektrischen und magnetischen Felder für beliebiges $r > 0$ zu bestimmen (es gibt einen Deltafunktionsbeitrag am Ursprung, aber der interessiert uns nicht).

[*Teilweise Antwort:* $V = \frac{\mu_0 \ddot{p}_0}{8\pi}\cos\theta[(ct/r)^2 - 1]$; $\mathbf{A} = \frac{\mu_0 \ddot{p}_0}{4\pi c}[(ct/r) - 1]\hat{\mathbf{z}}$]

b. Berechnen Sie die Leistung $P(r, t)$, die durch eine Kugel mit Radius r passiert.

[*Antwort:* $\frac{\ddot{p}_0^2}{12\pi\epsilon_0 r^3} t[t^2 + (r/c)^2]$.]

c. Berechnen Sie die gesamte abgestrahlte Leistung (Gleichung 11.2) und überprüfen Sie, dass Ihre Antwort mit Gleichung 11.60 konsistent ist.[20]

! **Aufgabe 11.27**
In Abschnitt 11.2.1 haben wir die *Energie* berechnet, die pro Zeiteinheit von einer (nichtrelativistischen) Punktladung abgestrahlt wird; das gab die Larmor-Formel. In diesem Sinne:

a. Berechnen Sie den *Impuls*, der pro Zeiteinheit abgestrahlt wird.

[*Antwort:* $\frac{\mu_0 q^2}{6\pi c^3} a^2 \mathbf{v}$.]

b. Berechnen Sie den *Drehimpuls*, der pro Zeiteinheit abgestrahlt wird.

[*Antwort:* $\frac{\mu_0 q^2}{6\pi c}(\mathbf{v} \times \mathbf{a})$.]

Aufgabe 11.28
Nehmen Sie an, die (elektrisch neutrale) y-z-Ebene trägt einen zeitabhängigen, aber gleichförmigen Flächenstrom $K(t)\hat{\mathbf{z}}$.

a. Bestimmen Sie die elektrischen und magnetischen Felder in der Höhe x oberhalb der Ebene, sobald

(i) ein konstanter Strom bei $t = 0$ eingeschaltet wird:

$$K(t) = \begin{cases} 0 & t \le 0\,, \\ K_0 & t > 0\,. \end{cases}$$

20 Beachten Sie, dass $\mathbf{B}(r, t)$ wie $1/r^2$ geht. Sie könnten daher annehmen, dass diese Anordnung nicht strahlt. Wir brauchen für Gleichung 11.2 allerdings nicht $\mathbf{B}(r, t)$, sondern vielmehr $\mathbf{B}(r, t_0 + r/c)$ (wir verfolgen die Felder, während sie sich ins Unendliche ausbreiten) und $\mathbf{B}(r, t_0 + r/c)$ hat einen Beitrag, der wie $1/r$ abfällt.

(ii) ein linear ansteigender Strom zur Zeit $t = 0$ eingeschaltet wird:

$$K(t) = \begin{cases} 0 & t \leq 0\,, \\ \alpha t & t > 0\,. \end{cases}$$

b. Zeigen Sie, dass das retardierte Potential in der Form

$$\mathbf{A}(x,t) = \frac{\mu_0 c}{2}\hat{\mathbf{z}} \int_0^\infty K\left(t - \frac{x}{c} - u\right) du$$

geschrieben werden kann, und bestimmen Sie daraus **E** und **B**.

c. Zeigen Sie, dass die gesamte abgestrahlte Leistung pro Flächeneinheit

$$\frac{\mu_0 c}{2}\,[K(t)]^2$$

beträgt. Erläutern Sie, was Sie in diesem Fall einer nicht ortsfesten Ladung unter „Strahlung" verstehen.

[Eine Diskussion sowie verwandte Aufgaben finden Sie in B. R. Holstein, *Am. J. Phys.* **63**, 217 (1995), T. A. Abbott und D. J. Griffiths, *Am. J. Phys.* **53**, 1023 (1985).]

Aufgabe 11.29

Benutzen Sie die Dualitätstransformation (Aufgabe 7.64) zur Konstruktion der elektrischen und magnetischen Felder eines magnetischen Monopols q_m, der sich beliebig bewegt, und bestimmen Sie die „Larmor-Gleichung" der abgestrahlten Leistung.

[Ähnliche Anwendungen finden Sie in J. A. Heras, *Am. J. Phys.* **63**, 242 (1995).]

Aufgabe 11.30

Angenommen, Sie schließen die exponentiell divergierende Lösung aus Aufgabe 11.19 aus. Berechnen Sie dann

a. die von den äußeren Kräften ausgeübte Arbeit,

b. die kinetische Energie am Ende (unter der Annahme, dass die ursprüngliche kinetische Energie null war),

c. die gesamte abgestrahlte Energie.

Bestätigen Sie, dass die Energie bei diesem Prozess erhalten bleibt.[21]

Aufgabe 11.31

a. Wiederholen Sie Aufgabe 11.19, verwenden Sie aber dieses Mal die Dirac'sche Deltafunktion als äußere Kraft: $F(t) = k\delta(t)$ (für ein beliebiges konstantes k).[22]

[Beachten Sie, dass die Beschleunigung nun bei $t = 0$ *unstetig* ist (obwohl die *Geschwindigkeit* immer noch stetig sein muss). Benutzen Sie die Methode aus

21 Die Aufgaben 11.30 und 11.31 wurden von G. L. Pollack vorgeschlagen.

22 Dieses Beispiel wurde erstmals von P. A. M. Dirac analysiert: *Proc. Roy. Soc.* **A167**, 148 (1938).

Aufgabe 11.19a und zeigen Sie, dass $\Delta a = -k/m\tau$. In dieser Aufgabe müssen Sie lediglich *zwei* Intervalle beachten: (i) $t < 0$ und (ii) $t > 0$.]

b. Überprüfen Sie wie in Aufgabe 11.30, dass die Energie in diesem Prozess erhalten bleibt.

! Aufgabe 11.32

Ein geladenes Teilchen, das von $-\infty$ entlang der x-Achse herankommt, trifft auf die rechteckige Potentialbarriere

$$U(x) = \begin{cases} U_0 & \text{für} \quad 0 < x < L\,, \\ 0 & \text{sonst}\,. \end{cases}$$

Zeigen Sie, dass es wegen der Strahlungsreaktion einem Teilchen möglich ist, durch die Barriere zu **tunneln** – das bedeutet: Selbst wenn die kinetische Energie des einfallenden Teilchens geringer als U_0 ist, kann das Teilchen die Barriere passieren. (Siehe F. Denef *et. al*, *Phys. Rev. E* **56**, 3624 (1997).)

[*Hinweis*: Ihre Aufgabe besteht darin, die Gleichung

$$a = \tau\dot{a} + \frac{F}{m}\,,$$

zu lösen, in der die Kraft

$$F(x) = U_0\,[-\delta(x) + \delta(x - L)]$$

wirkt. Beachten Sie die Aufgaben 11.19 und 11.31, aber berücksichtigen Sie, dass die Kraft dieses Mal eine spezifische Funktion von x und nicht von t ist. Sie müssen drei Gebiete untersuchen: (i) $x < 0$, (ii) $0 < x < L$ und (iii) $x > L$. Bestimmen Sie in jedem dieser Gebiete die allgemeine Lösung (für $a(t)$, $v(t)$ und $x(t)$), schließen Sie die exponentiell divergierende Lösung in Gebiet (iii) aus und wenden Sie die geeigneten Randbedingungen bei $x = 0$ und $x = L$ an. Zeigen Sie, dass die Endgeschwindigkeit (v_f) mit der Zeit T zum Durchqueren der Barriere durch die Gleichung

$$L = v_f T - \frac{U_0}{m v_f}\left(\tau\,e^{-T/\tau} + T - \tau\right)\,,$$

verknüpft ist und dass die anfängliche Geschwindigkeit (bei $x = -\infty$)

$$v_i = v_f - \frac{U_0}{m v_f}\left[1 - \frac{1}{1 + \frac{U_0}{m v_f^2}\left(e^{-T/\tau} - 1\right)}\right]$$

lautet. Um dieses Ergebnis zu vereinfachen (denn wir suchen ja nur die Lösung zu einem speziellen Beispiel), nehmen wir an, dass die kinetische Energie am Ende die Hälfte der Barrierenhöhe beträgt. Zeigen Sie, dass in diesem Fall gilt:

$$v_i = \frac{v_f}{1 - (L/v_f\tau)}\,.$$

Wenn Sie insbesondere $L = v_f\tau/4$ wählen, dann beträgt $v_f = (4/3)v_f$, die anfängliche kinetische Energie beträgt $(8/9)U_0$, und das Teilchen kann sie durchqueren, sogar wenn es nicht genügend Energie besitzt, um über die Barriere zu gelangen!]

! **Aufgabe 11.33**

a. Bestimmen Sie die Strahlungsreaktionskraft auf ein Teilchen, das sich mit beliebiger Geschwindigkeit in gerader Richtung bewegt, indem Sie den Gedankengang aus Abschnitt 11.2.3 *ohne* die Annahme $v(t_r) = 0$ nachvollziehen.

[*Ergebnis*: $(\mu_0 q^2 \gamma^4 / 6\pi c)(\dot{a} + 3\gamma^2 a^2 v/c^2)$.]

b. Zeigen Sie, dass dieses Ergebnis (im Sinne von Gleichung 11.78) mit der Leistung übereinstimmt, die ein derartiges Teilchen abstrahlt (Gleichung 11.75).

Aufgabe 11.34

a. Strahlt ein Teilchen in hyperbolischer Bewegung (Gleichung 10.52)? (Wenden Sie die genaue Formel (Gleichung 11.75) an, um die abgestrahlte Leistung zu berechnen.)

b. Unterliegt ein Teilchen in hyperbolischer Bewegung einer Strahlungsreaktion? (Benutzen Sie die genaue Formel (Aufgabe 11.33) zur Bestimmung der Reaktionskraft.)

[*Anmerkung*: Diese berühmten Fragen enthalten wichtige Implikationen für das **Äquivalenzprinzip**. Siehe T. Fulton und F. Rohrlich, *Annals of Physics* **9**, 499 (1960); J. Cohn, *Am. J. Phys.* **46**, 225 (1978); Kapitel 8 von R. Peierls, *Surprises in Theoretical Physics* (Princeton: Princeton University Press, 1979) sowie die Artikel von P. Pearle in *Electromagnetism: Paths to Research*, hrsg. von D. Teplitz (New York: Plenum Press, 1982).]

Aufgabe 11.35

Benutzen Sie das Ergebnis von Aufgabe 11.34, um die Strahlung zu bestimmen, die ein idealer Dipol $\mathbf{p})(t)$ am Ursprung ausstrahlt. Überprüfen Sie, dass Ihre Antwort mit Gleichung 11.22 im Falle einer sinusartigen Abhängigkeit und mit Aufgabe 11.26 im Fall einer quadratischen Zeitabhängigkeit konsistent ist.

Elektrodynamik und Relativität

12

ÜBERBLICK

12.1 Die spezielle Relativitätstheorie

12.1.1 Die Einstein'schen Postulate

Die klassische Mechanik unterliegt dem **Relativitätsprinzip**: Demzufolge gelten in allen **Inertialsystemen** dieselben Gesetze. Unter „inertial" verstehe ich, dass sich das System in Ruhe befindet oder sich mit konstanter Geschwindigkeit bewegt.[1] Stellen Sie sich beispielsweise vor, ein Billardtisch befinde sich in einem Eisenbahnwagen, der sich auf gerader Strecke mit konstanter Geschwindigkeit bewegt. Das Spiel würde genauso ablaufen, als ob der Zug in einem Bahnhof halten würde. Sie müssen ihre Stöße wegen der Bewegung des Zugs nicht korrigieren – wären die Vorhänge des Abteils zugezogen, hätten Sie nicht einmal die Möglichkeit zu erkennen, ob sich der Zug bewegt oder nicht. Im Gegensatz dazu würden Sie *sofort* merken, wenn der Zug beschleunigt, abbremst, eine Kurve fährt oder über eine Bodenwelle fährt – dann würden sich die Billardkugeln auf seltsam gekrümmten Bahnen bewegen, und Sie kämen ins Taumeln. Die Gesetze der Mechanik sind also in *beschleunigten* Bezugssystemen definitiv *nicht* dieselben.

In seinen Anwendungen in der klassischen Mechanik ist das Relativitätsprinzip nichts Neues. Es wurde erstmals von Galilei formuliert. *Frage*: Gilt es auch für die Gesetze der Elektrodynamik? Auf den ersten Blick scheint die Antwort *nein* zu lauten. Denn schließlich erzeugt eine bewegte Ladung ein magnetisches Feld, eine ruhende Ladung jedoch nicht. Eine Ladung, die vom Zug transportiert wird, würde ein magnetisches Feld erzeugen, doch ein Beobachter, der im Zug die Gesetze der Elektrodynamik untersucht, würde kein Magnetfeld erwarten. Tatsächlich enthalten viele elektrodynamische Gleichungen, unter anderem die Lorentz-Kraft, ausdrücklich „die" Geschwindigkeit der Ladung. Es scheint also, als würde die Theorie des Elektromagnetismus die Existenz eines einzigartigen stationären Bezugssystems voraussetzen, auf das sich alle Geschwindigkeitsmessungen beziehen.

Und dennoch gibt es einen außergewöhnlichen Zusammenhang, der uns nachdenklich stimmt. Nehmen Sie an, wir würden eine Drahtschleife an einen Güterwagen befestigen und würden den Zug zwischen den Polen eines riesigen Magneten hindurchfahren lassen (Abbildung 12.1). Während sich die Schleife durch das Magnetfeld bewegt, wird gemäß der Flussregel (Gleichung 7.13) eine dynamische elektromotorische Kraft (EMK) hervorgerufen:

$$\mathcal{E} = -\frac{\mathrm{d}\Phi}{\mathrm{d}t}\,.$$

Wie bereits erwähnt, beruht diese EMK auf der magnetischen Kraft auf die Ladungen

1 Dies wirft ein heikles Problem auf: Wenn die Gesetze der Physik in einem gleichförmig bewegten Bezugssystem ebenso gelten, dann haben wir keine Möglichkeit, überhaupt ein „Ruhe"system festzulegen, und können so gar nicht erkennen, ob irgendein anderes System sich mit konstanter Geschwindigkeit bewegt. Um aus dieser Falle herauszukommen, definieren wir ein Inertialsystem formal als eines, *in dem das erste Newton'sche Gesetz gilt*. Wenn Sie prüfen wollen, ob Sie sich in einem Inertialsystem befinden, werfen Sie mit Steinen um sich – wenn diese sich mit konstanter Geschwindigkeit auf geraden Bahnen bewegen, dann befinden Sie sich in einem Inertialsystem; jedes Bezugssystem, das sich relativ zu Ihnen mit konstanter Geschwindigkeit bewegt, ist ein weiteres Inertialsystem (siehe Aufgabe 12.1).

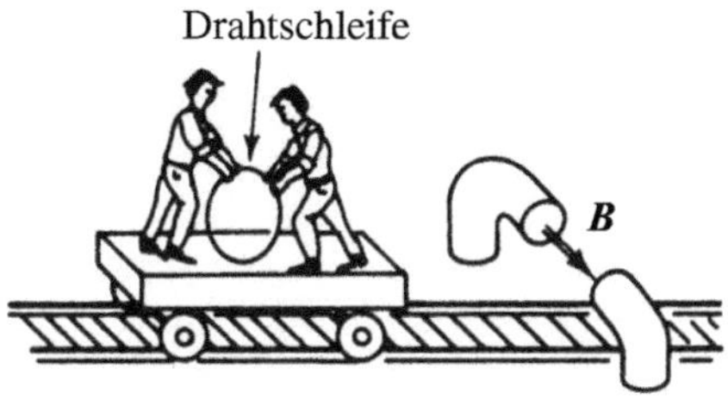

Abbildung 12.1

in der Drahtschleife, die sich mit dem Zug bewegt. Wenn andrerseits jemand im Zug naiverweise die elektrodynamischen Gesetze auf *dieses* System anwendet, was würde er dann erwarten? Keine magnetische Kraft, denn die Schleife befindet sich in Ruhe. Während jedoch der Magnet vorbeizieht, ändert sich das magnetische Feld im Güterwagen, und dieses veränderliche Feld induziert gemäß dem Faraday'schen Gesetz ein elektrisches Feld. Die resultierende elektrische Kraft würde in der Schleife eine EMK hervorrufen, die durch Gleichung 7.14 gegeben ist:

$$\mathcal{E} = -\frac{\mathrm{d}\Phi}{\mathrm{d}t}\,.$$

Weil das Faraday'sche Gesetz und die Flussregel genau dieselbe EMK hervorrufen, leiten die Physiker im Zug die richtige Antwort ab, *obwohl ihre physikalische Interpretation des Prozesses völlig falsch ist.*

Ist das wirklich so? Einstein konnte sich nicht vorstellen, dass es sich um eine rein zufällige Übereinstimmung handeln sollte. Er ging vielmehr davon aus, dass elektromagnetische Phänomene – genau wie diejenigen der Mechanik – dem Relativitätsprinzip unterliegen. Seiner Ansicht nach ist die Analyse des Beobachters im Zug genauso richtig wie diejenige eines Beobachters auf dem Boden. Unterscheiden sich ihre *Interpretationen* (die eine geht von einem elektrischen, die andere von einem magnetischen Prozess aus), dann ist das nun mal so. Ihre *Folgerungen* stimmen jedoch überein. Den folgenden Text schrieb er auf der ersten Seite seiner 1905 erschienenen Arbeit über die **spezielle Relativitätstheorie**:

> *Daß die Elektrodynamik Maxwells – wie dieselbe gegenwärtig aufgefaßt zu werden pflegt – in ihrer Anwendung auf bewegte Körper zu Asymmetrien führt, welche den Phänomenen nicht anzuhaften scheinen, ist bekannt. Man denke z. B. an die elektrodynamische Wechselwirkung zwischen einem Magneten und einem Leiter. Das beobachtbare Phänomen hängt hier nur ab von der Relativbewegung von Leiter und Magnet, während nach der üblichen Auffassung die beiden Fälle, daß der eine oder der andere dieser Körper der bewegte sei, streng voneinander zu trennen sind. Bewegt sich nämlich der Magnet und ruht der Leiter, so entsteht in der Umgebung des Magneten ein elektrisches Feld von gewissem Energiewerte, welches an den Orten, wo sich Teile des Leiters befinden, einen Strom erzeugt. Ruht aber der Magnet und bewegt sich der Leiter, so entsteht in der Umgebung des Magneten kein elektrisches Feld, dagegen im Leiter eine elektromotorische Kraft, welcher an sich keine Energie*

> *entspricht, die aber – Gleichheit der Relativbewegung bei den beiden ins Auge gefaßten Fällen vorausgesetzt – zu elektrischen Strömen von derselben Größe und demselben Verlaufe Veranlassung gibt, wie im ersten Falle die elektrischen Kräfte.*
>
> *Beispiele ähnlicher Art, sowie die mißlungenen Versuche, eine Bewegung der Erde relativ zum „Lichtmedium" zu konstatieren, führen zu der Vermutung, daß dem Begriffe der absoluten Ruhe nicht nur in der Mechanik, sondern auch in der Elektrodynamik keine Eigenschaften der Erscheinungen entsprechen, ...*[2]

Aber ich greife voraus. Einsteins Vorläufern erschien die Gleichheit der beiden elektromotorischen Kräfte einfach als glücklicher Zufall. Sie zweifelten nicht daran, dass der eine Beobachter recht hatte und der andere unrecht. Sie stellten sich elektrische und magnetische Felder als Deformationen eines unsichtbaren geleeartigen Mediums, des sogenannten **Äthers**, vor, das den gesamten Raum durchzieht. Die Geschwindigkeit der Ladungen sollte *relativ zum Äther* gemessen werden – nur dann wären die elektrodynamischen Gesetze gültig. Dann muss sich der Beobachter im Zug irren, weil sich sein Bezugssystem relativ zum Äther *bewegt.*

Moment mal! Woher wissen wir, dass sich der Beobachter am *Boden* nicht ebenfalls relativ zum Äther bewegt? Schließlich rotiert die Erde einmal am Tag um ihre Achse und bewegt sich innerhalb eines Jahres um die Sonne, das Sonnensystem kreist um das galaktische Zentrum, und soweit ich weiß, bewegt sich die Milchstraße selbst mit hoher Geschwindigkeit durch den Kosmos. Alles zusammengenommen, sollten wir uns mit weit über 50 km/s relativ zum Äther bewegen. Wie einem Motorradfahrer auf der Autobahn weht uns ein „Ätherwind" mit hoher Geschwindigkeit entgegen – es sei denn, uns würde durch einen seltsamen Zufall gerade ein Rückenwind mit genau der richtigen Stärke anschieben, oder die Erde befände sich in einer Art von „Windschatten" und zöge ihren eigenen Äthervorrat mit sich. Plötzlich wird die experimentelle *Bestimmung* des Ätherbezugssystems von entscheidender Bedeutung, ansonsten wären *alle* unsere Berechnungen falsch.

Das Problem dabei besteht darin, unsere Bewegung durch den Äther festzustellen – also Geschwindigkeit und Richtung des „Ätherwinds" zu messen. Wie soll das gehen? Auf den ersten Blick sind Sie vielleicht der Meinung, dass dies mit praktisch *jedem* elektromagnetischen Experiment möglich wäre: Wenn die Maxwell'schen Gleichungen nur relativ zum Äther gültig sind, dann wäre jede Diskrepanz zwischen den experimentellen Ergebnissen und den theoretischen Voraussagen allein auf den Ätherwind zurückzuführen. Wie die Physiker des 19. Jahrhunderts jedoch schnell merkten, ist der zu erwartende Fehler in einem typischen Experiment üblicherweise sehr klein. Wie im Beispiel des Motorradfahrers schienen die „Zufälle" immer so zusammenzufallen, dass sie die Tatsache, dass wir das „falsche" Bezugssystem ver-

2 Albert Einstein: *Zur Elektrodynamik bewegter Körper,* in: *Annalen der Physik und Chemie.* **17**, S. 891 (1905), nachgedruckt in J. Stachel, *Einsteins Annus mirabilis*, S. 141, Reinbek (2001).
[Da die Annalen in vielen Bibliotheken verschwunden sein sollen bzw. nicht ausgeliehen werden, hier auch der Link auf den Einstein'schen Text im Physikportal der Deutschen Physikalischen Gesellschaft: http://www.pro-physik.de/Phy/pdfs/NEWS_PDF_GER_5275.pdf A. d. Ü.]

wenden, verschleiern. Daher kann die Messung nur mit einem ungewöhnlich einfallsreichen Experiment erfolgen.

Zu den Ergebnissen der klassischen Elektrodynamik gehört auch die Vorhersage, dass sich elektromagnetische Wellen mit der Geschwindigkeit

$$\frac{1}{\sqrt{\varepsilon_0 \mu_0}} = 3{,}00 \cdot 10^8 \text{ ms}^{-1}$$

relativ zum (vermuteten) *Äther* durch das Vakuum bewegen. Im Prinzip sollte es daher möglich sein, den Ätherwind zu bestimmen, indem die Lichtgeschwindigkeit in verschiedenen Richtungen gemessen wird. Wie bei einem Motorboot auf einem Fluss sollte die Nettogeschwindigkeit „stromabwärts" am größten sein, denn in diese Richtung wird das Licht vom Äther mitgerissen. In entgegengesetzter Richtung, in der sich der Äther dem Licht entgegenbewegt, muss die Geschwindigkeit minimal sein (Abbildung 12.2). Obwohl dieses Experiment seiner *Idee* nach kaum einfacher sein kann, ist das bei der *Ausführung* nicht mehr der Fall, weil sich das Licht so unglaublich schnell bewegt. Abgesehen von diesem „technischen Detail" könnten Sie das Experiment mit einer Taschenlampe und einer Stoppuhr durchführen. Schließlich wurde von Michelson und Morley ein ausgeklügeltes und schönes Experiment durchgeführt, das auf einem optischen Interferometer mit ungeheuer großer Genauigkeit beruhte. Ich werde hier keine Details nennen, weil ich Ihre Aufmerksamkeit nicht von zwei wesentlichen Punkten ablenken möchte: (1) Michelson und Morley wollten lediglich die Lichtgeschwindigkeit in unterschiedlichen Richtungen messen und (2) sie *entdeckten* schließlich, dass die Lichtgeschwindigkeit *in allen Richtungen exakt dieselbe ist.*

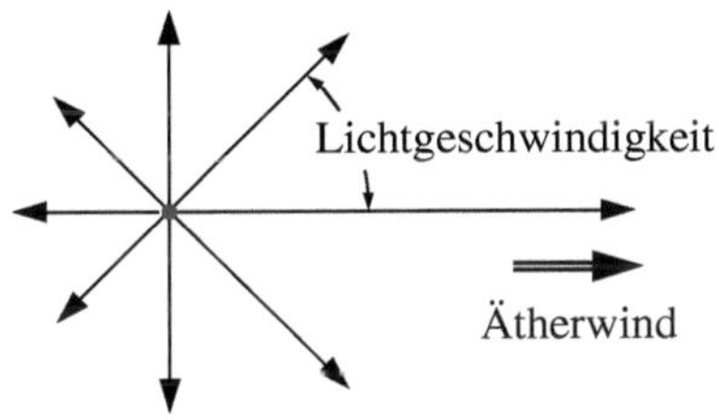

Abbildung 12.2

Heutzutage, wenn den Schülern schon in der Schule beigebracht wird, die Naivität des Äthermodells zu belächeln, braucht man schon Fantasie, um nachvollziehen zu können, wie überraschend dieses Ergebnis zur damaligen Zeit gewesen sein muss. Alle anderen Wellen (Wasserwelle, Schallwellen oder Wellen auf einem Seil) bewegen sich mit einer bestimmten Geschwindigkeit *relativ zum Ausbreitungsmedium* (das Medium, in dem sich die Wellen ausbreiten). Bewegt sich dieses Medium relativ zum Beobachter, ist die Nettogeschwindigkeit „stromab" immer größer als „stromauf". Im Verlauf der auf das Michelson-Morley-Experiment folgenden 20 Jahre wurden eine Reihe unwahrscheinlicher Deutungen zusammengeschustert, um zu erklären, warum dies bei Licht *nicht* der Fall ist. Michelson und Morley interpretierten ihre Experimente als Bestätigung der „Äther-Mitführungshypothese", die besagte, dass die Erde irgendwie den Äther mit sich zog. Sie erwies sich jedoch als unvereinbar mit anderen Beobachtungen, insbesondere der Aberration von Sternlicht.[3] Es wurden verschiedene sogenannte „Emissionstheorien" vorgeschlagen, denen zufolge die Geschwindigkeit elektromagnetischer Wellen von der Bewegung der *Quelle* abhängt – was beispielsweise in einer Korpuskulartheorie (in der das Licht als Teilchenstrom aufgefasst wird) der Fall ist. Solchen Theorien erforderten unwahrscheinliche Anpassungen in den Maxwell'schen Gleichungen und wurden zudem in allen Fällen durch Experimente an außerirdischen Lichtquellen ausgeschlossen. In der Zwischenzeit hatten Fitzgerald und Lorentz behauptet, dass der Ätherwind jegliche Materie (einschließlich der Messapparatur von Michelson und Morley selbst) physikalisch gerade so sehr komprimieren sollte, dass die richtungsabhängigen Geschwindigkeitsänderungen ausgeglichen und damit verschleiert würden. Wie sich zeigt, liegt darin ein Körnchen Wahrheit, obwohl ihre Vorstellungen über die Ursache der Kontraktion völlig falsch waren.

Auf jeden Fall wertete erst seit Einstein irgendjemand das Ergebnis von Michelson-Morley einfach als das, was es ist, und behauptete, dass die Lichtgeschwindigkeit eine universelle Konstante sei, die in jeder Richtung gleich und unabhängig von der Bewegung des Beobachters oder der Quelle ist. Es *gibt* keinen Ätherwind, weil es keinen Äther gibt. *Jedes* Inertialsystem ist ein geeignetes Bezugssystem, in dem die Maxwell'schen Gleichungen angewendet werden können. Die Bewegung einer Ladung braucht *weder* relativ zu einem (nichtexistenten) absoluten Ruhesystem noch relativ zu einem (nichtexistenten) Äther gemessen werden, sondern es genügt eine einfache Messung relativ zu irgendeinem von Ihnen gewählten Bezugssystem.

Inspiriert sowohl durch die internen theoretischen Hinweise (die Tatsache, dass die elektrodynamischen Gesetze die richtigen Antworten liefern, selbst wenn sie im „falschen" System angewendet werden) und die externen empirischen Belege (wie das Michelson-Morley-Experiment[4]) veröffentlichte Einstein seine beiden berühmten Postulate:

1. Das Relativitätsprinzip

Die physikalischen Gesetze gelten in allen inertialen Bezugssystemen.

2. Die universelle Gültigkeit der Lichtgeschwindigkeit

Die Vakuumlichtgeschwindigkeit ist für alle inertialen Beobachter, unabhängig von der Bewegung der Quelle, gleich groß.

3 Eine Diskussion des Michelson-Morley-Experiments sowie verwandter Themen finden Sie in R. Resnicks *Einführung in die spezielle Relativitätstheorie*, Kap. 1 (Stuttgart: Klett-Cotta 1996).

4 Wie es scheint, war Einstein zu diesem Zeitpunkt das Michelson-Morley-Experiment nur vage bekannt. Für ihn waren allein die theoretischen Argumente entscheidend.

Die spezielle Relativitätstheorie entspringt diesen beiden Postulaten. Das erste verleiht den Beobachtungen Galileis in der klassischen Mechanik den Status eines allgemeinen Gesetzes, das in der *gesamten* Physik gültig ist. Es besagt, dass es kein absolutes Ruhesystem gibt. Das zweite kann als Einsteins Entgegnung auf das Michelson-Morley-Experiment verstanden werden. Es bedeutet, dass es keinen Äther gibt. (Manche Autoren halten das zweite Einstein'sche Postulat für redundant und einen Spezialfall des ersten Postulats. Sie sagen aus, dass bereits die Existenz eines Äthers das Relativitätsprinzip verletzen würde, da es ein einzigartiges stationäres Ruhesystem definieren würde. Ich denke, das ist Unsinn. Durch die Existenz von Luft als Trägermedium des Schalls wird die Relativitätstheorie keineswegs ungültig. Der Äther ist genauso sehr ein absolutes Bezugssystem wie das Wasser in einem Goldfischglas – sind Sie der Goldfisch, dann handelt es sich um ein spezielles System, allerdings kaum um ein „absolutes".)[5]

Anders als das Relativitätsprinzip, das einige Jahrhunderte zurückreicht, war die universelle Lichtgeschwindigkeit eine radikale Neuheit – und auf den ersten Blick ziemlich absurd. Denn wenn ich mit einer Geschwindigkeit von 5 km/h durch den Gang eines Zugs laufe, der sich mit 100 km/h bewegt, beträgt meine Nettogeschwindigkeit relativ zum Erdboden „natürlich" 105 km/h – der Geschwindigkeit A (meine eigene), relativ zu C (Erdboden) ist gleich der Geschwindigkeit von A relativ zu B (dem Zug) plus der Geschwindigkeit von B relativ zu C:

$$v_{AC} = v_{AB} + v_{BC} \, . \tag{12.1}$$

Ist A jedoch ein Lichtsignal (egal ob von einer Taschenlampe im Zug, einer Lampe am Boden oder einem Stern am Himmel) dann will uns Einstein glauben machen, dass dessen Geschwindigkeit relativ zum Zug sowie relativ zum Boden c beträgt:

$$v_{AC} = v_{AB} = c \, . \tag{12.2}$$

Offensichtlich ist Gleichung 12.1, die wir nun als **Galilei'sche Regel der Geschwindigkeitsaddition** bezeichnen (vor Einstein hätte niemand auch nur daran gedacht, ihr einen Namen zu geben), nicht mit dem zweiten Postulat vereinbar. Wie wir noch sehen werden, wird sie in der speziellen Relativität durch die **Einstein'sche Regel der Geschwindigkeitsaddition** ersetzt:

$$v_{AC} = \frac{v_{AB} + v_{BC}}{1 + (v_{AB} v_{BC}/c^2)} \, . \tag{12.3}$$

Bei „normalen" Geschwindigkeiten ($v_{AB} \ll c$, $v_{BC} \ll c$) ist der Nenner so nahe an eins, dass der Unterschied zwischen der Galilei'schen und der Einstein'schen Formel vernachlässigbar ist. Andrerseits hat die Einstein'sche Formel die gewünschte Eigenschaft, dass für $v_{AB} = c$ automatisch auch $v_{AC} = c$ gilt:

$$v_{AC} = \frac{c + v_{BC}}{1 + (c v_{BC}/c^2)} = c \, .$$

5 Ich habe es in dieser Form ausgedrückt, um gewisse Missverständnisse auszuräumen, die über das Aussehen von Bezugssystemen in Umlauf sind. 1977 wurde es möglich, die Geschwindigkeit der Erde relativ zur 3-K-Hintergrundstrahlung zu messen, die ein Relikt des „Urknalls" ist. Haben wir dadurch ein absolutes Bezugssystem gefunden, das die Relativitätstheorie hinfällig macht? Natürlich nicht.

Wie aber kann die Galilei'sche Regel, die allein auf gesundem Menschenverstand zu beruhen scheint, falsch sein? Und wenn sie falsch ist, was bedeutet dies für die gesamte klassische Physik? Die Antwort liegt in der veränderten Wahrnehmung von Raum und Zeit selbst, zu der uns die spezielle Relativitätstheorie zwingt, woraus auch Änderungen bei Geschwindigkeit, Impuls und Energie folgen. Obwohl sie historisch aus Einsteins Hinterfragen der Elektrodynamik erwachsen ist, ist die spezielle Relativitätstheorie keineswegs auf irgendeine bestimmte Klasse von Phänomenen beschränkt. Sie stellt vielmehr eine Beschreibung der Raum-Zeit-„Arena" dar, in der *alle* physikalischen Phänomene stattfinden. Und trotz der Erwähnung der Lichtgeschwindigkeit im zweiten Postulat hat die Relativitätstheorie nichts mit Licht zu tun: Bei c handelt es sich um eine grundlegende Naturkonstante, eben die Geschwindigkeit, mit der sich Licht (im Vakuum) ausbreitet. Es ist jedoch ohne Weiteres möglich, sich ein Universum vorzustellen, in der keine elektrischen Ladungen (und damit auch keine elektromagnetischen Felder oder Wellen) existieren, und in denen die Relativitätstheorie trotzdem gültig ist. Weil die Relativitätstheorie die Struktur von Raum und Zeit festlegt, bestimmt sie nicht nur alle heute bekannten Phänomene, sondern auch all diejenigen, die noch nicht entdeckt sind. Wie Kant sagen würde, handelt es sich um ein „Prolegomenon jeglicher künftiger Physik".

Aufgabe 12.1

Sei $\mathcal{S}$ ein Inertialsystem. Benutzen Sie die Galilei'sche Additionsregel.

a. Nehmen Sie an, dass sich ein System $\bar{\mathcal{S}}$ mit konstanter Geschwindigkeit relativ zu $\mathcal{S}$ bewegt. Zeigen Sie, dass $\bar{\mathcal{S}}$ ebenfalls ein Inertialsystem darstellt.

   [*Hinweis*: Benutzen Sie die Definition aus Fußnote 1.]

b. Zeigen Sie umgekehrt: Wenn $\bar{\mathcal{S}}$ ein Inertialsystem ist, dann muss es sich in Bezug auf $\mathcal{S}$ mit konstanter Geschwindigkeit bewegen.

Aufgabe 12.2

Betrachten Sie als Beispiel für das Relativitätsprinzip in der klassischen Mechanik die folgende generische Kollision: Im Inertialsystem $\mathcal{S}$ trifft Teilchen A (mit Masse m_A und Geschwindigkeit $\mathbf{u}_A$) auf Teilchen B (mit Masse m_B und Geschwindigkeit $\mathbf{u}_B$). Im Verlauf der Kollision verlieren A und B etwas Masse, und wir erhalten die Teilchen C (mit Masse m_C und Geschwindigkeit $\mathbf{u}_C$) und D (mit Masse m_D und Geschwindigkeit $\mathbf{u}_D$). Nehmen Sie an, dass der Impuls ($\mathbf{p} \equiv m\mathbf{u}$) in $\mathcal{S}$ erhalten bleibt.

a. Beweisen Sie, dass der Impuls auch in dem Inertialsystem $\bar{\mathcal{S}}$ erhalten bleibt, das sich mit der Geschwindigkeit $\mathbf{v}$ relativ zu $\mathcal{S}$ bewegt.

   [Benutzen Sie die Galilei'sche Regel der Geschwindigkeitsaddition – dies ist eine vollständig klassische Berechnung. Was müssen Sie für die Masse annehmen?]

b. Nehmen Sie nun an, die Kollision sei in $\mathcal{S}$ elastisch. Zeigen Sie, dass sie in $\bar{\mathcal{S}}$ ebenfalls elastisch sein muss.

Aufgabe 12.3

a. Welcher prozentuale Fehler entsteht, wenn Sie anstelle der Einstein'schen Additionsregel die Galilei'sche Additionsregel verwenden und $v_{AB} = 5\,\text{km/h}$ und $v_{BC} = 100\,\text{km/h}$ beträgt?

b. Nehmen Sie an, Sie wären in der Lage, mit halber Lichtgeschwindigkeit durch den Korridor eines Zugs zu rennen, der sich mit drei Viertel der Lichtgeschwindigkeit bewegt. Wie groß wäre Ihre Geschwindigkeit relativ zum Boden?

c. Beweisen Sie anhand von Gleichung 12.3, dass, wenn $v_{AB} < c$ und $v_{BC} < c$ gilt, auch $v_{AC} < c$ gilt. Erläutern Sie dieses Ergebnis.

Aufgabe 12.4

Während Gesetzesbrecher in ihrem Fluchtfahrzeug mit $\frac{3}{4}c$ flüchten, feuert ein Polizist eine Kugel aus dem verfolgenden Wagen ab, der sich lediglich mit $\frac{1}{2}c$ bewegt (Abbildung 12.3). Die Mündungsgeschwindigkeit der Kugel beträgt $\frac{1}{3}c$. Kann die Kugel das Ziel (a) gemäß Galilei und (b) gemäß Einstein erreichen?

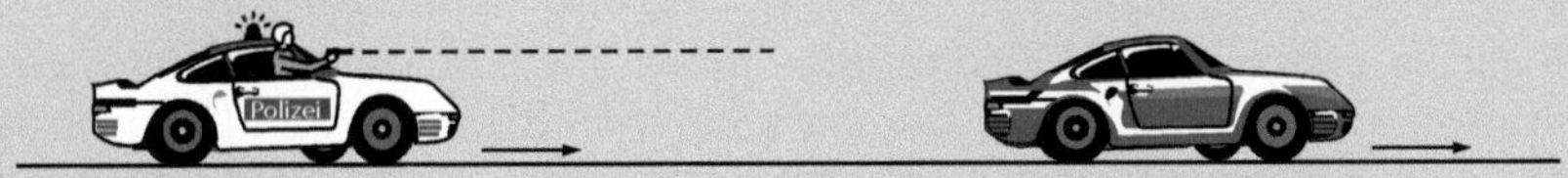

Abbildung 12.3

12.1.2 Die Geometrie der Relativitätstheorie

In diesem Abschnitt werde ich eine Reihe von Gedankenexperimenten vorstellen, die dazu dienen sollen, die drei wichtigsten geometrischen Konsequenzen der Einstein'schen Postulate einzuführen: die Zeitdilatation, die Lorentz-Kontraktion und die Relativität der Gleichzeitigkeit. In Abschnitt 12.1.3 werden wir dieselben Ergebnisse auf systematischere Weise aus den Lorentz-Transformationen herleiten.

(i) Relativität der Gleichzeitigkeit Stellen Sie sich einen Eisenbahnwagen vor, der mit konstanter Geschwindigkeit auf einem glatten und ebenen Gleis läuft (Abbildung 12.4). Direkt im Zentrum des Wagens befindet sich eine Glühbirne. Wird Sie eingeschaltet, breitet sich das Licht in jeder Richtung mit Geschwindigkeit c aus. Weil die Lampe von beiden Enden des Wagens gleich weit entfernt ist, wird ein Beobachter im Zug feststellen, dass das Licht die Vorderseite des Wagens zum selben Zeitpunkt erreicht wie die Rückseite. Die beiden zur Diskussion stehenden Ereignisse – (a) Licht erreicht die Vorderseite (und löst vielleicht einen Summer aus) und (b) Licht erreicht die Rückseite (ein anderer Summer geht an) – finden *gleichzeitig* statt. Einem Beobachter am Boden erscheinen beide jedoch *nicht* gleichzeitig. Denn während sich das Licht von der Lampe ausbreitet (und zwar in beide Richtungen mit Geschwindigkeit c; das ist das zweite Postulat), bewegt sich der Zug nach vorne. Der Lichtstrahl, der in die rückwärtige Richtung geht, muss daher eine kürzere Strecke zurücklegen als der Strahl, der nach vorne läuft (Abbildung 12.5). Dieser Beobachter wird feststellen, dass Ereignis (b) *vor* Ereignis (a) stattfindet. Ein Beobachter, der

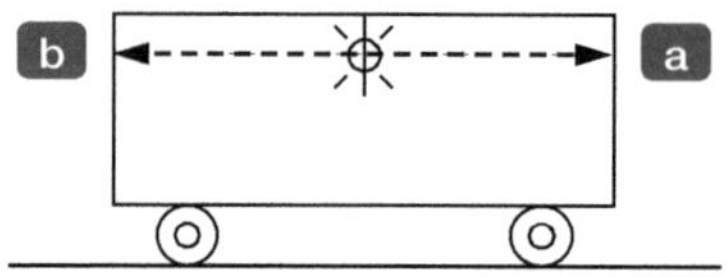

Abbildung 12.4

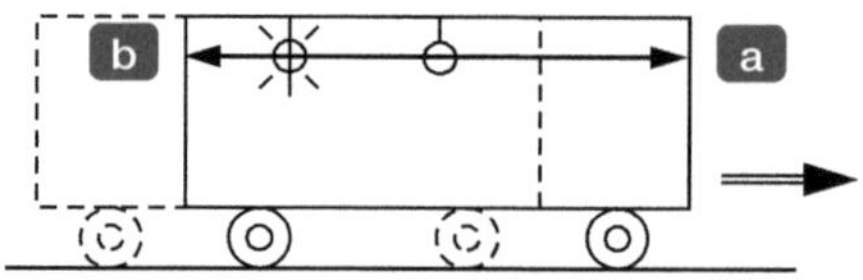

Abbildung 12.5

den Waggon in einem ICE überholt, würde hingegen feststellen, dass (a) Ereignis (b) vorausgeht. Damit kommt man zu folgender Schlussfolgerung:

Relativität der Gleichzeitigkeit

Zwei Ereignisse die in einem Inertialsystem gleichzeitig stattfinden, sind im Allgemeinen in einem anderen Inertialsystem nicht mehr gleichzeitig.

Natürlich muss sich dieser Zug unglaublich schnell bewegen, bevor der Unterschied wahrnehmbar wird – daher können Sie das nicht ständig beobachten.

Natürlich ist es einem naiven Beobachter *immer* möglich, sich hinsichtlich der Gleichzeitigkeit zu *irren*: Sie hören Donner *nach dem* Blitz. Ein Kind könnte daher annehmen, dass Lichtquelle und Geräuschquelle nicht zusammengehören. Dabei handelt es sich aber um einen trivialen Fehler, der nichts mit der Bewegung der Beobachter oder der Relativität zu tun hat – offenbar müssen Sie die Zeit, die das Signal (Geräusche, Licht, Brieftauben usw.) benötigt, um zu Ihnen zu gelangen, berücksichtigen. Mit **Beobachter** meine ich jemanden, der in der Lage ist, diese Korrektur durchzuführen, und unter **Beobachtung** verstehe ich das, was der Beobachter *nach* dieser Korrektur aufzeichnet. Was Sie *sehen,* unterscheidet sich daher von dem, was Sie *beobachten.* Eine Beobachtung kann nicht mit einer Kamera durchgeführt werden. Es handelt sich vielmehr um eine künstliche Rekonstruktion der Ereignisse, nachdem alle Daten vorliegen. Ein geübter Beobachter wird üblicherweise dieses Problem vermeiden, indem er Assistenten an strategischen Punkten positioniert, jeder mit einer Stoppuhr, die mit einer zentralen Uhr synchronisiert ist, sodass Zeitmessungen direkt vor Ort durchgeführt werden können. Ich reite so sehr auf diesem Punkt herum, um zu verdeutlichen, dass die Relativität der Gleichzeitigkeit eine grundsätzliche Diskrepanz ist, die sich bei Messungen zwischen unterschiedlichen und relativ zueinander bewegten Beobachtern ergibt, und keineswegs ein Fehler, der durch schlichte Irrtümer bei der Messung der Lichtlaufzeit hervorgerufen wird.

Aufgabe 12.5

Synchronisierte Uhren befinden sich in einer geraden Reihe in regelmäßigen Abständen von einer Million km. Wenn die Ihnen nächstgelegene Uhr 12 Uhr Mittag anzeigt:

a. Welche Zeit *sehen* Sie dann auf der Uhr, die 90 Uhren weiter weg ist?

b. Welche Zeit *beobachten* Sie auf dieser Uhr?

■ Aufgabe 12.6

Alle paar Jahre veröffentlicht die *New York Times* einen Artikel, demzufolge irgendein Astronom wieder ein Objekt gefunden hat, das sich schneller als das Licht bewegt. Viele dieser Berichte beruhen auf dem Unvermögen, zwischen dem *Gesehenen* und dem *Beobachteten* zu unterscheiden – also auf einem Fehler bei der Berücksichtigung der Lichtlaufzeit. Hier ein Beispiel: Ein Stern bewegt sich mit der Geschwindigkeit v in einem Winkel θ relativ zur Sichtlinie (Abbildung 12.6). Wie groß ist die scheinbare Geschwindigkeit parallel zur Himmelsebene?

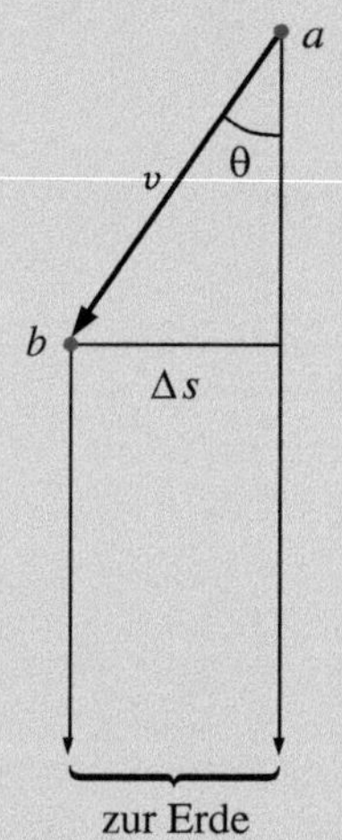

Abbildung 12.6

(Nehmen Sie an, das Lichtsignal von b erreicht die Erde zum Zeitpunkt Δt nach der Ankunft des Signals von a. In derselben Zeit hat der Stern am Himmel die Strecke Δs zurückgelegt. Unter „scheinbarer Geschwindigkeit" verstehe ich $\Delta s/\Delta t$.) Unter welchem Winkel θ wird das Maximum der scheinbaren Geschwindigkeit erreicht? Zeigen Sie, dass die scheinbare Geschwindigkeit viel größer als c sein kann, selbst wenn v viel kleiner als c bleibt.

(ii) Zeitdilatation Betrachten wir nun einen Lichtstrahl, der die Lampe verlässt und senkrecht auf den Boden des Wagens trifft. *Frage:* Wie lange dauert es, bis das Licht diese Strecke zurückgelegt hat? Aus Sicht eines Beobachters im Zug ist die Antwort einfach: Beträgt die Höhe des Wagens h, dann beträgt die Zeit

$$\Delta\bar{t} = \frac{h}{c}\,. \tag{12.4}$$

(Die Messungen, die im Zug durchgeführt werden, kennzeichne ich mit einer Überstreichung.) Vom Boden aus beobachtet, muss derselbe Lichtstrahl jedoch eine viel größere Strecke zurücklegen, weil sich der Zug selbst bewegt. Aus Abbildung 12.7 können wir ablesen, dass diese Entfernung $\sqrt{h^2 + (v\Delta t)^2}$ beträgt, also ist

$$\Delta t = \frac{\sqrt{h^2 + (v\Delta t)^2}}{c}\,.$$

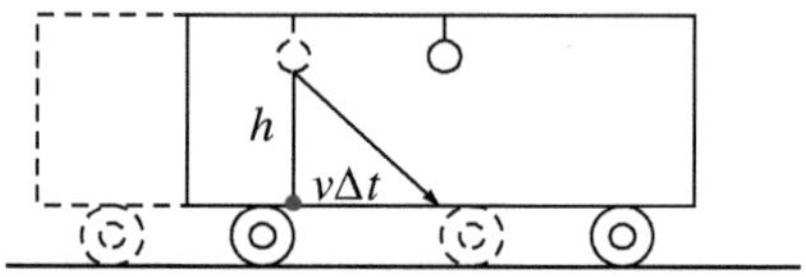

Abbildung 12.7

Lösen wir dies nach Δt auf, erhalten wir

$$\Delta t = \frac{h}{c}\frac{1}{\sqrt{1-v^2/c^2}}.$$

Daher ist

$$\Delta\bar{t} = \sqrt{1-v^2/c^2}\,\Delta t\,. \tag{12.5}$$

Offenbar ist die Zeit, die zwischen *denselben beiden Ereignissen* – (a) der Lichtstrahl verlässt die Lampe und (b) das Licht trifft in der Wagenmitte am Boden auf – verstreicht, für beide Beobachter unterschiedlich. Tatsächlich ist das Zeitintervall $\Delta\bar{t}$, das auf der Uhr im Zuginneren aufgezeichnet wird, um den Faktor

$$\gamma \equiv \frac{1}{\sqrt{1-v^2/c^2}} \tag{12.6}$$

kürzer. Wir kommen zu der Schlussfolgerung:

Zeitdilatation

Bewegte Uhren laufen langsamer.

Diese sogenannte **Zeitdilatation** hat nichts mit dem Uhrwerk zu tun. Es handelt sich um eine Aussage zur Natur der Zeit, der *alle* richtig funktionierenden Zeitmesser unterliegen.

Keine andere von allen Vorhersagen Einsteins ist spektakulärer und überzeugender bestätigt worden als die Zeitdilatation. Die meisten Elementarteilchen sind instabil. Sie zerfallen nach einer charakteristischen Lebensdauer,[6] die je nach Teilchensorte unterschiedlich ist. Die Lebensdauer eines Neutrons beträgt 15 Minuten, die eines Myons $2 \cdot 10^{-6}$ s und die eines neutralen Pions $9 \cdot 10^{-17}$ s. Dabei handelt es sich aber um die Lebensdauer von Teilchen in *Ruhe*. Bewegen sich Teilchen mit Geschwindigkeiten nahe c, leben sie viel länger, denn ihre innere Uhr (wie auch immer diese den Teilchen die Zeit mitteilt) läuft, in Übereinstimmung mit der Einstein'schen Formel zur Zeitdilatation, langsamer.

6 Tatsächlich können einzelne Teilchen länger oder kürzer existieren. Der Teilchenzerfall ist ein zufälliger Prozess, und wir sollten daher eigentlich von einer *durchschnittlichen* Lebensdauer der Teilchen sprechen. Um es aber nicht unnötig kompliziert zu machen, werde ich so tun, als ob jedes Teilchen nach genau derselben mittleren Lebensdauer zerfällt.

Beispiel 12.1: Lebensdauer des Myons

Ein Myon bewegt sich mit drei Fünftel der Lichtgeschwindigkeit durch das Labor. Wie groß ist seine Lebensdauer?

Lösung:

In diesem Fall ist

$$\gamma = \frac{1}{\sqrt{1-(3/5)^2}} = \frac{5}{4},$$

Daher vergrößert sich seine Lebensdauer (im Vergleich zu derjenigen in Ruhe) um den Faktor 5/4:

$$\frac{5}{4} \cdot \left(2 \cdot 10^{-6}\right)\,\mathrm{s} = 2{,}5 \cdot 10^{-6}\,\mathrm{s}\,.$$

Vielleicht sind Sie nun der Ansicht, die Zeitdilatation würde das Relativitätsprinzip verletzen. Wenn nämlich der Beobachter am Boden behauptet, dass die Uhr im Zug langsamer läuft, kann der Beobachter im Zug mit demselben Recht behaupten, dass die Uhr am Boden langsamer läuft – aus Sicht des Zugs ist ja schließlich der Erdboden in Bewegung. Wer hat nun recht? *Antwort*: *Beide* haben recht! Bei näherer Betrachtung verflüchtigt sich nämlich der scheinbar so krasse „Widerspruch“, und zwar folgendermaßen: Um die Geschwindigkeit der Uhr im Zug zu überprüfen, benutzt der Beobachter am Boden *zwei* seiner eigenen Uhren (Abbildung 12.8): Mit einer überprüft er die Zeiten zu Beginn des Intervalls, wenn der Zug Punkt A passiert, mit der anderen die Zeiten am Ende des Intervalls, wenn der Zug Punkt B passiert. Natürlich muss er seine Uhren vor dem Experiment sorgfältig synchronisieren. Er wird feststellen, dass die Uhr im Zug beispielsweise 3 Minuten gelaufen ist, das Intervall zwischen seinen eigenen Uhren jedoch 5 Minuten beträgt. Er schließt daraus, dass die *Uhr im Zug* langsamer läuft.

In der Zwischenzeit überprüft der Beobachter im Zug die Geschwindigkeit der bodengebundenen Uhr mit derselben Methode: Er benutzt innerhalb des Zugs zwei sorgfältig synchronisierte Uhren und vergleicht deren Zeitangaben mit derjenigen einer einzelnen bodengebundenen Uhr, sobald diese an ihm vorbeifährt (Abbildung 12.9). Er stellt fest, dass auf der bodengebundenen Uhr gerade einmal 3 Minu-

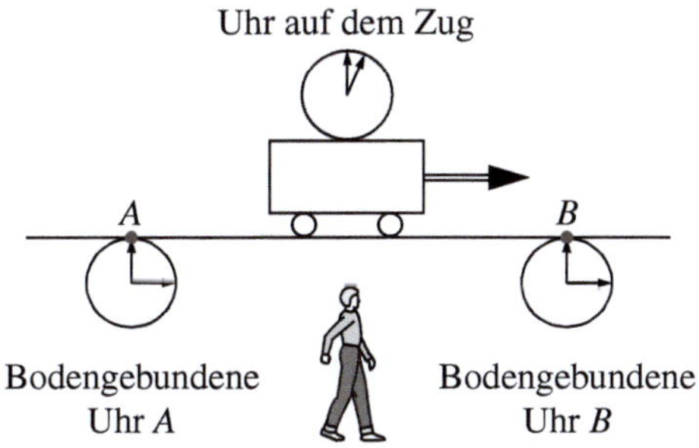

Abbildung 12.8

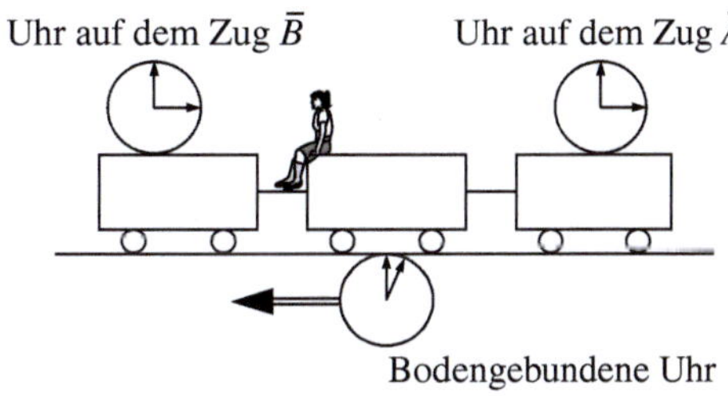

Abbildung 12.9

ten vergangen sind, während das Intervall zwischen den Zuguhren fünf Minuten beträgt. Er wird also folgern, dass die Uhr *am Boden* langsamer läuft. Ist dies ein Widerspruch? Nein, denn beide Beobachter haben *unterschiedliche Dinge* gemessen. Der Beobachter am Boden hat *eine* Uhr im Zug mit *zwei* bodengebundenen Uhren verglichen. Der Beobachter im Zug hat eine Uhr am *Boden* mit zwei Uhren im *Zug* verglichen. Jeder hat eine empfindliche und richtige Methode eingesetzt, indem er eine bewegte Uhr mit zwei fest stehenden verglichen hat. Vielleicht denken Sie, „was soll's, die stationären Uhren waren auf jeden Fall synchronisiert, es muss also egal sein, dass die Beobachter zwei verschiedene eingesetzt haben." Hier ist der Knackpunkt: *Uhren, die in einem System sorgfältig synchronisiert sind, erscheinen nicht mehr synchron, wenn sie aus einem anderen Bezugssystem heraus beobachtet werden.* Sie *können* nicht synchron sein, denn das würde bedeuten, dass sie beispielsweise 12 Uhr mittags *gleichzeitig* anzeigen würden. Wir haben aber bereits gelernt, dass das, was einem Beobachter gleichzeitig erscheint, für einen anderen Beobachter *nicht* gleichzeitig ist. Wenn also jeder Beobachter eine aus seiner Sicht absolut genaue Messung durchführt, stellt der *andere* Beobachter, der die Messung verfolgt fest, dass sein Kollege totalen Unsinn produziert, weil er zwei nicht-synchronisierte Uhren verwendet. Deshalb kann er, trotz der Tatsache, dass „eigentlich" *seine* Uhren langsamer laufen, feststellen, dass die Uhren seines Kollegen langsamer laufen (und umgekehrt).

Weil bewegte Uhren nicht synchronisiert sind, muss man sich zur Überprüfung des Zeitdilatation auf eine *einzelne* bewegte Uhr konzentrieren. *Alle* bewegten Uhren laufen um denselben Faktor langsamer. Allerdings können Sie nicht eine Uhr in Gang setzen und sich dann einer anderen zuwenden, weil sie von Anfang an nicht im Gleichtakt laufen. Sie können allerdings beliebig viele *stationäre* Uhren einsetzen (stationär für den Beobachter, also Sie), denn die *sind* korrekt synchronisiert (bewegte Beobachter würden dies bezweifeln, allerdings ist das *deren* Problem).

Beispiel 12.2: Das Zwillingsparadoxon

An seinem 21. Geburtstag startet ein Astronaut in einer Rakete mit einer Geschwindigkeit von $\frac{12}{13}c$. Nachdem auf seiner Uhr fünf Jahre verstrichen sind, dreht er um und fliegt mit derselben Geschwindigkeit wieder zu seinem Zwillingsbruder zurück, der zu Hause geblieben ist. *Frage*: Wie alt ist jeder Zwilling bei ihrem Wiedersehen?

Lösung:

Der Zwilling in der Rakete ist zehn Jahre gealtert (fünf Jahre für den Hinflug, fünf Jahre für den Rückflug). Er kommt gerade rechtzeitig zu Hause an, um seinen 31. Geburtstag zu feiern. Von der Erde aus gesehen, läuft die bewegte Uhr allerdings um den Faktor

$$\gamma = \frac{1}{\sqrt{1-(12/13)^2}} = \frac{13}{5}$$

langsamer. Die auf erdgebundenen Uhren verstrichene Zeit beträgt $\frac{13}{5} \cdot 10 = 26$, und sein Bruder wird daher seinen 47. Geburtstag feiern – er ist mittlerweile

Beispiel 12.2 (Fortsetzung)

16 Jahre älter als sein Bruder! Sie müssen nicht enttäuscht sein: Dies ist keineswegs ein Jungbrunnen für den fliegenden Zwilling, denn obwohl er in viel jüngerem Alter eintrifft als sein Zwilling, hat er lediglich *langsamer* gelebt als dieser. Während des Flugs unterliegen alle biologischen Prozesse – Stoffwechsel, Puls, Gedanken oder Sprache – derselben Zeitdilatation wie seine Uhr.

Das sogenannte **Zwillingsparadoxon** tritt auf, wenn Sie den Flug aus dem Blickwinkel des *fliegenden* Zwillings betrachten. Er *sieht*, wie sich die Erde mit $\frac{12}{13}c$ entfernt, dreht nach fünf Jahren um und kehrt zurück. Aus seiner Sicht scheint es, als befände *er* sich in Ruhe, während sich sein *Bruder* bewegt. Daher sollte er bei der Zusammenkunft der Jüngere sein. Viele Publikationen beschäftigen sich mit dem Zwillingsparadoxon, die Wahrheit ist jedoch: Es gibt überhaupt kein Paradoxon, denn die zweite Analyse ist schlicht *falsch*. Die beiden Zwillinge sind nämlich *gar nicht* austauschbar. Der Zwilling, der den Flug unternimmt, wird nämlich bei der Umkehr nach Hause *beschleunigt*, sein Bruder wird das nicht. Um das physikalischer ausdrücken: Der Zwilling in der Rakete befindet sich nicht in einem Inertialsystem – genau genommen befindet er sich während des Hinflugs in *einem* Inertialsystem, auf dem Rückflug jedoch in einem völlig *anderen*. In Aufgabe 12.16 werden Sie sehen, wie wir diese Aufgabe aus dem Blickwinkel des fliegenden Zwillings *korrekt* analysieren müssen. Soweit es die Auflösung dieses „Paradoxon" betrifft, genügt hier die Aussage, dass der *reisende Zwilling nicht behaupten darf, ein stationärer Beobachter zu sein*, weil er nicht gleichzeitig stationär bleiben und beschleunigt werden kann.

Aufgabe 12.7

In einem Laborexperiment wird beobachtet, dass ein Myon eine Strecke von 800 m zurücklegt, bevor es zerfällt. Ein Student schlägt die Lebensdauer des Myons nach $(2 \cdot 10^{-6}\,\text{s})$ und kommt zu dem Schluss, dass seine Geschwindigkeit

$$v = \frac{800\,\text{m}}{2 \cdot 10^{-6}\,\text{s}} = 4 \cdot 10^{-8}\,\text{ms}^{-1}$$

beträgt. Das ist schneller als das Licht! Finden Sie den Fehler des Studenten und bestimmen Sie die *tatsächliche* Geschwindigkeit des Myons.

Aufgabe 12.8

Eine Rakete verlässt die Erde mit einer Geschwindigkeit von $\frac{3}{5}c$. Sobald eine Uhr in der Rakete das Verstreichen einer Stunde anzeigt, sendet das Schiff ein Lichtsignal zur Erde zurück.

a. Wann wurde, gemäß der *irdischen* Uhren, das Lichtsignal ausgesandt?

b. Wie viel Zeit ist, gemäß der *irdischen* Uhren, nach dem Start der Rakete vergangen, bis das Signal auf der Erde eintrifft?

c. Wie viel Zeit ist, gemäß dem Beobachter in der *Rakete*, nach dem Start vergangen, bis das Signal auf der Erde eintrifft?

(iii) Lorentz-Kontraktion Für das dritte Gedankenexperiment müssen Sie sich vorstellen, dass wir an einem Ende eines Eisenbahnwagens eine Lampe und am anderen einen Spiegel angebracht haben, sodass das Lichtsignal hin und zurück laufen kann (Abbildung 12.10). *Frage*: Wie lange benötigt das Signal für einen vollständigen Rundlauf? Für einen Beobachter im Zug lautet die Antwort:

$$\Delta\bar{t} = 2\frac{\Delta\bar{x}}{c}\,, \tag{12.7}$$

wobei $\Delta\bar{x}$ die Länge des Wagens darstellt (der Überstrich kennzeichnet, wie bereits früher, Messungen, die im Zug durchgeführt werden). Für einen Beobachter am Boden ist der Prozess wegen der Bewegung des Zugs viel komplizierter. Ist Δt_1 die Zeit, die das Lichtsignal benötigt, um das Vorderende des Wagens zu erreichen, und Δt_2 die Zeit, die zur Rückkehr notwendig ist, dann gilt (siehe Abbildung 12.11):

$$\Delta t_1 = \frac{\Delta x + v\Delta t_1}{c}\,, \quad \Delta t_2 = \frac{\Delta x - v\Delta t_2}{c}\,.$$

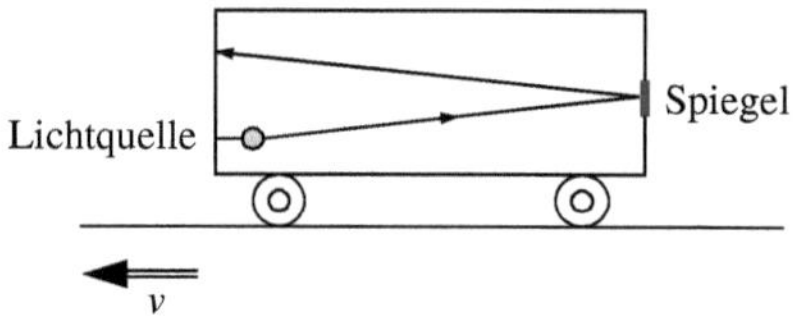

Abbildung 12.10

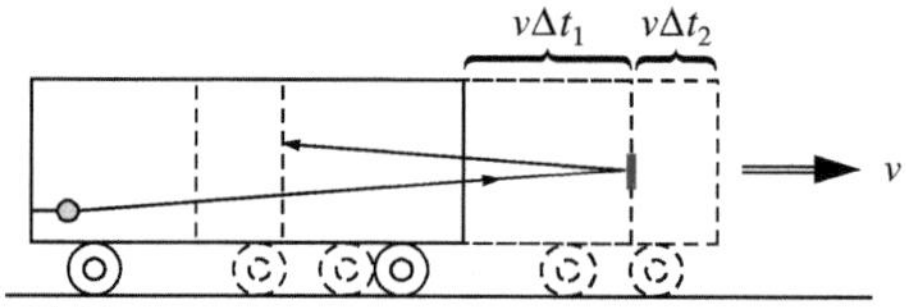

Abbildung 12.11

Lösen wir nach Δt_1 und Δt_2 auf, erhalten wir

$$\Delta t_1 = \frac{\Delta x}{c - v}\,, \quad \Delta t_2 = \frac{\Delta x}{c + v}\,.$$

Die Rundlaufzeit beträgt daher

$$\Delta t = \Delta t_1 + \Delta t_2 = 2\frac{\Delta x}{c}\frac{1}{(1 - v^2/c^2)}\,. \tag{12.8}$$

Darüber hinaus sind diese Intervalle durch die Formel der Zeitdilatation (Gleichung 12.5) miteinander verbunden:

$$\Delta\bar{t} = \sqrt{1 - v^2/c^2}\,\Delta t\,.$$

Wenden wir dies auf die Gleichungen 12.7 und 12.8 an, dann können wir folgern, dass

$$\Delta\bar{x} = \frac{1}{\sqrt{1 - v^2/c^2}}\Delta x\,. \tag{12.9}$$

Die Länge des Wagens, die von einem Beobachter am Boden gemessen wird, ist nicht gleich derjenigen, die ein Beobachter im Zug misst – vom Boden aus gesehen, ist der Wagen etwas *kürzer*. Wir kommen zu der Schlussfolgerung:

Lorentz-Kontraktion

Bewegte Objekte erscheinen verkürzt.

Wir bezeichnen dies als **Lorentz-Kontraktion**. Beachten Sie den gemeinsamen Faktor

$$\gamma \equiv \frac{1}{\sqrt{1 - v^2/c^2}},$$

der sowohl in der Formel der Zeitdilatation als auch in der Formel der Lorentz-Kontraktion auftritt. Dadurch kann man sich das alles relativ einfach einprägen: Bewegte Uhren laufen langsamer, bewegte Stäbe sind verkürzt, und in beiden Fällen beträgt der Faktor γ.

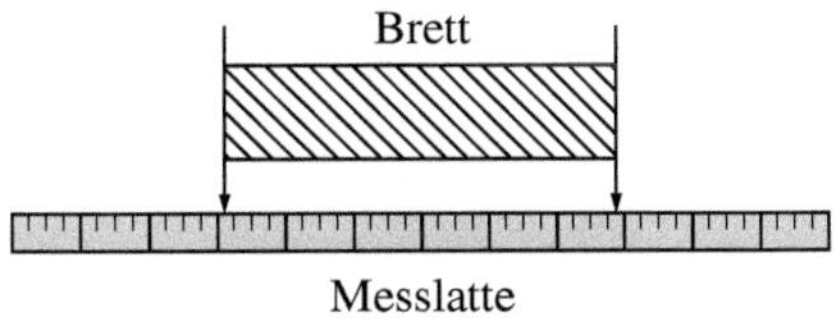

Abbildung 12.12

Natürlich geht der Beobachter im Zug nicht davon aus, dass sein Wagen kürzer ist. Da seine Maßstäbe durch denselben Faktor verkürzt werden, führen seine Messungen auf dieselben Werte, die er erhalten würde, wenn der Wagen im Bahnhof steht. Aus seinem Blickwinkel heraus sind vielmehr die Gegenstände am *Boden* verkürzt. Dies wirft erneut ein Paradoxon auf: Wenn A behauptet, die Maßstäbe von B seien zu kurz, und B behauptet, diejenigen von A wären kürzer, wer hat dann recht? *Antwort: beide*! Um aber die gegensätzlichen Behauptungen bewerten zu können, müssen wir genau untersuchen, auf welche Weise Längen tatsächlich gemessen werden.

Nehmen Sie an, Sie wollten die Länge eines Regalbretts bestimmen. Wenn es sich (im Vergleich zu Ihnen) in Ruhe befindet, können Sie einfach Ihre Messlatte anlegen, die Werte an den Enden aufzeichnen und sie voneinander subtrahieren, um so die Länge des Regals zu berechnen (Abbildung 12.12). (Wenn Sie sich die Arbeit vereinfachen wollen, legen Sie schlicht das linke Ende der Messlatte an den linken Rand des Regals, dann müssen Sie nur einen Wert ablesen.)

Was aber, wenn sich das Regal *bewegt*? Im Prinzip nehmen Sie dann genau dieselbe Messung vor, müssen nun aber darauf achten, dass Sie die *beiden Enden gleichzeitig* ablesen. Wenn Sie das unterlassen, hat sich das Regal im Verlauf der Messung bewegt, und Sie erhalten offensichtlich ein falsches Ergebnis. Hier liegt auch schon das Problem: Wegen der Relativität der Gleichzeitigkeit verstehen beide Beobachter unter „gleichzeitig messen" etwas anderes. Misst der Beobachter am Boden die Länge des Wagens, dann misst er die Position der beiden Enden gleichzeitig *in seinem Bezugssystem*. Der Beobachter im Zug, der ihm dabei zusieht, wird sich darüber beschweren, dass er erst die Messung am vorderen Ende durchgeführt, danach einen Moment gewartet und erst dann die Messung am hinteren Ende durchgeführt hat.

Natürlich musste das auf ein zu kleines Ergebnis führen – trotz der Tatsache, dass der Beobachter am Boden (für denjenigen im Zug) eine zu kurze Messlatte verwendet hat, denn ansonsten wäre das Resultat zu *groß* gewesen. Beide Beobachter messen Längen (in ihrem jeweiligen Bezugssystem) korrekt, und jeder stellt fest, dass die Maßstäbe des anderen zu kurz sind. Dennoch widersprechen sich diese Aussagen nicht, denn jeder misst etwas anderes, und jeder betrachtet die Methode des anderen als fehlerhaft.

Beispiel 12.3: Das Paradoxon von Scheune und Leiter

Im Gegensatz zur Zeitdilatation gibt es keine direkte experimentelle Bestätigung der Lorentz-Kontraktion, einfach deshalb, weil es zu schwierig ist, ein Objekt messbarer Ausdehnung nahezu auf Lichtgeschwindigkeit zu beschleunigen. Das folgende Märchen beschreibt, wie bizarr die Welt aussehen würde, wenn die Lichtgeschwindigkeit viel geringer wäre.[7]

Es war einmal ein Bauer, der hatte eine Leiter, die zu lang war, um sie in seiner Scheune zu lagern (Abbildung 12.13a). Zufälligerweise las er eines Tages ein Buch über die Relativitätstheorie, und die Lösung seines Problems lag plötzlich auf der Hand. Er sagte seiner Tochter, sie sollte so schnell wie möglich rennen, während sie die Leiter trug. Dadurch wäre die Leiter aufgrund der Lorentz-Kontraktion kurz genug, um in die Scheune zu passen. Sie sollte in die Scheune rennen, und der Bauer wollte hinter ihr das Scheunentor schließen, sodass die Leiter sicher darin verwahrt wäre (Abbildung 12.13b). Des Bauern Tochter hatte jedoch das Buch auch gelesen und war darin schon weiter gekommen. Sie wies darauf hin, dass in *ihrem* Bezugssystem die *Scheune*, nicht die Leiter, verkürzt wäre und die Leiter daher noch schlechter in die Scheune passen würde, als wenn beide sich in Ruhe befinden würden (Abbildung 12.13c).

Frage: Wer hat recht? Passt die Leiter in die Scheune oder nicht?

Lösung:

Beide haben recht! Die Aussage „Die Leiter ist in der Scheune“ bedeutet, dass sich alle Teile *zu einem bestimmten Zeitpunkt* im Inneren befinden. Unter dem Blickwinkel der Relativität der Gleichzeitigkeit hängt diese Bedingung vom Beobachter ab. Im Grunde liegen hier zwei Ereignisse vor:

a. Das hintere Ende der Leiter passiert die Tür.

b. Das vordere Ende der Leiter prallt an die Wand der Scheune.

Der Bauer behauptet, a) tritt vor b) ein. Daher muss es einen Zeitpunkt *geben*, zu dem sich die Leiter vollständig im Inneren der Scheune befindet. Seine Toch-

7 Einen Eindruck, wie sich unsere gewohnte Welt bei Annäherung an die Lichtgeschwindigkeit verändert, liefert die Rundfahrt durch Tübingen, die von der Universität Tübingen berechnet und ins Netz gestellt wurde. Zu finden ist sie unter http://www.tempolimit-lichtgeschwindigkeit.de/ A. d. Ü.

Beispiel 12.3 (Fortsetzung)

ter behauptet, b) tritt vor a) ein, daher kann die Leiter *nicht* hineinpassen. *Ein Widerspruch*? Keineswegs, lediglich unterschiedliche Blickwinkel.

Ich höre schon Ihre Proteste: „Wenn alles vorbei ist und sich der Staub gelegt hat", so werden Sie einwenden, „ist die Leiter entweder im Inneren der Scheune oder sie ist es nicht. Darüber kann es keine Missverständnisse geben." Ganz recht, allerdings führen Sie nun ein neues Element in die Geschichte ein: Was geschieht, *wenn die Leiter zum Stillstand gebracht wird*? Nehmen Sie an, der Bauer packt die letzte Sprosse der Leiter, während er das Scheunentor schließt. Vorausgesetzt, dass die Sprosse nicht zerbricht, muss sich die Leiter auf ihre Ruhelänge ausdehnen. Offensichtlich bewegt sich das vordere Ende weiter, selbst nachdem das hintere Ende zum Stillstand gebracht worden ist! Die Leiter dehnt sich wie eine Ziehharmonika aus, wobei das Vorderende auf die weiter entfernte Scheunenwand prallt. Im Grunde genommen verliert die ganze Begriffswelt „fester" Objekte in der Relativitätstheorie ihre Bedeutung, denn wenn ein Objekt seine Geschwindigkeit ändert, erscheinen unterschiedliche Bereiche nicht gleichzeitig beschleunigt – auf diese Weise scheint sich das Material zu dehnen oder zu schrumpfen, um die zur jeweiligen Geschwindigkeit passende Länge einzunehmen.[8]

Um aber zur eigentlichen Frage zurückzukehren: Wenn die Leiter irgendwann zum Stillstand kommt, ist sie dann im Innern der Scheune oder nicht? Die Antwort ist unbestimmt. Trifft die Vorderseite der Leiter auf die Scheunenwand, muss irgend etwas nachgeben. Entweder hat der Bauer danach eine zerbrochene Leiter im Inneren der Scheune oder eine intakte Leiter, die durch ein Loch in der Wand hinausragt. Auf jeden Fall wird ihm das Ergebnis nicht gefallen.

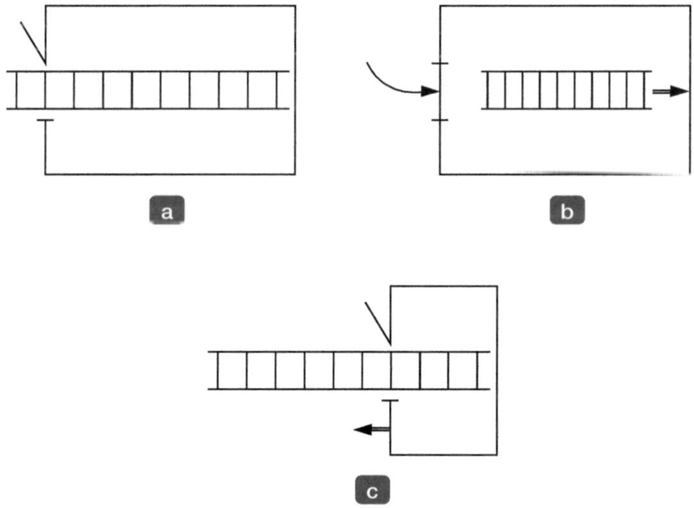

Abbildung 12.13

8 Tatsächlich ändern sich nicht die Objekte, die das auf Dauer vermutlich nicht aushalten würden, sondern die Messungen verändern sich und legen diese scheinbare Interpretation nahe. A. d. Ü.

Eine letzte Bemerkung zur Lorentz-Kontraktion. Ein bewegtes Objekt wird *nur in seiner Bewegungsrichtung verkürzt*:

> Die Abmessungen senkrecht zur Fortbewegungsgeschwindigkeit werden nicht verändert.

Tatsächlich habe ich bei der Herleitung der Formel zur Zeitdilatation vorausgesetzt, dass die Höhe des Zugs für beide Beobachter gleich ist. Ich werde dies nun rechtfertigen, indem ich ein nettes Gedankenexperiment verwende, das von Taylor und Wheeler formuliert worden ist.[9] Stellen Sie sich vor, wir bauen eine Wand parallel zum Gleis und malen in einer Höhe von 1 m – *vom Boden aus gemessen* – eine blaue Linie darauf. Sobald der Zug vorbeifährt, lehnt sich ein Passagier aus dem Wagen und hält einen nassen Pinsel 1 m über die Gleise – nun aber *im Bezugssystem des Zugs gemessen*, der eine horizontale *rote* Linie auf der Wand hinterlässt. *Frage*: Liegt die rote Linie oberhalb oder unterhalb der blauen Linie? Würden Richtungen senkrecht zur Fortbewegung kontrahiert, dann würden die Beobachter am Boden erwarten, dass sich die *rote* Linie tiefer liegt, die Beobachter im Zug würden hingegen erwarten, dass die *blaue* Linie tiefer liegt (für letztere bewegt sich natürlich der *Boden*). Das Relativitätsprinzip besagt, dass beide Beobachter die gleichen Gründe anführen können, allerdings können nicht beide gleichermaßen Recht haben. Keine Verfeinerungen der Gleichzeitigkeit oder Synchronisierungen können diesen Widerspruch auflösen: Entweder ist die blaue oder die rote Linie weiter oben – es sei denn, beide liegen genau übereinander. Dies ist die einzige verbleibende Schlussfolgerung. Es kann kein Gesetz für die Kontraktion (oder Expansion) senkrecht zur Bewegungsrichtung geben, denn dies würde auf unvereinbar widersprüchliche Voraussagen führen.

Aufgabe 12.9

Ein Maybach ist doppelt so lang wie ein Mini, solange beide sich in Ruhe befinden. Während der Maybach den Mini überholt, fahren beide durch eine Geschwindigkeitskontrolle, bei der ein (stationärer) Polizist beobachtet, dass beide dieselbe Länge aufweisen. Der Mini bewegt sich mit halber Lichtgeschwindigkeit. Wie schnell fährt der Maybach? (Geben Sie Ihr Ergebnis als Vielfaches von c an.)

Aufgabe 12.10

Ein Segelboot ist so konstruiert, dass der Mast mit dem Deck einen Winkel $\bar{\theta}$ einnimmt. Ein Beobachter auf einem Dock sieht, dass das Boot ihn mit der Geschwindigkeit v passiert (Abbildung 12.14). Welchen Winkel hat der Mast nach Auffassung dieses *Beobachters*?

9 E. F. Taylor und J. A. Wheeler, *Physik der Raumzeit: Eine Einführung in die spezielle Relativitätstheorie*, Heidelberg: Spektrum Akademischer Verlag, 1999. Eine etwas andere Version desselben Gedankengangs finden Sie in J. H. Smith, *Introduction to Special Relativity* (Champaign, Ill.: Stipes, 1965).

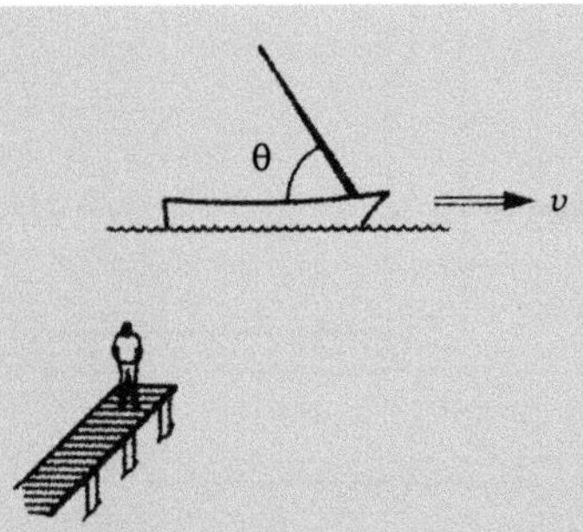

Abbildung 12.14

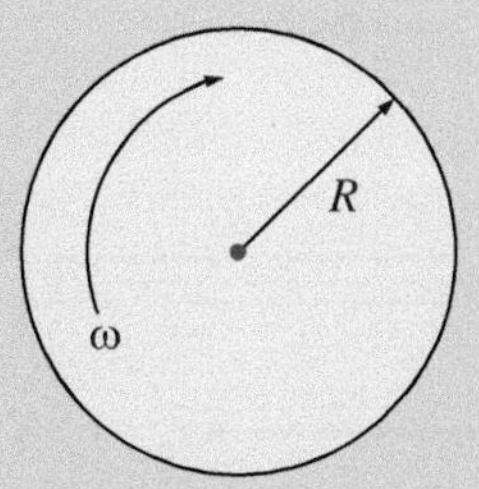

Abbildung 12.15

! **Aufgabe 12.11**

Eine Plattenspieler mit Radius R rotiert mit Winkelgeschwindigkeit ω (Abbildung 12.15). Der Umfang ist vermutlich Lorentz-kontrahiert, der Radius, der senkrecht zur Geschwindigkeit steht, ist es jedoch *nicht*. Wie lautet das Verhältnis von Umfang zu Durchmesser, ausgedrückt durch ω und R?

[Dies ist als **Ehrenfest-Paradoxon** bekannt. Diskussionen und Literatur finden Sie in H. Arzelies, *Relativistic Kinematics*, Kapitel IX (Elmsford, N. Y.: Pergamon Press, 1966) und bei T. A. Weber, *Am. J. Phys.* **65**, 486 (1997).]

12.1.3 Die Lorentz-Transformationen

Jeder physikalische Prozess besteht aus einem oder mehreren **Ereignissen**. Ein „Ereignis“ ist etwas, das zu einem genau bestimmten Zeitpunkt (t) an einem genau bestimmten Ort (x, y, z) stattfindet. Die Explosion eines Knallfrosches ist beispielsweise ein Ereignis, eine Reise durch Europa ist es nicht. Nehmen wir an, wir kennen die Koordinaten (x, y, z, t) eines bestimmten Ereignisses E in einem Inertialsystem $\mathcal{S}$ und wollen die Koordinaten ($\bar{x}, \bar{y}, \bar{z}, \bar{t}$) *desselben Ereignisses* in einem anderen Inertialsystem $\bar{\mathcal{S}}$ berechnen. Wir benötigen daher ein „Übersetzungshilfe“, um aus dem Umfeld von $\mathcal{S}$ in das Umfeld von $\bar{\mathcal{S}}$ zu übersetzen.

Wir können unsere Achsen ohne Weiteres so anordnen wie in Abbildung 12.16 dargestellt, sodass sich $\bar{\mathcal{S}}$ mit Geschwindigkeit v entlang der x-Achse bewegt. Wir „starten die Uhr“ ($t = 0$) in dem Moment, in dem die beiden Ursprünge $\mathcal{O}$ und $\bar{\mathcal{O}}$ zusammenfallen. Dann befindet sich $\bar{\mathcal{O}}$ zur Zeit t in der Entfernung vt von $\mathcal{O}$, und daher ist

$$x = d + vt\,, \tag{12.10}$$

wobei d die Entfernung zwischen $\bar{\mathcal{O}}$ und $\bar{A}$ zum Zeitpunkt t ist ($\bar{A}$ ist der Punkt auf der $\bar{x}$-Achse, der sich bei Eintreten des Ereignisses an derselben Stelle befindet wie E). Vor Einstein hätte jeder sofort gesagt, dass

$$d = \bar{x} \tag{12.11}$$

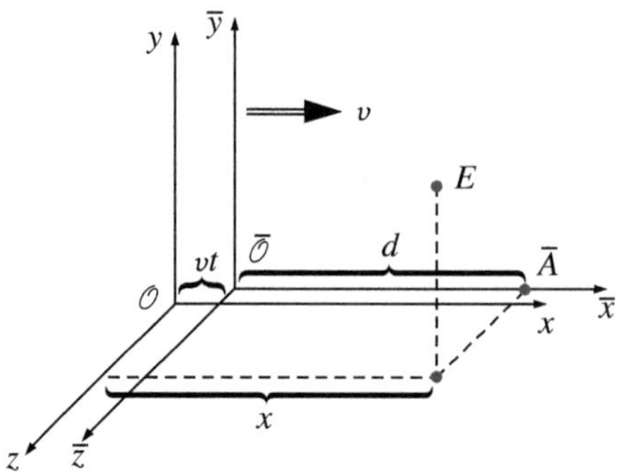

Abbildung 12.16

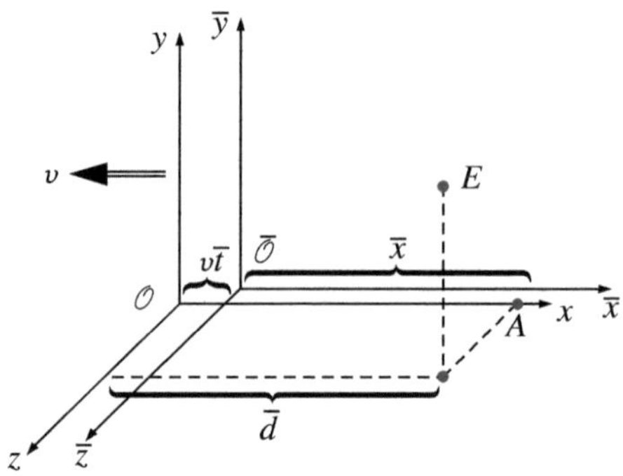

Abbildung 12.17

beträgt und daher folgende „Übersetzungstabelle“ konstruiert:

$$\left.\begin{array}{ll}\textbf{(i)} & \overline{x} = x - vt\,, \\ \textbf{(ii)} & \overline{y} = y\,, \\ \textbf{(iii)} & \overline{z} = z\,, \\ \textbf{(iv)} & \overline{t} = t\,. \end{array}\right\} \tag{12.12}$$

Diese Gleichungen werden heute als **Galilei-Transformationen** bezeichnet, obwohl sie einen so hochtrabenden Titel gar nicht verdienen. Zumindest die letzte der Transformationen war ganz selbstverständlich, denn alle nahmen an, dass der Zeitablauf für alle Beobachter der Gleiche sei. Im Kontext der speziellen Relativitätstheorie müssen wir jedoch erwarten, dass (iv) durch eine Regel ersetzt wird, welche die Zeitdilatation, die Relativität der Gleichzeitigkeit und die Nicht-Synchronizität bewegter Uhren enthält. Auf ähnliche Weise müsste (i) modifiziert werden, um die Lorentz-Kontraktion zu berücksichtigen. Zumindest (ii) und (iii) können so bleiben, wie sie sind, da senkrecht zur Bewegungsrichtung keine Längenveränderungen eintreten können.

Wo aber bricht die klassische Herleitung von (i) zusammen? *Antwort*: In Gleichung 12.11. Dort ist d die Entfernung zwischen $\overline{\mathcal{O}}$ und $\overline{A}$, *gemessen im Bezugssystem* $\mathcal{S}$, während $\overline{x}$ die Entfernung zwischen $\overline{\mathcal{O}}$ und $\overline{A}$ darstellt, die *im Bezugssystem* $\overline{\mathcal{S}}$ *gemessen* wird. Weil $\overline{\mathcal{O}}$ und $\overline{A}$ relativ zu $\overline{\mathcal{S}}$ in Ruhe sind, stellt $\overline{x}$ die „bewegte Messlatte“ dar, die in $\mathcal{S}$ kontrahiert erscheint:

$$d = \frac{1}{\gamma}\overline{x}\,. \tag{12.13}$$

Setzen wir dies in Gleichung 12.10 ein, so erhalten wir die relativistische Version von (i):

$$\overline{x} = \gamma\,(x - vt)\ . \tag{12.14}$$

Natürlich können wir dieselben Argumente auch anführen, wenn wir den Vorgang aus dem Blickwinkel von $\overline{\mathcal{S}}$ betrachten. Das Diagramm (Abbildung 12.17) sieht ähnlich aus, hält nun aber die Geschehnisse *zum Zeitpunkt* $\overline{t}$ fest, während Abbildung 12.16 die Ereignisse *zum Zeitpunkt t* festhält. (Beachten Sie, dass t und $\bar{t}$ während des Ereignisses E denselben physikalischen Zeitpunkt beschreiben, sonst aber, wegen der Relativität der Gleichzeitigkeit, nicht.) Nehmen wir an, dass in $\bar{\mathcal{S}}$ die Zeitmessung ebenfalls dann gestartet wird, wenn die Ursprünge zusammenfallen, dann befindet sich $\mathcal{O}$ zum Zeitpunkt $\bar{t}$ in der Entfernung $v\bar{t}$ von $\bar{\mathcal{O}}$, und daher ist

$$\bar{x} = \bar{d} - v\bar{t}\,, \tag{12.15}$$

wobei $\bar{d}$ die Entfernung von $\mathcal{O}$ nach A zum Zeitpunkt $\bar{t}$ und A der Punkt auf der x-Achse ist, der zum Zeitpunkt des Ereignisses mit E zusammenfällt. Klassische Physiker hätten behauptet, dass $x = \bar{d}$ ist, und wären mittels (iv) auf das Ergebnis (i) gekommen. Aber wie zuvor verlangt die Relativitätstheorie einen feinen Unterschied: x ist die Entfernung zwischen $\mathcal{O}$ und A *im System* $\mathcal{S}$, während $\bar{d}$ die Entfernung zwischen $\mathcal{O}$ und A *im System* $\bar{\mathcal{S}}$ angibt. Weil $\mathcal{O}$ und A in $\mathcal{S}$ in Ruhe sind, ist x die „bewegte Messlatte", und wir haben

$$\bar{d} = \frac{1}{\gamma}x\,. \tag{12.16}$$

Daraus folgt:

$$x = \gamma\left(\bar{x} + v\bar{t}\right)\,. \tag{12.17}$$

Die letzte Gleichung ist keine Überraschung, denn wegen der Symmetrie der Situation müssen die Ausdrücke für x (in Abhängigkeit von $\bar{x}$ und $\bar{t}$) und für $\bar{x}$ (in Abhängigkeit von x und t) identisch sein (Gleichung 12.14), mit Ausnahme eines Vorzeichenwechsels in v. (Wenn sich $\bar{\mathcal{S}}$ beispielsweise relativ zu $\mathcal{S}$ mit der Geschwindigkeit v nach *rechts* bewegt, dann bewegt sich $\mathcal{S}$ relativ zu $\bar{\mathcal{S}}$ mit der Geschwindigkeit v nach *links*.) Dennoch ist dieses Ergebnis nützlich, denn wenn wir $\bar{x}$ durch Gleichung 12.14 ersetzen und nach $\bar{t}$ auflösen, liegt uns die vollständige „Übersetzungstabelle" vor:

$$\left.\begin{aligned} &\text{(i)} && \bar{x} = \gamma\,(x - vt)\,,\\ &\text{(ii)} && \bar{y} = y\,,\\ &\text{(iii)} && \bar{z} = z\,,\\ &\text{(iv)} && \bar{t} = \gamma\left(t - \frac{v}{c^2}x\right)\,. \end{aligned}\right. \tag{12.18}$$

Dabei handelt es sich um die berühmten **Lorentz-Transformationen**, die Einstein anstelle der Galilei'schen Gleichungen gesetzt hat. Wie das folgende Beispiel zeigen wird, enthalten sie in der speziellen Relativitätstheorie die gesamte geometrische Information. Die Umkehrtabelle, die Sie von $\bar{\mathcal{S}}$ zu $\mathcal{S}$ zurückführt, können wir algebraisch bestimmen, indem wir (i) und (iv) nach x und t auflösen, oder noch einfacher, indem wir das Vorzeichen von v umkehren:

$$\left.\begin{aligned} &\text{(i')} && x = \gamma\left(\bar{x} + v\bar{t}\right)\,,\\ &\text{(ii')} && y = \bar{y}\,,\\ &\text{(iii')} && z = \bar{z}\,,\\ &\text{(iv')} && t = \gamma\left(\bar{t} + \frac{v}{c^2}\bar{x}\right)\,. \end{aligned}\right\} \tag{12.19}$$

Beispiel 12.4: Gleichzeitigkeit, Synchronisierung und Zeitdilatation

Nehmen Sie an, Ereignis A tritt bei $x_A = 0$ und $t_A = 0$ ein, Ereignis B hingegen bei $x_B = b$ und $t_B = 0$. In $\mathcal{S}$ finden die beiden Ereignisse gleichzeitig statt (dort ereignen sich beide bei $t = 0$). In $\bar{\mathcal{S}}$ sind sie dagegen nicht gleichzeitig, denn die Lorentz-Transformation liefert uns $\bar{x}_A = 0$ und $\bar{t}_A = 0$ sowie $\bar{x}_B = \gamma b$ und $\bar{t}_B = -\gamma(v/c^2)b$. Gemäß den Uhren in $\bar{\mathcal{S}}$ hat B daher *vor* A stattgefunden. Das ist natürlich nichts Neues, lediglich die Relativität der Gleichzeitigkeit. Ich wollte Ihnen nur zeigen, wie sie aus den Lorentz-Transformationen folgt.

Nehmen Sie nun an, dass der Beobachter in $\mathcal{S}$ bei $t = 0$ entscheidet, *alle* Uhren in $\bar{\mathcal{S}}$ zu überprüfen. Er stellt fest, dass sie, abhängig von ihren Positionen, *unterschiedliche* Zeiten anzeigen. Aus (iv) folgt:

$$\bar{t} = -\gamma \frac{v}{c^2} x \,.$$

Diejenigen, die sich links des Ursprungs befinden (bei negativem x) gehen *vor*, diejenigen, die sich rechts befinden, gehen *nach*. Die jeweilige Zeit wächst entsprechend ihrer Entfernung an (Abbildung 12.18). Lediglich die Hauptuhr im Ursprung zeigt $\bar{t} = 0$ an. Daher folgt auch die Nicht-Synchronizität bewegter Uhren direkt aus den Lorentz-Transformationen. Natürlich sind in $\bar{\mathcal{S}}$ betrachtet die Uhren in $\mathcal{S}$ nicht synchronisiert, was Sie sofort sehen können, wenn Sie $\bar{t} = 0$ in Gleichung (iv') einsetzen.

Nehmen Sie schließlich an, der Beobachter in $\mathcal{S}$ konzentriert sich auf eine einzelne Uhr im Bezugssystem von $\bar{\mathcal{S}}$ (beispielsweise diejenige bei $\bar{x} = a$) und beobachtet sie während eines gewissen Zeitintervalls Δt. Welche Zeit verstreicht auf der sich bewegenden Uhr? Weil $\bar{x}$ fest ist, liefert (iv') $\Delta t = \gamma \Delta \bar{t}$ bzw.

$$\Delta \bar{t} = \frac{1}{\gamma} \Delta t \,.$$

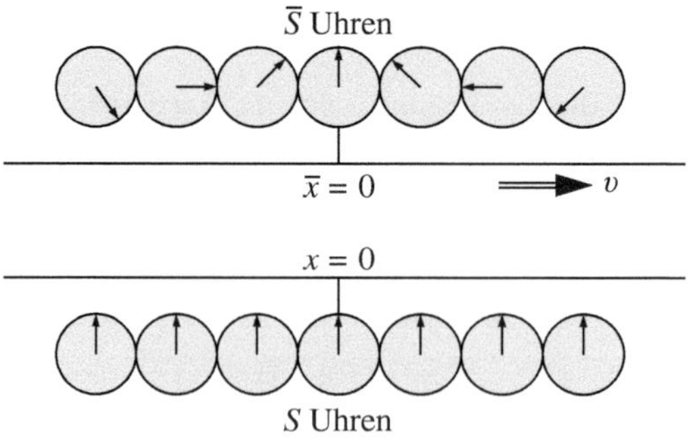

Abbildung 12.18

Dies ist die bereits bekannte Formel der Zeitdilatation, nun allerdings abgeleitet aus den Lorentz-Transformationen. Beachten Sie bitte, dass wir hier $\bar{x}$ festhalten,

Beispiel 12.4 (Fortsetzung)

da wir *eine bewegte Uhr* beobachten. Halten wir hingegen x fest, dann beobachten Sie eine ganze Reihe unterschiedlicher Uhren aus $\overline{\mathcal{S}}$, die vorbeiziehen, Ihnen aber keinerlei Auskunft darüber geben, ob eine von ihnen langsamer läuft.

Beispiel 12.5: Lorentz-Kontraktion

Stellen Sie sich einen Stab vor, der sich mit Geschwindigkeit v nach rechts bewegt. Seine Ruhelänge (also seine in $\overline{\mathcal{S}}$ gemessene Länge) beträgt $\Delta\overline{x} = \overline{x}_\text{r} - \overline{x}_\text{l}$, wobei die Indizes das linke bzw. rechte Ende des Stabs bezeichnen. Wenn ein Beobachter in $\mathcal{S}$ die Stablänge messen möchte, müsste er die Positionen der beiden Ende im gleichen Moment *seiner* Zeit t voneinander abziehen: $\Delta x = x_\text{r} - x_\text{l}$. Gemäß (i) ist dann

$$\Delta x = \frac{1}{\gamma}\Delta\overline{x}\,.$$

Dies ist die bekannte Formel der Lorentz-Kontraktion. Beachten Sie, dass wir hier t festhalten, denn wir wollen, dass der Beobachter in $\mathcal{S}$ eine Messung durchführt, bei der er die Lage der beiden Enden zum gleichen Zeitpunkt festhält. (Ein Beobachter in $\overline{\mathcal{S}}$ muss sich dabei nicht so sehr verrenken, weil der Stab in seinem Bezugssystem ruht.)

Beispiel 12.6: Einsteins Regel der Geschwindigkeitsaddition

Nehmen Sie an, ein Teilchen würde sich (in $\mathcal{S}$) in der Zeit $\mathrm{d}t$ um die Strecke $\mathrm{d}x$ bewegen. Seine Geschwindigkeit u beträgt dann

$$u = \frac{\mathrm{d}x}{\mathrm{d}t}\,.$$

In $\overline{\mathcal{S}}$ hat das Teilchen die Strecke

$$\mathrm{d}\overline{x} = \gamma\,(\mathrm{d}x - v\,\mathrm{d}t)$$

zurückgelegt, wie wir anhand von (i) erkennen können, wobei die benötigte Zeit durch (iv) gegeben wird:

$$\mathrm{d}\overline{t} = \gamma\left(\mathrm{d}t - \frac{v}{c^2}\,\mathrm{d}x\right)\,.$$

Die Geschwindigkeit in $\overline{\mathcal{S}}$ beträgt daher:

$$\overline{u} = \frac{\mathrm{d}\overline{x}}{\mathrm{d}\overline{t}} = \frac{\gamma\,(\mathrm{d}x - v\,\mathrm{d}t)}{\gamma\left(\mathrm{d}t - \frac{v}{c^2}\,\mathrm{d}x\right)} = \frac{\left(\frac{\mathrm{d}x}{\mathrm{d}t} - v\right)}{1 - \frac{v}{c^2}\frac{\mathrm{d}x}{\mathrm{d}t}} = \frac{u - v}{1 - uv/c^2}\,. \tag{12.20}$$

Beispiel 12.6 (Fortsetzung)

Dies ist die **Einstein'sche Regel der Geschwindigkeitsaddition.** Um die transparentere Schreibweise von Gleichung 12.3 deutlich zu machen, sei A das Teilchen, B sei $\mathcal{S}$ und C sei $\bar{\mathcal{S}}$. Dann ist $u = v_{AB}$, $\bar{u} = v_{AC}$ und $v = v_{CB} = -v_{BC}$. Somit wird Gleichung 12.20 zu

$$v_{AC} = \frac{v_{AB} + v_{BC}}{1 + (v_{AB}v_{BC}/c^2)} \,.$$

Aufgabe 12.12

Lösen Sie Gleichung 12.18 für $\bar{x}, \bar{y}, \bar{z}, \bar{t}$ nach x, y, z, t auf und prüfen Sie, ob Sie die Gleichungen 12.19 erhalten.

Aufgabe 12.13

Die Hellseherin Sophie Zabar schrie schmerzerfüllt in genau demselben Moment auf, da sich ihr Bruder in 500 km Entfernung mit einem Hammer auf den Daumen schlug. Ein skeptischer Wissenschaftler beobachtet beide Ereignisse (den Unfall des Bruders sowie Sophies Schrei) aus einem Flugzeug heraus, das sich mit $\frac{12}{13}c$ nach rechts bewegt (siehe Abbildung 12.19). Welches der Ereignisse trat dem Wissenschaftler zufolge zuerst ein? *Wie viel* früher trat es ein (in Sekunden)?

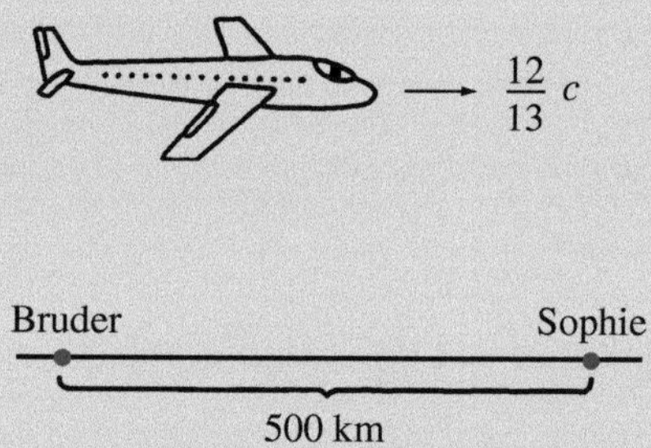

Abbildung 12.19

Aufgabe 12.14

a. In Beispiel 12.6 haben wir festgestellt, wie sich Geschwindigkeiten *in x-Richtung* transformieren, während Sie sich von $\mathcal{S}$ nach $\bar{\mathcal{S}}$ bewegen. Leiten Sie die entsprechenden Formeln für Geschwindigkeiten in y- und z-Richtung her.

b. Ein Scheinwerfer ist so auf einem Boot montiert, dass sein Strahl den Winkel θ mit dem Deck einschließt (Abbildung 12.20). Wenn sich dieses Boot mit der Geschwindigkeit v nach rechts bewegt, welchen Winkel θ bildet dann (für einen Beobachter auf dem Dock) der Weg eines einzelnen Photons mit dem Dock? Welchen Winkel bildet der *Strahl* (beispielsweise durch eine Rauchschwade sichtbar gemacht) mit dem Dock? Vergleichen Sie mit Aufgabe 12.10.

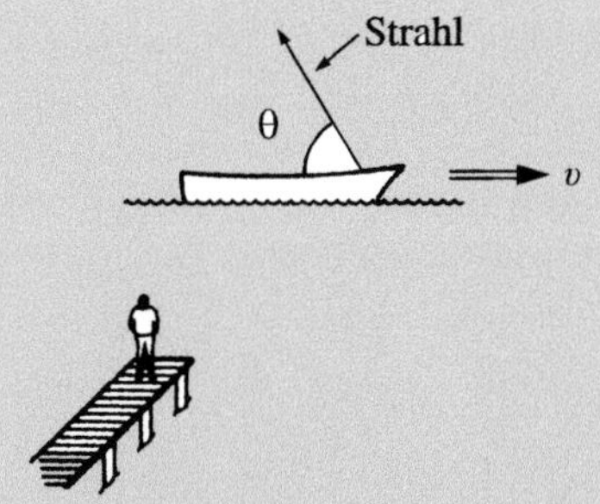

Abbildung 12.20

■ Aufgabe 12.15

Sie haben vermutlich Aufgabe 12.4 aus Sicht des Beobachters am *Boden* gelöst. Lösen Sie die Aufgabe nun jeweils aus Sicht des Polizeiwagens, der Gesetzesbrecher und der Kugel, d. h., füllen Sie die Lücken in der folgenden Tabelle:

Geschwindigkeit von → relativ zu ↓	Boden	Polizei	Gesetzes-brecher	Kugel	Ist die Flucht erfolgreich?
Boden	0	$\frac{1}{2}c$	$\frac{3}{4}c$		
Polizei				$\frac{1}{3}c$	
Gesetzesbrecher					
Kugel					

■ Aufgabe 12.16

Neubetrachtung des Zwillingsparadoxon

An ihrem 21. Geburtstag tritt ein Zwilling auf einen beweglichen Rollsteig, der ihn mit $\frac{4}{5}c$ zum Stern X trägt. Sein Zwillingsbruder bleibt zu Hause. Erreicht der bewegte Zwilling Stern X, springt er sofort auf den Rollsteig, der ihn, ebenfalls mit $\frac{4}{5}c$, in umgekehrter Richtung zur Erde zurückträgt. Er kommt an seinem 39. Geburtstag (seiner eigenen Uhr zufolge) wieder zu Hause an.

a. Wie alt ist sein Zwillingsbruder (der zu Hause geblieben ist)?

b. Wie weit ist Stern X entfernt? (Geben Sie das Ergebnis in Lichtjahren an.)

Bezeichnen Sie den wegführenden Rollsteig mit $\overline{\mathcal{S}}$ und den zur Erde führenden Rollsteig mit $\tilde{\mathcal{S}}$ (das Bezugssystem der Erde ist $\mathcal{S}$). Alle drei Systeme stellen ihre Hauptuhren und wählen ihren Ursprung so, dass zum Zeitpunkt der Abreise $x = \overline{x} = \tilde{x} = 0$ und $t = \overline{t} = \tilde{t} = 0$ gilt.

c. Bei welchen Koordinaten (x, t) erfolgt der Sprung (vom wegführenden auf den zurückführenden Rollsteig) in $\mathcal{S}$?

d. Bei welchen Koordinaten $(\overline{x}, \overline{t})$ erfolgt der Sprung in $\overline{\mathcal{S}}$?

e. Bei welchen Koordinaten $(\tilde{x}, \tilde{t})$ erfolgt der Sprung in $\tilde{\mathcal{S}}$?

f. Wenn der auf der Reise befindliche Zwilling seine Uhr in Übereinstimmung mit der Uhr in $\tilde{\mathcal{S}}$ bringen wollte, wie müsste er die Uhr unmittelbar nach dem Sprung stellen? Wenn er das getan *hätte*, welche Zeit würde seine Uhr bei der Ankunft zeigen? (Dies würde natürlich sein *Alter* nicht ändern – er wäre immer noch 39 – seine Uhr wäre lediglich mit dem Standard in $\tilde{\mathcal{S}}$ synchronisiert.)

g. Der auf der Reise befindliche Zwilling wird gefragt: „Wie alt ist Ihr Bruder *genau jetzt*?" Wie würde die korrekte Antwort lauten, wenn die Frage (i) direkt *vor* dem Sprung und (ii) unmittelbar *nach* dem Sprung gestellt würde? (Seinem Bruder geschieht in dem Sekundenbruchteil zwischen (i) und (ii) natürlich nichts dramatisches. *Was* sich abrupt ändert, ist die Wahrnehmung seinem Bruder über die *Bedeutung* von „genau jetzt, zu Hause".)

h. Wie viele Erdjahre dauert die Reise? Addieren Sie dies zu (ii) aus Teil (g) und bestimmen Sie, wie alt *seiner* Erwartung nach sein Bruder bei der Ankunft auf der Erde ist. Vergleichen Sie Ihre Antwort mit (a).

12.1.4 Die Struktur der Raumzeit

(i) Viererverktoren Die Lorentz-Transformationen nehmen eine einfachere Form an, wenn sie durch die folgenden Größen ausgedrückt werden:

$$x^0 \equiv ct\,, \quad \beta \equiv \frac{v}{c}\,. \tag{12.21}$$

Verwenden wir x^0 (anstelle von t) und β (anstelle von v), entspricht dies einer Änderung der Zeiteinheit von *Sekunde* in *Meter* – ein Meter in x^0 entspricht der Zeit, die das Licht benötigt, um (im Vakuum) einen Meter zurückzulegen. Nummerieren wir gleichzeitig die x-, y-, und z-Koordinaten, sodass

$$x^1 = x\,, \quad x^2 = y\,, \quad x^3 = z\,, \tag{12.22}$$

entsteht, dann nehmen die Lorentz-Transformationen folgende Form an:

$$\left.\begin{aligned} \bar{x}^0 &= \gamma\left(x^0 - \beta x^1\right)\,, \\ \bar{x}^1 &= \gamma\left(x^1 - \beta x^0\right)\,, \\ \bar{x}^2 &= x^2\,, \\ \bar{x}^3 &= x^3\,. \end{aligned}\right\} \tag{12.23}$$

In Matrizenform lauten sie:

$$\begin{pmatrix} \bar{x}^0 \\ \bar{x}^1 \\ \bar{x}^2 \\ \bar{x}^3 \end{pmatrix} = \begin{pmatrix} \gamma & -\gamma\beta & 0 & 0 \\ -\gamma\beta & \gamma & 0 & 0 \\ 0 & 0 & 1 & 0 \\ 0 & 0 & 0 & 1 \end{pmatrix} \begin{pmatrix} x^0 \\ x^1 \\ x^2 \\ x^3 \end{pmatrix}\,. \tag{12.24}$$

Benutzen wir griechische Indizes für die Ziffern 0 bis 3, dann können wir dies in einer einzigen Gleichung zusammenfassen:

$$\overline{x}^{\mu} = \sum_{\nu=0}^{3} \left(\Lambda^{\mu}_{\nu}\right) x^{\nu} . \tag{12.25}$$

Dabei ist Λ die **Lorentz-Transformationsmatrix** aus Gleichung 12.24 (der obere Index μ kennzeichnet die Zeilen, der untere Index kennzeichnet die Spalten). Ein Vorteil dieser abstrakten Schreibweise besteht darin, dass wir in demselben Format auch eine allgemeinere Transformation behandeln können, bei der die Relativbewegung nicht entlang einer gemeinsamen x-$\overline{x}$-Achse erfolgt. Die Matrix Λ wäre in diesem Fall zwar komplizierter, die Struktur von Gleichung 12.25 bleibt aber unverändert.

Falls Sie dies an die *Rotationen* erinnert, die wir in Abschnitt 1.1.5 behandelt haben, dann ist dies durchaus richtig. Dort haben wir uns mit den Änderungen der Komponenten beim Wechsel auf ein *gedrehtes* Koordinatensystem befasst. Hier interessieren wir uns für die Änderung der Komponenten, wenn wir auf ein *bewegtes* Koordinatensystem übergehen. In Kapitel 1 hatten wir einen Dreiervektor als einen beliebigen Satz dreier Komponenten bezeichnet, die sich unter Rotation genauso transformieren wie (x, y, z). Wir können dies nun erweitern und einen **Vierervektor** als einen beliebigen Satz aus vier Komponenten definieren, der sich unter Lorentz-Transformationen in derselben Weise transformiert wie (x^0, x^1, x^2, x^3):

$$\overline{a}^{\mu} = \sum_{\nu=0}^{3} \Lambda^{\mu}_{\nu} a^{\nu} . \tag{12.26}$$

Für den Sonderfall von Transformationen entlang der x-Achse haben wir:

$$\left.\begin{aligned} \overline{a}^0 &= \gamma\left(a^0 - \beta a^1\right) , \\ \overline{a}^1 &= \gamma\left(a^1 - \beta a^0\right) , \\ \overline{a}^2 &= a^2 , \\ \overline{a}^3 &= a^3 . \end{aligned}\right\} \tag{12.27}$$

Es gibt eine Vierervektor-Analogie zum Punktprodukt zweier Vektoren ($\mathbf{A} \cdot \mathbf{B} \equiv A_x B_x + A_y B_y + A_z B_z$), allerdings handelt es sich nun nicht einfach um die Summe der Produkte gleicher Komponenten. Vielmehr hat die Nullkomponente nun ein Minuszeichen:

$$-a^0 b^0 + a^1 b^1 + a^2 b^2 + a^3 b^3 . \tag{12.28}$$

Dies ist das **vierdimensionale Skalarprodukt**. Sie sollten sich selbst davon überzeugen (Aufgabe 12.17), dass es in allen Inertialsystemen denselben Wert aufweist:

$$-\overline{a}^0\overline{b}^0 + \overline{a}^1\overline{b}^1 + \overline{a}^2\overline{b}^2 + \overline{a}^3\overline{b}^3 = -a^0 b^0 + a^1 b^1 + a^2 b^2 + a^3 b^3 . \tag{12.29}$$

Genau wie das normale Punktprodukt unter Rotationen **invariant** (unverändert) ist, ist diese Kombination unter Lorentz-Transformationen invariant.

Um das Minuszeichen im Auge behalten zu können, ist es hilfreich, einen **Kovarianzvektor** a_{μ} einzuführen, der sich vom **Kontravarianzvektor** a^{μ} nur durch das

Vorzeichen der Nullkomponente unterscheidet:

$$a_\mu = (a_0, a_1, a_2, a_3) \equiv (-a^0, a^1, a^2, a^3) . \tag{12.30}$$

Mit den Indizes müssen Sie in diesem Zusammenhang unglaublich vorsichtig umgehen: Ein *oberer* Index kennzeichnet *kontravariante* Vektoren; *unten* stehende Indizes sind für *kovariante* Vektoren vorgesehen. Heben Sie den zeitlichen Index an, oder senken Sie ihn ab, dann kostet Sie das ein Minuszeichen ($a_0 = -a^0$). Das Anheben oder Absenken eines räumlichen Index verändert dagegen nichts ($a_1 = a^1$, $a_2 = a^2, a_3 = a^3$). Formal haben wir

$$a_\mu = \sum_{\nu=0}^{3} g_{\mu\nu} a^\nu , \quad \text{wobei} \quad g_{\mu\nu} \equiv \begin{pmatrix} -1 & 0 & 0 & 0 \\ 0 & 1 & 0 & 0 \\ 0 & 0 & 1 & 0 \\ 0 & 0 & 0 & 1 \end{pmatrix}$$

die **(Minkowski)-Metrik** ist.[10] Das Skalarprodukt kann nun mit dem Summenzeichen formuliert werden:

$$\sum_{\mu=0}^{3} a_\mu b^\mu , \tag{12.31}$$

oder in kompakterer Form

$$a_\mu b^\mu . \tag{12.32}$$

Immer wenn ein griechischer Index in einem Produkt wiederholt wird, einmal als kovarianter Index und einmal als kontravarianter, steckt *implizit* eine Summation dahinter. Dies wird nach seinem Erfinder als **Einstein'sche Summenkonvention** bezeichnet. Einstein bezeichnete dies als einen seiner wichtigsten Beiträge zur Wissenschaft. Natürlich könnten wir das Minuszeichen genauso gut berücksichtigen, indem wir ein kovariantes b einführen:

$$a_\mu b^\mu = a^\mu b_\mu = -a^0 b^0 + a^1 b^1 + a^2 b^2 + a^3 b^3 . \tag{12.33}$$

• **Aufgabe 12.17**

Überprüfen Sie Gleichung 12.29 mithilfe von Gleichung 12.27.

[Dadurch wird lediglich die Invarianz des Skalarprodukts für Transformationen in x-Richtung bewiesen. Das Skalarprodukt ist jedoch auch unter *Rotationen* invariant, da der erste Term überhaupt nicht beeinflusst wird, und die drei letzten bilden das dreidimensionale Punktprodukt $\mathbf{a} \cdot \mathbf{b}$. Durch eine geeignete Rotation können Sie die x-Richtung in jede beliebige Richtung zeigen lassen. Daher ist das vierdimensionale Skalarprodukt sogar unter *beliebigen* Lorentz-Transformationen invariant.]

10 Es kommt nicht darauf an, ob Sie das Skalarprodukt wie in Gleichung 12.28 ($-a^0 b^0 + \mathbf{a} \cdot \mathbf{b}$) oder mit einem globalen Minuszeichen ($a^0 b^0 - \mathbf{a} \cdot \mathbf{b}$) definieren; ist das eine invariant, so auch das andere. In der Literatur finden sich beide Konventionen und Sie müssen Sich nur darüber klar sein, welche verwendet wird. Schreiben die Autoren die Diagonalkomponenten der Minkowski-Metrik als $(-, +, +, +)$, so verwenden sie die Konvention aus Gleichung 12.28; ansonsten schreiben sie $(+, -, -, -)$.

Aufgabe 12.18

a. Schreiben Sie die Matrix nieder, welche die Galilei-Transformationen beschreibt (Gleichung 12.12).

b. Schreiben Sie die Matrix nieder, welche eine Lorentz-Transformation entlang der y-Achse beschreibt.

c. Bestimmen Sie die Matrix einer Lorentz-Transformation mit Geschwindigkeit v entlang der x-Achse, gefolgt von einer Lorentz-Transformation mit Geschwindigkeit $\overline{v}$ entlang der y-Achse. Spielt die Reihenfolge, in der die Transformationen durchgeführt werden, eine Rolle?

Aufgabe 12.19

Die Parallele zwischen Rotationen und Lorentz-Transformationen wird noch deutlicher, wenn wir zur Charakterisierung der Geschwindigkeit eine neue Größe einführen, die wir **Rapidität** nennen:

$$\theta \equiv \tanh^{-1}(v/c) \ . \tag{12.34}$$

a. Drücken Sie die Lorentz-Transformationsmatrix Λ (Gleichung 12.24) durch θ aus und vergleichen Sie dies mit der Rotationsmatrix (Gleichung 1.29).

In gewisser Hinsicht ist die Rapidität eine natürlichere Methode zur Beschreibung der Bewegung als die Geschwindigkeit.

[Siehe E. F. Taylor und J. A. Wheeler, *Physik der Raumzeit: Eine Einführung in die spezielle Relativitätstheorie*, Heidelberg: Spektrum Akademischer Verlag, 1999.]

Zum einen reicht sie von $-\infty$ bis $+\infty$ anstelle von $-c$ bis $+c$. Viel wichtiger ist jedoch, dass Rapiditäten sich addieren, Geschwindigkeiten jedoch nicht.

b. Drücken Sie die Einstein'sche Regel der Geschwindigkeitsaddition durch die Rapidität aus.

(ii) Das invariante Intervall Das Skalarprodukt eines Vierervektoren mit sich *selbst*, $a^\mu a_\mu = -(a^0)^2 + (a^1)^2 + (a^2)^2 + (a^3)^2$, kann positiv sein (wenn die „räumlichen" Terme dominieren) oder negativ (wenn die „zeitlichen" Terme dominieren) oder auch null:

- Wenn $a^\mu a_\mu > 0$, nennt man a^μ **raumartig.**
- Wenn $a^\mu a_\mu < 0$, nennt man a^μ **zeitartig.**
- Wenn $a^\mu a_\mu = 0$, nennt man a^μ **lichtartig.**

Nehmen Sie an, Ereignis A tritt bei $(x_A^0, x_A^1, x_A^2, x_A^3)$ ein, Ereignis B hingegen bei $(x_B^0, x_B^1, x_B^2, x_B^3)$. Der Unterschied

$$\Delta x^\mu \equiv x_A^\mu - x_B^\mu \ , \tag{12.35}$$

ist der **Verschiebungs-Vierervektor**. Das Skalarprodukt von Δx^μ mit sich selbst ist eine besonders wichtige Größe. Wir bezeichnen es als (invariantes) **Intervall** zwischen zwei Ereignissen:

$$I \equiv (\Delta x)_\mu (\Delta x)^\mu = -\left(\Delta x^0\right)^2 + \left(\Delta x^1\right)^2 + \left(\Delta x^2\right)^2 + \left(\Delta x^3\right)^2 = -c^2t^2 + d^2 , \quad (12.36)$$

wobei t die Zeitdifferenz zwischen zwei Ereignissen ist, deren räumlicher Abstand d beträgt. Wenn Sie in ein bewegtes System wechseln, wird die Zeit zwischen A und B verändert ($\bar{t} \neq t$), außerdem verändert sich der *räumliche Abstand* ($\bar{d} \neq d$), allerdings bleibt das Intervall I gleich.

Ist das Intervall zwischen zwei Ereignissen zeitartig ($I < 0$), gibt es ein Inertialsystem (auf das mittels der Lorentz-Transformation zugegriffen werden kann), in dem sie am selben Punkt stattfinden. Wenn ich auf einen Zug aufspringe, der mit der Geschwindigkeit $v = d/t$ von (A) nach (B) (den Orten der Ereignisse) fährt, und Ereignis A verlasse, sobald es eintritt, komme ich gerade rechtzeitig an B vorbei, sobald sich dieses ereignet. Im System des Zugs treten A und B am selben Ort ein. Bei einem *raumartigen* Intervall ist das natürlich nicht möglich, denn dann müsste v größer als c sein, und kein Beobachter kann die Lichtgeschwindigkeit überschreiten (ansonsten wäre γ imaginär, und die Lorentz-Transformation wäre Unsinn). Ist das Intervall jedoch raumartig ($I > 0$), dann existiert ein System, in dem die beiden Ereignisse gleichzeitig stattfinden (siehe Aufgabe 12.21). Und falls das Intervall lichtartig ist ($I = 0$), dann können wir die beiden Ereignisse durch ein Lichtsignal verbinden.

Aufgabe 12.20

a. Ereignis A findet am Punkt ($x_A = 5, y_A = 3, z_A = 0$) und zur Zeit t_A statt, wobei letztere durch $ct_A = 15$ gegeben ist. Ereignis B tritt bei $(10, 8, 0)$ und bei $ct_B = 5$ ein. Beide ereignen sich im System $\mathcal{S}$.

1. Wie lautet das Invarianzintervall zwischen A und B?
2. Gibt es ein Inertialsystem, in denen sie *gleichzeitig* auftreten? Falls ja, bestimmen Sie Größe und Richtung der Geschwindigkeit relativ zu $\mathcal{S}$.
3. Gibt es ein Inertialsystem, in dem sie am selben Ort eintreten können? Falls ja, bestimmen Sie seine Geschwindigkeit relativ zu $\mathcal{S}$.

b. Wiederholen Sie Teil (a) für $A = (2, 0, 0)$, $ct = 1$ sowie $B = (5, 0, 0)$, $ct = 3$.

Aufgabe 12.21

Die Koordinaten von Ereignis A lauten $(x_A, 0, 0)$, t_A, und die Koordinaten von Ereignis B lauten $(x_B, 0, 0)$, t_B. Bestimmen Sie unter der Annahme, dass das Intervall raumartig ist, die Geschwindigkeit des Systems, in dem sich beide gleichzeitig ereignen.

(iii) Raum-Zeit-Diagramme Wenn Sie die Bewegung eines Teilchens grafisch darstellen wollen, dann besteht die gängige Praxis darin, seine Position über der Zeit aufzutragen (d. h. x läuft vertikal und t horizontal). Aus einem solchen Graphen kann die Geschwindigkeit aus der Steigung der Kurve abgelesen werden. Aus welchem Grund auch immer wird diese Konvention in der Relativitätstheorie geändert: Jeder zeich-

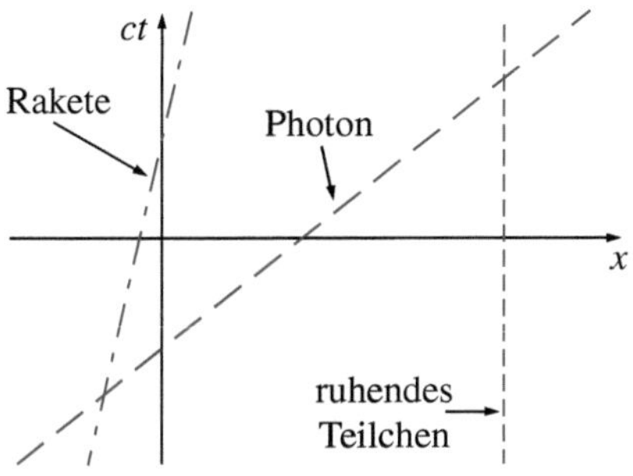

Abbildung 12.21

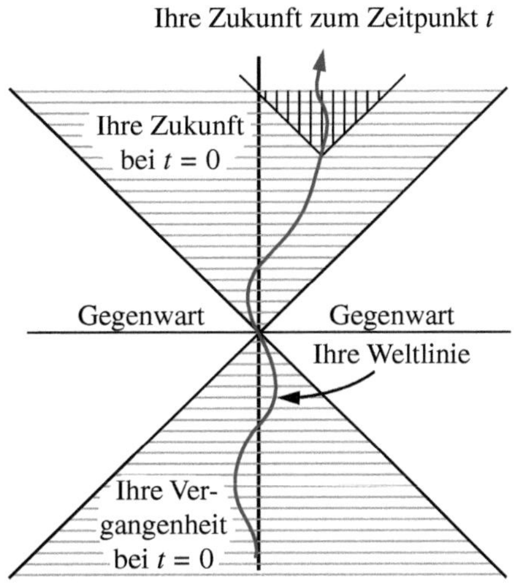

Abbildung 12.22

net hier die Position auf der Horizontalen und die Zeit (oder besser gesagt, $x^0 = ct$) auf der Vertikalen auf. Die Geschwindigkeit wird dann durch den *Kehrwert* der Steigung gegeben. Ein Teilchen in Ruhe entspricht einer vertikalen Linie. Ein Photon, das sich mit Lichtgeschwindigkeit bewegt, entspricht einer 45°-Linie. Eine Rakete, die mit irgendeiner dazwischen liegenden Geschwindigkeit fliegt, folgt einer Linie der Steigung $c/v = 1/\beta$ (Abbildung 12.21). Wir bezeichnen solche Darstellungen als **Minkowski-Diagramme**.

Die Bahnkurve eines Teilchens in einem Minkowski-Diagramm wird als **Weltlinie** bezeichnet. Stellen Sie sich vor, Sie beginnen zur Zeit $t = 0$ am Ursprung. Da kein materielles Objekt schneller als das Licht fliegen kann, kann Ihre Weltlinie niemals eine Steigung haben, die kleiner als 1 ist. Dementsprechend ist Ihre Bewegung auf das trichterförmige Gebiet beschränkt, das durch die beiden unter 45° verlaufenden Linien begrenzt wird (Abbildung 12.22). Wir bezeichnen dieses Gebiet als „Zukunft", da es in einem gewissen Sinne alle Punkte enthält, die uns zugänglich sind. Während die Zeit voranschreitet und Sie sich auf Ihrer Weltlinie bewegen, werden Ihre Möglichkeiten immer mehr eingeschränkt: Ihre „Zukunft" ist in jedem Moment der nach vorne gerichtete „Winkel", der von dem Punkt ausgeht, an dem Sie sich gerade befinden. Darüber hinaus entspricht der *rückwärts* gerichtete Winkel Ihrer „Vergangenheit". Sie enthält im Prinzip alle Punkte, von denen Sie aus zu Ihrem aktuellen Punkt gelangt sein könnten. Der Rest (das Gebiet außerhalb des vorwärts und rückwärts gerichteten Winkels) als „verallgemeinerte Gegenwart" bezeichnet. Dorthin können Sie nicht *gelangen* und Sie können nicht von dort *hergekommen* sein. Tatsächlich gibt es keine Möglichkeit, ein gegenwärtiges Ereignis zu beeinflussen (die Nachricht müsste sich sonst schneller als das Licht ausbreiten). Es ist ein ungeheuer großes Gebiet der Raumzeit, das für Sie absolut nicht erreichbar ist.

Ich habe hier die y- und z-Richtungen ignoriert. Wenn wir eine y-Achse einfügen würden, die aus der Seite heraustritt, werden die „Winkel" zu Trichtern – und weiter, mit einer zeichnerisch nicht mehr darstellbaren z-Achse zu Hypertrichtern. Weil deren Begrenzungen Lichtstrahlen sind, bezeichnen wir sie als **Vorwärts-Lichtkegel** und als **Rückwärts-Lichtkegel**. Ihre Zukunft liegt mit anderen Worten innerhalb des Vorwärts-Lichtkegels, Ihre Vergangenheit liegt hingegen im Rückwärts-Lichtkegel.

Beachten Sie, dass die Steigung der Verbindungslinie zwischen zwei Ereignissen in einem Raumzeit-Diagramm Ihnen auf einen Blick zeigt, ob das zwischen ihnen liegende Invarianzintervall zeitartig ist (dann ist die Steigung größer als 1), ob es raumartig ist (dann ist die Steigung kleiner als 1) oder ob es lichtartig ist (dann beträgt die Steigung 1). Beispielsweise sind alle Punkte in Vergangenheit und Zukunft in Bezug auf Ihre gegenwärtige Position zeitartig, während Punkte in der Gegenwart raumartig und Punkte auf dem Lichtkegel lichtartig sind.

Hermann Minkowski, der als Erster die vollständige geometrische Bedeutung der speziellen Relativitätstheorie erkannte, benutzt in seiner klassischen Arbeit die Worte: „Von Stund' an sollen Raum für sich und Zeit für sich völlig zu Schatten herabsinken und nur noch eine Art Union der beiden soll Selbstständigkeit bewahren.“[11] Das ist eine nette Vorstellung, allerdings müssen Sie aufpassen, dass Sie nicht zu viel hinein interpretieren. Denn es ist nicht ganz richtig, dass Zeit „nur eine andere Koordinate ist, auf derselben Grundlage wie x, y und z“ (abgesehen davon, dass wir sie aus irgendwelchen seltsamen Gründen mit Uhren und nicht mit Messlatten messen). *Nein*: Zeit ist etwas *ganz anderes* als die anderen, und das Merkmal dieses Unterschieds ist das Minuszeichen im Invarianzintervall. Dieses Minuszeichen zwingt der Raumzeit eine hyperbolische Geometrie auf, die viel vielfältiger ist als die kreisförmige Geometrie des dreidimensionalen Raums.

Unter Rotation um die z-Achse beschreibt ein Punkt in der x-y-Ebene einen Kreis, dessen Ortskurve alle Punkte umfasst, die sich in der festen Entfernung $r = \sqrt{x^2 + y^2}$ vom Ursprung befinden (Abbildung 12.23). Unter Lorentz-Transformationen ist jedoch das Intervall $I = (x^2 - c^2t^2)$ erhalten, und die Ortskurve aller Punkte innerhalb eines gegebenen Betrags von I ist eine *Hyperbel* – oder, falls wir die y-Achse mitberücksichtigen, ein *Rotationshyperboloid*. Ist das Intervall *zeitartig*, handelt es sich um ein „zweischaliges Hyperboloid“ (Abbildung 12.24a). Ist das Intervall *raumartig*, handelt es sich um ein „einschaliges Hyperboloid“ (Abbildung 12.24b). Wenn Sie eine Lorentz-Transformation durchführen (d. h., wenn Sie auf ein bewegtes Inertialsystem wechseln), ändern sich die Koordinaten des Ereignisses von (x, t) zu $(\overline{x}, \overline{t})$. Diese neuen Koordinaten *liegen jedoch auf derselben Hyperbel* wie (x, t).

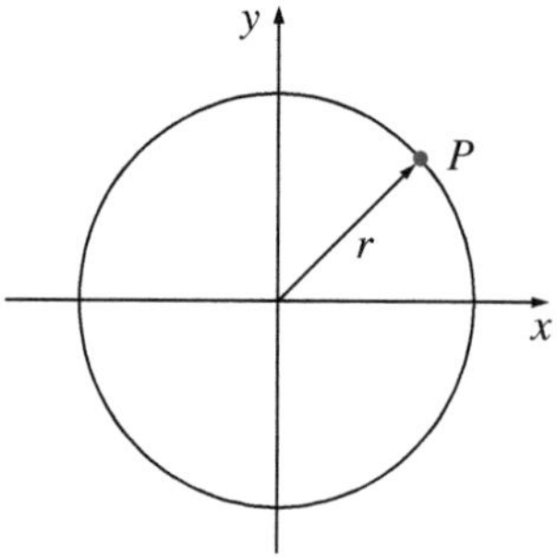

Abbildung 12.23

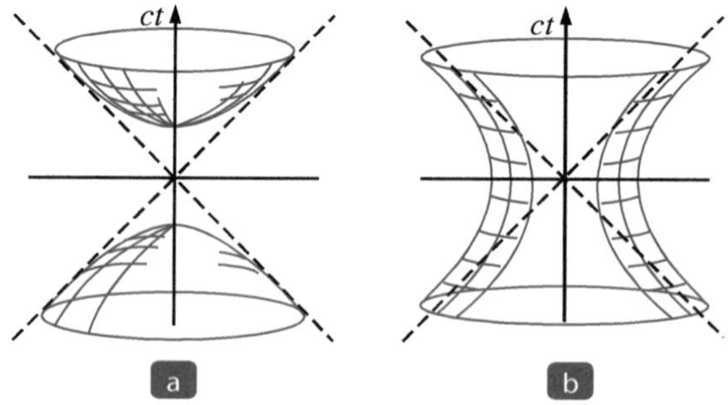

Abbildung 12.24

11 H. Minkowski, Raum und Zeit, Vortrag, gehalten auf der 80. Naturforscher-Versammlung zu Köln am 21. September 1908, B. G. Teubner, Leipzig und Berlin, 1909; zitiert nach: http://de.wikisource.org/wiki/Raum_und_Zeit_(Minkowski). A. d. Ü.

Durch geeignete Kombinationen von Lorentz-Transformationen und Rotationen kann ein Punkt nach Belieben über die Oberfläche eines gegebenen Hyperboloids verschoben werden. Es ist jedoch völlig unmöglich, ihn beispielsweise von der oberen Schale des zeitartigen Hyperboloids auf die untere Schale oder auf ein raumartiges Hyperboloid zu übertragen.

Als wir die Gleichzeitigkeit behandelt haben, habe ich darauf hingewiesen, dass die zeitliche Reihenfolge zweier Ereignisse, zumindest in speziellen Fällen, umgekehrt werden kann, indem wir schlicht auf ein bewegtes System übergehen. Allerdings sehen wir nun, dass dies nicht *immer* möglich ist: *Ist das Invarianzintervall zwischen zwei Ereignissen zeitartig, dann ist ihre Reihenfolge absolut festgelegt. Ist das Intervall raumartig, hängt ihre Reihenfolge vom Inertialsystem ab, aus dem heraus sie beobachtet werden.* Ausgedrückt durch eine Raumzeit-Diagramm hat ein Ereignis auf der oberen Schale eines zeitartigen Hyperboloids *definitiv nach* $(0, 0)$ stattgefunden, eines auf der unteren Schale fand jedoch *vorher* statt. Ein Ereignis auf einem raumartigen Hyperboloid ist jedoch bei positivem oder negativem t eingetreten, je nachdem, in welchem Bezugssystem Sie sich befinden. Dies ist keinesfalls ein nutzloses Kuriosum, denn es rettet das Konzept der **Kausalität**, auf dem die gesamte Physik basiert. Wenn es *immer* möglich wäre, die Abfolge zweier Ereignisse umzukehren, dann könnten wir niemals behaupten, dass „A die Ursache von B ist", da ein rivalisierender Beobachter entgegnen könnte, dass *B vor A eingetreten ist.* Diese ganze Aufregung ist somit vermieden, vorausgesetzt die beiden Ereignisse sind zeitartig voneinander getrennt. Und kausal abhängige Ereignisse *sind* zeitartig voneinander getrennt – andernfalls könnten keine Signale von dem einen zum anderen übertragen werden. *Schlussfolgerung*: Das Invarianzintervall zwischen kausal verknüpften Ereignissen ist immer zeitartig, und ihre zeitliche Abfolge ist für alle Beobachter in einem Inertialsystem gleich.

■ Aufgabe 12.22

Zeichnen Sie ein Raumzeit-Diagramm, dass ein Fangen-Spiel (oder eine Konversation) zwischen zwei Menschen in Ruhe, die sich in einer Entfernung von 3 Metern befinden, darstellt. Wieso können sie miteinander kommunizieren, wo doch ihr Abstand raumartig ist? Es gibt den folgenden alten Limerick:

> Es war einst eine Frau namens Hell,
> Sie konnte reisen wie Licht so schnell.
> Heut morgen, ganz apart
> Verschwand sie auf Einstein'sche Art
> Und reiste nach gestern, ganz materiell.[12]

Was ist Ihre Meinung? Selbst wenn sich Frau Hell überlichtschnell bewegen könnte, wäre es ihr möglich, vor ihrer Abreise zurückzukehren? Könnte sie irgendein dazwischenliegendes Ziel erreichen, bevor sie abreiste? Zeichnen Sie ein Raumzeit-Diagramm, das diese Reise wiedergibt.

11 Hier das Original: There once was a girl named Ms. Bright / Who could travel much faster than light. / She departed one day, / The Einsteinian Way, / And returned on the previous night. A. d. Ü.

Aufgabe 12.23

Das Inertialsystem $\bar{\mathcal{S}}$ bewegt sich mit einer Geschwindigkeit von $\frac{3}{5}c$ relativ zum System $\mathcal{S}$ in x-Richtung. (Die $\bar{x}$-Achse bewegt sich entlang der x-Achse, und die Ursprünge fallen, wie immer, für $t = \bar{t} = 0$ zusammen.)

a. Zeichnen Sie ein kartesisches Koordinatensystem mit den Achsen ct und x auf Millimeterpapier. Zeichnen Sie sorgfältig Linien ein, die Folgendes wiedergeben: $\bar{x} = -3, -2, -1, 0, 1, 2$ und 3. Zeichnen Sie weiterhin Linien ein, die $c\bar{t} = -3, -2, -1, 0, 1, 2$ und 3 entsprechen. Kennzeichnen Sie Ihre Linien deutlich.

b. In $\bar{\mathcal{S}}$ wird ein freies Teilchen beobachtet, wie es zur Zeit $c\bar{t} = -2$ vom Punkt $\bar{x} = -2$ zum Punkt $\bar{x} = 2$ und dem Zeitpunkt $c\bar{t} = +3$ fliegt. Zeichnen Sie diese Verschiebung in Ihrem Graph ein. Bestimmen Sie Geschwindigkeit dieses Teilchens in $\mathcal{S}$ anhand der Steigung dieser Linie.

c. Wenden Sie die Regel der Geschwindigkeitsaddition an und bestimmen Sie die Geschwindigkeit in $\mathcal{S}$ algebraisch; überprüfen Sie dann, dass Ihre Antwort mit der grafischen Lösung in (b) übereinstimmt.

12.2 Relativistische Mechanik

12.2.1 Eigenzeit und Eigengeschwindigkeit

Während Sie sich auf Ihrer Weltlinie voranbewegen, läuft Ihre Uhr langsamer. In dem Zeitraum, in dem auf einer an der Wand ruhenden Uhr das Zeitintervall $\mathrm{d}t$ verstreicht, vergeht auf Ihrer Uhr lediglich das Intervall $\mathrm{d}\tau$:

$$\mathrm{d}\tau = \sqrt{1 - u^2/c^2}\,\mathrm{d}t\,. \tag{12.37}$$

(Ich benutze u für die Geschwindigkeit eines bestimmten Objekts – in diesem Fall Sie – und reserviere v für die relative Geschwindigkeit zweier Inertialsysteme.) Die Zeit τ, die Ihre Uhr anzeigt (oder ganz allgemein die Zeit, die zu einem bewegten Objekt gehört), wird als **Eigenzeit** bezeichnet. In manchen Fällen kann τ eine wichtigere oder nützlichere Größe sein als t. So ist z. B. die Eigenzeit invariant, während die „gewöhnliche" Zeit von dem besonderen Bezugssystem abhängt, das Ihnen vorschwebt.

Stellen Sie sich nun vor, Sie würden sich auf einem Flug nach Rom befinden und der Pilot teilt mit, dass die Geschwindigkeit Ihres Flugzeugs $\frac{4}{5}c$ in südlicher Richtung beträgt. Was genau meint er mit „Geschwindigkeit"? Natürlich versteht er darunter die räumliche Verschiebung, geteilt durch die Zeit:

$$\mathbf{u} = \frac{\mathrm{d}\mathbf{l}}{\mathrm{d}t}\,. \tag{12.38}$$

Und da er sich vermutlich auf die Geschwindigkeit relativ zum Boden bezieht, müssen sowohl $\mathrm{d}\mathbf{l}$ als auch $\mathrm{d}t$ von einem bodengebundenen Beobachter gemessen werden. Diesen wichtigen Wert müssen Sie kennen, um entscheiden zu können, ob Sie zu einem Treffen in Rom pünktlich sein werden. Wollen Sie aber abschätzen, ob Sie bei der Ankunft hungrig sein werden, interessiert Sie vermutlich eher die Geschwindigkeit, mit der Sie die Distanz in *Eigenzeit* zurücklegen:

$$\boldsymbol{\eta} \equiv \frac{\mathrm{d}\mathbf{l}}{\mathrm{d}\tau} . \tag{12.39}$$

Diese gemischte Größe – die Entfernung wird am Boden gemessen, die Zeit aber im Flugzeug – wird als **Eigengeschwindigkeit** bezeichnet. Im Gegensatz dazu bezeichne ich **u** als **gewöhnliche Geschwindigkeit**. Die beiden werden durch Gleichung 12.37 miteinander verknüpft:

$$\boldsymbol{\eta} = \frac{1}{\sqrt{1-u^2/c^2}}\mathbf{u} . \tag{12.40}$$

Bei viel kleineren Geschwindigkeiten als c ist der Unterschied zwischen gewöhnlicher und Eigengeschwindigkeit vernachlässigbar.

Vom theoretischen Standpunkt her hat die Eigengeschwindigkeit allerdings einen enormen Vorteil gegenüber der gewöhnlichen Geschwindigkeit: Sie transformiert sich einfach, wenn Sie von einem Inertialsystem in ein anderes wechseln. Tatsächlich ist η der räumliche Teil eines Vierervektors

$$\eta^\mu \equiv \frac{\mathrm{d}x^\mu}{\mathrm{d}\tau} , \tag{12.41}$$

dessen nullte Komponente

$$\eta^0 = \frac{\mathrm{d}x^0}{\mathrm{d}\tau} = c\frac{\mathrm{d}t}{\mathrm{d}\tau} = \frac{c}{\sqrt{1-u^2/c^2}} \tag{12.42}$$

lautet. Der Zähler $\mathrm{d}x^\mu$ ist ein Verschiebungs-Vierervektor, während der Nenner $\mathrm{d}\tau$ invariant ist. Daher gilt, wenn Sie beispielsweise mit der Geschwindigkeit v entlang der x-$\overline{x}$-Achse von einem Bezugssystem $\mathcal{S}$ in ein System $\overline{\mathcal{S}}$ wechseln:

$$\left.\begin{aligned} \overline{\eta}^0 &= \gamma\left(\eta^0 - \beta\eta^1\right) , \\ \overline{\eta}^1 &= \gamma\left(\eta^1 - \beta\eta^0\right) , \\ \overline{\eta}^2 &= \eta^2 , \\ \overline{\eta}^3 &= \eta^3 . \end{aligned}\right\} \tag{12.43}$$

Allgemeiner ausgedrückt ist

$$\overline{\eta}^\mu = \Lambda^\mu_\nu \eta^\nu , \tag{12.44}$$

wobei η^μ als der **Eigengeschwindigkeits-Vierervektor** oder schlicht als **Vierergeschwindigkeit** bezeichnet wird.

Im Gegensatz dazu ist das Transformationsgesetz für *gewöhnliche* Geschwindigkeiten extrem umständlich, wie wir bereits in Beispiel 12.6 und Aufgabe 12.14 gemerkt haben:

$$\left.\begin{aligned} \overline{u}_x &= \frac{\mathrm{d}\overline{x}}{\mathrm{d}\overline{t}} = \frac{u_x - v}{\left(1 - vu_x/c^2\right)} , \\ \overline{u}_y &= \frac{\mathrm{d}\overline{y}}{\mathrm{d}\overline{t}} = \frac{u_y}{\gamma\left(1 - vu_x/c^2\right)} , \\ \overline{u}_z &= \frac{\mathrm{d}\overline{z}}{\mathrm{d}\overline{t}} = \frac{u_z}{\gamma\left(1 - vu_x/c^2\right)} . \end{aligned}\right\} \tag{12.45}$$

Der *Grund* für diesen zusätzlichen Aufwand ist einfach: Wir müssen sowohl den Zähler $d\mathbf{l}$ *als auch den Nenner* dt transformieren, während für die *Eigen*geschwindigkeit der Nenner $d\tau$ invariant ist. Dadurch erbt der Bruch ausschließlich das Transformationsgesetz des Zählers.

Aufgabe 12.24

a. Gleichung 12.40 definiert die Eigengeschwindigkeit durch die gewöhnliche Geschwindigkeit. Kehren Sie die Gleichung um und bestimmen Sie diejenige für $\mathbf{u}$ in Abhängigkeit von $\boldsymbol{\eta}$.

b. Welche Beziehung herrscht zwischen Eigengeschwindigkeit und *Rapidität* (Gleichung 12.34)? Nehmen Sie an, dass die Geschwindigkeit in x-Richtung zeigt, und bestimmen Sie η als Funktion von θ.

Aufgabe 12.25

Ein Wagen fährt entlang der 45°-Linie in $\mathcal{S}$ (Abbildung 12.25) mit der (gewöhnlichen) Geschwindigkeit $(2/\sqrt{5})c$.

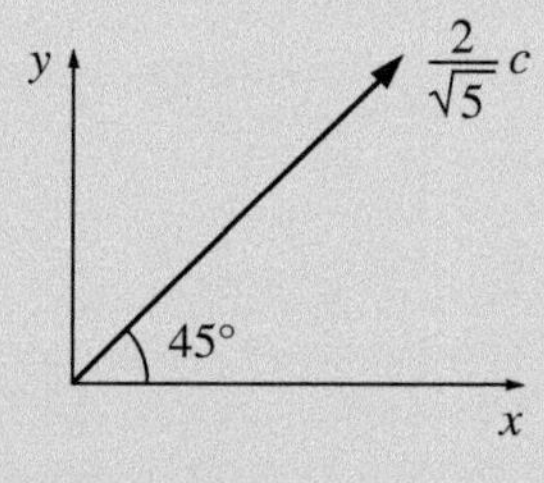

Abbildung 12.25

a. Bestimmen Sie die Komponenten u_x und u_y der (gewöhnlichen) Geschwindigkeit.

b. Bestimmen Sie die Komponenten η_x und η_y der Eigengeschwindigkeit.

c. Bestimmen Sie die nullte Komponente der Vierergeschwindigkeit, η^0.

System $\bar{\mathcal{S}}$ bewegt sich in x-Richtung mit der (gewöhnlichen) Geschwindigkeit $(\sqrt{2/5})c$ relativ zu $\mathcal{S}$. Bestimmen Sie mithilfe der geeigneten Transformationsgesetze:

d. Die (gewöhnlichen) Geschwindigkeitskomponenten $\bar{u}_x$ und $\bar{u}_y$ in $\bar{\mathcal{S}}$.

e. Die Eigengeschwindigkeitskomponenten $\bar{\eta}_x$ und $\bar{\eta}_y$ in $\bar{\mathcal{S}}$,

f. Bestätigen Sie bei einer Prüfung auf Widerspruchsfreiheit, dass

$$\bar{\boldsymbol{\eta}} = \frac{\bar{\mathbf{u}}}{\sqrt{1-\bar{u}^2/c^2}} .$$

Aufgabe 12.26

Bestimmen Sie das invariante Produkt der Vierergeschwindigkeit mit sich selbst, $\eta^\mu \eta_\mu$. Ist η^μ zeitartig, raumartig oder lichtartig?

■ **Aufgabe 12.27**

Ein Polizist lässt Sie anhalten und fragt Sie, wie schnell Sie gefahren sind. „Nun, ich kann nicht lügen: Der Tacho zeigte $4 \cdot 10^8$ m/s an." Er verpasst Ihnen einen Strafzettel, weil die Geschwindigkeitsbeschränkung auf dieser Autobahn $2.5 \cdot 10^8$ m/s ist. Vor Gericht weist Ihr Anwalt (der glücklicherweise Physik studiert hat) darauf hin, dass ein Tacho die Eigengeschwindigkeit anzeigt, die Geschwindigkeitsbeschränkung sich aber auf eine gewöhnliche Geschwindigkeit bezieht. Schuldig oder nicht schuldig?

■ **Aufgabe 12.28**

Betrachten Sie ein Teilchen in hyperbolischer Bewegung gemäß

$$x(t) = \sqrt{b^2 + (ct)^2}\,, \quad y = z = 0\,.$$

a. Bestimmen Sie die Eigenzeit τ als Funktion t unter der Annahme, dass die Uhren so gestellt sind, dass bei $t = 0$ auch $\tau = 0$ ist.

   [*Hinweis*: Integrieren Sie Gleichung 12.37.]

b. Bestimmen Sie x und v (die gewöhnliche Geschwindigkeit) als Funktionen von τ.

c. Bestimmen Sie η^μ (Eigengeschwindigkeit) als Funktion von t.

12.2.2 Relativistische Energie und relativistischer Impuls

In der klassischen Mechanik beträgt der Impuls Masse mal Geschwindigkeit. Ich würde diese Definition gerne auf den relativistischen Bereich ausdehnen, was aber sofort eine Frage aufwirft: Soll ich dazu die *gewöhnliche Geschwindigkeit* oder die *Eigengeschwindigkeit* verwenden? In der klassischen Physik sind $\boldsymbol{\eta}$ und $\mathbf{u}$ identisch, daher gibt es *a priori* keinen Grund, die eine Größe gegenüber der anderen zu bevorzugen. Im Kontext der Relativitätstheorie ist es jedoch wesentlich, dass wir die *Eigen*geschwindigkeit verwenden, ansonsten wären, wenn wir den Impuls als $m\mathbf{u}$ definieren, der Impulserhaltungssatz und das Relativitätsprinzip nicht widerspruchsfrei (siehe Aufgabe 12.29). Daher ist

$$\mathbf{p} = m\boldsymbol{\eta} = \frac{m\mathbf{u}}{\sqrt{1 - u^2/c^2}} \tag{12.46}$$

der **relativistische Impuls** eines Objekts der Masse m, das sich mit der (gewöhnlichen) Geschwindigkeit $\mathbf{u}$ bewegt.[13] .

Der relativistische Impuls ist der räumliche Teil eines Vierervektors

$$p^\mu \equiv m\eta^\mu\,, \tag{12.47}$$

13 Ältere Darstellungen führen an dieser Stelle die sogenannte **relativistische Masse** $m_r = m/\sqrt{1 - u^2/c^2}$ ein. Dann kann man $\mathbf{p}$ als $m_r\mathbf{u}$ schreiben. Diese wenig hilfreiche Extraterminologie hat den Weg des 500-Euro-Scheins angetreten.

daher ist die Frage nur natürlich, was die zeitliche Komponente

$$p^0 = m\eta^0 = \frac{mc}{\sqrt{1-u^2/c^2}} \tag{12.48}$$

bedeutet? Einstein nannte $p^0 c$ die **relativistische Energie:**

$$E \equiv \frac{mc^2}{\sqrt{1-u^2/c^2}} \tag{12.49}$$

p^μ wird als **Energie-Impuls-Vierervektor** (oder kurz als **Impuls-Vierervektor**) bezeichnet.

Beachten Sie, dass die relativistische Energie *selbst dann* nicht null ist, *wenn das Objekt in Ruhe ist.* Wir bezeichnen dies als **Ruheenergie**:

$$E_{\text{Ruhe}} \equiv mc^2 \,. \tag{12.50}$$

Den verbleibenden Rest, der auf die *Bewegung* zurückgeführt werden kann, bezeichnen wir als **kinetische Energie**.

$$E_{\text{kin}} \equiv E - mc^2 = mc^2\left(\frac{1}{\sqrt{1-u^2/c^2}} - 1\right) . \tag{12.51}$$

Im nichtrelativistischen Bereich ($u \ll c$) kann die Quadratwurzel in Potenzen von u^2/c^2 entwickelt werden, was auf

$$E_{\text{kin}} = \frac{1}{2}mu^2 + \frac{3}{8}\frac{mu^4}{c^2} + \ldots \tag{12.52}$$

führt. Der erste Term entspricht der klassischen Formel.

Bislang haben wir uns nur um *Schreibweisen* gekümmert. Die *Physik* liegt in dem experimentellen Befund, dass E und $\mathbf{p}$, wie in Gleichung 12.46 und Gleichung 12.49 definiert, *erhalten* bleiben:

Relativistische Energieerhaltung

In jedem abgeschlossenen[14] System bleiben die gesamte relativistische Energie und der relativistische Impuls erhalten.

Die Ruhemasse bleibt nicht erhalten – eine Tatsache, die seit Hiroshima und Nagasaki jedermann unangenehm bewusst ist (obwohl die sogenannte „Umwandlung von Masse in Energie“ eigentlich eine Umwandlung von *Ruheenergie* in *kinetische Energie* darstellt). Beachten Sie den Unterschied zwischen einer **invarianten** Größe (derselbe

14 Sind darüber hinaus *äußere* Kräfte am Werk, dann bleiben aber (genau wie im klassischen Fall) Energie und Impuls des Systems selbst im Allgemeinen *nicht* erhalten.

Wert in allen Inertialsystemen) und einer **erhaltenen** Größe (derselbe Wert vor und nach irgendeinem Prozess). Die Masse ist invariant, bleibt aber nicht erhalten. Die Energie bleibt erhalten, ist aber nicht invariant. Die elektrische Ladung ist (wie wir noch sehen werden) *sowohl* erhalten *als auch* invariant. Die Geschwindigkeit bleibt *weder* erhalten *noch* ist sie invariant.

Das Skalarprodukt von p^μ mit sich selbst lautet

$$p^\mu p_\mu = -(p^0)^2 + (\mathbf{p} \cdot \mathbf{p}) = -m^2 c^2 \,. \tag{12.53}$$

Dies können Sie unter Verwendung des Ergebnisses aus Aufgabe 12.26 schnell selbst prüfen. Durch die relativistische Energie ausgedrückt lautet dies

$$E^2 - p^2 c^2 = m^2 c^4 \,. \tag{12.54}$$

Dieses Ergebnis ist extrem hilfreich, denn es ermöglicht Ihnen die Berechnung von E (sofern Sie p kennen) oder von p (wenn Sie E kennen), ohne dass Sie dazu jemals die Geschwindigkeit kennen müssen.[15]

Aufgabe 12.29

a. Wiederholen Sie Aufgabe 12.2a mit der (falschen) Definition $\mathbf{p} = m\mathbf{u}$, aber mit der (richtigen) Einstein'schen Geschwindigkeitsadditionsregel. Beachten Sie, dass der (so definierte) Impuls, auch wenn er in $\mathcal{S}$ erhalten bleibt, in $\bar{\mathcal{S}}$ *nicht* erhalten ist. Gehen Sie davon aus, dass die gesamte Bewegung entlang der x-Achse verläuft.

b. Wiederholen Sie die Aufgabe nun mit der korrekten Definition $\mathbf{p} = m\boldsymbol{\eta}$. Beachten Sie, dass der (so definierte) Impuls, wenn er in $\mathcal{S}$ erhalten bleibt, auch in $\bar{\mathcal{S}}$ erhalten ist.

[*Hinweis*: Benutzen Sie Gleichung 12.43 zur Transformation der Eigengeschwindigkeit.]

Was müssen Sie über die relativistische Energie annehmen?

Aufgabe 12.30

Wenn die kinetische Energie eines Teilchens das n-fache der Ruheenergie beträgt, wie groß ist dann seine Geschwindigkeit?

Aufgabe 12.31

Nehmen Sie an, Sie haben eine Gruppe von Teilchen, die sich alle mit den Energien E_1, E_2, E_3, ... sowie den Impulsen n_1, n_2, n_3, ... in x-Richtung bewegen. Bestimmen Sie die Geschwindigkeit des **Schwerpunktsystems**, in dem der Gesamtimpuls null beträgt.

---

15 Die Gleichungen 12.53 und 12.54 beziehen sich auf ein *einzelnes Teilchen* der Masse m. Wenn Sie von der Gesamtenergie und dem Gesamtimpuls einer *Ansammlung* von Teilchen sprechen, so ist $p^\mu p_\mu$ immer noch eine Invariante. Sie können sie dazu benutzen, die sogenannte **invariante Masse** $(-p^\mu p_\mu / c^2)$ des Systems zu definieren. Sie wird im Allgemeinen aber nicht die Summe der einzelnen Massen sein.

12.2.3 Relativistische Kinematik

In diesem Abschnitt untersuchen wir einige Anwendungen der Erhaltungssätze auf Teilchenzerfälle und Kollisionen.

Beispiel 12.7: Relativistische Masse

Zwei Lehmklumpen, jeder mit (Ruhe)masse m, kollidieren frontal mit $\frac{3}{5}c$ (Abbildung 12.26). Sie bleiben aneinander kleben. *Frage*: Welche Masse (M) hat der entstehende Lehmklumpen?

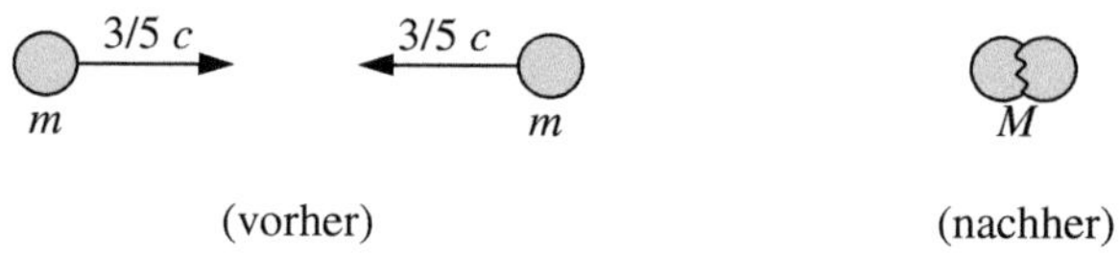

Abbildung 12.26

Lösung:

In diesem Fall ist die Impulserhaltung trivial: null vorher und null hinterher. Die Energie jedes Klumpens vor der Kollision beträgt

$$\frac{mc^2}{\sqrt{1-(3/5)^2}} = \frac{5}{4}mc^2 \,.$$

Die Energie des entstehenden Klumpens nach der Kollision beträgt Mc^2 (da er sich in Ruhe befindet). Daher besagt die Energieerhaltung

$$\frac{5}{4}mc^2 + \frac{5}{4}mc^2 = Mc^2 \,,$$

und somit ist

$$M = \frac{5}{2}m \,.$$

Beachten Sie, dass dieser Wert *größer* ist als die Summe der anfänglichen Massen! Bei dieser Kollision bleibt die Masse nämlich nicht erhalten: Da kinetische Energie in Ruheenergie umgewandelt worden ist, erhöht sich die Masse.

In der *klassischen* Analyse dieser Kollision kommen wir zu dem Schluss, dass kinetische Energie in *thermische* Energie umgewandelt worden ist – der entstandene Klumpen ist *heißer* als die beiden kollidierten Teile. Dies gilt natürlich auch noch in der relativistischen Betrachtungsweise. Was allerdings *ist* thermische Energie? Sie ist die Gesamtsumme aller zufälligen kinetischen und potentiellen Energien aller Atome und Moleküle im Innern der Substanz. Die Relativitätstheorie besagt, dass alle diese mikroskopischen Energieanteile in der *Masse* des Objekts enthalten sind. Eine heiße Kartoffel ist *massereicher* als eine kalte Kartoffel, und eine komprimierte Feder ist massereicher als eine entspannte Feder. Natürlich nicht sehr viel – wie Sie wissen, trägt die innere Energie (U)

Beispiel 12.7 (Fortsetzung)

mit U/c^2 zur Masse bei, und c^2 ist unter alltäglichen Gesichtspunkten eine riesige Zahl. Sie werden niemals zwei Lehmklumpen mit so hoher Geschwindigkeit so nah zusammenbringen können, dass Sie die Nichterhaltung der Masse bei ihrer Kollision nachweisen können. Im Bereich der Elementarteilchen kann dieser Effekt jedoch deutlich zutage treten. Zerfällt beispielsweise das neutrale Pi-Meson (Masse $2{,}4 \cdot 10^{-28}$ kg) in ein Elektron und ein Positron (jedes mit der Masse $9{,}11 \cdot 10^{-31}$ kg), dann wird die Ruheenergie *nahezu vollständig* in kinetische Energie umgewandelt – weniger als 1% der ursprünglichen Masse bleibt zurück.

In der klassischen Mechanik gibt es kein masseloses Teilchen – sonst wären seine kinetische Energie ($\frac{1}{2}mu^2$) und sein Impuls ($m\mathbf{u}$) null, Sie könnten keine Kräfte ($\mathbf{F} = m\mathbf{a}$) darauf ausüben und daher (wegen des dritten Newton'schen Gesetzes) könnte *es* auch keine Kräfte auf irgendetwas anderes ausüben. Soweit es die Physik betrifft, wäre es unbedeutend. Sie vermuten vielleicht, dass dies auch in der relativistischen Betrachtung gilt, denn schließlich sind $\mathbf{p}$ und E immer noch proportional zu m. Allerdings enthüllt ein genauerer Blick auf Gleichung 12.46 und 12.49 ein Schlupfloch, durch das ein Politiker passen würde: Für $u = c$ wird die Null im Zähler durch eine Null im Nenner ausgeglichen, wodurch sowohl $\mathbf{p}$ als auch E unbestimmt sind (null durch null). Es wäre also möglich, dass ein masseloses Teilchen Energie und Impuls mit sich trägt, *sofern es sich immer mit Lichtgeschwindigkeit bewegt.* Obwohl dann Gleichung 12.46 und 12.49 E und $\mathbf{p}$ nicht mehr festlegen können, deutet Gleichung 12.54 an, dass die beiden durch

$$E = pc \qquad (12.55)$$

miteinander verknüpft sind.

Persönlich würde ich dieses Argument als Witz auffassen, gäbe es da nicht tatsächlich wenigstens ein masseloses Teilchen in der Natur: das Photon.[16] Photonen bewegen sich mit Lichtgeschwindigkeit und erfüllen Gleichung 12.55.[17] Dadurch sind wir gezwungen, dieses „Schlupfloch" ernst zu nehmen. (Nebenbei fragen Sie sich vielleicht, was ein Photon mit *hoher* Energie von einem mit geringer Energie unterscheidet – schließlich haben beide dieselbe Masse (null) und dieselbe Geschwindigkeit (c). Die Relativitätstheorie bietet auf diese Frage keine Antwort, aber interessanterweise *sehr wohl* die Quantenmechanik: gemäß der Planck'schen Formel $E = h\nu$ mit dem **Planck'schen Wirkungsquantum** h und der Frequenz ν. Ein *blaues* Photon (hohe Frequenz) hat daher mehr Energie als ein *rotes* (niedrige Frequenz).)

16 Bis vor Kurzem galten Neutrinos ebenfalls als masselos. Neuere Experimente zeigen aber, dass sie tatsächlich eine (allerdings sehr geringe) Masse besitzen.

17 Das Photon ist das **Austauschteilchen** des elektromagnetischen Felds, und es ist daher keineswegs ein Zufall, wenn dasselbe Verhältnis zwischen Energie und Impuls auch für elektromagnetische Wellen gilt (siehe Gleichungen 9.60 und 9.62).

Beispiel 12.8: Pion-Zerfall

Ein ruhendes Pion zerfällt in ein Myon und ein Neutrino (Abbildung 12.27). Bestimmen Sie die Energie des wegfliegenden Myons und drücken Sie das Ergebnis durch die beiden Massen m_π und m_μ aus (nehmen Sie an, dass die Neutrinomasse $m_\nu = 0$ ist).

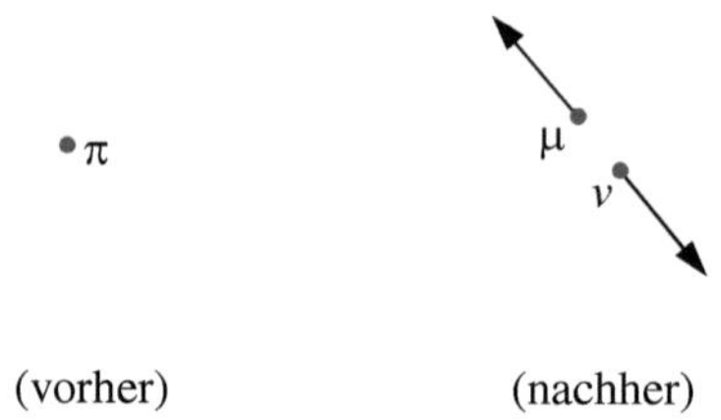

Abbildung 12.27

Lösung:

In diesem Fall ist

$$E_{\text{vorher}} = m_\pi c^2 \,, \qquad \mathbf{p}_{\text{vorher}} = 0 \,,$$
$$E_{\text{nachher}} = E_\mu + E_\nu \,, \qquad \mathbf{p}_{\text{nachher}} = \mathbf{p}_\mu + \mathbf{p}_\nu$$

Die Impulserhaltung erfordert, dass $\mathbf{p}_\nu = -\mathbf{p}_\mu$. Aufgrund der Energieerhaltung wissen wir, dass

$$E_\mu + E_\nu = m_\pi c^2 \,.$$

Nun ist aufgrund von Gleichung 12.55 $E_\nu = |\mathbf{p}_\nu| c = |\mathbf{p}_\mu| c$, aber aufgrund von Gleichung 12.54 ist $|\mathbf{p}_\mu| = \sqrt{E_\mu^2 - m_\mu^2 c^4}/c$, daher ist

$$E_\mu + \sqrt{E_\mu^2 - m_\mu^2 c^4} = m_\pi c^2 \,.$$

Daraus folgt, dass

$$E_\mu = \frac{\left(m_\pi^2 + m_\mu^2\right) c^2}{2 m_\pi} \,.$$

Im Verlauf einer klassischen Kollision bleiben Impuls und Masse immer erhalten, bei der kinetischen Energie ist das im Allgemeinen nicht der Fall. Eine „klebrige" Kollision erzeugt auf Kosten der kinetischen Energie Wärme. Eine „explosive" Kollision erzeugt auf Kosten der chemischen (oder irgendeiner anderen Art von) Energie kinetische Energie. Bleibt die kinetische Energie *doch* erhalten, wie bei dem idealen Stoß zweier Billardbälle, bezeichnen wir diesen Prozess als *elastisch*. Im relativistischen Fall sind Impuls und Energie immer erhalten, doch Masse und kinetische Energie sind es im Allgemeinen nicht. Auch in diesem Fall bezeichnen wir diesen Prozess als **elastisch**, sofern die kinetische Energie erhalten bleibt. In diesem Fall ist die Ruheenergie (bestehend aus der Gesamtenergie minus der kinetischen Energie) *ebenfalls* erhalten, und demzufolge gilt das auch für die Masse. In der Praxis bedeutet dies, dass dieselben Teilchen den Prozess verlassen, die ihn begonnen haben. Die Beispiele 12.7 und 12.8 beschreiben *inelastische* Prozesse. Der folgende ist *elastisch*.

Beispiel 12.9: Compton-Streuung

Ein Photon der Energie E_0 „prallt" von einem Elektron ab, das sich ursprünglich in Ruhe befindet. Bestimmen Sie die Energie E des davonfliegenden Photons als Funktion des **Streuwinkels** θ (siehe Abbildung 12.28).

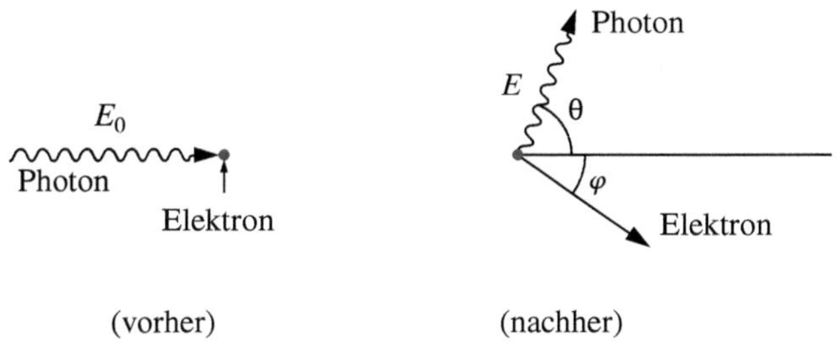

Abbildung 12.28

Lösung:

Impulserhaltung in „vertikaler" Richtung liefert $p_e \sin\varphi = p_p \sin\theta$ oder, wegen $p_p = E/c$,

$$\sin\varphi = \frac{E}{p_e c}\sin\theta\,.$$

Impulserhaltung in „horizontaler" Richtung liefert

$$\frac{E_0}{c} = p_p\cos\theta + p_e\cos\varphi = \frac{E}{c}\cos\theta + p_e\sqrt{1-\left(\frac{E}{p_e c}\sin\theta\right)^2}\,,$$

oder

$$p_e^2c^2 = (E_0 - E\cos\theta)^2 + E^2\sin^2\theta = E_0^2 - 2E_0E\cos\theta + E^2\,.$$

Schließlich besagt die Energieerhaltung, dass

$$E_0 + mc^2 = E + E_e = E + \sqrt{m^2c^4 + p_e^2c^2}$$
$$= E + \sqrt{m^2c^4 + E_0^2 - 2E_0E\cos\theta + E^2}\,.$$

Lösen wir das nach E auf, so erhalten wir

$$E = \frac{1}{(1-\cos\theta)/mc^2 + (1/E_0)}\,. \tag{12.56}$$

Das Ergebnis sieht angenehmer aus, wenn wir es durch die *Wellenlänge* des Photons ausdrücken:

$$E = h\nu = \frac{hc}{\lambda}\,,$$

Beispiel 12.9 (Fortsetzung)

daher ist

$$\lambda = \lambda_0 + \frac{h}{mc}(1 - \cos\theta) \ . \qquad (12.57)$$

Die Größe (h/mc) wird als **Compton-Wellenlänge** des Elektrons bezeichnet.

Aufgabe 12.32

Bestimmen Sie die Geschwindigkeit des Myons in Beispiel 12.8.

Aufgabe 12.33

Ein Teilchen der Masse m, dessen Gesamtenergie das Doppelte seiner Ruheenergie beträgt, stößt mit einem identischen ruhenden Teilchen zusammen. Am Ende des Prozesses kleben sie aneinander. Welche Masse hat das resultierende Teilchen? Wie groß ist seine Geschwindigkeit?

Aufgabe 12.34

Ein neutrales Pion der (Ruhe)masse m und des (relativistischen) Impulses $p = \frac{3}{4}mc$ zerfällt in zwei Photonen. Eines der Photonen wird in dieselbe Richtung emittiert wie das ursprüngliche Pion, das andere fliegt in die entgegengesetzte Richtung. Bestimmen Sie die (relativistische) Energie jedes Photons.

Aufgabe 12.35

In der Vergangenheit gab es in den meisten Experimenten der Teilchenphysik fest stehende Targets (die Ziele, auf die Teilchenströme gelenkt werden, A. d. Ü.). Ein Teilchen (üblicherweise ein Proton oder Elektron) wurde auf hohe Energie E beschleunigt und kollidierte mit dem in Ruhe befindlichen Targetteilchen (Abbildung 12.29a). Viel höhere *relative* Energien lassen sich (mit demselben Beschleuniger) erzielen, wenn Sie *beide* Teilchen auf die Energie E beschleunigen und die beiden Teilchen aufeinander lenken (Abbildung 12.24b). Im *klassischen* Fall ist die Energie $\overline{E}$ eines Teilchen relativ zum anderen lediglich $4E$ (warum?). Der Gewinn ist nicht gerade groß und beträgt nur einen Faktor 4. Relativistisch gesehen kann der Gewinn aber *enorm* groß werden. Zeigen Sie unter der Annahme, dass die beiden Teilchen dieselbe Masse m besitzen, dass

$$\overline{E} = \frac{2E^2}{mc^2} - mc^2 \ . \qquad (12.58)$$

Abbildung 12.29

Nehmen Sie an, Sie verwenden Protonen ($mc^2 = 1\,\text{GeV}$; $1\,\text{GeV} = 10^9$ Elektronenvolt) mit einer Energie $E = 30\,\text{GeV}$. Welchen Wert für $\overline{E}$ erhalten Sie? Auf welches Vielfaches von E summiert sich das?

[Aufgrund dieser relativistischen Verstärkung nutzen die meisten modernen Elementarteilchenbeschleuniger **kollidierende Strahlen** anstelle fest stehender Targets.]

■ **Aufgabe 12.36**

In einem Experiment zur **Paarvernichtung** trifft ein Elektron (der Masse m) mit dem Impuls p_e auf ein ruhendes Positron (derselben Masse, aber entgegengesetzter Ladung). Sie vernichten sich gegenseitig (man bezeichnet das als **Annihilation**), wobei zwei Photonen entstehen. (Warum kann nicht nur *ein* Photon entstehen?) Eines der Photonen entfernt sich unter einem Winkel von 60° relativ zur Richtung des ankommenden Elektrons; wie groß ist dann seine Energie?

12.2.4 Relativistische Dynamik

Das erste Newton'sche Gesetz ist in dem Relativitätsprinzip enthalten. Das zweite Newton'sche Gesetz bleibt in der Form

$$\mathbf{F} = \frac{\mathrm{d}\mathbf{p}}{\mathrm{d}t} \qquad (12.59)$$

auch in der relativistischen Mechanik gültig, *vorausgesetzt, wir benutzen den relativistischen Impuls.*

Beispiel 12.10: Bewegung aufgrund einer konstanten Kraft

Ein Teilchen der Masse m unterliegt einer konstanten Kraft F. Es befindet sich zur Zeit $t = 0$ im Ursprung im Ruhezustand; bestimmen Sie seine Position (x) als Funktion der Zeit.

Lösung:

$$\frac{\mathrm{d}p}{\mathrm{d}t} = F \Rightarrow p = Ft + \text{Konstante}\,,$$

da aber $p = 0$ bei $t = 0$ gilt, muss die Konstante null sein, und daher ist

$$p = \frac{mu}{\sqrt{1 - u^2/c^2}} = Ft\,.$$

Lösen wir dies nach u auf, erhalten wir

$$u = \frac{(F/m)\,t}{\sqrt{1 + (Ft/mc)^2}}\,. \qquad (12.60)$$

Beispiel 12.10 (Fortsetzung)

Der Zähler enthält natürlich die klassische Antwort – er ist näherungsweise richtig, sofern $(F/m)t \ll c$. Der relativistische Nenner stellt sicher, dass u niemals größer wird als c. Tatsächlich gilt haben wir $u \to c$ für $t \to \infty$.

Um die Aufgabe vollständig zu lösen, müssen wir wieder integrieren:

$$\begin{aligned} x(t) &= \frac{F}{m}\int\limits_0^t \frac{t'}{\sqrt{1+(Ft'/mc)^2}}\,\mathrm{d}t' \\ &= \frac{mc^2}{F}\sqrt{1+(Ft'/mc)^2}\,\Bigg|_0^t = \frac{mc^2}{F}\left[\sqrt{1+(Ft/mc)^2}-1\right] . \end{aligned} \quad (12.61)$$

Anstelle der klassischen Parabel mit $x(t) = (F/2m)t^2$ bildet der Graph nun eine *Hyperbel* (Abbildung 12.30). Aus diesem Grund wird die durch eine konstante Kraft hervorgerufene Bewegung oft als **hyperbolische Bewegung** bezeichnet. Sie tritt beispielsweise auf, wenn sich ein geladenes Teilchen in einem gleichförmigen elektrischen Feld befindet.

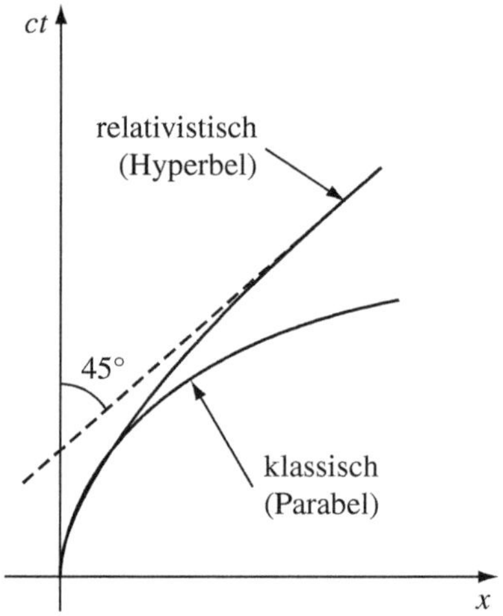

Abbildung 12.30

Arbeit ist wie immer das Wegintegral der Kraft:

$$W \equiv \int \mathbf{F}\,\mathrm{d}\mathbf{l} . \quad (12.62)$$

Der Zusammenhang von **Arbeit und Energie** („die an einem Teilchen verrichtete Arbeit ist genauso groß wie der Anstieg ihrer kinetischen Energie“) gilt auch im relativistischen Fall:

$$W = \int \frac{\mathrm{d}\mathbf{p}}{\mathrm{d}t}\cdot \mathrm{d}\mathbf{l} = \int \frac{\mathrm{d}\mathbf{p}}{\mathrm{d}t}\cdot\frac{\mathrm{d}\mathbf{l}}{\mathrm{d}t}\,\mathrm{d}t = \int \frac{\mathrm{d}\mathbf{p}}{\mathrm{d}t}\cdot \mathbf{u}\,\mathrm{d}t$$

mit

$$\frac{\mathrm{d}\mathbf{p}}{\mathrm{d}t}\cdot\mathbf{u} = \frac{\mathrm{d}}{\mathrm{d}t}\left(\frac{m\mathbf{u}}{\sqrt{1-u^2/c^2}}\right)\cdot\mathbf{u}$$

$$= \frac{m\mathbf{u}}{\left(1-u^2/c^2\right)^{3/2}}\cdot\frac{\mathrm{d}\mathbf{u}}{\mathrm{d}t} = \frac{\mathrm{d}}{\mathrm{d}t}\left(\frac{mc^2}{\sqrt{1-u^2/c^2}}\right) = \frac{\mathrm{d}E}{\mathrm{d}t}\,, \tag{12.63}$$

sodass gilt:

$$W = \int \frac{\mathrm{d}E}{\mathrm{d}t}\cdot\mathrm{d}t = E_{\mathrm{Ende}} - E_{\mathrm{Anfang}}\,. \tag{12.64}$$

Da die *Ruhe*energie konstant ist, macht es keinen Unterschied, ob wir hier die Gesamtenergie oder die kinetische Energie benutzen.

Anders als die ersten beiden kann das *dritte* Newton'sche Gesetz im Allgemeinen *nicht* auf den relativistischen Fall übertragen werden. Sind die beiden infrage kommenden Objekte räumlich voneinander getrennt, ist das dritte Gesetz mit der Relativität der Gleichzeitigkeit unvereinbar. Sei $\mathbf{F}(t)$ beispielsweise die Kraft von A auf B zu irgendeinem Zeitpunkt t, und die Kraft von B auf A sei zum selben Zeitpunkt $-\mathbf{F}(t)$. Dann gilt das dritte Newton'sche Gesetz in *diesem Bezugssystem*. Ein sich bewegender Beobachter wird jedoch feststellen, dass diese gleich großen, aber entgegengesetzt gerichteten Kräfte zu *unterschiedlichen Zeiten* auftreten. In seinem System wird daher das dritte Newton'sche Gesetz *verletzt*. Nur im Fall von Kontaktwechselwirkungen, in denen die beiden Kräfte auf *denselben physikalischen Punkt* wirken (und im trivialen Fall, in dem die Kräfte *konstant* sind), darf das dritte Newton'sche Gesetz eingesetzt werden.

Weil $\mathbf{F}$ die Ableitung des Impulses bezüglich der *gewöhnlichen* Zeit ist, zeigt sie auch die unangenehme Eigenschaft der (gewöhnlichen) Geschwindigkeit beim Übergang von einem Inertialsystem zu einem anderen: Sowohl der Zähler *als auch der Nenner* müssen transformiert werden. Daher ist[18]

$$\bar{F}_y = \frac{\mathrm{d}\bar{p}_y}{\mathrm{d}\bar{t}} = \frac{\mathrm{d}p_y}{\gamma\,\mathrm{d}t - \frac{\gamma\beta}{c}\,\mathrm{d}x} = \frac{\mathrm{d}p_y/\mathrm{d}t}{\gamma\left(1-\frac{\beta}{c}\frac{\mathrm{d}x}{\mathrm{d}t}\right)} = \frac{F_y}{\gamma\left(1-\beta u_x/c\right)}\,. \tag{12.65}$$

Ähnliches gilt für die z-Komponente

$$\bar{F}_z = \frac{F_z}{\gamma\left(1-\beta u_x/c\right)}\,.$$

Bei der x-Komponente ist es noch schlimmer:

$$\bar{F}_x = \frac{\mathrm{d}\bar{p}_x}{\mathrm{d}\bar{t}} = \frac{\gamma\,\mathrm{d}p_x - \gamma\beta\,\mathrm{d}p^0}{\gamma\,\mathrm{d}t - \frac{\gamma\beta}{c}\,\mathrm{d}x} = \frac{\frac{\mathrm{d}p_x}{\mathrm{d}t} - \beta\frac{\mathrm{d}p^0}{\mathrm{d}t}}{1-\frac{\beta}{c}\frac{\mathrm{d}x}{\mathrm{d}t}} = \frac{F_x - \frac{\beta}{c}\left(\frac{\mathrm{d}E}{\mathrm{d}t}\right)}{1-\beta u_x/c}\,.$$

Den Term $\mathrm{d}E/\mathrm{d}t$ haben wir bereits in Gleichung 12.63 berechnet. Setzen wir ihn ein, erhalten wir

$$\bar{F}_x = \frac{F_x - \beta\left(\mathbf{u}\cdot\mathbf{F}\right)/c}{1-\beta u_x/c}\,. \tag{12.66}$$

18 Wie bereits erwähnt, beschreiben γ und β die Bewegung von $\bar{\mathcal{S}}$ relativ zu $\mathcal{S}$ – sie sind *Konstanten*; $\mathbf{u}$ ist die Geschwindigkeit des Teilchens relativ zu $\mathcal{S}$.

Nur in einem speziellen Fall sind diese Gleichungen sinnvoll zu behandeln: *Wenn das Teilchen sich (anfänglich) in $\mathcal{S}$ in Ruhe befindet*, also für den Fall $\mathbf{u} = 0$, gilt

$$\bar{\mathbf{F}}_{\perp} = \frac{1}{\gamma}\mathbf{F}_{\perp} \quad \text{und} \quad \bar{\mathbf{F}}_{\parallel} = \mathbf{F}_{\parallel}\,. \tag{12.67}$$

Das bedeutet, die **F**-Komponente *parallel* zur Bewegung von $\bar{\mathcal{S}}$ bleibt unverändert, die Komponenten senkrecht dazu werden durch γ dividiert.

Vielleicht hatten Sie schon den Einfall, dass sich das unangenehme Transformationsverhalten von **F** umgehen ließe, indem man eine „Eigen"kraft (ähnlich der Eigengeschwindigkeit) einführt, die eine Ableitung des Impulses hinsichtlich der *Eigenzeit* darstellt:

$$K^{\mu} \equiv \frac{\mathrm{d}p^{\mu}}{\mathrm{d}\tau}\,. \tag{12.68}$$

Bei dieser sogenannten **Minkowski-Kraft** handelt es sich einfach um einen Vierervektor, da p^{μ} ein Vierervektor und die Eigenzeit invariant ist. Die räumlichen Komponenten von K^{μ} werden über

$$\mathbf{K} = \left(\frac{\mathrm{d}t}{\mathrm{d}\tau}\right)\frac{\mathrm{d}\mathbf{p}}{\mathrm{d}t} = \frac{1}{\sqrt{1-u^2/c^2}}\mathbf{F} \tag{12.69}$$

mit der „gewöhnlichen" Kraft verknüpft; die Nullkomponente ist

$$K^0 = \frac{\mathrm{d}p^0}{\mathrm{d}\tau} = \frac{1}{c}\frac{\mathrm{d}E}{\mathrm{d}\tau} \tag{12.70}$$

und gibt, abgesehen vom Faktor $1/c$, die Zuwachsrate für die Energie der Teilchen an, gemessen in der Eigenzeit. Sie ist mit anderen Worten die (Eigen)Leistung, die auf das Teilchen übertragen wird.

Die relativistische Dynamik kann mittels der gewöhnlichen Kraft *oder* mittels der Minkowski-Kraft formuliert werden. Letztere ist im Allgemeinen viel angenehmer zu rechnen, da wir langfristig aber an der Bahn des Teilchens als Funktion der *gewöhnlichen* Zeit interessiert sind, ist erstere meist nützlicher. Wollen wir einige klassische Kraftgesetze für relativistische Anwendungen verallgemeinern, beispielsweise die Lorentz-Kraft, steht eine Frage im Raum: Entspricht die klassische Formel der gewöhnlichen Kraft oder der Minkowski-Kraft? Sollten wir mit anderen Worten diese Schreibweise

$$\mathbf{F} = q\,(\mathbf{E} + \mathbf{u} \times \mathbf{B})\ ,$$

wählen, oder müsste es

$$\mathbf{K} = q\,(\mathbf{E} + \mathbf{u} \times \mathbf{B})$$

lauten?

Da Eigenzeit und gewöhnliche Zeit in der klassischen Physik identisch sind, gibt es dort keine Möglichkeit, diese Frage zu beantworten. Die Lorentz-Kraft ist, wie sich herausstellt, eine *gewöhnliche* Kraft – ich werde später noch erläutern, warum das so ist, und Ihnen zeigen, wie wir die elektromagnetische Minkowski-Kraft konstruieren können.

Beispiel 12.11: Zyklotronbewegung

Üblicherweise führt ein geladenes Teilchen in einem gleichförmigen Magnetfeld eine **Zyklotron-Bewegung** aus (Abbildung 12.31). Die magnetische Kraft, die in Richtung Mittelpunkt zeigt, ist

$$F = QuB$$

und liefert die Zentripetalbeschleunigung, die nötig ist, um die Kreisbewegung aufrecht zu erhalten. Beachten Sie jedoch, dass in der speziellen Relativitätstheorie die Zentripetalkraft *nicht*, wie in der klassischen Mechanik, mu^2/R beträgt. Wie Sie Abbildung 12.32 entnehmen können, gilt vielmehr $\mathrm{d}p = p\,\mathrm{d}\theta$, daher ist

$$F = \frac{\mathrm{d}p}{\mathrm{d}t} = p\frac{\mathrm{d}\theta}{\mathrm{d}t} = p\frac{u}{R}\,.$$

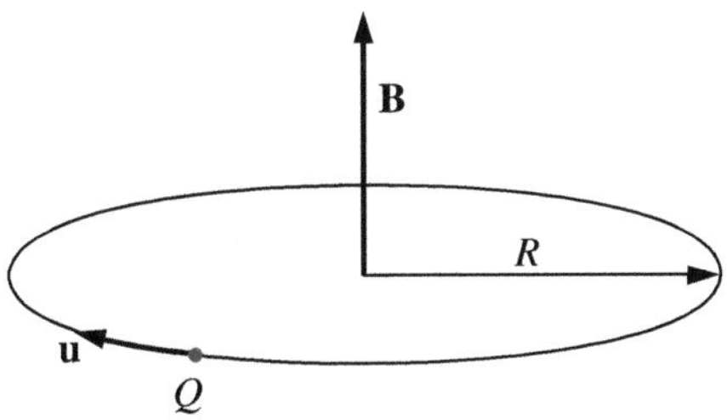

Abbildung 12.31

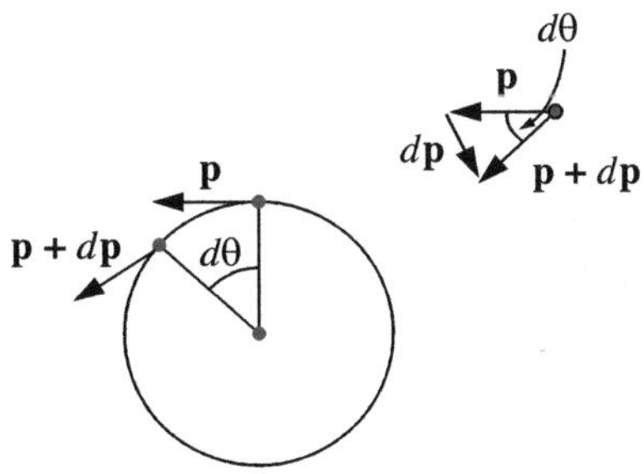

Abbildung 12.32

(Klassisch gilt natürlich $p = mu$ und daher $F = mu^2/R$.) Daher ist

$$QuB = p\frac{u}{R}\,,$$

oder

$$p = QBR\,. \tag{12.71}$$

In dieser Form ist die relativistische Zyklotronformel identisch mit der nichtrelativistischen (Gleichung 5.3) – der einzige Unterschied besteht darin, dass p nun der relativistische Impuls ist.

In der klassischen Mechanik kann der Gesamtimpuls $\mathbf{P}$ einer Ansammlung wechselwirkender Teilchen durch die Gesamtmasse M mal der Geschwindigkeit des Schwerpunkts ausgedrückt werden:

$$\mathbf{P} = M\frac{\mathrm{d}\mathbf{R}_m}{\mathrm{d}t}\,.$$

In der Relativitätstheorie wird der Schwerpunkt, das Zentrum der Masse ($\mathbf{R}_m = \frac{1}{M}\sum m_i\mathbf{r}_i$), durch das **Zentrum der Energie** ($\mathbf{R}_e = \frac{1}{E}\sum E_i\mathbf{r}_i$ mit der Gesamtenergie E) ersetzt sowie M durch E/c^2:

$$\mathbf{P} = \frac{E}{c^2}\frac{\mathrm{d}\mathbf{R}_e}{\mathrm{d}t}\,. \tag{12.72}$$

P beinhaltet nun *alle* Impulsformen und E alle Energieformen, nicht nur die mechanische Energie, sondern auch alle Energie, die in den Feldern gespeichert werden kann.[19]

Beispiel 12.12: Impuls im Koaxialkabel

In Beispiel 8.3 haben wir herausgefunden, dass der Impuls, der in den Feldern eines Koaxialkabels gespeichert ist, nicht null ist, auch wenn das Kabel selbst in Ruhe ist. Dieses Ergebnis erschien paradox. Allerdings wird dabei Energie transportiert, von der Batterie zum Widerstand, und somit ist das Zentrum der Energie in Bewegung. In der Tat ist, wenn sich die Batterie bei $z = 0$ befindet und der Widerstand bei $z = l$, $\mathbf{R}_e = (E_0\mathbf{R}_0 + E_R l\hat{\mathbf{z}})/E$. Dabei ist E_R die Energie im Widerstand, E_0 die restliche Energie und $\mathbf{R}_0$ das Zentrum der Energie von E_0. Somit gilt

$$\frac{\mathrm{d}\mathbf{R}_e}{\mathrm{d}t} = \frac{(\mathrm{d}E_R/dt)l}{E}\hat{\mathbf{z}} = \frac{IVl}{E}\hat{\mathbf{z}}\,.$$

Gemäß Gleichung 12.72 sollte der Gesamtimpuls daher

$$\mathbf{P} = \frac{IVl}{c^2}\hat{\mathbf{z}}$$

lauten. Das ist aber genau der Feldimpuls, den wir in Beispiel 8.3 berechnet haben.

Wenn Ihnen das immer noch mysteriös erscheint, so stellen Sie sich eine Schuhschachtel vor, in der sich eine Murmel befindet, die wir nicht sehen können. Die Schachtel ist in Ruhe, aber die Murmel rollt von einem Ende zum anderen. Hat dieses System einen Impuls? Natürlich, auch wenn sich die Schachtel nicht bewegt: Es gibt ja auch den Impuls der Murmel! Im Falle des Koaxialkabels ist kein tatsächlicher *Gegenstand* in Bewegung (okay, die Elektronen bewegen sich, aber genauso viele gehen in die eine wie die andere Richtung: Der Gesamtimpuls ist null), aber Energie fließt von einem Ende zum anderen. In der Relativitätstheorie tragen alle Formen von Energie, die sich bewegen, nicht nur die Ruheenergie (Masse), einen Impuls. Die „Murmel" in dieser Analogie ist das elektromagnetische Feld, das Energie transportiert und daher zum Impuls beiträgt – *auch wenn die Felder selbst perfekt statisch sind!*[20]

Im folgenden Beispiel ist das Zentrum der Energie in Ruhe. Daher muss der Gesamtimpuls null sein (Gleichung 12.71). Aber die (statischen) elektromagnetischen Felder tragen Impuls, und das Problem besteht darin, den kompensierenden mechanischen Impuls zu lokalisieren.

19 Der Beweis von Gleichung 12.72 ist nicht trivial. Siehe S. Coleman und J. H. Van Vleck, *Phys. Rev.* **171**, 1370 (1968) oder M. G. Calvin, *Am. J. Phys.* **39**, 513 (1971).

20 Dieses Beispiel wurde in der dritten Auflage nicht korrekt analysiert; siehe T. H. Boyer, *Am. J. Phys.* **76**, 190 (2008).

Beispiel 12.13: Verborgener Impuls

Betrachten Sie eine rechteckige Drahtschleife, durch die ein stationärer Strom fließt, als Modell eines magnetischen Dipols **m**. Veranschaulichen Sie sich den Strom als einen Strom nichtwechselwirkender positiver Ladungen, die sich frei im Draht bewegen können. Legt man ein gleichförmiges elektrisches Feld **E** an (Abbildung 12.33), werden die Ladungen im linken Teil beschleunigt, im rechten jedoch abgebremst.[21] Bestimmen Sie den Gesamtimpuls aller Ladungen in der Schleife.

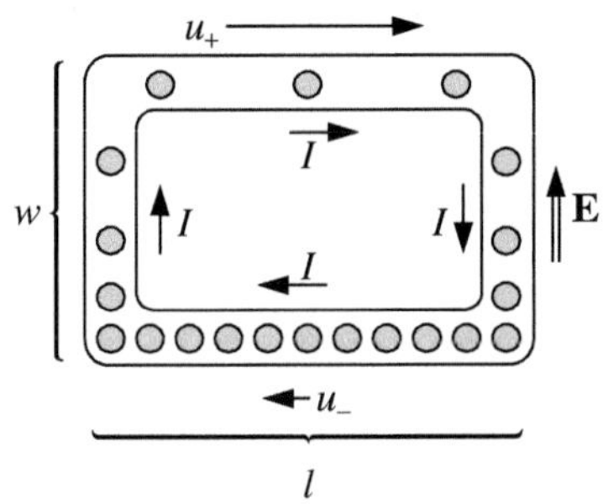

Abbildung 12.33

Lösung:

Die Impulse des linken und rechten Teils heben sich gegenseitig auf, daher müssen wir nur den oberen und den unteren Teil betrachten. Angenommen, es gibt N_+ Ladungen im oberen Teil, die sich mit Geschwindigkeit u_+ nach rechts bewegen, und N_- Ladungen im unteren Teil, die sich mit der (geringeren) Geschwindigkeit u_- nach links bewegen. Der Strom ($I = \lambda u$) ist in allen vier Teilen gleich (andernfalls würden sich irgendwo Ladungen anhäufen). Insbesondere ist:

$$I = \frac{QN_+}{l} u_+ = \frac{QN_-}{l} u_- , \quad \text{und daher} \quad N_\pm u_\pm = \frac{Il}{Q} ,$$

wobei Q die Ladung jedes Teilchens und l die Länge des Rechtecks ist. *Klassisch* gesehen ist der Impuls eines einzelnen Teilchens $\mathbf{p} = M\mathbf{u}$ (mit der Masse M), und der (nach rechts weisende) Gesamtimpuls ist

$$p_{\text{klassisch}} = MN_+u_+ - MN_-u_- = M\frac{Il}{Q} - M\frac{Il}{Q} = 0 ,$$

wie Sie sicher erwartet haben (schließlich bewegt sich die Schleife als Ganzes nicht). Aber *relativistisch* ist $\mathbf{p} = \gamma M\mathbf{u}$, und wir erhalten

$$p = \gamma_+ MN_+u_+ - \gamma_- MN_-u_- = M\frac{Il}{Q}\left(\gamma_+ - \gamma_-\right) .$$

21 Das ist offenbar kein besonders realistisches Modell für einen stromführenden Draht, doch andere Modelle führen genau zu demselben Ergebnis. Siehe V. Hnizdo, *Am. J. Phys.* **65**, 92 (1997).

Beispiel 12.13 (Fortsetzung)

Dieser Ausdruck ist *nicht* null, weil sich die Teilchen im oberen Segment schneller bewegen.

Tatsächlich ist der Energiezuwachs eines Teilchens, das sich im linken Teil nach oben bewegt (γMc^2), genauso groß wie die von der elektrischen Kraft verrichtete Arbeit QEw, wobei w die Höhe des Rechtecks darstellt. Somit ist

$$\gamma_+ - \gamma_- = \frac{QEw}{Mc^2}$$

und damit

$$p = \frac{IlEw}{c^2} .$$

Ilw ist allerdings das magnetische Dipolmoment der Schleife. Als Vektoren deuten $\mathbf{m}$ in die Seite hinein und $\mathbf{p}$ nach rechts, daher gilt

$$\mathbf{p} = \frac{1}{c^2}(\mathbf{m} \times \mathbf{E}) . \tag{12.73}$$

Somit besitzt ein magnetischer Dipol in einem elektrischen Feld einen linearen Impuls, *obwohl er sich nicht bewegt*! Dieser sogenannte **verborgene Impuls** ist streng relativistisch und rein mechanisch. Er hebt den in den Feldern gespeicherten elektromagnetischen Impuls gerade auf (Gleichung 8.45).[22]

22 Wollen Sie mehr über den verborgenen Impuls erfahren, so schauen Sie sich noch einmal Aufgabe 8.6 und die dort zitierten Quellen an.

Aufgabe 12.37

In der klassischen Mechanik kann das Newton'sche Gesetz in der bekannten Form $\mathbf{F} = m\mathbf{a}$ geschrieben werden. Die relativistische Gleichung $\mathbf{F} = \mathrm{d}\mathbf{p}/\mathrm{d}t$ lässt sich nicht so einfach formulieren. Zeigen Sie, dass vielmehr gilt:

$$\mathbf{F} = \frac{m}{\sqrt{1-u^2/c^2}}\left[\mathbf{a} + \frac{\mathbf{u}(\mathbf{u}\cdot\mathbf{a})}{c^2-u^2}\right] , \tag{12.74}$$

mit $\mathbf{a} \equiv \mathrm{d}\mathbf{u}/\mathrm{d}t$ als **gewöhnlicher Beschleunigung**.

Aufgabe 12.38

Zeigen Sie, dass es möglich ist, einem Lichtstrahl davonzulaufen, wenn Sie einen ziemlichen Vorsprung bekommen und Ihre Füße eine konstante Kraft aufbringen.

Aufgabe 12.39

Definieren Sie die **Eigenbeschleunigung** auf die naheliegende Weise:

$$\alpha^\mu \equiv \frac{\mathrm{d}\eta^\mu}{\mathrm{d}\tau} = \frac{\mathrm{d}^2 x^\mu}{\mathrm{d}\tau^2} . \tag{12.75}$$

a. Bestimmen Sie α^0 und $\boldsymbol{\alpha}$ in Abhängigkeit von $\mathbf{u}$ und $\mathbf{a}$ (der gewöhnlichen Beschleunigung).

b. Drücken Sie $\alpha_\mu \alpha^\mu$ durch $\mathbf{u}$ und $\mathbf{a}$ aus.

c. Zeigen Sie, dass $\eta^\mu \alpha_\mu = 0$ ist.

d. Schreiben Sie die Minkowski-Version des zweiten Newton'schen Gesetzes (Gleichung 12.68) in Abhängigkeit von α^μ nieder. Bestimmen Sie das invariante Produkt $K^\mu \eta_\mu$.

Aufgabe 12.40

Zeigen Sie, das gilt:

$$K_\mu K^\mu = \frac{1-(u^2/c^2)\cos^2\theta}{1-u^2/c^2} F^2 \,,$$

wobei θ der Winkel zwischen $\mathbf{u}$ und $\mathbf{F}$ ist.

Aufgabe 12.41

Zeigen Sie, dass die (gewöhnliche) Beschleunigung eines Teilchens der Masse m und Ladung q, das sich mit der Geschwindigkeit $\mathbf{u}$ unter dem Einfluss eines elektromagnetischen Felds $\mathbf{E}$ und $\mathbf{B}$ bewegt, durch

$$\mathbf{a} = \frac{q}{m}\sqrt{1-u^2/c^2}\left[\mathbf{E} + \mathbf{u} \times \mathbf{B} - \frac{1}{c^2}\mathbf{u}\,(\mathbf{u} \cdot \mathbf{E})\right]$$

gegeben ist.

[*Hinweis*: Wenden Sie Gleichung 12.74 an.]

12.3 Relativistische Elektrodynamik

12.3.1 Magnetismus als relativistisches Phänomen

Anders als die Newton'sche Mechanik *ist* die klassische Elektrodynamik bereits mit der speziellen Relativität konsistent. Die Maxwell'schen Gleichungen und das Gesetz für die Lorentz-Kraft können völlig legitim in jedem Inertialsystem angewendet werden. Natürlich kann ein Prozess, den ein Beobachter als elektrisch interpretiert, von einem anderen als magnetisch interpretiert werden. Die Teilchenbahnen, die beide vorhersagen, werden jedoch dieselben sein. Dass dies für Lorentz und die anderen Physiker, welche diese Fragen im späten 19. Jahrhundert untersuchten, *nicht* erkennbar war, liegt an der von ihnen benutzten nichtrelativistischen Mechanik und nicht an der Elektrodynamik. Nach der Korrektur der Newton'schen Mechanik sind wir nun in der Lage, eine vollständige und konsistente Formulierung der relativistischen Elektrodynamik zu entwickeln. Aber ich betone ausdrücklich, dass wir die Gesetze der Elektrodynamik nicht im geringsten ändern werden. Vielmehr werden wir diese Gesetze in einer Schreibweise *ausdrücken*, die ihren relativistischen Charakter hervorhebt und deutlich macht. Im Verlauf dieses Vorgehens werde ich von Zeit zu Zeit Halt machen und die Ergebnisse, die wir früher bereits unter Schwierigkeiten erzielt haben, mithilfe der Lorentz-Transformationen neu herleiten. Der Hauptzweck dieses Abschnitts besteht darin, Ihnen ein tieferes Verständnis der Struktur der Elektrodynamik zu vermitteln. Gesetze, die vorher willkürlich und zusammenhanglos erschienen, werden, wenn wir sie aus dem Blickwinkel der Relativitätstheorie angehen, als zusammenhängend und zwingend erkennbar.

Zu Beginn werde ich Ihnen zeigen, warum angesichts von Elektrostatik und Relativitätstheorie so etwas wie Magnetismus existieren *muss*, und insbesondere, wie Sie die magnetische Kraft zwischen einem Strom führenden Draht und einer bewegten Ladung berechnen können, ohne jemals die magnetischen Gesetze anwenden zu müssen.[23] Nehmen Sie an, Sie hätten eine Kette positiver Ladungen, die sich mit der Geschwindigkeit v nach rechts bewegt. Ich setze voraus, dass die Ladungen so eng beieinanderstehen, dass wir sie als kontinuierliche Linienladungen λ betrachten können. Dieser positiven Kette ist eine Kette negativer Ladungen mit $-\lambda$ überlagert, die sich mit derselben Geschwindigkeit v nach links bewegt. Wir haben dadurch einen Nettostrom nach rechts mit dem Betrag

$$I = 2\lambda v \, . \tag{12.76}$$

Darüber hinaus bewegt sich eine Punktladung q in der Entfernung s mit der Geschwindigkeit $u < v$ nach rechts (Abbildung 12.34a). Weil sich die beiden Linienladungen gegenseitig aufheben, herrscht in diesem System ($\mathcal{S}$) *keine elektrische Kraft auf q*.

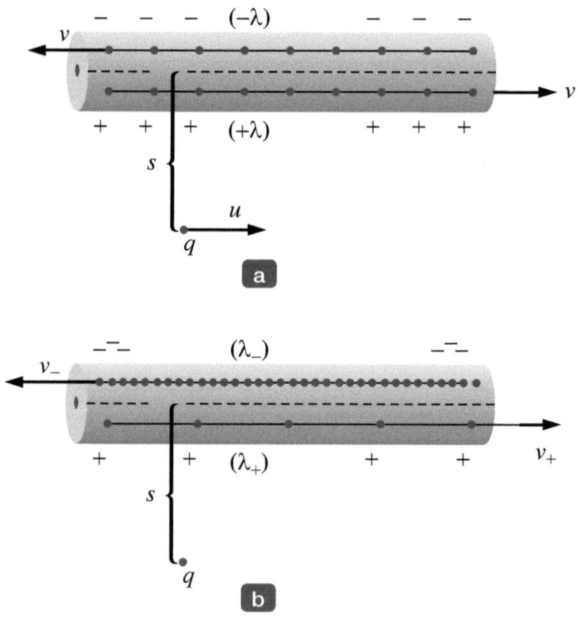

Abbildung 12.34

23 Dieses und einige andere Gedankengänge dieses Abschnitts basieren auf E. M. Purcells *Elektrizität und Magnetismus*, 4. Aufl., Berlin: Springer Verlag, 2001.

Betrachten wir die gleiche Situation aus dem System $\bar{\mathcal{S}}$ heraus, das sich mit der Geschwindigkeit u nach rechts bewegt (Abbildung 12.34b). In diesem Bezugssystem ist q in Ruhe. Aufgrund der Einstein'schen Regel der Geschwindigkeitsaddition sind die Geschwindigkeiten der positiven und negativen Linien jetzt

$$v_{\pm} = \frac{v \mp u}{1 \mp vu/c^2} . \tag{12.77}$$

Weil v_- größer ist als v_+, ist die Lorentz-Kontraktion des Abstands zwischen den negativen Ladungen größer als diejenige zwischen den positiven Ladungen. *In diesem Bezugssystem trägt* daher *der Draht eine negative Nettoladung*! Tatsächlich ist

$$\lambda_{\pm} = \pm (\gamma_{\pm}) \lambda_0 \tag{12.78}$$

mit

$$\gamma_{\pm} = \frac{1}{\sqrt{1 - v_{\pm}^2/c^2}} . \tag{12.79}$$

λ_0 ist die Ladungsdichte der positiven Linienladung in ihrem eigenen Ruhesystem. Das ist natürlich nicht dasselbe wie λ – in $\mathcal{S}$ bewegen sie sich bereits mit der Geschwindigkeit v, daher gilt

$$\lambda = \gamma \lambda_0 , \tag{12.80}$$

mit

$$\gamma = \frac{1}{\sqrt{1 - v^2/c^2}} . \tag{12.81}$$

Mit etwas Rechengeschick bringt man $\gamma_{\pm}$ in die einfachere Form

$$\begin{aligned} \gamma_{\pm} &= \frac{1}{\sqrt{1 - \frac{1}{c^2}(v \mp u)^2 \left(1 \mp vu/c^2\right)^{-2}}} = \frac{c^2 \mp uv}{\sqrt{\left(c^2 \mp uv\right)^2 - c^2 (v \mp u)^2}} \\ &= \frac{c^2 \mp uv}{\sqrt{\left(c^2 - v^2\right)\left(c^2 - u^2\right)}} = \gamma \frac{1 \mp uv/c^2}{\sqrt{1 - u^2/c^2}} . \end{aligned} \tag{12.82}$$

Offenbar beträgt die Netto-Linienladung in $\bar{\mathcal{S}}$

$$\lambda_{\text{tot}} = \lambda_+ + \lambda_- = \lambda_0 (\gamma_+ - \gamma_-) = \frac{-2\lambda u v}{c^2 \sqrt{1 - u^2/c^2}} . \tag{12.83}$$

Schlussfolgerung: Als Ergebnis der ungleichen Lorentz-Kontraktion der positiven und negativen Linienladungen trägt ein stromführender Draht, der in *einem* Inertialsystem elektrisch neutral ist, in einem *anderen* eine Ladung.

Eine Linienladung λ_{tot} erzeugt nun ein *elektrisches* Feld

$$E = \frac{\lambda_{\text{tot}}}{2\pi\varepsilon_0 s} ,$$

daher gibt es in $\bar{\mathcal{S}}$ *eine elektrische Kraft auf* q, genau genommen:

$$\bar{F} = qE = -\frac{\lambda v}{\pi\varepsilon_0 c^2 s} \frac{qu}{\sqrt{1 - u^2/c^2}} . \tag{12.84}$$

Wenn aber in $\bar{\mathcal{S}}$ eine Kraft auf q herrscht, muss auch eine in $\mathcal{S}$ herrschen. Wir können sie mit dem Transformationsgesetz für Kräfte *berechnen*. Da q in $\bar{\mathcal{S}}$ in Ruhe ist und $\bar{F}$ senkrecht auf u steht, wird die Kraft in $\mathcal{S}$ durch Gleichung 12.67 gegeben:

$$F = \sqrt{1 - u^2/c^2}\bar{F} = -\frac{\lambda v}{\pi \varepsilon_0 c^2}\frac{qu}{s} . \tag{12.85}$$

Die Ladung wird durch eine Kraft in Richtung Draht gezogen, die in $\bar{\mathcal{S}}$ rein elektrisch ist (dort ist der Draht geladen, und q befindet sich in Ruhe), aber in $\mathcal{S}$ ist sie definitiv *nicht*elektrisch (dort ist der Draht neutral). Zusammengenommen deuten also Elektrostatik und Relativitätstheorie auf die Existenz einer weiteren Kraft hin. Diese „andere Kraft" ist natürlich der *Magnetismus*. Tatsächlich können wir Gleichung 12.85 in eine viel vertrautere Form bringen, indem wir $c^2 = (\varepsilon_0\mu_0)^{-1}$ setzen und λv durch den Strom ausdrücken (Gleichung 12.76):

$$F = -qu\left(\frac{\mu_0 I}{2\pi s}\right) . \tag{12.86}$$

Der Term in Klammern ist das magnetische Feld eines langen geraden Drahts, und die Kraft ist genau dieselbe, die wir mit dem Lorentz'schen Kraftgesetz im System $\mathcal{S}$ erhalten hätten.

12.3.2 Wie sich Felder transformieren

Wir haben durch eine Reihe verschiedener Spezialfälle gelernt, dass das elektrische Feld des einen Beobachters das magnetische Feld eines anderen ist. Es wäre schön, die *allgemeinen* Transformationsgesetze für elektromagnetische Felder zu kennen: Seien die Felder in $\mathcal{S}$ gegeben, wie lauten sie dann in $\bar{\mathcal{S}}$? Ihre erste Vermutung könnte sein, dass **E** der räumliche Teil eines Vierervektors und **B** der räumliche Teil eines weiteren ist. Falls Sie das denken, hat Ihre Intuition Sie getäuscht – die Dinge sind viel komplizierter. Beginnen wir mit einer expliziten Voraussetzung, die wir implizit bereits in Abschnitt 12.3.1 benutzt haben: *Ladung ist invariant*. Wie die Masse, aber anders als die Energie, hat die Ladung einen festen Wert, unabhängig davon, wie schnell sie sich bewegt. Wir setzen zudem voraus, dass die Transformationsgesetze unabhängig von der Art und Weise, in der Felder erzeugt wurden, die gleichen sind – elektrische Felder, erzeugt durch veränderliche magnetische Felder, transformieren sich auf dieselbe Weise wie diejenigen, die durch stationäre Ladungen entstehen. Wäre das nicht der Fall, müssten wir die Feldformulierung fallen lassen. Es ist nämlich der wesentliche Inhalt einer Feldtheorie, dass die Felder in einem gegebenen Punkt *alles* Elektromagnetische preisgeben, was es über diesen Punkt zu wissen gibt. Sie brauchen *keine* zusätzlichen Informationen über die Quelle der Felder.

Betrachten Sie vor diesem Hintergrund das *einfachste mögliche* elektrische Feld: Das gleichförmige Feld zwischen den Platten eines Kondensators (Abbildung 12.35a). Befindet sich der Kondensator in $\mathcal{S}_0$ in Ruhe und trägt die Flächenladungen $\pm\sigma_0$, dann gilt

$$\mathbf{E}_0 = \frac{\sigma_0}{\varepsilon_0}\hat{\mathbf{y}} . \tag{12.87}$$

Wie ist die Sachlage, wenn wir den Kondensator aus dem System $\mathcal{S}$ heraus betrachten, das sich mit der Geschwindigkeit v_0 nach rechts bewegt (Abbildung 12.35b)? In

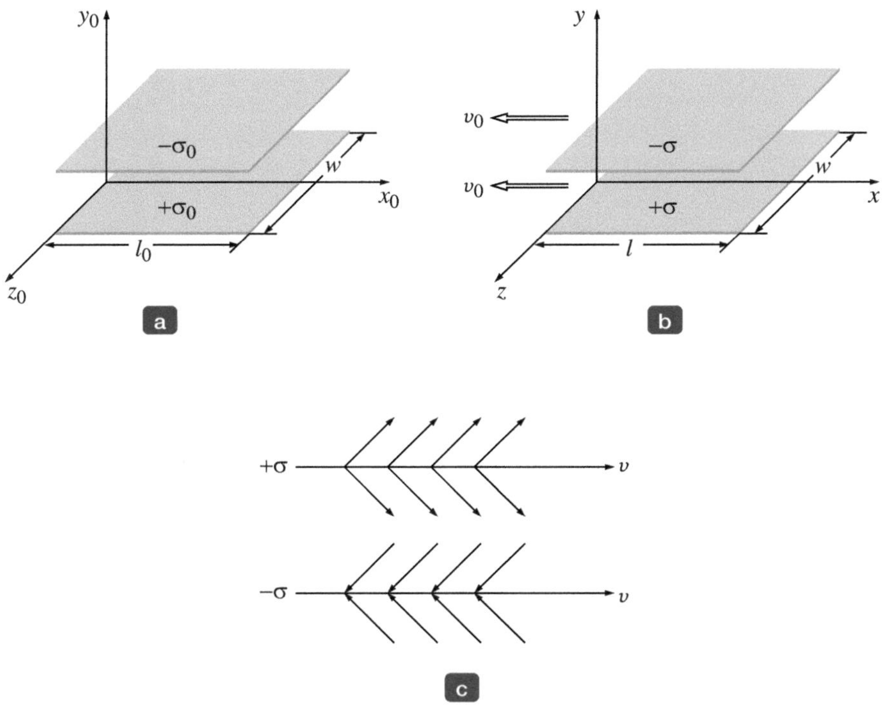

Abbildung 12.35

diesem System bewegen sich die Platten nach links, jedoch hat das Feld immer noch die Form

$$\mathbf{E} = \frac{\sigma}{\varepsilon_0}\hat{\mathbf{y}} \,. \tag{12.88}$$

Der einzige Unterschied ist der Wert der Oberflächenladung σ.

[Einen Moment mal! *Ist* das wirklich der einzige Unterschied? Die Formel $E = \sigma/\varepsilon_0$ stammt aus dem Gauß'schen Gesetz, und obwohl das Gauß'sche Gesetz für bewegte Ladungen absolut gültig ist, beruht seine Anwendbarkeit auch noch auf der Symmetrie. Dürfen wir sicher sein, dass dieses Feld immer noch senkrecht auf den Platten steht? Was, wenn das Feld einer bewegten Ebene sich *verdrillt*, beispielsweise wie in Abbildung 12.35c in Bewegungsrichtung? *Selbst wenn das so wäre* (was *nicht* der Fall ist), würde das Feld zwischen den Platten, also die Überlagerung des $+\sigma$ und des $-\sigma$, immer noch senkrecht auf den Platten stehen. Denn das $-\sigma$-Feld würde in die in Abbildung 12.35c gezeigte Richtung verlaufen (eine Umkehr des Vorzeichens der Ladung kehrt auch die Feldrichtung um), und die parallelen Komponenten in der Vektorsumme löschen sich gegenseitig aus.]

Nun ist die Gesamtladung auf jeder Platte invariant, und die *Breite* (w) bleibt unverändert, doch die *Länge* (l) ist um den Faktor

$$\frac{1}{\gamma_0} = \sqrt{1 - v_0^2/c^2} \tag{12.89}$$

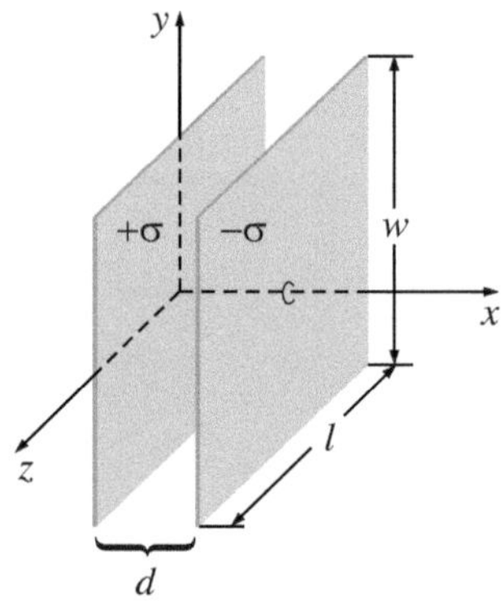

Abbildung 12.36

Lorentz-kontrahiert, daher ist die Ladung pro Flächeneinheit um den Faktor γ_0 *vergrößert*:

$$\sigma = \gamma_0 \sigma_0 \,. \tag{12.90}$$

Somit ist

$$\mathbf{E}^{\perp} = \gamma_0 \mathbf{E}_0^{\perp} \,. \tag{12.91}$$

In den oberen Index habe ich das $\perp$ gesetzt, um deutlich zu machen, dass dieses Gesetz für die Komponenten von **E** gilt, die *senkrecht* auf der Bewegungsrichtung von $\mathcal{S}$ stehen. Um das Gesetz für die *parallelen* Komponenten abzuleiten, nehmen wir an, dass der Kondensator parallel zur x-y-Ebene liegt (Abbildung 12.36). Dieses Mal ist der Plattenabstand (d) Lorentz-kontrahiert, während l und w (und damit auch σ) in beiden Bezugssystemen gleich sind. Weil das Feld nicht von d abhängt, folgt daraus:

$$E^{\parallel} = E_0^{\parallel} \,. \tag{12.92}$$

Beispiel 12.14: Elektrisches Feld einer Punktladung in gleichförmiger Bewegung

Eine Punktladung q ruht im System $\mathcal{S}_0$ im Ursprung. *Frage*: Wie lautet das elektrische Feld derselben Ladung im System $\mathcal{S}$, welches sich nach rechts mit der Geschwindigkeit v_0 relativ zu $\mathcal{S}_0$ bewegt?

Lösung:

In $\mathcal{S}_0$ lautet das Feld

$$\mathbf{E}_0 = \frac{1}{4\pi\varepsilon_0} \frac{q}{r_0^2} \hat{\mathbf{r}}_0 \,,$$

Beispiel 12.14 (Fortsetzung)

bzw.

$$\left.\begin{aligned} E_{x0} &= \frac{1}{4\pi\varepsilon_0}\frac{qx_0}{\left(x_0^2+y_0^2+z_0^2\right)^{3/2}}\,,\\ E_{y0} &= \frac{1}{4\pi\varepsilon_0}\frac{qy_0}{\left(x_0^2+y_0^2+z_0^2\right)^{3/2}}\,,\\ E_{z0} &= \frac{1}{4\pi\varepsilon_0}\frac{qz_0}{\left(x_0^2+y_0^2+z_0^2\right)^{3/2}}\,. \end{aligned}\right\}$$

Aufgrund des Transformationsgesetzes (Gleichungen 12.91 und 12.92) haben wir

$$\left.\begin{aligned} E_x = E_{x0} &= \frac{1}{4\pi\varepsilon_0}\frac{qx_0}{\left(x_0^2+y_0^2+z_0^2\right)^{3/2}}\,,\\ E_y = \gamma_0 E_{y0} &= \frac{1}{4\pi\varepsilon_0}\frac{\gamma_0 qy_0}{\left(x_0^2+y_0^2+z_0^2\right)^{3/2}}\,,\\ E_z = \gamma_0 E_{z0} &= \frac{1}{4\pi\varepsilon_0}\frac{\gamma_0 qz_0}{\left(x_0^2+y_0^2+z_0^2\right)^{3/2}}\,. \end{aligned}\right\}$$

Sie werden immer noch durch die Koordinaten des Feldpunkts $(P)(x_0, y_0, z_0)$ aus $\mathcal{S}_0$ ausgedrückt. Ich bevorzuge die Schreibweise mit den $\mathcal{S}$-Koordinaten von P. Aus den Lorentz-Transformationen (oder genauer, den inversen Transformationen) erhalten wir

$$\left.\begin{aligned} x_0 &= \gamma_0\,(x+v_0 t) &&= \gamma_0 R_x\,,\\ y_0 &= y &&= R_y\,,\\ z_0 &= z &&= R_z\,. \end{aligned}\right\}$$

Hier ist jeweils $\mathbf{R}$ der Vektor von q nach P (Abbildung 12.37). Daher ist

$$\begin{aligned} \mathbf{E} &= \frac{1}{4\pi\varepsilon_0}\frac{\gamma_0 q\mathbf{R}}{\left(\gamma_0^2 R^2\cos^2\theta + R^2\sin^2\theta\right)^{3/2}}\\ &= \frac{1}{4\pi\varepsilon_0}\frac{q\left(1-v_0^2/c^2\right)}{\left[1-\left(v_0^2/c^2\right)\sin^2\theta\right]^{3/2}}\frac{\hat{\mathbf{R}}}{R^2}\,. \end{aligned} \qquad (12.93)$$

Dies ist nun das Feld einer gleichförmig bewegten Ladung. Dasselbe Resultat haben wir in Kapitel 10 mithilfe der retardierten Potentiale (Gleichung 10.75) erhalten. Unsere jetzige Herleitung ist aber viel effizienter und wirft ein Licht auf die bemerkenswerte Tatsache, dass dieses Feld von der instantanen (im Gegensatz zur retardierten) Position der Ladung weggerichtet ist: E_x erhält den Faktor γ_0 aus der Lorentz-Transformation der *Koordinaten*, E_y und E_z bekommen

Beispiel 12.14 (Fortsetzung)

ihren Faktor aus der Transformation des *Felds*. Genau durch diesen gegenseitigen Ausgleich der beiden γ_0 bleibt **E** parallel zu **R**.

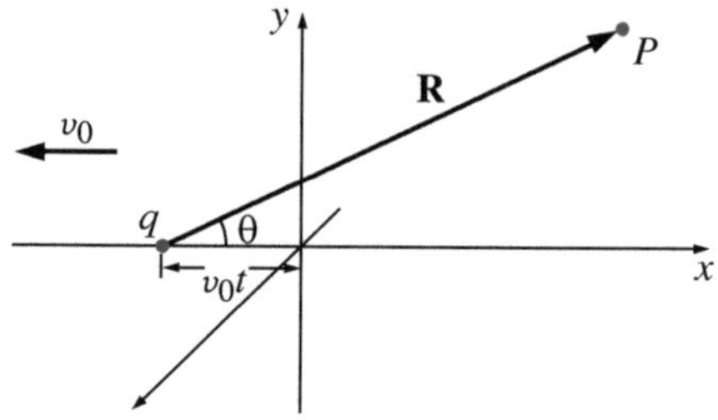

Abbildung 12.37

Die Gleichungen 12.91 und 12.92 zeigen aber nicht die allgemeinste Form des Transformationsgesetzes, denn wir haben mit einem System $\mathcal{S}_0$ begonnen, in dem sich die Ladungen in Ruhe befanden und in dem folglich kein magnetisches Feld herrschte. Um das *allgemeine* Gesetz abzuleiten, müssen wir mit einem System beginnen, in dem sowohl elektrische als auch magnetische Felder existieren. Dafür ist $\mathcal{S}$ hervorragend geeignet. Zusätzlich zum elektrischen Feld

$$E_y = \frac{\sigma}{\varepsilon_0} \tag{12.94}$$

gibt es nun aufgrund der Oberflächenströme

$$\mathbf{K}_\pm = \mp\sigma v_0 \hat{\mathbf{x}} \tag{12.95}$$

ein *magnetisches* Feld (Abbildung 12.35b),

Aufgrund der Rechte-Hand-Regel zeigt dieses Feld in die negative z-Richtung. Seine Stärke wird durch das Ampère'sche Gesetz gegeben:

$$B_z = -\mu_0 \sigma v_0 \,. \tag{12.96}$$

In einem *dritten* System $\bar{\mathcal{S}}$, das sich mit der Geschwindigkeit v relativ zu $\mathcal{S}$ bewegt (Abbildung 12.38), wären die Felder

$$\bar{E}_y = \frac{\bar{\sigma}}{\varepsilon_0}\,, \quad \bar{B}_z = -\mu_0 \bar{\sigma}\,\bar{v}\,, \tag{12.97}$$

wobei $\bar{v}$ die Geschwindigkeit von $\bar{\mathcal{S}}$ relativ zu $\mathcal{S}_0$ ist:

$$\bar{v} = \frac{v + v_0}{1 + v v_0/c^2}\,, \quad \bar{\gamma} = \frac{1}{\sqrt{1 - \bar{v}^2/c^2}}\,, \tag{12.98}$$

sowie

$$\bar{\sigma} = \bar{\gamma}\sigma_0 \,. \tag{12.99}$$

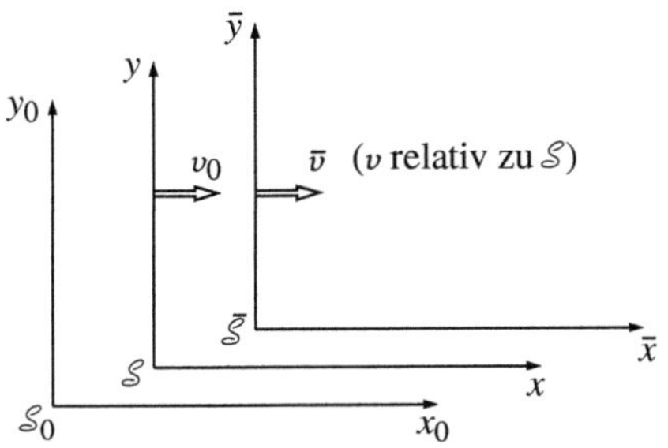

Abbildung 12.38

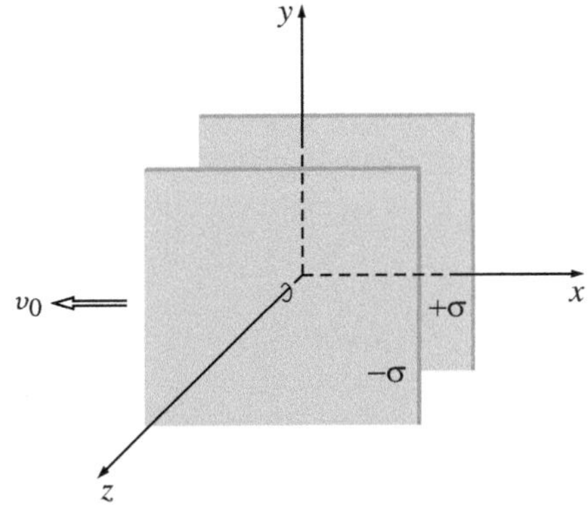

Abbildung 12.39

Wir müssen nur noch $\overline{\mathbf{E}}$ und $\overline{\mathbf{B}}$ (Gleichung 12.97) durch $\mathbf{E}$ und $\mathbf{B}$ ausdrücken (Gleichungen 12.94 und 12.96). Wegen der Gleichungen 12.90 und 12.99 haben wir

$$\overline{E}_y = \left(\frac{\overline{\gamma}}{\gamma_0}\right)\frac{\sigma}{\varepsilon_0}, \quad \overline{B}_z = -\left(\frac{\overline{\gamma}}{\gamma_0}\right)\mu_0\sigma\overline{v}, \tag{12.100}$$

Sie müssen dies nur wenig umformen, um

$$\frac{\overline{\gamma}}{\gamma_0} = \frac{\sqrt{1-v_0^2/c^2}}{\sqrt{1-\overline{v}^2/c^2}} = \frac{1+vv_0/c^2}{\sqrt{1-v^2/c^2}} = \gamma\left(1+\frac{vv_0}{c^2}\right) \tag{12.101}$$

zu erhalten, wobei wie immer

$$\gamma = \frac{1}{\sqrt{1-v^2/c^2}} \tag{12.102}$$

ist. Daher gilt, wenn wir $\overline{E}_y$ durch die Komponenten von $\mathbf{E}$ und $\mathbf{B}$ in $\mathcal{S}$ ausdrücken,

$$\overline{E}_y = \gamma\left(1+\frac{vv_0}{c^2}\right)\frac{\sigma}{\varepsilon_0} = \gamma\left(E_y - \frac{v}{c^2\varepsilon_0\mu_0}B_z\right),$$

und

$$\overline{B}_z = -\gamma\left(1+\frac{vv_0}{c^2}\right)\mu_0\sigma\left(\frac{v+v_0}{1+vv_0/c^2}\right) = \gamma\left(B_z - \mu_0\varepsilon_0 vE_y\right).$$

Oder, da $\mu_0\varepsilon_0 = 1/c^2$, gilt:

$$\left.\begin{aligned} \overline{E}_y &= \gamma\left(E_y - vB_z\right), \\ \overline{B}_z &= \gamma\left(B_z - \frac{v}{c^2}E_y\right). \end{aligned}\right\} \tag{12.103}$$

Dies besagt, wie sich E_y und B_z transformieren – und um E_z und B_y zu berechnen, müssen wir lediglich denselben Kondensator parallel zur x-y-Ebene anstatt in der x-z-Ebene ausrichten (Abbildung 12.39). Die Felder in $\mathcal{S}$ lauten nun

$$E_z = \frac{\sigma}{\varepsilon_0}, \quad B_y = \mu_0\sigma v_0.$$

(Mithilfe der Rechte-Hand-Regel erhalten Sie das Vorzeichen von B_y.) Der Rest der Argumentation ist ganz identisch – überall, wo wir zuvor E_y hatten, setzen wir nun E_z, und überall, wo B_z steht, setzen wir $-B_y$:

$$\left.\begin{aligned} \overline{E}_z &= \gamma\left(E_z + vB_y\right), \\ \overline{B}_y &= \gamma\left(B_y + \frac{v}{c^2}E_z\right). \end{aligned}\right\} \tag{12.104}$$

Wie bei den x-Komponenten wissen wir bereits, dass (wegen der Orientierung des Kondensators parallel zur y-z-Ebene)

$$\overline{E}_x = E_x \tag{12.105}$$

gilt. Da in diesem Fall kein zugehöriges magnetisches Feld existiert, können wir das Transformationsgesetz für B_x nicht ableiten. Allerdings ist eine andere Konfiguration dazu geeignet: Stellen Sie sich eine lange *Spule* vor, die parallel zur x-Achse verläuft (Abbildung 12.40) und die im System $\mathcal{S}$ ruht. Das magnetische Feld innerhalb dieser Spule lautet

$$B_x = \mu_0 n I\,, \tag{12.106}$$

wobei n die Windungszahl pro Längeneinheit und I der Strom ist. Im System $\overline{\mathcal{S}}$ kontrahiert die Länge, daher *erhöht* sich n:

$$\overline{n} = \gamma n\,. \tag{12.107}$$

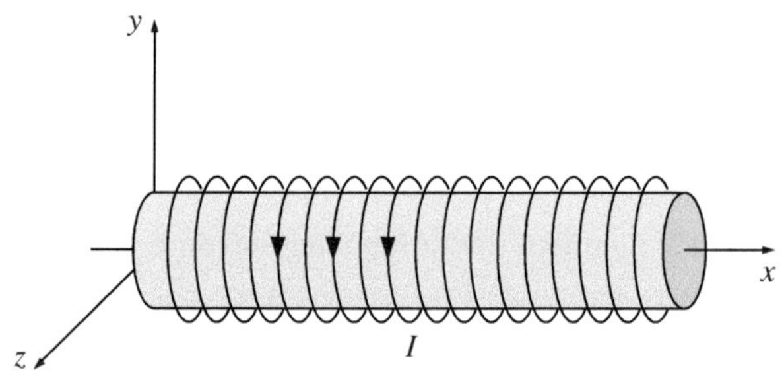

Abbildung 12.40

Andrerseits wirkt auch die *Zeitdilatation*: Die Uhr in $\mathcal{S}$, die sich mit der Spule mitbewegt, läuft langsamer, daher wird der Strom (Ladungen pro *Zeiteinheit*) in $\overline{\mathcal{S}}$ durch

$$\overline{I} = \frac{1}{\gamma} I \tag{12.108}$$

gegeben. Die beiden Faktoren γ heben sich genau weg; wir können daraus schließen, dass

$$\overline{B}_x = B_x$$

ist. Wie im Fall von **E** bleibt die Komponente von **B** *parallel* zur Bewegung unverändert.

Fassen wir nun den gesamten Satz von Transformationsgleichungen zusammen:

$$\begin{aligned} &\overline{E}_x = E_x\,, \quad \overline{E}_y = \gamma\,(E_y - vB_z)\,, \qquad \overline{E}_z = \gamma\,(E_z + vB_y)\,, \\ &\overline{B}_x = B_x\,, \quad \overline{B}_y = \gamma\left(B_y + \frac{v}{c^2}E_z\right), \quad \overline{B}_z = \gamma\left(B_z - \frac{v}{c^2}E_y\right). \end{aligned} \tag{12.109}$$

Zwei Spezialfälle verdienen besondere Beachtung:

1. Wenn in $\mathcal{S}$ $\mathbf{B} = 0$ gilt, dann ist

$$\overline{\mathbf{B}} = \gamma\frac{v}{c^2}\left(E_z\hat{\mathbf{y}} - E_y\hat{\mathbf{z}}\right) = \frac{v}{c^2}\left(\overline{E}_z\hat{\mathbf{y}} - \overline{E}_y\hat{\mathbf{z}}\right)$$

oder, weil $\mathbf{v} = v\hat{\mathbf{x}}$,

$$\overline{\mathbf{B}} = -\frac{1}{c^2}\left(\mathbf{v}\times\overline{\mathbf{E}}\right)\,. \tag{12.110}$$

2. Wenn in $\mathcal{S}$ $\mathbf{E} = 0$ gilt, dann ist

$$\overline{\mathbf{E}} = -\gamma v\left(B_z\hat{\mathbf{y}} - B_y\hat{\mathbf{z}}\right) = -v\left(\overline{B}_z\hat{\mathbf{y}} - \overline{B}_y\hat{\mathbf{z}}\right)\,,$$

bzw.

$$\overline{\mathbf{E}} = \mathbf{v}\times\overline{\mathbf{B}}\,. \tag{12.111}$$

Sind mit anderen Worten entweder **E** oder **B** (in einem bestimmten Punkt) in *einem* System null, dann werden in jedem anderen System die Felder (in diesem Punkt) ganz einfach durch die Gleichungen 12.110 oder 12.111 miteinander verknüpft.

Beispiel 12.15: Magnetisches Feld einer Punktladung bei gleichförmiger Bewegung

Bestimmen Sie das magnetische Feld einer Punktladung q, die sich mit konstanter Geschwindigkeit **v** bewegt.

Lösung:

Im Ruhesystem des Teilchens ($\mathcal{S}_0$) ist das magnetische Feld (überall) null, daher ist in einem System $\mathcal{S}$, das sich mit $-\mathbf{v}$ bewegt (in dem sich das *Teilchen* mit Geschwindigkeit $+\mathbf{v}$ bewegt)[24]

$$\mathbf{B} = -\frac{1}{c^2}\left(\mathbf{v}\times\mathbf{E}\right)\,.$$

Das *elektrische* Feld haben wir in Beispiel 12.14 berechnet. Das magnetische Feld ist dann

$$\mathbf{B} = -\frac{\mu_0}{4\pi}\frac{qv\left(1 - v^2/c^2\right)\sin\theta}{\left[1 - \left(v^2/c^2\right)\sin^2\theta\right]^{3/2}}\frac{\hat{\boldsymbol{\varphi}}}{R^2}\,, \tag{12.112}$$

23 Hier ist **v** die Geschwindigkeit des *Teilchens*; in Gleichung 12.110 war es die Geschwindigkeit des *Bezugssystems*.

Beispiel 12.15 (Fortsetzung)

wobei $\hat{\boldsymbol{\varphi}}$ in Gegenuhrzeigersinn weist, wenn die Ladung Ihnen entgegen kommt. Interessanterweise reduziert sich Gleichung 12.112 im nichtrelativistischen Fall ($v^2 \ll c^2$) auf

$$\mathbf{B} \approx \frac{\mu_0}{4\pi} q \frac{\mathbf{v} \times \hat{\mathbf{R}}}{R^2},$$

und das ist genau dasselbe Ergebnis, das Ihnen auch die naive Anwendung des Biot-Savart'schen Gesetzes auf eine Punktladung (Gleichung 5.43) liefert.

Aufgabe 12.42

Warum kann das elektrische Feld in Abbildung 12.35b keine z-Komponente aufweisen, obwohl das *magnetische* Feld eine besitzt?

Aufgabe 12.43

Ein Plattenkondensator befindet sich in $\mathcal{S}_0$ in Ruhe und ist um 45° gegen die x_0-Achse geneigt. Er trägt auf den beiden Platten die Ladungsdichten $\pm\sigma_0$ (Abbildung 12.41). Das System $\mathcal{S}$ bewegt sich mit der Geschwindigkeit v relativ zu $\mathcal{S}_0$ nach rechts.

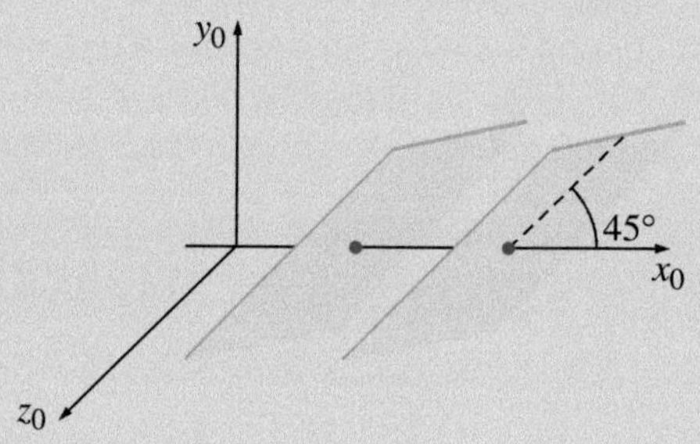

Abbildung 12.41

a. Bestimmen Sie $\mathbf{E}_0$, das Feld in $\mathcal{S}_0$.

b. Bestimmen Sie $\mathbf{E}$, das Feld in $\mathcal{S}$.

c. Welchen Winkel schließen die Platten mit der x-Achse ein?

d. Steht das Feld senkrecht auf den Platten in $\mathcal{S}$?

Aufgabe 12.44

Im Bezugssystem $\mathcal{S}_0$ fällt eine statische gleichförmige Linienladung λ mit der z-Achse zusammen.

a. Schreiben Sie das elektrische Feld $\mathbf{E}_0$ am Punkt (x_0, y_0, z_0) in *kartesischen* Koordinaten auf.

b. Verwenden Sie Gleichung 12.109, um das elektrische Feld in $\mathcal{S}$ zu bestimmen, das sich mit Geschwindigkeit v relativ zu $\mathcal{S}_0$ in die x-Richtung bewegt. Das Feld ist immer noch in den Koordinaten (x_0, y_0, z_0) ausgedrückt; drücken Sie es stattdessen durch die Koordinaten (x, y, z) in $\mathcal{S}$ aus. Drücken Sie schließlich **E** durch den Vektor **S** von der *momentanen* Position des Drahtes aus und den Winkel θ zwischen **S** und $\hat{\mathbf{x}}$ aus. Zeigt das Feld von der instantanen Position des Drahtes weg, so wie es das Feld einer sich gleichförmig bewegenden Punktladung tut?

Aufgabe 12.45

a. Die Ladung q_A ruht im System $\mathcal{S}$ im Ursprung. Die Ladung q_B fliegt mit Geschwindigkeit v auf einer Bahn vorbei, die parallel zur x-Achse verläuft, aber von ihr den Abstand $y = d$ besitzt. Welche elektromagnetische Kraft herrscht auf Ladung q_B, während sie die y-Achse überquert?

b. Untersuchen Sie nun dasselbe Problem aus dem System $\bar{\mathcal{S}}$ heraus, das sich mit der Geschwindigkeit v nach rechts bewegt. Welche Kraft herrscht auf q_B, wenn q_A die $\bar{y}$-Achse überquert?

[Lösen Sie dies auf zwei Wegen: (i) indem Sie Ihr Ergebnis aus (a) anwenden und die Kraft transformieren sowie (ii) durch Berechnen der Felder in $\bar{\mathcal{S}}$ und Ausnutzen der Lorentz-Kraft.]

Aufgabe 12.46

Zwei Ladungen $\pm q$ bewegen sich auf parallelen Flugbahnen im Abstand d und mit der gleichen Geschwindigkeit v in entgegengesetzte Richtungen. Wir interessieren uns für die Kraft, die $-q$ in dem Moment auf $+q$ ausübt, an dem sich die beiden Ladungen begegnen (Abbildung 12.42). Füllen Sie die folgende Tabelle aus und führen Sie dabei alle Konsistenzprüfungen aus, die Ihnen einfallen.

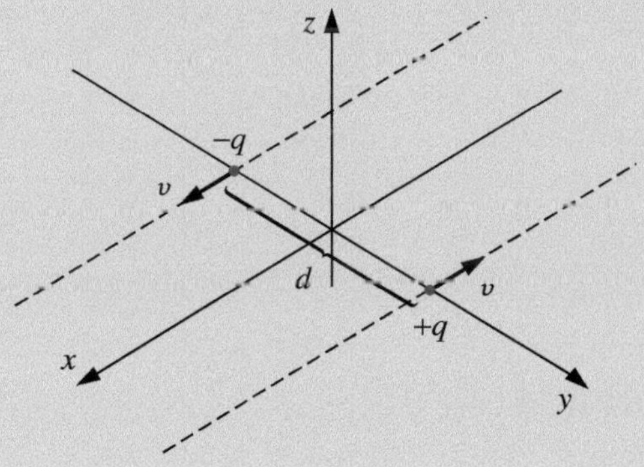

Abbildung 12.42

	System A (Abbildung 12.42)	System B ($+q$ in Ruhe)	System C ($-q$ in Ruhe)
E bei $+q$ aufgrund von $-q$			
B bei $+q$ aufgrund von $-q$			
F bei $+q$ aufgrund von $-q$			

Aufgabe 12.47

a. Zeigen Sie, dass $(\mathbf{E} \cdot \mathbf{B})$ relativistisch invariant ist.

b. Zeigen Sie, dass $(E^2 - c^2 B^2)$ relativistisch invariant ist.

c. Nehmen Sie an, dass in einem Inertialsystem (an einem bestimmten Punkt P) $\mathbf{B} = 0$, aber $\mathbf{E} \neq 0$ ist. Kann man ein anderes System finden, in dem das *elektrische* Feld in P null ist?

Aufgabe 12.48

Eine elektromagnetische ebene Welle der (Kreiswinkel)frequenz ω bewegt sich in x-Richtung durch das Vakuum. Sie ist in y-Richtung polarisiert, und die Amplitude des elektrischen Felds ist E_0.

a. Schreiben Sie das elektrische und magnetische Feld $\mathbf{E}(x, y, z, t)$ und $\mathbf{B}(x, y, z, t)$ auf.

[Stellen Sie sicher, dass Sie alle von Ihnen eingeführten willkürlichen Größen angeben und durch ω und E_0 sowie die Naturkonstanten ausdrücken.]

b. Dieselbe Welle wird aus dem Inertialsystem $\overline{\mathcal{S}}$ heraus beobachtet, das sich relativ zum ursprünglichen System $\mathcal{S}$ mit Geschwindigkeit v in x-Richtung bewegt. Bestimmen Sie das elektrische und magnetische Feld in $\overline{\mathcal{S}}$ und drücken Sie sie durch die Koordinaten in $\overline{\mathcal{S}}$ aus: $\overline{\mathbf{E}}(\overline{x}, \overline{y}, \overline{z}, \overline{t})$ und $\overline{\mathbf{B}}(\overline{x}, \overline{y}, \overline{z}, \overline{t})$.

[Definieren Sie auch hier alle von Ihnen eingeführten willkürlichen Größen.]

c. Welche Frequenz $\overline{\omega}$ hat die Welle in $\overline{\mathcal{S}}$? Interpretieren Sie dieses Ergebnis. Welche Wellenlänge $\overline{\lambda}$ hat die Welle in $\overline{\mathcal{S}}$? Bestimmen Sie anhand von $\overline{\omega}$ und $\overline{\lambda}$ die Geschwindigkeit der Wellen in $\overline{\mathcal{S}}$. Entspricht das Ergebnis Ihren Erwartungen?

d. Wie groß ist das Verhältnis der Intensitäten in $\overline{\mathcal{S}}$ und $\mathcal{S}$? Als Jugendlicher soll sich Einstein gefragt haben, wie eine elektromagnetische Welle aussehen würde, wenn man mit Lichtgeschwindigkeit neben ihr her laufen könnte. Was könnten Sie ihm, für den Fall $v \to c$, über Amplitude, Frequenz und Intensität der Welle sagen?

12.3.3 Der Feldtensor

Wie Gleichung 12.109 andeutet, transformieren sich $\mathbf{E}$ und $\mathbf{B}$ mit Sicherheit *nicht* wie die räumlichen Teile der beiden Vierervektoren – tatsächlich werden die Komponenten von $\mathbf{E}$ und $\mathbf{B}$ miteinander vermischt, wenn sie von einem Inertialsystem in ein anderes wechseln. Um was für ein Objekt mit sechs Komponenten und einem Transformationsverhalten gemäß Gleichung 12.109 handelt es sich? *Antwort*: Es handelt sich um einen **antisymmetrischen Tensor zweiter Stufe**.

Wie bereits erwähnt, transformiert sich ein Vierervektor gemäß der Regel

$$\overline{a}^{\mu} = \Lambda^{\mu}_{\nu} a^{\nu} \tag{12.113}$$

(wobei wir implizit die Summation über ν annehmen), mit Λ als Matrix der Lorentz-Transformation. Bewegt sich $\bar{\mathcal{S}}$ mit Geschwindigkeit v in x-Richtung, dann hat Λ die Form

$$\Lambda = \begin{pmatrix} \gamma & -\gamma\beta & 0 & 0 \\ -\gamma\beta & \gamma & 0 & 0 \\ 0 & 0 & 1 & 0 \\ 0 & 0 & 0 & 1 \end{pmatrix}, \tag{12.114}$$

wobei Λ^μ_ν der Eintrag in der μ-ten Reihe und der ν-ten Spalte ist. Ein Tensor (zweiter Stufe) ist ein Objekt mit zwei Indizes, das sich mit *zwei* Faktoren von Λ transformiert (einer für jeden Index):

$$\bar{t}^{\mu\nu} = \Lambda^\mu_\lambda \Lambda^\nu_\sigma t^{\lambda\sigma} . \tag{12.115}$$

Ein (vierdimensionaler) Tensor besitzt $4 \cdot 4 = 16$ Komponenten, die wir in einer 4×4-Matrix anordnen können:

$$t^{\mu\nu} = \begin{pmatrix} t^{00} & t^{01} & t^{02} & t^{03} \\ t^{10} & t^{11} & t^{12} & t^{13} \\ t^{20} & t^{21} & t^{22} & t^{23} \\ t^{30} & t^{31} & t^{32} & t^{33} \end{pmatrix} .$$

Diese 16 Elemente müssen jedoch nicht alle unterschiedlich sein. So hat beispielsweise ein **symmetrischer Tensor** die Eigenschaft

$$t^{\mu\nu} = t^{\nu\mu} . \tag{12.116}$$

In diesem Fall gibt es 10 unterschiedliche Komponenten: Sechs dieser 16 wiederholen sich ($t^{01} = t^{10}$, $t^{02} = t^{20}$, $t^{03} = t^{30}$, $t^{12} = t^{21}$, $t^{13} = t^{31}$, $t^{23} = t^{32}$). Auf ähnliche Weise hat ein **antisymmetrischer Tensor** die Form

$$t^{\mu\nu} = -t^{\nu\mu} . \tag{12.117}$$

Ein derartiges Objekt hat nur sechs unterschiedliche Elemente – auch hier wiederholen sich sechs der 16 Elemente (es sind dieselben wie im symmetrischen Fall, nun aber tragen sie ein Minuszeichen). Außerdem sind vier Elemente null (t^{00}, t^{11}, t^{22} sowie t^{33}). Daher hat der allgemeine antisymmetrische Tensor die Form

$$t^{\mu\nu} = \left\{ \begin{matrix} 0 & t^{01} & t^{02} & t^{03} \\ -t^{01} & 0 & t^{12} & t^{13} \\ -t^{02} & -t^{12} & 0 & t^{23} \\ -t^{03} & -t^{13} & -t^{23} & 0 \end{matrix} \right\} .$$

Betrachten wir nun die Wirkung des Transformationsgesetzes 12.115 auf die sechs unterschiedlichen Komponenten des antisymmetrischen Tensors. Beginnend mit $\bar{t}^{01}$ haben wir

$$\bar{t}^{01} = \Lambda^0_\lambda \Lambda^1_\sigma t^{\lambda\sigma} .$$

Gemäß Gleichung 12.114 gilt aber $\Lambda^0_\lambda = 0$ (ausgenommen bei $\lambda = 0$ oder 1) und $\Lambda^1_\sigma = 0$ (ausgenommen bei $\sigma = 0$ oder 1). Daher verbleiben vier Terme in der Summe:

$$\bar{t}^{01} = \Lambda^0_0 \Lambda^1_0 t^{00} + \Lambda^0_0 \Lambda^1_1 t^{01} + \Lambda^0_1 \Lambda^1_0 t^{10} + \Lambda^0_1 \Lambda^1_1 t^{11} .$$

Andererseits ist $t^{00} = t^{11} = 0$ und $t^{01} = -t^{10}$, also ist

$$\bar{t}^{01} = \left(\Lambda^0_0\Lambda^1_1 - \Lambda^0_1\Lambda^1_0\right) t^{01} = \left(\gamma^2 - (\gamma\beta)^2\right) t^{01} = t^{01} \, .$$

Ich überlasse es Ihnen, die restlichen Werte zu bestimmen – der vollständige Satz der Transformationsgesetze lautet

$$\left.\begin{aligned} \bar{t}^{01} &= t^{01}\,, & \bar{t}^{02} &= \gamma\left(t^{02} - \beta t^{12}\right)\,, & \bar{t}^{03} &= \gamma\left(t^{03} - \beta t^{31}\right)\,, \\ \bar{t}^{23} &= t^{23}\,, & \bar{t}^{31} &= \gamma\left(t^{31} - \beta t^{03}\right)\,, & \bar{t}^{12} &= \gamma\left(t^{12} - \beta t^{02}\right)\,. \end{aligned}\right\} \tag{12.118}$$

Dabei handelt es sich genau um die Regeln, die wir aus physikalischen Gründen für die elektromagnetischen Felder abgeleitet haben (Gleichung 12.109) – tatsächlich können wir den **Feldtensor** $F^{\mu\nu}$ durch direkten Vergleich konstruieren:[25]

$$F^{01} \equiv \frac{E_x}{c}\,, \quad F^{02} \equiv \frac{E_y}{c}\,, \quad F^{03} \equiv \frac{E_z}{c}\,, \quad F^{12} \equiv B_z\,, \quad F^{31} \equiv B_y\,, \quad F^{23} \equiv B_x\,.$$

Schreiben wir dies als Matrix, so erhalten wir:

$$F^{\mu\nu} = \left\{\begin{array}{cccc} 0 & E_x/c & E_y/c & E_z/c \\ -E_x/c & 0 & B_z & -B_y \\ -E_y/c & -B_z & 0 & B_x \\ -E_z/c & B_y & -B_x & 0 \end{array}\right\}. \tag{12.119}$$

Die Relativitätstheorie vervollständigt und perfektioniert somit die Arbeit, die von Ørsted begonnen wurde, und kombiniert die elektrischen und magnetischen Felder in einer einzigen Größe $F^{\mu\nu}$.

Wenn Sie diesem Gedankengang mit der gebotenen Sorgfalt gefolgt sind, dann müsste Ihnen aufgefallen sein, dass es noch *eine andere* Methode gibt, um **E** und **B** in den antisymmetrischen Tensor einzubetten: Statt die erste Zeile von Gleichung 12.109 mit der ersten Zeile von Gleichung 12.118 zu vergleichen, die zweite mit der zweiten usw. könnten wir auch die erste Zeile der Gleichung 12.109 mit der zweiten Zeile von Gleichung 12.118 in Beziehung setzen und umgekehrt. Dies führt auf den **dualen Tensor** $G^{\mu\nu}$:

$$G^{\mu\nu} = \left\{\begin{array}{cccc} 0 & B_x & B_y & B_z \\ -B_x & 0 & -E_z/c & E_y/c \\ -B_y & E_z/c & 0 & -E_x/c \\ -B_z & -E_y/c & E_x/c & 0 \end{array}\right\}. \tag{12.120}$$

$G^{\mu\nu}$ erhalten wir mit der Substitution $\mathbf{E}/c \to \mathbf{B}$ und $\mathbf{B} \to -\mathbf{E}/c$ direkt aus $F^{\mu\nu}$. Beachten Sie, dass diese Operation Gleichung 12.109 nicht verändert – deshalb erzeugen beide Tensoren das richtige Transformationsgesetz für **E** und **B**.

25 Einige Autoren verwenden die Konvention $F^{01} \equiv E_x, F^{12} \equiv cB_z$, und so weiter, andere setzen entgegengesetzte Vorzeichen an. Dementsprechend können die hier vorgestellten Formeln, je nach dem verwendeten Lehrbuch, jeweils etwas anders aussehen.

Aufgabe 12.49

Arbeiten Sie die fehlenden fünf Teile der Gleichung 12.118 aus.

Aufgabe 12.50

Beweisen Sie, dass die Symmetrie (oder Antisymmetrie) eines Tensors unter der Lorentz-Transformation erhalten bleibt (das bedeutet: Wenn $t^{\mu\nu}$ symmetrisch ist, dann zeigen Sie, das $\bar{t}^{\mu\nu}$ ebenfalls symmetrisch ist. Das Gleiche gilt für die Antisymmetrie.)

Aufgabe 12.51

Wie bereits erwähnt, erhalten wir einen *kovarianten* Vierervektor aus dem *kontravarianten*, indem wir das Vorzeichen der nullten Komponente umkehren. Das gilt für Tensoren genauso: Wenn Sie einen Index „nach unten schieben", um ihn kovariant zu machen, dann verändern Sie das Vorzeichen, sofern dieser Index null ist. Berechnen Sie die Tensorinvarianten

$$F^{\mu\nu}F_{\mu\nu}\,, \quad G^{\mu\nu}G_{\mu\nu} \quad \text{und} \quad F^{\mu\nu}G_{\mu\nu}\,,$$

ausgedrückt durch **E** und **B**. Vergleichen Sie Ihr Resultat mit Aufgabe 12.47.

Aufgabe 12.52

Ein gerader Draht entlang der z-Achse trägt eine Ladungsdichte λ, die sich mit der Geschwindigkeit v in $+z$-Richtung bewegt. Konstruieren Sie den Feldtensor und den dualen Tensor im Punkt $(x, 0, 0)$.

12.3.4 Elektrodynamik in Tensornotation

Nachdem wir nun wissen, wie wir Felder in relativistischer Schreibweise ausdrücken können, ist es an der Zeit, die Gesetze der Elektrodynamik (die Maxwell'schen Gleichungen und das Lorentz'sche Kraftgesetz) in dieser Sprache neu zu formulieren. Zu Beginn müssen wir wissen, wie sich die *Quellen* der Felder, also ρ und **J**, transformieren. Stellen Sie sich eine vorbeidriftende Ladungswolke vor. Wir konzentrieren uns auf ein infinitesimales Volumen V, das eine Ladung Q enthält, die sich mit Geschwindigkeit **u** bewegt (Abbildung 12.43). Die Ladungsdichte beträgt

$$\rho = \frac{Q}{V}\,,$$

und die Stromdichte[26] ist

$$\mathbf{J} = \rho\mathbf{u}\,.$$

26 Ich setze voraus, dass die gesamte Ladung in V dasselbe Vorzeichen besitzt und dass sich alles mit derselben Geschwindigkeit bewegt. Ist das nicht der Fall, müssen Sie die Bestandteile separat behandeln: $\mathbf{J} = \rho_+\mathbf{u}_+ + \rho_-\mathbf{u}_-$, aber der Gedankengang ist derselbe.

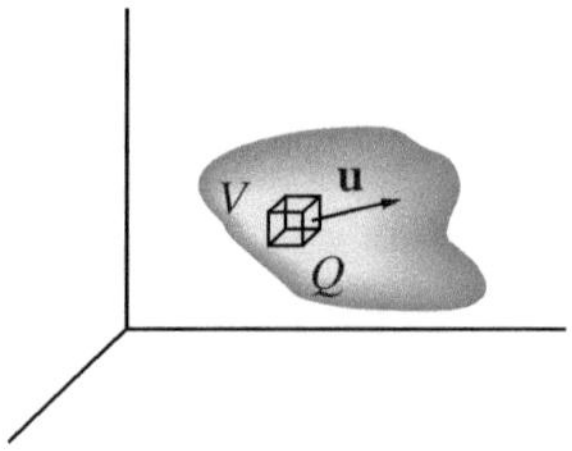

Abbildung 12.43

Diese Größen werde ich durch die **Eigenladungsdichte** ρ_0, d. h. *die Dichte im Ruhesystem der Ladung*, ausdrücken:

$$\rho_0 = \frac{Q}{V_0},$$

in dem V_0 das Ruhevolumen der Wolke darstellt. Da eine der Dimensionen (diejenige parallel zur Bewegungsrichtung) Lorentz-kontrahiert ist, gilt

$$V = \sqrt{1 - u^2/c^2}\, V_0 \tag{12.121}$$

und damit

$$\rho = \rho_0 \frac{1}{\sqrt{1 - u^2/c^2}}, \quad \mathbf{J} = \rho_0 \frac{\mathbf{u}}{\sqrt{1 - u^2/c^2}}. \tag{12.122}$$

Durch Vergleich mit Gleichung 12.40 und 12.42 erkennen wir hier die Komponenten der *Eigengeschwindigkeit*, multipliziert mit der Invarianten ρ_0. Offensichtlich verbinden sich die Ladungsdichte und die Stromdichte zu einem Vierervektor:

$$J^\mu = \rho_0 \eta^\mu \tag{12.123}$$

mit den Komponenten

$$J^\mu = (c\rho, J_x, J_y, J_z)\,. \tag{12.124}$$

Er trägt die Bezeichnung **Vierervektor der Stromdichte**.

Die Kontinuitätsgleichung (Gleichung 5.29)

$$\nabla \cdot \mathbf{J} = -\frac{\partial \rho}{\partial t},$$

welche die lokale Ladungserhaltung ausdrückt, nimmt eine angenehm kompakte Form an, wenn wir sie durch J^μ ausdrücken. Es gilt

$$\nabla \cdot \mathbf{J} = \frac{\partial J_x}{\partial x} + \frac{\partial J_y}{\partial y} + \frac{\partial J_z}{\partial z} = \sum_{i=1}^{3} \frac{\partial J^i}{\partial x^i},$$

sowie

$$\frac{\partial \rho}{\partial t} = \frac{1}{c}\frac{\partial J^0}{\partial t} = \frac{\partial J^0}{\partial x^0}\,. \tag{12.125}$$

Bringen wir $\partial\rho/\partial t$ auf die linke Seite (der Kontinuitätsgleichung), erhalten wir:

$$\frac{\partial J^\mu}{\partial x^\mu} = 0 \,. \qquad (12.126)$$

Dabei summieren wir implizit über μ. Übrigens ist $\partial J^\mu/\partial x^\mu$ die vierdimensionale *Divergenz* von J^μ, daher besagt die Kontinuitätsgleichung, dass der Vierervektor der Stromdichte divergenzfrei ist.

Die Maxwell'schen Gleichungen können folgendermaßen formuliert werden:

$$\frac{\partial F^{\mu\nu}}{\partial x^\nu} = \mu_0 J^\mu \,, \qquad \frac{\partial G^{\mu\nu}}{\partial x^\nu} = 0 \,, \qquad (12.127)$$

wobei wir ebenfalls implizit über ν summieren. Jeder der obigen Ausdrücke steht für vier Gleichungen – eine für jeden Wert von μ. Für $\mu = 0$ lautet die erste Gleichung:

$$\begin{aligned}\frac{\partial F^{0\nu}}{\partial x^\nu} &= \frac{\partial F^{00}}{\partial x^0} + \frac{\partial F^{01}}{\partial x^1} + \frac{\partial F^{02}}{\partial x^2} + \frac{\partial F^{03}}{\partial x^3}\\ &= \frac{1}{c}\left(\frac{\partial E_x}{\partial x} + \frac{\partial E_y}{\partial y} + \frac{\partial E_z}{\partial z}\right)\\ &= \frac{1}{c}(\nabla\cdot\mathbf{E})\\ &= \mu_0 J^0 = \mu_0 c\rho \,,\end{aligned}$$

oder kurz

$$\nabla\cdot\mathbf{E} = \frac{1}{\varepsilon_0}\rho \,.$$

Das ist natürlich nichts anderes als das Gauß'sche Gesetz. Für $\mu = 1$ erhalten wir

$$\begin{aligned}\frac{\partial F^{1\nu}}{\partial x^\nu} &= \frac{\partial F^{10}}{\partial x^0} + \frac{\partial F^{11}}{\partial x^1} + \frac{\partial F^{12}}{\partial x^2} + \frac{\partial F^{13}}{\partial x^3}\\ &= -\frac{1}{c^2}\frac{\partial E_x}{\partial t} + \frac{\partial B_z}{\partial y} - \frac{\partial B_y}{\partial z}\\ &= \left(-\frac{1}{c^2}\frac{\partial\mathbf{E}}{\partial t} + \nabla\times\mathbf{B}\right)_x\\ &= \mu_0 J^1 = \mu_0 J_x \,.\end{aligned}$$

Kombinieren wir dies mit den entsprechenden Ergebnissen für $\mu = 2$ und $\mu = 3$, so erhalten wir

$$\nabla\times\mathbf{B} = \mu_0\mathbf{J} + \mu_0\varepsilon_0\frac{\partial\mathbf{E}}{\partial t} \,,$$

also das Ampère'sche Gesetz mit Maxwell'scher Korrektur.

Darüber hinaus wird die zweite Gleichung in 12.127 mit $\mu = 0$ zu

$$\begin{aligned}\frac{\partial G^{0\nu}}{\partial x^\nu} &= \frac{\partial G^{00}}{\partial x^0} + \frac{\partial G^{01}}{\partial x^1} + \frac{\partial G^{02}}{\partial x^2} + \frac{\partial G^{03}}{\partial x^3}\\ &= \frac{\partial B_x}{\partial x} + \frac{\partial B_y}{\partial y} + \frac{\partial B_z}{\partial z}\\ &= \nabla\cdot\mathbf{B} = 0\end{aligned}$$

(das ist die dritte Maxwell'sche Gleichung), und $\mu = 1$ führt auf

$$\begin{aligned}\frac{\partial G^{1\nu}}{\partial x^\nu} &= \frac{\partial G^{10}}{\partial x^0} + \frac{\partial G^{11}}{\partial x^1} + \frac{\partial G^{12}}{\partial x^2} + \frac{\partial G^{13}}{\partial x^3} \\ &= -\frac{1}{c}\frac{\partial B_x}{\partial t} - \frac{1}{c}\frac{\partial E_z}{\partial y} + \frac{1}{c}\frac{\partial E_y}{\partial z} = -\frac{1}{c}\left(\frac{\partial \mathbf{B}}{\partial t} + \nabla \times \mathbf{E}\right)_x = 0\,.\end{aligned}$$

Kombinieren wir dies mit den entsprechenden Ergebnissen für $\mu = 2$ und $\mu = 3$, erhalten wir das Faraday'sche Gesetz:

$$\nabla \times \mathbf{E} = -\frac{\partial \mathbf{B}}{\partial t}\,.$$

In der relativistischen Schreibweise reduzieren sich also die vier schwerfälligen Maxwell'schen Gleichungen auf zwei erfreulich einfache.

Drücken wir die *Minkowski*-Kraft auf eine Ladung q durch $F^{\mu\nu}$ und die Eigengeschwindigkeit η^μ aus, so haben wir

$$K^\mu = q\eta_\nu F^{\mu\nu}\,. \tag{12.128}$$

Begründung: Für $\mu = 1$ ergibt sich

$$\begin{aligned}K^1 &= q\eta_\nu F^{1\nu} = q\left(-\eta^0 F^{10} + \eta^1 F^{11} + \eta^2 F^{12} + \eta^3 F^{13}\right) \\ &= q\left[\frac{-c}{\sqrt{1-u^2/c^2}}\left(\frac{-E_x}{c}\right) + \frac{u_y}{\sqrt{1-u^2/c^2}}(B_z) + \frac{u_z}{\sqrt{1-u^2/c^2}}(-B_y)\right] \\ &= \frac{q}{\sqrt{1-u^2/c^2}}\left[\mathbf{E} + (\mathbf{u}\times\mathbf{B})\right]_x\,,\end{aligned}$$

und eine ähnliche Formel ergibt sich für die Fälle $\mu = 2$ und $\mu = 3$. Daher ist

$$\mathbf{K} = \frac{q}{\sqrt{1-u^2/c^2}}\left[\mathbf{E} + (\mathbf{u}\times\mathbf{B})\right]\,, \tag{12.129}$$

und das wird nach einem Blick auf Gleichung 12.69 zu

$$\mathbf{F} = q\left[\mathbf{E} + (\mathbf{u}\times\mathbf{B})\right]\,,$$

also nichts anderes als die Lorentz-Kraft. Gleichung 12.128 stellt daher die Lorentz-Kraft in relativistischer Schreibweise dar. Ich überlasse Ihnen die Interpretation der nullten Komponente (Aufgabe 12.55).

■ Aufgabe 12.53

Leiten Sie die Kontinuitätsgleichung (12.126) direkt aus den Maxwell'schen Gleichungen (12.127) ab.

■ Aufgabe 12.54

Zeigen Sie, dass die zweite Gleichung in (12.127) folgendermaßen durch den Feldtensor $F^{\mu\nu}$ ausgedrückt werden kann:

$$\frac{\partial F_{\mu\nu}}{\partial x^\lambda} + \frac{\partial F_{\nu\lambda}}{\partial x^\mu} + \frac{\partial F_{\lambda\mu}}{\partial x^\nu} = 0 \,. \tag{12.130}$$

■ Aufgabe 12.55

Arbeiten Sie die Komponente $\mu = 0$ des elektromagnetischen Kraftgesetzes (Gleichung 12.128) aus und interpretieren Sie das Ergebnis physikalisch.

12.3.5 Relativistische Potentiale

Aus Kapitel 10 wissen wir noch, dass das elektrische und das magnetische Feld durch ein skalares Potential V bzw. ein Vektorpotential $\mathbf{A}$ ausgedrückt werden können:

$$\mathbf{E} = -\nabla V - \frac{\partial \mathbf{A}}{\partial t} \,, \qquad \mathbf{B} = \nabla \times \mathbf{A} \,. \tag{12.131}$$

Wie Sie sicher vermuten, bilden V und $\mathbf{A}$ zusammen einen Vierervektor:

$$A^\mu = \left(V/c, A_x, A_y, A_z\right) \,. \tag{12.132}$$

Ausgedrückt durch dieses **Vierervektor-Potential**, kann der Feldtensor folgendermaßen dargestellt werden:

$$F^{\mu\nu} = \frac{\partial A^\nu}{\partial x_\mu} - \frac{\partial A^\mu}{\partial x_\nu} \,. \tag{12.133}$$

(Wie Sie sehen, führt man die Ableitung bezüglich der *kovarianten* Vektoren x_μ und x_ν durch. Wie bereits erwähnt, ändert dies das Vorzeichen der nullten Komponente: $x_0 = -x^0$, siehe Aufgabe 12.56.)

Um zu überprüfen, dass Gleichung 12.133 äquivalent zu Gleichung 12.131 ist, werden wir einige Terme explizit berechnen. Für $\mu = 0$ und $\nu = 1$ gilt

$$\begin{aligned} F^{01} &= \frac{\partial A^1}{\partial x_0} - \frac{\partial A^0}{\partial x_1} = -\frac{\partial A_x}{\partial (ct)} - \frac{1}{c}\frac{\partial V}{\partial x} \\ &= -\frac{1}{c}\left(\frac{\partial \mathbf{A}}{\partial t} + \nabla V\right)_x = \frac{E_x}{c} \,. \end{aligned}$$

Dies und die Entsprechungen für $\nu = 2$ und $\nu = 3$ bilden den ersten Ausdruck von Gleichung 12.131. Für $\mu = 1$ und $\nu = 2$ erhalten wir

$$F^{12} = \frac{\partial A^2}{\partial x_1} - \frac{\partial A^1}{\partial x_2} = \frac{\partial A_y}{\partial x} - \frac{\partial A_x}{\partial y} = (\nabla \times \mathbf{A})_z = B_z \,;$$

diese Ausdrücke bilden (zusammen mit den entsprechenden Ergebnissen für F^{13} und F^{23}) den zweiten Ausdruck in Gleichung 12.131.

Der Potentialformalismus behandelt automatisch die homogene Maxwell-Gleichung ($\partial G^{\mu\nu}/\partial x^\nu = 0$). Gleiches gilt für die inhomogene Gleichung ($\partial F^{\mu\nu}/\partial x^\nu = \mu_0 J^\mu$), die zu

$$\frac{\partial}{\partial x_\mu}\left(\frac{\partial A^\nu}{\partial x^\nu}\right) - \frac{\partial}{\partial x_\nu}\left(\frac{\partial A^\mu}{\partial x^\nu}\right) = \mu_0 J^\mu \tag{12.134}$$

wird. Sie ist in dieser Form unlösbar. Aber wie bereits erwähnt, werden Potentiale durch die Felder nicht eindeutig bestimmt – tatsächlich folgt aus Gleichung 12.133, dass Sie zu A^μ den Gradienten einer beliebigen skalaren Funktion λ addieren können:

$$A^\mu \to A^{\mu'} = A^\mu + \frac{\partial \lambda}{\partial x_\mu}, \tag{12.135}$$

ohne $F^{\mu\nu}$ zu verändern. Dies ist genau die **Eichinvarianz**, die wir in Kapitel 10 kennengelernt haben. Wir können sie ausnutzen, um Gleichung 12.134 zu vereinfachen. Insbesondere wird die Bedingung der Lorenz-Eichung (Gleichung 10.12)

$$\nabla \cdot \mathbf{A} = -\frac{1}{c^2}\frac{\partial V}{\partial t}$$

in relativistischer Schreibweise zu

$$\frac{\partial A^\mu}{\partial x^\mu} = 0\,. \tag{12.136}$$

In der Lorenz-Eichung reduziert sich daher Gleichung 12.134 auf

$$\Box^2 A^\mu = -\mu_0 J^\mu\,, \tag{12.137}$$

wobei $\Box^2$ der **D'Alembert-Operator** ist:

$$\Box^2 \equiv \frac{\partial}{\partial x_\nu}\frac{\partial}{\partial x^\nu} = \nabla^2 - \frac{1}{c^2}\frac{\partial^2}{\partial t^2}\,. \tag{12.138}$$

Gleichung 12.137 kombiniert unsere früheren Ergebnisse in einer Vierervektorgleichung – sie stellt die eleganteste (und einfachste) Formulierung der Maxwell'schen Gleichungen dar[27].

27 Übrigens ist die *Coulomb*-Eichung aus Sicht der Relativitätstheorie eine *schlechte* Wahl, da ihre Definitionsgleichung $\nabla \cdot \mathbf{A} = 0$ durch die Lorentz-Transformation zerstört wird. Um diese Eichbedingung wieder herzustellen, muss man über die Lorentz-Transformation hinaus jedes Mal eine geeignete Eichtransformation anwenden, wenn man in ein neues Inertialsystem wechselt. In diesem Sinne ist A^μ unter der Coulomb-Eichung kein echter Vierervektor.

Aufgabe 12.56

Sie haben sicher bemerkt, dass der Operator des **vierdimensionalen Gradienten** $\partial/\partial x^\mu$ wie ein *kovarianter* Vierervektor funktioniert – tatsächlich wird er oft kurz als ∂_μ geschrieben. So hat beispielsweise die Kontinuitätsgleichung $\partial_\mu J^\mu = 0$ die Form eines invarianten Produkts zweier Vektoren. Der entsprechende *kontravariante* Gradient lautet $\partial^\mu \equiv \partial/\partial x_\mu$. *Beweisen* Sie, dass $\partial^\mu \varphi$ ein (kontravarianter) Vierervektor mit der skalaren Funktion φ ist, indem Sie unter Anwendung der Kettenregel sein Transformationsgesetz ausarbeiten.

Aufgabe 12.57

Zeigen Sie, dass die Potentialdarstellung (Gleichung 12.133) automatisch $\partial G^{\mu\nu}/\partial x^\nu = 0$ erfüllt.

[*Vorschlag*: Wenden Sie Aufgabe 12.54 an.]

Aufgabe 12.58

Zeigen Sie, dass die Liénard-Wiechert-Potentiale (Gleichungen 10.46 und 10.47) in relativistischer Schreibweise als

$$A^\mu = -\frac{q}{4\pi\epsilon_0 c}\frac{\eta^\mu}{(\eta^\nu \mathscr{r}_\nu)}$$

geschrieben werden können. Dabei ist

$$\mathscr{r}^\mu \equiv x^\mu - w^\mu(t_r)\,.$$

Weitere Aufgaben für Kapitel 12

EXTRAS ONLINE
Lösungshinweise

Aufgabe 12.59

Das Inertialsystem $\bar{\mathcal{S}}$ bewegt sich mit einer konstanten Geschwindigkeit $\mathbf{v} = \beta c(\cos\varphi\hat{\mathbf{x}} + \sin\varphi\hat{\mathbf{y}})$ relativ zu $\mathcal{S}$. Ihre Achsen liegen parallel zueinander, und ihre Ursprünge fallen, wie üblich, für $t = \bar{t} = 0$ zusammen. Bestimmen Sie die Matrix der Lorentz-Transformation Λ (Gleichung 12.25).

$$\left[\text{Ergebnis:}\begin{pmatrix}\gamma & -\gamma\beta\cos\varphi & -\gamma\beta\sin\varphi & 0\\ -\gamma\beta\cos\varphi & (\gamma\cos^2\varphi+\sin^2\varphi) & (\gamma-1)\sin\varphi\cos\varphi & 0\\ -\gamma\beta\sin\varphi & (\gamma-1)\sin\varphi\cos\varphi & (\gamma\sin^2\varphi+\cos^2\varphi) & 0\\ 0 & 0 & 0 & 1\end{pmatrix}\right]$$

Aufgabe 12.60

Berechnen Sie die Impulsschwelle (den minimalen Impuls), den ein Pion aufweisen muss, damit der Prozess $\pi + \text{p} \to \text{K} + \Sigma$ stattfinden kann. Dabei steht π für ein Pion, p für ein Proton, K für ein Kaon und Σ für ein Sigma-Teilchen. Das Proton p befindet sich ursprünglich in Ruhe. Setzen Sie $m_\pi c^2 = 150$, $m_\text{K} c^2 = 500$, $m_\text{p} c^2 = 900$ und $m_\Sigma c^2 = 1200$ (alle Einheiten in MeV).

[*Hinweis*: Betrachten Sie zur Formulierung der Schwellenbedingung die Kollision im Schwerpunktsystem (Aufgabe 12.31). *Ergebnis*: 1133 MeV/c.]

Aufgabe 12.61
Ein Teilchen der Masse m kollidiert elastisch mit einem identischen ruhenden Teilchen. Klassisch betrachtet bilden die Flugbahnen nach dem Stoß immer einen Winkel von 90°. Berechnen Sie diesen Winkel relativistisch und drücken Sie ihn durch den Streuwinkel φ sowie die Geschwindigkeit v im Impulsschwerpunktsystem aus.

[*Ergebnis*: $\tan^{-1}(2c^2/v^2\gamma\sin\varphi)$.]

Aufgabe 12.62
Bestimmen Sie x als Funktion von t für eine im Ursprung beginnende Bewegung aus dem Ruhezustand heraus, die durch eine konstante *Minkowski*-Kraft in x-Richtung verursacht wird. Belassen Sie Ihre Antwort in impliziter Form (t als Funktion von x.)

[*Ergebnis*: $2Kt/mc = z\sqrt{1+z^2} + \ln(z + \sqrt{1+z^2})$, mit $z \equiv \sqrt{2Kx/mc^2}$.]

! **Aufgabe 12.63**
Ein elektrischer Dipol besteht aus zwei Punktladungen ($\pm q$), jede mit Masse m, die sich am Ende eines (masselosen) Stabs der Länge d befinden. (Nehmen Sie *nicht* an, dass d klein ist.)

a. Bestimmen Sie die resultierende Selbstkraft auf den Dipol, wenn er sich entlang einer Linie, die senkrecht auf seiner Achse steht, in hyperbolischer Bewegung befindet (Gleichung 12.61).

[*Hinweis*: Beginnen Sie mit einer geeigneten Änderung von Gleichung 11.90.]

b. Beachten Sie, dass diese Selbstkraft *konstant* ist (t fällt heraus) und in Bewegungsrichtung zeigt – gerade genug, um die hyperbolische Bewegung zu *verursachen*. Daher kann der Dipol *von selbst eine beschleunigte Bewegung aufrecht erhalten*, ohne dass irgendwelche äußere Kräfte wirken![28]

[Woher stammt Ihrer Meinung nach die Energie?]

Bestimmen Sie die Selbstkraft F in Abhängigkeit von m, q, und d.

[*Ergebnis*: $(2mc^2/d)\sqrt{(\mu_0 q^2/8\pi md)^{2/3} - 1}$.]

Aufgabe 12.64
Ein ideales magnetisches Dipolmoment $\mathbf{m}$ befindet sich im Ursprung eines Inertialsystems $\bar{\mathcal{S}}$, das sich relativ zu einem Inertialsystem $\mathcal{S}$ mit Geschwindigkeit v in x-Richtung bewegt. In $\bar{\mathcal{S}}$ lautet das Vektorpotential

$$\bar{\mathbf{A}} = \frac{\mu_0}{4\pi}\frac{\bar{\mathbf{m}} \times \hat{\bar{\mathbf{r}}}}{\bar{r}^2}$$

(Gleichung 5.85), und das elektrische Potential $\bar{V}$ ist null.

a. Bestimmen Sie das skalare Potential V in $\mathcal{S}$.

[*Ergebnis*: $(1/4\pi\varepsilon_0)(\hat{\mathbf{R}} \cdot (\mathbf{v} \times \mathbf{m})/c^2R^2)(1 - v^2/c^2)/(1 - (v^2/c^2)\sin^2\theta)^{3/2}$.]

b. Zeigen Sie im nichtrelativistischen Grenzfall, dass das skalare Potential in $\mathcal{S}$ das eines idealen *elektrischen* Dipols der Stärke

$$\mathbf{p} = \frac{\mathbf{v} \times \mathbf{m}}{c^2}$$

ist, der sich in $\bar{\mathcal{O}}$ befindet.

28 F. H. J. Cornish, *Am. J. Phys.* **54**, 166 (1986).

! Aufgabe 12.65

Ein stationärer magnetischer Dipol $\mathbf{m} = m\hat{\mathbf{z}}$ befindet sich oberhalb eines unendlichen gleichförmigen Oberflächenstroms $\mathbf{K} = K\hat{\mathbf{x}}$ (Abbildung 12.44).

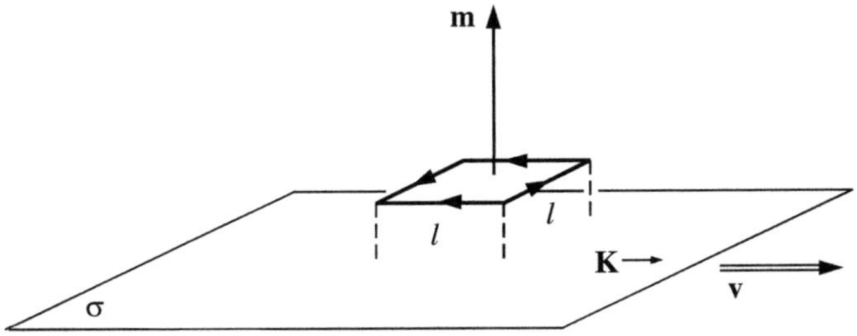

Abbildung 12.44

a. Bestimmen Sie anhand von Gleichung 6.1 das Drehmoment auf den Dipol.

b. Nehmen Sie an, dass der Oberflächenstrom aus einer gleichförmigen Flächenladung σ besteht, die sich mit Geschwindigkeit $\mathbf{v} = v\hat{\mathbf{x}}$ bewegt, sodass $\mathbf{K} = \sigma\mathbf{v}$. Weiterhin besteht der magnetische Dipol aus einer gleichförmigen Linienladung λ, die, wie in der Abbildung gezeigt, mit (derselben) Geschwindigkeit v um eine quadratische Schleife der Seitenlänge l kreist, sodass $m = \lambda v l^2$. Untersuchen Sie dieselbe Konfiguration aus dem Blickwinkel eines Systems $\bar{\mathcal{S}}$, das sich mit Geschwindigkeit v in x-Richtung bewegt. In $\bar{\mathcal{S}}$ ruht die Flächenladung, sodass sie kein Magnetfeld erzeugt. Zeigen Sie, dass die Stromschleife in diesem Bezugssystem ein *elektrisches* Dipolmoment trägt, und bestimmen Sie das resultierende Drehmoment anhand von Gleichung 4.4.

Aufgabe 12.66

In einem bestimmten Inertialsystem $\mathcal{S}$ sind das elektrische Feld $\mathbf{E}$ und das Magnetfeld $\mathbf{B}$ in einem bestimmten Punkt der Raumzeit weder parallel, noch stehen sie senkrecht aufeinander. Zeigen Sie, dass in einem anderen Inertialsystem $\bar{\mathcal{S}}$, das sich relativ zu $\mathcal{S}$ mit einer durch

$$\frac{\mathbf{v}}{1 + v^2/c^2} = \frac{\mathbf{E} \times \mathbf{B}}{B^2 + E^2/c^2},$$

gegebenen Geschwindigkeit $\mathbf{v}$ bewegt, die Felder $\bar{\mathbf{E}}$ und $\bar{\mathbf{B}}$ in diesem Punkt *parallel* sind. Gibt es ein Bezugssystem, in dem beide *senkrecht* aufeinander stehen?

Aufgabe 12.67

Zwei Ladungen $\pm q$ bewegen sich auf der x-Achse mit konstanter Geschwindigkeit und aus unterschiedlichen Richtungen auf den Ursprung zu. Sie kollidieren und kleben aneinander und bilden ein ruhendes neutrales Teilchen. Skizzieren Sie das elektrische Feld vor und kurz nach der Kollision. (Denken Sie daran, dass sich „elektromagnetische“ Informationen mit Lichtgeschwindigkeit ausbreiten.) Wie würden Sie das Feld nach der Kollision physikalisch interpretieren?[29]

---

29 Siehe E. M. Purcell, *Elektrizität und Magnetismus*, 4. Aufl., Berlin: Springer Verlag, 2001, Abschnitt 5.7 sowie Anhang B (in dem Purcell die Larmor-Gleichung durch die meisterhafte Analyse einer geometrischen Ähnlichkeitsabbildung ableitet). Siehe auch R. Y. Tsien, *Am.*

Aufgabe 12.68
„Leiten" Sie das Lorentz'sche Kraftgesetz folgendermaßen her: Die Ladung q ruht in $\bar{\mathcal{S}}$, sodass $\bar{\mathbf{F}} = q\bar{\mathbf{E}}$ gilt; $\bar{\mathcal{S}}$ bewegt sich relativ zu $\mathcal{S}$ mit der Geschwindigkeit $\mathbf{v} = v\hat{\mathbf{x}}$. Wenden Sie die Transformationsgesetze (Gleichung 12.67 und 12.109) an und drücken Sie $\bar{\mathbf{F}}$ durch $\mathbf{F}$ sowie $\bar{\mathbf{E}}$ durch $\mathbf{E}$ und $\mathbf{B}$ neu aus. Leiten Sie daraus die Formel für $\mathbf{F}$ in Abhängigkeit von $\mathbf{E}$ und $\mathbf{B}$ ab.

Aufgabe 12.69
Eine Ladung q im Ursprung beginnt sich unter Einfluss eines gleichförmigen elektrischen Felds $\mathbf{E} = E_0\hat{\mathbf{z}}$ sowie eines gleichförmigen magnetischen Felds $\mathbf{B} = B_0\hat{\mathbf{x}}$ aus dem Ruhezustand zu bewegen. Bestimmen Sie die Flugbahn des Teilchens durch Transformation in ein System, in dem $\mathbf{E} = 0$ gilt, bestimmen Sie dort den Weg und transformieren Sie das Ergebnis in das ursprüngliche System zurück. Nehmen Sie an, dass $E_0 < cB_0$ ist. Vergleichen Sie Ihr Ergebnis mit Beispiel 5.2.

Aufgabe 12.70

a. Konstruieren Sie einen Tensor $D^{\mu\nu}$ (analog zu $F^{\mu\nu}$) aus $\mathbf{D}$ und $\mathbf{H}$. Wenden Sie ihn an und drücken Sie damit die Maxwell'schen Gleichungen im Inneren von Materie durch die freie Stromdichte J_f^{μ} aus.

[*Ergebnis*: $D^{01} \equiv cD_x$, $D^{12} \equiv H_z$ usw.; $\partial D^{\mu\nu}/\partial x^{\nu} = J_f^{\mu}$.]

b. Konstruieren Sie den dualen Tensor $H^{\mu\nu}$ (analog zu $G^{\mu\nu}$).

[*Ergebnis*: $H^{01} \equiv H_x$, $H^{12} \equiv -cD_z$ usw.]

c. Minkowski hat die folgenden **relativistischen Zustandsgleichungen** für lineare Medien vorgeschlagen:

$$D^{\mu\nu}\eta_\nu = c^2\varepsilon F^{\mu\nu}\eta_\nu \quad \text{und} \quad H^{\mu\nu}\eta_\nu = \frac{1}{\mu}G^{\mu\nu}\eta_\nu\,,$$

mit ε als Eigen-Dielektrizitätskonstante[30], μ als Eigen-Permeabilität und η^{μ} als der Vierergeschwindigkeit des Materials. Zeigen Sie, dass die Minkowski-Formeln die Gleichungen 4.32 und 6.31 reproduzieren, wenn sich das Material in Ruhe befindet.

d. Arbeiten Sie die Formeln aus, die $\mathbf{D}$ und $\mathbf{H}$ für ein mit der (gewöhnlichen) Geschwindigkeit $\mathbf{u}$ bewegtes Medium mit $\mathbf{E}$ und $\mathbf{B}$ verknüpfen.

! **Aufgabe 12.71**
Leiten Sie anhand der Larmor-Gleichung (Gleichung 11.70) und der speziellen Relativitätstheorie die Liénard-Formel her (Gleichung 11.73).

Aufgabe 12.72
Die natürliche relativistische Verallgemeinerung der Abraham-Lorentz-Formel (Gleichung 11.80) wäre

$$K^{\mu}_{\text{rad}} = \frac{\mu_0 q^2}{6\pi c}\frac{d\alpha^{\mu}}{d\tau}\,.$$

J. Phys. **40**, 46 (1972) und H. C. Ohanian, *Am. J. Phys.* **48**, 170 (1980). Die Methode selbst geht auf J. J. Thomson zurück: *Electricity and Matter* (New Haven, CT: Yale University Press, 1904), Seite 55.

30 Wie immer bedeutet „Eigen" hier „im Bezugssystem des Materials."

Dies ist offensichtlich ein Vierervektor, der sich im nichtrelativistischen Grenzfall $v \ll c$ auf die Abraham-Lorentz-Formel reduziert.

a. Zeigen Sie, dass dies dennoch keine mögliche Minkowski-Kraft darstellt. [*Hinweis*: Siehe Aufgabe 12.39d.]

b. Bestimmen Sie einen Korrekturterm, der, wenn er auf die rechte Seite addiert wird, die in (a) gemachte Einschränkung aufhebt, ohne den Vierervektor-Charakter der Formel oder ihre nichtrelativistische Grenzen zu beeinträchtigen.[31]

Aufgabe 12.73

Verallgemeinern Sie die Gesetze der relativistischen Elektrodynamik (Gleichungen 12.127 und 12.128), damit Sie die magnetische Ladungen mitberücksichtigen können.

[Lesen Sie Abschnitt 7.3.4.]

31 Einen interessanten Kommentar zur relativistischen Strahlungsreaktion liefert F. Rohrlich, *Am. J. Phys.* **65**, 1051 (1997).

Anhang A Vektoranalysis in krummlinigen Koordinaten

A.1 Einführung

In diesem Anhang skizziere ich die Beweise für die drei Fundamentalsätze der Vektoranalysis. Mein Ziel ist es, das *Wesentliche* der Argumente herauszuarbeiten, ohne jedes Epsilon und Delta nachzuverfolgen. Eine viel elegantere, modernere und einheitlichere – allerdings notwendigerweise auch viel längere – Behandlung dieses Themas ist in M. Spivaks Buch *Calculus on Manifolds* (New York, Benjamin, 1965) zu finden.

Um mich ganz allgemein ausdrücken zu können, werde ich beliebige (orthogonale) krummlinige Koordinaten (u, v, w) verwenden, um Ausdrücke für Gradient, Divergenz, Rotation und Laplace-Operator in einem beliebigen solchen Koordinatensystem zu entwickeln. Diese können Sie auf kartesische, sphärische, zylindrische oder irgendwelche andere von Ihnen benötigte Koordinaten umsetzen. Wenn Sie diese Verallgemeinerungen bei der ersten Lektüre stören und Sie lieber mit kartesischen Koordinaten arbeiten, dann verwenden Sie immer dann, wenn Ihnen ein (u, v, w) begegnet, die Koordinaten (x, y, z) und machen Sie bei weiterer Lektüre die entsprechenden Vereinfachungen.

A.2 Schreibweisen

Wir können jeden Punkt im Raum anhand seiner drei *Koordinaten* u, v und w identifizieren (in kartesischen Koordinaten (x, y, z), in sphärischen Koordinaten (r, φ, θ) und in zylindrischen Koordinaten (s, φ, z)). Ich werde voraussetzen, dass das System *orthogonal* ist, was bedeutet, dass die drei *Einheitsvektoren* $\hat{\mathbf{u}}$, $\hat{\mathbf{v}}$ und $\hat{\mathbf{w}}$ in Richtung wachsender Koordinaten zeigen und aufeinander senkrecht stehen. Beachten Sie, dass die Einheitsvektoren *Funktionen des Orts* sind, da sich ihre *Richtungen* (außer bei den kartesischen Koordinaten) von Punkt zu Punkt verändern. Jeder Vektor kann durch $\hat{\mathbf{u}}$, $\hat{\mathbf{v}}$ und $\hat{\mathbf{w}}$ ausgedrückt werden – insbesondere lässt sich der infinitesimale Verschiebungsvektor von (u, v, w) nach $(u + \mathrm{d}u, v + \mathrm{d}v, w + \mathrm{d}w)$ folgendermaßen formulieren:

$$\mathrm{d}\mathbf{l} = f\,\mathrm{d}u\hat{\mathbf{u}} + g\,\mathrm{d}v\hat{\mathbf{v}} + h\,\mathrm{d}w\hat{\mathbf{w}}\,. \tag{A.1}$$

Dabei sind f, g und h Funktionen des Orts, die vom speziellen Koordinatensystem abhängen (in kartesischen Koordinaten lauten sie $f = g = h = 1$, in sphärischen Koordinaten $f = 1$, $g = r$, $h = r\sin\theta$ und in zylindrischen Koordinaten $f = h = 1$,

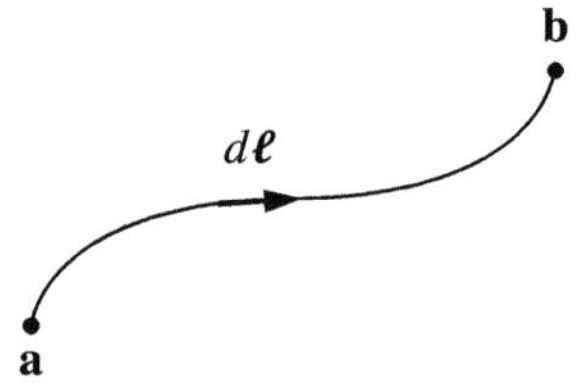

Abbildung A.1

$g = s$). Wie Sie bald sehen werden, sagen diese drei Funktionen alles aus, was Sie über ein Koordinatensystem wissen müssen.

A.3 Gradient

Wenn Sie sich vom Punkt (u, v, w) zum Punkt $(u + \mathrm{d}u, v + \mathrm{d}v, w + \mathrm{d}w)$ bewegen, verändert sich eine skalare Funktion $t(u, v, w)$ um einen Betrag

$$\mathrm{d}t = \frac{\partial t}{\partial u}\mathrm{d}u + \frac{\partial t}{\partial v}\mathrm{d}v + \frac{\partial t}{\partial w}\mathrm{d}w\,. \tag{A.2}$$

Dies ist eine zentrale Aussage über partielle Ableitungen.[1] Wir können sie als Skalarprodukt schreiben:

$$\mathrm{d}t = \nabla t \cdot \mathrm{d}\mathbf{l} = (\nabla t)_u f\,\mathrm{d}u + (\nabla t)_v\, g\,\mathrm{d}v + (\nabla t)_w\, h\,\mathrm{d}w \tag{A.3}$$

vorausgesetzt, wir definieren

$$(\nabla t)_u \equiv \frac{1}{f}\frac{\mathrm{d}t}{\mathrm{d}u}\,, \quad (\nabla t)_v \equiv \frac{1}{g}\frac{\mathrm{d}t}{\mathrm{d}v} \quad \text{und} \quad (\nabla t)_w \equiv \frac{1}{h}\frac{\mathrm{d}t}{\mathrm{d}w}\,.$$

Der **Gradient** von t ist dann

$$\nabla t \equiv \frac{1}{f}\frac{\partial t}{\partial u}\hat{\mathbf{u}} + \frac{1}{g}\frac{\partial t}{\partial v}\hat{\mathbf{v}} + \frac{1}{h}\frac{\partial t}{\partial w}\hat{\mathbf{w}}\,. \tag{A.4}$$

Wenn Sie die geeigneten Ausdrücke für f, g und h aus Tabelle A.1 heraussuchen, können Sie die auf den vorderen Umschlagseiten gezeigten Formeln für ∇t ganz einfach aufschreiben, egal ob für kartesische, sphärische und zylindrische Koordinaten.

Tabelle A.1: Allgemeine Parametrisierung von Koordinatensystemen

System	u	v	w	f	g	h
kartesisch	x	y	z	1	1	1
sphärisch	r	θ	φ	1	r	$r\sin\theta$
zylindrisch	s	φ	z	1	s	1

1 M. Boas, *Mathematical Methods in the Physical Sciences*, 2nd ed., Kapitel 4, Abschnitt 3 (New York: John Wiley, 1983).

Aus Gleichung A.3 folgt, dass die *gesamte* Änderung in t, bei ihrem Weg von Punkt $\mathbf{a}$ zu Punkt $\mathbf{b}$ (Abbildung A.1)

$$t(\mathbf{b}) - t(\mathbf{a}) = \int_{\mathbf{a}}^{\mathbf{b}} \mathrm{d}t = \int_{\mathbf{a}}^{\mathbf{b}} (\nabla t) \cdot \mathrm{d}\mathbf{l} \tag{A.5}$$

lautet, was als **Fundamentalsatz für Gradienten** bekannt ist (in diesem Fall gibt es wirklich nicht viel zu beweisen). Beachten Sie, dass das Integral unabhängig ist von dem Pfad, den Sie von $\mathbf{a}$ nach $\mathbf{b}$ zurücklegen.

A.4 Divergenz

Nehmen Sie an, wir hätten eine *Vektor*funktion

$$A(u, v, w) = A_u \hat{\mathbf{u}} + A_v \hat{\mathbf{v}} + A_w \hat{\mathbf{w}}$$

und wollen das Integral $\oint \mathbf{A} \cdot \mathrm{d}\mathbf{a}$ über der Oberfläche des infinitesimalen Volumens berechnen, das wir erhalten, wenn wir beim Punkt (u, v, w) beginnen und jede der Koordinaten nacheinander um einen infinitesimalen Betrag erhöhen (Abbildung A.2).

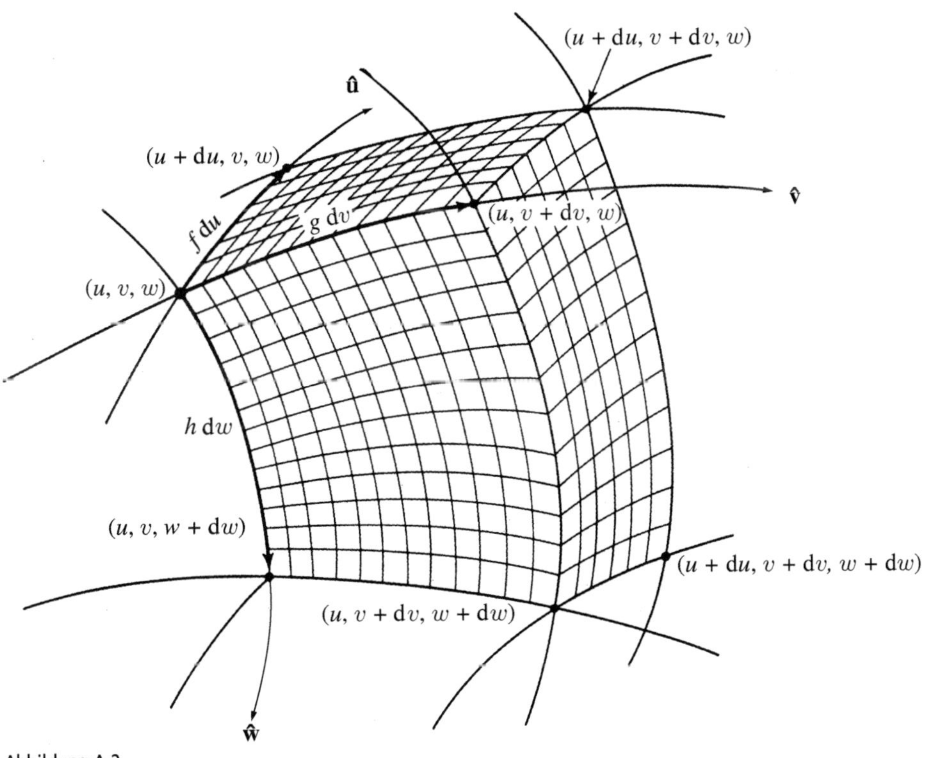

Abbildung A.2

Weil die Koordinaten orthogonal sind, ist dies (zumindest im infinitesimalen Grenzfall) ein rechteckiger Festkörper mit den Seitenlängen $\mathrm{d}l_u = f\,\mathrm{d}u$, $\mathrm{d}l_v = g\,\mathrm{d}v$ und $\mathrm{d}l_w = h\,\mathrm{d}w$. Sein Volumen ist daher

$$\mathrm{d}\tau = \mathrm{d}l_u\,\mathrm{d}l_v\,\mathrm{d}l_w = (fgh)\,\mathrm{d}u\,\mathrm{d}v\,\mathrm{d}w\,. \tag{A.6}$$

(Die Seiten sind *nicht* einfach $\mathrm{d}u$, $\mathrm{d}v$ und $\mathrm{d}w$ – schließlich könnte v ein Winkel sein. In diesem Fall hätte $\mathrm{d}v$ nicht einmal die *Dimension* einer Länge. Die korrekten Ausdrücke folgen aus Gleichung A.1)

Für die *Vorder*fläche gilt

$$\mathbf{da} = -(gh)\,\mathrm{d}v\,\mathrm{d}w\,\hat{\mathbf{u}}\,,$$

sodass

$$\mathbf{A}\cdot\mathbf{da} = -(ghA_u)\,\mathrm{d}v\,\mathrm{d}w\,.$$

Die *rückseitige* Oberfläche ist (mit Ausnahme des Vorzeichens) identisch dazu, *allerdings muss die Größe ghA_u jetzt bei $(u+\mathrm{d}u)$ und nicht bei u bestimmt werden.* Da für jede (differenzierbare) Funktion $F(u)$ (im Grenzfall)

$$F(u+\mathrm{d}u) - F(u) = \frac{\mathrm{d}F}{\mathrm{d}u}\,\mathrm{d}u$$

gilt, tragen Vorder- und Rückseite gemeinsam den Anteil

$$\left[\frac{\partial}{\partial u}(ghA_u)\right]\mathrm{d}u\,\mathrm{d}v\,\mathrm{d}w = \frac{1}{fgh}\frac{\partial}{\partial u}(ghA_u)\,\mathrm{d}\tau$$

zum Integral bei. Aus demselben Grund führen die rechte und die linke Seite auf

$$\frac{1}{fgh}\frac{\partial}{\partial v}(fhA_v)\,\mathrm{d}\tau\,,$$

während Ober- und Unterseite

$$\frac{1}{fgh}\frac{\partial}{\partial w}(fgA_w)\,\mathrm{d}\tau$$

liefern. Alle zusammen ergeben daher

$$\oint \mathbf{A}\cdot\mathbf{da} = \frac{1}{fgh}\left[\frac{\partial}{\partial u}(ghA_u) + \frac{\partial}{\partial v}(fhA_v) + \frac{\partial}{\partial w}(fgA_w)\right]\mathrm{d}\tau\,. \tag{A.7}$$

Der Koeffizient vor $\mathrm{d}\tau$ definiert die **Divergenz** von $\mathbf{A}$ in krummlinigen Koordinaten:

$$\boldsymbol{\nabla}\cdot\mathbf{A} \equiv \frac{1}{fgh}\left[\frac{\partial}{\partial u}(ghA_u) + \frac{\partial}{\partial v}(fhA_v) + \frac{\partial}{\partial w}(fgA_w)\right], \tag{A.8}$$

und Gleichung A.7 wird zu

$$\oint \mathbf{A}\cdot\mathbf{da} = (\boldsymbol{\nabla}\cdot\mathbf{A})\,\mathrm{d}\tau\,. \tag{A.9}$$

Mithilfe von Tabelle A.1 können Sie nun die auf den vorderen Umschlaginnenseiten befindlichen Formeln für die **Divergenz** in kartesischen-, sphärischen- und Zylinderkoordinaten ableiten.

Wie sie dasteht, beweist Gleichung A.9 das Divergenztheorem nicht, da sie nur für *infinitesimale* Volumina und zudem nur für ganz besondere infinitesimale Volumina gilt. Natürlich kann ein ausgedehntes Volumen in infinitesimal kleine Teile zerlegt und Gleichung A.9 auf jedes Teil angewandt werden. Das Problem dabei ist: Addieren Sie alle Teilstücke auf, dann bildet die linke Seite nicht nur ein Integral über die *äußere* Oberfläche, sondern auch über alle winzigen *inneren* Oberflächen. Glücklicherweise heben sich diese Beiträge paarweise auf, da jede innere Oberfläche die Grenzfläche zweier benachbarter infinitesimaler Volumina bildet. Weil $d\mathbf{a}$ immer nach *außen* zeigt, hat $\mathbf{A} \cdot d\mathbf{a}$ bei beiden Mitgliedern eines Paares jeweils umgekehrtes Vorzeichen (Abbildung A.3). Nur die Oberflächen, die ein einzelnes Teilstück umranden – also nur diejenigen, die an einer Außenfläche liegen – bleiben bei der Addition aller Elemente übrig. Für ausgedehnte Gebiete gilt daher:

$$\oint \mathbf{A} \cdot d\mathbf{a} = \int (\nabla \cdot \mathbf{A})\, d\tau\,, \tag{A.10}$$

d. h., Sie müssen lediglich über die *Außen*flächen integrieren.[2] Dies ist die Aussage des **Gauß'schen Satzes**.

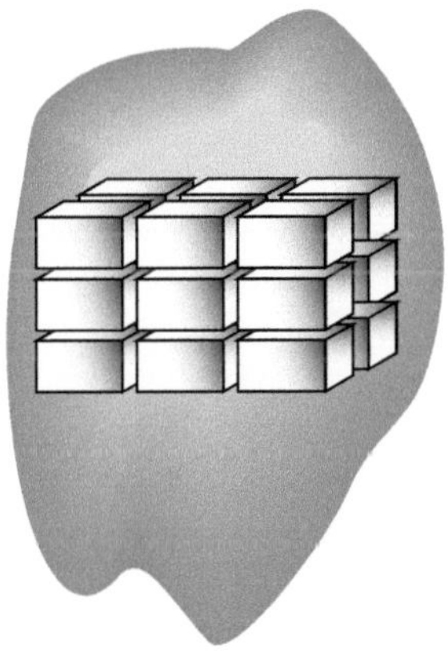

Abbildung A.3

2 Was geschieht bei Regionen, die keine perfekten rechteckigen Körper bilden, egal *wie klein* sie gemacht werden – etwa bei Ebenen, die im Winkel zu den Koordinatenlinien geschnitten werden? Es ist nicht schwer, diesen Fall zu lösen. Denken Sie selbst darüber nach oder lesen Sie ab Aufgabe II-15 in H. M. Schey, *Div, Grad, Curl and All That* (New York: W. W. Norton, 1973).

A.5 Rotation

Um die Rotation in krummlinigen Koordinaten zu erhalten, berechnen wir das Pfad-integral

$$\oint \mathbf{A} \cdot \mathrm{d}\mathbf{l}$$

entlang der infinitesimalen Schleife, die bei (u, v, w) beginnt, und erhöhen nacheinander u und v um infinitesimale Beträge, während wir w konstant halten (Abbildung A.4). Die Oberfläche bildet (zumindest im infinitesimalen Grenzfall) ein Rechteck der Länge $\mathrm{d}l_u = f\,\mathrm{d}u$, der Breite $\mathrm{d}l_v = g\,\mathrm{d}v$ und der Fläche

$$\mathrm{d}\mathbf{a} = (fg)\,\mathrm{d}u\,\mathrm{d}v\,\hat{\mathbf{w}}\,. \tag{A.11}$$

Unter der Voraussetzung eines rechtshändigen Koordinatensystems zeigt $\hat{\mathbf{w}}$ in Abbildung A.4 aus der Seite heraus. Wählen wir dies als positive Richtung für $\mathrm{d}\mathbf{a}$, sind wir durch die Rechte-Hand-Regel dazu gezwungen, das Integral, wie in der Abbildung dargestellt, im Gegenuhrzeigersinn laufen zu lassen.

Entlang des unteren Segments gilt:

$$\mathrm{d}\mathbf{l} = f\,\mathrm{d}u\hat{\mathbf{u}}\,,$$

also

$$\mathbf{A} \cdot \mathrm{d}\mathbf{l} = (fA_u)\,\mathrm{d}u\,.$$

Entlang des oberen Streifens ist das Vorzeichen umgekehrt, und fA_u wird bei $(v+\mathrm{d}v)$ bestimmt und nicht bei v. Zusammengenommen liefern diese beide Seiten

$$\left[-(fA_u)|_{v+\mathrm{d}v} + (fA_u)|_v\right]\mathrm{d}u = -\left[\frac{\partial}{\partial v}(fA_u)\right]\mathrm{d}u\,\mathrm{d}v\,.$$

Auf ähnliche Weise führen die rechten und linken Seiten auf

$$\left[\frac{\partial}{\partial u}(gA_v)\right]\mathrm{d}u\,\mathrm{d}v\,,$$

daher beträgt die Gesamtsumme

$$\begin{aligned}\oint \mathbf{A} \cdot \mathrm{d}\mathbf{l} &= \left[\frac{\partial}{\partial u}(gA_v) - \frac{\partial}{\partial v}(fA_u)\right]\mathrm{d}u\,\mathrm{d}v \\ &= \frac{1}{fg}\left[\frac{\partial}{\partial u}(gA_v) - \frac{\partial}{\partial v}(fA_u)\right]\hat{\mathbf{w}} \cdot \mathrm{d}\mathbf{a}\,. \end{aligned} \tag{A.12}$$

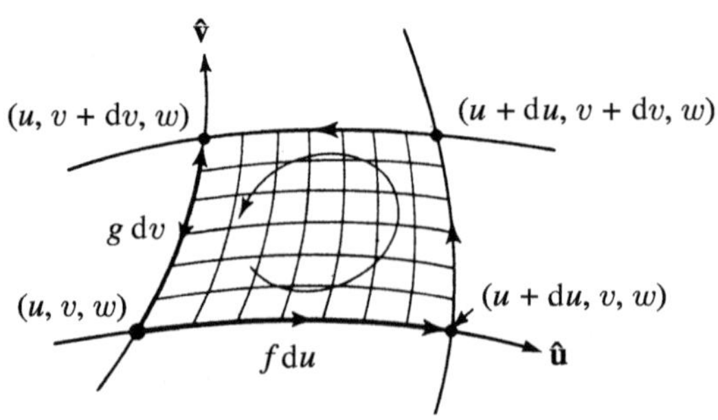

Abbildung A.4

Der Koeffizient von d**a** auf der rechten Seite dient dazu, die w-Komponente der Rotation festzulegen. Konstruieren wir die u- und v-Komponenten auf dieselbe Weise, dann erhalten wir

$$\begin{aligned}\nabla\times\mathbf{A} = &\frac{1}{gh}\left[\frac{\partial}{\partial v}(hA_w) - \frac{\partial}{\partial w}(gA_v)\right]\hat{\mathbf{u}} + \frac{1}{fh}\left[\frac{\partial}{\partial w}(fA_u) - \frac{\partial}{\partial u}(hA_w)\right]\hat{\mathbf{v}} \\ &+ \frac{1}{fg}\left[\frac{\partial}{\partial u}(gA_v) - \frac{\partial}{\partial v}(fA_u)\right]\hat{\mathbf{w}}\,,\end{aligned} \tag{A.13}$$

und Gleichung A.11 verallgemeinert sich zu

$$\oint \mathbf{A}\cdot d\mathbf{l} = (\nabla\times\mathbf{A})\cdot d\mathbf{a}\,. \tag{A.14}$$

Mithilfe von Tabelle A.1 können Sie nun die Formeln der Rotation in kartesischen, sphärischen und Zylinderkoordinaten ableiten.

Gleichung A.14 beweist das Stokes'sche Theorem jedoch nicht automatisch, denn zu diesem Zeitpunkt gilt es nur für sehr spezielle infinitesimale Oberflächen. Wie zuvor können wir ausgedehnte Flächen in infinitesimal kleine Stücke zerlegen und Gleichung A.14 auf jede einzelne anwenden (Abbildung A.5). Addieren wir sie alle auf, dann erhalten wir (auf der linken Seite) nicht nur ein Linienintegral um die äußere Grenze, sondern auch viele winzige Linienintegrale entlang der inneren Grenzen. Glücklicherweise heben sich wie zuvor die inneren Beiträge weg, weil jeder dieser inneren Pfade an der Grenze *zweier* benachbarter Schleifen befindet, die in entgegengesetzte Richtungen laufen. Folglich lässt sich Gleichung A.14 auf ausgedehnte Flächen erweitern:

$$\oint \mathbf{A}\cdot d\mathbf{l} = \int (\nabla\times\mathbf{A})\cdot d\mathbf{a}\,, \tag{A.15}$$

sodass das Linienintegral nur entlang der äußeren Grenzen genommen werden muss.[3] Dies ist nun der **Stokes'sche Satz**.

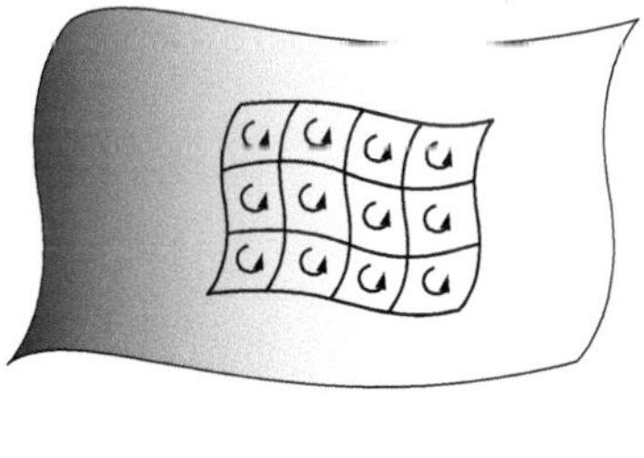

Abbildung A.5

3 Was ist mit den Flächen, die sich nicht perfekt durch winzige Rechtecke, egal wie klein diese sind, wiedergeben lassen (beispielsweise Dreiecke), oder mit Flächen, in denen eine Koordinate nicht festgehalten werden kann? Falls Sie sich wegen solcher Fälle Sorgen machen, und sie Sie nicht allein lösen können, lesen Sie ab Aufgabe III-2 in H. M. Schey, *Div, Grad, Curl and All That* (New York: W. W. Norton, 1973).

A.6 Laplace-Operator

Da der **Laplace-Operator** eines Skalars durch die Divergenz eines Gradienten definiert ist, können wir aus den Gleichungen A.4 und A.8 seine allgemeine Formel direkt ablesen:

$$\nabla^2 t \equiv \frac{1}{fgh}\left[\frac{\partial}{\partial u}\left(\frac{gh}{f}\frac{\partial t}{\partial u}\right)+\frac{\partial}{\partial v}\left(\frac{fh}{g}\frac{\partial t}{\partial v}\right)+\frac{\partial}{\partial w}\left(\frac{fg}{h}\frac{\partial t}{\partial w}\right)\right]. \qquad \text{(A.16)}$$

Wieder einmal können Sie gerne anhand von Tabelle A.1 den Laplace-Operator in kartesischen, sphärischen und Zylinderkoordinaten umsetzen und so die Formeln auf der vorderen Umschlaginnenseite bestätigen.

Anhang B
Das Helmholtz-Theorem

Die Divergenz einer Vektorfunktion $\mathbf{F}(\mathbf{r})$ soll eine bestimmte skalare Funktion $D(\mathbf{r})$ sein:

$$\nabla \cdot \mathbf{F} = D \tag{B.1}$$

während die Rotation von $\mathbf{F}(\mathbf{r})$ eine bestimmte Vektorfunktion $\mathbf{C}(\mathbf{r})$ sein soll:

$$\nabla \times \mathbf{F} = \mathbf{C}\,. \tag{B.2}$$

Aus Konsistenzgründen muss $\mathbf{C}$ divergenzfrei sein,

$$\nabla \cdot \mathbf{C} = 0\,, \tag{B.3}$$

denn die Divergenz einer Rotation ist immer null. *Frage*: Können wir auf Grundlage dieser Information die Funktion $\mathbf{F}$ bestimmen? Falls $D(\mathbf{r})$ und $\mathbf{C}(\mathbf{r})$ im Unendlichen hinreichend schnell gegen null gehen, so lautet die Antwort: *ja*. Ich werde die Funktion gleich explizit konstruieren.

Ich behaupte, dass

$$\mathbf{F} = -\nabla U + \nabla \times \mathbf{W}\,, \tag{B.4}$$

mit

$$U(\mathbf{r}) \equiv \frac{1}{4\pi} \int \frac{D(\mathbf{r}')}{\mathscr{r}}\,\mathrm{d}\tau' \tag{B.5}$$

und

$$\mathbf{W}(\mathbf{r}) \equiv \frac{1}{4\pi} \int \frac{\mathbf{C}(\mathbf{r}')}{\mathscr{r}}\,\mathrm{d}\tau'\,. \tag{B.6}$$

Die Integrale gehen über den ganzen Raum, und wie immer gilt $\mathscr{r} = |\mathbf{r} - \mathbf{r}'|$. Wenn $\mathbf{F}$ nämlich durch Gleichung B.4 gegeben ist, dann erhalten wir für die Divergenz (unter Anwendung von Gleichung 1.102)

$$\nabla \cdot \mathbf{F} = -\nabla^2 U = -\frac{1}{4\pi} \int D \nabla^2 \left(\frac{1}{\mathscr{r}}\right) \mathrm{d}\tau' = \int D(\mathbf{r}')\delta^3(\mathbf{r} - \mathbf{r}')\,\mathrm{d}\tau' = D(\mathbf{r})\,.$$

(Wie bereits erwähnt, ist die Divergenz der Rotation null, daher fällt der $\mathbf{W}$-Term heraus. Beachten Sie zudem, dass die Differentiation hinsichtlich $\mathbf{r}$ durchgeführt wird, das in $\mathscr{r}$ enthalten ist.)

Die Divergenz stimmt jetzt. Wie sieht es nun mit der Rotation aus?

$$\nabla \times \mathbf{F} = \nabla \times (\nabla \times \mathbf{W}) = -\nabla^2 \mathbf{W} + \nabla(\nabla \cdot \mathbf{W})\,. \tag{B.7}$$

(Weil die Rotation eines Gradienten null ist, fällt der U-Term heraus.) Nun gilt passenderweise

$$-\nabla^2 \mathbf{W} = -\frac{1}{4\pi} \int \mathbf{C} \nabla^2 \left(\frac{1}{\mathscr{r}}\right) \mathrm{d}\tau' = \int \mathbf{C}(\mathbf{r}')\delta^3(\mathbf{r} - \mathbf{r}')\,\mathrm{d}\tau' = \mathbf{C}(\mathbf{r})\,.$$

Damit bin ich fertig, sofern ich Sie nur irgendwie davon überzeugen kann, dass der zweite Term auf der rechten Seite von Gleichung B.7 verschwindet. Mit partieller Integration (Gleichung 1.59) und unter Beachtung der Tatsache, dass Ableitungen von $\mathscr{r}$ nach Koordinaten *mit Hochstrich* sich nur durch das Vorzeichen von den Ableitungen nach *ungestrichenen* Variablen unterscheiden, erhalten wir

$$\begin{aligned} 4\pi\nabla\cdot\mathbf{W} &= \int \mathbf{C}\cdot\nabla\left(\frac{1}{\mathscr{r}}\right)\mathrm{d}\tau' = -\int \mathbf{C}\cdot\nabla'\left(\frac{1}{\mathscr{r}}\right)\mathrm{d}\tau' \\ &= \int \frac{1}{\mathscr{r}}\nabla'\cdot\mathbf{C}\,\mathrm{d}\tau - \oint \frac{1}{\mathscr{r}}\mathbf{C}\cdot\mathrm{d}\mathbf{a}\,. \end{aligned} \tag{B.8}$$

Allerdings ist die Divergenz von **C** gemäß der Annahme von Gleichung B.3 null, und das Flächenintegral verschwindet (weit draußen im Unendlichen), solange **C** nur schnell genug gegen null strebt.

Natürlich nimmt dieser Beweis stillschweigend an, dass die Integrale in Gleichung B.5 und B.6 *konvergieren* – ansonsten existieren weder U noch **W**. Im Grenzfall eines weit entfernten r', also für $\mathscr{r} \approx r'$, haben die Integrale die Form

$$\int^{\infty} \frac{X(r')}{r'} r'^2\,\mathrm{d}r' = \int^{\infty} r' X(r')\,\mathrm{d}r'\,. \tag{B.9}$$

(Hierin steht X je nachdem für D oder **C**.) Offenbar muss $X(r')$ bei großen r' gegen null gehen, aber das ist nicht genug: Für $X \approx 1/r'$ ist der Integrand konstant, und das Integral wächst ins Uferlose. Selbst für $X \approx 1/r'^2$ ist das Integral logarithmisch, was aber für $r' \to \infty$ immer noch nicht ausreicht. Offenbar müssen Divergenz und die Rotation von **F** *schneller* gegen null gehen als $1/r^2$, damit der Beweis gilt. (Nebenbei bemerkt, ist dies mehr als ausreichend, um sicherzustellen, dass das Flächenintegral in Gleichung B.8 verschwindet.)

Wenn $D(\mathbf{r})$ und $\mathbf{C}(\mathbf{r})$ diese Bedingungen nun erfüllen, ist dann die Lösung von Gleichung B.4 *eindeutig*? Die Antwort lautet eindeutig nein, denn wir können zu **F** jede Vektorfunktion addieren, für die sowohl Divergenz als auch Rotation verschwinden. Das Ergebnis weist immer noch Divergenz D und Rotation **C** auf. Allerdings gibt es *keine* Funktion, deren Divergenz und Rotation überall null sind *und* die im Unendlichen gegen null geht (siehe Abschnitt 3.1.5). Erst wenn wir also die Bedingung einführen, dass $\mathbf{F}(\mathbf{r})$ mit $\mathbf{r} \to \infty$ gegen null geht, dann erst wird die Lösung von B.4 eindeutig.[1]

Nachdem nun alle Karten auf dem Tisch liegen, kann ich das **Helmholtz-Theorem** viel strenger formulieren:

1 Üblicherweise gehen wir davon aus, dass elektrische und magnetische Felder bei großen Entfernungen von den erzeugenden Ladungen und Strömen gegen null gehen, daher ist dies keine unvernünftige Einschränkung. Gelegentlich begegnen Ihnen künstliche Probleme, in denen Ladung oder Stromverteilung selbst bis ins Unendliche reichen – beispielsweise unendlich lange Drähte oder unendlich ausgedehnte Ebenen. In solchen Fällen müssen andere Mittel gefunden werden, um die Existenz und die Eindeutigkeit der Lösungen der Maxwell'schen Gleichungen sicherzustellen.

Helmholtz-Theorem

Sind Divergenz $D(\mathbf{r})$ und Rotation $\mathbf{C}(\mathbf{r})$ einer Vektorfunktion $\mathbf{F}(\mathbf{r})$ festgelegt, gehen beide für $r \to \infty$ schneller als $1/r^2$ gegen null und geht $\mathbf{F}(\mathbf{r})$ für $r \to \infty$ ebenfalls gegen null, dann ist $\mathbf{F}$ eindeutig durch Gleichung B.4 gegeben.

Das Helmholtz-Theorem hat ein interessantes **Korollar**:

Korollar

Jede (differenzierbare) Vektorfunktion $\mathbf{F}(\mathbf{r})$, die für $r \to \infty$ schneller gegen null geht als $1/r$, kann als Gradient eines Skalars plus der Rotation eines Vektors ausgedrückt werden:[2]

$$\mathbf{F}(\mathbf{r}) = \boldsymbol{\nabla}\left(\frac{-1}{4\pi}\int \frac{\nabla' \cdot \mathbf{F}(\mathbf{r}')}{\imath}\,\mathrm{d}\tau'\right) + \boldsymbol{\nabla} \times \left(\frac{1}{4\pi}\int \frac{\nabla' \times \mathbf{F}(\mathbf{r}')}{\imath}\,\mathrm{d}\tau'\right). \tag{B.10}$$

In der Elektrostatik beispielsweise ist $\boldsymbol{\nabla} \cdot \mathbf{E} = \rho/\varepsilon_0$ und $\boldsymbol{\nabla} \times \mathbf{E} = 0$, also ist

$$\mathbf{E}(\mathbf{r}) = -\boldsymbol{\nabla}\left(\frac{1}{4\pi\varepsilon_0}\int \frac{\rho(\mathbf{r}')}{\imath}\,\mathrm{d}\tau'\right) = -\boldsymbol{\nabla} V\,, \tag{B.11}$$

mit dem skalaren Potential V. In der Magnetostatik gilt dagegen $\boldsymbol{\nabla}\cdot\mathbf{B} = 0$ und $\boldsymbol{\nabla}\times\mathbf{B} = \mu_0\mathbf{J}$, daher ist

$$\mathbf{B}(\mathbf{r}) = \boldsymbol{\nabla} \times \left(\frac{\mu_0}{4\pi}\int \frac{\mathbf{J}(\mathbf{r}')}{\imath}\,\mathrm{d}\tau'\right) = \boldsymbol{\nabla} \times \mathbf{A} \tag{B.12}$$

mit dem Vektorpotential $\mathbf{A}$.

2 Tatsächlich kann jede *beliebige* differenzierbare Vektorfunktion (egal, wie sie sich im Unendlichen verhält) als Gradient plus Rotation formuliert werden. Allerdings folgt dieses allgemeinere Ergebnis weder direkt aus dem Helmholtz-Theorem, noch erlaubt Gleichung B.10 die explizite Konstruktion, da die Integrale im Allgemeinen divergieren.

Anhang C
Einheiten

In unseren Einheiten (dem **Système International**) lautet das Coulomb'sche Gesetz:

$$\mathbf{F} = \frac{1}{4\pi\varepsilon_0}\frac{q_1 q_2}{\mathscr{r}^2}\hat{\mathscr{r}} \quad \text{(SI)} . \tag{C.1}$$

Mechanische Größen werden in Meter, Kilogramm und Sekunden gemessen, die Ladung in Coulomb (Tabelle C.1). Im **Gauß'schen System**[1] gehen die vorangestellten Konstanten im Wesentlichen in die Ladungseinheit ein, sodass

$$\mathbf{F} = \frac{q_1 q_2}{\mathscr{r}^2}\hat{\mathscr{r}} \quad \text{(Gauß'sches System)} . \tag{C.2}$$

Die mechanischen Größen werden in diesem System in Zentimeter, Gramm und Sekunden gemessen, die Ladung in der **elektrostatischen Einheit** (**esu**, *electrostatic unit*). Die esu ist im Wesentlichen $(\text{dyn})^{1/2}$ mal Zentimeter. Die Umrechnung elektrostatischer Gleichungen aus dem SI in das Gauß'sche System ist nicht schwer. Man setzt einfach:

$$\varepsilon_0 \to \frac{1}{4\pi} .$$

Die in einem elektrischen Feld gespeicherte Energie (Gleichung 2.45) lautet beispielsweise

$$U = \frac{\varepsilon_0}{2}\int E^2 \, \mathrm{d}\tau \quad \text{(SI)}$$

und wird zu

$$U = \frac{1}{8\pi}\int E^2 \, \mathrm{d}\tau \quad \text{(Gauß'sches System)} .$$

(Formeln, die Felder im Inneren von Dielektrika beschreiben, sind nicht so einfach zu übersetzen, da die Definitionen von Verschiebung, Suszeptibilität usw. unterschiedlich sind, siehe Tabelle C.2.)

Das Biot-Savart'sche Gesetz, das wir als

$$\mathbf{B} = \frac{\mu_0}{4\pi} I \int \frac{\mathrm{d}\mathbf{l} \times \hat{\mathscr{r}}}{\mathscr{r}^2} \quad \text{(SI)} \tag{C.3}$$

kennen, wird im Gauß'schen System zu

$$\mathbf{B} = \frac{I}{c}\int \frac{\mathrm{d}\mathbf{l} \times \hat{\mathscr{r}}}{\mathscr{r}^2} \quad \text{(Gauß'sches System)} . \tag{C.4}$$

Hierin ist c die Lichtgeschwindigkeit, und der Strom wird in esu/s gemessen. Die Einheit des Magnetfelds im Gauß'schen System (das **Gauß**) ist die einzige Einheit,

1 Der Einheiten wegen wird das Gauß'sche System auch als **cgs-System** bezeichnet. Es ist in der älteren sowie in der amerikanischen Literatur noch weit verbreitet. A. d. Ü.

Tabelle C.1: Umwandlungsfaktoren. [Hinweis: $\alpha \equiv 2{,}99792458$ ist der Zahlenwert der Lichtgeschwindigkeit (gemessen in 10^8 m/s).]

Größe	SI	Umrechnungsfaktor	Gauß'sches System
Länge	Meter (m)	10^2	Zentimeter
Masse	Kilogramm (kg)	10^3	Gramm
Zeit	Sekunde (s)	1	Sekunde
Kraft	Newton (N)	10^5	dyn
Energie	Joule (J)	10^7	erg
Leistung	Watt (W)	10^7	erg/Sekunde
Ladung	Coulomb (C)	$\alpha \cdot 10^9$	esu (Statcoulomb)
Strom	Ampere (A)	$\alpha \cdot 10^9$	esu/Sekunde (Statampere)
Elektrisches Feld	Volt/Meter	$(1/\alpha) \cdot 10^{-4}$	Statvolt/Zentimeter
Potential	Volt (V)	$1/300$	Statvolt
Verschiebung	Coulomb/Meter^2	$4\alpha\pi \cdot 10^5$	Statcoulomb/Zentimeter^2
Widerstand	Ohm (Ω)	$(1/\alpha^2) \cdot 10^{-11}$	Sekunde/Zentimeter
Kapazität	Farad (F)	$\alpha^2 \cdot 10^{11}$	Zentimeter
Magnetisches Feld	Tesla (T)	10^4	Gauß
Magnetischer Fluss	Weber (Wb)	10^8	Maxwell
H	Ampere/Meter	$4\pi \cdot 10^{-3}$	Oersted
Induktivität	Henry (H)	$(1/\alpha^2) \cdot 10^{-11}$	Sekunde^2/Zentimeter

die eine gewisse Verbreitung hat: Obwohl man meist die SI-Einheiten Volt, Ampere, Henry usw. benutzt, werden magnetische Felder gern in (der cgs-Einheit) Gauß angegeben. Die korrekte SI-Einheit ist das Tesla (10^4 Gauß).

Ein wesentlicher „Vorteil“ des Gauß'schen Systems besteht darin, dass elektrische und magnetische Felder dieselbe physikalische Dimension aufweisen (im Prinzip dürften wir die elektrischen Felder ebenfalls in Gauß messen, obwohl in diesem Zusammenhang niemand diesen Begriff verwendet.) Daher nimmt das Lorentz'sche Kraftgesetz, das wir als

$$\mathbf{F} = q\,(\mathbf{E} + \mathbf{v} \times \mathbf{B}) \quad \text{(SI)} \tag{C.5}$$

geschrieben haben (was darauf hindeutet, dass E/B die Dimension einer *Geschwindigkeit* hat), die folgende Form an:

$$\mathbf{F} = q\left(\mathbf{E} + \frac{\mathbf{v}}{c} \times \mathbf{B}\right) \quad \text{(Gauß'sches System)}\,. \tag{C.6}$$

Im Wesentlichen wird das magnetische Feld durch den Faktor c „skaliert“. Dies zeigt viel deutlicher die parallele Struktur von Elektrizität und Magnetismus. So beträgt beispielsweise die Gesamtenergie, die in elektromagnetischen Feldern gespeichert ist:

$$U = \frac{1}{8\pi}\int \left(\mathbf{E}^2 + \mathbf{B}^2\right) \mathrm{d}\tau \quad \text{(Gauß'sches System)}\,. \tag{C.7}$$

In ihr fehlen ε_0 und μ_0, welche in den SI-Gleichungen die Symmetrie verbergen:

$$U = \frac{1}{2}\int \left(\varepsilon_0 \mathbf{E}^2 + \frac{1}{\mu_0}\mathbf{B}^2\right) \mathrm{d}\tau \quad \text{(SI)}\,. \tag{C.8}$$

Tabelle C.2: Grundlegende Gleichungen in SI- und Gauß'schen Einheiten.

	SI	Gauß'sches System
	Maxwell'sche Gleichungen	
Allgemein	$\nabla \cdot \mathbf{E} = \frac{1}{\varepsilon_0}\rho$	$\nabla \cdot \mathbf{E} = 4\pi\rho$
	$\nabla \times \mathbf{E} = -\frac{\partial \mathbf{B}}{\partial t}$	$\nabla \times \mathbf{E} = -\frac{1}{c}\frac{\partial \mathbf{B}}{\partial t}$
	$\nabla \cdot \mathbf{B} = 0$	$\nabla \cdot \mathbf{B} = 0$
	$\nabla \times \mathbf{B} = \mu_0 \mathbf{J} + \mu_0 \varepsilon_0 \frac{\partial \mathbf{E}}{\partial t}$	$\nabla \times \mathbf{B} = \frac{4\pi}{c}\mathbf{J} + \frac{1}{c}\frac{\partial \mathbf{E}}{\partial t}$
In Materie	$\nabla \cdot \mathbf{D} = \rho_f$	$\nabla \cdot \mathbf{D} = 4\pi\rho_f$
	$\nabla \times \mathbf{E} = -\frac{\partial \mathbf{B}}{\partial t}$	$\nabla \times \mathbf{E} = -\frac{1}{c}\frac{\partial \mathbf{B}}{\partial t}$
	$\nabla \cdot \mathbf{B} = 0$	$\nabla \cdot \mathbf{B} = 0$
	$\nabla \times \mathbf{H} = \mathbf{J}_f + \frac{\partial \mathbf{D}}{\partial t}.$	$\nabla \times \mathbf{H} = \frac{4\pi}{c}\mathbf{J}_f + \frac{1}{c}\frac{\partial \mathbf{D}}{\partial t}$
	D und H	
Definition	$\mathbf{D} = \varepsilon_0 \mathbf{E} + \mathbf{P}$	$\mathbf{D} = \mathbf{E} + 4\pi \mathbf{P}$
	$\mathbf{H} = \frac{1}{\mu_0}\mathbf{B} - \mathbf{M}$	$\mathbf{H} = \mathbf{B} - 4\pi \mathbf{M}$
Lineare Medien	$\mathbf{P} = \varepsilon_0 \chi_e \mathbf{E}, \quad \mathbf{D} = \varepsilon \mathbf{E}$	$\mathbf{P} = \chi_e \mathbf{E}, \quad \mathbf{D} = \varepsilon \mathbf{E}$
	$\mathbf{M} = \chi_m \mathbf{H}, \quad \mathbf{H} = \frac{1}{\mu}\mathbf{B}$	$\mathbf{M} = \chi_m \mathbf{H}, \quad \mathbf{H} = \frac{1}{\mu}\mathbf{B}$
	Lorentz-Kraft	
	$\mathbf{F} = q(\mathbf{E} + \mathbf{v} \times \mathbf{B})$	$\mathbf{F} = q\left(\mathbf{E} + \frac{\mathbf{v}}{c} \times \mathbf{B}\right)$
	Energie und Leistung	
Energie	$U = \frac{1}{2}\int \left(\varepsilon_0 E^2 + \frac{1}{\mu_0}B^2\right) d\tau$	$U = \frac{1}{8\pi}\int \left(E^2 + B^2\right) d\tau$
Poynting-Vektor	$\mathbf{S} = \frac{1}{\mu_0}(\mathbf{E} \times \mathbf{B})$	$\mathbf{S} = \frac{c}{4\pi}(\mathbf{E} \times \mathbf{B})$
Larmor-Gleichung	$P = \frac{1}{4\pi\varepsilon_0}\frac{2}{3}\frac{q^2 a^2}{c^3}$	$P = \frac{2}{3}\frac{q^2 a^2}{c^3}$

Tabelle C.2 listet eine Reihe von grundlegenden Formeln der Elektrodynamik in beiden Systemen auf. Gleichungen, die hier nicht aufgeführt sind, die Heaviside-Lorentz-Einheiten sowie eine umfassendere Liste finden Sie im Anhang des Buchs von J. D. Jackson, *Klassische Elektrodynamik*, 4. überarb. Auflage, Walter de Gruyter, Berlin, New York, 2006.[2]

2 Einen interessanten „Einstieg“ in die elektrischen SI-Einheiten bietet N. M. Zimmermann, *Am. J. Phys.* **66**, 324 (1998). Ihre Geschichte wird in L. Kowalski, *Phys. Teach.* **24**, 97 (1986) besprochen.

Index

F

L

M

Q

R

T

W

Z

ph
physik

PHYSIK

Randy Harris

Moderne Physik
2., aktualisierte Auflage
ISBN 978-3-86894-115-9
59.95 EUR [D], 61.70 EUR [A], 69.90 sFr*
880 Seiten

*unverbindliche Preisempfehlung

Moderne Physik

BESONDERHEITEN

Modernes Leben wäre ohne "moderne Physik" nicht vorstellbar - auf ihren Gesetzen beruhen Computerchips, Mobiltelefone, Navigationssysteme und zahllose andere Gegenstände des Alltags. Zugleich sind Relativitätstheorie und Quantenphysik Grundlagen unseres gegenwärtigen Naturverständnisses und die wohl am besten überprüften wissenschaftlichen Theorien überhaupt. Ein grundsätzliches Verständnis dieser Theorien und ihrer Anwendungen ist unerlässlich, um sich mit Fragestellungen zeitgenössischer Physik auseinandersetzen zu können und um ein Verständnis für moderne Technologien zu entwickeln. "Moderne Physik" fasst die wichtigsten Entwicklungen der Physik der letzten 100 Jahre zusammen, ebenso anschaulich wie gründlich erklärt.

EXTRAS ONLINE

Für Studenten:

- Lösungswege zu den Übungsaufgaben im Buch

Für Dozenten:

- Lösungswege zu den Übungsaufgaben im Buch
- Folien zum Einsatz in der Lehre

Pearson

http://www.pearson-studium.de/411

Grundgleichungen der Elektrodynamik

Maxwell'sche Gleichungen

Allgemein: $$\begin{cases} \nabla \cdot \mathbf{E} = \frac{1}{\varepsilon_0}\rho \\ \nabla \times \mathbf{E} = -\frac{\partial \mathbf{B}}{\partial t} \\ \nabla \cdot \mathbf{B} = 0 \\ \nabla \times \mathbf{B} = \mu_0 \mathbf{J} + \mu_0 \varepsilon_0 \frac{\partial \mathbf{E}}{\partial t} \end{cases}$$

In Materie: $$\begin{cases} \nabla \cdot \mathbf{D} = \rho_f \\ \nabla \times \mathbf{E} = -\frac{\partial \mathbf{B}}{\partial t} \\ \nabla \cdot \mathbf{B} = 0 \\ \nabla \times \mathbf{H} = \mathbf{J}_f + \frac{\partial \mathbf{D}}{\partial t} \end{cases}$$

Hilfsfelder

Definitionen: $$\begin{cases} \mathbf{D} = \varepsilon_0 \mathbf{E} + \mathbf{P} \\ \mathbf{H} = \frac{1}{\mu_0}\mathbf{B} - \mathbf{M} \end{cases}$$

Lineare Medien: $$\begin{cases} \mathbf{P} = \varepsilon_0 \chi_\mathrm{e} \mathbf{E}, \quad \mathbf{D} = \varepsilon \mathbf{E} \\ \mathbf{M} = \chi_\mathrm{m} \mathbf{H}, \quad \mathbf{H} = \frac{1}{\mu}\mathbf{B} \end{cases}$$

Potentiale

$$\mathbf{E} = -\nabla V - \frac{\partial \mathbf{A}}{\partial t}, \quad \mathbf{B} = \nabla \times \mathbf{A}$$

Lorentz-Kraft

$$\mathbf{F} = q\left(\mathbf{E} + \mathbf{v} \times \mathbf{B}\right)$$

Energie, Impuls und Leistung

Energie: $$U = \frac{1}{2}\int \left(\varepsilon_0 E^2 + \frac{1}{\mu_0}B^2\right) \mathrm{d}\tau$$

Impuls: $$\mathbf{P} = \varepsilon_0 \int \left(\mathbf{E} \times \mathbf{B}\right) \mathrm{d}\tau$$

Poynting-Vektor: $$\mathbf{S} = \frac{1}{\mu_0}\left(\mathbf{E} \times \mathbf{B}\right) .$$

Larmor-Gleichung: $$P = \frac{\mu_0}{6\pi c} q^2 a^2$$